AF307740

Furniere, Lagenhölzer und Tischlerplatten

Rohstoffe, Herstellung, Plankosten,
Qualitätskontrolle usw.

In Zusammenarbeit mit

Dipl.-Ing. M.-A. André, Hirschhorn/Neckar · Dr. E. Baur, München
Dipl.-Ing. H. Doffiné, Krefeld · K.-H. Ertel, Langenberg/Westf.
Dipl.-Ing. E. Großhennig, Hamburg · J. Häber, Frankfurt/M.
Dr. K. Holzer, Ludwigshafen · Dr. E. Schmidt, München · Dr. A. Schneider,
München · Dr. L. Skark, Ludwigshafen · Ing. J. Wolf, Bad Tölz

bearbeitet und herausgegeben von

Professor Dr.-Ing. Franz Kollmann

Direktor des Institutes für Holzforschung und Holztechnik
der Universität München

Mit 478 Abbildungen

Springer-Verlag

Berlin/Göttingen/Heidelberg

1962

ISBN-13: 978-3-642-92835-2   e-ISBN-13: 978-3-642-92834-5
DOI: 10.1007/978-3-642-92834-5

Vorwort

Bei der außerordentlichen Bedeutung der Furnier-, Lagenholz- und Sperrholzindustrie, nicht nur in der Bundesrepublik, sondern auch in allen industrialisierten Staaten und bei der erheblichen Entwicklung der Verfahrenstechnik auf diesen Gebieten besteht seit langem das Bedürfnis nach einem neuzeitlichen Fachbuch. Zu bedenken ist, daß es in Deutschland bisher nur in der Reihe der „Werkstattbücher" die vor 20 Jahren erschienenen Hefte „Furniere, Sperrholz, Schichtholz" von Bittner-Klotz sowie die entsprechenden Kapitel im Werk „Technologie des Holzes und der Holzwerkstoffe" gab, während in Amerika das Buch von Thomas D. Perry, „Modern Plywood" in der letzten Ausgabe aus dem Jahre 1948 stammt und nicht mehr auf der Höhe steht, ebenso wie A. D. Wood und T. G. Linn, „Plywoods" in England aus dem Jahre 1950.

Die Schwierigkeiten für die Abfassung eines zeitgemäßen Fachbuches über Furniere, Lagenhölzer und Tischlerplatten liegen hauptsächlich darin, daß eine Reihe von ausgezeichneten Fachleuten zusammenarbeiten muß, damit jeder Abschnitt von einem Kenner des Stoffs aus langjähriger Erfahrung geschrieben wird. Eine derartige Zusammenarbeit ist aber in Zeiten der industriellen Vollbeschäftigung und damit beruflichen Überlastung der Fachkräfte äußerst schwierig. Erfreulicherweise erwies sich das erwähnte Bedürfnis nach einem derartigen Fachbuch aber doch als so groß, daß die Mitarbeiter gewonnen werden konnten. Ihnen hat der Verfasser deshalb in erster Linie zu danken, in zweiter Linie dem Springer-Verlag für die gute Ausstattung des Werkes und für die Zustimmung zu dem Umfang des Buches.

Folgerichtig werden nach einem Überblick über Entwicklung und Stand der entsprechenden Industrien in der Bundesrepublik Deutschland die Furnierhölzer in ihrer Vielzahl und Vielfältigkeit besprochen. Kurze Ausführungen über die Herstellung von Sägefurnieren schließen sich an. Die Lagerung und Vorbehandlung des Holzes wird dann erörtert, anschließend werden die Furnierherstellung durch Messern und Rundschälen und die folgenden Arbeitsvorgänge wie Wickeln, Zerteilen, Zuschneiden gründlich und an Hand neuester Abbildungen besprochen. Ausführlich werden auch die verschiedenen Trockner behandelt, desgleichen die Vorgänge zum Verlängern der Furniere. Je ein umfangreicher Abschnitt gibt einen Überblick über die Leime der Lagenholzindustrie, ihren Auftrag und die verschiedenen Pressen sowie Preßverfahren. Hierauf

I*

werden Fertigverfahren wie Formatgeben, Besäumen, Schleifen und
Ziehklingen sowie die Konditionierung und Klimatisierung behandelt.
Der Herstellung von Tischlerplatten ist ein weiterer Abschnitt ge-
widmet und bei der Bedeutung einwandfreier Plankostenrechnung und
neuzeitlicher, auf statistischen Grundlagen beruhender Qualitätskontrolle sind auch dafür Abschnitte vorhanden. Auf die Wahl des
Standorts von Sperrholzindustrien ist eingegangen.

Zum Schluß möchte ich Herrn Ing. K. A. SORG für seine Umsicht bei
Sammlung des Bildmaterials, Prüfung der Umzeichnungen sowie für
das Lesen der Korrekturen bestens danken. Auch Herr Dr. rer. nat.
R. TEICHGRÄBER hat sich durch Mitlesen der Korrekturen sehr verdient
gemacht. Herrn Dr. rer. nat. E. SCHMIDT habe ich für die Bearbeitung
des Holzartenverzeichnisses sehr zu danken.

München, im März 1962

Franz Kollmann

Inhaltsverzeichnis

Anhang

1. Entwicklung und derzeitiger Stand
der Furnier- und Lagenholz-Industrie in Deutschland

Von **Jürgen Häber**, Frankfurt/Main

1.1 Furnierverwendung im Altertum

Die ältesten Belegstücke für die Anwendung von Furnieren stammen aus der Blütezeit des alten Ägypten. Unter Mitverwendung von Metallen und Edelsteinen wurden Furniere ausgesuchter Holzarten zu kostbaren Prunk- und Schmuckstücken von eindrucksvoller dekorativer Wirkung verarbeitet. Die Art der Verwendung läßt darauf schließen, daß man Furniere nur aus Gründen der Verzierung gebrauchte. Der bekannteste Kunstgegenstand aus dieser Zeit ist die große Truhe aus dem Grabe Tut-ench-Amuns (um 1350 v. Chr.). Sie besteht aus Zedernholz und ist mit Elfenbein und Ebenholz belegt.

Aus dem griechischen Altertum sind nur wenig Möbelstücke überliefert. Man war sich damals aber bereits im klaren darüber, daß sich Flächen bei Verwendung eines geeigneten Blindholzes, auf das ein Furnier aufgebracht wird, weniger werfen als massive Edelholzbretter.

Wichtigstes Möbelstück eines Haushaltes im klassischen Rom war der Tisch. Die ideale Möglichkeit, ihn seiner zentralen Aufgabe entsprechend zu gestalten, sah man wieder im Furnier. Aus den Schriften Plinius des Älteren (23 bis 79 n. Chr.) wissen wir, daß den damaligen Meistern neben der Furniertechnik auch die der Absperrung durch dünne Brettchen wohl bekannt war.

1.2 Geschichtliche Entwicklung der Furnierherstellung

Da schön gemasertes Holz schon immer selten und schwer zu beschaffen war, führte bereits im Altertum und Mittelalter die Möglichkeit der sparsamen Nutzung des Holzes als dritter Beweggrund neben Schmuck und Absperrung, zur Herstellung von Furnieren.

Wenn auch heute im einzelnen nicht bekannt ist, wie vor über 3000 Jahren in Ägypten die Furniere gefertigt wurden, so kann doch mit Sicherheit angenommen werden, daß sie mit Hilfe von Sägen erzeugt wurden, da diese im alten Ägypten als Werkzeuge in Gebrauch waren [*1.8*]. Im Mittelalter geschah das Zerteilen in einzelne Blätter rein handwerksmäßig mit Klobsägen, später ging man zu Kreissägen über.

1   Kollmann, Furniere

Die erste Nachricht über eine *Furniersäge* auf dem europäischen Festland stammt aus dem Jahre 1812, in dem ein französischer Mechaniker ein Patent darauf angemeldet hat. Gegen 1825 soll eine derartige Säge in der Industrie verwendet worden sein. Weiterentwickelte Sägen dieser Art sind später in Hamburg gebaut und als „Hamburger Sägen" bekannt geworden [*1.4*].

Den beim Zerteilen des Holzes durch Sägen entstehenden hohen Späneanfall mußte man in Kauf nehmen, solange Messer- und Schälmaschinen noch nicht erfunden und anwendungsreif durchkonstruiert waren.

Die Entwicklung der *Furnier-Messermaschine* ging von Frankreich aus. Im Jahre 1834 bekam CHARLES PICOT [*1.4*] ein Patent auf eine Messermaschine. Bedeutung für die Praxis erhielt die Messermaschine jedoch erst in den sechziger und siebziger Jahren des 19. Jahrhunderts, nachdem sie konstruktiv ausgereift war. Nunmehr befaßte sich auch die deutsche Maschinenindustrie mit dem Bau von Messermaschinen und konnte im Laufe der Jahre ihre Erzeugnisse zur heutigen Spitzengüte entwickeln.

Ungleich größere Bedeutung für die Sperrholzindustrie hat jedoch die *Schälmaschine*, da sie die Grundlage der wirtschaftlichen Massenfertigung von Sperrholz schuf. Die erste Maschine, die den Gedanken der heutigen Schälmaschine im Grundsatz verwirklichte, wurde 1818 bekannt. Ein Stammabschnitt wurde zwischen zwei sich drehenden Spindeln eingespannt und gegen ein verschiebbares Messer gedrückt. Das entstehende Furnierband wurde hinter der Maschine aufgewickelt. Der Stammabschnitt mußte, da kein besonderer Einspannmechanismus vorhanden war, hohl gebohrt werden. Im Jahre 1844 bekam GARAND [*1.4*] ein Patent auf die von ihm gebaute Schälmaschine. Die Maschine fand vermutlich in der Streichholzindustrie Anwendung. Die Schällänge soll bis 2 m betragen haben, die Schälgeschwindigkeit erreichte 4 bis 5 m/min. Das Messer dieser Maschine stand senkrecht, ein Druckbalken war bereits vorhanden.

Die Erfindung von Schälmaschinen gelang zur gleichen Zeit in den Vereinigten Staaten von Nordamerika. Um die Mitte des 19. Jahrhunderts entstanden in Deutschland die ersten Furnierwerke. Die Maschinen, mit denen die Furniere hergestellt wurden, waren überwiegend französischen Ursprungs. Aber auch amerikanische Schälmaschinen sollen damals in deutschen Furnierwerken in Betrieb gewesen sein. Ab 1870 lieferte die Firma A. Roller, Berlin, einfache Schälmaschinen. Diese Firma hatte sich auf den Bau von Maschinen für die Streichholzherstellung spezialisiert und war deshalb in der Lage, Maschinen zur Furnierherstellung zu bauen. Die Firma Fleck & Söhne, Berlin, stellte auf Veranlassung der Frankenthaler Holzindustrie AG. 1886 die erste Schälmaschine her.

Entwicklung und Verbesserung der Schälmaschine schufen die Voraussetzung für den raschen Aufbau und Aufschwung, den die Sperrholzindustrie bis zum Ersten Weltkrieg nahm.

1.3 Anfänge der Sperrholzindustrie

1.31 Mittelalter

Im Mittelalter erreichte die Verwendung von Furnieren bei wertvollen Möbelstücken einen außerordentlich hohen Stand. Prunk- und Luxusmöbel waren Kunstgegenstände und Ausdruck ihrer Epoche. Die damaligen Arbeiten müssen jedoch in erster Linie als Intarsien gesehen werden. Der Gedanke, daß manch einer der alten Meister eine gewisse Absperrung der Furniere erreichen wollte, ist aber nicht von der Hand zu weisen. Trotzdem können ihre Werke nicht als Sperrholz im heutigen Sinne angesehen werden.

Ausgehend von der italienischen Renaissance erreichte die Kunst der Einlegearbeiten in Frankreich, Spanien, den Niederlanden und England bemerkenswerte Höhen. Außerordentlich wertvolle Möbelstücke, wie der berühmte „Bureau du Roi", der heute im Louvre in Paris steht, sind uns aus der Zeit der französischen Könige Ludwig XV. und Ludwig XVI. überliefert [1.7].

Im 18. Jahrhundert erlangte das Schaffen des deutschen David Röntgen [1.7] aus Neuwied besondere Beachtung. Seine Meisterschöpfungen waren von Königen und Fürsten begehrt. Er arbeitete vorwiegend mit hellen Hölzern, denen er durch Brennen verschiedene Schattierungen abgewann.

1.32 Erste Patente für Sperrholz

Die maschinelle Herstellung von Sperrholz ist in Deutschland etwa zur selben Zeit aufgenommen worden wie in anderen europäischen Ländern und den Vereinigten Staaten von Nordamerika. Neben deutschen Erfindern beanspruchen auch Amerikaner die Erfinderrechte. Es läßt sich heute nicht mehr mit Sicherheit feststellen, wem die Priorität für die Idee der maschinellen Herstellung von Sperrplatten zugesprochen werden darf.

Fünf Männer haben sich um die Entwicklung der deutschen Sperrholzindustrie bleibende Verdienste erworben. Der Elbinger Fabrikant Karl Witkowsky, der Thüringer Fabrikant Max Harras, der seinerzeit in Pinsk beschäftigte Ingenieur Leopold Lourié, der Fabrikant Bernhard Hausmann aus Blomberg/Lippe und der Architekt Arthur Weidner.

Witkowsky soll 1884 ein Patent [1.4] zur Herstellung von Sperrholz erhalten haben, und in seinem Unternehmen in Elbing sollen die ersten Stuhlsitze aus Sperrholz hergestellt worden sein.

1*

Harras stellte 1885 auf einer hydraulischen Warmpresse aus gemesserten Furnieren nach einer Art Trockenleim-Verfahren Sperrplatten her. Diese Erfindung wurde patentiert. In seiner Fabrik in Böhlen/Thür. begann er bald darauf Sperrholz verschiedenster Dicken zu erzeugen. Der neue Werkstoff wurde zunächst sehr skeptisch aufgenommen. Durch Vervollkommnung der Herstellungsweise konnte Harras jedoch die anfänglich nicht immer einwandfreie Qualität ständig verbessern. Die nun auch höheren Ansprüchen genügenden Platten fanden guten Absatz, so daß er nach Jahren großer Opfer seinen Betrieb weiter ausbauen konnte [1.9].

Der Ingenieur Leopold Lourié hatte 1886 von seinem Vater den Auftrag erhalten, für dessen Sägewerk in Pinsk ein Gatter und eine Schälmaschine zu kaufen. Als nun im Jahr 1898 der russische Staat für Verpackungszwecke eine große Menge kleiner Kästchen suchte, die möglichst leicht sein sollten, kam Lourié auf die Idee, drei mit seiner Schälmaschine hergestellte Furniere in einer hydraulischen Presse kreuzweise zu verleimen. Der auf diese Weise gewonnene Werkstoff bewährte sich ausgezeichnet und wurde von Lourié als das Erzeugnis erkannt, was in Zukunft große Bedeutung haben würde [1.4]. Er gründete 1903 in Wien die erste Sperrholzfabrik Österreichs.

Bernhard Hausmann baute in den siebziger Jahren eine Ölmühle zu einem Sägewerk, verbunden mit Holzbiegerei und Holzverarbeitung, um. Ende der achtziger Jahre wurde eine Schälmaschine beschafft, mit der Buchenfurniere als Wandungen und Reifen für zylindrische Packfässer erzeugt wurden. Nach längeren Versuchen gelang es 1893 auf einer umgebauten, dampfbeheizten Ölpresse aus 3- bis 5-fach verleimten Buchenfurnieren Faßdeckel zu fertigen, die sich wegen ihres geringen Gewichtes und der Formbeständigkeit sehr bald bei den Verbrauchern durchsetzten. Gleichzeitig wurde auch die Herstellung der Sitze für den in Blomberg vorwiegend erzeugten Stuhl mit Holzplatte (sog. Bockstuhl) aus 5-fach verleimten Furnieren aufgenommen [1.10].

In Blomberg wurde das Sperrholz von Anfang an unter Verwendung selbst hergestellter Casein-Leime gefertigt.

1903 schritt der Architekt Arthur Weidner [1.9], ehemaliger Mitarbeiter von Max Harras, zur Gründung der noch heute zu den führenden deutschen Sperrholzfabriken zählenden Industrie für Holzverwertung in Altenessen. Hier wurden anfänglich abgesperrte und nichtabgesperrte Platten im Format 110 cm × 250 cm erzeugt, die im Möbel- und Innenausbau Verwendung fanden.

Erwähnenswert ist der 1899 von Schmidt und Engelbrecht [1.4] in Laubegast/Sachsen gegründete Betrieb, der Sperrholz für Eigenmöbelherstellung anfertigte. Diese Firma nahm einen beachtenswerten Aufschwung und wurde weithin unter ihrem späteren Namen Deutsche

Werkstätten, Hellerau, bekannt. Vermutlich sind in dieser Zeit noch in anderen Betrieben ähnliche Versuche unternommen worden, die gar nicht bekannt wurden bzw. wieder in Vergessenheit gerieten.

1.4 Industrielle Fertigung von Sperrholz in Deutschland

1.41 Jahrhundertwende bis zum Ersten Weltkrieg

So wie im Altertum und Mittelalter ein Zusammenhang zwischen Furnier, Möbel und Absperrung bestand, so sind auch für die Entstehung der Sperrholzindustrie entscheidende Impulse von der Möbelindustrie ausgegangen. Diese war bereits vor Einführung des eigentlichen Sperrholzes genötigt, größere Flächen aus Holz so aufzubauen, daß sie möglichst wenig „arbeiten" konnten. Für Tischplatten und andere dicke Stücke ist dabei folgende Technik angewendet worden:

Aus den für die *Mittellage* verwendeten Brettern wurde das Kernholz herausgeschnitten. Die beiden übriggebliebenen Bretteile wurden aneinandergefügt und verleimt. Die so aus einzelnen Holzstreifen gewonnene Mittellage wurde dann auf beiden Seiten mit dickeren Furnieren quer zur Faserrichtung der Mittellage bedeckt und verleimt (*Tischlerplatte*) [*1.9*]. Es ist offenkundig, daß dieses rein handwerksmäßige Verfahren sehr teuer war. Außerdem mußte beträchtliches Kapital für fachgemäße Trocknung und ausreichende Lagerhaltung aufgewendet werden. Die Bereitstellung großflächiger Platten für den Innenausbau geschah unter den gleichen Bedingungen.

Die wirtschaftlichen Aussichten für eine Industrie, die sich auf abgesperrte Platten spezialisierte, waren also recht günstig. Indem sie mit ihrem Halbfabrikat der Möbelindustrie die Unterhaltung eines eigenen kostspieligen Maschinenparkes ersparte, war ein sicherer Absatz gewährleistet.

In der Tischlerei, die der bereits genannte HARRAS von seinem Vater übernommen hatte, waren dicke Platten wie oben geschildert handwerksmäßig hergestellt worden. HARRAS begann, die für den eigenen Gebrauch aufgenommene Erzeugung von Sperrholz industriell auszubauen. Die Platten dieser Firma in Böhlen/Thür. wurden unter der Bezeichnung „Koptoxyl" [*1.9*] in den verschiedensten Formaten bis zur Größe 150 cm × 510 cm auf den Markt gebracht.

Ein anderer Weg wurde von KÜMMEL gefunden und in seiner Deutschen Holzplattenfabrik in Rehfelde bei Berlin mit gutem Erfolg beschritten. KÜMMEL betrieb ein Unternehmen, das neben Möbeln auch Vertäfelungen für den Schiffsbau lieferte. Da stets längere Zeit verging, bis die benötigten Mengen hergestellt waren, schritt KÜMMEL dazu, die Platten in den am meisten gefragten Abmessungen auf Lager zu nehmen. Das ermöglichte ihm, seinen Abnehmern kürzere Lieferfristen anzubieten und damit seine Wettbewerber oftmals zu schlagen. Er richtete neben seiner Möbelfabrik eine Sonderfertigung für Sperrholz ein. Diese mußte aber, wenn sie wirtschaftlich arbeiten sollte, mehr erzeugen als KÜMMEL in seiner eigenen Möbelfabrik verarbeiten konnte. 1907 nahm er deshalb die Fertigung von Sperrplatten auch für den Markt auf.

Zunächst arbeitete KÜMMEL nach dem alten handwerksmäßigen Verfahren. Trotz größter Sorgfalt konnte es nicht ausbleiben, daß Beanstandungen immer wieder Schwierigkeiten bereiteten. Im Jahre 1910 gelang KÜMMEL die Erfindung des Blockverfahrens: Gehobelte Bretter oder Bohlen wurden zu einem Block übereinander verleimt. Der Block wurde dann mittels Horizontalgatter oder Vollgatter in dünne Bretter von der gewünschten Mittellagendicke zerlegt. Auf diese Weise erhielt KÜMMEL der Höhe des Blocks entsprechende, aus einzelnen verleimten schmalen Streifen bestehende Platten, die als Mittellage verwendet werden konnten. Das Arbeiten der Platten konnte auf diese Weise weitgehend eingeschränkt werden [1.9].

Je schmaler nun die Streifen der Mittelschicht gehalten werden, desto mehr treten die unangenehmen Erscheinungen des Verziehens in den Hintergrund. 1923 wurde im Werk Rehfelde, das 1917 von der J. Brüning & Sohn AG. [1.2] übernommen wurde, die Mittellage nicht mehr aus Brettern, sondern aus Schälfurnieren aufgebaut. Die Schälfurniere wurden zu einem Block verleimt und in gleicher Weise wie der Bretterblock aufgeschnitten. Dem höheren Leimverbrauch für diese Stäbchenmittellage standen Ersparnisse durch Wegfall des Schnittverlustes beim Aufsägen des Stammes und der Vorteil, Holz geringerer Qualität verwenden zu können, gegenüber. Der Firma J. Brüning & Sohn AG. wurde die Stäbchenplatte als Gebrauchsmuster geschützt. Dies führte zu einem Rechtsstreit mit zwei Firmen, die ebenfalls die Fertigung einer Stäbchenplatte aufgenommen hatten. Diese Firmen brachten aber den Schutz zu Fall, da der Nachweis gelang, daß handwerkliche Vorgänge nach ähnlichem Prinzip vorbekannt waren.

Während die Tischlerplatte, wie oben dargelegt, ihrer Entstehung und Entwicklung nach aus dem Handwerk hervorgegangen ist, erfolgte die Erfindung der *Furnierplatte* in der Industrie. Ihre ersten Anwendungen fand die Furnierplatte für Stuhlsitze, Zigarrenkisten und Verpackungszwecke [1.5]. In der Möbelindustrie erhielt sie erst viel später und nach großen Anlaufschwierigkeiten Eingang. Die schon genannte Firma Witkowsky in Elbing ging 1903/1904 dazu über, neben ihrer Stuhlsitzfabrikation auch Furnierplatten für die Möbelindustrie herzustellen. Die Aktiengesellschaft für Holzbearbeitung in Memel, eine Gründung der Vereinigten Frankenthaler Holzindustrie AG., fertigte ab 1905 Furnierplatten, da das Unternehmen nicht nur von der Zigarrenkistenproduktion abhängig sein wollte [1.9]. Nicht unerhebliche Verdienste hat sich bei

Einführung der Furnierplatte in der Möbelindustrie Sigfried Haase erworben. Er führte polnische und russische Furnierplatten ein und stellte den Möbelfabriken unentgeltlich Probelieferungen zur Verfügung.

Wegen seiner Vorteile setzte sich Sperrholz in der Möbelindustrie immer mehr durch. Die steigende Aufnahmefähigkeit des Marktes hatte zur Folge, daß weitere Firmen sich der Erzeugung von Sperrholz zuwandten, darunter die Firma J. Brüning & Sohn AG. [*1.2*] in Langendiebach bei Hanau, die seit 1848 Zigarrenkisten und seit 1909 Sperrplatten und Sperrholzfässer hergestellt hatte.

Die ausgedehnten Buchenwälder Deutschlands lieferten bis zur Jahrhundertwende nur in ganz geringem Umfange Nutzholz. Vorwiegend dienten sie der Befriedigung des Brennholzbedarfes. Es ist das Verdienst der Blomberger Holzindustrie gewesen, den Wert dieses heimischen Rohstoffes zu erkennen, ihn zu Sperrplatten zu verarbeiten und in der Möbelindustrie einzuführen. Auch die Faßfabrik Traun & Co. begann 1905 in ihrem Werk Karlshafen/Weser Buchen-Furnierplatten für Faßdeckel zu fabrizieren. Die physikalischen Eigenschaften des Buchenholzes erfordern sorgfältige Trocknung. Angeregt durch amerikanische Versuche in anderen Industriezweigen baute Bernhard Hausmann einen Bandtrockner zum kontinuierlichen Trocknen der Furniere. Dieser wurde 1907 als erster Bandtrockner in Europa in Betrieb genommen und ermöglichte eine große Verbesserung der Produkte in qualitativer Hinsicht [*1.10*].

Damit war — etwa um das Jahr 1910 — die junge Industrie am Ende ihrer ersten Entwicklungsphase angelangt. Sie verfügte über ausgereifte Verfahren zur Fertigung von Furnier- und Tischlerplatten, sie hatte das technische Problem der Buchenholzverarbeitung gelöst und die Nachfrage nach Sperrholz war ständig im Wachsen.

Die Folge waren weitere Gründungen von Sperrholzwerken. Das Sperrholzwerk Geenen entstand 1910 in Weeze. Die J. Brüning & Sohn AG. gründete 1913 ihr Werk Lüneburg, in dem das auf dem Wasserweg angelieferte äquatorialafrikanische Okoumé verarbeitet wurde. In Langendiebach bei Hanau hingegen stellte man sich auf Buchenholz aus dem Spessart und Oberhessen um. Im Buchengebiet der Weser nahmen die Firmen Buddenberg in Beverungen und Höxter bzw. Bad Driburg die Furnierplattenfertigung auf. Die Blomberger Holzindustrie errichtete 1912 unter Berücksichtigung aller in der Sperrholzfertigung gesammelten Erfahrungen ein Zweigwerk in Wittlich, das mit Buche aus Eifel, Hunsrück und Westerwald beliefert wurde.

1.42 Erster Weltkrieg und Zwischenkriegszeit

Im Ersten Weltkrieg wurde die deutsche Sperrholzindustrie durch die Rüstung vor große Aufgaben gestellt. Die sie vorher stark bedrängende russische Konkurrenz war schlagartig ausgeschaltet. Die Wirtschafts-politik hatte vor dem Kriege die unter ungünstigen Verhältnissen arbei-tende deutsche Sperrholzindustrie so weit geschützt, daß sie leistungs- und lebensfähig geblieben war. Nun galt es, hochwertige Sperrplatten für Rüstungszwecke, besonders den Flugzeugbau, zu liefern.

Die Rohstoffversorgung bereitete infolge des völligen Wegfalls der Einfuhren aus Afrika große Schwierigkeiten, so daß Holz durch eine Abteilung des Kriegsministeriums bewirtschaftet werden mußte.

Für den Bau von Flugzeugen wurden die aus sehr dünnen, fehler-freien Furnieren bestehenden *Flugzeugplatten* entwickelt. Auf den Bau von Luftschiffen hatte sich die Firma Schütte-Lanz, Holzwerke AG. in Mannheim-Rheinau, spezialisiert. Gegenüber den Firmen, die um die Jahrhundertwende Sperrplatten für die holzverarbeitende Industrie auf den Markt brachten, nahm diese Firma insofern eine Sonderstellung ein, als sie ursprünglich nur Platten und Profile für Luftschiffe ihres Systems fertigte.

Bei diesen Luftschiffen waren die Innengerüste, die bei den Zeppe-linen anfänglich aus ziemlich sprödem Aluminium bestanden, aus ab-gesperrtem Holz gefertigt. Hält man sich dabei vor Augen, daß schon das erste [*1.3*], im Jahre 1909/10 gebaute Luftschiff einen Durchmesser von $18^1/_2$ m, sowie eine Länge von 131 m aufwies und eine Last von rund 21 000 kg zu tragen hatte, so ergibt sich von vornherein, daß dazu die handelsüblichen Sperrplatten, die mit Leder- oder Knochenleim gefertigt wurden, nicht geeignet waren. Vielmehr mußten die Furniere durch Bindemittel aus Casein und Albumin verleimt und zu Profilen geformt werden, aus denen Träger von möglichst großer Festigkeit bei ge-ringem Gewicht hergestellt werden konnten.

Diente der SL I vor allem der Entwicklung der Sperrholzkonstruktion zum fertigen Schiffsgerüst und der Erprobung aller Steuerungs- und Vor-triebsorgane, so erwies sich der aus dem gleichen Baustoff gefertigte SL II in baulicher wie auch flugtechnischer Hinsicht als so erfolgreich, daß nach seinem Typ von der Firma Schütte-Lanz während des Ersten Welt-krieges noch 20 weitere Luftschiffe gebaut wurden. Sie erreichten zuletzt eine Länge [*1.3*] von über 200 m und einen Durchmesser von 23 m bei einem Gasinhalt von 56 000 m³ und waren damit in der Lage, ihre Nutz-lasten über Tausende von Kilometern und in Höhen von 6000 m zu be-fördern. Dabei waren sie im Kriege naturgemäß in weit stärkerem Maße als in den Vorkriegsjahren den Angriffen von Wind und Wetter ausgesetzt.

Aber nicht nur die Innengerüste, auch die Steuer- und Stabilisierungs-flächen, die Laufgänge und die Führergondeln waren durchweg aus Sperrholz gefertigt und haben ihre Festigkeit und Elastizität sowie ihre Sicherheit gegen die hohen Knick- und Biegungsbeanspruchungen viel-fach bewiesen.

Nach dem Krieg bestanden die Siegermächte darauf, daß der Bau von Schütte-Lanz-Luftschiffen verboten und die Hallen in Mannheim-Rheinau (ebenso wie diejenigen in Berlin-Königswusterhausen) demontiert wurden.

Das Absatzgebiet der Rüstungsindustrie ging mit dem Ende des Krieges verloren. Die sich aus der Umstellung ergebenden Schwierigkeiten konnten bald überwunden werden. Rußland war aus dem europäischen Wirtschaftsbereich ausgefallen, und damit blieb der starke Wettbewerb der russischen Sperrholzindustrie ausgeschaltet. Anderseits hatte sich während der Kriegsjahre ein gewaltiger Nachholbedarf angestaut, der vorwiegend mit Sperrholz befriedigt werden mußte, weil nicht genügend abgelagertes Schnittholz vorhanden war.

Mit der Möbelindustrie, dem hauptsächlichen Sperrholzverbraucher, nahm die Sperrholzproduktion einen großen Aufschwung. Außerdem benötigten die Werften größere Lieferungen zum Aufbau einer neuen Handelsflotte. Insgesamt gesehen, kann festgestellt werden, daß die Sperrholzindustrie den Anschluß an die Friedensproduktion schnell gewann.

Auch in der Ausfuhr konnte die deutsche Sperrholzindustrie nach und nach Fuß fassen. Begünstigt wurde diese Entwicklung einmal durch den niedrigen Kurs der Mark, zum anderen war einer der bedeutendsten Vorkriegslieferanten, Rußland, weitgehend vom Markt verschwunden. Nicht unberücksichtigt darf aber ein weiterer Gesichtspunkt bleiben. Das russische Sperrholz war wohl sehr billig, aber vorwiegend „naßverleimt".[1] Demgegenüber war das angebotene deutsche Sperrholz von vorzüglicher Qualität. Die Verbraucher nahmen das deutsche Qualitäts-Sperrholz deshalb sehr günstig auf.

Die erwähnten günstigen Gesichtspunkte dürfen aber nicht darüber hinwegtäuschen, daß die Sperrholzindustrie in den Jahren nach dem Ersten Weltkrieg schwer zu kämpfen hatte. Die Inflation hatte einen empfindlichen Substanzverlust im Gefolge. Geldknappheit und Einbußen brachten die Industrie in schwere Krisen.

Von 1924 an verbesserte sich die Lage ständig. Die Produktion nahm einen steilen Anstieg und erreichte Mitte 1929 ihren Gipfelpunkt. Im Laufe dieser 5 Jahre dürfte sich die Kapazität etwa vervierfacht haben. Als dann die in der Hochkonjunktur erstellten Werke mit ihrer vollen Produktion auf dem Markt in Erscheinung traten, ging die Nachfrage wieder zurück. Bedingt durch den gegenseitigen Wettbewerb wurde in allen Betrieben fieberhaft an einer Verbesserung und Vereinfachung der Herstellungsverfahren gearbeitet. Verbesserte Arbeitsverfahren und manche technische Erfindung entstanden aus dieser Zwangslage heraus.

---

[1] Bei naßverleimtem Sperrholz werden die Furniere sofort nach dem Schälen auf die üblichen Standard-Maße zurechtgeschnitten und dann ohne vorherige Trocknung (mit Blutalbumin-, Casein- oder Mischleimen von beiden) heißverleimt.

Um den immer schwieriger zu meisternden Verhältnissen entgegenzuwirken, entschlossen sich 1932 drei bekannte Firmen zu gegenseitiger Verständigung anstelle des verlustbringenden Wettbewerbes [*1.6*]. Unter der Bezeichnung ICS (Anfangsbuchstaben der Firmenmarken) schlossen sich die Firmen J. Brüning & Sohn AG. (IBUS), Potsdam, Industrie für Holzverwertung AG. (CORONA), Essen-Altenessen und Schütte-Lanz, Holzwerke AG., Mannheim-Rheinau, zusammen und bildeten eine Arbeits- und Vertriebsgemeinschaft mit folgendem Programm:

1. Spezialisierung der Sperrholzarten und Abmessungen,
2. Austausch der Fabrikate,
3. Austausch der Fabrikationserfahrungen,
4. Gemeinsame Kalkulation,
5. Einheitliches Vertriebssystem,
6. Regionale Aufteilung der Absatzgebiete,
7. Notierung einheitlicher Preise,
8. Gemeinsame Werbung,
9. Gemeinsame Bekämpfung der Schleuderkonkurrenzen,
10. Festsetzung einheitlicher Verkaufs- und Lieferbedingungen,
11. Gemeinsame Werbetätigkeit zum Anschluß anderer Werke.

Wenn auch nicht alle vorgesehenen Punkte verwirklicht wurden, so war der Erfolg des Zusammenschlusses doch eindeutig, und zwar nicht nur für die drei beteiligten Unternehmen, sondern für die gesamte Sperrholzindustrie. Die günstigen Auswirkungen veranlaßten auch andere Sperrholzwerke, den ICS-Vereinbarungen näherzutreten. Die Zahl der interessierten Firmen vergrößerte sich so sehr, daß es notwendig wurde, nach neuen Wegen der Zusammenarbeit zu suchen.

Im Juli 1933 [*1.6*] schlossen sich in Kassel 15 Firmen durch die Gründung der „Interessengemeinschaft Deutscher Sperrholzfabriken" (IDS) zusammen; später erklärten noch weitere drei Firmen ihren Beitritt. Dieser Interessengemeinschaft von 15 Firmen standen rd. 40 Außenseiter-Firmen gegenüber, die jedoch in ihrer Bedeutung verhältnismäßig gering waren, da die IDS-Mitglieder etwa 80% der gesamten deutschen Sperrholzerzeugung vertraten. Seit Gründung der IDS besserten sich die Absatzverhältnisse erheblich. Von etwa 230000 m³ 1929 war die jährliche Sperrholzproduktion auf rd. 130000 m³ 1932 zurückgegangen. 1935 stieg die Erzeugung wieder auf 190000 m³ an und mündete 1936 in eine mengenmäßige Hochkonjunktur.

Im letzten Friedensjahr vor dem Zweiten Weltkrieg, 1938, erzeugte die Sperrholzindustrie 443878 m³, die sich wie folgt auf die einzelnen Erzeugnisse verteilten:

	m³		m³
Furnierplatten	234465	Sperrtüren	26769
Tischlerplatten	173617	Sonderplatten	9027

1.43 Zweiter Weltkrieg

Im Zweiten Weltkrieg wurde die deutsche Sperrholzindustrie wieder stark mit kriegswichtigen Lieferungen betraut. Sonderplatten für Flugzeuge mußten in großem Umfange für die Luftfahrtindustrie erzeugt werden, aber auch für viele andere Zwecke wurde Sperrholz benötigt, so daß eine Fülle neuer Aufgaben an die Unternehmen der Sperrholzindustrie herangetragen wurde.

Der Einfuhrausfall ausländischer Hölzer führte zwangläufig zur starken Hinwendung auf die einheimische Buche, deren Anteil am verarbeiteten Holz auf über 90% anstieg. Das hatte zur Folge, daß die Verarbeitungstechnik von Buche gründlichst erforscht wurde und einen hohen Stand erreichte. Von kriegerischen Auswirkungen blieben die Werke der Sperrholzindustrie in den ersten Kriegsjahren weitgehend verschont, aber mit der Wende des Krieges wurde das Unheil auch in die Heimat getragen. Kriegsschäden im verbliebenen Rest Deutschlands und der Verlust von wertvollen Produktionsstätten in den abgetrennten Ostgebieten führten zu einer Verminderung der Vorkriegskapazität um 20% [1.1]. Dazu kamen weitere Verluste in den ersten Nachkriegsjahren, da in der französischen Besatzungszone alle hochwertigen Maschinen demontiert wurden.

1.44 Aufbau und Aufschwung nach dem Zweiten Weltkrieg

Nach dem Kriege bereitete die Rohstoffbeschaffung neben der schwierigen Ingangsetzung der Werke oft unüberwindliche Hindernisse. Mit der Währungsreform und dem Beginn der freien Marktwirtschaft trat rasch eine günstigere Entwicklung ein.

1946 bestanden in der Bundesrepublik etwa 60 Betriebe, die Sperrholz herstellten. Diese Anzahl erhöhte sich bis 1950 auf rd. 90 Betriebe. Einer Erzeugung von 240955 m³ 1949 standen 371612 m³ 1950 gegenüber. Ein Nachkriegshöchststand mit rd. 707800 m³ wurde 1957 erreicht.

Die in Tab. 1.1 (s. S. 12) nachgewiesene eindrucksvolle Produktionsleistung gewinnt besondere Bedeutung, wenn berücksichtigt wird, daß die deutsche Sperrholzindustrie keine billige Massenware, sondern hochwertige Plattensorten auf den Markt bringt. Welchen Wert die Hersteller auf gute Qualität legen, ist daraus zu ersehen, daß sie sich seit 1950 bemühen, neue, zeitgemäße Gütebestimmungen zu entwickeln, um eine Ablösung der bis dahin als Grundlage angesehenen „Güte- und Kennzeichnungsbestimmungen für Sperrholz mit geschälten Außenfurnieren und für Tischlerplatten-Mittellagen" zu erreichen. Diese Bestimmungen entstammten einer Anlage zur Verordnung über Höchstpreise von Sperrholz aus dem Jahre 1941. Seit dieser Zeit sind jedoch, besonders in der Verleimungstechnik, derartige Fortschritte erzielt worden, daß neue Gütebestimmungen unbedingt notwendig wurden. Im Jahre 1958 verabschiedete der Fachnormenausschuß Holz DIN 68705 (siehe Anhang E).

Tabelle 1.1 *Sperrholzproduktion in der Bundesrepublik Deutschland 1949 bis 1959 (nach BELF)*
in m³

Jahr	Furnierpl.	Tischlerpl.	Sperrtüren	Sa. Sperrholz
1949	—	—	—	240 955
1950	—	—	—	371 612
1951	208 478	203 263	68 086	479 827
1952	172 960	157 242	89 057	419 259
1953	167 976	184 959	131 689	484 624
1954	214 547	250 428	164 852	629 827
1955	222 094	244 091	183 938	650 123
1956	207 736	257 400	192 499	657 635
1957	212 342	301 474	194 000	707 800
1958	201 543	265 992	—	—
1959	205 098	292 275	—	—

Diese Norm ist gültig für Sperrholz zu allgemeinen Verwendungszwecken, besonders jedoch abgestimmt auf die Anwendung in Möbel- und Innenausbau sowie für technische Zwecke. Sie entspricht dem derzeitigen Stand der Technik und berücksichtigt bei der Einteilung der Verleimungsarten internationale Gepflogenheiten.

Weitsichtige Sperrholzfabrikanten gründeten im Jahre 1957 die „Güteschutzgemeinschaft Sperrholz e. V.", die dem Zweck dient, den Qualitätsgedanken in der Sperrholzindustrie weiterhin auszubauen. Die der Güteschutzgemeinschaft Sperrholz angeschlossenen Firmen stellen ein Sperrholz her, das nach DIN 68705 gefertigt ist. Die Einhaltung der *Gütebestimmungen* wird durch ständige Kontrollen und Materialprüfungen überwacht. Das Gütezeichen sichert somit gleichbleibende Eigenschaften der Erzeugnisse und verbürgt, daß dieses Sperrholz den gestellten Anforderungen entspricht.

Die Sperrholzindustrie hatte frühzeitig erkannt, daß die fortlaufende Verbesserung und Weiterentwicklung ihrer Erzeugnisse auf ständige Forschung nicht verzichten kann. Deshalb wurde schon in den zwanziger Jahren in Berlin eine „Beratungsstelle für Sperrholz" ins Leben gerufen. Dies geschah in engem Einvernehmen mit dem 1920 gegründeten „Verband der Sperrholzfabrikanten". In den dreißiger Jahren wurde die Beratungsstelle zu dem „Forschungsinstitut für Sperrholz und andere Holzerzeugnisse" ausgebaut. Im Jahre 1945 mußte dieses seine Tätigkeit einstellen, weil durch die Aufteilung in Besatzungszonen kein hinreichend finanzkräftiger Verband mehr als Institutsträger auftreten konnte. Im Rahmen einer „Prüfstelle für Sperrholz" wurde aber die Tradition des Institutes unter großen Opfern aufrecht erhalten, bis nach Konstituierung der Bundesrepublik ein neuer Sperrholz-Verband gegründet werden konnte. Eine seiner ersten größeren Aktionen war die Neugründung des Forschungsinstitutes, das 1950 zunächst in bescheidenstem Rahmen errichtet wurde. 1953 erhielt das Institut unter dem Namen „Forschungsinstitut für Holzwerkstoffe und Holzleime" eine eigene Rechtsform, 1960 einen Neubau in Karlsruhe.

Über den Rahmen des industrieeigenen Forschungsinstitutes hinaus ist von der Sperrholzindustrie stets Kontakt mit allen Forschungsstätten, so dem Institut für Holzforschung und Holztechnik an der Universität München, der Bundesforschungsanstalt für Forst- und Holzwirtschaft Reinbek, den Materialprüfungsanstalten, sowie der Deutschen Gesellschaft für Holzforschung gehalten worden.

In enger Zusammenarbeit mit den Forschern hat die Sperrholzindustrie neben der entscheidenden Verbesserung der Standarderzeugnisse — Furnier- und Tischlerplatten sowie Türen — in jüngster Zeit zahlreiche Artikel entwickelt, die einen wesentlich höheren Veredelungsgrad aufweisen. So konnten sich Sperrholzformteile nicht nur für Stuhlsitze und Lehnen, sondern für Sitzmöbel der verschiedensten Art durchsetzen. In der Tonmöbelindustrie findet Sperrholz — plan ebenso wie verformt — zahlreiche Anwendungsgebiete. Im Bauwesen haben sich Schalungsplatten aus Sperrholz, die beschichtet oder unbeschichtet geliefert werden, hervorragend bewährt. Sperrholzrohre haben zur Be- und Entlüftung im Bergbau weitgehend Eingang gefunden. Darüber hinaus gibt es die verschiedensten Erzeugnisse aus Sperrholz, meist in Verbindung mit Folien aus Kunststoffen oder Metall, die besonderen Verwendungszwecken dienen.

Die Zukunft der deutschen Sperrholzindustrie kann heute nicht mehr allein aus nationaler Sicht gesehen werden. Eine Europäische Wirtschaftsgemeinschaft ist Wirklichkeit geworden. In dieser und den weiteren bevorstehenden wirtschaftlichen Großräumen sind Länder zusammengeschlossen, die günstigere natürliche Standortbedingungen haben, die ihren Niederschlag in einer vorteilhafteren Kostengestaltung finden. Dem müssen u. a. die langjährige technische Erfahrung, Erfindergeist, Verbindung des Sperrholzes mit modernen Werkstoffen entgegengesetzt werden. Die guten Aussichten der deutschen Sperrholzindustrie liegen deshalb nicht in einer Ausweitung ihrer Kapazitäten, sondern in einer weitgehenden Spezialisierung und Veredelung. Über die Entwicklung der Sperrholzerzeugung in der ganzen Welt seit Ende des zweiten Weltkriegs geben die Statistiken der FAO Aufschluß. Einen Auszug daraus bringt Anhang A am Buchende.

2. Furnierhölzer

Von **Eberhard Schmidt**, München

2.1 Statistik

Die Auswahl der Holzarten, die heute auf dem deutschen Holzmarkt als Schäl- und Messerfurniere regelmäßig angeboten werden, beschränkt sich auf etwa 40 bis 50 Hölzer, die leicht namentlich aufgeführt werden können.

Aus *Europa* sind es: Fichte, Kiefer, Lärche, Eiche, Buche, Erle, Pappel, Esche, Rüster, Birke, Nußbaum, Birne, Kirsche und Platane.

Aus *Amerika:* Mahagoni, Rio-Palisander, Satin-Nuß, Whitewood und die Maserfurniere Vogelaugenahorn, Madrona, Nußbaum und Myrte.

Aus *Afrika:* Okoumé, Abachi, Limba, Khaya-Mahagoni, Sapeli, Sipo, Bubinga, Makoré, Dibétou, Kambala, Doussié, Zingana, Afrormosia, Avodiré und Movingui.

Aus *Asien:* Teak, einige Dipterocarpaceen wie Meranti, Lauan und Seraya, ostind. Palisander, Makassar-Ebenholz, ostind. Satinholz, Sen, Tamo und Ramin.

Es ist dies nur ein bescheidener Bruchteil der Hölzer des Welthandels, von denen wir wissen oder annehmen können, daß sie sich zur Erzeugung von Furnieren eignen. Die Industrie hat schon mit einer weit größeren Zahl von Hölzern als den oben angeführten praktische Erfahrungen gesammelt; so wurden in den Jahren schwieriger Holzbeschaffung unmittelbar nach dem zweiten Weltkrieg viele Hölzer mit Erfolg erprobt, die aus später zu erörternden Gründen wieder in den Hintergrund getreten sind. Außerdem wurden manche brauchbaren Probehölzer nach ersten Mißerfolgen wieder verworfen, ohne daß man die richtigen Verfahren zur Vorbehandlung genügend ausarbeitete. Zu beachten ist auch, daß über die Aufnahme der Hölzer in die Furnierindustrie gar nicht in erster Linie die schäl- und messertechnischen Annehmlichkeiten oder Schwierigkeiten entscheiden. Die schältechnisch recht schwierige Buche, auf die man während des Krieges als Ausweichholz zurückgreifen mußte und die sich auch unter Friedensbedingungen als Schälholz gehalten hat, ist ein gutes Beispiel für die Anpassungsfähigkeit der Industrie an die verschiedensten Rohstoffe. Das britische Holzforschungsinstitut in Princes Risborough [2.9] hat ohne Rücksicht auf wirtschaftliche Gesichtspunkte in wissenschaftlicher Weise eine größere Anzahl von Hölzern mit den verschiedensten technologischen Eigenschaften auf ihre *Schälbarkeit* geprüft, wobei es sogar gelungen ist, ein befriedigendes Schälverfahren für das ungewöhnlich schwere, südamerikanische Greenheart zu entwickeln.

In einem neuen, umfangreichen Werk von D. A. KRIBS [2.16] werden von den regelmäßig oder gelegentlich nach Nordamerika importierten Welthandelshölzern 57 als für Blindfurniere und 124 als für Deckfurniere geeignete Hölzer aufgeführt.

Ob sich ein Holz (und dies gilt nicht nur für Furnierhölzer) einen Markt in einem hochentwickelten Industriestaat erobern kann, hängt zweifellos in erster Linie davon ab, ob es in *größerer Menge in gleichbleibender Qualität und regelmäßig* angeliefert werden kann. Und dies wieder ist nur in solchen Erzeugungsländern möglich, in denen die Exploitation durch botanische und forstliche wissenschaftliche Vorarbeit genügend vorbereitet ist.

In Tab. 2.1 ist die Einfuhr an tropischem Rundholz in die Bundesrepublik Deutschland für das Jahr 1958 zusammengestellt; diese Zahlen wie auch die in den Tab. 2.2 und 2.3 sind der neuesten OEEC-Statistik [2.19] entnommen.

Es fällt sofort der überwiegend große Anteil der britischen und französischen, vorwiegend afrikanischen Gebiete an der westdeutschen Holzbelieferung auf. Frankreich und England haben im Interesse der wirtschaftlichen Entwicklung ihrer Kolonialgebiete in jahrzehntelanger Arbeit in den Tropen und in europäischen Forst- und Holzforschungsinstituten die Grundlagen für einen geregelten Holzhandel geschaffen. So sind schon die botanische Bestandsaufnahme bei der Vielzahl tropischer Hölzer, die Schaffung brauchbarer Baumerkennungshilfen für Förster und Exploiteure und eine klare Holznamensgebung wichtige Voraussetzungen für die Nutzung

Tabelle 2.1. *Einfuhr tropischen Rundholzes in die Bundesrepublik Deutschland im Jahre 1958*

Herkunft	Einfuhr m³
Mittelamerika	1 678
Südamerika	907
Britische Gebiete	572 491
Französische Gebiete	507 076
Belgische Gebiete	53 897
Niederländische Gebiete	280
Portugiesische Gebiete	4 014
Süd-Ost-Asien	6 028
Andere Länder	6 705
Gesamteinfuhr	1 153 076

Tabelle 2.2. *Gesamtrundholz-Ausfuhr der 17 wichtigsten afrikanischen Holzarten im Jahre 1958*

Holzart	Ausfuhr m³
Okoumé	1 020 000
Abachi	750 000
Limba	249 000
Khaya-Mahagoni	228 000
Sapeli	181 000
Sipo	183 000
Makoré	101 000
Niangon	78 000
Kambala/Iroko	60 000
Ilomba	63 000
Tola	49 000
Abura	52 000
Tali	9 000
Bongossi	20 000
Doussié/Afzelia	35 000
Tiama	27 000
Framiré	15 000

dieser Wälder gewesen. Dazu kamen die Verbesserung und Technisierung der Bringungsverfahren. Für insekten- und pilzanfällige Holzarten wie Abachi und Limba hat man eine Holzhygiene entwickelt, ohne die derartige Hölzer nicht verschifft werden können. Wenn dagegen aus Südamerika nur belanglose Holzmengen in die Bundesrepublik eingeführt werden, so liegt dies fast ausschließlich an der Unmöglichkeit, reine Partien von dort zu bekommen. Von nordamerikanischer Seite, aber auch von einigen jungen, neuzeitlich arbeitenden südamerikanischen Instituten wurde ziemlich genau erforscht, was man aus Südamerika an Holz erwarten kann; allein für das Amazonasgebiet rechnet man mit rd. 2500 verschiedenen Holzarten. Aber noch finden sich kaum südamerikanische Unternehmer, die sich diese Erkenntnisse zunutze machen. Welche Möglichkeiten sich hier noch ergeben können, zeigen zwei Beispiele, wo es der Tatkraft deutscher Importeure gelang, größere Mengen zweier Schälhölzer in sauberen Lieferungen nach Deutschland zu bringen, welche die Einfuhrziffern aus Südamerika schlagartig erhöhten; es sind dies die Einfuhren von Quaruba aus Brasilien im Jahre 1938 [2.7] und des Otoba (= Cuangaré) aus Kolumbien in den Jahren um 1954. Wirtschaftspolitische Gesichtspunkte sind zur Zeit kein Hinderungsgrund für die von deutscher Seite gewünschte Holzeinfuhr aus Südamerika. Auch der größere Schiffahrtsweg ist nicht entscheidend; das ziemlich anspruchslose, aber stets qualitätsgleiche Raminholz aus Borneo erreicht die Bundesrepublik schon seit einigen Jahren regelmäßig. Aber auch in Afrika ist es nur eine begrenzte Anzahl von Arten, die sich durchgesetzt hat. Als Beispiel für den Baumreichtum Afrikas sei nur erwähnt, daß es in dem sehr genau erforschten Gebiet der Elfenbeinküste etwa 600 Baumarten gibt, von denen immerhin 130 Arten 40 und mehr Meter hohe Bäume entwickeln. Wenn man Tab. 2.2 über die Ausfuhr aus Afrika betrachtet, so sieht man, daß zur Zeit nur 17 westafrikanische Hölzer den Markt beherrschen; mit Ausnahme von Niangon, Tali und Bongossi sind dies alles Hölzer, die ausschließlich oder vorwiegend zu Furnieren verarbeitet werden. Die Schälhölzer, Okoumé, Abachi und Limba, die vor allem zum Blindfurnieren verwendet werden, liegen an der Spitze. Die Einfuhr afrikanischer Hölzer in die Bundesrepublik Deutschland zeigt etwa das gleiche Mengenverhältnis; leider sind die Tonnenangaben in Tab. 2.3 nicht

Tabelle 2.3. *Rundholzeinfuhr aus Afrika in die Bundesrepublik Deutschland im Jahre 1958*

Holzart	Einfuhr t
Okoumé	179 500
Abachi	276 000
Limba	139 500
Makoré	38 000
Ilomba	37 000
Kambala/Iroko	24 000
Khaya-Mahagoni	22 000
Sonstige	35 000
Gesamteinfuhr	751 000

unmittelbar vergleichbar mit den Kubikmeterwerten der vorigen Tabelle. Auffällig ist das Zurückbleiben der Zahl für Okoumé, dessen Einfuhr nach Deutschland nur etwa ein Drittel der Gesamtausfuhr aus Afrika ausmacht und erheblich unter der deutschen Abachi-Einfuhr liegt. Die rasche Entwicklung des Okoumé zum wichtigsten Schälholz der Welt ist dem deutschen Interesse an diesem Holz zu verdanken. 1885 wurde man zuerst auf Okoumé aufmerksam [2.2 und 2.6], 1896 wurde der Baum botanisch beschrieben. Die Ausfuhrstatistik zeigt dann einen raschen und ziemlich stetigen Anstieg:

1902	5 000 Tonnen	1937	398 000 Tonnen
1913	134 000 Tonnen	1958	1 020 000 Tonnen.
1927	306 000 Tonnen		

Vom Anfang der Okoumé-Nutzung bis zum Beginn des Zweiten Weltkrieges ging weit über die Hälfte dieses Holzes nach Deutschland, im Jahre 1936 sogar 90,4%. Während dieses Krieges haben sich die englische, französische und nordamerikanische Schälindustrie auf dieses Holz eingestellt, so daß es für Westdeutschland schwer war, sich wieder einen größeren Anteil zu sichern. Okoumé hat nur ein begrenztes Verbreitungsgebiet mit dem Zentrum Gabun; man befürchtete in den dreißiger Jahren, daß die Bestände erschöpft und Gabun seiner wichtigsten wirtschaftlichen Grundlage beraubt werden könnte. Der Einschlag wurde beschränkt, und französische Forstleute leiteten erfolgreich eine waldbauliche Pflege der Okouméwälder ein. Der gegenwärtige Export von jährlich etwa 1 000 000 Tonnen wird jedoch auf lange Zeit nicht zu überschreiten sein.

Der Bedarf an Schälholz steigerte sich in den letzten Jahren durch die gewaltige Erhöhung der Industriekapazität in Westdeutschland weit über die Vorkriegsbedürfnisse für Gesamtdeutschland hinaus. Die Schwierigkeit der Okoumébeschaffung spielte nun Abachi und Limba in den Vordergrund; gegen 1938 hat sich die Einfuhr im Jahre 1958 für Abachi um das 15fache, für Limba um das 7fache vermehrt.

Über den Anteil deutscher und europäischer Importhölzer bei der Furnierherstellung in der Bundesrepublik Deutschland gibt es keine Unterlagen; selbst die Angaben über den Einschlag westdeutscher Holzarten sind

Tabelle 2.4. *Westdeutscher Holzeinschlag (Forstwirtschaftsjahr 1958)*

	fm mit Rinde
Nadelstammholz	
Fichte, Tanne, Douglasie	9 580 000
Kiefer, Lärche, Weymouths-kiefer	2 607 000
	12 187 000
Laubstammholz	
Eiche	807 000
Buche	1 857 000
andere Laubhölzer	234 000
	2 898 000
Insgesamt	15 085 000

in den Statistischen Monatsberichten [2.5] für das Stichjahr 1958 sehr summarisch gehalten (s. Tab. 2.4). Es ist nicht abzuschätzen, welcher Anteil des Stammholzes in die Furnierindustrie wanderte.

Die Gesamterzeugung von Furnieren und Sperrholz aus eigenem und importiertem Holz in den westdeutschen Werken betrug nach der gleichen Quelle 1958:

Furniere m³		Sperrholz m³	
Messer- und Sägefurniere	Schälfurniere	Furnierplatten	Tischlerplatten
233 383	148 203	201 759	268 385

2.2 Hölzer für Blindfurniere

Sämtliche Furniere für Blindlagen werden rundgeschält; es ist dies die billigste Herstellungsart, welche die größtmögliche Ausbeute bringt, vorausgesetzt daß die Schälblöcke genügend stark sind, so daß die nicht mehr schälbare Restrolle den Ertrag nicht zu sehr schmälert. Außer Blindlagen werden noch schlichte Deckfurniere, Furniere für Spankörbe, Zigarrenkisten und für die Zündholzindustrie rundgeschält. Über 90% aller Furniere werden auf diese Weise gewonnen. Beim Rundschälen entstehen besonders großflächige Furniere, die jedoch wenig Zeichnung aufweisen, da der Schnitt nur die gewöhnlich wenig auffällige Tangentialfläche des Holzes freilegt. Ein weiterer Nachteil der Schälfurniere besteht darin, daß der Schnitt nicht in einer Ebene erfolgt, sondern die Blätter in einer Spirale abgespult werden. Die Furniere sind bestrebt, ihre durch die Schnittführung erzeugte Wölbung beizubehalten. Beim Schälen (wie auch beim Messern) entstehen an der inneren, „offenen", dem Schälblock zugekehrten Seite des Furniers durch Aufbiegen durch das Messer stets feine Haarrisse (Bild 2.1); beim Verleimen wird das Furnier geebnet, dabei erweitern sich diese Risse und erhöhen die Gefahr des Leimdurchtritts.

Die in so großen Mengen benötigten Blindhölzer haben nur wenige schältechnische Bedingungen zu erfüllen, sie können in Farbe und Zeichnung schlicht sein und dennoch steht nur eine beschränkte Anzahl solcher Hölzer zur Verfügung. Man sollte annehmen, daß *die gemäßigten Zonen* mit ihren holzartenarmen Wäldern die Hauptquellen für solche Massenhölzer sind. Man denkt zunächst an die Nadelhölzer, deren Einschlag in Westdeutschland gegenüber den Laubhölzern das Vierfache beträgt (vgl. Tab. 2.4). Aber Nadel- wie Laubhölzer erreichen in unseren Kulturwäldern nicht die Abmessungen, die ihnen einen Wettbewerb mit vielen tropischen Bäumen erlauben. Dazu kommt, daß innerhalb der einzelnen Arten das Holz viel uneinheitlicher ist; gerade in Mitteleuropa wirken sich die stark wechselnden klimatischen Bedingungen auf topographisch und bodenkundlich verschiedenen Standorten sehr erheblich auf die Holzqualität aus. Schon allein die durch den Sommer-Winter-

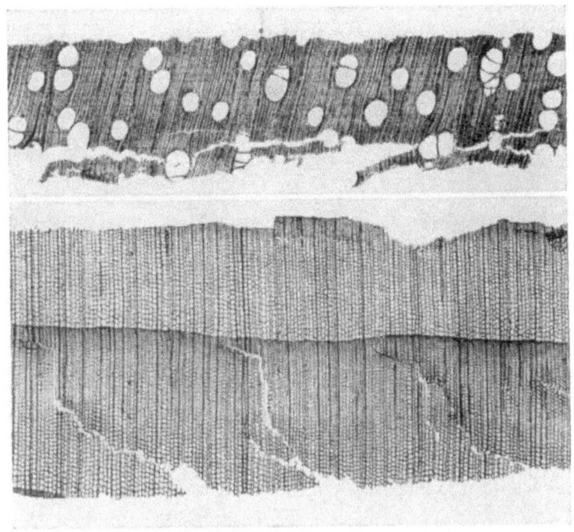

Bild 2.1. Schälrisse in Furnieren, oben bei Okoumé, *Aucoumea Klaineana*, unten bei Fichte, *Picea Abies*. Querschnitt 15 : 1.

Wechsel hervorgerufene Bildung von dichtem Spät- und lockerem Frühholz bildet ein schältechnisches Hindernis. Die entwicklungsgeschichtlich älteren und im Holzbau primitiveren Nadelhölzer besitzen für die Wasserleitung und als Festigungsgewebe die gleichen Zellelemente, nämlich die Fasern oder Tracheiden; im Frühjahr wird zunächst eine Zone wasserleitenden Gewebes mit weitlumigen und dünnwandigen Fasern als Frühholz angelegt, das darauffolgende Spätholz besteht ausschließlich aus dickwandigen Fasern (Bild 2.2). Es ist bezeichnend, daß gerade die Nadelhölzer mit dem schroffsten Übergang von Früh- zu Spätholz,

Bild 2.2. Fichte, *Picea Abies*. Qureschnitt 20 : 1.

2*

nämlich Kiefer und Lärche, als Schälhölzer überhaupt nicht verwendet werden. Bei den Laubhölzern liegen die Verhältnisse etwas
günstiger: die Wasserleitung wird von besonderen Elementen, den Gefäßen, übernommen, und dickwandige Fasern treten auch schon im
Frühholz auf, um allerdings im Spätholz anteilmäßig zuzunehmen. Die
Gefäße sind nach zwei Grundtypen angeordnet; bei den sogenannten
zerstreutporigen Hölzern (Bild 2.3) sind die Gefäße ziemlich gleichmäßig
im Holz verteilt, bei den ringporigen (Bild 2.4) wird im Frühjahr eine

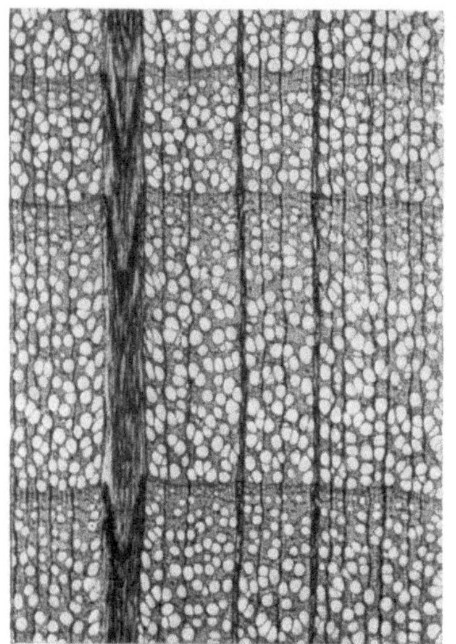 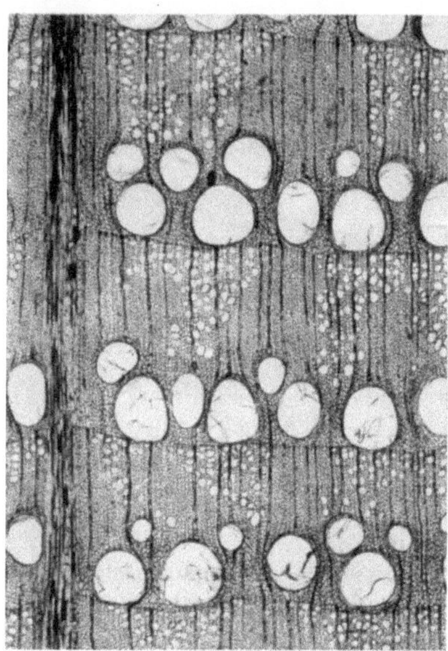

Bild 2.3. Buche, *Fagus silvatica*. Querschnitt 20:1.   Bild 2.4. Eiche, *Quercus sp.* Querschnitt 20:1.

lockere Zone mit besonders großen Poren gebildet. Unter den mehr
homogen gebauten zerstreutporigen Laubhölzern finden wir dementsprechend auch alle beliebten Schälhölzer der gemäßigten Zone: Pappel,
Birke, Erle, Buche, Whitewood und Satin-Nuß. Nur die ringporige, für
Deckfurniere geschälte Eiche scheint hiervon eine Ausnahme zu machen;
die milden Schäleichen (wie unsere Spessarteiche und die Appalachian
Oak der Nordamerikaner) sind jedoch sehr engringig, die Frühholz
Porenkreise rücken eng zusammen und lassen kaum mehr Raum für eine
Spätholzbildung. Diese Eichen sind praktisch zerstreutporig geworden,
und die Schälmesser gleiten durch das gleichmäßige Holz, ohne wie bei
weitringiger Eiche durch den Wechsel harter und weicher Zonen in
Schwingung zu geraten. Ein weiterer schältechnischer Nachteil, der sich
vorwiegend bei Bäumen der gemäßigten Zonen findet, ist die Bildung
von Reaktionsholz; an schrägstehenden oder dem Winde einseitig aus-

gesetzten Stämmen werden zum Ausgleich der Längsspannungen im Querschnitt halbmondförmige Lagen festeren Holzes angelegt, bei den Laubhölzern auf der „Luvseite" als Zugholz, bei den Nadelhölzern auf der „Leeseite" als Druck- oder Rotholz. Am meisten stört diese Erscheinung bei Fichte und Pappel; bezeichnenderweise tritt bei tropischen Schälhölzern ein schlecht erkennbares, aber sehr häufiges Druckholz in den Stämmen der Brasilkiefer auf, einem Baum, der in sehr lockeren Beständen besonders stark dem Wind ausgesetzt ist. Diese Zonen dichteren Holzes sind häufig die Ursache für schwankende Dicken der Schälfurniere; außerdem werden Furniere mit Zugholz leicht „wollig", da Faserbündel aus dem Holz herausgerissen werden. Dieses Übel kann durch schwächeres Dämpfen etwas vermindert werden. Dennoch sind solche Furniere schlecht weiterzubehandeln, da sie sich stark werfen und ein ungleiches Schwindmaß haben.

Wie bereits in Unterabschnitt 2.1 dargestellt wurde, ist für die *tropischen Wälder* vielerorts die Grundlage für eine geregelte Exploitation oder gar Forstwirtschaft noch nicht geschaffen. Aber auch in gut erforschten Gebieten, für die hervorragende Unterlagen über die Waldzusammensetzung und die Gebrauchseigenschaften der meisten Holzarten vorhanden sind, stellen sich der wirtschaftlichen und umfassenden Waldnutzung noch viele Hindernisse entgegen. So ist es gerade der Artenreichtum, der das Zusammenstellen großer Partien der gleichen Holzart ungemein erschwert. Man rechnet in der Regel in tropischen Wäldern mit etwa 20 verschiedenen Baumarten je Hektar; viele Probeflächen haben auch schon bis zu 60 aufgewiesen. Dazu kommen die schwierigen Bringungsverhältnisse in den Urwäldern und der Mangel an geschultem Personal. Gerade die weichen, vielfach kernlosen, daher leicht verderblichen Massenschälhölzer verlangen trotz neuzeitlicher chemischer, aber am Rundholz doch nur begrenzt wirksamer Schutzverfahren eine rasche Beförderung. Man beschränkt sich deshalb unter dem Druck der Nachfrage auf die häufig vorkommenden und leicht erreichbaren Bäume, deren Holz der Schälindustrie bekannt ist und ohne Zweifel aufgenommen wird. Solche Hölzer sind das auf beschränktem Raum vorkommende Okoumé, das durch das Flußnetz des Ogowe in Gabun gut zugänglich ist, oder Abachi und Limba, die über große Gebiete Westafrikas gleichmäßig verteilt und ziemlich häufig sind. Es besteht jedoch die Gefahr, daß die Bestände an diesen Hölzern die steigende Nachfrage nicht mehr erfüllen können; man wird zwangläufig weitere Hölzer in die regelmäßige Nutzung einbeziehen müssen. Die sehr erfolgreichen, besonders französischen Wiederaufforstungsarbeiten sind erst Ansätze zu einer nachhaltigen, tropischen Forstwirtschaft. Die Ausweitung der Nutzung auf neue Holzarten kann sich nur vorteilhaft auf die Wirtschaft der Erzeugungsländer auswirken und wird für die

Industrie keine Belastung sein. Da die Gefahr von Rückschlägen in erster Linie bei den Importeuren liegt, werden nur brauchbare neue Hölzer angeboten werden. Und deren gibt es gerade für die Schälindustrie in den tropischen Wäldern genug. Die eben genannten, bevorzugten Schälhölzer haben ihre günstigen Eigenschaften mit vielen anderen tropischen Hölzern gemein.

Bäume mit großen Abmessungen sind keineswegs Einzelgänger; am Beispiel Elfenbeinküste wurde schon erwähnt, daß dort 20% von allen Holzarten Baumriesen darstellen, von denen 20 bis 30 m lange, astfreie und im Mittel über 1 m dicke Stämme erwartet werden können. Ähnliche Verhältnisse herrschen auch in den tropischen Urwäldern Amerikas und des indisch-malaiischen Gebiets.

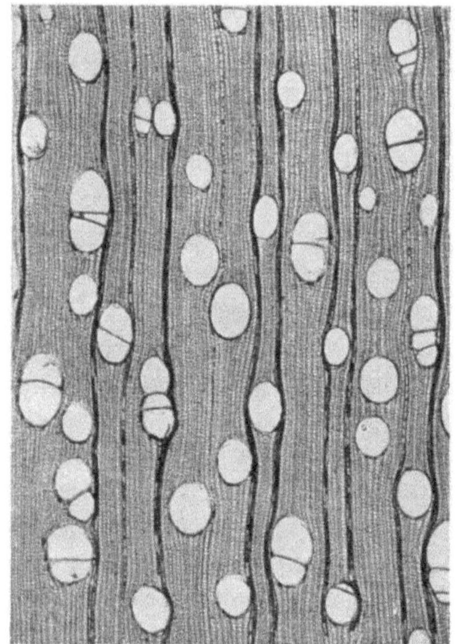

Bild 2.5. Okoumé, *Aucoumea Klaineana*. Querschnitt 45 : 1.

Die über weite Räume ziemlich einheitlichen Standortsverhältnisse und die schwache Auswirkung der jahreszeitlichen Klimaunterschiede in den geschlossenen, immergrünen Regenwäldern, aus denen diese Massenhölzer fast ausnahmslos stammen, erzeugen ein einheitliches Holz innerhalb des einzelnen Stammes wie auch der einzelnen Holzart. Vergleicht man den mikroskopischen Querschnitt durch Okouméholz (Bild 2.5) mit den vorhergehenden Bildern europäischer Hölzer (Bild 2.2, 2.3 und 2.4), so fällt zunächst das Fehlen der Jahrringe auf; die das Grundgewebe bildenden Fasern haben eine stets gleichbleibende Wanddicke, und diese Einheitlichkeit läßt sich durch den ganzen Stamm verfolgen. Die Fasern sind außerdem ziemlich dünnwandig, wodurch die schälgünstige, geringe Dichte des Holzes bedingt ist. Wohl lassen sich bei vielen tropischen Hölzern mit bloßem Auge ebenfalls Zuwachszonen erkennen, die aber nach ihrer zeitlichen Anlage nicht unseren Jahrringen entsprechen; in unregelmäßigen Zeitabschnitten können schwache Hemmungen des Dickenwachstums auftreten, wenn sich der Baum durch Fruchtbildung oder vermehrte Lauberneuerung stärker verausgabt; nie kommt es aber zu einer so betonten Spätholzbildung wie in unseren Zonen. Okoumé ist außerdem besonders schlicht gebaut, da das bei Tropenhölzern oft sehr auffällige Speichergewebe oder Parenchym auf wenige Zellen am Rande der Gefäße beschränkt ist. Die verschiedenen Bautypen der Hölzer sind natürlich auch abhängig von der Stellung der Bäume im botanischen System. Leider besitzt die Familie *Burseraceae*, zu der Okoumé (*Aucoumea Klaineana*) gehört, nur wenige Gattungen mit häufig auftretenden Baumriesen; bereits erprobte Schälhölzer aus dieser Familie sind noch afrikanische und indische *Canarium*-Arten, das afrikanische Ozigo (*Dacryodes spp.*) und südamerikanische *Protium*-Arten. In der den Burseraceen nächststehenden Familie *Anacardiaceae* ist das afrikanische Onzabili (*Antrocaryon Klaineanum*) das Holz, das in allen Eigenschaften dem Okoumé am nächsten kommt; andere bewährte, aber noch nicht in größeren Mengen geschälte Hölzer dieser Familie sind das afrikanische Kumbi (*Lannea Welwitschii*) und tropisch-amerikanische *Anacardium*- und *Campnosperma*-Arten. Aus der nahestehenden Familie der *Simarubaceae* kann nur die Gattung *Simaruba* genannt werden; das südamerikanische Marupá, *Simaruba amara*, ist in seinen Eigenschaften unserer Linde sehr ähnlich. Ebenfalls sehr schlicht gebaute Hölzer finden wir in den von

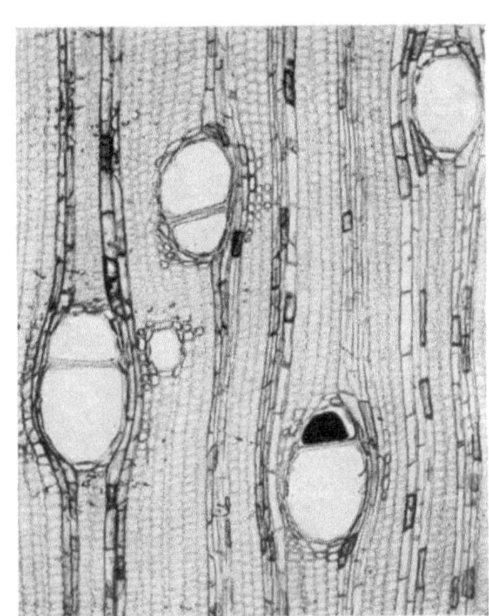

Bild 2.6. Ilomba, *Pycanthus angolensis*.
Querschnitt 45 : 1.

den vorigen sehr weit abliegenden Familien *Myristicaceae*, *Rubiaceae* und *Apocynaceae*. Die *Myristicaceae* haben bereits für die Schälindustrie große Bedeutung gewonnen; zu ihr gehört das afrikanische Ilomba, *Pycnanthus angolensis*, das in großen Mengen nach Deutschland eingeführt wird, vgl. Tab. 2.2 und 2.3. In Holland wird regelmäßig das aus Surinam stammende Baboen (*Virola surinamensis* (2.22)) geschält. Auch Otoba aus Kolumbien (*Dialyanthera otoba*) hat sich in Deutschland schon bewährt (s. S. 16). Beim Vergleich der Anatomie eines solchen Holzes (Bild 2.6) mit Okoumé sehen wir als Unterschied lediglich, daß die Fasern genauer in radialen Reihen ausgerichtet und die Markstrahlen, das sind die dem Stofftransport in der Waagerechten dienenden, radial im Holz verlaufenden Gewebestreifen, breiter und lockerer gebaut sind; Schälfurniere aus solchen Hölzern neigen

etwas mehr zu Rissen und müssen bis zur Verleimung schonungs-
voll behandelt werden. Die Myristicaceenhölzer sind sehr pilz- oder in-
sektenanfällig und verlangen deshalb besondere Pflege sofort nach dem
Schlagen. In der außerordentlich artenreichen (etwa 6000 Arten!)
Familie der *Rubiaceae* sind leider nur wenige, größere Baumarten auf-
zutreiben, und es hat sich nur das afrikanische Abura (*Mitragyne stipulosa* (vgl. Tab. 2.2)) als Schälholz erwiesen; es ist ein sehr gut stehendes,
aber wegen seiner etwas grauen Färbung wenig ansprechendes Holz.

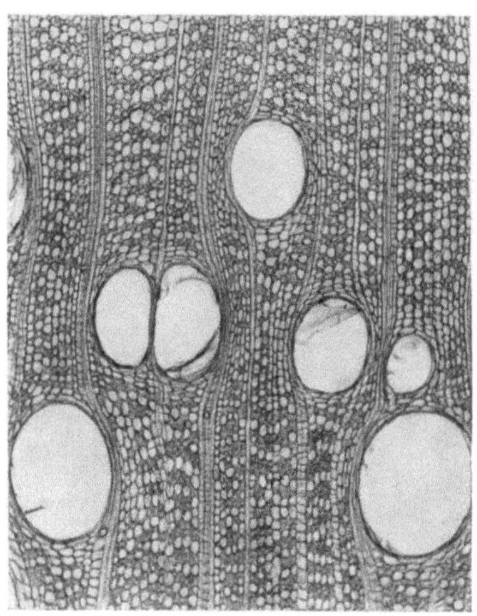

Bild 2.7. Abachi, *Triplochiton scleroxylon.*
Querschnitt 45 : 1.

Aus der Familie *Apocynaceae*
sind als Schälhölzer das afrikanische Emien (*Alstonia congensis*) und ostasiatische *Dyera*-
Arten bekannt. Die sehr niedrige Dichte (lufttrocken etwa
0,3 g/cm³) des Emien wirkt sich
bei solch einfach gebauten Hölzern jedoch nachteilig auf die
Schälbarkeit und die Furnier-
festigkeit aus.

Ein grundsätzlich anderer
Bautyp, der sehr leichten Hölzern doch eine ziemlich große
Festigkeit gibt, liegt bei den in
allen Tropen häufigen Vertretern
der nahe verwandten Familien
Bombacaceae und *Sterculiaceae*
vor. Hierzu gehören die Baumriesen Ceiba (*Ceiba pentandra*)
und viele *Bombax*-Arten, vor
allem aber aus der zweiten
Familie das zur Zeit in Deutschland am meisten geschälte, afrikanische Abachi (*Triplochiton scleroxylon*). Bild 2.7 zeigt wieder als Ganzes
betrachtet ein sehr homogenes Holz; das Grundgewebe jedoch setzt
sich zusammen aus dickwandigen, festen Fasern und sehr dünnwandigen, etwas größeren Parenchymzellen; Fasern und Parenchym wechseln
in regelmäßigen, sehr schmalen Schichten miteinander. Bei Abachi
beträgt der auf die Fläche berechnete Anteil der die geringe Dichte
bedingenden Parenchymzellen 41% [2.14].

    Schlichte Schälhölzer, deren Gefüge zwischen den geschilderten
Grenztypen Okoumé und Abachi liegt, die wohl reichlich Parenchym
besitzen, bei denen aber doch meist die Faserwanddicken über Festigkeit
und Dichte entscheiden, finden wir bei den *Combretaceae* (Limba, Framiré), den *Euphorbiaceae* (z. B. Erimado und Assacú), den *Leguminosae,*

Unterfam. *Mimosoideae*, den *Vochysiaceae* (Quaruba), den *Moraceae* (Antiaris), den *Gonystylaceae* (Ramin) und bei den für die asiatischen Tropen wichtigen *Dipterocarpaceae* (s. Abschn. 2.4).

2.3 Hölzer für Deckfurniere

Die Deckfurniere, die vorwiegend im Möbelbau und für Innenausstattungen verwendet werden, und deren *natürliche Färbung* und *Zeichnung* zur Geltung kommen sollen, müssen den vielfältigen Verwendungsmöglichkeiten vom einfachen Büromöbel bis zum Luxusmöbel und der Geschmacksrichtung des Verbrauchers gerecht werden. Es besteht deshalb auf dem Markt eine viel größere Auswahl an Holzarten als bei den Blindhölzern. Für Deckfurniere müssen erheblich höhere Preise bezahlt werden, da wertvolle Holzarten vielfach als kleine Stämme mit aufwendigen Verfahren aufgearbeitet werden müssen. Um die ästhetischen Werte des Holzes voll zur Geltung zu bringen, muß der Struktur des Holzes entsprechend jeweils die günstigste Schnittrichtung gewählt werden. Deckfurniere werden deshalb auf verschiedene Weise durch Schälen, Messern und Sägen gewonnen.

Das *einfache Rundschälen*, wie es für Mittel- und Zwischenlagen verwendet wird, hat auch für die Gewinnung von Deckfurnieren seine Bedeutung; wohl zeigen diese rein tangential geschnittenen Furniere besonders wenig Zeichnung, sie sind aber billig und deshalb für große Lieferungen einfacher Möbel sehr geschätzt. Dazu kommt noch, daß die Furniere einheitlicher ausfallen und sich deshalb besser für die heute beliebten Anbaumöbel eignen. Auch bevorzugt die gegenwärtige Mode schlichte Hölzer; das heller Eiche äußerlich sehr ähnliche Limba ist ein Beispiel hierfür. Die großen Stämme des birnbaumähnlichen, afrikanischen Makoré verführen ebenfalls zur schältechnischen Behandlung, obwohl Radialschnitte ein erheblich schöneres Furnier ergeben. Die Eintönigkeit der Schälfurniere erlaubt allerdings nur selten, gleichgezeichnete Blätter zu Mustern zusammenzustellen. Bei Stämmen, die eine mehr ausgeprägte Fladerzeichnung aufweisen, bringt man längs einen Sägeschnitt an, so daß beim Schälen gleichartige Blätter anfallen. Um wenigstens die Zuwachszonen etwas kräftiger zur Geltung zu bringen, kann man *exzentrisch rundschälen*, wobei die Schälachse nicht im Mittelpunkt des Stammes liegt. Eine weitere Verbesserung ist das Halbrundschälen; ein halbierter Stamm wird von der Außenseite oder radialen Innenfläche her geschält; es entstehen dabei Blätter (keine fortlaufenden Bänder), deren Schnittrichtung zwischen radial und tangential liegt. Einfach rundgeschält werden alle Maserknollen und Maserstämme, weil hier der Tangentialschnitt das schönste Bild ergibt.

Eine sehr wirkungsvolle, aber nur wenig angewendete Schneideart ist das sogenannte *Radialschälen*, bei dem die Stämme wie mit einem großen Bleistiftspitzer halb längs, halb quer geschält werden; es entstehen dabei runde Furniere, mit denen kleine runde Tische geziert werden können. Diese Furniere sind sehr empfindlich und behalten in der Mitte ein Loch, das durch ein rosen- oder sternförmiges Intarsienstück abgedeckt werden muß.

Die große Mehrzahl der Deckfurniere wird jedoch durch *Messern* erzeugt, weil nur hierbei eine genaue, meist radiale Ausrichtung der Blöcke möglich ist. Das Verfahren verteuert sich durch den Verlust beim Vierteln der Stämme, aber nur auf diese Weise lassen sich auch die oft schwach bemessenen Edelhölzer zu Furnieren verarbeiten. Beim Messern werden die Furniere gegenüber dem Schälen mehr geschont, da sie in einer Ebene geschnitten werden und flach bleiben.

Nur unbedeutend ist die Erzeugung von *Sägefurnieren*, die auf Kreissägen oder Furniergattern vorgenommen wird, da das Sägen im Gegensatz zum spanlosen Schälen und Messern einen großen Schnittverlust mit sich bringt. Da aber das Sägen die Furniere schont und keine Risse entstehen, gibt es doch einige Sonderanwendungen wie im Musikinstrumentenbau, wo man auf Sägefurniere nicht verzichten kann. Auch dickere Eichenfurniere und Zirbelkiefer für Wandbekleidungen werden gesägt. Intarsienarbeiter, die ihren Werkstoff vielfach in kleinen Stücken besorgen, stellen sich die Furniere häufig mit der Kreissäge selbst her, zumal viele auffällige Farbhölzer wie Amaranth und Padouk als Furniere käuflich gar nicht zu erwerben sind.

Um die Möglichkeiten aufzuzeigen, wie sich die ästhetisch vorteilhaftesten Schnittrichtungen für Deckfurniere finden lassen, muß man sich eingehend mit der Struktur des Holzes vertraut machen. Die Verteilung der das Holz aufbauenden Gewebe ist am klarsten auf dem Hirnschnitt zu erkennen; der Praktiker interessiert sich aber vor allem für das Aussehen der Längsschnitte, von denen deshalb im folgenden ausgegangen wird.

Am *normal gebauten Stammholz* sieht man bei fast allen Hölzern durchgehende *Längsstreifungen, die durch die Zuwachszonen bedingt sind* oder mit ihnen in Zusammenhang stehen. Auf dem Längsschnitt der Kiefer in Bild 2.8, der etwa in der Mitte zwischen Rinde und Stammmittelpunkt geführt wurde, sieht man das dunklere Spätholz scharf abgesetzt von dem hellen Frühholz. An den Bildseiten ist der Schnitt nahezu radial, die Breite der Längsstreifen entspricht etwa der Breite der Jahrringe; gegen die Mitte zu wird die Schnittrichtung immer mehr tangential, und die Zeichnung wird zu einem auffälligen Muster auseinandergezogen. Die parabelähnlichen Linien, von den Holzfachleuten Fladern genannt, entstehen, wenn der Tangentialschnitt die Jahrringgrenzen durchschneidet; die Abholzigkeit, das Sichverjüngen der Stämme nach oben, führt zwangläufig zu dieser Zeichnung; die Höhe der

Fladern kann man durch leichtes Kippen der Schälblöcke etwas beeinflussen. Bei den zerstreutporigen Laubhölzern (vgl. Bild 2.13) ist die Jahrringzeichnung gewöhnlich weniger ausgeprägt und tritt nur dann hervor, wenn die Spätholzzonen stärker gefärbt sind. Bei den Ahornarten z. B. wird die Jahrringgrenze durch eine schmale, braune Linie scharf markiert. Eine Reihe tropischer Edelhölzer zeigt besonders auffällige

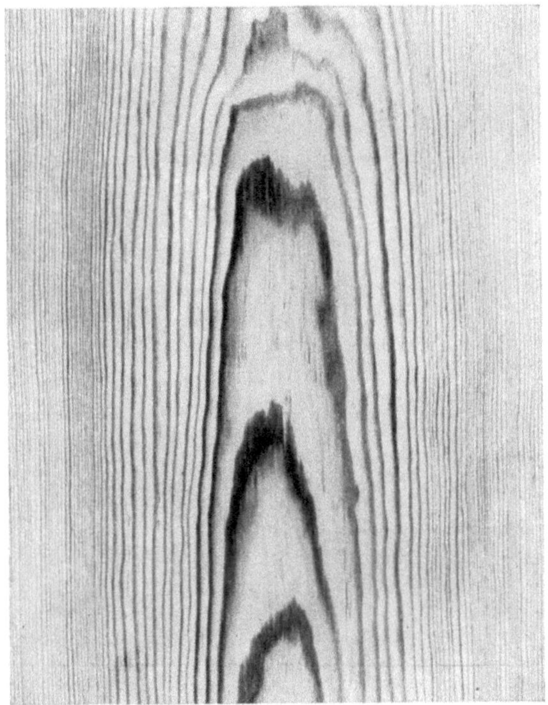

Bild 2.8. Kiefer, *Pinus silvestris*. Tangentialfläche, Fladerschnitt.

Farbstreifungen, wenn die Farbablagerungen bei der Kernholzbildung zonenweise verschieden stark erfolgen; das afrikanische Zebrano (Bild 2.9), das bei uns häufig als Schaufensterausstattung oder in Hoteldielen zu sehen ist, zeigt vom hellen Untergrund stark abgesetzte dunkelbraune Streifen. Weitere bekannte Beispiele sind Makassar-Ebenholz und die verschiedenen *Dalbergia*-Arten, wie ost- und westindischer Palisander, Cocobolo und Königsholz, bei denen braune, violette und schwarze Streifen miteinander wechseln. Bei den ringporigen Laubhölzern, zu denen Eiche, Esche, Rüster und Teak gehören, bestimmen die großporigen Frühholzzonen das Bild; bei Rüster sind die kleineren Spätholzgefäße ebenfalls in tangentialen Ringen angeordnet, wodurch neben der Jahrringzeichnung noch feinere, besonders reizvolle Zwischenfladern entstehen.

Bei vielen tropischen Hölzern ist, wie schon in Abschn. 2.2 erwähnt, auch das *Speichergewebe* oder *Parenchym* sehr stark ausgebildet. Wo es so gleichmäßig wie bei Abachi (Bild 2.7) verteilt ist, tritt es makroskopisch nicht in Erscheinung. Häufig aber zeigt sich dieses lockere Gewebe auf dem Querschnitt als Bänder (Bild 2.10) oder als ring- und augenförmige Umrahmungen der Gefäße (Bild 2.11). Je nach Breite und farblichem Gegensatz zu den Fasern wirken die Bänder als mehr oder weniger deutliche Längsstreifen und Fladerzeichnungen. Sapeli und einige andere *Entandrophragma*-Arten zeigen dadurch eine feine, rüsterähnliche Fladerzeichnung, wodurch sie leicht von dem schlichten Khaya-Mahagoni zu unterscheiden sind. Das die Gefäße umgebende Parenchym läßt große Poren noch deutlicher

Bild 2.9. Zebrano, *Microberlinia brazzavillensis.* Radialfläche, Spiegelschnitt.

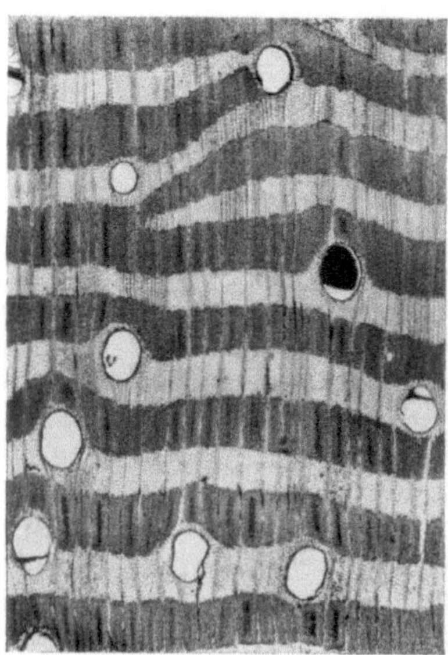

Bild 2.10. Wengé, *Millettia Laurentii.* Querschnitt 25 : 1.

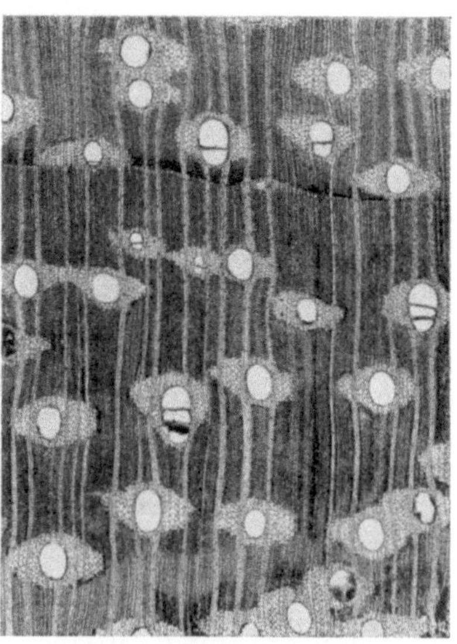

Bild 2.11. Doussié, *Afzelia sp.* Querschnitt 15 : 1.

sichtbar werden; so wird z. B. bei dem afrikanischen Doussié die Zeichnung durch diese hellen Gefäß-Parenchym-Streifen beherrscht. Ist dieses Parenchym auf dem Hirnschnitt sehr unruhig angeordnet, so entstehen auf den Furnieren federartige Zeichnungen, die z. B. dem südamerikanischen Rebhuhnholz (*Andira*-Arten) seinen Namen gegeben haben.

Eine weitere Längsstreifung, die sich bei vielen besonders hohen, tropischen Bäumen findet, ist durch *Wechseldrehwuchs oder Widerspänigkeit* verursacht. Die Faserrichtung weicht hier in tangentialer

Bild 2.12. Dibétou, *Lovoa trichilioides*.
Radialfläche, Spiegelschnitt.

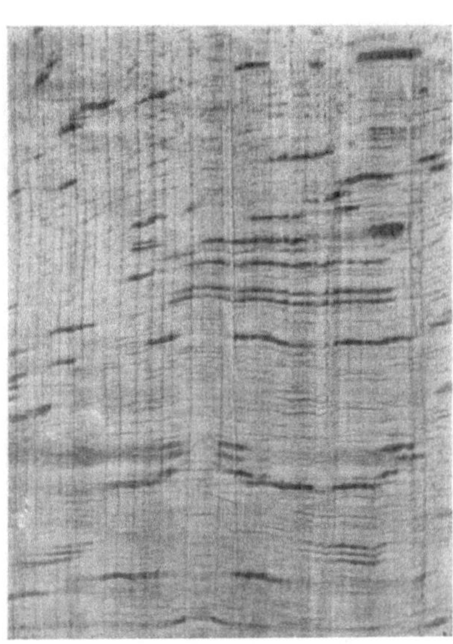

Bild 2.13. Buche, *Fagus silvatica*.
Radialfläche, Spiegelschnitt.

Richtung etwas von der Stammachse ab, und zwar in Zuwachszonenbreite rhythmisch wechselnd bald nach rechts bald nach links. Sicher hat diese Konstruktion für die Standfestigkeit solcher Baumriesen ihre Bedeutung. Wird ein derartiges Holz radial gemessert, so werden die verschiedenen Zuwachszonen mit oder gegen die Faser geschnitten, es entstehen Längsbänder, die je nach Lichteinfall stumpf oder glänzend wirken (Bild 2.12). Bekannte Beispiele für solche „Streifer" sind Sapeli und Makoré.

Querzeichnungen am normalen Stammholz werden ausschließlich durch die Markstrahlen hervorgerufen. Markstrahlen laufen in radialer Richtung und verbinden das Holz mit der Rinde; in allen bisher gezeigten, mikroskopischen Querschnittsbildern sind es die von oben nach unten, senkrecht zu den Jahrringen ziehenden Streifen; im Tangentialschnitt weisen sie linsen- oder spindelförmigen Querschnitt auf (vgl.

Bild 2.14); im Radialschnitt bilden sie waagerecht verlaufende Bänder (Bild 2.13). Die Markstrahlen, die häufig dunkler sind als das Grundgewebe oder stark glänzen (man spricht deshalb von Spiegeln), bestimmen weitgehend das Aussehen der Radialfurniere. Die sehr schmalen Markstrahlen der Nadelhölzer sind dem bloßen Auge kaum sichtbar, bei Rüster und Ahorn veredeln sie als feine Querstreifen das Aussehen des Holzes, bei der Eiche sind die Spiegel schon so auffällig und auch je nach Schnitt so unregelmäßig, daß sie nicht jedem Geschmack entsprechen. Sehr schöne Zeichnung geben die regelmäßigen, dunklen Markstrahlen der Platane und die ebenfalls sehr gleichmäßigen und leuchtend hellen der in England sehr geschätzten australischen Seideneiche (*Cardwellia sublimis*, Fam. *Proteaceae*). Auf der Tangentialfläche fallen die Markstrahlen gewöhnlich nicht ins Auge, wenn sie sich nicht wie bei der Buche durch dunklere Färbung und genügende Größe bemerkbar machen. Bei manchen Exoten sind die Markstrahlen in genau waagerechten Reihen ausgerichtet, z. B. bei Sapeli und amerikanischem Mahagoni. Wenn bei solchen Hölzern mit Stockwerkbau, die Etagen auch nur einen halben Millimeter hoch sind (Bild 2.14), so geben sie der Tangentialfläche doch ein satinähnliches Aussehen.

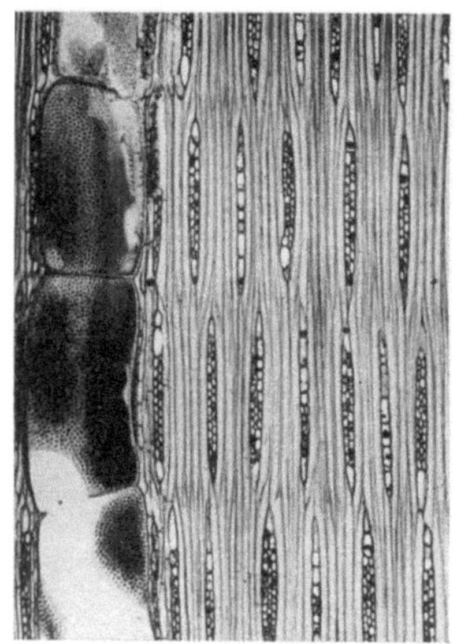

Bild 2.14. Faro, *Daniellia thurifera.* Tangentialschnitt 45 : 1.

Die schönsten und begehrtesten Furnierbilder werden jedoch durch *Abweichungen vom normalen Holzaufbau* hervorgerufen. Die Muster, die sich hierbei ergeben können, sind so mannigfaltig, daß sie oft schwer zu beschreiben sind, und deshalb die Phantasie zu einer verwirrenden Namensgebung angeregt haben; wir hören von „Vogelaugen", „Eisblumen", „Pyramiden", von geflammten, geäpfelten, gesprengelten und gefleckten Mustern. H. MAYER-WEGELIN und J. PIEPER [*2.17*] haben die deutschen, englischen und französischen Bezeichnungen recht übersichtlich einander zugeordnet, und es ist zu hoffen, daß der Handel in Zukunft sie nicht durch neue Erfindungen vermehrt. Im Grunde sind all diese Bilder auf ungewöhnlichen Faserverlauf oder auf krankhafte Vermehrung schlafender Knospen zurückzuführen. Während die bisher betrachteten Eigentümlichkeiten des normalen Stammaufbaus streng an die einzelnen Holzarten gebunden sind, finden sich die Abweichungen bei den verschiedensten Hölzern; bestimmte Arten zeigen solche Ausbildungen allerdings besonders häufig, wie z. B. Mahagoni, Makoré und Birke. Aber auch bei diesen ist es nur ein geringer Prozentsatz der Bäume, die zu Luxusfurnieren geeignet sind. Die Tatsache, daß im gleichen Bestand unter gleichen Lebensbedingungen schlichte und derartig gemusterte Stämme nebeneinander stehen, gibt zu der heute allgemeinen Annahme Anlaß, daß diese Strukturen in bestimmten Baumrassen erblich sind. Wegen des sporadischen Auftretens solcher besonders wertvollen Bäume ist es der Praxis schon lange ein Anliegen, sie möglichst schon im Walde an äußeren Merkmalen zu erkennen. Bis jetzt aber haben sich Anweisungen dazu nicht als zuverlässig erwiesen; R. J. NEWALL [2.18] fand immerhin bei englischer Birke, daß schlichtes Holz meist mit glatter, geflammtes mit rauher Rinde gekoppelt war. Die Querschnitte der Stammabschnitte geben leider keinen Aufschluß über den Faserverlauf; an der entrindeten Stammoberfläche lassen sich Rückschlüsse auf die äußersten Holzlagen ziehen. Zur Einschätzung der zu erwartenden Furniere dürfte noch am zuverlässigsten das von H. MAYER-WEGELIN und J. PIEPER [2.17] vorgeschlagene Verfahren sein: auf dem Hirnschnitt werden radiale Kerben mit senkrechter Seitenwand, die einen radialen Längsschnitt darstellt, eingeschnitten; dieser etwa 1 cm hohe Radialstreifen kann durch Lackauftrag noch deutlicher gemacht und mit der Lupe untersucht werden.

Eine sehr gute Darstellung der Ursachen für absonderliche Zeichnungen im Holz, die auch hier mitverwendet wird, findet sich bei H. P. BROWN, A. J. PANSHIN und C. C. FORSAITH [2.4].

Faserabweichungen, die mit der Verzweigung der Bäume zusammenhängen, in jeder Holzart vorkommen, aber nur an wenigen, meist dunkel verkernten Bäumen geschätzte Furniere ergeben, zeigen sich an *Stammgabelungen* und an *Wurzelanläufen.* Die Gabelungen oder Zwiesel rufen Y-förmige Muster hervor, bei denen sich das gewöhnliche Holzbild zu einer straußenfeder- oder springbrunnenartigen, sehr lebhaften Zeichnung erweitert; gewöhnlich werden diese Furniere längs halbiert und die beiden Seiten getrennt für sich zu symmetrischen Bildern zusammengesetzt. Die gebräuchlichste Bezeichnung für ein solches Furnier ist „Pyramide". Bevorzugt werden hierfür Nuß, Mahagoni, Makoré und Rüster. Ähnliche Zeichnungen erhält man an den Abzweigungen der Wurzeln. Man sucht hierzu Stämme mit möglichst unruhiger, im Querschnitt sternförmiger Basis aus; die Wurzeln müssen aufgegraben und die Bäume durch Kappen der stärksten Wurzeln gefällt werden. Das Ausgraben der Stubben bereits gefällter Bäume wird seltener vorgenommen. Während die Pyramiden gemessert werden, bevorzugt man bei den Wurzelanläufen das Halb-Rund-Schälen nach vorausgegangenem, oft mehrtägigen Kochen. Nußbaum und Mahagoni sind auch hierfür die meist verwendeten Holzarten.

Faserabweichungen im Stammholz in tangentialer Richtung treten (von dem schon besprochenen Wechseldrehwuchs abgesehen) meist im unteren Stammteil vieler Baumarten auf. Bei verhältnismäßig kurzwelliger und regelmäßiger Faserabweichung ergeben sich auf radialen Furnierflächen gleichmäßige, das Licht unterschiedlich stark reflektierende Querstreifen, die wie auf Bild 2.15 ziemlich breit sein können; bei dem im Geigenbau verwendeten Ahornfurnier ist das Muster bedeutend

Bild 2.15. Movingui, *Distemonanthus Benthamianus*. Welliges Furnier.

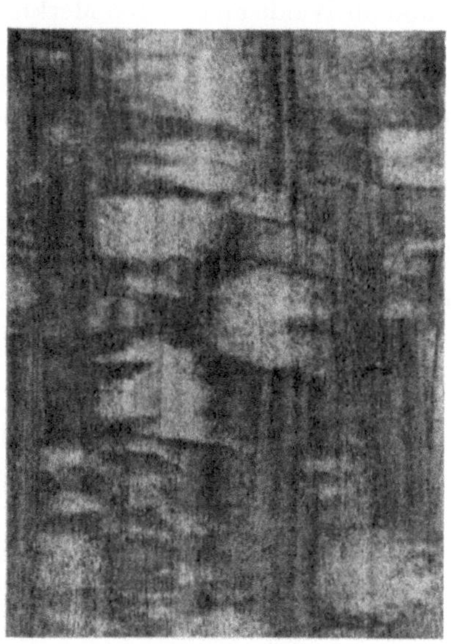

Bild 2.16. Makoré, *Dumoria Heckelii*. Geflammtes Furnier.

feiner; solche Furniere werden „*wellig*" oder „*geriegelt*" genannt. Die Wellen können genau waagerecht verlaufen, aber auch vom Mark zur Rinde abfallen; im letztgenannten Fall setzt man die Furniere gern zu Fischgrätenmustern zusammen. Sind die tangentialen Wellen sehr langgezogen, so wirken sie mehr flächig, oft als rechteckige Flecken wie bei dem *geflammten* Makoré in Bild 2.16. Bei unregelmäßiger Wellung entstehen vom Untergrund weniger scharf abgegrenzte, glänzende Felder verschiedenster Form; ein Beispiel dafür ist geflammte Birke. Häufig ist die „Buntheit" dieser Bilder noch durch Verbindung mit Wechseldrehwuchs oder radiale Faserabweichungen erhöht; so sind bei *unterbrochen-gestreiften* Furnieren die von Wechseldrehwuchs herrührenden Streifen durch lange Tangentialwellen unterbrochen.

Faserabweichungen im Stammholz in radialer Richtung. Solche Abweichungen verraten sich auf der entrindeten Stammoberfläche oder auf tangentialen Spaltflächen als Buckel oder muschelförmige Erhebungen. Beim tangentialen Furnieren zeigen sich die Jahrringe wie die Höhenlinien der Karte einer hügeligen Landschaft; das typische Beispiel eines solchen Musters bietet Tamo, die japanische Esche, deren Ringporigkeit die Zeichnung noch betont (Bild 2.17). In anderen Fällen wie bei Birke und Ahorn entstehen mehr blasen- und blumenartige Muster. Sind die radialen Erhebungen rundlich und nur klein, so ergeben sich Zeich-

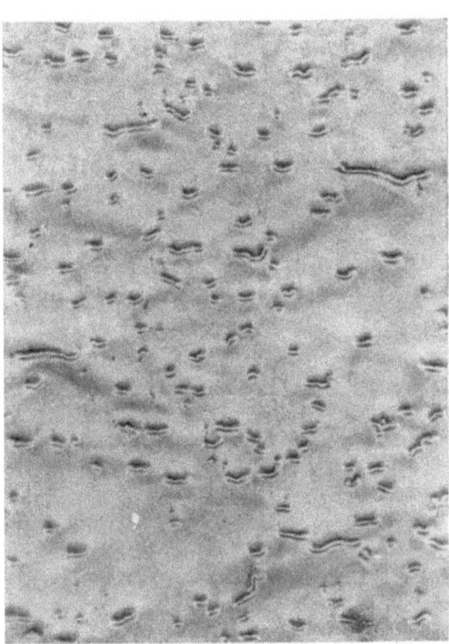

Bild 2.17. Tamo, *Fraxinus sp.* Furnier.

Bild 2.18. Vogelaugenahorn, *Acer saccharum.* Furnier.

nungen, die treffend „geäpfelt" oder „geperlt" genannt werden. Neigen diese radialen Faserabweichungen zu kurzen waagerechten Wellen, so machen sie auf dem Furnier den Eindruck von Runzeln.

Seltener ist der sogenannte „*Haselwuchs*", der aber eine sehr feine Fladerzeichnung ergibt; er tritt bei der Fichte und besonders schön bei der chilenischen Alerce auf. Hier sind die Jahrringe auf dem Querschnitt fein wellig, der Zuwachs des Holzes bleibt in den Wellentälern aus noch nicht geklärten, wohl pathologischen Gründen zurück; es ist eine ähnliche Erscheinung, wie wir sie in gröberer Ausbildung an den spannrückigen Stämmen der Weißbuche (*Carpinus*) sehen.

Die gleiche Ursache führt bei dem amerikanischen Zuckerahorn zu der bekannten „*Vogelaugen*"-Zeichnung (Bild 2.18). Ziemlich früh beginnen im Stamm punktförmige Stellen im Wuchs behindert zu werden;

die Störungsstellen haben die Form und Ausrichtung wie feine eingewachsene Äste.

Maserwuchs. Maserknollen bilden sich entweder am Stamm oder in
der Wurzelregion. Sie sind eine krankhafte, krebsartige Häufung von
Adventivknospen, deren Bildung noch nicht einwandfrei erklärt werden
konnte; man vermutet Einwirkung von Bakterien und Pilzen. Anderseits
ist aber bekannt, daß die Wurzel-
maserbildung durch mechanische
Beschädigung des Baumes, etwa
durch Abschnüren des Stammes
mit einem Metallband oder Feuer-
einwirkung gefördert werden kann.
Schlafende Knospen oder Augen
werden in jedem Stamm in angemessener Zahl bereitgehalten:
beim Freischlagen vor allem der
Eiche, Rüster und Lärche machen
sie sich als Stammausschlag unangenehm bemerkbar, da sie durch
neue Astbildung den Stamm ent-
werten. Die außerordentlich dicht-
stehenden Knospen der Maserknollen geben jedoch als Schälfurniere ein hochgeschätztes und
preislich hochgewertetes Bild (Bild
2.19). Es sind nur wenige, aber
dauernd auf Lager gehaltene Maser-

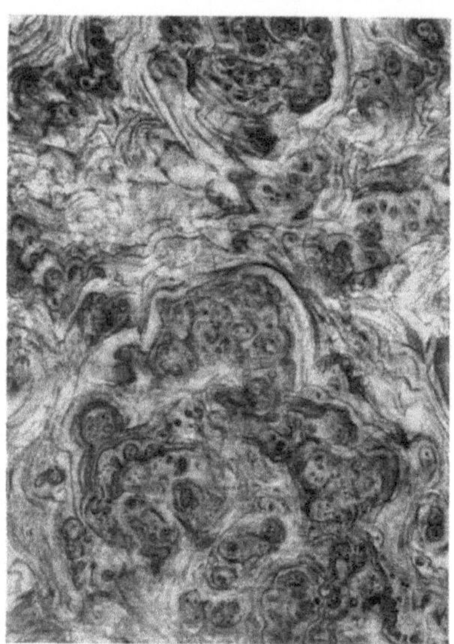

Bild 2.19. Rüster, *Ulmus sp.* Maserfurnier.

furniere im Handel. Wurzelmasern bilden unter den Nadelhölzern vor
allem das nordamerikanische Redwood *Sequoia sempervirens* (Wavona-
Maser) und die nordafrikanische *Tetraclinis articulata* (Thuya-Maser).
Unter den Laubhölzern ist das bekannteste, aber höchstens für Intarsien
furnierte Wurzelmaserholz das mediterrane Pfeifenholz Bruyère (*Erica
arborea*). Meist stammbürtige Maserknollen bilden Nuß-, Ahorn-,
Rüster-, Eschen- und Birkenarten. Aus Kalifornien stammen Madrona-
Maser (*Arbutus Menziesii*) und Myrten-Maser (*Umbellularia californica*);
aus den asiatischen Tropen die Amboina-Maser (*Pterocarpus*-Arten).

2.4 Holzartenverzeichnis

In dieser Liste sind nur die Hölzer aufgenommen, deren Furniere
in der Bundesrepublik Deutschland bereits bekannt sind oder besonders
günstige Aussichten haben.

Für die Namensgebung sind als wichtigste Grundlage die Nomen-
klatur der Association Technique Internationale des Bois Tropicaux

[*2.1*] und die British Standards 881 u. 589 [*2.3*] verwendet worden. Im Rahmen dieses Buches können für die einzelnen Holzarten nicht alle Handels- und Eingeborenennamen der verschiedenen Herkünfte aufgeführt werden; es ist deshalb im allgemeinen nur der international zur Vereinheitlichung empfohlene Leit- oder Standardname als Handelsbezeichnung gebraucht worden.

Empfehlenswertes Schrifttum, in dem genauere Beschreibungen der Hölzer zu finden sind, bringt das Schrifttumsverzeichnis unter den Literaturziffern [*2.8*, *2.10*, *2.11*, *2.12*, *2.13*, *2.15*, *2.16*, *2.20*, *2.21*, *2.22*, *2.23*].

Hölzer für Blindfurniere

Nadelhölzer

Brasilkiefer	*Araucaria angustifolia* O. Ktze.
Douglasie	*Pseudotsuga Menziesii* Franco

Das als Oregon pine aus Nordamerika importierte Holz wird vorwiegend als Konstruktionsholz gebraucht; der sehr häufige Anbau dieser Holzart in Deutschland verspricht größere Mengen für den einheimischen Markt.

Fichte	*Picea Abies* Karst.
Podo	*Podocarpus gracilior* Pilg. u. a. Arten.
Ostafrika	

Laubhölzer

Europa

Birke	*Betula pendula* Roth
Buche	*Fagus silvatica* L.
Erle	*Alnus glutinosa* Gaertn.
Linde	*Tilia cordata* Mill. u. T. platyphyllos Scop.
Pappel	*Populus spp.*

Neben den einheimischen Pappeln gewinnen die zahlreichen, in Europa angebauten Kreuzungen meist amerikanischer Herkunft an Bedeutung.

Nordamerika

Whitewood	*Liriodendron tulipifera* L.

Die nordamerikanischen Hölzer sind zur Einfuhr als Blindholz meist zu teuer; Whitewood-Blindholz ist jedoch Sonderholz für den Pianobau.

Afrika

Abachi (Wawa, Samba, Ayous)	*Triplochiton scleroxylon* K. Schum.
Abura	*Mitragyne ciliata* Aubrév. et Pellegr.
	Mitragyne stipulosa O. Ktze.
Agba (Tola branca)	*Gossweilerodendron balsamiferum* Harms
Aiélé (Canarium)	*Canarium Schweinfurthii* Engl.
Bombax (Kapokier)	*Bombax buonopozense* Beauv. u. a. Arten

3*

Bossé	*Guarea cedrata* Pellegr. u. a. A.
Ceiba	*Ceiba pentandra* Gaertn.
Dabema	*Piptadeniastrum africanum* Brenan
Dibétou	*Lovoa trichilioides* Harms
Emien	*Alstonia congensis* Engl.
Erimado	*Ricinodendron Heudelotii* Pierre ex Pax
Faro	*Daniellia thurifera* Benn.
Framiré	*Terminalia ivorensis* A. Chev.
Ilomba	*Pycnanthus angolensis* Exell
Khaya-Mahagoni	*Khaya ivorensis* A. Chev. u. a. A.
Kirundu	*Antiaris africana* Engl.
Kumbi	*Lannea Welwitschii* Engl.
Limba	*Terminalia superba* Engl.
Okoumé (Gabun)	*Aucoumea Klaineana* Pierre
Ogea	*Daniellia ogea* Rolfe ex Holl.
Olon	*Fagara Heitzii* Aubrév. et Pellegr.
Onzabili	*Antrocaryon Klaineanum* Pierre
Tchitola	*Oxystigma oxyphyllum* J. Léonard
Tiama	*Entandrophragma angolense* C. DC.

Tropisches Amerika

Abarco	*Cariniana pyriformis* Miers
Andiroba	*Carapa guianensis* Aubl.
Assacú (Possentrie)	*Hura crepitans* L.
Baboen	*Virola surinamensis* Warb.
Cativo	*Prioria copaifera* Griseb.
Cedro	*Cedrela spp.*
Cedro macho	*Carapa spp.*
Ceiba	*Ceiba pentandra* Gaertn.
Copaia (Gobaia)	*Jacaranda copaia* D. Don
Cuangaré (Otoba)	*Dialyanthera otoba* Warb.
Espavel	*Anacardium excelsum* Skeels
Guácimo	*Luehea divaricata* Mart. u. a. A.
Jequitiba	*Cariniana legalis* O. Ktze.
Marupa	*Simaruba amara* Aubl.
Prima vera	*Cybistax Donnell-Smithii* Seibert
Quaruba	*Vochysia spp.*
Saman	*Samanea saman* Merrill
Tepa	*Laurelia serrata* Phil.
nur Chile	

Asien

Jelutong	*Dyera costulata* Hook. f.
Borneo	

Ramin   *Gonystylus bancanus* Baill.
   Borneo

Familie Dipterocarpaceae

Die Familie ist als Lieferant von Nutzhölzern für die asiatischen Tropen von
größter Wichtigkeit. Obwohl die Bäume in Mischwäldern vorkommen, bilden
sie darin doch vielfach über die Hälfte des nutzbaren Bestandes und zeichnen
sich durch mächtige, gerade und astfreie Stämme aus. Man rechnet mit etwa
380 Arten, die sich auf 19 Gattungen verteilen; die zur Ausfuhr gelangenden
Partien sind deshalb oft sehr uneinheitlich, und der Handel sortiert ziemlich
willkürlich nach Dichte und Farbe der Hölzer. Die leichtesten Vertreter der
Familie eignen sich gut als Schälhölzer; das Aussehen des Holzes ist aber meist
sehr schlicht, stumpf und oft graubraun. Die bekanntesten Schälhölzer sind:

Rotes Lauan   *Shorea spp.*
Meranti
Rotes Seraya

Weißes Lauan   *Pentacme contorta* Merrill et Rolfe

Kaunghun   *Anisoptera spp.*
Krabak
Mersawa

Weißes Seraya   *Parashorea spp.*

Hölzer für Deckfurniere

Nadelhölzer

Alerce, chilen.   *Fitzroya cupressoides* Johnst.
   dunkel rotbraun, engringig, oft Haselwuchs; Dichte (r lufttrocken*) 0,37 g/cm³

Douglasie, Oregon pine   *Pseudotsuga Menziesii* Franco
   USA u. angebaut in Europa, dunkelbraun; 0,53

Eibe   *Taxus baccata* L.
   Europa, rötl. braun, leicht violett, engringig, oft Haselwuchs; 0,60

Fichte   *Picea Abies* Karst.
   Europa; 0,47

Kiefer   *Pinus silvestris* L.
   Europa; 0,52

Lärche   *Larix decidua* Mill.
   Europa; 0,59

Thuya-Maser   *Tetraclinis articulata* Masters
   Nordafrika, nur Maserknollen, rotbraun

---

* Als lufttrocken kann ein Feuchtigkeitsgehalt von 12 bzw. 15⁰/₀ angenommen
werden; dies gilt für alle folgenden Dichte-Zahlen.

Wavona-Maser   *Sequoia sempervirens* Endl.
  USA, Maserknollen des Redwood

Zirbelkiefer   *Pinus cembra* L.
  Europa, hellrotbraun, nachdunkelnd, Sägefurniere für Täfelungen; 0,49

Laubhölzer

Europa

Ahorn   *Acer spp.*
  Für Möbelfurniere werden Bergahorn, *A. pseudo-Platanus* L., und Feldahorn,
  A. campestre L., dem Spitzahorn, *A. platanoides* L. vorgezogen. Helle Hölzer
  mit schöner Flader- und Spiegelzeichnung; 0,65

Birke   *Betula pendula* Roth
  hell, schlicht bis lebhaft geflammt; 0,65

Birne   *Pyrus communis* L.
  rötlichbraun, feine Struktur, dezente Zeichnung; 0,74

Buchs   *Buxus sempervirens* L.
  hellgelb, sehr dicht, schlicht, auch Maserknollen, nur gesägt; 0,95

Edelkastanie   *Castanea sativa* Mill.
  sehr eichenähnlich, aber ohne hohe Spiegel; 0,63

Eiche   *Quercus spp.*
  Traubeneiche, *Qu. petraea* Liebl., und Stieleiche, *Qu. Robur* L., können am
  Holz nicht unterschieden werden. Über die Eignung als Schäl- oder Messerholz
  entscheidet die Jahrringbreite; 0,69

Esche   *Fraxinus excelsior* L.
  gelblichweiß bis hellbraun, kräftig gezeichnet; 0,69
  mit unregelmäßigen, braunen Kernstreifen Olivenesche genannt.

Kirsche   *Prunus cerasus* L.
  gelblich und rötlichbraun gestreift, sehr dicht, durch Halbringporigkeit schöne
  Fladerzeichnung; 0,52

Nuß, Walnuß   *Juglans regia* L.
  Untergrund graubraun, durch schwärzliche Streifung sehr verschieden lebhaft
  gemustert, auch gemasert; 0,68

Platane   *Platanus acerifolia* Willd.
  dunkel, rotbraun, durch zahlreiche, breite Markstrahlen im Radialschnitt sehr
  auffällig gezeichnet; 0,60

Rüster, Ulme   *Ulmus spp.*
  rotbraun, mit lebhafter Fladerzeichnung. Von den einheimischen drei Ulmen,
  Bergulme (*U. scabra* Mill.), Flatterulme (*U. laevis* Pallas) und der Feldulme
  (*U. carpinifolia* Gled.) wird die letzte als dunkelste zum Furnieren bevorzugt; 0,68

Nordamerika

Madrona-Maser   *Arbutus Menziesii* Pursh.

Myrten-Maser	*Umbellularia californica* Nutt.
Nuß, Walnuß	*Juglans nigra* L.

Die amerikanische Nuß ist in der Struktur gleich der europäisch-asiatischen, in der Streifung ist sie ruhiger und hat einen violetten Einschlag; 0,61

Satin-Nuß   *Liquidambar styraciflua* L.

braun bis rotbraun, seidenglänzend, durch schwarze Streifen auffällig gezeichnet; 0,57

Vogelaugen-Ahorn   *Acer saccharum* Marsh.

Besonders bevorzugt sind die Maserstämme.

Afrika

Agba, Tola branca   *Gossweilerodendron balsamiferum* Harms

hellbraun, schlicht, geradfaserig; 0,60. Der Harzgehalt macht es nötig, die Schälblätter sofort zu trocknen, ohne sie vorher aufeinander zu schichten.

Avodiré   *Turraeanthus africana* Pellegr.

hellgelblich, mit sehr schönem Glanz und ziemlich feiner Struktur; ruhiger als die ähnliche Birke; 0,55

Bété   *Mansonia altissima* A. Chev.

violettbraun, nußartig gestreift, dicht, geradfaserig; 0,65

Bilinga   *Nauclea Trillesii* Merrill

gelb, oft rötlich gestreift, widerspänig, Gefäße groß; lebhafte Zeichnung; 0,85

Bossé   *Guarea cedrata* Pellegr. u. a. A.

hellrotbraun, durch Parenchymbändchen sehr hübsche Fladerzeichnung, etwas widerspänig; feine Struktur; 0,60

Bubinga   *Guibourtia Tessmannii* J. Léonard u. a. A.

rotbraun mit dunklen rotbraunen, oft flächig wirkenden Streifen, häufig widerspänig und schwach geflammt; 0,85

Dibétou   *Lovoa trichilioides* Harms

hellbraun, stark glänzend, Wechseldrehwuchs verursacht sehr regelmäßige Radialbänder; Gefäße wie bei Nuß betont; 0,52

Douka   *Dumoria africana* A. Chev.

ähnlich wie Makoré, aber dunkler, schwerer und schlechter zu bearbeiten; 0,75

Ebiara   *Macroberlina bracteosa* Haum.

auf hellrotbraunem Untergrund dunkelrote Streifen, widerspänig; 0,70

Evino   *Vitex pachyphylla* Bak.

hell, gelblich oder graubraun, etwas goldglänzend; 0,53

Framiré   *Terminalia ivorensis* A. Chev.

wie Limba, jedoch etwas grünlich, dunkler werdend, schlichter; 0,52

Kambala, Iroko   *Chlorophora excelsa* Benth. et Hook.

olivbraun, an Teak erinnernd; Wechseldrehwuchs und Parenchymbänder geben schöne Zeichnung. Wird nur wenig gemessert und meist als Massivholz verwendet; 0,70

Khaya-Mahagoni   *Khaya ivorensis* A. Chev. u. a. A.

das in allen Eigenschaften dem echten Mahagoni (*Swietenia* spp.) ähnlichste Holz. Rotbraun, glänzend, schlicht und wechseldrehfaserig; 0,53

Kirundu   *Antiaris africana* Engl.

hell gelbbraun, ziemlich schlicht, unaufdringliche Zeichnung; 0,45

Kokrodua   *Afrormosia elata* Harms

gelb- bis olivbraunes dichtes Holz mit sehr regelmäßigem Wechseldrehwuchs, der eine gleichmäßige, mittelbreite Streifung ergibt, dicht. Zur Zeit sehr begehrt; 0,70

Kosipo   *Entandrophragma Candollei* Harms

ähnlich Sapeli, aber etwas violett und mit gröberer Struktur; 0,70

Limba   *Terminalia superba* Engl. et Diels

hell, weißlichgelb mit schwach grünlichem Einschlag, äußerlich eichenähnlich. Durch vielfältige Faserabweichungen lebhafte Furniere ergebend. Das nur selten verkernte Holz hat kräftige, breite, schwarze Streifen (Limba noir); 0,60

Makoré   *Dumoria Heckelii* A. Chev.

dunkles, rotbraunes Holz, das seine starke Furnierwirkung nur dem Drehwuchs und anderen Faserabweichungen verdankt; 0,70

Moabi   *Baillonella toxisperma* Pierre

wie Makoré, aber schlechter zu bearbeiten, da dichter; 0,85

Movingui   *Distemonanthus Benthamianus* Baill.

zitronengelb, stark glänzend, stark wechseldrehwüchsig und oft mit kurzen Tangentialwellen; 0,72

Mukulungu   *Autranella congolensis* A. Chev.

wie Moabi; aber noch dichter; 0,95

Mutenye   *Guibourtia Arnoldiana* J. Léonard

sehr ähnlich dem Kokrodua; 0,85

Okoumé, Gabun   *Aucoumea Klaineana* Pierre

das blaß rötliche, helle Holz ist das wichtigste Blindholz der Welt, das aber auch häufig als billiges Deckfurnier dient. Manche besonders großen Stämme weisen ein dunkleres, stark widerspäniges Holz („Ozouga") auf, das nach Dämpfen sehr schöne Messerfurniere liefert; 0,45

Ovoga   *Poga oleosa* Pierre

rotbraunes Holz, auf dessen Radialflächen helle, breite Markstrahlen das Bild beherrschen; 0,60

Sapeli   *Entandrophragma cylindricum* Sprague

Mahagonibraunes Holz mit starkem Glanz, feiner Fladerzeichnung durch Parenchymbänder. Wechseldrehwuchs sehr gleichmäßig. In der Furnierindustrie beliebteste Entandrophragma-Art; 0,70

Sipo   *Entandrophragma utile* Sprague

ähnlich wie voriges aber etwas violett und lockerer gebaut; 0,60

Tiama   *Entandrophragma angolense* C. DC.

kommt dem Sapeli am nächsten, aber nicht so zuverlässig wechseldrehfaserig und deshalb unregelmäßiger längsgestreift; 0,67

Wengé   *Millettia Laurentii* De Wild.

breite Parenchymbänder verursachen regelmäßige helle Streifen oder Fladern auf schwarzbraunem Untergrund; es ähnelt etwas einem Palisander ohne rötliche Tönung; 0,95

Zebrano, Zingana   *Microberlinia brazzavillensis* A. Chev.

hellbraunes Holz, auf dem dunkelbraune Radialbänder oder Fladerzeichnungen einen starken Kontrast geben; 0,78

Tropisches Amerika

Amarillo, Arariba   *Centrolobium ochroxylon* Rose u. a. A.

hell orange mit dunklen Streifen, stark glänzend

Andiroba   *Carapa guianensis* Aubl.

rötlichbraun bis dunkelbraun, mahagoniähnlich; aber etwas grau und stumpfer; in der Dichte sehr schwankend; 0,40···0,75

Cedro   *Cedrela odorata* L. u. a. A.

die bekannte Zigarrenkistenzeder, mahagoniähnlich aber meist heller, mit Zedergeruch. Bereitet bei hohem Harzgehalt Schwierigkeiten. Meist schlicht; 0,50

Cocus   *Brya ebenus* DC.

Schwarzbraun, dicht, ebenholzartig; zu Sägefurnieren; 1,0

Courbaril   *Hymenaea courbaril* L. u. a. A.

rötlichbraun mit etwas dunkleren Streifen und feiner Fladerzeichnung durch Parenchymstreifen; 0,85

Freijo   *Cordia Goeldiana* Hub. u. a. A.

gelbbraun, häufig mit dunkleren Streifen, goldglänzend, breite Markstrahlen radial auffallend; 0,65

Imbuia   *Phoebe porosa* Mez

gelb, oliv bis dunkelbraun mit unregelmäßigen, an Nuß erinnernden Farbstreifen, feine gleichmäßige Struktur; 0,72

Mahagoni   *Swietenia macrophylla* King

Die Bestände des klassischen Cuba-Mahagoni, *Sw. mahagoni* Jacq., sind fast völlig erschöpft, so daß man auf dieses Festlandmahagoni angewiesen ist, das von Mexiko bis Bolivien vorkommt. Die beiden Arten sind sich weitgehend gleich, nur wird das Cuba-Mahagoni noch dunkler; 0,60

Palisander   *Dalbergia nigra* Fr. All. u. a. A.

Die Palisander sind dunkle, stark gestreifte Hölzer mit auffälligen Farben (rot, violett, braun und schwarz); dicht; geradfaserig; 1,10

Rauli   *Nothofagus procera* Oerst.

an gedämpfte Buche erinnernd, aber gleichmäßiger gebaut, mit feineren Spiegeln; 0,61

Rebhuhnholz, Partridge   *Andira inermis* H. B. K. u. a. A.

Sehr unregelmäßige und breite, helle Parenchymbänder ergeben auf rotbraunem Untergrund vor allem im Tangentialschnitt ein lebhaftes Bild. Grobe Struktur; 0,85

Roble   *Tabebuia pentaphylla* Hemsl.

ziemlich hellbraun, schwach grau; limba- oder eichenähnlich; 0,50

Rosenholz, Bahia   *Dalbergia variabilis* Vog.

auf hellem Untergrund rein rote Streifen, meist geradfaserig; 0,80

Satinholz, westind.   *Zanthoxylum flavum* Vahl

gleichmäßig gelb, oft goldglänzend, feine dichte Struktur, mit feiner Zeichnung; 0,90

Urunday   *Astronium fraxinifolium* Schott u. a. A.

rötlichbraun mit starken, dunklen Streifen, geradfaserig und feinstrukturiert; 0,90

Wacapou   *Vouacapoua americana* Aubl. u. a. A.

ähnlich wie Rebhuhnholz aber feiner; hellbraune Zeichnung auf dunkelbraunem Untergrund; geradfaserig; 1,0

Zapatero   *Gossypiospermum praecox* P. Wilson

sehr dichtes, gelbes, buchsähnliches Holz; geradfaserig; wird meist gesägt; wie Birne oft als Ebenholzersatz gebeizt.

Asien

Amboina-Maser   *Pterocarpus indicus* Willd.

Chickrassi, Indien, Burma   *Chukrasia tabularis* A. Juss.

goldbraun oder rotbraun, glänzend, fein gezeichnet durch dunklere Zonengrenzen; verschiedenste Muster durch Faserabweichungen; 0,64

Chuglam   *Terminalia bialata* Steud. u. a. A.

Außer dieser Art von den Andamanen, gibt es in Indien und Burma noch mehrere Terminalien, die ähnliche Eigenschaften wie Limba haben, aber meist dunkler sind.

Ebenholz   *Diospyros spec.*

Die meisten Ebenhölzer des Handels, ob sie rein schwarz sind oder gestreift wie das Makassar- und Andamanen-Ebenholz, stammen aus dem tropischen Asien; die afrikanischen Ebenhölzer sind meist sehr schwach oder nicht genügend schwarz.

Padauk   *Pterocarpus spp.*

Die verschiedenen Padauk-Arten Indiens, Burmas, Thailands und der Andamanen haben alle bald goldbraunes, bald rein rotes Holz mit Übergängen von braun zu rot. Die sehr ansprechenden Hölzer haben meist durch Wechseldrehwuchs bedingte Streifung.

Palisander, ostind.   *Dalbergia latifolia* Roxb.

Palisander, Siam-   *Dalbergia cochinchinensis* Pierre

Lebhaft, farbig gestreifte Luxushölzer wie die südamerikanischen Palisander.

Sen   *Acanthopanax ricinifolius* Seem.

der Struktur nach sehr rüsterähnlich, aber heller und gelblich; als japanische „Goldrüster" im deutschen Handel; 0,50

Tamo   *Fraxinus spp.*

wie europäische Esche; jedoch durch radiale Faserabweichungen sehr lebhaft gezeichnet.

Teak   *Tectona grandis* L.

Von Indien bis Indochina vorkommend, auf Java angebaut, ist ein festes, sehr wenig schwindendes Holz, das am zweckmäßigsten als Massivholz wie im Schiffsbau verwendet wird. Zur Zeit ist es in Europa Modeholz für den Möbelbau. Oliv- bis dunkelbraun, oft seidenglänzend; je nach Herkunft verschieden stark oder gar nicht schwarz gestreift; 0,65

Australien

Eucalyptus   *Eucalyptus spp.*

Die Mehrzahl der Eucalyptus-Arten sind schwere Bauhölzer, jedoch sind schon helle und leichtere Arten (vermutlich *Eucalyptus gigantea* Hook. u. *E. regnans* F. v. M.) nach Deutschland gekommen und mit Erfolg zu Furnieren verarbeitet worden. Sie waren als Furnier sehr hell, weißlich gelb, stark glänzend und zeigten eine gleichmäßige Streifung durch Widerspänigkeit.

Nuß, austral.   *Endiandra Palmerstoni* C. T. White

Auf hellem Untergrund eine nußartige Schwarzstreifung, oft wechseldrehfaserig und wellig. Wenig glänzend; 0,72

Seideneiche   *Cardwellia sublimis* F. v. M.

Im Radialschnitt auf rotbraunem Untergrund durch gleichmäßig breite Markstrahlen verursachte, helle Spiegel; geradfaserig, grob strukturiert; 0,60

3. Furnierherstellung durch Sägen

Von **Marc-Anton André**, Hirschhorn (Neckar)

3.1 Allgemeine Gesichtspunkte, Holzarten für Sägefurniere

Die Herstellung von Furnieren durch Sägen — die älteste Art der Furniererzeugung — hat seit der Erfindung der spanlosen Furniererzeugung durch Messern und Schälen in zunehmendem Maße an Bedeutung verloren. Dies hat seinen Grund ausschließlich in der größeren Wirtschaftlichkeit der Erzeugung von Messerfurnieren, die wegen der bedeutend besseren Holzausbeute und der gleichzeitig sehr viel höheren Leistungsfähigkeit des Herstellverfahrens das Sägefurnier, trotz seiner überlegenen technologischen Eigenschaften, fast ganz verdrängt haben.

Das Sägefurnier findet heute nur noch da Verwendung, wo besonders hohe Qualitätsforderungen gestellt werden, wo der Materialkostenanteil nicht wesentlich ins Gewicht fällt und wo handwerkliche Einzelanfertigung nicht die engen Toleranzen verlangt, wie dies bei den ausgereiften

Verfahrenstechniken einer Massenerzeugung der Fall ist. Außerdem gibt es Holzarten, die durch ihre Eigenart eine Aufarbeitung auf spanlosem Wege nicht gestatten (z. B. Zirbelkiefer) und wo man sogar auf bestimmte Herstellungsverfahren (Furnierkreissäge) angewiesen ist.

Die wesentlichen Holzarten, die für die Erzeugung von Sägefurnieren in Frage kommen, sind Eiche für Außentüren und Innenausbau, Zirbelkiefer für Innenausbau, Erle und Riegelahorn für Musik-Instrumentenbau und Birnbaum für die Pianoforte-Industrie. Auch der Anfertigung von Intarsien dienen noch kleinere Mengen Sägefurniere. Die gebräuchlichen Dicken für Sägefurniere bewegen sich zwischen 0,9 und 3 mm.

Die für das Einschneiden von Sägefurnieren bestimmten Rundhölzer werden, wie für die Messerung, in Blöcke zugerichtet, d. h. sie werden abgeschwartet und im Kern getrennt. Die Trennschnittfläche dient zur Auflage auf dem Blockwagen der Sägen.

Bild 3.1. Furnier-Gattersäge. Bauart W. Ritter, Maschinenfabrik, Hamburg.

3.2 Furnier-Gattersäge

Als Furniersäge hat in Deutschland eine nach dem Prinzip der Gattersäge gebaute Maschine die weiteste Verbreitung gefunden, wobei jedoch die Vorschubrichtung nicht waagerecht, sondern senkrecht verläuft. Der Schlitten, auf den Blöcke bis zu 5 m Länge, 0,85 m Breite und 0,5 m Höhe aufgespannt werden können, bewegt sich durch zwei bzw. drei Stockwerke: er wird an dem durch Kurbeltrieb bewegten waagerechten Sägeblatt vorbeigeführt (Bild 3.1 und 3.2).

Der Grund für diese baulich nicht immer einfache Anordnung liegt zweifellos in der dadurch erreichten größeren Stabilität des Sägeblattes gegen Durchhang bzw. gegen Durchschwingen senkrecht zur Schnittebene, was im Hinblick auf die leicht bogenförmige Führung des Sägenrahmens besonders zu befürchten wäre.

Der *Kurbeltrieb* der Maschine ist zur Vermeidung von Schwingungen sehr sorgfältig ausgewuchtet. Auf dem *Grundgestell* ist, gegen die Säge hin verstellbar und auf präzisen Gleitflächen geführt, der *Rahmen* angeordnet, der seinerseits den *Schlitten* führt, auf den die Blöcke aufgespannt werden. Der Schlitten, dessen Gewicht durch ein Gegengewicht ausgeglichen ist, wird durch ein Reibradgetriebe über Stirnräder und Zahnstange in Vorschubrichtung nach oben bewegt. Die Vorschubgeschwindigkeit ist *über dieses Getriebe* in weiten Grenzen regelbar.

Bild 3.2. Furnier-Gattersäge im Betrieb. Der Lattenverschlag rechts verdeckt zwecks Unfallverhütung den Kurbeltrieb.

Eingeleitet wird *die Vorschubbewegung* vom Kurbeltrieb aus. Die Unterbrechung des Vorschubs, z. B. nach erfolgtem Schnitt, bewirkt in einfacher Weise ein Lösen der Friktionsscheiben. Die Abwärtsbewegung des Schlittens wird mittels Handkurbel herbeigeführt.

Mit neuzeitlichen Maßstäben gemessen ist der Aufbau dieser Furniersägen in einigen Teilen reichlich einfach. Die Ursache liegt darin, daß die Entwicklung dieser Art von Maschinen wegen des stark nachlassenden Interesses bei den Furniererzeugern unterblieb, zumal die eigentliche Sägetechnik die bestmögliche Grenze offenbar erreicht hat.

Folgende Einzelheiten sind wesentlich:

Das *Sägeblatt* aus Tiegelguß- oder Sonderstahl ist etwa 0,9 mm dick. Als günstigste Zahnform hat sich der Dreieckszahn mit größerer Zahnlücke durchgesetzt (Bild 3.3). Jeder Zahn ist so geschärft, daß er nach beiden Richtungen schneidet. Der Schrank von 0,25 bis 0,30 mm ist abwechselnd

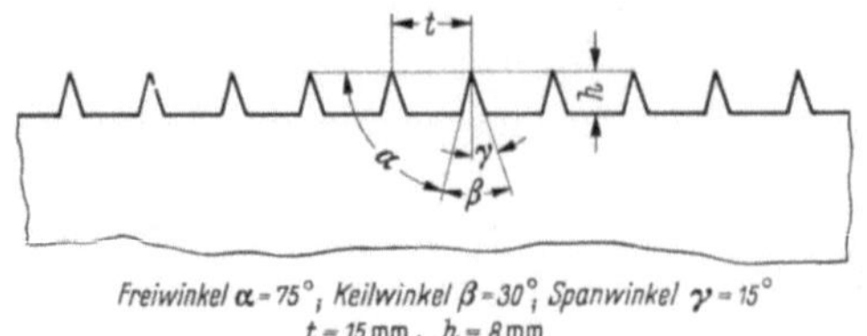

Bild 3.3. Zahnform für das Sägeblatt eines Furnier-Gatters.

nach beiden Seiten ausgeführt. Jeder elfte Zahn bleibt als „Räumer" in der Blattebene. Diese Ausbildung und Anordnung der Zähne gibt erfahrungsgemäß den saubersten Schnitt, eine Forderung, die bei der Furniererzeugung an erster Stelle steht. Der „negative" Spanwinkel bedingt eine geringere Zahnbelastung bei der Zerspanungsarbeit und damit eine geringere Neigung zum Abweichen aus der Schnittebene. Die schon erwähnte bogenförmige Führung des Sägeblattes begünstigt das Freischneiden der Säge und ermöglicht einen stoßfreien Vorschub des Blockes gegen das Sägenblatt. Eine wichtige Aufgabe erfüllt das sogenannte „Messer" (Bild 3.4); es dient sowohl der genauen Führung des Sägeblattes, als auch zu seiner Entlastung durch Ablenkung des geschnittenen Furniers kurz hinter der Zahnung. Eine gewichtsbelastete Druckwalze gibt dem Block eine genaue Führung, wobei die Angriffslinie unmittelbar unterhalb der Zahnspitzenlinie des Sägeblattes liegen soll.

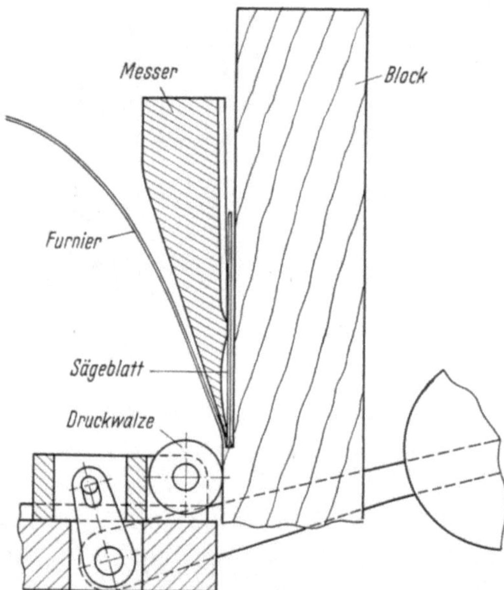

Bild 3.4. Stellung von Messer und Druckwalze bei einer Furnier-Gattersäge.

Die Einstellung der Schnittdicken erfolgt über eine Spindel an Hand einer Skalenscheibe, die eine Vorwahl der Furnierdicke ermöglicht. Nach erfolgtem Schnitt wird der Block aus der Sägenbahn zurückgenommen, um beim Abwärtsfahren die Schnittfläche nicht zu verletzen. Bei einer Schnittgeschwindigkeit von rd. 7 m/s im Mittel beträgt der Leistungsbedarf etwa 4 kW. Die Vorschubgeschwindigkeit richtet sich nach der

Block- bzw. Furnierbreite; sie gipfelt bei etwa 0,7 m/min. Der Schnitt-verlust beträgt je nach Furnierdicke bis zu 140%, bezogen auf die Furnierdicke (bei 1 mm), entsprechend einer Ausbeute von nur 41,6%. Diese Daten veranschaulichen deutlich, welche Nachteile das Säge-furnier in wirtschaftlicher Hinsicht gegenüber dem Messer- oder Schäl-furnier hat. Wenn es sich trotzdem noch in geringem Umfange hat behaupten können, so ist dies auf die günstigeren technologischen Eigen-schaften zurückzuführen, die es durch die Art des Herstellungsverfahrens besitzt.

3.3 Furnier-Kreissäge

Eine Furniersäge, deren Wiege in Frankreich stand und die in Deutschland nur in wenigen Stücken Eingang gefunden hat, ist die *Furnier-Kreissäge* (Bild 3.5). Daß sie sich trotz ihrer erheblich größeren

Bild 3.5. Furnier-Kreissäge im Betrieb.

Leistung nicht durchgesetzt hat, liegt wohl in der Hauptsache in den Schwierigkeiten begründet, welche die Zurichtung und Behandlung des Sägeblattes bringen. Das *Kreissägeblatt* besteht nämlich aus einem Stahl-gußkörper, der an seinem Umfang mit 16 die Zahnung tragenden Tiegel-guß- oder Spezialstahlsegmenten bestückt ist, von denen jedes mit 49 Nieten an dem Kreissägenkörper befestigt ist (Bild 3.6). Nachdem die Segmente verbraucht sind, was bei einschichtigem Betrieb nach etwa einem halben Jahr zu erwarten ist, müssen sie wieder abgenietet und durch neue ersetzt werden. Es liegt auf der Hand, daß diese Arbeit nur von geübten Fachleuten ausgeführt werden kann, denn hier kommt es vor allem darauf an, daß durch das Anziehen der Nieten keine Spannungen in den Stahlgußkörper und die Segmente kommen, was einen ungenauen Lauf der Zahnspitzen in der Schnittebene zur Folge haben würde. Die Segmente sind 1,2 mm dick. Nachdem sie aufgenietet und genau gerichtet sind, werden sie auf Zahnhöhe gegen die Kreissägenachse zu auf 0,9 mm Dicke abgeschliffen. Die fertig bestückte Kreissäge hat einen Durchmesser von 2050 mm. Bei einer Drehzahl von 480 U/min erhält sie dadurch eine Schnittgeschwindigkeit von 52 m/s. Die Antriebsleistung beträgt 15 kW. Die mögliche Vorschubgeschwindigkeit beläuft sich auf bis zu 2 m/min; das ist also fast das 3fache der Leistung eines Furniergatters. Dieser Vorteil wird allerdings teilweise dadurch wieder aufgehoben, daß die Maschine beim Schärfen der Zähne (Bild 3.6) stillgesetzt werden muß, während beim Furniergatter das stumpfe gegen ein scharfes Sägeblatt ausgewechselt werden kann; dies nimmt nur wenige Minuten in Anspruch, während das Nachschärfen der Zähne der Kreissäge im Durchschnitt 120 min dauert.

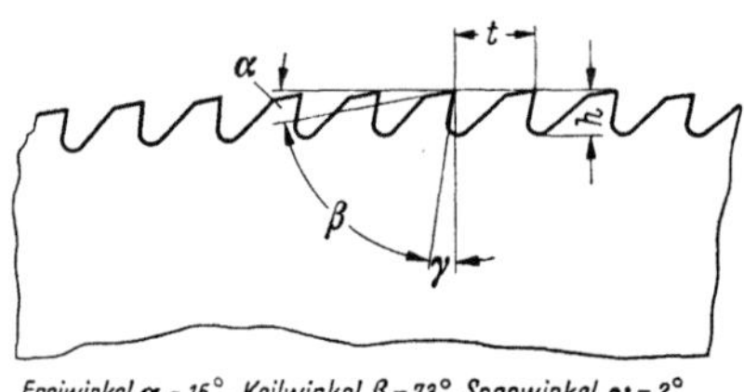

Freiwinkel $\alpha = 15°$; Keilwinkel $\beta = 73°$; Spanwinkel $\gamma = 2°$
$t = 14$ mm; $h = 7$ mm

Bild 3.6. Zahnform eines Furnier-Kreissägeblattes.

Die zum Einschneiden bestimmten Blöcke werden auf einem Wagen aufgespannt, der sich in waagerechter Ebene gegen das Kreissägeblatt bewegt. Der Vorschub wird von einem Vorgelege aus durch ein Reibradgetriebe über eine Zahnstange eingeleitet. Die Vorschubgeschwindigkeit ist in entsprechenden Grenzen regelbar.

Ähnlich wie bei dem Furniergatter, wird das Furnier kurz hinter der Zahnlinie durch ein sogen. *Messer* abgelenkt, um die schwachen Stahlsegmente zu entlasten (Bild 3.7). Der auf Prismenschienen laufende Blockwagen läuft in einem Winkel von rd. 0,2° zur Ebene des Kreissägeblattes, damit der Block sich von diesem freiläuft und seine Schnittfläche nicht beschädigt wird. Der Rücklauf des Blockwagens erfolgt durch Umsteuerung eines zwischengeschalteten Wendegetriebes mit erhöhter Geschwindigkeit.

Der *Blockwagen* gestattet eine Aufnahme von Blöcken mit einer Länge von 6,5 m und einer Breite von 0,7 m bei Höhen bis zu 0,6 m. Die Einstellung der Furnierdicken erfolgt durch Spindeln, die über ein System von Kegelrädern verbunden sind. Eine Skalenscheibe ermöglicht die Einstellung auf Dickenunterschiede von 0,1 mm. Die für die Furnier-Kreissäge günstigste Zahnung ist aus Bild 3.6 zu ersehen. Auch hier kommt es darauf an, den Spanwinkel nicht zu groß zu wählen und den Rücken der Zähne kräftig zu halten, damit ihr Abweichen aus der Schnittebene vermieden wird. Bei den verhältnismäßig hohen Vorschubgeschwindigkeiten, die auf der Furnier-Kreissäge erzielt werden, ist die Gefahr des Verlaufens der Säge besonders groß. Es erfordert umfassende Erfahrungen, um zu wissen, wie die Form der Zähne des Sägeblattes zu verändern ist, um den Gefügeunterschieden der verschiedenen Holzarten begegnen zu können. Auch die Wahl des Schrankes, der im Mittel bei 0,25 mm gehalten wird, gehört zu den Mitteln, einem Ver-

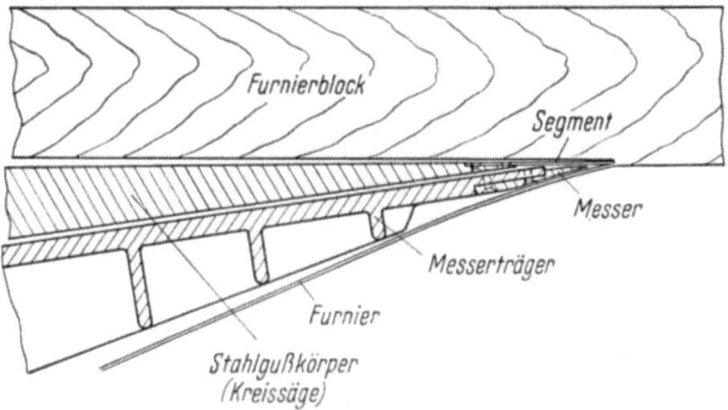

Bild 3.7. Schnitt durch ein Furnier-Kreissägeblatt mit Schneidesegmenten und den Messerträger mit Ablenkmesser.

laufen der Säge zu begegnen, indem man z. B. nach der Seite etwas weniger Schrank gibt, nach der die Säge zu verlaufen droht.

Während die Erkenntnisse bei Bestückung und Zurichtung der Kreissäge, die um die Jahrhundertwende zeitgemäß war, früher sorgsam gehütete Geheimnisse gewesen sind, liegen heute diese Fragen infolge neuzeitlicher Prüfverfahren und Vorrichtungen offen. Trotzdem wird die Furniersägetechnik noch sehr handwerklich betrieben, da sich ein Einsatz arbeitssparender Vorrichtungen an den aussterbenden Maschinen nicht lohnt.

3.4 Eigenschaften und Nachbehandlung der Sägefurniere

Im Gegensatz zu der spanlosen Herstellung von Furnieren, vor der die Blöcke größtenteils einer Wärmebehandlung unterzogen werden müssen, werden die Blöcke für Sägefurniere „kalt" aufgearbeitet. Während das Dämpfen bzw. Kochen der Messer- und Schälblöcke im Zusammenwirken mit der spanlosen Abtrennung der Furniere eine Auflockerung und teilweise Zerstörung des gewachsenen Holzgefüges zur Folge hat, erhält die Aufarbeitung ohne Wärmebehandlung durch Absägen der Furnierschichten die Struktur des Holzes weitgehend; dadurch sind die oben erwähnten besseren technologischen Eigenschaften des Sägefurniers bedingt.

Alle gerbsäurehaltigen Furniere müssen unmittelbar nach dem Schnitt mit Kleesalz oder ähnlichen Chemikalien benetzt werden, um ein Verfärben zu verhindern, das leicht eintreten würde, da das Holz beim Einschneiden verhältnismäßig lang mit dem Stahl der Werkzeuge in Berührung bleibt.

Wichtig ist auch die sorgfältige Entfernung der den Furnieren anhaftenden Sägespäne, die schon während der Trocknung, die zweckmäßig in Freiluftanlagen erfolgt, Fleckenbildung veranlassen würde.

4. Lagerung und Vorbehandlung des Holzes vor dem Messern und Schälen

Von **Franz Kollmann**, München

4.1 Holzlagerung in Furnier- und Lagenholzwerken

4.11 Schäden beim Lagern von Rundholz

Furniere werden aus den verschiedensten Hölzern erzeugt, Deckfurniere immer aus *besonders hochwertigen Hölzern* in meist ausgewählten Stammformen und -dimensionen. Nach der Holzmeßanweisung (Homa) gehören in Güteklasse A Stammholzstücke, „die sich durch ihre gute Beschaffenheit hervorheben. Das Holz muß gesund, geradschaftig, vollholzig, astrein oder fast astrein und auch sonst fehlerfrei sein. Stücke mit kleinen, den Gebrauchswert nicht beeinträchtigenden Schäden und Fehlern sind zulässig. Für Furnierhölzer können nach Bedarf Unterklassen gebildet werden." Auch diese Bestimmungen zeigen, daß Furnierblöcke zu den besonders teueren Holzsorten zählen. Die Werterhaltung des Rundholzes bei seiner Beförderung in die Furnier- und Sperrholzwerke und bei seiner Lagerung in den Werken vor der Aufarbeitung zu Furnieren ist deshalb von größter wirtschaftlicher Bedeutung.

Anderseits sind alle Rundhölzer, insbesondere die meisten Laubhölzer, nach dem Fällen, bei der Lagerung im Wald, auf dem Transport und beim Lagern im verarbeitenden Betrieb verhältnismäßig rasch *Schäden und Zerstörungen*, insbesondere während der warmen Jahreszeit, ausgesetzt. Durch das Fällen, die Entastung und das nachfolgende Aushalten von Rohholzsorten durch Sägeschnitte werden Holzflächen bloßgelegt, durch die Feuchtigkeit aus dem Stamminnern abgegeben wird. Der ursprünglich sehr feuchte Stamm (wofür Bild 4.1 ein anschauliches Beispiel gibt) trocknet aus; bei berindetem Rundholz erfolgt die Verdunstung fast ausschließlich an den Hirnflächen, so daß die Verminderung des Feuchtigkeitsgehalts im ganzen gesehen um so rascher vor sich geht, je kürzer die Stammabschnitte sind. Berindete Buchenstämme

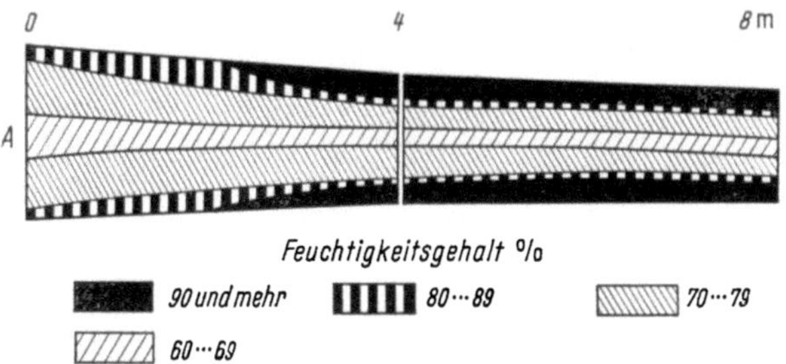

Bild 4.1. Feuchtigkeitsverteilung in einem in zwei 4 m lange Abschnitte aufgeteilten Buchenstamm bei der Fällung im März. (Nach H. MAYER-WEGELIN.)

sind nach H. MAYER-WEGELIN [4.29] in der Regel 3 Monate nach der Fällung 1 m hinter der Schnittfläche noch fast ebenso feucht wie zur Zeit der Fällung.

Die Schäden und Zerstörungen in Form von Verfärbung durch chemische Vorgänge im Holz oder Einwirkung von Pilzen, Fäulnis, Insektenfraß, Längs- und vor allem Endrisse bei Lagerung und Transport sind um so größer, je empfindlicher die Holzarten, je ungünstiger die klimatischen Verhältnisse und je länger die Wege und Lagerzeiten sind. Anderseits sind gewisse Lagerzeiten im Wald nach dem Fällen und Beförderungswege unvermeidbar und vor allem benötigt jedes Furnier- und Sperrholzwerk ein nicht zu kleines Rundholzlager. Geeignete Maßnahmen zur Werterhaltung des Holzes sind deshalb unerläßlich, vor allem bei jenen Hölzern, die, wie Buche und Birke, besonders empfindlich und anfällig gegen Stockfäule sind.

4.12 Schutzanstrich auf den Hirnholzflächen

Um der Wertminderung von Rundholz durch Risse und Verstocken vorzubeugen, wurden schon frühzeitig Versuche unternommen, die *Austrocknung* durch die Hirnflächen durch *Anstriche* zu unterbinden oder doch wesentlich zu hemmen. Asphaltemulsionen, Wachsemulsionen, Paraffin, Polyvinylemulsionen, Latex mit Aluminiumpigment und trocknende Öle wurden neben anderen Stoffen zu dieser Versiegelung benützt. Angaben über die Wirksamkeit verschiedener Endversiegelungsmittel — auch heiß aufzutragender — stammen aus dem US Forest Products Laboratory [4.22].

Bei Versuchen von G. M. LAMBERT und W. E. PRATT [4.18] in USA ergab sich folgende Reihenfolge für die Wirksamkeit der Endversiegelungsmittel:

4*

1. Wachsemulsionen,

2. Latex mit Aluminiumpigment,

3. Gefüllte Hart-Trockenglanzöle (wahrscheinlich auf der Grundlage von Kopalharz)

Soweit an Aststellen das Holzgewebe offenliegt oder soweit die Rinde bei Fällung und Beförderung abgeplatzt ist, müssen auch diese Stellen behandelt werden.

Wichtig ist es, daß die Schutzmittel gegen Verdunstung dick aufgetragen werden — zu diesem Zweck müssen sie pastenförmig sein — und daß sie eine helle Farbe haben, damit die Anstriche möglichst wenig Wärmestrahlen absorbieren. Manche Firmen stellen sich geeignete Anstrichmittel auf einfache Weise selbst her, indem sie beispielsweise Casein mit Kalk und Wasser vermischen. Für die Praxis ist es wichtig, daß die Hirnholzanstriche fest an der Holzoberfläche haften, beim Hantieren mit den Blöcken intakt bleiben, elastisch genug sind, um der Flächenschwindung zu folgen und nicht zu schwierig aufzubringen sind [*4.30*].

Einen Schutz gegen *Verstocken* ermöglichen Anstriche, die entsprechende fungicide Stoffe enthalten. Eine Reihe von chemischen Firmen hat derartige Schutzanstriche entwickelt und auf den Markt gebracht. Die besten haben nicht nur eine hohe Giftwirkung gegenüber den das Verstocken bewirkenden Pilzen, sondern sie liefern zudem gut haftende Überzüge, die gleichzeitig die Verdunstung stark herabsetzen. Obwohl die Wertminderung durch Verstocken beträchtlich ist, beispielsweise bei Buchenholz je nach der Verarbeitung 30 bis 60% beträgt, ist seine Bekämpfung beim meist herrschenden Mangel an Waldarbeitern schwierig, da die Anstriche möglichst bald nach dem Fällen aufgebracht werden müssen. Bei Januar-Fällung sollen die Schutzanstriche nicht später als 9 Wochen, bei März-Fällung nicht später als 6 Wochen, bei Mai-Fällung nicht später als 3 Wochen nach dem Hieb aufgebracht werden. Im Winter dürfen die Schutzanstriche nicht bei Frost oder auf gefrorene Holzflächen aufgetragen werden. Lagerung der Stämme unter einem dichten Kronendach ist wünschenswert. Die behandelten Stämme sollen bis zur Abfuhr ungerückt im Walde liegen und sobald wie möglich abtransportiert werden. Richtige Anwendung des Schutzmittels vorausgesetzt, kann die Eindringtiefe des Verstockens für längere Zeit beträchtlich herabgesetzt werden.

Die zur Zeit in der Bundesrepublik Deutschland am meisten benutzten und bewährten Schutzmittel zur Verzögerung oder Vermeidung des Verstockens von Buchenstammholz sind[1]:

a) Basileum VS (Bayer)

b) Wolmanol-Buchenschutz (Wolman)

c) Xylamon-ASR (Desowag)

---

[1] Auskunft und Nachweis von Schrifttum [*4.1, 4.2, 4.5, 4.10, 4.13, 4.14, 4.24. 4.25, 4.28, 4.31, 4.32*] verdanke ich Herrn Prof. Dr. H. Mayer-Wegelin, Reinbek.

4.13 Mechanische Mittel zur Verhinderung der Rißbildung

Um *Endrisse* bis zu einem gewissen Grad zu vermeiden, wurden lange Zeit vorherrschend *Eisenklammern* in die Hirnflächen von Rundholz und Eisenbahnschwellen eingeschlagen. Bild 4.2 zeigt solche Klammern in verschiedener Form. Die Klammern sollen im Querschnitt keilförmig sein, wodurch ein Rücken für das Einschlagen und eine Schneide für das Eindringen in das Holz vorhanden ist. Die Klammern müssen vor dem Trocknen eingeschlagen werden und sollen möglichst viele Markstrahlen im rechten Winkel schneiden (Bild 4.3). Die Wirksamkeit der Klammern ist nur beschränkt. Wichtig ist es, daß alle Klammern vor dem Dämpfen und der weiteren Verarbeitung entfernt werden. Diese Arbeit ist mühsam und zeitraubend. Sie muß aber mit äußerster Gewissenhaftigkeit erfolgen, da keinesfalls eine Werkzeugschneide auf eine Eisenklammer auftreffen darf. Bei Stammabschnitten mit

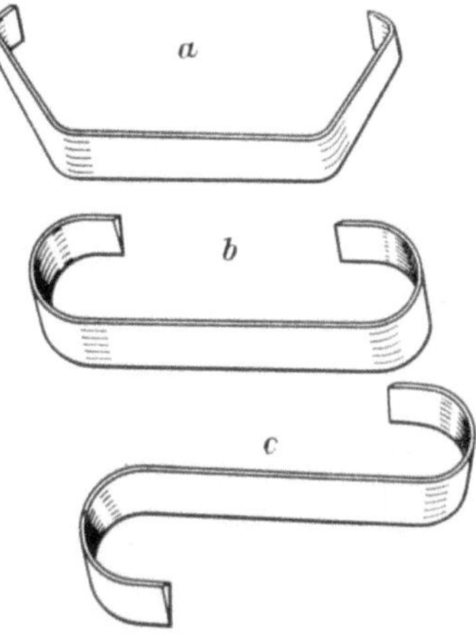

Bild 4.2 *a* — *c*.
Eisenklammern zur Verhütung von Endrissen in Hirnholz während der Trocknung. *a* Bügelform; *b* C-Klammer; *c* S-Klammer. (Nach G. M. Hunt und G. A. Garrat.)

nicht zu großem Durchmesser wird gelegentlich auch durch Umspannen der Enden mit *Bandeisen und Spannschlössern* (Bild 4.4) der

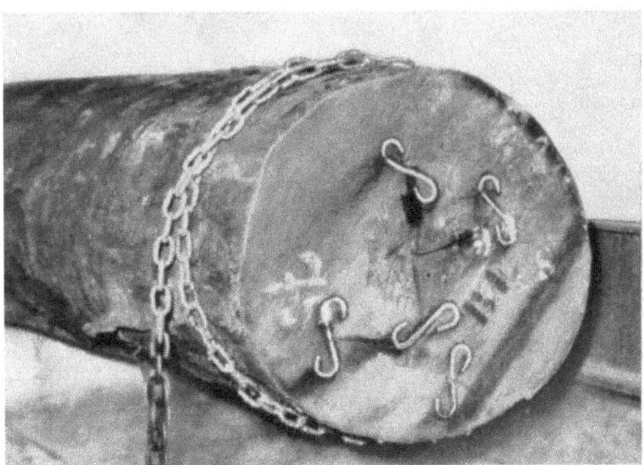

Bild 4.3. Anordnung von S-Klammern im Rundholz.

Entstehung von Kernrissen entgegengewirkt. Unter Umständen kann man die Umspannung auch durch geschlossene Bandeisenreifen herbei-

führen, die lose auf die Stammenden aufgeschoben und dann ringsum
unterkeilt werden. Das Verfahren ist aber kostspielig und ebenfalls

Bild 4.4. Anordnung von Bandeisen und
Spannschlössern an einem Rundholz.
a Rundholz; *b* Bandeisen; *c* Spannschloß.
(Nach L. KLOTZ.)

nur beschränkt wirksam. Es verhindert die Bildung klaffender vom
Stammumfang zum Mark gehender
Kernrisse, weniger aber bei stär-
kerer Austrocknung die von Innen-
rissen.

4.14 Aufstapelung und Förderung der Rundhölzer auf dem Lagerplatz

Das Rundholz gelangt mittels See- oder Kanalschiffen, auf Eisen-
bahnwagen oder Lastwagen zu den Furnier- oder Lagenholzwerken. In
Schweden und Finnland erfolgt der Transport des dort vorwiegend verarbeiteten Birkenholzes meist durch *Flößen*, wobei in offenen Wasser-

Bild 4.5. Laufkran mit Fachwerkträger in einer Lagerhalle für Rundholz. (Nach H. SOINÉ.)

wegen etwa 50 Stämme zu einem Bündelfloß zusammengespannt werden.
Durch das Flößen entstehen Sinkverluste, deren Größe mit 2 bis 6%
angegeben ist.

Beim Entladen und Stapeln von Rundholz zur Furnierherstellung
ist darauf zu achten, daß die Stämme nicht zu rauh behandelt werden,
wodurch sie leicht Schaden nehmen können. *Laufkrane*, u. U. auch
fahrbare Bock-Krane mit elektrischem Antrieb, sind in Furnier- und

Lagenholzwerken vorherrschend. Die Laufkrane bestehen aus der hochgelegenen Laufkranbahn, die auf geeigneten Trägern gelagert ist, der

fahrbaren Kranbrücke und einer Laufkatze, d. h. einer fahrbaren Winde. Die hohe Lage der Laufkrane sichert unter ihnen freien Raum, so daß weder Verkehr noch Arbeit behindert sind, dafür sind aber auch Nachteile in Kauf zu nehmen. Brücke und Laufkatze sind als Totgewicht bei Längsfahrt zu bewegen, das Bestreichungsfeld eines Laufkrans ist naturgemäß kleiner als die Grundfläche der Halle, in die der Laufkran eingebaut ist und die Kranteile sind nicht besonders gut zugänglich. Dafür ist aber die Tragkraft der Laufkrane praktisch unbegrenzt und sie lassen sich beispielsweise aus geschlossenen Lagerhallen (Bild 4.5) ins

Bild 4.6. Verlängerung der Laufkranbahn aus der in Bild 4.5 gezeigten Halle ins Freie. (Nach H. SOINÉ.)

Freie über Lagerplätze, Werkstraßen und Klotzteiche führen (Bilder 4.6 und 4.7). Es ist ferner möglich, mit ihnen verhältnismäßig große Höhen zu überwinden. Fahrbare Bock-Krane mit hoher Tragkraft und großen Hubhöhen (Bild 4.8) sind für Lagerplätze, Werkhöfe und über Klotzteichen oder Dämpfgruben-Batterien großer

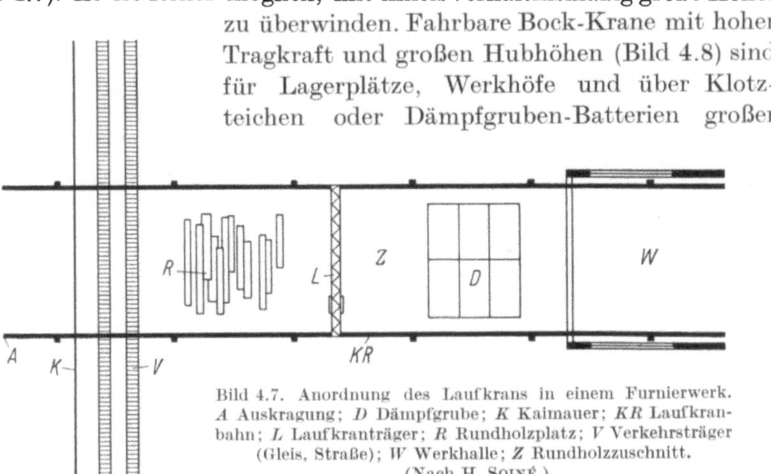

Bild 4.7. Anordnung des Laufkrans in einem Furnierwerk.
A Auskragung; D Dämpfgrube; K Kaimauer; KR Laufkranbahn; L Laufkranträger; R Rundholzplatz; V Verkehrsträger (Gleis, Straße); W Werkhalle; Z Rundholzzuschnitt.
(Nach H. SOINÉ.)

Sperrholzwerke gut geeignet (Bild 4.9). Bei großen Spannweiten werden diese Fördergeräte auch als *Verladebrücken* bezeichnet.

Bild 4.8. Rundholzlagerplatz mit Bockkran in einem italienischen Sperrholzwerk.

Für kleinere Furnierwerke eignen sich *Mobilkrane* als gleislose Flur-fördermittel. Bild 4.10 zeigt einen Mobilkran bei Entnahme eines Blocks

Bild 4.9. Fahrbarer Bockkran über dem Klotzteich in einem italienischen Sperrholzwerk.

aus einer Dämpfgrube. Dieser Mobilkran ist mit einem 24 PS Dieselmotor ausgerüstet und entwickelt eine Zugkraft von 500 kg. Gehalten werden die Messer- oder Schälklötze mit Stahldrahtschlingen (Bild 4.11), Ketten oder besonders konstruierten Greifern bzw. Doppelzangen.

In großem Umfang wird das Rundholz in Furnier- und Lagenholzwerken im *Freien auf Stapel* gelegt. Zwischen der Art der Stapelung und

Bild 4.10. Kleiner Mobilkran an einer Dämpfgrube. (Nach H. SOINÉ.)

Bild 4.11. Laufkran über der Dämpfgrube eines Furnierwerkes. Man beachte die Stahldrahtschlingen an den Klotzenden. (Nach H. SOINÉ.)

dem mechanischen Förderwesen besteht wirtschaftlich und technisch
ein enger Zusammenhang. Die einfachste Art der Rundholzlagerung sind
Parallelstapel, bei denen die Stämme parallel zueinander und zur Brücke
des Laufkrans oder Bock-Krans und damit senkrecht zur Kranfahrbahn
liegen (Bild 4.12). Da derartige Stapel aber leicht ins Rutschen kommen,
sind sie im Hinblick auf Unfallverhütung und Betriebssicherheit nicht
zu empfehlen. Auf keinen Fall dürfen Arbeiter derartige Parallelstapel
besteigen. Es muß deshalb, wenn sie vorhanden sind, mit Greifern
gearbeitet werden, die von der Krankabine aus bedienbar sind.

Bild 4.12. Gestapeltes Rundholz zwischen der Laufkranbahn. (Nach H. SOINÉ.)

Für kürzere Schälblöcke sind Parallelstapel weniger bedenklich,
obwohl auch hier das Aufsetzen und Abnehmen der Blöcke durch automatisch arbeitende Greifer, also ohne Mitwirkung von Arbeitern auf den
Stapeln, erfolgen muß. Die senkrechte Lage der Stämme zur Kranfahrbahn ist unerläßlich, damit, wenn ein Stapel in Bewegung gerät, die
Blöcke keinesfalls gegen eine Kranstütze stoßen und drücken können, die
dadurch leicht zum Knicken gebracht würde.

Weit sicherer als Parallelstapel sind *Kreuzstapel*. Sie setzen aber voraus, daß die Stämme oder Klötze nicht zu abholzig, gekrümmt oder
beulig sind. Im allgemeinen eignen sich aber die meist auch auf gute
Stammform hin aussortierten Schäl- und Messerklötze gut zur Kreuz-
stapelung, insbesondere gilt dies für die oft weitgehend walzenförmigen

Tropenhölzer. Mit Kreuzstapeln lassen sich sehr große Schichthöhen erreichen, auch können Kreuzstapel, am Ende oder zusätzlich eingeschoben, Parallelstapel gegen Rutschen sichern (Bild 4.8). Aus Sicherheitsgründen sollten aber auch Kreuzstapel nach Möglichkeit nicht von Arbeitern betreten werden.

Alle *offenen Stapel* sind dem Wetter ausgesetzt. Die Sonnenstrahlen, Nebel, Regen, Schnee, Frost können auf das Holz mehr oder minder stark einwirken. Bei längerer Lagerung ist die Austrocknung des Holzes unvermeidbar. Die Voraussetzungen für die zuerst erwähnten Schäden sind dann gegeben. Hirnholzanstriche, bei nicht zu großen Rundholzvorräten auch das Überdecken der Stapel mit größeren Planen, sind zwar gut wirksam, aber in großem Maßstabe wirtschaftlich nicht anwendbar. *Geschlossene Lagerhallen* schalten zwar Sonnenlicht, Niederschläge, Wind und zu tiefe Frosttemperaturen aus, aber sie können wieder aus wirtschaftlichen Gründen nur in beschränktem Umfang eingesetzt werden. Sie verzögern auch die Trocknung des Holzes nur, ohne sie ganz auszuschalten.

4.15 Besprühanlagen

Vor Pilzinfektion und Rißbildung wird grünes Holz oder Holz, das sich noch in annähernd grünem Zustand befindet, durch Naßhalten am besten geschützt. In Schweden wurde dies schon frühzeitig erkannt und Zellstoff-Fabriken, aber auch Sägewerke lagerten ihr Rundholz in Wasserpoltern und Klotzteichen. Jünger ist das Verfahren, das Holz auf den Lagerplätzen durch *Besprühen* mit Wasser naß zu halten. Den Grundriß einer Besprühanlage für das Rundholzlager eines großen schwedischen Sägewerks zeigt Bild 4.13. Es handelt sich dabei um eine stationäre Anlage mit 12 röhrenförmigen Betontürmen von je 15 m Höhe, die über den ganzen Holzplatz verteilt sind. In Ihrem Innern führt eine Druckwasserleitung nach oben. Auf der Spitzenplattform der Türme befinden sich *Sprühkanonen,* die eine langsame Kreisbewegung ausführen. Die Mundstücköffnung der Düsen hat eine Weite von 20 mm; bei einem Wasserdruck von 3,5 atü erzielt man einen Besprühradius von rd. 34 m und eine Besprühfläche von rd. 3600 m². Der Wasserverbrauch beträgt 31,5 m³/h, die Niederschlagshöhe 8,6 mm/h [*4.15*].

Auch in Deutschland hat man sich mit Wasserbesprühung befaßt [*4.3, 4.9*]. Erforderlich sind eine Druckpumpe oder ein Hochbehälter, zu dessen Speisung ebenfalls ein Pumpensatz benötigt wird. Bei fest eingebauten Anlagen müssen die rostgeschützten Druckwasserleitungen mit 50 bis 65 mm Durchmesser unter Frosttiefe verlegt werden. Die Anschlußstücke für die Sprühdüsen haben in der Regel eine lichte Weite von 25 bis 40 mm. Bei einem Wasserdruck von 2 bis 4 atü erzielt man je nach Düsenweite 1000 bis 3600 m² Niederschlagsfläche. Die

Niederschlagshöhe soll 8 bis 10 mm/h betragen. Bei Wasserknappheit kann sich eine Wasserrückgewinnung durch Einbau von *Drainageröhren* und Anlage eines Sammelbeckens empfehlen. Bei Besprühung muß der Rundholzlagerplatz eine 10 cm dicke Schotterauflage erhalten. Sehr wertvolle Angaben stammen von F. H. ISAACSON [*4.11*]. Er weist darauf hin, daß bei sachgemäßer Besprühung weder Pilzschäden und Verfärbung, noch Rißbildung auftreten. Die Furnierausbeute ist ungefähr die gleiche wie bei Messern oder Schälen von frisch eingeschnittenem

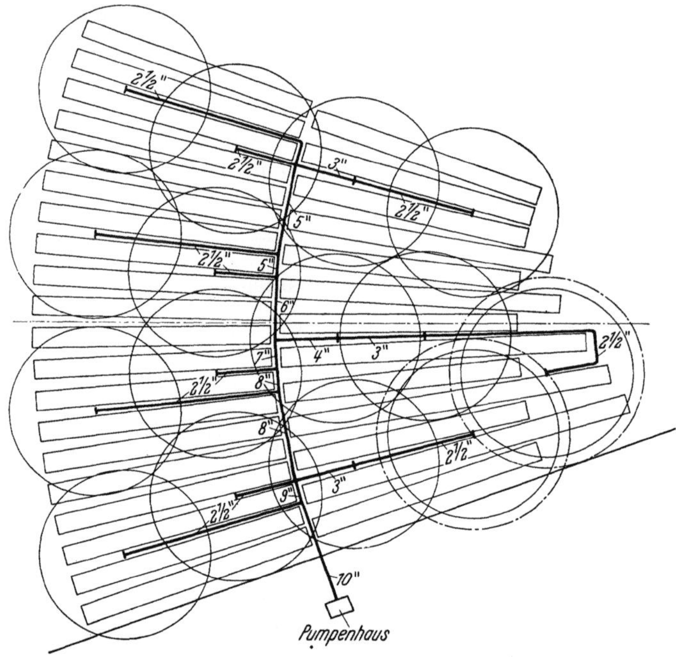

Bild 4.13. Grundriß einer Besprühanlage für das Rundholzlager eines großen schwedischen Sägewerks.

Holz. Voraussetzung ist allerdings, daß die Stammenden während der gesamten Besprühzeit Tag und Nacht, bei Sonnenschein und Regen vom Wassernebel umgeben sind. Nur zeitweises Besprühen oder zu wenig Wasser kann die Schäden sogar vermehren, statt sie einzudämmen. Zu starkes Berieseln kann ebenfalls von Übel sein und Fäulnis begünstigen. Infolgedessen sollte man auch stets nur noch von Besprühen statt von Berieseln sprechen.

Das Besprühen muß natürlich einsetzen, bevor sich die ersten Schäden eingestellt haben, da es sonst deren weitere Ausbreitung unterstützt. Tatsächlich sollte das Besprühen so rasch wie möglich nach dem Einschnitt des Holzes angewendet werden. Besonders wirksam für das

Besprühen der Rundholzenden sind konische Düsen mit tangentialem Wasserauswurf bei einer Mundstückweite von 6,5 mm (1/4''). Sie haben eine Reichweite von 1,80 bis 2,40 m. Für das Besprühen der Längsseiten der Stämme und der Stapeloberseiten werden Düsen mit ebenfalls 6,5 mm Bohrung des Typs empfohlen, der in USA zum Kühlen von Dächern verwendet wird und eine Reichweite von 3 bis 4,5 m hat. Damit sich die Düsen nicht verstopfen, muß das Wasser durch ein sich selbst reinigendes Filter zugeleitet werden.

Die Einrichtung der Besprühanlage wird sehr erleichtert und verbilligt, wenn halbbiegsame Plastikschläuche von 13 mm Weite benützt werden; sie lassen sich zusammenrollen, ohne daß die Armaturen abgenommen werden müssen.

Nach ISAACSON sind Fehlschläge auf folgende Ursachen zurückzuführen:

a) Verwendung von gewöhnlichen Berieselungsanlagen (wie sie z. B. in Gärtnereien üblich sind);
b) Zu späte Inbetriebnahme der Besprühanlage, nachdem die Trocknung der Stämme schon eingesetzt hat;
c) Stapelung der Stämme Hirnholz an Hirnholz;
d) Aussetzendes oder periodisches Besprühen.

Befriedigende Ergebnisse setzen folgende Maßnahmen zwingend voraus:

a) Erzeugung eines Sprühnebels;
b) Beginn des Besprühens sobald wie möglich nach dem Einschlag des Holzes oder bevor das warme Wetter einsetzt. Das Ziel ist es, die Holzfeuchtigkeit auf jeden Fall über 35% zu halten;
c) Aufsetzen der Stapel derart, daß die Hirnholzenden gut belüftet und während des Besprühens vom Wassernebel umgeben sind;
d) Fortsetzung des Besprühens ohne jede Unterbrechung von Frühlingsanfang (März) bis zum Spätherbst (Ende Oktober).

4.16 Wasserlagerung

Da der Rundholzvorrat eines Sperrholzwerkes für 3···6···9 Monate reichen soll, bereitet die Wasserlagerung gewisse Schwierigkeiten und wird ziemlich teuer, wenn keine natürlichen Gewässer zur Verfügung stehen. Vielfach beschränkt man sich auch darauf, nur die empfindlichsten Hölzer, die besonders leicht von der Stockfäule befallen werden, unter Wasser in *Wassergärten* oder *Klotzteichen* zu lagern. Die Lagerung in Klotzteichen als Schutzmaßnahme für Rundholz ist das älteste und allgemein bekannte Verfahren, trotzdem ist es keineswegs ideal. Eine Anlage von Klotzteichen ist manchmal infolge der örtlichen Verhältnisse unmöglich, wenn sie aber durchgeführt werden kann, bringt sie erhebliche Tiefbauarbeiten mit sich. Um die Stämme leicht wieder aus den Teichen entnehmen zu können, dürfen diese nicht zu tief sein oder aber sie müssen Vorrichtungen enthalten, mit denen die Stämme herausgezogen werden können. Nur wenn die Stämme mit ihren Hirnflächen ganz unter Wasser liegen, stellt sich die gewünschte Schutzwirkung ein. Nach V. J. RINNE [4.27] benötigt man bei Lagerung unter Wasser in einem natürlichen Gewässer eine Fläche von etwa 50000 m² für ein Sperrholzwerk mit jährlich 10000 m³ Produktion. Als zweckmäßige Tiefen sind 3 bis 5 (höchstens 9) m anzusehen. Je seichter die Teiche sind, desto mehr Platz erfordern sie. Der Verkehr wird dadurch behindert und die Kosten für den Transport der Blöcke zum Werk steigen. Wenn auch nur Teile der Blöcke (selbst zeitweise) aus dem Wasser herausragen, kommt es zu Schäden durch Pilzinfektion. Bei den ganz untergetauchten Stämmen sind Pilzbefall und Rißbildung ausgeschlossen, nicht jedoch bei gewissen Hölzern Verfärbungen durch chemische Reaktionen. Die Größe künstlicher Klotzteiche richtet sich nach den örtlichen Verhältnissen und Betriebsbedingungen. 75 m × 15 m ist beispielsweise eine häufig zweckmäßige Größe. V. J. RINNE [4.27] gibt an, daß ein Birkensperrholzwerk mit einer Jahresproduktion von 10000 m³ drei Klotzteiche mit je 10 bis 12 m Länge, 5 bis 6 m Breite und 3 bis 4 m Tiefe benötigt. Um das Holz ganz unter Wasser zu halten, müssen geeignete *Druckvorrichtungen* vorgesehen werden. Ganz unerläßlich ist Sauberkeit des Wassers, das insbesondere keinerlei industrielle Abwässer enthalten darf, da helle Hölzer rasch verfärbt würden. In den Klotzteichen vorhandener Schmutz haftet an den Stämmen und wird mit ihnen zum Werk geschleppt; der Boden der Klotzteiche muß deshalb eben und hart sein.

4.2 Rundholzzurichtung vor dem Messern und Schälen

Zum Messern bestimmtes Rundholz kommt aus dem Klotzteich oder vom Lagerplatz bzw. aus einer Lagerhalle zum Sägeplatz oder zur Sägehalle, wo es früher vorherrschend mit *Fuchsschwanzsägen* abgelängt wurde. Die Fuchsschwanzsägen können ortsfest oder fahrbar ausgebildet sein. Die Sägeblätter erhalten abwechselnd rechts und links geschärfte Zahnschneiden. Für Stammdurchmesser von 800 bis 1000 mm kommen Hübe von 450 bis 500 mm bei $n = 200$ U/min in Frage. Der Leistungsbedarf liegt bei elektrischem Einzelantrieb etwa zwischen 5 und 6 kW. Stammdurchmesser von 1500 bis 1800 mm erfordern Hübe von 900 bis 1000 mm ($n = 120$ bis 150 U/min) und beanspruchen 9 bis 10 kW Antriebsleistung.

Heute sind die Ablängsägen vor den Schälmaschinen fast ausschließlich *Kettensägen;* sie werden entweder ortsbeweglich oder auch stationär verwendet, wobei die stationäre Ausführung den Vorzug verdient; bei ihr werden die Stämme mit höherer Sicherheit parallel geschnitten, wodurch geringere Holzverluste entstehen. Für schwache Stammdurchmesser — beispielsweise bei nordischer Birke — sind *Kreissägen* (als Pendelsägen ausgebildet) wegen ihrer größeren Leistung üblich.

Die Längen, auf welche die Stämme zurechtgeschnitten werden, hängen von den Abmessungen der verfügbaren Messer- und Rundschäl-

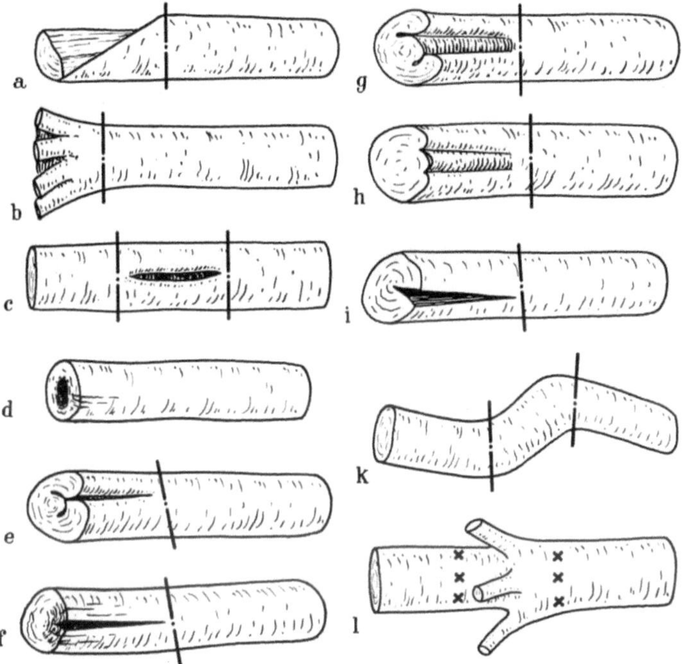

Bild 4.14 a—l. Ablängen von Schälblöcken zwecks Entfernung von Fehlern.
a abgesplittertes Stück; b Fäulnis oder Fehler im Stockteil; c Fehlstelle in Blockmitte; d Kernfäule; e eingewachsene Rinde; f Kerbe mit Faulstelle; g nach innen sich fortsetzende Kerbe; h offene Kerbe (z. B. Frostriß); i Schwindriß; k stark gekrümmter Teil; l Astansammlung. (Nach V. J. RINNE.)

maschinen sowie vom Produktionsprogramm ab. Besonders wichtig ist eine wirtschaftliche und verlustarme Aufteilung der Stämme. Es ist nötig, daß die Stämme vor dem Ablängen auf einem Rollenbett gedreht und auf vorhandene *Fehlstellen* sorgfältig untersucht werden. Das Ablängen wird am Stockende begonnen, da man von dort aus das höchstwertige Furnierholz erhält. Es kann erforderlich werden, Teile mit Schäden vom Stamm ab- oder auch herauszuschneiden. Einige Beispiele dafür gibt Bild 4.14.

Die Abmessungen von Dämpfgruben für Furnier- und Sperrholzwerke richten sich nach der Länge der zu dämpfenden Rundhölzer oder

vorgerichteten Blöcke. Während man in Europa ein Ablängen der
Stämme auf Schälmaße vor dem Dämpfen wegen der mit dem Dämpf-
vorgang verknüpften Gefahr von Hirnrissen nicht für zweckmäßig hält,

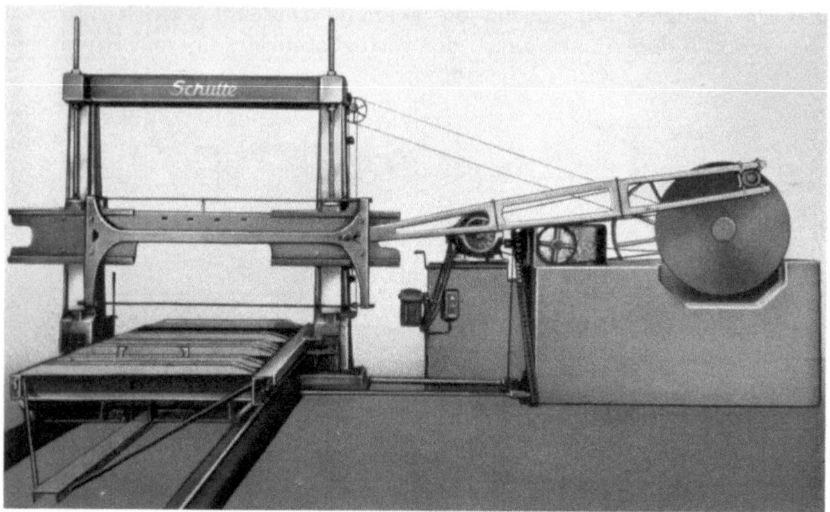

Bild 4.15. Ansicht eines Horizontalgatters. Bauart Ed. Schulte, Maschinenfabrik, Hamm/Westf.

werden beispielsweise in den Vereinigten Staaten von Nordamerika die
Stämme ganz allgemein vor dem Dämpfen oder Kochen abgelängt. Zum
Messern bestimmtes Holz wird stets vor dem Dämpfen auf die gewünsch-
ten Maße abgelängt.

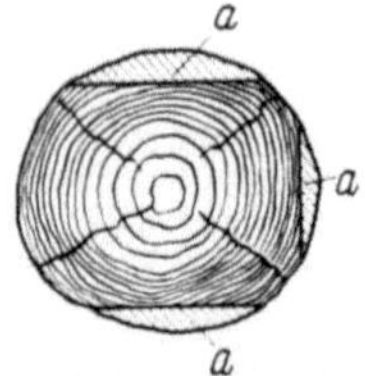

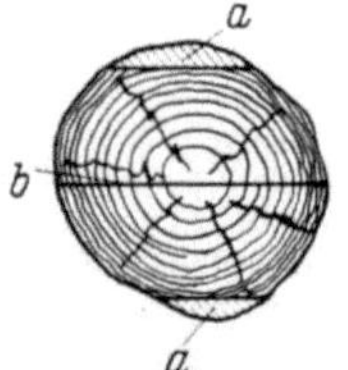

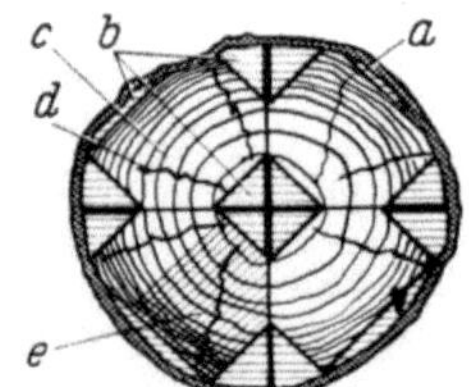

Bild 4.16.
Dreiseitig abgeschwarteter
Messerblock.
a Schwarten. (Nach L. KLOTZ.)

Bild 4.17. Übliche Zurichtung
eines Stammes zum Messern
durch Trennschnitt und zwei-
seitiges Abschwarten. *a* Schwarten; *b* Trennschnitt. (Nach L.
KLOTZ.)

Bild 4.18. Zurichtung eines Stammes zur Herstellung von Spie-
gelfurnieren. *a* Borke; *b* Abfallstücke beim Zuschneiden; *c* Jahrringe; *d* Markstrahlen; *e* radialer Messerschnitt. (Nach L.
KLOTZ.)

Die abgelängten Messerblöcke werden mittels *waagerechter Gatter*-
(Bild 4.15) *oder Blockbandsäge* je nach Holzart und -durchmesser entweder dreiseitig angeschwartet (Bild 4.16) oder durch einen Trennschnitt
in zwei Hälften zerlegt und zweiseitig abgeschwartet. (Bild 4.17). Die

so erzeugten Auflagen gestatten das sichere und feste Einspannen der Stammabschnitte auf dem Tisch der Messermaschine. Sollen beispiels-

Bild 4.19. Bügelkettensäge beim Trennschnitt durch einen dicken Tropenholzblock.
Bauart Dolmar, Maschinenfabrik Hamburg-Wandsbek.

weise aus Eichenblöcken Spiegelfurniere hergestellt werden, so müssen die Stämme nach dem Schema von Bild 4.18 aufgeteilt werden.

Zu erwähnen ist noch eine sehr große Bügelkettensäge für Trennschnitte durch besonders dicke Tropenholzblöcke (Bild 4.19).

4.3 Erweichen der Messer- und Schälblöcke durch Anwendung von Wärme

4.31 Kochen

Unter Kochen versteht man die Behandlung der Messer- oder Schälblöcke mit warmem oder heißem Wasser, wobei jedoch die Temperaturen stets unterhalb des Siedepunktes liegen. In Finnland liegt nach V. J. RINNE [*4.27*], von dem die folgenden Angaben stammen, die Wassertemperatur beim Erwärmen von Birkenholz für die Furniererzeugung im Winter selten über 20 °C. In den Sommermonaten von Mitte Mai bis Ende August kann auf das Kochen verzichtet werden. *Kochgruben* werden gewöhnlich *im Freien* ausgeschachtet. Ihre Abmessungen hängen von verschiedenen Bedingungen ab. Beispielsweise können 3 Kochgruben mit einer Fläche von 40 m $\times$ 6 m bei 1,5 bis 2 m Tiefe hintereinander angelegt werden. In einer dieser Gruben befinden sich die schälfertigen

Rundhölzer, in der zweiten erfolgt das Anwärmen, die dritte dient als Vorratsbehälter. In jeder Grube können dann 120 bis 200 Furnierblöcke enthalten sein. Selbst tief gefrorene Blöcke werden innerhalb von 8 h auf die gewünschte Temperatur angewärmt. Der Wärmeverbrauch wird mit 400000 bis 450000 kcal/h angegeben. Nicht gefrorene Blöcke benötigen nur 3 bis 4 h für das Anwärmen auf etwa 20 °C.

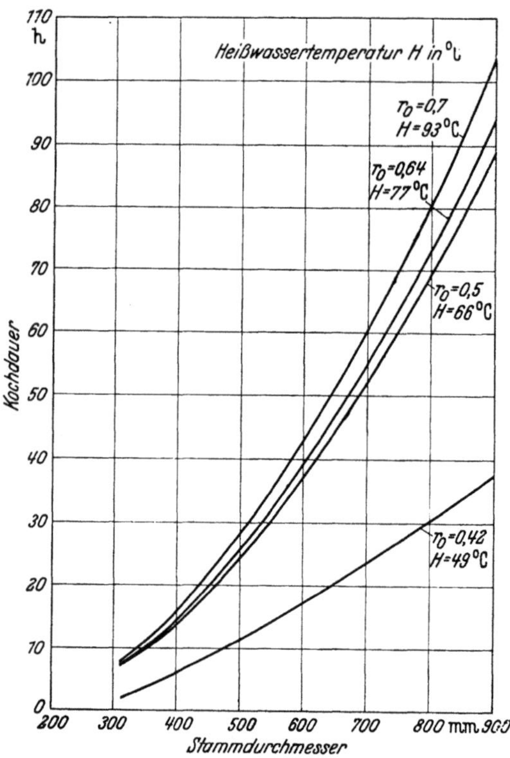

Bild 4.20. Abhängigkeit der Kochdauer vom Stammdurchmesser, der Holzdichte und der Heißwassertemperatur. (Nach H. O. FLEISCHER.)

Die *Kochgruben* können auch *in Gebäuden* errichtet werden. In diesem Fall sind für ein Sperrholzwerk von 10000 m³ Jahresproduktion 2 Gruben von je 10 bis 12 m Länge, 5 bis 6 m Breite und 3 bis 4 m Tiefe erforderlich. Beim Füllen werden die Gruben zunächst bis auf ein Drittel ihrer Tiefe mit Wasser gefüllt, damit die eingeworfenen Rundhölzer den Grubenboden nicht beschädigen können. Während des weiteren Füllens wird mehr und mehr Warmwasser eingelassen. Die Temperatur soll 50 °C nicht überschreiten, die Kochzeit muß mindestens 2 h betragen. Der Wärmeverbrauch ist erheblich niedriger als im Freien und beträgt 250000 bis 300000 kcal/h.

In mitteleuropäischen Furnier- und Sperrholzwerken liegen die Kochgruben meist im Freien, da die winterlichen Temperaturen nicht so niedrig sind wie in Skandinavien und man die teuere Unterbringung in Gebäuden vermeiden will. Beim Beschicken einer leeren Grube wird möglichst warmes Wasser aus einer anderen Grube zugepumpt, bis sämtliche Rundhölzer unter Wasser liegen. Über dem Grubenboden befinden sich Rohrschlangen, durch die als Heizmittel Dampf oder Heißwasser strömt. Kanthölzer schützen rostartig die Heizrohranlage vor Beschädigung. Die Erwärmung des Holzes erfolgt sehr gleichmäßig und schonend, jedoch bringt der Betrieb mit Heißwasser von 50 bis 90 °C

Unfallgefahr für die Arbeiter mit sich. Strenge Vorschrift muß es sein, den Deckel einer Kochgrube erst dann zu lüften, wenn das Heißwasser aus ihr in eine andere, erst in Betrieb zu nehmende Grube gepumpt wurde. Die Kochzeit soll so lange sein, daß die Außentemperatur in den innersten Schichten der Blöcke erreicht wird. Nach J. D. MacLean [*4.20, 4.21*] wird die optimale Temperatur beim Dämpfen um etwa 5 bis 10% rascher erreicht als bei Anwendung von Heißwasser. O. H. Fleischer [*4.7*] fand die in Bild 4.20 dargestelltenZusammenhänge: Man sieht, wie sich die Kochdauer (es handelt sich um Blöcke von nur 2,44 m Länge, die auf Restrollen mit 20 cm Durchmesser heruntergeschält wurden) mit steigender Dichte und zunehmendem Durchmesser der Stämme erhöht, wobei der Einfluß des Durchmessers den der Dichte überwiegt. Man soll deshalb die zu kochenden oder zu dämpfenden Stämme zu möglichst gleichartigen und gleichmäßigen Partien zusammenstellen. Im Gegensatz zu dem erwähnten finnischen Beispiel empfiehlt E. Mörath [*4.23*], bei Neuanlagen sowohl lange, als auch kurze Dämpf- und Kochgruben zu bauen, die man je nach den Gegebenheiten am besten beschicken kann. Die Raumausnutzung der Gruben kann man zu etwa 50% annehmen.

4.32 Dämpfen

4.321 Temperaturverlauf und Dämpfzeiten

Beim Dämpfen tritt wie beim Kochen ein Wärmeaustausch zwischen dem heißen Dampf bzw. Wasser und dem kalten Holz auf. Wird grünes oder noch weitgehend frisches Holz mit einem hohen Gehalt an freiem, tropfbarem Wasser bei atmosphärischem Druck gedämpft, so findet zunächst eine Trocknung statt. Freies Wasser verdampft unter der Einwirkung der am Siedepunkt liegenden Dampftemperatur zu Beginn des Dämpfens. Wenn das kalte Holz mit dem Dampf in Berührung kommt, sind allerdings Kondensationserscheinungen unvermeidlich.

Der Zweck des Dämpfens liegt darin, das Holz zu erweichen und messer- oder schälfertig zu machen. Dabei ist die Temperaturerhöhung wichtiger als die Änderung des Feuchtigkeitsgehalts. Papierchromatographische Untersuchungen an Dämpfkondensaten von E. und L. Plath [*4.26*] lassen darauf schließen, daß beim Dämpfen im wesentlichen die Pektine des Holzes in Lösung gehen und gewisse Anteile des Lignins zu wasserlöslichen Stoffen abgebaut werden. Der Abbau der Kittsubstanzen in den Mittellamellen lockert den Zellverband und begünstigt bessere Schälglätte. Mit dem Kochen oder Dämpfen sind als erwünschte Nebenwirkungen das Aufweichen des den Stämmen anhaftenden Schmutzes und die Lockerung der Rinde verknüpft.

Anstieg und Verteilung der Temperatur beim Dämpfen hängen von der Temperatur des Heizmittels, der Anfangstemperatur des Holzes,

5*

seiner Wärmeleitzahl λ, seiner spezifischen Wärme c und seiner Rohdichte r ab. Die drei letztgenannten physikalischen Eigenschaften hängen wieder von der Holzfeuchtigkeit ab. Von grundlegender Wichtigkeit für den Verlauf der Temperaturänderung ist die Temperaturleitfähigkeit a

$$a = \frac{\lambda}{c \cdot r} \, .$$

Die Schwankungen von a sowohl mit der Rohdichte, als auch mit der Holzfeuchtigkeit sind gering (etwa $a = 0,0004 \cdots 0,0005 \ \mathrm{m^2/h}$).

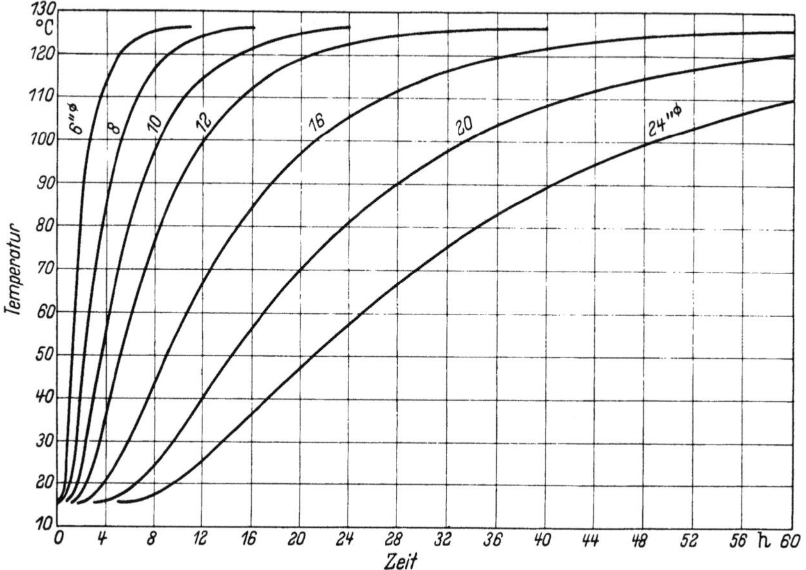

Bild 4.21. Temperaturverlauf im Innern von grünem Kiefernrundholz beim Dämpfen bei 127 °C; Anfangstemperatur des Holzes 16 °C. (Nach J. D. MacLean.)

Temperaturverlauf und Verteilung beim Dämpfen lassen sich mit Hilfe der FOURIERschen Theorie berechnen [4.20], den Temperaturverlauf im Innern von ursprünglich grünem Kiefern-Rundholz zeigt Bild 4.21. In der Praxis schwanken die Angaben über Koch- und Dämpftemperaturen sowie -zeiten erheblich. Bei Untersuchungen zeigte es sich allerdings, daß die anzuwendenden Dämpftemperaturen mit der Rohdichte der Hölzer steigen (Bild 4.22). Eine entsprechende Temperaturspanne trägt den Schwankungen der Holzstruktur Rechnung. Den Einfluß des Stammdurchmessers bei Hölzern verschiedener Rohdichte auf die Dämpfdauer gibt Bild 4.23 wieder. Ganz allgemein ist zu sagen, daß sich spezifisch besonders leichte und damit auch weiche Hölzer schon bei Raumtemperatur ohne vorheriges Dämpfen messern und schälen lassen, vorausgesetzt, daß der Schnitt- und Freiwinkel richtig gewählt wurden. Geht man im Betrieb an die unteren Temperaturen in Bild 4.22 heran,

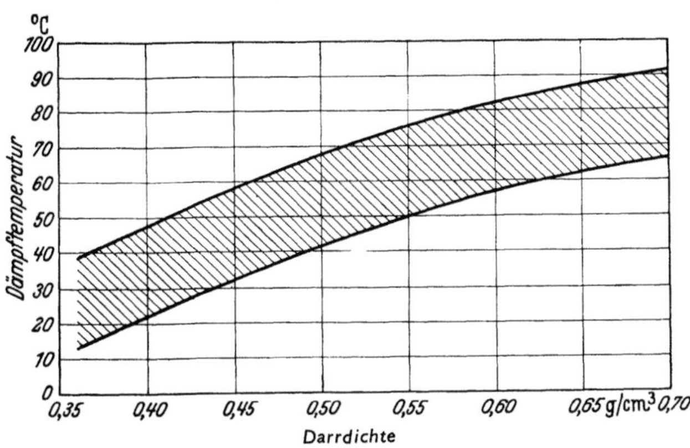

Bild 4.22. Günstigste Temperatur der Schäl- oder Messerblöcke in Abhängigkeit von der Darrdichte. (Nach E. MÖRATH.)

so wird sich ein loses oder brüchiges Schälen einstellen, während bei Temperaturen über dem schraffierten Bereich wollig-rauhe Furnieroberflächen auftreten.

Beim Schälen dicker Furniere wird man aber die obere Temperaturgrenze wählen. Mittelwerte für die Dämpfzeit von Schäl- und Messerblöcken gibt Tabelle 4.1 wieder.

Tabelle 4.1. *Mittelwerte für die Dämpfzeit von Messer- und Schälblöcken. (Nach Vereinigte Furnier- und Sperrholzmaschinenfabriken.)*

Holzarten	Dämpfzeit h
Birke, Erle	10 … 12
Abachi, Fichte, Kiefer, Pappel	12 … 15
Rotbuche	15 … 30
Okoumé	30 … 35
Eiche	30 … 40

Ein ernstes Problem können bei Stämmen mit größerem Durchmesser

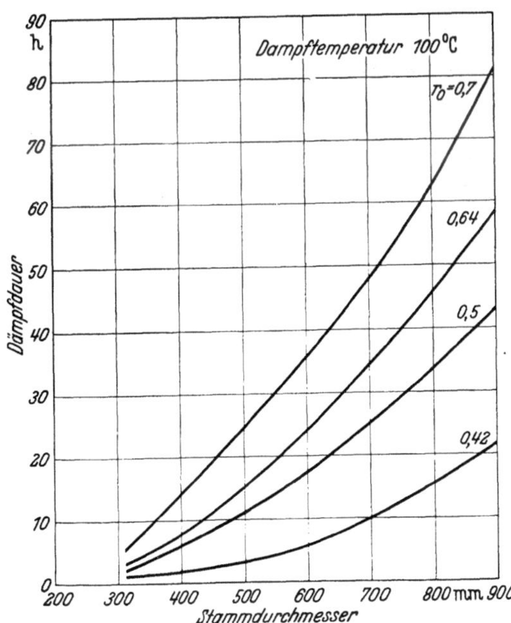

Bild 4.23. Abhängigkeit der Dämpfdauer vom Stammdurchmesser und der Dichte des Holzes. (Nach H. O. FLEISCHER.)

Wärmespannungen werden, die bei den sehr langen Dämpfzeiten Risse auslösen können. Da diese Risse hauptsächlich an den Stammenden auftreten, sind, wie schon erwähnt, möglichst große Stammlängen beim Dämpfen ratsam. Um die Dämpfzeiten verkürzen zu können, empfiehlt E. MÖRATH [*4.23*], sehr dicke Stämme nur so weit zu dämpfen, daß sie bis auf etwa 40 cm Durchmesser geschält werden können, und dann die Restklötze nochmals kurz zu dämpfen.

Sehr nützlich für den Praktiker sind die Kurventafeln in Bild 4.24 und 4.25 nach H. O. FLEISCHER [*4.7* (1959)], welche die *Erhitzungsdauer* auf gewünschte Temperaturen am Umfang eines inneren Zylinders von rd. 150 mm bzw. 200 mm Durchmesser in Abhängigkeit vom Stammdurchmesser angeben. Soll z. B. ein Stamm mit 76 cm Durchmesser auf etwa 65 °C am Umfang der zu erwartenden Restrolle von 15 cm Durchmesser erhitzt werden, dann kann man aus Bild 4.24 eine erforderliche Dämpfzeit von 48 h ab-

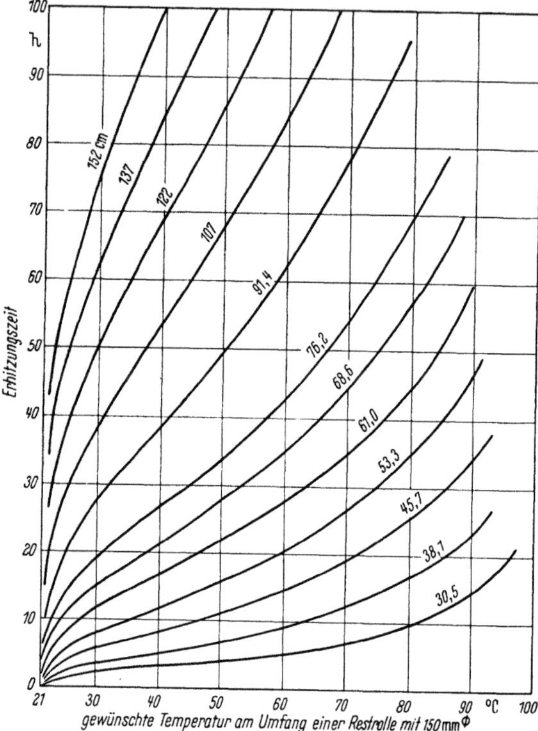

Bild 4.24. Erhitzungszeit für Rundholz von verschiedenem Durchmesser, um eine gewünschte Temperatur am Umfang einer Restrolle von 150 mm Durchmesser zu erhalten. (Nach H. O. FLEISCHER.)

lesen. Die Kurven gelten für ein Eichenholz mit der Raumdichte (Darrgewicht/Grünvolumen) von 0,5 bei Erhitzung in Wasser. Für andere Raumdichten oder Rohdichten und wenn Dampf statt Wasser die Erhitzung bewirkt, bedarf es einer Korrektur. Hierzu kann Bild 4.26 Verwendung finden. Für Holz mit der Rohdichte 0,5 und Dampf als Heizmittel kann man einen Korrekturfaktor infolge geänderter Temperaturleitfähigkeit von etwa 0,83 ablesen, d. h. die Dämpfdauer läßt sich jetzt abschätzen zu 48 × 0,83 ≅ 40 h.

Durch die Erwärmung werden die Messerblöcke und Schälklötze aber nicht nur *plastisch und damit messerbar oder schälbar*, sondern die Furniere aus den erwärmten Blöcken bzw. Klötzen sind in kürzeren Zeiten zu trocknen als Furniere aus nicht erhitztem Rohholz [*4.19*]. Als besonders günstig erweist sich das Erhitzen auch bei ästigen Schälhölzern (z. B. in USA bei Douglasienstämmen). Ein erwähnenswerter Nachteil ist die *Strahlungshitze* der frisch gekochten oder gedämpften Klötze, durch die

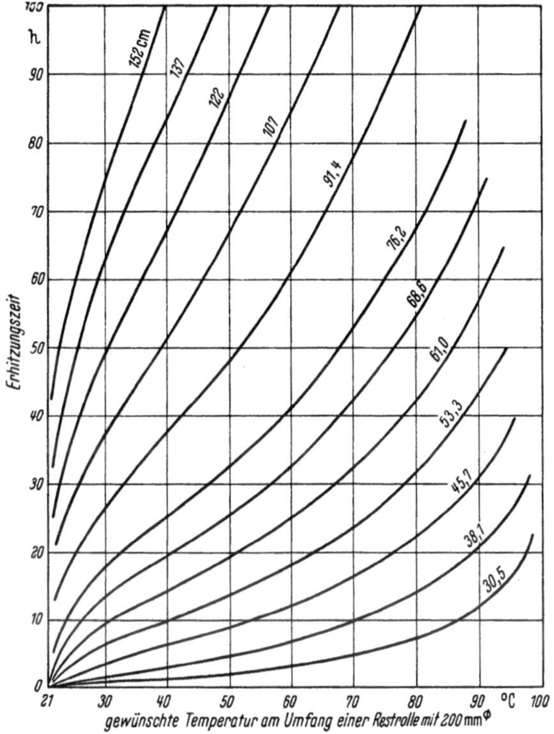

Bild 4.25. Erhitzungszeit für Rundholz von verschiedenem Durchmesser, um eine gewünschte Temperatur am Umfang einer Restrolle von 200 mm Durchmesser zu erhalten. (Nach H. O. FLEISCHER.)

Teile der Rundschälmaschine überhitzt werden können, so daß sich Spannungen ergeben, welche die Einstellung ungünstig beeinflussen. Durch Vorwärmen der Schälmaschine oder Wasserkühlung hat man in einigen amerikanischen Laubholz-Sperrholzwerken diese unerwünschten Erscheinungen behoben. Die Lebensdauer der Schälmesser ist beim Schälen von gedämpften Hölzern länger als von ungedämpften, vorausgesetzt, daß schmutzfreie Klötze verglichen werden.

4.322 Abmessungen und Ausführung von Dämpfgruben

Über die zweckmäßige Größe der Dämpfgruben lassen sich folgende Angaben machen [*4.4*]:

In *Furnier-Messereien* sind je Messermaschine meistens 3 Dämpfgruben erforderlich, deren Länge gleich der Arbeitsbreite $+$ 0,6 bis 1,0 m, deren Breite etwa 2,75 m und deren Tiefe etwa 2,50 m sein soll.

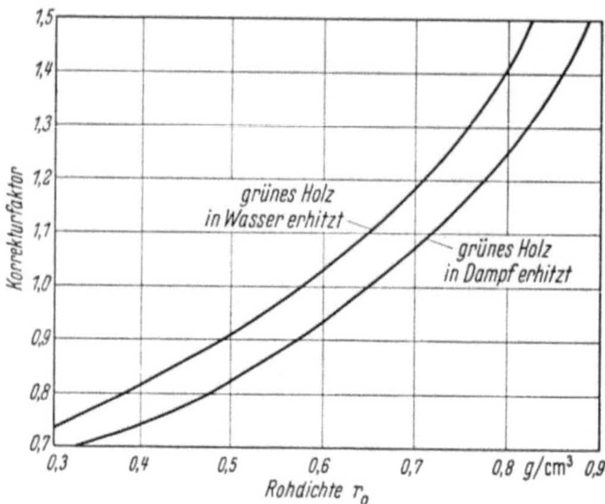

Bild 4.26. Korrekturfaktoren zu den Bildern 4.24 und 4.25, für abweichende Rohdichten und Erhitzung in Wasser bzw. Dampf. (Nach H. O. FLEISCHER.)

Die Abmessungen von Dämpfgruben in *Rundschälbetrieben* schwanken sehr stark. Wird Buche verarbeitet, so kommen Längen bis 18 m bei etwa 3 m Breite und 2,75 m Tiefe vor. In Werken, die ausschließlich Übersee-Schälblöcke verarbeiten, sind 10 m Länge bei 3,75 m Breite und 3,50 m nutzbarer Tiefe empfehlenswert.

Die Dämpfgruben müssen von einem *Kran* bestrichen werden. Zwecks Unfallverhütung müssen die *Grubenwände* mindestens 1 m über Flurhöhe hochgezogen werden (Bild 4.27). Als *Baustoffe* haben sich Eisenbeton und Klinkermauerwerk auch in Verbundbauweise bestens bewährt. Edelfurnier-Hölzer müssen vor Verfärbung durch säurefeste Aus-

Bild 4.27. Ansicht von Dämpfgruben. Man beachte die hochgezogenen Grubenwände.

kleidung der Gruben geschützt werden. Auch alle Wanddurchbrüche sind säurefest zu verkitten. Die Wände von Gruben ohne Klinkerauskleidung sind mit einem hitzebeständigen, wasserfesten Anstrich zu versehen. *Schutzbohlen* vor den Wänden bewahren diese vor Schlägen und Stößen beim Einfüllen, dienen aber auch zur Schonung der Blöcke selbst. Ein auf Sockeln ruhender kräftiger *Balkenrost* trägt die zu dämpfenden Blöcke und sichert sie vor Berührung mit dem Schlamm am Grubenboden bei direktem Dämpfen oder mit dem Wasserbad bei indirektem Dämpfen. Für die *Heizrohrschlangen* wird vielfach Kupfer wegen seiner Korrosionsbeständigkeit als Werkstoff empfohlen, jedoch wurden in deutschen Betrieben auch mit gewöhnlichen Eisenrohren von 3 mm Wanddicke selbst beim Dämpfen von Buche, die bedeutende Mengen von organischen Säuren abscheidet, keine Farbschäden beobachtet und eine Lebensdauer von 6 bis 8 Jahren ermittelt.

Von besonderer Wichtigkeit für die Wärmewirtschaftlichkeit sind *schwadendichte Deckel* über den Dämpfgruben. Sie sollen aus Bohlen, die mit Nut und Feder verbunden sind, bestehen. Lärchenholz — mit Karbolineum getränkt — Bongossi oder ähnliche Überseehölzer sind geeignet. Kranösen ermöglichen das Abheben der sehr schweren Deckel. Dampfdichter Abschluß der Gruben durch die Deckel ist mit größter Sorgfalt anzustreben, da sonst die Wärmeverluste durch Schwaden außerordentlich hoch werden. Bloßes Abstützen der Deckel mit Falzen gegen die Randhölzer (gemäß Bild 4.28), die zum Schutz der Innenkanten der oberen Grubenöffnung dienen und leicht auswechselbar sind, genügt nicht. Weit besser sind Wasserverschlüsse gemäß Bild 4.29. Die Deckelfalze, z. B. aus T-Eisen gefertigt, tauchen dabei in ein Wasserbad ein, das sich in einer aus U-Eisen zusammengeschweißten Rinne rings um die Grubenöffnung befindet [*4.12*]. Allerdings kann das eisenoxydhaltige Wasser aus diesem Bad bei gerbsäurehaltigen Schälblöcken dunkle Flecken verursachen.

4.323 Direktes und indirektes Dämpfen

Man unterscheidet *direktes und indirektes Dämpfen*. Bei ersterem wird entölter Abdampf mit geringstem Überdruck (1,08 bis 1,1 at abs) unmittelbar in die Dämpfgruben eingeleitet, in denen die Messer- oder Schälblöcke so aufgestapelt sind, daß sie vom Dampf allseitig umspült werden können. Zugerichtete Messerblöcke dürfen auf keinen Fall mit den Schnittflächen aufeinander gelegt werden, vielmehr sind Zwischenhölzer zu verwenden. Die Dampfverteilungsrohre sind so zu verlegen, daß sich der Dampf möglichst gleichmäßig in der Grube ausbreiten kann und daß der aus den Austrittlöchern entweichende heiße Dampf nicht unmittelbar auf die Blöcke auftrifft, wodurch sie örtlich zu stark erhitzt würden. Mit Rücksicht darauf werden die Austrittslöcher vielfach so angebracht, daß der Dampf nicht senkrecht nach oben in die Grube, sondern nur im spitzen Winkel gegen die Grubenwände zu oder auf den Grubenboden aufprallen kann. Wirksamer ist die Anordnung von *Prall-*

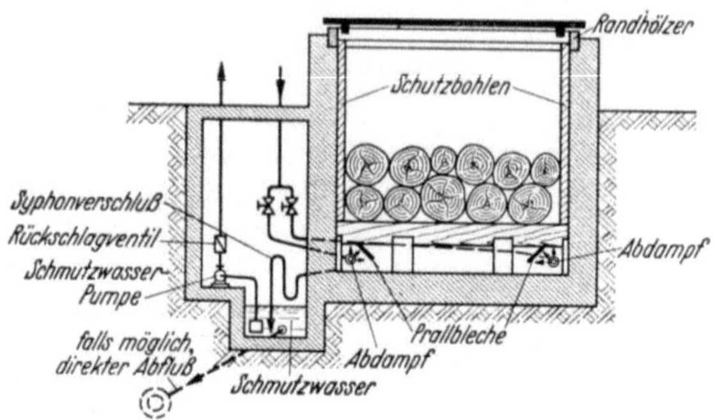

Bild 4.28. Schematischer Querschnitt durch eine Dämpfgrube für direkte Beheizung. (Nach E. DOFFINÉ.)

blechen gemäß Bild 4.28, doch läßt auch sie ungleichmäßige Erhitzung des Dämpfgutes nicht ganz vermeiden. Überlegen ist in dieser Hinsicht das indirekte oder mittelbare Dämpfen. Wie Bild 4.29 erkennen läßt, befindet sich in den dafür eingerichteten Kammern ein Wasserbad, in

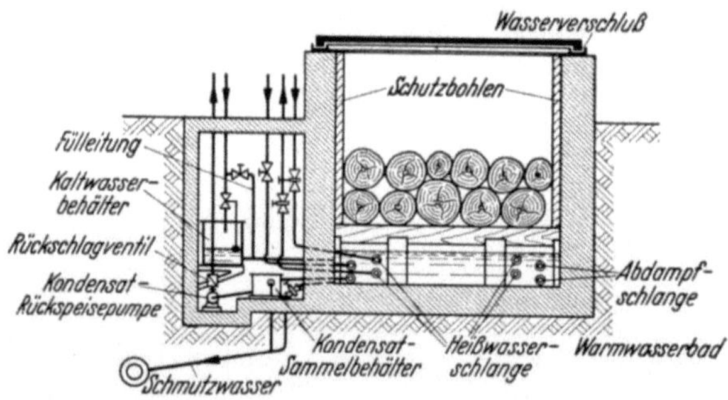

Bild 4.29. Schematischer Querschnitt durch eine Dämpfgrube für indirekte Beheizung. (Nach E. DOFFINÉ.)

das die Heizrohrschlangen eingelegt sind. Die Beheizung erfolgt durch Abdampf etwas höherer Spannung (1,3 bis 1,4 at abs), Frischdampf oder besonders vorteilhaft durch Heißwasser. Das im Bad befindliche Wasser wird verdampft. Die Temperatur steigt langsam und gleichmäßig an, das Dämpfen des Holzes erfolgt dadurch sehr schonend. Hinzu kommt, daß das Kondensat rückgewonnen und wieder dem Kessel zugeführt werden kann. Dadurch erhöht sich die Wärmewirtschaftlichkeit.

Nach E. DOFFINÉ [*4.4*] stehen sich beim direkten und indirekten Dämpfen folgende Vorteile und Nachteile gegenüber:

	Direktes Dämpfen	Indirektes Dämpfen
Vorteile	1. Einfachere Anordnung der Rohrleitungen 2. Ausnutzbarkeit von Abdampf mit geringstem Druck (z. B. 1,08 bis 1,1 at abs)	1. Besonders milde Holzbehandlung, damit geringstmögliche Schäden 2. Möglichkeit der Kondensatrückgewinnung; daher gute Wirtschaftlichkeit 3. Keine Schwierigkeiten bei Kondensatabführung 4. Dampf braucht nicht ölfrei zu sein 5. Möglichkeit des Anschlusses an Hochdruck-Heißwasseranlage, damit besonders hohe Wirtschaftlichkeit
Nachteile	1. Notwendigkeit sorgfältiger Überwachung, um Schäden am Holz zu vermeiden 2. Unmöglichkeit der Kondensatrückgewinnung, daher wärmewirtschaftlich ungünstig 3. Dampf muß völlig ölfrei sein	1. Notwendigkeit etwas höheren Dampfdruckes (von 1,3 bis 1,4 at abs) mit Rücksicht auf die Wärmeübertragung durch die Rohre 2. Umfangreichere und kostspieligere Rohrleitungen

Nach F. KOLLMANN und B. HAUSMANN [*4.16*] werden die höheren Baukosten von Dämpfgruben mit indirekter Beheizung durch den weitaus geringeren *Dampfverbrauch* mehr als ausgeglichen. Gegenüber einem Dampfverbrauch von 181 bis 222 kg/fm beim direkten Dämpfen von

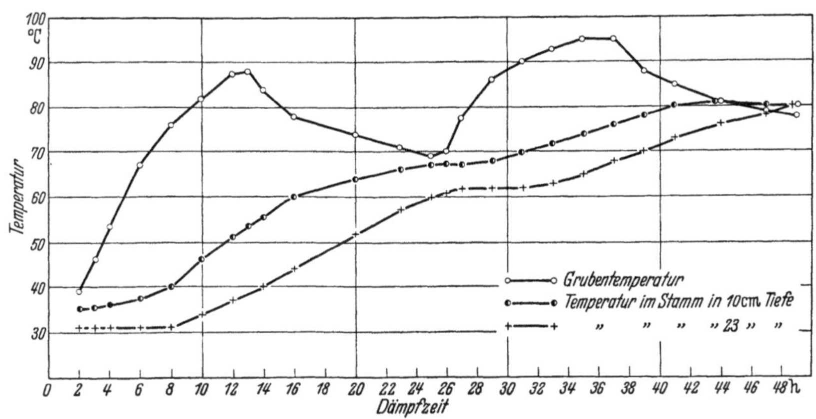

Bild 4.30. Temperaturverlauf bei indirektem Dämpfen, bei 12stündiger Unterbrechung der Dampfzufuhr. (Nach F. KOLLMANN u. B. HAUSMANN.)

Rotbuchenholz wurden beim indirekten Dämpfen nur 131 bis 142 kg/fm benötigt. Beim indirekten Dämpfen erfolgt der Temperaturverlauf, wie auch Bild 4.30 beweist, viel langsamer und gleichmäßiger als beim direkten Dämpfen (Bild 4.31), ohne daß sich die Dämpfzeiten verlängern. Das schnelle Aufheizen beim direkten Dämpfen ist die Ursache des Reißens empfindlicher Holzarten.

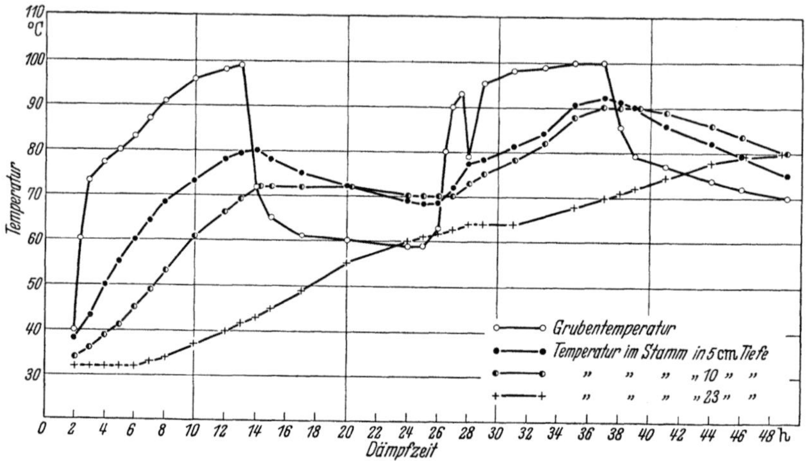

Bild 4.31. Temperaturverlauf bei direktem Dämpfen, bei 12stündiger Unterbrechung der Dampfzufuhr. (Nach F. Kollmann u. B. Hausmann.)

Im Hinblick auf die Vermeidung gefährlicher Wärmespannungen, aber auch zwecks Erhöhung der Wärmewirtschaftlichkeit soll man die *Grubentemperatur* nicht höher als unbedingt nötig halten. A. Kuhlmann [*4.17*] fand beispielsweise, daß für Okoumé 60 °C wärmetechnisch am günstigsten sind und daß man mit einer Stamm-Mitteltemperatur von 40 °C in allen Fällen glatte Furniere schälen konnte. Er stellte weiter fest, daß bei den derzeitigen, in der Industrie vorherrschenden Grubenbauarten das Dämpfen nicht als wärmetechnischer Prozeß im üblichen Sinne betrachtet werden kann, sondern vielmehr nur als Erzeugung und Aufrechterhaltung eines Dampfbades in einem abgedeckten Grubenraum, in dem das Holz erwärmt und plastifiziert wird.

Ein Blick auf die relativen *Wärmebilanzen* (Bild 4.32) zeigt, daß das ausschlaggebende Bilanzglied der Verlust durch Wärmeabgabe an die Außenluft infolge undichter Grubenabdeckung bei den Versuchen war. Durch sorgfältige Abdichtung, wie in Abschn. 4.322 besprochen, kann der Wärmeverbrauch erheblich verringert werden. Auch der Einbau von Dampfmengenreglern, welche die Einhaltung der günstigsten Dämpf-Mitteltemperatur sichern, ist sehr zu empfehlen. Bei den Messungen von A. Kuhlmann ergab sich, daß der gesamte Wärmeverbrauch kaum von der Grubenfüllung beeinflußt wird. Es ist deshalb nicht unbedenklich, den Dampfverbrauch auf 1 fm Schälholz zu beziehen, obwohl dieses Verfahren üblich ist. Für die Selbstkostenrechnung ist es auch notwendig,

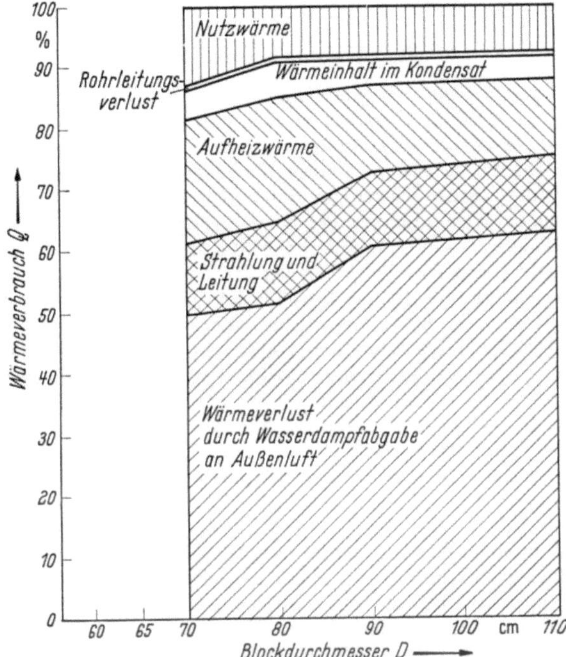

Bild 4.32. Wärmebilanz beim Dämpfen von Okoumé-Schälblöcken mit verschiedenen Durchmessern. (Nach A. KUHLMANN.)

daß man alle Unkosten je Produktionsstufe und Produktionseinheit ermitteln muß. Technisch sagt aber allein der Wärmeverbrauch in kcal je Dämpfprozeß bei Angabe von Holzart, Stammdurchmesser und Dämpf-Mitteltemperatur etwas aus. Zu Literaturvergleichen berechnete A. KUHL-MANN die in Tab. 4.2 enthaltenen Zahlen:

Tabelle 4.2. *Stündlicher Dampfverbrauch kg/h (bei einem Wärmeinhalt des Dampfes von 643 kcal/kg) beim indirekten Dämpfen von Okoumé*

Klotz-Durchmesser	cm	60	70	80	90	110
		Stündlicher Dampfverbrauch kg/h				
Dämpf-	60 °C	102	96	94	(93)[1]	—
Mittel-	80 °C	168	155	147	144	140
temperatur	99 °C	—	268	262	240	232

[1] 95 cm Klotzdurchmesser.

F. FESSEL [*4.6*] hatte einen Dampfverbrauch je m³ Grubenvolumen von 15 kg/h oder umgerechnet auf das Gesamtvolumen der Grube von 145 kg/h gefunden. Viele Erfahrungszahlen und Schätzungen für den Wärmeverbrauch beim Dämpfen von Schälholz in der Literatur dürften zu hoch liegen.

4.33 Erwärmung durch Elektrizität

Versuche im US Forest Products Laboratory lieferten den Beweis, daß man Furnierklötze auch durch elektrischen Strom mit gewöhnlicher Frequenz, aber hoher Spannung erwärmen und dadurch erweichen kann [*4.8*, *4.19*]. Die Erwärmung erfolgt durch JOULEsche Wärme infolge des OHMschen Widerstandes des Holzes; an den Klotzenden werden Elektroden unter Zwischenschaltung salzwassergetränkter Filzscheiben zur Verminderung des Übergangswiderstandes befestigt. Für einen 3 m langen Douglasien-Stammabschnitt waren beispielsweise 10000 V Spannung erforderlich. Der Hauptvorteil wird in der raschen Erwärmung gesehen. Ein 3 m langer Douglasienklotz von 105 cm Durchmesser ließ sich in 55 min auf eine Durchschnittstemperatur von 60°C erwärmen, während ein entsprechender Klotz in Wasser von 61°C die gleiche Durchschnittstemperatur in 42 h annahm.

Nachteilig ist die ungleichförmige Erwärmung. In dem obenerwähnten Beispiel wurde zunächst der ganze Klotz 25 min lang dem Strom ausgesetzt, wobei sich das Splintholz auf 48···60···74°C erwärmte; im Kernholz betrug die Temperatur nur etwa 32°C. Das Splintholz wurde dann abgeschält. Die Kernholzrolle wurde hierauf aus der Rundschälmaschine genommen und nochmals in den Stromkreis gebracht. Nach 30 min waren je nach der Lage in der Restrolle folgende Temperaturen erreicht: 38···59···99°C.

Für die elektrische Erwärmung müssen die Klotzenden gut feucht sein. Liegt ihr Feuchtigkeitsgehalt unter 30%, dann ist der elektrische Widerstand so hoch, daß es zu Überschlägen kommt und das Holz verkohlt. Anzeichen sprechen dafür, daß sich die elektrische Erwärmung zweckmäßigerweise dazu benutzen läßt, zunächst die Schälklötze rasch auf etwa 60°C zu erwärmen und sie dann, um ein gleichmäßiges Temperaturfeld zu schaffen, zu dämpfen. Gegenwärtig wird das elektrische Verfahren noch in keinem Sperrholzwerk der Vereinigten Staaten industriell angewendet.

4.4 Putzen und Entrinden

Die aus den Koch- oder Dämpfgruben mittels Kran oder Elektrozug entnommenen Blöcke und Klötze werden unmittelbar oder mittelbar nach dem Auflegen auf Förderwagen zum Entrindeplatz gebracht. Dort muß alle Rinde sorgfältig vom Holz entfernt werden, unter Umständen erfolgt hier auch erst das Abkürzen auf genaue Längen oder das Abschneiden unansehnlicher Kopfstücke mittels einer Kettensäge.

Durch das Entrinden werden die Werkzeuge — Messer und Druckleiste — geschont, und die Oberflächen der Furniere auch beim Anschälen schon sauber und glatt. Weiterhin wird vermieden, daß die Schälmaschine schon beim Anschälen häufiger angehalten werden muß, um das Messer abzuziehen oder den Stamm in der Maschine zu säubern. Das bedeutet sonst erhebliche Verlustzeiten und hohe Kosten für das wartende Bedienungspersonal, die unbedingt vermieden werden müssen.

Während früher das Entrinden fast ausschließlich von Hand mit
Beilen oder Zieheisen vorgenommen wurde, herrscht jetzt in neuzeit-

Bild 4.33. Ansicht einer Entrindungsmaschine mit Fräsmesserkopf. Bauart Vereinigte Furnier
und Sperrholzmaschinenfabriken, Hamburg (RFR)[1].

lichen Betrieben die *maschinelle Entrindung* vor. Hydraulische Ent-
rindungsmaschinen, die man in großen Sägewerken der Vereinigten
Staaten von Nordamerika findet, eignen sich nicht, da sie nicht sauber

Bild 4.34. Ansicht des Fräsmesserkopfes der in Bild 4.33 gezeigten Maschine bei der Arbeit.

genug arbeiten und wegen des großen Wasser- und Energieverbrauchs
sehr teuer im Betrieb sind. Auch Maschinen mit feststehenden Fräs-
messerköpfen, an denen die Klötze durch eine entsprechende Vorrichtung

---

[1] Im Folgenden einheitlich nur als RFR bezeichnet.

spiralig vorbeigeführt werden, sind nicht zu empfehlen. Sie sind schwer und klobig, entrinden unregelmäßig gewachsene Stämme nur unvollständig und liefern rauhe Holzoberflächen. Besser und weit verbreitet sind Maschinen, bei denen der Stamm wie in einer Schälmaschine eingespannt ist und mit einstellbarer Drehzahl, z. B. von 3 bis 18 U/min gedreht wird. Ein Fräsmesserkopf oder ein Reißmesser, die an einem in der Längsrichtung beweglichen Support federnd angebracht sind, wird am Stamm hin- und herbewegt (Bild 4.33 und 4.34), so daß die Borke entfernt und auch der Bast und sonstige Unebenheiten vom Stamm mitgenommen werden. Dabei soll das Werkzeug nicht zu tief in den Stamm eindringen und hat deshalb Rollen oder Gleitschienen neben sich, welche die Tiefe des Schnittes begrenzen. Derartige Maschinen sind besonders für große Klötze geeignet. Nach Th. D. Perry [4.25] erfolgt in USA die Entrindung von Furnierblöcken in zunehmendem Maße durch einfache Anschälmaschinen, die keine Druckleiste, jedoch ein besonders kräftiges Messer besitzen.

5. Furnierherstellung durch Messern

Von **Ernst Großhennig**, Hamburg

5.1 Allgemeine Gesichtspunkte bei der Furnierherstellung

Während die ersten Maschinen zur Herstellung von Furnieren zu Beginn des 19. Jahrhunderts aus dem Wunsch heraus entstanden sind, überhaupt Furniere maschinell herstellen zu können, steht heute bei der Betrachtung die Frage im Vordergrund, welche der verschiedenartigen Maschinen für einen bestimmten Verwendungszweck am besten geeignet ist. Man muß sich also zunächst darüber klarwerden, welche Anforderungen von den Maschinen zu erfüllen sind, um ihren Aufbau, ihre Wirkungsweise und die technologischen Vorgänge beim Herstellen von Furnieren folgerichtig beurteilen zu können [*5.1, 5.2, 5.3, 5.4*].

Die Betrachtung beschränkt sich dabei auf die Maschinen ohne Zerspanungsverlust, also auf Furniermesser- und Furnierschälmaschinen, die mit Messer und Gegenmesser arbeiten. Furniersägen, die bei der Entwicklung der Furnierindustrie eine große Rolle spielten, sind bereits im Abschn. 3 behandelt worden.

In der folgenden Aufstellung soll versucht werden, das zweckmäßige Herstellungsverfahren in Abhängigkeit vom Verwendungszweck der Furniere klarzustellen.

Es werden erzeugt:

A. *Edelfurniere* für Dekoroberflächen z. B. auf Möbeln und Wandplatten
    auf 1. Messermaschinen
       2. Rundschälmaschinen, evtl. mit Längsritzeinrichtung

    3. Rundschälmaschinen
      a) mit exzentrisch eingespannten Stämmen oder Stammabschnitten
      b) unter Verwendung besonderer Spannvorrichtungen von zugerichteten Stammabschnitten (Stay-log).

B. *Außen- und Innenfurniere für Lagenholz* (Sperrholz und Schichtholz); nur auf Schälmaschinen.

C. *Furniere für* den Aufbau von Blöcken für *Tischlerplatten-Mittellagen* (Stäbchenplatten) nur auf Schälmaschinen

D. *Absperrfurniere für Tischlerplatten*
    auf 1. Schälmaschinen
        2. Messermaschinen

E. *Furniere als Konstruktionsteile* ohne Verleimung
    für a) Zündhölzer und Zündholzschachteln auf Schälmaschinen
       b) Verpackungsmaterial wie Obst- und Fischkisten, Spankörbe
          auf 1. Schälmaschinen.
            2. senkrecht arbeitenden Messermaschinen mit kleinen Schnittlängen
            3. Rotationsmessermaschinen
       c) Jalousiestäbe z. B. für Büromöbel auf Messermaschinen und Schälmaschinen
       d) Mundspatel für Ärzte, Eislöffel usw. auf Schälmaschinen.

F. *Dünnste Furniere für Holztapeten* und Sonderzwecke, etwa 0,05 bis 0,2 mm dick; auf Schälmaschinen.

Die Anforderungen, die an die Beschaffenheit der *Furniere* gestellt werden, sind im allgemeinen unabhängig vom Herstellungsverfahren. Sie spielen für die Konstruktion der Maschinen eine erhebliche Rolle und können unter Vernachlässigung der geringeren Anforderungen bei Verpackungsmaterial wie folgt festgelegt werden:

1. gleichmäßige Dicke über die ganze Fläche des Furniers,
2. riß- und bruchfreie Oberflächen auf beiden Seiten,
3. glatte, saubere Oberfläche auf beiden Seiten.

Die Erfüllung dieser Forderungen ist nicht bei allen Holzarten möglich und hängt vom Wuchs des Stammes (Faserverlauf usw.) und auch von der zweckmäßigen Vorbereitung des Holzes (durch Kochen oder Dämpfen vgl. Abschn. 4) für das Messern oder Schälen ab. Nur wenige Hölzer lassen sich zufriedenstellend im saftfrischen Zustand verarbeiten, wobei jedoch meistens einige Unzulänglichkeiten, die sich besonders beim und nach dem Trocknen zeigen, in Kauf genommen werden müssen. Außerdem werden einige Hölzer im waldfrischen, nicht gedämpften Zustande verarbeitet, um Verfärbungen durch das Dämpfen oder Kochen zu vermeiden. So wird z. B. Ahorn ohne Dämpfen oder Kochen kalt geschält oder gemessert, um weiße, unverfärbte, besonders wertvolle Furniere zu erhalten.

Für die Erzielung einer ausreichenden Furnierqualität — gleichmäßige Dicke, Riß- und Bruchfreiheit, glatte Oberflächen — müssen folgende Bedingungen beachtet werden:

a) geeignete Holzart,

b) ausreichende Stammqualität, einwandfreier Faserverlauf und Wuchs,

c) richtige Vorbehandlung des Holzes durch Kochen oder Dämpfen (Temperatur, Dauer),

d) genügende Schnittgeschwindigkeit,

e) Vibrationsfreiheit der Maschine,

f) richtiger Schliff bzw. zweckmäßige Form und Einstellung von Messer und Druckleiste,

g) rechtzeitiger Werkzeugwechsel, besonders bei ungleichmäßiger Abnutzung der Werkzeuge über die Länge der Maschine (beim Verarbeiten von Stämmen verschiedener Länge),

h) Schutz der Eisenteile der Maschinen durch Lack, Verchromung, Heizung usw. gegen chemische Einwirkungen bei Kondenswasserbildung mit Säuregehalt (z. B. Gerbsäure) zur Vermeidung von Verfärbungen der Furniere von verschiedenen Holzarten.

Diese Betrachtungen wurden — ohne auf Einzelheiten näher einzugehen — der eigentlichen Beschreibung der Maschinen und der Technologie der Arbeitsvorgänge vorausgeschickt, um das Verständnis bestimmter Konstruktionsmerkmale der Maschinen zu erleichtern. Die heute bekannten Maschinen namhafter Hersteller haben im allgemeinen alle für die Erzeugung einwandfreier Furniere notwendigen Einrichtungen; man muß sich ihrer nur zu bedienen wissen. Rauhe, ungleichmäßig dicke, rissige und brüchige Furniere fallen nur dann an, wenn die oben geschilderten Bedingungen nicht beachtet werden, oder wenn der Zustand und die Pflege der Maschinen unzureichend sind. Vom Maschinenhersteller wird heute — wie in der Metallbearbeitung — erwartet, daß das Bedienungspersonal ausgebildet ist und sich mit der Arbeitsweise der Maschinen gut vertraut macht. Die Fabrikationsmaschinen für Furniere müssen mindestens so gut gepflegt und instandgehalten werden, wie beispielsweise ein Kraftwagen des Werks, denn von ihrer guten Arbeit hängt es weitgehend ab, ob und wie lange der Kraftwagen unterhalten werden kann.

5.2 Anordnung der Maschinen im Furnierwerk, Verwendungszweck und Anforderungen

Da Edelfurniere und Absperrfurniere sowohl auf *Messermaschinen* als auch auf *Schälmaschinen* hergestellt werden, sind heute in den Furnierwerken beide Maschinenarten vertreten. Es wird deshalb wiederholt notwendig sein, bei der Besprechung der Arbeitsweise und Verwendung der einen Maschine auch die der anderen zu streifen. Dies ist besonders nötig, seitdem das *exzentrische Schälen* von Stämmen oder Stammabschnitten auch in Europa große Verbreitung gefunden hat. Auch bestimmte

Edelfurniere (z. B. Ahorn und Birke) werden auf Rundschälmaschinen mit Längs-Ritzvorrichtung hergestellt.

Vor der Behandlung der Furniermessermaschinen sei noch darauf hingewiesen, daß bei ihrer Aufstellung unbedingt auf eine bequeme und wirtschaftliche Zuführung der Stämme bzw. der Stammabschnitte und einen reibungslosen Abtransport der Furniere zum Trockner größter Wert gelegt werden muß. In Bild 5.1 ist ein Schemagrundriß für die Einrichtung eines Furnierwerkes gezeigt. Die Stämme kommen vom Holzlagerplatz 1 und werden mit dem Kran 2 zur Ablängsäge 3 und von dort unmittelbar zu den Dämpfgruben 4 und 5, oder mit Förderwagen 6 über eine Entrindungsstation zur Blockbandsäge 7, einer Kettensäge für Längsschnitt, oder einem Waagerechtgatter gebracht. Dort werden sie in der Längsrichtung je nach Holzart, Wuchs und Verbrauchsforderung aufgetrennt. Bild 5.2 zeigt verschiedene Möglichkeiten für die Blockzurichtung.

Nach dem Zurichten werden die Blöcke dann gedämpft und meist mit Förderwagen oder neuerdings auf Rollenbahnen zu den Messermaschinen 9 bzw. 10 gebracht. Mit einem Elektrohebezug 8 mit Feinhubwerk werden sie

6*

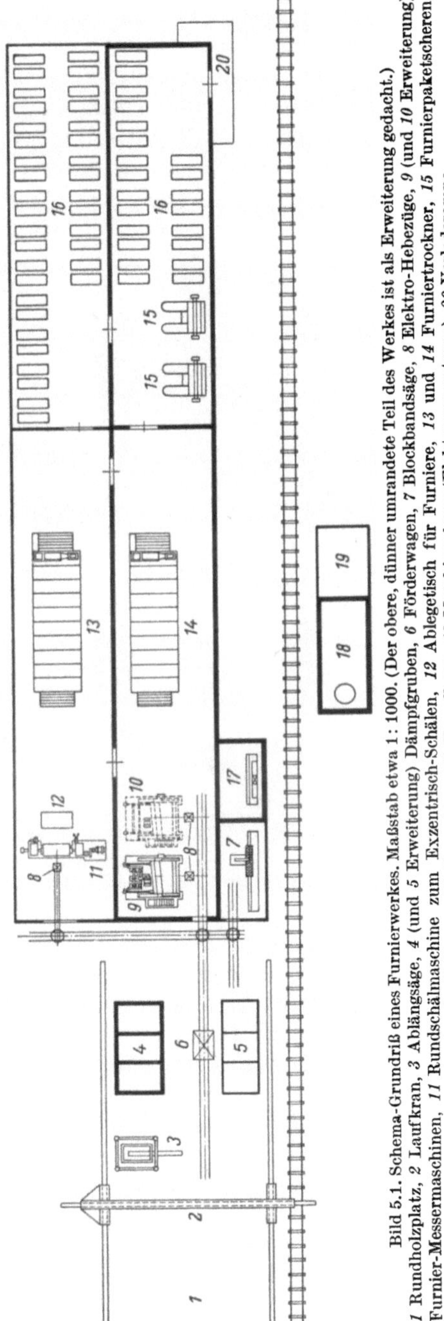

Bild 5.1. Schema-Grundriß eines Furnierwerkes. Maßstab etwa 1 : 1000. (Der obere, dünner umrandete Teil des Werkes ist als Erweiterung gedacht.)
1 Rundholzplatz, 2 Laufkran, 3 Ablängsäge, 4 (und 5 Erweiterung) Dämpfgruben, 6 Förderwagen, 7 Blockbandsäge, 8 Elektro-Hebezüge, 9 (und 10 Erweiterung) Furnier-Messermaschinen, 11 Rundschälmaschine zum Exzentrisch-Schälen, 12 Ablegetisch für Furniere, 13 und 14 Furniertrockner, 15 Furnierpaketscheren, 16 Furnierstapel, 17 Messerschleifmaschine, 18 Kesselhaus, 19 Maschinenhaus (Elektrogeneratoren), 20 Verladerampe.

dann in die Messermaschine eingelegt. Die beim Messern anfallenden Furniere werden auf Wagen oder Transportpaletten, die bei neuzeitlichen Anlagen auf hydraulischen Hubtischen liegen, abgelegt. Die Hubtische können vom Bedienungsmann über einen Fußschalter oder ein Ventil auf die Abnahmehöhe der Messermaschine gebracht werden; die Bedienungsleute können daher in handlicher Höhe die Furniere abnehmen und ablegen, ohne wie bei älteren Maschinen zuerst

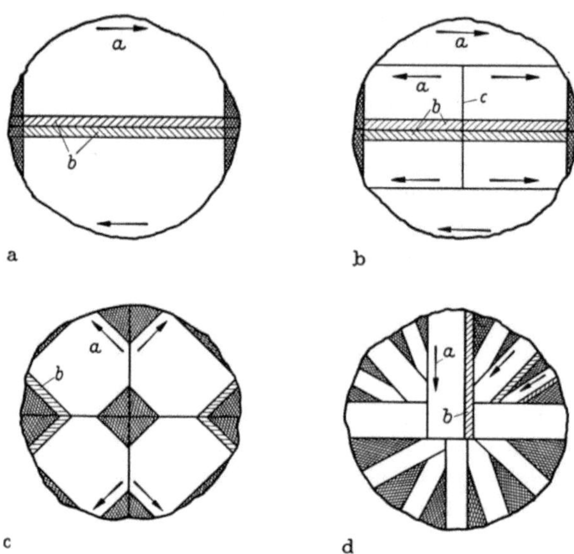

Bild 5.2. Arten der Messerblock-Zurichtung.

a einfache Halbierung, vorwiegend zur Erzeugung von Absperrfurnieren, *b* Zurichten von Eichenstämmen mit Auftrennen der Herzbohle, *c* Zurichtung für den Quartierschnitt, *d* Aufteilung in flitches.
a Messerbewegung beim Anschnitt, *b* verbleibende Restbohle, *c* Herzschnitt mit Kreissäge.

eine Verbeugung zur Maschine — um in den Spalt zwischen Messer und Druckleiste zu greifen — und dann eine Verbeugung oder eine Hubbewegung zum Ablagetisch machen zu müssen. Die Arbeitsleistung wird durch diese Hubtische erheblich erhöht und die Aufmerksamkeit der Arbeiter verbessert, da sie nicht so leicht ermüden.

In ähnlicher Weise werden die Stammabschnitte zu der Schälmaschine 11 gebracht; Näheres über Rundschälmaschinen findet sich in Abschn. 6. Die Furniere gehen dann durch die Trockner 13 und 14 und werden abgezählt, in Paketen auf Furnierpaketscheren 15 zugeschnitten, gebündelt und in Stapeln 16 im Lager abgelegt.

5.3 Aufbau und Wirkungsweise waagerecht schneidender Messermaschinen[1]

5.31 Stammbefestigung, Tisch, Furnierdickenschaltung

5.311 Stammbefestigung

Die waagerecht arbeitenden Messermaschinen sind in ihrer grundsätzlichen Arbeitsweise, die sich in erster Linie auf die Anordnung und Art der Werkzeuge bezieht, in den letzten 40 Jahren kaum geändert worden. Dagegen sind wesentliche Verbesserungen in bezug auf die Arbeitsgenauigkeit und Leistung durch bessere konstruktive Durcharbeitung und neuzeitliche Antriebsmittel erzielt worden.

Bild 5.3. Auflegen des zugerichteten Messerblockes auf den Tisch der Messermaschine.

Da die Befestigung des Stammes in der Maschine der erste Arbeitsvorgang ist, soll von den dazu erforderlichen Maschinenteilen ausgegangen werden. Der Gesamtaufbau einer Messermaschine ist in Bild 5.4 wiedergegeben. Der Stamm muß vor dem Einbringen in die Maschine richtig gedämpft, geputzt, entsprechend der Struktur des Holzes aufgeteilt und mit winkelrechten Auflage- sowie Anlageflächen versehen sein. Die Auflageflächen müssen vollkommen plan sein, um eine sichere Auflage des Stammes zu erzielen. Wenn die Sägeschnittflächen nicht aus-

---

[1] Für die Abmessungen von waagerechten Messermaschinen besteht in Deutschland ein Entwurf für ein Normblatt DIN 8832. Für die Messer zu diesen Maschinen liegt der Entwurf zu DIN 8831 vor.

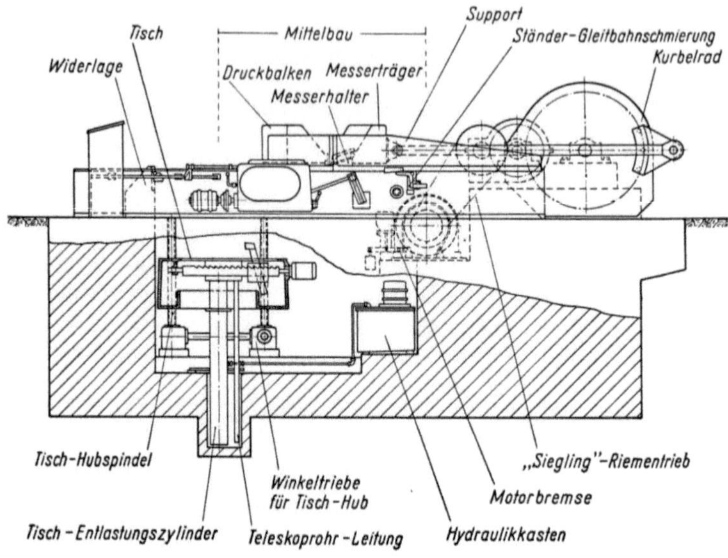

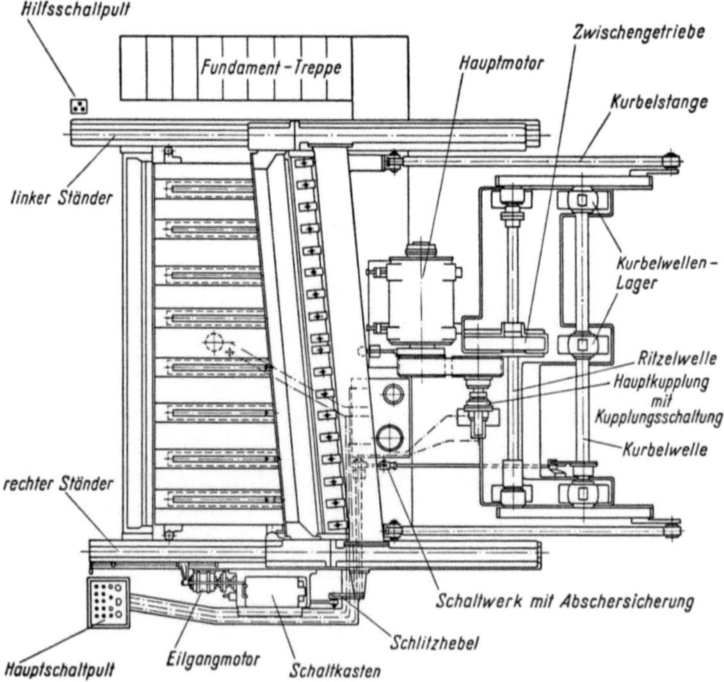

Bild 5.4. Aufbau einer Messermaschine von der Seite und von oben gesehen.

reichend eben sind, legt man den Klotz durch Keile gut fest und es
werden die endgültigen Auflageflächen zuerst auf der Messermaschine
angeschnitten, bis die Fläche
vollkommen eben ist. Der
Stamm wird dann um 180
Grad gedreht und auf diese
neue Fläche aufgelegt. Will
man diese zusätzliche Arbeit
vermeiden, so muß man die
Stämme unterteilen oder —
wie es größere Werke bereits
tun — die gesägten Flächen
auf einer besonderen Hobelmaschine nacharbeiten.

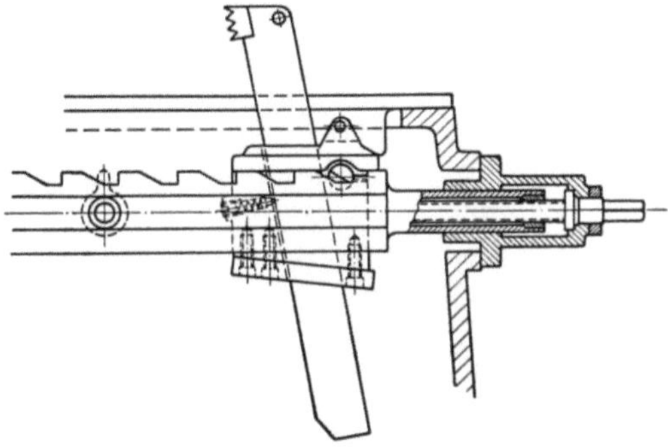

Bild 5.5. Spannvorrichtung für den Messerblock mit
Antrieb durch eine Handkurbel. Bauart RFR.

Der gut zugerichtete
Stamm wird dann mit einem
Hebezeug auf den Maschinentisch gelegt (Bild 5.3). Er wird mit Spann-
haken gegen das Widerlager gepreßt, so daß er sich beim Messern
nicht bewegen kann und vollständig festliegt. Die Spannhaken sind in
der Höhe der Form des Stammes entsprechend festzustellen. Sie sind auf
Zahnschienen versetzbar, so daß der Spannvorgang nur einen kleinen
Weg erfordert. Das Spannen erfolgt

a) von Hand mit einer Handkurbel (Bild 5.5),

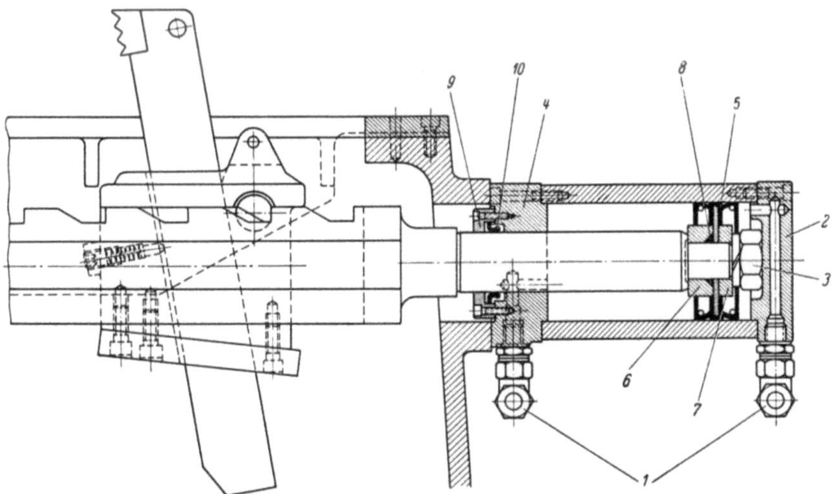

Bild 5.6. Spannvorrichtung für den Messerblock mit Antrieb durch einen hydraulischen Preßzylinder.
1 Ölanschlüsse, *2* Zylinderdecke, hinten, *3* Befestigungsmutter für Kolben, *4* Zylinderdeckel, vorn.
5 Doppeltopfmanschette, *6* und *7* Distanzringe, *8* Kolbenstange, *9* Spannring für Dichtung,
10 Manschette. Bauart RFR.

b) hydraulisch mit je einem Preßzylinder für jeden Spannhaken (Bild 5.6),
c) auf jeder Spannspindel mit Elektromotoren, die getrennt eingeschaltet werden können.

Um zu verhindern, daß beim Messern durch Verkanten eines Blockes, der sich beim Arbeiten gelockert hat, eine schwere Beschädigung der Maschine eintritt, hat man folgende Sicherheitsmaßnahmen getroffen:

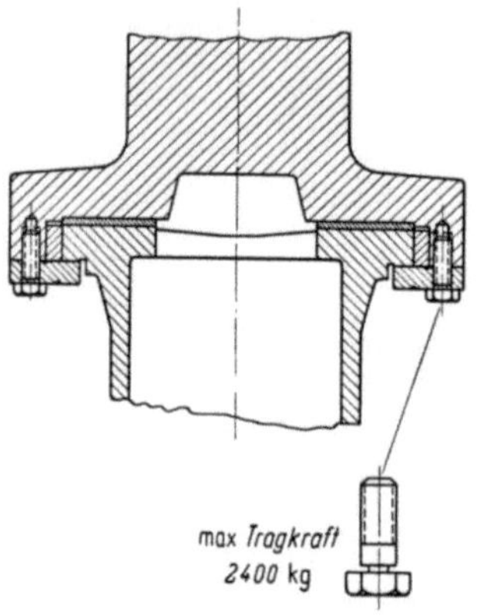

Bild 5.7.
Abreißschrauben zur Befestigung des Supports an der Bettführung.

1. Die Führungsschienen, die den Support unterhalb der Bettführungen (Ständerlaufbahn) halten, sind mit Abreißschrauben befestigt, die beim Kanten des Blockes reißen (Bild 5.7). Werkzeugschlitten und Antriebsteile können nicht brechen.

2. An den Betten sind Sicherheitsendschalter angebracht, welche die Maschine stillsetzen, sobald sich der Werkzeugschlitten um etwa 2 mm von der Ständerlaufbahn anhebt (Bild 5.8). Da die neuzeitlichen Maschinen nicht nur ausgekuppelt werden, sondern gleichzeitig auch eine Bremse eingerückt wird, steht die Maschine außerordentlich schnell still, worauf es in diesem Fall besonders ankommt, um Schäden und unter Umständen Unfälle von Personen zu vermeiden.

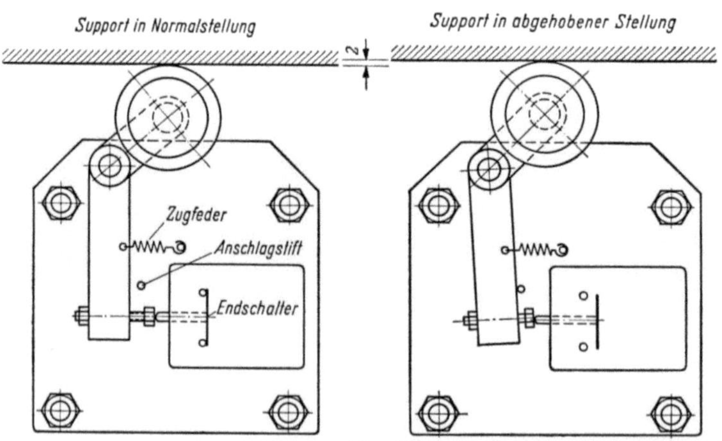

Bild 5.8. Darstellung der Wirkungsweise der Sicherheitsendschalter am Maschinenbett.

5.312 Tisch

Der Tisch der Messermaschine, auf dem der Stamm befestigt wird, muß möglichst durchbiegungsfrei sein. Die Konstruktion hat dabei auf das Gewicht des Stammes und den beim Schneiden auftretenden Druck, der von Messer und Druckleiste über den Stamm auf den Tisch übertragen wird, Rücksicht zu nehmen. Der Tisch wird seitlich durch je eine oder zwei Führungen in der waagerechten Lage gehalten. Er ist an vier senkrechten Spindeln aufgehängt. Um die Tischspindeln zu entlasten, sind bei älteren Messermaschinen Gegengewichte vorhanden, während bei neueren mit höheren Schnittzahlen eine hydraulische Tischentlastung angebracht ist. Mit einem Elektromotor kann der Tisch im Eilgang auf- und abwärts bewegt werden, um das Einspannen des Stammes und das Entfernen der Restbohlen zu erleichtern. Wenn das Messern beginnen soll, muß der Tisch mit dem Stamm so weit abgesenkt werden, daß er nicht mehr über die Schnittebene des Messers herausragt. In Bild 5.9 ist schematisch der Tisch einer schweren Messermaschine mit

a) hydraulischer Stammfestspannung,
b) hydraulischem Gewichtsausgleich,
c) der Hydraulikanlage,
   der Zweistufenpumpe I und
   der Einstufenpumpe II
   (Hochdruckteil für die Tischentlastung,
   Niederdruckteil für die Stammfestspannung),
d) den Regel- und Schaltgeräten am Hauptschaltpult
gezeigt.

Am Furnierdicken-Schaltkasten ist mit einem Hebel eine Klauenkupplung zu betätigen, die entweder den *Tischeilgang* nach oben oder unten, oder *den normalen Hub* des Tisches nach oben, der jeweils der eingestellten Furnierdicke entspricht, einschaltet.

Der Tischeilgang wird durch einen Elektromotor betätigt, der am Hauptschaltpult oder am Furnierdicken-Schaltkasten durch Druckknöpfe betätigt wird. Die Hydraulik für die Tischentlastung ist so geschaltet, daß beim Heben immer eine ausreichende Ölmenge mit dem notwendigen Druck in den Entlastungszylinder gepumpt wird. Beim Senken des Tisches wird das Öl aus dem Zylinder über ein Überdruckventil in den Ölvorratsbehälter zurückgeleitet, und die Pumpen sind ausgeschaltet. Beim Eilgang „Heben" arbeiten beide Pumpen.

5.313 Furnierdickenschaltung

Die Einstellung der Furnierdicken erfolgt nach einer Tabelle ähnlich Tab. 5.1 über den Schaltkasten. Am Schaltkasten sind zunächst die Wechselräder anzubringen, die der gewünschten Furnierdickengruppe

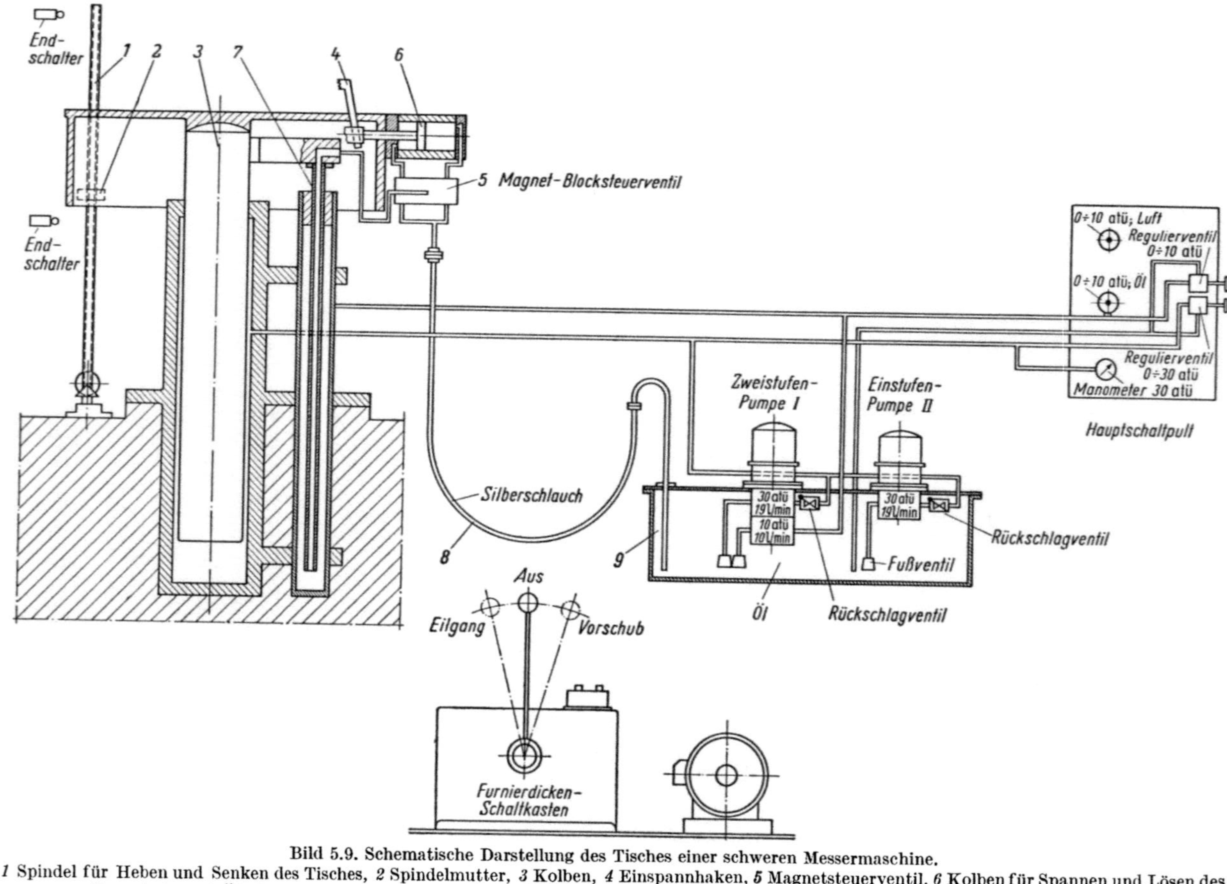

Bild 5.9. Schematische Darstellung des Tisches einer schweren Messermaschine.
1 Spindel für Heben und Senken des Tisches, *2* Spindelmutter, *3* Kolben, *4* Einspannhaken, *5* Magnetsteuerventil, *6* Kolben für Spannen und Lösen des Spannhakens, *7* Ölzuleitung zu den Spannzylindern, *8* Ölableitung zum Ölbehälter, *9* Ölbehälter mit aufgebauten Förderpumpen.

Tabelle 5.1. *Furnierdicken für eine Furniermessermaschine*

A ⊕⊕ B A : B Z = 38 : 76				A ⊕⊕ B A : B Z 57 : 57			
	mm		mm		mm		mm
$^1/_2$	0,05	$15^1/_2$	1,55	$^1/_2$	0,1	$15^1/_2$	3,1
1	0,1	16	1,6	1	0,2	16	3,2
$1^1/_2$	0,15	$16^1/_2$	1,65	$1^1/_2$	0,3	$16^1/_2$	3,3
2	0,2	17	1,7	2	0,4	17	3,4
$2^1/_2$	0,25	$17^1/_2$	1,75	$2^1/_2$	0,5	$17^1/_2$	3,5
3	0,3	18	1,8	3	0,6	18	3,6
$3^1/_2$	0,35	$18^1/_2$	1,85	$3^1/_2$	0,7	$18^1/_2$	3,7
4	0,4	19	1,9	4	0,8	19	3,8
$4^1/_2$	0,45	$19^1/_2$	1,95	$4^1/_2$	0,9	$19^1/_2$	3,9
5	0,5	20	2	5	1	20	4,0
$5^1/_2$	0,55	$20^1/_2$	2,05	$5^1/_2$	1,1	$20^1/_2$	4,1
6	0,6	21	2,1	6	1,2	21	4,2
$6^1/_2$	0,65	$21^1/_2$	2,15	$6^1/_2$	1,3	$21^1/_2$	4,3
7	0,7	22	2,2	7	1,4	22	4,4
$7^1/_2$	0,75	$22^1/_2$	2,25	$7^1/_2$	1,5	$22^1/_2$	4,5
8	0,8	23	2,3	8	1,6	23	4,6
$8^1/_2$	0,85	$23^1/_2$	2,35	$8^1/_2$	1,7	$23^1/_2$	4.7
9	0,9	24	2,4	9	1,8	24	4,8
$9^1/_2$	0,95	$24^1/_2$	2,45	$9^1/_2$	1,9	$24^1/_2$	4,9
10	1	25	2,5	10	2	25	5
$10^1/_2$	1,05	$25^1/_2$	2,55				
11	1,1	26	2,6				
$11^1/_2$	1,15	$26^1/_2$	2,65				
12	1,2	27	2,7				
$12^1/_2$	1,25	$27^1/_2$	2,75				
13	1,3	28	2,8				
$13^1/_2$	1,35	$28^1/_2$	2,85				
14	1,4	29	2,9				
$14^1/_2$	1,45	$29^1/_2$	2,95				
15	1,5	30	3				

entsprechen: z. B. von 0,05...3 mm oder von 0,1...5 mm. Die Wechselräder A und B sind in Bild 5.10 zu erkennen. An der Schwinge 1 wird mit
einer Gewindespindel (Bild 5.11) die Zahl der Zähne eingestellt, die vom
Schaltwerk 4 am Schaltrad 2 mitgenommen werden sollen. Das Schaltrad treibt dann über Wellen und Zahnräder die vier Tischspindeln derart
an, daß der Tisch bei jedem Rückwärtsgang des Werkzeugschlittens um
die gewünschte Furnierdicke gehoben wird. Die Kraft für die Bewegung
wird von der *Kurvenscheibe* (Bild 5.12) auf der Hauptwelle mit den großen
Zahnrädern abgenommen und im Takt entsprechend der Maschinen-
bewegung auf die Schwinge 1 übertragen. Es werden zur Zeit leichtere

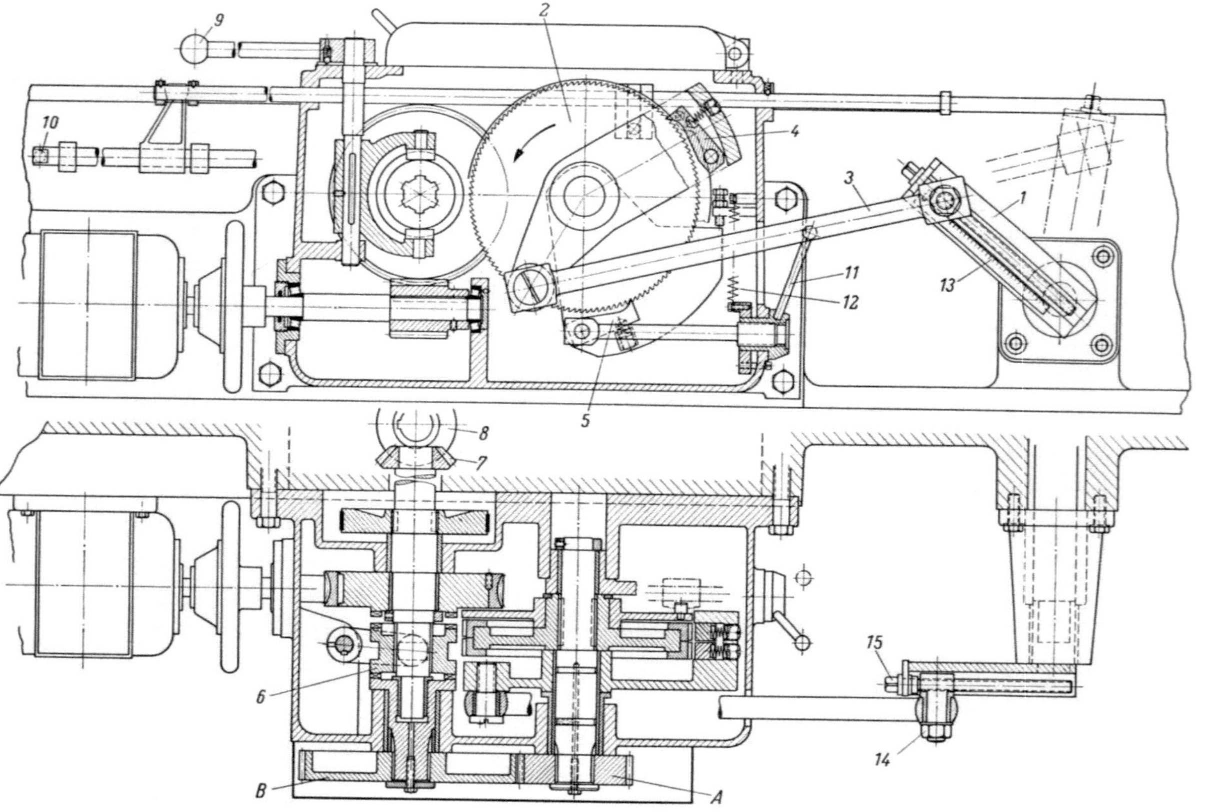

Bild 5.10. Schaltkasten einer Furniermessermaschine. Bauart RFR.

1 Schlitzhebel, 2 Sperr-Rad, 3 Schubstange, 4 Schaltklinken, 5 Gegenklinken, 6 Kupplung für Tischeilgang, 7 und 8 Kegelradübertragung für Tischantrieb, 9 Schalthebel für Kupplung, 6, 10 Schubstange für die Schaltklinken, 11 Hebel und 12 Feder für das Entspannen des Getriebes. 13 Skala für Einstellung der Furnierdicke bzw. Zähnezahl am Schaltgetriebe des Schlitzhebels, 14 Sperrmutter für 15, 15 Spindel zum Einstellen der Zähnezahl nach Skala 13 für eine entsprechende Furnierdicke, A und B Wechselräder für Furnierdickenänderung.

Messermaschinen für Furnierdicken bis 3 mm bzw. bis 5 mm und schwerere Messermaschinen für Furnierdicken bis 10 mm hergestellt. Die leichten Maschinen haben Arbeitsbreiten bis 3,80 m bzw. 4,0 m, die schweren bis zu 5,10 m.

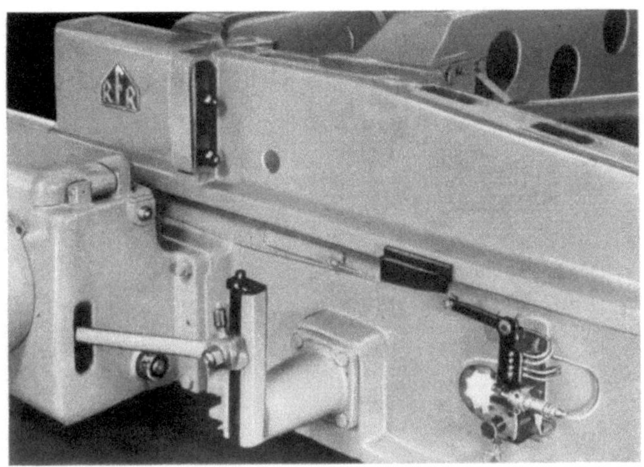

Bild 5.11. Ansicht der Gewindespindel zur Einstellung der Schwinge am Schaltkasten für die Furnierdicken. Bauart RFR.

Bild 5.12. Kurvenscheibe an der Hauptantriebswelle einer Furniermessermaschine zur Steuerung der Furnierdickenschaltung. Bauart RFR.

5.32 Werkzeugschlitten und Ständer

Der *Werkzeugschlitten* besteht aus dem Messerbalken, dem Druckbalken und den beiden seitlich angeordneten Bettschlitten, auf denen Messer- und Druckbalken montiert sind. Die Bettschlitten laufen mit den beiden Werkzeugträgern auf den seitlichen Betten oder Ständern.

Die seitlichen *Ständer* müssen mit ihren Führungsbahnen das Gewicht des Werkzeugschlittens aufnehmen, das bei mittleren Maschinen etwa 5000 bis 7000 kg beträgt. Wegen dieses hohen Gewichts und der hohen Gleitgeschwindigkeiten werden besondere Maßnahmen erforderlich, um einen störungslosen Dauerbetrieb — vielfach drei Schichten im Tag — zu gewährleisten. Die Flächen der Ständerbahnen müssen sehr sauber und mit großer Genauigkeit eben geschliffen sein und die Bettschlitten, die darauf gleiten, erhalten an der Gleitfläche Auflagen aus Spezialmessing oder -bronze, um ein Heißlaufen zu verhindern. Außerdem ist

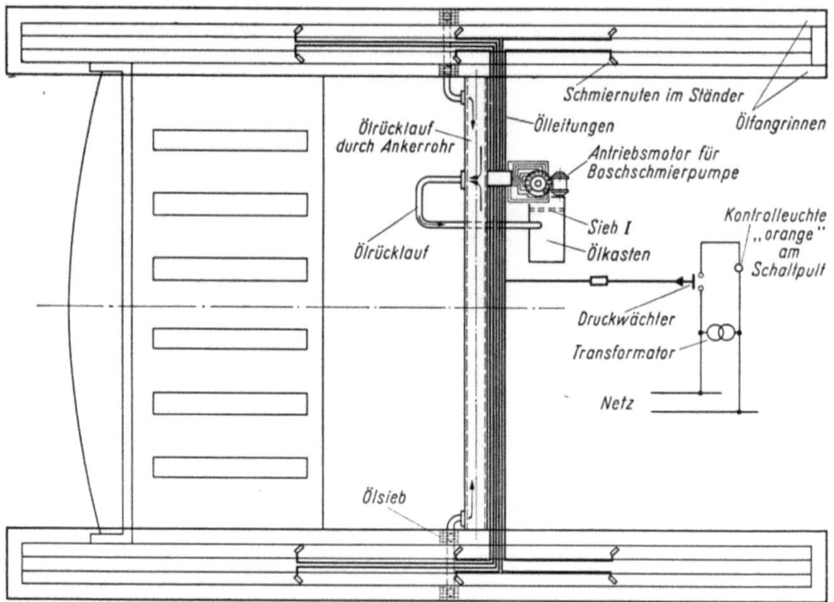

Bild 5.13. Schema der Schmierung einer Furniermessermaschine.

eine Umlaufschmierung entwickelt worden, die einen störungsfreien Betrieb sichert. Die Art der Schmierung geht aus Bild 5.13 hervor.

Die größte Bedeutung für die Herstellung einwandfreier Furniere kommt der Konstruktion von *Druck- und Messerbalken* zu. Neben der Starrheit der beiden großen Gußeisenkörper ist besonders die zweckmäßige Ausbildung und Form von Messerträger mit Messer und der Druckleiste von Bedeutung. Beide Werkzeuge müssen schnell gewechselt und eingestellt werden können; dazu sollen die Furniere leicht und unbeschädigt aus dem Spalt zwischen Messer und Druckleiste herausgeleitet werden.

Die Ausführung des Mittelbaues (Druck- und Messerbalken) an einer waagerechten Messermaschine geht aus dem Bild 5.14 hervor. Das

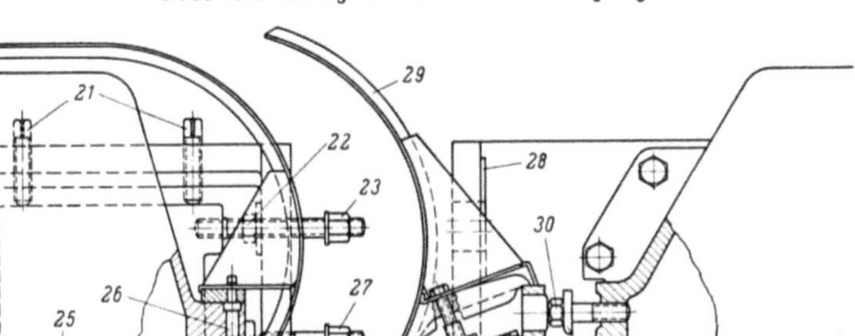

Bild 5.14. Ausführung von Druck- und Messerbalken (Mittelbau) an einer waagerechten Furniermessermaschine.
21, 22, 23 Klemmschrauben und Gegenmutter zur Festlegung des Druckbalkens, *24* Stellmutter für Heben und Senken des Druckbalkens, *25* Stellkeil zu *24*, *26* Schrauben zur Feineinstellung der Druckleiste, *27* Muttern für die Verbindung von Druck- und Messerbalken, *28* Schlitzplatte, *29* Furnierleitbügel, *30* Muttern und Schrauben zur Befestigung des Messerhalters am Messerbalken, *31* Spannplatten zu *30*, *32* Rollen. Bauart RFR.

Messer wird außerhalb der Maschine an einem zweiten Messerträger oder Messerhalter mit Hilfe einer Lehre eingestellt. Dieser Messerhalter kann dann, sobald erforderlich, gegen den in der Maschine befindlichen leicht ausgewechselt werden (6 bis 10 min). Dazu wird der Mittelbau auseinander gefahren (Bild 5.15), so daß eine ausreichende Arbeitslücke zwischen Druck- und Messerbalken entsteht. Die Muttern 30 für die Befestigung des Messer-

Bild 5.15. Auseinandergefahrener Mittelbau an einer waagerechten Furniermessermaschine mit Arbeitslücke zwischen Druck- und Messerbalken.

trägers brauchen nur gelöst, aber nicht vollständig von den Schrauben
entfernt zu werden, da Schlitzscheiben verwendet werden.

Die *Druckleiste* kann waagerecht und in der Höhe verstellt werden.
Die richtige Einstellung von Messer und Druckleiste hängt stark von der
Holzart, Furnierdicke und der Dämpfung bzw. dem Feuchtigkeitsgehalt
des Holzes ab. In Bild 5.16 ist die Werkzeugeinstellung an einem Beispiel
erläutert. Der Furnierspalt, in senkrechter Ebene gemessen, wird etwa

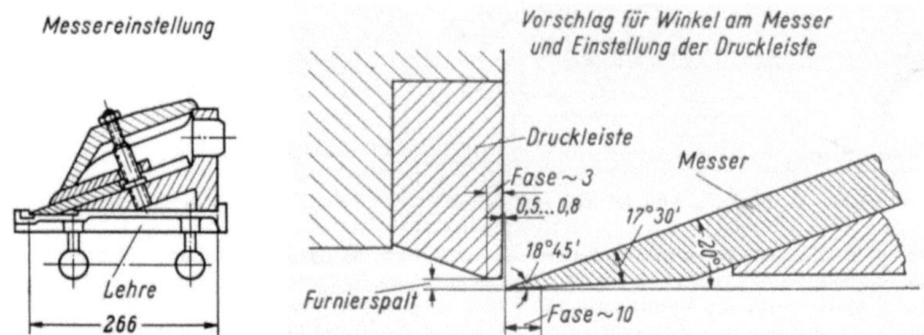

Bild 5.16. Beispiel für die Werkzeugeinstellung an einer waagerechten Furniermessermaschine.

65 bis 90% der Furnierdicke betragen. In waagerechter Ebene gemessen
(also der Spalt zwischen zwei senkrechten Linien durch die Messerspitze
und die hintere Druckleistenkante) ist der Spalt im allgemeinen 0,5 bis
0,8 mm breit. Die tatsächliche Spaltweite zwischen Messerspitze und
Druckleistenkante ist dann immer größer als der Furnierspalt laut
Zeichnung.

Für die richtige Bedienung einer Messermaschine ist also eine eingehende Kenntnis der Holzarten und ihres Verhaltens bei der Verarbeitung erforderlich. Schematisch in Tabellen konnten die Hauptwerte noch
nicht erfaßt werden.

Die Furniere werden zwischen zwei Leitbügeln 29 aus dem Spalt bis
über den Druckbalken geführt und dort von den Bedienungsleuten abgenommen. Je schneller die Maschine arbeitet, desto besser gleiten die
Furniere nach oben.

Um einen besseren Anschnitt des Stammes zu erzielen, haben das
Messer und die Druckleiste eine Schräglage, die bei den verschiedenen
Maschinentypen zwischen rd. 2 und 10 Grad schwankt.

5.33 Antriebsarten

Der Antrieb der hin- und hergehenden Bewegung bei den waagerechten Furniermessermaschinen hat seit etwa 1930 verschiedene Änderungen
erfahren. Wichtig sind folgende Antriebsarten:
1. mit elektromagnetischer Umkehrkupplung, teilweise mit Schaltkästen
   für drei verschiedene Geschwindigkeitsstufen (Bild 5.17);

2. mit hydraulischem Antrieb mit JAHN-THOMA-Ölgetriebe und Öldruckzylindern auf beiden Maschinenseiten;

Bild 5.17. Elektromagnetische Umkehrkupplung zum Antrieb einer waagerechten Furniermessermaschine.

3. mit hydraulischem Antrieb mit Hydrel-Ölgetriebe mit einem Öldruckzylinder in der Mitte des Werkzeugschlittens (Bild 5.18);

Bild 5.18. Furniermessermaschine mit hydraulischem Antrieb (Hydrel-Ölgetriebe). Bauart RFR.

7 Kollmann, Furniere

4. mit Kurbelantrieb, der die größten Geschwindigkeiten und Arbeits-
leistungen ergibt (Bild 5.19).

Die größte Bedeutung hat der Kurbelantrieb erlangt. Die Schnittzahl
je Minute ist von rd. 8 bis 12 bei dem unter 1. genannten Antrieb bis auf
40 bei dem unter 4. gesteigert worden. Die in 8 Stunden erzeugte Blattzahl an Furnieren beträgt bei den älteren Maschinen mit 8 bis 12 Schnit-
ten/min etwa 3000, während Kurbelmaschinen mit einem regelbaren

Bild 5.19. Schwere, waagerechte Furniermessermaschine mit Kurbelantrieb für Schnittlängen
bis 5100 mm und Schnittzahlen bis 26/min. Bauart RFR.

Antrieb für 12 bis 36 Schnitte/min etwa 6000 bis 10000 Furniere erzeugen.
Der Fortschritt ist erheblich und nicht nur durch die Steigerung der
Schnittzahl, sondern besonders durch Einrichtungen zur Verringerung
der Totzeiten erzielt worden wie:

a) hydraulisches oder elektrisches Festspannen des Stammes,
b) Teilung des Werkzeugschlittens,
c) auswechselbarer Messerträger,
d) hydraulische Tischentlastung,
e) Führungsschienen für die Furniere vom Messerspalt bis auf den Druckbalken.

In Tab. 5.2 sind für verschiedene Messermaschinen (Bauart RFR
Hamburg) die üblichen Antriebsarten mit ihrem Leistungsbedarf und
Schaltschemata angegeben. Die Schnittzahlen und der dazu gehörige
Leistungsbedarf für Messermaschinen von 2600 bis 5100 mm Schnitt-
breite gehen aus der Tabelle 5.3 hervor.

Die neuzeitlichen Regelantriebe zusammen mit Sicherheitseinrichtungen und den Antrieben für die Hilfsbewegungen erfordern eine sinnvolle
Zusammenfassung der Schaltgeräte und eine übersichtliche Anordnung
der Schalter, Kontrollgeräte und Handgriffe für die Bedienung.

Bei Messermaschinen sind zwei Bedienungsleute erforderlich (Bild 5.20),
von denen jeder einzeln in der Lage sein muß, die Maschine stillzu-

Tabelle 5.2. *Antriebe für Furniermessermaschinen, Bauart RFR*

Antrieb		CHLk 26	CHLk 33	CHLk 40	Schaltprinzip
3fach polumschaltb. Drehstrommotor	kW	18/24/35	25/33/50	25/33/50	
	U/min	500/1000/1500	500/1000/1500	500/1000/1500	
	Schaltschrank mm	1120 × 1400 × 400	1250 × 1600 × 450	1250 × 1600 × 450	
Drehstrom-Nebenschluß-motor	kW	16,7...50	23,5...62	28...77	Verschiedene Schaltungen: A) Bürstenverstellung (CHL/k 26) B) Drehtrafo (CHL/k 33 + CHL/k 40)
	U/min	700...2100	700...2000	650...1800	
	Schaltschrank mm	1120 × 1400 × 450	1120 × 1400 × 400	1120 × 1400 × 400	
Gleichstrom-motor mit Leonard-umformer	kW	22—35—35	27—45—45	30—55—55	
	U/min	550—1100—2000	550—1100—2000	550—1100—2000	
	Schaltschrank mm	1040 × 2000 × 550	1040 × 2000 × 550	1040 × 2000 × 550	
Gleichstrom-motor mit Gleichrichter	kW	max 35	max 45	max 55	
	U/min	750...2250	750...2250	750...2250	
	Schaltschrank mm	1260 × 1750 × 500	1260 × 1750 × 500	1260 × 1750 × 500	

Tabelle 5.3. *Leistungsbedarf und Schnittzahlen bei waagerecht schneidenden Messermaschinen*

	2600 mm			3300 mm			4000 mm			4600 mm			5100 mm		
	CHL/K¹	CHE/H	CHE/K	CHL/K	—	—	CHL/K	CHE/H	CHE/K	CHL/K	CHE/H	CHE/K	CHL/K	CHE/H	CHE/K
max. Schnittzahl bei vollem Hub je min	40	—	—	40	—	—	36	18	24	—	17	22	—	15	20
max. Furnierdicke mm	5	—	—	5	—	—	5	10	10	—	10	10	—	10	10
Leistungsbedarf kW	37	—	—	51			55	73	66	—	96	73	—	96	81

¹ CHL/K und CHE/K Kurbelantrieb, CHE/H hydraulischer Antrieb.

setzen. Dagegen sollen beide Bedienungsleute zur Vermeidung von Unfällen die Maschine nur in Tätigkeit setzen können, wenn sie gleichzeitig die Druckknöpfe am Hauptschaltpult auf der rechten und am Hilfsschaltpult an der linken Seite drücken. Die Ausführung und Anordnung der Schalter, Kontrollgeräte und Bedienungsgriffe bei einer Kurbelmessermaschine sind aus Bild 5.21 ersichtlich. — Beim Drücken des Haltknopfes wird nicht nur die Kupplung ausgerückt, sondern anschließend eine Bremse betätigt, die das sofortige Anhalten der Maschine bewirkt. Die Betätigung von Kupplung und Bremse erfolgt entweder elektromotorisch, oder neuerdings hydraulisch (Bild 5.22) oder pneumatisch.

Aus Bild 5.23 ist der Antrieb einer Kurbelmessermaschine mit WARD-LEONARD-Satz mit einem Regelbereich 1:3 ersichtlich. Vom Motor wird auf die Kupplungswelle mit Sieglingriemen getrieben. Von der Kupplungswelle führt ein Untersetzungsgetriebe auf die Ritzelwelle, von der die großen Kurbelräder angetrieben werden.

Der Leistungsbedarf bei Kurbelmessermaschinen ist wegen der Speicherung von Energie in den Schwungmassen besonders günstig. Bei hydraulisch angetriebenen Maschinen muß mit einem größeren Leistungsbedarf gerechnet werden, da durch Erwärmung des Öls beim Verdichten und die Reibung in den Rohrleitungen Energieverluste eintreten.

Bild 5.20. Ansicht von Furniermessermaschinen in Tätigkeit in einem Furnierwerk.

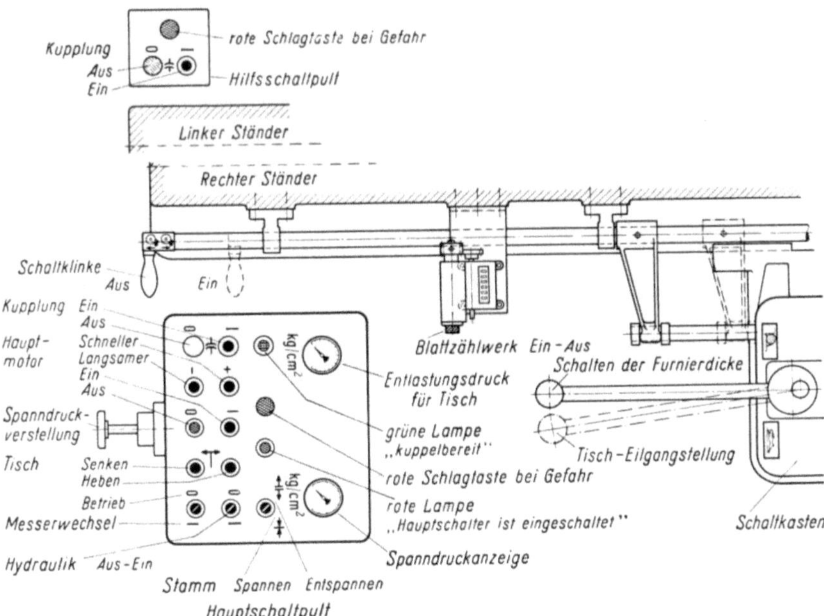

Bild 5.21. Schematische Darstellung der Schalter, Kontrollgeräte und Bedienungsgriffe bei einer Furniermessermaschine mit Kurbelantrieb. Bauart RFR.

Bild 5.22. Hydraulischer Antrieb von Kupplung und Bremse bei einer Furniermessermaschine.
Bauart RFR.

Bild 5.23. Blick auf den Antrieb einer Furniermessermaschine mit Ward-Leonard-Satz.
Bauart BFR.

5.4 Aufbau und Wirkungsweise senkrecht schneidender Messermaschinen

5.41 Allgemeine Gesichtspunkte

Die senkrecht arbeitenden Messermaschinen werden bisher nur in den Vereinigten Staaten von Nordamerika hergestellt und werden dort und in Kanada fast ausschließlich benutzt. In wenigen Exemplaren arbeiten sie auch in Europa und anderen Teilen der Erde. Ihre Konstruktion geht aus Bild 5.24 und 5.25 hervor.

Der Stammabschnitt wird mit hydraulisch betätigten Spannklauen an dem senkrecht stehenden Tisch befestigt. Der Tisch wird auf und ab bewegt und der Werkzeugschlitten nach jedem Schnitt um eine Furnierdicke in Richtung auf den Tisch vorwärts bewegt. Die Furniere gleiten auf der Schräge des feststehenden Messerbalkens nach unten und werden sofort auf ein 1 bis 2 m langes Förderband geführt, von dem sie von den Bedienungsleuten, die meistens sitzen, abgenommen werden. Die Schnittzahl der Maschine kann nach Angabe der Hersteller bis auf etwa 90 in der Minute gesteigert werden. In der Praxis wurden mehrfach 50 bis 60 Schnitte/min — bei Verarbeitung guten Holzes und sauberer Blöcke — beobachtet.

Bild 5.24. Senkrecht schneidende Furniermessermaschine. Bauart Capital Mach. Co.

Die Arbeitsweise bei der senkrechten Messermaschine unterscheidet sich von der bei der waagerecht arbeitenden dadurch, daß nur sauber zugeschnittene Blöcke (Quartiers, Flitches) darauf verarbeitet werden. Es ist sehr schwierig, ganze oder halbe Stammabschnitte einzuspannen, weil

a) nur Blöcke mit rd. 600 mm × 600 mm (24″ × 24″) oder 700 mm × 700 mm (28″ × 28″) Querschnitt verarbeitet werden können. Eine größere Maschinentype hat keine Verbreitung gefunden;

b) der Raum zwischen Werkzeugschlitten und Tisch schlecht beobachtet werden kann und Fehler im Holz erst sehr spät im Furnier festgestellt werden können, nachdem schon mehrere Furnierblätter geschnitten worden sind (dadurch kann viel Abfall entstehen);

c) es längere Zeit dauert, den Werkzeugschlitten im Bedarfsfalle zurückzufahren, um Fehler aus dem Holz heraushacken oder -meißeln zu können. Der Raum dafür ist außerdem stark beengt, so daß der Bedienungsmann kaum Platz für die Betätigung seiner Handwerkzeuge hat.

Es kommt hinzu, daß die Maschine zum Schneiden der in Europa vielfach gebrauchten dickeren Furniere nicht eingerichtet ist.

5.42 Stammbefestigung, Tisch

Der senkrecht angeordnete *Tisch* ist verhältnismäßig leicht gebaut, da er durch mehrere Gleitbahnen an starken Ständern geführt und gegen Durchbiegung geschützt ist. Nur dadurch ist es möglich, die hohen Schnittzahlen, die zwischen höchstens 50 und 90 in der Minute liegen

Bild 5.25. Senkrecht schneidende Furniermessermaschine. Bauart Capital Mach. Co., von der Seite gesehen.

sollen, zu erreichen. Früher wurden die Stammabschnitte mit Gewindespindeln befestigt, während heute eine *hydraulische Festspannung* geliefert wird. Von zwei jeweils nebeneinander angebrachten Hydraulikzylindern wird abwechselnd eine obere und eine untere Klaue betätigt. Der Stammabschnitt kann zwischen den Klauen nicht nur parallel, sondern auch in einem spitzen Winkel zu Messer und Druckleiste festgespannt werden, um damit dem Faserverlauf (z. B. bei Drehwüchsigkeit) im Holz Rechnung zu tragen.

Die Dicke der Restbohlen soll bei 20 bis 25 mm — abhängig von Länge und Breite des Stammabschnittes und der Holzbeschaffenheit — liegen. Der Tisch wird beim Schnitt schräg nach unten geführt. Der Winkel zwischen der Bewegungslinie und der Senkrechten beträgt bei einer Konstruktion etwa 20 Grad.

5.43 Werkzeugschlitten

Der *Werkzeugschlitten* ist auf dem vorderen Teil der Grundplatte befestigt. *Druck- und Messerbalken* bestehen aus je einem Gußstück in Winkelausführung mit dazwischenliegenden senkrechten Rippen. Der Druckbalken hat meistens eine Verstrebung, die durch eine Schraube in der Mitte des Balkens gespannt werden kann. Dadurch kann der Balken mit der Druckleiste durchgebogen werden, um den beim Arbeiten vom Holz herkommenden Druckkräften entgegen zu wirken. Messer und Druckleiste können mit Zug- und Druck-Schrauben genau eingestellt werden. Der Vorschub des Werkzeugschlittens erfolgt von der Antriebsseite der Maschine über Gewindespindeln, die mit Hilfe einer Sperrklinke von einer verstellbaren Kurbel mit Kurbelstange betätigt wird.

Wenn der Tisch mit dem Block nach oben geht, wird das Messer vom Stamm abgehoben. Dies geschieht zum Beispiel von einer auf der Antriebswelle sitzenden Nocke über ein Kniehebelsystem.

Der Tischvorschub wird durch Grenzschalter automatisch ausgeschaltet, um ein Einschneiden des Messers in den Tisch zu vermeiden.

Der Werkzeugschlitten kann mit einem rd. 3,5 kW aufnehmenden Eilgangmotor vor- und zurückgefahren werden.

5.44 Antrieb

Der Antriebsmotor ist regelbar im Verhältnis 1:2, so daß die Schnittzahl zum Beispiel zwischen 30 und 60 in der Minute stufenlos geregelt werden kann. Die Kraftübertragung erfolgt über Keilriemen. Der Leistungsbedarf wird bei einer 16 ft (rd. 5100 mm) Maschine mit rd. 35 kW (größte Schnittzahl 60 Schnitte/min) und bei der 12 ft (rd. 3600 mm) Maschine mit rd. 31 kW (größte Schnittzahl 70 Schnitte/min) angegeben.

Beim Verkanten des Stammes setzt eine automatische Bremse die Maschine still.

5.5 Technologie des Messervorganges

5.51 Allgemeines über den Messervorgang

Die Untersuchungen, die bisher an verschiedenen Stellen über den Schnittvorgang beim Messern und Schälen von Furnieren angestellt wurden, lassen erkennen, daß eindeutige Richtlinien oder Anweisungen für das Erzeugen einwandfreier Furniere noch nicht aufgestellt werden können. Leider sind auch die bei den Firmen vorhandenen Unterlagen meistens nicht systematisch geordnet und werden auch vielfach als Betriebsgeheimnis betrachtet, so daß aus der Praxis bisher wenig Hilfe zur Verfügung steht.

Die Forderung, aus einer Vielzahl von Holzarten und Stämmen mit unterschiedlichem Wuchs — auch Wurzel- oder Maserknollen — einwandfreie Furniere mit vollkommen gleichmäßiger Dicke, glatter, sauberer Oberfläche, auf beiden Seiten riß- und bruchfrei und mit durch den Verbraucher bestimmten Maserungsbildern herzustellen, bedingt genaue Kenntnisse der Hölzer und der technologischen Vorgänge beim Messern.

Die Auswahl der Hölzer wird nicht nur durch ihre Eignung für die Weiterverarbeitung, sondern auch durch den Geschmack oder die Mode bestimmt. Die Möbelhersteller und deren Abnehmer, die Architekten und Bauherren, bestimmen, welche Hölzer zu einer bestimmten Zeit verarbeitet werden müssen. Die Furnierhersteller müssen deshalb in der Lage sein, eine Vielzahl von Hölzern zu verarbeiten. Die maschinelle Einrichtung muß daher anpassungsfähig sein, und Holzeinkäufer, Betriebsleiter, Meister und Bedienungspersonal müssen zusammenarbeiten, um gemeinsam ein marktfähiges Erzeugnis zu erhalten.

Jede Holzart, jeder Stamm erfordert gegebenenfalls eine besondere Einstellung der Maschine. Drehwüchsiges Holz muß häufig in einem besonderen Winkel zur Längsachse der Maschine eingespannt werden.

Das beste Ergebnis beim Messern wird erzielt, wenn der Stammabschnitt vorher durch Kochen oder Dämpfen richtig vorbereitet wurde (s. Abschn. 4). Durch die Feuchtigkeit und Wärme werden die Holzzellen elastisch und überstehen dann die Verformung im Spalt zwischen Messer und Druckleiste ohne dauernde Formveränderung, d. h. ohne eine nachhaltige Zerstörung von Gewebeteilen.

Im folgenden soll nun der Schneidvorgang untersucht werden. In Bild 5.26 ist die Lage von Messer und Druckleiste an einer schweren Kurbelmessermaschine gezeigt. Beide Werkzeuge müssen eingestellt werden, und zwar abhängig von der Holzart, der Furnierdicke und dem Wuchs des Stammes.

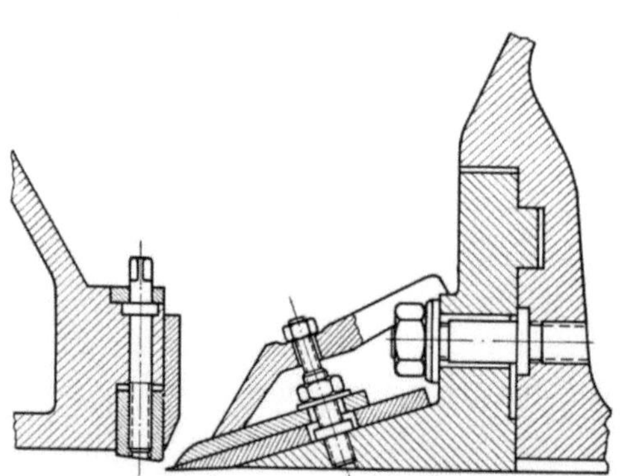

Bild 5.26. Lage von Messer und Druckleiste bei einer schweren, waagerechten Furniermessermaschine mit Kurbelantrieb.

Der für den Erfolg maßgebende Vorgang spielt sich zwischen Messerschneide und Druckleistenkante ab.

In Bild 5.27 ist zu erkennen, daß das vom Stamm durch das Messer abgetrennte Furnier vor der Messerschneide durch die Druckleiste zusammengepreßt wird. Die *Druckleiste* soll dabei zwei Aufgaben erfüllen:

1. die Messerschneide führen,
2. das Holz unmittelbar vor der Messerschneide zusammendrücken, damit ein Spalten durch das Messer, das im Holz wie ein Keil wirkt, verhindert wird. Beim Spalten (ohne Druckleiste) würde das Holz — entsprechend seiner Struktur — getrennt und hätte keine glatten Oberflächen. Das bedeutet, daß normalerweise die Spaltgeschwindigkeit des Holzes größer ist als die Schnittgeschwindigkeit des Messers.

Es ist notwendig, die beiden Werkzeuge zunächst einzeln zu betrachten, bevor auf ihr Zusammenwirken näher eingegangen werden kann.

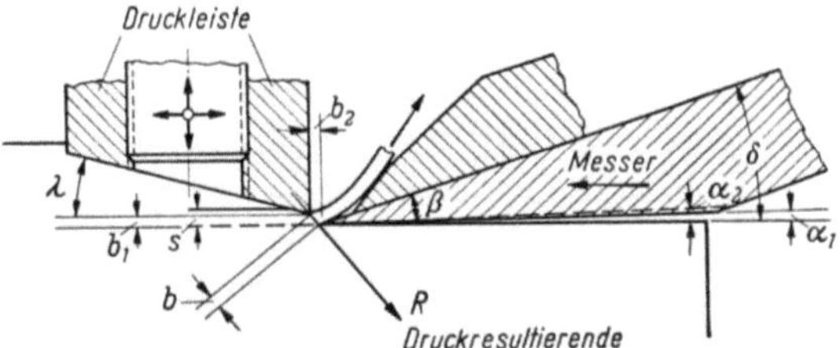

Bild 5.27. Schnittvorgang beim Messern von Furnieren. s Furnierdicke, b_1 Spalt, senkrecht gemessen, b_2 Spalt, waagerecht gemessen, b echte Spaltbreite, α Freiwinkel, β Keilwinkel, δ Schnittwinkel, λ Druckleisten-Anlaufwinkel (Andrückwinkel), z. B. $s = 2,5$ mm, $\alpha_1 = 1°$, $\beta = 18°$.

5.52 Geometrie des Messers

Im allgemeinen werden Messer mit 15 mm Dicke, in einzelnen Ländern aber auch 4 und 2,5 mm dicke Messer verwendet. Diese dünnen Messer sind in eine Kluppe eingespannt und werden auch in dieser geschliffen. Während die dünnen Messer aus gehärtetem Stahl in einem Stück hergestellt werden, bestehen die dicken Messer aus einem Weichstahlträger, auf den eine gehärtete Stahlplatte (Edelstahl mit Wolfram und Chrom) aufgeschweißt ist. Das Messer muß so festgespannt werden, daß es sich nicht bei unterschiedlicher Härte im Holz (Jahrringe, Druckholz, Drehwuchs) durchbiegen kann. Wie schon erwähnt, wird die Messerschneide dabei durch die Druckleiste unterstützt, die eine geradlinige Führung im Holz sichert.

Das Messer wird mit einem Keilwinkel β von rd. 16 bis 20 Grad (je nach Holzart) geschliffen und so eingespannt, daß gegenüber der waagerechten Fortbewegungsebene ein Freiwinkel α_1 von rd. 1 Grad entsteht. In manchen Betrieben wird häufig noch nach 30 bis 50 mm (von der Messerschneide gemessen) ein spitzerer Winkel angeschliffen, so daß nach hinten ein größerer Freiwinkel α_2 von etwa 2 Grad entsteht. Der Schnittwinkel δ besteht aus dem Keilwinkel β und Freiwinkel α (vgl. Bild 5.27).

Ein stumpferer Keilwinkel ergibt eine längere Standzeit des Messers. Ein spitzer Keilwinkel besitzt eine geringere Spaltwirkung und liefert bei empfindlichen, weicheren Hölzern eine bessere Schnittgüte. Wichtig ist aber vor allen Dingen ein genau geradlinig und scharf geschliffenes

Messer, das zum Schluß noch mit einem Ölstein abgezogen ist. Leicht hohl geschliffene Messerfasen erleichtern das Abziehen, da der Stein besser zu führen ist und nicht so leicht gekippt wird. Schon geringes Kippen ändert den Keilwinkel an der Messerschneide und beeinflußt die Schnittgüte sehr nachteilig. Selbst kleinste Ungenauigkeiten verursachen ungleiche Furnierdicken und rauhe Furnieroberflächen.

Die Änderung des Schnittwinkels an den waagerechten Messermaschinen bereitet heute noch gewisse Schwierigkeiten. Es müssen hierzu verschiedene keilförmige Unterlagen (entsprechend dem gewünschten Winkel) verwendet werden. Ein drehbarer Messerträger wurde bisher noch nicht entwickelt, weil man eine Verringerung der Stabilität der Maschine an der empfindlichsten Stelle befürchtet.

5.53 Druckleiste

Die Form der Druckleiste hat sich schon häufig geändert. Bevorzugt wird die in Bild 5.16 gezeigte Form, die den Vorzug hat, einfach und billig zu sein und sich leicht schleifen zu lassen.

Druckleisten werden in drei Ausführungen gebraucht:

a) in Ganzstahlausführung,
b) in verstählter Ausführung (Hartstahl-Auflage),
c) in nichtrostendem, säurebeständigem Werkstoff (z. B.: Chromstahl, mit einer Härte von rd. Re 63, oder Hartbronze).

Die Hersteller bieten unterschiedliche Qualitäten an. Eine einheitliche Beurteilung durch die Verbraucher-Betriebe liegt nicht vor.

Die Druckleiste kann sowohl in waagerechter als auch in senkrechter Ebene verstellt werden. Außerdem ist es möglich, sie an einzelnen Stellen in senkrechter Richtung durch auf der Länge der Druckleiste verteilte Zug- und Druckschrauben durchzudrücken. Diese Notwendigkeit ergibt sich durch die unterschiedliche Struktur des Holzes.

5.54 Spalt zwischen Messer und Druckleiste

Der Druck, der vor der Messerschneide zur Verhinderung des Spaltens ausgeübt werden muß, ergibt zwangläufig eine Verdichtung des Holzes. Diese darf nur so groß sein, daß das Gewebe nicht zerstört wird, weil sich sonst Risse und Brüche in der Furnieroberfläche zeigen.

Die Richtung der Druckresultierenden muß außerdem auf die Messerschneide zeigen. In Bild 5.28 ist die richtige Lage der Resultierenden mit R angegeben. Würde z. B. durch verstärkte Abrundung der Druckkante, bei sonst gleicher Einstellung, der Druckpunkt vorverlegt — entsprechend der gestrichelt gezeichneten Resultierenden R_1 —, so könnte das Holz zwischen der Messerschneide und dem Schnittpunkt der Waagerechten mit R_1 spalten und rauhe Oberflächen erhalten.

Die richtige Einstellung von Messer und Druckleiste bei bestimmten Holzarten, Furnierdicken und anderen Betriebsbedingungen kann nur durch Versuche festgestellt werden. Die verschiedenen Bezugsgrößen sind aus Bild 5.28 zu erkennen.

Eine wichtige Größe ist die Schnittgeschwindigkeit, die sich gegenüber den Maschinen, die bis 1950 gebaut wurden, sehr erhöht und damit neben der Leistungssteigerung auch eine Verbesserung der Schnittgüte mit sich gebracht hat, wenn die übrigen Bedingungen den neuen Verhältnissen angepaßt wurden.

Aus der Tab. 5.4 ist zu ersehen, daß in den letzten 25 Jahren die Schnittgeschwindigkeit von rd. 40 m/min auf rd. 180 m/min gestiegen ist. Damit liegt sie in der gleichen Größenordnung wie bei den Furnierschälmaschinen.

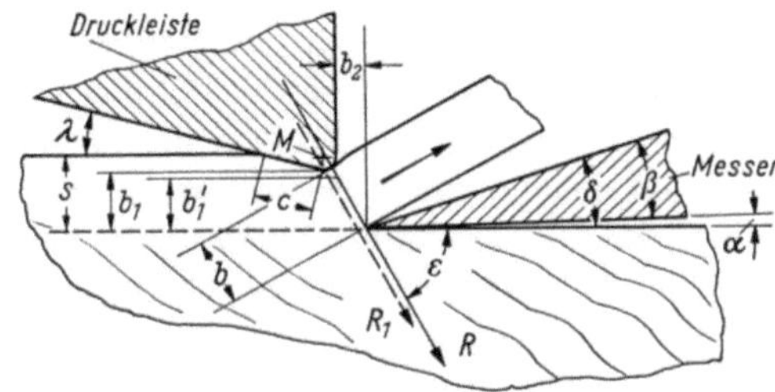

Bild 5.28. Einstellung des Spaltes zwischen Messer und Druckleiste. Beispiel: theoretische Furnierdicke $s = 2{,}5$ mm, $\alpha = 1°$, $\beta = 18°$, $\lambda = 15°$, $\varepsilon = 60°$, $b'_1 = 0{,}68 \cdot s = 1{,}7$ mm, $b_1 = 0{,}75 \cdot s = 1{,}9$ mm, $b_2 = 0{,}4 \cdot s = 1{,}0$ mm, $b = 0{,}92 \cdot s = 2{,}3$ mm, $c = 2{,}4$ mm, Radius um $M = 0{,}5$ mm, R = Druckresultierende (R_1 = Druckresultierende bei größerem Radius um M).

Tabelle 5.4. *Mittlere Schnittgeschwindigkeit bei Messermaschinen abhängig vom Hub und der Schnittzahl/min*

Hub z. B.	2 m	2,50 m
6 Schnitte/min	24 m/min	30 m/min
10 Schnitte/min	40 m/min	50 m/min
12 Schnitte/min	48 m/min	60 m/min
18 Schnitte/min	72 m/min	90 m/min
24 Schnitte/min	96 m/min	120 m/min
36 Schnitte/min	144 m/min	180 m/min

Die maximale Schnittgeschwindigkeit liegt wesentlich höher, da ein Teil des Schnittweges für Beschleunigung und Verzögerung gebraucht wird.

Sehr nachteilig für den Leistungsbedarf kann es sich auswirken, wenn der Spalt b_2 zu klein gewählt wird; dann verschiebt sich die Druckresultierende in Richtung auf das Messer. Das Furnier reibt mit großer Kraft auf dem Messerrücken und verursacht dort eine unnötige Erwärmung. Im ungünstigen Falle wird sogar die Furnieroberfläche zerstört oder beschädigt.

Eine ähnliche Wirkung kann durch einen zu kleinen Andrückwinkel λ entstehen: Die Druckleiste wirkt als Maschinenbremse, und die

Furnieroberfläche leidet. Wird der Andrückwinkel λ zu groß und damit die Druckleiste zu spitz, so reißt sie, besonders bei dicken Furnieren, die Furnieroberfläche ebenfalls auf.

Die Rundung der Druckleistenkante um den Punkt M sollte entsprechend den Furnierdicken geändert werden: Je größer die Furnierdicke, desto größer auch der Radius. Bei der Änderung des Radius r muß jedoch auch die Spalteinstellung kontrolliert werden.

Die verschiedenen Größen, die in den einzelnen Betrieben ermittelt wurden, liegen, wie einleitend erwähnt wurde, bisher nicht systematisch geordnet vor. Deshalb können die nachstehend wiedergegebenen Zahlen nur als Anhaltswerte betrachtet werden:

$$\left.\begin{array}{l}\text{Spaltweite } b_1 = \text{rd. } 60\cdots90\% \text{ von} \\ \text{Spaltweite } b_2 = \text{rd. } 30\cdots50\% \text{ von}\end{array}\right\} \text{Furnierdicke } s$$

$$\begin{array}{l}\text{Freiwinkel } \alpha = \text{rd. } 1° \\ \text{Keilwinkel } \beta = \text{rd. } 16\cdots20° \\ \text{Druckleistenwinkel } \lambda = \text{rd. } 10\cdots30°\end{array}$$

Die *wirkliche Spaltweite* b ergibt sich aus den Werten von b_1 und b_2 angenähert zu:

$$b = \sqrt{b_1{}^2 + b_2{}^2}.$$

Es dürfte jedoch leichter sein, in der Praxis mit den senkrecht zueinander stehenden Koordinaten die Werte für b_1 und b_2 einzustellen.

Um dem Bedienungspersonal eine wirkliche Hilfe bei der schnellen und richtigen Einstellung der Werkzeuge geben zu können, müssen noch lange Versuchsreihen von fachkundigen Ingenieuren an den Furniermesser-Maschinen im praktischen Betriebe durchgeführt werden. Hierzu ist eine enge Zusammenarbeit zwischen der Furnierindustrie und den Maschinenherstellern erforderlich.

6. Furnierherstellung durch Rundschälen

Von Ernst Großhennig, Hamburg

6.1 Allgemeines über das Rundschälen, Anordnung der Maschinen in einer Schälerei und Sperrholzfabrik

Unter *Rundschälen* ist hier das vorwiegend in Furnier-, Sperrholz-, Kisten- und Zündholzfabriken übliche *Verfahren* zu verstehen, einen Stamm zwischen zwei waagerechten, drehbaren Spindeln festzuspannen, und gegen den Stamm während des Drehens ein, heute meistens senkrecht stehendes, Messer vorzuschieben, *um ein laufendes Furnierband abzutrennen*. Um einen glatten Schnitt zu erhalten, drückt — als zweites Werkzeug — eine Druckleiste das Holz vor der Messerschneide zusammen [*6.3, 6.4, 6.5, 6.7*]. Dieses Verfahren hat mit dem Schälen von

Stämmen zwecks Entfernung von Rinde und Bast, wie es für Telegraphenmaste und Grubenholz üblich ist, nichts zu tun.

Allerdings ist festzuhalten, daß die Stämme vor dem Rundschälen auf Furniermaschinen ebenfalls von der Rinde, dem Bast und auch von Schmutz sowie Steinen, die beim Transport in das Holz eingedrungen sind, befreit werden müssen. Näheres hierüber ist in Abschn. 4.4 mitgeteilt.

Für die *richtige Durchführung des Schälvorganges* sind einige *Voraussetzungen zu erfüllen*, die schon im Abschn. 5.1 (S. 82) behandelt worden sind. Es wird immer wieder versucht — besonders in neuen Betrieben mit nicht ausreichenden Erfahrungen auf diesem Gebiet — diese Vorbedingungen aus falscher Sparsamkeit zu vernachlässigen. Das ergibt regelmäßig:

a) *zu hohe Lohnkosten,*

b) *schlechten Ausnutzungsgrad der Hauptarbeitsmaschinen,*

c) *schlechte Furnierqualität*, die den Erlös für die Furniere oder das Sperrholz (nachdem erhebliche, weitere Veredelungskosten aufgewendet wurden) stark herabsetzt.

Es kann auch viel Geld gespart werden, wenn beim Ablängen der Stämme für das Schälen auf Krümmungen, Äste und schlechte Teile im Stamm Rücksicht genommen wird (vgl. Bild 4.14a—b).

Den Gesamtplan eines Sperrholzwerkes zeigt Bild 6.1.

Die Einteilung der Arbeit in einem Sperrholzwerk erfolgt meist in der Weise, daß die Betreuung der Arbeitsgänge vom Dämpfen, Ablängen, Zentrieren, Schälen, Wickeln der Furniere, bis zum Schneiden der Furniere auf den Scheren *einem* Meister untersteht. Die Arbeitsgänge hängen sehr eng zusammen und sollen deshalb auch im Zusammenhang betrachtet werden. Bisher hat man besonders in Mitteleuropa der Automatisierung der Stammbehandlung und des Förderwesens noch wenig Beachtung geschenkt. In der letzten Zeit machen sich jedoch gerade in dieser Hinsicht erhebliche Fortschritte bemerkbar, weshalb hier darauf eingegangen werden soll. Die folgende Gegenüberstellung zeigt in Stichworten, worauf es ankommt.

Bisher:	In Zukunft:
a) *Stammtransport* auf Wagen	auf Ketten- oder Rollenbahnen.
b) *Entrinden und Putzen* von Hand	mit der Entrindungs- und Putzmaschine.
c) *Zentrieren der Stämme und Beschicken der Schälmaschine* von Hand	mit einer kombinierten Zentrier- und Beschickungseinrichtung.

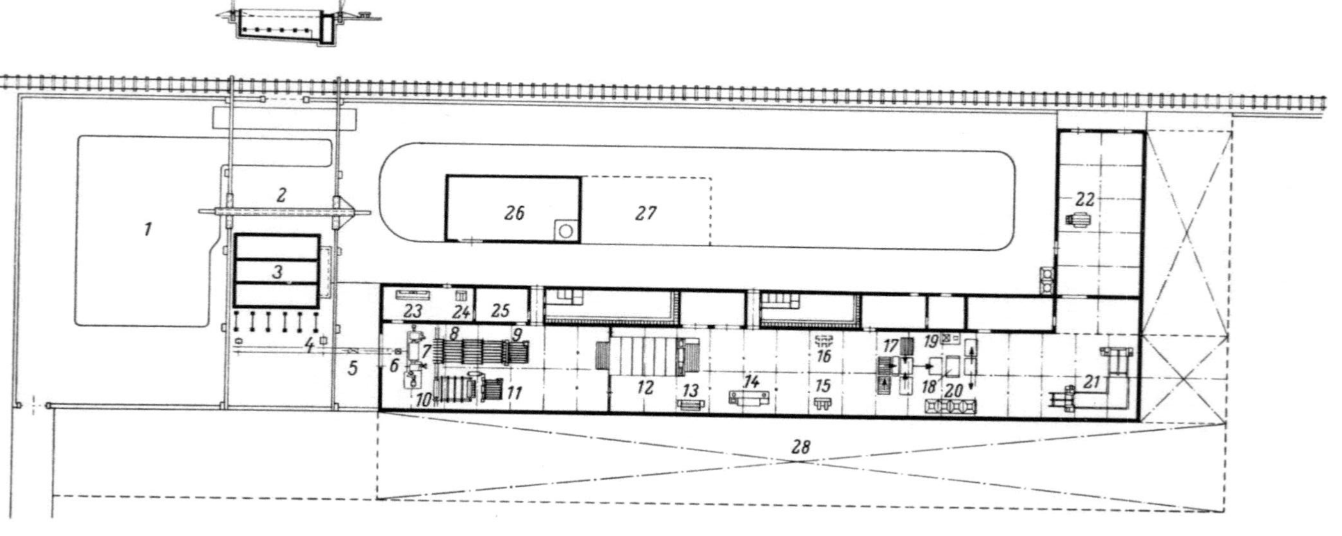

Bild 6.1. Schema-Grundriß eines Sperrholzwerkes.

1 Klotzteich, *2* Portalkran, *3* Dämpfgruben, *4* Abkürzsäge, *5* Transportwagen für Stämme, *6* Elektrohebezug, *7* Furnier-Schälmaschine, *8* Anschäler-Anlage, *9* Schere für Anschäler, *10* Auf- und Abwickelvorrichtung, *11* Schere für Furnierband, *12* Furniertrockner, *13* Schere für trockene Furniere, *14* Furnier-Fügemaschine, *15* und *16* Furnier-Zusammensetzmaschinen, *17* Leimauftragmaschine, *18* Hydraulische Heißpresse, *19* Pumpenaggregat für Presse, *20* Blechkühlanlage, *21* Formatsäge für Sperrplatten, *22* Zylinder-Schleifmaschine, *23* Messerschleifmaschine, *24* Sägenschärfmaschine, *25* Werkstätte, *26* Kesselhaus, *27* Maschinenhaus, *28* Erweiterungsgelände

d) *Restrollenschälen*

auf einer besonderen kleinen Schälmaschine	Ausrüstung der Schälmaschinen mit Doppelmitnehmern, bei denen der äußere Kranz automatisch aus dem Stamm herausgezogen wird, so daß auf einen kleineren Durchmesser heruntergeschält werden kann.

e) *Anschälertransport*

von Hand auf Wagen zu langsamen Scheren	mit Rollen- oder Bändertischen zu schnell schneidenden Scheren.

In verschiedenen Betrieben erwies es sich, daß eine derartige Umstellung eine wesentlich *größere Leistung* der Hauptmaschinen und damit der ganzen Anlage bei erheblich *geringerem Personalbedarf* ergibt. Da die räumlichen Verhältnisse in jedem Werk anders gelagert sind und in der Regel sehr wenig Platz zur Verfügung steht, ist für jeden Fall eine besondere, sorgfältige Planung notwendig. Neue Anlagen dagegen können die Vorteile der automatischen Förderanlagen, der automatischen Zentrierung, der modernen Schälmaschinen mit Teleskopspindeln (mit rückziehbaren Mitnehmerkränzen und stufenlos regelbaren Antrieben für Schälgeschwindigkeiten bis 200 m/min), der schnellen Scheren und der Schneidautomatik darin voll ausschöpfen. Es sind deshalb schon alte Werke von ihrer Geschäftsleitung bewußt stillgelegt worden, obwohl sie noch einen großen Wert darstellen, und an deren Stelle ganz neue Fabriken mit automatischem Transport der Stämme, der Furniere und des Sperrholzes, neuen Hochleistungsmaschinen und viel Raum zwischen den Maschinen erstellt worden, die trotz der hohen Investitionskosten eine bessere Rentabilität ergeben.

In Bild 6.2 ist die Einrichtung eines größeren Sperrholzwerkes für die Verarbeitung von afrikanischem Holz mit Stammdurchmessern bis zu 2000 mm gezeigt. Aus dem linken Teil der Zeichnung ist die Arbeitsweise von den Dämpfgruben bis zu den Scheren zu entnehmen, die im folgenden betrachtet werden soll. Dabei sollen auch andere Lösungen mit erörtert werden, um den unterschiedlichen Holzverhältnissen Rechnung zu tragen. Natürlich sind die Einrichtungen verschieden, je nachdem ob z. B.

1. in *Finnland* Birke mit einem mittleren Durchmesser von 250 mm,

2. in *Rumänien* Buche mit einem mittleren Durchmesser von 800 bis 1000 mm,

3. oder in *Europa* oder *Afrika* Okoumé (Gabun) mit einem mittleren Durchmesser von 1300 mm verarbeitet wird.

Einzelne Holzarten haben noch einen hohen Anteil von Stammdurchmessern, die bei 2000 mm liegen, z. B. in Nigeria und Ghana. Bei

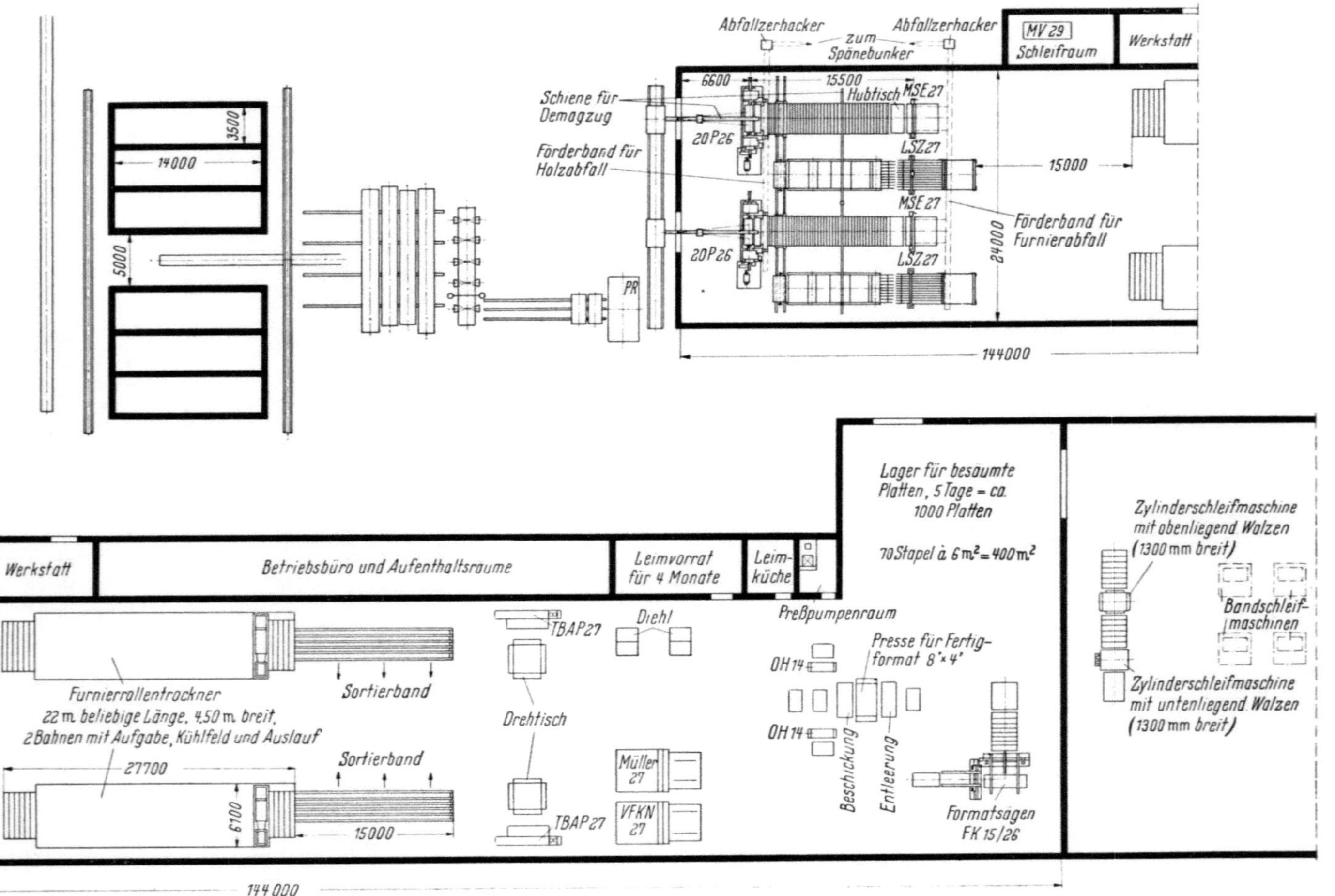

Bild 6.2. Schema-Grundriß eines größeren Sperrholzwerkes für die Verarbeitung von afrikanischen Hölzern.

Okoumé sind die dickeren Stämme meist schon herausgeschlagen, und es werden jetzt größere Partien mit etwa 800 mm Durchmesser geliefert.

Die Stämme werden aus den Dämpfgruben mit einem Kran herausgenommen und einzeln auf einem Platz abgelegt, auf dem die Ablängsäge arbeitet. Das Ablängen erfolgt — wie schon oben erwähnt — am besten mit Rücksicht auf die Form des Stammes.

In den größeren Sperrholzfabriken werden allerdings in der Hauptsache Normformate hergestellt, wobei sich das amerikanische Format 8′ × 4′ (244 cm × 122 cm) durchgesetzt hat. Dementsprechend bliebe in einem solchen Werk nur die Möglichkeit, die Stämme nach der Qualität und dem Wuchs in etwa 8′ oder 4′ lange Abschnitte zu zerteilen. Es muß dabei eine Zugabe berücksichtigt werden, weil seitlich in der Schälmaschine der äußerste Teil weggeritzt wird, um einmal den nicht parallelen Schnitt, der beim Ablängen häufig entsteht, zu berücksichtigen, zum andern aber auch um die eingerissenen Furnierenden möglichst nicht mit in die laufenden Furnierbahnen hineinzubekommen.

Die abgelängten und anschließend entrindeten Stammabschnitte werden auf Wagen oder auf einer Rollen- oder Kettenbahn bis unter die Elektrohebezüge gefahren, von denen aus sie zu den Schälmaschinen gebracht werden. Die Stämme sollen dabei möglichst nicht wieder auf den Erdboden gelegt werden, damit sie nicht irgendwelchen Schmutz annehmen. In Bild 6.2 ist ein Werk dargestellt, das zwei Schälmaschinen hat, und zwar mit gleicher Stammlänge; davon wird die eine Schälmaschine im allgemeinen für die 8′ (rd. 244 cm) breiten Furniere, die andere für die 4′ (rd. 122 cm) breiten eingesetzt werden. Wenn trotzdem zwei Schälmaschinen großer Länge gewählt sind, so nur aus Sicherheitsgründen, damit — wenn die große Maschine einmal ausfällt — auf der zweiten auch die 8′ breiten Furniere ohne Schwierigkeiten geschält werden können. Wenn bei Betrachtung der Fabrikation vorwiegend von 8′ und 4′ Maßen gesprochen wird, so ist das darauf zurückzuführen, daß der amerikanische Einfluß sich in der ganzen Welt bei der Errichtung neuer Sperrholzwerke durchgesetzt hat. Die meisten Werke nehmen dabei auf den amerikanischen Markt Rücksicht, auf dem Platten mit 8′ × 4′ den größten Absatz gefunden haben.

Mit den *Elektrohebezügen* werden die Blöcke dann in die Schälmaschinen eingesetzt. Bei den dicken Blöcken wird diese Arbeit meist von Hand vorgenommen, wobei der Begriff: dick relativ ist, da auch Stammabschnitte mit 1000 und 1500 mm Durchmesser noch als dünn angesehen werden können im Vergleich zu den dicken Blöcken mit 2000 mm Durchmesser. In zunehmendem Umfange werden automatische Beschickungseinrichtungen, die bisher für Stämme mit kleineren Durchmessern (bis etwa 500 mm) verwendet wurden, auch für große Stammdurchmesser eingeführt.

8*

Zu Beginn des Schälprozesses werden zunächst ungleichmäßige Furnierstücke anfallen. Sie sind in ihrer Form verschieden groß, haben keine gleichmäßige Dicke und können — besonders bei den ersten Runden — noch nicht als brauchbares Furnier für die Weiterverarbeitung bezeichnet werden. Erst wenn sich größere Furnierlappen ergeben, werden diese als sogenannte *„Anschäler"* hinter der Schälmaschine weiter verarbeitet. Sie werden dann entweder auf Wagen gepackt oder neuerdings meist über Transporttische mit Bändern bzw. Rollenbahnen und in Paketen von 30 bis 50 cm Höhe zu der Anschälerschere gefahren oder geleitet, auf der sie parallel beschnitten werden und zum Trockner gelangen. Diese Stücke müssen später auf Furnier-Zusammensetzmaschinen zusammengesetzt werden und kommen (s. Abschn. 7.1) für Innenlagen in Frage. Die breiteren Furniere, soweit sie brauchbar sind, werden allerdings auch für Außenfurniere verwendet. Früher war man der Ansicht, daß für das Schneiden der Anschäler auch eine langsame Schere brauchbar ist, während man inzwischen erkannt hat, daß beim Einsatz geeigneter Fördereinrichtungen eine schnelle Schere einen wesentlich größeren Durchlaß ergibt.

Wenn der Block rund geschält, d. h. zylindrisch ist, werden die Furniere meist automatisch auf eine Haspel aufgewickelt (s. Abschn. 7). Die Wickel werden auf dem Wagen, auf dem sie sich befinden, seitlich verfahren, in ein parallel zur Anschäler-Transportstraße stehendes Haspelmagazin gebracht und von diesem zu der automatischen, schnell arbeitenden Furnierschere geleitet. Vor der Furnierschere ist eine Abwickelstation, mit deren Hilfe es möglich ist, die Furniere schnell und reibungslos in die Furnierschere einzuführen und automatisch oder von Hand auf die gewünschten Maße zu schneiden.

6.2 Zentrieren der Blöcke

Dem *Zentrieren der Blöcke* kommt mit Rücksicht auf die gute Holzausnutzung eine ganz besondere Bedeutung zu. Bei den Zentriereinrichtungen wird für das Einspannen in die Schälmaschine die beste Mitte gesucht, d. h. die Punkte für das Festspannen des Blockes an beiden Enden, bei denen sich die größte Furnierbandlänge ohne Unterbrechungen aus einem Stamm ergibt. Bild 6.3 stellt klar, wie bei einem Stamm mit unregelmäßigem Querschnitt durch falsches Zentrieren die Ausbeute erheblich verringert werden kann. Bei Zentrierpunkten mit den

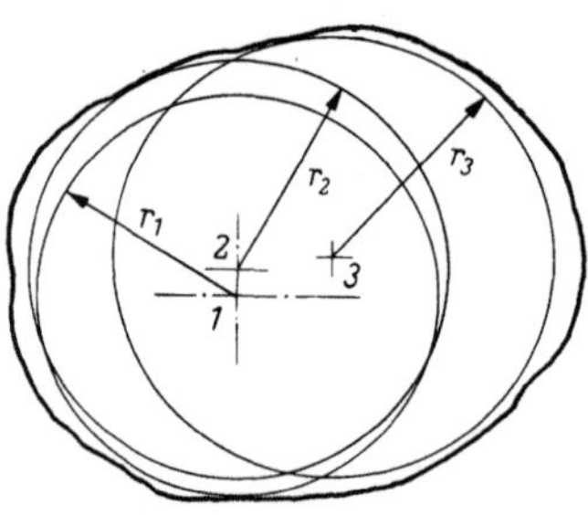

Bild 6.3. Falsches und richtiges Zentrieren eines Schälblockes.

Radien r_1 und r_2 sind die Nutzflächen wesentlich kleiner als beim Zentrierpunkt mit dem Radius r_3, bei dessen Wahl sich auch die Anschälstücke in ungefähr gleicher Breite auf das linke Feld des Stammes konzentrieren. Die Aufgabe, stets den besten Einspannpunkt zu finden, ist nicht ganz leicht zu lösen; besonders wenn die Löhne sehr hoch sind, ist diese Arbeit ziemlich teuer. In Ländern, für die dies längere Zeit zutrifft (wie Finnland und die Vereinigten Staaten von Nordamerika), werden deshalb schon seit langem automatische Zentriereinrichtungen verwendet, die in anderen Ländern nicht eingesetzt wurden. In Finnland besteht eine große Zahl verschiedener Konstruk-

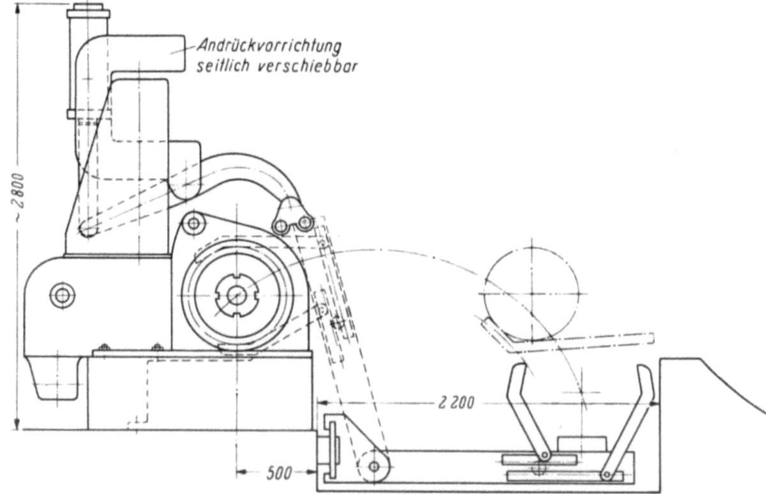

Bild 6.4. Zentrier- und Beschickungseinrichtung, finnische Bauart.

tionen, die allerdings auf die dünnen Stammdurchmesser bei Birke zugeschnitten sind. In Amerika hat man dagegen auch Zentriereinrichtungen für große Stammdurchmesser entwickelt. Für Europa ist diese Entwicklung erst in den letzten Jahren bedeutsam geworden, nachdem die Löhne erheblich gestiegen sind.

Wenn man zu einer *automatischen Zentrierung* der Blöcke übergeht, dann muß man in Kauf nehmen, daß die geometrisch ermittelten Mitten nicht immer die für das Schälen günstigsten sind. Infolgedessen bemüht man sich, die Zentriereinrichtung so zu bauen, daß der Bedienungsmann besonders ungünstige Blöcke von Hand nachrichten kann. Die Blöcke können deshalb an beiden Enden nach oben (evtl. auch seitlich) verschoben werden, und zwar unabhängig voneinander. In Bild 6.4 ist eine *Zentrier- und Beschickungseinrichtung* wiedergegeben, wie sie in Finnland in ähnlicher Weise Verwendung findet. Die Stämme

kommen auf einer Schräge auf die Schälmaschine zugerollt, wobei
jeweils ein Stamm getrennt auf zwei Tragschienen liegt. Zwischen den
Tragschienen heben sich zwei Zentrierarme nach oben und schwenken
den Stamm in die Schälmaschine ein. Während des Schwenkens schließen
sich zwei Spannbügel (Klemmeisen), zwischen denen der Stamm dann
so liegt, daß geometrisch zwischen den Punkten die Mitte gefunden ist,
die dem äußeren Umfang des Stammes entspricht. Es ist dies sicher in

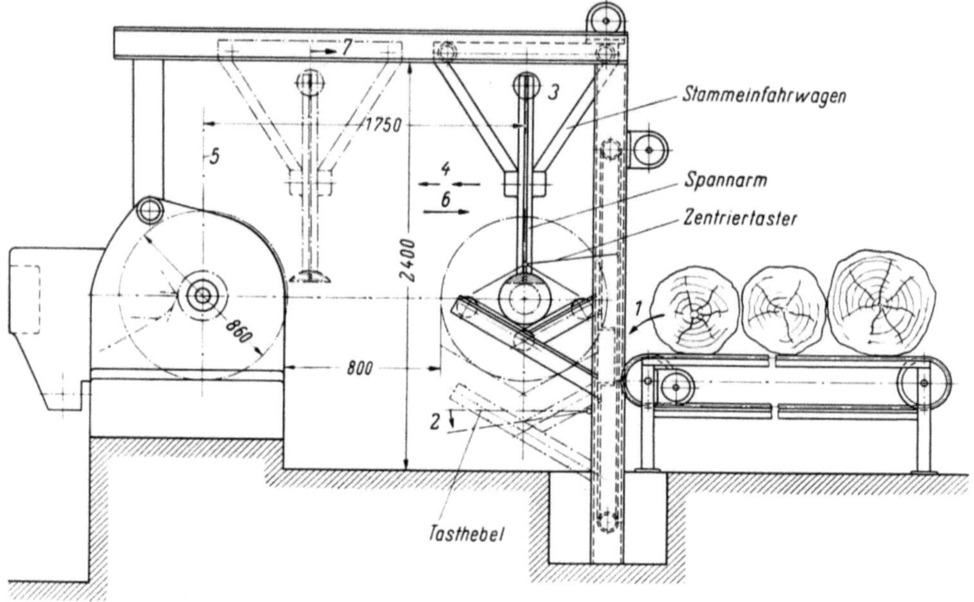

Bild 6.5. Zentrier- und Beschickungseinrichtung. Bauart RFR.
1 Abwerfen des Stammes in die Zentriergabel, *2* Einschalten der Zentriergabelbewegung durch Tasthebel, *3* Zentrierstellung, *4* Vorlauf der Zentriervorrichtung, *5* Einspannstellung der Zentriervorrichtung, *6* Rücklauf der Zentriervorrichtung in die Ausgangsstellung.

vielen Fällen nicht die günstigste Zentrierung für die Holzausbeute, aber
die Arbeitsweise gestattet eine außerordentlich hohe Leistung der
Schälmaschinen und eine Einsparung an Personal. Aus Finnland wird
berichtet, daß es Schälmaschinen gibt, die mit solchen Einrichtungen
500 bis 700 Stämme in 9 h schälen. Der mittlere Stammdurchmesser
bei Birke ist dabei etwa 220 mm.

Für die übrigen Zentrier- und Beschickungs-Einrichtungen, die in
anderen Ländern verwendet werden, gibt Bild 6.5 ein Beispiel. Die Einrichtung kann für alle Stammdurchmesser hergestellt werden, ist jedoch
besonders wirtschaftlich, wenn die Stammdurchmesser größer als
300 mm sind. Die Arbeitsweise ist dann folgende:

Die Stämme werden von der Entrindungsmaschine über einen Block-
aufzug bis vor das Stamm-Magazin der Schälmaschine gebracht. Von
dort werden sie mit einem Auswerfer auf das Stamm-Magazin übergeben,
das im allgemeinen einen Vorrat von Stämmen für $^1/_2$ bis 1 h Schäldauer
enthalten soll. Die Stämme liegen dabei auf zwei Transportketten, die
von dem Bedienungsmann der Schälmaschine über einen Druckknopfschalter und Motor angetrieben werden können. Beim Vortransport der
Kette fällt der Stamm, der mit 1 bezeichnet ist, in die Zentriervorrichtung bei 2. Das Einschalten erfolgt an der Schälmaschine und kann
nur vorgenommen werden, wenn vorher eine Meldelampe angezeigt hat,
daß die Zentriereinrichtung in Bereitschaftsstellung ist.

Sobald der Stamm in die untere Zentriergabel gefallen ist, betätigt
er einen Schalter, der die Aufwärtsbewegung der Einlege- und Zentriergabeln über einen Getriebemotor selbsttätig auslöst. Der oben angebrachte Zentriertaster bewegt sich mit der gleichen Geschwindigkeit
nach unten und stoppt die Bewegung, sobald er den Stamm berührt.
Damit ist die Zentrierarbeit zu Ende. Sollte sich herausstellen, daß der
Stamm sehr konisch oder ungleichmäßig gewachsen ist, so ist dafür
gesorgt, daß durch eine Handverstellung die Zentriergabeln in senkrechter Richtung verstellt werden können. Diese Arbeit kann vom
Schäler ausgeführt werden, während der Stamm in der Schälmaschine
noch bearbeitet wird.

Der zentrierte Stamm wird nun auf beiden Stirnseiten durch zwei
Spannarme gefaßt. Die Bewegung dieser Spannarme wird ebenfalls
automatisch von dem Tasthebel der Zentriereinrichtung ausgelöst. Wird
der Stamm wegen seiner ungleichmäßigen oder konischen Form von
Hand nachgerichtet, so steht dem Bedienungsmann hierfür ein besonderer Schalter zur Verfügung. Die Einlege- und Zentriergabeln kehren
nach Beendigung dieser Spannbewegung wieder in ihre normale Lage
zurück. Der Stamm hängt also jetzt in den Spannarmen und kann gegen
die Schälmaschine vorgefahren werden, in dem Augenblick, in dem die
Einlege- und Zentriergabeln in ihre Ausgangsstellung zurückgekehrt sind.

Das Vorfahren 4 des zentrierten Stammes bis vor die Schälmaschine
kann nur vom Bedienungsstand der Schälmaschine aus bewirkt werden.
Von dieser Vorbereitungsstelle aus wird dann der Stamm in die Schälmaschine eingefahren, sobald die Restrolle aus dem letzten Schälvorgang
entfernt ist. Wenn es zweckmäßig erscheint, kann der Wagen natürlich
auch unmittelbar von der Zentrierstellung 3 bis in die Einspannstellung 5
der Schälmaschine vorgefahren werden. Ist der Wagen mit dem Stamm
in der Schälmaschine an der Einspannstelle angekommen, so wird der
Fahrmotor ausgeschaltet und gleichzeitig die Einspannbewegung der
Spindel in der Schälmaschine ausgelöst. Sobald der Stamm festgespannt
ist, lösen sich automatisch die Spannarme des Einfahrwagens und die

Rückfahrbewegung in die hintere Endstellung zur Aufnahme eines neuen Stammes wird eingeleitet. Erst wenn die Rückfahrbewegung 6 des Einfahrwagens so weit fortgeschritten ist, daß die Schälarbeit der Schälmaschine nicht mehr gestört wird, entriegelt sich die Schälmaschine und der Schäler kann den Schälvorgang einschalten.

Während des Schälens des soeben eingespannten Stammes kann nun der nächste Stamm schon zentriert und vor die Schälmaschine gefahren werden, so daß die Arbeit in der Schälmaschine außerordentlich beschleunigt wird. Es ist ermittelt worden, daß bei kleineren Stämmen etwa die doppelte Leistung bei der Schälmaschine zu erzielen ist. Das bedeutet keineswegs, daß diese Einrichtung für größere Schälmaschinen unwirtschaftlich ist, denn in der Zeiteinheit — also auch während der eingesparten Totzeiten — können aus dicken Stämmen ja wesentlich mehr laufende Meter Furnierband geschält werden.

6.3 Aufbau und Wirkungsweise von Rundschälmaschinen

6.31 Seitliche Ständer, Blockeinspannung, Furnierdickenschaltung

Die *seitlichen Ständer* einer Schälmaschine haben die Hauptlast beim Schälen aufzunehmen und beherbergen die wichtigsten Antriebsteile.

Während der Druck- und Messerbalken der Schälmaschinen im allgemeinen aus Grauguß hergestellt werden, werden die anderen Hauptteile — das Bett und die seitlichen Ständer — sowohl aus Gußeisen als

Bild 6.6. Amerikanische Schälmaschine in Stahl-Schweißkonstruktion.

auch in Stahlblech geschweißt gefertigt. Entscheidend dafür, welche Konstruktionsart gewählt wird, sind nicht nur die Herstellungskosten, sondern auch der Wunsch, einen möglichst schwingungs- und durchbiegungsfreien Maschinenkörper zu erhalten.

Bild 6.6 zeigt eine amerikanische Schälmaschine in Stahl-Schweiß-Konstruktion, Bild 6.7 eine deutsche Einheitsschälmaschine in Gußeisen-konstruktion mit A-förmigen seitlichen Ständern und oberem Anker zur besseren Aufnahme des Einspanndruckes.

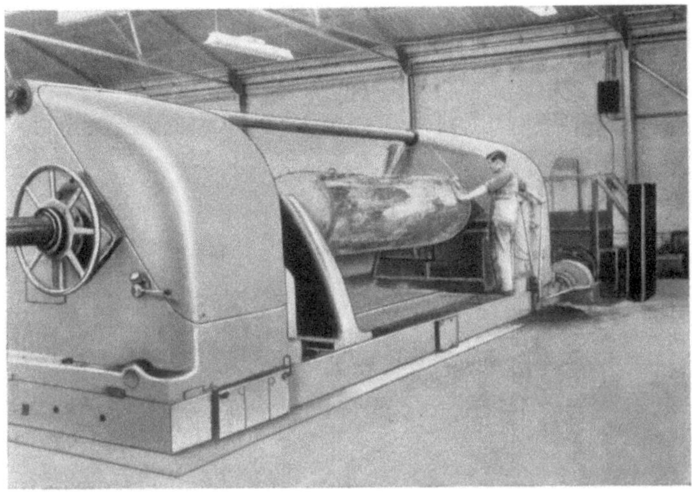

Bild 6.7. Deutsche Einheitsschälmaschine in Gußeisenkonstruktion. Bauart RFR.

Bei den Rundschälmaschinen gibt es vier verschiedene Grundaus-führungen:

a) die seitlichen Ständer und das Bett sind in einem Stück gegossen (Bild 6.8a und Bild 6.9);

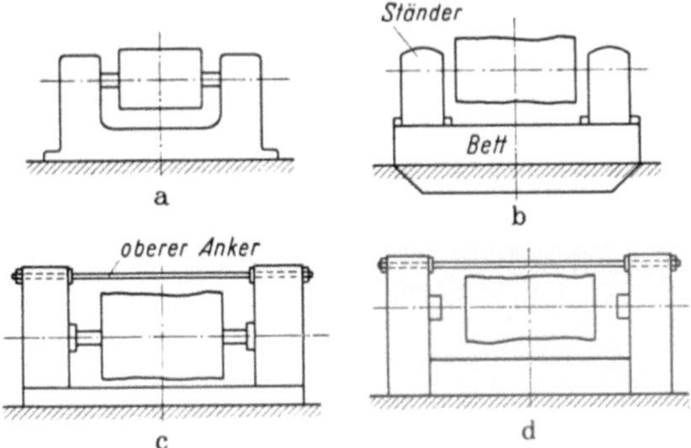

Bild 6.8 a–d. Ausführungsformen von Ständer und Bett bei Rundschälmaschinen.

b) die seitlichen Ständer sind auf eine durchgehende Grundplatte auf-gesetzt (Ausführung in Gußeisen oder Stahlschweißkonstruktion) (Bild 6.8b, 6.8c, 6.10);

c) die seitlichen Ständer sind seitlich an die Grundplatte angeschraubt (Bild 6.8 d);

d) die seitlichen Ständer haben eine obere Ankerverbindung, die den Einspanndruck für den Stamm besser aufnehmen hilft (Bild 6.7, 6.8 c, 6.8 d und 6.11).

Bild 6.9. Kleine Rundschälmaschine, seitliche Ständer und Bett in einem Stück gegossen. Bauart RFR.

Bild 6.10. Rundschälmaschine, seitliche Ständer auf eine durchgehende Grundplatte aufgesetzt. Bauart RFR.

Die unter a) geschilderte Ausführung kann nur für kleinere, schmale Maschinen in Betracht kommen, während die Ausführungen unter b), c), d) auch bei den größten Schälmaschinen für rd. 2000 mm größten

Stammdurchmesser und rd. 3800 mm größte Stammlänge erfolgreich
Verwendung finden.

Die unter c) gezeigte Ausführung ,,Grundplatte mit aufgesetzten
Ständern'' sichert eine leichte und zweckmäßige Montage und dürfte

Bild 6.11. Rundschälmaschine, seitliche Ständer mit oberer Ankerverbindung auf eine durchgehende
Grundplatte aufgesetzt. Bauart RFR.

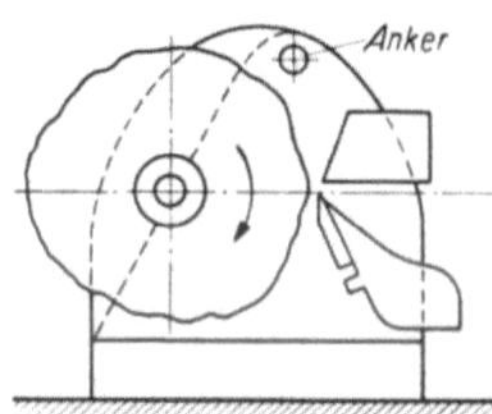

Bild 6.12. Schematische Seitenansicht der Lage des oberen An-
kers im Ständer einer Rundschälmaschine.

für große Beanspruchun-
gen den **Vorzug** ver-
dienen. Der Ständer hat
einen etwa Λ-förmigen
Querschnitt. Der obere
Anker ist so angeordnet,
daß das Beschicken und
die Bedienung der Ma-
schine keine Beeinträch-
tigung erfahren (Bild
6.12 und 6.13).

Bild 6.13. Ständer mit Zugankerbefestigung. Bauart RFR.

Auf die Einzelheiten in der Konstruktion wird später einzugehen sein.

Die *Drehbewegung für den Stamm* wird von der meistens in oder vor der Grundplatte liegenden Hauptwelle über ein Ritzel (und häufig durch ein Zwischenrad) auf die großen Zahnräder übertragen. Das Übersetzungsverhältnis beträgt meist 1:5 bis 1:7. Um einen erschütterungsfreien Lauf zu erzielen, sind die Räder vorwiegend mit Schräg- oder Pfeil-Verzahnung ausgeführt.

Der Ständer ist innen stark verrippt, um Vibrationen zu vermeiden und die in verschiedenen Richtungen auf ihn einwirkenden Kräfte aufzunehmen. In Bild 6.14 ist ein Ständer, liegend auf einem Waagerecht-Bohrwerk, gezeigt. Man sieht von unten in den Ständer hinein und kann deutlich die vielfache Verrippung erkennen, die durch ihre Starrheit der Maschine eine große Genauigkeit bei langer Lebensdauer sichert.

Bild 6.14. Ständer bei der Bearbeitung auf einem Waagerecht-Bohrwerk. Man beachte bei dem Blick von unten in den liegenden Ständer die vielfache Verrippung.

Die *Lagerung der Stammspindel* mit ihrer Hülse erfolgt nicht mehr in Gleitlagern, die einer schnellen Abnutzung ausgesetzt waren, sondern in Rollen- und Kugellagern. Diese können gegen Verschmutzung auch besser geschützt werden, so daß ihre Lebensdauer erheblich größer ist. Zusätzlich zu der Drehbewegung für den Stamm während des Schälens müssen die Stammspindeln noch in ihrer Längsrichtung zu bewegen sein, um das *Ein- und Ausspannen* des Stammes zu bewirken. Bei den älteren Maschinen erfolgte diese Bewegung mit einem großen Handrad über eine Gewindemutter, die auf die Stammspindel mit entsprechendem Gewinde wirkte. Später wurde das Handrad auf einer Maschinenseite durch ein Zahnrad oder Kettenrad ersetzt; der Antrieb erfolgte über einen durch Druckknopfschalter und Schaltschütze betätigten Motor. Um eine Überlastung des Antriebs, ein zu tiefes Einfahren der Mitnehmer oder auch ein Auseinanderdrücken der Maschinenständer zu verhindern, wurde ein einstellbarer Überlastschalter eingebaut. Zusätzlich ist zum *Nachspannen* während des Schälens eine Bandbremse vorgesehen, die durch

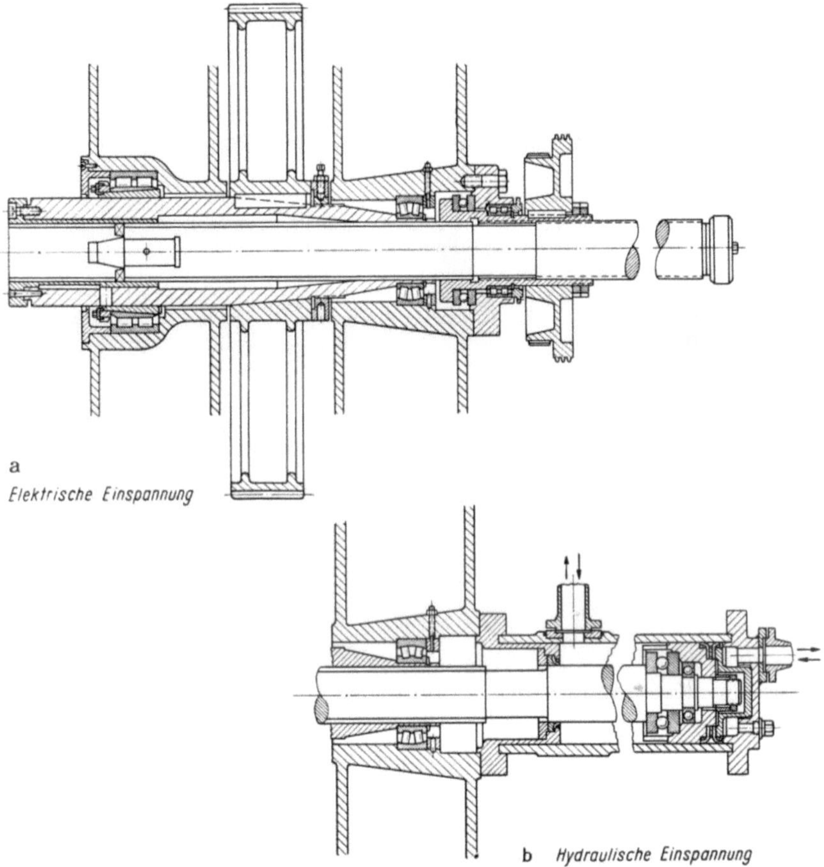

Bild 6.15 a u. b. Ausführungen der Stammspindellagerung bei Rundschälmaschinen

Fuß- oder Handhebel betätigt wird. Die Bremse wirkt auf dieselbe Spindelmutter wie das vom Motor angetriebene Zahn- oder Kettenrad. Die Bedienungsleute müssen darauf achten, daß sie während des Schälens mit der Stammspindel nachspannen, weil sich der Stamm häufig während des Anschälens in den Mitnehmern lockert und dann Gefahr besteht, daß die Furniere ungleichmäßig dick werden, oder daß der Stamm durch den Werkzeugschlitten aus den Mitnehmern herausgedrückt wird.

Eine Verbesserung in dieser Richtung wird durch die *hydraulische Stammeinspannung* erreicht. Der Öldruck preßt den Mitnehmer immer mit einem vorgeschriebenen, einstellbaren Druck in den Stamm. Ein Lockern der Einspannung ist dadurch nicht möglich. Zunächst hat man die hydraulische Einspannung nur auf einer Maschinenseite ausgeführt. Auf der anderen Seite wird die Stammspindel entsprechend der gewünschten Schällänge mit dem Handrad oder elektromotorisch mit Druckknopfsteuerung verschoben.

Die Ausführung einer Stammspindellagerung und der elektrischen bzw. hydraulischen Einspannung ist aus Bild 6.15a u. b zu erkennen.

Bild 6.16. Schälmaschine mit Teleskopspindel, größerer Mitnehmerkranz in Arbeitsstellung. Bauart RFR.

Seit längerer Zeit ist versucht worden, das Schälen auf den auf Grund der Stammqualität zulässigen kleinsten Restrollendurchmesser in einem Arbeitsgang zu ermöglichen. Wegen der einwandfreien Übertragung der Kräfte von der Stammspindel auf den Stamm, müssen meist Mitnehmer mit einem größeren Durchmesser verwendet werden als es dem gewünschten kleinsten Restrollendurchmesser entspricht. Nimmt man zu kleine Mitnehmer, so wirken diese als Fräser — besonders bei weichem Kernholz — und bohren sich in den Stamm ein. Die zu großen Restrollen werden dann häufig auf kleinen Schälmaschinen (Restrollenschälmaschinen) nachgeschält. Dazu müssen sie vorher auf kleinere Längen durchgeschnitten werden, weil sich zu lange Stammabschnitte infolge des auf sie wirkenden Einspann- und Schäldruckes zu leicht durchbiegen. Bei den meisten Holzarten tritt diese Durchbiegung bei etwa 200 mm $\varnothing$ schon bei etwa 1800 mm Stammlänge ein. Um das zu verhindern, werden

Stammstützvorrichtungen (Andrückvorrichtungen) hergestellt, die später beschrieben werden.

Das *Schälen bis auf den kleinsten Restrollen-Durchmesser* in größeren Schälmaschinen wird durch *Doppel- oder Teleskopspindeln* möglich, mit denen ein größerer Mitnehmerkranz automatisch — mechanisch, elektrisch oder hydraulisch — zurückgezogen wird, sobald sich der Werkzeugschlitten dem größten Mitnehmerdurchmesser nähert. In den Bildern

Bild 6.17. Schälmaschine mit Teleskopspindel; größerer Mitnehmerkranz zurückgezogen.

6.16 und 6.17 wird eine Schälmaschine gezeigt, bei der auf einer Maschinenseite ein größerer Mitnehmerkranz automatisch, hydraulisch zurückgezogen wird.

Bei den größeren Schälmaschinen werden die hydraulisch betätigten Teleskopspindeln auf beiden Seiten eingebaut. Dadurch wird das Einspannen — insbesondere mit automatischen Zentrier- und Beschickungsvorrichtungen — vereinfacht und beschleunigt. Der Stamm kann auch in der Maschine seitlich verfahren und leicht in die richtige Stellung zu den Ritzmessern gebracht werden.

Der Einspanndruck kann automatisch oder von Hand verringert werden, wenn der Restrollendurchmesser kleiner wird, um ein unerwünschtes Durchbiegen der Rolle oder — bei rissigem Holz — ein Splittern zu vermeiden.

Auf Bild 6.18 kann man einige der wichtigsten Kraftübertragungsorgane im Ständer erkennen:

1. Das große Zahnrad (a), das die Drehbewegung des Stammes über die Hülse (b) und die Stammspindel (c) auf die Mitnehmer und den Stamm überträgt;
2. den Stammspindelkopf (d) mit Konus und Klauen, die in den Mitnehmer eingreifen;

Bild 6.18. Kraftübertragungsorgane im Ständer einer Rundschälmaschine. Bauart RFR.

3. die Vorschubspindel (e), mit denen der Werkzeugschlitten mit Messer (f) und Druckleiste (g) gegen den Stamm gefahren wird. Der Vorschub ist bei einer Stammumdrehung gleich der Furnierdicke;

4. den Support (h) mit den großen Drehlagern (i), in denen der Werkzeugschlitten sich um die Messerschneide dreht, wenn die Schnittwinkelverstellung betätigt wird;

5. die Gleitbahn für die automatische Schnittwinkelverstellung (k) und deren Verstelleinrichtung;

6. die bei Verschleiß austauschbaren und z. T. nachstellbaren Auflagen für die Gleitbahnen bei (k) und (l);

7. das Distanzrohr (m) zwischen den Ständern, das zusammen mit dem darin liegenden Anker die Stabilität und Genauigkeit der Maschine sichert;

8. die dreiseitige, U-förmige Führung der Supporte für den Werkzeugschlitten, die mit ihren breiten Führungsflächen und den an den Ständern angegossenen oberen und unteren Führungsbahnen eine außerordentlich große Genauigkeit und Lebensdauer sichern.

In Bild 6.19 ist links der *Furnierdicken-Schaltkasten* zu erkennen. Er wird unterschiedlich ausgeführt. In den

Bild 6.19. Ansicht des Furnierdicken-Schaltkastens einer Rundschälmaschine. Bauart RFR.

Sperrholzwerken bemüht man sich aus betriebstechnischen Gründen, mit möglichst wenig Furnierdicken beim Aufbau der verschiedenen Plattendicken auszukommen. Meist genügen 3 bis 4 verschiedene Dicken. So sind die kleinsten Schaltkästen für 4 bis 6 mit Hebeln von Hand schaltbaren Dicken eingerichtet. Durch Austausch von Wechselrädern können diese 4 bis 6 Dicken dann geändert werden, wenn das Fertigungsprogramm umgestellt werden muß. Gebräuchlich sind — 1,1 — 1,45 — 1,80 — 2,2 — 2,8 — 3,2 mm, die durch Wechselräder z. B. auf — 0,825 — 1,08 — 1,35 — 1,65 — 2,1 — 2,4 mm usw. geändert werden können.

Größere Furnierdickenschaltkästen werden besonders von Werken mit wechselndem und vielseitigem Programm u. A. von Furnierwerken bevorzugt. In Bild 6.19 ist links ein 50stufiger Furnierdickenschaltkasten gezeigt, der mit einer Nortonschwinge und zwei Hebeln geschaltet werden kann. In Bild 6.20 ist seine Ausführung mit zwei seitlichen Wechselradscheren zu erkennen.

Bild 6.20. Ansicht eines Furnierdicken-Schaltkastens mit geöffnetem Gehäuse. Bauart RFR.

Die obere Schere dient zur Änderung der normalen 50 Dicken von 0,40 bis 4,0 mm. Die untere Schere erlaubt die Änderung einer zusätzlich vorgesehenen Anschälerdicke, z. B. 3,0 mm. Diese größere Dicke wird häufig zu Beginn des Schälens eingestellt, um schnell einen zylindrischen Klotz zu erhalten und weil die unregelmäßig anfallenden Anschälfurniere meistens als Innenlagenfurniere Verwendung finden.

Bild 6.21 zeigt das Innere eines Furnierdicken-Schaltkastens.

Eine Furnierdickentabelle für einen Furnierdicken-Schaltkasten (Bauart RFR, Hamburg), wie er in großer Zahl eingebaut wurde, gibt Tab. 6.1 wieder. — In der oberen waagerechten Reihe ist die

9 Kollmann, Furniere

Bestückung der oberen Wechselradschere mit den verschiedenen Zahnrädern gezeigt. $Z_1 = 30$ bedeutet, daß hier ein Zahnrad mit 30 Zähnen verwendet wird. In der zweiten waagerechten Spalte sind die Schalthebelstellungen gezeigt. Die linke, senkrechte Spalte gibt an, wie die Nortonschwinge einzustellen ist. In den unteren drei Zeilen sind die Wechselräder für die untere Schere und die Furnierdicken 3,0 — 3,75 — 4,0 mm angegeben.

Da von einem Stamm meistens zwei Furnierdicken geschält werden — eine dünnere für Außenfurniere und eine dickere für Innenlagen —, ist bei der beschriebenen RFR-Schälmaschine eine zusätzliche Kupplung eingebaut, die es erlaubt, mit einem Schalthebel vor und hinter der Maschine von der Anschäldicke auf die Hauptschäldicke umzuschalten, ohne jedesmal am Schaltkasten Hebel betätigen zu müssen.

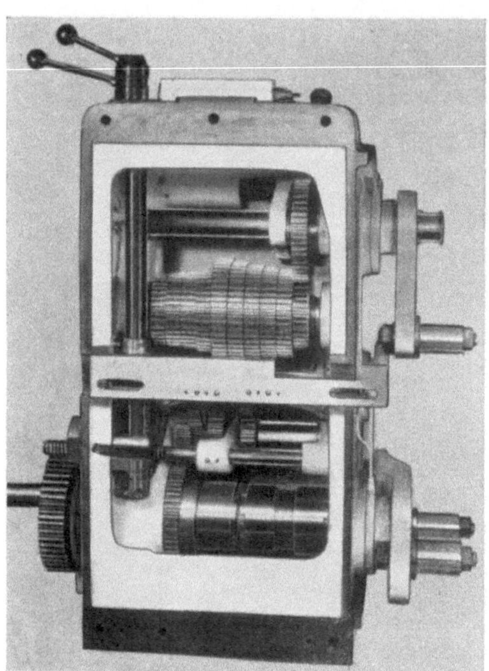

Bild 6.21. Innenansicht eines Furnierdicken-Schaltkastens.

Der kleine sechsstufige Furnierdicken-Schaltkasten mag in manchen Fällen nicht ausreichen, während der große die Gefahr in sich birgt, daß im Betrieb Furnierdicken mit geringen Abweichungen nur sehr schwer unterschieden werden. Durch Verwechslungen ergeben sich dann unter Umständen Schwierigkeiten.

6.32 Werkzeugschlitten

Der Werkzeugschlitten bei den Rundschälmaschinen besteht aus dem Messerbalken, dem
Druckbalken und den beiden
Supporten, in denen Messer- und Druckbalken drehbar gelagert sind (Bild 6.22).

In Bild 6.23 ist ein Schnitt durch die beiden wichtigsten Teile der Schälmaschine — Druck- und Messerbalken — wiedergegeben. Sie

Tabelle 6.1. *Furnierdicken, einstellbar mit einem Furnierdicken-Schaltkasten*

	$Z_1=30$, $Z_4=75$, $Z_3=30$, $Z_2=75$				$Z_1=30$, $Z_4=30$, $Z_2=75$				$Z=30$, $Z=75$		
6	0,064	0,100	0,16	0,26	0,40	0,64	1,02	1,60	2,55	4,05	6,40
5	0,067	0,110	0,17	0,28	0,42	0,68	1,06	1,75	2,70	4,30	6,80
4	0,070	0,115	0,18	0,29	0,44	0,7	1,14	1,80	2,90	4,55	7,20
3	0,075	0,120	0,19	0,31	0,48	0,76	1,20	1,95	3,0	4,85	7,65
2	0,080	0,130	0,20	0,32	0,50	0,80	1,25	2,00	3,20	5,05	8,00
7	0,085	0,135	0,21	0,34	0,52	0,84	1,30	2,10	3,35	5,30	8,40
8	0,088	0,140	0,22	0,36	0,55	0,9	1,4	2,25	3,6	5,57	9,00
9	0,090	0,150	0,23	0,37	0,58	0,92	1,50	2,30	3,70	5,80	9,20
10	0,095	0,155	0,24	0,39	0,60	0,96	1,55	2,45	3,90	6,15	9,70
1	0,100	0,160	0,25	0,40	0,62	1,00	1,58	2,53	4,00	6,32	10,00

	Z_1	Z_2	Z_3	Z_4	Z_1	Z_2	Z_3	Z_4	Z_1	Z_2	Z_3	Z_4
	33	44	–	55	33	55	–	44	44	33	–	55
	3,0				3,75				4,0			

dienen nicht nur als Träger für die beiden Werkzeuge, das Messer und
die Druckleiste, sowie die Ritzmesser, mit denen das Furnierband parallel
besäumt und auch aufgetrennt wird, sondern haben noch viele Einrichtungen zusätzlicher Art aufzunehmen.

Das *Messer* wird entweder mit Schrauben unmittelbar am Messerbalken befestigt oder zusammen mit einem Messerhalter. Dieser Messer-

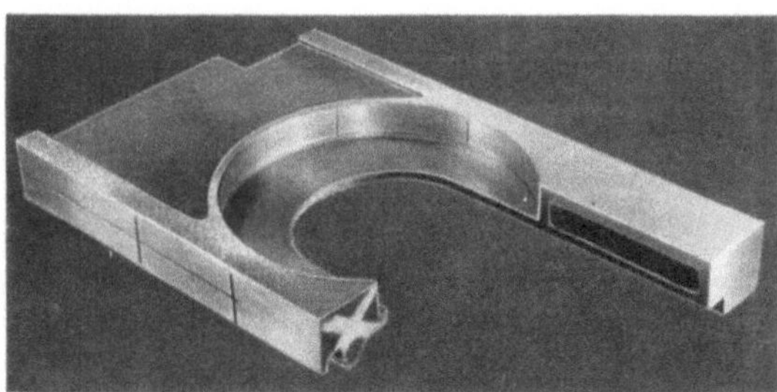

Bild 6.22. Support des Werkzeugschlittens einer Rundschälmaschine.

halter ermöglicht es, das Messer außerhalb der Maschine einzustellen
und die Stillstandzeit der Maschine beim Messerwechsel herabzusetzen.
In Bild 6.24 ist die Ausführung eines Messerhalters und in Bild 6.25 das
Einrichten des Messers außerhalb der Maschine mit einer Meßuhr gezeigt. Mit Druckschrauben kann das Messer mit seiner Schneide parallel

zur Druckleistenkante eingestellt werden. Die Messerschneide soll in der Höhe der Mitte der Stammspindel liegen. Der Drehpunkt des Messerträgers in den großen Ringlagern der seitlichen Supporte soll dann in der Messerschneide liegen. Die Ringlager sind in Bild **6.23** links zu

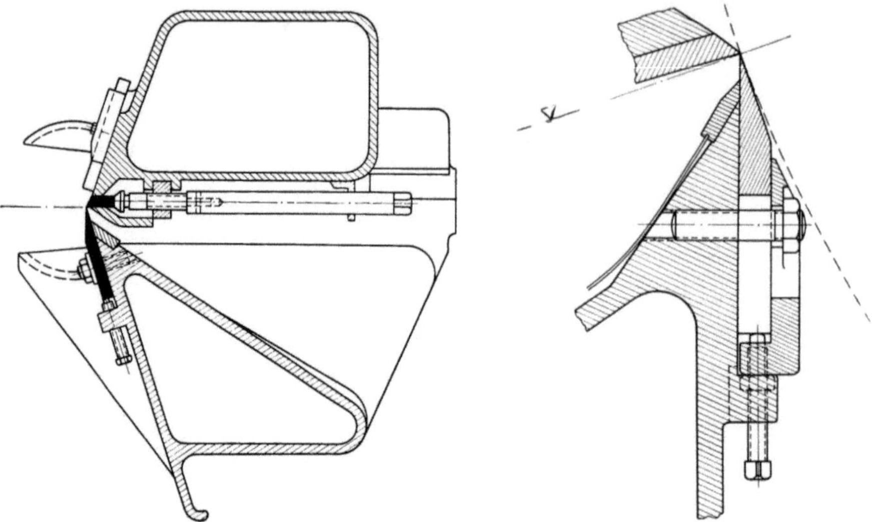

Bild 6.23. Schnitt durch Druck- und Messerbalken einer Rundschälmaschine.

Bild 6.24. Schnitt durch Messer, Messerhalter und Vorderteil des Messerbalkens einer Rundschälmaschine.

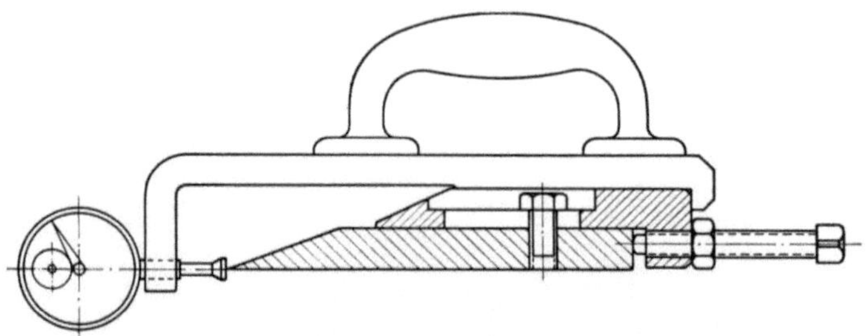

Bild 6.25. Vorrichtung zum Einrichten des Messers mit einer Meßuhr außerhalb der Rundschälmaschine.

erkennen. Wenn der Schnittwinkel von Hand oder automatisch während des Schälens geändert werden soll, so dreht sich der ganze Werkzeugschlitten — also Messer- und Druckbalken gemeinsam — um die Messerschneide. Wird diese Einstellung durch höheres oder niedrigeres Einstellen des Messers — also der Messerschneide — über oder unter die Waagerechte durch die Mitte der Stammspindel geändert, so ergeben sich bei Änderung des Schnittwinkels völlig veränderte Schnittverhältnisse, welche die Furnierqualität meist sehr nachteilig beeinflussen.

Die *Druckleiste* liegt mit ihrer unteren, dem Holz zugekehrten, Kante meist etwas über der Messerschneide — bei den deutschen Maschinen etwa 0,3 bis 0,5 mm. Die Drucklinie von der Druckleiste soll auf die Messerschneide gerichtet sein, damit ein Spalten des Holzes verhindert wird und das Messer einen glatten, sauberen Schnitt ausführen kann. Die Druckleiste soll so einstellbar sein, daß ihre vordere Kante genau parallel zur Messerschneide liegt. In besonderen Fällen soll es aber auch möglich sein, an bestimmten Stellen einen höheren oder geringeren Druck — entsprechend der Struktur des Holzes — auf den Stamm vor der Messerschneide auszuüben. Hierfür sind über die Länge der Druckleiste eine größere Zahl von Zug- und Druckschrauben verteilt, die mit

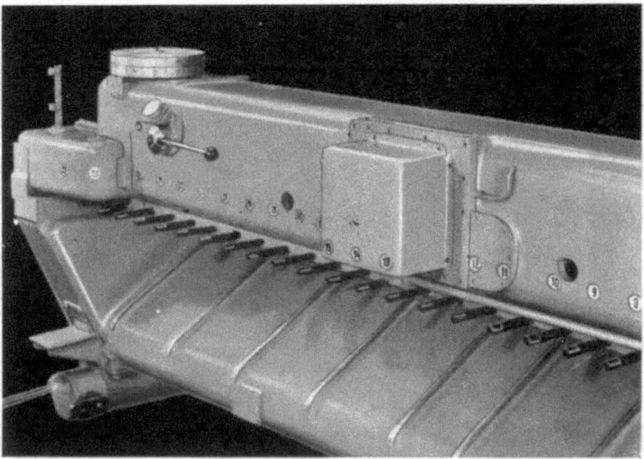

Bild 6.26. Zug- und Druckschrauben auf der Vorderseite des Druckbalkens einer Rundschälmaschine.

ihrem Kopf in die T-Nuten der Druckleiste eingreifen. Die Schrauben sind numeriert, und die Zahlen sind auch auf der Vorderseite des Druckbalkens angebracht (Bild 6.26). Sieht der Bedienungsmann vor der Schälmaschine rauhe Stellen am Stamm, so kann er dem Schälmaschinenführer hinter der Schälmaschine angeben, an welchen Schrauben dieser eine Korrektur der Einstellung durchzuführen hat. Die *Ritzmesser* sind erforderlich, weil das Ablängen des Stammes nie so rechtwinkelig erfolgt, daß die Schnittflächen genau parallel sind. Um parallel besäumte Furnierbahnen und die gewünschte Furnierlänge in Faserrichtung zu erhalten, werden also die in Nuten am Druckbalken verschiebbaren Ritzmesser verwendet; häufig werden auch aus einem langen Stamm zwei oder mehrere kürzere Furnierbahnen geschält. Solange das Holz im Stamm gut ist, wird das für Furnierplatten verwendete Außenfurnier mit großer Blattlänge, z. B. 2500 mm, geschält. Wird die Güte des Holzes geringer, dann wird in der Mitte ein in einem Halter mit Exzenterverstellung befestigtes Messer mit einem Hebel nach unten in den Stamm

Bild 6.27. Ansicht der Ritzmesser, der Andrückvorrichtung und (links) eines Unterstützungsbockes bei einer Rundschälmaschine. Bauart RFR.

gedrückt, und man erhält zwei Bahnen mit je 1250 mm Blattlänge für Mittelfurniere. In Bild 6.27 kann man die Ritzmesser mit ihren verschiedenen Haltern gut erkennen. Das Bild zeigt außerdem links einen Unterstützungsbock für die Verlängerung der Stammspindel und eine pneumatisch betätigte Andrückvorrichtung zur Verhinderung der Durchbiegung des Stammes bei kleiner werdendem Durchmesser. Beim Einspannen des Stammes wird diese Vorrichtung von Hand oder mit einem Motor zur Seite gefahren (Bild 6.28).

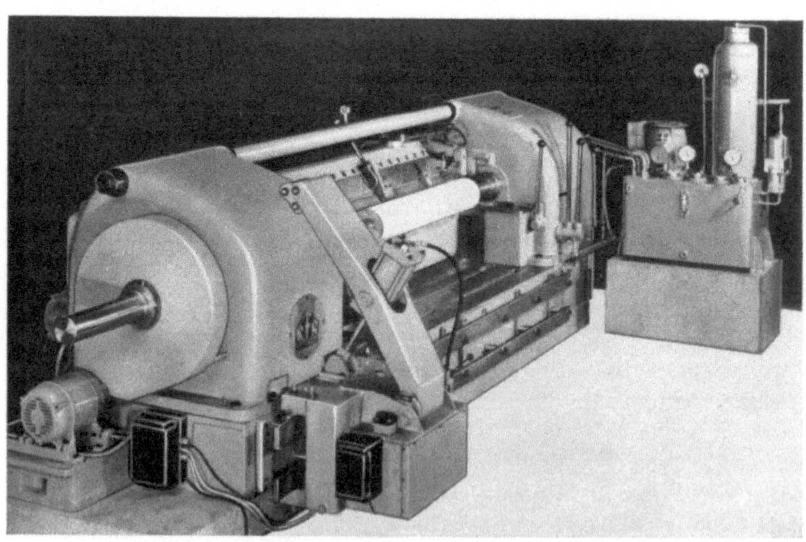

Bild 6.28. Rundschälmaschine mit zur Seite gefahrener Andrückvorrichtung. Bauart RFR.

Beim Schälen wird der Werkzeugschlitten mit Hilfe von Gewindespindeln und -muttern gegen den Stamm gefahren. Abhängig von der Stammdrehzahl erfolgt der Vorschub über den Furnierdicken-Schaltkasten derartig, daß er bei einer Stammumdrehung der eingestellten Furnierdicke entspricht. In Bild 6.29 ist unten eine waagerechte Welle zu erkennen, die über zwei Kegelräderpaare und eine schräg nach oben gehende Welle die Vorschubspindel antreibt.

Für das schnelle Vor- und Zurückfahren des Werkzeugschlittens beim Stammwechsel ist ein etwa 2 kW starker Motor mit Druckknopfschaltung vorgesehen. Im Bilde ist unter der Gewindespindel ein elektrischer Endausschalter für die Eilbewegung nach rückwärts zu erkennen. — Es sei bei dieser Gelegenheit darauf hingewiesen, daß die Maschinen zur Verhinderung von Betriebsstörungen

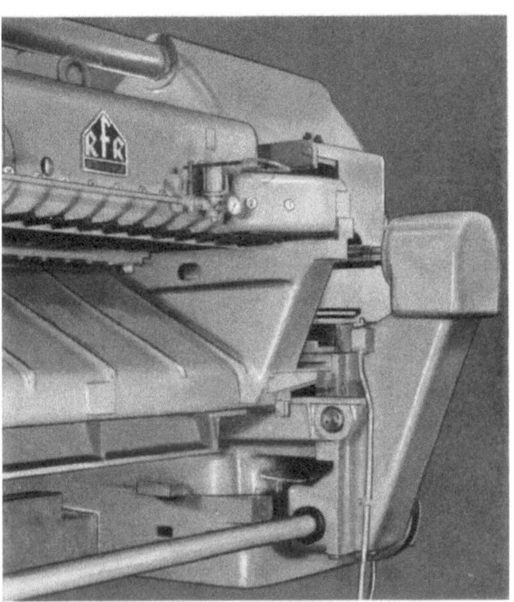

Bild 6.29. Waagerechte Antriebswelle der Vorschubspindel bei einer Rundschälmaschine. Bauart RFR.

mit einer großen Anzahl von Sicherheitseinrichtungen, wie Endschaltern und Überlastungsschutz-Stiften und -Schaltern ausgerüstet sind.

Der wichtigste Ausschalter, dessen Anschlag von Hand eingestellt werden muß, berücksichtigt den Durchmesser des zum Schälen gerade verwendeten Mitnehmers. Er ist in Bild 6.30 an der waagerechten Stange unterhalb der Stammspindel zu erkennen. Die Stange enthält verschiedene Bohrungen, die den zur Maschine gehörenden Mitnehmern mit verschiedenem Durchmesser entsprechen. Der Anschlag muß bei Wechsel des Mitnehmers in die entsprechende Bohrung eingerastet werden.

Der *Druckbalken* ist auf dem Messerträger verschiebbar angebracht, damit die Spaltweite zwischen Druckleiste und Messerschneide entsprechend der Furnierdicke eingestellt werden kann. Der Spalt hat eine Öffnung, die von der Holzart, der Furnierdicke, dem Dämpfungsgrad, bzw. dem Feuchtigkeitsgehalt oder der Elastizität des Blockes abhängt.

Die Spaltweite beträgt im allgemeinen zwischen 65 und 90% der Furnierdicke (vgl. auch Abschn. 6.44).

Die *Einstellung der Spaltweite* erfolgt von Hand mit einem Hebel über eine Ratsche. In Bild 6.31 sieht man oben, neben der großen Skalenscheibe, den mit einem Pfeil bezeichneten Kopf dieses Hebels, der von der Vorder- und Rückseite der Maschine bedient werden kann. Die Einstellung des Druckbalkens bzw. des Spaltes kann an der großen, zylindrischen Skala sowohl von vorn wie von hinten abgelesen werden.

Zum *Säubern des Schlitzes zwischen Messer und Druckleiste* kann der Druckbalken schnell nach hinten bewegt werden. Früher wurde diese Bewegung ausschließlich *von Hand*, durch Aufklappen des Druckbalkens, oder durch Zurückziehen über Exzenterhebel ausgeführt. Die Entwicklung führte dann über eine elektromotorische zur hydraulischen oder pneumatischen Verstellung. Letztere wird heute bevorzugt,

Bild 6.30. Ausschalter für den Antrieb einer Rundschälmaschine. Automatische Betätigung für Mitnehmer verschiedenen Durchmessers. Bauart RFR.

weil sie die größte Geschwindigkeit zuläßt und keine Verschmutzungsgefahr durch Lecköl in sich birgt.

Bei der Schnellverstellung des Druckbalkens kommt es darauf an, daß er nach beendeter Reinigung des Spaltes wieder genau in seine Ausgangsstellung zurückkehrt. Nur dann wird die gleiche, vorher eingestellte Furnierdicke und Furniergüte erzielt. In den Bildern 6.32 und 6.33 sind zwei verschiedene Ausführungen mit Kniehebeln oder Exzentern gezeigt. Beide sichern die Rückkehr des Druckbalkens in die eingestellte Lage. In Bild 6.34 ist ein magnetbetätigtes Steuerventil für die Eilbewegung des Druckbalkens zu sehen.

Die *Einstellung des richtigen Schnittwinkels* am Messerbalken ist von ausschlaggebender Bedeutung für den guten Ablauf des Schälvorganges. Zunächst muß der richtige Keilwinkel des Messers, abhängig von der Holzart, gefunden werden. Danach richtet sich die Einstellung des Freiwinkels bzw. des Schnittwinkels. Diese erfolgt von Hand über einen unten links am Messerbalken befestigten Hebel (s. Bild 6.31). Der Hebel wirkt über eine Ratsche vorwärts oder rückwärts und kann auch während des Schälens betätigt werden, da er seitlich vom auslaufenden Furnierband angebracht ist. Der eingestellte Schnittwinkel (Keilwinkel des Messers und Freiwinkel) kann an der senkrechten Skala (in der Mitte des Bildes) abgelesen werden. Durch Änderung des Winkels während des Schälens ist es möglich, die beste Einstellung des Schnittwinkels bei gleichzeitiger Kontrolle der Furniergüte und Furnierdicke zu finden.

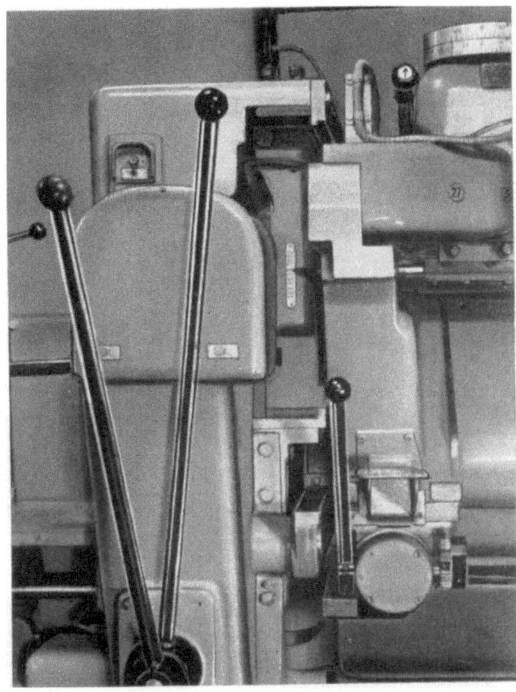

Bild 6.31. Vorrichtung zum Einstellen der Spaltweite zwischen Druckleiste und Messerschneide. Bauart RFR.

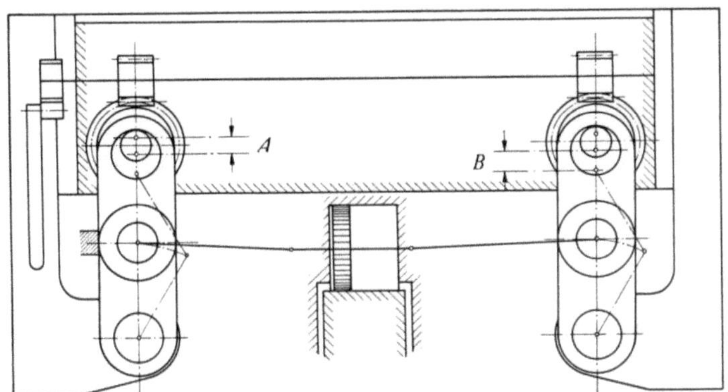

Bild 6.32. Druckbalken mit Schnellverstellung über Kniehebel.
A Exzenter für Druckeinstellung entsprechend den Furnierdicken, *B* Druckbalken-Rückzug (etwa 50 mm).

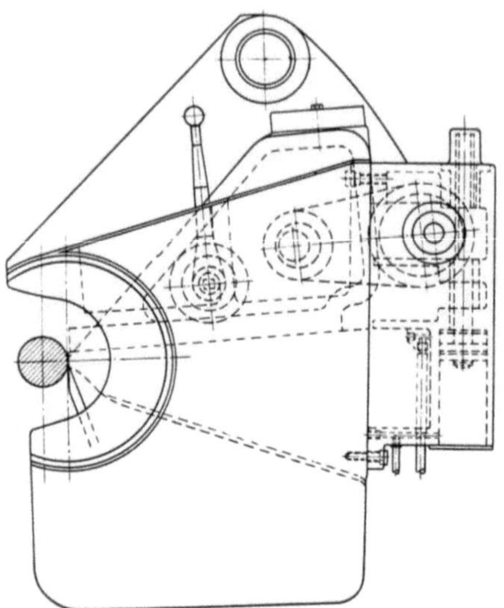

Bild 6.33. Druckbalken mit Schnellverstellung
über Exzenter.

Bild 6.34. Magnetbetätigtes Steuerventil für die Eilbewegung
des Druckbalkens. Bauart RFR.

Die *automatische Schnittwinkelverstellung* während des Schälens ergänzt die Handverstellung. Dadurch, daß die *Anlagefläche des Messers am Stamm* beim Schälen infolge des abnehmenden Durchmessers kleiner wird, verliert das Messer die ursprünglich vorhandene Führung am Holz. War die Anlagefläche z. B. im Anfang 2 bis 3 mm breit, so muß das Messer um die Messerschneide zum Stamm geschwenkt werden, damit sie nicht schmaler wird. Der Freiwinkel muß also im Laufe des Schälens kleiner werden. In Bild 6.35 ist die Lage der Werkzeuge beim Schälen gezeigt. —

Ist die Anlagefläche des Messers am Stamm zu groß, so wirkt sie als Bremse, und der Leistungsbedarf der Maschine steigt; ist sie zu klein, so verliert die Messerschneide ihre sichere Führung, d. h. sie wird in die weichen Zonen der Jahrringe hereingezogen und von den harten herausgedrückt, so daß sich ungleichmäßig dicke Furniere mit rauhen Oberflächen ergeben. — Die automatische Schnittwinkelverstellung wird durch die Schräglage zweier Gleitschienen, auf denen der Messerbalken abgestützt ist, bestimmt. In Bild 6.30 sind diese an den seitlichen Ständern befestigten Schienen (links, untere Hälfte) mit der Einstellschraube und der Skala zu sehen. Bei der Neueinstellung einer Maschine geht man am besten zunächst von der Nullstellung aus. Die größte Änderung während des Schälens ist bei weichem Holz und beim Schälen auf sehr kleine Restrollen-Durchmesser erforderlich, vor allem wenn das Verhältnis vom großen Stammdurchmesser zum kleinsten Restrollen-Durchmesser sehr groß ist.

Um die großen Beanspruchungen beim Anschälen unrunder Stämme oder beim exzentrischen Schälen aufnehmen zu können, muß das in den

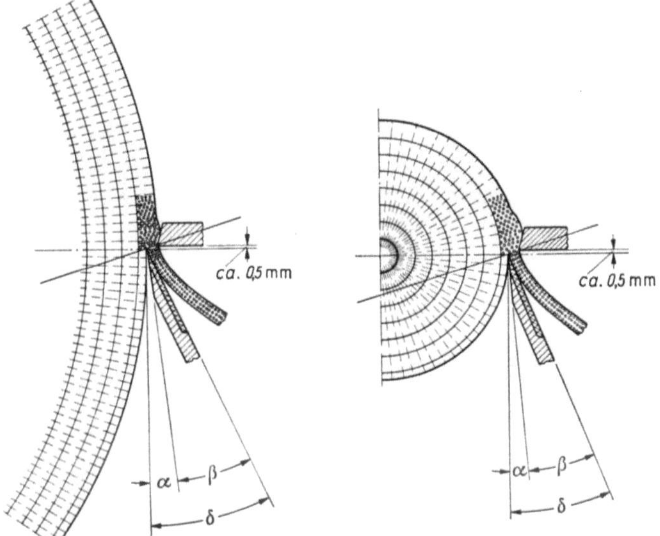

Bild 6.35. Stellung von Messer und Druckbalken beim Rundschälen von Stämmen mit verschiedenen Durchmessern.

seitlichen Supporten befindliche Lager für den Werkzeugschlitten stark bemessen und zweckmäßig konstruiert sein. Es muß alle Stöße vom Werkzeugschlitten auf die Supporte und Ständer aufnehmen, ohne daß dadurch die Bewegungselemente nachteilig beeinflußt werden. Es sei hier erwähnt, daß eine sorgfältige Schmierung und Pflege der Maschine für die Erhaltung der Arbeitsgenauigkeit und Lebensdauer von ausschlaggebender Bedeutung sind. Zur Erleichterung der Pflege ist die gezeigte Maschinentype mit drei Zentralschmierapparaten ausgerüstet; sie sind von Hand in bestimmten Zeitabständen zu bedienen. Je einer sorgt für die Schmierung der Lager, Zahnräder, Spindeln usw. in den seitlichen Maschinenständern und einer für die des Werkzeugschlittens. Die Schmierleitungen sind geschützt innerhalb der Maschine oder unter den Schutzhauben verlegt.

6.33 Grundplatte, Unterstützungsböcke, Mitnehmer

Eine durchgehende *Grundplatte*, auf der die seitlichen Ständer der Rundschälmaschine aufgebaut werden können, hat mehrere wichtige Aufgaben zu erfüllen:

1. Sie erleichtert die Montage der Maschine und verbürgt die Einhaltung einer vorgeschriebenen Genauigkeit für den Zusammenbau.

2. Die Hauptantriebswelle der Maschine kann in *einem* Bauteil — der Grundplatte oder dem Maschinenbett (Bild 6.36) — besser und

Bild 6.36. Blick von unten in das vielfach verrippte Maschinenbett einer Rundschälmaschine.

sicherer gelagert werden als in zwei oder mehreren, unabhängig voneinander auf dem Fundament aufzusetzenden und auszurichtenden Lagern.

3. Für das Schälen kürzerer Blöcke reicht der Verstellbereich der Stammspindeln häufig nicht aus. Es sind dann Verlängerungsstücke für diese Wellen anzusetzen (500 bis 1500 mm lang), die durch einen Lagerbock unterstützt werden müssen (Bild 6.37).

Auf einer Grundplatte kann dieser Bock am besten und genauesten befestigt werden. Die Lagerschalen sind nach der Schälmesserseite abgefräst und erhalten eine senkrechte Begrenzung, damit das Messer möglichst weit an die Mitte des Stammes heranfahren kann und ein kleiner Restrollen-Durchmesser erzielt wird.

Bild 6.38 zeigt, wie der *Lager- oder Unterstützungsbock* ausgebildet ist. Um eine gleichmäßige Belastung der Schälmaschine zur Vermeidung einseitigen Verschleißes zu sichern, soll bei sehr kurzen Stammabschnitten mit möglichst zwei Unterstützungsböcken gearbeitet werden. Der Klotz kann dann in der Maschinenmitte eingespannt werden. Sollen auf großen

Schälmaschinen Stämme mit kleinem Durchmesser geschält werden, so
können Verlängerungen mit kleinerem Durchmesser als dem der Stammspindel verwendet werden. Die Unterstützungsböcke müssen dann mit
austauschbaren Lagerschalen mit kleinerer Bohrung ausgerüstet werden.
Bei Schälmaschinen mit rd. 1600 mm größtem Stammdurchmesser

beträgt der Stammspin-
del-Durchmesser etwa
150 mm. Dünne Verlän-
gerungen können dann
mit etwa 70 mm Durch-
messer verwendet wer-
den, so daß unter Be-
rücksichtigung der Aus-
schaltreserve für den Vorschub des Werkzeug-
schlittens Restrollen mit
etwa 80 mm Durchmes-
ser, anstelle von 160 mm,
erzielt werden können.

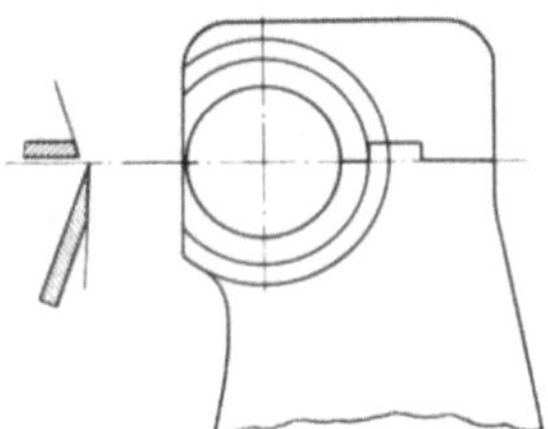

Bild 6.37. Lagerung an einer Rundschälmaschine zum Schälen
kürzerer Blöcke. Bauart RFR.

Bild 6.38. Kopfteil des Lager-
oder Unterstützungsbockes.

Verschiedene *Mitnehmerausführungen* sind aus den Bildern 6.39 und
6.40 zu erkennen. Die Mitnehmer mit den Näpfchen sollen sich besonders
gut für große Stammdurchmesser und für exzentrisches Schälen eignen.
Die Sechskant-Mitnehmer mit sternförmig angeordneten Schneiden
werden vielfach für kleinere Stämme vorgezogen. Eine einheitliche
Ansicht darüber, welche Mitnehmer jeweils am besten sind, konnte
bisher nicht gefunden werden.

Sicher ist, daß die Schneiden der Mitnehmer so ausgebildet und
instandgehalten sein sollen, daß sie leicht in das Holz eindringen und
nicht als Keil den Stamm spalten.

6.34 Antrieb

Bild 6.39. Mitnehmer mit 5 Näpfchen.

Schon seit langem hat es sich gezeigt, daß ein Antriebsmotor mit konstanter Drehzahl für eine Schälmaschine nicht ausreichend ist. Bei großem Stammdurchmesser ist die Umfangsgeschwindigkeit bzw. Schälgeschwindigkeit zu groß, bei kleiner werdendem Schäldurchmesser wird sie bald zu klein. Während noch vor kurzem die mittlere Schälgeschwindigkeit bei etwa 50 m/min lag, werden heute im Zuge der Rationalisierung bei gestiegenen Lohnkosten und durch amerikanischen Einfluß mittlere Geschwindigkeiten von rd. 150 m/min verlangt. Dazu kommt die Erkenntnis, daß bei Geschwindigkeiten unter 30 m/min die Furnierqualität leidet.

Für die Ausbildung der Antriebe sind folgende Gesichtspunkte maßgebend:

a) Erzielung der größten Schälleistung, wofür die Schälgeschwindigkeit bis auf 200 m/min gesteigert werden soll;

Bild 6.40. Verschiedene Ausführungen von Mitnehmern.

b) Möglichkeit der Abnahme der Anschäler, die im Anfang anfallen, bis der Stamm zylindrisch ist. Je nach der zu verarbeitenden Holzart, der Betriebseinrichtung und Organisation wird hier mit 60 bis 120 m/min gearbeitet;

c) Einhaltung einer möglichst gleichbleibenden Schälgeschwindigkeit, um die Furniere hinter der Maschine gut aufwickeln oder über lange Fördertische den Scheren zuleiten zu können. Diese Geschwindigkeit kann bei erstklassigen Maschinen mit etwa 180 m/min bemessen werden. Die Schälmaschine muß in ihrer Bauweise — besonders in den Bewegungs-Elementen — genügend stark ausgeführt sein. Die Verzahnung, die Lagerung, die Abmessungen der Spindeln und der Werkzeugträger müssen den größten Drehzahlen und Schneidkräften entsprechen. Mit welcher

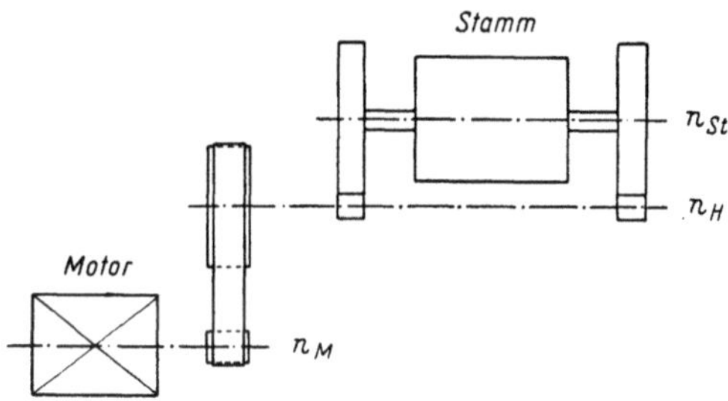

Bild 6.41. Schema des Antriebes einer Rundschälmaschine durch einen Motor über Keilriemen.

Geschwindigkeit geschält werden kann, hängt allerdings nicht nur von der maschinellen Einrichtung und der Organisation, sondern auch von der Güte des Holzes ab.

Auf der Grundlage der vorstehenden Betrachtungen sind nun folgende Antriebe entwickelt worden:

1. Ein *Motor mit einer konstanten Drehzahl* treibt über *Keilriemen* oder ein *Zahnradvorgelege* die Schälmaschine an (Bild 6.41). Die Übersetzung der Zahnräder von der Hauptwelle zur Stammspindel beträgt etwa 1 : 5. Nehmen wir beispielsweise an, daß die Stammdrehzahl n_{St} 50 U/min betragen soll, so macht die Hauptwelle n_H 250 U/min. Bei einer Motordrehzahl von $n_M = 1000$ U/min ist dann das Übersetzungsverhältnis für den Keilriemenantrieb oder das Zahnradgetriebe 1 : 4. Würde die Maschine einen Stamm von 800 mm ⌀ auf 110 mm ⌀ schälen, so ist die größte Schälgeschwindigkeit bei 800 mm ⌀

$$v_{\max} = \text{rd. } 125 \text{ m/min}$$

und die kleinste bei etwa 110 mm ⌀

$$v_{\min} = \text{rd. } 17 \text{ m/min}.$$

Für das Abnehmen der Anschäler ist 125 m/min bei den heutigen Abnahmemöglichkeiten zu groß. An der Restrolle ist die Geschwindigkeit zu klein; das äußert sich in einem *Brummen der Maschine* und ungleichmäßigen, rauhen Furnieren. Die Restrolle wird auch leichter gespalten und aus der Maschine herausgedrückt, wenn sie rissig ist.

2. *Motor mit konstanter Drehzahl und mehreren Kupplungen mit abgestuftem Rädervorgelege*, so daß *zwei oder drei verschiedene Drehzahlen* eingestellt werden können.

3. *Mehrstufige Schaltgetriebe mit einem Motor mit konstanter Drehzahl* oder mit einem *polumschaltbaren Motor* mit zwei bis vier Drehzahlen. Das ergibt zwar eine große Zahl von Drehzahlstufen, aber kein kontinuierliches Schälen. Auch wenn die Schaltgetriebe mit elektromagnetischen Kupplungen ausgestattet werden, bleibt immer der störende Stufensprung. Aus diesem Grunde hat man schon frühzeitig versucht, stufenlos regelbare Antriebe zu verwenden wie:

4. *Gleichstrommotore*, die im Verhältnis 1:3 bis 1:4 stufenlos regelbar sind.

5. *Mechanische, stufenlos regelbare Getriebe*, wie z. B. PIV-Getriebe oder FLENDER-Getriebe. Die Leistung dieser Getriebe reicht für die kleineren Schälmaschinen mit einem Regelbereich von 1:4 bis 1:6 und Leistungen im Bereich von 20 bis etwa 30 kW aus. Sie sind auch vielfach im Gebrauch. Da der Leistungsbedarf dauernd gestiegen ist, und diese Getriebe in ihrer Leistung für die größeren Maschinen zu gering waren, war man hierfür auf die nachstehend geschilderten Antriebe über 30 kW angewiesen.

6. *Hydraulische Regelantriebe*. Sie sind bei Schälmaschinen wegen ihrer hohen Kosten, des großen Platzbedarfes und ihres Wirkungsgrades kaum verwendet worden.

7. *Dampfmaschinenantriebe*. Sie werden besonders in Amerika für größere Schälmaschinen verwendet (Fabrikat AJAX). Sie arbeiten meist mit einer Doppelkupplung und Rädervorgelege. Bei der niedrigsten Drehzahl, die für das Schälen bei rd. 1500 mm Stammdurchmesser und 2700 mm Schällänge in Frage kommt, liegt die Leistung bei etwa 37 kW; sie steigt dann entsprechend der Drehzahl bis auf etwa 260 kW. Der Vorteil dieser Maschine liegt in der Möglichkeit, die Stammdrehzahl sehr schnell von einer kleineren beim Anschälen auf die maximale beim Rundschälen zu steigern. Da das Holz in Amerika im allgemeinen sehr gut ist, wird hier vielfach mit annähernd 200 m/min geschält.

8. Der WARD-LEONARD-Satz. Dieser wird heute von den meisten Fabriken für den Antrieb der Schälmaschinen bevorzugt. Er läßt eine Regelung von Hand und automatisch vom Werkzeugschlitten aus zu. Der Regelbereich liegt, abhängig von den Anforderungen, bei 1:6 bis 1:10. Auch beim LEONARD-Satz läßt sich nicht erreichen, daß die ab-

gegebene Leistung bei allen Drehzahlen konstant ist. Jedoch läßt sich die Leistung den Anforderungen bei der Schälmaschine verhältnismäßig gut anpassen.

Wenn das Holz sehr schlecht ist, kann beim Anschälen die niedrigste Drehzahl durch Handregelung so lange beibehalten werden, bis der Stamm zylindrisch ist. Dann wird die automatische Regelung mit der gewünschten Geschwindigkeit eingestellt. Der Leistungsbedarf der Schälmaschine steigt um so mehr, je schneller die Drehzahl auf eine bestimmte, höhere Schälgeschwindigkeit gesteigert werden soll.

Nehmen wir an, ein Stamm wird von 1600 bis 1400 mm $\varnothing$ mit konstanter Drehzahl von 20 U/min angeschält, so ist bei 1400 mm $\varnothing$ die Schälgeschwindigkeit $v = 88$ m/min.

Von 1400 mm $\varnothing$ an soll schnellstens auf 150 m/min Schälgeschwindigkeit beschleunigt werden. Die Schäldauer bei 1 mm Furnierdicke errechnet sich z. B.:

a) 100 U von 1400 auf 1200 mm $\varnothing$ mit 20 bis 40 U/min (v steigt von 88 auf 150 m/min) $= 3{,}3$ min,

b) 50 U von 1400 auf 1300 mm $\varnothing$ mit 20···37 U/min (v steigt von 88 auf 150 m/min: *1,75* min) 50 U von 1300 auf 1200 mm $\varnothing$ mit 37—40 U/min) $= 3{,}05$ min (v steigt von 150 m/min an nicht mehr, sondern bleibt konstant: *1,30* min)

c) 100 U von 1400 auf 1200 mm $\varnothing$ mit 34···40 U/min ($v = 150$ m/min $=$ konstant) $= 2{,}7$ min

U $=$ Umdrehung.

Im Beispiel a) ist die mittlere Schälgeschwindigkeit zwischen 1400 und 1200 mm $\varnothing$ rd. 120 m/min. Im Beispiel b), in dem die Steigerung der Drehzahl schneller erfolgt, so daß schon bei 1300 mm $\varnothing$ 150 m/min erreicht, ist die mittlere Geschwindigkeit *135* m/min und es werden 0,25 min an Schälzeit eingespart. Am schnellsten ginge es natürlich, wenn die Drehzahl des Stammes bei 1400 mm $\varnothing$ ruckartig, z. B. in 1 sec — von 20 auf 34 U/min, also von 88 auf 150 m/min Umfangsgeschwindigkeit gesteigert werden könnte [Beispiel c].

In Tab. 6.2 sind an einem Beispiel die Änderung der Drehzahl und Leistung abhängig vom Stammdurchmesser und der Schälgeschwindigkeit dargestellt.

Tabelle 6.2. *Änderung der Drehzahl n und der Leistungsaufnahme N in Abhängigkeit vom Stammdurchmesser und der Schälgeschwindigkeit v*

Stamm-$\varnothing$ mm	v_1 m/min	n_1 U/min	N_1 kW	v_2 m/min	n_2 U/min	N_2 kW
1600	100	20	25	150	30	30
1400	100	22,7	37	150	34	45
1300	100	24,3	43,5	150	37	52,5
1200	100	26,5	50	150	40	60
800	100	40	50	150	60	60
400	100	80	50	**150**	**120**	60
265	**100**	**120**	50	100	120	60
200	75	120	50	75	120	60

In Bild 6.42 sind die Werte aus Tab. 6.2 anschaulich gemacht.

Ein WARD-LEONARD-Satz [1] ist in Bild 6.43 dargestellt. Er besteht aus: einem Drehstrommotor mit Gleichstromgenerator,

einem Gleichstrommotor und dem Schaltschrank mit der Regeleinrichtung.

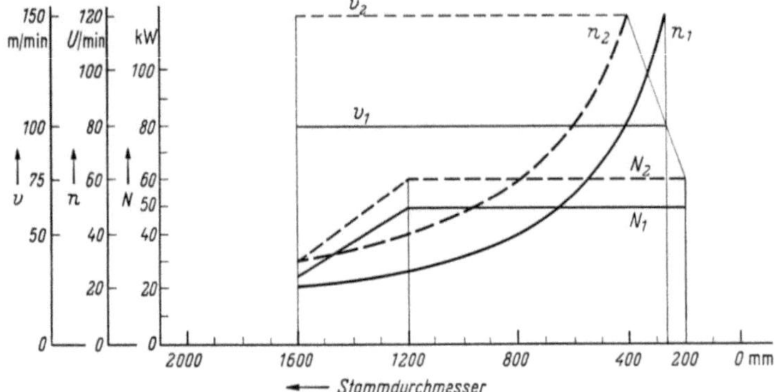

Bild 6.42. Zusammenhänge zwischen Schälgeschwindigkeit v, Drehzahl n und Leistung N bei verschiedenen Stammdurchmessern, für den WARD-LEONARD-Antrieb einer Rundschälmaschine.

Bild 6.43. WARD-LEONARD-Antrieb einer Rundschälmaschine.

[1] Um die Entwicklung der WARD-LEONARD-Antriebe für Schälmaschinen hat sich Dipl.-Ing. RIBA, Neuwied, besonders verdient gemacht.

Bild 6.44 läßt den in den Schaltschrank eingebauten Regler und die Geräte erkennen. Das Schaltschema und besondere Hinweise sind im Inneren an der Tür angebracht, so daß der Betriebs-Elektrotechniker bei Störungen schnell eingreifen kann. Für die Verbindung zwischen dem Regelmotor und der Maschine muß zur Anpassung der Motordrehzahl an die Stammdrehzahlen ein Untersetzungsgetriebe vorgesehen werden. Das Getriebe wird bei den Einheitsschälmaschinen von RFR, Hamburg, mit einer Lamellenkupplung zum Ein- und Ausschalten und einer Konusbremse, zum schnellen Stillsetzen der Maschine, zusammengebaut. Bild 6.45 zeigt ein Getriebe in montiertem Zustand, Bild 6.46 teilweise geöffnet.

9. In letzter Zeit werden auch *Gleichstrommotoren mit Siliziumgleichrichter* für den Antrieb von Schälmaschinen an-

Bild 6.44. Blick in den geöffneten Schaltschrank des WARD-LEONARD-Satzes einer Rundschälmaschine.

geboten. Der Regelbereich soll dem der WARD-LEONARD-Sätze entsprechen, der elektrische Wirkungsgrad besser sein. Ihre Bewährung in der Praxis steht noch bevor.

Abschließend muß festgehalten werden, daß die den jeweiligen Betriebsverhältnissen angepaßte, zweckmäßige Ausführung des Hauptantriebes der Schälmaschinen für ihre Leistung ausschlaggebend ist. Bei den steigenden Anforderungen an die mengenmäßige Leistung der Maschinen, muß aber mit einem größeren Leistungsbedarf, d. h. mit stärkeren Motoren als in der Vergangenheit gerechnet werden.

10*

6.4 Rundschälverfahren

6.41 Normales Rundschälen

Die meisten Furniere werden nach dem normalen Rundschälverfahren hergestellt. Für Sonderzwecke wird die Maschine dann

Bild 6.45. Eingebautes Getriebe einer Einheits-Schälmaschine. Bauart RFR.

mit einigen Hilfseinrichtungen versehen, um auch diese Anforderungen erfüllen zu können. Im Gegensatz zum Rundschälen steht das exzentrische Schälen, das in Abschn. 6.42 behandelt wird.

Bild 6.46. Teilweise geöffnetes Getriebe einer Einheits-Schälmaschine. Bauart RFR.

Das *normale Rundschälen* wird auf Furnierschälmaschinen durchgeführt, die für Stammdurchmesser von etwa 200 bis 2000 mm geeignet sind. Die Schälmaschinen sind in Gruppen eingeteilt, die in ihrer Konstruktion von dem Stammdurchmesser abhängen. Die Geschwindigkeiten, oder besser gesagt die Drehzahlen der Stammspindel sind bei den kleinen Schälmaschinen sehr hoch und gehen bis zu 250 U/min, während sie bei den größten

Schälmaschinen nur bis 100 U/min gesteigert werden können. Die Hölzer
für das Rundschälen werden nach dem Verwendungszweck der Furniere
ausgesucht. Zu unterscheiden sind:

1. Edelfurniere, wobei der Stamm häufig mit einer Längs-Ritzvorrichtung (Bild 6.47) etwa 20 mm tief eingeritzt wird. Man erhält dann
kein zusammenhängendes Furnierband, sondern einzelne Furnierblätter.

Bild 6.47. Ansicht der Längs-Ritzvorrichtung beim Schälen von Edelfurnieren.

Wenn zwei solcher aufeinanderfolgenden Furnierblätter gestürzt werden,
ergibt sich in der Maserung ein Spiegelbild, das man gern für den Möbelbau verwendet.

2. Maserfurniere, eine andere Art von Edelfurnieren, die aus Wurzel-
oder Maserknollen, meist ebenfalls im Rundschälverfahren, gewonnen
werden. Da die Stämme oder die Stammabschnitte gewöhnlich sehr
unregelmäßige Formen haben, fallen im allgemeinen auch einzelne
Furnierblätter an, oder die Stämme werden durch Ritzen in der Längsrichtung so vorbehandelt, daß man auf jeden Fall einzelne Furnierblätter erhält.

3. Normale Schälfurniere für
a) die Herstellung von Sperrholz- und Multiplex-Platten,
b) die Herstellung von Schichtholz,

c) das Absperren von Tischlerplatten (diese Furniere haben meist eine Dicke von 2 bis 4 mm),

d) Verpackungsmaterial, Spankörbe, Zahnstocher, Mundspatel usw.,

e) die Zündholzfabrikation.

Beim Rundschälen müssen wir außer dem normalen endlosen Furnierband auch die Abfälle betrachten, die entstehen. Da die Blöcke im allgemeinen keine zylindrische, sondern eine unregelmäßige Form haben und außerdem häufig konisch gewachsen sind, fällt beim Schälen zunächst Abfall an, der aus kleinen Furnierstücken unregelmäßiger Form und ungleichmäßiger Dicke besteht. Weiter werden an den Enden des Blocks durch Ritzmesser schmale Streifen abgeritzt, um ein paralleles Furnierband für die Weiterverarbeitung zu erhalten. Der Abfall, der beim Rundschälen entsteht, wird heute meist hinter den Schälmaschinen sofort in eine Abfallrinne, in der sich ein Förderband befindet, geleitet und gelangt in einen Zerhacker, von dem die Späne dann entweder in das Kesselhaus oder zu einer Späneverarbeitung gebracht werden.

Der Abtransport der Abfallspäne und Furnierlappen hinter der Schälmaschine durch ein automatisches Förderband bietet außerordentliche Vorteile. Die Anhäufung dieser Furniere hinter der Schälmaschine führt dazu, daß diese angehalten werden muß, wodurch die Arbeitsleistung beträchtlich gestört wird. Der Stillstand beträgt manchmal Minuten, wenn zwei Arbeitskräfte damit beschäftigt sind, die Furnierabfälle auf einen Wagen zu laden und wegzuschaffen. Außerdem sind die Bedienungsleute der Schälmaschine laufend behindert, wenn sie ihre normale Arbeit durchführen wollen.

Bild 6.48 zeigt schematisch, wie sich die Furniere bei einem normalen Stamm ergeben. Der äußere Ring ist das Abfallfurnier, der zweite Ring stellt die Anschäler dar, die schon in größeren Stücken und mit gleichmäßiger Dicke entstehen. Sie müssen zu Scheren gebracht werden, bei denen die ungleichmäßigen Kanten abgeschnitten werden, so daß parallel besäumte Furnierstücke erhalten werden. Der Hauptteil ist das endlose Furnierband, das aus dem besten Holz geschält wird. Zum Schluß bleibt eine Restrolle übrig, die dem Durchmesser der Mitnehmer oder Klauen entspricht, mit denen der Stamm in die Schälmaschine eingespannt war. Die *Größe* dieser *Mitnehmer oder Klauen* hängt sehr stark von der Kernbeschaffenheit des Stammes ab. Ist das Holz weich und krank, dann wird man viel größere Mitnehmer verwenden müssen als bei gesundem Kernholz. Der

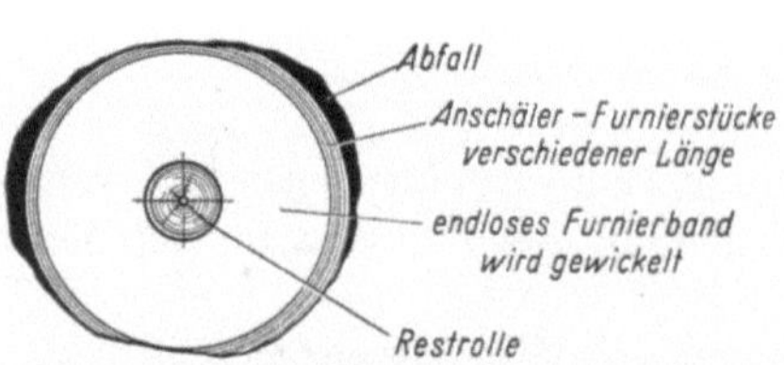

Bild 6.48. Schematische Darstellung der Gesamtausbeute (Abfall, Anschäler, endloses Furnierband, Restrolle) beim normalen Rundschälen.

Wunsch jedes Schälers ist es, mit einem Mitnehmer-Durchmesser auszukommen, der dem Stammspindel-Durchmesser entspricht. Damit würde man die Stämme am weitesten in einem Arbeitsgang herunterschälen können.

In neuerer Zeit wurden deshalb die Schälmaschinen mit Doppelmitnehmern ausgerüstet, bei denen der äußere Mitnehmerkranz automatisch zurückgezogen wird, wenn sich der Support mit dem Schälmesser diesem Mitnehmerkranz nähert. Es verbleibt die eigentliche Stammspindel mit ihrem Mitnehmer im Holz, und man kann dann auf einen wesentlich kleineren Stammdurchmesser herunterschälen. Für Stämme mit 600 bis 800 mm Durchmesser hat der äußere Mitnehmerkranz z. B. 150 mm Durchmesser und der innere Kern der Stammspindel 75 mm Durchmesser, d. h. man kann in einem Arbeitsgang Stämme von 600 mm Durchmesser auf etwa 90 mm Durchmesser herunterschälen, sofern der Kern gesund ist. Bei größeren Schälmaschinen, für etwa 1500 mm Durchmesser, muß der äußere Mitnehmerkranz dann in den meisten Fällen 300 mm Durchmesser haben und der Durchmesser der Stammspindel kann zwischen 100 und 120 mm liegen. Man ist dann in der Lage, in einem Arbeitsgang von 1500 mm Durchmesser auf etwa 130 mm Restrollen-Durchmesser herunterzuschälen. Die Schälmaschinen mit rückziehbaren Mitnehmerkränzen werden in der Regel mit hydraulischer Ein- und Ausspannung des Stammes ausgerüstet, weil dann die verschiedenen Bewegungen der Stammspindeln und ihrer Hülsen am leichtesten durchzuführen sind.

Beim Rundschälen kommen häufig auch Blöcke vor, die sehr starke Risse im Kern oder vom Umfang aus haben (Bild 6.49). Diese Risse gehen vorwiegend auf die Stammitte zu. Derartige Blöcke enthalten nur eine kleine Ringzone, die ein wickelfähiges Furnier hinter der Schälmaschine liefert. Die anderen Furnierabschnitte sind meist rissig oder einzelne Stücke und können nicht auf eine Wickelhaspel aufgewikkelt werden. Für diesen Fall ist eine vernünftige Anschäler-Förderanlage, d. h. ein Fördertisch oder eine entsprechende Rollenbahn wünschenswert, mit der die Furnierabschnitte schnell und ohne Handarbeit bis zu den Furnierscheren

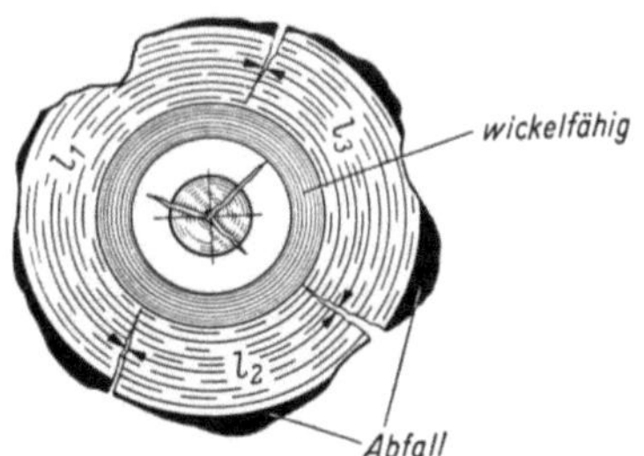

Bild 6.49. Schema des Rundschälens eines stark rissigen Blockes.
l_1, l_2, l_3 verschiedene Längen der durch die Risse bedingten Furnierabschnitte.

gebracht werden. Die Ausführung solcher Anlagen muß sehr sorgfältig überlegt werden, da sich bei einem Stammumfang häufig mehrere verschieden lange Furnierstücke ergeben, die schlecht übereinandergelegt werden können. Es dürfte deshalb immer zweckmäßig sein, diese Furnierstücke über einen langen Tisch der Furnierschere schnellstens zuzuführen. Natürlich ist es auch möglich, hinter der Schälmaschine eine Sortierung in lange und kurze Anschäler durchzuführen, diese paketweise zu stapeln und zu den entsprechenden Scheren zu bringen. Für das *Schälen von Restrollen* gibt es besondere, kleine Schälmaschinen mit dünnen Stammspindeln, bei denen der Stamm auf eine ganz kleine Restrolle, in vielen Fällen bis auf 45 bis 50 mm, heruntergeschält werden kann. Solche Einrichtungen sind

Bild 6.50. Zentrier- und Beschickungsvorrichtung an einer kleinen Rundschälmaschine. Bauart RFR.

natürlich nur dann zweckmäßig, wenn das Kernholz gesund ist. Für das Beschicken der kleinen Schälmaschinen mit Restrollen gibt es eine Zentrier- und Beschickungs-Einrichtung, die in Bild 6.50 wiedergegeben ist. Man sieht auch eine über der Schälmaschine angebrachte Andrückvorrichtung, die das Durchbiegen der dünnen Restrollen am Ende des Schälens verhindern soll. Dadurch wird auch noch bis zum Schluß eine gleichmäßige Furnierdicke erzielt (vgl. auch Bilder 6.27 und 6.28).

6.42 Exzentrisches Schälen

6.421 Schälverfahren

Während beim normalen Rundschälen versucht wird, durch günstiges Einspannen (Zentrieren) des Stammes eine möglichst große Furniermenge aus dem Stamm zu erhalten, wird beim exzentrischen

Schälen im allgemeinen Wert darauf gelegt, außerdem durch entsprechendes Einspannen ein schönes Maserbild zu erhalten.

Es werden verschiedene Verfahren angewendet, von denen hier einige beschrieben werden sollen:

a) *Exzentrisches Schälen ganzer oder halber Stämme* (Bild 6.51 a). Der Stamm wird außerhalb seiner Mitte in die normalen Mitnehmer einer Schälmaschine eingespannt. Die Mitnehmer haben dann einen Durchmesser von 300 bis 400 mm. Bei dieser Art des Schälens ändert sich das Schnittbild laufend, da die Jahrringe unter ganz verschiedenen Winkeln geschnitten werden. Das entstehende Maserbild ist im allgemeinen nicht so ansprechend, daß das Furnier als Edelfurnier verwendet werden kann. Es werden deshalb in dieser Art eigentlich nur Absperrfurniere hergestellt. Viele Möbelfabrikanten ziehen gemesserte oder exzentrisch geschälte Absperrfurniere den rundgeschälten vor, weil sie wegen des flachen Schnittes anstelle

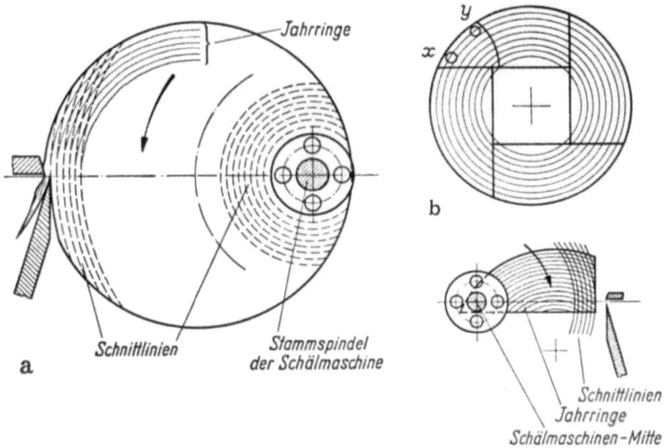

Bild 6.51 a u. b. Schema des exzentrischen Schälens.
a eines ganzen Stammes, b eines Stammabschnittes.

des zylindrischen besser zu verarbeiten sind. Da sie jedoch in unregelmäßigen Stücken und Breiten anfallen, ist ihre Verwendung bei der Großherstellung von Tischlerplatten kaum möglich. Auf jeden Fall sollte für das exzentrische Schälen eine Schälmaschine für großen Stammdurchmesser gewählt werden, um einen der Messermaschine ähnlichen, flachen Schnitt zu erzielen. Die Schnittlinie ist um so flacher, je größer der Durchmesser ist.

b) *Exzentrisches Schälen von Stammabschnitten mit normalen Mitnehmern* (Bild 6.51 b).

Um einen möglichst senkrechten Verlauf von Schnittlinien und Jahrringen zu erzielen, ist es zweckmäßig, den Stamm in entsprechende Teile aufzusägen. Hierfür werden Blockbandsägen, Horizontalgatter oder Kettensägen verwendet.

In Bild 6.51 b ist ein Beispiel für das Auftrennen des Stammes gezeigt. Einer der vier Abschnitte wird jeweils zunächst bei x an seiner Spitze eingespannt und später, wenn er fast aufgearbeitet ist, wird er gedreht und der Rest bei y noch einmal festgespannt. Dadurch wird eine gute Ausnutzung des Holzes gewährleistet. Bild 6.52 zeigt einen Makoréabschnitt in einer für exzentrisches Schälen besonders

eingerichteten Einheits-Schälmaschine. Ein weiterer Block ist schon zum Einspannen vorbereitet. In der Schälmaschine ist der schwere Unterstützungsbock für die Verlängerung der Stammspindel zu erkennen, der beim Schälen kürzerer Stämme erforderlich ist. In Bild 6.53 ist links neben dem Unterstützungsbock die Sonderausführung für die Verbindung der Stammspindel mit der Verlängerung durch eine über die Vielkeilwelle hinüberragende Buchse gezeigt. Über der Schälmaschine sieht man die Längs-Ritzvorrichtung.

Bild 6.52. Ansicht einer Einheits-Rundschälmaschine beim exzentrischen Schälen von Makoré-Stammabschnitten.

Bild 6.53. Verwendung eines Unterstützungsbockes beim exzentrischen Schälen eines Makoré-Stammabschnittes.
Über der Schälmaschine sieht man die Längs-Ritzvorrichtung.

c) Exzentrisches Schälen mit Spannbalken (Stay-log).

In USA hat man zuerst versucht, den Schnitt der Messermaschine auf einer Schälmaschine nachzuahmen. Dafür hat man Spannbalken (stay-logs) entwickelt, die zwischen die Stammspindeln der Schälmaschine eingespannt werden. Auf diesen Spannbalken werden die auf Sägen zugeschnittenen Stammabschnitte aufgespannt. Die ursprüngliche Ausführung wird schematisch durch Bild 6.54 wiedergegeben. Das Festspannen geschah mit einer großen Anzahl von Schrauben in vorgebohrten Löchern. Später wurden von den Firmen Capital und Coe (USA) Spezialmaschinen für die Aufnahme von Spannbalken entwickelt, bei denen die Balken aus der Mitte heraus verstellt werden können, um einen größeren Durchmesser des Flugkreises (der Schnittlinie) zu erhalten.

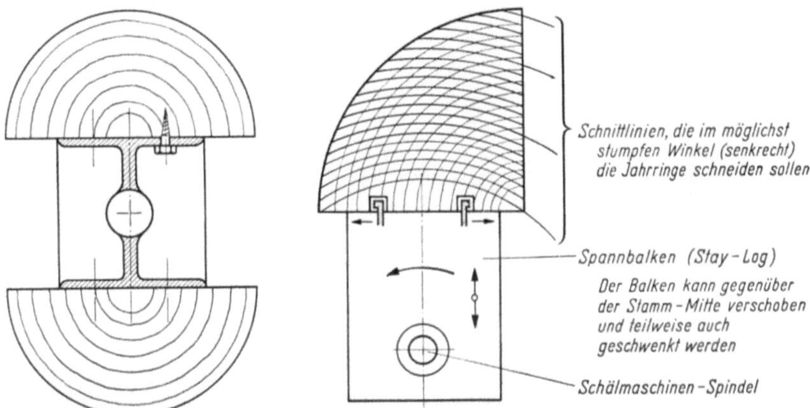

Bild 6.54. Ursprüngliche Ausführung des Spannbalkens beim Stay-log Schälen.

Bild 6.55. Neue Ausführung des Spannbalkens. Bauart RFR, zusammen mit Danzer & Wessel.

Eine neue Lösung ist dann in Deutschland von RFR zusammen mit einem großen Furnierwerk (Danzer & Wessel) entwickelt worden und im Prinzip in Bild 6.55 dargestellt. Bild 6.56 zeigt eine Ausführung des *Spannbalkens*. Die Stammspindeln werden in die an den Enden des Balkens befindlichen Vielnutbuchsen hineingefahren.

Das Festspannen des Klotzes erfolgt mit Klauen, die in zwei Nuten eingreifen. Die Nuten müssen vorher in den Stammabschnitt eingefräst werden, und die Klauen werden mit Preßluft festgespannt. Die Zuführung der Preßluft erfolgt durch eine der beiden Stammspindeln.

Um den Flugkreis vergrößern zu können, sind Längsschlitze in den Seitenteilen angebracht, so daß der eigentliche Spannbalken mit dem Klotz radial nach außen verstellt werden kann.

6.422 Sondereinrichtungen für das exzentrische Schälen

Die für das exzentrische Schälen vorgesehenen Schälmaschinen werden mit einer Reihe von Sondereinrichtungen ausgerüstet:

1. mit einer *Stammbremse*, die eine etwa gleichmäßige Umlaufgeschwindigkeit ermöglichen soll. Die Beanspruchung der Maschine wird dadurch in wichtigen Teilen herabgesetzt, obwohl der Leistungsbedarf etwas steigt.

2. Beim exzentrischen Schälen ohne Spannbalken ist eine *hydraulische Stammfestspannung* von besonderer Bedeutung. Die Gefahr, daß sich der Stamm durch

die schlagartige Beanspruchung bei jeder Umdrehung lockert, ist ausgeschlossen, da der Öldruck die Schneiden der Mitnehmer immer fest in den Stamm hineindrückt. Bei elektrischer Festspannung über Spindeln bleiben die Mitnehmer in ihrer Lage und es muß vom Bedienungsmann mit dem Motor oder der Bremse nachgespannt werden.

3. *Mitnehmer und Verlängerungsstücke für die Stammspindeln* werden verstärkt und die Verbindungen mit Überwurfbuchsen versehen, damit die schlagartigen Beanspruchungen diese wichtigen Teile nicht gefährden.

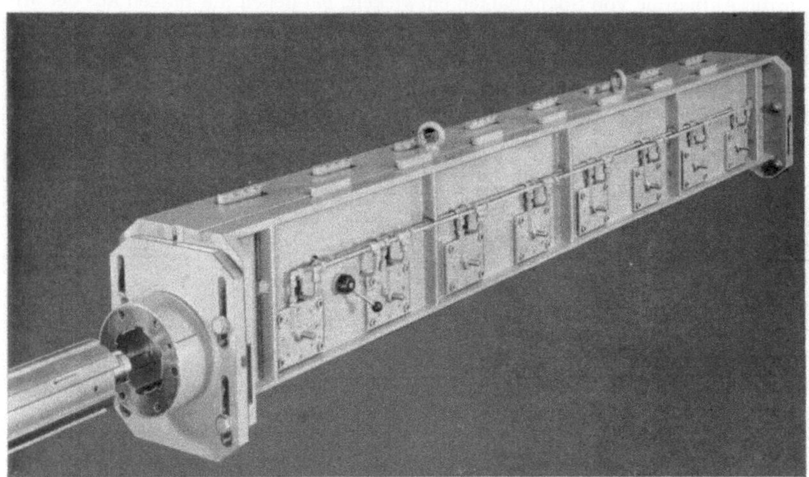

Bild 6.56. Ausführung eines Spannbalkens, ähnlich Bild 6.55.

4. Der *Antrieb der Schälmaschine* wird in seinem Regelbereich geändert. Im allgemeinen wird mit etwa 30 bis 60 Umdrehungen je Minute des Stammes geschält, je nach Holzart und Furnierdicke. Diese liegt bei 0,5 bis 3 mm. Auf entsprechend starken Maschinen sind in Deutschland auch schon 5,5 mm dicke Furniere aus Weichholz exzentrisch geschält worden.

Bei gutem Holz liegt die Leistung einer Schälmaschine höher als die einer Messermaschine, da die Furniere besser abgenommen werden können und die Blattzahl etwa 50 in der Minute beträgt. So finden wir heute in den meisten Furnierwerken neben den Messermaschinen auch eine oder mehrere große Schälmaschinen. Bei den steigenden Löhnen wird wahrscheinlich in Zukunft das exzentrische Schälen noch mehr Freunde gewinnen.

6.5 Technologie des Schälvorganges

6.51 Allgemeine Gesichtspunkte

Die Erfassung aller wichtigen technischen Größen beim Schälvorgang ist außerordentlich verwickelt und bisher weder in der Praxis noch durch wissenschaftliche Versuche möglich gewesen.

Eingehende Untersuchungen sind von H. O. FLEISCHER [*6.2, 6.3*] im Forest Products Laboratory, Madison (USA) ausgeführt worden. Versuche in Deutschland, die 1939 gemeinsam von der Sperrholz- und der

Maschinenindustrie begonnen wurden, konnten wegen des Krieges nicht zu Ende geführt werden. In der Literatur sind außerdem Arbeiten von A. ANDRESEN [6.1], C. SCHREVE [6.7] und anderen [6.5, 6.6, 6.8] zu finden, die sich mit Fragen des Schälens beschäftigen und die Grundlage für die vorliegende Betrachtung bilden.

Für das Schälen der Furniere gelten grundsätzlich die Ausführungen in Abschn. 5.4 über das Messern von Furnieren. Der Unterschied besteht nur darin, daß

a) beim *Messern* der Schnitt geradlinig erfolgt, derart, daß die Jahrringe rechtwinklig oder im spitzen Winkel durchschnitten werden,

b) beim *Rundschälen* durch *Drehen* des Stammes der *Schnitt in einer Spirale* — fast kreisförmig und parallel zu den Jahrringen — erfolgt.

In Bild 6.57 sind die wichtigsten Größen für die *Betrachtung des Schnittvorganges bei Rundschälmaschinen* angegeben. Diese sind

1. die Schäl- oder Schnittgeschwindigkeit (die der Umfangsgeschwindigkeit des Stammes entspricht),
2. die Form der Druckleiste,
3. die Einstellung der Druckleiste:
   a) Schälspaltweite,
   b) Lage zur Stammspindelmitte und zur Messerschneide,
   c) Durchdrücken der Leiste an einzelnen Stellen mit besonderer Holzstruktur,
4. der Keilwinkel des Messers, das Schleifen und Abziehen des Messers,
5. das Einstellen des Messers, und zwar
   a) die Lage zur Stammspindelmitte und zur Druckleiste,
   b) der Freiwinkel bzw. Grundschnittwinkel,
   c) die automatische Schnittwinkelverstellung.

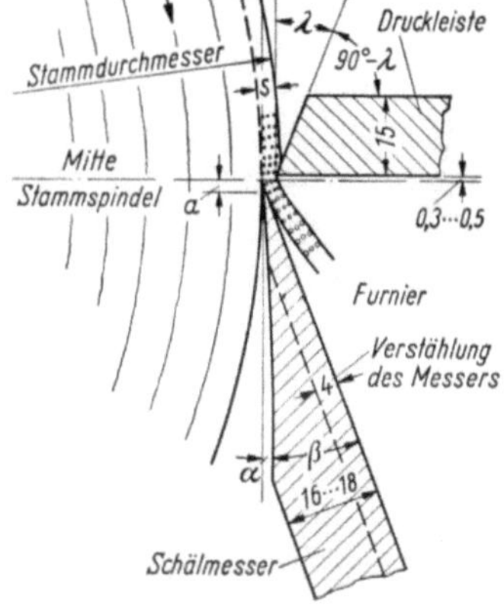

Bild 6.57. Wichtigste Größen beim Schnittvorgang in Rundschälmaschinen.

Bei Betrachtung der einzelnen Größen haben sich aus der Praxis und aus Versuchen wichtige Ergebnisse zusammentragen lassen, die im folgenden mitgeteilt werden.

6.52 Schäl- oder Schnittgeschwindigkeit

Bei Schälmaschinen, deren Antriebsmotor eine konstante Drehzahl hat, nimmt die Schnittgeschwindigkeit beim Schälen vom großen zum kleinen Durchmesser ab. Bei einem Stamm mit 1000 mm Ausgangsdurchmesser und einer konstanten Stammdrehzahl von 40 U/min fällt die Schälgeschwindigkeit von rd. 125 m/min ($v = d \cdot \pi \cdot n = 1{,}0 \cdot \pi \cdot 40 = 125{,}6$ m/min) auf 25 m/min bei 200 mm Restrollen-Durchmesser. Werden auf der gleichen Schälmaschine Stämme von 400 mm auf 80 mm Restrollen-Durchmesser geschält, so fällt die Schälgeschwindigkeit von nur etwa 50 m/min auf rd. 10 m/min ab. Bei den meisten Holzarten zeigt sich, daß die Furniere schon bei einer Schälgeschwindigkeit von 30 m/min und darunter rauh, ungleichmäßig dick und so für ein gutes Enderzeugnis unbrauchbar werden. Die Maschine zeigt dem Bedienungsmann dieses Ergebnis durch starkes Brummen an. Das Messer wird bei dieser langsamen Arbeitsweise offensichtlich an den weichen Stellen in den Stamm hineingezogen und von den harten Stellen wieder herausgedrückt, auch wenn die sonstigen Vorbedingungen (richtige Messer- und Druckleisteneinstellung), die später behandelt werden, erfüllt sind. Man hat daher seit langem versucht, die Antriebe der Schälmaschinen so einzurichten, daß sie bei abnehmendem Stammdurchmesser eine größere Stammdrehzahl ermöglichen. Das trägt auch erheblich zur Leistungssteigerung bei. Benötigt man an reiner Schälzeit bei einer Schälgeschwindigkeit von etwa 50 m/min etwa 15 min, so wird diese bei 150 m/min auf 5 min herabgesetzt. Werden 20 Stämme in der Schicht geschält, so werden also 20 × 10 min = 200 min eingespart.

Infolgedessen sind seit langer Zeit verschiedene Wege beschritten worden, um die *Drehzahl des Stammes beim Schälen zu steigern* und die Schälgeschwindigkeit vom Anfang bis zum Ende des Schälens konstant zu halten. Neuerdings soll die konstante Geschwindigkeit auch noch der Holzart und Qualität des Stammes angepaßt werden, das heißt: der Schäler soll nach seiner Wahl z. B. mit 80 bis 120 oder 150 m/min arbeiten können. Die konstruktiven Gesichtspunkte, die sich für den Antrieb der Schälmaschinen hieraus ergeben, sind in Abschn. 6.34 ausführlich behandelt.

Die *angewendete Schälgeschwindigkeit* hängt heute mehr von der Holzart und Holzqualität als von der Maschinenkonstruktion ab. Sie liegt bei modernen Maschinen bei 120 bis 200 m/min. Auf jeden Fall sollten Geschwindigkeiten unter $v = 30$ m/min aus den erwähnten Gründen vermieden werden. Kann man gutes und geeignetes Holz z. B. mit 150 m/min und schlechteres mit 80 m/min schälen, so wird man neben einer guten Furnierqualität auch die bestmögliche Leistung erzielen.

Für das exzentrische Schälen und das Schälen mit der Längs-Ritzvorrichtung (Birke, Ahorn) wird mit Rücksicht auf das Abnehmen der Furnierblätter von Hand wesentlich langsamer geschält, meist mit Drehzahlen zwischen 40 und 60 U/min. Abnahmevorrichtungen für diese Furniere, die ein schnelleres, aber auch betriebssicheres Arbeiten gestatten, befinden sich in der Entwicklung.

6.53 Form der Druckleiste

Die Druckleiste hat die Aufgabe, die Messerschneide zu führen und das Holz vor der Messerschneide so weit zusammenzudrücken, daß ein Spalten infolge der Keilwirkung des Messers verhindert wird. Dabei soll die Struktur des Holzes möglichst geschont werden, so daß sich das Furnier nach dem Schälen auf die Dicke ausdehnt, die der Dicke des abgeschälten Holzmantels entspricht. Das setzt voraus, daß sich das Holz in *schälfähigem* Zustand befindet. Es soll frisch, naß, gedämpft oder gekocht sein, eine bestimmte Temperatur haben und damit *genügend elastisch* sein (vgl. Abschn. 4.3). Beim Schälen wird das Furnier aus seiner Ringlage im Stamm in der entgegengesetzten Richtung gekrümmt. Würde man ohne Druckleiste arbeiten, so würde die Messerseite, die bei diesem Vorgang gestreckt wird, aufreißen. Schält man mit richtig eingestellter Druckleiste, so bleibt die Messerseite des Furniers geschlossen (Bild 6.58 a).

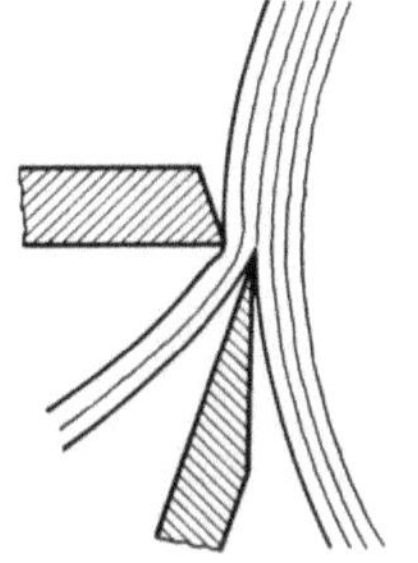

Wenn die richtigen Voraussetzungen für das Schälen geeigneten Holzes vorliegen, so sollen und können sowohl Druckleisten-, als auch Messer-Seite des Furniers riß- und bruchfrei ausfallen. Bei Furnieren mit über etwa 6 mm Dicke wird das einwandfreie Schälen schwieriger. Es sind aber schon Furniere bis zu 10 und sogar 12 mm Dicke in brauchbarer Qualität hergestellt worden. Das Trocknen dieser Furniere ist jedoch nicht einfach, da sie sich leicht verziehen und krumm und wellig werden.

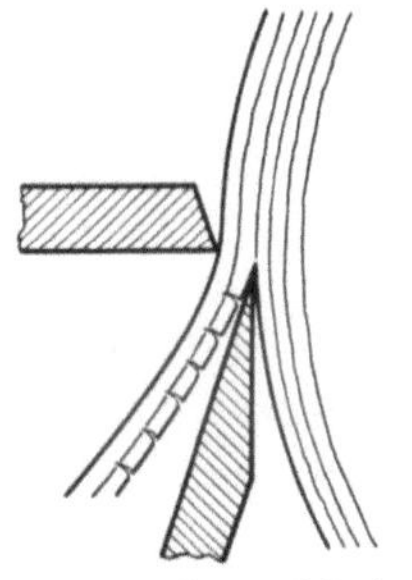

Bild 6.58 a u. b. Richtige und falsche Druckleistenlage.

In den Bildern 6.59 und 6.60 sind die Lage von Stamm, Mitte der Stammspindel, Druckleiste und Messer gezeigt. Es läßt sich leicht erkennen, daß drei Faktoren, die von der Druckleiste bestimmt sind, die Qualität des Furniers erheblich beeinflussen müssen:

1. Der Keilwinkel der Druckleiste (90° — λ).
Je spitzer dieser Winkel ist, um so schärfer wird das Holz aus seiner gewachsenen Lage im Stamm herausgedrängt und dabei aufgerissen. Bei weichem Holz muß der Keilwinkel (90° — λ) daher im allgemeinen größer sein als bei hartem. Die in der Praxis ermittelten Werte liegen zwischen 60° und 80°.

2. Die Abrundung der Druckleistenkante b (Bild 6.59).
Je dünner das Furnier ist, desto schärfer kann diese Kante sein. Bei

dünnen Furnieren von etwa 0,5 bis 1,0 mm wird die Schärfe der Kante, die vom Schleifen herrührt, nur mit dem Abziehstein fortgenommen. Bei dickeren Furnieren soll die Kante mehr abgerundet sein. Die Einstellung von Messer und Druckleiste muß aber dann derart erfolgen, daß die Druckresultierende R durch die Messerschneide geht (Bild 6.60).

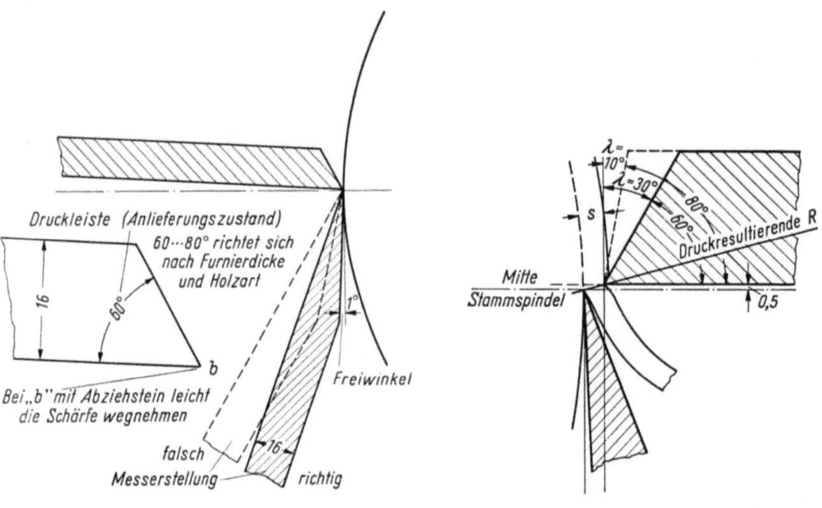

Bild 6.59. Schematische Darstellung der Lage vom Stamm, Druckleiste und Messer beim Rundschälen.

Bild 6.60. Winkel an der vorderen Druckleistenkante.

Da es mit Rücksicht auf das gute Funktionieren der automatischen Schnittwinkelverstellung zweckmäßig ist, die Messerschneide auf der Höhe der Stammspindelmitte waagerecht zu bewegen, muß die Druckleistenunterkante 0,3 bis 0,5 mm über der Mitte der Stammspindel bzw. der Messerschneide angeordnet werden. Bei dicken Furnieren wird der Abstand zwischen der Messerschneide und der Druckleistenkante größer und durch das stärkere Abrunden der Druckleistenkante rückt dann auch die Druckresultierende um einen kleinen Betrag höher, der genügt, um wieder die richtigen Schnittbedingungen herzustellen. Da ein genaues Messen an der Schnittstelle, auch wegen der Abnutzung der Werkzeuge, nicht gut möglich ist, muß die beste Einstellung durch *laufende Kontrolle des Schälergebnisses* ermittelt werden.

In Betrieben, in denen häufig kurze und lange Stämme sowie dicke und dünne Furniere auf einer Schälmaschine hintereinander geschält werden, ohne daß die Werkzeuge entsprechend neu zugeschliffen und eingestellt werden, muß man sich mit mittelmäßigen Ergebnissen abfinden. Keinesfalls sollte man aber eine Druckleiste, die beim Schälen kurzer Stämme einseitig abgenutzt ist, auch hinterher für längere

Stämme verwenden. Furnierdicke und Schälqualität müßten, auf die Länge des Furniers gesehen, ungleichmäßig ausfallen.

Vom Verfasser ist in den Betrieben oft beobachtet worden, daß die eine Hälfte der Druckleisten stark abgenutzt war, weil sehr viel kürzere Stämme immer auf der gleichen Maschinenseite geschält worden sind, während die andere Hälfte noch das ursprüngliche, scharfe Profil hatte. In Bild 6.61 kann man den Absatz, der durch die einseitige Abnutzung entsteht, erkennen.

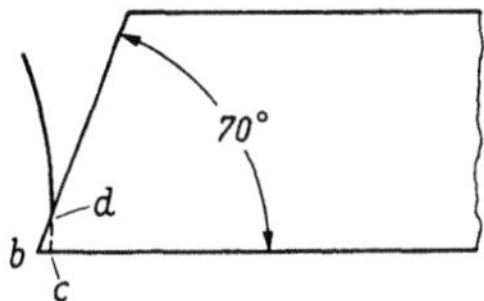

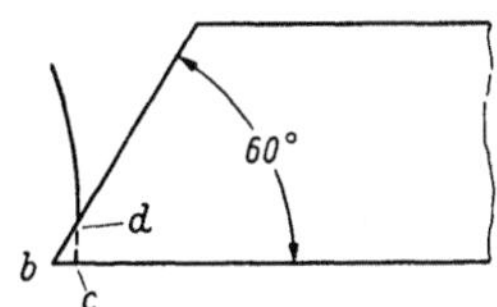

Bild 6.61.
Schematische Darstellung der Abnutzung von Druckleisten.
b Druckleistenkante, *c* und *d* einseitig und verschieden stark ausgebildete Abnutzung der Druckleistenkante.

Wird dann der Spalt zwischen Messer und Druckleiste wegen der Abnutzung verengt, so läuft das Holz mit der Oberfläche über die Kante *d* und wird dort aufgerissen. Auf jeden Fall müssen eine Fase

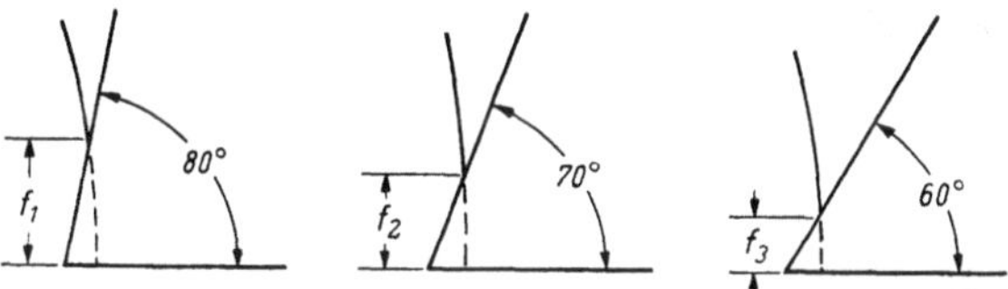

Bild 6.62. Schematische Darstellung der Berührungsflächen (f_1, f_2, f_3) des Holzes mit der Druckleiste bei verschiedenen Keilwinkeln.

oder Kante an der Druckleisten-Anlauffläche für das Holz vermieden werden, da sie die Holzfasern unnötig verformen und unter Umständen auch aufreißen.

Dem Schleifen der Druckleiste ist daher die gleiche Aufmerksamkeit zuzuwenden, wie dem des Messers. — In Bild 6.62 ist gezeigt, wie sich die Berührungsfläche des Holzes mit der Druckleiste bei verschiedenen

Bild 6.63. Schematische Darstellung der Abrundung der Druckleistenkante *b*.

Keilwinkeln, z. B. 80°, 70° und 60°, ändert. Bei hartem Holz und dickeren Furnieren ist der Winkel von 80° ungünstig, weil die Fläche f_1 sehr groß ist und durch die Reibung des Holzes an der Druckleiste ein größerer Leistungsbedarf entsteht als bei kleinerem Winkel.

Es muß also jeweils herausgefunden werden, welcher Winkel am günstigsten ist.

Im Zusammenhang damit ist die richtige Abrundung der Druckleistenkante *b* zu bestimmen (Bild 6.63). Nach Möglichkeit sollte jeder Betrieb versuchen, die Holzart, Schällänge und Furnierdicke auf einer Schälmaschine so wenig wie möglich zu wechseln, da dann größte Leistung und beste Qualität am einfachsten zu erreichen sind. Verwendet man dann noch eine Druckleiste großer Härte, also mit langer Standzeit, so wird auch die beste Wirtschaftlichkeit sichergestellt. Dieses Verfahren führt dann zu einer Spezialisierung auf wenige Holzarten, möglichst ein oder wenige Pressenformate, und die Verwendung einer Schälmaschine mit größerer Arbeitsbreite für die dünnen Außenfurniere und einer anderen kleineren Arbeitsbreite für die dickeren Mittelfurniere.

Im Westen der Vereinigten Staaten von Nordamerika werden für das Schälen von Weichholz (Oregon pine usw.) häufig angetriebene, zylindrische Druckleisten verwendet. Sie lassen beim Schälen anderer Holzarten jedoch nicht zu, den Spalt zum Messer derart genau einzustellen, daß eine genügend gute Furnierqualität erreicht wird. Deshalb haben auch die übrigen Werke in USA feste Druckleisten, wie sie in Europa und der übrigen Welt üblich sind.

6.54 Einstellung der Druckleiste

Im Gegensatz zu einigen amerikanischen Maschinen sind die sonstigen Schälmaschinen mit einer Druckleiste ausgerüstet, die in ihrer Höhenlage zur Stammspindelmitte nicht willkürlich verstellt werden kann. Die untere Druckleistenkante, die etwa 0,3 bis 0,5 mm über der Stammspindelmitte liegt, bildet daher die Bezugslinie für die Einstellung der Werkzeuge. Die Vereinigten Furnier- und Sperrholzmaschinen-Fabriken haben an diesem Prinzip immer festgehalten, da sich in der Praxis gezeigt hat, daß das Bedienungspersonal häufig nicht in der Lage ist, eine einmal falsch eingestellte Maschine wieder richtig einzurichten.

Der waagerechte Abstand zwischen Druckleistenkante *b* und Messerschneide ist ausschließlich von der Holzart und ihrer Elastizität beim Schälen abhängig. Hoher Druck gibt häufig die bessere Furnierqualität. Bei dickeren Furnieren ist die Spaltverengung jedoch verhältnismäßig kleiner als bei dünnen. Da der Leistungsbedarf mit höherem Druck ansteigt, muß die wirtschaftliche Grenze beachtet werden.

Bei sehr hohem Druck wird auch das Holzgefüge nachteilig beeinflußt und die Furnierdicke ist kleiner als es dem Vorschub des Werkzeugschlittens entspricht; es ist also eine gewisse Verdichtung eingetreten. Die Spaltweite dürfte bei den heute bekannten, schälfähigen Hölzern zwischen 65 und 90% der Furnierdicke liegen. Die Schälspaltweite kann an einzelnen Stellen — gegenüber der Einstellung durch Verfahren des gesamten Druckbalkens — durch einzelne Druck- und Zugschrauben, entsprechend der Struktur des Holzes, geändert werden. Das ist besonders wichtig für Edelfurniere und Maserfurniere mit unterschiedlichem Wuchs.

6.55 Keilwinkel des Messers

Grundsätzlich ist es wünschenswert, einen möglichst stumpfen Keilwinkel des Messers zu verwenden. Dadurch ist größere Stabilität der Schneide gegen Verbiegen durch wechselnde Härte des Holzes gegeben. Die Standzeit des Messers ist größer, aber auch die Keilwirkung, die das Holz zu spalten, also zu zerreißen sucht, ist größer. So werden stumpfe Winkel (etwa 20° bis 23°) nur bei Weichhölzern mit dichten Jahrringen und harten, eingewachsenen Ästen verwendet.

Härtere Hölzer, die ein gleichmäßigeres Gefüge aufweisen, und weichere Hölzer ohne ausgesprochene Dichtekontraste in den Jahrringen, werden mit Messern mit kleinerem Keilwinkel (etwa 16° bis 20°) geschält. Die Messer werden an ihrer Fase nachgeschliffen. Das früher vielfach übliche Hohlschleifen der Messerfase ist nicht vorteilhaft, da die Schneide nicht stabil genug ist. Sie verbiegt sich zu leicht. Die Fase soll deshalb gerade geschliffen sein. Da das Messer nach dem Schleifen auf der Messerschleifmaschine mit dem Abziehstein abgezogen werden muß, um den Schleifgrat zu entfernen, führt man allerdings doch einen ganz schwachen Hohlschliff durch. Der Abziehstein kann dann leichter an der Messerfase A und der Schleifkante B (Bild 6.64) geführt werden, und der gewünschte Keilwinkel β des Messers wird nicht durch sonst sehr leicht vorkommendes, unbeabsichtigtes Kippen des Steines geändert. Da dieses Kippen nicht gleichmäßig über die gesamte Länge des Messers erfolgt, ergeben sich unterschiedliche Schneidbedingungen und ungleichmäßige Furniere. Auch beim Abziehen des Messers am Rücken muß jedes Kippen des Abziehsteines sorgfältig vermieden werden. Der Stein muß mit der ganzen Fläche am Messerrücken anliegen.

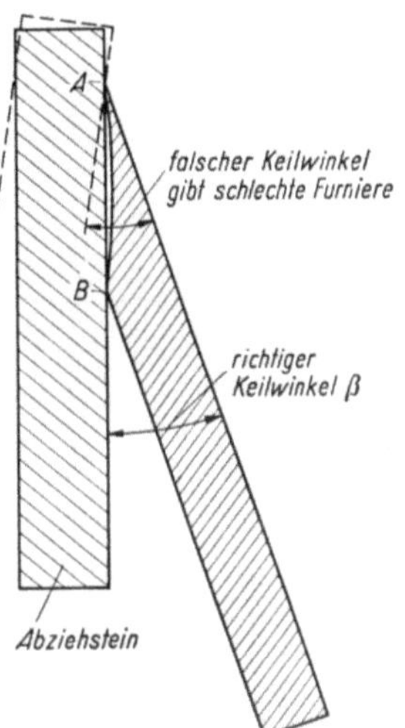

Bild 6.64. Führung des Abziehsteines am Messer.
A und B Berührungspunkte des Schleifsteines an der Messerfreifläche.

6.56 Einstellen des Messers

Wie schon erwähnt, ist es erforderlich, für das Einstellen der Schälmaschine, also auch des Schälmessers, von einer Grundeinstellung auszugehen. Dafür sind folgende Richtlinien zu empfehlen (soweit es sich um RFR Schälmaschinen handelt):

a) Die Druckleiste wird in ihre vordere Stellung gebracht, so daß die Spaltweite gleich 0 ist.

11*

b) Je nach der Konstruktion der Maschine liegt dann die Ebene durch die Stammspindelmitte z. B. 0,3 bis 0,5 mm tiefer. — Die Messerschneide wird mit Hilfe eines 0,3 bis 0,5 mm dicken Blechplättchens ausgerichtet. Man schiebt dieses Plättchen zwischen Druckleistenunterkante und Messerschneide. Steht es waagerecht, so hat die Messerschneide die richtige Höhe. Diese Kontrolle muß über die ganze Länge des Messers ausgeführt werden.

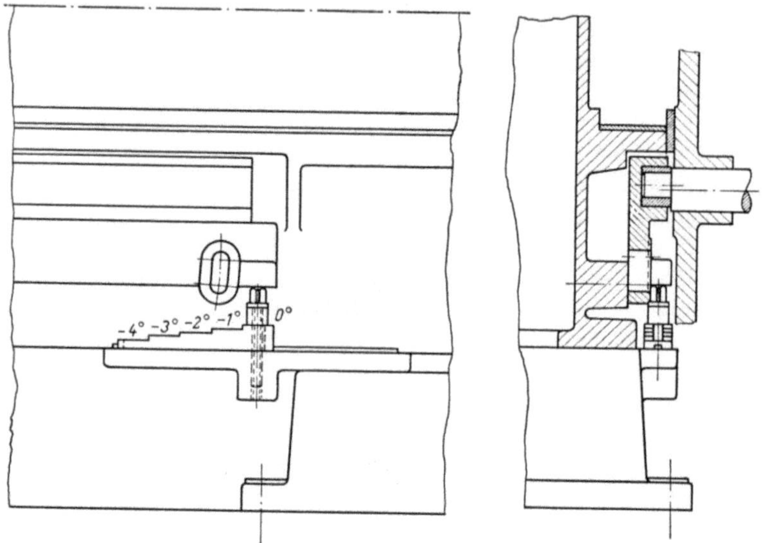

Bild 6.65. Vorrichtung für die stufenweise, automatische Schnittwinkelverstellung.

c) Der Keilwinkel des von der Messerschleifmaschine kommenden Messers muß geprüft werden. Es kommt häufig vor, daß er nicht mit dem gewünschten bzw. dem für die entsprechende Schälmaschine erforderlichen Keilwinkel übereinstimmt.

d) Mit der Grund-Schnittwinkeleinstellung wird der für den größten zu schälenden Stammdurchmesser erforderliche Freiwinkel eingestellt (etwa 1° bis 3°).

e) Die Lineale für die automatische Schnittwinkelverstellung während des Schälens werden auf beiden Seiten auf „0" gestellt. Bei einer Schälmaschine mit 800 mm größtem Stammdurchmesser ist die automatische Schnittwinkelverstellung stufenweise von 0° bis 4° einstellbar (Bild 6.65). Es muß nun untersucht werden, wie groß die automatische Verstellung vom größten bis zum kleinsten Stammdurchmesser sein muß, um eine gleichbleibende Furnierqualität zu erhalten. Eine Kontrolle kann auch dadurch ausgeübt werden, daß man die Breite des blanken

Streifens an der Messerfase mißt. Durch die Reibung des Stammes am Messer entsteht dieser Streifen, der je nach Holzart 2 bis 4 mm breit sein soll. Je breiter er ist, desto mehr Reibung entsteht und desto größer ist der Leistungsbedarf der Schälmaschine. Der Streifen soll beim Schälen gleich breit sein. Ist die Maschine gut eingestellt, so merkt man das nicht nur an der guten Furnierqualität, sondern auch an dem leicht zischenden Geräusch beim Schälen, das dem Fachmann gut vertraut ist.

Wenn ein brummendes Geräusch entsteht, dann ist die Maschine nicht richtig eingestellt, das Furnier ist schlecht und der Leistungsbedarf zu hoch. Tritt das Brummen erst an der Restrolle ein, so muß geprüft werden, ob die automatische Schnittwinkelverstellung ausreicht oder zu hoch ist, oder aber, ob die Schnittgeschwindigkeit nicht mehr ausreicht, z. B. unter etwa 30 m/min liegt (vgl. Abschn. 6.42).

Für die Auswahl der Werkzeuge ist zu beachten:

harte Messer, mit kleinem Keilwinkel, können für geradfaseriges, fehlerfreies Holz ohne harte Äste, gewählt werden;

zähe, nicht zu harte Messer, mit größerem Keilwinkel, werden für Hölzer mit harten, eingewachsenen Ästen bevorzugt, weil sie nicht so leicht an der Schneide ausbrechen.

Druckleisten aus hartem Material, mit langer Standzeit, müssen seltener ausgewechselt werden und haben den noch wesentlicheren Vorteil, daß die Schnittbedingungen länger konstant bleiben (sofern Holzart und Furnierdicke nicht gewechselt werden).

Druckleisten aus weicherem Material werden nur noch verwendet, wenn auf einer Schälmaschine die Schällängen, Holzarten und/oder Furnierdicken geändert werden. Dann wird häufig versucht, mit einer Feile oder einem Abziehstein der Druckleiste wieder die gewünschte Form und die gerade Kante zu geben. Dies ist mit freier Hand sicher nur annähernd möglich und setzt Übung und Handfertigkeit voraus.

Richtwerte für die Schnittwinkel (Freiwinkel α + Keilwinkel β) bei verschiedenen Holzarten enthält Tabelle 6.3 nach F. KOLLMANN.

Die in Deutschland üblichen Schälmaschinengrößen sind in DIN 8829 erfaßt. Die Entwicklung geht jedoch dahin, daß viele dieser Baumuster in Zukunft nicht mehr gebraucht werden. Die Normung

Tabelle 6.3. *Schnittwinkel* ($\delta = \alpha + \beta$) *beim Rundschälen verschiedener Holzarten*

Holzart	Schnittwinkel
Nußbaum	15° bis 17°
Eiche	17°
Birke	18° bis 20°
Buche	20° bis 21°
Okoumé	22°
Pappel	22° bis 23°
Fichte	20° bis 21° (mit $\alpha = -1$)

der Sperrplattenmaße, die aus wirtschaftlichen Gründen immer dringender wird, führt dann zu Schälmaschinen mit Schällängen von 1400, 1800 (2300), 2600 und 3300 mm. Die Stammdurchmesser ändern sich laufend entsprechend dem Rundholzanfall und sind etwa wie folgt abgestuft: 400, 800, 1000, 1300, 1600, 2000 mm.

7. Wickeln und Zerteilen der Schälfurniere

Von **Ernst Großhennig**, Hamburg

7.1 Allgemeines, Speicher zwischen Schälmaschine und Schere

Das Abnehmen der Furniere von der Schälmaschine hat von Anfang an Schwierigkeiten bereitet. Hinter den Schälmaschinen fallen beim Schälen (wie schon in Abschn. 6.1 dargelegt wurde) zunächst kleine, unregelmäßige Stücke an, die auch unterschiedliche Dicke über dem Querschnitt aufweisen. Sie sind Abfall, ebenso wie die durch die seitlichen Ritzmesser abgetrennten Bänder, die dadurch bedingt sind, daß es nicht gelingt, die Stammabschnitte genau parallel abzulängen. Das Furnier hinter der Schälmaschine soll aber ein bestimmtes Maß in der Faserrichtung haben, und beide Furnierkanten sollen parallel sein.

Die ersten, vom Rundschälen des Stammes herrührenden *Abfallstücke* sollten von einem Förderband einem Zerhacker zugeführt werden, der sie auf eine günstige Größe für die Feuerung im Kesselhaus zerkleinert. Ist dem Sperrholz- oder Furnierwerk ein Spanplattenwerk angeschlossen, so können diese Furniere in Zerspanern für die Spanplattenfertigung nutzbar gemacht werden. Die *Randstreifen*, die zweckmäßigerweise auch unmittelbar hinter der Schälmaschine zerkleinert werden sollten, sind für die Zerspanung bisher kaum geeignet gewesen und können nur im Kesselhaus verbrannt werden.

Über das Förderband für die Abfallstücke werden bei kleineren Schälmaschinen häufig auch die Restrollen automatisch abgeführt. Bei größeren Schälmaschinen werden die Restrollen vor der Maschine am besten auf ein unter Flur liegendes Transportband gegeben. In Finnland gibt der Bedienungsmann die verhältnismäßig leichten Birkenrestrollen mit der Hand in eine oberhalb der Stammzuführung liegende Rinne mit Förderketten. Diese führt entweder zu einer Säge (wo die Restrollen auf halbe Längen geschnitten werden) und dann zur Nachschälmaschine, oder zum Zerhacker. Vielfach werden die Restrollen auch an Zellstoff- und Papierfabriken usw. verkauft.

Sind die beim Anschälen der Stämme anfallenden Furnierstücke für eine wirtschaftliche Weiterverarbeitung groß genug, dann werden sie
a) auf Wagen gestapelt, oder
b) über lange Tische mit Förderbändern den Furnierscheren zugeführt.

Zu beachten ist, daß die *Anschäler* parallel und auch häufig noch senkrecht zur Faser derart zugeschnitten werden müssen, so daß rechteckige Stücke entstehen (Bild 7.1). Da die Anschäler meist mit größerer Furnierdicke geschält werden, um schnell zu einem zylindrischen Stamm zu kommen, werden sie als Mittellagen für Furnierplatten verwendet und müssen zusammengesetzt werden. Häufig werden sie nicht nur senkrecht zurFaser, sondern auch in Faserrichtung (Schäften) zusammengesetzt.

Ist der Stamm zylindrisch geschält, so kann der Schälvorgang mit größerer Geschwindigkeit als beim Anschälen (Verzögerung durch das Abnehmen der Furniere von Hand) durchgeführt werden. Nähere Angaben über die Schälgeschwindigkeiten finden sich in Abschnitt 6.34. Das Bestreben geht dahin, Anschälen und Rundschälen durch Verbesserung der Furnierabnahme wesentlich zu beschleunigen.

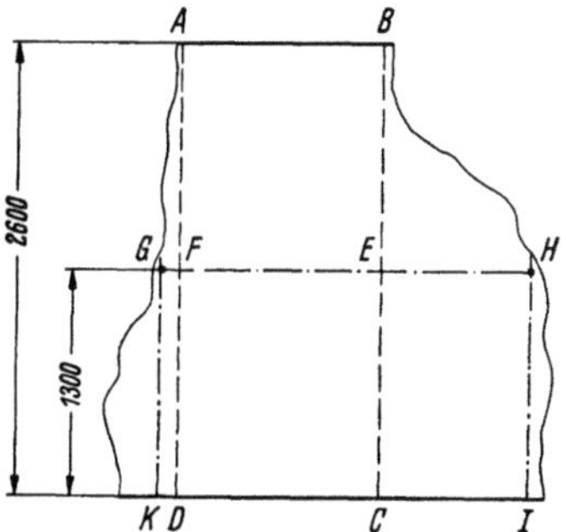

Bild 7.1. Schema des zweckmäßigen Ausschneidens eines Anschälers. Nutzbar ist entweder die Fläche $ABCD$ oder es sind die Flächen $ABEF$ und $GHIK$.

Ursprünglich wurden die Furniere einzeln, paketweise oder als Band den Scheren zugeführt. Es wurden dann verschiedene *Wickelverfahren* für die Furniere hinter der Schälmaschine, im Anfang handbetätigt, angewendet. Der Grund ist darin zu suchen, daß die *Arbeitsgeschwindigkeiten der Schälmaschine und der Schere stark voneinander abweichen.* Es mußte also ein Speicher zwischen Schälmaschine und Schere geschaffen werden, um bei beiden Maschinen, unabhängig voneinander, mit möglichst großer Geschwindigkeit arbeiten zu können.

7.2 Tray-System

In den Vereinigten Staaten von Nordamerika ging man beim Zerteilen der Furniere teilweise einen anderen Weg wie in Europa. Die Furniere werden dort auf lange Tische ausgezogen. Da ein Stamm aber häufig mehrere hundert Meter laufendes Furnierband enthält, und derartig lange Tische in einem Werk wirtschaftlich nicht verantwortet werden können, hat man Transporttische in mehreren Etagen übereinander angeordnet, die abwechselnd beschickt und entleert werden (Tray-System). Diese Anordnung wird in den Werken im Westen der USA für die Verarbeitung von Oregon pine bevorzugt, während die Werke im Osten der USA, die härtere Hölzer verarbeiten, das Aufwickeln vorziehen, da es raumsparend und billiger ist.

Eine Anlage der US Machinery Co. ist schematisch in Bild 7.2 dargestellt. Die Furniere werden über eine Schwinge in die Etagen des Furniermagazins geleitet. Während eine der Etagen von der Schälmaschine gefüllt wird, wird eine andere nach der Furnierschere hin entleert. Um einen reibungslosen Betrieb zu gewährleisten, muß das Magazin mindestens die Furniere eines Stammes aufnehmen können. Bei 1,60 m Stammdurchmesser und 1,5 mm Furnierdicke ergeben sich 1200 m Furnierlänge aus einem Stamm. Da sich Füllen und Leeren des Magazins überschneiden, versucht man mit kürzeren Magazinbahnen auszukommen. In der

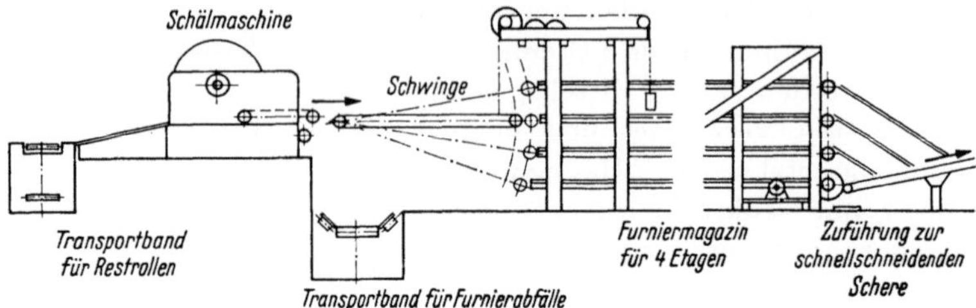

Bild 7.2. Schematische Darstellung der Eingabe- und Entleervorrichtung eines Tray-Systems. Bauart US Machinery Co.

Praxis sind die Magazine etwa 50 m lang. Die Bandgeschwindigkeit wird beim Füllen mit Hilfe von Gleichstrommotoren der Schälgeschwindigkeit angepaßt und kann bis etwa 150 m/min betragen. Beim Entleeren werden die Förderbänder von den Scherentischen angetrieben.

7.3 Furnierhaspeln

Ursprünglich geschah das Aufwickeln der Furniere von Hand. Als Wickelkerne wurden Restrollen, Rohre oder andere zylindrische Körper verwendet, die vom Bedienungsmann mit einer Handkurbel gedreht wurden. Die ersten Haspeln hatten sehr kleine Durchmesser, und es war deshalb schon bei niedrigen Schälgeschwindigkeiten schwierig, schnell genug zu drehen. Die Haspeldurchmesser wurden dann vergrößert und für den Antrieb Motore und Reibungskupplungen oder Differentialgetriebe mit Bremse verwendet. Immer aber war ein Bedienungsmann erforderlich, der die Bremse der Kupplung oder des Getriebes bedient.

Es sei noch ein anderes Verfahren erwähnt, bei dem die Furniere ohne Kern oder Haspel zwischen zwei Rollen aufgewickelt werden. Aber auch diese Arbeitsweise erfordert viel Handarbeit und ist nicht schnell genug.

7.4 Automatische Furnierauf- und Abwickelvorrichtungen

Nachdem es gelungen war, für das Aufwickeln der Furniere Motore zu verwenden, deren Drehzahl sich abhängig von der Spannung des Furnierbandes automatisch der Schälgeschwindigkeit anpaßt, haben die automatischen Wickelanlagen überall Eingang in die Furnier- und Sperrholzindustrie gefunden.

Die schematische Anordnung einer Anlage zum Verarbeiten von gewickelten Furnieren und Anschälern ist in Bild 7.3 gezeigt.

Zu Beginn des Schälens werden die *Anschäler auf* einem *Wagen* abgelegt. Der Aufwickelwagen ist während dieser Zeit seitlich heraus-

gefahren. Sobald das Anschälen beendet ist, wird der Anschälerwagen
zum Anschälertisch gefahren und die Brücke vom *Haspelmagazin*
zum *Aufwickelwagen* heruntergeklappt. Eine leere Haspel wird sodann
auf die Aufwickelvorrichtung gelegt und das Aufwickeln beginnt. Die

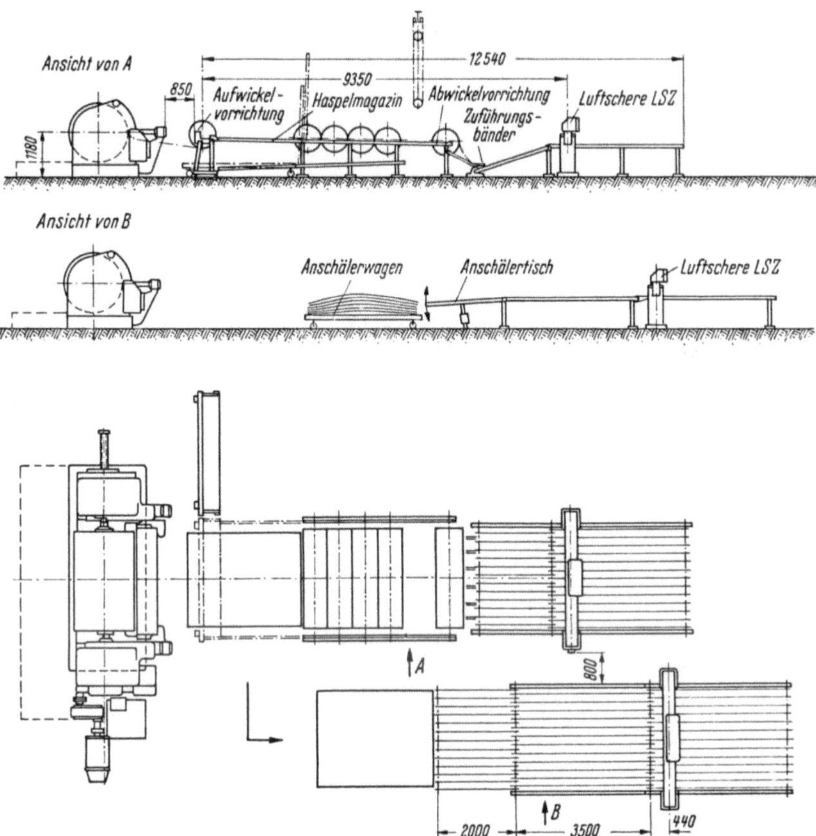

Bild 7.3. Schematische Ansicht einer Anlage zum automatischen Auf- und Abwickeln von Furnieren.

volle Haspel wird auf die obere Magazinbahn und später von dort in die
Abwickelvorrichtung geleitet. Die vollen Haspeln rollen auf der geneigten
Bahn bis zu einem Anschlag vor der Abwickelstation. Auf der unteren
Bahn rollen die leeren Haspeln wieder zurück bis an einen anderen An-
schlag vor der Brücke zum Aufwickelwagen.

In den Bildern 7.4, 7.5 und 7.6 sind verschiedene andere Ausführungen von Wickelanlagen und Anschälerstraßen gezeigt.

Die Abwickelvorrichtung vor der Schere wird über Schalter und Kupplung so gesteuert, daß die Haspel stillsteht, wenn die Schere langsamer

arbeitet als es der Abwickelgeschwindigkeit entspricht. Da das Furnierband zwischen Abwicklung und Schereneinzug durchhängt, ist genügend

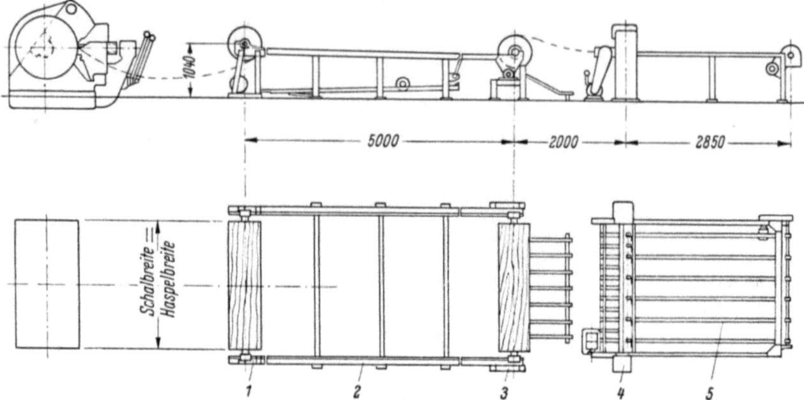

Bild 7.4. Schematische Darstellung einer vollständigen Auf- und Abwickelanlage mit Schere.
Bauart RFR.
1 Aufwickelvorrichtung, *2* Magazin für 4 volle Haspeln, *3* Abwickelvorrichtung,
4 Schere und Bandeinzug, *5* Ablauftisch.

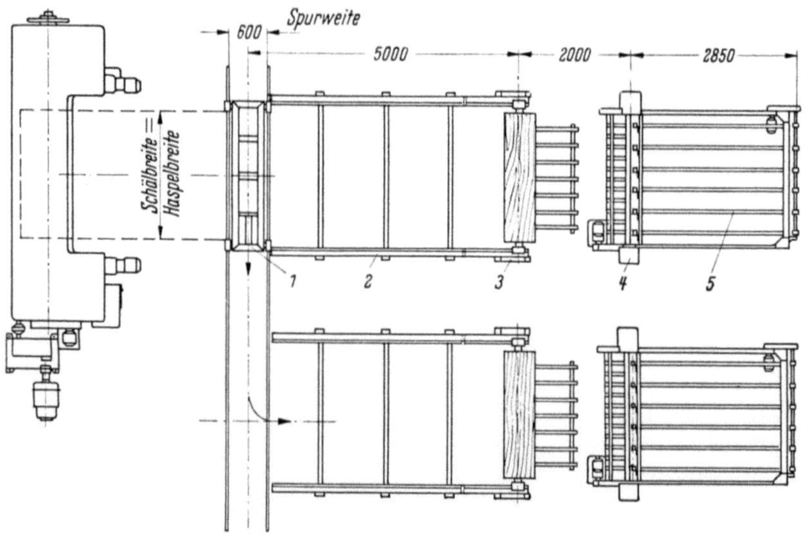

Bild 7.5. Schematische Darstellung einer Auf- und Abwickelanlage mit 2 Haspelmagazinen.
Bauart RFR.
1 Aufwickelwagen, *2* Magazin für 4 volle Haspeln, *3* Abwickelvorrichtung, *4* Schere mit Bandeinzug,
5 Ablauftisch.

Spielraum in der Anlage vorhanden, so daß zu häufiges Stillsetzen vermieden wird. Im übrigen kann die Abwickeldrehzahl an einem Regler
eingestellt werden.

In Bild 7.7 ist eine vollständige Furniertransport- und Zerteilungsanlage für nasse Furniere gezeigt, wie sie z. B. in einer RFR-Furnier-Schälstraße eingegliedert ist. Für die Fördermittel der Furniere gibt es zwei *Kreisläufe:*

a) für den Anschälertransport dienen als Unterlagen Paletten (alte Preßbleche oder Sperrholzplatten), die beladen auf einer Rollenbahn

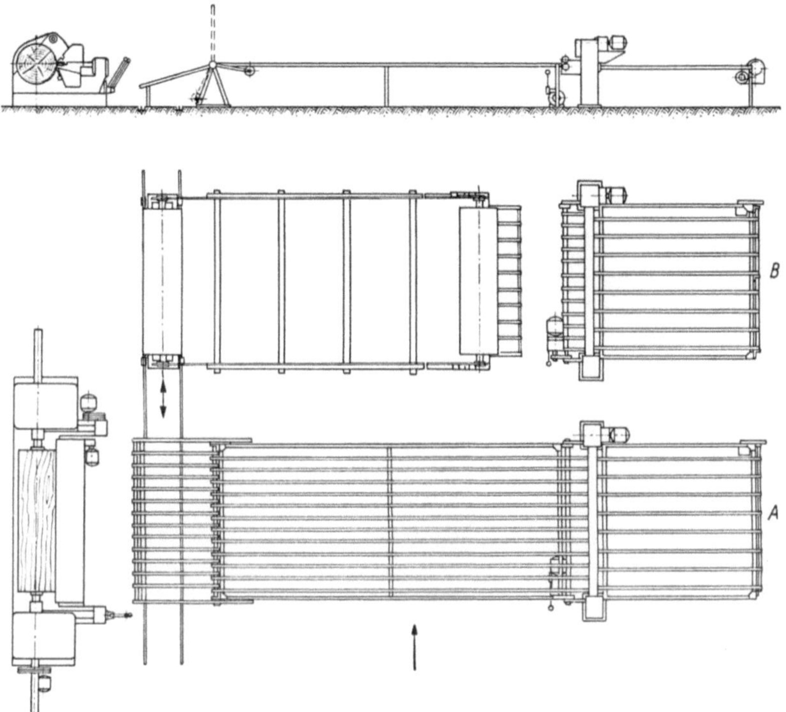

Bild 7.6. Schematische Darstellung einer Schälanlage mit Einheitsschälmaschine. Bändertisch mit Motorschere zum Schneiden von Anschälern sowie Auf- und Abwickelanlage mit einem Haspelmagazin, anschließender Druckluftschere und Ablauftisch. Bauart RFR.

von der Schälmaschine zur Schere geleitet werden. Auf einer darüber oder darunter angeordneten zweiten Rollenbahn, die durch die Hubtische leicht zu erreichen ist, werden die Paletten wieder zurückgeführt.

b) Die vollen Haspeln liegen auf einer oberen, zur Schere geneigten Bahn und rollen ohne Antrieb bis zu dem Anschlag vor der Abwickelstation. Eine darunter liegende, in entgegengesetzter Richtung geneigte Bahn führt die Haspeln zur Aufwickelstation zurück.

Die Anlage kann so ergänzt werden, daß auf beiden Scheren sowohl Anschäler als auch Wickel verarbeitet werden können. Der Anschäler-

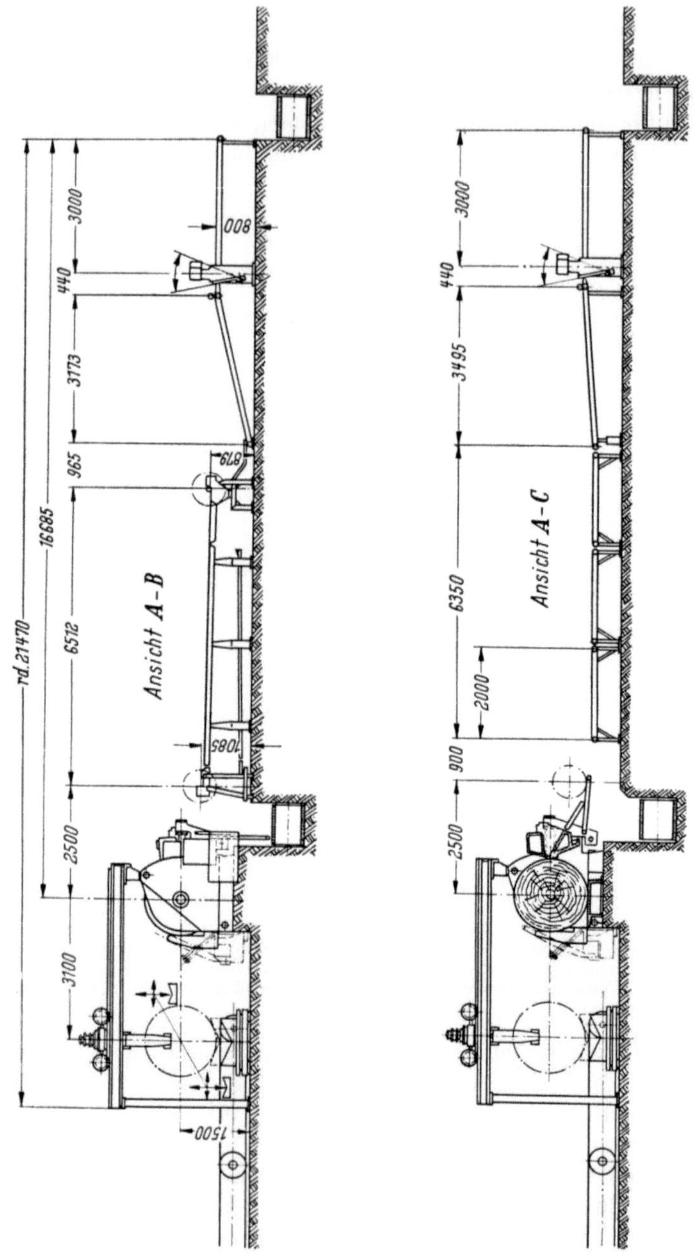
3000
800
440
3173
965
16685
rd. 21470
6512
Ansicht A - B
1085
2500
3100
1500
879
3000
440
3495
Ansicht A - C
6350
2000
900
2500

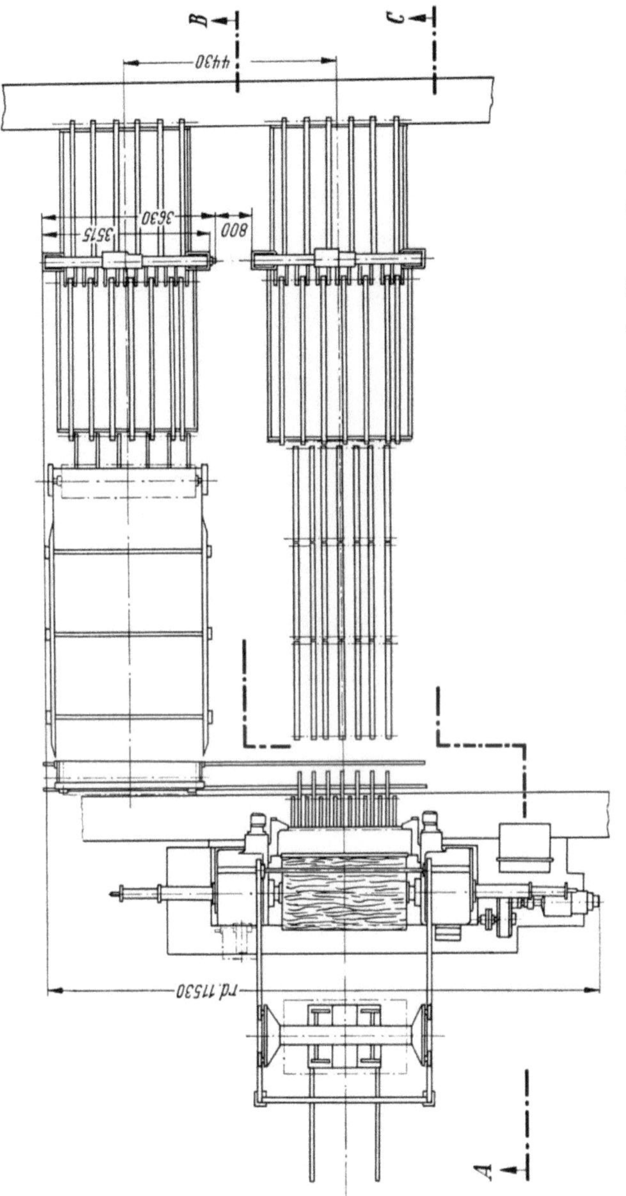

Bild 7.7. Schematische Darstellung einer vollständigen Furniertransport- und Zerteilungsanlage für nasse Furniere. Bauart RFR.

Der Kreislauf in der Ansicht $A - C$ dient dem Anschälertransport, der in der Ansicht $A - B$ dem Aufwickeln, Magazinieren und Abwickeln der Furniere.

wagen hinter der Schälmaschine wird dann mit Rollen zum seitlichen
Verfahren bis vor die zweite, parallel angeordnete Rollenbahn aus-
gerüstet. Diese entspricht im übrigen der Anschälerbahn unter dem
Haspelmagazin.

Bild 7.8. Teilansicht einer automatischen Furnier-Aufwickelanlage. Bauart RFR.

Bild 7.9. Wickelwagen für die Auf- und Abwickelvorrichtung, Baumuster AV, Vorderseite.
Bauart RFR.

Für die Überführung der vollen Haspeln zur zweiten Abwickelvorrichtung vor der zweiten Schere dient eine Quertransporteinrichtung, die auf dem Rückwege die leere Haspel mit zurückbringt und an die untere Magazinbahn abgibt, bevor eine neue, volle Haspel übernommen wird.

Bild 7.10. Wickelwagen für die Auf- und Abwickelvorrichtung, Baumuster AV, Hinterseite. Bauart RFR.

Bild 7.11. Gesamtansicht einer automatischen Furnier-Auf- und Abwickelanlage. Bauart RFR.

Die Geschwindigkeit, mit der die Furnieraufwickel-Vorrichtung arbeiten kann, hängt von der Furnierqualität, von der Dicke sowie der Güte und richtigen Auslegung des Wickelmotors ab. Wenn die Festigkeit des Furnierbandes groß genug ist, kann die Schälmaschine mit 150 bis 200 m/min arbeiten. Rissige Furniere müssen langsamer und vorsichtiger gewickelt bzw. geschält werden. Bei geeigneten Hölzern gelingt es, Furniere von 0,4 bis 6 mm Dicke aufzuwickeln. Aus Bild 7.8 ist die Ausführung einer automatischen Furnieraufwickelanlage zu ersehen. Die Bilder 7.9 bis 7.11 zeigen Einzelheiten der Konstruktion. Die dargestellten Anlagen zeichnen sich durch die kräftige Ausführung der Haspeln aus. Auf einer durchgehenden Welle sind die Laufrollen fest angebracht, so daß beide Seiten gleichmäßig rollen und die Haspeln sich auf den Magazinbahnen durch Schräglaufen nicht festklemmen.

7.5 Sonstige Furnier-Zerteilungsanlagen für Naß- und Trockenschnitt

Für Stämme mit kleinem Durchmesser (z. B. Birke mit einem mittleren Durchmesser von etwa 225 mm), wie sie in Finnland anfallen, und für Anschäler werden in manchen Fällen einfache Bandtransporttische zwischen Schälmaschine und Schere verwendet. Die Furniere werden vom Messerschlitten über eine Schwinge auf den Tisch geleitet, der bei Birke etwa 20 bis 25 m lang ist, so daß er die gesamte Furnierlänge eines Stammes aufnehmen kann.

Die Schälmaschine kann dann mit höchstens 60 m/min Schnittgeschwindigkeit arbeiten, da die Schere sonst nicht folgen kann. Auf das einwandfreie Fehlerausschneiden wird in diesen Betrieben nicht soviel Wert gelegt, da nur fixe Maße geschnitten werden sollen. In einem Falle konnte der Verfasser beobachten, daß eine Schere automatisch Längen schnitt, ohne daß ein Bedienungsmann zu sehen war. Bei Furnierbändern mit größerer Blattlänge (über 2000 mm) wird aber häufig mit Wickeleinrichtungen und sorgfältiger gearbeitet.

Wenn Fehler ausgeschnitten werden sollen, kann die Durchlaufgeschwindigkeit an der Schere 20 bis 30 m/min nicht überschreiten.

Mit der Einführung von Bandtrocknern für endlose Furnierbänder ergaben sich neue Probleme. In den USA und Finnland sind einige Trockner seit längerer Zeit in Betrieb, durch die lange Furnierbänder getrocknet werden. Das Ausschneiden der Fehler und Zuschneiden auf Maß erfolgt also nach dem Trocknen. Auch in Deutschland sind Anlagen mit derartigen Bandtrocknern in Betrieb. Für die Beschickung dieser Trockner werden, abhängig von deren Konstruktion, einfache oder Mehrfachabwickelanlagen verwendet.

Hinter dem Trockner werden die Furniere in einer oder mehreren übereinanderliegenden Bahnen den Furnierscheren zugeführt, die

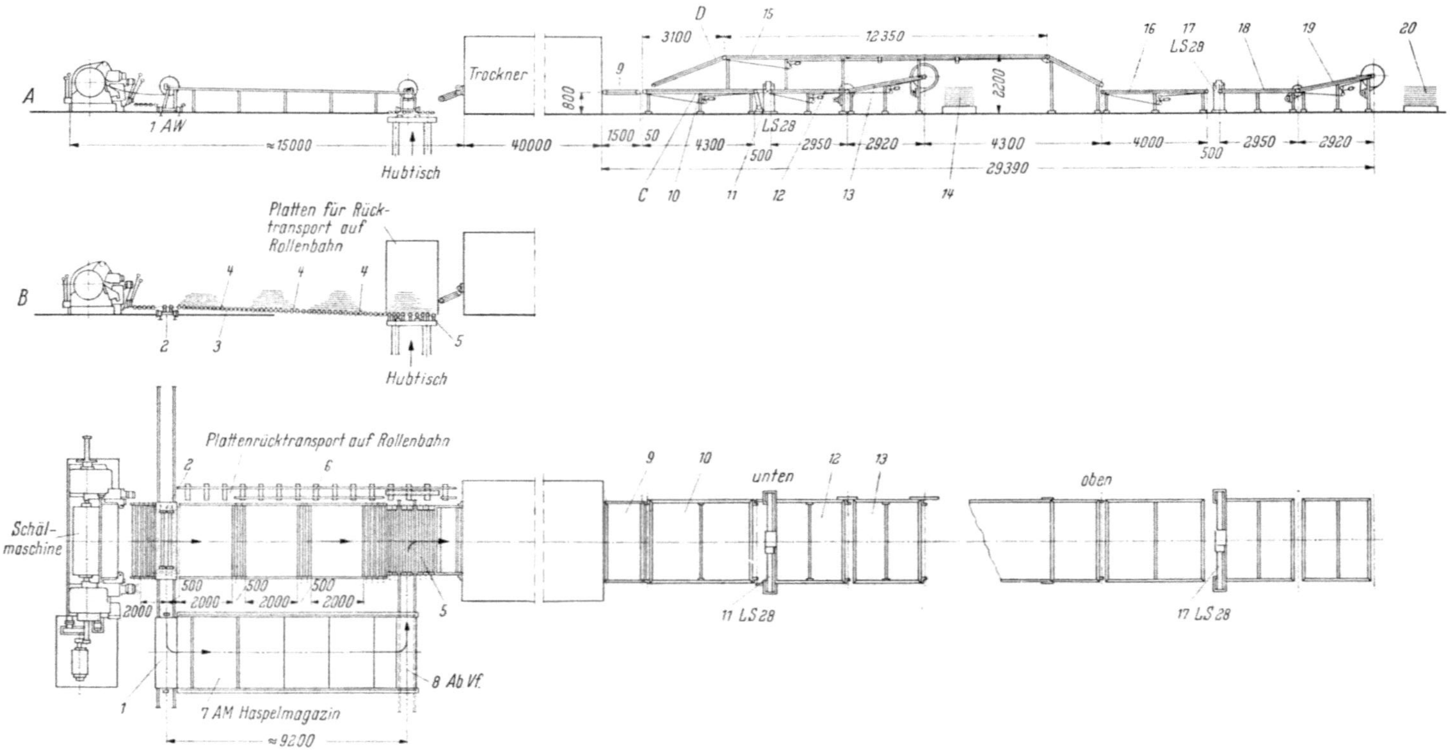

Bild 7.12. Schematische Gesamtansicht einer Fertigungsstraße für Rundschälfurniere im Trockenschnittverfahren. Bauart RFR.

A Anlage zum Schälen und Verarbeiten von gewickelten Furnieren, *1 AW* automatische Aufwickelvorrichtung für Furniere, *B* Schälmaschine und Rollentransport für Anschäler, *2* Verbindungswagen in der Rollenbahn, der seitlich herausgefahren wird, wenn der Aufwickelwagen „1" hinter der Schälmaschine für das Wickeln benutzt wird, *3* Rollenbahn für Anschälerpakete, *4* Anschälerpakete, *5* Hubtisch mit Rollen für Anschälerpakete, *6* Rücktransport der Transportplatten für Anschälerpakete, *7 AM* Haspelmagazin, *8* automatische Abwickelvorrichtung für die Furniere, *9, 10, 15, 16* Transporttische für die trockenen Furniere vom Trockner zu den Scheren, *11, 17* Druckluftscheren für Trockenschnitt, *12, 13, 18, 19* Transporttische für die geschnittenen, trockenen Furniere, *14, 20* gestapelte, trockene Furniere, *C* untere Transportbahn, *D* obere Transportbahn (für die gewickelten Furniere).

trockene Furniere während des Durchlaufens mit Geschwindigkeiten bis
etwa 25 m/min schneiden können. Es kommen hierfür nur sehr schnell
schneidende Scheren in Frage, wie die seit längerer Zeit erprobten Druckluftscheren. In Bild 7.12 ist schematisch die Anordnung einer derartigen Anlage wiedergegeben.

8. Zuschneiden der Furniere

Von **Ernst Großhennig**, Hamburg

8.1 Allgemeine Verfahrenstechnik beim Zuschneiden der Furniere

Für das Zuschneiden von Furnieren sind verschiedene Scherentypen
entwickelt worden. Ihre Bauart und Arbeitsweise hängen von der Art
der Herstellung der Furniere und deren Verwendungszweck ab.

Die auf einer *Furniermessermaschine* hergestellten Furniere werden
nach dem Trocknen wieder aufeinandergelegt, wie sie im Stamm ursprünglich lagen. Der Furnierstapel hat also wieder die Form des
Stammes. Diese Furniere werden paketweise (rd. 20 Blatt) geschnitten,
dann gebündelt und wiederum stammweise zusammengelegt. Bei Quartierschnitt ergeben sich schmalere Pakete, welche die Stammform nicht
erkennen lassen. In Bild 8.1 sind verschiedenartige Stapel zu erkennen.
Exzentrisch geschälte Furniere werden meist wie gemesserte Furniere
behandelt und auf Paketscheren zugeschnitten.

Furniere, die durch Rundschälen hergestellt werden, fallen als unregelmäßig geformte Stücke — Anschäler — oder als endloses Band an.
Früher hat man zur Beschleunigung des Schneidens die nassen Anschäler
paketweise zusammengelegt und unter Paketscheren (Green-clippers) —
besonders in USA — parallel zugeschnitten. Dabei entstand jedoch sehr
viel Holzverlust, weil die Schnittlinie sich nach dem schmalsten Furnierblatt richten mußte. In Bild 8.2 ist der Schnittverlust schematisch dargestellt.

Es kommt hinzu, daß das Zusammenlegen der Pakete und das Einführen in die Schere bei den häufig zum Rollen neigenden Furnieren nicht
leicht ist und deshalb auch eine ansehnliche Zeit erfordert. Seitdem es
möglich ist, Furniere im Durchlauf — ohne den Vorschub anzuhalten —
zu schneiden, werden auch die Anschäler immer mehr auf Scheren verarbeitet, die nur ein einzelnes Furnierblatt schneiden. Es werden dafür
die gleichen Scherentypen gewählt, die auch für das Schneiden endloser
Furnierbänder Verwendung finden. Die Einzugsvorrichtungen sind derart verbessert worden, daß auch Furniere mit ungeraden und welligen
Kanten ohne Schwierigkeiten durch die Scheren geführt werden. Beim
Auflegen der Furniere auf den Fördertisch vor der Schere ist darauf zu

achten, daß sie mit ihren Kanten parallel zur Vorschubrichtung ausgerichtet werden. Dafür können seitlich Anschlagleisten vorgesehen werden, oder das Ausrichten kann nach den Förderriemen erfolgen.

Bild 8.1. Ansicht von Furnierstapeln.

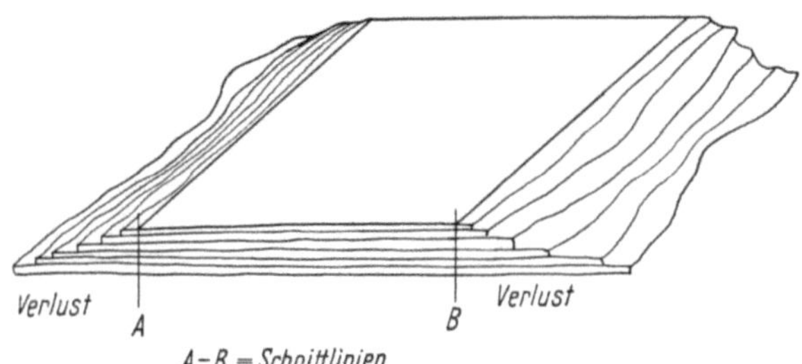

Bild 8.2. Schematische Darstellung der Schnittverluste beim Naßschnittverfahren an einem Anschälerpaket.

12*

Das Schneiden der endlosen Furnierbänder hinter der Schälmaschine kann auf verschiedene Art erfolgen:

a) Das Furnierband wird unmittelbar von der Schälmaschine über einen kurzen Zwischentisch in die Furnierschere geführt.

Vorteil: wenig Personal.

Nachteil: langsames Schälen mit Rücksicht auf die Scherengeschwindigkeit, längere Betriebspausen für die Schere bei Stammwechsel, Nachstellen der Werkzeuge an der Schälmaschine und bei anderen an der Schälmaschine erforderlichen Arbeiten.
Ausnutzung und Leistung der Schälmaschine und Schere sind schlecht.

b) Anordnung eines langen Zwischentisches oder mehrerer übereinander liegender Tische (Tray-System) zwischen Schälmaschine und Schere.

Vorteil: besonders bei empfindlichen Furnieren schonende Behandlung.

Nachteil: Die Anlage beansprucht viel Platz und ist teuer. Bei nur einer Bahn ist kein ausreichender Speicher vorhanden, um Arbeitspausen an der Schälmaschine oder an der Schere zu überbrücken. Eine Maschine ist von der anderen abhängig.

c) Auf- und Abwickelvorrichtung mit Rollenmagazin zwischen Schälmaschine und Schere.

Vorteil: große Geschwindigkeit, Magazin gleicht Unterschiede in der Arbeitsgeschwindigkeit von Schälmaschine und Schere aus; geringer Platzbedarf und niedrigere Kosten.

Nachteil: stark eingerissene Furniere können schlecht oder nur langsam gewickelt werden.

d) Die nassen Furniere werden zuerst gewickelt und wie unter c) in ein Magazin gegeben. Vor dem Schneiden werden die Furniere in endlosen Bändern durch Durchlauftrockner geleitet und nach dem Trocknen zerschnitten.

Vorteil: Die Schnittverluste werden verringert, das Einführen der Furniere in den Trockner und das Überführen vom Trockner zur Schere erfolgt ohne nennenswerten Personalaufwand. — Die Scherendurchlauf-Geschwindigkeit hängt vom Trockner und der Furnierdicke ab und liegt in einer Größenordnung, bei der der Bedienungsmann, bei Verwendung schnellschneidender Scheren den Fehler gut erfassen kann.

8.2 Aufbau und Wirkungsweise der Furnierscheren

8.21 Furnierpaketscheren

Die in Bild 8.3 gezeigte *Furnierpaketschere*, dient zum Beschneiden von Furnieren parallel und senkrecht zur Faserrichtung. Sie wird mit Schnittlängen bis zu 5300 mm gebaut. Die Pakethöhe kann bei Längsschnitten 80 mm, bei Querschnitten 50 mm betragen.

Der Antrieb erfolgt von einem normalen Motor über einen Getriebekasten, in den eine Lamellenkupplung mit kombinierter Lamellenbremse eingebaut ist. Die Schere kann im Einzel- oder im Dauer-Schnitt arbeiten. Der Leistungsbedarf liegt zwischen 4,5 und 9 kW je nach der Länge der Maschine.

Getriebekasten und Antriebsmotor (Bild 8.4) sind auf einer gemeinsamen Grundplatte montiert. Die Schnittlinie wird am besten mit einem Richtlicht markiert, das nach Bild 8.5 angebracht ist.

Zum *Schutz des Bedienungspersonals* wird meist vor der Schere ein *U-förmiger Tisch* angeordnet. Wenn die Tischbreite vor dem Messer etwa 800 mm beträgt, so besteht für den Bedienungsmann kaum noch eine Gefahr, daß er beim Schneiden unbeabsichtigt unter das Messer

Bild 8.3. Furnierpaketschere DG. Bauart RFR.

Bild 8.4. Getriebekasten, geöffnet, und Antriebsmotor der Furnierpaketschere DG. Bauart RFR.

faßt. Hinter der Schere wird nach Absprache mit dem Gewerbeaufsichts-
amt ebenfalls eine Schutzvorrichtung angebracht. Diese ist erforderlich,
weil beim Durchschneiden der Pakete in der Mitte häufig ein Teil des
Paketes hinter der Schere abgenommen wird. Die Ausführung des U-för-
migen Tisches sowie die Scherenabmessungen gehen aus Bild 8.6 hervor.
In Bild 8.7 wird gezeigt, wie das Paket zum Schneiden angelegt wird.

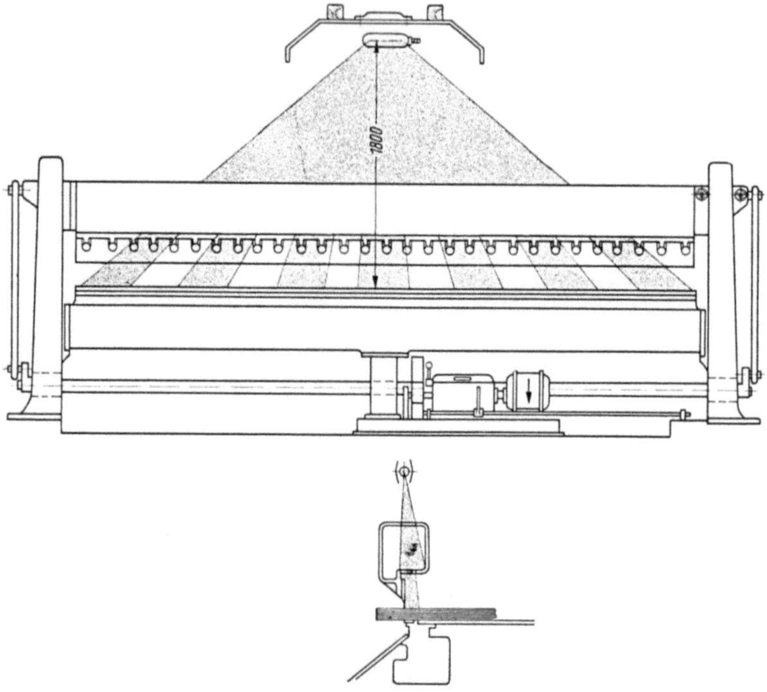

Bild 8.5. Schema der Richtlichtmarkierung bei einer Furnierpaketschere DG. Bauart RFR.

Um bei der Ausführung von Mittelschnitten das Abnehmen der Furnierpakete zu erleichtern, ist ein schwenkbarer Tisch entwickelt worden, der
das hinter dem Messer auf dem Schwenktisch liegende Paket bei entsprechender hydraulisch oder pneumatisch betätigter Schrägstellung
wieder nach vorn auf den Bedienungstisch rutschen läßt. Der Tisch kann,
schräg nach unten gestellt, die Furnierabfälle nach unten in eine Kiste
oder auf ein Förderband abgleiten lassen. In der Mittelstellung wird der
Schnitt ausgeführt, in der oberen Stellung rutscht das abgeschnittene
Paket wieder nach vorn in den Arbeitsbereich des Bedienungsmannes.
Die Bilder 8.8 und 8.9 zeigen die Paketschere, Bauart RFR, mit
diesem Schwenktisch.

Für das Schneiden nasser Schälfurniere in Paketen parallel zur Faserrichtung wird eine Schere gemäß Bild 8.10 mit größerem Hub, etwa 45 oder 75 mm, verwendet. Die Pakethöhe darf nur so hoch sein, daß der Bedienungsmann die Pakete noch gut in die Schere einführen kann, also

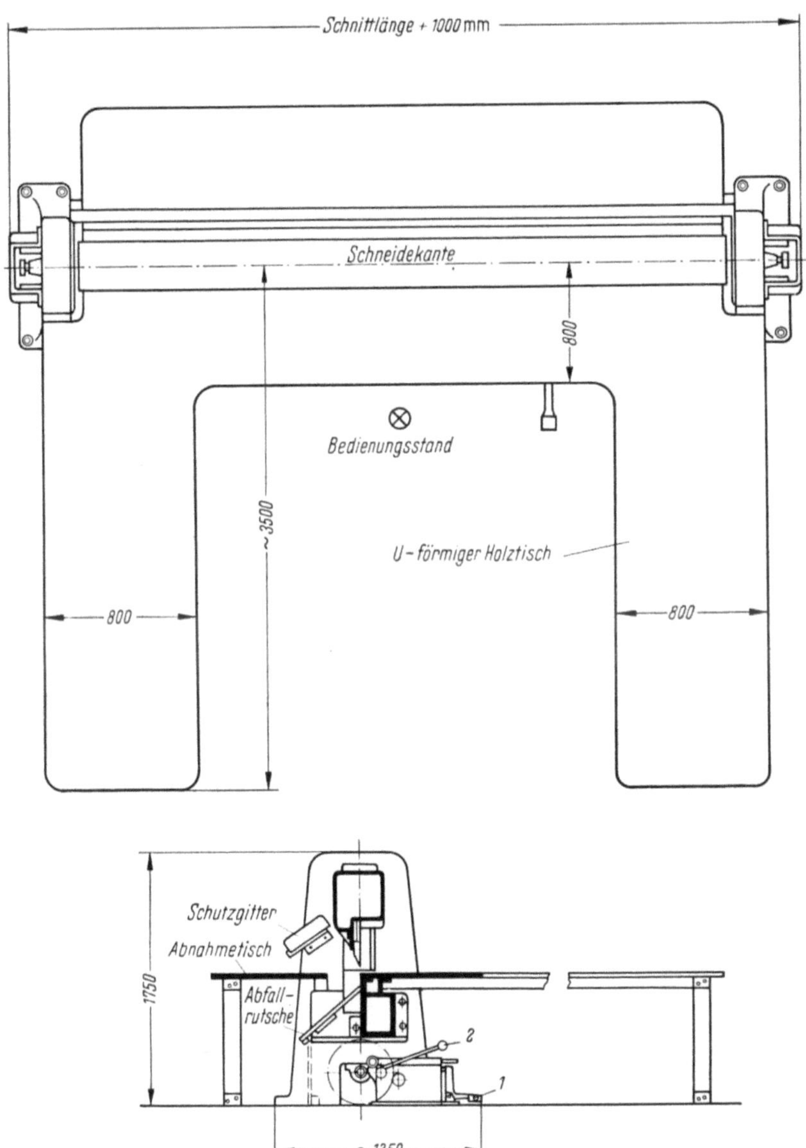

Bild 8.6. U-förmiger Tisch vor einer Furnierpaketschere. *1* Bedienungspedal, *2* Kupplungshebel.

etwa 20 mm. Vor der Schere sieht man am besten einen Tisch mit Förderbändern vor, auf dem die Pakete vor dem Schneiden zurechtgelegt werden. Die Paketscheren mit Preßbalken zur Ausführung eines Fügeschnittes sind hier nicht behandelt worden, da sie in Abschn. 10.1 beschrieben werden.

Bild 8.7. Anlegen des Furnierpaketes zum Schneiden an einer Furnierpaketschere.

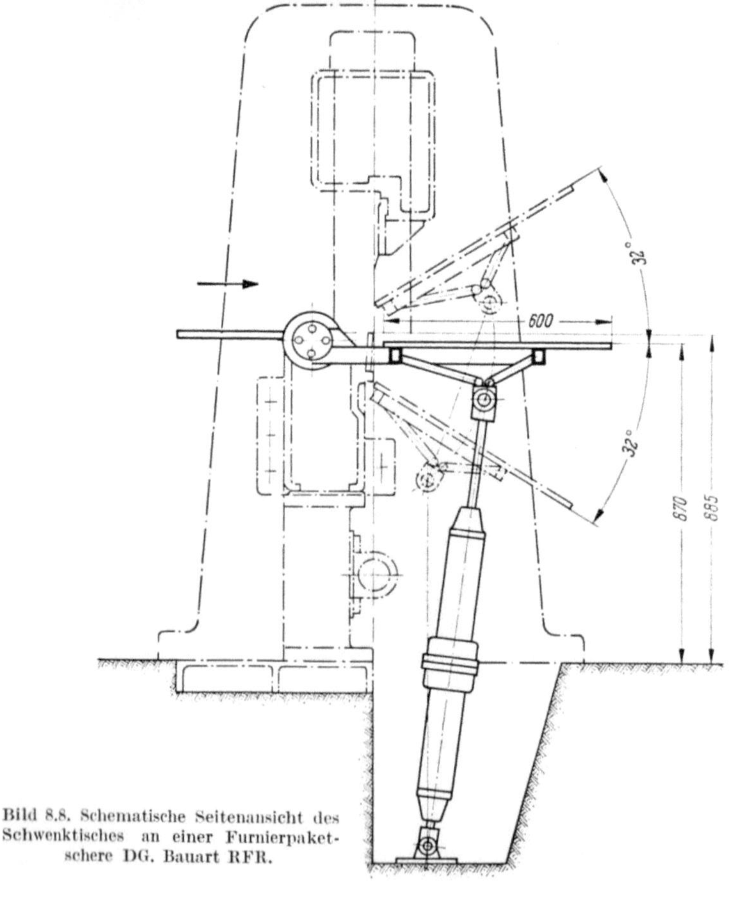

Bild 8.8. Schematische Seitenansicht des Schwenktisches an einer Furnierpaketschere DG. Bauart RFR.

Bild 8.9. Ansicht einer Furnierpaketschere DG mit Schwenktisch. Bauart RFR.

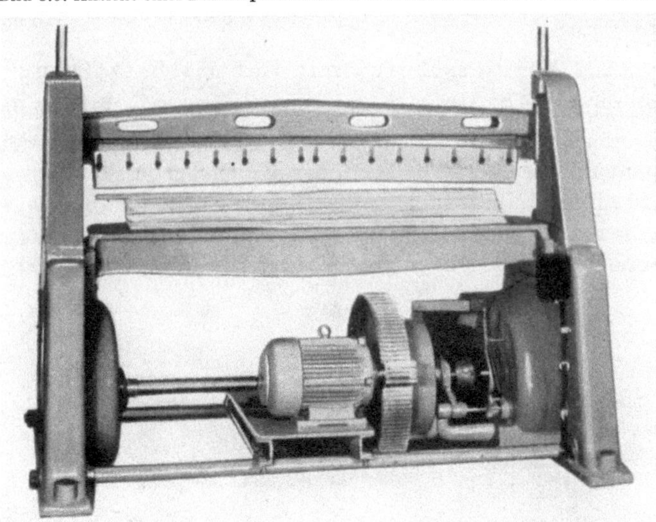

Bild 8.10. Furnierpaketschere SB mit Elektroantrieb. Bauart RFR.

8.22 Furnierscheren

8.221 Allgemeine Gesichtspunkte

Für das Schneiden einzelner Furnierstücke und von Furnierbahnen sind eine Vielzahl von Scheren entwickelt worden. Sie unterscheiden sich
a) durch die Art der Messerbewegung, und zwar

1. geradlinig nach unten (Hackschnitt) oder
2. im Schwingschnitt,

b) durch die Ausführung des Gegenmessers bzw. der Schneidunterlage (Bild 8.11),

c) durch den Antrieb,

d) durch die Schnittauslösung und Schneideautomatik.

An einigen Beispielen sollen nun verschiedene Scherentypen besprochen werden.

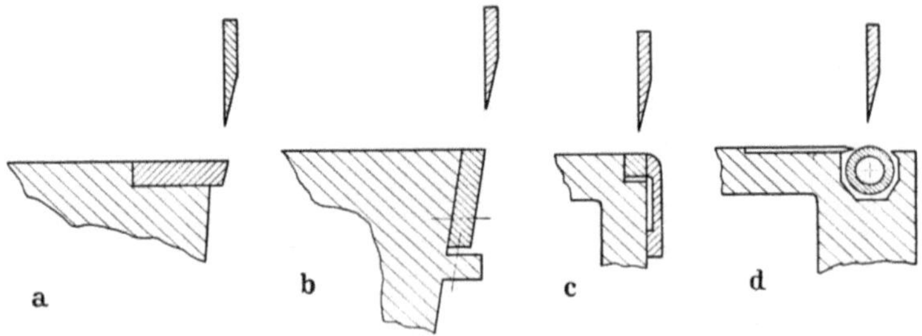

Bild 8.11a—d. Anordnung des Gegenmessers und der Schneidunterlage an Furnierscheren. a Gegenmesser waagerecht, zum Nachstellen schlecht zugänglich; b Gegenmesser senkrecht, leicht einstellbar; c Schneidunterlage aus elastischem Material, quadratisch; d Schneidunterlage als feste oder drehende Rolle aus elastischem Material oder Kupfer mit elastischer Unterlage.

8.222 Furnierscheren mit Fußtrittbetätigung

In Bild 8.12 ist eine *Fußtrittschere* dargestellt. Der *Messerbalken* wird in der oberen Totlage durch eine Feder gehalten. Beim Niedertreten des Fußtritts wird der Messerbalken über Kniehebel nach unten gezogen. Das Messer führt beim Schnitt eine schwingende Bewegung aus, wodurch die Schnittausführung erleichtert wird und der Schnitt sauber ausfällt. Die Schere kann mit einem *Druckluftzylinder* ausgerüstet werden, der

Bild 8.12. Furnierschere SZ mit Fußtrittbetätigung. Bauart RFR.

zwischen dem Fußhebel und dem oberen Kniehebel anstelle der Zugstange eingebaut wird. Der Fußhebel dient dann zur Steuerung der Druckluftführung. Die Kraft für die Schnittausführung liefert die Druckluft; der Bedienungsmann ist entlastet und kann seine Aufmerksamkeit mehr dem Ausschneiden der Fehler zuwenden.

Fußtrittscheren werden nur für Sonderzwecke verwendet, da die kraftgetriebenen Scheren mit besonderen Vorschubeinrichtungen für die Furniere ein schnelleres Arbeiten ermöglichen.

8.223 Furnierscheren mit ölhydraulischem Antrieb

In Bild 8.13 ist eine *hydraulisch betätigte Schere* mit einer handbetriebenen Furniereinzugsvorrichtung gezeigt. Der Schnitt kann mit dem im Bild gezeigten Fußschalter oder mit einem Druckknopfschalter von

Bild 8.13. Furnierschere mit hydraulischem Antrieb, Modell SHN, mit Bandeinzugsvorrichtung und Regelgetriebe für die Einzugsgeschwindigkeit. Bauart RFR.

Hand ausgelöst werden. In Bild 8.14 ist die gleiche Schere in einer anderen Ausführung dargestellt. Die glatten *Einzugswalzen* werden von einem hydraulischen Regelgetriebe angetrieben, mit dem die Einzugsgeschwindigkeit des Furnierbandes von 0 bis 40 m/min stufenlos veränderlich eingestellt werden kann. Der Regelhebel ist links unten im Bilde zu sehen. Die Schnittauslösung erfolgt mit dem Fußtritt. In der Mitte auf dem *Tisch* ist ein Längenmeßgerät angebracht, welches das automatische Schneiden bestimmter Längen gestattet. Die Schere wird in dieser Ausführung auch für das Schneiden technischer Papiere und von Kunststoffolien verwendet. Mit der Schere können schälnasse Furniere bis zu 6 mm Dicke geschnitten werden. Der Hub des Messerbalkens beträgt etwa 40 mm.

8.224 Furnierscheren mit Antrieb durch Elektromotor

Bei der *Motorschere* nach Bild 8.15 erfolgt der Antrieb des *Messerbalkens*, der im Schwingschnitt arbeitet, durch einen Elektromotor über

eine *Elektromagnet-Kupplung* mit selbsttätiger Bremse. Die Kupplung wird mit Gleichstrom aus einem Gleichrichter gespeist. Die Ausführung ist in Bild 8.16 gezeigt.

In Bild 8.17 ist die Vorderseite der Motor-Furnierschere MSE gezeigt. Man sieht, daß die Furnier-Einzugsvorrichtung aus einer Anzahl paarweise zusammen-

Bild 8.14. Furnierschere gleicher Bauart wie Bild 8.13 mit hydraulisch betätigten Einzugswalzen. Der Regelhebel ist links unten im Bild zu sehen. Bauart RFR.

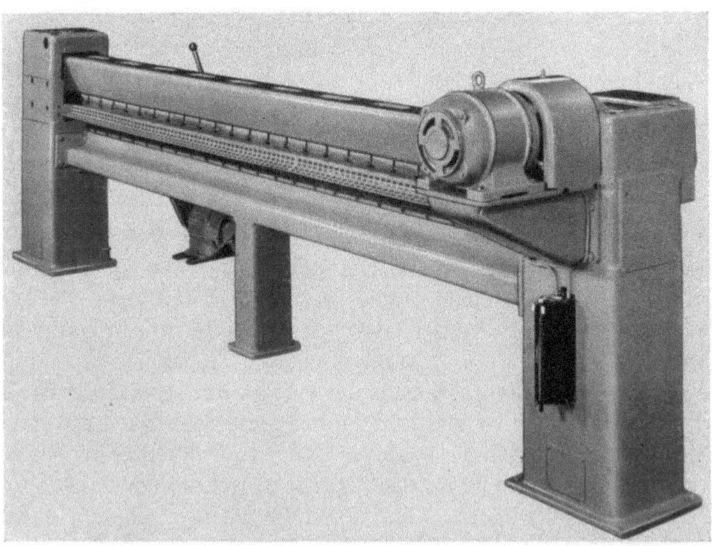

Bild 8.15. Motorschere MSE, Rückseite, mit dem Antriebsmotor für den Messerbalken und der gekapselten Elektromagnet-Kupplung. Bauart RFR.

wirkender Einzugsrollen besteht. Über die unteren Rollen und den Einzugtisch laufen Bänder, die das Furnier in die Schere bringen. Vor dem Messer führen Leitbleche das Furnier unter die Messerschneide.

Für das Schneiden von Anschälern oder langen Furnierstücken werden Tische gemäß Bild 8.18 zwischen der Schälmaschine und der

Bild 8.16. Elektromagnet-Kupplung der Motorschere nach Bild 8.15.

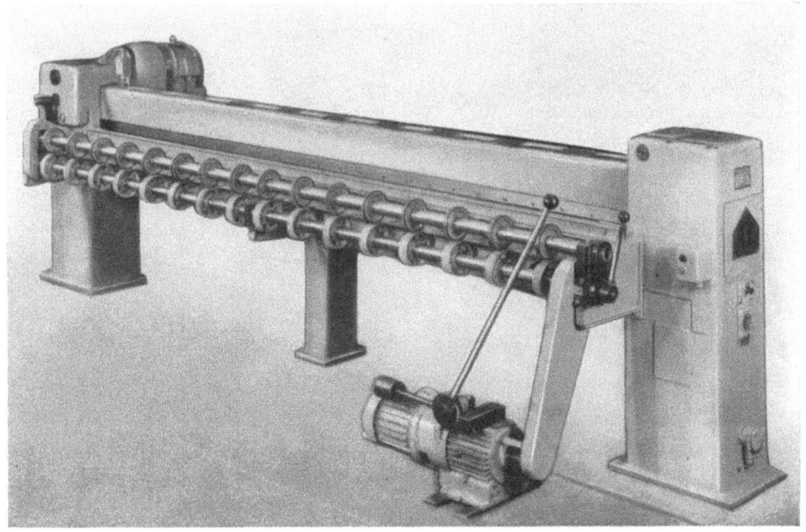
Bild 8.17. Motorschere MSE, Vorderseite mit Bandeinzugsvorrichtung für die Furniere. Bauart RFR.

Furnierschere aufgestellt. In Bild 8.19 ist die Vorderseite der Schere
mit den zusätzlichen Furnier-Förderrollen für Anschäler, die mit den

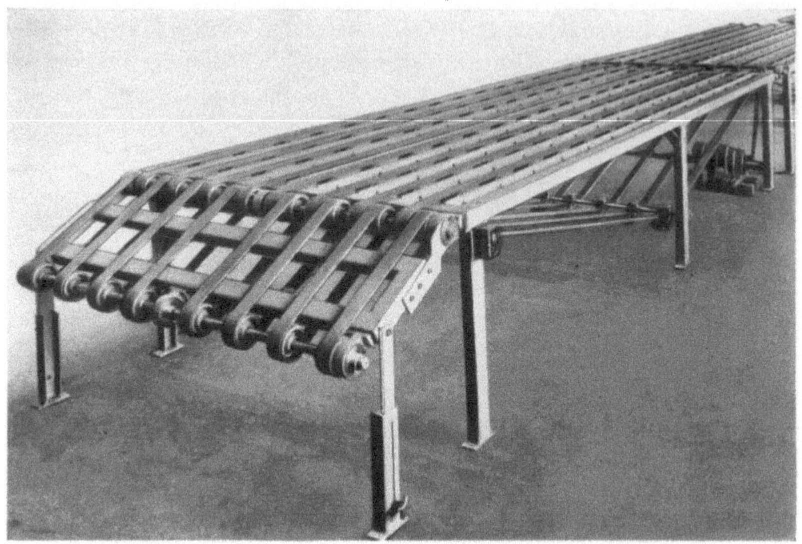

Bild 8.18. Zusätzliche Bänder-Fördertische für das Schneiden von Anschälern oder langen
Furnierbändern zwischen Schälmaschine und Schere. Bauart RFR.

Bild 8.19. Vorderseite der Motorschere MSE mit Bändertisch. Ausführung für die Verarbeitung
von Anschälern. Bauart RFR.

hinteren Rollen synchron laufen, gezeigt. Man erkennt rechts vorn
den Antriebsmotor für die Einzugs- und Anschäler-Förderrollen. Die

Einzugsgeschwindigkeit liegt zwischen 0 und 60 m/min. Das Furnierband kann auch rückwärts durch die Einzugsvorrichtung bewegt werden, um vor dem Schnitt eine Korrektur der Fehlerlage zur Schnittlinie vornehmen zu können. Die Motorschere ist durch ihre schwere Konstruktion und den ziehenden Schnitt des Messers geeignet, Furniere bis zu 10 mm Dicke zu schneiden. Sie wird auch zum Schneiden von Faserhart- und Kunststoff-Platten verwendet. Die Maschine kann ferner mit einer *Automatik zum Schneiden bestimmter Furnierbreiten* ausgerüstet werden, die im Zusammenhang mit der Druckluftschere später beschrieben wird.

Da die Motorscheren nicht so schnell schneiden wie die Druckluftscheren, wird das durchlaufende Furnierband von der Schneidautomatik kurz vor Ausführung des Schnittes stillgesetzt. Die Einzugsvorrichtung der Schere muß daher mit einer Kupplung und Bremse oder mit einem Bremsmotor ausgerüstet werden.

8.225 Furnierscheren mit Druckluftbetätigung

Scheren mit *Druckluftantrieb* sind anfangs in den USA für hohe Schnittgeschwindigkeiten entwickelt worden. Sie haben den Vorteil, daß das Furnierband bei den üblichen Durchlaufgeschwindigkeiten während

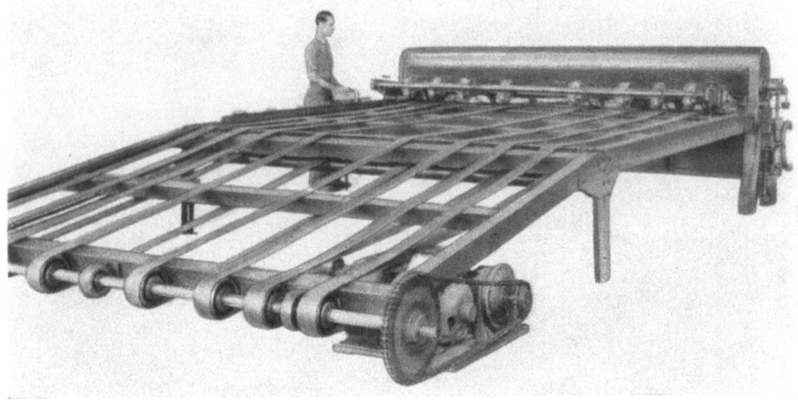

Bild 8.20. Ansicht einer amerikanischen Furnierschere mit Druckluftantrieb und Zuführungstisch für die Furniere. Bauart US Machinery Comp. Inc.

der Ausführung des Schnittes nicht stillgesetzt werden muß. Beim Ausschneiden von Fehlern von Hand kann die Geschwindigkeit im notwendigen Umfange herabgesetzt werden, während beim Arbeiten mit der Schneidautomatik die größte Bandgeschwindigkeit gewählt werden kann, welche die Geschwindigkeit der Messerbewegung zuläßt.

In Bild 8.20 ist eine amerikanische Furnierschere mit einem Zuführungstisch für die Furniere gezeigt. Im Bild rechts hinten ist am

Maschinenständer einer der Druckluftzylinder zu erkennen. Vorn rechts ist der Motor mit dem Regelantrieb für die Bandgeschwindigkeit bzw. Furnier-Durchlaufgeschwindigkeit zu sehen.

Bild 8.21. Furnierschere mit Druckluftantrieb, Baumuster LS, zusammen mit einer automatischen Abwickelvorrichtung. Bauart RFR.

Bild 8.22. Furnierschere mit Druckluftantrieb, Baumuster LSZ, mit automatischer Längenschneideinrichtung. Bauart RFR.

In Deutschland ist eine schnellschneidende Druckluftschere von RFR in Hamburg entwickelt worden; als Baumuster LS ist sie zusammen mit einer automatischen Abwickelvorrichtung in Bild 8.21 gezeigt. Die Schere arbeitet als Hackschnittschere mit einer festen, quadratischen Schneidunterlage.

Die Schere wurde laufend weiterentwickelt und wird jetzt als Modell LSZ (entsprechend Bild 8.22) hergestellt. Ihre wichtigsten Merkmale sind in Tab. 8.1 zusammengefaßt.

Tabelle 8.1. *Maschinendaten der Furnier-Luftdruckschere LSZ*

		Messerlänge
L S Z	15	1500 mm
L S Z	19	1900 mm
L S Z	24	2400 mm
L S Z	27	2700 mm
L S Z	29	2900 mm
L S Z	34	3400 mm

Schnittdicke max.:
bei nassen Furnieren, Schnittführung in Faserrichtung . . etwa 5 mm
Druckluftanschluß . . . . R 1¹/₄″
Arbeitsdruck . . . . etwa 6 · · · 8 atü
Luftbedarf bei 120 Schnitten/min
Ansaugleistung . . . . rd. 800 · · · 1000 l/min
Einzugsgeschwindigkeit
kontinuierlich regelbar . . . . 0 · · · 60 m/min
Ablaufgeschwindigkeit . . . . 90 m/min
Elektrische Anschlußleistung
ohne Drucklufterzeugung . . . . rd. 2,5 kW

Die Druckluftschere wird heute sowohl für das Schneiden von gewickelten Furnieren als auch von Anschälern verwendet.

Beim Schneiden von Anschälern wird mit einem waagerechten Vortisch gearbeitet, auf den die Furniere von einem Wagen oder Hubtisch aufgelegt werden. Die Furniere werden der Furnierschere mit einer Geschwindigkeit von etwa 20 bis 30 m/min zugeführt. Der Bedienungsmann stellt die gewünschte Geschwindigkeit mit einem Handhebel ein und kann sie an einem Tachometer ablesen. An dem Handgriff kann er durch leichten Druck auf eine Membran den Schnitt auslösen. Bewegt er den Handhebel (Bild 8.23), den er mit der rechten Hand bedient, auf sich zu, so werden die oberen Einzugrollen über einen Druckluftzylinder angehoben, um das Einziehen des Furniers zu erleichtern.

Der Druckluftzylinder für den Antrieb der Messerbewegung sitzt auf dem oberen Querbalken. Die große Geschwindigkeit des Messers zur Ausführung des Schnittes erfordert eine große Präzision bei der Herstellung aller Teile des Luftzylinders, des Kolbens, der Steuerung und für die Messerbalkenbewegung.

Für das Festhalten der Anschäler beim Schnitt und das Transportieren schmaler Streifen wird vor dem Scherenmesser eine besondere Einführungsvorrichtung mit einer Belastungsrolle angebracht. Sie trägt dazu bei, daß die beiden Begrenzungsschnitte für ein Furnierstück parallel ausgeführt werden. Für das Schneiden von gewickelten Furnieren wird unter anderem eine Schere entsprechend Bild 8.24 gewählt. Die Schere kann hierfür mit einer *automatischen Schneideinrichtung* zum Schneiden bestimmter Furnierbreiten (senkrecht zur Faserrichtung) ausgerüstet werden. Auf dem Ablauftisch hinter der Furnierschere werden verschiedene Meßstrekken angeordnet, die wahlweise eingeschaltet werden können. Ist die Vorderkante eines Furniers an einer derartigen Meßstelle angekommen, so wird der Schnitt ausgelöst, der ein Furnierblatt mit der Breite von Messer zu Meßstelle ergibt.

Das Auslösen des Schnittes kann mit *Photozellen*, elektromechanischer Schaltung über *Tastrollen* (Bild 8.25) oder mit *Lichttastern*, die über Transistoren gesteuert sind, erfolgen. Bei der Ausführung mit Tastrollen erfolgt der Schnitt, sobald das Furnier die Rolle von einer stromführenden Kontaktschiene abgehoben

Bild 8.23. Bedienungshebel der Druckluftschere nach Bild 22. Bauart RFR.

hat. Die Rollen, von denen mehrere an einem Träger hintereinander angeordnet werden können (Bild 8.26), werden entsprechend der gewünschten Furnierbreite eingestellt. Sie können am Schaltpult wahlweise mit entsprechenden Druckknöpfen eingestellt werden. Bei veränderlicher Durchlaufgeschwindigkeit und konstanter Schaltzeit (Abheben der Tastrolle bis zum Schneiden des Messers) ist eine Korrektur der Meßstrecke erforderlich, die automatisch bei Änderung der Bandgeschwindigkeit vom Regelhebel erfolgt. Um die an den Meßstellen angebrachten Tastrollen wirksam werden zu lassen, müssen die abgeschnittenen Furnierstücke von den nachfolgenden getrennt werden.

Bild 8.24. Ansicht einer Furnier-Druckluftschere mit automatischer Schneideinrichtung
für bestimmte Furnierbreiten.

Bild 8.25. Tastrollen zur Schnittauslösung an einer Druckluftschere nach Bild 8.24.

Zu diesem Zweck ist die Ablaufgeschwindigkeit hinter der Schere größer
als die Zulaufgeschwindigkeit der Furniere vor ihr. Im Durchschnitt
wird beim Ausschneiden von Fehlern, das auch erfolgen kann, wenn

13*

die Automatik eingeschaltet ist, mit etwa 20 bis 30 m/min Furnier-
vorschub gearbeitet. Bei Benutzung der Automatik beträgt die Furnier-
geschwindigkeit etwa 30 bis 70 m/min. Die Bandgeschwindigkeit des Ab-
lauftisches ist rd. 80 bis 90 m/min.

Die Weiterentwicklung der Furnierscheren und der dazugehörigen
Transportmittel ist in vollem Gange. In Kürze sind einige Neue-
rungen zu erwarten, die eine Verbesserung der Holzausbeute durch

Bild 8.26. Druckluftschere nach Bild 8.24, ausgestattet mit nebeneinander und hintereinander angebrachten Rollen zur Schnittauslösung. Die Rollenabstände entsprechen der gewünschten Furnierbreite. Bauart RFR.

genaueres Fehlerausschneiden und eine weitere Einsparung an Arbeitskräften durch automatisches Sortieren und Ablegen der Furniere vorsehen.

Bei allen Maschinen ist die Beachtung der Pflege- und Schmier-Vor-
schriften, die den Bedienungsanweisungen beigegeben werden, für einen
ungestörten und wirtschaftlichen Betrieb unerläßlich. Pflege und
Schmiermittel sind immer wesentlich billiger als jede Betriebsstörung.

8.3 Die Furnier-Schälstraße als Beispiel richtiger
Maschinenabstimmung

Der Wunsch nach schnelleren und lohnsparenden Arbeitsverfahren
hat dazu geführt, daß die gesamte Furnierherstellung immer mehr verbessert wurde. In Deutschland wurde die *RFR-Furnier-Schälstraße* entwickelt, die an dieser Stelle erwähnt werden soll, weil durch sie eine
wesentliche Verfeinerung und Beschleunigung in der Weiterverarbeitung

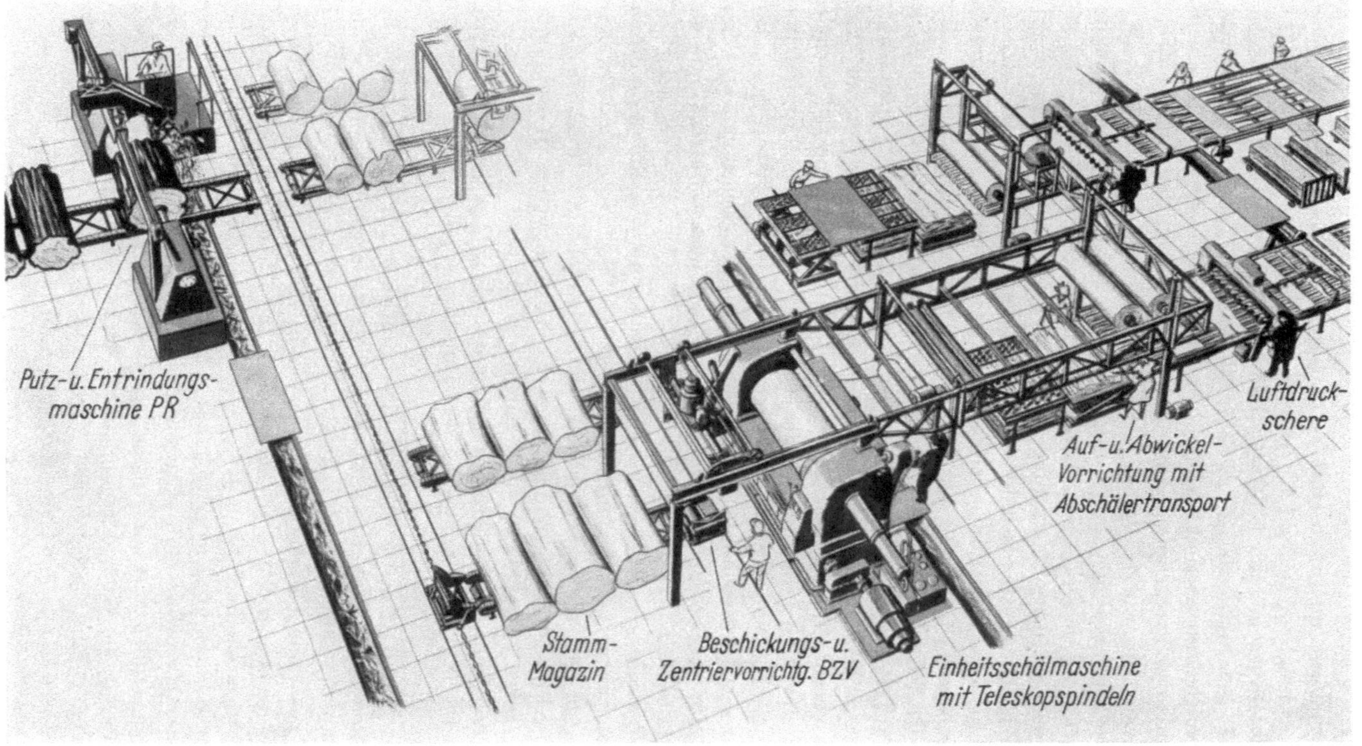

Bild 8.27. Gesamtansicht einer Furnier-Schälstraße. Bauart RFR.

der Furniere hinter der Schälmaschine erreicht wurde. Abhängig von den räumlichen und den Holz-Verhältnissen sind verschiedene Ausführungen möglich. In Bild 8.27 ist eine RFR-Furnier-Schälstraße für Überseeholz gezeigt. Den Anfang bildet die *Putz- und Entrindungsmaschine*, die meist für 2 bis 3 Schälmaschinen ausreicht. Die auf einem Kettentransportband ankommenden Stämme werden von einem Hubtisch so weit angehoben, daß die Stammspindeln den Stamm übernehmen können (siehe Abschn. 4.4). Der entrindete Stamm wird über geeignete Förderbahnen den Stamm-Magazinen vor der Schälmaschine zugeführt und anschließend zentriert (siehe Abschn. 6.2).

Bei der in Bild 8.27 eingefügten *Beschickungs- und Zentriervorrichtung BZV* ist vor der Schälmaschine genügend Platz für den freien Durchgang des Bedienungsmannes, für das Ablegen eines Stammes und gegebenenfalls für den Abtransport der Restrollen, vorhanden.

Die *RFR-Einheitsschälmaschine* ist auf *beiden Seiten mit hydraulisch betätigten Teleskop-Spindeln* ausgerüstet (siehe Abschn. 6.31 und 6.41). Mit ihrer Hilfe kann in dem gezeigten Beispiel zusätzlich ohne Umspannen von rd. 350 mm auf rd. 160 mm Restrollendurchmesser geschält werden. Dadurch fallen zusätzlich etwa 76 m laufendes Furnierband von 1 mm Dicke, oder bei 2500 mm Furnierbreite 190 m² an; das ist etwa der Furnierinhalt einer Buche mittleren Durchmessers. Bei 120 U/min des Stammes beträgt die zusätzliche Schälzeit nur rd. 50 Sekunden.

Das *hydraulische Einspannen* geht schneller als das einseitige durch Elektromotor, und der Stamm sitzt während des Schälvorgangs einwandfrei fest, da der (regelbare) Öldruck die Mitnehmer immer in das Holz hineindrückt. Ein Nachspannen mit der sonst üblichen Handbremse entfällt. Diese Vorteile wiegen die höheren Kosten auf.

Die Schälmaschine wird gewöhnlich mit einer *Andrück-Vorrichtung* ausgerüstet (vgl. Bild 6.50), die das Durchbiegen der Restrollen verhindern soll.

Über Anfall und Verwertung der brauchbaren Furnierstücke, die beim Runden des Stammes entstehen — *der Anschäler* —, wurde schon in Abschn. 7.1 berichtet.

Die zusammenhängenden Furnierbänder werden *auf Haspeln aufgewickelt* (siehe Abschn. 7.3). Beim Anschälen ist die Aufwickelvorrichtung hydraulisch nach oben gezogen, so daß ein etwa 2 m hoher freier Durchgang entsteht. Die gewickelten Furniere werden in ein hoch angeordnetes Haspelmagazin abgegeben und die leeren Haspeln aus dem darunterliegenden Magazin entnommen, wenn die Aufwickelvorrichtung nach unten in die Wickelstellung bewegt wird. Das Haspelmagazin kann den örtlichen und betrieblichen Verhältnissen entsprechend für 6 bis 8 m nutzbare Länge und mehr ausgeführt werden.

Für das *Abwickeln* sind zwei Stationen vorgesehen. Eine befindet sich am Ende des Haspelmagazins, die andere kann über einen Quertransport bedient werden und ist vor der zweiten, parallel zur ersten arbeitenden Furnierschere angeordnet.

Als Furnierscheren sind schnellarbeitende *Druckluft-Scheren LSZ* vorgesehen, die sowohl für das Schneiden von Anschälern als auch von laufenden Bändern geeignet sind (siehe Abschn. 8.225). Sie können die Furniere im Durchlauf — ohne Anhalten des Furnierbandes — schneiden und erreichen Leistungen bis zu rd. 12 000 m laufendes Furnierband in einer Schicht (8 Stunden). Die Scheren sind mit einer automatischen Längenschneideinrichtung mit Schnittfehlerausgleich ausgerüstet. Für das Ablegen und Sortieren der Furniere nach Breite hinter den Scheren sind verschiedene Vorrichtungen in der Entwicklung, die erhebliche Personaleinsparungen bezwecken.

Die Furnier-Schälstraße ermöglicht mit weniger Personal etwa die Verdopplung der Leistung einer Schälmaschine und der Furnierscheren.

8.4 Messerschleifmaschinen

Für das ordnungsgemäße Arbeiten der Furnier-Messer- und -Schälmaschinen sowie der Scheren, ist rechtzeitiges und richtiges Schleifen von Messern, Druckleisten und Gegenmessern unbedingt erforderlich.

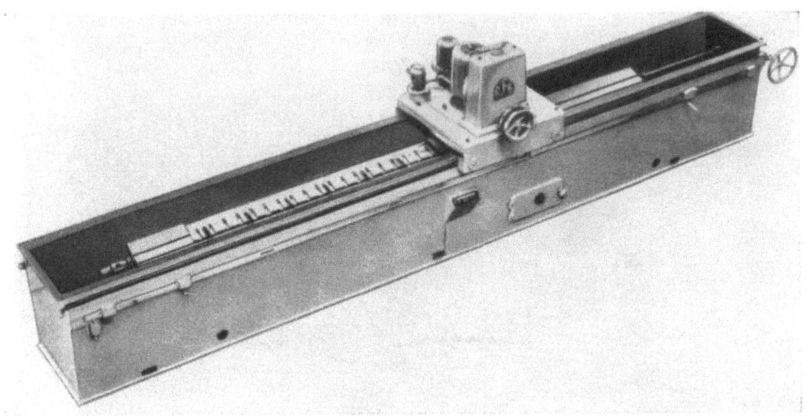

Bild 8.28. Ansicht einer Messerschleifmaschine, Baumuster MV. Bauart RFR.

Es kommt dabei sehr darauf an, daß die Schneidkanten genau geradlinig geschliffen werden, und daß die Schleifwinkel dem Verwendungszweck entsprechen. Die Schleifwinkel müssen nach jedem Schleifen und vor dem Einsetzen der Messer in die Maschine auf ihre Richtigkeit geprüft werden.

Die heute gebräuchliche Bauart der *Messerschleifmaschine* ist in Bild 8.28 gezeigt. Zum Schleifen werden sowohl *Zylinder* als auch *Segmentköpfe* verwendet. Beim Schleifen mit Segmentköpfen ist eine

Bild 8.29. Schleifschlitten der Messerschleifmaschine MV mit zum Auswechseln in waagerechte Stellung gebrachten Schleifzylinder. Bauart RFR.

Bild 8.30. Sonderausführung mit Segment-Schleifkopf und Steinen. Bauart RFR.

bessere Kühlung des Schleifgutes und eine bessere Abführung des Schleifstaubes und der Metallspäne möglich; sie sind deshalb vorzuziehen. Der Trockenschliff ist fast völlig vom Naßschliff verdrängt worden, der eine höhere Schleifleistung bei schonender Behandlung des Stahles ergibt. Das Schleifwasser muß gefiltert werden, und der sich am Boden der Maschine absetzende Schleifstaub ist regelmäßig zu entfernen.

Bild 8.29 und 8.30 zeigen den Schleifsupport mit Schleifzylinder und Segmentschleifkopf.

Der Antrieb des Supportes erfolgt mit einer Reibrolle. Alle Antriebsteile und Führungen sind so angeordnet, daß sie gegen Verschmutzung weitgehend geschützt sind. Der Schleifschlitten läuft auf Kugellagern; die Führungsbahnen haben auf der Lauffläche austauschbare Stahlbänder. Einen Querschnitt durch die Maschine gibt Bild 8.31 wieder.

Die Schleifmaschinen werden in Längen bis zu rd. 5600 mm hergestellt.

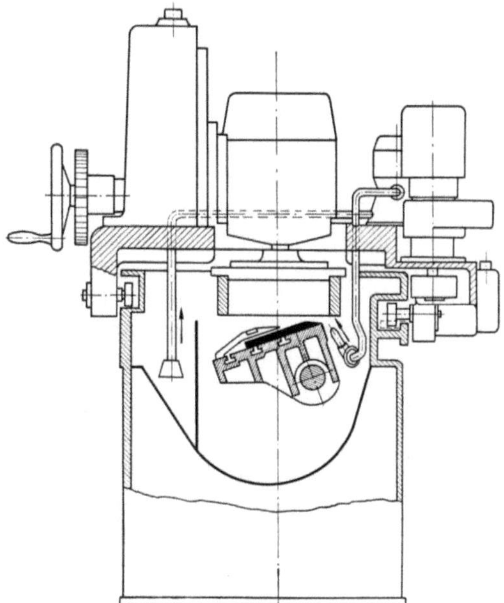

Bild 8.31. Schematischer Querschnitt durch die Messerschleifmaschine MV. Bauart RFR.

9. Trocknen der Furniere

Von **Franz Kollmann**, München

9.1 Allgemeine Gesichtspunkte

Unmittelbar nach dem Messern oder Schälen ist die *Feuchtigkeit der Furniere* sehr hoch. Sie schwankt dabei nach Holzart, Kern- und Splintanteil, Vorbehandlung durch Dämpfen oder Kochen und liegt zwischen 30 und 110%. Die hohe Holzfeuchtigkeit äußert sich auch im hohen Gewicht der schälnassen Furniere. Schälnasse Birkenfurniere wiegen etwa 910 kg/m³, Okoumé-Furniere um 600 kg/m³, Kieferfurniere etwa 830 kg/m³. Eine rasche Trocknung ist in jedem Fall erforderlich, und zwar um die Weiterverarbeitung zu ermöglichen und um Befall durch Schimmelpilze oder holzzerstörende Pilze oder Verfärbungen durch chemische Reaktionen auszuschalten.

Während man *gemesserte Edelholz-Furniere*, insbesondere solche mit starker Maserung, besonders sorgsam vorwiegend in Trockenschuppen bei natürlicher Belüftung trocknet, werden in Mitteleuropa und den Vereinigten Staaten von Nordamerika Furniere für Sperrplatten ausschließlich künstlich getrocknet. Die früher in Osteuropa und im Balkan

vorherrschende Verleimung nasser Furniere wird auch in diesen Ländern
mehr und mehr wegen der damit verbundenen schweren technischen
Mängel verlassen.

Während bei *Messerfurnieren* die *Endfeuchtigkeit* zwischen 8 und 12%
liegen soll, werden die *Furniere für Sperrholz* in der Regel auf 6 bis 8%,
bezogen auf das Darrgewicht, getrocknet. Gleichmäßige Feuchtigkeit
der Furniere ist entscheidend für das Stehvermögen der daraus gefertigten Sperrplatten. Mit Rücksicht auf die Betriebswirtschaftlichkeit sollen
die Furniere so rasch wie möglich getrocknet werden, ohne daß sie
freilich dabei Schaden erleiden dürfen. Ferner ist es erwünscht, daß
sich die Furniere beim Trocknen nicht wellen. Eine ganze Reihe von
verschiedenen Furniertrocknern wurde im Laufe der Zeit entwickelt,
wobei die Technik gerade in den letzten Jahren wesentlich bereichert
wurde.

9.2 Furnier-Trockenschuppen

Wie einleitend erwähnt wurde, werden die besonders empfindlichen
Messerfurniere, die zum größten Teil keine höheren Temperaturen vertragen, in *Trockenschuppen* ge-
trocknet. Bei großen Furnierwerken nehmen diese Gebäude
einen sehr beträchtlichen Umfang an, sie erhalten außen
einen dunklen Farbanstrich, damit sie sich unter der Einstrah-
lung der Sonne möglichst hoch
erwärmen. Auf allen Seiten sind
Wanddurchbrüche oder Blenden

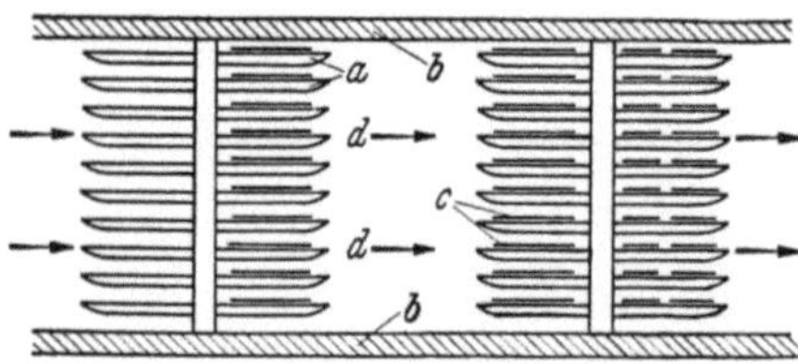

Bild 9.1. Schematische Darstellung der Hürdenrechen.
a Rechen, *b* Trockenschuppen, *c* Furniere,
d Luftstrom.

anzubringen, die in den warmen Jahreszeiten je nach Temperatur und
Windrichtung geöffnet werden, um die Trocknung zu beschleunigen. Im
Winter ist *Beheizung* erforderlich, jedoch soll die Temperatur nicht
über 30 °C steigen und die relative Luftfeuchtigkeit nicht unter 50%
sinken. Während die Furniere früher meist mit Klammern an gespannten
Drähten aufgehängt wurden, werden sie jetzt in *Hürdenrechen* eingelegt
(Bild 9.1). Angaben über die Trocknungszeiten sind unmöglich, da sie
von zu vielen Faktoren (Holzart, Furnierdicke, Witterungsverhältnisse)
abhängen.

9.3 Furnier-Trockenkammern und -kanäle

Furnier-Trockenkammern (Bild 9.2) entsprechen in wesentlichen Einzelheiten
den üblichen Trockenkammern für Schnittholz, jedoch mit folgenden Unterschieden:

1. Die *Gebläse* müssen etwa doppelt so leistungsfähig sein wie bei der Schnittholztrocknung, da die Furniere mit ihren geringen Holzdicken und der starken

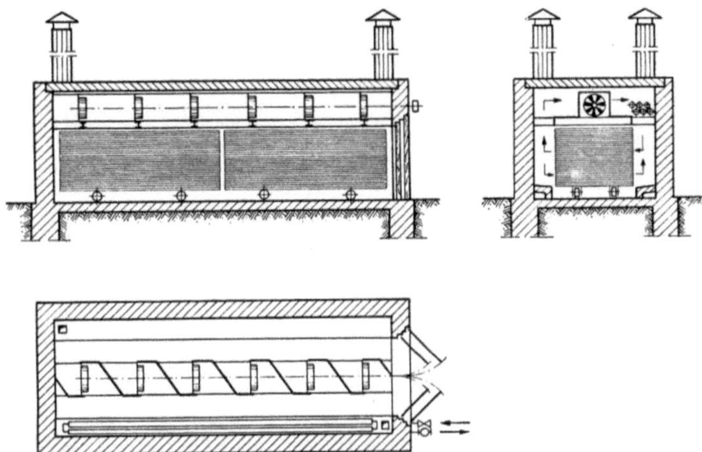

Bild 9.2. Schematischer Aufriß, Querschnitt und Grundriß einer Furnier-Trockenkammer. Bauart B. Schilde A. G., Bad Hersfeld.

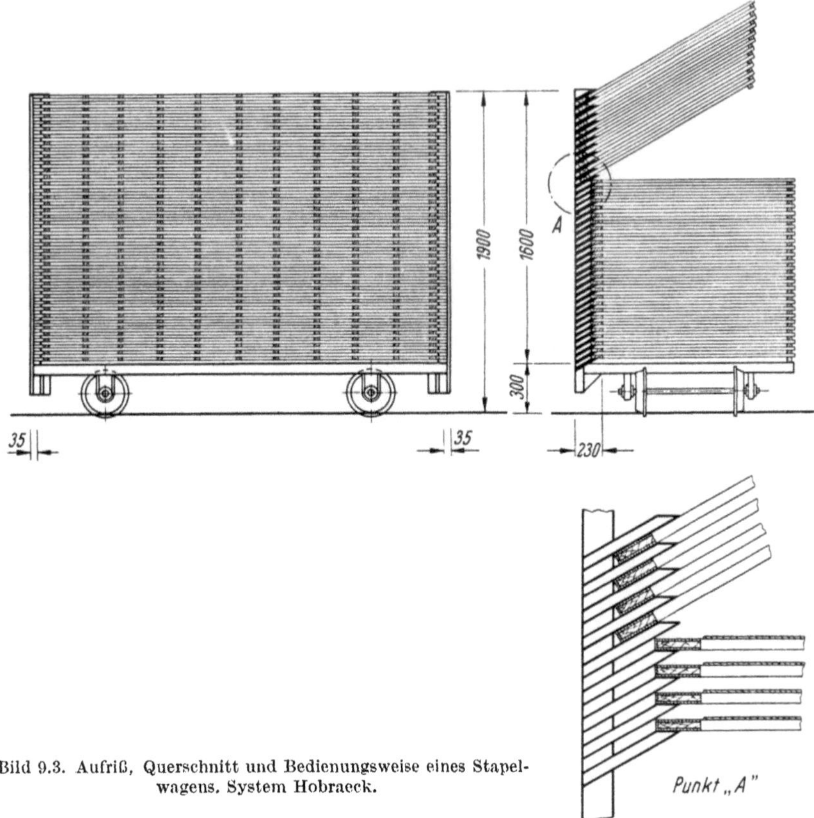

Bild 9.3. Aufriß, Querschnitt und Bedienungsweise eines Stapelwagens. System Hobraeck.

Gefügeauflockerung durch das Schälen nur niedrigen Diffusionswiderstand bieten und dadurch sehr große Verdunstungsleistungen ermöglichen. Die Luftgeschwindigkeiten sollen mindestens gleich groß oder besser höher sein als bei der Schnittholztrocknung.

2. Die *Heizflächen* müssen größer sein, um die für die höhere Wasserverdunstung erforderliche Wärme abzugeben.

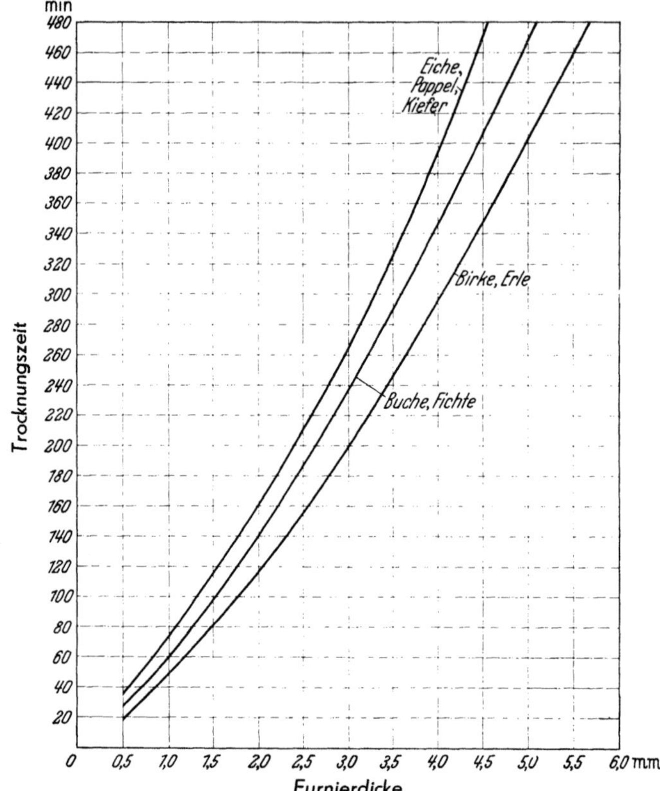

Bild 9.4. Abhängigkeit der Trocknungszeit von Holzart und Furnierdicke in Furnier-Trockenkanälen (Nach B. Schilde A. G., Bad Hersfeld).

Gestapelt werden die Furniere auf *Wagen (fahrbaren Stapelgestellen)*. Die einfachste, meist angewendete Bauart besitzt seitlich auskragende Auflagestäbe, auf welche die Furniere gelegt werden, und zwar dickere Absperrfurniere einfach, dünnere Deckfurniere zwei- oder mehrfach. Die Gestelle sind meist in Holz ausgeführt, bei höheren Ansprüchen auch in Stahl, da sich dadurch kleinere Abstände und so ein größeres Fassungsvermögen erzielen lassen. Für besonders wertvolle Edelfurniere sind Spezial-Stapelwagen (z. B. System Hobraeck, Bild 9.3) in Anwendung, die schonende Behandlung der Furniere beim Ein- und Ausstapeln, besseres Planhalten während der Trocknung und rascheres Ein- und Ausstapeln ermöglichen.

Gelegentlich werden *Furnier-Trockenkanäle* verwendet, wobei die einzelnen Stapelwagen schrittweise den Kanal durchlaufen, dessen Klima von der Einlauf-

zur Auslaufseite abgestuft ist. Bild 9.4 gibt Trocknungszeiten für einen Furnier-Trockenkanäle wieder. Es gibt auch Furnier-Trockenkanäle mit Längsbelüftung, die mit sehr niedrigen Temperaturen arbeiten. Bei allen Kanälen besteht die Gefahr, daß die Furniere auf der Einfahrseite infolge der dort zu hohen relativen Luftfeuchtigkeit Schaden erleiden.

Sowohl Furnier-Trockenkammern, als auch -kanäle sind heute weitgehend außer Gebrauch gekommen. Neue derartige Anlagen werden (außer vielleicht in Australien) nicht mehr gebaut. Vorhandene Anlagen wurden vielfach der Schnittholztrocknung zugeführt und durch Durchlauftrockner ersetzt. Folgende Gründe sind dafür zu nennen:

a) Geringe Furnierqualität, Verwerfungen durch unzulängliche Einspannung während der Trocknung,

b) Furnierschäden, insbesondere Verfärbungen an den Auflagestellen,

c) Ungleichmäßige Trocknung, vor allem bei Mehrlagenstapelung,

d) Hoher Arbeits- und damit Lohnaufwand beim Ein- und Ausstapeln,

e) Keine wesentlich niedrigeren Anschaffungskosten im Vergleich zu neuzeitlichen Durchlauftrocknern, wenn außer der trockentechnischen Kammerausrüstung auch die Kosten für Trockenkammer-Bauwerke, Stapelwagen und Raumbedarf einwandfrei veranschlagt werden.

(Kleinst-Anlagen bleiben hier außer Betracht.)

9.4 Furnier-Durchlauftrockner

9.41 Allgemeine Anforderungen

Für die neuzeitliche Sperrholzindustrie mit ihrer großen Produktion und ihren hohen Güteansprüchen scheiden die in Abschn. 9.3 besprochenen Kammer- und Kanaltrockner aus den angegebenen Gründen aus. Hierfür wurden deshalb Trocknungsmaschinen entwickelt, die folgenden Forderungen genügen müssen [*9.2*]:

1. Kurze Trocknungszeiten.
2. Große Leistungen bei geringem Platzbedarf.
3. Niedriger spezifischer Wärmeverbrauch.
4. Automatisches Arbeiten.
5. Gleichmäßige Trocknung der Furniere über die ganze Fläche.
6. Rißfreiheit und Glätte der Furniere nach der Trocknung.

Allgemein handelt es sich dabei um *Durchlauftrockner*, die aus *kanalartigen*, gut gegen Wärmeverluste *isolierten Gehäusen* mit *Innenbeheizung und -belüftung* bestehen, durch welche die Furnierblätter mittels entsprechender Fördereinrichtungen (*Rollenbahnen* oder *endlosen Drahtgewebebändern*) stetig hindurchbewegt werden. Die *Beheizung* kann durch Dampf, Heißwasser, Öl, Gas oder elektrischen Strom erfolgen. In der deutschen Sperrholzindustrie herrschen dampf- oder heißwasserbeheizte Durchlauftrockner vor. Die heute üblichen Schlangenrohr-Heizregister gestatten jederzeit eine Umstellung von Dampf- auf Heißwasserbetrieb, der in der Regel wärmewirtschaftlich günstiger ist. Erforderlich ist für normale Leistungen Dampf von 9 bis 10 atü Spannung oder Heißwasser von mindestens 180 °C Temperatur. Hierfür ist die Druckstufe DIN ND 16 ausreichend. Die damit erzielbaren Trocknungstemperaturen sind bei fast allen Holzarten anwendbar. Niedrigere Heizmitteltemperaturen führen zu erheblichem Rückgang der Leistung (bei 0,5 atü Abfall sinkt die Leistung um etwa 50%). Die höchsten Heizmitteltemperaturen vertragen Nadelhölzer sowie Holz mit besonders hoher Anfangsfeuchtigkeit. Über 180 °C *Trocknungstemperatur* geht man aber in Deutschland nicht hinaus, während in USA Oregon Pine mit bis zu 205 °C getrocknet wird. Allerdings ist dabei Brandgefahr möglich. Tatsächlich haben sich in USA hin und wieder Trocknerbrände ereignet [*9.4*].

Direkte Öl- und Gasbeheizung bringt erhöhte Brandgefahr und Verschmutzung durch Rußbildung mit sich. Trotzdem haben sich derartig beheizte Durchlauftrockner in USA unter bestimmten Voraussetzungen bewährt. Indirekte Öl- und Gasbeheizung, wobei die Heißluft außerhalb des Trockners erzeugt wird, bringt kaum Vorteile in Anlage- und Betriebskosten gegenüber der Verwendung öl- oder gasbefeuerter Kessel zur Dampf- oder Heißwassererzeugung mit sich.

Elektrische Beheizung kommt nur in Sonderfällen, z. B. zum Nachtrocknen von Kunstharzauftrag oder bei besonders niedrigen Stromkosten in Frage.

Bei der *Belüftung* unterschied man lange nur zwischen Längs- und Querbelüftung. Erst vor kurzem ist man mit großem Erfolg zur senkrechten Beaufschlagung der Furniere mit der Trocknungsluft über Düsen übergegangen.

9.42 Furnier-Durchlauftrockner mit Längs- und Querbelüftung

9.421 Furnier-Rollenbahntrockner

Bei den *Rollenbahntrocknern* (so bezeichnet nach VDMA-Einheitsblatt statt wie früher üblich Walzenbahn- oder Rollentrockner) besorgen feststehende Rollenpaare, die in bestimmten Abständen angeordnet sind und mittels *Ketten* über ein *stufenloses Getriebe* angetrieben werden, die Fortbewegung der Furniere. Die Zwischenräume zwischen den Rollenpaaren sind bei einer Bauart (Benno Schilde Maschinenbau A. G., Bad Hersfeld) durch sogenannte *Leitkästen* überbrückt, die einmal die Furnierführung verbessern, zum andern durch ihre Formgebung die kräftige Bespülung der Furniere auf ihrer Ober- und Unterseite mit der Trocknungsluft fördern. Eine andere Firma (G. Siempelkamp, Krefeld) baut ihre Rollenbahntrockner als Standardmodell mit 85 mm Rollenabstand für Furniere mit mehr als 1 mm Dicke. Ein anderes Baumuster hat 40 mm Rollenabstand und dient zur Trocknung von Furnieren bis herab zu 0,4 mm Dicke. Allgemein ist zu sagen, daß der *Glätteffekt* der Rollen auf die Furniere bei kleinem Abstand größer ist als bei weitem, daß aber ein größerer Abstand die Luftführung erleichtert und die Trockner billiger macht [*9.13*].

Die Rollenbahntrockner ermöglichen einwandfreien Transport der Furniere nur, wenn sie in Längsrichtung aufgegeben werden und nicht zu brüchig sind. Im allgemeinen soll die Furnierdicke nicht unter 1 mm liegen. Dünnere Furniere setzen besonders gute Beschaffenheit voraus, können aber trotzdem Störungen verursachen, wenn sie zu stark durchhängen und statt zwischen die Rollen unter diese gelangen, wodurch es rasch zu einer Verstopfung kommt, die erhebliche Furnierverluste durch die unvermeidlichen Bruchschäden nach sich zieht und sich außerdem nur mit großem Zeitaufwand beheben läßt [*9.6*].

Alle Durchlauftrockner besitzen kanalartige Gehäuse, die aus einzelnen Stahlblechtafeln mit hochwertiger Wärmeisolierung hergestellt sind. Der Trocknungsraum ist durch eine Reihe von Türen leicht zugänglich. Die wirksame *Trocknerlänge* richtet sich nach den Betriebsverhältnissen; sie liegt in Mitteleuropa in der Regel zwischen 8 und 30 m. In USA werden bis zu 45 m erreicht. Je länger der Trockner ist, desto besser wird — außer bei ganz dünnen Furnieren — die Qualität der Trocknung. Die Anwendung längerer Furniertrockner mit in Längsrichtung unterteilten Luftführungen läßt sich deshalb auch für europäische Verhältnisse empfehlen, zumal sich dadurch die Trocknerleistung erhöht [*9.5*].

Als *Arbeitsbreiten* der Rollenbahntrockner sind in Deutschland für kleine Furniertrockner 2 bis 2,7 m, für normale Rollenbahntrockner 4 bis 4,5 m üblich; vorherrschend dürften 4 m sein. Die Gesamtbreite derartiger Trockner liegt zwischen etwa 4,1 und 6,2 m. Die Höhe richtet sich nach der *Etagenzahl* der Rollenbahnen. Vier Etagen überwiegen, jedoch werden sowohl in Deutschland, als auch im Ausland Rollenbahntrockner mit 2, 3, 5, 6 und sogar mehr Etagen gebaut. Ein Trockner mit vier Etagen hat beispielsweise eine Höhe über alles von 3,3 m.

Bei der *Längsbelüftung* von Rollenbahntrocknern, z. B. Bauart G. Siempelkamp & Co., Krefeld (Bild 9.5) und Coe Manufacturing Co., Painsville, Ohio (Bild 9.6), strömt die Luft entgegengesetzt der Bewegungsrichtung der Furniere durch den Trockner. Infolge des Gegenstromprinzips kommen die nassen Furniere an der Aufgabeseite zunächst mit der feuchten Abluft in Berührung und stoßen erst im weiteren Verlauf auf immer trocknere Luft.

Bei der *Querbelüftung*, Bauart Benno Schilde Maschinenbau A. G., Bad Hersfeld (Bild 9.7), wird die Warmluft seitlich in den Trockner geblasen. Sie trifft auf der einen Seite der Furniere auf und wird an der anderen abgesaugt. Dies kann u. U. dazu führen, daß Feuchtigkeitsunterschiede über der Furnierbreite auftreten und Trocknungsspannungen verursachen. Bei den Schildetrocknern ist dies aber durch die schon erwähnten Leitkästen, welche die Luftführung verbessern sowie durch seitlich angebrachte, verstellbare *Luftleitbleche* vermieden. Gebläse, auf einer

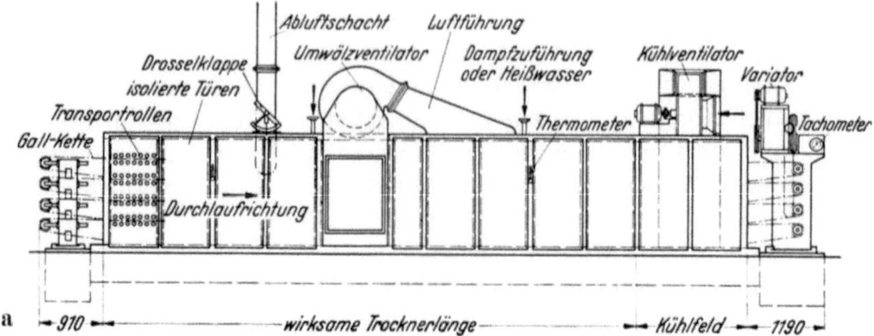

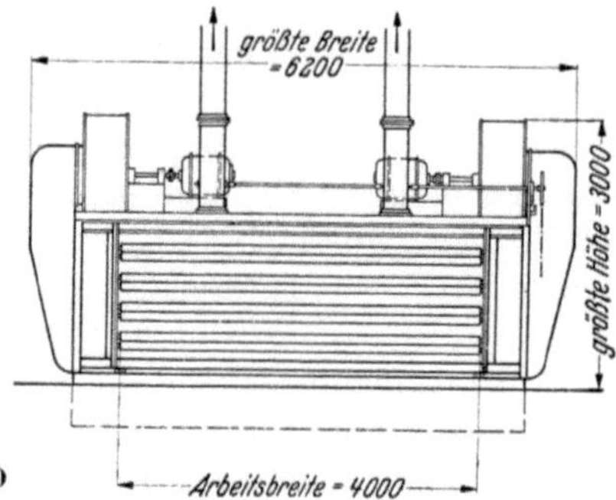

Bild 9.5 a u. b. Schematischer Längsschnitt (a) und Querschnitt (b) durch einen Furnier-Rollenbahntrockner. Bauart G. Siempelkamp & Co., Krefeld.

Bild 9.6. Ansicht eines Rollenbahntrockners mit unmittelbarer Ölbeheizung und Beschickungseinrichtung. Bauart COE Mfg. Co., Painsville, Ohio.

gemeinsamen durchlaufenden Welle angeordnet, und Heizbatterien sind bei den Rollenbahntrocknern mit Querbelüftung im Innern des Gehäuses oberhalb der Bahnen über die Trocknerlänge verteilt, untergebracht. Dies ermöglicht eine geschlossene, glatte, gut isolierte Bauart. Die einzelnen Heizbatterien werden in ihrer Größe dem örtlichen Wärmebedarf angepaßt.

Alle Rollenbahntrockner sind in der Längsrichtung in *Felder* (*Sektionen*) unterteilt. Ein normales Feld hat 2 m Länge, bei Kleinst-Furniertrocknern 1,5 m. Die Trockner lassen sich durch Anbau weiterer Felder leicht verlängern und in ihrer Leistung steigern. Bei den querbelüfteten Rollenbahn-Trocknern ist die Verlängerung etwas einfacher durchzuführen, da jedes Feld sein eigenes Gebläse besitzt. Hinter dem eigentlichen Trockner ist ein *Kühlfeld* angebracht, in dem die Furniere mit Frischluft auf Raumtemperatur abgekühlt werden.

Die Antriebsgeschwindigkeit der Rollenpaare muß je nach Holzart, Feuchtigkeit und vor allem Furnierdicke eingestellt werden. Dazu dient ein *Variator*, der innerhalb gewisser Grenzen stufenlose Regelung gestattet. Die Geschwindigkeit kann an einem großen Tachometer abgelesen werden. Zu beachten ist, daß bei Inbetriebnahme eines Trockners das Getriebe so einzustellen ist, daß sich eine *Durchlaufzeit* von mindestens 15 bis 20 min ergibt. Erst nach Anlaufen des Transportsystems ist das Getriebe auf die gewünschte schnellere Durchlaufzeit herunter-

14 Kollmann, Furniere

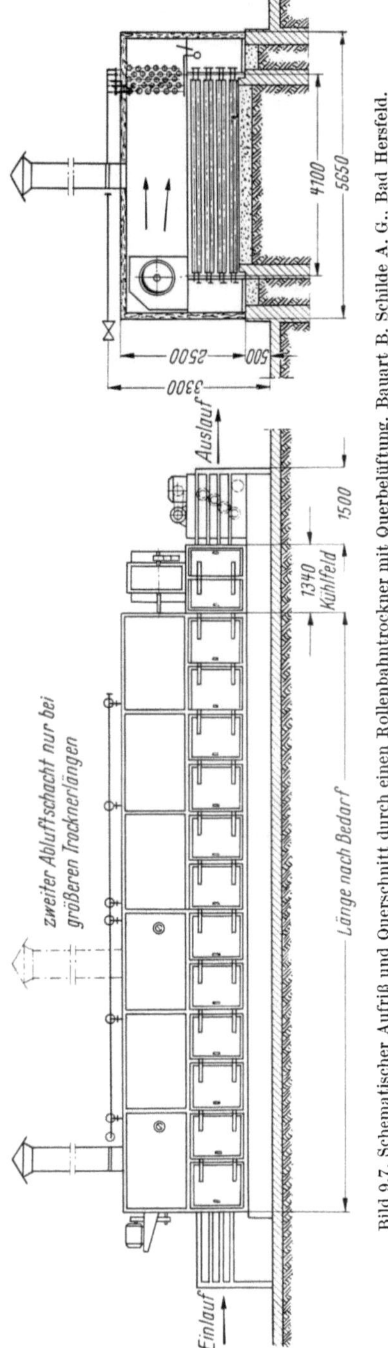

Bild 9.7. Schematischer Aufriß und Querschnitt durch einen Rollenbahntrockner mit Querbelüftung. Bauart B. Schilde A. G., Bad Hersfeld.

zuregeln. Anhaltspunkte für Trocknungszeiten in Rollenbahntrocknern
geben Bild 9.8 und Tab. 9.1.

Die schon erwähnten sehr hohen Trocknungstemperaturen für Oregon pine-
Furniere in USA ermöglichen dort außerordentlich kurze Trocknungszeiten, z. B.
für Oregon pine-Kernfurniere [*9.4*]

> 2,5 mm dick bei 165 bis 180 °C
> auf 5 bis 8% Endfeuchtigkeit   5 min
> 2,5 mm dick bei 165 bis 205 °C
> auf 1,5 bis 4% Endfeuchtigkeit   7 min.

Im allgemeinen werden in USA die Oregon pine-Furniere mit Rücksicht auf
die Flüssigharz-Verleimung auf 1,5 bis 2% Feuchtigkeit heruntergetrocknet. Bei
Verarbeitung von Sojabohnenleim werden die oben zuerst genannten Feuchtigkeiten zwischen 5 und 8% angestrebt. Splintholzfurniere werden etwa doppelt
so lange getrocknet wie Kernholzfurniere. Man trennt Splint- und Kernholzfurniere
deshalb sorgfältig vor der Trocknung.

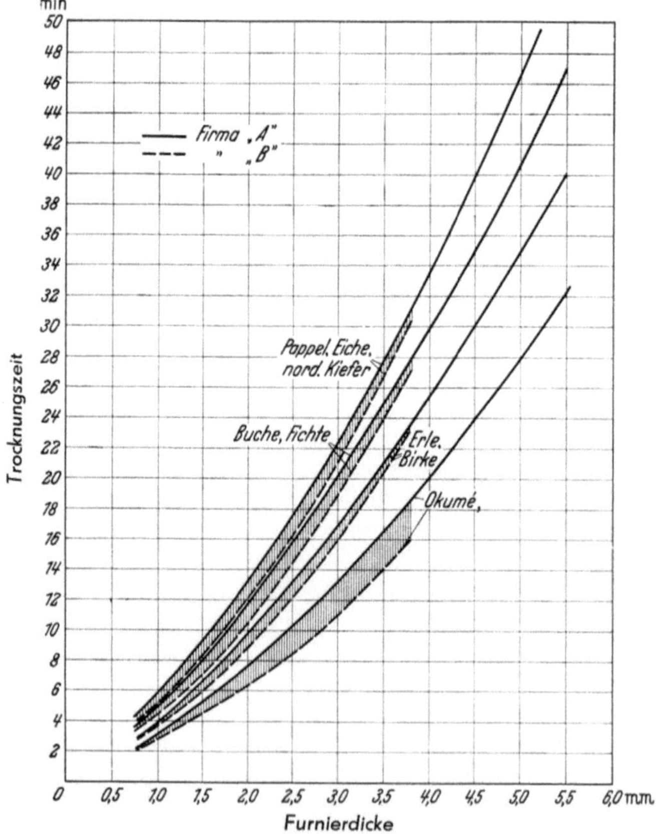

Bild 9.8. Trocknungszeiten in Abhängigkeit von Holzart und Furnierdicke in Rollenbahntrocknern.

Tabelle 9.1. *Leistungszahlen von Rollenbahntrocknern*

Furnier-		Anfangs-feuchtigkeit %	End-feuchtigkeit %	Wasser-verdampfung kg/m³	Temperatur °C	Durchlauf-(Trocknungs-) Zeit min
art	dicke mm					
			Rollenbahntrockner der Firma A.			
Birke	1,5	—	—	Bi 360 bis 400	125 bis 145	8 bis 13
Erle	3,0	—	—	Erle ∼ 330	125 bis 145	∼22
	4,5	—	—		125 bis 145	40
Buche	1,5	—	5 bis 7	∼ 360	100 bis 140	8
„	3,0	—	5 bis 7	∼ 360	100 bis 140	23
Eiche	1,0	—	—	∼ 400	∼ 85	5
Okoumé	1,0	—				4
„	2,0	—				8
„	3,0	—	4 bis 5	220 bis 240	130 bis 150	13
„	4,0	—				18
Pappel	1,5	—			120 bis 150	10
„	3,0	—	8 bis 9	340 bis 500		23
„	4,0	—				32
			Rollenbahntrockner der Firma B.			
Buche	1,8	99,4	4,5	—	140	9,5
Eiche	0,8	80	8,4	—	90	7
„	1,0	68,1	8,2	—	140	4
Erle	1,44	—	2,5	—	148	10
Fichte	3,0	112,7	2,1	—	165	23
Okoumé	2,0	46,3	4,2	—	140	6
„	3,0	32	0	—	145	13
Kiefer	1,75	—	4,2	—	145	15
Nußbaum	0,8	65,7	8,2	—	140	2,5
Pappel	3,0	59,2	3,7	—	140	14

Die *Leistung eines Rollenbahntrockners* und die für eine bestimmte Trocknungsleistung erforderliche Trocknerlänge lassen sich mit folgenden Formeln berechnen [*9.6*]:

$$F = L \cdot B \cdot e \cdot c \cdot \frac{60}{Z} \text{ in m}^3/\text{h} \quad \text{oder} \quad Q = F \cdot s = L \cdot B \cdot e \cdot c \cdot s \frac{60}{Z} \text{ in m}^3/\text{h} \, [1][2]$$

und daraus

$$L = \frac{F \cdot Z}{B \cdot e \cdot c \cdot 60} \text{ in m,} \qquad\qquad [3]$$

worin bedeuten

F = Trocknungsleistung Furniere in m²/h

Q = Trocknungsleistung Furniere in m³/h

L = Belüftete Trocknerlänge (ohne Kühlfeld) in m

B = Arbeitsbreite im Trockner in m

e = Anzahl der Rollenbahn-Etagen

c = Bahnbelegung (Bedeckungsfaktor) des Trockners = 0,65···0,80

Z = Trocknungszeit in min

s = Furnierdicke in m.

Für den Antrieb der Rollen ist eine *Leistung* von 1,5 bis 4,5 kW, für die Bewegung der Luft im Trockner und Kühlfeld von 20 bis 30 kW erforderlich. Der spezifische *Dampfverbrauch*, der noch vor 15 Jahren bei etwa 2 bis 2,5 kg je kg Wasserentzug lag, ist jetzt durch bessere wärmetechnische Ausführungen auf etwa 1,75 bis 2,0 kg je kg Wasserentzug gesenkt worden.

9.422 Furnier-Bandtrockner

Die *Bandtrockner* bestehen zunächst aus den für Durchlauftrockner üblichen Kanälen mit künstlicher Belüftung und Beheizung, in denen als Fördermittel paarweise zusammenwirkende endlose Drahtgewebebänder eingebaut sind, zwischen denen die Furniere durch den Trockner geschoben werden. Die Bänder werden durch angetriebene Walzen getragen und in Umlauf versetzt. Die Durchlaufgeschwindigkeit kann mittels eines stufenlos regelbaren Getriebes wie bei den Rollenbahntrocknern verändert werden.

Die frischen Furniere werden an den Stirnseiten des Trockners auf den oberen ziehenden Teil der Bänder aufgelegt. Durch entsprechende Führung ist dafür gesorgt, daß die Bänder den Furnieren eine ebene, feste Unterlage bieten, während *federnde Zwischenglieder* den als Niederhaltungsgewebe wirkenden unteren, gezogenen Teil des darüberliegenden Bandes gegen die Furnieroberseite drücken unabhängig von Furnierdicke und Dickenschwindung. Die Bandtrockner ermöglichen durch diese Bauweise völlig störungsfreien Transport auch empfindlicher Furniere. Sie haben sich in Furnierwerken besonders zur Trocknung langer Messerfurniere in Queraufgabe bewährt.

Die Bandtrockner mit *Querbelüftung* werden in der Regel mit vier oder fünf Durchlaufbahnen hergestellt. Bei der Bandführung gemäß Bild 9.9 laufen je zwei übereinanderliegende Bänder im entgegengesetzten Sinne um. Daraus ergibt sich die Notwendigkeit, die Trockner im Betrieb so anzuordnen, daß sie auf beiden Stirnseiten sowohl beschickt, als auch entladen werden können. Diese Bandtrockner-Bauart kann sich für Betriebe empfehlen, bei denen Mangel an Bodenfläche besteht.

Bild 9.10 zeigt demgegenüber den Schnitt durch einen Bandtrockner, dessen Bandführung den Furnierdurchlauf in drei Bahnen in einer Richtung gestattet. Der Trockner ohne Kühlfeld besteht aus zehn *Sektionen*; die Art der Belüftung durch seitlich liegende Axialgebläse von großem Durchmesser mit verhältnismäßig niedriger Drehzahl ist aus Bild 9.10 zu ersehen. Bild 9.11 stellt schematisch den Querschnitt durch einen Bandtrockner mit vier Bahnen und Belüftung durch oben liegende Radialgebläse dar. Man beachte die Leitflächen rechts im Bild in dem freien Raum unter dem Heizregister, die eine gleichmäßige Umleitung der Trocknungsluft ohne Wirbelbildung herbeiführen.

Die Bandtrockner haben einen *sehr großen Verwendungsbereich*. Man kann mit ihnen nahezu alle Trocknungsaufgaben der Furnier- und Sperrholzindustrie lösen. Beim Trocknen sehr verschiedenartiger Formate (vor allem auch kleiner) sind Bandtrockner in Ausnutzung und Betrieb die wirtschaftlichsten Maschinen.

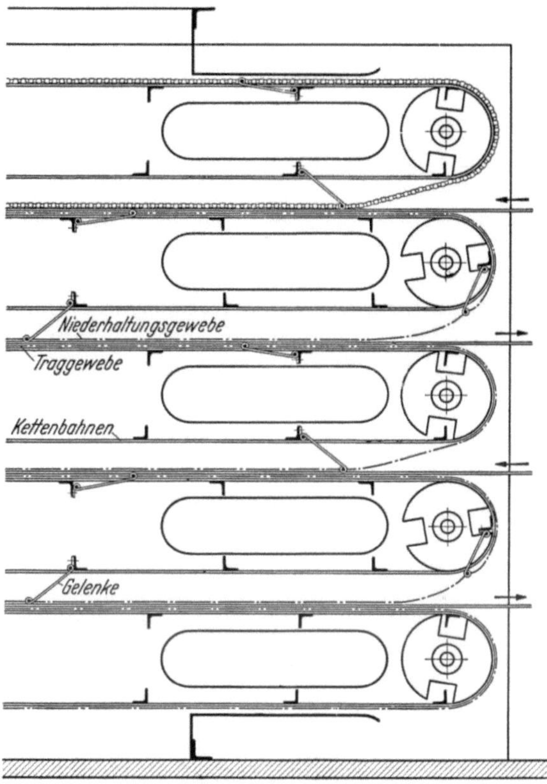

Bild 9.9 Schema der Bandführung in einem Bandtrockner mit 5 Durchlaufbahnen; Gegenlauf der Furniere.

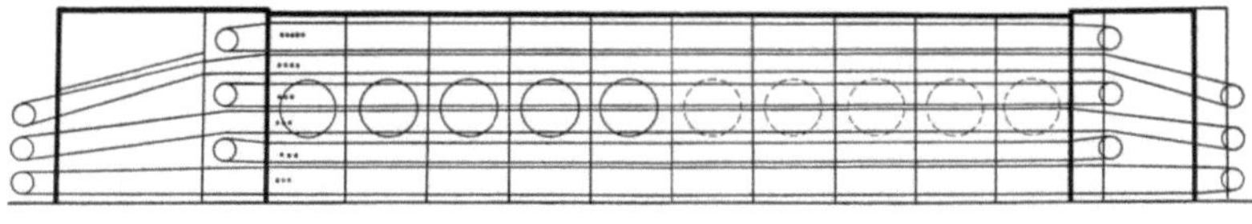

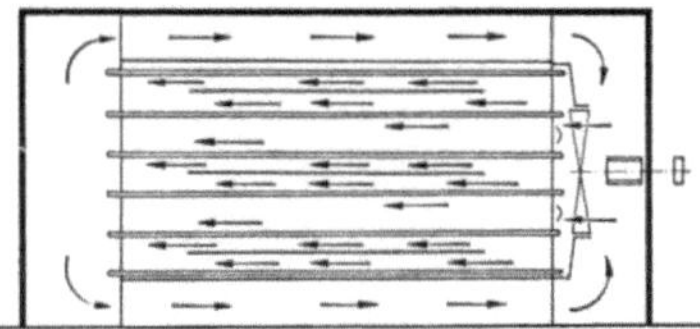

Bild 9.10. Schema der Bandführung in einem Bandtrockner mit 3 Durchlaufbahnen; Gleichlauf der Furniere. Bauart Proctor & Schwartz Inc., Philadelphia, Pa.

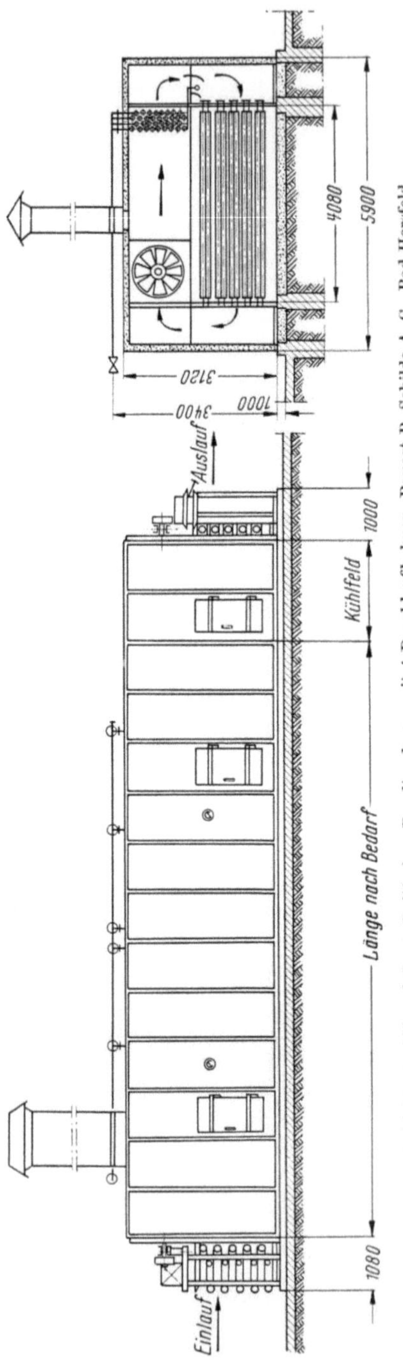

Bild 9.11. Aufriß und Querschnitt eines Bandtrockners mit 4 Durchlaufbahnen. Bauart B. Schilde A. G., Bad Hersfeld.

Um möglichst glatt liegende Furniere zu erhalten, soll mit möglichst *hoher relativer Luftfeuchtigkeit* gefahren werden. Durch entsprechende Einstellung der Abluftklappe hat man weitgehende Regelmöglichkeiten. Tritt allerdings Dampf am Einlaß und Auslauf des Trockners aus (der die bedienenden Arbeiter belästigen kann), so muß die Klappe etwas weiter geöffnet werden. Bei empfindlichen Furnieren sollen die Trocknungstemperaturen nicht zu hoch sein; in jeder einzelnen Trockenzone können die Heizbatterien mit Regelventilen entsprechend eingestellt werden.

Die im Ein- und Auslaufkopf eingebauten *Band-Leithölzer* (aus Preßvollholz) sind anfangs wöchentlich zweimal, dann wöchentlich einmal zu kontrollieren. Sind diese Leitorgane mehr als 5 mm eingeschliffen, so müssen sie ausgewechselt werden. Es ist darauf zu achten, daß die Bänder nie ganz straff längengespannt werden, da dies ihre Führung durch die Leitorgane außerordentlich erschwert. Die längs durch den Trockner laufenden Antriebsketten werden mit Hilfe einer Ölpumpe geschmiert. Überreichliches *Schmieren* ist zu unterlassen, da es Verschmutzung der Transportbahnen und damit auch der Furniere bewirkt. Bandtrockner sollen in der ersten Zeit nach der Inbetriebnahme weder mit zu kleinen Durchlaufzeiten (6 min und weniger), noch zu großen gefahren werden. Erst nachdem sich die Bänder gelängt haben, kann nötigenfalls auf höhere Bandlaufgeschwindigkeiten übergegangen werden. Gelängte Bänder sind an den Umkehrwalzen nachzuspannen. Ohne dazwischenliegende Furniere

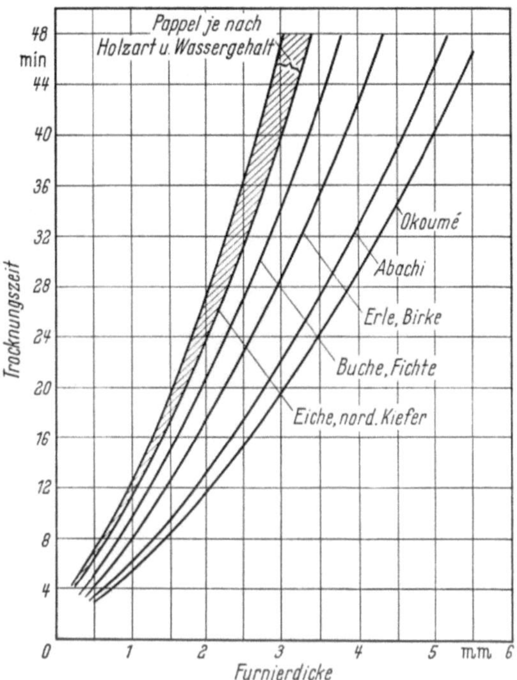

Bild 9.12. Abhängigkeit der Trocknungszeit von Holzart und Furnierdicke in Bandtrocknern.

Tabelle 9.2. *Leistungszahlen für Bandtrockner*

Furnierart	dicke mm	Anfangsfeuchtigkeit %	Endfeuchtigkeit %	Wasserverdampfung kg/m³	Temperatur °C	Durchlauf(Trocknungs-) Zeit min
			Bandtrockner der Firma A.			
Birke	1,5	∼60	6 bis 8	—	105 bis 140	19
Buche	1,5	∼50	5 bis 7	—	∼80	22
Buche	3,0	∼50	5 bis 7	—	∼80	35
Buche	5,0	∼40	4	—	80 bis 90	74,5
Eiche	0,8	∼42	5 bis 7	—	∼100	4
Eiche	1,3	∼42	5 bis 7	—	∼100	10
Erle	1,5	∼44	5 bis 7	—	95 bis 100	16
Okoumé	1,5	—	6 bis 8	220 bis 240	∼100	13 bis 18
Okoumé	2,5	—	6 bis 8	220 bis 240	∼110	28 bis 37
Okoumé	4,0	—	6 bis 8	220 bis 240	∼110	44 bis 55

dürfen die Transportbänder höchstens kurzfristig laufen, da dabei die Gefahr einer seitlichen Verschiebung der Bänder besteht.

Anhaltspunkte für erreichbare *Trocknungszeiten* in Bandtrocknern mit Querbelüftung geben Bild 9.12 und Tab. 9.2 wieder.

Leistung und Trocknerlänge lassen sich mit den in Abschn. 9.421 mitgeteilten Formeln überschlagen. Auch für die Antriebsleistungen und den Wärmeverbrauch gelten etwa die dort genannten Zahlen.

9.43 Furnier-Durchlauftrockner mit Düsenbelüftung

Die *Düsenbelüftung* hat die Furniertrockner-Technik in den letzten Jahren beinahe revolutionierend geändert. Die Trockenluft wird dabei durch düsenartige Öffnungen (Schlitzdüsen oder Lochdüsen) annähernd senkrecht von oben und unten auf die Furniere geblasen. Dieses System, das sich bei der Textilien- und Pappentrocknung schon bewährt hatte, wurde m. W. zum ersten Mal bei einem amerikanischen Einbahn-Bandtrockner der Firma Proctor & Schwartz, Philadelphia, Pa., für besonders empfindliche Furniere, z. B. Afrikanisch Mahagoni, Walnuß, Sapeli und Wurzelmaserfurniere, die bis dahin nicht erfolgreich künstlich in Maschinen getrocknet werden konnten, angewendet [*9.11*]. Inzwischen hat die Düsenbelüftung ihre großen Vorteile vielfach und vielseitig unter Beweis gestellt, so daß jetzt fast alle neuzeitlichen Hochleistungs-Furniertrockner nach diesem System (es handelt sich um eine vorwiegende Konvektionstrocknung) arbeiten. Folgende Vorteile werden erzielt:

1. Wesentliche Verkürzung der Trocknungszeiten, die es ermöglicht, trotz verminderter Bahnenzahl mit kürzeren Trocknerlängen auszukommen.

2. Vereinfachte Beschickung durch Verringerung der Bahnenzahl (beim Bandtrockner nur mehr 2 statt bisher meist 5).

3. Geringerer Dampfverbrauch durch die gedrängte Bauweise, die eine äußerst gleichmäßige Wärmeeinwirkung und damit sehr gute Wärmeausnutzung ermöglicht, sowie infolge der besseren Wärmeisolierung (Schichtdicke 100 mm).

4. Gleichmäßige Trocknung über die Arbeitsbreite mit geringen Schwankungen in der Endfeuchtigkeit der Furniere und bessere Furnierqualität.

5. Verringerung der Gefahr von Verfärbungen.

Bei den sehr kurzen Trocknungszeiten wird die „kritische Periode", die für die noch sehr nassen Furniere besteht, schnell überwunden. Man kann deshalb auch bei empfindlichen Messerfurnieren höhere Temperaturen an der Einlaufseite anwenden, ohne daß sich Schäden einstellen.

Düsenbelüftete Rollenbahntrockner enthalten zwei oder drei Rollenbahnen übereinander. Bei Rollen-Zweibahntrocknern können je nach den besonderen Verhältnissen Gebläse und Heizregister unter oder über den Rollenbahnen untergebracht werden. In Bild 9.13 sieht man den Querschnitt durch einen von der Firma Tromag, Trockenapparate und Maschinenbau G. m. b. H., Bebra, gebauten Rollen-Zweibahntrockner mit unterer Anordnung der Schleudergebläse und Heizregister; die

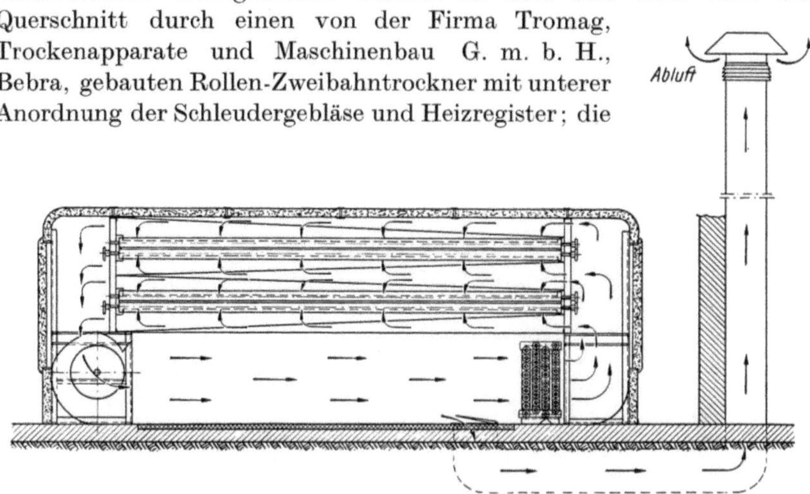

Bild 9.13. Querschnitt durch einen düsenbelüfteten Rollen-Zweibahntrockner, Gebläse und Heizregister unterhalb der Rollenbahnen. Bauart Tromag, Bebra.

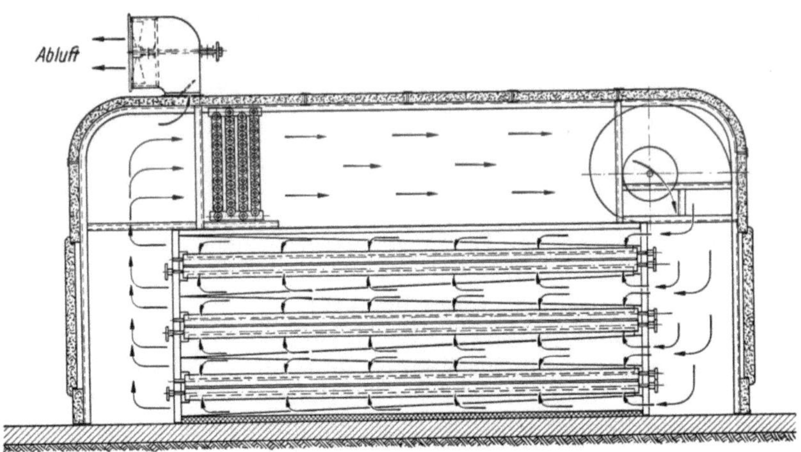

Bild 9.14. Querschnitt durch einen düsenbelüfteten Rollen-Dreibahntrockner, Gebläse und Heizregister oberhalb der Rollenbahnen. Bauart Tromag, Bebra.

Abluft wird durch Saugzug eines Kamins, durch eine Klappe gesteuert, entnommen. In Bild 9.14 sind bei einem Rollen-Dreibahntrockner der gleichen Firma Gebläse und Heizregister über den Rollenbahnen mit den Düsenkästen untergebracht. Die Abluft wird in gewünschter Weise durch kleine Axiallüfter abgesaugt. Die glatte, geschlossene Bauart eines Rollen-Dreibahntrockners mit obenliegenden Gebläsen und Heizregistern zeigt Bild 9.15. Eine schematische Schnittzeichnung durch einen Rollen-Dreibahntrockner der Firma Benno Schilde Maschinenbau A. G., Bad Hersfeld, gibt Bild 9.16 wieder. Die Axiallüfter und Heizregister liegen hier ebenfalls über den Rollenbahnen. Kennzeichen aller düsenbelüfteten Furniertrockner sind die über und unterhalb jeder Transportbahn sich über die ganze Arbeitsbreite erstreckenden *Düsenkästen*. Sie wiederholen sich in einer Vielzahl in engen Abständen über

Bild 9.15. Ansicht der Aufgabeseite eines düsenbelüfteten Rollen-Zweibahntrockners. Bauart Tromag, Bebra.

die ganze Trocknerlänge. Der Abstand der einzelnen Rollenpaare wird durch die Düsenkästen überbrückt, wodurch der störungsfreie Durchlauf der Furniere sichergestellt wird (Bild 9.17).

Die *Arbeitsbreite* beträgt 3 oder 4,4 m, die Trocknerlänge wird in üblicher Weise — s. Abschn. 9.421 — durch die verlangte Leistung, die Trocknungszeit (in Abhängigkeit von Holzart und Furnierdicke), die Arbeitsbreite, die Rollenbahnzahl und die Bahnbelegung bestimmt.

Die Trockner werden nach dem Baukastensystem aus *Normalfeldern*, mit z. B. 2 m Länge, aufgebaut (Bild 9.18). Im Bedarfsfall ist dadurch eine Verlängerung der Trockner ohne Schwierigkeit möglich, wodurch sich die Leistung proportional dem Längenzuwachs steigert. Auch seit längerer Zeit in Betrieb befindliche Furnier-Durchlauftrockner mit veralteten Belüftungseinrichtungen lassen sich mit Düsenbelüftung ausstatten und damit in ihrer Leistung wesentlich verbessern. Im allgemeinen verwendet man bei Rollenbahntrocknern an der *Einlaufseite Beschik-*

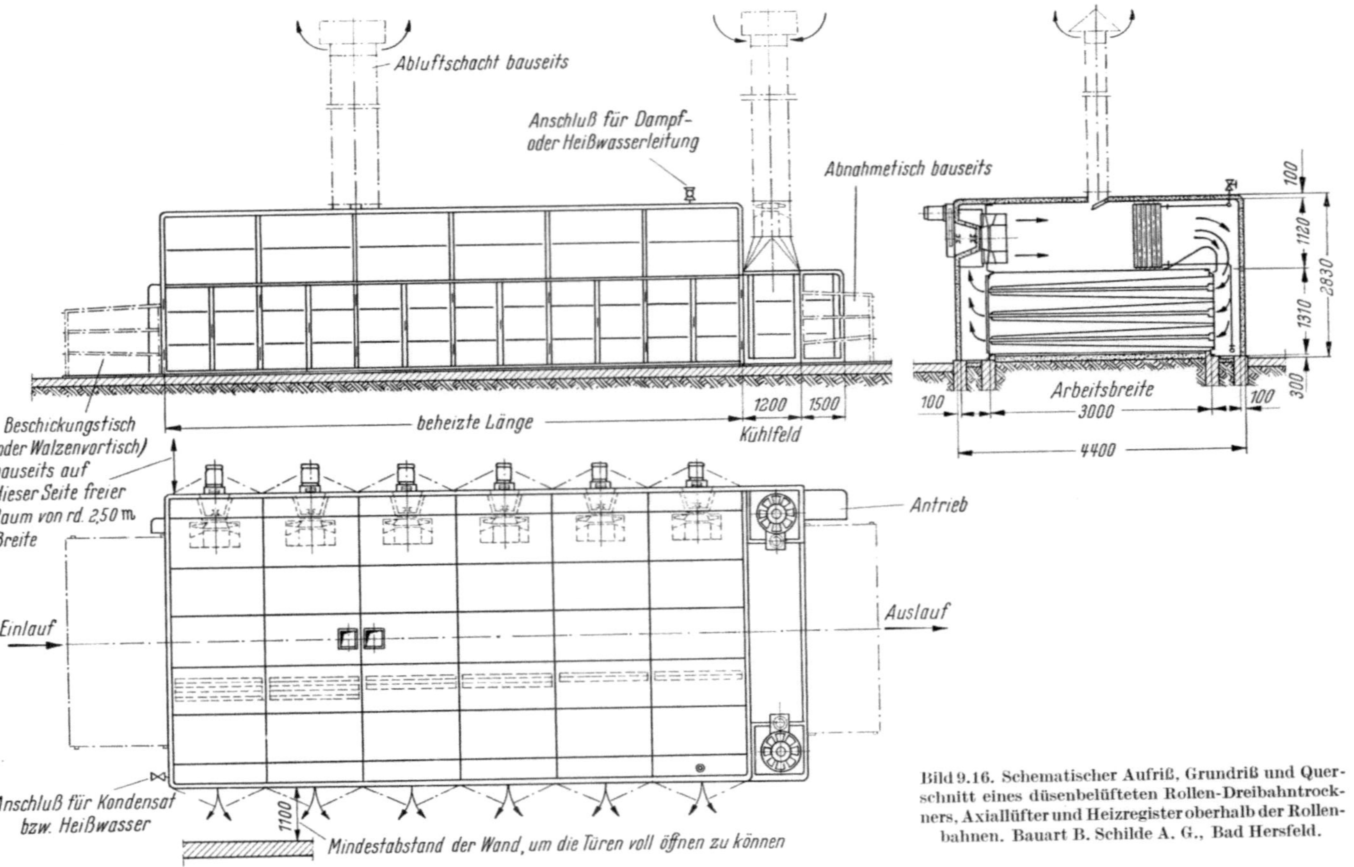

Bild 9.16. Schematischer Aufriß, Grundriß und Querschnitt eines düsenbelüfteten Rollen-Dreibahntrockners, Axiallüfter und Heizregister oberhalb der Rollenbahnen. Bauart B. Schilde A. G., Bad Hersfeld.

kungstische zur Aufgabe der Furniere, die als einfache Plattentische oder besser als Rollentische auszubilden sind. Auch auf der *Auslaufseite* sind solche *Tische* vorzusehen. Da die Trocknungszeiten infolge der Düsen-

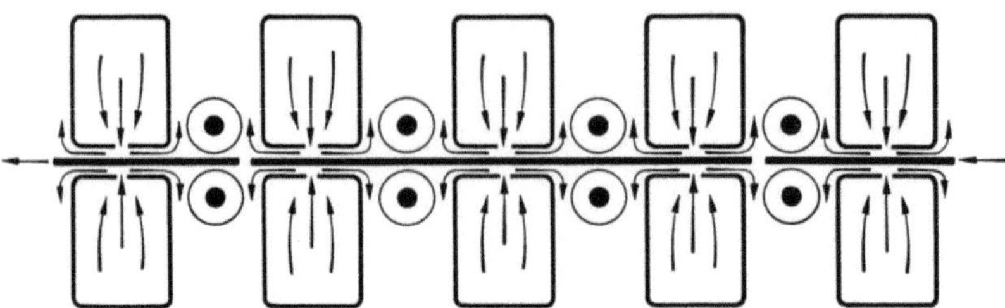

Bild 9.17. Schematische Darstellung der Düsenkästen und Rollenbahnen in einem düsenbelüfteten Rollenbahntrockner. Bauart B. Schilde A. G., Bad Hersfeld.

belüftung sehr kurz, gleichzeitig die Temperaturen sehr hoch sind, empfiehlt sich bei längerem Trocknen mit hohen Durchlaufgeschwindigkeiten unbedingt die Nachschaltung eines *Kühlfeldes* an der Auslaufseite (Bild 9.16). Es ist ebenfalls düsenbelüftet und kühlt die Furniere annähernd

Bild 9.18. Ansicht eines düsenbelüfteten Rollenbahntrockners. Auslaufseite. Bauart B. Schilde A. G., Bad Hersfeld.

auf Raumtemperatur ab. Dadurch wird es möglich, Schälfurniere sogleich zu verleimen oder Messerfurniere sofort blattweise zusammenzulegen.

Auf die außerordentliche Verkürzung der Trocknungszeiten bei Düsenbelüftung gegenüber der früher vorherrschenden Längs- und Quer-

Tabelle 9.3. *Leistungen und Dampfverbrauch von düsenbelüfteten Durchlauftrocknern der Benno Schilde Maschinenbau A. G., Bad Hersfeld*

Absperrfurniere: Bahnbelegung 0,85 Restfeuchtigkeit 6 ... 8%
Edelfurniere: „ 0,70 „ 10 ... 12%

Bauart		Leistung je 2 m-Feld				Dampf-verbrauch kg/h
Bahnen-zahl	Arbeits-breite m	Absperrfurniere m³/h			Edelfurniere m³/h	
		Okoumé 220[1]	Buche 360[1]	Pappel 400[1]		
Rollenbahntrockner						
3	300	0,55	0,45	0,275	—	240
3	440	0,8	0,5	0,4	—	350
Bandtrockner						
2	270	0,35	0,2	0,17	0,18 ... 0,36	225
2	400	0,5	0,3	0,25	0,27 ... 0,54	150
2	520	0,65	0,4	0,32	0,35 ... 0,70	300

[1] Wasserverdunstung kg/m³.

belüftung wurde schon hingewiesen. Im allgemeinen rechnet man bei gleicher Baulänge trotz der geringeren Bahnenzahl mit einer um 50% höheren Trocknungsleistung. Tab. 9.3 gibt einige Zahlen für Leistung und Dampfverbrauch von düsenbelüfteten Rollenbahn- und Bandtrocknern.

Trocknungszeiten für Furniere in Rollenbahn- und Bandtrocknern mit Düsenbelüftung sind auch aus Bild 9.19 zu entnehmen. Der spezifische *Dampfverbrauch* bei voller Leistung beträgt bei den Rollenbahntrocknern 1,7 bis 1,9 kg Dampf je kg verdunstetes Wasser, bei den Bandtrocknern 1,8 bis 2,0 kg Dampf.

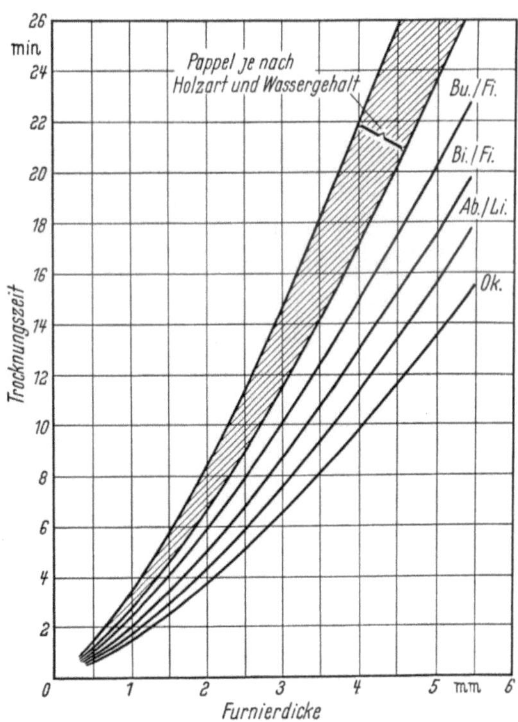

Bild 9.19. Abhängigkeit der Trocknungszeit von Holzart und Furnierdicke in düsenbelüfteten Rollenbahn- und Bandtrocknern.

Düsenbelüftete Bandtrockner enthalten statt vier oder fünf nur mehr zwei übereinanderliegende Transportbahnen. Diese bestehen wie üblich aus

Bild 9.20. Aufgabeseite eines düsenbelüfteten Bandtrockners. Bauart B. Schilde A. G., Bad Hersfeld.

paarweise zusammenwirkenden endlosen Drahtgliederbändern. Besondere Beschickungseinrichtungen werden bei den Bandtrocknern in der Regel

Bild 9.21. Abnahmeseite eines düsenbelüfteten Bandtrockners mit nachgeschaltetem Kühlfeld.
Bauart B. Schilde A. G., Bad Hersfeld.

nicht erforderlich, da die an beiden Trocknerenden herausgezogenen, gestaffelt angeordneten Tragbänder (Bild 9.20 und 9.21) ein bequemes Auflegen und Abnehmen der Furniere gestatten. Im Zusammenhang mit der kleinen Bahnzahl der düsenbelüfteten Bandtrockner wird dadurch eine sehr hohe Beschickungsleistung erzielt. Sie ist auch nötig, da beim Bandtrockner die Trocknungszeiten nur mehr etwa ein Viertel der früher aufzuwendenden betragen. Bei Edelfurnieren werden sogar noch verhältnismäßig kürzere Trocknungszeiten erzielt. Eine Vorstellung über die aerodynamisch sorgfältige Ausbildung der Düsenkästen an der Lufteintritts- und an der Rückluftseite geben die Bilder 9.22 und 9.23.

Trocknungszeiten für Edelfurniere im düsenbelüfteten Bandtrockner enthält Tab. 9.4.

Tabelle 9.4. *Trocknungszeiten für 0,6 mm dicke Edelfurniere, Restfeuchtigkeit 10 … 12%, im düsenbelüfteten Bandtrockner der Benno Schilde Maschinenbau A. G., Bad Hersfeld*

Heizmittel: Dampf von 10 atü oder Heißwasser von 180 °C

Holzart	Anfangsfeuchtigkeit %	Trocknungszeit min
Birke	50 … 60	0,8 … 1,1
Ahorn		
Kirschbaum	60 … 65	0,9 … 1,1
Sen		
Makoré	50 … 60	0,9 … 1,2
Buche	60 … 80	1,2 … 1,4
Eiche	60 … 80	1,2 … 1,5
Nußbaum		

Bild 9.22. Blick auf die Lufteintrittsseite in einem düsenbelüfteten Bandtrockner. Bauart B. Schilde A. G., Bad Hersfeld.

Bild 9.23. Blick auf die Rückluftseite in einem düsenbelüfteten Bandtrockner. Bauart B. Schilde A. G., Bad Hersfeld.

Vergrößert sich die Furnierdicke von 0,6 auf 0,8 mm, so sind die in der Tab. 9.4 genannten Zahlen um ein Drittel zu erhöhen. Zu erwähnen

Bild 9.24. Düsenbelüfteter, kombinierter Rollenbahn- und Bandtrockner. Bauart Tromag, Bebra.

Bild 9.25. Aufgabeseite eines düsenbelüfteten Bandtrockners für die Trocknung von Furnieren in endloser Bahn. Bauart Tromag, Bebra.

ist, daß sich düsenbelüftete Rollenbahn- und Bandtrockner auch kombinieren lassen. Einen derartigen Trockner hat die Firma Tromag, Trockenapparate und Maschinenbau G. m. b. H., Bebra, vorwiegend für den Eigenbedarf von Möbelfabriken entwickelt, die selbständig Furniere erzeugen. In dem Trockner (Bild 9.24) können gleichzeitig die dickeren

Bild 9.26. Abnahmeseite eines düsenbelüfteten Bandtrockners für die Trocknung von Furnieren in endloser Bahn. Bauart Tromag, Bebra.

Bild 9.27. Abnahmeseite des Trockners von Bild 9.25 (9.26) mit nachgeschalteter Furnierteilanlage. Bauart RFR.

Mittellagen-Furniere auf der Rollenbahn und die Edelfurniere (Deckfurniere) auf dem Transportband getrocknet werden. Jede Bahn hat ein eigenes, stufenlos regelbares Getriebe, so daß zur gleichen Zeit, ent-

15 Kollmann, Furniere

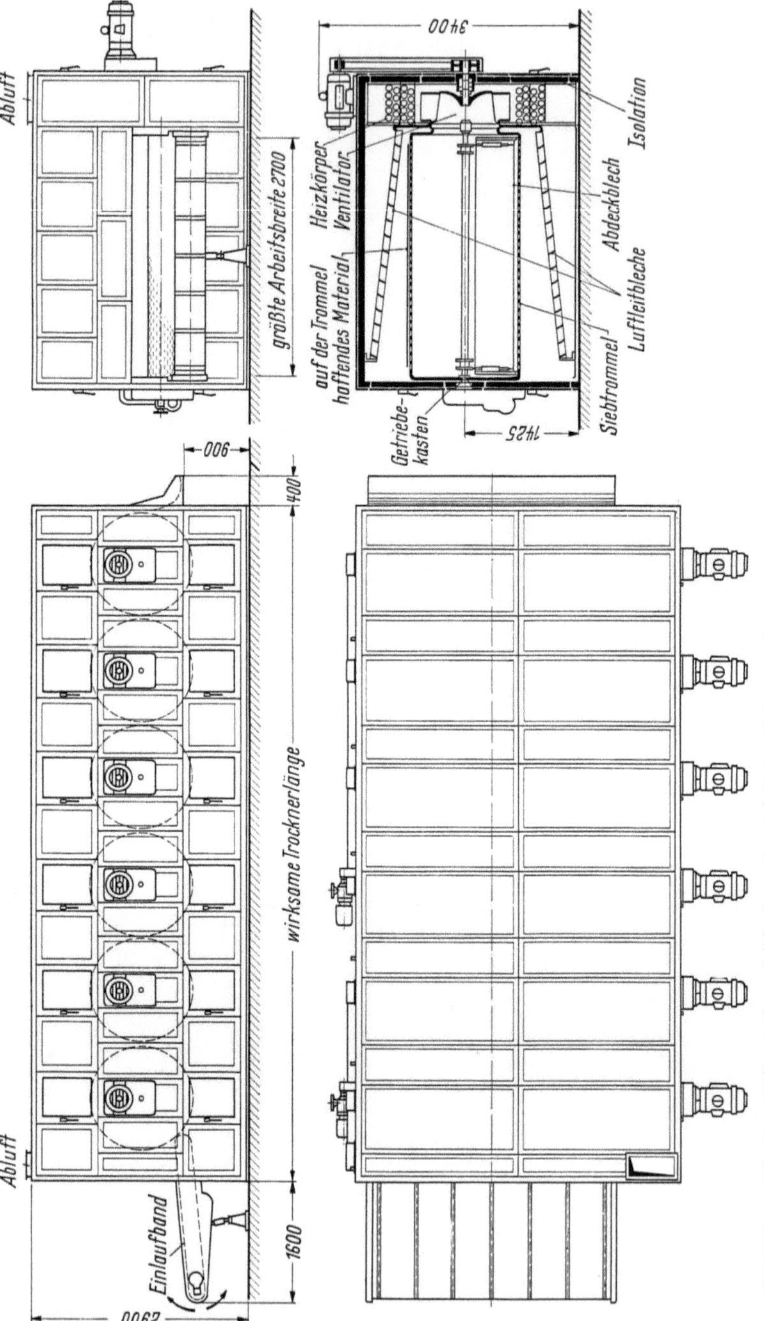

Bild 9.28. Aufriß, Grundriß und Querschnitt eines düsenbelüfteten Siebtrommel-Trockners. Bauart Fleißner & Sohn GmbH., Egelsbach bei Frankfurt/M.

sprechend der anfallenden Furnierart und -dicke mit zwei verschiedenen Durchlaufgeschwindigkeiten gearbeitet werden kann.

Bemerkenswert ist auch ein Tromag-Bandtrockner für die Trocknung von nassen Furnieren im *Fließbetrieb* (Bilder 9.25 bis 9.27). Auf die Einführung solcher Bandtrockner wurde schon in Abschnitt 7.5 kurz hingewiesen. Über eine Pufferstation werden die aufgewickelten, von der Schälmaschine kommenden Furnierbahnen dem Trockner zugeführt, in dem Vorrichtungen zum Glätten der Oberfläche mit eingebaut sind. Nach Verlassen des Trockners werden die Furniere mit Druckluftscheren zugeschnitten. Die Fördereinrichtung im Trockner ist so konstruiert, daß trotz der Schwindung der Furniere während der Trocknung keine unzulässig hohe Spannung in ihnen auftreten kann.

Schließlich ist noch auf einen *Saugdüsentrockner* der Firma Fleißner & Sohn G. m. b. H., Egelsbach b. Frankfurt/Main, hinzuweisen. In dem Trockner (Bild 9.28) sind *Siebtrommeln* in einer Reihe angeordnet. Axial vorgelagerte Lüfter saugen die in der Heizanlage vorher erwärmte Trockenluft aus dem Innern der Trommeln ab. Die über eine Einlaufvorrichtung eingegebenen Furniere haften durch den Saugzug sicher auf den Trommeln. Gleichzeitig wird aus Düsenkästen die Trocknungsluft mit hoher Geschwindigkeit senkrecht auf die Furnieroberflächen geblasen. Durch halbzylindrische Abdeckbleche im Trommelinnern und entgegengesetzten Drehsinn der Trommeln erreicht man, daß die Furniere die Anlage stetig durchlaufen. Je Trommel beträgt der Furnierweg 180°; beim Übergang von einer zur anderen Trommel erfolgt ein Wenden der Furniere. Hauptsächlich eignet sich der Trockner für Furniere mit Dicken bis zu 1 mm. Für Edelfurniere sind die Trommelsiebe feinmaschig und bestehen aus Edelstahldrähten. Als Trocknungszeit werden 5 bis 8 min angegeben. Auch sehr empfindliche Furniere werden ohne Güteminderung getrocknet. Der Trockner kann mit automatischer Feuchtigkeitsregelung und -steuerung ausgerüstet werden.

9.44 Rollen-Plattentrockner

In den USA wurden für die Trocknung von Hartholz-Furnieren aus dem Nordteil der Staaten (Birke, Ahorn, Walnuß,

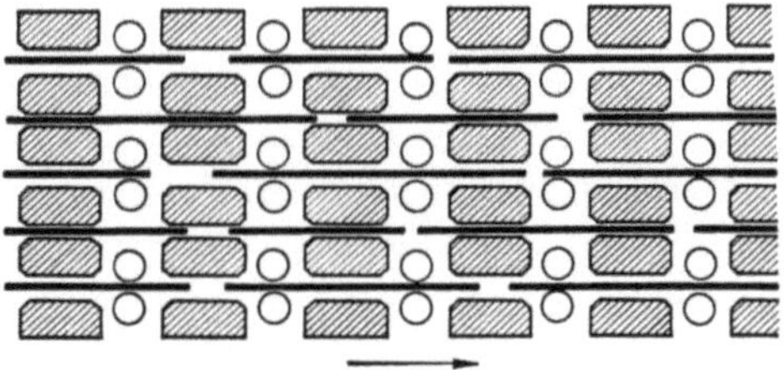

Bild 9.29. Schema von Aufbau und Wirkungsweise eines Rollen-Plattentrockners.

aber auch Mahagoni und Zeder) von der Firma Merritt-Monsanto Corporation, Lockport, N. Y., die *Rollen-Plattentrockner* entwickelt. Ihre Wirkungsweise ist schematisch in Bild 9.29 dargestellt. Dampfbeheizte Heizplatten sind paarweise übereinander angeordnet. In den einzelnen, übereinanderliegenden Etagen öffnet und schließt sich je ein zusammenwirkendes Paar, wobei es beim Schließen eine

Bügelwirkung auf das dazwischenliegende Furnier ausübt, mit der gleichzeitig
eine Trocknung verbunden ist. Beim Öffnen kann der gebildete Dampf ausgestoßen werden („Atmen"), gleichzeitig findet ein Feuchtigkeitsausgleich innerhalb des Furniers statt. Wenn die in einer Bahn liegenden zusammenwirkenden Plattenpaare geöffnet sind, also während der Atmungsperiode, werden die
dazwischen eingeschalteten Rollenpaare angetrieben und schieben die Furniere
vorwärts. Der Rollen-Plattentrockner (Bild 9.30) arbeitet also nicht stetig, sondern

Bild 9.30. Ansicht eines Rollen-Plattentrockners. Bauart Merritt-Monsanto Corp., Lockport, N. Y.

taktweise als Durchlauftrockner. Die Arbeitsbreite beträgt 3 m (10 ft). Es werden
Längen von 4,5, 5,4 und 7,2 m (15, 18 und 24 ft) geliefert. Die Leistungsfähigkeit der Rollen-Plattentrockner erreicht bei weitem nicht die der Rollenbahn-
und Bandtrockner. Trotzdem sind sie in USA wegen ihres geringen Platzbedarfs,
des verhältnismäßig niedrigen Dampfverbrauchs und des Bügeleffekts nach wie
vor in Anwendung.

9.45 Beschickungseinrichtungen für Furnier-Durchlauftrockner

Insbesondere bei Rollenbahntrocknern kann eine Rationalisierung der
Beschickung unter Umständen sehr vorteilhaft sein. In der Regel wird
dadurch nicht nur eine Vereinfachung und Personaleinsparung, sondern
gleichzeitig eine schonende Behandlung der Furniere erreicht. Letzteres
gilt insbesondere beim Trocknen großflächiger, dünner Deckfurniere.

Den Aufbau einer derartigen Anlage zeigt im Schema Bild 9.31. Die
nassen Furniere werden über einen Vortisch zwischen zwei Druckwalzen
bis zu einem Anschlag geschoben. Von hier an verläuft die weitere
Beschickung automatisch. Mit dem erforderlichen Vorschub, der sich
selbsttätig mit der Trocknungszeit ändert und nur nach der jeweiligen
Furnierlänge eingestellt werden muß, werden die Furniere nach Freigabe
des Anschlags von dem Druckwalzenpaar auf die Tippelbahn geschoben
und von dieser abwechselnd auf die Bahnen des Feldes vor dem Trockner

abgegeben. Von dort werden sie unmittelbar anschließend an die vorher laufenden Furniere in die einzelnen Etagen des Trockners eingefahren.

Ein ausgeführtes Beispiel zeigt Bild 9.32. Die automatische Tippel-Beschickungseinrichtung steht vor einem Rollen-Vierbahntrockner mit

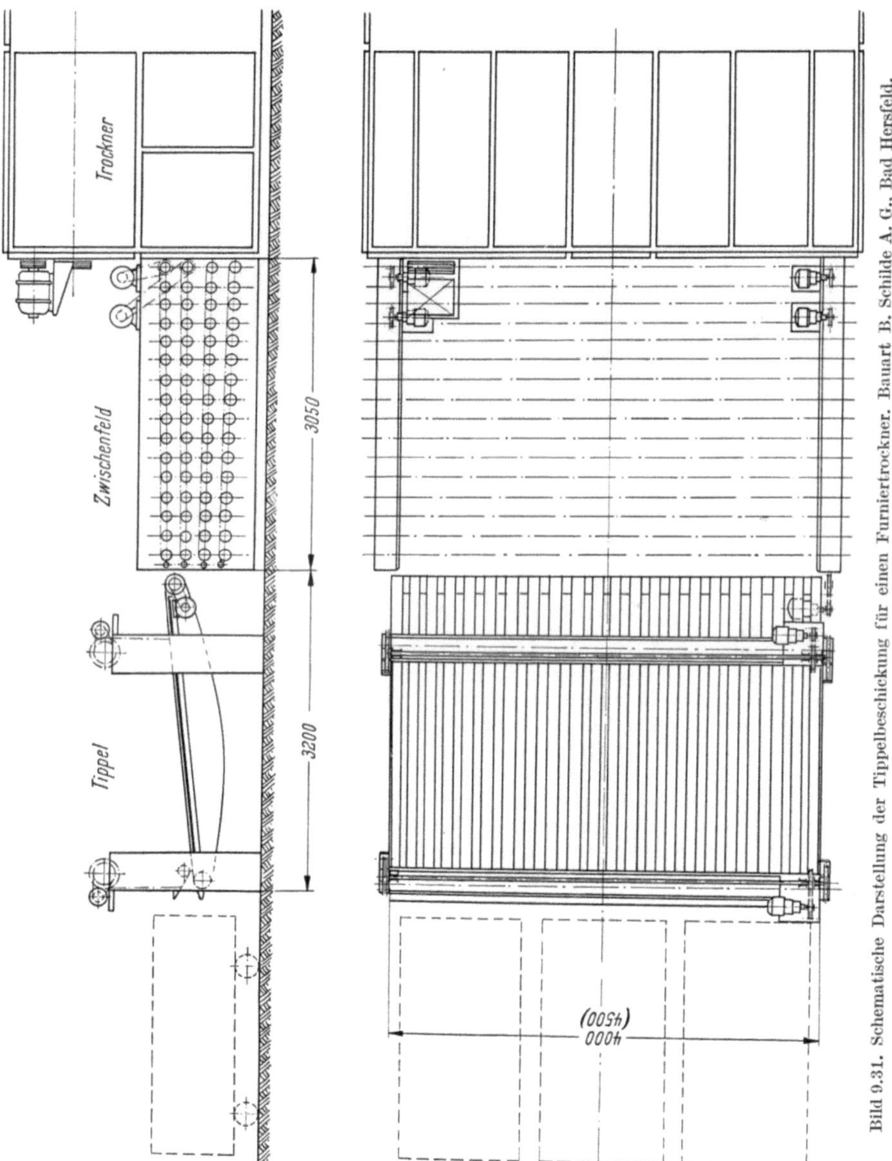

Bild 9.31. Schematische Darstellung der Tippelbeschickung für einen Furniertrockner. Bauart B. Schilde A. G., Bad Hersfeld.

5 m Arbeitsbreite, Querbelüftung und 24,4 m beheizter Länge. Bei
großformatigen Okoumé-Furnieren mit 1,4 mm Dicke wurde die sehr
hohe Leistung von 4200 m²/h erreicht.

Bild 9.32. Furniertrockner mit automatischer Tippelbeschickungsanlage.
Bauart B. Schilde A. G., Bad Hersfeld.

9.5 Sonstige Furniertrockner

Die ebenfalls in USA entwickelten *Platten- oder Atmungstrockner* besitzen in
einem Rahmengestell etagenförmig übereinander angeordnete, dampfbeheizte Stahl-
platten, auf welche die zu trocknenden Furniere gelegt werden [*9.18*]. Die Platten
bestehen aus massivem, gewalztem Stahl mit gebohrten Heizkanälen. Sie sind,
von unten nach oben fortlaufend beziffert gedacht, so in Gruppen zusammengefaßt, daß die Platten mit gerader Ziffer und die mit ungerader Ziffer je ein
System bilden und gemeinsam eine Hub- oder Senkbewegung ausführen. Beide
Systeme gleichen sich im Gewicht aus. In bestimmten Zeitabständen senken sich
die Platten eines Systems auf die darunter liegenden, mit Furnieren beschickten
Platten des anderen Systems. Die Furniere werden dabei kurze Zeit stark erhitzt
und gepreßt. Mit der Trocknung ist ein Bügeleffekt verbunden. Anschließend
werden die oberen Heizplatten abgehoben, jetzt kommt das auf ihrer Oberseite
liegende Furnier unter die Preß- und Heizwirkung der Gegenplatte, während das
darunter nunmehr freiliegende Furnier Feuchtigkeit in Form von Dampf abgibt,
der beim erneuten Niedergang der oberen Platten energisch ausgestoßen wird.
Wirtschaftlich sind die Atmungstrockner nur, wenn sie mit sehr hohen Temperaturen arbeiten. Dies bringt selbst bei dünnen Furnieren die Gefahr der Ver-
schalung mit sich.

Nicht zu verwechseln mit den Platten- oder Atmungstrocknern sind die *Kontakttrockner*, die vor Jahrzehnten gebaut wurden und teilweise noch im Betrieb
sind. Es handelt sich bei ihnen um ähnliche Konstruktionen wie bei den hydrau-

lischen Heizpressen. Die Furniere (bis zu fünf) wurden in Paketen übereinander eingelegt, worauf die Presse geschlossen wurde. Die Schließzeit war gleich der Trocknungszeit. Die Furniere bleiben eben und die Trocknerleistung ist wegen des guten Wärmeübergangs bei der Kontakttrocknung sehr gut. Auch R. KEYL-WERTH [9.9] hat auf die Vorteile der Kontakttrockner hinsichtlich Wärmeübergang und Bügeleffekt hingewiesen. Zwar ergaben sich bei seinen Versuchen bei Trocknungstemperaturen von nur 110°C keine nennenswerten Unterschiede zwischen Kontakt- und Konvektionstrocknung, aber bei 145°C betrug die Trocknungszeit im Kontakttrockner nur mehr etwa 36% derjenigen im Konvektionstrockner.

Bei größeren Formaten stößt aber der Transport des Wassers, der hauptsächlich quer zur Preßrichtung, also von der Furniermitte zu dessen Rändern hin erfolgen muß, auf Schwierigkeiten. Hinzu kommt, daß die Kontakttrockner intermittierend arbeiten und daß die Beschickung von Hand teuer ist. Bei Ausstattung der Pressen mit geeigneten Beschickungs- und Entleerungsvorrichtungen wird zwar die Leistungsfähigkeit verbessert, jedoch liegen Anschaffungs- und Betriebskosten zu hoch. Zu erwägen wäre allerdings, ob man nicht Versuche mit Rollen-Kontakttrocknern anstellen sollte.

Furnier-Vakuumtrockner bestehen aus einem Stahlbehälter, der in seiner Grundfläche den Abmessungen der größten zu trocknenden Furniere entsprechen muß. Im Innern befinden sich Heizrohrroste, welche die Furniere tragen und erwärmen. Die Trocknung beginnt in der Regel mit einer Dämpfung, um die Feuchtigkeit auszugleichen. Die Druckverringerung wird durch Strahl- oder Kolbenpumpen bewirkt. Die dem Holz entzogene Feuchtigkeit wird kondensiert und in einem Schauglas zur Überwachung des Trocknungsvorgangs gemessen. Der Trocknungsverlauf ist sehr schonend, die Furniere bleiben glatt und geschmeidig, trotzdem kommt das Verfahren, das in Schweden entwickelt wurde [9.19] nicht mehr in Frage, da es viel zu teuer und sehr wenig leistungsfähig ist.

Die *Infrarot-Trocknung* von Furnieren kam bisher über wissenschaftliche Versuche nicht hinaus. Zwar wurde gefunden, daß Infrarotstrahlen in die meisten Hölzer bis zu einer Tiefe von etwa 1 mm eindringen (diese Tatsache schließt die Anwendung der Infrarottrocknung auf die Schnittholztrocknung aus), aber es stellt sich ein starkes Temperaturgefälle ein, dem ein ebenso steiles Feuchtigkeitsgefälle entspricht. Insbesondere nasses Holz absorbiert die Infrarotstrahlen oberflächlich sehr stark. Dadurch können erhebliche Oberflächenrisse entstehen. Versuche von J. E. DALLAS [9.1] ergaben bei Douglasienfurnieren oberhalb des Fasersättigungspunktes eine Trocknungsgeschwindigkeit von 22 bis 25 Holzfeuchtigkeits-%/min, unterhalb des Fasersättigungspunktes von 15 bis 20%/min. Um die Furnieroberfläche nicht zu überhitzen und um zu verhüten, daß die Furniere rissig, brüchig und wellig werden, erwiesen sich ausreichende Belüftung und Steuerung der relativen Luftfeuchtigkeit als erforderlich. Geeignete Strahler wären in den Pyrex-Glasröhren, die nur 25 mm Durchmesser und Längen bis zu 120 cm haben, an sich vorhanden. Auch bei Versuchen von R. KEYLWERTH [9.7] sowie von D. NARAYANA-MURTI und B. N. PRASAD [9.17] ergab sich, daß die Infrarot-Trocknung von Furnieren möglich ist. Der Wirkungsgrad ist allerdings nur bei sehr dünnen Furnieren wünschenswert hoch. Bei den Versuchen der letztgenannten Forscher betrug der Energieverbrauch noch 1,6 bis 5,2 kWh je kg Wasserentzug; es wurde aber angenommen, daß man ihn bis auf 1 bis 1,5 kWh/kg hinunterdrücken könne. Es bestand unter Berücksichtigung der erarbeiteten Befunde noch vor einigen Jahren die Hoffnung, in vorhandene Furniertrockner etwa zusätzliche Infrarotstrahler einzubauen, um die Leistungsfähigkeit zu erhöhen. Die Entwicklung der düsenbelüfteten Durchlauftrockner dürfte aber die praktischen Aussichten der Infrarot-Trocknung von Furnieren erheblich eingeschränkt haben.

9.6 Physik und Verfahrenstechnik der Furniertrocknung

9.61 Phasen bei der Furniertrocknung

Im Gegensatz zur Trocknung von Schnittholz mit seinen größeren Dicken bietet die Trocknung von Furnieren (bis zu 3 mm Dicke) weitaus geringere Schwierigkeiten. Hinzu kommt, daß durch die *Auflockerung des Holzgefüges* beim Messern oder Schälen auch der innere Diffusionswiderstand im Holz der Furniere beträchtlich herabgesetzt ist. Schon J. F. MARTLEY hat bei seinen Untersuchungen über die Feuchtigkeitsbewegung durch Holz darauf hingewiesen, daß in der *Grenzschicht* der einander sehr unähnlichen Körper Luft und Holz ein besonderer äußerer Diffusionswiderstand einzuführen ist, wenn man den Einfluß der Holzdicke berücksichtigen will [*9.16, 9.10*].

Die bei der Furniertrocknung seit langem erreichten verhältnismäßig *hohen Trocknungsgeschwindigkeiten* und damit kurzen Trocknungszeiten befriedigten zusammen mit der im allgemeinen hohen Trocknungsgüte so weit, daß man die Physik der Furniertrocknung bis vor etwa 10 Jahren völlig vernachlässigte. Erst R. KEYLWERTH [*9.8, 9.9*] und H. O. FLEISCHER [*9.3*] haben die Vorgänge bei der Furniertrocknung wissenschaftlich näher untersucht.

Handelt es sich um *Konvektionstrocknung*, so lassen sich nach Bild 9.33 drei Trocknungsphasen unterscheiden:

1. Eine verhältnismäßig *kurze Anwärmzeit*, während der unterhalb des Taupunktes Wasserdampf an der Furnieroberfläche kondensiert wird;

2. eine *Beharrungsphase*, während der das Kapillarwasser bei gleichbleibender Furniertemperatur, die der Kühlgrenze entspricht, mit gleichbleibender Trocknungsgeschwindigkeit verdampft und

3. eine *Endphase*, die sich nach Unterschreiten des Fasersättigungspunktes einstellt und in der die Furniertemperatur rasch ansteigt, um schließlich die Temperatur des Trocknungsmittels zu erreichen. In dieser Phase sinkt die Trocknungsgeschwindigkeit bei sehr niedrigen Furnierfeuchtigkeiten erheblich ab.

Überprüft man die in Bild 9.33 gezeigten Vorgänge näher und beachtet man, daß der Maßstab der Trocknungszeit logarithmisch gewählt wurde, so erkennt man unschwer, wenn man beispielsweise eine Trocknung des 2 mm dicken Rotbuchenfurniers von rd. 97% auf 5% Holzfeuchtigkeit erzielen will, daß man insgesamt 14 min Trocknungszeit benötigt. Davon entfallen 1 min auf das Anwärmen, 8 min auf die Verdampfung des Kapillarwassers und 5 min auf die Endphase. Obwohl aber in diesen letzten 5 min die Temperatur ansteigt, bleibt die Trocknungsgeschwindigkeit praktisch bis zur erwähnten Endfeuchtigkeit von 5% konstant. Dies heißt, daß selbst in diesem an sich der Diffusion vor-

behaltenen Bereich die Diffusionsgesetze offenbar nicht gelten. Es ist
also erneut die Bestätigung erbracht, daß der innere Diffusionswiderstand
bei der Trocknung von dünnen Furnieren keinen oder nur einen sehr
viel geringeren Einfluß auf den Verlauf der Trocknung hat als bei der
Schnittholztrocknung. Im gleichen Sinne lauten die Schlußfolgerungen
von H. O. FLEISCHER aus seinen Versuchen: „Im allgemeinen ist die
Feuchtigkeitsdiffusion nicht der Hauptfaktor bei der Trocknung von

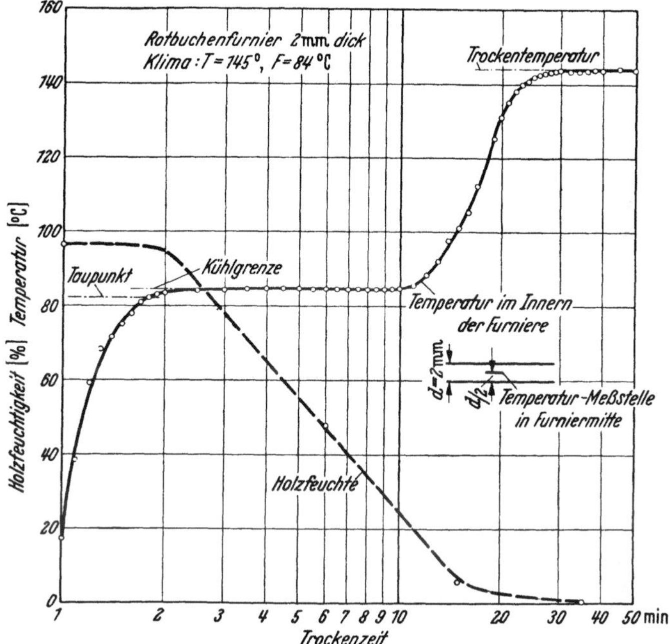

Bild 9.33. Abhängigkeit der Temperatur im Innern eines Furniers und der Holzfeuchtigkeit von der Trocknungszeit während der Trocknung in konstantem Klima. (Nach R. KEYLWERTH.)

Furnieren mit 3 oder weniger mm Dicke. Sie mag aber eine beachtliche
Wirkung auf die Trocknung dünner Holzschichten bei niedrigen Temperaturen haben, während sie bei sehr hohen Temperaturen selbst bei
6 mm Holzdicke unwichtig werden kann.“

9.62 Wärmeübergang und Furniertrocknung

Von entscheidender Bedeutung für die Furniertrocknung ist der
Wärmeübergang an das Furnier. Dies heißt, daß bei der Konvektionstrocknung die Strömungs- und Klimaverhältnisse in der Grenzschicht
Gas—Holz in den Vordergrund rücken. R. KEYLWERTH [9.9] hat darauf
hingewiesen, daß möglichst *turbulente Strömung* in der Grenzschicht den

Wärmeübergang verbessert, H. O. FLEISCHER [*9.3*], daß die Wärmeübergangszahl parabolisch mit abnehmender Feuchtigkeit sinkt. Infolgedessen fällt auch die *Trocknungsgeschwindigkeit* parabolisch ab, wenn
man sie über der abnehmenden Furnierfeuchtigkeit aufträgt, linear, wenn

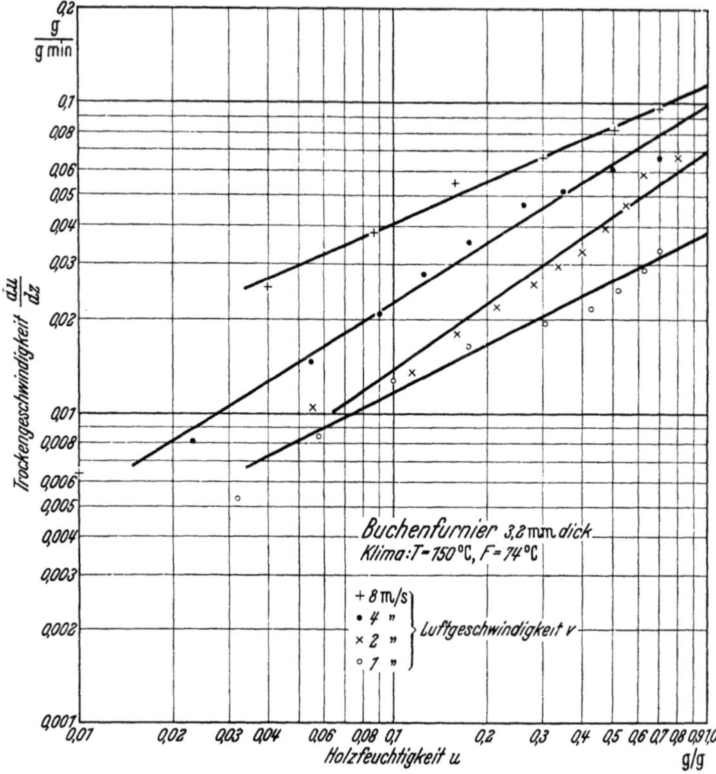

Bild 9.34. Abhängigkeit der Trocknungsgeschwindigkeit von der Holzfeuchtigkeit bei der Trocknung
von Buchenfurnieren mit verschiedener Luftgeschwindigkeit. (Nach R. KEYLWERTH.)

man sie der Trocknungszeit zuordnet. In einem doppelten logarith-
mischen Netz erhält man zwischen der Trocknungsgeschwindigkeit und
der Holzfeuchtigkeit annähernd geradlinige Beziehungen (Bild 9.34).

Aus Untersuchungen von H. O. FLEISCHER läßt sich ableiten, daß oberhalb
von 100°C die Trocknungsgeschwindigkeit $\dfrac{du}{dz}$ von Pappelfurnieren mit 3,2 oder
weniger mm Dicke mittels folgender empirischer Gleichung abgeschätzt werden
kann:

$$\frac{du}{dz} = 2{,}21 \cdot 10^{-7} \frac{(1{,}8\,t_{tr} + 32)^{2{,}98} \cdot v^{0{,}78}}{s^{1.34}}\ \frac{g}{\text{m}^2\,\text{min}},$$

wobei

t_{tr} die Trocknungstemperatur der Luft über dem Furnier in °C,
v die Belüftungsgeschwindigkeit in m/s
und s die Furnierdicke in mm sind.

Mit den Versuchsergebnissen von R. KEYLWERTH stimmen nach obiger Gleichung berechnete Zahlen nur teilweise gut überein. Eine kurze Diskussion ist angebracht.

Bezeichnet man

$\dfrac{1}{\sqrt{C}}$ als Trocknungswiderstand,

so kann man setzen

$$\frac{1}{\sqrt{C}} = W + \delta,$$

wenn W der innere Diffusionswiderstand des Holzes und δ der äußere Diffusionswiderstand in der Grenzschicht Gas—Holz sind.

Es leuchtet ein, daß sich bei zunehmenden Furnierdicken (1, 2, 3) die Trocknungswiderstände nicht wie die Holzdicken, sondern etwa wie $(1 + \delta) : (2 + \delta) : (3 + \delta)$ verhalten müssen. Dies beweist anschaulich Bild 9.35. Es ist auch klar, daß sich der äußere Diffusionswiderstand δ verringern muß, wenn man die Luftgeschwindigkeit erhöht. Im Grenzfall für $v = \infty$, muß die Grenzschicht verschwinden, also $\delta = 0$ werden. Je höher die Luftgeschwindigkeit wird, desto besser wird auch der Wärmeübergang (dies zeigt bereits Bild 9.34). Sehr anschaulich ist hier Bild 9.36. Aus den Versuchsergebnissen von R. KEYLWERTH läßt sich ableiten, daß die Wärmeübergangszahl α proportional $v^{0,8}$ ($v =$ Luftgeschwindigkeit) ist.

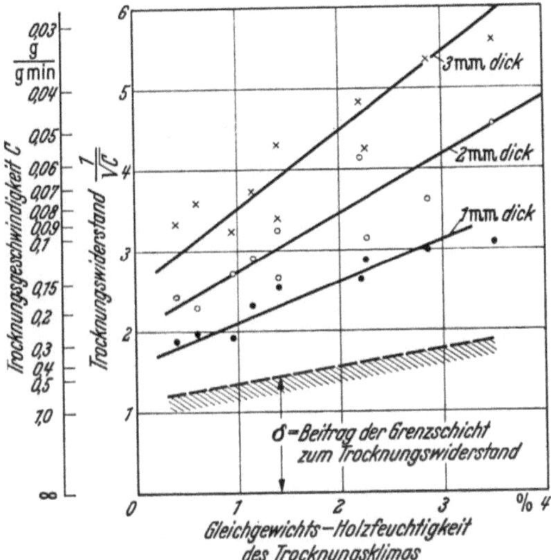

Bild 9.35. Zusammenhang zwischen Trocknungsgeschwindigkeit, Trocknungswiderstand und Gleichgewichts-Holzfeuchtigkeit des Trocknungsklimas bei der Furniertrocknung. (Nach R. KEYLWERTH.)

Ein Mittel, um den Wärmeübergang ganz wesentlich zu verbessern, ist die *Düsenbelüftung*. K. KRÖLL [*9.12*] hat die Verhältnisse in Düsentrocknern näher experimentell und theoretisch untersucht. Von ihm stammt Bild 9.37, das zeigt, wie sich die örtliche Luftgeschwindigkeit und die örtliche Wärmeübergangszahl beim Auftreffen eines Düsenstrahls auf eine Platte ändern. Man sieht, daß der Abstand des Düsenmunds vom Furnier nicht zu groß (d. h. kleiner als etwa 5mal die Düsenschlitzbreite) sein soll, da die Luftgeschwindigkeit rasch mit dem Abstand abfällt. Außerdem soll auch der seitliche Abstand der Düsen voneinander klein (unter etwa 10mal die Düsenschlitzbreite) sein, da die Wärmeübergangszahl nach beiden Seiten sehr schnell abfällt und die Strömungsverhältnisse sich sonst wieder jenen bei Parallelströmung

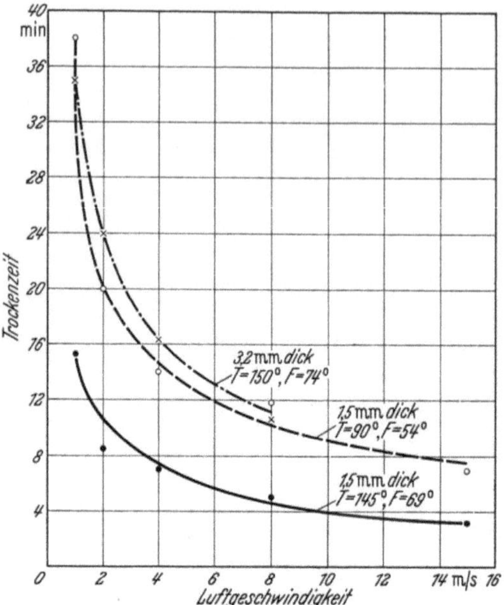

Bild 9.36. Abhängigkeit der Trocknungszeit von der Luftgeschwindigkeit bei der Trocknung verschieden dicker Buchenfurniere auf 5% Endfeuchtigkeit. (Nach R. KEYLWERTH.)

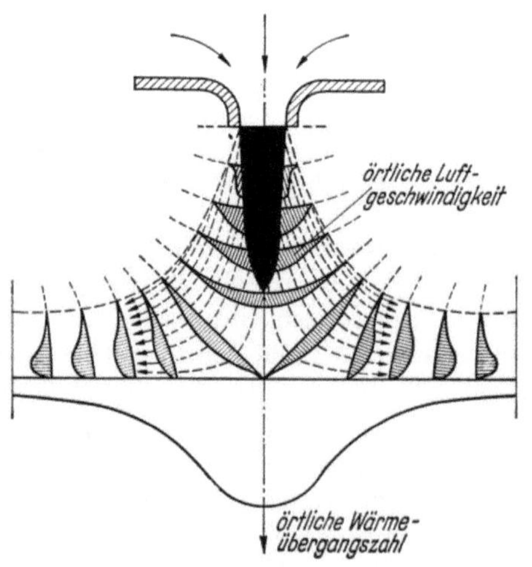

Bild 9.37. Örtliche Luftgeschwindigkeit in einem ebenen, auf eine Platte treffenden Düsenstrahl und örtliche Wärmeübergangszahl an der Platte, halbschematisch. (Nach K. KRÖLL.)

nähern. Bild 9.38 gibt (für trocknende Filzplatten) die Abhängigkeit der Trocknungsgeschwindigkeit von der Luftgeschwindigkeit bei Rund- und Schlitzdüsen wieder. Ähnliche Beziehungen dürfen auch bei der Trocknung von Furnieren angenommen werden.

9.63 Psychrometerdifferenz

Je geringer die relative Luftfeuchtigkeit in einem Furniertrockner, d. h. je größer die *Psychrometerdifferenz* ist, desto mehr wird die Trocknung beschleunigt. Dies läßt sich auch so ausdrücken, daß die Trocknungswiderstände $\frac{1}{\sqrt{C}}$ abnehmen, wenn die Psychrometerdifferenz größer wird (Bild 9.39). Die Anwärmzeit (Phase 1 der Furniertrocknung) hängt nach einer Exponentialfunktion von der Psychrometerdifferenz ab.

Die Betriebserfahrungen lehren aber, daß die Neigung der Furniere zu Wellenbildung mit abnehmender Luftfeuchtigkeit im Trockner zunimmt. Auch die Versprödung tritt um so stärker auf, je geringer die Luftfeuchtigkeit ist. R. KEYLWERTH schließt daraus, daß Gleichgewichtsfeuchtigkeiten unterhalb

1% vermieden werden sollen. Aus wirtschaftlichen Erwägungen sollen aber auch 2,5% Gleichgewichtsfeuchtigkeit nicht überschritten werden.

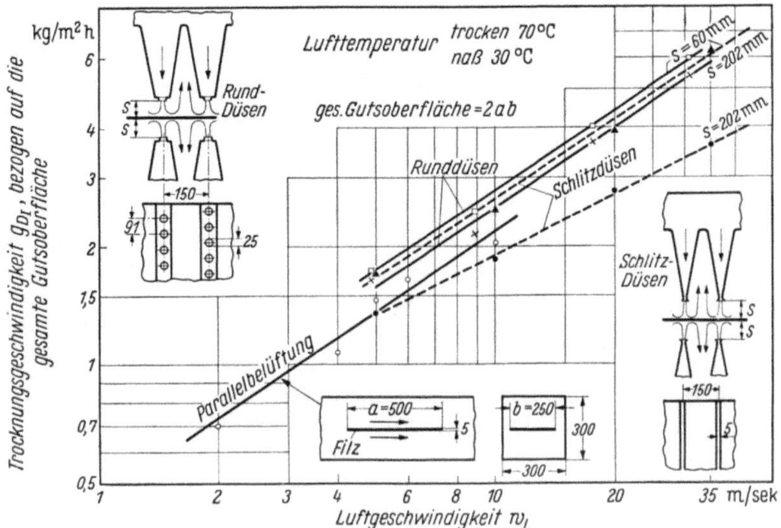

Bild 9.38. Trocknungsgeschwindigkeit von Filzplatten im ersten Trocknungsabschnitt bei verschiedener Belüftung. (Nach K. KRÖLL.)

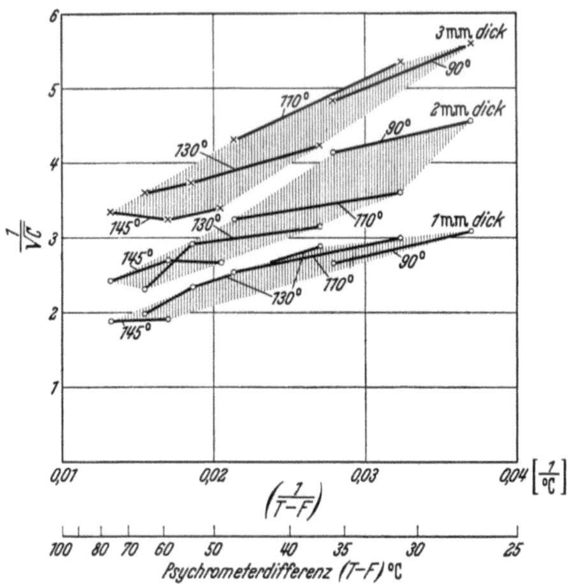

Bild 9.39. Zusammenhang zwischen Trocknungswiderstand und Psychrometer-Differenz bei der Buchenfurnier-Trocknung. (Nach R. KEYLWERTH.)

9.64 Schäden beim Trocknen von Furnieren

Jedes Furnier hat, über seine Fläche verteilt, Zonen unterschiedlicher Dichte (z. B. Früh- und Spätholz) und mehr oder minder unregelmäßigen Faserverlaufs (z. B. bei Maserung oder in Astnähe). Die Folge dieser *Strukturschwankungen* sind streuende Trocknungswiderstände innerhalb des Furniers. Bei dicken Furnieren oder aber bei unrichtiger Einstellung des Druckbalkens der Schäl- oder Messermaschine sind auch die *Dichteunterschiede auf beiden Furnierseiten* („offene" und „geschlossene" Seite) oft recht groß. Hinzu kommt die erheblich *raschere Austrocknung der Furnierenden*, wo die Feuchtigkeitsabgabe längs der Faser vor sich geht. Es zeigte sich bei Versuchen im US Forest Products Laboratory [*9.15*], daß in 1,6 mm dicken Gelbbirken-Schälfurnieren (1,2 m × 2,4 m), während 5 min bei 121 °C in einem Rollenbahn-Trockner getrocknet, die letzten 25 mm von 91 auf 14% Feuchtigkeit entwässert wurden, während im Furnierinnern die Trocknung von 87% nur bis auf 29% fortgeschritten war. Aus diesen Gründen neigen alle Furniere beim Trocknen zum *Welligwerden*, wobei diese Wellen an den Furnierenden besonders stark hervortreten. Überlagert ist meist ein *Verziehen* des Furniers, da häufig Ober- und Unterseite nicht den gleichen Trocknungsbedingungen ausgesetzt sind. Dies gilt insbesondere bei längs- und querbelüfteten Durchlauftrocknern, während die Düsentrockner hier viel besser abschneiden.

Selbstverständlich ist es von großer Wichtigkeit, die Furniere beim Trocknen möglichst eben und glatt zu halten. Wie schon dargelegt, sind Bandtrockner besser als Rollenbahntrockner, insbesondere wenn es sich um empfindliche oder stark schwindende Furniere handelt. Die Düsenbelüftung hat auch in dieser Hinsicht beträchtliche Fortschritte mit sich gebracht. Auf den Bügeleffekt bei den Kontakt- und Rollen-Plattentrocknern wurde schon hingewiesen. Bei den Durchlauftrocknern darf es keinesfalls zu einer Einspannung der Furniere kommen, da sie sonst unter den beträchtlichen Schwindspannungen reißen würden.

Will man die Furniere beim Trocknen eben halten, dann muß man mit so hohen Temperaturen arbeiten, daß *plastische Formänderungen* im Holz stattfinden können. Auf diese Weise lassen sich die Schwindungsunterschiede ausgleichen. Eine wichtige Arbeitsgrundlage bilden hier Versuchsergebnisse von R. KEYLWERTH und H. KÜBLER [*9.14*]. Die Grenzkurve in Bild 9.40 gibt die Mindesttemperaturen für die plastische Glättung welliger Furniere zwischen heißen Preßplatten bei 1 kp/cm² Druck wieder. Soll die Furniertrocknung möglichst ohne Wellenbildung vor sich gehen, dann dürfen die Temperaturen der Grenzkurven nicht unterschritten werden. Wie ersichtlich sind die Temperaturen um so höher, je niedriger die Holzfeuchtigkeiten liegen. Dies heißt, daß die

erforderlichen Mindesttemperaturen während der Trocknung ansteigen.
Man kann aber leicht erkennen, daß man beim Fahren mit den in Abschnitt 9.41 angegebenen Temperaturen erheblich über den Mindesttemperaturen liegt. Darin ist auch die Ursache zu sehen, daß man in Bandtrocknern vor allem bei Düsenbelüftung ziemlich ebene und glatte
Furniere erzielt. Allerdings bleibt zu bedenken, daß gewisse Hölzer die
vor allem gegen Ende der Trocknung zu hohen Temperaturen nicht mehr
vertragen. Eiche und Buche sind zu nennen. Besonders dicke Furniere
und solche, die der Diffusion von Natur aus überdurchschnittlichen

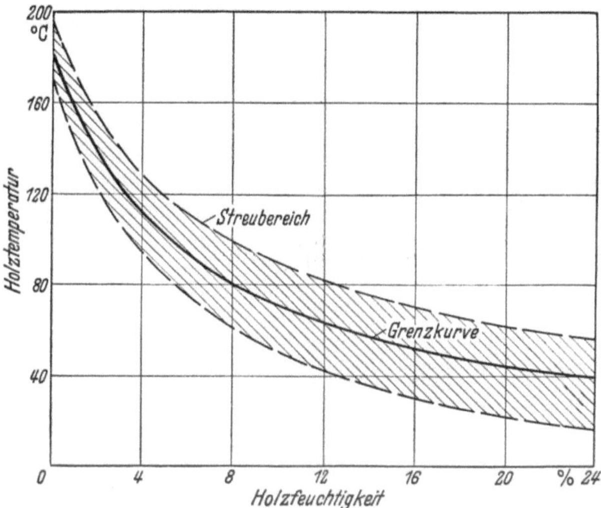

Bild 9.40. Mindesttemperatur für die plastische Glättung welliger Furniere zwischen heißen
Preßplatten bei 1 kp/cm² Preßdruck. (Nach R. KEYLWERTH u. H. KÜBLER.)

Widerstand entgegensetzen, z. B. Pappel, trocknet man gegebenenfalls
in zwei Stufen, zwischen die eine Ausgleichszeit in einem Lagerraum
gelegt wird.

Das Welligwerden der Furnierenden kann nach J. F. LUTZ [9.16]
wirksam durch zwei Kunstgriffe verhindert werden:

1. Beim längsweisen Beschicken der Durchlauftrockner gibt man die
Furniere so ein, daß sie sich an den Enden um etwa 6 bis 12 mm überlappen. Dadurch erhält man in diesem Bereich die doppelte Furnierdicke, wodurch die Trocknungsgeschwindigkeit verringert und das
Furnier wahrscheinlich auch mechanisch etwas gestützt wird.

2. Bei Querbeschickung (Faserrichtung im Furnier senkrecht zu
Durchlaufrichtung) ist es günstig, die Ränder etwa 6 mm tief mit Wasser
zu befeuchten, z. B. mit Hilfe von Sprühdüsen im Trockner, die durch
Anschläge kurz eingeschaltet werden.

Ohne Zweifel sollten die Versuche zur Entwicklung neuer, besonders wirksamer Verfahren weiter fortgesetzt werden, um die Güte der Furniere bei der Trocknung zu erhalten oder sogar noch zu steigern.

10. Furnierzubereitung

Von **Franz Kollmann**, München

10.1 Furnierpaketscheren

Furnierpaketscheren wurden zunächst entwickelt, um die auf Messermaschinen hergestellten Furniere auf wirtschaftliche Weise zu beschneiden. Parallel zur Faser können dabei Furnierpakete in der ganzen Maschinenbreite (je nach Baumuster etwa 1800 bis 5100 mm) mit *Schnitthöhen* bis zu etwa 140 mm geschnitten werden, während senkrecht zur Faser die Schnitthöhen um etwa 25% niedriger gewählt werden müssen. Bis zu 1,5 mm Furnierdicke kann mit den gleichen Einspannhöhen gearbeitet werden, bei dickeren Furnieren müssen die Pakete schwächer eingelegt werden. Die *Füllhöhe* des Stapels trockener Furniere auf dem Tisch der Paketschere ist natürlich wesentlich höher als die Schnitthöhe. Man kann annehmen, daß der Furnierstapel durch das Einspannen durchschnittlich auf etwa $^1/_3$ bis $^1/_2$ seiner ursprünglichen Höhe zusammengedrückt wird.

Wichtig ist bei allen Furnierpaketscheren, daß Ständer, Mittelstück und Messerträger sehr kräftig gebaut werden, damit Schwingungen der Maschine und ein Ausweichen des Messers mit Sicherheit ausgeschaltet werden. Nur so läßt sich ein sauberer Schnitt erzielen.

Die *Einspannung des Furnierpaketes* erfolgte früher bei den Paketscheren (aber auch bei den eigentlichen Fügemaschinen) in einfachster Form durch *Spindeln mit Handrad*. Von einem Motor getriebene Spindeln, bei denen Rutschkupplungen den Motor vor Überlastung schützen, gestatten das Einspannen dicker Furnierpakete innerhalb von etwa 30 s. Durch den Übergang zu *hydraulischen Einspannvorrichtungen* läßt sich die *Einspannzeit* auf wenige Sekunden verringern, während das Einspannen bei *pneumatischem Antrieb* fast schlagartig erfolgt. Die *erforderlichen höchsten Druckkräfte* hängen von der Pakethöhe und der Schnittlänge ab. Sie bewegen sich zwischen etwa 10 und 25 t.

Bei der in Bild 10.1 gezeigten Furnierpaketschere (Modell AS) der Maschinenfabrik Theodor Hymmen K. G., Bielefeld, ist die obenerwähnte Forderung stabiler Bauart voll erfüllt. Hinzu kommt, daß die einzelnen Bauteile mit höchster Genauigkeit hergestellt sind und daß auf die richtige Ausbildung und Lagerung des Messer- und Druckbalkens besonderer Wert gelegt wurde. Beide Teile ergeben in Verbindung mit dem einstellbaren Messer den ziehenden Schnitt. Die geschnittenen Furniere sind ohne irgendwelche Nacharbeit an den Schnittkanten bereit zum Fugenverleimen.

Die Getriebe für den Messer- und Druckbalkenmotor sind öldicht gekapselt und leicht zugänglich. Alle schwingenden und drehenden Teile in der Maschine laufen in schweren Kugel- und Rollenlagern, so daß die Wartung der Maschine einfach, die Lebensdauer hoch ist.

Besondere Aufmerksamkeit wurde auch der *Unfallsicherheit* geschenkt, der bei allen Furnierscheren höchste Bedeutung zukommt.

Bild 10.1. Furnierpaketschere AS. Bauart Th. Hymmen K. G., Bielefeld.

Mittels *Zweihand-Sicherheitsschaltung* werden die einzelnen Arbeitsbewegungen ausgelöst und durch Endschalter begrenzt. Die vordere Kante des Druckbalkens dient dabei als Schnittandeuter. Die Einspannlage der Furniere kann leicht verbessert werden. Beide Elektromotoren werden nach jedem Arbeitshub stillgesetzt; dies hat eine beachtliche Stromersparnis zur Folge und erhöht ebenfalls die Unfallsicherheit. Die Schnitthöhe der Paketschere ist 60 mm. Es werden Baumuster für folgende Schnittlängen geliefert: 1840, 2300 und 2500 mm. Der Leistungsbedarf ist je nach Schnittlänge wie folgt: 3,3 und 1,5 kW, 4,8 und 1,5 kW, 4,8 und 2 kW.

Die in Bild 10.2 dargestellte schwere Furnierpaketschere der Maschinenfabrik Franz Torwegge, Bad Oeynhausen, ist bemerkenswert durch ihre *geschlossene Bauart,* die ein Musterbeispiel für neuzeitliche Stahlbau- und Schweißtechnik gibt. Die Furniere werden mittels eines

250 mm breiten, *ölhydraulisch betätigten Preßbalkens* zu einer festen Einheit zusammengepreßt. Die Preßvorrichtung befindet sich im unteren Maschinenständer und ist dadurch besonders leicht zugänglich. Der Preßvorgang wird durch Betätigung eines Handhebels, der Schnittvorgang durch Zweihand-Druckknopfsteuerung ausgelöst. Dem Unfallschutz dient neben der Zweihand-Sicherheitsschaltung die sofortige Stillsetzung des Messers, wenn eine Bedienungsstange losgelassen wird oder, sobald der Arbeiter mit einem Körperteil in einen durch eine Photozelle abgeschirmten Bereich kommt (Lichtstrahlsicherung).

Auf Bild 10.2 sieht man die aus 5 Schlitzen in der schrägen oberen Blechabdeckung des Ständer-Unterteils herausragenden Hebel, an denen

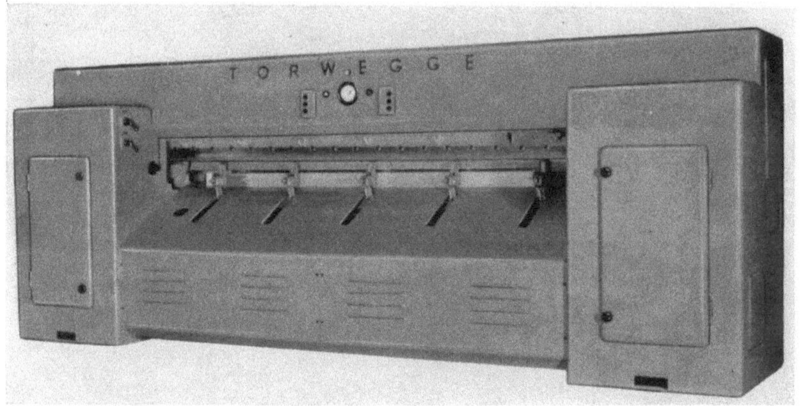

Bild 10.2. Schwere Furnierpaketschere H 442. Bauart Torwegge, Bad Oeynhausen.

vorne Anschläge sitzen, Diese Anschläge gewährleisten in der gezeigten Stellung das *Ausrichten des Furnierpakets* derart, daß alle Blätter des eingelegten Furnierpakets mit ihren Vorderkanten genau parallel zur Kante des oberen Messers liegen. Dadurch wird die Holzausnutzung verbessert. Die Paketscheren können zusätzlich auf ihrer Rückseite mit einem *Parallelanschlag* ausgerüstet sein, der *genau paralleles Besäumen der Furnierpakete* ermöglicht. Eingestellt wird dieser Parallelanschlag bei den Torwegge-Paketscheren grob mit einem elektrischen Antrieb, fein anschließend von Hand. Der Einstellbereich erstreckt sich auf 75 bis 1250 mm mit Ablesung an einer Skala. Bei Bemessung des Platzbedarfs für die Paketschere ist darauf Rücksicht zu nehmen, ob ein solcher Parallelanschlag vorgesehen wird oder nicht. Die Paketschere nach Bild 10.2 hat beispielsweise eine größte Schnittlänge von 2600 mm bei einer größten Füllhöhe von 130 mm. Die Durchlaßöffnung der nicht beschickten Paketschere hat ein lichtes Maß von 2660 mm × 130 mm. Das Längenmaß der Maschine über alles ist 4300 mm, ihre Tiefe beträgt ohne Parallelanschlag 1000 mm, mit Parallelanschlag 2800 mm. Das Nettogewicht liegt bei 4700 kg, beträgt also je mm Schnittlänge 1,68 kg. Bei einer von der Firma Franz Torwegge, Bad Oeynhausen, gebauten kleineren Paketschere mit nur 2300 mm Schnittlänge beträgt das Gewicht 3000 kg, somit das Gewicht je mm Schnittlänge 1,3 kg. H. KÜBLER [*10.2*] errechnete für Paketscheren je mm Schnittlänge Nettogewichte von 0,8 bis 2,3 kg. Der Leistungsbedarf der Paketschere nach Bild 10.2 liegt bei 7,4 kW, jener der kleineren Schere mit 2300 mm Schnittlänge bei etwa 4 kW.

Die vorderen Anschläge sind versenkbar, desgleichen kann das Untermesser hydraulisch versenkt werden. Dadurch wird der vordere Rand des beschnittenen Furnierpakets frei für die *Leimangabe*. Bei einem etwas einfacheren Baumuster läßt sich der ganze Vordertisch für den gleichen Zweck durch Handhebelsteuerung senken oder heben (Bild 10.3).

Trotz Wiege- oder Schrägschnitt läßt sich bei dickeren Furnieren unter Umständen eine etwas unebene Schnittfläche infolge der *Spaltwirkung des keilartigen Messers* nicht vermeiden. Die Schneide öffnet zunächst den Spalt, dessen Grund aber dann der Schneide vorauseilt. Der Verlauf der Trennungsfläche wird dann

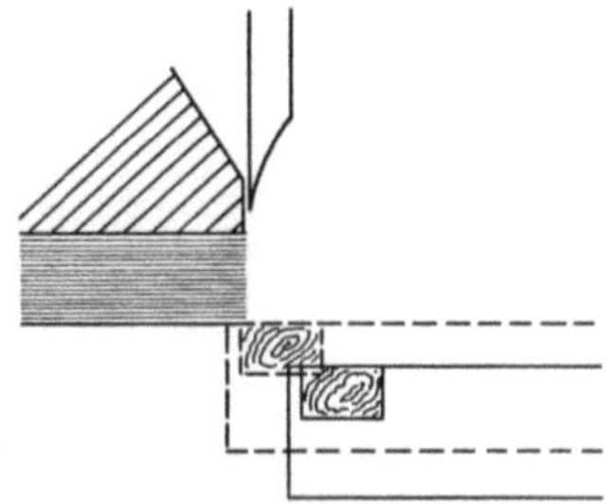

Bild 10.3. Schema der Vordertischbewegung bei einer einfachen Furnierpaketschere. Gestrichelte Tischkante: Lage beim Schnitt; ausgezogene Tischkante: Lage bei der Leimangabe.

nicht mehr vom Werkzeug allein, sondern auch von den örtlichen Werkstoffeigenschaften bestimmt, die für die Ausbildung einer mehr oder weniger glatten und ebenen Bruchfläche maßgebend sind. Beim Messern und Schälen wird die Spaltwirkung durch Anwendung der Druckleiste ausgeschaltet; infolge dieser Maßnahmen entstehen keine Spalt-, sondern Schnittflächen (R. KEYLWERTH [*10.1*]).

Die Firma A. John & Co., Maschinenfabrik, Hanau, suchte das Problem durch die Entwicklung des *Schäl- oder Nachschnittverfahrens* zu lösen. Die Lizenz für das Verfahren wurde von der Firma C. Rückle, Spezialmaschinenbau, Stuttgart, erworben. Das Furnierpaket wird zunächst im „Vorschnitt" gleichgeschnitten, anschließend wird das Obermesser um einige Zehntelmillimeter zurückgesetzt und schneidet dann im „Nachschnitt" nur noch wenig Holz ab. Die Spaltwirkung wird dadurch erheblich geringer, da die dünnen Holzteile rasch abbröckeln können, ohne daß die Kluft unregelmäßig der Messerschneide vorauseilt. Bild 10.4 zeigt eine nach diesem System arbeitende schwere Paketschere der Firma Rückle. Die Druckaufbringung erfolgt bei ihr pneumatisch.

16*

Wie eingangs erwähnt wurde, werden die Paketscheren vorwiegend zum Beschneiden gemesserter Furniere verwendet, trotzdem benützt man sie vielfach auch an Stelle von Fügemaschinen, wobei das etwas kürzere Arbeitsspiel als Vorteil zu erwähnen ist. Die Frage, ob sich mit Paket-

Bild 10.4. Schwere Furnierpaketschere. Bauart C. Rückle, Stuttgart.

scheren eine annähernd gleich gute Schnittgüte wie beim Fügen mit umlaufenden Werkzeugen erreichen läßt, ist in der Praxis noch umstritten. Bei bestimmten Furnieren und Furnierdicken sind die Unterschiede wohl gering, während sie in anderen Fällen merklich werden können.

10.2 Furnier-Fügemaschinen

Wie im vorangegangenen Abschnitt dargelegt wurde, stehen Paketscheren und Fügemaschinen mit umlaufenden Werkzeugen beim Geradschneiden von Furnierkanten, die zusammengeleimt werden sollen, seit vielen Jahren im Wettbewerb. Der Arbeitstakt von Paketscheren erfolgt rascher, außerdem sind sie konstruktiv einfacher und damit leichter instandzuhalten. Beim Fügen mit umlaufenden Werkzeugen erhält man aber auf jeden Fall Kanten mit höchster Qualität, auch ist die Leistung der Fügemaschine größer als die der Scheren, da man höhere Pakete fügen kann.

Eine bemerkenswert einfache Furnier-Schneidemaschine wurde von der Firma F. C. Scheer & Cie., Stuttgart-Feuerbach, entwickelt. Auf einem trapezförmigen Kastenfuß in Schweißkonstruktion, der unter dem Gesichtswinkel hoher Standfestigkeit gewählt wurde, ruht der Hauptträger der Maschine. Das Furnierpaket wird, auch wenn die einzelnen Blätter wellig sind, fugendicht gleichmäßig über die ganze Länge durch einen Druckbalken gepreßt, der mittels eines in der Maschinenmitte befindlichen Handrads über Spannschlösser und nach beiden Seiten über Rollen geführte Spannseile betätigt wird. Beim einfachsten und billigsten Baumuster liegt der Antrieb offen, bei einer Weiterentwicklung ge-

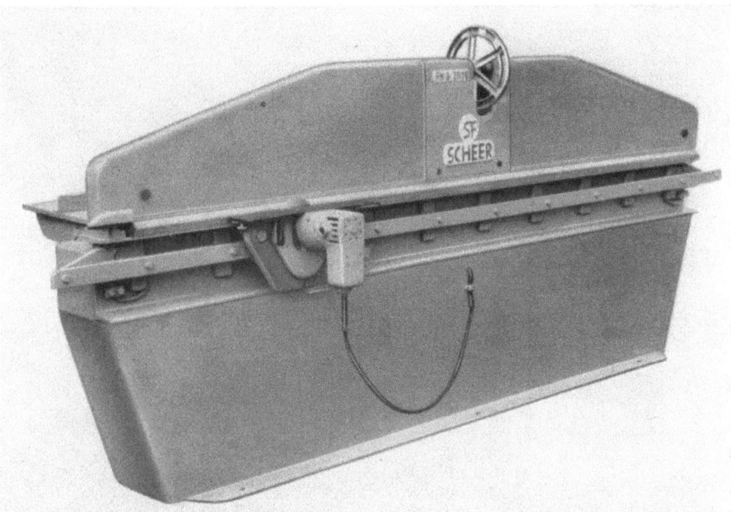

Bild 10.5. Einfache Furnier-Fügemaschine. Bauart F. C. Scheer, Stuttgart-Feuerbach.

schlossen unter einem Blechgehäuse (Bild 10.5). Diese Maschine kann auch mit Druckluftspannung geliefert werden. An Stelle des Handrads sitzt dann in der Mitte der Maschine das Steuerventil mit Sicherungsarretierung des Einschalthebels. Der Spannzylinder erzeugt bei 5 atü Luftdruck eine größte Einspannkraft von 1 t. Die Fügemaschine wird wahlweise für 2500 mm oder 3000 mm Schnittlänge angeboten. Die Öffnungsweite unter dem Druckbalken beträgt 55 mm, die Schnitthöhe 35 mm.

Scharfkantiger, splitterfreier Schnitt wird durch ein *Kreissägeblatt mit Feinzahnung* (bei 160 mm Durchmesser, 104 Zähne) erzielt, das durch einen 1,1 kW-Motor über ein leicht nachzuspannendes Keilriemenvorgelege mit hoher Drehzahl angetrieben wird. Der einhändig geführte *Sägewagen* läuft in Kugellagern auf sehr genau gefertigten Führungsbahnen. Ein biegsames Zuleitungskabel führt zum Motor. Angebaut ist ein breiter Auflagetisch mit eingelegten Maßstäben und verstellbarem Anschlaglineal, wodurch das Schneiden auf genaue Breiten bis zu 600 mm ermöglicht wird. Ist im Betrieb bereits eine Späneabsauganlage vorhanden, dann kann die Fügemaschine mittels eines an der Rückseite des Ständers angebrachten Stutzens von 230 mm Durchmesser daran angeschlossen werden. Falls eine Absauganlage fehlt, kann ein Absauggebläse mit einem Druck von 80 mm WS und einer Fördermenge von 1500 bis 2000 m³/h (Antriebsmotor 1,1 kW, $n = 2800$ U/min) mit

Bild 10.6. Furnier-Fügemaschine TGN. Bauart RFR.

elastischer Verbindung und Staubsack geliefert werden. Bei Verwendung hartmetallbestückter Sägeblätter lassen sich auch Kunststoffplatten einwandfrei schneiden.

Um besonders feine Schnittkanten zu erhalten, arbeitet man bei größeren Fügemaschinen mit *zwei hintereinanderliegenden, umlaufenden Werkzeugen*. Dabei können entweder eine Kreissäge und ein Messerkopf oder zwei Messerköpfe vorhanden sein. Das erste Werkzeug führt den groben Fügeschnitt, das zweite unter Abnahme eines sehr feinen Schlichtspans die Feinbearbeitung durch.

Eine Furnier-Fügemaschine der Vereinigten Furnier- und Sperrholzmaschinenfabriken, Hamburg, die vor allem für die Verwendung in kleineren Sperrholz- und Möbelfabriken gedacht ist, zeigt Bild 10.6. Der Tisch ist mit der Führungsbahn für den Werkzeugschlitten in einem Stück hergestellt. Der in geschweißter Stahlbauweise ausgeführte starre Druckbalken wird durch besonders kräftig bemessene Spindeln geführt.

Die größte Öffnung zwischen Tisch und Druckbalken beträgt 250 mm, die Schnitthöhe bis zu 100 mm. Die Fügelängen können 2000, 2300, 2700 oder 3500 mm betragen. Das Einspannen des Furnierpakets erfolgt durch einen Elektromotor, der sich selbsttätig durch ein einstellbares Überstromrelais abschaltet. Der Werkzeugschlitten mit den beiden Messerköpfen wird am eingespannten Furnierpaket entlang bewegt. Die Vorschubgeschwindigkeit des Schlittens beläuft sich beim Schnitt auf 10 m/min, beim Rücklauf auf 20 m/min. Vorschub bzw. Rücklauf werden in den Endstellungen automatisch ausgeschaltet. Die beiden

Bild 10.7. Furnier-Fügemaschine 13 F. Bauart RFR.

Hobelmesserköpfe mit einem Durchmesser von 180 mm und 6 Messern werden durch einen gemeinsamen Motor über Keilriemen angetrieben; ihre Drehzahl beträgt 5000 U/min. Bei normaler Ausführung wird die Fügemaschine mit einer durch Hand betätigten Anschlagvorrichtung ausgerüstet. Die Spandicke ist einstellbar und an einer großen Skala ablesbar. Auf Wunsch kann auch eine durch den Werkzeugschlitten selbsttätig abschwenkbare Anschlagvorrichtung geliefert werden.

Die Leistungsfähigkeit der Fügemaschine wird wesentlich erhöht, wenn der Leim nicht von Hand, sondern durch eine automatische, auf dem Werkzeugschlitten befestigte *Beleimvorrichtung* angegeben wird. Diese Vorrichtung besteht aus einer durch einen Elektromotor angetriebenen Kegelwalze, die den Leim, gleichmäßig dosiert, auf den

Kanten der zusammengepreßten Furniere aufträgt. Bei Verwendung
von Heißleimen kann eine elektrische Heizung mit Thermostat in das
Leimbecken eingebaut werden. Der gesamte Leistungsbedarf der Fügemaschine beträgt rd. 9,5 kW.

Eine sehr genau arbeitende Furnier-Fügemaschine, Modell 13 F
(Bild 10.7) der Vereinigten Furnier- und Sperrholzmaschinenfabriken,
Hamburg, besitzt zwei kräftige gußeiserne Ständer, die den stark verripp-
ten gußeisernen Druckbalken tragen. Der zwischen den Ständern geführte
Drucktisch wird von einem 3 kW-Elektromotor über drei Öldruckzylinder

Bild 10.8. Ansicht zweier Messerköpfe als Fügewerkzeuge bei der Fügemaschine 13 F. Bauart RFR.

angetrieben. Beim Einspannen hebt er sich und preßt das Furnierpaket
(größte Schnitthöhe 130 mm) gegen den Druckbalken. Der elektro-
hydraulische Antrieb des Drucktischs vereinigt hohe Betriebssicherheit
mit bequemer Bedienung, auch ist die Maschine leicht von allen Seiten
zugänglich. Der Werkzeugschlitten mit den Fügewerkzeugen läuft auf
der Oberseite des Druckbalkens mit Kugellagern auf Prismen; auf der
Unterseite ist er in kräftigen Leisten geführt und damit gegen Abheben
geschützt. Der Antrieb erfolgt von einem 3 kW-Elektromotor über ein
Getriebe durch kombinierten Seil-Kettenzug. Die Vorschubgeschwindigkeit beträgt etwa 12 m/min, die Rücklaufgeschwindigkeit 24 m/min.
Vor- und Rücklauf werden in den Endstellungen automatisch ausgeschaltet. Der erste Messerkopf für den groben Fügeschnitt wird durch
einen 4,4 kW-Elektromotor mit 4500 U/min, der zweite Messerkopf zum
Schlichten durch einen 3 kW-Elektromotor mit rd. 5500 U/min an-

getrieben. Der Abstand zwischen den Flugkreisen der Messerköpfe kann je nach Holzart und Betriebsbedingungen eingestellt werden. Statt mit zwei Messerköpfen (Bild 10.8) kann die Fügemaschine auch mit einer Kreissäge und einem Messerkopf (Bild 10.9) ausgestattet werden.

Bild 10.9. Ansicht einer Kreissäge und eines Messerkopfes als Fügewerkzeuge bei der Fügemaschine 13 F. Bauart RFR.

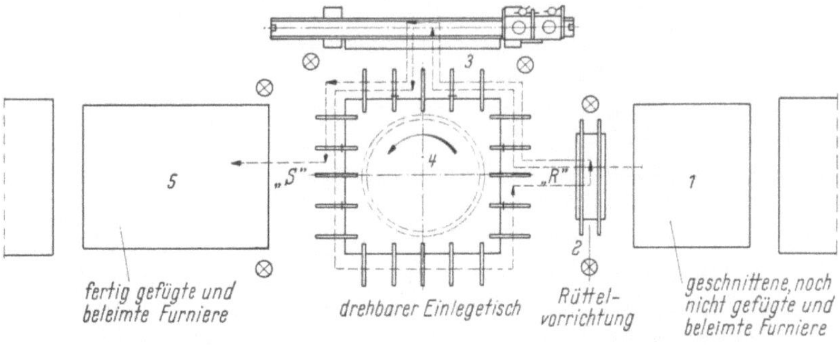

Bild 10.10. Schematische Darstellung des Arbeitens mit einem drehbaren Einlegetisch an einer Furnier-Fügemaschine (Anordnung RFR).

Beim Beschicken von Hand kann man durch einen *drehbaren Einlegetisch* (Bild 10.10) die Arbeit wesentlich vereinfachen und Personal einsparen. Die Furniere werden auf dem Tisch 1 vorsortiert, dann stehend

auf dem Tisch 2 mittels einer Rüttelvorrichtung behandelt, wodurch die
zu fügende Seite des Furnierpakets bündig wird. Von hier gelangt das
Furnierpaket auf den Drehtisch 4, der an jeder Seite mit Auflageholmen
versehen ist. Der Drehtisch wird dann um 90° in Pfeilrichtung gedreht,
so daß das Furnierpaket von den Arbeitern auf den Zwischentisch 3 und
von dort auf den Druckbalken bis an den Anschlagwinkel der Fügemaschine geschoben werden kann. Nach dem Fügen und Beleimen wird
das Furnierpaket aus der Maschine herausgenommen, auf den Drehtisch
gelegt, um weitere 90° gedreht und an der Stelle S daraufhin überprüft,
ob alle Furniere beim Fügen erfaßt wurden. Allenfalls noch zu bearbeitende Furniere können hier dem Paket entnommen werden. Während
diese Kontrolle erfolgt, übernehmen die Arbeiter an der Fügemaschine
bereits ein Furnierpaket. Das erste Furnierpaket gelangt nach zwei
weiteren Drehungen um 90° an die Stelle R, wird hier gewendet, ge-
rüttelt und dann zum zweiten Arbeitsgang wieder über den Drehtisch 4
und den Zwischentisch 3 in die Maschine gegeben. Jedes Furnierpaket
muß also zum Fügen und Beleimen auf beiden Seiten $1^1/_2$ Umdrehungen
auf dem Drehtisch ausführen. Da für einen Arbeitsgang 50 bis 60 s
benötigt werden, können in 1 h etwa 25 bis 30 Pakete zweiseitig gefügt
und beleimt werden.

Die Fügemaschine kann auch mit einer *automatischen Beschick-
vorrichtung* versehen werden, die Bild 10.7 zeigt. Die Arbeitsweise ist
wie folgt: Die Einlegeplatte wird zunächst schräg nach vorn geschwenkt.
Die Furniere werden dann gegen die zurückgezogenen Anschläge gestapelt. Das ausgerichtete Paket wird mit selbstspannenden Fingern vor-
gespannt und nun der weitere automatische Ablauf der Arbeit durch
eine Druckknopfschaltung ausgelöst. Die Einlegeplatte mit dem Furnierpaket wird in die waagerechte Ebene zurückgeschwenkt, dann schieben
die Anschläge das Furnierpaket auf den Maschinentisch unter den Druckbalken. Ein einstellbarer Anschlag bestimmt, wie weit das Paket eingeführt wird und regelt dadurch die Spandicke. Das Furnierpaket
wird hierauf durch den hydraulisch nach oben gedrückten Tisch festgespannt. Die Anschläge werden zurückgefahren, die Einlegeplatte wieder
schräg gestellt, wodurch sie für weiteres Beschicken bereit wird. Das
Fügen erfolgt durch Vorlauf des Werkzeugschlittens, unverzüglich gefolgt
vom Beleimen. Nach Beendigung des Arbeitsgangs wird der Werkzeugschlitten stillgesetzt und der Tisch gesenkt. Die Furniere werden jetzt
nach hinten aus der Maschine herausgenommen und am besten auf
einem *Förderwagen mit Winkelauflage* (Bild 10.11) gestapelt, und zwar
mit den unbeleimten Furnierkanten auf der Auflage. Durch dieses Um-
stapeln wird das Zusammenkleben der beleimten Furnierkanten, die
dann nicht mehr in einer Ebene liegen, vermieden. Der Förderwagen
wird hierauf zur Aufgabeseite der Fügemaschine gefahren und die

zweite Furnierkante bearbeitet. Erst nachdem das Furnierpaket aus der Maschine genommen ist, wird der Rücklauf des Werkzeugschlittens durch einen Druckknopf eingeschaltet. Die automatische Beleimvorrichtung besitzt eine elektrisch angetriebene zylindrische Leimauftragwalze mit einstellbarem Abstreifblech zur Dosierung.

Eine Fügemaschine amerikanischer Bauart (Merritt-Solem Corp., Lockport, N. Y.) zeigt Bild 10.12). Bemerkenswert ist die schwere geschweißte Stahlbauweise. Der besonders gewichtige Wagen mit den beiden Messerköpfen befindet sich auf der Rückseite und wird hydraulisch mit

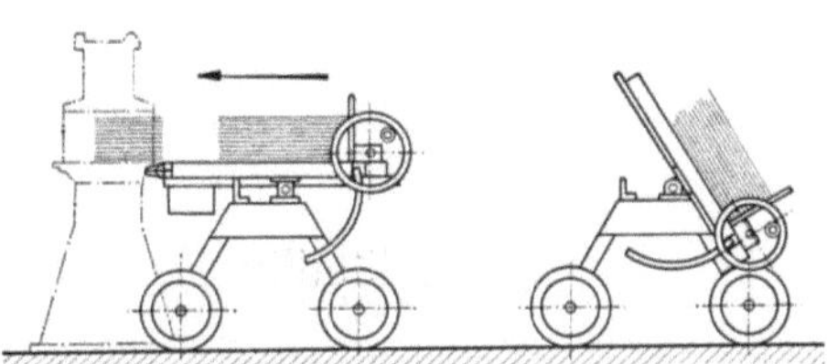

Bild 10.11. Förderwagen mit Winkelauflage für Furniere mit beleimten Kanten. Bauart RFR.

einer regelbaren Vorschubgeschwindigkeit von bis zu 23 m/min bewegt. Der Rücklauf erfolgt mit dieser Höchstgeschwindigkeit. Jedes Werkzeug — 2 Messerköpfe mit je 8 Messern — wird von einem Elektromotor mit 3,6 kW Leistungsaufnahme ($n = 3600$ U/min) angetrieben.

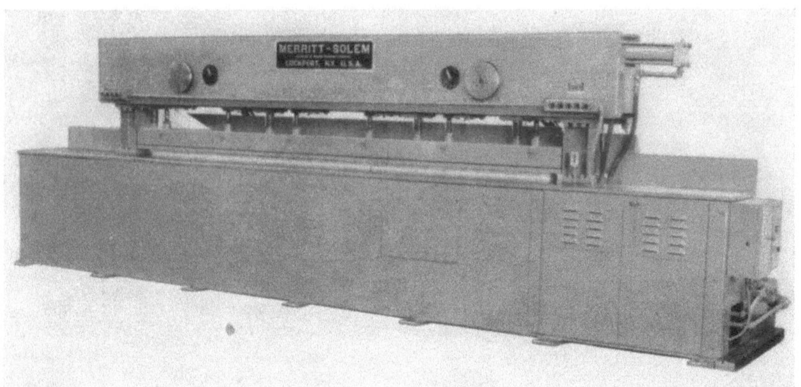

Bild 10.12. Ansicht einer schweren Furnier-Fügemaschine. Bauart Merritt-Solem Corp., Lockport, N. Y.

Der Druckbalken für das Zusammenpressen der Furniere besitzt auf der Unterseite ein Hartholzfutter. Die Schnitthöhen betragen mindestens 25, höchstens 76 mm. Die Schnittlängen reichen von 2600 bis zu 5000 mm.

Die Bedeutung der Furnier-Fügemaschinen für die Rationalisierung der Sperrholzindustrie darf nicht unterschätzt werden. In dem Bestreben, die Qualität der Erzeugnisse zu erhöhen, die Holzausnutzung zu verbessern und den Lohnanteil in den Selbstkosten zu senken, spielen sie eine wesentliche Rolle. Zu bedenken ist, daß aus dem nassen, von der

Schälmaschine kommenden Furnierband fehlerhafte Stellen und Risse ausgeschnitten werden müssen. Dabei fallen schmale Furnierstreifen an, die auf wirtschaftliche Weise wieder zu größeren Blättern zusammengesetzt werden müssen. Die Voraussetzung dafür wiederum sind genau geradlinige, saubere und winkelrechte Furnierkanten.

In der Praxis hat sich herausgestellt, daß diesen Forderungen nur durch sehr schwere Furnier-Fügemaschinen im ganzen Umfang entsprochen werden kann. Hinzu kommt die Forderung nach Automatisierung von Einlegen und Beleimen. Automatische Einlegevorrich-

Bild 10.13. Schwere Furnier-Fügemaschine TBAP. Bauart RFR.

tungen sind insbesondere dann nötig, wenn die Furniere mehr als 2 m Länge haben, da die Pakete schwer und unhandlich werden und von Hand nicht mehr einwandfrei gegen die Anschläge gestapelt werden können.

Die schwere Furnier-Fügemaschine, Baumuster TBAP, der Vereinigten Furnier- und Sperrholzmaschinenfabriken, Hamburg (Bild 10.13) wurde entwickelt, um obigen Forderungen soweit wie möglich zu genügen. Eine allgemein *schwere Konstruktion* wurde durch das gußeiserne Maschinenbett erreicht. Die Gleitbahn für den automatisch geschmierten Werkzeugschlitten und der Tisch für das Furnierpaket sind an diesem Bett angebracht. Wie schwer die Maschine ist, geht daraus hervor, daß bei der Ausführung mit 2200 mm Fügelänge das Nettogewicht 8800 kg, also das Nettogewicht je mm Schnittlänge 4 kg beträgt; bei 3500 mm Fügelänge und 11 800 kg errechnen sich rd. 3,4 kg/mm.

Das Furnierpaket, das eine Schnitthöhe von 200 mm haben kann, wird durch den Druckbalken in geschweißter Stahlbauweise eingespannt. Geführt wird der Druckbalken, der eine 400 mm breite Druckfläche hat,

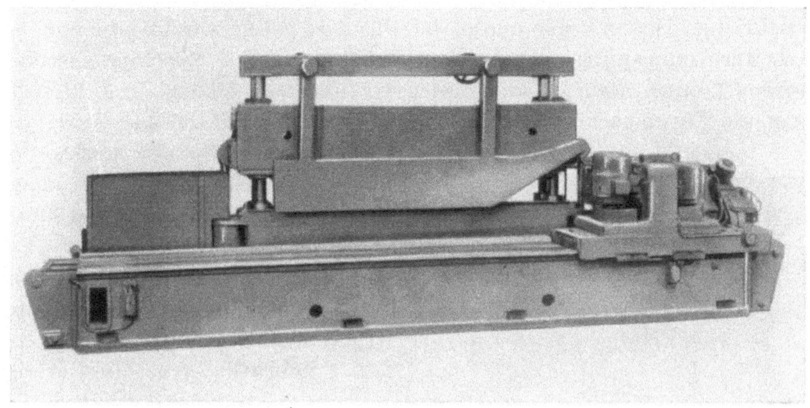

Bild 10.14. Furnier-Fügemaschine TBAP mit Anschlagvorrichtung auf der Fügeseite. Bauart RFR.

Bild 10.15. Ansicht der Messerköpfe bei der Furnier-Fügemaschine TBAP mit angebautem Pendelrohr zur Späneabsaugung. Bauart RFR.

durch zwei kräftige Säulen. Zur Bearbeitung der Furnierkanten dienen zwei Messerköpfe mit je 180 mm Durchmesser und 6 Messern. Beide Köpfe werden über Flachriemen mit einer Drehzahl von 5500 U/min angetrieben. Der nach Skala einstellbare Schruppkopf nimmt bis zu 25 mm dicke Späne ab. Wegen ihrer sehr hohen Standzeit (200 und mehr Stunden) sind *hartmetallbestückte Messer* sehr zu empfehlen. Der Schnittvorschub beträgt normal 15 m/min im Vorlauf (kann aber auch stufenlos geregelt werden), die Rücklaufgeschwindigkeit 30 m/min.

Das Arbeiten mit Einlegevorrichtung ist ganz ähnlich wie oben schon beschrieben. Sollen kurze und glatte Furniere gefügt werden, die von den Arbeitern einwandfrei gegen einen Anschlag in der Maschine gestoßen werden können, dann ist die Einlegevorrichtung nicht nötig. Bild 10.14 zeigt die Fügemaschine mit Anschlagvorrichtung auf der Fügeseite.

Bild 10.16. Beleimvorrichtung an der Furnier-Fügemaschine TBAP. Bauart RFR.

Die Späne müssen an den Messerköpfen mit einem Unterdruck von etwa 150 mm WS abgesaugt werden. Für die Absaugleitung war ursprünglich vorn am Maschinenbett ein Stutzen angebracht, neuerdings erfolgt die Absaugung durch ein an den Messerköpfen angebautes Pendelrohr (Bild 10.15). Auch die Beleimvorrichtung (Bild 10.16) wurde verbessert, die Dosierwalze kann zum Auftragkegel eingestellt und die ganze Vorrichtung durch einen Hebel zurückgezogen werden.

Die Leistung der Maschine hängt stark von der Länge und vom Grad der Welligkeit der Furniere ab. Nach Erfahrungen in der Praxis können auf einer Fügemaschine TBAP 27 mit Einlegevorrichtung etwa 25···30 Furnierpakete je h beidseitig gefügt und beleimt werden. Bei Verwendung einer Anschlagvorrichtung und eines Drehtisches (gemäß Bild 10.10) wurden schon bis zu 45 Paketen je h beidseitig gefügt und beleimt. Die maximale Leistungsaufnahme liegt bei 12,5 kW.

Eine erhebliche Leistungssteigerung in der Fügerei und eine Verbilligung des ganzen Fügebetriebs bringt eine *halbautomatische Fügeanlage* gemäß Bild 10.17 mit sich. Diese Anlage setzt sich nach dem *Baukastenprinzip* aus mehreren in sich geschlossenen Einheiten zusammen. Diese können nacheinander angeschafft werden, so daß die Fügerei schrittweise automatisiert wird. Die Reihenfolge der Anschaffung ist folgende:

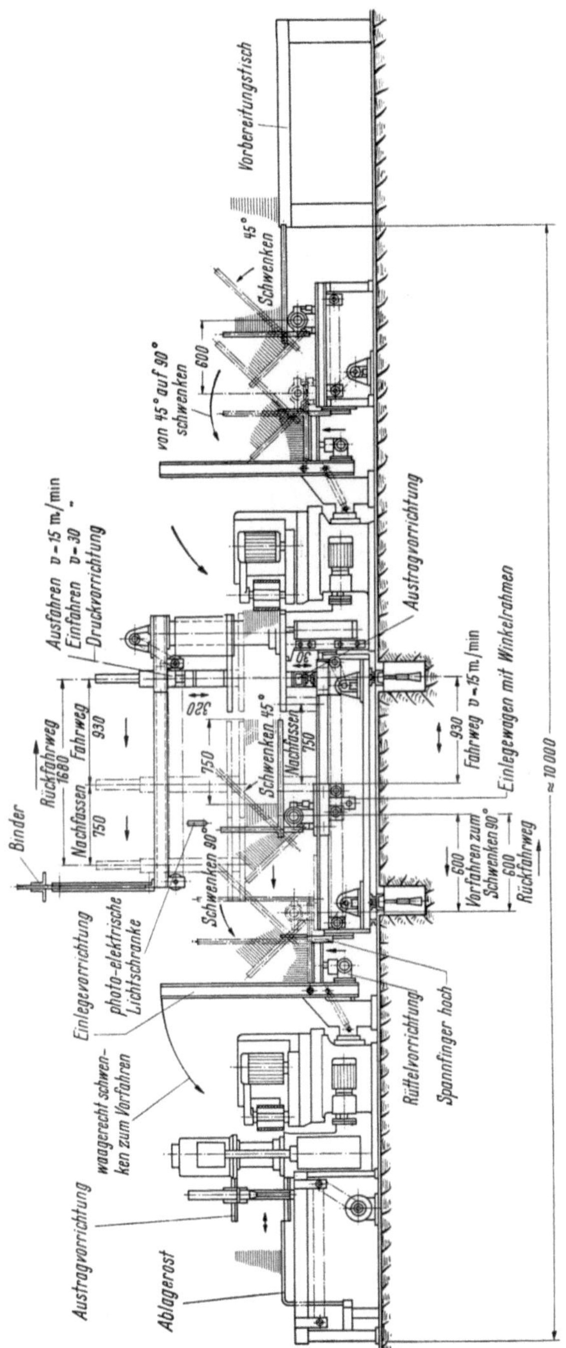

Bild 10.17. Halbautomatische Fügeanlage TBAP. Bauart RFR.

    1. Fügemaschine TBAP 27-HA mit Einlege- und Rüttelvorrichtung sowie Einlegewagen mit schwenkbarem Einlegewinkel;

    2. Übergabewagen, bestehend aus der Austragvorrichtung in geteilter Ausführung (unterer Austragwagen und oberer Austragwagen mit Druckvorrichtung) und dem Einlegewagen mit schwenkbarem Einlegewinkel;

    3. Fügemaschine TBAP 27-HA mit Einlege- und Rüttelvorrichtung;

    4. Austragvorrichtung mit Ablegerosten.

Der Arbeitsablauf sei kurz in der zeitlichen Reihenfolge angegeben. Vorausgeschickt sei, daß die Breite der einzelnen Furniere eines Paketes sich nicht um mehr als 200 mm unterscheiden darf, da sonst der einwandfreie Ablauf der einzelnen Takte gefährdet würde.

1. Die auf dem in Bild 10.17 rechts sichtbaren Vorbereitungstisch auf Breite sortierten und gestapelten Furnierpakete werden von Hand auf den Einlegewinkel des Einlegewagens geschoben.
2. Der in Wartestellung stehende Einlegewagen wird durch Drucktaste vom Bedienenden in Bewegung gesetzt und damit die Automatik ausgelöst. Der Einlegewinkel schwenkt auf 45° und fährt bis zur senkrecht stehenden Einlegevorrichtung vor.
3. Schwenken des Einlegewinkels von 45° auf 90° und Hochfahren der Spannfinger.
4. Rückfahren des Einlegewagens und Rückschwenken des Einlegewinkels.
5. Rütteln der Furniere.
6. Spannen der Furniere in der Einlegevorrichtung.
7. Schwenken der Einlegevorrichtung zur Waagerechten.
8. Vorschub der Furniere in die Fügemaschine.
9. Absenken des Druckbalkens, damit Spannen des Pakets.
10. Rückschwenken der Einlegevorrichtung auf Rüttelstellung, Zurückfahren der Vorschubholme.
11. Fügen.
12. Rücklauf des Messerschlittens.
13. Anheben des Druckbalkens.
14. Anheben der Austragvorrichtung.
15. Ausfahren des oberen und unteren Wagens in den Einlegewagen.
16. Ablegen der Furniere auf die Holme des Einlegewagens.
17. Zurückfahren des Unterwagens der Austragvorrichtung zum Nachfassen.
18. Anheben der Austragvorrichtung.
19. Vorfahren des Ober- und Unterwagens der Austragvorrichtung um 750 mm.
20. Ablegen der Furniere.
21. Hochziehen des Druckbalkens, damit Entspannen des Oberwagens.
22. Zurückfahren von Austragvorrichtung, Ober- und Unterwagen in die Fügemaschine.
23. Schwenken des Winkelrahmens auf 45°.
24. Vorfahren des Einlegewagens.
25. Schwenken des Einlegewinkels von 45° auf 90°.
26. Hochfahren der Spannfinger.
27. Rückfahren des Einlegewagens und Rückschwenken des Einlegewinkels.
28. Rütteln der Furniere in der zweiten Fügemaschine.
29. Spannen der Furniere in der Einlegevorrichtung.
30. Schwenken der Einlegevorrichtung zur Waagerechten.

31. Vorschub der Furniere in die zweite Fügemaschine.
32. Absenken des Druckbalkens, damit Spannen des Pakets.
33. Zurückschwenken der Einlegevorrichtung auf Rüttelstellung, Zurückfahren der Vorschubholme.
34. Fügen der Furniere.
35. Rücklauf des Messerschlittens.
36. Anheben des Druckbalkens.
37. Anheben der Austragvorrichtung.
38. Ausfahren der Austragvorrichtung.
39. Ablegen des Pakets auf den Ablegerost.
40. Zurückfahren der Austragvorrichtung.

Während bei Stellung „Automatik“ ein Schalten der Zwischenfunktionen nicht möglich ist, kann jeder Arbeitstakt bei Stellung „Einrichten“ einzeln geschaltet werden. Zu erwähnen ist noch, daß die Anordnung der Anschläge für die Ausrichtung der Furnierpakete derart ist, daß der Furnierabfall auf ein Mindestmaß herabgesetzt wird.

Die früher üblichen Furnier-Fügemaschinen mit *Lauftisch*, bei denen das mittels Druckspindeln eingespannte Furnierpaket auf einem Wagen an zwei Messerköpfen vorbeigeführt wurde, haben heute nur mehr geschichtliche Bedeutung. Der Antrieb erfolgte bei ihnen über Zahnstangen und ein Ritzel, wodurch eine ausgezeichnete Führung gewährleistet wurde. Der Platzbedarf der Maschinen ist aber verhältnismäßig groß und die Vorlaufgeschwindigkeit beträgt nur etwa 6 m/min.

10.3 Maschinen zum Zusammensetzen und Fugenverleimen der Furniere

10.31 Klebestreifenmaschinen (Taping Machines)

Für den wirtschaftlichen Aufschwung der neuzeitlichen Sperrholzindustrie war die Fugenverleimung schmaler Furnierstreifen von außerordentlicher Bedeutung. Den ersten Fortschritt brachte um 1880 die Verwendung von *Klebestreifen*, mit denen die Furniere Kante an Kante aneinander geheftet wurden.

Diese Streifen (taps) sind aus sehr zähem, geschmeidigem und dünnem (0,05 mm dickem) Kraftpapier hergestellt. Sie sind meist 5 bis 25 mm breit und auf der Rückseite klebfähig. Während man noch vor etwa 10 Jahren 20 mm als Papiermindestbreite ansah, ging man plötzlich auf 5 bis 8 mm herab. Diese schmalen Streifen sind heute eine Selbstverständlichkeit. Zu bedenken bleibt, daß der Klebestreifen nur vorübergehend erforderlich ist und eigentlich ein notwendiges Übel darstellt. Für neuzeitliche, leistungsfähige Zusammensetzmaschinen soll also seine Breite auf das mögliche Mindestmaß verringert werden, ohne daß die Güte der Verbindung darunter leiden darf. Der Klebestreifen muß völlig fettfrei sein, um höchste Bindekraft zu entwickeln, unbedingt säurefrei,

damit beim Beizen keine Flecken entstehen. Oft sind die Streifen in einfachen oder mehrfachen Reihen gelocht, um der später folgenden Verleimung möglichst wenig Holzfläche zu entziehen.

Das Aufbringen der Klebstreifen erfolgt heute, soweit es noch in
Frage kommt, selbst in mittleren Betrieben mit *Furnier-Fugenverleim-
maschinen*. Eine derartige Maschine, hergestellt von der Maschinenfabrik
Adolf Friz, Stuttgart—Bad Cannstatt, ist in Bild 10.18 dargestellt. Die

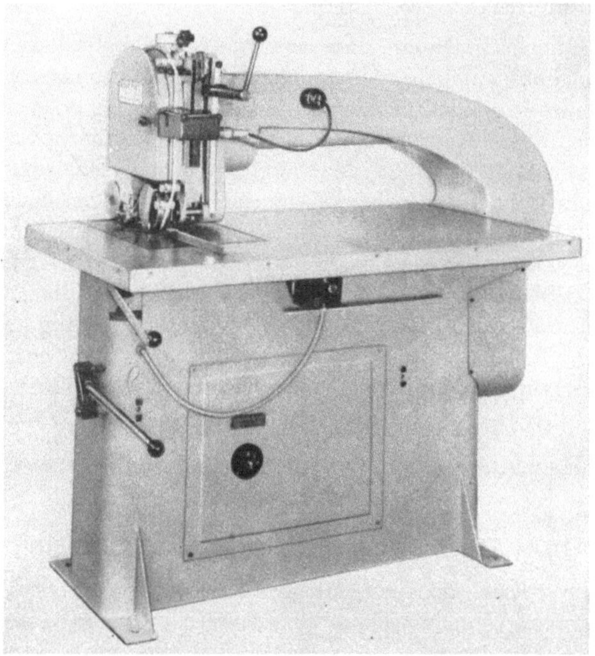

Bild 10.18. Furnier-Fugenverleimmaschine (Klebestreifenmaschine).
Bauart A. Friz, Stuttgart–Bad Cannstatt.

beiden Furniere werden auf dem Arbeitstisch mit den zu verbindenden
Kanten von Hand gegen ein Führungslineal (Anschlagschiene) gedrückt
und vorgeschoben, bis sie in den Bereich der Zusammensetzvorrichtung
gelangen, worauf die Schiene entfernt wird. Der weit ausladende Arm der
Maschine gestattet es, auch breite Furnierstreifen zu verbinden. Der
Antrieb der Furniere erfolgt durch eine *Druckrolle*, wobei die Vorschubgeschwindigkeit stufenlos zwischen 5 und 20 m/min regelbar ist. Bei
einem anderen Baumuster unterstützt ein in den Arbeitstisch einge-
lassenes *endloses Plattenband*, das mit Ketten über Zahnräder angetrieben
wird, den Vorschub der Furniere.

Zwei senkrechte *Scheiben* laufen lose mit und haben die Aufgabe, die Furniere an der Fuge zusammenzupressen. Die Scheiben sind federnd gelagert, der *Federdruck* kann der Furnierart, -welligkeit und -dicke angepaßt werden. Das *Klebeband* ist auf einer Rolle in einem oben sitzenden Gehäuse untergebracht; es kann 8 bis 25 mm breit sein, die Rollen können bis zu 250 m Länge haben. Die Einführung des Bandes ist leicht und rasch vorzunehmen. Das Band (in dem Bild als schmaler weißer Streifen zu erkennen) läuft über eine Führungsrolle in den Befeuchtungsbehälter und anschließend über zwei weitere Führungsrollen unter die Druckrolle. Es trifft genau mittig auf die Fuge. Die *Furnierdicke* (0,3 bis 5 mm) kann an einem Skalenring eingestellt werden. Schmale oder gelochte Klebestreifen werden automatisch abgerissen, breitere automatisch abgeschnitten, wenn der Verleimvorgang am Furnierende aufhören soll. Dadurch werden die früher auftretenden lästigen Klebstreifenfahnen vermieden. Die Antriebsleistung beträgt 0,75 kW.

Eine andere bemerkenswerte Furnier-Fugenverleimmaschine der Maschinenfabrik Heinrich Kuper, Riedberg i. Westf., gibt Bild 10.19

Bild 10.19. Furnier-Fugenverleimmaschine (Klebestreifenmaschine). Bauart H. Kuper, Riedberg i. W.

wieder. Mit dieser Maschine können sowohl hochempfindliche, als auch wellige Furniere in wechselnden Dicken und mit Dickenunterschieden, ohne daß Markierungen entstehen, fugendicht zusammengesetzt werden. Zum Vorschub der Furniere dienen bei dieser Maschine zwei *gegenläufig angetriebene Diskusscheiben*, die mit dem Arbeitstisch eine Ebene bilden. Gleichzeitig ziehen diese Scheiben im Verein mit einer *Druckrolle* die beiden Furnierblätter auf Fugendichte zusammen. Darüber hinaus erfüllen die Scheiben noch einen dritten wesentlichen Zweck: sie sind über einen Wiegebalken gemäß Bild 10.20 voneinander abhängig. Bei verschieden dicken Furnieren (in Bild 10.20 sind die Verhältnisse absichtlich übertrieben dargestellt, um die Arbeitsweise deutlich zu machen) weicht die Scheibe, die das dickere Blatt zu befördern hat, nach unten aus, wodurch gleichzeitig die andere Scheibe nach oben gedrückt wird.

17*

Die starre Unterlage bleibt erhalten, trotzdem bilden die Oberflächen
der zu verbindenden Furniere eine Ebene. Nur dadurch wird ausreichende
Haftung des schmalen Klebebandes an beiden Furnierblättern gesichert.

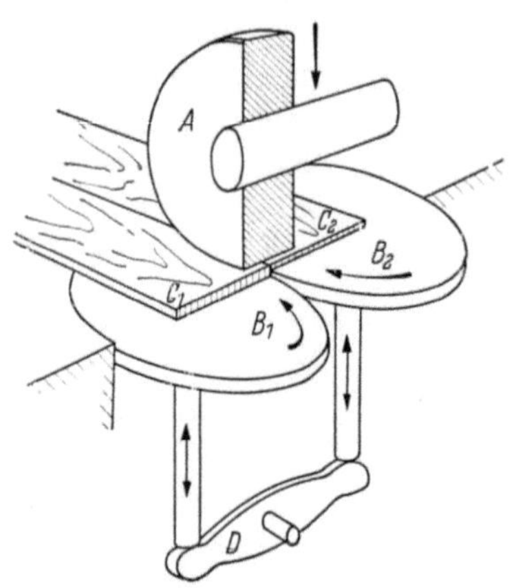

Bild 10.20. Schema der Wirkungsweise des
Furnierantriebs bei der Fugenverleimmaschine nach Bild 10.19. A Druckrolle.
B_1 und B_2 gegenläufig angetriebene Diskusscheiben, C_1 u. C_2 Furniere, D Wiegebalken.

Nach dem Durchlaufen der Furnierblätter werden die Klebstreifen
selbsttätig sauber abgetrennt. Die
Ständerausladung beträgt bei einem
Baumuster rd. 950 mm, bei einem
anderen 1250 mm. Die Durchlaufgeschwindigkeit ist stufenlos zwischen
10 und 20 m/min regelbar; sie kann
für besondere Anforderungen bis auf
40 m/min erhöht werden. Die Antriebsleistung beträgt etwa 0,5 kW.

Um den Bedürfnissen von Klein-
und Mittelbetrieben gerecht zu werden, wurde die Furnier-Fugenverleimmaschine der Firma Heinrich
Kuper auch als Tischmodell entwickelt (Durchlaufgeschwindigkeit rd.
12 m/min). Für großflächige Furniere
wurde eine weitere Maschine ohne
Auslegerarm, für das Zusammensetzen vornehmlich kurzer Furnierblätter zu großen Längen eine Maschine mit um etwa 90° schwenkbarem
Auslegerarm geschaffen.

Die Klebestreifentechnik kann in vielen Fällen (z. B. in Möbelfabriken) und beim Zusammensetzen von Messer- und vor allem auch
Sägefurnieren nicht entbehrt werden. Bei hochwertiger Arbeit werden
die überklebten Fugen noch verleimt. Man klappt die beiden Teile über
dem Klebestreifen zurück, der wie ein Scharnier wirkt, und führt die
freigelegten Furnierkanten an einer Leimauftragrolle vorbei. Anschließend werden die Furniere wieder auseinandergeklappt und in eine
hohlrunde Form so gelegt, daß sich der Klebestreifen auf der Unterseite
befindet. Die Leimkanten werden unter der Wirkung des Eigengewichts der Furnierstreifen zusammengepreßt. Ist der Leim abgebunden, werden die Furniere aus der Form genommen.

Werden die Klebestreifen auf der Außenseite benutzt, so müssen sie
nach dem Furnieren so rasch wie möglich wieder durch *Schleifen* entfernt
werden. Auf der Innenseite können selbst gelochte Klebestreifen bei nach-
folgender Verleimung die Verbindung der Furniere mit der darunterliegenden Holzschicht stören. Eine Abhilfe sollten hier *Klebestreifen aus
Kunstharzleimfilmen* schaffen, die beim üblichen Heißverpressen am Ver-
leimungsvorgang aktiv teilnehmen. Diese Klebestreifen sind auf einer

Seite mit einem Bindemittel überzogen, das bei Zutritt von Feuchtigkeit die gewünschte Klebewirkung ergibt. Voraussetzung des Erfolgs ist es, daß der Leimfilm des Klebestreifens und der Kunstharzleim des Lagenholzes in ähnlichen Grenzen von Temperatur, Druck, Holzfeuchtigkeit und p_H-Wert zum Abbinden kommen [*10.3*]. Die Kunstharz-Klebestreifen haben sich beim Fugenverleimen von hellen Furnieren bewährt, die sich unter der Wirkung des Bindemittels auf den ohne Klebestreifen arbeitenden Zusammensetzmaschinen verfärben können. In USA wurde auch ein Verfahren entwickelt, das mit *Gaze-Streifen* arbeitet, die unmittelbar vor dem Aufbringen auf die zusammengelegten Furnierkanten mit einem Bindemittel überzogen werden. Die verleimten Fugen werden dann beim Durchwandern einer Trockenpartie in der Maschine getrocknet.

10.32 Fugenverleimmaschinen ohne Klebestreifen

10.321 Allgemeine Gesichtspunkte

Die Nachteile der Klebestreifen werden dann beträchtlich, wenn es sich um die wirtschaftliche Erzeugung großer Mengen von Sperrholz mit hohen Ansprüchen an die Bindefestigkeit handelt:

1. Die Kosten der Klebestreifen sind nicht unbeträchtlich, insbesondere, wenn die im vorangegangenen Unterabschnitt erwähnten Kunstharz-Klebestreifen verwendet werden. Es ist wünschenswert, diese Kosten einzusparen.

2. Klebestreifen auf den Außenseiten müssen nach dem Furnieren entfernt werden; dies bedingt erhebliche Schleifarbeit.

3. Papier-Klebestreifen im Innern von Lagenhölzern verringern in jedem Fall die Bindefestigkeit und vor allem die Feuchtigkeitsbeständigkeit der Verleimung beträchtlich.

4. Bei der Verwendung von Klebestreifen sind die einzelnen Furnierfugen im allgemeinen nicht fest miteinander verleimt, so daß hier der flüssige Leim leicht durchschlagen kann.

Es lag deshalb nahe, Fugenverleimmaschinen ohne Klebestreifen zu entwickeln. Die ersten Baumuster tauchten etwa in den 30er Jahren auf. Diese Maschinen lehnten sich in der Bauweise stark an die Zusammensetzmaschinen mit Klebestreifen an.

10.322 Fugenverleimmaschinen mit Längsverleimung

Die Fugenverleimmaschinen mit Längsverleimung besitzen einen großen Tisch in Metall- oder Holzbauweise. Die Furniere, deren Kanten besonders sorgfältig gefügt sein müssen, werden entlang einer kurzen Anschlagleiste von Hand zugeführt, bis sie von den Einzugrollen erfaßt und an das weitere Transportsystem abgegeben werden. Der zur Verleimung nötige *Fugendruck* wird durch schräge Rollen oder keilförmige Stellung der Förderbänder erzielt. Die Kanten der zu verbindenden Furniere werden entweder vor dem Zusammensetzen mit einem reaktivierbaren Leim bestrichen oder aber die Leimangabe erfolgt selbsttätig in der Fugenverleimmaschine. Das erstgenannte Verfahren hat sich gut bewährt, insbesondere da die Leimangabe automatisch und gut dosiert in den Fügemaschinen (wie unter Abschn. 10.2 beschrieben wurde) vorgenommen werden kann. Die wieder angetrockneten Furnierfugen werden dann auf geeignete Weise (z. B. wenn Glutinleim verwendet worden war, durch Eintauchen in eine 10- bis 20%ige Lösung von 40%igem For-

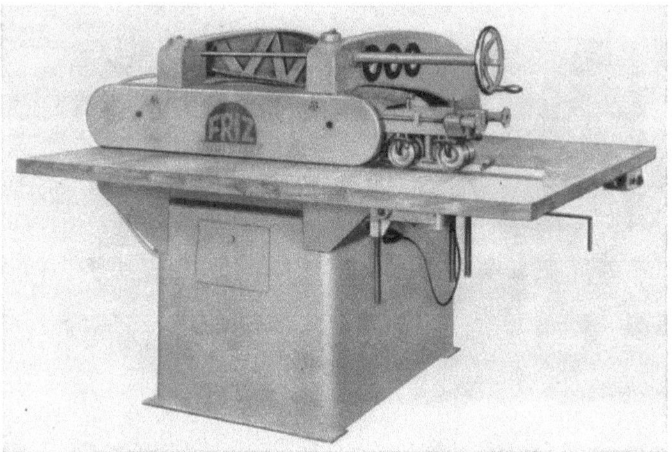

Bild 10.21. Furnier-Fugenverleimmaschine ZA 10. Bauart A. Friz, Stuttgart–Bad Cannstatt.

malin) erneut klebefähig gemacht, worauf die Furniere in die Fugenverleimmaschine eingeführt werden. *Automatische Leimangabe-Vorrichtungen* in den Furnier-Fugenverleimmaschinen besitzen einen Leimbehälter und eine Auftragvorrichtung, meist ein Rädchen mit Abstreifblechen, zum Dosieren.

Als besonders vorteilhaft für die Fugenverleimung von Furnieren erweisen sich *Melaminharzleime*, da sie sehr schnell (innerhalb von Sekunden) abbinden. Die Furnierkanten werden unmittelbar vor dem Eintritt der Furniere in die Druck- und Heizzone der Maschine mit einem Melaminharzleim, dem der Härter zugesetzt ist, bestrichen. Eine Messingschiene zwischen den Einzugrollen sorgt dafür, daß ein dünner Spalt für die Leimschicht freigehalten wird. Dadurch wird das Ausquetschen des Leimes an der Unterseite vermieden. Ein Vorteil ist es auch, daß die Leimfuge unsichtbar oder zumindest hell ist.

Die in Bild 10.21 dargestellte Furnier-Fugenverleimmaschine, Modell ZA 10 der Maschinenfabrik Adolf Friz, Stuttgart–Bad Cannstatt, besitzt einen starren, schweren Fuß und gut versteifte, gußeiserne Tragarme für den oberen Kettenträger. Die Tragarme kragen so weit aus, daß nach rechts bis zu 1000 mm breite Furnierstreifen in die Maschine geschickt werden können. Beide Furniere werden zunächst von den Einzugrollen gefaßt. Der Leim wird automatisch aufgetragen. Je zwei *schräg zusammenlaufende Förderketten* im Ober- und Unterteil erzeugen den notwendigen Fugendruck, halten die Furniere plan oder glätten verzogene bzw. wellige Furniere und bewirken den *Vorschub*, der stufenlos zwischen 10 und 35 m/min eingestellt werden kann. Die Geschwindigkeit ist an

Bild 10.22. Furnier-Fugenverleimmaschine ZA 20. Bauart A. Friz, Stuttgart–Bad Cannstatt.

einem Tachometer ablesbar. Der Antriebsmotor nimmt 0,8 kW Leistung auf und ist gegen Überlastung durch ein thermisches Relais geschützt. Die *Heizung* erfolgt von oben und unten durch je einen zwischen den Ketten liegenden Heizbalken über hartverchromte und polierte Heizschienen. Die Leistungsaufnahme liegt bei 2×3 kW. Zur Regelung der Heizung dienen gut sichtbar angebrachte Kontaktthermometer. Förderketten und Heizbalken werden gemeinsam nach einer Skala auf die *Furnierdicke* eingestellt. Die *Druckeinstellung* erfolgt jedoch getrennt. Ein etwas größeres Baumuster (ZA 20, Bild 10.22) arbeitet grundsätzlich gleich, jedoch mit Vorschubgeschwindigkeiten von 10 bis 40 m/min, 1,2 kW Antriebsmotor und $2 \times 4,2$ kW Heizleistung.

Von den in Deutschland gebauten Fugenverleimmaschinen mit Längsverleimung arbeiten auch die der Maschinenfabrik IMA-Kleßmann K. G., Gütersloh, mit Förderketten. Die Heizung wird durch

Heizungsketten bewirkt (Bild 10.23). Bei der Furnier-Fugenverleim-maschine Modell BTMO (Bild 10.24) der Maschinenfabrik Robert

Bild 10.23. Furnier-Fugenverleimmaschine. Bauart IMA-Klessmann K. G., Gütersloh.

Bild 10.24. Furnier-Fugenverleimmaschine BTMO. Bauart R. Bürkle & Co., Freudenstadt.

Bürkle & Co., Freudenstadt, wird der Durchlauf durch eine *Förderkette im Tisch* und 19 *Rollenpaare* im Maschinenoberteil bewirkt. Zur *Behei-*

zung der Furnierkanten ist die Förderkette und ein oben zwischen den Rollenpaaren liegender Heizbalken mit einer elektrischen Widerstandsheizung versehen (Heizleistung 4,5 kW). Zur automatischen Regelung der Temperatur (bis 180 °C) dienen zwei Kontaktthermometer.

Die bauliche Gestaltung der Förderketten mit Antrieb und Kettenreinigung geht aus Bild 10.25 hervor. Die Furniere werden in der Ein-

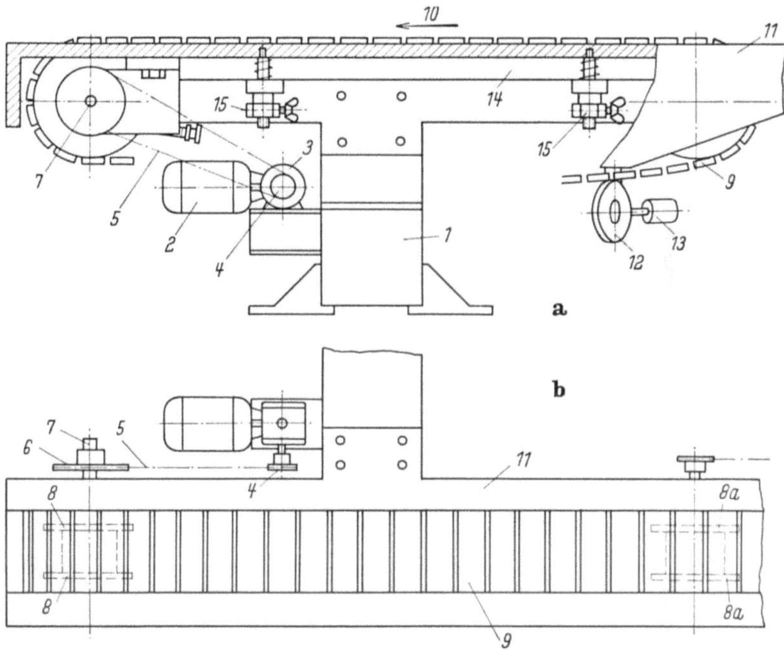

Bild 10.25 a u. b. Schematische Darstellung des Antriebssystems bei der Fugenverleimmaschine BTMO. Bauart R. Bürkle & Co., Freudenstadt. *1* Maschinenständer, *2* Elektromotor, *3* Schneckentrieb, *4* und *6* Kettenräder, *5* Antriebskette, *7* Antriebswelle, *8* und *8a* doppeltes Kettenrad, *9* Transportkette, *10* Laufrichtung der Transportkette, *11* Maschinentisch, *12* Stahlbürste zur Reinigung der Transportkette, *13* Gewicht zur Belastung der Reinigungsbürste, *14* Heizplatte, *15* Sechskantmuttern zur Höhenverstellung der Heizplatte.

zugspartie von drei Rollenpaaren erfaßt. Die Wirkungsweise sei anhand von Bild 10.26 erklärt: Die Rollen 1/1 und 3/3 dienen dem Vorschub, während das dritte mittlere Rollenpaar 2/2 das Furnier niederhält und ausrichtet. Den Einzugrollenpaaren 1/1 und 3/3 sind im Arbeitstisch die *Einzugförderwalzen* 4 und 5 zugeordnet. Dazwischen liegt die *Leimangabescheibe* 6. Das Führungslineal 7 und eine Niederhaltefeder 8 vor dem Eintritt in die Heiz- und Verleimpartie zum Niederhalten feiner und empfindlicher Furniere vervollständigen die Einrichtung. Eine schematische Konstruktionszeichnung des Rollenträgers gibt Bild 10.27 wieder. Die Rollenpaare 4 bis 18 besorgen den Vorschub und pressen die Furnierkanten während des Abbindens zusammen. Das letzte Rollenpaar 19 schützt die fugenverleimten Furniere vor dem Abbrechen beim Verlassen der Maschine. Anschließend kommt der Ablegetisch. In der Längsachse zwischen den Rollenpaaren ist der Heizbalken 20 unter-

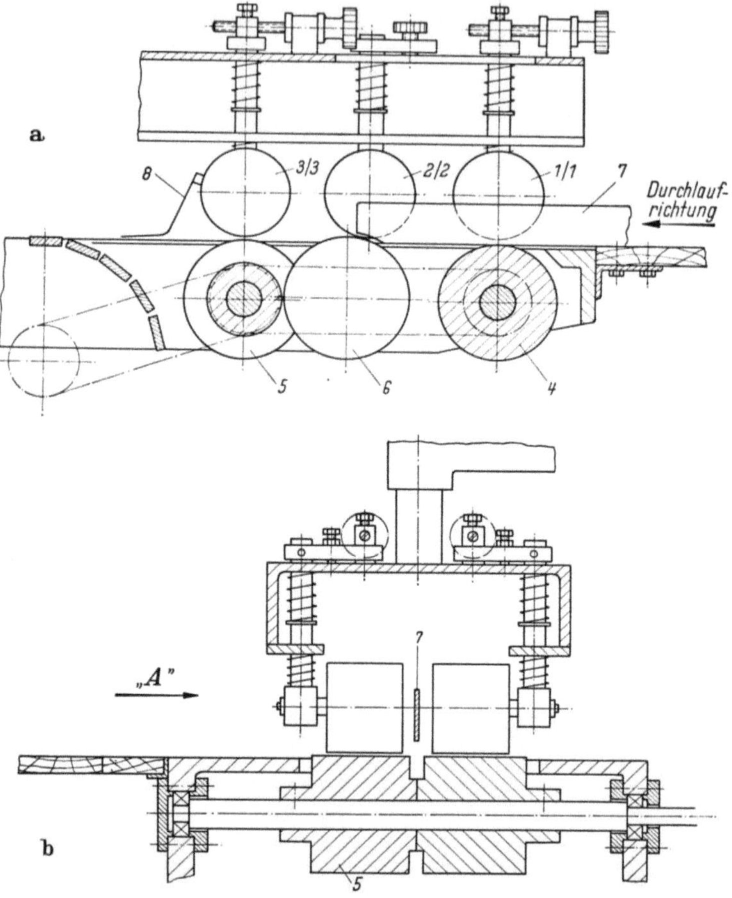

Bild 10.26 a u. b. Schematische Darstellung der Einzugspartie bei der Fugenverleimmaschine BTMO. Bauart R. Bürkle & Co., Freudenstadt. *1/1* Vorchubrollen, *2/2* Druckrollen, *3/3* Vorschubrollen, *4* und *5* Einzugförderwalzen, *6* Leimangabescheibe, *7* Führungslineal, *8* Niederhaltefeder.

gebracht, in dem der Heizstab 21 liegt. Zur Höhenverstellung des Rollenträgers ist wie ersichtlich ein Schneckenantrieb mit Handrad vorhanden. Innerhalb gewisser Toleranzen der Furnierdicken ist aber eine Höhenverstellung nicht erforderlich, da die Rollen gefedert sind.

Die Arbeitsweise der *Leimangabe-Vorrichtung* sei anhand von Bild 10.28 beschrieben. Der Leim *a* wird aus der Leimwanne *b* über eine

Zwischenscheibe *c* zur Leimangabescheibe *d* gefördert. Diese gibt ihn an die Fügekanten der Furniere ab, wobei je nach Furnierart und -dicke die Leimmenge durch den Abstreifer *e* dosiert wird. Die beiden Furnierhälften

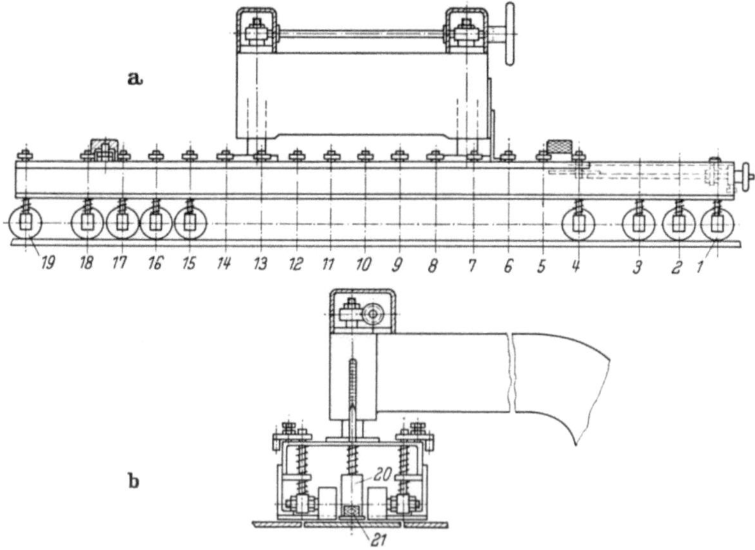

Bild 10.27 a u. b. Schematische Darstellung des Rollenträgers bei der Fugenverleimmaschine BTMO. Bauart R. Bürkle & Co., Freudenstadt. *1* u. *3* Vorschubrollenpaare, *2* Druckrollenpaar, *4* bis *18* Transportrollenpaare, *19* Rollenpaar zum Schutz der verleimten Furniere gegen Abbrechen, *20* Heizbalken, *21* Heizstab.

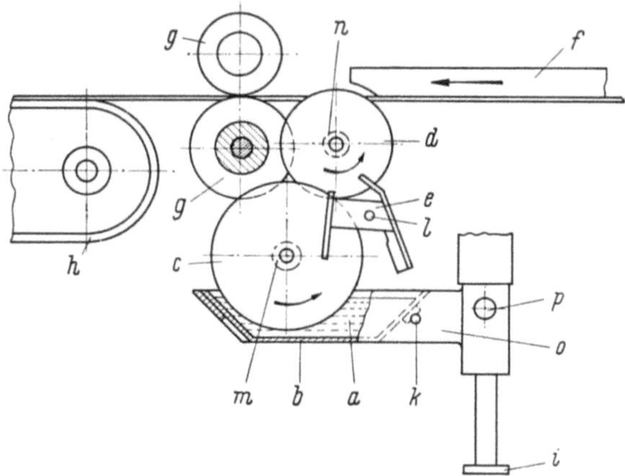

Bild 10.28. Schematische Darstellung der Leimangabe-Vorrichtung bei der Fugenverleimmaschine BTMO. Bauart R. Bürkle & Co., Freudenstadt. *a* Leim, *b* Leimwanne, *c* Zwischenscheibe, *d* Leimangabescheibe, *e* Abstreifer, *f* Führungslineal, *g* Einzugrollenpaar, *h* Förderkette, *i* Anschlagscheibe, *k* u. *l* Fixierstifte, *m* u. *n* Rändelmuttern, *o* Leimwannenträger, *p* Sterngriff.

werden von Arbeitern links und rechts des Führungslineals *f* angeschlagen und unter die angetriebenen Einzugrollen geschoben. Dabei wird das Furnier selbsttätig an der Leimangabescheibe vorbeigeführt, beleimt und weiter an das zweite Einzugrollenpaar *g* und von dort zur Förder-

Bild 10.29. Furnier-Fugenverleimmaschine mit Hochfrequenz-Beheizung. Bauart G. M. Diehl, Machine Works Inc. Wabash, Ind.

kette *h* gebracht. In der Folge kommt es bei Weiterführung des Furniers zum Abbindevorgang unter Druck und Hitze. Die Temperatur beträgt in der Regel an der unteren Heizstelle etwa 150 °C, an der oberen etwa 180 °C. Zum Reinigen kann die Leimvorrichtung tiefer gestellt und ausgeschwenkt werden.

Dünne Furniere erfordern beim Fugenverleimen mehr Sorgfalt als dicke Furniere. Um ein Überlappen der beiden Stoßkanten während des Durchlaufs zu verhindern, dürfen die Rollen nur so weit schräg gestellt werden, daß der Verleimdruck gerade noch ausreicht. Allgemein gilt, daß die Rollen um so schräger stehen können, je dicker und härter die Furniere sind.

Abschließend sei gesagt, daß die Fugenverleimmaschine der Firma G. M. Diehl, Machine Works Inc., Wabash/Ind., USA, eine *Hochfrequenzbeheizung* besitzt (Bild 10.29). Für diese Maschine gelten die in Tab. 10.1 zusammengestellten Verleimbedingungen.

Tabelle 10.1. *Vorschubgeschwindigkeit und Heiztemperatur in Abhängigkeit von der Furnierdicke*

(nach G. M. DIEHL, Machine Works Inc.)

Furnierdicke Zoll	mm	Vorschub- geschwindigkeit m/min	Temperatur der Heizstäbe °C
$^1/_{64}$	0,4	26	121
$^1/_{28}$	0,9	26	149
$^1/_{20}$	1,3	21	163
$^1/_{16}$	1,6	18	177
$^1/_{12}$	2,1	16	191
$^1/_{10}$	2,5	15	191
$^1/_8$	3,5	12	204
$^3/_{16}$	4,8	6	218

10.323 Fugenverleimmaschinen mit Querverleimung

Die Längsverleimung hat zwei Nachteile: Einmal können jeweils nur zwei Furnierblätter oder -streifen, die allerdings schon abgebundene Fugen enthalten können, fugenverleimt werden, zum anderen müssen die Teile zuvor auf gleiche Länge geschnitten werden, wenn man nicht nachträglich Holzverluste in Kauf nehmen will. Der Gedanke, die Furnierstreifen ohne jedes Sortieren quer zu ihrer Faserrichtung in einer Maschine fortlaufend zu einem endlosen Furnierband zusammenzuleimen, war deshalb naheliegend. Anschließend an diesen Arbeitsgang können dann die gewünschten Formate mittels einer Furnierschere ohne Verluste zugeschnitten werden.

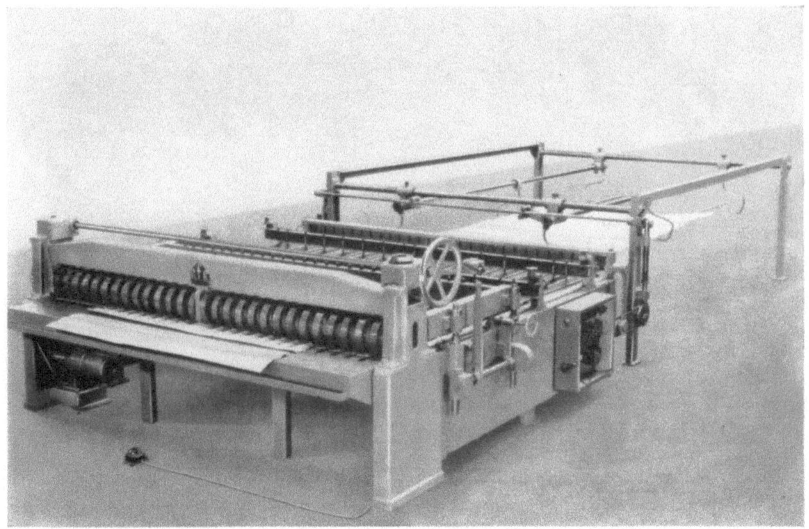

Bild 10.30. Furnier-Fugenverleimmaschine VF 27. Bauart RFR.

Eine ältere, aber noch immer in Deutschland und im Ausland in vielen Betrieben laufende Fugenverleimmaschine nach dem Querleimverfahren der Vereinigten Furnier- und Sperrholzmaschinenfabriken, Hamburg, zeigt Bild 10.30. Die Maschine war für das Zusammensetzen von Furnieren in Dicken von etwa 1,5 bis 5 mm bestimmt, konnte aber bei genügender Einarbeitung der Bedienung auch dünnere Furniere (bis etwa 1,2 mm) zusammenleimen. Die Furnierkanten wurden ursprünglich mit Lederleim versehen; vor dem Eingeben in die Maschine mußten sie dann mit Formaldehydlösung angefeuchtet werden. Da dieses Anfeuchten bei Kunstharzleimen entfällt, haben sich diese später im Hinblick auf die größere Leistung durchgesetzt. Bei den Furnieren wurde ein Feuchtigkeitsgehalt von 12 bis 15% empfohlen. Die einzelnen Furnierstücke, die beliebige Breite (die Maschine wurde für größte Arbeitsbreiten von 1400 bis 1700 mm gebaut) haben können, werden durch zwei *Vorschubwalzen* eingezogen. Die Vorschubgeschwindigkeit beträgt 4 m/min. Praktisch hat sich die Maschine nur bei Furnier-

dicken über etwa 2 mm und Breiten bis zu 2 m bewährt. Bei geringeren Furnierdicken und breiteren Furnieren ist der Fugenschluß oft mangelhaft. Die im Betrieb
erreichbare höchste Vorschubgeschwindigkeit liegt bei etwa 2,5 m/min. Bei Vorsortierung der Furniere und eingespielter Bedienung können also in 8 h bis zu
1200 m Furnierband zusammengesetzt werden. Eine *Druckvorrichtung* mit einstellbarem Druck sorgt für ausreichenden Verleimdruck beim Wandern der Furniere über die *Heizplatte*. Anschließend wird eine *Kühlzone* durchlaufen, an deren
Ende eine elektrisch betätigte Schere das endlose Furnierband automatisch in
jede gewünschte Länge schneidet. Die Längen werden an einem Zählwerk eingestellt. Je nach der Arbeitsbreite beträgt die Antriebsleistung 4,5 bzw. 5 kW.

Eine neuere Furnier-Fugenverleimmaschine Modell VFK (Bild 10.31)
der Vereinigten Furnier- und Sperrholzmaschinenfabriken, Hamburg,
arbeitet auf völlig andere Weise. Die zusammenzusetzenden, an beiden

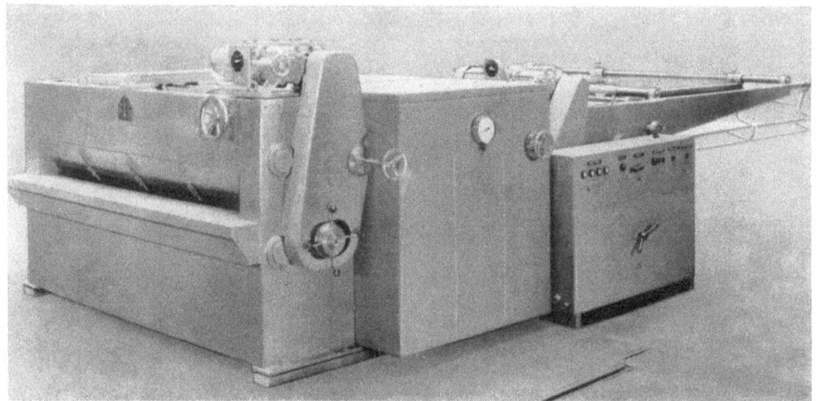

Bild 10.31. Furnier-Fugenverleimmaschine VFK. Ansicht von vorne. Bauart RFR.

Seiten sauber gefügten und beleimten Furnierstreifen werden von den
Einzugwalzen erfaßt. Da die Walzen in *Pendelrahmen* aufgehängt sind,
können auch konische Furniere mit Sicherheit aneinandergeschoben
werden. Die oberen *Transportwalzen* sind *federnd gelagert*; der Spalt
zwischen oberen und unteren Walzen läßt sich mit einem Handrad feinfühlig verstellen. Er soll etwa 0,5 mm kleiner gewählt werden als die
Dicke der Furniere. Die von einem stufenlos regelbaren Getriebe oder
einem zweistufigen Getriebemotor über eine *Rutschkupplung* angetriebenen Einzugwalzen geben die Furniere an das *untere und obere Kettenbett*
ab. Angetrieben ist nur das untere Kettenbett. Die Walzen sollen etwa
die doppelte Geschwindigkeit haben wie die Ketten. Dieser *Geschwindigkeitsunterschied* bewirkt ein *rasches Hinschieben des neu eingelegten Furniers* an das vorhergehende und gleichzeitig den erforderlichen *Fugendruck*. Die oberen Ketten werden mittels einer einstellbaren Druckvorrichtung auf die Furniere gepreßt. Der Druck ist so zu regeln, daß die
Furniere gebremst, aber nicht am Nachschieben gehemmt werden.

In der Heizzone werden die Furniere von Heißluft umspült; zu diesem Zweck sind 3 seitliche, oberhalb des Kettenbettes liegende *Axialgebläse* und *Heizregister* vorhanden (Bild 10.32). Die Heizung kann durch Dampf (Druck 10 atü), Heißwasser, elektrisch oder eine Verbindung dieser Heizungsarten erfolgen. Die Temperatur in der Heizzone beträgt 150 °C. Die Furniere gelangen aus der Heißluftzone in eine *Kühlzone;* dort werden sie ebenfalls durch Ketten weiterbefördert. Eine einstellbare Druckvorrichtung ist vorhanden, deren Regelung jedoch nicht laufend erforderlich ist, da die Furniere nur leicht niedergehalten werden sollen. Je nach der Maschinenbreite bestreichen ein oder zwei oben liegende Axialgebläse die Kühlzone mit Raumluft.

Bild 10.32. Furnier-Fugenverleimmaschine VFK, Ansicht von hinten. Man beachte die Antriebsmotoren der 3 Axialgebläse. Bauart RFR.

Das zusammengesetzte und verleimte Furnierband verläßt die Maschine abgekühlt und wird durch eine *angebaute elektrische Schere* auf jede gewünschte Länge (bis 5 m) nach Einstellung eines Zählwerks abgeschnitten. Für die Dauer des Schnitts ist der Vorschubapparat selbsttätig stillgesetzt. Eine *Ablegevorrichtung* kann mitgeliefert werden; das abgetrennte Furnier wird dann automatisch auf einen Tisch oder Wagen abgelegt; in diesem Fall ist nur mehr ein Arbeiter zur Bedienung der Maschine erforderlich. Die Feuchtigkeit der Furniere soll wenigstens 8 bis 12% betragen, da zu trockene und wellige Furniere in der Maschine splittern können. Als *Leim* können Leder- oder Kunstharz-Fugenleime, die bei etwa 130 °C in höchstens 30 s abbinden, Verwendung finden. Die normale Maschine hat zwei Vorschubgeschwindigkeiten: 2,75 m/min und 4,1 m/min. Es ist aber auch stufenloser Vorschub zwischen 1,7 und

5,1 m/min möglich. Die Arbeitsbreiten betragen 1400, 1800 und 2300 mm, dem entsprechen die Antriebsleistungen 5,5, 6,5 und 8,5 kW, der Wärmebedarf bei Dampf- oder Heißwasserbetrieb 34000, 42000 und 50000 kcal/h, die Heizleistung bei elektrischer Heizung 45, 55 und 65 kW.

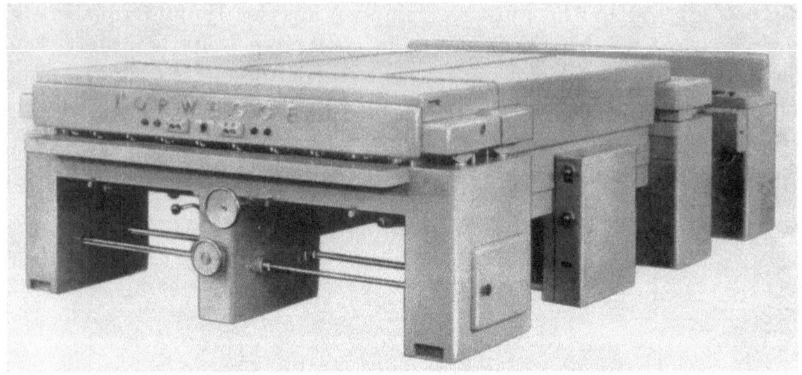

Bild 10.33. Furnier-Fugenverleimmaschine H 52 mit Querverleimung. Bauart F. Torwegge, Bad Oeynhausen.

Auch die in Bild 10.33 dargestellte Querzusammensetz-Maschine der Firma Franz Torwegge, Bad Oeynhausen, arbeitet mit *Transportketten.*
Der Vorschub ist im weiten Bereich von 3 bis 12 m/min stufenlos regelbar. Die *Heizung* erfolgt ausschließlich elektrisch. Bei der hohen Durchlaufgeschwindigkeit könnten sich Schwierigkeiten beim Einlegen ergeben. Es muß darum verhindert werden, daß das beleimte Furnierband fortläuft. Ebenso darf kein Überlappen der Furniere stattfinden. Zu diesem Zweck hat das Einzug- und Vorschubsystem eine *photoelektrisch gesteuerte Wartezone.* Die letzte Hinterkante des Furnierbands bleibt stets an einer bestimmten Stelle dieser Wartezone im Einzugsystem, und zwar so lange, bis das erste eingeschobene Furnier sich völlig angelegt hat und die Fuge geschlossen ist. Schmalere Furniere können gleich in zwei Bahnen zusammengesetzt werden, wozu ein zusätzliches Führungsgestänge einzubauen ist. Es können Furniere mit größeren Dicken als 1,2 mm (bis etwa 5 mm) verleimt werden. Die durchschnittliche Abhängigkeit der

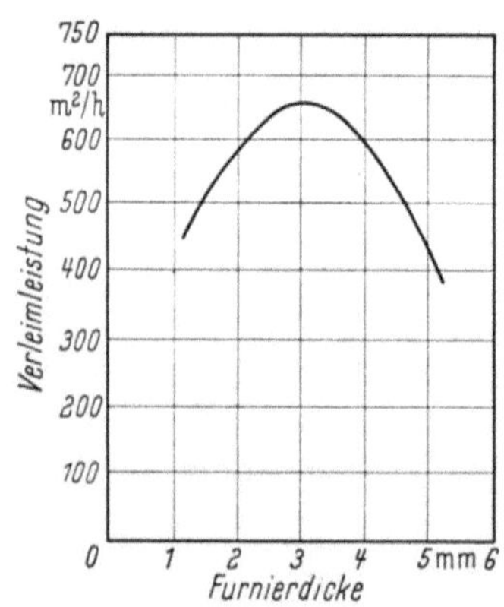

Bild 10.34. Abhängigkeit der Verleimleistung von der Furnierdicke bei der im Bild 10.33 dargestellten Fugenverleimmaschine.

Leistung von der *Furnierdicke* kann aus Bild 10.34 entnommen werden. Eine selbsttätige Schere (normale Ablänglänge 2700 mm) und ein druckluftbetätigter Abnehmer können angebaut werden. Nachstehend folgen einige technische Daten:

Arbeitsbreiten 1850, 2020 und 2800 mm,
Antriebsleistung 2,2 und 4 kW,
Energiebedarf der elektrischen Heizung 34, 39 und 50 kW.

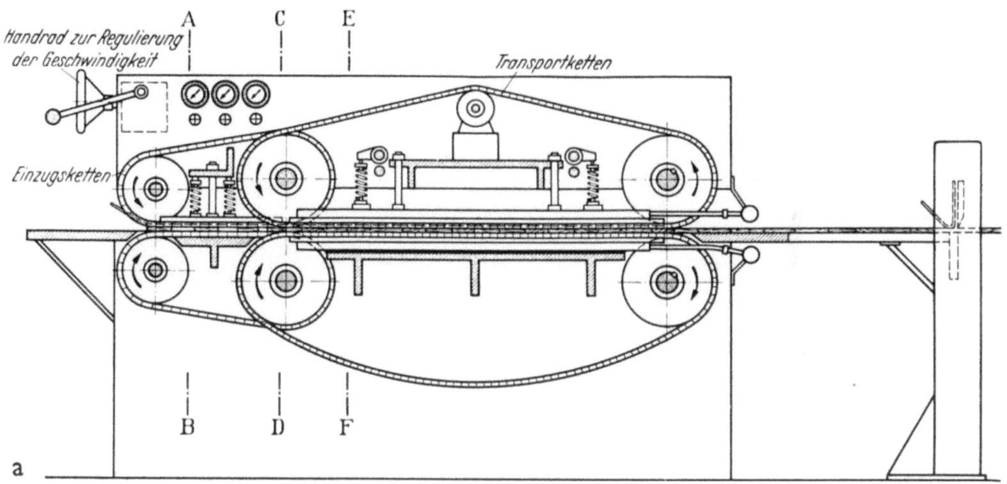

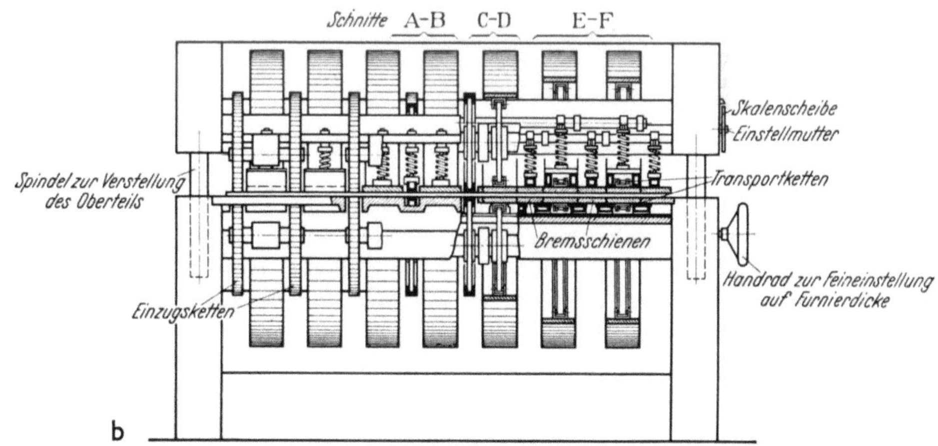

Bild 10.35 a u. b. Längsschnitt und Querschnitt der Furnier-Fugenverleimmaschine QZa. Bauart A. Friz, Stuttgart–Bad Cannstatt.

Eine weitere mit Einzug- und Förderketten ausgestattete Furnier-Fugenverleimmaschine, Modell QZa, baut die Maschinenfabrik Adolf

Friz, Stuttgart–Bad Cannstatt. Ihr Wirkungsschema gibt Bild 10.35 wieder. Es bedarf keiner näheren Erklärung. Der Fugendruck wird in üblicher Weise durch einen Geschwindigkeitsunterschied von Einzug- und Förderketten erzeugt. *Bremsschienen* dienen zur zusätzlichen Regelung. Die Beheizung der Heizplatten erfolgt durch Dampf oder Heißwasser. Bei 3 mm Furnierdicke und 115 °C Betriebstemperatur wird der Wärmebedarf, bezogen auf 1 m Furnierbreite, mit 20 000 kcal/h angegeben. Der Antrieb erfolgt über ein stufenlos regelbares Getriebe. Leistungsaufnahme bei 1300 mm Arbeitsbreite 4 kW, bei 1800 mm 7,5 kW, für den Hubmotor des Oberbetts 1,5 kW.

Bild 10.36. Furnier-Fugenverleimmaschine FL 5 mit Querverleimung. Bauart Müller A. G., Brugg.

Auf Grund jahrelanger Entwicklungsarbeiten wurde in der Schweiz eine bemerkenswerte Fugenverleimmaschine geschaffen, die als Modell FL 5 von der Müller A. G., Brugg, gebaut wird (Bild 10.36). Der Vorschub wird durch zwei übereinanderliegende *Systeme von Transportschienen* bewirkt. Die Schienen sind als Hohlkörper ausgebildet und werden durch Heißwasser (Höchsttemperatur 165 °C) beheizt. Sie bestehen aus zwei Teilsätzen, die auf Rollen gelagert und über Kurven gesteuert ineinandergreifen und eine Bewegung mit senkrechter und waagerechter Komponente (*Schreitbewegung*) ausführen, dadurch werden die Furniere erfaßt, stetig vorgeschoben und gleichzeitig wird der Fugendruck erzeugt. Da die *Wärmezufuhr von beiden Seiten* her erfolgt, wird das Furnier gleichmäßig nachgetrocknet und über seine ganze Fläche geplättet. Das obere Schienensystem ist mittels eines Motors in der

Höhe verstellbar. Die *Mindestfurnierdicke* beträgt 1 mm. Die Maschine kann auch gleichzeitig mit zwei nebeneinander laufenden Bändern beschickt werden, wobei jedoch etwa 10 cm Abstand zu wahren sind. Wenn mit Kunstharzleimen gearbeitet wird, müssen sie Zusätze (Gleitmittel

Bild 10.37. Furnier-Fugenverleimmaschine mit Querverleimung. Bauart Miller der Elliott Bay Mill Co., Seattle, Wash.

oder „lubricants") enthalten, damit die Maschine nicht verschmutzt. Technische Daten für die drei lieferbaren Maschinengrößen folgen nachstehend:

Größte Arbeitsbreite	mm	1800	2300	2700
Vorschubgeschwindigkeit				
stufenlos regelbar	m/min	1 … 5,5	1 … 5	1 … 4,5
Vorschubmotor	kW	3,7	4,8	5,5
Motor für Höhenverstellung	kW	0,75	0,75	0,75

Zum Schluß sei eine nach gänzlich anderen Gesichtspunkten arbeitende Maschine zum *Fugenverleimen von Douglasien-Furnieren* erwähnt, die von W. J. Miller konstruiert und von der Elliott Bay Co., Seattle/ Wash., USA, gebaut wurde. Bild 10.37 zeigt die Maschine, Bild 10.38 ihr Wirkungsschema. Die Furniere mit 1/12″ (2,1 mm) oder mehr Dicke kommen über den Eingabetisch und Förderbänder zur selbsttätigen

18*

Befeuchtungsvorrichtung mit Formaldehydlösung. Sie stoßen mit ihrer ganzen Kantenlänge gegen diese Vorrichtung, wobei der angetrocknete Leim reaktiviert wird. Durch Hochschwenken der Befeuchtungsvorrichtung wird der Vorschub ausgelöst. Dabei ruhen die Furniere auf einem Förderband, das über eine elektrisch beheizte Heizplatte läuft. Elastische Stahlbänder drücken sie von oben her mit dem Förderband gegen die Heizplatte, so daß der Leim teilweise abbinden kann. Die Umfangsgeschwindigkeit der Segmentwalze ist etwas größer als die Geschwindigkeit des tragenden Förderbandes, wodurch der Fugendruck zwischen den Furnierstreifen erzeugt wird. Die Furniere werden dann

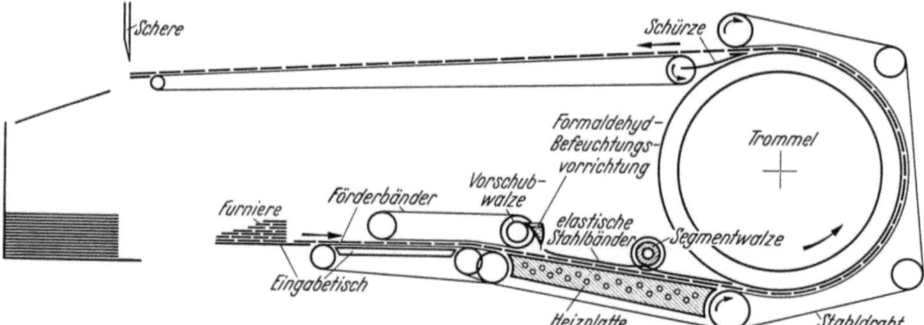

Bild 10.38. Wirkungsschema der in Bild 10.37 gezeigten Furnier-Fugenverleimmaschine.

von Haltedrähten gegen eine große Heiztrommel (Durchmesser etwa 1800 mm, Länge 3200 mm) gedrückt, die Beheizung erfolgt von innen durch Dampf, elektrisch oder durch Infrarotstrahler. Die Stahldrähte (etwa 60 mit durchschnittlich 5 cm Abstand voneinander) haben wieder eine etwas kleinere Umfangsgeschwindigkeit als die Trommel und erhalten dadurch den Fugendruck aufrecht. Das zusammengesetzte und verleimte Furnierband wird, nachdem es etwa 190° des Trommelumfangs durchlaufen hat, von einer schwach geneigten Rampe aufgenommen und mittels Förderband zur automatischen Schere und Ablegevorrichtung gebracht. Die Arbeitsgeschwindigkeit der Maschine liegt zwischen 5,2 und 7,8 m/min. Für wellige Furniere ist die Maschine nicht brauchbar.

10.4 Verfahren und Maschinen zum Verlängern der Furniere

10.41 Allgemeine Gesichtspunkte

Die Verlängerung der Furniere in Faserrichtung hat nicht die Bedeutung wie jene quer dazu. Trotzdem gibt es Fälle, wo sie technisch oder wirtschaftlich geboten ist. Am wichtigsten ist die Furnierverlängerung in jenen Ländern, die eine große Sperrholzindustrie haben, in denen aber die einheimischen Schälblöcke weder in großen Dimensionen noch in besonderer Güte verfügbar sind. Ein Beispiel bietet die Erzeugung von Birkensperrholz in Finnland. Durch die Furnierverlängerung läßt sich die Ausbeute beträchtlich steigern. Aber auch bei der Herstellung sehr großer Sperrholzplatten oder langer Schichtholzplatten kann die Verlängerung von Furnieren erforderlich sein. Durch Rundschälen können nur Furniere hergestellt werden, die in Faserrichtung höchstens etwa 4000 mm Länge haben. Während des Zweiten Weltkriegs wurden aber beispielsweise Schichtholzplatten für den Flugzeugbau in Längen von 10 m verlangt. Auch bei der Erzeugung hochwertiger Tischlerplatten mit Stäbchenmittellagen kann durch die Furnierverlängerung die Holzausbeute erhöht werden. Die Furnierverlängerung wirft technische Fragen auf, da es nicht möglich ist, lediglich durch Stumpfstoßen und Verleimen der sauber beschnittenen Furnierenden eine ausreichende Verbindung zu erlangen. Hirnholzverleimung ist nur bei größeren Flächen einigermaßen haltbar. Die verlängerten Furniere sollen sich in ihren Bearbeitungseigenschaften praktisch nicht von unverlängerten unterscheiden.

10.42 Zinkenverbindungen

Die Firma Picus, Eindhoven, Holland, die ein großes Werk zur Herstellung von Zigarrenkisten neben einer Sperrholzfabrik betreibt, sah sich vor die Aufgabe gestellt, große Mengen kurzer Furnierstücke zu verwerten. Sie entwickelte eine Maschine, die mit Messerköpfen rechteckige Zinken in die Furnierenden schnitt. Je zwei Furniere wurden dann in der in Bild 10.39a gezeigten Weise miteinander beim weiteren Lauf durch die Maschine verbunden. Schließlich wurde

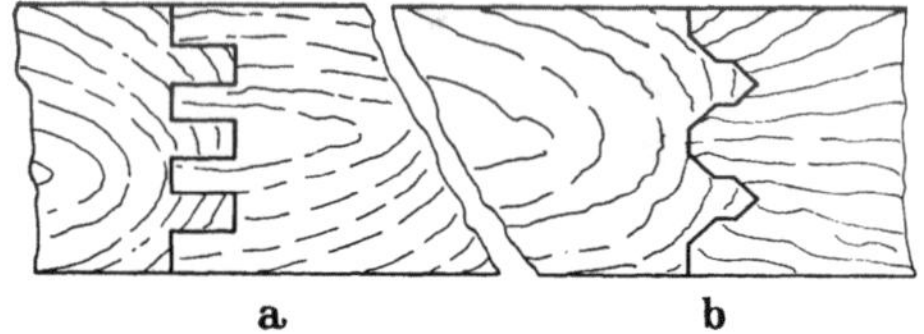

Bild 10.39 a u. b. Zinkenlängsverbindungen für Furniere. *a* rechteckige Zinken, *b* Keilzinken.

das verlängerte Furnierband durch eine Säge automatisch auf die gewünschte Länge geschnitten [*10.3*]. Die Furniere wurden dann zu Stäbchenmittellagen verarbeitet. Zu dem gleichen Zweck versah die Sperrholzfabrik IBUS Furniere mit den in Bild 10.39b dargestellten Keilzinken.

Die bei der Herstellung von Türfriesen und Fensterrahmenholz bewährte und in großem Umfange eingeführte *Keilzinkenverbindung* wurde von der Holzindustrie August Moralt, Bad Tölz, auch zum Verlängern von Furnieren erfolgreich eingesetzt[1]. Die Kurzfurniere werden zunächst von Hand auf möglichst gleiche Breiten sortiert, um die nachträglichen

---

[1] Die folgenden Angaben verdanke ich Herrn Ing. J. Wolf.

Fügeverluste so klein wie möglich zu halten. Eine automatische Sortierung wäre möglich, ist aber im allgemeinen (bei einem Sperrholzwerk mittlerer Größe fallen je Tag etwa 0,5 bis 1 m³ Kurzfurniere an) unwirtschaftlich, da das *Sortieren* nach kurzer Einarbeitungszeit einwandfrei durch Frauen vorgenommen werden kann. Bei Furnierlängen von etwa 100 cm (Furnierdicke 2,7 mm) kann eine Person bei gleichzeitigem Messen der Breite etwa 300 bis 400 Furniere in der Stunde sortieren.

Etwa 40 nach Breite sortierte Furniere werden zu einem Paket zusammengelegt und pneumatisch in der *Zinkensäge* eingespannt. Die Eingabetiefe des Pakets wird durch einen einstellbaren Anschlag geregelt.

Bild 10.40. Blick auf die Zinkwerkzeuge (2 Sätze im Durchmesser abgestufter Kreissägeblätter) bei der Zinkensäge. Bauart Hübel & Platzer, Tirschenreuth.

Durch Druckknopfschaltung wird der vollautomatische Arbeitsablauf ausgelöst. Das Paket wird am Längen- oder Tiefenanschlag vorbeigeführt, durch ein senkrecht stehendes Kreissägeblatt bündig beschnitten und dann unter die Zinken-Kreissägeblätter geführt. Etwa 20 Kreissägeblätter sind auf jeder der beiden senkrechten Werkzeugwellen befestigt. Wie Bild 10.40 zeigt, sind die Durchmesser der eingesetzten Kreissägeblätter wechselseitig abgestuft. Die Wellen sind zueinander in schwachem Winkel geneigt. Nach Vorbeilauf an den Sägen, die eine gut passende Keilzinkung erzeugen, wird ein Endschalter durch das Paket betätigt, das dann zurückgesteuert und nochmals an dem Werkzeug vorbeigeführt wird, damit die Zinkung sauber ausfällt. Am Ausgangspunkt wieder angekommen, wird das Paket automatisch ausgespannt. Die Zinkensäge hat eine hohe Leistung; von einem Arbeiter können je Stunde etwa

1000 Furniere mit 2,7 mm Dicke und 100 cm Länge gezinkt werden. Das *Schärfen der Kreissägen*, deren Durchmesser jeweils um 2 mm abgestuft sind, muß sehr genau erfolgen. Die *Leimangabe* an den gezinkten Furnieren erfolgt von Hand mittels Pinsel. Es genügt, nur die Zinkenspitzen mit Leim zu versehen. Bei einwandfreien Werkzeugen ist die Zinkenpassung so genau, daß bei Weiterverarbeitung nach höchstens 24 h und schonender Behandlung der zusammengesetzten Furniere auch auf eine Leimverbindung verzichtet werden könnte. Die *Verleimpresse* hat einen Aufgabetisch mit Anschlag. Die Furniere werden an diesem Anschlag entlang in die Presse eingeführt, ein auf der Maschine befindlicher Spiegel gestattet die Sicht auf den Preßvorgang. Die pneumatisch betätigten Klemmbacken drücken die Furniere ineinander, entsprechender Druck von oben hält die Furniere plan. Die gezinkten Furniere werden in endloser Länge in die Verleimpresse gegeben, hinter der sich ein Auslauftisch mit Kappsäge und Abwurfvorrichtung befindet. Eine Person kann in der Stunde 260 bis 280 Furnierstreifen mit einer Länge von ungefähr 100 cm und beliebiger Dicke sowie Breite zusammensetzen. Der Lohnaufwand für 1 m^3 vom Sortieren bis zum Zusammensetzen zuzüglich des etwas höheren Aufwands für das Fügen von keilverzinkten Furnieren entspricht einer Arbeitszeit von etwa 20 h.

10.43 Überplatten der Furnierenden

Nach einem Verfahren, das einem finnischen Werk geschützt ist, werden die Furnierenden 20 bis 30 mm überplattet und in einer Presse verleimt. Anschließend werden die Stoßstellen durch Schleifen auf beiden Seiten auf gleichmäßige Dicke gebracht. Bei einer Abart des Verfahrens wird der Verleimdruck so hoch gewählt, daß das Holz an der Überplattungsstelle so stark verdichtet wird, daß die vorspringenden Teile verschwinden. Bessere Verbindungen erzielt man durch Schäften.

10.44 Schäftungsverbindungen

10.441 Schäften beim Rundschälen

In Finnland wurden Vorrichtungen entwickelt, die es ermöglichen, beim Rundschälen an einem oder beiden Blockenden das Furnier auf eine Länge von 20 bis 30 mm zu schäften. Das Verfahren kam insbesondere bei der Herstellung von Haustüren aus Sperrholz in Anwendung. Sein Nachteil liegt darin, daß die schälnassen Furniere geschäftet werden. Bei der nachfolgenden Trocknung leidet der Paßsitz der Schäftung.

10.442 Schäften durch Messern

Während des Zweiten Weltkrieges baute die Niederrheinische Maschinenfabrik Becker & van Hüllen, Krefeld, eine hydraulische Schäftmaschine für gleichbleibenden Schäftwinkel α (Bild 10.41). Das zu schäftende Furnier a wird auf dem Maschinentisch b bis zum Anschlag c geschoben, während der Klemmbalken d den Rückwärtshub ausführt. Da die Maschine ununterbrochen arbeitet, wird der

Klemmbalken wenige Sekunden später wieder vorwärts bewegt und das Furnier eingeklemmt. Hierauf wird der Messerbalken *e* mit dem daran befestigten Messer *f* nach vorn geschoben, wodurch im ziehenden Schnitt die Schäftkante erzeugt wird. Die Furnierabfälle *g* fallen auf ein hinter der Maschine angeordnetes Förderband, das sie zu einer Sammelstelle führt.

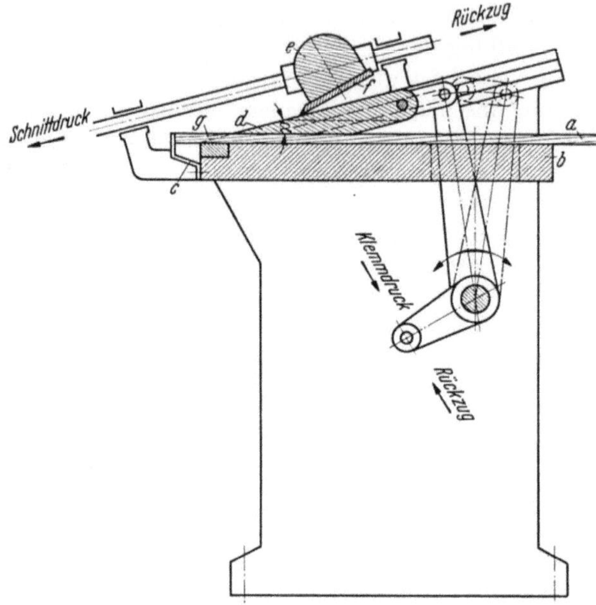

Bild 10.41. Schema der hydraulischen Furnier-Schäftmaschine für gleichbleibenden Schäftungswinkel. Bauart Becker & van Hüllen, Krefeld. *a* Furnier, *b* Maschinentisch, *c* Anschlag, *d* Klemmbacken, *e* Messerbalken, *f* Messer, *g* Furnierabfall.

10.443 Schäften durch Schleifen

Um ausreichend große Verleimflächen zu schaffen, soll der Schäftwinkel auf die Furnierdicke abgestimmt werden. Während des Zweiten Weltkrieges legte die Britische Norm BSI 1088 folgende Schäftungswinkel für Sperrholz bei Schiffsbauteilen fest:

Furnierdicke		Schäftungsneigung
Zoll	mm	
bis $^{1}/_{16}$	1,6	1:12 (Mindestlänge $^{3}/_{4}''$ = 19 mm)
über $^{1}/_{16}$ bis 3,2		1:10
bis $^{1}/_{8}$		
über $^{1}/_{8}$ über 3,2		1: 8

Die empfohlenen Schäftungswinkel sind also sehr spitz (etwa 5 bis 7°).

Eine Walzenschäftmaschine für veränderliche Schäftungswinkel und insbesondere sehr spitze Winkel wurde damals von der Firma Heinrich Lippert, Berlin-Weißensee, gebaut. Die Maschine (Bild 10.42) arbeitet mit einer mit Schleifpapier überzogenen Schleifwalze. Eine Aufspannung mit verstellbarer Schrägführung führt das Furnier derart an der Walze vorbei, daß eine gerade Schäftkante entsteht. Der Schleifzylinder läuft ununterbrochen und treibt über Rutschkupplungen die beiden Exzenterwellen an. Die untere Exzenterwelle wird durch den Hemmbügel abwechselnd bei dessen rechter oder linker Klaue, die obere Welle in der Anfangsstellung durch den senkrechten, am Fußhebel angeschlossenen Hebel festgehalten. Das Furnier wird auf dem Tisch bis zum Anschlag vorgeschoben. Durch Niederdrücken des Fußhebels wird die Steuerung bei der Raste ausgelöst, die untere Exzenterwelle macht eine halbe Umdrehung, hebt den Tisch und drückt das Furnier

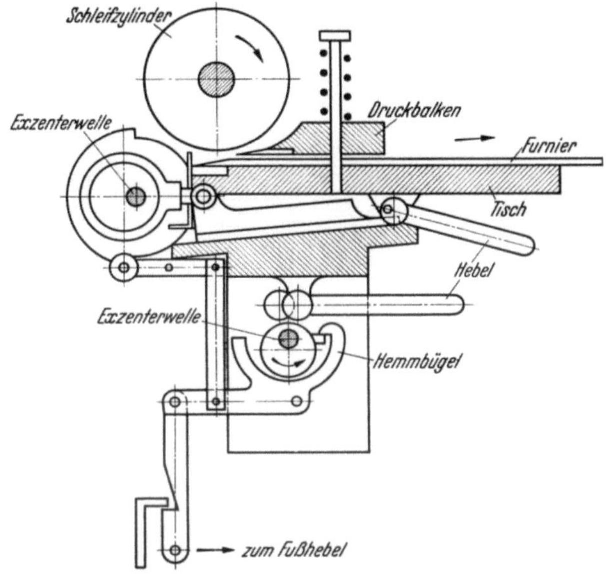

Bild 10.42. Schema einer Walzenschäftmaschine für veränderlichen Schäftungswinkel. Bauart H. Lippert, Berlin-Weißensee.

gegen den unter Federdruck stehenden Druckbalken, wodurch es festgespannt wird. Gleichzeitig wird die obere Exzenterwelle in Längsdrehung versetzt und schiebt den Tisch nach vorn. Dadurch wird das Furnier schräg am Schleifzylinder vorbeigeführt und erhält den gewünschten keiligen Anschliff. Nach Fertigstellung des Anschliffs schaltet die Steuerung selbsttätig um, der Tisch geht zurück und das Furnier wird ausgewechselt. Bei handlichen Furnieren tritt man den Fußhebel dauernd nieder, so daß die Maschine ununterbrochen (bis zu 16 Anschliffe in der min) arbeitet. Der Keilwinkel bzw. die Furnierdicke wird mittels des oberen Hebels eingestellt.

Zur wirtschaftlichen Verwertung von Abfallfurnieren benötigt man neben der Schäftmaschine zwei hydraulische Furnier-Verlängerungspressen mit Preßpumpe und Akkumulator. Erfahrungsgemäß rechnet man je m² Furnierfläche 5 Schäftfugen. Bei einer durchschnittlichen Furnierdicke von 1,6 mm entfallen also auf 1 m³ Furniere 3125 Schäftungen. Die Schäftmaschine kann ohne Schwierigkeit 900 Schäftungen je h ausführen.

Auch nach britischen Erfahrungen eignet sich das Zylinderschleifen sehr gut zur Herstellung von Schäftungen bei dünnen Furnieren (mit weniger als 6 mm Dicke). Bei einer englischen Firma wurden durch zwei weibliche Arbeitskräfte an einer Maschine in 1 h etwa 150 lfm Schäftung erzeugt.

10.44 Schäften durch Sägen oder Fräsen

Eine Furnier-Schäftmaschine mit Sägeblatt oder Fräser als Schäftwerkzeug baute während des Zweiten Weltkriegs die Maschinenfabrik F. Meyer & Schwabedissen, Herford. Der Schäftungswinkel läßt sich bequem verändern. Die Mindest-

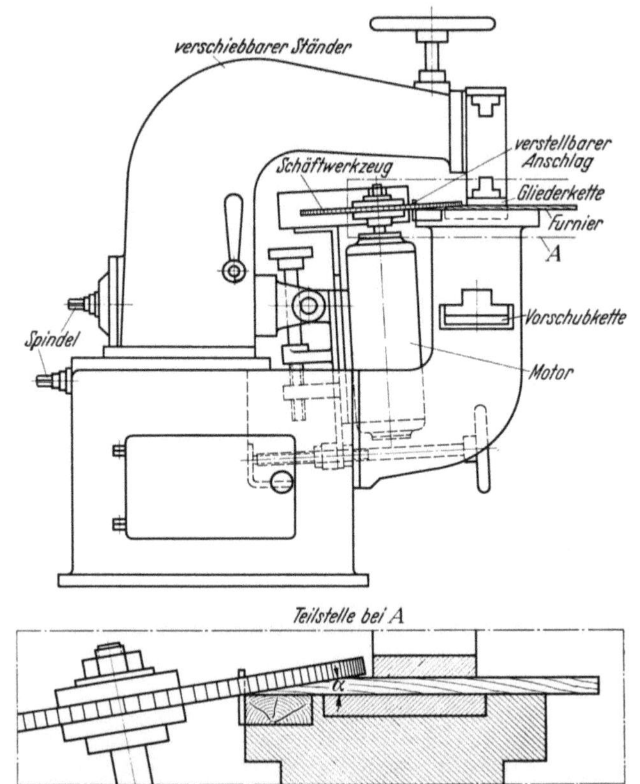

Bild 10.43. Schema einer Furnier-Schäftmaschine mit Sägeblatt oder Fräser als Schäftwerkzeug. Bauart F. Meyer & Schwabedissen, Herford.

furnierdicke beträgt 0,8 mm. Ein Vorzug des Schäftens durch Sägen oder Fräsen ist es, daß sehr dünne Furniere, aber auch dicke Furniere oder Furnierplatten angeschäftet werden können. Die Maschine (Bild 10.43) arbeitet wie folgt: Der durch die Spindel waagerecht verschiebbare Ständer trägt die obere Gliederkette, die ein Motor über ein Getriebe betätigt. Die Kette drückt auf die zu schäftenden Furniere und zieht sie im Zusammenspiel mit der unteren Vorschubkette durch die Maschine. Die waagerechte Verstellung des Ständers ermöglicht es, das festgespannte Furnier so nahe wie möglich an der Schäftfuge plan zu halten. Diesem Zweck dienen auch Druckvorrichtungen vor und hinter dem Werkzeug, die in Bild 10.43 fortgelassen sind. Der Motor, der das Schäftwerkzeug trägt, ist schwenkbar, wodurch sich der gewünschte Schäftungswinkel α einstellen läßt. Ferner kann der Motor mittels Spindel und Handrad je nach der Furnierdicke in der Höhe und je nach der Schäftungsbreite waagerecht verschoben werden. In der richtigen Lage wird der Motor durch einen Hebel festgehalten. Ein verstellbarer Anschlag sichert bequemes Einführen der Furniere.

Während die bisher beschriebenen Schäftmaschinen gegenwärtig nicht mehr hergestellt werden, zeigt Bild 10.44 eine in Finnland von der Firma Erkki Halme, Lahti, gebaute Furnier-Schäftmaschine, die

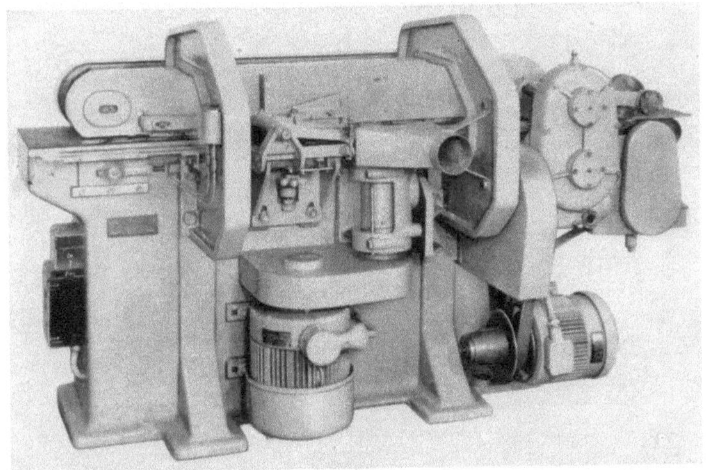

Bild 10.44. Furnier-Schäftmaschine mit Kreissägeblatt als Werkzeug. Bauart E. Halme, Lahti.

als *Schäftwerkzeug* ebenfalls ein *Kreissägeblatt* besitzt. Die Furniere werden durch vier endlose Ketten vorgeschoben, von denen zwei unter und zwei über dem Furnier liegen. Die unteren Ketten laufen auf auswechselbaren Messingführungen, die oberen Ketten sind federbelastet. Die Vorschubgeschwindigkeit kann stufenlos auf 8 bis 25 m/min eingestellt werden. Ein eigener Motor, der senkrecht an einer Maschinenseite angebracht ist, treibt die Säge an. Die Sägespäne werden abgesaugt. Der *Schäftungswinkel* ist auf ein Neigungsverhältnis 1 : 20 eingestellt, kann aber bei besonders dünnen und biegsamen Furnieren auch verändert werden. Der größte Durchmesser des Sägeblatts ist 200 mm. Es können Furniere von 0,5 bis 3 mm geschäftet werden. Leistungsaufnahme des Sägemotors 3,3 kW, des Vorschubmotors 2,2 kW. Ein zweites Baumuster der gleichen Firma gestattet Schäftungen von bis zu 6 mm dicken Furnieren und eine leichte Verstellung des Schäftungswinkels. Dies ist besonders günstig bei dicken Furnieren, die keinen so spitzen Schäftungswinkel erfordern. Die Antriebsleistung des Sägemotors ist in diesem Fall 6 kW. Für das Schäften von Sperrholz werden mit Hartmetall bestückte Sägeblätter empfohlen.

10.5 Ausflicken von Ästen

Außenfurniere — insbesondere von solchen Holzarten, bei denen fehlerfreie Furniere selten sind, z. B. Birke, Fichte, Kiefer — müssen durch Ausflicken von Ästen, Astlöchern und Fehlstellen verbessert

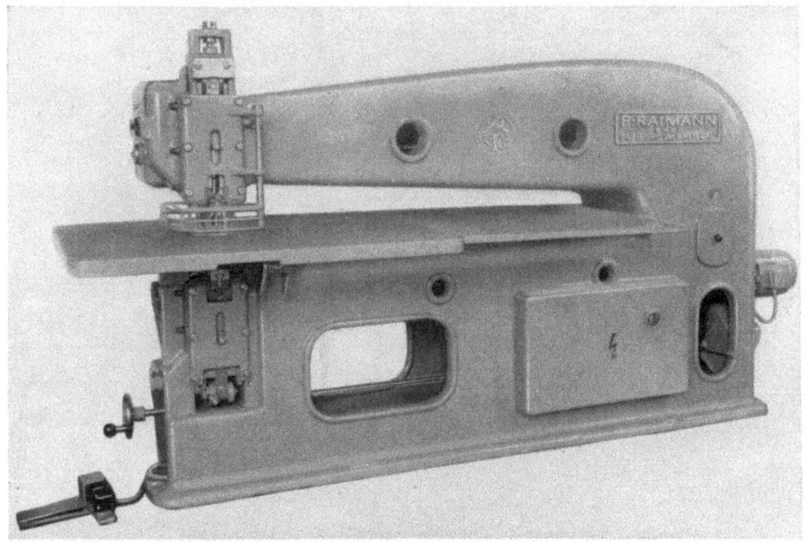

Bild 10.45. Furnier-Stanzautomat ASA, Bauart B. Reimann GmbH., Freiburg.

werden. Bei der früher vorherrschenden *Handarbeit* fanden runde, ovale oder nierenförmige *Locheisen* Verwendung, deren außen geschärfte Ränder konisch verlaufen. Als Stanzunterlagen verwendete man Holzplatten; Furniere mit größerer Dicke als 1,6 mm lassen sich von Hand kaum ohne Einreißen oder Aufplatzen stanzen. Im Großbetrieb arbeitet man mit *Furnier-Stanzautomaten* (Bild 10.45). Sie stanzen automatisch die Fehlstellen aus, stellen aus einem in die Maschine geschobenen Furnierstreifen gleicher Dicke eine passende Flickscheibe her und pressen sie in das Stanzloch. Die Bedienung erfolgt durch Tritt auf einen Fußhebel. Wenn der Furnierstreifen für die Flickscheiben nahezu verbraucht ist, leuchtet eine Signallampe auf. Praktisch kaum möglich ist eine Anpassung der Flickscheiben an die jeweilige Furnierfarbe. Das Ausflicken eines Loches dauert 2 bis 2,5 s; von der Maschine können Furniere mit bis zu 4 mm

Dicke verarbeitet werden. Die Stanzprofile haben eine größte Länge von 100 mm, eine größte Breite von 50 mm, das normale Werkzeug hat meist 25 mm $\times$ 50 mm. Der Leistungsbedarf der Stanzmaschine in Bild 10.45 liegt bei 1,5 kW.

11. Leime für die Herstellung von Lagenholz

Von **Klaus Holzer,** Ludwigshafen/Rh.

11.1 Allgemeine Forderungen an Lagenholzleime

Bei der Herstellung von Lagenholz sind fast immer große Flächen zu verleimen. In einem Kubikmeter 4 mm dicker Sperrholzplatten aus je 3 Furnieren befinden sich 500 m² Leimfläche. Bei einem Leimauftrag von 200 g je m² erfordern diese insgesamt 100 kg Leimflotte. Man erkennt aus diesen wenigen Zahlenangaben, in welchem Umfang bei der Lagenholzfertigung die *Verleimungskosten* in die Gesamtkosten eingehen müssen und wie wichtig daher die Auswahl eines für den jeweils angestrebten Zweck bestgeeigneten Bindemittels ist.

Um hier eine Entscheidung treffen zu können, sollte der Lagenholzhersteller

1. den für das Erzeugnis beabsichtigten Verwendungszweck,

2. die auf dem Markt befindlichen Leime, ihre anwendungstechnischen Möglichkeiten und Eigenschaften und ferner die mit den jeweiligen Produkten im Betrieb sich einstellenden Verleimungskosten

kennen. Nur dann wird es ihm möglich sein, mit einem Mindestmaß an Aufwand den gestellten Qualitätsforderungen gerecht zu werden.

Eine Einteilung von Sperrholzerzeugnissen sowohl in Sorten nach den Güteklassen der Deckfurniere, als auch nach Verleimungsarten ist in DIN 68705 (Dez. 1958) enthalten. In Abschn. 4 heißt es dort:

Einteilung nach Verleimungsarten

Die Sperrholzverleimung ist so auszuführen, daß sie den klimatischen und technischen Beanspruchungen des Verwendungszweckes genügt. Folgende Arten von Verleimung werden der Verwendung entsprechend unterschieden:

Innensperrholz

Qualität IF 20
Verleimung beständig gegen die *in geschlossenen Räumen zu erwartende Luftfeuchtigkeit.*

Kurzprüfung:
24stündige Lagerung der Proben unter Wasser von 20 °C $\pm$ 2°.

Qualität I W 67
Verleimung beständig gegen *höhere Luftfeuchtigkeit und Berührung mit Wasser* von bis zu 67 °C, sofern das Sperrholz gegen unmittelbare Witterungseinflüsse geschützt ist.

3stündige Lagerung der Proben unter Wasser von 67 °C $\pm$ 0,5°. Anschließend mindestens 2stündige Lagerung der Proben unter Wasser von 20 °C $\pm$ 5°.

Außensperrholz

Qualität A 100
Verleimung beständig gegen *Wassereinwirkung im Freien,* begrenzt wetterbeständig.

Kurzprüfung:
6stündige Lagerung der Proben in kochendem Wasser (100 °C). Anschließend mindestens 2stündige Lagerung der Proben unter Wasser von 20 °C $\pm$ 5°.

Qualität A W 100
Verleimung unbegrenzt beständig gegen *alle Witterungseinflüsse,* auch im tropischen Klima.

Kurzprüfung:
Lagerung in kochendem Wasser mit zwischengeschalteter Trocknung bei 60 °C $\pm$ 2° in folgendem Zyklus:
4 Stunden Kochen (100 °C),
16 bis 20 Stunden Trocknung in trockener heißer Luft von 60 °C $\pm$ 2°,
4 Stunden Kochen,
16 bis 20 Stunden Auskühlung unter Wasser von 20 °C $\pm$ 5°.

Die Prüfung der Proben erfolgt nach DIN 53255 (Entwurf Februar 59) im Aufstechversuch und, sofern hierbei die Noten 1 und 2 nicht erreicht werden, zusätzlich auch noch im Scherversuch. Für die Note 3 müssen etwa 40% der beim Aufstechen freigelegten Leimfläche mit Holzfasern bedeckt sein.

Sinngemäß läßt sich diese Einteilung auch auf andere Lagenholzerzeugnisse übertragen. Begriffe wie „feuchtfest" oder „wasserfest" verleimt sind in DIN 68705 nicht mehr enthalten. Sie haben in der Vergangenheit häufig zu Mißverständnissen und auch zu fehlerhaften Anwendungen von derartig verleimten Erzeugnissen geführt und sollten daher möglichst rasch aus dem Sprachgebrauch verschwinden. Zur Beurteilung der Verleimungsgüte von Werkstücken, die beim Gebrauch höchstens kurzzeitiger Feuchtigkeitseinwirkung ausgesetzt sind, ist DIN 53258 (Entwurf Februar 1959) im Entstehen. Nach dieser werden zwei 5 mm dicke, gehobelte Kiefernbrettabschnitte mit gleichlaufender Faserrichtung miteinander verleimt, so daß 10 mm dicke Proben entstehen. Die Proben werden nach 7-tägiger Lagerung 4 Stunden lang in kaltem Wasser gewässert und anschließend 20 Stunden lang an der Luft getrocknet. Dieses Verfahren wird 15mal wiederholt. Vor und nach jeder Wechsellagerung sowie 7 Tage nach der letzten Wechsellagerung wird die Länge etwaiger Fugenaufklaffungen an den Kanten gemessen.

DIN 53258 soll also die Prüfung von Verleimungen gestatten, deren Qualität für den beabsichtigten Gebrauchszweck nicht den Anforderungen von DIN 68705, Klasse IF 20 zu genügen braucht. Sie wird vor allem die sog. Möbelleime erfassen.

Bevor nun die einzelnen Leime besprochen werden sollen, möge die nachstehende Zusammenstellung einen kurzen Überblick über die von der holzverarbeitenden Industrie benutzten Bindemittel geben:

1. *Natürliche Leime*
   Proteinleime

   Glutinleime
   Caseinleime
   Sojabohnenleime
   Blutalbuminleime

2. *Synthetische Leime*
   Kondensationsprodukte

   Harnstoff-Formaldehyd-Harze
   Melamin-Formaldehyd-Harze
   Phenol-Formaldehyd-Harze
   Resorcin-Formaldehyd-Harze

   Polymerisationsprodukte

   Polyvinylacetat
   Polychlorbutadien

Für die Lagenholzfertigung werden heute bei stark gestiegenen Güteanforderungen weit überwiegend synthetische Leime, vor allem Harnstoff-Formaldehyd-Harze, benutzt.

Glutinleime werden bei der Herstellung von Lagenholz wenig verwendet. Ihr Hauptanwendungsgebiet ist der handwerkliche Möbelbau.

Casein und *Blutalbumin* werden für die Flächenverleimung kaum mehr verwendet. In Ländern mit umfangreicher Agrarwirtschaft, bei der beide Stoffe in erheblichen Mengen preisgünstig anfallen können, haben sie sich in der einheimischen Holzindustrie bis zu einem gewissen Grad behaupten können. Mit fortschreitender Rationalisierung der Betriebe und steigenden Güteansprüchen der Kunden verläuft die Entwicklung aber auch in diesen Ländern mehr und mehr in der Richtung einer Verwendung synthetischer Leime.

Sojabohnenleime stehen in ihren Eigenschaften den Caseinleimen nahe. In größeren Mengen wurden sie vorwiegend in den USA zur Herstellung von Innensperrholz gebraucht.

Blutalbumin hat in Deutschland nur noch geschichtliche Bedeutung.

Alle Proteinleime sind empfindlich gegenüber Feuchtigkeit und anfällig für Fäulnis. Zwar läßt sich durch geeignete Maßnahmen erreichen, daß eine Verleimung sich bei der Lagerung in kaltem Wasser nicht löst, aber die Verleimungsfestigkeit sinkt hierbei so weit ab, daß die Prüfungsforderungen von DIN 68705 selbst für die niedrigste Verleimungsklasse IF 20 nicht mehr mit ausreichender Sicherheit erfüllt werden. Es darf jedoch nicht verkannt werden, daß die Proteinleime, vor allem die Glutinleime und die Caseinleime, unter dem Wettbewerbsdruck der synthetischen Leime in den letzten Jahren eine beachtliche technische Weiterentwicklung erfahren haben, die ihnen bis heute einen gewissen Marktanteil sichern konnte. Wie bereits erwähnt, ist dieses Gebiet vorwiegend der handwerkliche Möbelbau.

Von den *synthetischen Leimen* werden vor allem *Harnstoffharze* in größtem Umfang angewendet, die wegen ihrer Anpassungsfähigkeit an die meisten Fertigungsverfahren in erheblichem Maße zur Rationalisierung der neuzeitlichen holzverarbeitenden Industrie beigetragen haben.

Die *Melaminharze* liefern sehr gute Verleimungsqualitäten. Leider ist ihr Preis verhältnismäßig hoch, so daß ihre Menge nur einen Bruchteil der Harnstoffharze ausmacht.

Die *Phenolharze* beherrschen das Sondergebiet des wetterbeständigen Sperrholzes bisher ausschließlich.

Die *Resorcinharze* sind das einzige Erzeugnis, das bei neutraler Reaktion auch im Kaltverfahren koch- und wetterfeste Verleimungen liefert. Leider ist ihr Preis so hoch, daß ihre Anwendung auf Sondergebiete beschränkt bleibt.

Polyvinylacetat findet als sog. ,,Weißleim'' in Industrie und Handwerk eine sehr vielseitige Anwendung.

Polychlorbutadien in Form der ,,NEOPREN-Kleber'' dient neben Reparatur- und Ausflickarbeiten vor allem zum Aufleimen von Kunststoff-Folien auf Holzoberflächen.

11.2 Grundlagen der Holzverleimung [*11.22, 11.24, 11.87*]

11.21 Kohäsion

Bei der Verleimung zweier Körper werden deren Grenzflächen durch eine Leimschicht verbunden. Die Leimschicht füllt in der Form eines zusammenhängenden Leimfilms die *Leimfuge.* Bei der Verleimung von Holz wird die Leimfuge nicht von ebenen Flächen begrenzt sein, sondern sich entlang der Poren und Gefäße mehr oder weniger tief in das Holz hinein erstrecken. Der Leimfilm haftet an den Grenzflächen. Diese Haftung nennt man Adhäsion. Belastet man eine Verleimung, so muß der

Leimfilm die auftretenden Kräfte übertragen. Hierzu bedarf er einer gewissen inneren Festigkeit. Diese nennt man *Kohäsion*.

Die Kohäsion hängt von der *molekularen Struktur des Leimes* ab. Alle Leime sind nach vollendeter Verleimung hochmolekulare Körper, die entweder aus langen kettenförmigen oder aber aus mehr oder weniger stark dreidimensional vernetzten Makromolekülen bestehen. Die Festigkeit und das elastische Verhalten des Leimfilms werden durch die chemische Natur der Moleküle, durch ihr Molekulargewicht und dessen Verteilungsfunktion sowie bei vernetzten Molekülen durch den Vernetzungsgrad bestimmt. Der Leimhersteller kann diese Eigenschaften bis zu einem gewissen Grade beeinflussen.

Der Praktiker verlangt im allgemeinen von einer Holzverleimung, daß der Bruch bei einer gewaltsamen Zerstörung nicht an der Grenzfläche oder in der Leimschicht, sondern im Holz erfolgt. Diese Forderung hängt nicht nur von ausreichender Adhäsion und Kohäsion des Leimfilms ab, sondern auch von seinem elastischen Verhalten.

Läßt man an einem Holzstab eine Kraft in Längsrichtung wirken, so wird er sich in dieser Richtung dehnen. Hebt man die Kraft auf, so geht er auf seine ursprüngliche Länge zurück. Solange dies der Fall ist, gilt für den Zusammenhang zwischen Kraft und Dehnung das *Hookesche Gesetz*. Dieses besagt: Die Dehnung ε ist der Zugkraft σ proportional

$$\varepsilon = \alpha \cdot \sigma = \frac{\sigma}{E}.$$

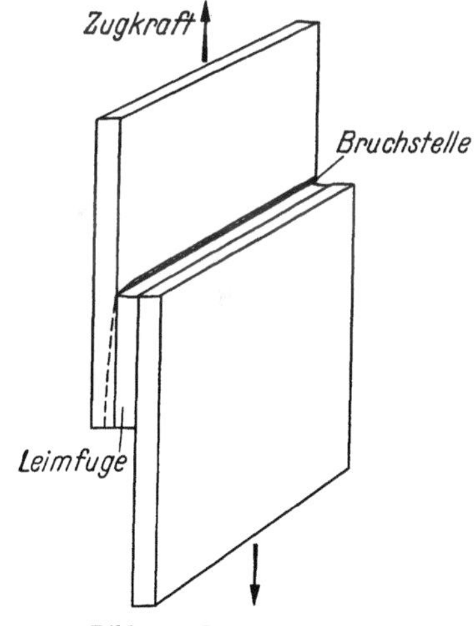

Bild 11.1. Bruchstelle bei sprödem Leimfilm.

Die Größe E wird *Elastizitätsmodul* genannt. Ein *spröder* Stab wird sich unter der Wirkung einer bestimmten Zugkraft nur wenig dehnen, E ist daher für spröde Körper groß. Umgekehrt wird dieselbe Zugkraft bei einem zähen Stab eine größere Dehnung erzeugen, E wird daher für zähe Körper klein.

Ein sehr spröder Leimfilm besitzt einen Elastizitätsmodul, der wesentlich größer ist als der von Holz. Bei der Zugscherprüfung einer Verleimung wird die spröde Leimschicht sich weniger stark dehnen als das angrenzende Holz und daher die Zugkraft nicht gleichmäßig auf die ganze Leimfläche übertragen (Bild 11.1). Diese durch die Zugkraft hervorgerufenen Scherspannungen werden sich entlang einer zur Zugkraft senkrechten Kante der Leimschicht konzentrieren, wo die Festigkeit des angrenzenden Holzes bald überschritten wird. Von der Kante beginnend erfolgt nun der Bruch im

Holz schon bei nicht sehr hohen Spannungen. Im Gegensatz hierzu überträgt ein Leimfilm mit einem Elastizitätsmodul, der etwas niedriger ist als der von Holz, die Zugkraft gleichmäßig auf die gesamte Leimfläche, so daß Bruchfestigkeitswerte erreicht werden, die ein Mehrfaches der vorigen betragen. Der Bruch erfolgt dann häufig in der Leimschicht oder entlang einer Grenzschicht. Eine Verleimung kann daher auch dann hochwertig sein, wenn bei der Prüfung der Bruch zwar nicht im Holz verläuft, aber hohe Scherfestigkeitswerte auftreten.

Sehr wesentlich ist auch die Art und Weise, in der die Belastung erfolgt. Eine Leimfuge kann sich gegenüber einem Hammerschlag als äußerst spröde, im Zugversuch mit seiner allmählich steigenden Belastung aber durchaus als elastisch erweisen.

11.22 Adhäsion

Die Adhäsion kann in einer rein *mechanischen Verankerung* der Leimschicht *in den Poren* und Unebenheiten der Grenzschicht ihre Ursache haben [*11.75*]. Es gilt jedoch heute als sicher, daß diese einfache Betrachtungsweise das Problem nur zum kleinsten Teil erfaßt und daß darüber hinaus andere Kräfte, die man als ,,spezifische Adhäsion'' bezeichnet, wirksam sein müssen und den Hauptteil der Adhäsion ausmachen [*11.17, 11.18, 11.19*].

Die *spezifische Adhäsion* kommt durch eine *Wechselwirkung* der in der Oberfläche des festen Körpers liegenden *Moleküle* mit den Molekülen der Leimschicht zustande. Eine solche Wechselwirkung ist nur über außerordentlich kurze Entfernungen möglich und bedarf einer sehr weitgehenden Annäherung der Oberflächen des festen Körpers und der Leimschicht. Diese kann nur erreicht werden, wenn der Leim während der Verleimung flüssig ist oder, wenn auch nur vorübergehend, wird. Die *Flüssigkeit* muß die Oberfläche des festen Körpers *benetzen*. Ist dies nicht der Fall, so bestehen Abstoßungskräfte zwischen den Molekülen des Festkörpers und der Flüssigkeit, die eine Annäherung verhindern. Eine einen Festkörper nicht benetzende Flüssigkeit kann daher nicht als Leim für ihn verwendet werden. Da eine Flüssigkeit keine ausreichende Kohäsion besitzt, muß der flüssige Leim nach dem Benetzen der Teile in einen festen Zustand übergehen, er muß ,,abbinden''. In welcher Weise dies erfolgt, wird im nächsten Unterabschnitt besprochen.

Die bei der spezifischen Adhäsion wirksamen zwischenmolekularen Kräfte sind ihrer Art nach sehr verwickelt. Wenn man sich nicht auf bloße Namen wie ,,Dispersionskräfte'', ,,Van der Waalssche Kräfte'' usw. beschränken will, so ist für ihr Verständnis eine recht genaue Kenntnis des Atom- und Molekülbaus notwendig. Hier soll nur auf solche Kräfte eingegangen werden, die durch das Vorhandensein von *Dipolen* in den Molekülen ausgelöst werden.

Jedes Molekül ist ein System elektrischer Ladungen. Während beim Atom die Schwerpunkte der negativen und der positiven Ladungen stets zusammenfallen, das Atom also nach außen elektrisch neutral erscheint, braucht dies bei dem aus einzelnen Atomen zusammengesetzten Molekül durchaus nicht der Fall zu sein, da im Molekülverband die elektrischen Felder der Atome miteinander in Wechselwirkung treten. Ein Gebilde, bei dem die Schwerpunkte der negativen und der positiven Ladungen nicht zusammenfallen, bezeichnet man als einen Dipol. Solche Dipole können sich wie kleine Stabmagnete zusammenlagern (Bild 11.2).

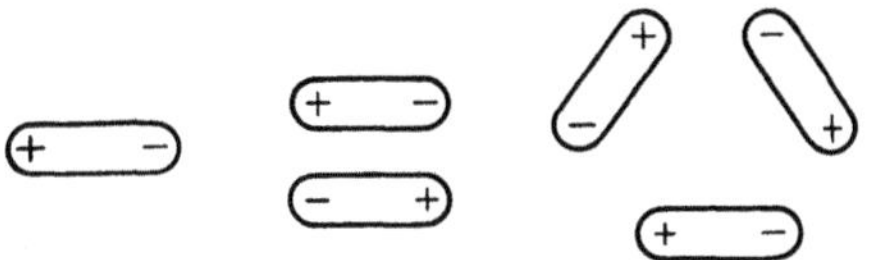

Bild 11.2. Wechselwirkung zwischen Dipolen.

Das zugehörige elektrische Moment beträgt

$$\begin{array}{cc} +e & -e \\ 0 \cdots\cdots\cdots\cdots 0 & M = e \cdot r. \\ r & \end{array}$$

Es wird als *Dipolmoment* bezeichnet und ist eine gerichtete Größe (Vektor). Das Dipolmoment eines Moleküls setzt sich aus der vektoriellen Summe der Dipolmomente der einzelnen Atomgruppen zusammen. Atomgruppen mit ausgeprägten Dipolmomenten sind z. B.: $-OH$, $-NH-$, $-CO-NH-$ usw. Stoffe, deren Moleküle mehr oder weniger stark ausgeprägte Dipolmomente besitzen, bezeichnet man auch als *polar*.

Besonders starke Wechselwirkungen zwischen Dipolen treten dann ein, wenn auf der einen Seite Wasserstoff, auf der anderen Seite Sauerstoff oder Stickstoff beteiligt sind. Infolge des kleinen Atomradius des Wasserstoffs können sich die Dipole sehr weit nähern, so daß die Anziehungskräfte beträchtlich werden.

Man bezeichnet dies als *Wasserstoffbrücken-Bindung* (Bild 11.3).

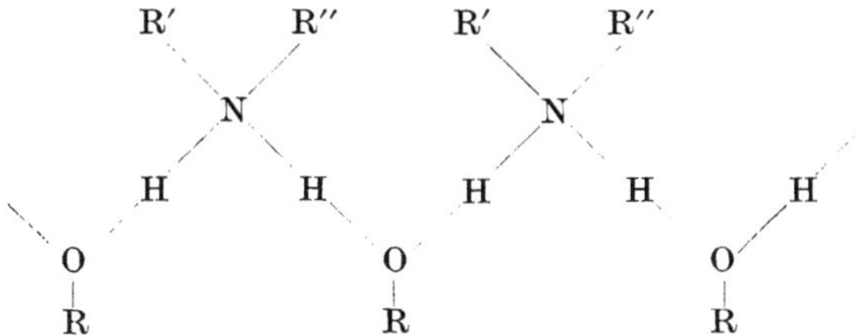

Bild 11.3. Wasserstoffbrücken-Bindung.

Gerade bei der *Holzverleimung* sind Wasserstoffbrücken vermutlich am Zustandekommen der Adhäsion des Leimfilms an der Holzoberfläche

19*

mitbeteiligt, die sich zwischen den zahlreichen —OH-Gruppen der
Cellulose und denjenigen Molekülgruppen der Leime ausbilden, die hierfür geeignete Wasserstoffatome tragen. Alle Holzleime weisen stark po-
laren Charakter auf und die meisten sind in der Lage, Wasserstoffbrücken-
Bindungen, z. B. mit Cellulosemolekülen, eingehen zu können.

Auf die Aufklärung der zwischenmolekularen Vorgänge bei der Verleimung ist sehr viel Arbeit verwendet worden. Die Vorgänge in der
Grenzschicht zwischen Festkörper und Leim sind aber so komplex, daß
sie durch Einzelbegriffe, wie den der spezifischen Adhäsion nur unvollständig beschrieben werden können. Beim Zustandekommen einer Verleimung wirkt eine ganze Reihe anderer Umstände mit, von denen hier
nur die Möglichkeit *chemischer Reaktionen* zwischen Leim und Festkörper angedeutet werden soll. Die Entwicklung von Leimen mit best-
möglichen technischen Eigenschaften ist daher auch heute noch eine
Angelegenheit des Versuchs und der Erfahrung.

11.23 Abbindevorgang

Die meisten *Holzleime* sind wäßrige kolloidale Lösungen, sogenannte
Sole. Beim *Abbinden* geht die kolloidale Lösung zunächst in einen gallert-
artigen, den sogenannten *Gel-Zustand* über, aus dem sich allmählich ein
fester zusammenhängender Leimfilm bildet. Die *Sol—Gel-Umwandlung*
kann *reversibel oder irreversibel* sein. Bleibt sie reversibel, so ist die Verleimung wasserlöslich.

In manchen Fällen wird die Sol—Gel-Umwandlung einfach durch
Wasserentzug oder durch *Abkühlung* (Erstarrung) herbeigeführt. Dieser
Vorgang kann aber auch mit einer *chemischen Umwandlung* des Leim-
körpers verbunden sein, die man als *Härtung* bezeichnet. Erfolgt eine
chemische Reaktion, so ist die Sol—Gel-Umwandlung stets irreversibel.
Die Annahme, daß die Verleimung in solchen Fällen stets wasserbeständig sei, ist allerdings irrig, da manche Leimfilme beträchtliche Mengen
Wasser unter starker Quellung wieder aufzunehmen vermögen. Wenn
auch der Sol-Zustand des Leimes nicht wieder erreicht wird, so geht durch
die Quellung die Kohäsion und damit die Bindefestigkeit mehr oder
weniger weitgehend verloren.

Bei den Holzleimen binden die Polyvinylacetatleime durch einfachen
Wasserentzug ab. Viele Glutinleime gehen durch Abkühlung vom Sol-
in den Gel-Zustand über. In anderen Fällen erfolgt neben dem Wasserentzug gleichzeitig eine chemische Reaktion, die bei der Beschreibung
der einzelnen Leime zu besprechen sein wird. Bei den Neopren-Klebern
wird das Lösungsmittel entfernt, bei manchen Klebern erfolgt zusätzlich
eine chemische Reaktion. Der Abbindevorgang der Leime in Folienform soll später besprochen werden.

11.24 Holzfeuchtigkeit und Verleimung

Bei der Lagenholzverleimung kann der *Wasserentzug* aus der Leimlösung nur durch *Diffusion in das umgebende Holz* erfolgen, das dadurch feuchter wird. Eine Verdunstung ist während des Verleimungsvorgangs praktisch nicht möglich.

Welche Probleme sich hieraus ergeben, mögen die folgenden Beispiele aufzeigen [*11.83*]:

Es werde eine 3fache Furnierplatte verleimt. Die hierzu notwendige Leimmenge beträgt bei einem Leimauftrag von 200 g/m² insgesamt 400 g. Bei einem Festgehalt der Leimflotte von 40% beträgt die abzutransportierende Wassermenge 240 g.

Bei einer Plattendicke von 4,5 mm (3 × 1,5 mm) und einer angenommenen Rohdichte von 0,6 g/cm³ wiegt das trockene Holz 2700 g. Bei einer Holzfeuchtigkeit von 10% enthält die Platte zusätzlich 270 g Wasser. Während der Verleimung müssen weitere 240 g aufgenommen werden, wodurch die Holzfeuchtigkeit um 8,9% auf 18,9% ansteigt.

Bei einer Plattendicke von 1,8 mm (3 × 0,6 mm) beträgt die Feuchtigkeitszunahme bei sonst gleichen Verhältnissen bereits 22,2% und die Endfeuchtigkeit der Platte 32,2%.

Da der Fasersättigungspunkt bei den meisten Hölzern zwischen 26 und 30% Holzfeuchtigkeit liegt, ist in dem zuletzt beschriebenen Fall das Holz nicht mehr in der Lage, die gesamte Wassermenge aufzusaugen. Ein Teil des Wassers muß in der Fuge bleiben und wird dort Störungen bei der während des Abbindens stattfindenden Sol—Gel-Umwandlung des Leims verursachen. Viele härtbare Leime bilden unter solchen Umständen keinen geschlossenen Film, sondern härten unter Bildung einer krümeligen Masse aus, die keinerlei Bindeeigenschaften zeigt.

Eine genaue Überwachung der Holzfeuchtigkeit ist daher um so wichtiger, je dünner die zu verleimenden Furniere sind. Die Empfindlichkeit der einzelnen Leimtypen im Hinblick auf die Holzfeuchtigkeit ist unterschiedlich. Caseinleime sind meist wenig anspruchsvoll, manche Phenolharzleime und vor allem viele Leime in Filmform sind jedoch äußerst empfindlich und liefern nur innerhalb eng begrenzter Holzfeuchtigkeitsbereiche brauchbare Verleimungen. Als in den meisten Fällen brauchbarer Mittelwert dürfen 6 bis 8%, bei Filmen 10% Holzfeuchtigkeit angesehen werden.

Man kann den *Wasserhaushalt einer Platte* beeinflussen, indem man
1. die Holzfeuchtigkeit verändert,
2. den Festgehalt der Leimflotte ändert,
3. die offene Wartezeit der beleimten Furniere verschieden lang wählt,
4. die beleimten Furniere vortrocknet und erst dann verpreßt,
5. Leime in Filmform anwendet.

Eine *Vortrocknung* wird industriell vor allem bei sogenannten Hochtemperatur-Phenolharzen durchgeführt. Außergewöhnlich dünne Furniere werden vielfach mit *Leimfilmen* verleimt. In beiden Fällen wird der Leim während des Heißpressens vorübergehend flüssig, indem entweder das Harz in der Wärme schmilzt oder aber, indem die im Holz enthaltene Feuchtigkeit in Dampf übergeht, der das Leimharz verflüssigt. Auch in diesen Fällen wird also der für eine Verleimung notwendige flüssige Zustand vorübergehend durchlaufen.

11.25 Ausbildung eines Leimfilmes

Die Festigkeit der Verleimung hängt von der Ausbildung eines zusammenhängenden *Leimfilms* ab. Die hierzu nötige Leimmenge ist durch die *Beschaffenheit der Holzoberfläche* bedingt. Glatte Oberflächen benötigen weniger Leim als rauhe. Zahlreiche Verfasser sind der Auffassung, daß die mechanische Verankerung des Leimes in Poren und Gefäßen der Holzoberfläche zur Festigkeit praktisch nichts beiträgt [*11.17, 11.18, 11.19*]. Ein tiefes Eindringen des Leimes in das Holz ist daher nicht nur nutzlos, sondern sogar schädlich, da es die Gefahr von *Leimdurchschlägen* erhöht. Ebenso besteht die Gefahr, daß durch das Abwandern des Leimes in der Fuge nicht mehr genügend Leim verbleibt, um einen zusammenhängenden Film zu bilden. Man spricht in solchen Fällen auch von einer „*verhungerten*" *Leimfuge*. Sie verursacht stets *Fehlverleimungen*.

Die *Eindringtiefe des Leims* ist weitgehend abhängig von seiner *Viskosität* im Zeitpunkt des Pressens und von der Höhe des *Preßdrucks*. Da die Viskosität einer Lösung mit steigender *Temperatur* normalerweise stark abnimmt, muß beim Heißpressen dafür Sorge getragen werden, daß die Viskosität der Leimflotte auch in der Wärme ausreichend hoch bleibt. Bei den meisten Leimen bewirkt die Wärme eine Beschleunigung des Abbindevorgangs, der mit einer Viskositätszunahme verbunden ist. Dennoch ist es in vielen Fällen zweckmäßig, der Leimflotte *Füllstoffe* oder *in der Wärme verkleisternde Streckmittel* zuzusetzen, die auch bei erhöhten Temperaturen ausreichende Leimmengen in der Fuge zurückhalten.

Der Preßdruck muß so hoch bemessen werden, daß sich unter seiner Wirkung ein gleichmäßiger, zusammenhängender, möglichst dünner Leimfilm ausbildet. Ferner soll der Preßdruck nur eine möglichst geringe bleibende Deformation des Holzes bewirken (Preßschwund). Er darf weiter nicht dazu führen, daß unter seiner Wirkung große Leimmengen in das Holz eindringen. Harte Hölzer erfordern demnach höheren Preßdruck als weiche, rauhe, wellige Oberflächen höheren als glatte.

Die Bilder 11.4 und 11.5 zeigen mikroskopische Aufnahmen von Leimfugen.

Man erkennt in Bild 11.4 deutlich den zusammenhängenden Leimfilm in Bild 11.5 die verhungerte Leimfuge ohne den Leimfilm. Der Leim ist in diesem Fall durch die Gefäße und Markstrahlen in das Holz eingedrungen, wobei deren Wände von einem Leimfilm benetzt werden. Nach dem Abbinden entstehen so dünne Leimröhren.

Die in den tiefer liegenden Gefäßen erkennbaren, scheinbar isolierten Leimreste finden eine einfache Erklärung gemäß Bild 11.6.

Beim *Schälen der Furniere* werden häufig *Gefäße* schräg *angeschnitten.* Der Leim dringt von der Oberfläche her entlang dieser Gefäße ein.

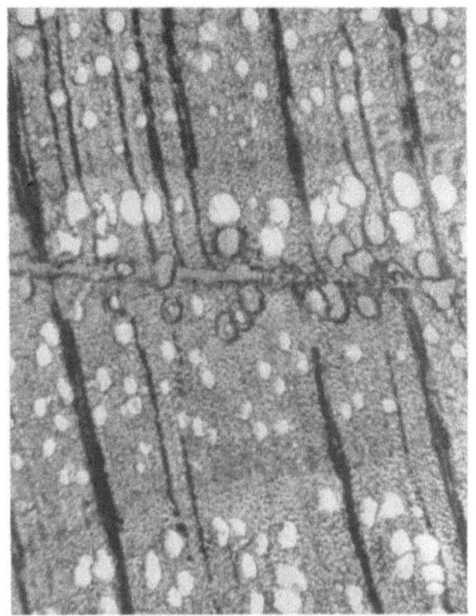

Bild 11.4. Mikroskopische Aufnahme einer Leimfuge mit zusammenhängendem Leimfilm.

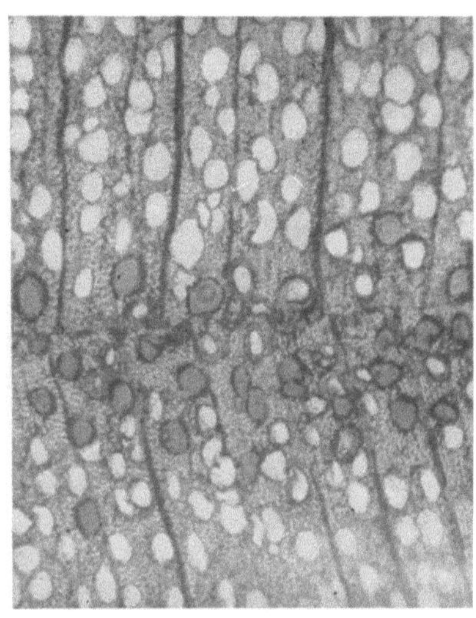

Bild 11.5. Mikroskopische Aufnahme einer „verhungerten" Leimfuge.

Schneidet man quer zur Faserrichtung und senkrecht zur Furnieroberfläche, so trifft man in den tieferen Schichten auf diese, von einem entfernt liegenden Punkt der Oberfläche herkommenden, leimgefüllten Gefäße, die in der Aufnahme isoliert erscheinen.

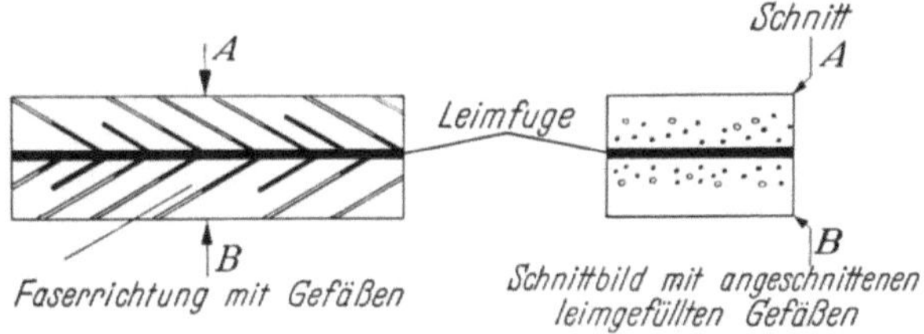

Bild 11.6. Schema des Mikroschnitts einer Verleimung.

Sehr viel Forschungsarbeit wurde geleistet, um den Einfluß der *Dicke des Leimfilms* auf die Bindefestigkeit zu ermitteln. Es ist heute gesichert, daß eine möglichst dünne, zusammenhängende Leimschicht die höchsten Festigkeitswerte liefert [*11.77, 11.85*]. Über die Gründe dieses Verhaltens gibt es eine Reihe von Theorien. Die Auffassung, daß die

Wahrscheinlichkeit des Auftretens von Fehlstellen in dicken Filmen größer ist als in dünnen, hat sicherlich viel für sich [*11.8, 11.9*], dennoch dürfte der Hauptgrund in den bei dünnen Filmen wesentlich verringerten *Schrumpfspannungen* zu suchen sein [*11.22*, S. 86].

Beim Übergang aus dem Gel-Zustand in den festen Zustand unterliegen alle Leimfilme einer Schrumpfung vor allem in der Längsrichtung, die sowohl durch den Abtransport des Wassers, als auch durch die mit der chemischen Umwandlung verbundene Volumenkontraktion hervorgerufen wird. Diese bildet parallel zur Oberfläche des Leimfilms Tangentialspannungen aus, welche die senkrecht zur Oberfläche wirkenden Adhäsionskräfte vermindern.

Läßt man eine Schicht Glutinleim auf einer fettfreien Glasplatte erstarren und trocknen, so werden die Schrumpfungskräfte so groß, daß Teile aus der Glasoberfläche herausgerissen werden. Das Beispiel zeigt gleichzeitig eindrucksvoll, wie stark die spezifische Adhäsion sein kann, denn auf der glatten Glasplatte ist an eine mechanische Verankerung nicht zu denken.

Nach dem Gesagten ist es klar, daß sich in einem dicken Leimfilm wesentlich stärkere Schrumpfspannungen ausbilden müssen, als in einem dünnen. Demnach werden bei einem dicken Leimfilm die Adhäsionskräfte stärker vermindert als bei einem dünnen.

Ganz entsprechend liegen die Verhältnisse, wenn der Leimfilm nicht schrumpft, sondern sich z. B. unter der Einwirkung von Feuchtigkeit durch Quellung ausdehnt, oder wenn das an die Leimschicht angrenzende Holz unter der Wirkung wechselnder Feuchtigkeit seine Dimensionen ändert. In allen diesen Fällen treten in der Leimfuge festigkeitsmindernde Tangentialspannungen auf.

Normalerweise ist eine Leimfuge unter 0,1 mm dick. Bei ungewöhnlich dicken Leimfugen — etwa von 0,5 mm aufwärts — wie sie durch schlechte Fugenpassung entstehen, kann die Schrumpfung die Ausbildung eines geschlossenen Leimfilms verhindern. Die erhärtende Leimsubstanz erhält durch die Schrumpfung Sprünge und Risse, so daß die Kohäsion weitgehend verlorengeht. Eine derartige Verleimung hat so gut wie keine Festigkeit.

Das Verhalten der einzelnen Leimsorten in dicken Leimfugen ist unterschiedlich, Glutinleime und Caseinleime verhalten sich zunächst günstiger als manche synthetischen Leime. Man hat aber gerade bei den synthetischen Leimen Erzeugnisse entwickelt, die auf Grund ihres hohen Festharzgehaltes — 70% und mehr — oder auch wegen des Zusatzes besonders ausgewählter Füllstoffe, beim Abbinden nur sehr wenig schrumpfen. Diese Leime geben auch bei verhältnismäßig dicken Leimfugen noch ausgezeichnete Festigkeitswerte und werden z. B. bei der Herstellung verleimter tragender Holzbauteile verwendet.

11.26 Tränkverleimung von Preßschichtholz

Die vorstehend geschilderten Erfahrungen lassen sich auf alle Lagenholzverleimungen, ausgenommen die von Preßschichtholz, anwenden. Bei dessen Herstellung werden die einzelnen Holzschichten mit der Lösung eines synthetischen, härtbaren Harzes — meist eines Phenol-Formaldehyd-Harzes — vollkommen durchtränkt, getrocknet und unter sehr hohem Druck (bis zu 300 kp/cm²) heiß zu Formteilen verpreßt. Das Holz wird hierbei bleibend deformiert und man erhält ein weitgehend homogenes Formstück, in dem keine eigentlichen Leimfugen mehr vorhanden sind.

11.3 Proteinleime

11.31 Glutinleime [*11.10, 11.21, 11.58, 11.88, 11.96*]

11.311 Geschichte

Die Herstellung und Anwendung von Glutinleimen war schon in vorgeschichtlichen Zeiten bekannt. In altägyptischen Königsgräbern fanden sich mit Glutinleim verleimte Möbel, mit kunstvollen Furnier- und Einlegearbeiten versehen, die auch dem Fachmann von heute noch größte Bewunderung abnötigen (s. Abschn. 1.1). Griechen und Römer bedienten sich der Glutinleime und in Handschriften der Klöster des Mittelalters finden sich Vorschriften für die Herstellung von Hautleimen. Im 17. Jahrhundert hat die Erzeugung von Glutinleimen bereits industriellen Umfang angenommen. Die hierbei geübten Verfahren haben sich fast unverändert bis in die neueste Zeit erhalten.

Wie bereits erwähnt, ist heute das Hauptanwendungsgebiet der Glutinleime der handwerkliche Möbelbau. Als Leime zur industriellen Herstellung von Lagenholz werden sie nicht verwendet. Auf vielen Anwendungsgebieten stehen sie im Wettbewerb mit Kunststoff-Dispersionsleimen („Weißleimen").

11.312 Chemie der Glutinleime

Der verleimend wirkende Stoff der Glutinleime ist das *Glutin*, ein Eiweißkörper mit verwickeltem Aufbau. Es entsteht in einer nicht eindeutig aufgeklärten Reaktion aus den *Kollagenen*, die in der Lederhaut oder in den Knochen als sogenannte Gerüsteiweißstoffe enthalten sind. Der Gerüsteiweißstoff des Knochens wird auch als Osseïn bezeichnet. Das Kollagen der Haut und das Osseïn des Knochens sind in ihrem physikalischen Verhalten stark verschieden, die aus beiden Stoffen hergestellten Glutine sind jedoch praktisch gleichartig. Entsprechend ihrer Aufgabe als Gerüststoffe sind die Kollagene in kaltem Wasser und in wäßrigen Medien vollkommen unlöslich. Glutin dagegen quillt in kaltem Wasser stark und löst sich schon bei schwachem Erwärmen.

Die Aufgabe bei der Leimherstellung besteht nun darin, die Kollagene der Ausgangsstoffe in Glutin überzuführen und dieses abzutrennen, ohne daß durch die hierzu notwendigen Vorgänge Abbaureaktionen eintreten, welche die Qualität des Enderzeugnisses herabsetzen.

Bei *Hautkollagen* wird die Überführung in Glutin durch eine mehrwöchige Behandlung mit Calciumhydroxyd, dem sog. „*Äschern*" erzielt.

Bei dem Ossein des Knochens erfolgt die Umwandlung unter der Einwirkung von *gespanntem Wasserdampf*. Infolge der hierbei eintretenden hohen Temperaturen lassen sich Abbaureaktionen allerdings nicht ganz vermeiden.

Dabei werden wahrscheinlich zunächst die Glutinmicelle in kleinere Bruchstücke gespalten. In einer wäßrigen Lösung von Glutin macht sich dies durch Viskositätsabfall bemerkbar. Fallender Viskosität geht eine Verminderung der Verleimungsfestigkeiten und der Gelierfähigkeit parallel.

Abbaufördernd wirken vor allem Temperaturen über $+60\,°C$, ferner die Einwirkung von Säuren, Basen oder Enzymen und Fermenten.

11.313 Einteilung der Glutinleime

Je nach der Art des Rohmaterials werden

> Hautleime,
> Knochenleime,
> Lederleime und
> Fischleime

unterschieden. Da Fischleime in der Holzindustrie nicht verwendet werden, bleiben sie hier außer Betracht.

11.314 Herstellung der Hautleime

Als *Rohstoff* dienen Abfälle tierischer Haut, wie sie in *Schlachthöfen* und *Gerbereien* anfallen. Diese werden in sog. *Äscherbehältern* (Gruben, Kästen, Türme) eingelagert und mit Kalkmilch bedeckt. Der Behälterinhalt wird mehrfach umgeschichtet und neue Kalkmilch zugegeben. Die Äscherung erfordert 6 bis 10 Wochen.

Durch dieses Verfahren werden neben der Umwandlung des Kollagens in Glutin vor allem die in den Häuten enthaltenen Fette verseift, die Zellen der Ober- und Unterhaut von der kollagenhaltigen Lederhaut getrennt, andere Eiweißstoffe gelöst und die Haare so gelockert, daß sie leicht entfernt werden können. Anschließend wird das sog. „*Leimleder*" so lange gründlich gewaschen, bis das Calciumhydroxyd quantitativ entfernt ist.

Nunmehr erfolgt das „*Sieden*" *des Leims*, wobei das Glutin aus dem Leimleder in dampfbeheizten Sudkesseln in mehreren „Abzügen" erschöpfend extrahiert wird. Um einen Abbau des Glutins möglichst zu vermeiden, arbeitet man beim ersten Abzug mit Wasser von etwa $+60\,°C$ und steigert die Wassertemperatur allmählich bei den folgenden. Die ersten Abzüge ergeben die qualitativ höchstwertigen Leime. Die Leimbrühen werden *entfettet* und die einzelnen Abzüge für die weitere Verarbeitung so vermischt, daß Erzeugnisse mit bestimmten, möglichst gleichbleibenden Eigenschaften erhalten werden.

Die Brühen werden *filtriert* oder mittels anderer Verfahren *geklärt* und anschließend eingedampft. Das *Eindampfen* erfolgt heute ausschließlich bei niedrigen Eindampftemperaturen in Vakuumverdampferanlagen, die so konstruiert sind, daß die Leimbrühen nur während verhältnismäßig kurzer Zeiten mit den Heizflächen in Berührung kommen. Alle diese Maßnahmen sollen einen Abbau des Glutins vermindern und die Güte des Erzeugnisses erhalten.

Ehe die auf 20 bis 25% Glutingehalt konzentrierte Leimbrühe in den festen Zustand übergeführt wird, müssen *Konservierungsmittel* zugesetzt und gegebenenfalls eine *Bleichung der Leimbrühe* vorgenommen werden. Ein zuverlässiger Schutz gegen Fäulnisbakterien ist gerade bei Hautleimen nicht einfach. Konservierungsmittel sind in großer Zahl bekannt, z. B. „Raschit" (Raschig, Ludwigshafen), „Preventol" (Bayer, Leverkusen).

Die älteste *Handelsform* des Glutinleims ist der *Tafelleim*. Zu seiner Herstellung läßt man die konzentrierte, konservierte und gebleichte Leimbrühe in gekühlten Kästen erstarren. Die so erhaltenen Blöcke einer schnittfesten Leim-Gallerte werden in Scheiben geschnitten, die auf netzbespannten Rahmen in Trockenkanälen getrocknet werden. Da der Schmelzpunkt der Gallerte besonders zu Beginn der Trocknung noch sehr niedrig liegt, kann nur mit niedrigen Lufttemperaturen gearbeitet werden und die Trockenzeit beträgt daher je nach Dicke der Tafeln und Witterung 7 bis 25 Tage.

Im Bestreben, die Trocknung wirtschaftlicher zu gestalten, wurden zahlreiche neue Verfahren entwickelt, die neben der traditionellen Leimtafel auch andere Lieferformen handelsfähig machten.

Bei der Herstellung von *Perlleim* (Scheidemandel-Motard A. G., seit 1924) läßt man die konzentrierte Leimbrühe aus Sieben und ähnlichen Tropfvorrichtungen in ein Gemisch von Benzin-Kohlenwasserstoffen einfallen. Die Tropfen erstarren zu Gallertperlen, ehe sie am Boden des Behälters auftreffen. Die Perlen werden von organischen Lösungsmitteln befreit und anschließend auf einer Darre getrocknet.

Um *Tropfenleim* zu erhalten, läßt man die konzentrierte Leimbrühe auf ein gekühltes Metallband oder eine Walze auftropfen, hebt die Tropfen ab und trocknet diese in einem Band- oder Trommeltrockner.

Läßt man die Leimbrühe in einer schmalen Bahn auf ein gekühltes Band oder eine Walze fließen, so entsteht zunächst ein dünnes Gallertband, das man in Plättchen oder Würfel auftrennen kann. Diese werden wiederum in einem Bandtrockner getrocknet. Führt man das Gallertband durch einen Fleischwolf, so entsteht ein stark poröses Material, das sich leicht trocknen läßt. Es wird als *Krümelleim* in den Handel gebracht.

Vielfach wird aus den erwähnten Lieferformen durch Mahlen auch ein mehr oder weniger feines *Pulver* hergestellt.

Neben diesen Verfahren, bei denen die konzentrierte Leimbrühe stets zunächst in Gallertform überführt wird, besteht auch noch die Möglichkeit, den Leim in Walzentrocknern oder in Zerstäubungstrocknern zu trocknen.

Die kleinstückigen Lieferformen bieten nicht nur dem Hersteller den Vorteil rationeller Trocknung, sondern sie sind infolge ihrer gegenüber Tafelleim wesentlich verkürzten Quellzeiten auch für den Verarbeiter bequemer zu handhaben.

11.315 Herstellung der Knochenleime

Knochenleime werden aus dem Ossein von Tierknochen hergestellt. Die Knochen werden sortiert und in *Knochenbrechern* zerkleinert. Anschließend wird der Rohstoff in *Extraktionsapparaten* mit organischen Lösungsmitteln — meist Benzin — *entfettet*. Die Knochen verlassen den Extraktionsapparat praktisch trocken und fettfrei. Sie werden in einem zweiten Knochenbrecher weiter zerkleinert und in einer rotierenden, mit Löcher versehenen *Sortiertrommel* von Staub, Haaren usw. befreit. Der trockenen Reinigung schließt sich noch eine *Naßreinigung* an, wobei die Knochen gleichzeitig mit schwefeliger Säure gebleicht werden.

Zum Entleimen wird zunächst das in den Knochen enthaltene Ossein mit Dampf unter Druck in Glutin umgewandelt, das anschließend mit heißem Wasser ausgelaugt wird. Die abwechselnde Behandlung mit Dampf und Heißwasser soll verhindern, daß die Knochen länger als unbedingt notwendig der hohen Temperatur des Dampfes ausgesetzt sind und das aus dem Osseïn entstandene Glutin abgebaut wird. Ganz läßt sich der Abbau jedoch nicht vermeiden, und dies ist der Grund, warum Lösungen aus Knochenleim stets niedrigere Viskositäten aufweisen als Lösungen aus Hautleim gleicher Konzentration.

Die weitere Behandlung der Leimbrühe entspricht der bei den Hautleimen geschilderten. Im Gegensatz zu den Hautleimen, die meist neutral oder schwach alkalisch reagieren, zeigen Knochenleime eine schwach *saure Reaktion* und einen charakteristischen, etwas säuerlichen Geruch.

11.316 Herstellung der Lederleime

Lederleime werden aus *gegerbten Lederabfällen* gewonnen. Das Problem bei der Herstellung besteht darin, die während des Gerbevorgangs eingelagerten Gerbstoffe wieder zu entfernen und das Kollagen ohne Schädigung freizulegen.

Als besonders geeignet für die Leimherstellung erweisen sich *Chromlederabfälle*. Im Gegensatz zu vegetabilisch gegerbtem Leder, dessen Gerbstoffgehalt bis zu 50% betragen kann, enthält Chromleder nur wenige Prozente. Die Kollagenausbeute ist daher hoch. Zur *Entgerbung* müssen die Chromsalze in lösliche Verbindungen übergeführt und aus der Hautsubstanz ausgewaschen werden. Von den zahlreichen vorgeschlagenen Verfahren hat insbesondere das *Magnesitverfahren* eine breitere Anwendung gefunden [*11.26*]. Bei diesem Verfahren erfolgen die Entgerbung, die anschließende Fällung der Chromsalze und die Extraktion des Leims in einem Arbeitsgang. Chromfalzspäne werden mit heißem Wasser und Magnesiumoxyd behandelt, die Leimbrühe vom Rückstand abgetrennt und wie üblich aufgearbeitet. Man erhält einen Leim mittlerer Viskosität.

11.317 Spezialleime

Glutinleime ergeben bei der Holzverleimung zwar *hohe Trockenbindefestigkeiten*, besitzen aber eine ganze Reihe anwendungstechnischer *Mängel*, wie *lange Quelldauer, lange Spannzeiten*. Die Notwendigkeit, die Leimlösung ständig warmzuhalten, wird als unbequem empfunden. Die *Wasserbeständigkeit* ist *unbefriedigend*. Man hat versucht, diese Nachteile zu mildern und zu diesem Zweck Spezialleime entwickelt.

Zu diesen zählen

    Schnellbinderleime
    Glutinkaltleime
    Heißhärtende Leime
    Glutinleim-Filme

Schnellbinderleime. Bei den Schnellbinderleimen wird die Abbindezeit gegenüber normalen Glutinleimen erheblich abgekürzt. Von den Herstellern werden für Fugenleimung Einspannzeiten von 15 bis 20 min, für Furnierleimungen 30 min angegeben. Schnellbinder enthalten neben bestimmten chemischen Stoffen, die das Abbinden fördern, etwa 70% Leimpulver und 30% Füllstoffe, meist Kreide oder Lenzin ($CaSO_4$). In der Literatur [*11.92*] findet sich folgendes Rezept für einen Schnellbinder:

Hautleimpulver	40,0 kg	Lenzin	32,0 kg
Knochenleimpulver	15,0 kg	Alphasalz	5,0 kg
Kaolin	5,0 kg	Aluminiumsulfat	0,2 kg
Kartoffelstärke	3,0 kg	Raschit W	1,0 kg

Glutinkaltleime. Läßt man eine warme Glutinleimlösung ausreichender Konzentration abkühlen, so erstarrt diese bei etwa $+25$ bis $40\,°C$ zu einer Gallerte. Um normale Glutinleime für die Verarbeitung flüssig zu halten, müssen sie bei $+50$ bis $60\,°C$ gehalten werden.

Durch den Zusatz bestimmter Chemikalien läßt sich der Schmelzpunkt der Gallerte so weit erniedrigen, daß solche Leime auch bei Raumtemperatur noch flüssig bleiben. Meist wird dies mit Hilfe von alpha-naphthalinsulfosaurem Natrium, dem sog. „Alphasalz" bewirkt. Weitere wirksame Stoffe sind Essigsäure, Harnstoff, Thioharnstoff und viele andere.

Im allgemeinen wird der Schmelzpunkt der Gallerte nur bis kurz unterhalb der üblichen Raumtemperatur von $+18$ bis $20\,°C$ gesenkt, um die Bindekraft nicht durch zu große Mengen an Chemikalien zu beeinflussen. Sollte die Raumtemperatur niedriger sein, so genügt es, den Leim kurze Zeit in warmes Wasser zu stellen, um ihn für einige Stunden flüssig zu machen. Glutinkaltleime werden in flüssiger Form oder in Pulverform in den Handel gebracht. Zum Auflösen gibt man die Leimpulver in kaltes Wasser. Beim Aufquellen des Leims setzt zugleich die Verflüssigung ein. Da die Glutinkaltleime nicht mehr gelieren, binden sie langsamer ab als die normalen Glutinleime. Eine Rezeptur sei als Beispiel angeführt [*11.92*]:

Hautleim	30,0 kg
Alphasalz	9,0 kg
Wasser	50,0 kg
Na_3PO_4	0,5 kg
Raschit W	0,1 kg
Deckparfüm	0,01 kg

Heißhärtende Glutinleime. Normale Glutinleime lassen sich nicht ohne Rückkühlung der Presse in Heizpressen verarbeiten. Erst beim Abkühlen gehen sie in den Gallertzustand über, um dann durch eine Entwässerung der Gallerte weiter abzubinden.

Man kann jedoch Glutin auch in der Wärme durch eine chemische Reaktion zum Erstarren bringen und eine Abbindung herbeiführen. Ganz allgemein bedient man sich hierzu des altbekannten Verfahrens der Formaldehydgerbung. Da die Leimlösung bei Zusatz von wäßrigem Formaldehyd (Formalin) sehr rasch erstarren und auch bei Raumtemperatur keine ausreichende Gebrauchsdauer besitzen würde, müssen als Härter Paraformaldehyd oder Hexamethylentetramin verwendet werden. Diese Substanzen geben bei Raumtemperatur nur langsam, in der Wärme jedoch rasch Formaldehyd ab. Härter werden — meist in Pulverform — getrennt geliefert und dem Leim kurz vor dem Gebrauch zugesetzt. Die Leim-Härtermischung ist nur begrenzte Zeit haltbar.

Häufig wird zu den üblichen Glutinkaltleimen zusätzlich ein Härter geliefert, der neben der üblichen Kaltverleimung ohne Härter auch eine Anwendung in Heißpressen gestattet. Solche Kombinationen haben den Vorteil, daß die Leimlösung bei Raumtemperatur gehalten werden kann, während sie bei normalen Glutinleimen mit Härtern etwa bei $+40\,°C$ gehalten werden muß. Die folgende Rezeptur möge als Beispiel gelten [*11.92*]:

Hautleimpulver	40,0	kg
Knochenleimpulver	15,0	kg
Alphasalz	10,0	kg
Lenzin	32,0	kg
Kartoffelstärke	3,0	kg
Raschit W	0,05	kg

Das Pulver wird mit Wasser angerührt und 5% eines Härters zugefügt, der aus $^1/_3$ Paraformaldehyd und $^2/_3$ Lenzin besteht.

Durch die Härtungsreaktion wird eine gewisse Verbesserung der Wasserbeständigkeit der Verleimung erzielt. Da die Quellbarkeit des Leims jedoch zum großen Teil erhalten bleibt, erfüllen auch in der Wärme gehärtete Glutinleime nicht die Forderungen der niedrigsten Verleimungsklasse IF 20 für Innensperrholz nach DIN 68705.

Leimfilme. Zu den Spezialleimen muß auch ein Leimfilm gerechnet werden, der aus Glutinleim mit Glyzerin oder Glucose als Weichmacher besteht [*11.12*]. Das Erzeugnis hat keine Bedeutung erlangt.

11.318 Prüfung von Glutinleimen

Die Prüfung von Glutinleimen erfolgt nach DIN 53260. Geprüft werden: *Bindefestigkeit, Viskosität, Gallertfestigkeit, Wassergehalt, Aschegehalt, Fettgehalt, Säuregehalt, p_H-Wert, Gehalt an wasserunlöslichen Fremdstoffen, Schaumvermögen* und *Schaumbeständigkeit, Beständigkeit gegen Zersetzung.*

Allgemein haben sich für die Beurteilung der Glutinleime die Viskositätsmessung und die Bestimmung der Gallertfestigkeit nach BLOOM eingeführt. Nach E. SAUER [*11.88*, S. 113 u. 117] steht die Bindefestigkeit in engem Zusammenhang mit der Viskosität, während sie zur Gallertfestigkeit keine ursächliche Beziehung hat. Ein Glutinleim von höherer Viskosität besitzt bei gleicher Konzentration erfahrungsgemäß höhere Bindefestigkeit als ein solcher geringer Viskosität. Anderseits wird das Maximum an Bindefestigkeit nicht bei Leimen mit höchster, sondern bei solchen mit mittlerer Viskosität erzielt. Für die Eindringtiefe und das Verhalten des Leims in bezug auf Leimdurchschläge ist die Viskosität gleichfalls von entscheidendem Einfluß.

Bis zu einem gewissen Grade ist es möglich, mit einem geringerwertigen Leim in höherer Konzentration die gleiche Bindefestigkeit zu erzielen wie mit einem hochwertigen Leim bei geringerer Konzentration. Da der Leimauftrag bei der Verleimung für beide Produkte derselbe bleibt, die Leimlösung des hochwertigen Leims aber weniger Leim enthält, so ist dieser ausgiebiger. Ein exakter Vergleich der Wirtschaftlichkeit verschiedener Leime ist allerdings nur im längeren Betriebsversuch unter Einbezug sämtlicher Kostenfaktoren möglich. Er kann keinesfalls nur aus dem Vergleich der Ergiebigkeit allein hergeleitet werden.

Bei der Untersuchung von Spezialleimen [*11.88*, S. 306] interessieren vor allem die Qualität und die Menge des darin enthaltenen Glutinleims. Besondere Aufmerksamkeit ist hier auch den Füllstoffen zuzuwenden, da mineralische Füllstoffe eine beträchtliche Steigerung des Werkzeugverschleißes bei der Weiterverarbeitung der verleimten Gegenstände bewirken können.

11.319 Verarbeitung von Glutinleimen

Die Verarbeitung der Glutinleime erfordert, ebenso wie die aller anderen Leime, die sorgfältige Beachtung der vom Hersteller gegebenen Vorschriften.

Die Leimmenge wird auf einer Waage gewogen und die *erforderliche Wassermenge* mit einem Litermaß abgemessen. Kleinstückleim und Leimpulver müssen langsam unter ständigem Umrühren in das Wasser gegeben werden. Verfährt man umgekehrt, so verkleben die Teilchen zu Klumpen, die nur unvollständig quellen und schwer in Lösung zu bringen sind. Die vom Hersteller geforderte *Wassertemperatur* ist einzuhalten. Bei reinen Glutinleimen wird kaltes Wasser zum Quellen verwendet.

Die *Quellzeit* richtet sich nach der Stückgröße. Leimtafeln erfordern 24 bis 48 Stunden, Würfelleim $1^1/_2$ Stunden, Perlleim etwa 1 Stunde. Wenn der Leim gequollen ist, wird er *im Wasserbad* bei etwa $+60\,°C$ *geschmolzen* und die Leimlösung für die weitere Verarbeitung auf einer Temperatur von $+50$ bis $60\,°C$ gehalten. Höhere Temperaturen bewirken einen raschen Abbau des Glutins, der sich in einem Viskositätsabfall der Leimlösung äußert.

Die Einstellung der richtigen Viskosität setzt eine gewisse Erfahrung voraus. Grundsätzlich soll dicker Leim möglichst dünn aufgetragen werden.

Der *Abbindevorgang* der Glutinleime vollzieht sich in *zwei Stufen*. Zunächst erstarrt bei *Abkühlung* die Leimlösung zu einer ziemlich festen *Gallerte*. Hierdurch wird ein außerordentlich *rasches Anzugsvermögen* bewirkt, das kein anderer Leim besitzt. In der zweiten Stufe wird die Gallerte allmählich *entwässert*, das Wasser wandert in das Holz ab. Im gleichen Maße nimmt die Festigkeit allmählich zu, bis nach etwa 24 Stunden der Endwert erreicht ist.

Bei der Verleimung größerer *Stücke* müssen die zu verleimenden Teile auf etwa $50\,°C$ *vorgewärmt* werden, da sonst der Leim zu rasch erstarrt. Die Verarbeitung von Glutinleim in *Leimauftragmaschinen* ist nur möglich, wenn diese *mit Heizvorrichtungen* ausgerüstet sind.

Glutinkaltleime binden lediglich durch Wasserentzug ab.

Bei den *heißhärtenden Leimen* vollzieht sich eine *chemische Reaktion zwischen Härter und Leim*, die irreversibel ist. Gleichzeitig muß aber auch hier das in der Leimlösung enthaltene Wasser abtransportiert werden.

Der *Preßdruck* kann sich bei den Glutinleimen in ziemlich weiten Grenzen bewegen. Empfohlen werden 5 bis 6 kp/cm². Die notwendige *Preßzeit* richtet sich nach der Leimart, der Leimkonzentration und nach dem Holz selbst. *Hartholz* erfordert längere Preßzeiten als *Weichholz*, *feuchtes Holz* längere als trockenes. Auch der Spannungszustand der zu verleimenden Teile ist von erheblichem Einfluß. Da die Leimlösungen trotz zugesetzter Konservierungsmittel rasch von Bakterien befallen werden können und zu faulen beginnen, setzt man nur so viel an, wie in einem Arbeitsgang verarbeitet werden kann. Alte Leimreste sollen nicht in neuen Ansätzen mitverarbeitet werden, da sie diese leicht mit Fäulnisbakterien anstecken können. Aus dem gleichen Grunde sollen stets saubere Gefäße Verwendung finden. Hinsichtlich des Gefäßwerkstoffs sei auf die Vorschriften der Hersteller verwiesen. Gefäße aus Kupfer haben sich seit langem bewährt.

11.32 Caseinleime [*11.94, 11.95*]

11.321 Geschichte

Die Caseinleime sind wohl ebenso alt wie die Glutinleime. Aus dem ältesten deutschen Leimbüchlein, etwa aus dem Jahre 1400, das sich in einer Handschrift im Germanischen National-Museum in Nürnberg befindet, stammt folgendes Rezept:

„Wyltu Leym machen, der in dem Wasser helth, nym ungeleschten Kalgk 1 teyl und rynderen Kese 2 teyl, reyp den und lege yn in warm Wasser, daß die Feuchtigkeyt doraus gehet (um das Fett zu entfernen) und reyb das off eynem steyne undereynander oder stos es in eynem merssel (Mörser) und leyme den steyn und steyn, holcz oder steyne czusammen oder holcz und holcz, her (er) helt sich."

Die Herstellung irreversibler Caseinleime mit Hilfe von Calciumhydroxyd ist demnach schon sehr lange bekannt. Die industrielle Verwendung von Casein geht etwa 100 Jahre zurück. Bis in die Zeit vor dem Zweiten Weltkrieg wurden Caseinleime in größtem Umfang in der holzverarbeitenden Industrie, vor allem als Lagenholzleime verwendet. Ihre geringe *Fugenempfindlichkeit* und ihre in der damaligen Zeit als gut empfundene *Wasserbeständigkeit* ließen sie auch für die Herstellung tragender Holzbauteile und für den Luftschiff- und Flugzeugbau als besonders geeignet erscheinen. Etwa 90% des Caseins wurden eingeführt. Als daher zu Beginn des Zweiten Weltkrieges die ohnehin unzureichende einheimische Caseinerzeugung der Ernährung vorbehalten blieb, sah sich die holzverarbeitende Industrie gezwungen, sich gänzlich auf synthetische Leime umzustellen.

Die Harnstoff-Formaldehyd-Harze hatten als Holzleime schon damals einen hohen Stand der Technik erreicht und waren bis dahin in stetem Vordringen gewesen. Sie eroberten sich nunmehr in Deutschland nahezu den gesamten Markt. Die holzverarbeitenden Betriebe wurden mit den synthetischen Leimen rasch vertraut und erkannten sehr schnell die, verglichen mit Caseinleimen, größere Leistungsfähigkeit dieser Erzeugnisse, die eine sehr weitgehende Anpassung an die betrieblichen Verhältnisse sowie ein wirtschaftliches Arbeiten gestatteten und gleichzeitig erheblich wasserbeständigere Verleimungen lieferten. Als dann schließlich einige Jahre nach Kriegsende wieder Caseinleime zur Verfügung standen, vermochten diese die synthetischen Leime kaum mehr zurückzudrängen. Die sehr starken Schwankungen unterworfenen Preise für Rohcasein trugen hierzu das ihrige bei.

Heute sind die Caseinleime in Deutschland als Lagenholzleime fast ganz verschwunden. Als Spezialleime finden sie im Möbelbau und für Konstruktionsverleimungen noch eine begrenzte Verwendung. Anders liegen die Verhältnisse in Ländern, in denen die Holzindustrie auf billiges, im Lande erzeugtes Casein zurückgreifen kann, wie z. B. in den USA oder in Australien. Dort wird auch heute noch ein beträchtlicher Teil der Lagenholzerzeugnisse mit Casein verleimt. Dennoch geht die Entwicklung mit fortschreitender Rationalisierung der Betriebe und steigenden Qualitätsansprüchen der Verbraucher auch in diesen Ländern mehr und mehr in der Richtung einer Verarbeitung synthetisch hergestellter Leime.

Caseinleime ergeben sehr gute Trockenbindefestigkeiten. Bei Wassereinwirkung fällt die Festigkeit erheblich ab, so daß die Forderungen der niedrigsten Verleimungsklasse IF 20 in DIN 68705 selten erfüllt werden. Für den Schiffbau oder für eine Verwendung unter tropischen Klimaverhältnissen sind sie ungeeignet.

11.322 Gewinnung von Casein [*11.97*]

Casein ist in der *Magermilch* in einer Menge von 3 bis 4% enthalten. Es wird hieraus nach folgenden Verfahren abgeschieden:

1. Durch Fällen mit Säuren (Säurecasein),
2. durch Fällen mit Lab (Labcasein),
3. durch Selbstsäuerung infolge Bildung von Milchsäure mit Hilfe von Milchsäurebakterien (Milchsäurecasein).

Nachdem der Quark auf eine der beschriebenen Weisen ausgefällt wurde, wird er unter starkem Rühren auf 65°C erhitzt, wobei er fest und feinkörnig wird. Er wird gründlich ausgewaschen, abgepreßt, nach dem Abpressen sehr fein zerkleinert und auf Trockenrahmen in einem Trockenkanal mit Luft bei 45 bis 50°C getrocknet. Die Trockenzeit beträgt etwa 8 bis 10 Stunden.

Das Labcasein unterscheidet sich in seinem Verhalten vom Säurecasein. Für Verleimungszwecke wird fast ausschließlich *Milchsäurecasein* verwendet.

11.323 Prüfung von Casein für Verleimungszwecke

Genaue Prüfmethoden, insbesondere solche chemischer Art, sind in den „Lieferbedingungen und Prüfverfahren für Milchsäurecasein" RAL 093 B (1932) und für fertig gemischte Leime in „Lieferbedingungen und Prüfverfahren für pulverförmige Caseinleime" RAL 093 C (1931) enthalten.

Casein soll weiß, hellgelb oder butterfarben aussehen. Eine schmutzig gelbe oder bräunliche Färbung deutet auf ungenügend ausgewaschene oder bei zu hohen Temperaturen getrocknete Ware hin. Casein soll trocken, pulverig bis grießförmig sein und schwach milchartig riechen. Säuerlicher, ranziger oder käseartiger Geruch ist abzulehnen. Bei 100 bis 105°C bis zur Gewichtskonstanz getrocknet, soll der Wassergehalt 8 bis 12% betragen. Der Fettgehalt, durch Extraktion des feingemahlenen Pulvers mit Chloroform bestimmt, soll 3% unterschreiten. Der Fettgehalt schwankt je nachdem, ob das Casein aus Magermilch oder aus Buttermilch hergestellt wurde. Sein Einfluß auf die Verleimung ist nicht geklärt. Eine Entfernung des Fettes ist auf jeden Fall unwirtschaftlich. Der Aschegehalt läßt einen Rückschluß auf die Herstellungsart des Caseins zu. Milchsäurecasein hat etwa 3% Asche, Mineralsäurecasein 4,5%, Labcasein 8%. Die Herstellungsart ergibt sich ferner aus der chemischen Natur der im Casein von der Herstellung her verbliebenen Säurereste. Ein gutes Casein darf nur sehr wenig freie Säure enthalten.

11.324 Herstellung von Caseinleimen

Casein liegt in der Milch in Form einer außerordentlich feinen Suspension von Calciumcaseinat in mehr oder weniger fester Bindung mit Tricalciumphosphat vor. Casein selbst ist ein Eiweißkörper mit amphoterem Verhalten. Casein vermag daher sowohl mit Säuren einerseits, als auch mit Basen anderseits Salze zu bilden. Casein ist in reinem Wasser stark quellbar, aber fast unlöslich. Es löst sich leicht in Alkalien (Ammoniaklösung, Kalilauge, Natronlauge), weniger leicht in Erdalkalilösungen (Calciumhydroxyd). Die Alkaliverbindungen des Caseins zeigen reversible Gelbildung, Verleimungen mit solchen besitzen zwar hohe Trockenfestigkeiten, bleiben aber wasserlöslich. Um eine bessere Wasserbeständigkeit zu erzielen, muß man entweder das Casein in seine Calciumverbindung überführen, die ein irreversibles Gel bildet, oder aber das Casein mit Formaldehyd oder Metallsalzen (z. B. Chromsalzen) gerben, ähnlich wie dies bei den Glutinleimen bereits besprochen wurde. Calciumcaseinatlösungen sind nicht lagerfähig. Solche Leime können daher nur naß gemischt, d. h. unmittelbar vor dem Gebrauch aus den einzelnen Bestandteilen hergestellt, oder in Pulverform in den Handel gebracht werden, wobei das Pulver alle Bestandteile enthält und nur noch in reinem Wasser aufgelöst werden muß. Von der Holzindustrie wird diese Form im allgemeinen bevorzugt.

Die folgenden Ansatzbeispiele sollen die verschiedenen Möglichkeiten erläutern, Caseinleime herzustellen [*11.23*].

Typ 1: Reversibler Leim, Verleimung wasserlöslich.

Casein	25 Gewichts-Teile (G.T.)
NaOH	2 G.T.
Wasser	73 G.T.

Die Viskosität des Ansatzes fällt mit steigendem Alkalizusatz. Die Topfzeit ist sehr lang (nicht unbegrenzt). Der Abbindevorgang besteht lediglich aus einem Abtransport des Wassers und ist reversibel. An Stelle von NaOH können Ammoniaklösung oder hydrolysierbare Alkalisalze, wie Phosphate, Carbonate, Borate, verwendet werden. Um 100 g Casein in Lösung zu bringen, sind folgende Mindestmengen notwendig:

NaOH	$1{,}0 \cdots 2{,}0$ g
KOH	$1{,}5 \cdots 2{,}8$ g
NH_4OH (d:0,910)	$50{,}0 \cdots 80{,}0$ g
Na_2CO_3	$10{,}0 \cdots 15{,}0$ g
Na_3PO_4	$10{,}0 \cdots 12{,}0$ g
Na_3BO_4 (Borax)	$10{,}0 \cdots 16{,}0$ g

Typ 2: Irreversibler Leim, Verleimung ziemlich wasserbeständig.

Casein	25 G.T.
$Ca\,(OH)_2$	8 G.T.
Wasser	73 G.T.

Die Topfzeit dieser Mischung ist sehr kurz, sie beträgt etwa eine halbe Stunde.

Der *Abbindevorgang* ist bei den Leimen vom Typ 2 grundsätzlich anders wie bei Typ 1. Zwischen dem Casein und der zugesetzten Calciumverbindung vollzieht sich in Gegenwart von Wasser eine chemische Reaktion, wobei sich das Casein zunächst löst und der anfangs steife Leim allmählich dünnerflüssig wird. Am Ende dieser „Reifezeit" ist der Leim gebrauchsfertig. Von nun an geht er unter langsamem Fortschreiten der chemischen Reaktion allmählich in den Gelzustand über, wobei die Viskosität laufend steigt. Das Fortschreiten dieser Reaktion läßt sich zwar durch Zusätze bremsen, wie dies im folgenden beschrieben wird, aber nicht aufhalten. Schließlich wird der Leim wasserunlöslich. Neben dieser irreversiblen chemischen Reaktion vollzieht sich in der Leimfuge der Abtransport des zur Herstellung der Leimlösung benutzten Wassers in das umgebende Holz.

Typ 3: Irreversibler Leim mit verlängerter Gebrauchsfrist.

Die Leime vom Typ 1 kann man fortschreitend irreversibel gestalten, indem man $Ca(OH)_2$ zufügt. NaOH verlängert die Topfzeit, aber vermindert die Wasserbeständigkeit. $Ca(OH)_2$ verkürzt die Topfzeit, aber verbessert die Wasserbeständigkeit. Will man die Wasserbeständigkeit und die Topfzeit steigern, so müssen sowohl die zugesetzte NaOH-Menge als auch die $Ca(OH)_2$-Menge gleichzeitig erhöht werden.

Bild 11.7 zeigt die Auswirkung steigender Mengen von NaOH auf die Viskosität und die Topfzeit eines Casein-Leimansatzes bei konstanten $Ca(OH)_2$-Mengen.

Wie bereits erwähnt, können irreversible Caseinleime entweder vom Verbraucher naß gemischt oder aber in Pulverform in den Handel gebracht werden. Solche Pulver können kein festes NaOH enthalten, da dieses hygroskopisch ist. Man muß daher das für den Caseinaufschluß notwendige Alkali mittelbar erzeugen. Dazu wählt man ein Alkalisalz, das mit $Ca(OH)_2$ einen schwerlöslichen Niederschlag bildet und dabei NaOH freimacht, z. B.

$$2\,NaF + Ca(OH)_2 \Rightarrow 2\,NaOH + CaF_2$$

Natriumfluorid wirkt gleichzeitig als Konservierungsmittel. An seiner Stelle können zahlreiche andere Salze, z. B. Natriumoxalat, -Phosphat, -Arsenat usw. Verwendung finden.

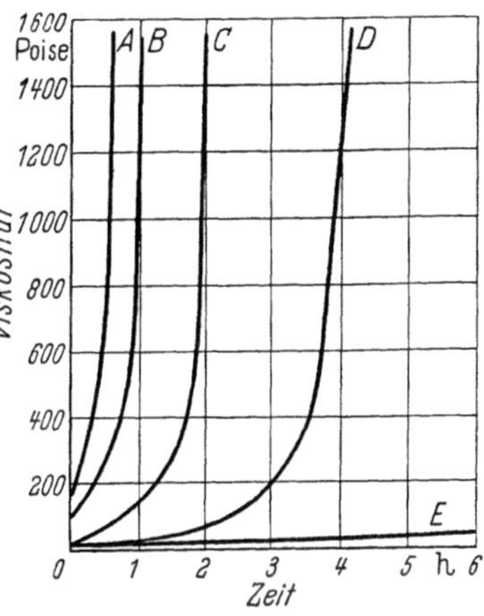

Bild 11.7. Zunahme der Viskosität mit der Zeit bei Caseinleimen mit verschiedenem Alkaligehalt. 100 g Casein, 300 g Wasser, 15 g $Ca(OH)_2$ + A. 4 g NaOH, B. 6 g NaOH, C. 8 g NaOH, D. 10 g NaOH, E. 12 g NaOH.
(Nach F. L. Browne und D. Brouse.)

Ansatz-Beispiele, die nach diesem Prinzip gestaltet sind, lassen sich in großer Zahl im Schrifttum auffinden [*11.2*], hier sei nur ein einziges Rezept aufgeführt:

Casein	73	G.T.	NaF	3	G.T.
$Ca(OH)_2$	20	G.T.	$CaCO_3$	10	G.T.
Na_2HPO_4	5	G.T.	Petroleum	2,5	G.T.

Das Petroleum dient als Antischaummittel und soll gleichzeitig beim Auflösen ein Zusammenbacken der Teilchen verhindern.

An Stelle von NaOH läßt sich auch Wasserglas (Natriumsilikat) in Form einer wäßrigen Lösung von 40 °Bé für den Caseinaufschluß verwenden. Gerade diese Leime haben sich als Lagenholzleime gut bewährt. Sie verbinden eine verhältnismäßig gute Wasserbeständigkeit mit einer ausreichenden und leicht zu regelnden Topfzeit. Ganz besonders gilt dies für Mischungen, die einen Zusatz von Kupfersalzen enthalten, die gleichzeitig als Konservierungsmittel dienen.

Ansatz nach S. Butterman [*11.104*]

Casein	100 G.T.
$Ca(OH)_2$	20···30 G.T.
Wasserglas	70 G.T.
Wasser	300 G.T.

Topfzeit des Ansatzes 11 Stunden.

20*

Ansatz nach S. Butterman und C. K. Cooperrider [*11.108*]:

Casein	100 G.T.
$Ca(OH)_2$	20 G.T.
Wasserglas	70 G.T.
$CuCl_2$	2···3 G.T.
Wasser	300 G.T.

Der Schutz der Caseinleime gegen den Befall durch Schimmel und Mikroorganismen ist eine wichtige Aufgabe. Als wirksam hat sich z. B. ein Zusatz von etwa 3% Thymol erwiesen [*11.62*], auch Pentachlorphenol-Natrium und andere chlorierte Phenole zeigen gute Wirkung.

Alle bisher beschriebenen Caseinleime sind mehr oder weniger *stark alkalisch*. Bei Edelhölzern, wie Eiche, Nußbaum, Kastanie, Mahagoni, aber auch Kirschbaum und Ahorn rufen sie leicht Verfärbungen hervor. Für Furnierarbeiten mit dünnen Furnieren dieser Hölzer kommen sie daher nicht in Frage. Aus diesem Grunde hat man neutral reagierende Caseinleime entwickelt, in denen das Casein z. B. mit Harnstoff aufgeschlossen wird.

11.325 Anwendung der Caseinleime

Caseinleime können sowohl als Kaltleime als auch im Heißverfahren angewendet werden. Sie werden in Pulverform geliefert. Beim Ansetzen des Leims sind die Vorschriften des Herstellers zu beachten, insbesondere ist das Leimpulver zu wiegen und die Wassermenge mit einem Litermaß abzumessen. Als *Leimgefäße* verwendet man Kübel aus Holz, Steingut, Porzellan. Emaillierte Gefäße lassen sich nur benutzen, wenn die Emailleschicht unbeschädigt ist, da sonst der alkalische Leim die Gefäßwand angreift. Aus demselben Grunde sind Metallgefäße ungeeignet.

Kleinere Leimmengen von einigen Kilogramm können von Hand angerührt werden. Für größere Ansätze benutzt man *Rührwerke* mit mehreren Gängen. Die Leime benötigen bei der Herstellung eine gewisse *Reifezeit*, während der das Casein quillt und die Casein-Calciumverbindung gebildet wird. Im Verlauf dieser Zeit nimmt die Viskosität des Leimansatzes zunächst stark zu und dann langsam ab, so daß die endgültige Viskosität erst nach beendeter Reifezeit beurteilt werden kann. Die Topfzeit des Leimansatzes soll mindestens acht Stunden betragen. Infolge Alterung dick gewordener Leim läßt sich durch Wasserzusatz nicht mehr gebrauchsfähig machen. Die chemische Reaktion zwischen Casein und Calcium ist hier bereits zu weit fortgeschritten und nicht mehr rückgängig zu gestalten.

Der *Leimauftrag* muß wie bei allen Leimen dünn und gleichmäßig erfolgen. Eine an den Leimauftrag anschließende *offene Wartezeit* von 5 bis 10 Minuten soll sich günstig auf die Bindefestigkeiten auswirken. Der *Preßdruck* soll 5 bis 10 kp/cm² betragen. Es wird empfohlen, ihn in drei Stufen zu steigern [*11.78*]. Die *Preßtemperatur beim Heißverfahren* muß 95 bis 100 °C betragen. Im *Kaltverfahren* rechnet man mit Spannzeiten von etwa 6 Stunden. Die *Endfestigkeit* wird jedoch erst nach etwa einer Woche erreicht. Die Holzfeuchtigkeit soll bei 5 bis 8% liegen und 15% nicht überschreiten. Caseinleime sind zwar wenig fugenempfindlich, dennoch sollte auf eine gute Fugenpassung geachtet werden.

Die *Haltbarkeit* pulverförmiger Caseinleime ist begrenzt. Selbst bei trockener Lagerung ist stets etwas Wasser im Pulver enthalten, so daß die trocken vermahlenen Chemikalien ganz langsam miteinander reagieren können. Bei feuchter Lagerung verderben Caseinleime in kurzer Zeit.

Filme für Verleimungszwecke wurden mit Casein als Bindemittel sowohl mit Papier als Leimträger [*11.30*] als auch trägerfrei [*11.29*] hergestellt. Sie sind heute vom Markt verschwunden.

11.33 Sojabohnenleime

Sojabohnen enthalten neben 19% Fett über 30% Eiweiß. Nach der Extraktion des Fetts lassen sich aus dem Eiweiß Leime erzeugen, die in ihren Eigenschaften den Caseinleimen nahestehen, wenngleich sie diese in bezug auf Wasserbeständigkeit nicht erreichen. Die Sojabohnenleime haben in den USA umfangreiche Anwendung für die Herstellung von *Innensperrholz aus Douglasie* gefunden. Das zur Herstellung der Sojabohnenleime benutzte entfettete Sojabohnenmehl ist in den USA sehr billig. In anderen Ländern mit weniger günstigen Rohstoffquellen sind die Sojabohnenleime so gut wie gar nicht in die Praxis der Holzverleimung eingedrungen.

Die industrielle Entwicklung der Sojabohnenleime geht hauptsächlich auf die Arbeiten von I. F. LAUCKS und G. DAVIDSON [*11.110, 11.111, 11.112, 11.116, 11.117, 11.118, 11.124, 11.129*] zurück. Eine zusammenfassende Übersicht über die Sojaproteine und ihre Verwendungsarten findet sich bei G. H. BROTHER, A. K. SMITH und S. J. CIRCLE [*11.16, 11.91*].

Das *chemische Verhalten* des Sojaproteins entspricht weitgehend dem des Caseins. Ähnlich wie dort tritt mit NaOH reversible und mit $Ca(OH)_2$ irreversible Gelbildung ein, so daß die Leimansätze denen der Caseinleime gleichen. Die *Wasserbeständigkeit* der mit diesen Ansätzen hergestellten Verleimungen ist, wie bereits erwähnt, schlechter als die von Caseinleimen. Man hat versucht, die Wasserbeständigkeit der Sojabohnenleime durch besondere Zusätze zu verbessern. Ein derartiges Rezept stammt z. B. von I. F. LAUCKS:

Sojamehl (100 mesh)	30 G.T.	Schwefelkohlenstoff	5 G.T.
NaOH (18%ige Lsg.)	13 G.T.	Kupfersulfat	1 G.T.
$Ca(OH)_2$	3 G.T.	Wasser	125 G.T.
Wasserglas	15 G.T.		

Eingehende Untersuchungen wurden auch über die Einwirkung von Formaldehyd auf Sojaprotein ausgeführt [*11.125*] und entsprechende Rezepturen für den industriellen Gebrauch ausgearbeitet.

Die Anwendung der Sojabohnenleime als Lagenholzleime ist sowohl im Kalt- als auch im Heißverfahren möglich. Sie bietet gegenüber den Caseinleimen keine Besonderheiten. Th. D. Perry hat ihre Verarbeitung beschrieben [*11.81*].

Die *Topfzeit* der Leimmischungen beträgt etwa 4 Stunden bei 20°C. Der Abbindevorgang in der Leimfuge vollzieht sich wie bei den Caseinleimen durch eine chemische Reaktion des Proteins mit den zugefügten Calciumsalzen und eine Abwanderung des zur Herstellung der Leimlösung verwendeten Wassers in das die Leimfuge umgebende Holz. Die *Holzfeuchtigkeit* soll zwischen 5 und 15% liegen. Als *Preßdruck* sind 10 bis 15 kp/cm² erforderlich. Die *Spannzeiten* im Kaltverfahren schwanken stark, je nach Ansatz, Holzfeuchtigkeit, Raumtemperatur usw. und liegen zwischen 3 und 12 Stunden. Für den sog. No-clamp-Prozeß [*11.72*] genügen Preßzeiten von 15 Minuten. Die *Endfestigkeit* der Verleimung wird erst nach etwa 7 Tagen erreicht.

11.34 Blutalbuminleime

11.341 Geschichte und allgemeine Gesichtspunkte

Blutalbumin hat in der Geschichte der Sperrholzleime eine bedeutende Rolle gespielt. Die Entwicklung von Blutalbuminleimen erreichte einen Höhepunkt, als gegen Ende des Ersten Weltkrieges der Flugzeugbau beträchtliche Mengen möglichst wasserbeständig verleimten Sperrholzes erforderte. Blutalbumin wurde nicht nur allein für sich, sondern vor allem auch in Verbindung mit anderen Leimen wie Caseinleimen, Sojabohnenleimen und später mit Harnstoff-Formaldehyd-Harzen und Phenol-Formaldehyd-Harzen verarbeitet. Mit solchen Mischungen lassen sich teilweise ausgezeichnete Verleimungsergebnisse erzielen. Harnstoff-Formaldehyd-Harze mit Blutalbumin gestreckt liefern Verleimungen, die der Klasse IW 67 nach DIN 68705 entsprechen, Phenol-Formaldehyd-Harze sogar solche nach AW 100.

Bis zum Beginn des Zweiten Weltkrieges ging der Verbrauch von Blutalbumin für Verleimungszwecke mehr und mehr zurück. Nach dem Ende des Krieges zwang die Rohstofflage zu einer Wiederaufnahme der Blutalbuminleime. Heute sind sie trotz ihrer recht guten Verleimungseigenschaften in fast allen Ländern nahezu vollständig wieder verschwunden. Die Gründe hierfür sind in der unbequemen Verarbeitung und der stark *schwankenden Qualität* des Ausgangsstoffes zu suchen. Der *Geruch* der Blutalbuminleime ist ausgeprägt widerlich und die Fliegenplage, besonders im Sommer, erheblich. Auch stören die starke Neigung zur *Schaumbildung* und in vielen Fällen die *dunkle Leimfuge*, die Blut-albuminleime für die Verleimung heller Furniere ausschließt.

11.342 Gewinnung von Blutalbumin [*11.98*]

Blutalbumin ist ein Eiweißkörper, der im Blutserum gelöst ist. *Rohstoffquelle* ist der Schlachthof. Technisch verarbeitet wird fast ausschließlich *Rinderblut*.

Für die Blutalbumingewinnung fängt man das Blut in flachen Schalen auf und läßt es *gerinnen*. Nach etwa zwei Stunden läßt man die entstandene Gallerte auf einen Siebboden gleiten und zerteilt sie mit Messern. Das bei der Gerinnung ausgeschiedene Fibrin und das Hämoglobin bleiben auf dem Sieb zurück, das Blutserum, welches das Albumin gelöst enthält, tropft in ein Sammelgefäß. Das Serum ist zunächst hell gefärbt. Allmählich wird jedoch auch Hämoglobin mit gelöst und das Serum färbt sich dunkler. Ein sehr dunkles, das *Schwarzalbumin*, wird gewonnen, indem man den auf dem Sieb verbliebenen Blutkuchen mit Wasser auslaugt. Heute ist es meist üblich, das Blutserum durch Zentrifugieren des mit gerinnungsverhindernden Stoffen versehenen Blutes abzutrennen [*11.93*].

Man trocknet die so gewonnenen Albuminlösungen bei Temperaturen unterhalb $+60\,^{\circ}\mathrm{C}$ in *Zerstäubungstrocknern* oder in *Vakuum-Band- oder Walzentrocknern*. Die Löslichkeit des getrockneten Blutalbumins hängt stark von der Art der Trocknung ab. An *Handelsformen* unterscheidet man: *Hell-, Braun-* und Schwarzalbumin. Während die ersten beiden in die Lebensmittelindustrie, die Leder- und Papierindustrie gehen, wird das letztere in der *Sperrholzindustrie* als Bindemittel verwendet. Es kommt getrocknet in *Pulver- oder Plättchenform* in den Handel.

Die Blutalbuminpräparate wechseln stark in ihren Eigenschaften. Die Gefahr des Unlöslichwerdens und damit des Unbrauchbarwerdens durch Alterung, Wärme, Einfluß von Luft, von Konservierungs- und Bleichmitteln ist groß.

11.343 Prüfung von Blutalbumin [*11.58*]

Ein gutes Blutalbumin darf nicht faulig riechen, schwacher Blutgeruch ist jedoch zulässig. Der Grad der Wasserlöslichkeit gestattet gewisse Rückschlüsse auf die Herstellungsweise und den Alterungsgrad des Blutalbumins. Im Zerstäubungstrockner hergestellte Ware weist im allgemeinen eine höhere Wasserlöslichkeit auf, als solche aus Band- oder Walzentrocknern. Gutes Blutalbumin soll nicht mehr als 5 bis höchstens 10% unlösliche Anteile enthalten, die durch Filtration bestimmt werden können. Jede Lieferung ist in einem Probeansatz vor allem darauf zu prüfen, ob das Verhältnis Blutalbumin-Wasser-Calciumhydroxyd gegen-

über früheren Lieferungen verändert werden muß. Von diesem Verhältnis
hängen die Viskosität und die Topfzeit des Leimansatzes ab. Der Trocken-
verlust von Blutalbumin bei $+100\,^\circ$C soll bei 10 bis 13 % liegen.

11.344 Anwendung der Blutalbuminleime

Blutalbumin ist nach einer 1- bis 2stündigen *Quellung in kaltem
Wasser* löslich. Der *Abbindevorgang* verläuft bei Temperaturen oberhalb
$+70\,^\circ$C, wobei das Albumin irreversibel gerinnt. Gleichzeitig muß das
zur Herstellung der Lösung benutzte Wasser abgeleitet werden. Im
Gegensatz zu den anderen Proteinleimen ist der in der Wärme erstarrte
Leim in Wasser nicht mehr quellbar. Blutalbuminleime sind daher in
bezug auf Wasserbeständigkeit irreversibel ausgehärteten Caseinleimen
überlegen. Die Bildung eines unquellbaren, irreversiblen Gels wird durch
Zusatz von Calciumhydroxyd begünstigt. Calciumhydroxydhaltige Blut-
albuminlösungen haben bei Raumtemperatur nur eine begrenzte *Topfzeit*. Ist die Calciumhydroxydmenge zu groß, so erstarrt der Leim innerhalb kurzer Zeit zu einem festen Kuchen. *Ammoniaklösung* verlängert
die Topfzeit der Leimansätze. Entsprechend wie Glutinleime lassen sich
auch Blutalbuminleime mit *Paraformaldehyd* oder *Hexamethylentetramin*
härten.

Über die Herstellung von *Leimansätzen* gibt das AWF Betriebsblatt
30c Auskunft. Nach diesem wird Blutalbumin im Verhältnis 1:3 bis
1:10 in Wasser gelöst. Dazu wird das Blutalbumin in Wasser geschüttet,
schwimmende Teilchen werden vorsichtig unter Wasser gedrückt. Nach
1 bis 2 Stunden ist es so weit gequollen, daß es sich beim Umrühren
vollständig auflöst. Dann werden 6 bis 10% Calciumhydroxyd, bezogen
auf die Blutalbuminmenge, zugesetzt. Nach 15 bis 20 min verdickt sich
der Ansatz und ist dann verarbeitungsreif. Es ist nur so viel Leim anzusetzen, wie in 1 bis 2 Stunden verbraucht wird.

Ein anderer Ansatz wird von B. HENNING [*11.106*] vorgeschlagen:

Blutalbumin	100 G.T.
Wasser	180 G.T.
Ammoniak-Lsg.(d:0,9)	4 G.T.
Calciumhydroxyd	3 G.T.

Man läßt das Blutalbumin 1 bis 2 Stunden quellen, dann fügt man die
Ammoniaklösung unter Rühren und schließlich nach und nach das
Calciumhydroxyd zu. Um Schaumbildung zu vermeiden, dürfen nur
langsam laufende Rührwerke verwendet werden. Die Mengenverhält-
nisse schwanken je nach der Qualität des Blutalbumins. Ein Überschuß
an Calciumhydroxyd ist sorgfältig zu vermeiden.

Der folgende Ansatz stammt von A. C. LINDAUER [*11.109*]:

Blutalbumin   100 G.T.
Wasser   140···200 G.T.
Ammoniak-Lsg. (d : 0,9)   5,5 G.T.
Paraformaldehyd   15 G.T.

Der Ansatz wird entsprechend dem vorigen hergestellt und der Paraformaldehyd fein gepulvert langsam zugefügt. Die Mischung verdickt stark, so daß das Rühren unmöglich werden kann. Nach einiger Zeit nimmt die Viskosität wieder ab, und nach etwa 1 Stunde ist der Leim gebrauchsfertig. Die *Topfzeit* beträgt 5 bis 6 Stunden.

Die *Preßtemperatur* muß zwischen 70 und 90 °C liegen, der *Preßdruck* soll 7 bis 15 kp/cm² betragen.

Auch als *Leimfilm* ist Blutalbumin hergestellt worden. Dünnes Papier wurde mit Blutalbumin getränkt und Glyzerin oder Zucker als Weichmacher zugefügt [*11.107, 11.27*].

11.35 Proteinmischleime

Die Bezeichnung „Mischleime" wurde von dem früheren Reichsausschuß für Lieferbedingungen in der Vorschrift RAL 093 A 2 (1927) für eine Mischung aus Haut- und Knochenleimen verwendet, die mindestens 30% Hautleim enthalten mußte. In den letzten Jahren des Zweiten Weltkrieges verstand man unter „Mischleimen" Mischungen aus feingemahlenem Glutinleim und Füll- und Streckmitteln.

Im Gegensatz zu diesen Bezeichnungen, die sich überdies in der Praxis nicht eingeführt haben, sollen in diesem Abschnitt unter Mischleimen *Kombinationen von Leimen aus verschiedenen Rohstoffen* verstanden werden.

Mischungen der *Proteinleime untereinander* sind im allgemeinen ohne weiteres möglich und auch in großer Zahl bekannt [*11.113, 11.114, 11.115, 11.119, 11.120, 11.122, 11.123*]. Als Muster seien einige Ansatzbeispiele aufgeführt:

1. Casein-Blutalbumin [11.123]

Blutalbumin	50	G.T.
Casein	50	G.T.
Terpineol	1,5	G.T.
Ca(OH)$_2$	7	G.T.
NaOH	10	G.T.
Wasserglas	30	G.T.
Wasser	460	G.T.

2. Casein — Sojaprotein [11.114]

Casein	50 G.T.
Sojamehl, entölt	150 G.T.
Magnesiumoxyd	90 G.T.
NaOH	30 G.T.
Na$_3$PO$_4$	20 G.T.

3. Blutalbumin — Sojaprotein [11.122]

Blutalbumin	52,5 G.T.
Sojamehl	57,5 G.T.
Na_3PO_4	17 G.T.
$Ca(OH)_2$	15 G.T.

Eine umfangreiche Sammlung von Leimrezepturen sowohl von Caseinleimen als auch von Proteinmischleimen mit über 30 Beispielen findet sich bei H. HADERT [*11.60*].

Blutalbumin und Casein lassen sich auch ohne weiteres mit synthetischen Leimen mischen. Bei dem wasserlöslichen Blutalbumin bereitet dies weder für *Mischungen mit Harnstoff-Formaldehyd-Harzleimen* [*11.4, 11.48, 11.126*] noch mit den meist alkalisch reagierenden *Phenol-Formaldehyd-Harzleimen* Schwierigkeiten. Man geht z. B. folgendermaßen vor:

40 G.T. Blutalbumin werden in 60 G.T. kaltes Wasser langsam eingeschüttet, 1 Stunde lang gequollen und dann durch Umrühren aufgelöst. Dieser Albuminlösung werden 100 G.T. einer Harnstoff-Formaldehyd-Harzlösung und die für diese Harzmenge vorgeschriebene Härtermenge zugesetzt. Die *Topfzeit* der Mischung richtet sich nach dem verwendeten Harnstoff-Formaldehyd-Harz und nach dem Härter. Sie läßt sich durch die Wahl geeigneter Härter in weiten Grenzen ändern. Auch das Verhältnis Harnstoffharzlösung zu Blutlösung läßt sich weitgehend variieren.

Solche Leimmischungen werden als Lagenholzleime verwendet. Das Blutalbumin dient in diesem Fall als Streckmittel für das Harnstoffharz. Das Blutalbumin ist in der Lage, mit dem in der Harnstoffharzlösung vorhandenen freien Formaldehyd oder auch mit den Methylolgruppen des Harzes zu reagieren und sich aktiv an der Verleimung zu beteiligen. In Verbindung mit Harnstoffharzen verliert die Blutlösung ihren unangenehmen Geruch, aber die Herstellung der Blutlösung selbst bleibt trotz allem eine unappetitliche Angelegenheit.

Reine Harnstoffharze, nur mit Blut gestreckt, liefern Verleimungen nach Klasse IW 67 (DIN 68705).

Als kochfest wird folgender Mischleim empfohlen [*11.84*]

Blutalbumin	50 G.T.	über Nacht quellen	
Wasser	200 G.T.		
Pressal Ka 29	100 G.T.		mischen
KAURIT-Leim W Plv.	330 G.T.	lösen	
Wasser	215 G.T.		
Härter 400 fl. (f. KAURIT)	50 G.T.		

Fertige Caseinleime dürfen auf keinen Fall mit Harnstoff-Formaldehyd-Harzen gemischt werden. Sie enthalten meist Alkali, das die zur Aushärtung der Harnstoffharze aus den Härtern freigesetzte Säure bindet und so eine Härtung verhindert.

Das *reine Casein* läßt sich dagegen mit Harnstoffharzen abmischen, nur muß es hierzu neutral oder schwach sauer aufgeschlossen werden. Auch Ammoniak läßt sich für den Aufschluß verwenden. Am einfachsten ist es, das Casein in heißem Wasser vorzuquellen und dann mit dem für das Harnstoffharz verwendeten Härter aufzuschließen. Diese Härter bestehen meist aus Ammoniumsalzen in Verbindung mit Harnstoff oder Ammoniak und wirken auf das Casein lösend. Da für den Caseinaufschluß ein Teil des Härters verbraucht wird, kann es notwendig sein, mit größeren Härtermengen zu arbeiten als dies normalerweise der Fall ist.

Mischungen von Harnstoffharzlösungen mit größeren Mengen Casein werden selten gebraucht. Im allgemeinen werden nur kleine Mengen zur Erzielung besonderer Wirkungen zugesetzt, z. B. als *Schaumstabilisator* für das sog. Schaumleimverfahren, das bei den Harnstoff-Formaldehyd-Harzleimen noch zu besprechen sein wird. Ein solcher Ansatz lautet [*11.65*]

Casein	9 G.T.	quellen ⎫ lösen
koch. Wasser	400 G.T.	
Schaumhärter BU Plv.	60 G.T.	
KAURIT-Leim W fl.	1000 G.T.	mischen,
Holzmehl feinst	15 G.T.	15···20 min zu
Schaumhärter BU Plv.	60 G.T.	Schaum schlagen,
Quellstärke	60 G.T.	bis Volumen
kaltes Wasser	200 G.T.	verdoppelt

Heute finden für den gleichen Zweck andere Schaummittel Verwendung, die sowohl die Schaumbildung fördern, als auch den gebildeten Schaum stabilisieren. Mit diesen lassen sich derartige Ansätze viel einfacher gestalten als der oben beschriebene.

Über Mischungen von Phenol-Formaldehyd-Harzleimen mit Blutalbumin und Casein ist aus der Literatur wenig bekannt. An und für sich sind derartige Mischungen unschwer möglich, es lassen sich sogar gute Verleimungsergebnisse damit erzielen. Einige derartige Ansätze finden sich in der Patentliteratur [*11.127, 11.128*].

Phenol ist ein ausgezeichnetes Lösungsmittel für Eiweißkörper wie Glutin, Casein oder Blutalbumin. Es gibt eine sehr große Zahl von Patenten, nach denen Phenol mit Casein oder Blutalbumin versetzt und die Lösung mit Paraformaldehyd oder Hexamethylentetramin behandelt wurde [*11.46*]. Aus der Praxis ist jedoch kein derartiges Erzeugnis bekannt geworden, das eine breitere Verwendung als Klebemittel gefunden hat.

Die Proteinmischleime sind noch heute in Ländern mit günstiger Protein-Rohstoffbasis und mit billigen Holzpreisen gebräuchlich. Zu diesen gehören z. B. die nordischen Länder. Die Mischleime dienen dort z. B. zur Massenfabrikation von Sperrholz für Einweg-Verpackungen und ähnliche Verwendungszwecke. In der deutschen holzverarbeitenden Industrie sind sie kaum noch anzutreffen.

11.4 Harnstoff-Formaldehyd-Harzleime

11.41 Geschichte

In den vergangenen zwanziger Jahren gelang es der Badischen Anilin- und Soda-Fabrik in Ludwigshafen am Rhein als erster Fabrik der Welt, Harnstoff in technischem Maßstab synthetisch herzustellen, der als Düngemittel verwendet wurde.

Harnstoff ist chemischen Reaktionen leicht zugänglich. Forscher in aller Welt versuchten daher, dem neuen Stoff auch andere Verwendungsgebiete zu erschließen. Durch *Kondensation von Harnstoff mit Formaldehyd* entstanden eine Reihe verschiedenartiger Kunststoffe. Durch vorzeitiges Abbrechen der Reaktion lassen sich noch wasserlösliche Kondensate erhalten, die beim Eindampfen im Vakuum sirupartige Konsistenz annehmen. Dem Werk Ludwigshafen der damaligen I. G. Farbenindustrie A. G. wurde für derartige Kondensate der Name KAURIT geschützt.

Bei der planmäßigen Prüfung der Verwendbarkeit derartiger Kondensate wurde gefunden, daß diese ausgezeichnete Bindemittel für die verschiedenartigsten Stoffe darstellen. Die Möglichkeit einer Anwendung in industriellem Maßstab ergab sich jedoch erst, als weitere Forschungsarbeit zur Entdeckung der *Härtungsreaktion* und zu praktisch brauchbaren „Härtern" in Gestalt der Ammonsalze geführt hatte.

Harnstoff-Formaldehyd-Harzlösungen konnten nunmehr durch Zugabe von Säuren oder solchen Stoffen, die Säure abspalten, also den sog. Härtern, für jede Verwendungsart als Holzleime passend eingestellt werden. In welchem Maße dieses Ziel damals bereits erreicht war, geht aus einem Gutachten der Technischen Hochschule Karlsruhe vom Oktober 1931 hervor. Es heißt dort wörtlich:

„Nach all diesen Feststellungen ist der neue Leim von größter Festigkeit, bewährt sich auch trotz starker Einwirkung von Wasser und Wärme und schützt das Holz vor dem Angriff von Schimmel und Pilzen. Es ist ein hochwertiges Verbindungsmittel, geeignet für hochbeanspruchte Konstruktionen aus Holz, welche den ungünstigen Einflüssen der Witterung des Wassers und der Wärme ausgesetzt sind."

Der ehemaligen I. G. Farbenindustrie A. G. wurde mit DRP 550 647 ein Verfahren zum Verleimen von Holz, insbesondere von Sperr- und Furnierholz mit wäßrigen Lösungen von Kondensationsprodukten aus Harnstoff, Thioharnstoff oder deren Derivaten und Aldehyden oder deren Polymeren, die einen Zusatz an Säuren, sauren Salzen oder säureabspaltenden Stoffen erhalten haben, vom 25. 7. 1929 ab patentiert [1].

Nachdem sich die I. G. Farbenindustrie A. G. durch einen Vertrag mit der Pollopas-Gesellschaft London, die ausschließliche Lizenz für

---

[1] Als Erfinder sind die Herren Dr. K. Vierling, Dr. M. Schmihing, Dipl.-Ing. H. Klingenberg des ehemaligen Werkes Ludwigshafen der I. G. Farbenindustrie AG, der heutigen BASF, genannt.

die Herstellung von Harnstoff-Formaldehyd-Kondensationsprodukten gesichert hatte, gelangten die ersten KAURIT-Leime im Sommer 1931 auf den Markt. Dort führten sie sich trotz ihrer guten Eigenschaften bei der traditionsgebundenen holzverarbeitenden Industrie zunächst nicht leicht ein, zumal die gebräuchlichen Caseinleime damals sehr billig waren.

Für den Versand der neuen Leime in fremde Länder war noch eine weitere Aufgabe zu lösen. Die flüssigen Harnstoff-Harzlösungen sind im Durchschnitt nur 3 bis 5 Monate lagerfähig. Die BASF bemühte sich daher schon sehr früh, lagerbeständige *Pulverware* herzustellen. Man versuchte dies zunächst auf Vakuum-Walzentrocknern. Dabei fiel ein schuppenförmiges Erzeugnis an, das anschließend fein gemahlen werden mußte. Die Leistung der Apparatur befriedigte nicht. Deshalb wurde der Versuch gemacht, die Harzlösung in einer Sprühanlage zu trocknen. Bis dahin waren derartige Anlagen nur zum Trocknen kristalliner Stoffe benutzt worden. Nach anfänglichen Schwierigkeiten führte der Versuch schließlich zu dem gewünschten Erfolg. Die so erzeugten pulverförmigen Harnstoff-Harze waren bei völligem Ausschluß von Feuchtigkeit mindestens ein Jahr lagerfähig.

Gegenwärtig liegen diese Entwicklungsarbeiten weit zurück. Die Harnstoff-Harze haben inzwischen die Arbeitsverfahren der Holzindustrie in der ganzen Welt weitgehend verändert. Die Anpassungsfähigkeit der Harnstoff-Harze an besondere Verarbeitungsbedingungen bot die Voraussetzungen für die wirtschaftliche Gestaltung der gesamten Verfahrenstechnik. Der größte Teil der Lagenholzerzeugnisse der ganzen Welt wird mit Harnstoff-Harzleimen verleimt. Eine Reihe von Firmen stellt heute die hierzu notwendigen Leime her. Herstellungs- und Verarbeitungsverfahren wurden verfeinert. Und doch bleibt ein Problem ungelöst zurück: Bis heute ist es nicht gelungen, die komplizierten chemischen Vorgänge bei der Herstellung und bei der Verarbeitung der Harnstoff-Formaldehyd-Harze restlos aufzuklären. Trotz aller technischen Entwicklung erfordert die Herstellung von Erzeugnissen mit gleichbleibenden, vorausbestimmten Eigenschaften daher ein erhebliches Maß an Empirie und an persönlicher Erfahrung.

11.42 Chemie und Herstellung der Harnstoff-Harzleime

Die *Ausgangsstoffe* für Harnstoff-Formaldehyd-Harze sind Kohle, Wasser und Luft. Aus Kohle und Wasser wird zunächst Generatorgas erzeugt

$$C + H_2O = CO + H_2$$

$$CO + \frac{1}{2} O_2 = CO_2$$

Hieraus lassen sich Wasserstoff, Kohlenmonoxyd und Kohlendioxyd gewinnen.

Aus der Luft erhält man durch Verflüssigung und anschließende fraktionierte Destillation den Luftstickstoff.

Aus Luftstickstoff und Wasserstoff gewinnt man bei sehr hohem Druck, Wärme und in Anwesenheit von Katalysatoren nach dem bereits vor dem Ersten Weltkrieg von der BASF entwickelten HABER-BOSCH-Verfahren *Ammoniak*

$$N_2 + 3H_2 = 2NH_3$$

Ammoniak und Kohlensäure liefern unter Druck, mit Katalysatoren, *Harnstoff* (Verfahren der BASF)

$$2NH_3 + CO_2 = H_2N-\underset{\underset{O}{\|}}{C}-NH_2 + H_2O$$

Aus Kohlenmonoxyd und Wasserstoff erhält man unter Druck, mit Katalysatoren *Methanol* (Verfahren der BASF)

$$CO + 2H_2 = CH_3OH$$

Methanol wird dampfförmig an Platinnetzen mit Luftsauerstoff zu *Formaldehyd* oxydiert:

$$CH_3OH + \frac{1}{2}O_2 = CH_2O + H_2O$$

Formaldehyd ist ein Gas, das sich leicht in Wasser löst. Die wäßrige Lösung wird auch als Formalin bezeichnet. *Paraformaldehyd* ist polymerer Formaldehyd.

Harnstoff und Formaldehyd werden nunmehr unter Einhaltung bestimmter Molverhältnisse, Temperatur-, Zeit- und p_H-Wert-Bedingungen *kondensiert*.

In schwach sauren Lösungen bildet sich aus 1 Mol Harnstoff und 1,5 bis 2 Mol Formaldehyd zunächst ein Gemisch von Monomethylol-Harnstoff, Dimethylolharnstoff, Tri- und Tetramethylolharnstoff.

$$H_2N-\underset{\underset{O}{\|}}{C}-NH_2 + 2CH_2O \rightarrow HO-CH_2-\underset{\underset{H}{|}}{N}-\underset{\underset{O}{\|}}{C}-\underset{\underset{H}{|}}{N}-CH_2-OH$$

Dimethylolharnstoff

In untergeordnetem Maße werden Methylen-di-Harnstoff, Dimethylen-tri-Harnstoff usw. gebildet:

$$2H_2N-\underset{\underset{O}{\|}}{C}-NH_2 + CH_2O \rightarrow H_2N-\underset{\underset{O}{\|}}{C}-NH-CH_2-NH-\underset{\underset{O}{\|}}{C}-NH_2 + H_2O$$

Methylen—di—Harnstoff

Dieses Gemisch reagiert nun weiter, wobei sich Methylolgruppen mit den Amido- oder Imidogruppen des Harnstoffs unter Wasserabspaltung verbinden:

$$
\begin{array}{l}
\text{H-N-}\boxed{\text{H}}\ +\ \boxed{\text{HO}}\text{ -CH}_2\text{-N-C-N-CH}_2\text{OH} \qquad\qquad \text{HN-CH}_2\text{-N-C-N-CH}_2\text{OH}\\
\quad\ |\qquad\qquad\qquad\qquad\quad |\ \ \|\ \ | \qquad\qquad\qquad\qquad\qquad\ \ |\qquad\qquad |\ \ \|\ \ |\\
\text{O=C}\qquad\qquad\qquad\ \ \text{H}\ \ \text{O}\ \ \boxed{\text{H}} \qquad\qquad\qquad \text{O=C}\qquad\ \ \text{H}\ \ \ \text{O}\ \ \text{CH}_2\text{-N-C-NH}_2 + 2\,\text{H}_2\text{O}\\
\quad\ |\qquad\qquad\qquad\qquad\qquad\ \ +\qquad\qquad\xrightarrow{\ }\qquad\quad\ |\qquad\qquad\qquad\qquad\qquad\ |\ \ \|\\
\text{H}_2\text{N}\qquad\qquad\qquad\ \ \boxed{\text{HO}}\text{ -CH}_2\text{-N-C-NH}_2 \quad \text{H}_2\text{N}\qquad\qquad\qquad\qquad\ \ \text{H}\ \ \text{O}\\
\qquad\qquad\qquad\qquad\qquad\qquad\qquad |\ \ \|\\
\qquad\qquad\qquad\qquad\qquad\qquad\text{H}\ \ \text{O}
\end{array}
$$

Neben Methylenbrücken können auch Ätherbrücken gebildet werden:

$$
\begin{array}{l}
\text{HN-CH}_2\text{O}\,\boxed{\text{H}}\ +\ \boxed{\text{HO}}\text{ -CH}_2\text{-NH} \qquad\qquad \text{HN-CH}_2\text{-O-CH}_2\text{-NH}\\
\quad\ |\qquad\qquad\qquad\qquad\quad |\qquad\qquad\quad\ \ |\qquad\qquad\qquad\qquad |\\
\text{O=C}\qquad\qquad\qquad\ \ \text{C=O}\ \ \rightarrow\ \ \text{O=C}\qquad\qquad\qquad \text{C=O}\ +\ \text{H}_2\text{O}\\
\quad\ |\qquad\qquad\qquad\qquad\quad |\qquad\qquad\quad\ \ |\qquad\qquad\qquad\qquad |\\
\text{HN-CH}_2\text{OH}\qquad\qquad\ \ \text{NH}_2 \qquad\qquad \text{HN-CH}_2\text{OH}\qquad\ \ \text{NH}_2
\end{array}
$$

Dieselbe Reaktion kann auch unter Abspaltung von Formaldehyd unter Bildung von Methylenbrücken verlaufen:

$$
\begin{array}{l}
\text{HN-CH}_2\,\boxed{\text{OH}}\ +\ \boxed{\text{H}}\ \text{O-CH}_2\text{-NH} \qquad\qquad \text{HN-CH}_2\text{-NH}\\
\quad\ |\qquad\qquad\qquad\qquad\quad\ |\qquad\qquad\quad\ \ |\qquad\qquad\qquad\ |\\
\text{O=C}\qquad\qquad\qquad\ \ \ \text{C=O}\ \ \rightarrow\ \ \text{O=C}\qquad\qquad \text{C=O}\ +\ \text{CH}_2\text{O}+\text{H}_2\text{O}\\
\quad\ |\qquad\qquad\qquad\qquad\quad\ |\qquad\qquad\quad\ \ |\qquad\qquad\qquad\ |\\
\text{HN-CH}_2\text{OH}\qquad\qquad\ \text{NH}_2 \qquad\qquad \text{HN-CH}_2\text{OH}\ \ \text{NH}_2
\end{array}
$$

Beim weiteren Fortschreiten der Reaktion entstehen komplizierte Gemische von dreidimensional vernetzten Verbindungen.

Die *Methylolharnstoffe* sind im alkalischen Gebiet ziemlich beständig. Säuert man jedoch ihre Lösungen an, so reagieren sie in der oben beschriebenen Weise, indem sie sich zu höhermolekularen Gebilden kondensieren. Diese sind zunächst noch wasserlöslich, bis sie bei weiterem Wachstum schließlich unlöslich werden und die ganze Lösung unter Gelbildung erstarrt.

Die *Reaktionsgeschwindigkeit* der Kondensationsreaktion ist stark abhängig von der *Temperatur* und vom p_H-*Wert* der Reaktionslösung. Je stärker sauer diese ist und je höher die Temperatur ist, um so rascher läuft die Reaktion ab.

Der Leimhersteller führt die Kondensationsreaktion nur so weit, daß das Kondensat noch genügend wasserlöslich ist und unterbricht sie dann, indem das Reaktionsgemisch neutralisiert wird. Ganz unterbinden läßt sich der weitere Umsatz in der wäßrigen Lösung jedoch nicht, und dies ist der Grund dafür, daß wäßrige Lösungen von Harnstoff-Harzen im Laufe der Zeit „altern", d. h. an Viskosität zunehmen (Bild 11.8).

Schließlich schreitet die Reaktion so weit voran, daß das Harz geliert. Da die Viskositätszunahme auf einer chemischen Reaktion beruht, die nicht rückgängig gemacht werden kann, lassen sich überalterte Harnstoff-Harzlösungen nicht durch Verdünnen mit Wasser wieder gebrauchsfähig machen.

Bei den *pulverförmigen Harnstoffharzen* kommt die Reaktion dagegen infolge der Abwesenheit des Lösungsmittels nahezu ganz zum Stillstand.

Die Lagerfähigkeit der Pulver ist daher — sofern sie kühl und trocken gelagert werden — um ein mehrfaches länger als bei den Flüssigwaren.

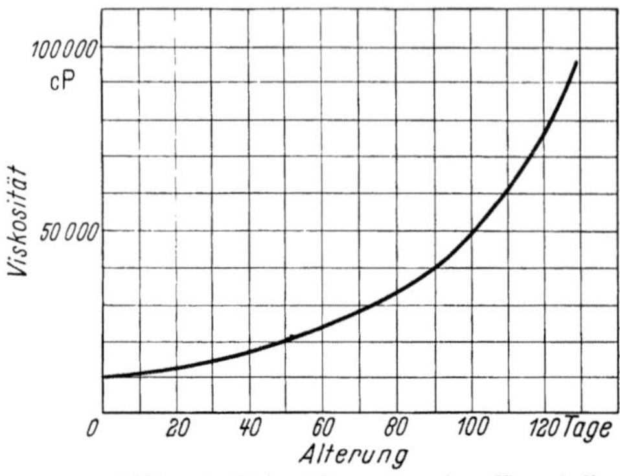

Bild 11.8. Viskositätsanstieg einer Harnstoff-Harzlösung bei natürlicher Alterung (20 °C).

Die wäßrige Lösung der Harnstoff-Harze enthält neben den Kondensationsprodukten stets noch kleine Mengen ungebundenen Formaldehyd, dessen Menge in unmittelbarem Zusammenhang mit der Reaktionsfähigkeit des Harzes steht. Durch bestimmte Maßnahmen lassen sich Harze herstellen, die nur noch sehr geringe Mengen an freiem Formaldehyd enthalten. Diese Erzeugnisse ergeben bei der Verarbeitung nur eine ganz geringe Geruchsbelästigung.

Auch die pulverförmigen Harnstoffharze geben beim Auflösen Formaldehyd an die wäßrige Lösung ab.

Bei der *Härtung* der Harnstoff-Formaldehyd-Harze wird die vom Hersteller unterbrochene Kondensationsreaktion wieder in Gang gebracht und zu Ende geführt. Das wasserlösliche Harz wird hierbei zunächst hochviskos und zunehmend schwerer löslich, bis die Lösung unter Gelbildung erstarrt. Auch dann schreitet die Reaktion aber noch weiter, bis schließlich dreidimensional vernetzte Makromoleküle entstehen, die unlöslich und unschmelzbar sind.

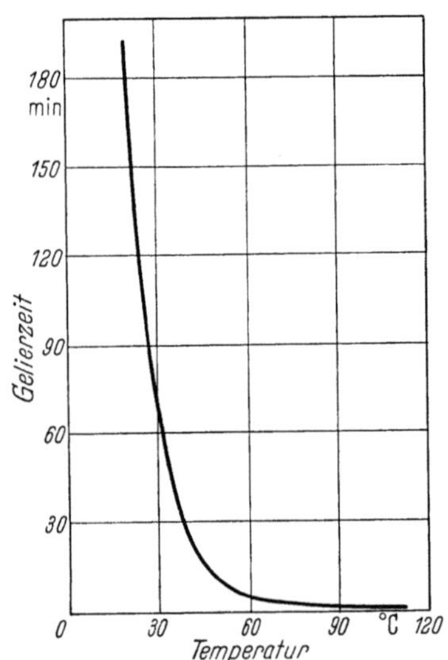

Bild 11.9. Abhängigkeit der Gelierzeit von der Temperatur der Harnstoff-Harzlösung.

Die *Reaktionsgeschwindigkeit* der Härtungsreaktion wird durch *Säuren* stark beschleunigt. Im gleichen Sinne wirkt — wie bei den meisten chemischen Reaktionen — eine Erhöhung der *Temperatur* (Bild 11.9).

Umgekehrt wird mit fallender Temperatur die Reaktion verlangsamt und es kann der Fall eintreten, daß eine vollständige Härtung, wie sie für eine gute Verleimung unbedingt notwendig ist, überhaupt nicht mehr erreicht wird. Mit den üblichen Kalthärtern liegt die untere Temperaturgrenze etwa bei + 15 °C. Es gibt jedoch sehr stark wirkende Härter (Schnellhärter), mit denen bis zu Temperaturen von $+5\,°C$ noch eine vollkommene Durchhärtung erzielbar ist.

Freie Säuren werden nur selten als Härter verwendet. Im allgemeinen härtet man Harnstoff-Formaldehyd-Harze mit Stoffen, die in einer chemischen Reaktion Säuren abspalten. Solche sind z. B. die Ammoniumsalze von Säuren. Maßgebend für die Beschleunigung der Härtungsreaktion ist nicht die Art der freigesetzten Säure, sondern der p_H-Wert der Leimlösung. Je stärker sauer dieser ist, um so rascher erfolgt die Aushärtung.

Ein häufig verwendeter Härter ist *Ammoniumchlorid*. Es reagiert mit dem in der Harzlösung stets vorhandenen freien Formaldehyd oder auch — langsamer — mit den Methylolgruppen des Harzes unter Bildung von Hexamethylentetramin und Salzsäure:

$$4\,NH_4CL + 6\,CH_2O \rightarrow \text{(Hexamethylentetramin)} + 6\,H_2O + 4\,HCL$$

Hexamethylentetramin („Hexa")

Die Wasserstoff-Ionen der Salzsäure bewirken die Beschleunigung der Härtungsreaktion. Je mehr Salzsäure freigesetzt wird, um so schneller verläuft die Härtung.

Harnstoffharze werden meist bei erhöhter Temperatur verarbeitet. In solchen Fällen strebt man eine möglichst lange Topfzeit bei Raumtemperatur — d. h. also einen langsamen Ablauf der Härtungsreaktion — und eine möglichst rasche Härtung bei hohen Temperaturen an. Um dies zu erreichen, muß man den freien Formaldehyd der Harnstoffharzlösung, von dessen Menge die freigesetzte Säuremenge und damit die Reaktionsgeschwindigkeit abhängen, so binden, daß er erst bei steigender Temperatur rasch wieder frei wird. Man muß den Härter „*puffern*". Als puffernde Stoffe dienen Ammoniak, Harnstoff, Hexamethylentetramin und ähnliche. Während bei einem ungepufferten Härter der p_H-Wert der Leimlösung sofort abfällt, erfolgt dieser Abfall bei einem gepufferten Härter nur allmählich (Bild 11.10).

Das Problem bei der Zusammensetzung gepufferter Härter liegt darin, eine möglichst lange Topfzeit bei Raumtemperatur mit einer möglichst kurzen Gelierzeit bei hohen Temperaturen zu verbinden.

Der *Abbindevorgang* der Harnstoff-Harzleime besteht nicht nur aus der soeben geschilderten *chemischen Härtungsreaktion*. Parallel mit dieser muß auch das in der Leimlösung enthaltene und das im Verlauf der Härtung aus demHarz chemisch abgespaltene *Wasser* in das die Leimfuge umgebende Holz *abwandern*. Beide Vorgänge müssen gleichlaufend erfolgen. Wird das Wasser zu rasch entfernt (vorzeitige Antrocknung, oder zu trockenes Holz), so kann die Härtungsreaktion infolge Mangel an Lösungsmittel nicht zu Ende verlaufen. Erfolgt der Entzug des Wassers zu langsam (zu feuchtes Holz, zu wasserreicher Leimansatz), so wird die Härtung vorzeitig beendet und an Stelle eines zusammenhängenden Leimfilms entsteht in der Leimfuge eine krümelige Masse, die keinerlei Festigkeit besitzt.

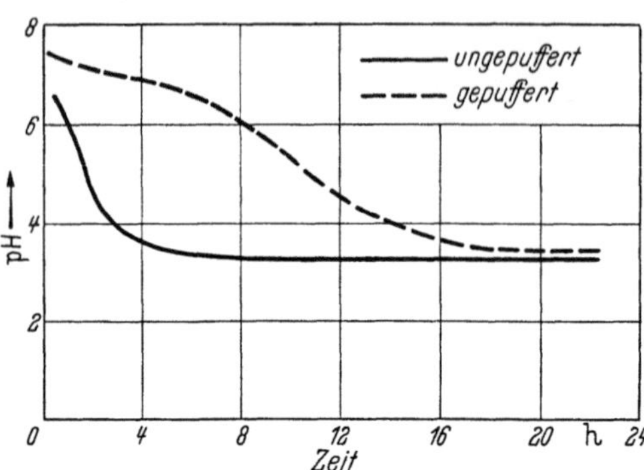

Bild 11.10. Änderung des p_H-Wertes in einer mit Härter versetzten Harnstoff-Harzlösung.

11.43 Anwendung der Harnstoff-Harzleime

Harnstoff-Harzleime werden entweder in Form wäßriger Lösungen mit einem Trockenstoffgehalt von 60 bis 70% oder in *Pulverform* geliefert. Auch die *Härter* können sowohl *flüssig* als auch *pulverförmig* sein. Weiterhin sind sogenannte „*selbsthärtende*" Harnstoffharze im Handel, die eine entsprechende Härtermenge bereits enthalten. Zum Gebrauch werden sie einfach in Wasser gelöst und ergeben so, ohne weitere Zusätze, unmittelbar eine gebrauchsfähige Leimflotte. Selbsthärtende Harze können naturgemäß nur in Pulverform geliefert werden. Auch in *Filmform*, mit Papier als Träger, sind Harnstoffharze erhältlich.

Alle Harnstoffharze sollen möglichst kühl und die Pulver außerdem trocken *gelagert* werden. Sorgfältiger *Ausschluß von Feuchtigkeit* ist ganz besonders bei den selbsthärtenden Harzen notwendig. Schon die normale Luftfeuchtigkeit genügt, um unverschlossene Gebinde solcher Produkte in kürzester Zeit verderben zu lassen. Harnstoffharz-Pulver müssen auch während der Lagerung freifließend und locker bleiben. Feste Brocken, Krusten usw. sind stets Anzeichen verdorbener Ware oder zumindest beginnenden Verderbs. Anders verhält es sich bei den pulverförmigen Härtern. Von diesen neigen viele zum Zusammenbacken, ohne daß sie dadurch an Wirksamkeit verlieren. Diese können unbedenklich mit dem Hammer zerkleinert werden. Damit die Brocken sich schneller lösen, verwendet man zur Herstellung der Härterlösung heißes Wasser.

Für die Kontrolle der bezogenen Harnstoffharze ist die exakte *Ermittlung des Trockenstoffgehaltes* wichtig. Leider ist dessen Bestimmung nicht ganz einfach. Während der üblichen Bestimmung des Trockenstoffgehaltes im Trockenschrank kondensiert nämlich das Harz infolge der hohen Temperatur auch ohne Härter mehr oder weniger weit. Bei dieser chemischen Reaktion wird Wasser abgespalten und es ist unmöglich, zu einem konstanten Endgewicht zu kommen. Trocknet man, um diesen Nachteil zu vermeiden, bei Raumtemperatur oder bei nur wenig erhöhter Temperatur im Vakuum über Phosphorpentoxyd, so hält das Harz hartnäckig Wasser zurück und man erhält Werte, die mit Sicherheit zu hoch sind. Will man daher wiederholbare Werte erhalten, so muß man das Bestimmungsverfahren genau standardisieren. Die Einwaagemenge, die Form des Wägegläschens, die Trockenzeit, die Trockentemperatur usw. beeinflussen das Endergebnis nicht unbeträchtlich.

Das folgende Verfahren hat sich praktisch bewährt:
1 g Einwaage, Wägegläschen mit ebenem Boden, 3,5 cm Durchmesser im Trockenschrank trocknen (während der Trocknung Schrank nicht öffnen!), anschließend im Exsikkator abkühlen lassen und rasch wiegen. Folgende Trockenzeiten ergeben übereinstimmende Ergebnisse:

$$15 \text{ Stunden bei } +103\,°C,$$
$$2 \text{ Stunden bei } +120\,°C.$$

Aus pulverförmigen Harzen wird zunächst eine Leimlösung in der vom Hersteller vorgeschriebenen Konzentration angesetzt, aus dieser in der beschriebenen Weise der Trockenstoffgehalt ermittelt und auf das Pulver umgerechnet.

Alle Harnstoffharze benötigen zur Verarbeitung sowohl im Heiß- als auch im Kaltverfahren den Zusatz eines Härters. Nur bei den oben erwähnten selbsthärtenden Harzen ist dieser bereits in dem Leimpulver enthalten.

Beim *Ansetzen der Leimflotte* halte man sich genau an die Vorschriften des Herstellers. Man arbeite grundsätzlich nach Gewichtsmengen und nicht nach Raummaßen. In kleinen Mengen kann der Leim in Eimern angesetzt werden, größere Ansätze erfordern eine Leimmischmaschine. Auch bei kleinen Ansätzen ist ein mechanisches Rührwerk dem Rühren von Hand vorzuziehen.

Die Reihenfolge des *Mischvorganges* bei der Herstellung des Leimansatzes ist zweckmäßig folgende:

1. Flüssigen Leim vorlegen;

2. Streckmittel unter Rühren langsam zusetzen. Wenn der Ansatz zu dick wird, vor der Zugabe neuer Streckmittelmengen etwas Verdünnungswasser zugeben. Leimansatz dickflüssig halten;

3. Härter zusetzen;

4. Rest des Verdünnungswassers zusetzen, damit Endviskosität regeln.

Bei der Verarbeitung pulverförmiger Leime legt man einen Teil des Lösungswassers vor und gibt bei laufendem Rührwerk das Leimpulver allmählich zu, bis man einen dicken Leimansatz erhält. Erst wenn dieser glatt gerührt ist, gibt man die weiteren Zusätze, Streckmittel, Füllstoffe, Wasser und schließlich den Härter zu. Von der Gesamtwassermenge behalte man stets einige Liter zurück, bis die Härterlösung zugefügt ist, um mit diesen die Endviskosität des Leimansatzes regeln zu können.

Zur Aufbewahrung von Harnstoff-Harzlösungen und zur Herstellung der Ansätze eignen sich *Gefäße* aus Glas, Steingut, Holz, Kunststoff, Emaille, Eisen, Aluminium. Messing und Kupfer dürfen nicht verwendet werden. Zum Ansetzen und Aufbewahren der Härterlösungen sind alle Gefäße geeignet, außer solchen aus Metall.

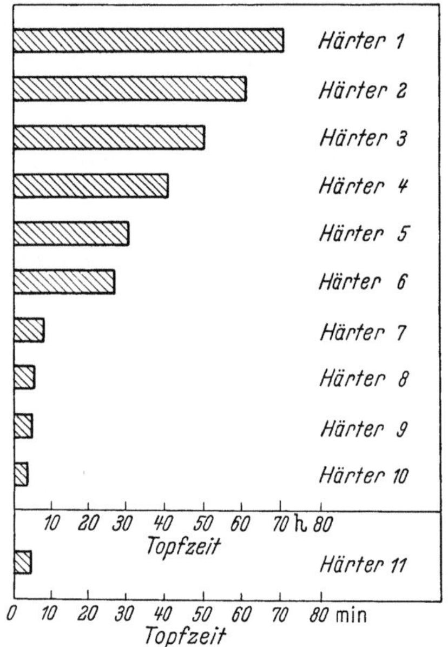

Bild 11.11. Änderung der Topfzeit einer Harnstoffharz-Lösung durch Zusatz verschiedener Härter.

Bei der Verarbeitung des Leimansatzes ist auf dessen *Temperatur* und auf die für diese geltende *Topfzeit* zu achten. Auf laufender Leimauftragmaschine ist die Topfzeit infolge der Wasserverdunstung gegenüber einer ruhenden Leimflotte verkürzt. Harnstoffharze lassen sich durch eine geeignete Auswahl des Härters nahezu an alle betrieblichen Arbeitsbedingungen anpassen. Bild 11.11 zeigt, in welchem Maße die Topfzeiten für ein und dieselbe Harzlösung durch Kombination mit verschiedenen Härtern verändert werden können.

Bei der Verarbeitung von Leimansätzen mit Härtern kann man entweder die Härtesubstanz dem Leimansatz zugeben: Untermischverfahren, oder aber die Härterlösung getrennt von der Leimlösung auf eine oder beide zu verleimenden Flächen auftragen: Vorstreichverfahren [*11.34*].

Beim *Untermischverfahren* setzt die Wirkung des Härters bereits beim Mischen des Leimansatzes ein. Da die Topfzeit der Flotte ein Mindestmaß von z. B. einer halben Stunde aus praktischen Gründen nicht unterschreiten kann, ohne technische Schwierigkeiten zu bereiten, sind der Aktivität der für das Untermischverfahren verwendbaren Härter Grenzen gesetzt. Bei der Kaltverleimung im Untermischverfahren hängen die Preßzeiten unmittelbar mit der Topfzeit des Leimansatzes zusammen. Eine lange Topfzeit der Flotte bedeutet zwangläufig auch lange Preßzeiten. Beim *Vorstreichverfahren* dagegen werden Leim und Härter erst im Augenblick des Zusammenlegens der Teile in Berührung gebracht, die Notwendigkeit einer ausreichenden Topfzeit entfällt, es lassen sich daher stark beschleunigend wirkende Härter verwenden und damit auch im Kaltverfahren sehr kurze Preßzeiten erzielen.

11.44 Füll- und Streckmittel

Den Leimansätzen von Harnstoffharzen werden in vielen Fällen Füll- und Streckmittel zugesetzt [*11.3, 11.28, 11.37, 11.41, 11.45, 11.82, 11.90, 11.132, 11.133, 11.137*]. Hierdurch werden nicht nur wirtschaftliche Vorteile erzielt.

Beim Aufheizen der Leimfuge sinkt die Viskosität des Leimes zunächst stark ab, bis schließlich infolge der Härtungsreaktion ein

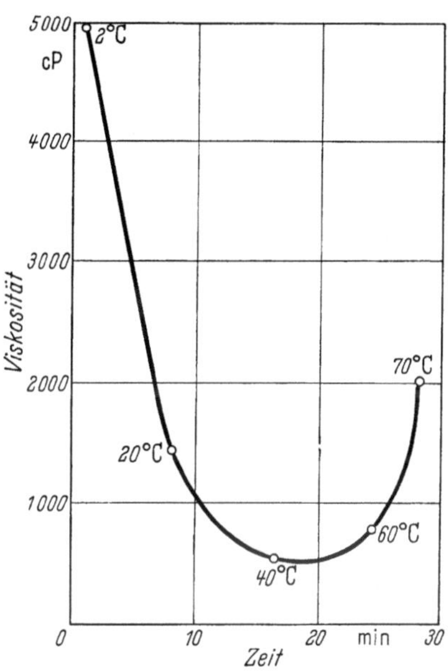

Bild 11.12. Änderung der Viskosität einer mit Härter versetzten Harnstoffharz-Lösung bei steigender Temperatur.

starker Wiederanstieg erfolgt. Bild 11.12 zeigt den Viskositätsverlauf einer mit Härter versetzten Leimmischung, die keine Streckmittel enthält. Um die Messung bequem durchführen zu können, wurde in dem gezeigten Beispiel allerdings ein außerordentlich langsam wirkender Härter verwendet. In Wirklichkeit spielen sich der *Viskositätsabfall* und der anschließende Wiederanstieg in wesentlichen kürzeren Zeiten ab, ohne daß sich am grundsätzlichen Kurvenverlauf viel ändert.

Während des Viskositätsabfalles kann der Leim verstärkt in das Holz eindringen, wobei der Preßdruck unterstützend wirkt. Es kann zu Leimdurchschlägen und in Grenzfällen zu verhungerten Leimfugen kommen. Diese Nachteile lassen sich z. B. durch den Zusatz stärkehaltiger Streckmittel beheben. Bei höherer Temperatur verkleistert die Stärke und gleicht dadurch den Viskositätsabfall aus.

Füllmittel sind Stoffe *ohne eigene Bindekraft*. Meist handelt es sich hierbei um *fein gepulverte Mineralien* wie Lenzin, Kaolin usw. — Kreide und andere säurebindende oder alkalisch reagierende Stoffe verhindern die Härtungsreaktion und sind ungeeignet. Mineralische Füllstoffe erhöhen bei der Weiterverarbeitung der verleimten Teile den Werkzeugverschleiß. In manchen Fällen wird *Holzmehl* als Füllmittel verwendet. Holzmehl bindet große Mengen Wasser, die unter Preßdruck wieder abgegeben werden. Dadurch wird der Leim in der Leimfuge verdünnt und es können Leimdurchschläge oder verhungerte Leimfugen entstehen. Die Verwendung von Mengen über 5 bis 10% ist daher bedenklich. Die Siebfeinheit des Holzmehls soll mindestens 180 *mesh* betragen. Ist das Mehl zu grob, so trennt es sich in der Leimauftragmaschine aus der Leimflotte ab und reichert sich auf den Auftragwalzen an. Schleifstaub ist viel zu grob und als Füllmittel vollkommen ungeeignet.

Den Füllmitteln kommt bei der Verleimung eine wichtige Aufgabe zu. Sie sollen die beim Abbinden des Leims auftretenden Schrumpfungskräfte neutralisieren, die sich festigkeitsmindernd auswirken. Sie verbessern daher die *Fugenbeständigkeit*. Harnstoffharze sind bei normalen Flächenverleimungen zwar ausreichend fugenbeständig, gegenüber dicken Leimfugen, wie sie vor allem bei Konstruktionsverleimungen nicht zu vermeiden sind, jedoch empfindlich. Mit besonders ausgewählten Füllmitteln, z. B. mit *Bakelitpulver* [*11.44, 11.130*], lassen sich jedoch Harnstoffharze mit ausgezeichnetem Fugenfüllvermögen herstellen. *Ameisensäure* als Härter soll gleichfalls das Fugenfüllvermögen verbessern [*11.25*].

Im Gegensatz zu den Füllmitteln besitzen die *Streckmittel* meist eine gewisse *eigene Klebkraft*. Man unterscheidet:

Stärke, wie z. B. Kartoffelstärke,
abgewandelte Stärkeprodukte, wie Quellmehl und Walzmehl, Getreidemehle (Roggen- und Weizenmehl),
Getreide-Nachmehle,
eiweißreiche Mehle (Bohnen- und Wickenmehl),
wasserlösliche Celluloseerzeugnisse.

Nicht alle derartigen Stoffe sind jedoch als Streckmittel für Harnstoffharze geeignet.

Die *Siebfeinheit* soll etwa dem in Tab. 11.1 gegebenen Beispiel einer Siebanalyse entsprechen (nach DIN 1171).

Der *Aschegehalt*, durch Tiegelglühprobe bestimmt, soll möglichst niedrig sein. Je höher der Aschegehalt ist, um so größer wird der Werkzeugverschleiß. Der p_H-*Wert* einer wäßrigen Aufschlämmung des Streck-

Tabelle 11.1. *Siebanalyse eines Streckmehls*

Lichte Maschen- weite in mm und Siebbezeichnung	Draht- dicke mm	Maschen- zahl je cm^2	Offene Siebfläche %	Günstigstes Verhältnis für Streckmehle
0,60	0,40	100	36	
0,30	0,20	400	36	
0,20	0,13	900	36,73	unter 1%
0,15	0,10	1600	36	unter 3%
0,12	0,08	2500	36	
0,10	0,065	3600	36,73	
0,09	0,055	4900	38,52	33%
0,075	0,050	6400	36	
0,069	0,040	8420	40,07	
0,060	0,040	10000	36	66%

mittels soll annähernd bei 7,0 liegen und während 24 h nicht wesentlich absinken, damit die Topfzeit des Leimes und seine Abbindereaktion nicht gestört werden.

Besondere Beachtung muß dem *Wasseraufnahmevermögen* des Streckmittels geschenkt werden, da durch eine zu große Verdünnung des Leimgemisches Fehlverleimungen entstehen können. Das Wasseraufnahmevermögen eines Streckmittels gibt an, wieviel Wasser es im Leimansatz zur Erreichung einer bestimmten Viskosität zu binden vermag [*11.80*]. Bei Raumtemperatur findet man etwa die in Tab. 11.2 folgenden Werte.

Tabelle 11.2. *Wasseraufnahmevermögen von Streckmitteln*

Weizenmehl	1:1,3 bis 1:1,5
Roggenmehl	1:2 bis 1:2,5
Bohnenmehl	1:2 bis 1:3
Maisquellmehl	1:3,5 bis 1:4
Kartoffelwalzmehl	1:5 bis 1:6
Maisstärke	1:6 bis 1:7
Kartoffelstärke (heißverkleistert)	1:8 bis 1:10
Wasserlösliche Celluloseerzeugnisse	1:20 bis 1:33

Leimansätze mit hohem Wassergehalt begünstigen Leimdurchschläge, verhungerte Fugen und Dampfblasenbildung.

Mindestens gleichbedeutend wie das Wasseraufnahmevermögen ist die *Verkleisterungsfähigkeit* eines Streckmittels. Nur von dieser hängt es ab, ob das Streckmittel in der Lage ist, den infolge steigender Temperatur einsetzenden Viskositätsabfall der Leimlösung auszugleichen oder nicht. Man bestimmt hierzu neben dem Wasseraufnahmevermögen bei Raumtemperatur auch noch diejenige in Wasser von 100 °C, wobei der Stärke-

anteil des Streckmittels vollkommen verkleistert sein muß. Das Zahlen-
verhältnis beider Werte ist ein Maß für die Verkleisterungsfähigkeit [*11.7*].
Bei einem guten Streckmittel muß es erheblich über 1:1 liegen.

Die Erfahrung hat gezeigt, daß viele Streckmittel und unter diesen
besonders die Nachmehle starken Güteschwankungen unterworfen sind.
Bei der Auswahl des Streckmittels sollte hierauf Rücksicht genommen
werden. Sicher geht man mit den sog. Typenmehlen oder mit bestimmten
Markenerzeugnissen, die besonders als Leimstreckmittel hergestellt und
einer laufenden Qualitätskontrolle unterzogen werden.

Der Zusatz von Füll- und Streckmitteln verschlechtert die *Wasserbeständigkeit* und die *Schimmelfestigkeit
der Verleimung*, sofern er über ein gewisses Maß hinaus erhöht wird. Bild
11.13 vermag hierüber einen Überblick
zu geben.

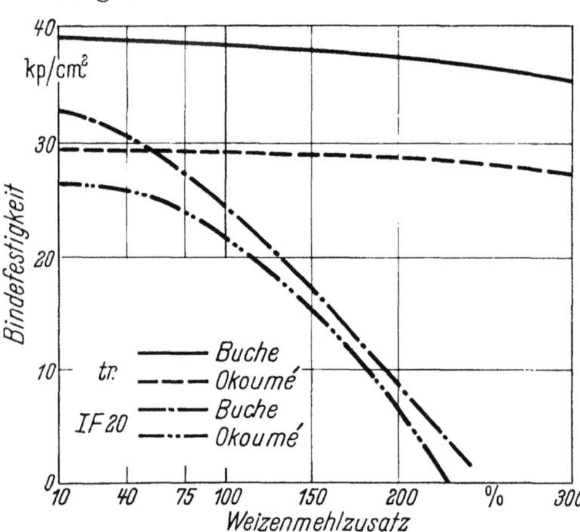

Bild 11.13. Einfluß steigender Streckmittelmengen
(Weizenmehlzusatz) auf die Bindefestigkeit (Wasserbeständigkeit) der Verleimung.

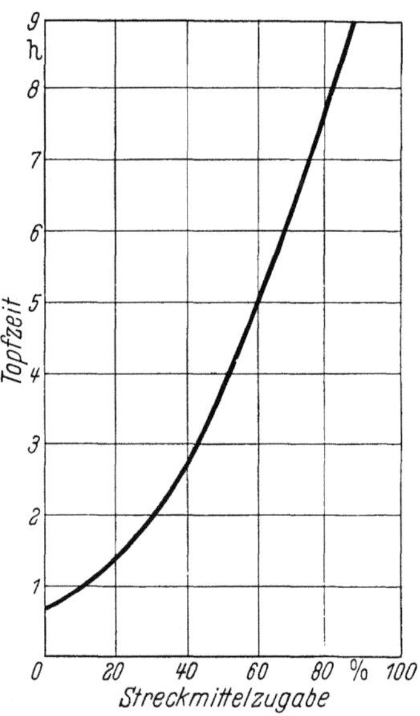

Bild 11.14. Topfzeit einer Harnstoff-
harzlösung mit Härter in Abhängigkeit von der Streckmittelzugabe (tech-
nisches Roggenmehl) bei 20 °C.

Der Verarbeiter wird von Fall zu Fall zu prüfen haben, ob bei einem
beabsichtigten *Streckungsgrad* die Verleimung noch den gestellten
Qualitätsanforderungen entspricht. Unter Streckungsgrad wird hier die
Summe von Streckmittel und Verdünnungswasser, bezogen auf die un-
gestreckte Harzlösung, verstanden.

In der Praxis werden zuweilen recht erhebliche Mengen an Streckmitteln zugesetzt. Unter günstigen Bedingungen lassen sich Verleimungen nach Klasse IF 20 (DIN 68705) mit guten Streckmitteln noch bei
100% Streckungsgrad und mehr erzielen.

Streckmittel erhöhen in den meisten Fällen die *Topfzeit* der Leimansätze (s. Bild 11.14).

Im *Kaltverfahren* erhöht sich damit automatisch die *Preßzeit*. Man wird daher im Kaltverfahren ohne oder nur mit geringen Streckmittelmengen arbeiten, zumal hier der im Heißverfahren auftretende Viskositätsabfall der Leimlösung entfällt.

Verleimungen nach Klasse IW 67 (DIN 68705) lassen, sofern sie mit reinen Harnstoffharzen ausgeführt werden sollen, einen Zusatz von Streckmitteln nicht bzw. nur in äußerst geringen Mengen zu. Gut bewährt haben sich Füllstoffe bestimmter Siebfeinheit, z. B. Kokosnußschalenmehl *200* oder *300 mesh*.

Kochfeste Verleimungen nach Klasse A 100 (DIN 68705) lassen sich nur mit sogenannten „verstärkten" Harnstoffharzen erzielen [*11.84*]. Zur Verstärkung werden Melamin [*11.15, 11.54, 11.131*] oder Melamin-Formaldehydharze, gelegentlich auch Resorcin [*11.44, 11.134*] benutzt.

Verwendet man derart verstärkte Harze für Verleimungen nach Klasse IW 67, so können diese bis zu einem gewissen Grade mit stärkehaltigen Streckmitteln gestreckt werden. Es ist eine kalkulatorische Frage, ob man es vorzieht, mit reinen Harnstoffharzen, die billig sind, ohne Zusatz von Streckmitteln, oder mit teureren melaminhaltigen Leimansätzen zu arbeiten, die zur Verbilligung einen Streckmittelzusatz erhalten.

Zur Beleimung einer bestimmten Oberfläche ist ein gewisses *Mindestvolumen an Leimflotte* erforderlich, das von der Glätte der Oberfläche, von der Viskosität und Auftragsfähigkeit der Leimflotte und nicht zuletzt von der Bauweise der Leimauftragmaschine abhängt. In einem gegebenen Fall kann man zwar dieses Mindestvolumen nicht verringern, wohl aber den in diesem enthaltenen Anteil an Harz. Dies kann durch Streckung mit Streckmitteln geschehen, wie es im vorstehenden beschrieben wurde.

Das billigste Streckmittel jedoch ist Luft. Durch Unterschlagen kleiner Luftbläschen läßt sich das Volumen der Leimflotte vergrößern. Während die auf die Holzoberfläche aufgetragene Leimmenge volumenmäßig gleichbleibt, verringert sich infolge der geringeren Dichte des Schaums die Gewichtsmenge erheblich, so daß die erzielte Wirkung, nämlich die zur Verleimung je Flächeneinheit erforderliche Harzmenge möglichst zu verringern, dieselbe ist wie beim Zusatz von Streckmitteln.

Zur Herstellung des Leimschaumes wird die Leimlösung in einem Schaumschlaggerät — schnellaufendes Rührwerk mit Rührer in Form eines Schlagkorbes — vorgelegt und ein Schaummittel zugefügt, das die Schaumbildung fördert und gleichzeitig den gebildeten Schaum stabilisiert. Die Menge des Schaummittels muß so bemessen werden, daß die Leimflotte auf der Leimauftragmaschine nicht nachschäumt und dadurch schließlich der Leimauftrag zu gering wird.

Das *Schaumleimverfahren* [*11.38*] war lange Zeit sehr verbreitet. Heute wird es mehr und mehr verlassen. Neuzeitliche Leimauftragmaschinen mit Dosierwalzen ermöglichen ohne besondere Kunstgriffe einen so sparsamen Leimauftrag, daß sich das Schaumleimverfahren demgegenüber nicht mehr lohnt.

Der *Leimauftrag* bei den Harnstoff-Harzleimen bewegt sich in den Grenzen von 100 g/m² bis 300 g/m² einseitige Leimfläche.

11.45 Preßdruck und Preßzeit

Hinsichtlich der Länge der *Wartezeit* gibt es keine feste Regel, da diese von vielen Umständen abhängt. Die Leimoberfläche soll sich beim Beschicken der Presse noch klebrig anfühlen und auf jeden Fall muß der Leim beim Erreichen des vollen Preßdruckes noch in der Lage sein, den flüssigen Zustand zu durchlaufen.

Der *Preßdruck* richtet sich nach Paßgenauigkeit, Holzart und Verleimungsart. Bei der Sperrholzverleimung beträgt er 6 bis 20 kp/cm², bei der Fugenverleimung 2 bis 10 kp/cm².

Die *Preßzeit* läßt sich nach verwickelten Verfahren berechnen [*11.68*]. In der Praxis gut bewährt haben sich folgende Regeln:

Bei der *Kaltverleimung im Untermischverfahren* rechnet man bei spannungsfreien Teilen mit dem 1- bis 1¹/₂fachen der Topfzeit des Leimansatzes. Allerdings spielt hier die *Holzfeuchtigkeit* eine ganz erhebliche Rolle. Bei hohen Holzfeuchtigkeiten verlängert sich verständlicherweise die Preßzeit, da das in der Leimfuge enthaltene Wasser langsamer abtransportiert wird.

Beim *Heißverfahren* wird von manchen Leimherstellern für bestimmte Leimansätze eine sogenannte *Preßgrundzeit* angegeben. Zu dieser ist die Durchheizzeit hinzuzuzählen, die bei Temperaturen um 100 °C etwa 1 min je Millimeter zu durchheizende Holzdicke bis zur innersten Leimfuge beträgt. Bei einer 5 × 1,5 mm Furnierplatte sind 2 × 1,5 mm bis zur tiefsten Leimfuge zu durchheizen. Angenommen, die Preßgrundzeit für den verwendeten Leimansatz werde vom Hersteller mit 4 min angegeben, dann sind 3 min Durchheizzeit (2 × 1,5 × 1) hinzuzufügen, so daß die Gesamtpreßzeit 7 min beträgt.

Diese Art der Berechnung hält einer mathematisch-kritischen Betrachtung nicht stand. Sie hat sich aber über viele Jahre hinweg bewährt und stimmt bis zu Plattendicken von 10 bis 12 mm.

11.46 Sonderleime und Leimfilme

Für bestimmte Verwendungszwecke hat man besondere Harnstoff-Harzleime entwickelt. So gibt es *Fugenleime* für Furnier-Fugenverleimmaschinen oder auch für die Kantenanleimung z. B. mit elektrischer Widerstandsheizung. Diese Erzeugnisse sind meist selbsthärtend und enthalten besondere Zusätze wie: Gleitmittel, um die Maschinen sauber zu halten (siehe Abschn. 10.323); Füllstoffe, um das Fugenfüllvermögen zu verbessern usw.

Für die Verleimung mit Hochfrequenzerwärmung sind sogenannte *HF-Leime* erhältlich, die einen hohen dielektrischen Verlustfaktor besitzen und daher in dem hochfrequenten Wechselfeld besonders rasch erwärmt werden. Auch diese Erzeugnisse sind meist selbsthärtend.

Die fugenfüllenden Leime wurden bereits bei der Besprechung der Füllmittel erwähnt.

Entsprechend wie andere Leime werden auch Harnstoff-Formaldehyd-Harze für Verleimungszwecke in *Filmform* hergestellt [*11.14, 11.31, 11.51, 11.53, 11.136*]. Bei der Verarbeitung dieser Filme muß — wie bei allen Leimfilmen — sehr sorgfältig auf die Holzfeuchtigkeit geachtet werden, da das Harz des Films während der Verleimung vorübergehend verflüssigt werden muß. Die hierzu notwendigen Wassermengen stammen zum Teil aus dem Feuchtigkeitsgehalt des Films, zum größeren Teil müssen sie aus dem Holz entnommen werden. Ist das Holz zu trocken oder zu feucht, so sind Fehlverleimungen unvermeidlich. Die Holzfeuchtigkeit muß daher bei Furnieren über 1 mm 8 bis 12%, bei Furnieren unter 1 mm 10 bis 12% betragen.

Leimfilme werden heute nur noch verhältnismäßig selten verwendet.

11.47 Gewerbehygiene

Beim Abbinden der Harnstoffharze wird der in den Lösungen enthaltene Formaldehyd teilweise frei und es kommt zu einem Entweichen von *Formaldehyddämpfen* in die Raumluft. Eine Anreicherung dieser Dämpfe wird durch die Belüftung der Arbeitsräume und Pressen — bei letzteren durch Anbringung von Überdachungen, die an einen Abzug angeschlossen sind — vermieden. Höhere Holzfeuchtigkeit, wasserreiche Leimansätze und hohe Preßtemperaturen führen zu verstärkter *Geruchsbelästigung*.

Der in den Harzlösungen vorhandene freie Formaldehyd kann bei besonders empfindlichen Personen zu ungefährlichen, aber lästigen *Hautreizungen* führen. Auf gründliche Sauberkeit und vorbeugende Maßnahmen, wie z. B. Eincremen der Hände vor und nach der Arbeit, ist zu achten. Beim Auftreten von Ekzemen sollte ein Facharzt aufgesucht werden.

11.48 Zusammenfassende Beurteilung der Harnstoff-Harzleime

Harnstoff-Harzleime sind, wie schon einleitend gesagt wurde, die heute in der holzverarbeitenden Industrie der ganzen Welt am meisten verwendeten Bindemittel. Durch geeignete Wahl der Härter sowie der

Füll- und Streckmittel lassen sie sich den betrieblichen Anforderungen sehr weitgehend anpassen. In bezug auf Wasserbeständigkeit sind sie den natürlichen Leimen (Glutinleime, Caseinleime usw.) überlegen.

Vollkommen wetterfest an heutigen, strengen Maßstäben gemessen, sind sie jedoch nicht. Solche höchsten Anforderungen erfüllen bisher nur Phenolharzleime und Resorcinharzleime. Bei diesen ist die Verleimung widerstandsfähiger als das Holz selbst. Entsprechend den Forderungen von DIN 68705 stellt sich die Leistungsfähigkeit der Kunstharzharze folgendermaßen dar:

Verleimungs- klasse	
IF 20	Ha-Fo-Harze mit Streck- und Füllmitteln
IW 67	Ha-Fo-Harze ungestreckt, ggf. mit Füllmitteln oder verstärkte Ha-Fo-Harze bzw. Melaminharze mit Streck- und/oder Füllmitteln
A 100	verstärkte Ha-Fo-Harze
	Melaminharze
AW 100	Phenolharze
	Resorcinharze

11.5 Melamin-Formaldehyd-Harzleime

11.51 Geschichte, Chemie und Herstellung der Melamin-Harzleime

Die Möglichkeit, aus Melamin durch Kondensation mit Formaldehyd härtbare Kunstharze herzustellen, wurde fast gleichzeitig von den Firmen Henkel [*11.31*], Ciba [*11.36, 11.39, 11.43, 11.49, 11.89*], der I. G. Farbenindustrie AG, Werk Mainkur (heute Casella) [*11.33, 11.35*], der I. G. Farbenindustrie AG, Werk Hoechst (heute Farbwerke Hoechst AG) [*11.35*] gegen Ende der 30er Jahre entdeckt.

Für die *Herstellung von Melamin* selbst sind im Patentschrifttum zahlreiche Verfahren angegeben [*11.66*]. Der industriell gebräuchliche Weg ist folgender:

Aus Kohle und Kalk wird unter Zufuhr erheblicher Energiemengen zunächst *Calciumcarbid* erzeugt

$$4C + CaCo_3 = CaC_2 + 3CO$$

Calciumcarbid wird mit Luftstickstoff in Calciumcyanamid (*Kalkstickstoff*) überführt:

$$CaC_2 + N_2 = CaCN_2 + C$$
$$\text{Kalkstickstoff}$$

Aus Kalkstickstoff wird *Dicyandiamid* erzeugt:

$$2CaCN_2 + 2H_2SO_4 \rightarrow H_2N-C-\overset{\overset{\displaystyle H}{|}}{N}-C\equiv N + 2CaSO_4$$
$$\underset{\displaystyle H-N}{\overset{\|}{}}$$

das in einer nicht ganz aufgeklärten Reaktion mit Ammoniak unter
Druck bei erhöhter Temperatur in Melamin übergeht:

$$3\,H_2N-\underset{\underset{H-N}{\|}}{\overset{\overset{H}{|}}{C}}-N-C\equiv N \rightarrow 2\,H_2N-C\diagdown\diagup N\diagdown\diagup C-NH_2$$

Melamin

Dieser technisch nicht ganz einfache Weg macht es verständlich, daß
Melamin ziemlich teuer ist.

Melamin ist in reinem Zustand ein weißes kristallines Pulver,
das sich in kaltem Wasser wenig, in heißem Wasser jedoch recht
gut löst.

Bei der Herstellung von Melamin-Formaldehyd-Harzen hat sich gezeigt, daß die Anlagerungs- und Kondensationsreaktionen, die bei der
Reaktion von Harnstoff und Formaldehyd gefunden wurden, sich grundsätzlich auf das Melamin übertragen lassen. Melaminharze können durch
Kondensation von 1 Mol Melamin mit 3 bis 4 Mol Formaldehyd bei
einem p_H von 5 bis 6 hergestellt werden. Wie bei den Harnstoffharzen
wird auch hier die Reaktion vom Leimhersteller durch Neutralisation
abgebrochen, solange die Kondensationserzeugnisse noch ausreichend
wasserlöslich sind.

Die Lösungen von Melaminharzen sind im allgemeinen weniger lagerbeständig als die von Harnstoffharzen. Die Melaminharze werden daher
meist durch Zerstäubungstrocknung in kaltwasserlösliche Pulver übergeführt, aus denen die Leimlösung hergestellt wird.

Im Gegensatz zu den Harnstoffharzen *härten* Melaminharze auch ohne
saure Katalysatoren, allein durch Wärmebehandlung aus. Geringe Mengen saurer Katalysatoren beschleunigen die Härtung in der Wärme
stärker als bei den Harnstoffharzen. Für Kaltverleimungen sind die
Melaminharze — wiederum im Gegensatz zu den Harnstoffharzen —
wenig brauchbar, da die Kalthärtung zu sehr spröden Stoffen führt.
Ein Überschuß von Formaldehyd soll die Versprödung herabsetzen
[*11.40*].

Die Härtungsreaktion der Melaminharze kann, ähnlich wie bei den
Harnstoffharzen durch Bildung von Ätherbrücken aus zwei benachbarten
endständigen Methylolgruppen unter Wasseraustritt erfolgen (Formel (1)
S. 334). Anderseits können auch unter Abspaltung von Wasser und
Formaldehyd Methylenbrücken gebildet werden (Formel (2) S. 334).

$$H_2N-C\underset{N}{\overset{N}{\diamond}}C-\underset{H}{N}-CH_2OH + HOH_2C-\underset{H}{N}-C\underset{N}{\overset{N}{\diamond}}C-NH_2 \qquad (1)$$

$$\downarrow$$

$$H_2N-C\underset{N}{\overset{N}{\diamond}}C-\underset{H}{N}-CH_2-O-H_2C-\underset{H}{N}-C\underset{N}{\overset{N}{\diamond}}C-NH_2$$

$$H_2N-C\underset{N}{\overset{N}{\diamond}}C-\underset{H}{N}-CH_2OH + HOH_2C-\underset{H}{N}-C\underset{N}{\overset{N}{\diamond}}C-NH_2 \qquad (2)$$

$$\downarrow$$

$$H_2N-C\underset{N}{\overset{N}{\diamond}}C-\underset{H}{N}\text{———}CH_2\text{———}\underset{H}{N}-C\underset{N}{\overset{N}{\diamond}}C-NH_2 + CH_2O + H_2O$$

R. KÖHLER [*11.69*, *11.70*] und A. GAMS, G. WIDMER und W. FISCH [*11.57*] sind der Auffassung, daß bei Temperaturen bis 150 °C die Ätherbrückenbildung überwiegt, während bei höheren Temperaturen die Methylenbrückenbildung bevorzugt wird. Unter dem Einfluß von Wärme oder Katalysatoren entsteht schließlich ein unlösliches und unschmelzbares dreidimensionales Netzwerk, das infolge der größeren thermischen Beständigkeit des Melamins wesentlich temperaturbeständiger ist als dasjenige ausgehärteter Harnstoffharze. Melaminharze ergeben aus diesem Grunde kochfeste und witterungsbeständige Verleimungen, wenngleich sie hierin die Phenolharze nicht erreichen [*11.47*].

11.52 Anwendung der Melamin-Harzleime

Reine Melaminharze werden in der Lagenholzverleimung nur dort verwendet, wo eine *kochfeste Verleimung* erzielt werden muß und die billigeren Phenolharze nicht verwendet werden können. Ein solches Beispiel ist die Herstellung von Bootsbausperrholz aus hellen Hölzern, wo die dunkle Leimfuge der Phenolharze unter Umständen durch die Deckfurniere durchscheinen kann. In den meisten Fällen sieht man sich gezwungen, die Melaminharze wegen ihres hohen Preises entweder mit Streckmitteln versetzt oder aber im Gemisch mit Harnstoffharzen anzuwenden. Diese letztgenannte Verwendung ist bei den Harnstoffharzen bereits besprochen worden.

Im übrigen lassen sich die bei den Harnstoffharzen gemachten Ausführungen hinsichtlich Herstellung der Leimlösung, Leimauftrag, Wartezeit, Holzfeuchtigkeit usw. sinngemäß ohne weiteres auch auf die Melaminharze übertragen.

An *Sonderleimen* gibt es bei den Melaminharzen solche für Furnier-Fugenverleimung auf Furnier-Fugenverleimmaschinen, für Hochfrequenzverleimung und schließlich Melaminharzfilme für die Holzverleimung [*11.56*].

Melaminharze werden außer als Leime auch noch für zahlreiche andere Gebiete, z. B. für Preßmassen, Lacke usw. verwendet. In diesem Zusammenhang soll ein Gebiet kurz gestreift werden, das zwar kein ausschließliches Feld der Melaminharze darstellt, auf dem wasserlösliche Melaminharze jedoch eine nicht unerhebliche Rolle spielen. Es ist dies die Oberflächenveredlung von Holzwerkstoffen.

11.53 Oberflächenveredlung von Holzwerkstoffen

Neben den bekannten Verfahren der Lackierung, des Aufklebens von Kunststoff-Folien und ähnlichen sind in den letzten Jahren zur Oberflächenveredlung verschiedene neue Methoden verstärkt in Erscheinung getreten.

Um die Oberfläche eines Holzwerkstoffes zu veredeln, kann man auf sie im einfachsten Fall die *wäßrige Lösung eines härtbaren Harzes*, z. B. eines Melaminharzes, *auftragen*, trocknen lassen und dann unter Verwendung von Zulageblechen entsprechender Oberflächengüte den aus der Harzlösung gebildeten Film unter gleichzeitiger Einwirkung von Druck und Wärme aushärten [*11.55*]. Man erhält einen Überzug, der durchsichtig und kratzfest ist, hohen Glanz besitzt, gegen kochendes Wasser beständig ist und von alkoholischen Getränken, Seife, Tinte, Öl usw. nicht angegriffen wird.

So verlockend einfach dieses Verfahren zunächst erscheint, so schwierig ist seine Durchführung in der Praxis. Das Verfahren scheitert in den meisten Fällen daran, daß alle wasserlöslichen härtbaren Harze zu verhältnismäßig spröden Filmen aushärten. Das gilt sowohl für Melaminharze, als auch für Harnstoff- und Phenolharze. Diese Tatsache ist seit Jahrzehnten bekannt. Man stellt aus diesem Grund verätherte Harze her, deren Filme elastisch sind. Allerdings sind diese Harze, die wichtige Lackrohstoffe darstellen, nur noch in organischen Lösungsmitteln löslich. Es hat nicht an Versuchen gefehlt, wasserlösliche härtbare Harze bleibend zu plastifizieren. Die Ergebnisse dieser Versuche sind bis heute wenig ermutigend.

Trägerfreie Oberflächenfilme sind daher sehr anfällig gegenüber Haarrißbildung, die entweder schon unmittelbar nach dem Verpressen, oder aber in günstigen Fällen auch erst nach Wochen eintreten kann. Die Rißbildung kann ausbleiben, wenn die Harzfilme unter 0,1 mm dick sind, eine Forderung, die sich nur selten einhalten läßt.

Weit besser ist es, an Stelle der Harzlösung einen *harzgetränkten Film* zu verwenden. Als Harzträger dienen Papier oder auch Faservliese.

Das Papier wird in einer Tränkanlage mit der Harzlösung imprägniert und anschließend in einem Trockenkanal so schonend getrocknet, daß das Harz während der Trocknung nicht aushärtet [*11.71*]. Dieser Film wird auf die Holzoberfläche unter hohem und gleichmäßigem Druck aufgepreßt und bei Temperaturen um 140 °C gehärtet. Mit entsprechend polierten, hart verchromten Messing- oder Chromstahlblechen lassen sich seidenmatte bis hochglänzende Oberflächen erzielen.

Der Träger des Films, also das Papier oder das Faservlies, nimmt die sich in der Oberfläche ausbildenden Spannungskräfte auf und neutralisiert sie. Auf diese Weise wird — sofern die Tränkharzmenge nicht gar zu groß war — eine Rißbildung vermieden.

Man unterscheidet sog. *Overlay-Filme*, die aus einem 20 bis 50 g/m² schweren Papier aus Alpha-Cellulose bestehen mit einer Harzauflage von etwa 200% und *Dekorfilme*, das sind gefüllte, saugfähige, meist bedruckte Papiere mit 150 bis 200 g/m² Rohgewicht. Dekorpapiere tragen eine Harzauflage von 70 bis 100%.

Overlaypapiere ergeben beim Verpressen klar durchsichtige Oberflächen. Mit Dekorpapieren läßt sich durch die Wahl verschiedenartig bedruckter Papiere die Oberfläche beliebig gestalten. Man kann entweder ein Oberlaypapier allein aufpressen, oder aber auch, wie dies meist geschieht, zunächst ein Dekorpapier und darüber ein Overlaypapier auflegen, die gemeinsam verpreßt werden. Diese Verbindung ergibt besonders glatte und geschlossene Oberflächen.

In der Praxis wird dieses Verfahren bei der Herstellung von Waggonbauplatten oder Betonschalungsplatten — meist mit Phenoltränkharzen — oder auch bei der Herstellung von Formholzteilen angewendet [*11.63*, S. 111]. Bei letzteren werden auch Filme mit Melaminharzen oder Gemischen von solchen mit Harnstoffharzen verwendet.

Ähnliche Verhältnisse wie sie hier bei Kunstharzfilmen mit Papier als Trägerstoff beschrieben wurden, bestehen bei der *Herstellung von Preß-schichtholz* [*11.63*, S. 135]. Bei diesem Verfahren werden dünne Furniere mit härtbaren Harzen — meist Phenolharzen durchimprägniert — zu Paketen zusammengelegt und anschließend unter hohem Druck heiß verpreßt. Hierbei können die Teile auch gleichzeitig dreidimensional verformt werden. Der Preßdruck beträgt bis zu 300 kp/cm². Das Tränkharz härtet während des Pressens zu einer homogenen Masse aus, die den ganzen Formteil gleichmäßig durchzieht. Das Oberflächenbild des Holzes bleibt zwar erthalten, sein Zellgefüge wird jedoch als Folge des hohen Drucks bleibend verformt, so daß es letzten Endes nur noch die Rolle eines Füllstoffes spielt, der die bei Aushärtung des Harzes entstehenden Schrumpfungsspannungen aufzunehmen vermag. Genau denselben Zweck erfüllt das Papier in den zuvor beschriebenen harzgetränkten Filmen.

Schichtstoffplatten [*11.71*, *11.63*, S. 85] sind dekorative Kunststoffplatten, in einer Dicke von 0,6 bis 1,6 mm, die durch Verpressen einer Anzahl harzgetränkter Papiere unter Einwirkung von Wärme und Druck hergestellt werden. Die Tränkung und Trocknung der Papiere wurde schon beschrieben.

Bild 11.15. Aufbau einer Schichtstoffplatte.

Die Schichtstoffplatten zeigen etwa einen Aufbau nach Bild 11.15. Overlay- und Dekorpapiere entsprechen den schon beschriebenen. Sie werden mit Melaminharzen getränkt, die zuweilen noch mit Harnstoffharzen verschnitten werden. Als Kernlagen dienen mehrere Lagen naturfarbenes Kraftpapier, die meist mit Phenolharzen imprägniert sind. Damit das dunkle Phenolharz nicht in die hellfarbigen Dekorpapiere eindringt und dort Flecken verursacht, wird zwischen Kern und Dekor noch ein Sperrschichtpapier eingelegt, das mit Melaminharz getränkt ist und das Durchschlagen des Phenolharzes verhindert. Spezialplatten enthalten zwischen Dekor und Kern noch eine dünne Aluminiumfolie, die der besseren Wärmeableitung dient, falls heiße Gegenstände auf der Oberfläche der Platte abgestellt werden.

Melaminharze und Phenolharze zeigen unterschiedliche Schrumpfung. Damit die unsymmetrisch aufgebaute Platte sich nicht verzieht, wird auf die Rückseite häufig noch eine sogenannte Gegenzulage aufgebracht, ein Kraftpapier, das mit Melaminharz — oder Melamin-Harnstoffharz-Gemischen — getränkt ist und das den einseitig wirkenden Schrumpfspannungen der Dekorseite entgegenwirkt.

Das ganze Papierpaket wird in Mehretagenpressen bei Temperaturen von etwa 150 °C und einem Preßdruck von 70 bis 150 kp/cm² verpreßt. Die Oberflächenbeschaffenheit der Schichtstoffplatten hängt von der Oberflächengüte der Zulagebleche ab. Um einwandfreie Oberflächen zu erzielen, ist meist eine Rückkühlung der Presse unter Preßdruck bis auf etwa 40 °C notwendig.

Anstelle eines aus mehreren Kraftpapieren bestehenden Kerns werden vielfach Faserhartplatten verwendet. Im einfachsten Fall wird auf diese lediglich ein harzgetränktes Dekorpapier aufgepreßt.

Schichtstoffplatten werden vom Verarbeiter formgerecht zugeschnitten und auf die zu vergütenden Oberflächen geklebt. Als Klebstoffe eignen sich solche aus Polychlorbutadien („Neoprenkleber"), in vielen Fällen auch thermoplastische Klebstoffe, z. B. aus Polyvinylacetat (Weißleime). Für manche Platten lassen sich selbst Harnstoffharze verwenden. Da die zahlreichen im Handel befindlichen Erzeugnisse sich in Aufbau und Rückseitengestaltung stark unterscheiden, empfiehlt es sich, beim Aufleimen von Schichtstoffplatten die Ratschläge des Plattenherstellers zu befolgen.

11.6 Phenol-Formaldehyd-Harzleime

11.61 Geschichte

Die Bildung von Harzen aus Phenol und Formaldehyd ist schon 1872 von A. Baeyer beobachtet worden [*11.6*]. Zu einer industriellen Anwendung dieser Stoffe kam es jedoch erst durch L. H. Baekeland im Jahre 1909 [*11.99···11.103*]. Schon in diesen frühen Patenten hat L. H. Baekeland die Verwendung von Kondensationserzeugnissen aus Phenol und Formaldehyd für die Verleimung von Holz erwähnt. 1919 erhielt J. R. McClain ein Patent für die Verleimung von Holz mit Papier oder Stoffbahnen, die mit Phenolharzen imprägniert waren [*11.105*]. Zwischen 1920 und 1930 wurden Versuche gemacht, entweder Phenolharzdispersionen oder aber Phenolharzpulver in trockener Form zur Holzverleimung zu gebrauchen. Auch alkoholische Lösungen von Phenolharzen gelangten zur Anwendung. Keines dieser Verfahren war erfolgreich. Teilweise lag dies daran, daß mit den verfügbaren Stoffen kein gleichmäßiger Leimauftrag erzielt werden konnte [*11.20*]. Dieses Problem wurde erst ab 1929 durch die Entwicklung eines technisch brauchbaren,

ausreichend lagerfähigen und hinreichend elastischen Phenolharz-Leim-
films gelöst [*11.11, 11.42, 11.121, 11.135*] („*Tegofilm*").

Hier ist auch das sog. „*Tegowiro*"-Verfahren zu erwähnen [*11.13, 11.52*], das
eine bemerkenswerte Weiterentwicklung der Leimfilme darstellt. Bei diesem Verfahren ist in den Leimfilm ein feines Drahtnetz mit eingebettet. Während der Verleimung wird es mittels elektrischen Stroms aufgeheizt und der Leim auf diese
Weise in der Fuge gehärtet.

Etwa ab 1935 wurden wasserlösliche Phenolharze auch in flüssiger
Form als Imprägniermittel und Bindemittel für Furniere verwendet, die
zu Preßholz weiterverarbeitet wurden. Aus diesen Harzen haben sich die
heute gebräuchlichen Handelsformen der flüssigen Phenolharzleime entwickelt [*11.67*].

11.62 Chemie und Herstellung der Phenol-Harzleime

Die *Ausgangsstoffe* für die Herstellung von Phenolharzen sind Phenol-
und Formaldehyd. Außer Phenol finden auch noch andere Phenol-Homo-
loge, wie Kresole, Xylenole, Resorcin, Verwendung. Die Herstellung von
Formaldehyd wurde bereits bei den Harnstoffharzen beschrieben.

Phenol und seine Homologen finden sich im *Steinkohlenteer* und werden hieraus gewonnen. Daneben gibt es aber auch noch eine Reihe von
anderen Verfahren, nach denen Phenol in industriellem Maßstab synthetisch hergestellt wird.

Beim *Raschig-Verfahren* wird ein dampfförmiges Gemenge von Ben-
zol, Chlorwasserstoff und Luft bei etwa 200 °C über Kupfer-Eisen- oder
Kupfer-Kobalt-Katalysatoren in Chlorbenzol verwandelt. Das Chlor-
benzol wird bei 400···500 °C über Silicat- oder Phosphatkontakten zu
Phenol und Salzsäure hydrolysiert, wobei die Salzsäure wieder in die
Chlorbenzolfabrikation zurückgeht (Bild 11.16).

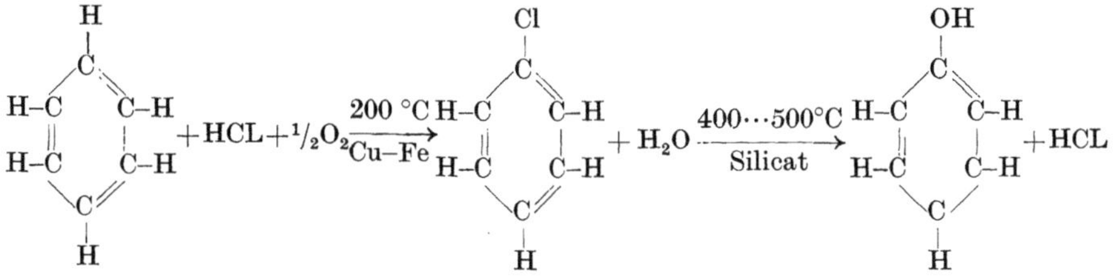

Bild 11.16. Raschig-Verfahren zur Herstellung von Phenol.

Beim *Cumol-Verfahren* wird Propylen mit Benzol zu Isopropylbenzol
(Cumol) umgesetzt, das über ein Peroxyd zu Phenol und Aceton oxydiert
wird.

Anders als bei den Harnstoffharzen ist der Verlauf der Reaktion von
Phenol mit Formaldehyd weitgehend aufgeklärt [*11.64, 11.76*]. Schon
L. H. BAEKELAND und H. LEBACH [*11.5, 11.73*] haben sich mit dem

Reaktionsmechanismus befaßt und die von ihnen vorgeschlagenen Bezeichnungen Novolak, Resol, Resitol und Resit für die einzelnen Harztypen bzw. Kondensationsstufen haben sich allgemein durchgesetzt.

Unter *Novolaken* versteht man Phenolharze, die sowohl schmelzbar
als auch in einer Reihe von organischen Lösungsmitteln löslich sind und
diese Eigenschaften auch bei längerem Erwärmen nicht verlieren. Sie
werden meist aus Phenol und Formaldehyd durch Kondensation mit
sauren Katalysatoren hergestellt.

Resole sind Phenolharze, die sich zwar ebenfalls in einer Reihe von
organischen Lösungsmitteln lösen, die aber im Gegensatz zu den
Novolaken durch eine thermische Behandlung, vielfach auch in der Kälte
schon durch Zusatz von starken Säuren, härten und in unschmelzbare
und unlösliche Harze übergehen.

Resitole sind solche Harze, die in organischen Lösungsmitteln nicht
mehr vollständig löslich sind, sondern höchstens quellen, die ferner beim
Erwärmen nicht mehr schmelzen, sondern nur erweichen. Sie stehen
also zwischen den Resolen und den Resiten. Zwischen den einzelnen
Stufen bestehen keine scharfen Grenzen.

Resite sind hochmolekulare Harze, die in organischen Lösungsmitteln
unlöslich, unquellbar und unschmelzbar sind.

In dem symmetrisch gebauten Molekül des Benzols ist bei chemischen
Reaktionen zunächst keine Stelle bevorzugt. Bei *Phenol* ist durch das
Vorhandensein einer Hydroxlygruppe eine Unsymmetrie eingetreten, die
sich bei der Reaktion mit Formaldehyd in einer erhöhten Reaktions-
bereitschaft der der Hydroxylgruppe benachbart („orthoständig") oder
gegenüber- („paraständig") liegenden C-Atome bemerkbar macht. Sind
neben der Hydroxylgruppe des Phenols noch weitere Substituenten vorhanden, so können diese die Wirkung der phenolischen Hydroxylgruppe
verstärken oder abschwächen (Bild 11.17).

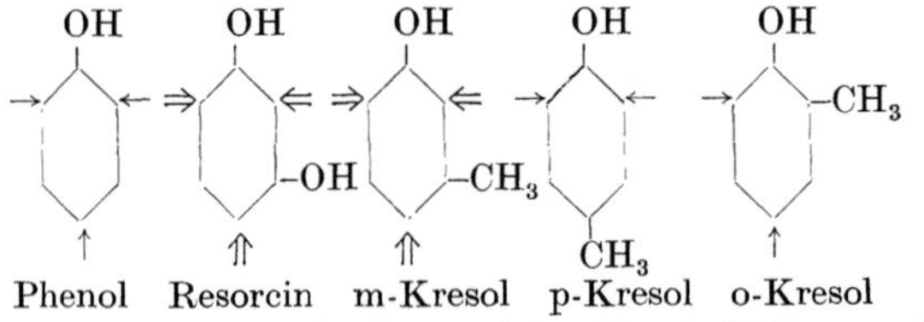

OH   OH   OH   OH   OH

$-CH_3$

$-OH$ $-CH_3$

CH_3

Phenol   Resorcin   m-Kresol   p-Kresol   o-Kresol
Die reaktionsfähigen Stellen sind jeweils mit Pfeilen markiert

Bild 11.17. Die gegenüber Formaldehyd reaktionsfähigen Stellen von Phenol
und einigen seiner Homologen.

Die zwischen Ortho- und Parastellung liegende metaständige zweite
Hydroxylgruppe des *Resorcins* bewirkt eine derartige Steigerung der
Reaktionsfähigkeit gegenüber Formaldehyd, daß Resorcinharze schon in
der Kälte mit diesem reagieren und ohne Zusatz von sauren Katalysa-

toren kalt ausgehärtet werden können. Auch *m-Kresol*, das eine meta-ständige Methylgruppe besitzt, ist noch reaktionsfähiger als Phenol selbst. Anders verhalten sich *p-Kresol* und *o-Kresol*. Hier ist eine der reaktionsfähigen o- und p-Stellungen durch einen Substituenten besetzt, die Reaktionsfähigkeit ist stark verringert und es bleiben nur noch zwei reaktionsfähige Stellen übrig. o- und p-Kresol können daher keine dreidimensional vernetzten Makromoleküle mehr bilden, sondern nur noch lineare Ketten. Diese besitzen nicht die Widerstandsfähigkeit der dreidimensional vernetzten Resite. Immerhin lassen sich Kresole bis zu einem gewissen Prozentsatz mit trifunktionellen Phenolen und Formaldehyd mischkondensieren, wobei sich vernetzte Makromoleküle bilden.

Ein Molekül Formaldehyd vermag unter Methylenbrückenbildung mit zwei Molekülen Phenol zu reagieren. Da Phenol drei reaktionsfähige Stellen hat, benötigt man um vollständige Vernetzung zu erzielen, theoretisch auf 1 Mol Phenol 1,5 Mole Formaldehyd.

Bei der Herstellung von wasserlöslichen Resolen, wie sie für Verleimungszwecke allgemein verwendet werden, läßt man Phenol und Formaldehyd, in einem Molverhältnis von 1,1 bis 2 Mol Formaldehyd auf 1 Mol Phenol, in alkalischer Lösung in der Wärme miteinander reagieren.

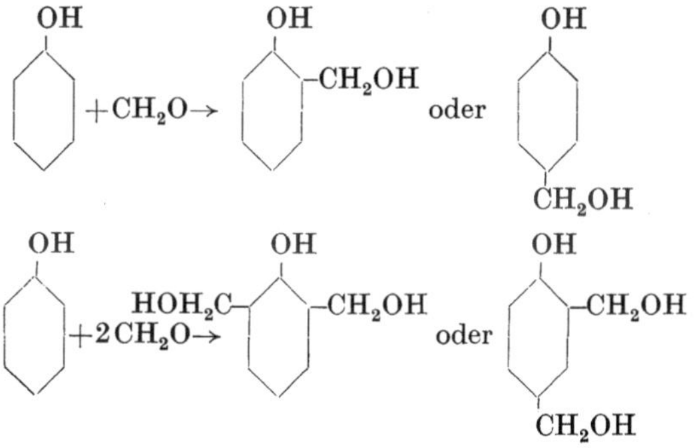

Bild 11.18. Bildung von Phenolalkoholen.

Hierbei bilden sich zunächst überwiegend Phenolalkohole (Bild 11.18). Diese reagieren unter Bildung von Äther- oder Methylenbrücken weiter (Bild 11.19).

Die Kondensationsreaktion kann durch Abkühlen gebremst werden, wenn das Harz einen für die Verarbeitung zweckmäßigen Kondensationsgrad erreicht hat. So erhält man die Leimlösung, die konzentriert oder auch sprühgetrocknet werden kann. Wie bei fast allen Lösungen der härtbaren Harze schreitet auch hier die Kondensationsreaktion langsam weiter, so daß die Harzlösung nur eine begrenzte Lagerfähigkeit besitzt.

Sobald die Kondensationsreaktion durch Erwärmen oder durch Zugabe saurer Katalysatoren wieder in Gang gebracht wird, reagieren

die in dem Resol infolge der großen Formaldehydmenge zahlreich enthaltenen Methylolgruppen weiter, bis ein vollkommen vernetztes *Resit*
erhalten wird (Bild 11.20).

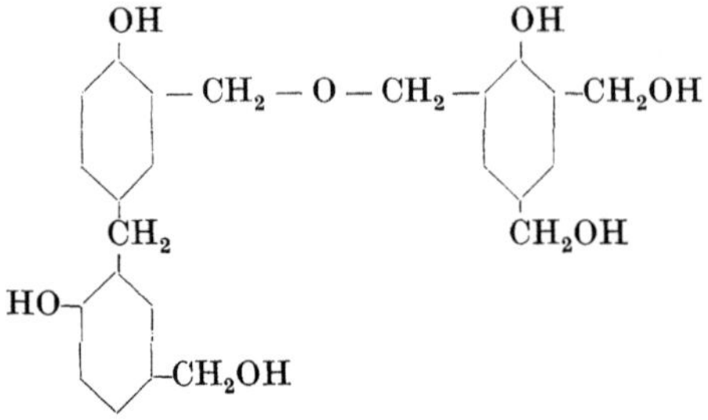

Bild 11.19. Niederkondensiertes Resol mit Äther- und Methylenbrücken.

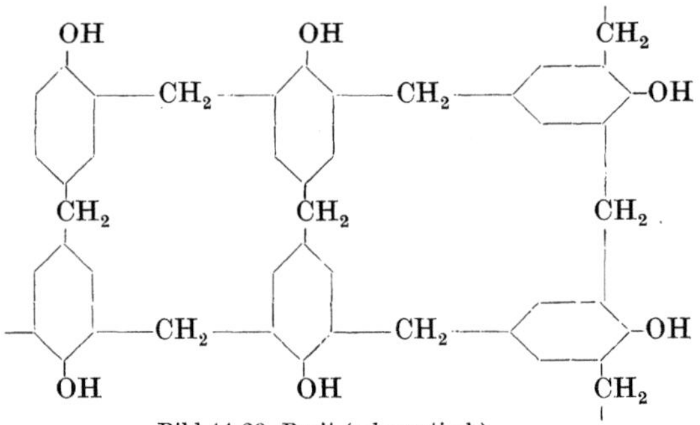

Bild 11.20. Resit (schematisch).

Resole lassen sich also durch Wärme oder Säuren härten.

Novolake erhält man, wenn man Phenol mit Formaldehyd im Verhältnis von 1 Mol Phenol zu weniger als 1 Mol Formaldehyd sauer kondensiert. Hierbei bilden sich zunächst Dioxy-diphenylmethane:

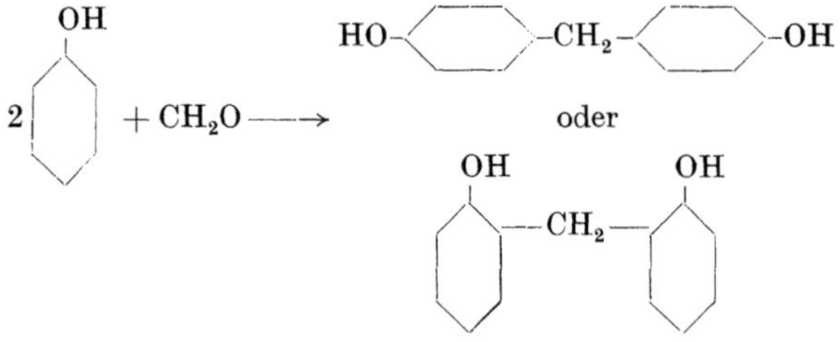

diese reagieren weiter zu Novolak:

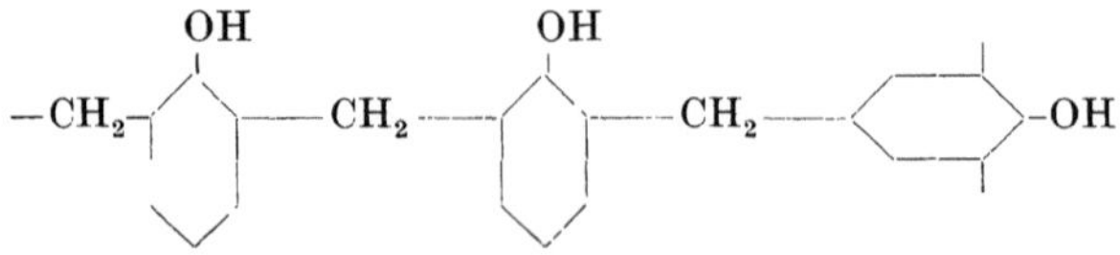

Die Novolake bleiben dauernd löslich und schmelzbar und können wegen des Fehlens von freien Methylolgruppen nicht härten. Erst wenn man den fehlenden Formaldehyd in Form von Paraformaldehyd oder Hexamethylentetramin zusetzt, lassen sich auch die Novolake härten. Hierbei entstehen wie bei den Resolen dreidimensional vernetzte Resite. Bild 11.21 soll nochmals eine Übersicht über die Phenolharztypen geben.

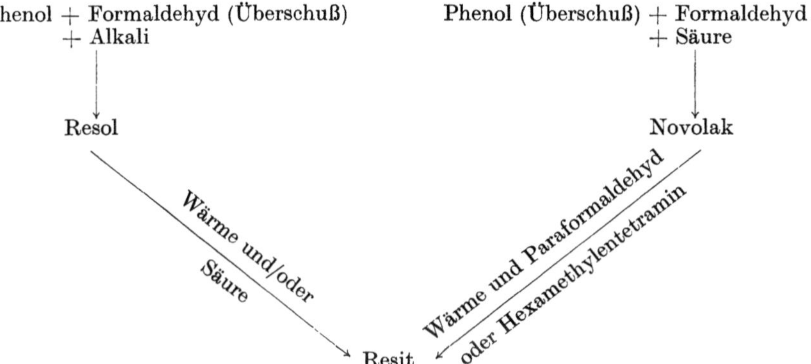

Bild 11.21. Bildung von Phenolharzen (nach HULTZSCH [*11.64*]).

11.63 Anwendung der Phenol-Harzleime

Phenolharze werden in Verbindung mit Holz nicht nur als *Lagenholzleime*, sondern auch zur *Imprägnierung* für harzgetränktes Schicht- und Formholz verwendet. Ebenso dienen Phenolharze als Tränkharze für Papiere, Stoffe usw., die zur Herstellung von Preß-Schichtstoffen oder zur Oberflächenvergütung von Holz benutzt werden. Schließlich ist noch die *Verleimung von Holz mit Metall* mit Hilfe von Phenolharzen zu erwähnen. Es erscheint angebracht, neben der reinen Lagenholzverleimung auch auf diese Gebiete kurz einzugehen, da solche Aufgaben nicht selten an den Hersteller von Lagenhölzern herantreten.

Für die genannten Anwendungsgebiete werden fast ausschließlich *Resole* verwendet. Neben Phenol können diese auch noch Kresole oder Xylenole enthalten. Nach *Lieferformen* können unterschieden werden:

a) Flüssige Phenolharze, meist in Wasser oder Alkohol gelöst,

b) Pulverförmige Phenolharze,

c) Phenolharze in Folienform (Filmleime).

Die *pulverförmigen Harze*, die relativ selten in der Praxis anzutreffen sind, werden zum Gebrauch in Wasser gelöst und dann entsprechend wie die flüssigen Harze verwendet. Die Lagerfähigkeit der Pulver soll nach Literaturangaben etwa 6 Monate betragen, sie ist damit nicht höher als diejenige mancher am Markt befindlichen flüssigen Phenolharze. Bei den

flüssigen Phenolharzleimen muß zwischen Lagenholzleimen und Montage-
leimen unterschieden werden.

Die *Lagenholzleime* sind wasserlösliche niederkondensierte Resole.
Der Trockengehalt der Lösungen beträgt 40 bis 50%. Sie sind auf *Wärme-
härtung* eingestellt. Die in üblicher Weise beleimten Furniere müssen
nach der Beleimung auf *6 bis 10% Holzfeuchtigkeit* getrocknet werden,
ehe sie bei *Preßtemperaturen um 140*°C zu Sperrholz verpreßt werden.
Die beharzten und getrockneten Furniere können vor dem Verpressen
tage-, selbst wochenlang gelagert werden.

Da dieses Verfahren als umständlich empfunden wurde und die hohen
Temperaturen sich auf das Holz nicht günstig auswirken, setzte die
Entwicklung von Phenolharzen ein, die bei niedrigeren Temperaturen
und ohne die kostspielige und zeitraubende Vortrocknung verwendet
werden können. Harze, bei denen dies durch eine kombinierte Wärme- und
Säurehärtung zu erreichen versucht wurde, haben sich nicht bewährt.
Eine andere Gruppe von Harzen verwendet Härter, die neben anderen
Stoffen noch Paraformaldehyd enthalten. Sie gestatten eine Verarbeitung
ohne Vortrocknung bei Preßtemperaturen von 110 bis 120°C und haben
sich in der Praxis gut bewährt. Manche dieser Erzeugnisse zeichnen sich
noch durch eine besonders gute Lagerfähigkeit aus. In der Verarbeitung
gleichen solche Leime den Harnstoffharzen. Es sollte jedoch nicht übersehen werden, daß die Phenolharze eine sehr genaue Einhaltung der
Arbeitsvorschrift des Herstellers erfordern und in bezug auf die Einhaltung der richtigen Holzfeuchtigkeit und der richtigen Preßbedingun-
gen erheblich empfindlicher sind als andere Leime.

Die *Montageleime* sind zähflüssige, hochkondensierte Resole mit einem Trockenstoffgehalt von 65 bis 75%. Die *Lagerfähigkeit* beträgt 2 bis 3 Monate. Sie sind mit
Wasser nicht mischbar und können nur mit organischen Lösungsmitteln verdünnt
oder gelöst werden. Als *Härter* werden starke Säuren, meist para-Toluolsulfonsäure
verwendet. Da die Härterlösungen sehr agressiv sind, können sie nur in Glas-
gefäßen aufbewahrt werden. Der Härter wird in dem vom Hersteller angegebenen
Verhältnis untergemischt. Die rotbraune Farbe des Harzes schlägt hierbei nach
blau oder grün um, kehrt jedoch beim Aushärten allmählich wieder zurück. Die
Verarbeitungstemperatur beträgt 20°C. Die Leime sind *fugenfüllend*. Ehe die beleimten Teile zusammengelegt und unter Preßdruck gebracht werden, ist meist
eine *offene Wartezeit* einzuhalten, deren Zeitdauer für die einzelnen Harztypen verschieden ist. Die *Spannzeiten* betragen etwa 6 h, für Teile, die unter Spannung
stehen, entsprechend mehr.

Durch den *Härterzusatz* sinkt der p_H-*Wert* der Montageleime sehr stark, bis in
Bereiche um $p_H = 1\cdots2$ ab. Die Gefahr einer *Säureschädigung* des zu verleimenden
Holzes ist dabei nicht mit Sicherheit auszuschließen. Säurehärtende Phenolharze
sind aus diesem Grunde mit einer gewissen Vorsicht anzuwenden. In vielen Fällen
sind Resorcinharze vorzuziehen, die ebenfalls bei Raumtemperatur, aber bei neutraler Reaktion aushärten. Bei diesen ist die Gefahr einer Säureschädigung des
Leimgutes mit Sicherheit vermieden. Gelegentlich werden Phenolharzleime auch
mit *Füllstoffen* verarbeitet. Hierzu eignen sich Kokosnußschalen- oder Walnuß-

schalenmehle [*11.139, 11.140*] entsprechender Siebfeinheit. Auch Holzmehl oder stärkehaltige Stoffe können in begrenztem Umfang verwendet werden. Eine Studie über die Brauchbarkeit verschiedener Streckmittel ist von R. V. WILLIAMSON und E. L. LATHROP durchgeführt worden [*11.141*]. Zusätze von Proteinleimen wurden bereits im Abschnitt über Proteinmischleime besprochen.

Die *Phenolharz-Filmleime* stellten — wie schon erwähnt — die erste Anwendungsform dar, in der sich Phenolharze als Lagenholzleime praktisch bewährt haben. Sie bestehen aus einer Papierbahn als Harzträger, die mit einem Resol getränkt und so getrocknet wurde, daß das Harz noch im Resolzustand vorliegt. Das Harz selbst kann neben Phenol auch noch bestimmte Mengen an Kresolen enthalten. Um den Film vor dem Verpressen elastisch zu halten und seine Handhabung zu erleichtern, werden besondere Weichhaltungsmittel zugefügt. Die Filmrollen sind, aufrechtstehend, trocken und kühl aufbewahrt etwa 1 Jahr haltbar.

Zum Gebrauch wird ein entsprechend zurechtgeschnittenes Filmstück zwischen die zu verleimenden Teile gelegt und diese bei mindestens 140 °C *Temperatur* und einem Preßdruck von 6 bis 25 kp/cm² verpreßt. Der *Preßdruck* richtet sich nach der Holzart. Er muß um so höher gewählt werden, je härter und spröder das Leimgut ist. Die *Preßgrundzeit* beträgt etwa 5 min zuzüglich 1 min je Millimeter zu durchheizender Holzdicke.

Das in dem Leimfilm enthaltene Resol wird unter der Einwirkung der Wärme und der in dem Film und dem umgebenden Holz enthaltenen Feuchtigkeit zunächst flüssig und geht dann in den Resit-Zustand über. Die Verflüssigung ist für eine gute Verleimung unerläßlich. Sie erfordert eine ziemlich genau abgestimmte Wassermenge. Wie schon früher erwähnt, ist wie bei allen Filmleimverfahren, so auch hier eine peinlich genaue Kontrolle der vorgeschriebenen *Holzfeuchtigkeit* unerläßliche Voraussetzung für den Erfolg. Da die vorgeschriebene Holzfeuchtigkeit nicht immer leicht einzuhalten ist, ziehen viele Verarbeiter flüssige Phenolharzleime vor. Diese sind, wenigstens nach der Seite der niedrigen Holzfeuchtigkeiten hin, weniger anspruchsvoll als die Filmleime.

Phenolharzimprägnierte Papiere werden auch zur Herstellung von *Schichtstoffplatten* und zur *Oberflächenveredelung von Holzwerkstoffen* verwendet. Diese Gebiete wurden bei den Melaminharzen bereits besprochen. Eine weitere Anwendung der Phenolharze stellt die schon erwähnte Imprägnierung von Holz dar [*11.24*, S. 395/400].

Sehr *niedermolekulare Resole* lassen sich zur *Imprägnierung von Vollholz* verwenden. Nach der Aushärtung zeigt sich eine Erhöhung der Festigkeitswerte und eine Verminderung der Quellung. Die mit zunehmendem Harzgehalt eintretende Versprödung führt allerdings zu einem Absinken der Bruchschlagarbeit.

Als Tränkharze können außer wäßrigen oder alkoholischen Lösungen von niederkondensierten Resolen auch andere härtbare Harze verwendet werden. Zu diesen harzgetränkten Hölzern gehört das im U. S. Forest Products Laboratory, Madison, entwickelte „Impreg"-Holz.

Für die Herstellung von *verdichtetem Lagenholz* und von *Preßholz-Formteilen* werden Furniere mit wäßrigen oder alkoholischen Lösungen von härtbaren Harzen imprägniert. Gut bewährt haben sich wäßrige Lösungen von sehr niederkondensierten Resolen, die einen Feststoffgehalt von 27 bis 30% und einen p_H-Wert von 8 besitzen. Mit solchen Lösungen wird ein Höchstmaß an Quellung erreicht und die Durchtränkung begünstigt.

Die Furniere werden nach vollkommener Durchtränkung bei 100 °C getrocknet, gestapelt und unter hohem Druck bei 150 °C verpreßt. Nach einem anderen Verfahren werden Furniere wie bei der Sperrholzfertigung mit Resolen beleimt, getrocknet und unter hohem Druck ebenfalls bei 150 °C verpreßt. Das aufgetragene Resol wird hierbei zunächst dünnflüssig und durchtränkt die ursprünglich nicht durchimprägnierten Furniere, ehe es in den Resit-Zustand übergeht. Die verdichteten Lagenhölzer („Compreg", entwickelt im U. S. Forest Products Laboratory, Madison) sind in ihren gesamten physikalischen Eigenschaften, z. B. der Festigkeit, dem Quellungsverhalten, der Wasserdampfdurchlässigkeit, den elektrischen Eigenschaften, von normalem Holz völlig verschieden. Sie sind in dieser Hinsicht eher mit den Phenolharz-Preßmassen zu vergleichen, wobei hier das Holz als Füllmittel dient.

Für hellfarbige Preßholzerzeugnisse werden an Stelle der Phenolharze andere härtbare Harze zur Imprägnierung verwendet.

Ein besonderes Problem stellt die *Verleimung von Holz mit Metall* dar. Dünne Metallfolien können auf Holz leicht mit Hilfe von Kunststoff-Dispersionen aufkaschiert werden. Gut geeignet für diesen Zweck sind Mischpolymerisate auf der Grundlage von Acrylsäureestern. Die Dispersionen werden aufgestrichen und trocknen gelassen. Nach dem Trocknen wird wenige Sekunden bei 100 bis 120 °C verpreßt. Damit die Metallfolie gut haftet, muß sie fettfrei sein.

Eine derartige Verklebung kann naturgemäß keinen Anspruch auf hohe Festigkeit und Beständigkeit gegenüber hohen Temperaturen erheben.

Für eine hochwertige Holz-Metallverleimung werden Phenolharze und modifizierte Phenolharze herangezogen.

Entscheidend für das Zustandekommen einer einwandfreien Verleimung ist neben der Wahl des geeigneten Klebstoffs die sorgfältige *Vorbereitung der Metalloberfläche*. Nach einer gründlichen Entfettung mit Trichloräthylen oder Tetrachlorkohlenstoff werden die Bleche entweder auf mechanischem Wege durch Schmirgeln, Bürsten, Sandstrahlen aufgerauht oder bei Aluminiumblechen auf elektrochemischem Wege auf der Oberfläche anodisch oxydiert (Eloxalverfahren). Auch auf chemischem Wege kann durch Ätzen mit sauren oder alkalischen Bädern die Oberfläche aktiviert werden. Stahlbleche werden mit Gemischen aus Schwefelsäure und Salpetersäure in bestimmter Konzentration bei 60 °C oder auch bei Raumtemperatur mit Mischungen aus Salzsäure, Perhydrol und Formaldehyd behandelt. Bei Aluminium wird vielfach Chromschwefelsäure verwendet. Die Bleche werden anschließend gründlich gewaschen und rasch und schonend getrocknet. Die Aktivierung hält nur wenige Stunden an, innerhalb deren die Verleimung erfolgen muß. Jede Berührung der Oberflächen mit den Händen ist zu vermeiden. Die erfolgreiche Oberflächenbehandlung erkennt man daran, daß das Metall von Wasser vollkommen gleichmäßig benetzt wird.

Die Verleimung kann mit Phenolharzfilmen [*11.74*], aber auch mit besonders für diesen Zweck entwickelten flüssigen oder pastösen Phenolharzen erfolgen. Bei diesen wird das Harz auf dem Metall aufgetragen, zunächst an der Luft getrocknet, dann auf 80 °C erwärmt und schließlich nach dem Zusammenlegen der Teile bei 160 °C ausgehärtet.

Vor allem ist eine kombinierte Verwendung von Phenolharz mit Polyvinylformal zu erwähnen, die als *„Reduxverfahren“* bekannt geworden ist [*11.79*]. Dieses Verfahren wird vorwiegend für die Verklebung von Metallen untereinander benutzt, eignet sich aber auch für die Verklebung von Holz mit Metall. Auch *Epoxydharze* werden seit einigen Jahren für denselben Zweck angewendet.

Die bisher beschriebenen Verfahren benötigen Preßvorrichtungen und, abgesehen von manchen Epoxydharzen, die Anwendung ziemlich hoher Temperaturen. Nach einem besonderen Verfahren werden jedoch Leichtmetallbleche hergestellt, die auf der Innenseite ein dünnes aufgeklebtes Furnier tragen [*11.1*], so daß sie leicht mit den üblichen Holzleimen, auch im Kaltverfahren, auf Holzoberflächen aufgeleimt werden können.

11.64 Gewerbehygiene

Phenolharzleime können neben freiem Formaldehyd auch noch freies Phenol enthalten. Beide können zu *Hautschäden* führen. Aus diesem Grunde ist vor allem auf die gute Belüftung der Arbeitsräume, auf entsprechende Absaugevorrichtungen an den Pressen und auf peinliche Sauberkeit an den Händen und am ganzen Körper zu achten.

11.65 Beurteilung der Phenol-Harzleime

Phenolharze sind sehr hochwertige Leime. Sie liefern völlig koch- und wetterfeste Verleimungen, die auch von den meisten Säuren, Ölen, Fetten und organischen Lösungsmitteln nicht angegriffen werden. Gegenüber Pilzen und Bakterien sind sie beständig.

Ihr *Hauptanwendungsgebiet* ist die Herstellung von *wetterfestem Sperrholz*, das den Normen DIN 68705 Klasse AW 100 oder British Standard 1455 (1956) Klasse WBP zu entsprechen hat. Durch diese Verleimungsgüte sind dem Sperrholz eine ganze Reihe neuer Anwendungsgebiete erschlossen worden, die bisher infolge mangelnder Beständigkeit der Verleimung nicht zugänglich waren. Die Nachfrage nach wetterfestem Sperrholz ist im Steigen begriffen.

Die *technische Verarbeitung der Phenolharze* ist nicht ganz so einfach, wie die anderer Leime. Sie setzt eine gewisse Erfahrung und vor allem eine sorgfältige Betriebskontrolle voraus.

Als nachteilig werden in manchen Fällen die *dunkle Leimfuge* und die bei flüssigen Leimen bei bestimmten Holzsorten nicht mit unbedingter Sicherheit zu vermeidenden *Leimdurchschläge* empfunden. Hinsichtlich des *Geruchs der ausgehärteten Harze* bestehen zwischen den einzelnen Erzeugnissen starke Unterschiede. Phenol- oder Kresolgeruch kann bei der Verwendung in Innenräumen sehr stören, zumal er unter Umständen jahrelang vorhält. Die Ursachen des Geruchs sind vor allem Verunreinigungen bzw. Beimischungen von nicht kondensierenden Begleitstoffen des Phenols, wie sie dann vorhanden sein können, wenn bei der Harzherstellung nicht mit reinem Phenol gearbeitet wird. Die billigsten Erzeugnisse sind nicht die besten. Es gibt Phenolharzleime, die nach der Verleimung praktisch frei von Geruch sind.

Die *säurehärtenden Montageleime* sind mit einiger Vorsicht anzuwenden. Im Schiffbau, Flugzeugbau und bei der Herstellung tragender Holzbauteile wird man ihnen die neutral härtenden Resorcinleime trotz des höheren Preises vorziehen. Auch die Montageleime liefern Verleimungen nach AW 100 oder WBP.

11.7 Resorcin-Formaldehyd-Harzleime [*11.59, 11.61, 11.86*]

Resorcin-Formaldehyd-Harze werden als Leime etwa seit 1943 verwendet. Resorcin ist ein zweiwertiges Phenol, das sich durch eine außerordentliche Reaktionsfähigkeit auszeichnet.

Die Herstellung durchläuft die in Bild 11.22 dargestellten Stufen.

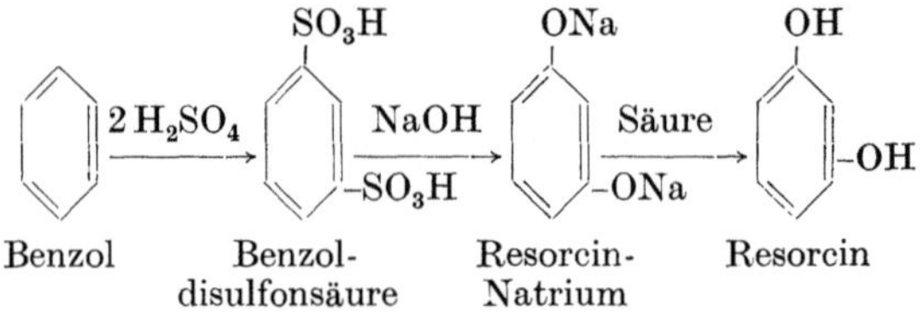

Bild 11.22. Herstellung von Resorcin.

Infolge dieser umständlichen Herstellung ist Resorcin ziemlich teuer. Resorcin reagiert mit Formaldehyd schon in der Kälte äußerst heftig. Es bedarf daher einer besonderen Lenkung der Kondensationsreaktion, um brauchbare Resorcin-Formaldehydharze herzustellen. Resorcin-Novolake haben die Fähigkeit, mit Paraformaldehyd auch ohne Säurehärter bei *Zimmertemperatur* bis zur Resit-Stufe aushärten zu können. Dadurch läßt sich die Anwendung der sonst zur Kalthärtung von Phenolharzen nötigen starken Säuren vermeiden.

Um die Resorcinharze zu verbilligen, werden sie mit Phenol mischkondensiert. Die Phenolmenge wird hierbei so dosiert, daß das Harz noch ausreichend aktiv bleibt, um bei neutraler Reaktion in der Kälte zu härten.

Resorcinharze gelangen *in Form von Lösungen* mit 50 bis 60% Feststoffgehalt in den Handel. Die Lösungen sind bei Temperaturen unter 20 °C 9 bis 12 Monate lagerfähig.

Zum Gebrauch wird entsprechend den Vorschriften des Herstellers der *pulverförmige Härter* untergemischt. Er enthält den für die Aushärtung notwendigen Paraformaldehyd neben anderen Stoffen. Die fertige Leimflotte ist nur wenige Stunden haltbar. Die aufzutragende Leimmenge richtet sich nach der Paßgenauigkeit der Oberflächen. Resorcinharze sind *fugenfüllend*. Die *Härtungsreaktion* ist sehr *stark temperaturabhängig*. Bei Temperaturen unter 15 °C ist eine sichere Durchhärtung auch bei sehr langen Spannzeiten nicht mehr gesichert. Bei Temperaturen über 80 °C kann die Härtung so rasch verlaufen, daß, besonders bei dicken Leimfugen, das Lösungsmittel nicht schnell genug in das umgebende Holz abwandern kann, so daß porenhaltige Fugen von geringer Festigkeit entstehen. Die *Spannzeit* richtet sich nach der Verarbeitungstemperatur und dem Spannungszustand der zu verleimenden Teile. Die volle Bindefestigkeit wird erst nach etwa sieben Tagen erreicht.

Als *Streckmittel* soll Maiskleber verwendet werden können [*11.138*], auch Walnußschalenmehl und ähnliche Stoffe sollen als Streckmittel geeignet sein. Es sei aber eine sorgfältige Prüfung empfohlen, inwieweit solche Zusätze festigkeitsmindernd wirken.

Verleimungen mit Resorcinharzen sind gegen alle Witterungseinflüsse und gegen kochendes Wasser beständig. Sie werden von Säuren, schwachen Alkalien und den üblichen Lösungsmitteln kaum angegriffen. Da die Härtung im neutralen p_H-Bereich erfolgt, sind Säureschäden, die bei kalthärtenden Phenolharzen nicht immer ausgeschlossen werden können, unmöglich.

Die Verarbeitung der Harze ist auch im Hochfrequenzverfahren möglich. Sie eignen sich besonders für Konstruktionsverleimungen bei der Herstellung tragender Holzbauteile, im Holzflugzeugbau und im Schiffbau. Die gebräuchlichen Handelserzeugnisse sind für diese Verwendungszwecke amtlich geprüft und zugelassen. Leider beschränkt der verhältnismäßig hohe Preis die Anwendung der Resorcinharze auf Sonderverleimungen.

11.8 Kunststoff-Dispersionsleime

Kunststoff-Dispersionsleime, auch *Weißleime* genannt, bestehen in den meisten Fällen aus *Polyvinylacetat-Dispersionen*, die mit geeigneten Zusätzen versehen wurden.

Das *monomere Vinylacetat* wurde zuerst 1912 von KLATTE aus *Acetylen* und *Essigsäure* hergestellt. Als *Katalysator* diente *Quecksilbersulfat:*

$$HC \equiv CH + CH_3COOH \rightarrow H_2C = CH - OCO - CH_3$$

Dieselbe Reaktion wird noch heute, allerdings mit anderen Katalysatoren, großtechnisch durchgeführt.

Vinylacetat ist eine wasserhelle Flüssigkeit mit einem Siedepunkt von 72 °C.

Um die Polymerisation des Vinylacetats in Gang zu bringen, setzt man Stoffe zu, die leicht in energiereiche Bruchstücke, sogenannte Radikale, zerfallen. Diese dienen als Startpunkt für eine Kettenreaktion gemäß Bild 11.23:

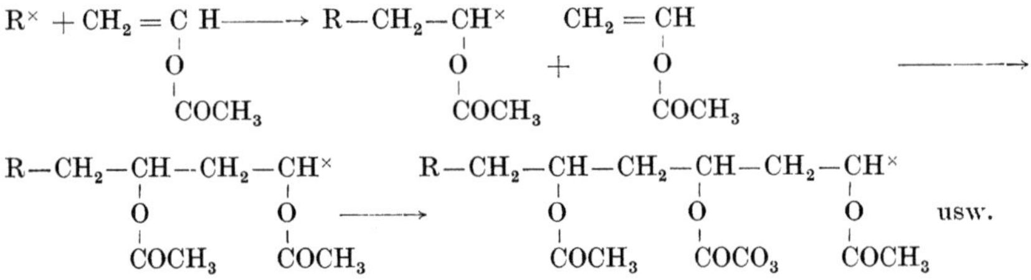

$$R^{\times} + CH_2 = \underset{\underset{\displaystyle COCH_3}{|}}{\overset{|}{C}} H \longrightarrow R - CH_2 - \underset{\underset{\displaystyle COCH_3}{|}}{\overset{|}{CH^{\times}}} \quad + \quad \underset{\underset{\displaystyle COCH_3}{|}}{\overset{|}{CH_2} = CH} \quad \longrightarrow$$

$$R - CH_2 - \underset{\underset{\displaystyle COCH_3}{|}}{\overset{|}{CH}} - CH_2 - \underset{\underset{\displaystyle COCH_3}{|}}{\overset{|}{CH^{\times}}} \longrightarrow R - CH_2 - \underset{\underset{\displaystyle COCH_3}{|}}{\overset{|}{CH}} - CH_2 - \underset{\underset{\displaystyle COCO_3}{|}}{\overset{|}{CH}} - CH_2 - \underset{\underset{\displaystyle COCH_3}{|}}{\overset{|}{CH^{\times}}} \quad \text{usw.}$$

Bild 11.23. Polymerisation von Vinylacetat.

Das Startradikal lagert sich an ein Molekül Vinylacetat an und überträgt seine Energie auf dieses, so daß ein neues Radikal entsteht, das seinerseits ein weiteres Molekül Vinylacetat unter Übertragung der Energie anlagert. Auf diese Weise entstehen Kettenmoleküle von wachsender Länge. Das Wachstum geht so lange weiter, bis der ursprünglich durch das Startradikal eingebrachte Energiebetrag in einer Nebenreaktion verbraucht wird, die nicht zur Anlagerung eines weiteren Moleküls Vinylacetat führt. Man kann die statistische Häufigkeit solcher Nebenreaktionen durch geeignete Zusätze beeinflussen und hat es so in der Hand, ein Polymerisat mit einem bestimmten durchschnittlichen Molekulargewicht herzustellen.

Es zeigt sich also ein grundlegender Unterschied zwischen der Polymerisation und der Polykondensation. Während die Kondensationsreaktion eine langsam verlaufende Zeitreaktion darstellt, die meist ohne Schwierigkeiten an einem beliebigen Punkt abgebrochen und selbst Wochen oder Monate später wieder in Gang gesetzt werden kann, verläuft die Polymerisation von der Startreaktion in fast unmeßbar kurzer Zeit bis zur Bildung des fertigen Makromoleküls durch. Dessen Größe läßt sich zwar innerhalb gewisser Grenzen beeinflussen; wenn die zu seiner Bildung führende Kettenreaktion jedoch abgebrochen ist, kann das fertige Molekül nur noch schwer zu weiteren chemischen Reaktionen veranlaßt werden.

Während der *Polymerisation* werden erhebliche Wärmemengen frei, die abgeführt werden müssen. Geschieht dies nicht, so steigt die Temperatur des Reaktionsgemisches rasch. Mit ihr steigt — und zwar erheblich schneller — die Polymerisationsgeschwindigkeit, mit dem Ergebnis, daß weitere Wärmemengen freigemacht werden. Binnen kurzem steigert sich die Reaktion infolge der Wärmestauung daher zu einem explosionsartigen Verlauf.

Technisch läßt sich die Polymerisation als „Blockpolymerisation" ohne Zusatz von Lösungsmitteln, als Lösungspolymerisation unter Zusatz von Lösungsmitteln oder auch als sogenannte Emulsions- oder Dispersionspolymerisation durchführen.

Bei der *Emulsionspolymerisation* wird das Monomere in Wasser emulgiert. Nach dem Zusatz eines radikalbildenden Katalysators setzt

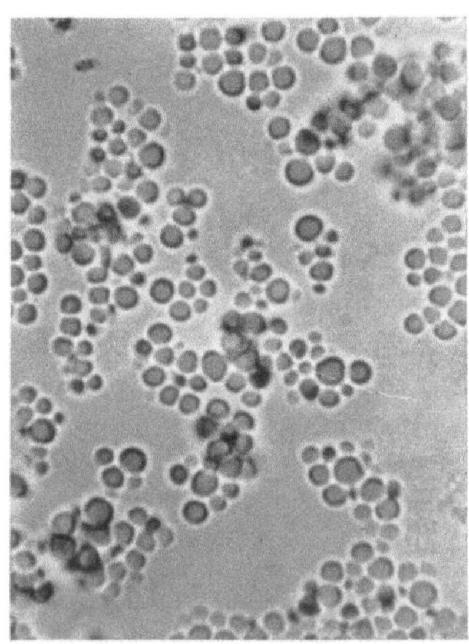

Bild 11.24. Mikrobild einer Dispersion mit Polymerisat in Form feinster Kügelchen.

die Polymerisation ein. Infolge der großen Wassermenge und des guten Wärmeübergangs läßt sich der Reaktionsverlauf leicht beherrschen. Es entsteht eine Dispersion, in der das Polymerisat in Form feinster Kügelchen vorliegt (Bild 11.24).

Um eine derart feine Verteilung zu erzielen und zu erhalten, werden *Dispergiermittel* zugesetzt. Mit Netzmitteln („Seifen") als Dispergiermittel erhält man außerordentlich feine Teilchen, mit Durchmessern von 0,1 bis 0,2 μ. Diese Dispersionen sind trotz eines Festharzanteils von 50% fast so niedrigviskos wie Wasser. Mit sogenannten Schutzkolloiden, z. B. mit Polyvinylalkohol,

$$-CH_2-CH-CH_2-CH-CH_2-CH-$$
$$\quad\quad\; | \quad\quad\quad\quad | \quad\quad\quad\quad |$$
$$\quad\; OH \quad\quad\quad OH \quad\quad\quad OH$$

der durch Verseifung aus Polyvinylacetat hergestellt wird, erhält man pastöse Dispersionen. Die Polymerisatteilchen sind hier wesentlich größer und haben Durchmesser von 1 bis $2\,\mu$.

Die Polymerisate sind *thermoplastisch*. Polyvinylacetat hat einen Erweichungspunkt von etwa $+30\,°$C. Darüber wird es zunehmend weich und klebrig, darunter zunehmend hart und spröde. Der Erweichungspunkt hängt ab von der chemischen Natur des Polymerisats, außerdem u. a. vom Molekulargewicht und vom Durchmesser der dispergierten Teilchen.

Polyvinylchlorid erweicht bei etwa $+80\,°$C.

$$-CH_2-CH-CH_2-CH-CH_2-CH$$
$$\quad\;\; |\qquad\qquad |\qquad\qquad |$$
$$\quad\;\; Cl\qquad\qquad Cl\qquad\qquad Cl$$

Polyvinylchlorid

Polyacrylsäurebutylester dagegen bei $-40\,°$C.

$$-CH_2-CH-CH_2-CH-CH_2-CH-$$
$$\quad\;\; |\qquad\qquad |\qquad\qquad |$$
$$C_4H_9OCO\quad C_4H_9OCO\quad C_4H_9OCO$$

Polyacrylsäurebutylester

Durch *Mischpolymerisation* verschiedener Monomerer lassen sich Polymerisate mit beliebigen, zwischen den Erweichungspunkten der reinen Polymeren liegenden Erweichungspunkten herstellen.

Ein anderes Verfahren, um den Erweichungspunkt eines Polymerisates zu senken, ist der Zusatz schwerflüchtiger organischer Flüssigkeiten, die das Polymerisat anquellen und dann daraus nur schwer wieder auswandern. Solche Stoffe bezeichnet man als *äußere Weichmacher*, im Gegensatz zu der inneren Weichmachung, die man erhält, wenn man Monomere, deren Polymerisate hohe Erweichungspunkte haben, mit solchen Monomeren mischpolymerisiert, deren Polymerisate niedrige Erweichungspunkte besitzen.

Läßt man eine Polymerisatdispersion bei Temperaturen oberhalb des Erweichungspunktes eintrocknen, so verkleben die Polymerisatteilchen miteinander und bilden einen zusammenhängenden Film. Dieser Vorgang ist nicht reversibel, ohne daß hierbei jedoch eine chemische Reaktion irgendwelcher Art erfolgt. Bei Temperaturen unterhalb des Erweichungspunktes sind die Dispersionsteilchen zu hart, um einen zusammenhängenden Film bilden zu können, die Dispersion trocknet kreidig auf. Die Temperatur, von der ab eine Dispersion kreidig auftrocknet, bezeichnet man auch als „Weißpunkt".

Als Rohstoff für die Herstellung von Dispersionsleimen dienen pastöse Kunststoffdispersionen, meist aus Polyvinylacetat. Auch andere Mischpolymerisate finden gelegentlich Verwendung. Den Dispersionsleimen werden für ihren besonderen Verwendungszweck Weichmacher, Lösungsmittel, organische und anorganische Füllstoffe zugesetzt, welche die Abbindegeschwindigkeit, den Weißpunkt und nicht zuletzt die Herstellungskosten günstig beeinflussen sollen.

Die Weißleime sind, frostfrei gelagert, fast unbegrenzt haltbar. Manche Erzeugnisse können auch nach einem Einfrieren langsam wieder aufgetaut werden, ohne daß die Stabilität der Dispersion hierdurch beeinflußt wird, jedoch ist das nicht bei allen Dispersionen der Fall.

Die *Weißleime* sind sehr einfach zu verarbeiten und stets gebrauchsfertig. Für die *Leimgefäße* sind praktisch alle Werkstoffe geeignet. Der *Leimauftrag* erfolgt mit Pinsel, Spachtel, Handwalzen oder Leimauftragmaschinen. Auch Spritzpistolen sind im Gebrauch. Da angetrocknete Leimkrusten nicht mehr gelöst werden können, ist auf rechtzeitige Reinigung der Geräte mit Wasser zu achten.

Der Leimauftrag muß für die Bildung eines zusammenhängenden Films ausreichen. In bezug auf Holzfeuchtigkeit und Preßdruck werden keine Anforderungen gestellt. Eine Verleimung ist auch ohne Preßdruck möglich.

Im *Kaltverfahren* müssen die zu verleimenden Teile zusammengebracht werden, solange der Leim noch feucht ist. Im *Warmverfahren* kann der aufgetrocknete Leimfilm bei Temperaturen um 100 °C jederzeit — auch mehrfach — weich und klebfähig gemacht werden.

Das *Abbinden* erfolgt durch Abwandern des in der Dispersion enthaltenen Wassers in das umgebende Holz, während die Polymerisatteilchen zu einem zusammenhängenden Film verfließen. Der ,,*Weißpunkt*'' liegt bei den meisten Weißleimen bei $+5°$ bis $+10°C$. Unterhalb dieser Temperaturen bildet sich kein Film mehr und es entstehen Fehlverleimungen.

Der gebildete Film ist mit Wasser und vielen organischen Lösungsmitteln quellbar und bleibt thermoplastisch. Die Beständigkeit von mit Weißleimen hergestellten Verleimungen gegenüber der Einwirkung von Wasser oder von erhöhter Temperatur ist daher begrenzt. Ebenso ist bei der Herstellung von gebogenen Teilen, bei denen die Leimverbindung auch nach der Verleimung weiterhin unter starker Spannung steht, Vorsicht am Platze. Filme von unvernetzten thermoplastischen Polymeren neigen unter stetig einwirkenden Zugkräften zu einem ,,kalten Fließen'', so daß derartige Teile nicht formbeständig bleiben. Die härtbaren Harze und auch die natürlichen Leime zeigen diese Erscheinung nicht.

In der Lagenholzfertigung werden Weißleime für die Herstellung von *Tischlerplatten-Mittellagen*, für die *Furnierfugenverleimung* und zum *Kantenanleimen* benutzt. Werden solche Teile später in der Heizpresse unter Verwendung von härtbaren Harzen überfurniert, so werden die thermoplastischen Leime weich und es kann zur Bildung von offenen Fugen oder zu Fugenmarkierungen auf der Oberfläche kommen.

23 Kollmann, Furniere

Bei Polyesterlackierungen auf furnierten Platten, deren Fugen mit Weißleimen verleimt wurden, quillt das in der Fuge enthaltene Polyvinylacetat unter
der Wirkung der in den Polyesterlacken enthaltenen Lösungsmittel an. Die Lackoberfläche wird über der hochgequollenen Fuge geschliffen. Wenn nun die Quellung
der Leimfuge allmählich wieder zurückgeht, so entsteht entlang der Fuge eine eingefallene Stelle. In solchen Fällen verwendet man besser härtbare Kunstharzleime
zur Fugenverleimung.

Vielfach werden Polyvinylacetatleime auch zum Aufleimen von
Preßschichtstoff-Platten auf Holzoberflächen empfohlen. Solche Oberflächen können, besonders bei dunkel gefärbten Dekors, bei Sonnenbestrahlung oder an Heizkörpern recht erhebliche Temperaturen erreichen. Die Schichtstoffplatten entwickeln hierbei Spannungen, denen
der thermoplastische Leimfilm unter diesen Umständen nicht immer
gewachsen ist. Hier ist die Verwendung von Neoprenklebern angezeigt.

Abgesehen von solchen fehlerhaften Anwendungen, die auf einer
ungenügenden Kenntnis der Leistungsfähigkeit der Dispersionsleime
beruhen, bieten diese Leime ohne Zweifel erhebliche technische Vorteile,
die ihre rasche Verbreitung durch die gesamte holzverarbeitende Industrie verständlich machen.

11.9 Klebstoffe aus Polychlorbutadien

Klebstoffe aus Polychlorbutadien (Chloropren) werden nur zu einem geringen
Prozentsatz in der holzverarbeitenden Industrie verwendet. Ihre Hauptgebiete
sind die Schuhindustrie und die Automobilindustrie. Sie sind nach einer Firmenbezeichnung für Polychlorbutadien auch als „Neopren-Kleber" bekannt.

Chloropren entsteht durch Polymerisation von 2-Chlorbutadien.

$$CH_2\!=\!C\!-\!CH\!=\!CH_2$$
$$\overset{|}{Cl}$$

2-Chlorbutadien

Das Polymerisat ist kautschukähnlich und kann durch geeignete Stoffe vernetzt
„vulkanisiert" werden.

Zur Herstellung von Klebstoffen wird Polychlorbutadien („Neopren") meist
zunächst mastiziert, dann in organischen Lösungsmitteln gelöst und mit weiteren
Stoffen, z. B. Harzen oder Füllstoffen, versetzt.

Zur Anwendung werden beide zu verleimenden Flächen mit dem Kleber
gleichmäßig bestrichen, dann wird so lange gewartet, bis das Lösungsmittel „abgelüftet", d. h. so weit verdunstet ist, daß die Klebstoffoberfläche sich nur noch
schwach klebrig, aber nicht mehr feucht anfühlt. Nun werden die Teile paßgerecht
zusammengelegt und zusammengedrückt, aufgerieben oder aufgeklopft. Der Klebstoff zieht sofort an (Kontaktkleber), ein Verschieben der Teile ist nicht mehr
möglich.

Nach dem Austrocknen ist die Verklebung vollkommen wasserfest. Die Wärmebeständigkeit liegt bei $+60$ bis $+70\,^{\circ}\mathrm{C}$. Durch Zusatz sogenannter „Härter" läßt
sie sich auf 130 bis $140\,^{\circ}\mathrm{C}$ steigern. Die Gebrauchsanweisungen der Hersteller sind
in jedem Fall sorgfältig zu beachten.

Neoprenkleber eignen sich für Reparatur- und Ausflickarbeiten an Möbeln und Lagenholzerzeugnissen. Besonders geeignet sind sie zum Aufkleben von Schichtstoffplatten, anderen Kunststoffplatten und -folien oder auch von Metallen auf Holzoberflächen.

12. Lagerung, Aufbereitung und Auftrag der Leime

Von **Leopold Skark**, Ludwigshafen/Rhein

12.1 Lagerung der Leime

12.11 Ermittlung des Leimbedarfs

Für die Flächenverleimung bei der Sperrholz- und Tischlerplattenfertigung werden vorwiegend 40- bis 60%ige *wäßrige Leimflotten* verwendet. Der Feststoffanteil änderte sich im Laufe der Jahre nicht wesentlich, so daß im Hinblick auf die Leimversorgung eines Werkes entsprechend der Erzeugungskapazität die benötigten Leimmengen nahezu gleich groß blieben. Man verwendet Leimsorten in festem oder flüssigem Zustand, die durch Mischen mit Zuschlagstoffen zu einer geeigneten Leimflotte aufbereitet werden. In besonderen Fällen kommen Leimfilme zur Anwendung, sofern der Plattenaufbau die Verarbeitung wasserreicher Leimansätze nicht zuläßt.

Leime in fester Form löst man in Wasser und erhält gebrauchsfertige Leimflotten, oder es werden diese Lösungen mit Streck- bzw. Füllmittel, mit Hilfsstoffen sowie Härtern vermengt und erst nach dieser Aufbereitung verwendet. In der Lagenholzverleimung kommen gebrauchsfertige Leime infolge ihrer eng begrenzten Eigenschaften seltener zum Einsatz. Man neigt vielmehr dazu, nur eine Leimart zu verarbeiten, die mit verschiedenen Zusatzstoffen vermischt den jeweils gewünschten Anforderungen, wie Holzart, Oberflächenbeschaffenheit, Verleimungsgüte und Fertigungsablauf, angepaßt werden kann. Hierfür wählt man zweckmäßigerweise flüssige Leime, um die Vorbereitung der Leimflotten zu vereinfachen, denn das Lösen, Quellen und Reifen von Holzleimen in fester Form bedingt zusätzlichen Arbeitsaufwand. Hinzu kommt, daß das Suspendieren fester Zuschlagstoffe in bereits vorliegenden kolloidalen Lösungen leichter ist.

Um die Mengen der Leim- und Zuschlagstoffe schätzungsweise zu ermitteln, sei nachstehendes Beispiel beschrieben:

Im Durchschnitt nimmt man je nach der Holzart und der Holzoberflächenbeschaffenheit einen Bedarf von 100 bis 300 g Leimflotte je m² Verleimungsfläche an. Besteht z. B. ein Leimansatz aus

100 kg Harnstoff-Harzleim (65%ig),	40 kg Wasser und
50 kg Roggenmehl,	10 kg Härterlösung,

so würde diese Leimflottenmenge von 200 kg ausreichen, um eine Fläche von im Mittel 1000 m² zu beleimen. Nun sind die Qualität der Furniere und Mittellagen sowie der Aufbau der Platten recht verschieden. Erfahrungsgemäß kann man für *Sperrholzplatten* mit einem *Leimauftrag* von 160 bis 180 g Leimflotte und für *Tischlerplatten* von 260 bis 280 g Leimflotte je m² Leimfuge rechnen. Die Leimfläche je 1 m³ Sperrholz- oder Tischlerplatten ist:

$$\frac{Leimfugen\ je\ Platte \times 1000}{\text{Plattendicke in mm}} = \text{Leimfläche in m}^2/\text{m}^3$$

Setzt man die genannten Erfahrungswerte für die Leimflottenmenge je 1 m² ein, dann ist der Leimbedarf:

$$\frac{Leimfugen\ je\ Platte \times 160}{\text{Plattendicke in mm}} = \text{Leimflottenmenge in kg/m}^3\ \text{Sperrholzplatten}$$

$$\frac{Leimfugen\ je\ Platte \times 260}{\text{Plattendicke in mm}} = \text{Leimflottenmenge in kg/m}^3\ \text{Tischlerplatten}$$

Die Leimfläche bzw. die benötigte Leimflottenmenge für 1 m³ 3fach Sperrholzplatten mit 2 Leimfugen und 4 mm Plattendicke würde danach betragen

$$\frac{2 \times 1000}{4} = 500\ \text{m}^2\ \text{Leimfläche je m}^3$$

bzw.

$$\frac{2 \times 160}{4} = 80\ \text{kg Leimflotte je m}^3$$

Die Leimfläche bzw. die benötigte Leimflottenmenge für 1 m³ Tischlerplatten mit 2 Leimfugen und 20 mm Plattendicke würde danach betragen

$$\frac{2 \times 1000}{20} = 100\ \text{m}^2\ \text{Leimfläche je m}^3$$

bzw.

$$\frac{2 \times 260}{20} = 26\ \text{kg Leimflotte je m}^3$$

Berücksichtigt man in dem obengenannten Leimansatzbeispiel nur den Feststoffanteil, d. h.

> 65 kg Harnstoff-Harzleim (100%ig),
> 50 kg Roggenmehl und
> 5 kg Härtersalz.

dann sind 120 kg Festanteile in 200 kg Leimflotte enthalten. Unter der Annahme der genannten Leimflottenmengen von 160 g/m² für Sperrplatten sind an Feststoffanteilen je m² Leimfuge notwendig:

> 52 g Harnstoffharz (80 g flüssig 65%ig),
> 40 g Roggenmehl,
> 4 g Härtersalz

und für Tischlerplatten bei 260 g Auftrag/m² sind an Feststoffanteilen vorhanden:

84,5 g Harnstoffharz (130 g flüssig 65%ig),
65,0 g Roggenmehl,
6,5 g Härtersalz.

Es werden mithin je m³ Sperrholzplatten mit 2 Leimfugen und 4 mm Plattendicke 80 kg Leimflotte benötigt oder in Festanteilen:

26 kg Harnstoffharz (100%ig),
20 kg Roggenmehl,
2 kg Härtersalz.

Für 1 m³ Tischlerplatten mit 2 Leimfugen und 20 mm Plattendicke werden 26 kg Leimflotte benötigt, d. h. in Feststoffanteilen

8,45 kg Harnstoffharz (100%ig),
6,5 kg Roggenmehl,
0,65 kg Härtersalz.

Man kann nach den hier gewählten Beispielen etwa je 1 m³ Sperrholzplatten mit

20 bis 30 kg Harnstoffharz,
20 bis 30 kg Streckmehl und
2 bis 3 kg Härtersalz

rechnen, für die Tischlerplattenerzeugung je 1 m³ mit

6 bis 12 kg Harnstoffharz,
6 bis 12 kg Streckmehl und
0,5 bis 1 kg Härtersalz.

In dem Rechnungsgang ist ein Beispiel für einen bestimmten Leimansatz gegeben. Sinngemäß kann dieser auch auf andere Leimarten angewendet werden, die auf der Grundlage von Protein, Melamin oder Phenol aufgebaut sind. Auf diese Weise ist man in der Lage, den Leimbedarf überschlagmäßig auf die Produktionskapazität umzurechnen.

Den Bedarf an Harnstoffharz, Streckmehl und Härtersalz für verschiedene Tageserzeugung an Sperrholzplatten gibt Tab. 12.1 an.

Tabelle 12.1 *Bedarf an Harnstoffharz, Streckmehl und Härtersalz für verschiedene Tageserzeugung an Sperrholz- und Tischlerplatten*

Sperrholzplatten m³/Tag	Harnstoffharz (fest) kg/Tag	Streckmehl kg/Tag	Härtersalz kg/Tag
10	200··· 300	200··· 300	20··· 30
50	1000···1500	1000···1500	100···150
100	2000···3000	2000···3000	200···300

Tischlerplatten m³/Tag	Harnstoffharz kg/Tag	Streckmehl kg/Tag	Härtersalz kg/Tag
10	80··· 120	60··· 100	5··· 10
50	400··· 600	300··· 500	25··· 50
100	800···1200	600···1000	50···100

Wird das Harnstoffharz als flüssige Ware bezogen, so sind etwa folgende Mengen zu berücksichtigen:

Sperrholzplatten m³/Tag	Harnstoffharz 60…70%ig		
10	360 kg	280 l	1…2 Fässer
50	1800 kg	1400 l	7 Fässer
100	3600 kg	2800 l	14 Fässer

Tischlerplatten m³/Tag	Harnstoffharz 60…70%ig		
10	150 kg	120 l	1 Faß
50	750 kg	600 l	3 Fässer
100	1500 kg	1200 l	6 Fässer

Diese Mengen sind allerdings noch im Hinblick auf die *betriebliche Vorratswirtschaft* umzurechnen. Liegen günstige Transportverhältnisse zu den Leim- und Streckmittelherstellern vor, so genügen Vorräte bis zu einer Monatsproduktion, in anderen Fällen sind Lagerbestände bis zu einem Viertel- oder einem halben Jahr notwendig. Unabhängig von der Kapitalinvestition wird man mit Rücksicht auf die begrenzte Lagerfähigkeit, vor allem für flüssige Leime, einen möglichst raschen Umschlag vorsehen.

12.12 Antransport, Verpackungsart, Lagerung und Stapelung

Der Verkehrslage zum Straßen- bzw. Eisenbahnnetz oder zu Wasserwegen sowie den Geländeverhältnissen entsprechend ordnet man das *Leimlager* innerhalb eines Werkes verschieden an. Zweckmäßig ist es hierbei, das Lager möglichst am Zubringerweg und nahe der Leimaufbereitungsanlage aufzustellen.

Die Leimvorräte und Zuschlagstoffe sind trocken, kühl und übersichtlich zu lagern. Sofern klimatisch zulässig, kann die Lagerung im Freien durch Abdecken mit Planen oder unter einem Flugdach erfolgen. Zweckmäßiger jedoch ist die Stapelung in geschlossenen kühlen Lagerräumen.

Im allgemeinen wählt man die Flurhöhe des Lagers gleich der Terrainhöhe. Auf einem Gelände mit hohem Grundwasserspiegel oder Überschwemmungsgefahr wird in Rampenhöhe gelagert. Sofern es der Baugrund zuläßt, ist die Unterbringung der Leimvorräte im Kellergeschoß empfehlenswert, da dort mit kleineren Temperaturschwankungen zu rechnen ist.

Während Streckmittel immer in Pulverform vorliegen, werden Leime in fester und flüssiger Form angeliefert. Sie sind in Säcken oder in Fässern verpackt. Leime in flüssiger Form kommen auch in Tank- oder

Kesselwagen zum Versand. Je nach dem Lieferzustand und der *Verpackungsart* erfolgt die Lagerung.

Sackwaren werden gestapelt, Faßwaren bei genügendem Raum auf Flurhöhe aneinandergerollt. Die hierfür zur Anwendung gelangenden Fördermittel und Stapler-Vorrichtungen sind so zahlreich, daß darauf nicht besonders eingegangen werden kann. Je größer der Bedarf an Leim und Hilfsstoffen ist, desto wirtschaftlicher sind mechanische Entlade-, Förder- bzw. Stapeleinrichtungen. Die *Stapelung* soll übersichtlich, mit guter Kontrollmöglichkeit und im Hinblick auf die Weiterverarbeitung möglichst zugänglich vorgenommen werden. Erzeugnisse in Säcken ordnet man gelegentlich auch auf Paletten ein, deren Größe etwa auf den Fassungsraum der Löse- und Mischgefäße abgestimmt wird. Für Fässer mit flüssigem Leim werden Faß-Rollkipper verwendet, wobei fahrbare Kipper mit einer Hebevorrichtung, die das unmittelbare Abfüllen in die Mischmaschine zulassen, sich besonders bewährten.

Zusatzstoffe und Hilfsmittel, wie z. B. flüssige Härter, Schaummittel, Insekticide, werden vielfach in Korbflaschen angeliefert. Auch für diese Verpackungsart muß ein geeigneter Raum innerhalb eines Lagers bereitgehalten werden.

Bei pulverförmigen Erzeugnissen nimmt man *Schüttgewichte* von 600 bis 700 kg je m³ an und kann etwa mit Abmessungen von 40 cm × 80 cm × 20 cm für Waren in Papiersäcken mit einem Inhalt von 40 bis 45 kg rechnen. Besonders feuchtigkeitsempfindliche Stoffe sollen in Verpackungseinheiten bezogen werden, die man nach dem Öffnen sofort verbraucht, da sich sonst Klumpen bilden, deren Löslichkeit erschwert ist.

Das gleiche gilt für Holzleime in Fässern (100 bis 250 kg Inhalt, etwa 65 cm Durchmesser und 90 cm Höhe) mit abhebbarem Deckel. Auch hier muß nach einer Teilentnahme der Deckel wieder dicht aufgesetzt werden. Enthalten solche Fässer flüssigen Leim, dann ist der Deckel ebenfalls zu schließen, da eine Haut an der Oberfläche der Leimlösung entstehen kann, die sich selbst bei gutem Durchrühren nicht mehr löst.

Gelegentlich findet man auch die Lagerung in *Vorratssilos oder Behältern*. Es werden z. B. Streckmehle in einem Silo aufbewahrt, wobei die Entnahmeöffnung in der Leimaufbereitungsanlage mündet. In gleicher Art wird ein Behälter für den flüssigen Leim angeordnet und ebenso ein Gefäß zur Aufnahme eines flüssigen Härters aufgestellt. Diese Einrichtung hat den Vorteil, daß nur eine kleine Lagerfläche benötigt wird und die Emballage kurzfristig den Lieferanten wieder zur Verfügung gestellt werden kann.

Flüssige Leime werden auch in zusammenklappbaren *Gummibehältern* geliefert (2000 l Inhalt), die über einen Leimvorratsbehälter

zum Entleeren aufgehängt werden. Diese Behälter nehmen beim Rück-
befördern nur geringen Raum ein.

Neben flüssigen Härtern werden *Härter* in festem Zustand geliefert.
Diese werden entsprechend den Angaben des Leimherstellers entweder
als Pulver der Leimflotte zugegeben oder sie werden zu einer Lösung
angesetzt und in Vorratsbehältern aufbewahrt. Da die Härter Metalle
angreifen, verwendet man für solche Lösungen Steingutgefäße mit einem
Auslaufhahn aus keramischem Werkstoff. Diese Lösungen sind haltbar
und können daher in größeren Mengen angesetzt werden (1000 l), wobei
allerdings dafür zu sorgen ist, daß das Lösungswasser nicht mit der Zeit
verdunstet. Das Gefäß muß deshalb gut verschlossen bleiben.

12.13 Tankanlagen

Eine besonders günstige Anlieferungsform ist der Bezug von flüssigen
Leimen in *Tank- oder Kesselwagen.* Man erspart dadurch die Verpackungs-
kosten und kann durch zweckentsprechende Aufstellung von Vorratsbehältern ohne großen Arbeitsaufwand das Abfüllen und die inner-
betriebliche Beförderung zum Leimmischer bzw. den leimverbrauchenden

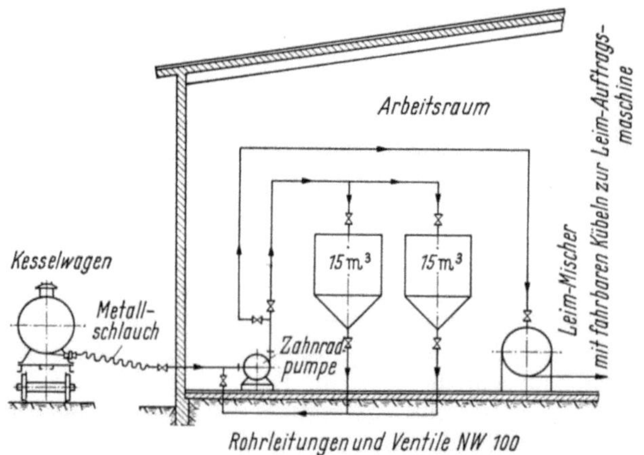

Bild 12.1. Schematische Darstellung einer Leim-Tankanlage mit Vorratsbehältern im Arbeitsraum

Stellen bewerkstelligen. Die Vorratsbehälter werden möglichst in der
Nähe des Anschlußgeleises oder der Zufahrtsstraße aufgebaut. Einige
Beispiele für die Anordnung solcher Behälter zeigen die Bilder 12.1
bis 12.3.

Die Größe der *Vorratsbehälter* wird auf den Inhalt des Kessel- bzw.
Tankwagens abgestimmt. Eisenbahnkesselwagen mit 15 bis 20 t fassen
etwa 12 bis 16 m³, Straßentankzüge mit 20 bis 25 t etwa 16 bis 20 m³
flüssigen Leim (Dichte = 1,3 g/cm³ bei Harnstoffharzen). Für ein Sperr-

holzwerk mit 50 m³ Sperrholzerzeugung je Tag reichen die Mengen etwa
für 10 bis 20 Arbeitstage aus. Da die Lagerfähigkeit flüssiger Leime

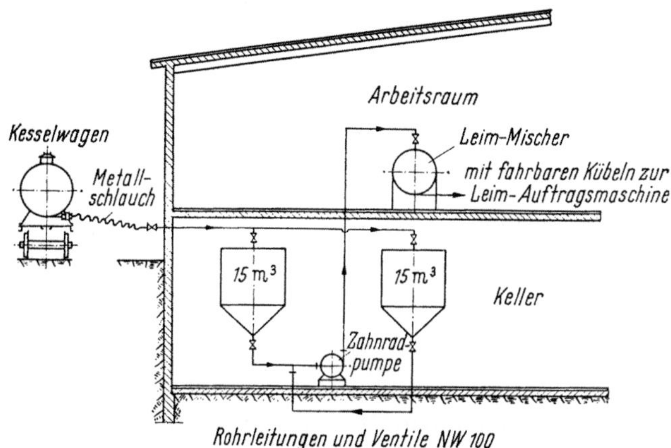

Bild 12.2. Schematische Darstellung einer Leim-Tankanlage mit Vorratsbehältern im Keller.

mindestens über zwei Monate beträgt, bestehen keine Bedenken für eine
solche Lagerung; ebenso ist durch Vereinbarung mit dem Leimlieferanten
diese Form der Abnahme auf Abruf leicht regelbar. Als Vorratsbehälter

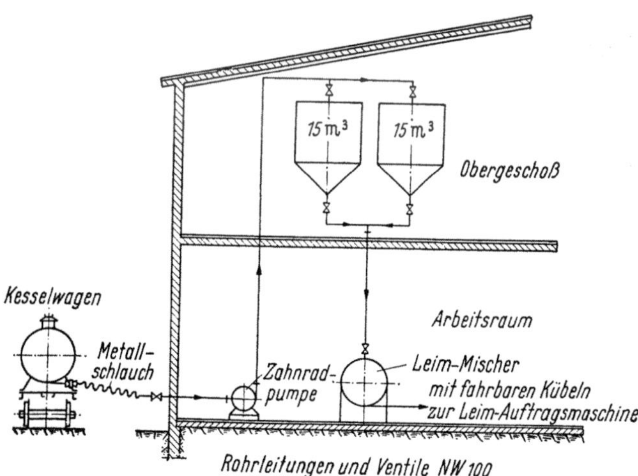

Bild 12.3. Schematische Darstellung einer Leim-Tankanlage mit Vorratsbehältern im Obergeschoß.

werden Holzbottiche, liegende oder stehende Stahlkessel bzw. gemauerte
oder in Eisenbeton ausgeführte Behälter verwendet. Harnstoffharzleime
sind neutral, Phenolharzleime meist alkalisch. Man muß dementsprechend
die Innenwände der Vorratsbehälter verkleiden, um eine mögliche

Reaktion zwischen Wand und Leim zu vermeiden. Für die Reinigung sind glatte, gegen mechanischen Angriff widerstandsfähige Innenflächen notwendig. Für Harnstoffharze genügen Bitumenanstriche (Stahlkessel sind mit einem Sandstrahlgebläse zu säubern, danach mit Mennige zu streichen und schließlich mit dem Bitumenanstrich zu versehen). Gemauerte Behälter müssen mit einem glatten Betonverputz ausgestattet werden, der mit einem Schutzanstrich widerstandsfähig gemacht wird, oder es wird eine Austäfelung mit keramischen Steinen oder glasierten Platten ausgeführt, die gegen Säure und Alkali beständig sind.

Um genügend Lagervorrat zur Verfügung zu haben, ist die Aufstellung von zwei Behältern von Vorteil. Hierbei kann beispielsweise das Fassungsvermögen so gewählt werden, daß ein Behälter den Kesselwageninhalt aufnimmt und ein zweiter als Reservebehälter mit nur 5 t $\approx$ 4 m³ Inhalt dient. Lassen die Geländeverhältnisse den Einbau des Vorratsbehälters in das Kellergeschoß zu, so daß ein freier Zulauf vom Kesselwagen möglich ist, dann soll die Oberkante des Vorratsbehälters 1 m unter dem Abzapfstutzen des Kesselwagens liegen und die Entfernung 10 m Abstand nicht überschreiten (Auslaufstutzen an Eisenbahnkesselwagen etwa 1,20 m über Schienenhöhe, Straßentankzüge 0,80 m über Fahrbahn). Stehen die Vorratsbehälter in gleicher Höhe mit dem Kesselwagen, so ist zum Abfüllen eine Zahnradpumpe mit einer Leistung von 15 m³/h erforderlich.[1]

Vom Vorratsbehälter zum Leimmischer kann die Förderung bei hochgestellten Behältern durch freien Ablauf in *Rohrleitungen* oder durch Abzapfen in Förderkarren erfolgen. Für Vorratsbehälter, die im Kellergeschoß untergebracht sind, wird der Leim aus dem Behälter zum Mischer hochgepumpt. Dabei ist zu beachten, daß die hierfür verwendeten *Zahnrad-* oder auch *Schraubenpumpen* nicht selbstansaugend, d. h. unter dem Ablaufstutzen des Vorratsbehälters anzuordnen sind. Die Förderleistung dieser Pumpen wird mit 500 bis 700 l/h bemessen und die Drehzahl soll 150 bis 300 U/min nicht überschreiten. Den Auslaufstutzen aus dem Vorratsbehälter wählt man nach Möglichkeit nicht unter 50 mm Durchmesser. Als *Absperrorgane* werden Flachschieber aus Gußeisen verwendet. Die Rohrleitungen werden zum leichten Reinigen in Abständen möglichst unter 3 m mit Flanschen verbunden. Vielfach verwendet man heute durchsichtige Kunststoffrohre.

Im Betrieb beläßt man den Leim in den Leitungen, da beim Leerlaufen leicht Krustenbildung entstehen kann. Ist eine vollständige Ent-

---

[1] Pumpen für diese Zwecke stellen u. a. her:
Fa. A. Neidig Söhne, Mannheim, Friesenheimerstr. 3
Fa. Gebr. Netsch, Selb (Bayern), Werkstr. 19
Fa. Kracht GmbH, Werdohl (Westf.), Plettenburgerstr. 4
Fa. Pumpen- u. Maschinenfabrik Lederle oHG., Freiburg/Br., Guntramstr. 11.

leerung notwendig, so werden die Leitungen umgehend mit warmem Wasser (50 bis 60 °C) gespült.

Auch für die Reinigung der Vorratsbehälter wird warmes Wasser verwendet. Das Nachbürsten der Innenwände soll dann mit weichen Bürsten erfolgen, um die Auskleidung oder den Schutzanstrich nicht zu beschädigen (wobei die Sicherheitsvorschriften für das Begehen von geschlossenen Behältern zu beachten sind).

12.2 Aufbereitung der Leime

12.21 Allgemeine Gesichtspunkte

Gebrauchsfertige Leime werden nur selten verwendet. Man stellt den Anforderungen entsprechend einen geeigneten Leimansatz her. Diese Vorbereitung der Leimflotte erfolgt in der Leimaufbereitungsanlage, auch *Leimküche* genannt. Sie wird im Werk zum Leimlager und zu den Verbrauchsstellen meist zentral angeordnet. Seltener findet man eine dezentrale Leimaufbereitung, d. h. daß an verschiedenen Verbrauchsstellen Leimflotten angerührt werden.

Von der Leimaufbereitungsanlage werden die Leimflotten mit *Förderkarren* gegebenenfalls auf hochgestellten Fahrstegen oder mit *Pumpenleitungen* den Leimauftragmaschinen zugeführt. Sind Kunstharzleime mit raschen Abbindezeiten erforderlich, so wird dem Leimansatz erst kurz vor dem Auftrag der Härter zugemengt. Für diesen Zweck ist die Aufstellung eines Schnellrührwerkes an der Leimauftragmaschine angebracht.

12.22 Raumbedarf und Einrichtung der Leimküche

Die *Leimaufbereitungsanlage* wird im allgemeinen in einem von der eigentlichen Fertigung abgegrenzten geschlossenen Raum aufgestellt.

Die Größe des Raumes richtet sich nach der Art und Zahl der vorzubereitenden Leimansätze. Da außer dem Leimmischer auch noch ein Handvorrat für Zusatzstoffe und Behälter für den fertigen Leimansatz notwendig sind, soll die Leimküche nicht zu klein sein. Man benötigt etwa 50 bis 80 m² Fläche für die Leimaufbereitung in einem Sperrholzwerk mit 50 m³ Tagesleistung.

Der Raum soll mit einer guten Be- und Entlüftung und einem genügend großen Spülwasserabfluß ausgestattet werden. Auch für ausreichende Installationsanschlüsse, wie Elektrizität, Wasser und Dampf, ist zu sorgen.

Zu der Einrichtung der Leimaufbereitungsanlage gehören *Meß- und Dosiereinrichtungen* in Form von Meßgefäßen, Flüssigkeitszählwerken und Waagen. Da die volumetrische Messung vor allem bei pulverförmigen Gütern ungenau ist, sollte man sie nur für Flüssigkeiten anwenden und sich hierbei lediglich auf das Abmessen des Löse- bzw. Verdünnungswassers beschränken. Zum Abwägen sind gegen Staub- und Spritzwasser gekapselte Waagen mit Anzeigeskala empfehlenswert. Neben der Aufstellung einer großen Waage (200 bis 500 kg) ist die Anschaffung einer kleinen Waage für 5 bis 10 kg Belastung erforderlich.

Wird die Entnahme des Leimes aus Vorratsbehältern mit einer *Förderpumpe* vorgenommen, so kann man zur genauen Dosierung eine Kippwaage über dem Leimmischer einbauen, die mit der Steuerung des Pumpenmotors gekuppelt ist.

Zur Entleerung flüssiger Leime aus Fässern oder Kannen, ferner flüssiger Zusätze in Korbflaschen, wie Härterlösungen, Schaummittel, Insekticidlösungen, verwendet man Faßroll- bzw. Kannen- und Korbflaschen-*Kipper*. Hierfür sind Kippvorrichtungen, die in handlicher Höhe das Ausfließen zulassen und möglichst jede körperliche Anstrengung erübrigen, vorteilhaft (Bilder 12.4 bis 12.7).[1]

Unter den Leim- und Zuschlagstoffen gibt es einige, die vor dem Gebrauch, unabhängig vom eigentlichen Leimansatz, einer gesonderten Aufbereitung unterworfen werden müssen. Zu diesen Aufgaben gehört z. B. das Auflösen von pulverförmigen Leimen und Härtern, das Aufschließen von Proteinen bzw. Streckmitteln, das Nachkon-

Bild 12.4. Korbflaschenkipper. Bauart M. Kramer, Karlsruhe.

Bild 12.5. Faßabfüllbock. Bauart Will & Hahnenstein, G. m. b. H., Siegen i. W.

---

[1] Für Fässer mit Schraubenverschluß sind Faßschlüssel notwendig, die z. B. von der Fa. Faß-Sauer, Wiesbaden 3, Postfach 3009 geliefert werden.

Bild 12.6. Faßkuli. Bauart Will & Hahnenstein G. m. b. H.,
Siegen i. W.

Bild 12.7. Leimkipper.
Bauart P. Ott, Neustadt.

densieren und Reifen synthetischer Harze oder natürlicher Erzeugnisse.
Hierfür verwendet man Lösebehälter, die gegebenenfalls heizbar sind
und ein Rührwerk besitzen. Faßheizer zum Erwärmen und leichteren
Entleeren von zähflüssigem Gut zeigen die Bilder 12.8 und 12.9.

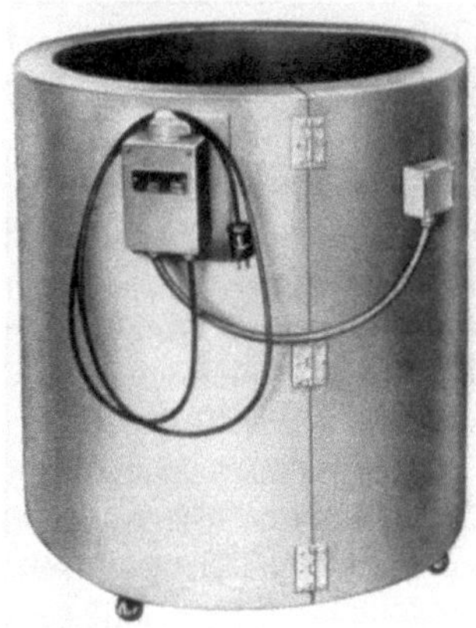

Bild 12.8. Liegender, elektrisch beheizter Faßheizer.
Bauart Will & Hahnenstein G. m. b. H., Siegen i. W.

Bild 12.9. Stehender Faßheizer.
Bauart Will & Hahnenstein G. m. b. H.,
Siegen i. W.

12.23 Leimmischmaschinen

Als *Leimmischmaschinen* sind die verschiedensten Bauarten in Gebrauch. Sie werden ortsbeweglich oder zur festen Aufstellung mit kleinem und großem Fassungsvermögen gebaut, sind mit kippbarem oder ausfahrbarem Rührtrog versehen und mit schnell- oder langsamlaufendem Rührwerk ausgerüstet. In der Leimaufbereitungsanlage sind meist stationäre Leimmischer anzutreffen. Kleine Leimmischer hingegen werden unmittelbar an der Leimauftragmaschine aufgestellt und finden besonders dann Anwendung, wenn Leime verarbeitet werden, die durch einfaches Lösen in Wasser den fertigen Leimansatz ergeben oder auch in Fällen, wo vorbereitete Leimansätze erst kurz vor dem Gebrauch mit Härtern zu vermengen sind.

Die Leimmischmaschinen dienen zur Herstellung eines homogenen Gemenges aus den einzelnen Bestandteilen. Pulverförmige Stoffe neigen gelegentlich zu Klumpen- bzw. Knollenbildung, indem größere Pulvermengen von einer Flüssigkeitshaut umschlossen werden, die ein weiteres Eindringen des Lösungsmittels verhindert. Diesem Umstand begegnet man durch das Anteigen mit verhältnismäßig kleinen Lösungsmittelmengen. Es erfolgt in diesem Fall zunächst ein Kneten des Materials, wofür ein größerer Energieaufwand notwendig ist als beim eigentlichen Mischen der gelösten Bestandteile. Seltener tritt die Klumpenbildung beim Eintragen pulverförmiger Stoffe in kolloidale Lösungen (Flüssigleime) oder in Streckmittelsuspensionen ein. Um ein einheitliches Gemenge zu erreichen, ist hinreichend langes Rühren notwendig, wobei die Bildung toter Winkel im Mischer zu vermeiden ist. Je nach der Wirkungsweise des Mischers und der Wahl der Mischkomponenten können dichte oder voluminöse Flotten erzeugt werden. Bei der Herstellung voluminöser Flotten wird Luft in den Leimansatz eingerührt, so daß ein gleichmäßiger Schaum entsteht. Luft dient hier als Streckmittel und das Aufschäumen der Flotte wird durch Zugabe geeigneter Stoffe gefördert (s. auch Abschn. 11.44). Es ist nicht zu verwechseln mit der Schaumbildung, die gelegentlich an der Oberfläche beim Lösen oder Mischen gewisser Stoffe auftritt. Diese Erscheinung führt zur Entmischung und ist zu verhindern. Es handelt sich bei aufgeschäumten Leimflotten vielmehr um eine gleichmäßige Verteilung von Luftbläschen innerhalb der Flotte.

Eine Zusammenstellung der Firmen, die sich mit dem Bau von Leimlöse- und Mischvorrichtungen befassen, wird in ständiger Ergänzung von der Fachgemeinschaft Holzbearbeitungsmaschinen im Verein Deutscher Maschinenbau-Anstalten e. V.[1], herausgegeben. Einige dieser Vorrichtungen mögen hier nur als Beispiele beschrieben werden.

---

[1] Offenbach/Main, Wilhelmstraße 21.

Von der Firma Drais, Maschinenfabrik, Mannheim-Walhhof, wird eine Löse- und Mischvorrichtung geliefert. Der Behälter faßt 200 l, die Drehzahl ist 150 bis 200 U/min, der Leistungsbedarf 1,5 kW. Die zentral gelagerte Mischwerkwelle trägt *gelochte Schneckensegmente.* In Bild 12.10

Bild 12.10. Leimmischmaschine SL 200. Bauart Drais-Werke, Mannheim-Waldhof.

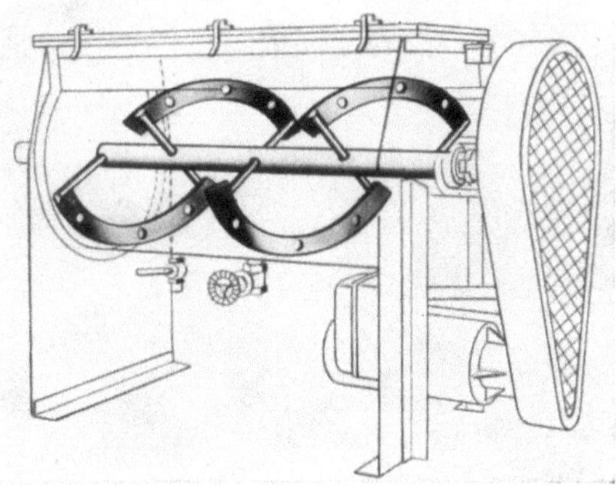

Bild 12.11. Schematische Darstellung des Rührwerkes der in Bild 12.10 dargestellten Maschine.

ist die Gesamtansicht in Bild 12.11 eine Systemzeichnung gezeigt. Die Stirnwände sind an dem Mischtrog angeschraubt, wodurch der Ausbau bei Instandsetzungsarbeiten vereinfacht wird. Für die Entleerung ist unten am Trog ein Hahn vorgesehen, aus dem der Leimansatz bei laufender Mischwelle entnommen werden kann.

Die Firma Adolf Friz GmbH, Maschinenfabrik, Stuttgart-Bad Cannstatt, liefert einen Leimmischer Modell LM mit einer waagerecht angeorneten Welle, die für das Normal-Mischverfahren mit einer Anzahl von *schräggestellten Mischschaufeln* versehen ist. Statt dieser Mischwelle kann für das Schaumleimverfahren ein entsprechender *Mischkorb* eingesetzt werden, wobei die Mischwelle oder der Mischkorb gegeneinander leicht austauschbar sind. Der Leimmischer wird von einem Motor mit 1,5 bis 2,2 kW Leistung angetrieben. Den Sicherheitsvorschriften entsprechend ist, wie Bild 12.12 zeigt, der Deckel des Rührwerkes über ein Hebelgestänge mit dem Motorschutzhalter verbunden. Beim Öffnen des Deckels bleibt die Mischwelle stehen, so daß Unfälle und ein Verspritzen des Leimansatzes vermieden werden.

Eine andere Löse- und Mischmaschine wird von der Firma Arminius-Maschinenbau Arndt&Brink-

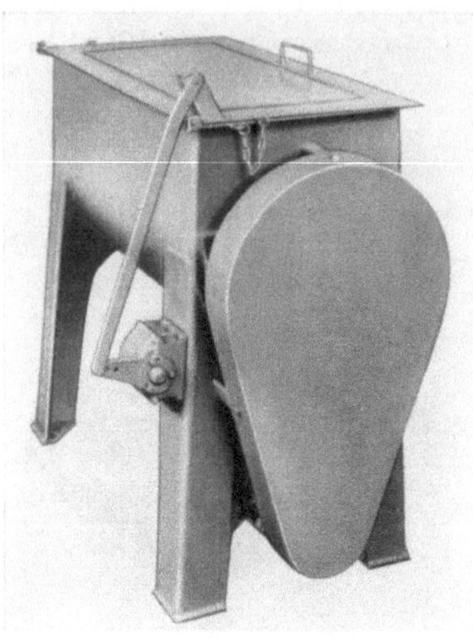

Bild 12.12. Leimmischmaschine.
Bauart A. Friz. Stuttgart-Bad Cannstatt.

Bild 12.13. Leimmischmaschine.
Bauart Arminius, Heiligenkirchen.

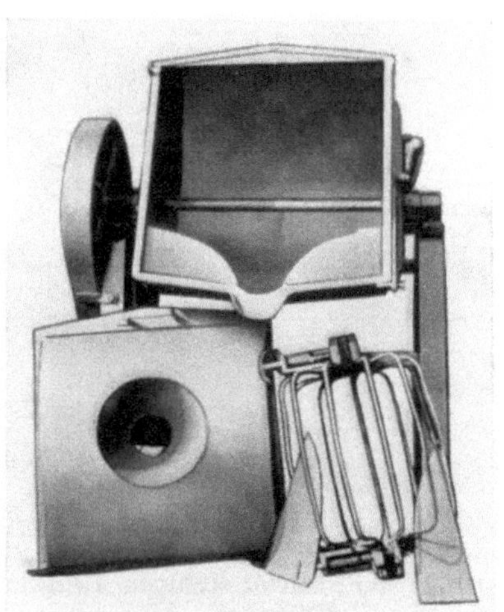

Bild 12.14. Das in Bild 12.13 gezeigte Leimrührwerk in geöffnetem Zustand.

mann, Heiligenkirchen bei Detmold, geliefert. In einem besonders geformten Lösebehälter mit eingebauten *Leitblechen* befindet sich ein waagerecht gelagerter *Schlagkorb* (130 bis 180 U/min). Der Behälter ist kippbar gelagert. Die Rührwerke sind für unverschäumte und für verschäumbare Leimansätze geeignet und werden in Baugrößen von 120 bis 750 l Inhalt geliefert (Bilder 12.13 und 12.14).

Für Kleinansätze verwendet man Ausführungsformen mit vertikal angeordneter Rührwelle vom Eimergerät bis zum 90 l-Mischer. Derartige Einrichtungen liefert u. a. auch die Firma Ulrich Steinemann AG., St. Gallen-Winkeln/Schweiz. Ihre „Zyklon"-Leimrührwerke sind mit einer *Rührscheibe* ausgestattet, die unmittelbar mit einem hochtourigen Motor (2800 U/min) gekuppelt sind. Die Form der Rührscheibe ermöglicht die Herstellung feinster Suspensionen innerhalb kürzesten Rührzeiten. Es

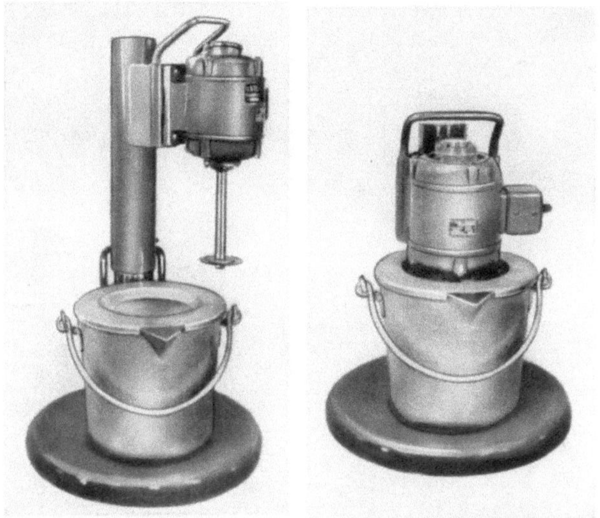

Bild 12.15. Zyklon-Leimrührwerk. Bauart U. Steinemann, St. Gallen/Schweiz.

werden Baugrößen für 20, 40, 60, 100 und 200 l Inhalt geliefert. Die Leimbehälter in korrosionsfestem Leichtmetall sind bis zu 60 l Inhalt für den Transport herausnehmbar, für 100 und 200 l Inhalt kippbar angeordnet. Die Scheibenrührer der großen Leimrührwerke (100 und 200 l) sind mit selbsttätiger Hoch- und Tiefgangvorrichtung versehen (Bilder 12.15 bis 12.17). Der Leistungsbedarf für die kleinen Geräte beträgt 1,5 bis 2,2 kW, für das 200 l-Leimrührwerk etwa 5 kW.

Ein neues Leimrührwerk der Fa, Robert Bürkle & Co., Freudenstadt. zeigt Bild 12.18. Es wird für einen größten Nutzinhalt von 80 l, mit einem 2,2 kW-Motor und 300 U/min ausgeführt. Der Rührkessel ist zum Kippen oder zum Transport herausnehmbar eingerichtet. Es kann ein Rührwerk für mehrere Rührkessel verwendet werden. Der Ständer ist mit Rollen versehen, wodurch die Möglichkeit besteht, die Maschine an verschiedenen Arbeitsplätzen einzusetzen.

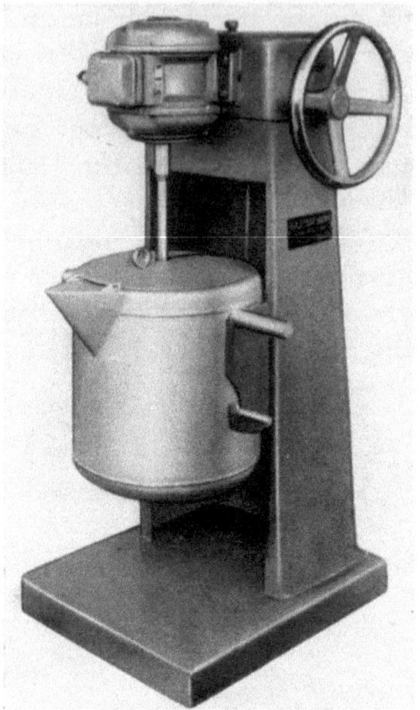

Bild 12.16. Zyklon-Leimrührwerk C 40.
Bauart U. Steinemann, St. Gallen/Schweiz.

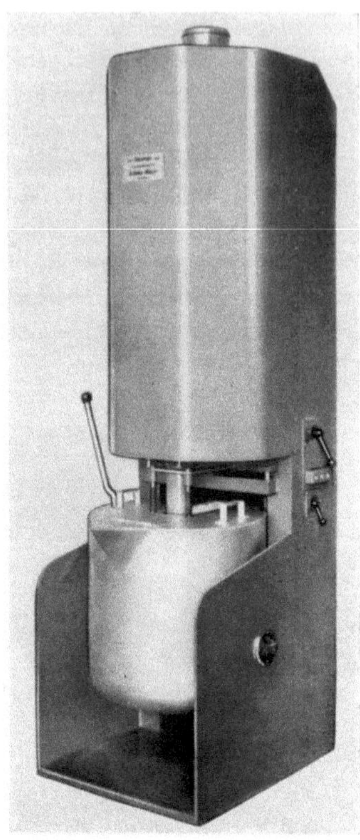

Bild 12.17. Zyklon-Leimrührwerk C 100 S.
Bauart U. Steinemann, St. Gallen/Schweiz.

Bild 12.18. Leimrührwerk LR 8.
Bauart R. Bürkle & Co., Freudenstadt.

Ein ebenfalls ortsbewegliches Leimrührwerk mit rd. 110 l Inhalt (50 l Leimflotte verschäumbar auf 100 l) baut die Maschinenfabrik Fritz Wilmsmeyer, Herford (Bild 12.19), und die Fa. Paul Ott, Holzbearbeitungsmaschinenfabrik, Neustadt bei Stuttgart. Eine Mischturbine (950 U/min), die am Boden des Mischbehälters angebracht ist, wird mit einem 2,5 kW Drehstrom-Kurzschlußläufer-Motor unmittelbar angetrieben.

Die Maschinenfabrik „Rothe Erde", Wilhelm Pott, Aachen, entwickelte besonders für die Erzeugung von *Schaumleim* Rührwerke mit

schräg eingebautem Schlagkorb und *ausfahrbarem Trog* (Bild 12.20). Die
Maschinen werden mit Keilriemenantrieb und polumschaltbarem Motor
von 750 und 1500 Umdrehungen, also mit zwei Geschwindigkeiten

Bild 12.19. Leimrührwerk.
Bauart F. Wilmsmeyer, Herford.

Bild 12.20. Leimrührmaschine Größe 5.
Bauart W. Pott, Aachen.

geliefert. Der Leimansatz wird zunächst bei der niedrigen Geschwindigkeit angerührt und dann mit hoher Geschwindigkeit zu Schaum geschlagen. Staubentwicklung und Verspritzen von Leim wird durch einen
leicht bedienbaren Deckel vermieden.

Die Leimrührmaschinen werden in folgenden Größen gebaut:

Größe		1	2	3	5	6
Gesamtinhalt	l	80	125	180	280	350
Leimlösung Schaummasse}	kg	15	30	50	70	90
Fertige Masse	l	45	90	150	210	270

Ergänzend sei neben diesen Beispielen auch noch auf den Bau von
Leimrührwerken der Firmen Maschinenfabrik Theodor Hymmen K. G.,
Bielefeld, und der Vereinigten Furnier- und Sperrholzmaschinenfabriken,
Hamburg, verwiesen.

24*

12.24 Leimansatz

Pulverförmige Leime mit guten Löseeigenschaften werden in gleicher Weise wie flüssige Leime kurz nach dem Lösen mit den Zuschlagstoffen im Leimmischer zur gebrauchsfertigen Leimflotte angesetzt. Es ist aber auch üblich, *Vorratslösungen* herzustellen, um homogene Leimlösungen zu erzielen. Werden Leimmischungen aus zwei oder drei verschiedenen pulverförmigen Leimsorten zusammengestellt, so löst man im allgemeinen jeden Leim einzeln vor dem Mischen, um den oft verschiedenen Löseverhältnissen zu entsprechen. Man kann aber auch Leimpulver in bereits gelöstem Leim lösen. *Flüssige synthetische Leime* werden in der Praxis bevorzugt. Ihre Aufbereitung zu Leimansätzen ist einfach, jede Löseschwierigkeit entfällt. Sie besitzen allerdings kürzere *Lagerzeiten* als pulverförmige Leime (2 bis 4 Monate gegenüber 1 bis $1^{1}/_{2}$ Jahre). Mit der Lagerung entsteht ein langsamer Anstieg der *Viskosität*, wodurch sich bei gleichbleibender Konzentration zähflüssige Leimansätze ergeben. Durch Zugabe einer größeren Wassermenge bei der Verarbeitung länger gelagerter flüssiger Harnstoff-Harzleime, kann bis zu einer bestimmten Grenze die Zügigkeit der Leimflotte korrigiert werden. Dabei ist aber zu bedenken, daß mit fortschreitender Kondensation die Wasserverträglichkeit des Harzes sinkt und durch die zusätzliche Wasserzugabe der Wasseranteil der Leimflotte steigt.

Zum Viskositätsausgleich genügen verhältnismäßig kleine Wassermengen, sofern die vom Leimhersteller angegebenen Verbrauchszeiten nicht wesentlich überschritten werden. Die Aufeinanderfolge der einzelnen Bestandteile eines Leimansatzes ist nicht immer die gleiche. In der Regel werden dem gelösten Leim das Streck- bzw. Füllmittel, ein Abbindekatalysator, und schließlich zur Konsistenzeinstellung Wasser zugemengt. Die Eigenschaften der Leim- und Zuschlagstoffe sind zu verschieden, um allgemeine Angaben über die Herstellung von Leimflotten geben zu können. Die Leimhersteller arbeiten daher dem Fertigungsprogramm angepaßte Leimansätze aus.

12.25 Leimflotte

Die Beschaffenheit einer Leimflotte ist letzten Endes für die Verarbeitung ausschlaggebend und kann nach dem äußeren Aussehen bereits beurteilt werden. In den Bildern 12.21 bis 12.25 sind die *Zügigkeit* und die praktische Ermittlung der *richtigen Konsistenz* einer Leimflotte dargestellt sowie die Auswirkung bei Verwendung eines schlechten und guten Streckmittels gezeigt.[1]

---

[1] Aus dem Ratgeber der Holzverleimung der BASF, Neuauflage.

Neben diesem Verhalten prüft man die *Streichfähigkeit* der Flotte durch Auftragen auf ein Furnier oder eine Mittellage mit einer gezahnten Spachtel und beobachtet das *Verfließen der Leimfäden*. Flotten, deren Mischkomponenten nicht richtig aufeinander abgestimmt sind, zeigen am Rand des Leimauftrages ein deutliches Abwandern des Wassers in das Holz. Ist die Konsistenz zu hoch, findet nur ungenügende Benetzung, und dadurch ein Abreißen der Leimfäden, statt. Ebenso erhält man ein ungleichmäßiges Streichbild mit flockigen Leimansätzen.

Eine weitere charakteristische Eigenschaft ist das *Gelieren* von Leimen, die mit Härter verarbeitet werden. Die Leimflotte wird viskoser, verliert nach einer bestimmten Zeit die Streichfähigkeit, wird gallertartig und erstarrt schließlich. Die Zeit von der Härterzugabe zur Leimflotte bis zum Gelieren bezeichnet man als *Gelierzeit*. Die Topfzeit (Gebrauchsdauer) eines Leimansatzes ist kürzer und beträgt nur etwa zwei Drittel der Gelierzeit.

Die praktische Topfzeit einer Leimflotte wird ferner noch dadurch abgekürzt, daß die Flotte in der Leimauftragmaschine auf den Auftragwalzen in dünner Schicht durch Verdunstung des Wassers ebenfalls eindickt.

Prüfung einer Leimflotte auf Zügigkeit und Konsistenz durch Gießen mit dem Löffel (Bilder 12.21···12.25).

Bild 12.21.
Viskosität des Leimansatzes zu niedrig.

Bild 12.22.
Viskosität des Leimansatzes richtig.

Bild 12.23.
Viskosität des Leimansatzes zu hoch.

Bild 12.24.
Schlechtes Streckmehl, Leimflotte reißt ab.

Bild 12.25. Gutes Streckmehl.

12.3 Leimauftrag

12.31 Leimflächen

Zur Ausführung einer einwandfreien Verleimung gehört u. a. die gleichmäßige Verteilung der Leimflotte auf dem *Leimträger*. Dieser soll eben und passend zur Gegenfläche sein. Rauhe, wellige und unebene Leimträger erschweren einen gleichmäßigen und sparsamen Leimauftrag.

Da die Leimflotte einen bestimmten *Wassergehalt* (40 bis 60%) besitzt, ist an Stellen mit hohem Leimauftrag nicht nur eine größere Leimmenge vorhanden, die eine dickere Leimfuge mit schwächeren Kohäsionskräften ergeben kann, sondern auch eine größere Wassermenge, die vom Holz aufgenommen werden muß oder zu verdampfen ist. Diese Stellen benötigen eine längere Preßzeit, um vollständig abzubinden, oder sie führen zur Dampfblasenbildung. Stellen mit zu kleinem Leimauftrag trocknen dagegen vorzeitig durch Abwandern des Wassers in das Holz ab, wodurch die Adhäsionskraft des Leimes kleiner wird.

Zwar ist man in der Lage, durch einen höheren Leimauftrag bzw. durch geeignete *Streckmittelzusätze* zum Leimansatz die Unvollkommenheiten der Leimträger in gewissen Grenzen auszugleichen, jedoch ist es nicht ratsam, derartige Korrekturen ausschließlich dem Leim zu überlassen.

Leisten-Mittellagen, deren Dickenabmessungen gleich sind, in denen sich jedoch beim Verleimen zwischen den einzelnen Leisten kleine Höhenunterschiede einstellen, werden zweckmäßigerweise mit *thermoplastischen Leimen* aneinandergefügt. Beim späteren Absperren in der Heizplattenpresse werden die Leimstellen der aneinandergefügten Leisten plastisch, es findet ein Ausgleich der Höhenunterschiede statt, und die Mittellagen weisen keine Markierung auf. Die Höhenunterschiede dürfen aber auch in diesen Fällen nicht zu groß sein, denn sonst entsteht eine zu große Differenz im Leimauftrag je Leistenfläche, wobei Mittellagen aus Weichholz weniger empfindlich sind als solche aus Hartholz.

12.32 Auftragarten

Das Beleimen der Leimträger kann ein- bzw. zweiseitig erfolgen. Für eine 3-schichtige Platte wird z. B. auf zwei einseitig beleimte Holzlagen eine unbeleimte Holzlage gelegt (Bild 12.26).

Beim *zweiseitigen Auftrag* wird die Mittellage von beiden Seiten beleimt und zwischen zwei unbeleimte Sperrlagen gelegt (Bild 12.27).

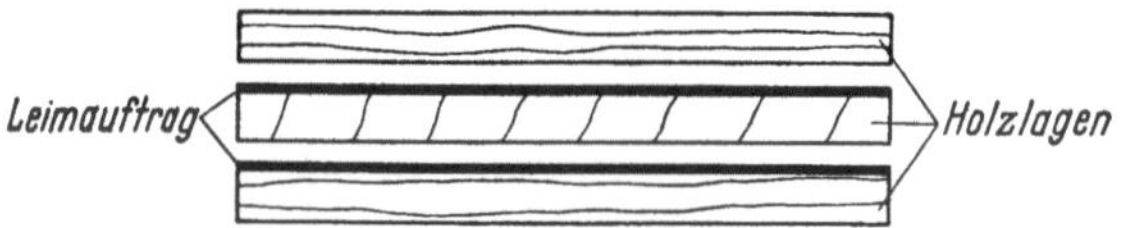

Bild 12.26. Beispiel für einseitigen Leimauftrag bei dreischichtigem Lagenholz.

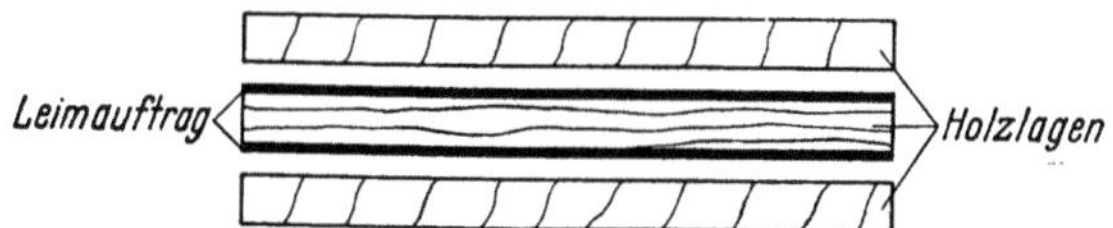

Bild 12.27. Beispiel für zweiseitigen Leimauftrag bei dreischichtigem Lagenholz.

Der einseitige Leimauftrag findet in der Sperrholz- und Tischlerplattenindustrie seltener Anwendung. Es ist hier vielmehr die beidseitige Beleimung der Mittelschicht üblich. Die Mittellagen werden in Formatgröße beleimt, es können jedoch auch Mittellagenteile beleimt und beim Legen entsprechend zusammengesetzt werden.

Der Leimart oder der Verleimungsvorschrift gemäß kann das Zusammenlegen der beleimten Lagen sofort nach dem Leimauftrag oder erst nach einer bestimmten Zeit bzw. nach Trocknung bei erhöhter Temperatur vorgenommen werden.

12.33 Leimauftragmaschinen

Das Verteilen der Leimflotte auf dem Leimträger kann von Hand aus oder maschinell erfolgen. In der Sperrholz- und Tischlerplattenindustrie verwendet man zum Beleimen *Leimauftragmaschinen*. Diese bestehen aus einem *Walzenpaar*, deren untere Walze starr gelagert, während die obere Walze federnd und in der Höhe verstellbar angeordnet ist. Die Walzen besitzen gleiche Umfanggeschwindigkeit und dienen als Leimüberträger. Die zu beleimende Fläche wird vom Walzenpaar erfaßt, unter dem Walzendruck etwas egalisiert, nimmt dabei den Leim von den Walzen auf und wird gleichzeitig weitergeschoben.

Der *Leimdosierung* entsprechend unterscheidet man Zweiwalzen- und Vierwalzen-Leimauftragmaschinen, deren Arbeitsweise aus der schematischen Darstellung in Bild 12.28 hervorgeht. In allen Fällen ist es das große Walzenpaar, das als Leimüberträger und Fördereinrichtung für die zu beleimende Fläche dient. Die Dicke des Leimfilmes auf dem Walzenpaar wird bei der Zweiwalzen-Leimauftragmaschine durch eine *Abstreifleiste* erreicht, bei der Vierwalzen-Leimauftragmaschine durch eine verstellbare umlaufende Walze. Im Fall a taucht man die zu beleimende Fläche in

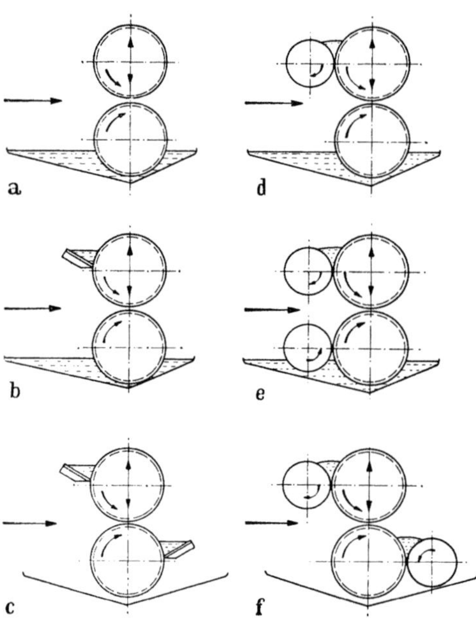

Bild 12.28 a—f. Schematische Darstellung der verschiedenen Möglichkeiten von Dosiereinrichtungen bei 2- und 4-Walzen-Leimauftragmaschinen.

den vorgezogenen Leimtrog. Beim Vorschub durch das Walzenpaar wird der auf die Oberseite geschöpfte Leim von der oberen Walze auf der Fläche verteilt, während die untere Walze in der Leimflotte kreist und den Leim an die Unterseite der Fläche überträgt. Diese Art des Auftragens ist roh und läßt kaum eine Regelung der Leimmenge zu. Um einen Leimfilm von gleichbleibender Dicke auf dem Walzenpaar zu erzeugen, kann der Leimvorrat zwischen der Auftragwalze und einer in der Drehrichtung zur Walze schräg gestellten Abstreifleiste aufgenommen werden (siehe b und c). Berührt der untere Leistenrand den Walzenmantel, so wird nur wenig Leim von der Walze mitgenommen. Vergrößert man den Abstand, so entsteht ein dickerer Leimfilm am Walzenumfang. Die Abstreifleiste besitzt an beiden Seiten eine Abdichtung gegen die Auftragwalze, so daß ein genügender Leimvorrat zwischen Walze und Leiste untergebracht werden kann. Zum Kühlen oder Erwärmen der Leimflotte werden die Abstreifleisten doppelwandig ausgeführt.

In der gleichen Weise kann an Stelle der schräggestellten Abstreifleiste eine rotierende Walze angebracht werden. Diese *Dosierwalze*

Bild 12.29. 2-Walzen-Leimauftragmaschine LAM. Bauart G. Joos, Pfalzgrafenweiler.

(Doktorrolle, Abriebwalze, Verteilerwalze) ist im Durchmesser und in der Drehzahl kleiner als die Auftragwalze (Durchmesser der Auftragwalze zur Dosierwalze etwa 1:0,8, übliche Abmessungen 200 bis 300 mm zu 160 bis 240 mm. Drehzahlverhältnis von Auftragwalze zu Dosierwalze 1:0,6).

Die Walzendosierung ermöglicht eine genauere Einstellung des Leimauftrages gegenüber Maschinen mit Abstreifvorrichtung und hat den Vorteil einer guten Durchmischung des Leimvorrates. In der Industrie sind beide Maschinenarten (c und f) anzutreffen. So z. B. wird von der Maschinenfabrik G. Joos, Pfalzgrafenweiler, eine leichte Zweiwalzen-Leimauftragmaschine für ein- und doppelseitigen Leimauftrag gebaut, deren Leimschiffe (Leimbecken), wie Bild 12.29 zeigt, leicht aushängbar angeordnet sind. Dadurch wird die Reinigung wesentlich vereinfacht.

Die *Leimschiffe* sind *doppelwandig* ausgeführt, um die Leimflotte während der Arbeit erwärmen oder kühlen zu können. Die obere Auftragwalze

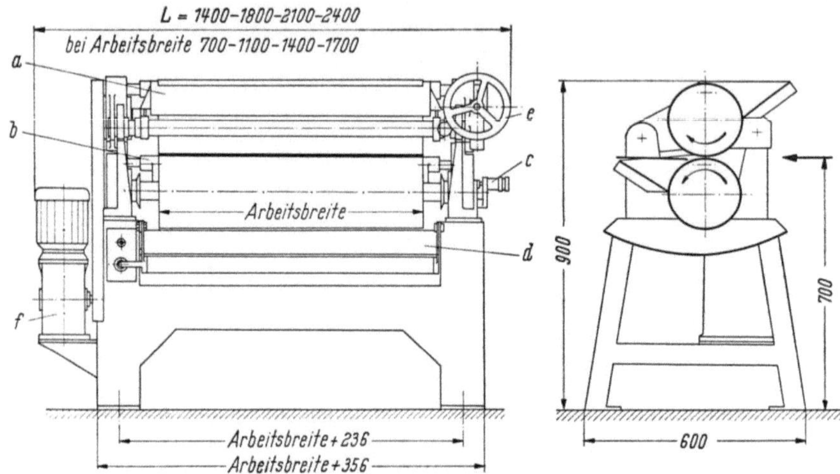

Bild 12.30. Abmessungen der 2-Walzen-Leimauftragmaschine OL. Bauart RFR.

Bild 12.31. Einlaufseite der Leimauftragmaschine OL. Bauart RFR.

wird an einem Standrohrpaar geführt, deren Paralleleinstellung zur Bodenwalze über gekapselte Kegelradpaare mittels Handrad erfolgt. Diese Maschinen werden bis 1300 mm Arbeitsbreite gebaut. Zum Antrieb genügt ein 0,75 kW-Motor. Der Durchlaßspalt ist bis 180 mm verstellbar.

Die Vereinigten Furnier- und Sperrholzmaschinen-Fabriken, Hamburg, liefern Zwei- und Vierwalzen-Leimauftragmaschinen (Modell OL und Modell OH), deren obere Auftragwalzen in Hebelkonstruktion aufgehängt sind.

In Bild 12.30 sind die Abmessungen, in Bild 12.31 die Einlaufseite und in Bild 12.32 die Antriebsseite des Modells OL wiedergegeben.

Diese Zweiwalzen-Leimauftragmaschine eignet sich zum gleichmäßigen Auftragen aller üblichen Arten von Holzleimen, wie Casein-,

Bild 12.32. Antriebsseite der Leimauftragmaschine OL. Bauart RFR.

Albumin- und Pflanzenleimen sowie Kunstharzleimen. Man verwendet sie zum Deckfurnieren und für das Beleimen kleinerer Flächen mit guter

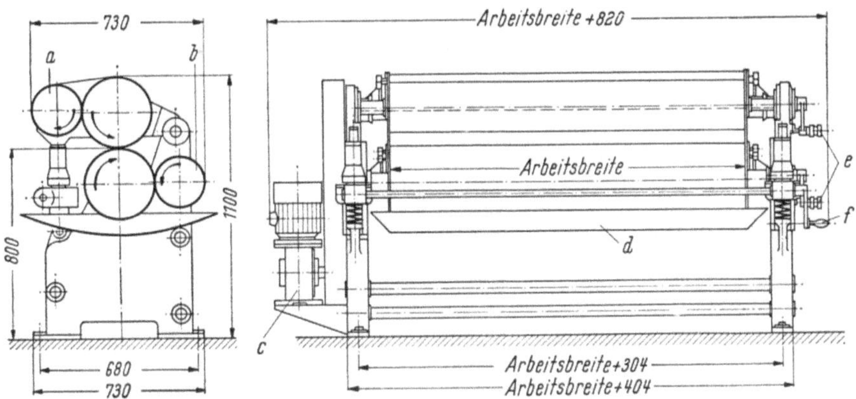

Bild 12.33. Abmessungen der 4-Walzen-Leimauftragmaschine OH. Bauart RFR.

Oberflächenbeschaffenheit. Für große Flächen, vor allem in der Tischler-plattenerzeugung, wird die Vierwalzen-Leimauftragmaschine Modell OH angewendet, die für diesen Zweck besonders kräftig gebaut ist. Bild 12.33 gibt die Abmessungen der Maschine, Bild 12.34 ihre Einlaufseite wieder.

Um die Maschinen für die Verwendung von Leimen mit verschie-dener Viskosität und zum Beleimen verschiedener Mittellagen geeignet zu machen, werden sie neben gleichbleibenden auch mit *regelbaren Antrieben* ausgestattet. Dünnflüssige Leimflotten und dicke Stabmittel-lagen verlangen langsamere Walzen-Umfangsgeschwindigkeiten als dickerflüssige Leimansätze und unempfindlichere Furnier-Mittellagen.

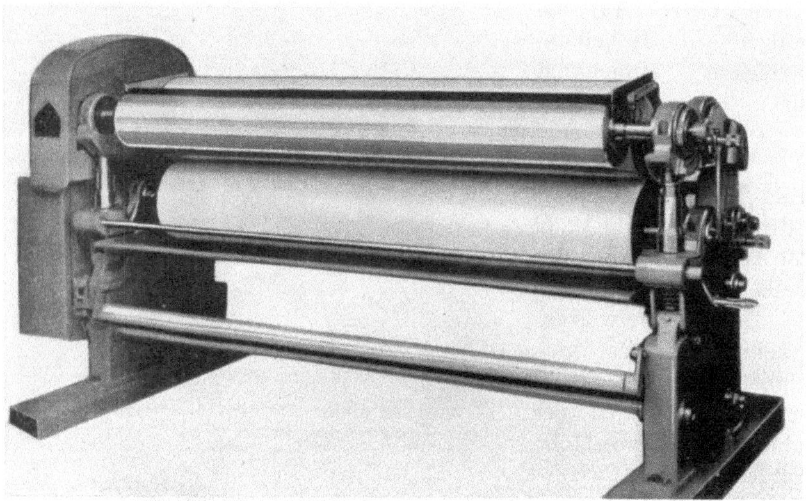

Bild 12.34. Einlaufseite der Leimauftragmaschine OH. Bauart RFR.

Normalerweise sind Umfangsgeschwindigkeiten von 15 bis 30 m/min üblich, wozu Motoren mit gleichbleibender Drehzahl oder zweifach-polumschaltbare Motoren verwendet werden. Für größere Geschwindig-keitsbereiche baut man stufenlos regelbare Antriebe mit veränderlichen Umfangsgeschwindigkeiten im Verhältnis 1:3 (z. B. 15 bis 45 m/min oder 20 bis 60 m/min).

Der Leistungsbedarf richtet sich nach Größe und Leistung der Maschinen und liegt zwischen 1,5 und 3 kW.

Das Fassungsvermögen der Leimbecken der Zweiwalzen-Leimauftrag-maschine des Modells OL beträgt etwa 24 l, bei der Vierwalzen-Auftrag-maschine Modell OH je nach Arbeitsbreite etwa 12 bis 20 l, so daß im Durchschnitt etwa 80 m² Furniere oder 50 m² Tischlerplattenmittel-lagen auf beiden Seiten beleimt werden können. Zwischen Abstreifleiste und Auftragwalze kann ein größerer Leimvorrat untergebracht werden als zwischen Dosierwalze und Auftragwalze bei Vierwalzen-Auftragmaschinen. Größere Modelle werden daher mit Leimvorratsbehälter und einer Leimförderpumpe ausgerüstet, wodurch das Nachfüllen von Hand entfällt.

Zur *Unfallverhütung* ist bei allen Leimauftragmaschinen in Kniehöhe eine durchgehende Schaltstange an der Einlaufseite angebracht. Der Bedienungsmann kann bei Gefahr mit dem Knie durch Druck auf die Schaltstange die Maschine sofort stillsetzen.

Die obere, federnd gelagerte Walze kann mit einer Handkurbel auf den gewünschten Abstand zur Bodenwalze verstellt werden. Die Größe des *Durchlaßspaltes* richtet sich nach der Dicke des zu beleimenden Furnieres oder der Mittellage. Wählt man den Durchlaßspalt etwas enger als die Dicke der Mittellage, so lastet das Walzengewicht auf der zu beleimenden Fläche. Dieser Druck wird für gewöhnlich bei schweren Walzen durch eine Stützfeder abgefangen (Bild 12.35).

Eine von beiden Seiten gekapselte Vierwalzen-Leimauftragmaschine der Fa. Theodor Hymmen KG., Maschinenfabrik, Bielefeld, zeigt Bild 12.36.

Bild 12.35. Aufhängung des oberen Walzenpaares in Hebelkonstruktion mit Stützfeder, Modell OH. Bauart RFR.

Das Walzenpaar wird in einem Gabelständer geführt. Zum Einstellen des gleichmäßigen Leimauftrages werden die Dosierwalzen mit Handhebeln gegen die Auftragwalzen verstellt (Bild 12.37).

Die Maschinen werden mit Walzenbreiten von 1300 mm bis 2500 mm, mit polumschaltbarem Motor für zwei Geschwindigkeiten (10 und 20 m Vorschub) gebaut.

Eine von der Fa. Robert Bürkle & Co., Maschinenfabrik, Freudenstadt/ Württ., neu herausgebrachte Maschine zeigen die Bilder 12.38 und 12.39.

Die Konstruktion ist so gehalten, daß jede Walze einzeln ausgebaut werden kann, ohne durch die anderen Walzen behindert zu sein. Die

Vierwalzen-Leimauftragmaschinen Modell VAA werden bis 2000 mm
Breite gebaut. Die verchromten Dosierwalzen können mittels Kugelgriffrad

Bild 12.36. 4-Walzen-Leimauftragmaschine. Bauart Th. Hymmen K. G., Bielefeld.

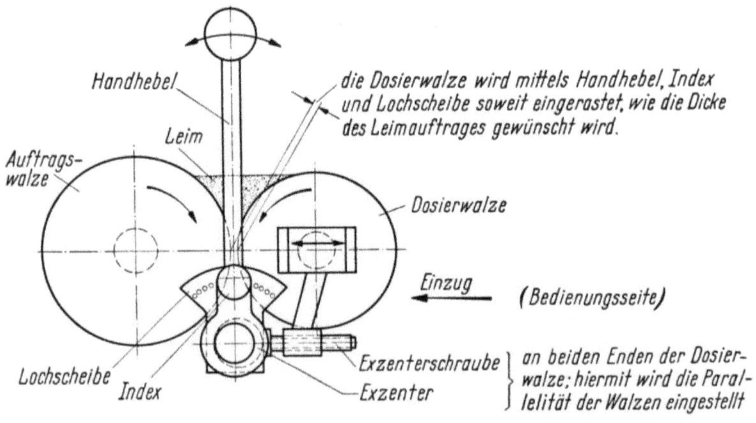

Bild 12.37. Schematische Darstellung der Leimdosierung an der in Bild 12.36 dargestellten Maschine.

auf die gewünschte Leimfilmdicke eingestellt werden. Die Führung erfolgt
hierbei parallel. Auf Wunsch werden die Dosierwalzen mit einer Kühleinrichtung ausgestattet. Um eine schonendere Behandlung der Gummi-

Bild 12.38. Einlaufseite der 4-Walzen-Leimauftragmaschine VAA. Bauart R. Bürkle & Co., Freudenstadt.

Bild 12.39. Auslaufseite der 4-Walzen-Leimauftragmaschine VAA. Bauart R. Bürkle & Co., Freudenstadt.

überzüge der Leimauftragwalzen bei sehr enger Spalteinstellung zwischen Auftragwalze und Dosierwalze zu ermöglichen, wird vor allem bei den größeren Maschinen eine Schleppeinrichtung für die Dosierwalzen eingebaut, die eine Beschleunigung der Umdrehung der Dosierwalze bewirkt.

Die unteren Lager der Auftrag- und Dosierwalze ruhen auf einem geschweißten Untergestell, während die oberen längs einem Standrohrpaar in der Höhe verstellbar auf und ab gleiten können. Innerhalb der oberen Lagerstücke ist eine verstellbare Federung eingebaut, die einen elastischen Preßdruck zuläßt. Der Abstand zwischen Walzen und Lagerstellen ist hier groß gewählt, um die Reinigung zu erleichtern.

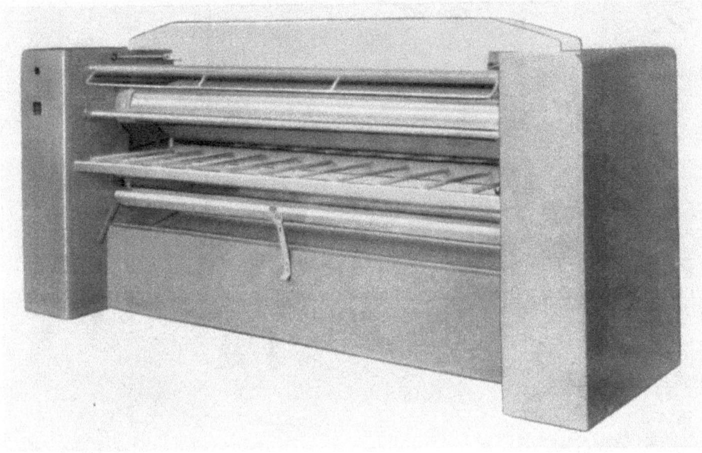

Bild 12.40. 4-Walzen-Leimauftragmaschine LADD-S. Bauart U. Steinemann, St. Gallen/Schweiz.

Die Firma Ulrich Steinemann AG., St. Gallen-Winkeln/Schweiz, stellt für die Sperrholz- und Tischlerplattenindustrie Vierwalzen-Leimauftragmaschinen in vollständig *gekapselter Ausführung* her (Bild 12.40). Besonderer Wert wird auf die plan-parallele Dosierwalzen-Verstellung mit einer Feinregelmöglichkeit bis auf $^1/_{10}$ mm Skaleneinteilung gelegt. Ferner werden auf Wunsch Maschinen mit gegenseitig (siehe Bild 12.28f) oder parallel (siehe Bild 12.28e) gelagerten Dosierwalzen geliefert. Der Holzdurchlauf ist stufenlos von 15 bis 30 m/min bzw. 45 bis 90 m/min regelbar. Es werden Maschinen bis zu 2700 mm Arbeitsbreite mit einer größten Durchlaufhöhe von 70 mm und einem Leistungsbedarf bis 2,8 kW gebaut.

Eine Hochleistungsmaschine Modell LAg-120 wurde in den letzten Jahren von der Fa. Adolf Friz, Maschinenfabrik, Stuttgart-Bad Canstatt, entwickelt. Der Antrieb der Leimauftragwalzen erfolgt über *Kardanwellen*. Die Maschine besitzt eine *Leimumwälzpumpe* mit großem Vorratsbehälter und arbeitet mit Durchlaufgeschwindigkeiten von 60 bis 120 m/min, so daß bei geeignetem Fertigungsablauf die Mittellagen ohne Stütze unmittelbar auf den Legetisch ausgeworfen werden.

Sowohl die Leimauftragwalzen als auch die Dosierwalzen sind mit *Wasserkühlung* ausgerüstet.

Die obere Leimwalze ist durch *Druckluft abgefedert* (etwa 6 atü). Dieser hohe Druck ist notwendig, damit die Walzen die Furniere einziehen.

Bild 12.41. 4-Walzen-Leimauftragmaschine LAg 120. Bauart A. Friz, Stuttgart-Bad Cannstatt. Ansicht der Leimumwälzpumpe.

Die Maschine besitzt einen polumschaltbaren Motor mit 11 kW (Bilder 12.41 und 12.42).

Der Leimbehälter ist unten im Ständer der Maschine eingebaut und hat ein Fassungsvermögen von 100 l (bei einer Arbeitsbreite der Maschine von 1800 mm). Der Behälter kann je nach Bedarf gefüllt werden. Die Pumpe leert den Behälter nahezu, so daß man mit einem Rest von nur ungefähr 1 l, der sich in den Schlauchleitungen usw. befindet, rechnen kann.

Die Maschine kann leicht gereinigt werden, indem man in den Leimbehälter Wasser gießt und das Wasser umlaufen läßt. Um losgerissene

Holzsplitter abzufangen, ist der Umwälzleitung ein Sieb vorgeschaltet. Die Maschine kann stufenlos jeder vorkommenden Furnierdicke bis 100 mm Durchlaßhöhe angepaßt werden, wobei der Druck auf die Furniere durch die Pneumatikzylinder besonders elastisch ist. Die Auftragwalzen sind mit einer Spezialriffelung (Quer- und Längsriffelung) ver-

Bild 12.42. 4-Walzen-Leimauftragmaschine LAg 120. Bauart A. Friz, Stuttgart-Bad Cannstatt, Ansicht des Kardan-Antriebes.

sehen, um neben der gleichmäßigen Dosierung des Leimauftrages auch den Vorschub der Furniere bei den hohen Durchlaufgeschwindigkeiten zu gewährleisten.

Neben dieser Hochleistungsmaschine, die vor allem der Rationalisierung in der Sperrholzindustrie dient, baut die Firma Leimauftragmaschinen mit Dosierwalzen in den Walzenlängen von 800 bis 1300 mm (Modell LAV/K) und in den Walzenlängen 1300 bis 2800 mm (Modell LAg). Die Maschinen sind besonders auf die Verarbeitung von Kunstharzleimen eingestellt. Die Dosierwalzen ermöglichen den Auftrag eines dünnen Leimfilmes und können durch Ausklinken 4 cm weit von der Gummiwalze abgehoben werden.

12.34 Wahl und Bedienung der Maschinen

Der Fertigung entsprechend werden von den beschriebenen Maschinentypen für das *Deckfurnieren* leicht gebaute, für *Großformate* und besonders für *Tischlerplatten* schwere Leimauftragmaschinen verwendet. Die Anordnung der Maschinen wird dem Arbeitsablauf angepaßt. In der

Regel stellt man die zu beleimenden Mittellagen in Faserlängsrichtung
an die Einlaufseite der Leimauftragmaschine. An der Auslaufseite wird
ein fahrbarer Legetisch angeschoben, an den Seiten werden die Zulagebleche sowie die Sperr- bzw. Deckfurniere gestapelt. Um ein schnelles
Beschicken der Pressen zu ermöglichen, legt man Tragleisten zwischen

Bild 12.43. Ansicht einer automatischen Anlage zum Zusammenlegen von Trägerplatte
und beleimten Furnieren. Links im Bild die seitlich verfahrbare Saugehebevorrichtung.
Bauart A. Friz, Stuttgart-Bad Cannstatt.

jeden Satz. Dieses Legen von Hand wird heute weitgehend mechanisiert,
sei es in Form von Fließbandarbeit oder als vollautomatische Anlage.
Handarbeit läßt eine große Variationsmöglichkeit und die bessere Ausnutzung bzw. eine weitgehende Sortierung der Furniere beim Legen zu.

Für die *vollautomatische Fertigung* ist eine sorgfältigere Vorbereitung notwendig,
die unter Umständen mit höheren Materialverlusten verbunden ist. Bild 12.43
zeigt eine Anlage, die von der Fa. Adolf Friz, Stuttgart-Bad Cannstatt, für das
Furnieren von Spanplattenmittellagen gebaut wurde. Die gestapelten Spanplattenmittellagen werden automatisch nacheinander über eine *Bürstenentstaubung* der
Leimauftragmaschine zugeführt, nach der Beleimung auf einen Rolltisch befördert

25*

und von dort mit einer zangenartigen Hebevorrichtung auf das vorbereitete Zulageblech mit den Sperrfurnieren gelegt. Das obere Sperrfurnier wird mit Saugnäpfen vom seitlich stehenden Furnierstapel abgehoben und auf die Mittellage gelegt. Der fertige Plattensatz wird in eine Einetagenpresse geschoben und nach kurzer Preßzeit (1 min) ausgefahren.

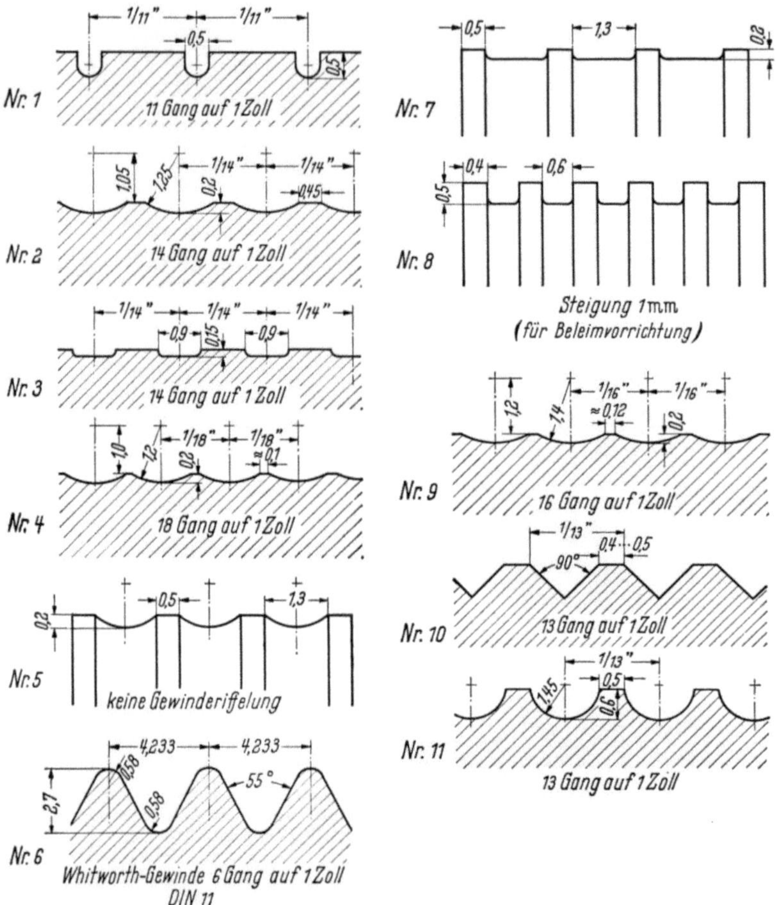

Bild 12.44. Profile an Stahlwalzen für Leimauftragsmaschinen. Bauart RFR.

Dem Leimansatz, der aufzutragenden Leimmenge und der Oberflächenbeschaffenheit der Mittellage entsprechend, wird der Auftrag-Walzenabstand eingestellt. Besitzen die zu beleimenden Flächen nur geringe Dickentoleranzen und sind sie eben, so ist der Abstand der Walzen so einzustellen, daß die zu beleimende Fläche bei schwachem Walzendruck die Maschine durchläuft und den Leimfilm aufnimmt.

Die Mittellagen dürfen nicht durchgeschoben, aber auch nicht unter
einem zu hohen Walzendruck verformt werden.

Die *Auftragwalzen* haben die Aufgabe, den Leimträger zu beleimen
und zu fördern. Deshalb werden die Walzen nicht mit glattem, sondern mit einem geriffelten Mantel versehen. Längsrillung und auch

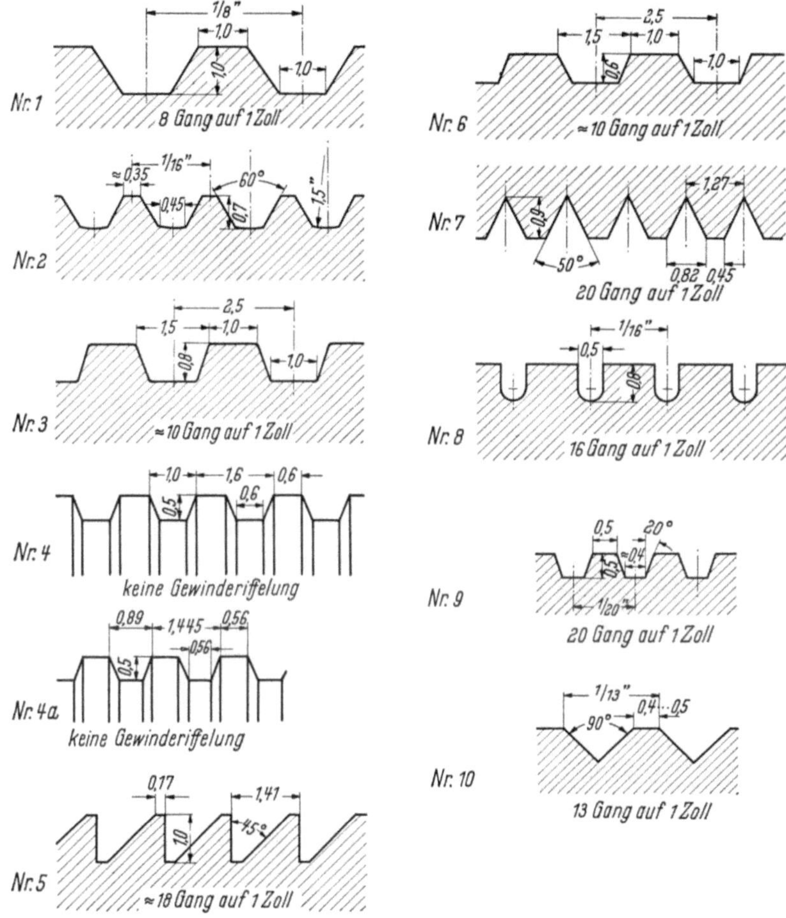

Bild 12.45. Profile für Walzen mit Gummiauflage. Bauart RFR.

Karomarkierung werden seltener angetroffen. Man wählt vielmehr
Parallel- oder Gewinderillung. Die Vielzahl der bereits erprobten Profile
sei an einer Zusammenstellung gezeigt, die allein von den Vereinigten
Furnier- und Sperrholzmaschinen-Fabriken, Hamburg, im Laufe der
Jahre für Stahl- und Gummiauftragwalzen ausgeführt wurden (Bilder
12.44 und 12.45).

Die *Rillen* nehmen die Hauptmenge an Leim auf. Durch die Dosiereinstellung ist der Leimfilm aber auch an den erhabenen Teilen der Auftragwalze vorhanden. Wird der Walzendruck groß, so kann dieser Leimanteil sich als Wulst vor der Walze stauen und über die Ränder der Holzfläche abfließen. Man korrigiert dies durch Verjüngung des Dosierspaltes oder durch geringeren Walzendruck.

Je tiefer die konkaven Stellen in der Mantelfläche sind, um so mehr Leim wird selbst bei engstem Dosierspalt auf die Holzfläche übertragen. Bei Gewinderillung soll die Ganghöhe nicht zu groß gewählt werden, da dadurch der Auftrag bei welligen Furnieren ungleichmäßig wird. Man wählt Ganghöhen von 14 bis 18 Gang auf 1″.

Der Gewindeverlauf ist zwischen oberer und unterer Walze entgegengesetzt, wodurch eine reibende bzw. zerrende Wirkung auf den Leimträger ausgeübt wird. Bei dünnen Furnieren kann daher ein Zerreißen eintreten. Diese Gefahr ist um so geringer je kleiner die Ganghöhe der Rillen ist.

Man verwendet Stahlmantel- oder Gummiwalzen. Die Lebensdauer der *Stahlwalzen* ist zwar länger, jedoch ergeben *Gummiwalzen* eine elastischere Leimübertragung. Zweckmäßig ist dabei die Anschaffung von Reservewalzen, die an den Zapfen zu lagern sind, um eine Deformation des Walzenmantels zu verhindern.

Eine gummierte Auftragwalze besteht aus der Stahlwalze, die mit einem Hartgummimantel überzogen wird. Auf diesen Grundüberzug wird ein säure- und alkalifester Spezialgummimantel aufvulkanisiert. Die Rillen werden auf der Drehbank mit Schleifscheiben eingeschliffen. Um den Ausbau der schweren Walzen bei großen Leimauftragmaschinen zu umgehen, wird gelegentlich auch das Nachziehen oder die Korrektur der Gummiwalzenrillung in der Leimauftragmaschine durch Ansetzen eines Drehbankbettes vorgenommen.

Eine ungleichmäßige Abnutzung des Gummimantels wird dadurch vermieden, daß kleinere Leimträger beim Durchlauf nicht stets an der gleichen Stelle, sondern abwechselnd an verschiedenen Stellen zwischen den Auftragwalzen eingeschoben werden. Den Leimträger soll man auch nicht schräg zur Faserrichtung durchschieben. Es wird dadurch zwar die Walzenbreite in der Nähe der Diagonale der Holzfläche fast ganz ausgenützt, jedoch entstehen an der Einlauf- und Auslaufspitze des Leimträgers größere Walzendrücke als im Diagonalteil. Der Leimauftrag wird ungleichmäßig.

Große Umfangsgeschwindigkeiten bei kleinen Walzen können bei niedrigviskosen Leimansätzen gelegentlich zum *Verspritzen* führen, d. h. man muß den Leimansatz oder die Walzengeschwindigkeit ändern. Leimansätze mit kurzen Topfzeiten beginnen besonders bei hoher Wasserverdunstung rasch zu „spitzen", die Leimfäden werden ungleichmäßig

und es kann zum Gelieren auf den Walzen kommen. In diesen Fällen
ist rascher Verbrauch der Flotte und ständiges Nachfüllen neuen
Leimes notwendig, oder aber das sofortige Reinigen der Walzen.

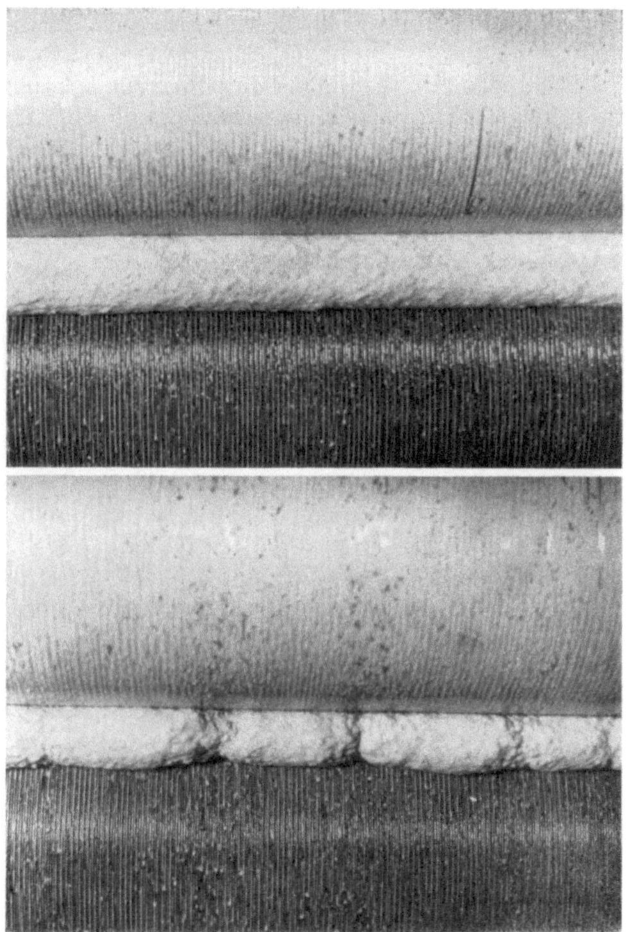

Bild 12.46. Austragen des Schalenanteiles bei Verwendung eines ungeeigneten Streckmehles.

Ebenso ist zu vermeiden, daß die Maschine längere Zeit im Leerlauf
arbeitet. Es ist zweckmäßig, die Maschine in Arbeitspausen abzustellen.
Bei Leimansätzen mit Harnstoffharzen ist Laufen der Maschine während kürzerer Arbeitspausen, vor allem bei enger Walzenriffelung, zulässig, da so ein Antrocknen des Leimes in den Rillen unterbunden wird.
Vor einem *längeren Stillstand* sind die Walzen mit warmem Wasser
(50 bis 60 °C) gründlich zu waschen und die Rillen mit einer Bürste zu

säubern (Sicherheitsvorschriften beachten!). Stahlwalzen sind gegen Rost zu schützen, z. B. durch Einstreichen mit Petroleum oder dünnem Maschinenöl. Walzen mit Gummiüberzug sollen nicht aufliegen und gelegentlich mit Wasser angefeuchtet werden. Ferner sind derartige Walzen möglichst vor Beschmutzung mit Schmierfett oder Maschinenöl zu schützen.

Das Profil der Walzenfläche soll auf dem Leimträger kurz nach dem Austritt deutlich sichtbar sein. Bei schnellem Durchlauf kann je nach der Beschaffenheit des Leimansatzes ein Abreißen der Leimfäden entstehen. Vor allem ist darauf zu achten, daß die Einlaufkante nicht zu geringen Leimauftrag zeigt und die Leimfäden zu „*perlen*" beginnen.

Beurteilung der Leimzusammensetzung (Bilder 12.47···12.50).

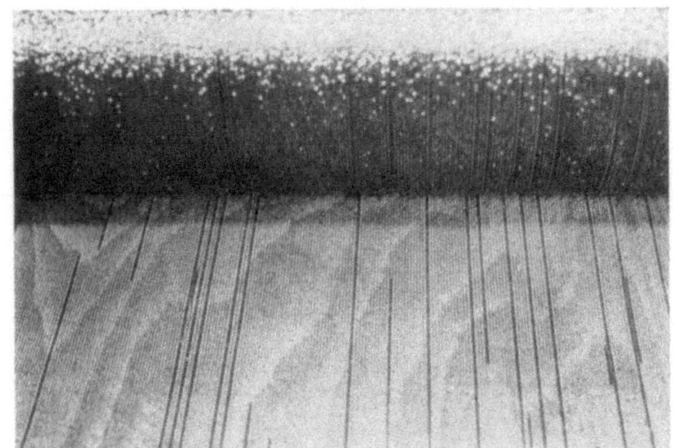

Bild 12.47.

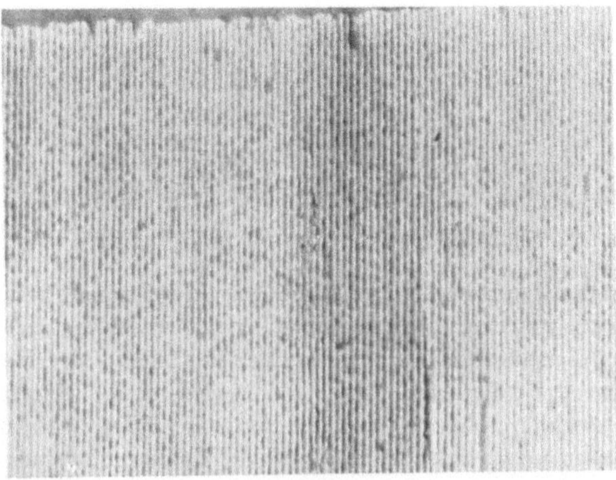

Bild 12.48.

Bild 12.49.

Das *Nachfüllen der Leim-becken* kann von Hand aus erfolgen oder mit einer Zahnradpumpe aus einem Leimvorratsbehälter, wobei der Überlauf zurückfließt. Wird der Leimvorrats-behälter über der Maschine angebracht, so kann das ständige Zufließen zu den Leimbecken über Schläuche mit Absperrhähnen ohne Pumpenumwälzung erfol-gen.

Bild 12.47. Leimzusammensetzung richtig.

Bild 12.48. Leimfäden sind gleich-mäßig.

Bild 12.49. Leimzusammensetzung falsch.

Bild 12.50. Leimfäden sind ungleich-mäßig.

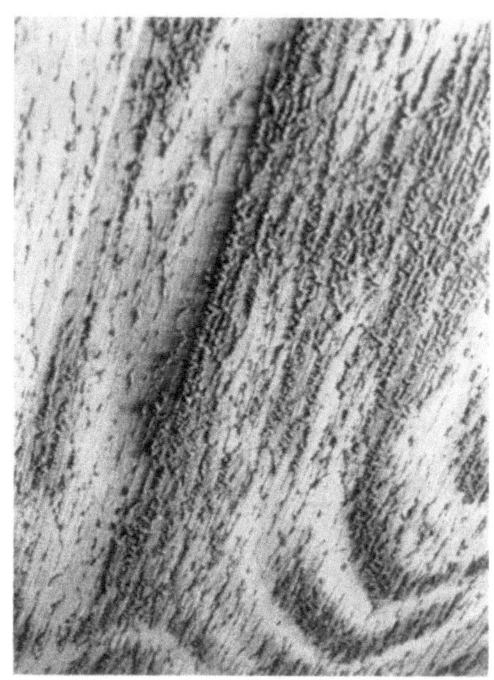

Bild 12.50.

Wie bereits erwähnt, muß der Leimansatz für den Maschinenauftrag geeignet sein. Leimflotten mit minderwertigen Streckmehlen (hoher Schalenanteil) neigen beim Laufen zwischen Auftragwalze und Dosierwalze zum Entmischen und zum Austragen der Schalenteile (Bild 12.46). Ebenso verhalten sich Flotten im Leimbecken, wenn mit den Furnieren der Flotte ein hoher Holzstaubanteil zugeführt wird. Leimflotten, die ein Nachschäumen in der Maschine zeigen, sind unbrauchbar. Beim *Schaumleimverfahren* ist daher eine zu hohe Schaummitteldosierung zu vermeiden. Verschäumte Leimflotten werden vorteilhafter in Zweiwalzen-Leimauftragmaschinen verarbeitet. Man erzielt mit Schaumleimen bei gleichbleibendem Walzendruck einen geringeren Leimauftrag und verwendet hierfür vielfach Stahlwalzen.

12.35 Beurteilung des Leimauftrages

An dem *Leimbild auf der Holzfläche* kann man die richtige Flottenzusammensetzung und die Beschaffenheit des Leimträgers am besten beurteilen. In den Bildern 12.47 und 12.49 sind wellige Buchenfurniere gezeigt, die auf einer Vierwalzen-Leimauftragmaschine bei richtiger und falscher Leimzusammensetzung mit gleicher Auftragmenge versehen wurden. Die Gleichmäßigkeit des Auftrages erkennt man bei guten zügigen Leimflotten an der klaren Abzeichnung der Leimfäden (Bild 12.48). Leimansätze, die kurz abreißen, ergeben ein verschwommenes, stark verquetschtes Bild des Leimfadens (Bild 12.50).

Um die *Menge des Leimauftrages* zu bestimmen, wird die Holzfläche vor und nach der Beleimung gewogen und der Gewichtsunterschied auf 1 m² einseitige Leimaufnahme umgerechnet. Zur Betriebskontrolle wird diese Bestimmung beim Einfahren durchgeführt. Genauere Durchschnittswerte erhält man bei der Aufzeichnung des gesamten Leimverbrauches und der gefertigten besäumten Plattenpartie. Zur Einstellung der Leimdosierung an der unteren und der oberen Auftragwalze, werden zwei gewogene Holzlagen gleichzeitig beleimt und dann wird für jede der Leimauftrag errechnet.

Der Leimauftrag darf eine bestimmte Menge nicht unterschreiten. Die Leimflotte gibt einen Teil des Wassers an das Holz ab und begünstigt das Auftrocknen des Leimes. Besonders bei Kunstharzleimen ist darauf zu achten, daß ein vorzeitiges Härten durch den Wasserentzug vermieden wird.

12.36 Wartezeit

Die beleimten Flächen sollen vor dem Zusammenlegen noch eine hinreichende Klebkraft aufweisen (*offene Wartezeit*) und diese nach dem Zusammenlegen bis zum Erreichen des vollen Preßdruckes behalten (*geschlossene Wartezeit* DIN 53252).

In gleicher Weise, wie zur Beleimung gute Leimträger vorzubereiten
sind, ist auch dem Legen der einzelnen Schichten größte Sorgfalt bei-
zumessen. Für gewöhnlich legt man die Sperrlagen zwischen gekühlte
Zulagebleche, um beim Einlegen in die Pressenetagen ein Verschieben
zu verhindern. Gelegentlich wird auch nur ein Zulageblech als Unterlage
verwendet. Hierbei ist darauf zu achten, daß keine Beschädigung oder
ein Verschieben der einzelnen Schichtsätze entsteht.

13. Pressen der Lagenhölzer

Von **Hermann Doffiné**, Krefeld

13.1 Bau und Wirkungsweise von Lagenholzpressen

13.11 Zweck des Pressens: Ebnen, Verdichten, Heizen, Kühlen

Betrachtet man zunächst nur die *mechanische Wirkungsweise der
Pressen*, so besteht ihre Aufgabe ursprünglich und im wesentlichen darin,
die lose eingelegten Werkstoffschichten durch Ausübung von Druck in
möglichst vollkommene flächige Berührung miteinander zu bringen. Dies
ist nötig, um einmal aus dem meist welligen, verworfenen und allgemein
flächig-unregelmäßigen Ausgangsstoff glatte und ebene (bzw. in gewünschter Weise verformte) Verbundkörper entstehen zu lassen, zum
anderen um durch möglichst weitgehende und gleichmäßige Annäherung
der Oberflächen der einzelnen Schichten die Leimfuge so dünn und damit
den Leimverbrauch so sparsam wie möglich zu halten. Gleichzeitig ergibt
sich bei dünner Leimfuge und bei in die Holzgefäße und Poren hinein-
getriebenen Verästelungen des Bindemittels die verhältnismäßig beste
Fugenfestigkeit (siehe Abschn. 11.25).

Als allgemeine Forderung gilt, daß die Wirkung der Presse *regelbar*
sein muß, daß der Preßdruck möglichst gleichmäßig auch über große
Flächen ausgeübt wird und daß die Güte der Werkstattausführung hohen
Ansprüchen genügt. In vielen Fällen kommt der Wunsch hinzu, daß sich
die Presse möglichst günstig in eine größere Maschinengruppe einfügen
läßt.

So einleuchtend die Ausübung von Preßdruck bei der Herstellung
von Lagenhölzern in der Praxis auch ist, so sollte man sich doch vor
Augen halten, daß es sich bei der erheblichen Größe der angewendeten
Kräfte nicht ohne weiteres um eine Selbstverständlichkeit handelt. Die
üblichen Drücke sind nur nötig, weil man die heute üblichen *Ungenauigkeiten bei der Herstellung von Furnieren, Platteninnenlagen* usw. als unumgänglich oder annehmbar ansieht. Wenn es aus besonderem Grunde
nötig erscheint, so läßt sich mit wesentlich geringeren Preßdrücken das
gleiche Ergebnis erzielen, sofern man die Oberflächen genügend genau

vorbearbeitet. Theoretisch ist bei idealen Oberflächen der Preßdruck nur noch nötig, um die dünnstmögliche Leimfuge zu erreichen.

Die Presse muß den Widerstand, den das Holz ihrer Wirkung entgegensetzt, mit „roher Gewalt" überwinden. Beim *Glätten der Werkstoffschichten* treten zunächst Reibungskräfte auf, und zwar zwischen den Holzlagen untereinander wie auch zwischen Holz- und Metalloberflächen.

Nach dem Glätten der verhältnismäßig großen Wellen im Werkstoff muß die Holzoberfläche mittels des Preßdruckes im kleinen geebnet werden. Ihre Rauhigkeiten sind nur durch gewaltsame, zum größten Teil plastische Verformung zu beseitigen. Um sicher zu sein, daß so gut wie alle Stellen der Oberflächen auf diese Art in Berührung miteinander kommen, muß ein gewisser Überschuß an Preßdruck vorhanden sein. Hierbei ist es unvermeidlich, daß der Durchschnitt aller Stellen der Oberflächen etwas mehr Druck als nötig bekommt; das hat auch bei gewöhnlichen Sperrholzpressen eine *Verdichtung des Werkstoffs* zur Folge.

Diese Eigenschaftsänderung ist um so größer, je geringer die Rohdichte des Holzes und je schlechter die Oberflächenbeschaffenheit der Schichten vor dem Pressen war. Unter gewissen Vorbehalten kann man als Durchschnittszahl den Wert von 5% *Preßschwund* nennen; dies ist für die Berechnung der tatsächlichen und scheinbaren Holzverluste von Bedeutung und besagt auch, daß sich bei der normalen Sperrholzherstellung die Dichte des Werkstoffs beim Pressen um etwa 5% erhöht. Diese Wirkung ist in der Regel unerwünscht.

Bei der Pressung *verdichteter Lagenhölzer* hingegen ist die Erhöhung der Dichte Selbstzweck. Die Grenze liegt hier bei etwa $r = 1{,}46\ \mathrm{g/cm^3}$ (Dichte der trockenen Holzsubstanz $\gamma_\mathrm{H} = 1{,}50\ \mathrm{g/cm^3}$), und es ist einleuchtend, daß man sich dieser Grenze nur mit mehr als proportional zunehmenden Preßdrücken nähern kann [*13.8*].

Natürlich wird man auch bei der Herstellung verdichteten Holzes nicht stärker als nötig pressen, einmal um mit den geringst-möglichen Herstellungskosten auszukommen, zum anderen aber auch, weil in allen Fällen der leichtere Werkstoff konstruktive und funktionelle Vorteile bietet.

Zwar gibt es auch Kaltpressen bei der Herstellung gewisser Lagenhölzer, aber sie spielen bei weitem nicht die Rolle wie Pressen mit *Heizeinrichtungen*, in der Regel in Form von Heizplatten, die es gestatten, ein möglichst hochwertiges verleimtes Erzeugnis in möglichst kurzer Zeit herzustellen.

Infolgedessen kann man die grundsätzliche Bauart der Lagenholzpressen als ziemlich einheitlich bezeichnen. Wesentliche Ausnahmen bilden verschiedene Einetagen-Pressen, Blockpressen sowie Pressen, die mittels hochfrequenten Wechselströmen beheizt werden und meist den Einetagen-Pressen zuzurechnen sind.

Die Nachteile eins Verfahrens mit kurzzeitigem Wechsel von Heizung und *Kühlung* liegen auf der Hand. In Anwendung auf Lagenholzpressen sind die Verluste an Produktivität und an aufzuwendender Wärmeenergie deshalb besonders groß, weil es sich bei den zu heizenden und zu kühlenden Teilen nicht nur um das Preßgut, sondern um die gerade in diesem Fall besonders schweren und ausgedehnten Heizeinrichtungen handelt.

Weiter ergeben sich bauliche Schwierigkeiten hinsichtlich der dauerhaften Abdichtung von abwechselnd geheizten und gekühlten beweglichen Rohrverbindungen sowie dadurch, daß aus Gründen der Sauberkeit und des Korrosionsschutzes das Heizungssystem nach Möglichkeit nur von einem bestimmten Medium durchströmt werden sollte, und zwar stets von derselben Menge. Praktisch wird durch diese Forderung vielfach ein sekundäres Kühlsystem mit Wärmeaustauscher erforderlich.

Obwohl das Kühlen von Lagenholzpressen die Ausnahme bildet, kommt es häufig genug vor. Es ist vor allem nötig bei der Herstellung dicker Schichtholzblöcke, bei der Verwendung thermoplastischer Leime und bei der Herstellung von Platten mit Melaminharz-Oberflächen, an die höhere Ansprüche bezüglich Geschlossenheit und Glätte gestellt werden.

Allgemein hat das Kühlen durchaus vorteilhafte Folgen, vor allem dort, wo die Formbeständigkeit besonders wichtig ist. Um unsymmetrische Abkühlung (und Austrocknung oder Anfeuchtung) und dadurch herbeigeführtes Verziehen zu vermeiden, werden in Sonderfällen sogar Sperrplatten und Türen in den Etagen gekühlt oder zu diesem Zweck in eine besondere Kühlpresse eingefahren.

13.12 Konstruktiver Aufbau der Lagenholz-Pressen

13.121 Prinzip der Lagenholzpressen

Das Prinzip einer Presse der hier in Frage kommenden Art besteht im wesentlichen darin, daß ein geschlossener, mehr oder weniger starrer Rahmen eine Druckvorrichtung enthält, die innerhalb dieses Rahmens wirkt und es gestattet, Preßgut (also Lagenhölzer) aufzunehmen. Hierbei können die Bauteile der Presse auf die verschiedenste Art beansprucht werden, sie üben jedoch keine Kräfte auf die Umgebung aus, mit Ausnahme ihres Eigengewichts.

Der Druck wird auf unterschiedliche Art erzeugt. Beispielsweise sind auch die althergebrachten Spindelpressen durchaus zu den Lagenholz-Pressen im weiteren Sinne zu rechnen. Da aber in der industriellen Fertigung ausschließlich der hydraulische Antrieb in Frage kommt, wird für die Folge vorausgesetzt, daß es sich bei den Lagenholz-Pressen um *hydraulische Pressen* handelt [*13.5*].

Charakteristisch ist es für fast alle Lagenholzpressen, daß sie verhältnismäßig sehr *große Preßflächen* haben. Die Maschinen müssen also für das ungehinderte, möglichst leichte *Ein- und Ausfahren* des flächigen *Preßgutes* gebaut sein. Bei den weit überwiegenden rechteckigen Formaten unterscheidet man dabei Längs- und Querbeschickung, je nachdem die Pressen an den Schmalseiten oder an den Breitseiten geöffnet sind. Wegen der notwendigen schwereren Ausführung der auf Biegung beanspruchten Teile sind breitseitenbeschickte Pressen in der Regel teurer als schmalseitenbeschickte.

So einfach sich das Bauschema der hydraulischen Lagenholz-Pressen darstellt, so mannigfaltig sind ihre praktischen Erscheinungsformen. Allerdings unterscheiden sich diese fast durchweg durch oft nur äußerliche bauliche Merkmale, während man im Hinblick auf den grundsätzlichen Entwurf zwischen „starren“ und „weichen“ Pressen unterscheiden kann. Es erscheint angebracht, diese manchmal unklar benutzten Ausdrücke genauer zu bestimmen.

Bei der *starren Presse* sind Tisch und Holm so steif, daß ihre Durchbiegung im Vergleich zu den Dickentoleranzen des Preßgutes unerheblich ist. Diese Toleranzen werden gewaltsam eingeebnet, soweit der Preßdruck dazu ausreicht.

Praktisch spielen in diesem Zusammenhang weniger die Dickenunterschiede der Holzlagen eine Rolle, als vielmehr der kaum vermeidlich leicht konvexe Querschnitt der *Beschickungsbleche*. In solchen Fällen ergibt sich stets eine größere Gesamtdicke in der Mitte der Preßfläche, so daß hier Druck und demnach Werkstoffverdichtung größer sind als an den Rändern, und damit im Durchschnitt größer als nötig. Unter sonst gleichen Voraussetzungen muß die starre Presse also einen höheren Druck ausüben als die weiche Bauart.

Es kommt häufig vor, daß das Mittenübermaß der Blechdicke größer ist als die mögliche Überverdichtung des Preßgutes, wodurch die Randzonen zu geringen Druck erhalten. Bei einer starren Presse muß in diesem Falle ein *Kompensator* beigelegt werden. Dieser muß um so dicker und nachgiebiger gehalten werden, je starrer die Presse, je dünner und je härter das Preßgut ist (z. B. Buchen-Bootsplatten). Aus dieser Sicht ist es auch einleuchtend, daß das Kaschieren von Spanplatten erheblich einfacher ist als das von Sperrholz oder Faserplatten.

Trotz dieser Nachteile hat die starre Presse dort ihren Platz, wo Lagenhölzer auf genaue Enddicke gebracht werden sollen, und wo abwechselnd stark unterschiedliche Plattenformate zu verarbeiten sind. In diesem Fall gibt die weiche Presse in Richtung auf den unausgefüllten Raum nach, und verquetschte Kanten sind die Folge (Bilder 13.1 und 13.2). Um diese Fehler zu vermeiden, können bei einigen Pressen die äußeren Kolben abgeschaltet werden; als voll befriedigend

kann man diese Lösung aber nicht bezeichnen, schon weil sie nicht
narrensicher ist.

Die *weiche Presse* paßt sich (in Grenzen) den Dickentoleranzen des
Gutes an, ohne daß es zu wesentlichen Druckunterschieden kommt. Eine
gewisse Arbeit muß für die Verformung der Pressenteile selbst aufgewendet werden; dies ist jedoch wirtschaftlich bedeutungslos und für das
Lagenholz unschädlich. — Vereinfachend kann man zusammenfassen,
daß die weiche Presse in der Regel vorteilhafter ist als die starre, ausgenommen bei einem Herstellungsprogramm mit stark unterschiedlichen

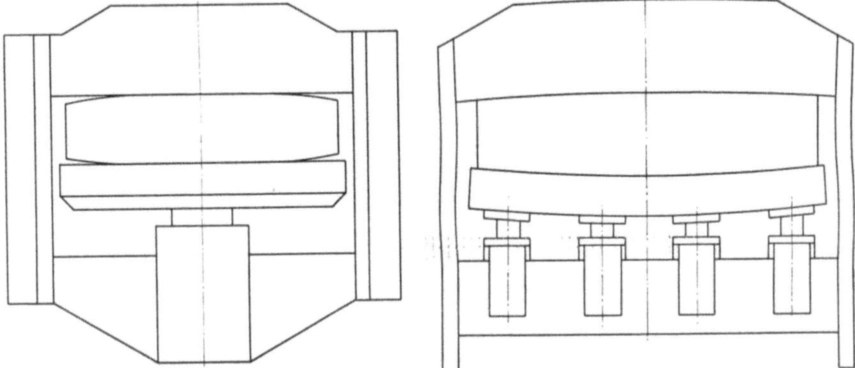

Bild 13.1. Starre Presse. Tisch und Holm sind
steif. Dickentoleranzen des Preßgutes werden
eingeebnet.

Bild 13.2. Weiche Presse. Die Etagen passen sich
in Grenzen den Dickentoleranzen des Preßgutes an.

Formaten. Manche Erzeugnisse sind aber auf einer starren Presse überhaupt kaum herzustellen.

Einetagen-Pressen nehmen eine gewisse Sonderstellung ein. Sie sind
im allgemeinen besonders gut geeignet zum Einhalten enger Toleranzen.
Dies hängt hauptsächlich damit zusammen, daß sich die wichtigsten
Ursachen für Preßungenauigkeiten bei Etagenpressen mit der Anzahl
der Heizplatten (und damit verbunden der Transportbleche, der Oberbleche usw.) vervielfachen, während sich diese Einflüsse bei Einetagen-
Pressen, soweit sie überhaupt auftreten, verhältnismäßig leicht ausgleichen lassen. Dies äußert sich beispielsweise darin, daß eine auf genaue Dicke zu kalibrierende Platte am wenigsten Schleifverlust erleidet,
wenn sie in einer Einetagen-Presse (oder in einer sehr guten „weichen‟
Mehretagenpresse) hergestellt wurde.

13.122 Ausbildung der Zugglieder

Die unterschiedliche bauliche Gestaltung ist ohne Einfluß auf die
Arbeitsweise der Presse, jedoch spielt die Ausbildung der *Zugglieder*

immer dann eine wesentliche Rolle, wenn Zusatzeinrichtungen anzubringen sind und wenn die Preßräume auch von der Seite aus, die nicht Beschickungsseite ist, möglichst zugänglich sein sollen.

Die verschiedene Form der Zugglieder fällt stark ins Auge, weshalb sie vielfach in der Bezeichnung der Pressenbauart zum Ausdruck kommt. Im wesentlichen unterscheidet man in diesem Sinne: Säulenpressen, Seitenblechpressen und Rahmenpressen. Für jedes dieser Baumuster ist ein Beispiel in den Bildern 13.3, 13.4 und 13.5 wiedergegeben.

Bild 13.3. Säulenpresse. Holm und Tisch in Gußkonstruktion. Bauart Becker & van Hüllen, Krefeld.

Die *Säulenbauart*, insbesondere wenn nur wenige schwere Säulen verwendet werden, bietet den Vorteil der größtmöglichen Zugänglichkeit der Presse auch von den Seiten her. Allerdings ist es nicht üblich, Zusatzeinrichtungen an den Säulen selbst zu befestigen, da sich diese beim Arbeiten der Presse oft nennenswert biegen. Beispielsweise müssen also die Leitereisen zur Unterstützung der Heizplatten getrennt zwischen den Säulen angeordnet werden. Vorwiegend wird die Säulenbauart bei Pressen angewendet, deren Zylinder und Holm aus Gußstücken bestehen, jedoch kommen auch Säulenpressen mit im übrigen geschweißter Konstruktion vor, vor allem bei amerikanischen und schwedischen Erzeugnissen.

Seitenblechpressen sind in gewissem Sinne besonders einfach im Aufbau und haben den Vorzug geringstmöglicher Breite bei gegebenen Plattenabmessungen. Allerdings sind die Pressen von den Seiten her kaum zugänglich, außer durch eigens angebrachte Öffnungen in den Seitenblechen. Auch die Seitenblechbauart findet man in der Regel bei Pressen, deren Zylinder und Holm aus Stahlguß bestehen. Es ist zu beobachten, daß Seitenblechpressen in immer geringerer Zahl gebaut werden.

Pressen in Rahmenbauart sind zur Zeit im Vordringen. Sie haben die günstige Eigenschaft, daß sie ungefähr ebenso gute seitliche Zugänglichkeit gestatten wie Säulenpressen. Allerdings sind auch an den Rahmen keine Hilfseinrichtungen anzubringen, da sie sich bei arbeitender Maschine ebenfalls verformen (Einbiegen nach Innen) [*13.5*].

Allgemein aber sind die Unterschiede zwischen den drei erwähnten Bauarten, insbesondere zwischen Säulen- und Rahmenpressen, was deren Arbeitsweise anbetrifft, ·recht gering. Vielfach wird die Entscheidung zwischen der einen oder anderen Ausführung auch weniger nach betrieblichen Gesichtspunkten getroffen, als nach der Lieferzeit, den jeweiligen Anschaffungskosten für die eine oder andere Pressenart und der Abstimmung auf die gerade verfügbare Kapazität in den einzelnen Abteilungen des Herstellwerkes.

Bild 13.4. Seitenblechpresse. Zylinder und Holm aus Stahlguß. Bauart Becker & van Hüllen, Krefeld.

13.123 Ausbildung von Tisch und Holm

In ihrer übersichtlichsten Form besteht die Presse aus einem *Rahmengestell*, in das die Druckelemente und Zubehöreinrichtungen eingebaut sind, ohne in konstruktiver Verbindung mit den Rahmenteilen zu stehen. Diese Bauart kommt bei Pressen vor, die keine großen Gußteile für Holm und Zylinder aufweisen. Der Rahmen hat in solchen Fällen, sofern er nicht überhaupt aus einteiligen oder zusammengeschweißten Blechen besteht, obere und untere Profileisen-Traversen; an den oberen dieser Bauteile sind die großflächigen *Druckwiderlager* befestigt bzw. aufgehängt, die man in der Regel als *Pressenholm* bezeichnet.

In der einfachsten Form besteht dieser Holm aus dicht nebeneinander liegenden oder zu einem rostartigen Gebilde verbundenen Trägern, gewöhnlich I- oder IP-Profilen. Während die Traversen des Pressenrahmens

26 Kollmann, Furniere

quer zur Beschickungsrichtung auf Biegung beansprucht werden, muß in solchen Fällen der Holm in Pressenlängsrichtung der Durchbiegung widerstehen.

In weiter entwickelter Form verwendet man anstelle der einfachen Profileisen ein geschweißtes, kastenartiges, manchmal jedoch ziemlich verwickeltes Gebilde, das baulich mit der oberen Heizplatte und mit etwa nötigen Kühleinrichtungen verbunden werden kann.

Bild 13.5. Rahmenpresse. Holm und Tisch in Schweißkonstruktion. Jedes Rahmenteil mit 2 Zylindern. Bauart G. Siempelkamp & Co, Krefeld.

Entsprechendes gilt für den *Tisch* als unteres, flächiges Widerlager. Auch hier sind die Beanspruchungen am einfachsten zu erkennen, wenn man sich den Tisch als Profileisenkonstruktion mit Quertraversen und Längsträgern vorstellt. Tatsächlich aber ist auch er, sofern es sich nicht um Stahlguß handelt, ein wohldurchdachtes Schweißstück, das die untere Heizplatte und gegebenenfalls eine Kühleinrichtung trägt. Holm und Tisch in *Schweißkonstruktion* sind beispielsweise auf Bild 13.5 zu erkennen.

Demgegenüber können Tisch und Holm jeweils aus einem Gußstück bestehen. Bei der Schweißkonstruktion können obere Traverse und Holm ein Stück sein, bei *Gußausführung* ist dies stets der Fall. Beispiele hierfür sind aus den Bildern 13.5 und 13.4 ersichtlich.

Es liegt auf der Hand, daß die Schweißkonstruktion mehr Arbeit, jedoch weniger Werkstoffkosten verursacht als die Gußausführung. Im Endergebnis ist zur Zeit die Stahlgußausführung wesentlich teurer. Ein nicht zu übersehender Vorteil der Schweißkonstruktion ist außerdem der, daß sie sowohl instandgesetzt werden kann als auch anpassungsfähiger als die Gußausführung ist. Gewisse Formen sind in Guß kaum herzustellen, Anbauten kann man nicht ohne weiteres anschweißen, und jede Änderung der Konstruktion bedingt einen Umbau der Form und damit in der Regel eine ziemliche Verzögerung in der Herstellung. Wenn die Einrichtungen einer Maschinenfabrik erst einmal auf derartige Schweißarbeiten eingestellt sind, so kann man eine anhaltende Bevorzugung der Schweißkonstruktion beobachten.

Auf jeden Fall wird Guß bei leichten Pressen mehr und mehr vermieden. In diesen Fällen ist nämlich die Werkstoffausnutzung schlecht, da aus baulichen und gießtechnischen Gründen gewisse Wanddicken und überhaupt eine gewisse Schwere des Gußteils nicht unterschritten werden können. Dieser Aufwand ist jedoch wirtschaftlich nur dann sinnvoll, wenn die Querschnitte und Widerstandswerte auch tatsächlich der Beanspruchung entsprechend nötig sind und ausgenutzt werden.

Eine Verbindung von Profil- oder Schweißkonstruktion mit Gußausführung kommt hingegen häufiger vor, nämlich bei manchen Rahmenpressen, bei denen der Holm als Massiv-Gußstück ausgebildet und eingehängt wird. Dies ist vor allem dann von Vorteil, wenn der Holm einen verwickelten Querschnitt hat.

13.124 Zahl und Anordnung der Zylinder

Von den theoretisch möglichen zahlreichen Erscheinungsformen der hydraulischen Pressen, besonders auch zur Lagenholzherstellung, kehren stets die gleichen Grundtypen wieder. Deshalb ist es berechtigt, die Probleme etwas zu vereinfachen.

So ist es z. B. bekannt, daß *Mehretagenpressen* zur Lagenholzherstellung fast stets *Unterkolbenpressen* sind, während *Einetagenpressen* vorwiegend in *Oberkolbenbauart* ausgeführt werden.

Die *Zylinderzahl und -anordnung* hängt unmittelbar mit der Bauweise der Presse im allgemeinen zusammen. Handelt es sich um eine starre Presse, mit Stahlgußtisch, so bleibt die Zahl der Zylinder so klein wie möglich. Es ist durchaus üblich, Formate von 1,50 m × 3 m mit nur einem Zylinder zu bauen. Dabei handelt es sich dann um einen konstruktiv schwierigen Körper mit angegossenen Augen oder Armen zur Aufnahme der Säulen, oder aber mit seitlichen Flächen zum Ansetzen der Seitenbleche.

26*

Die Berechnung eines solchen Zylinders ist umständlich, da der Körper gleichzeitig als zylindrisches Druckgefäß und als auf Biegung beanspruchte Traverse dient. Eine bewährte Konstruktion dieser Art ist auf Bild 13.3 zu erkennen; auch auf Bild 13.4 ist der Zylinder gleichzeitig mit der unteren Traverse des Pressenrahmens gegossen.

In allen anderen Fällen, d. h. bei Rahmenpressen und Schweißkonstruktionen, sind die Zylinder getrennte Stücke, die in die untere Traverse des Rahmens eingesetzt werden. Bei den Zylindern selbst kann es sich um *Gußteile* handeln, jedoch werden bei kleineren Abmessungen vielfach *nahtlos gezogene Preßrohre* verwendet. In der Regel werden in jedem Rahmenteil mindestens zwei Zylinder angeordnet, oft jedoch mehr. Ein Beispiel ist aus Bild 13.5 ersichtlich.

Die Anordnung der Zylinder ist bei starren Pressen theoretisch gleichgültig; bei weichen Pressen wird sie oft von Überlegungen beeinflußt, die darauf hinzielen, den Hauptnachteil der weichen Presse zu vermeiden, nämlich die Festlegung auf ein bestimmtes oder nur wenig veränderliches Preßgutformat. Kantenschäden am Preßgut treten aber nicht auf, wenn die Kolben und damit die Kraftangriffspunkte innerhalb des kleinsten vorkommenden Preßgutformats liegen. Allerdings ist es nur in ziemlich engem Rahmen möglich, sich mit der Zylinderanordnung nach diesem Gesichtspunkt zu richten.

Im allgemeinen sind bei derartigen Pressen die Kolben zum Schließen und Druckausüben die einzigen Antriebselemente. Das *Öffnen der Presse* geschieht durch Ablassen des Druckes, woraufhin der Tisch und die Heizplatten durch ihr (erhebliches) Eigengewicht absinken. In Anbetracht der immer kürzer gewordenen Arbeitszeiten, auch für das *Schließen der Pressen*, ist jedoch darauf zu achten, daß das Öffnen erleichtert und beschleunigt wird. In der Regel genügt es, einen reichlich großen Rohrquerschnitt vorzusehen, damit das Preßwasser mit nur geringem Widerstand aus den Zylindern in den Vorfüllbehälter fließen kann. Bei sehr leichten Pressen (z. B. zum Überfurnieren) kann es jedoch nötig sein, unter dem Tisch *Rückholfedern* anzuordnen, die beim Schließen der Presse gespannt werden und beim Öffnen den Tisch mit genügender Geschwindigkeit in seine Ausgangsstellung zurückziehen.

Bei *Einetagenpressen*, die vorwiegend als Oberkolbenpressen ausgeführt werden, sind die Kraftverhältnisse und auch die Probleme der Durchbiegung im Grunde genommen die gleichen wie bei Unterkolbenpressen (Bild 13.6). Natürlich ist hier immer ein angetriebener Rückzug des (obenliegenden) Tisches oder Preßstempels nötig. In der Regel werden dafür *hydraulische Rückzugzylinder* verwendet.

Zu erwähnen sind noch die *Hebezylinder*, die mit Hochdruckwasser betrieben werden und das schnelle Schließen der Presse gestatten, ohne daß man einen Akkumulator oder eine Niederdruckpumpe mit großer

Förderleistung benötigt. Diese Schließzylinder werden in der Regel bei der Einkolben-Bauart verwendet; meist stehen dann zwei solche Zylinder symmetrisch zum Hauptzylinder. Bei Bezeichnung von Pressen nach der Kolbenzahl werden solche Schließzylinder in der Regel nicht mitgerechnet.

13.125 Mechanik der Heizplatten

Dem Namen nach ist die *Aufgabe der Heizplatten* vor allem *wärmetechnischer Art;* tatsächlich jedoch ist ihre *mechanische Bedeutung* nicht

Bild 13.6. Einetagenpresse mit untenliegenden Kolben. Bauart G. Siempelkamp & Co., Krefeld.

minder wichtig. Vor allem ist festzustellen, daß die Herstellung von Lagenhölzern mit glatten Oberflächen und geringen Toleranzen nur möglich ist, wenn man je eine Lagenholzplatte in jeden Preßraum einer Mehretagen-Heizplattenpresse einlegt. Die Heizplatten verhindern, daß sich Ungenauigkeiten in einer Lage bzw. Etage auf das Gut in den benachbarten Preßräumen auswirkt.

Allerdings haben die in Lagenholz-Pressen üblicherweise verwendeten Heizplatten keine große *Steifigkeit* (im Gegensatz zu Heizplatten in Spanplattenpressen); in Anbetracht ihres geringen Trägheitsradius liegt dies auf der Hand. Demnach verzichtet man im allgemeinen darauf, das geringe Widerstandsmoment von Heizplatten durch Vergrößerung ihrer

Dicke innerhalb der geringen gegebenen Grenzen zu erhöhen, vielmehr bestimmt sich die *Dicke der Heizplatten* in der Regel nach den Erfordernissen des eingebauten *Kanalsystems* für die Heizung. Dementsprechend liegt sowohl für kleine als auch für großformatige Pressen die Dicke der Heizplatten in der Regel zwischen etwa 40 und 60 mm.

Hoch sind die Anforderungen, die an die *Genauigkeit der Bearbeitung* von Heizplatten gestellt werden müssen, vor allem deshalb, weil die Gefahr besteht, daß sich bei Mehretagenpressen (unter Umständen zwanzig Heizplatten und mehr) Toleranzen und Fehler addieren.

Es versteht sich, daß die Oberflächen der Heizplatten sauber geschliffen sein müssen, nicht zuletzt auch im Interesse eines guten Wärmeüberganges. In dieser Hinsicht könnte wahrscheinlich eine noch exaktere Bearbeitung theoretische Vorteile bringen, jedoch lohnt sich praktisch ein allzu großer Aufwand nicht, da die Oberflächen bald durch die trockene Reibung gegen die ein- und ausfahrenden Beschickungsbleche in gewissem Maße beschädigt werden.

Zur Mechanik der Heizplatten gehören weiter deren *senkrechte Führung in der Presse*, unter Berücksichtigung der nicht unerheblichen *Wärmedehnung* zwischen kaltem und betriebswarmem Zustand, sowie die *Auflagerung*. Führungen sowie Leitereisen zur Auflage sind in der Regel nicht an den Zuggliedern des Pressenrahmens (weil sich diese bei arbeitender Maschine verbiegen können), sondern an besonderen Führungsleisten und Leitereisen angebracht. Weiterhin gehören zur Ausstattung von Heizplatten die *Anschlüsse* für die Heizmittelzu- und -abfuhr, Bohrungen und Anschlüsse für Temperaturmeßgeräte, gegebenenfalls *Spannvorrichtungen* für das feste Anbringen von Blechen, insbesondere von Glanzblechen oder von Aluminium-Oberblechen, und schließlich Hilfseinrichtungen, die bei Hand- wie auch bei maschineller Beschickung das Einschieben des Preßgutes erleichtern sollen (meist sind dies Rollen oder Führungskeile an den Stirnseiten der Heizplatten).

Zum Anbringen dieser Teile steht nur die recht geringe Fläche des Heizplattenrandes zur Verfügung, von der überdies ein erheblicher Teil durch das Heizungssystem beansprucht wird. Heizplatten alter Bauart mit durchgebohrten Kanälen boten nur zwischen den Endstopfen Ansatzpunkte zur Befestigung zusätzlicher Einrichtungen, und soweit diese unumgänglich und in der Größe vorgegeben waren, mußte unter Umständen das Kanalsystem geändert werden.

Neuzeitliche Heizplatten sollten im allgemeinen keine *Außenstopfen* mehr haben. Allerdings ist mit dünnen (meist eingesetzten) Abdeckleisten nicht viel gewonnen, da sich daran höher beanspruchte Teile auch nicht ungehindert anbringen lassen. Die einwandfreie Lösung besteht vielmehr in der *vorgeschweißten Leiste* erheblicher Dicke, an der auch tiefe Bohrungen großen Querschnitts ohne weiteres angebracht werden können.

Von Zeit zu Zeit wird darüber gesprochen, ob man nicht durch besondere Formgebung der Heizplatten die Wirkung der sich addierenden Dickentoleranzen der Aluminiumbleche ausgleichen kann. Dies würde praktisch bedeuten, daß die Heizplatten einen doppelt-konkaven Querschnitt haben müßten mit etwa 0,5 bis 1 mm geringerer Dicke in der Mitte. Bei näherer Untersuchung zeigt sich jedoch, daß derartige Maßnahmen unverhältnismäßig hohe und im allgemeinen untragbare Kosten verursachen würden.

Die *Dickentoleranz der Beschickungsbleche* kann so hinderlich sein, daß eine Abhilfe unumgänglich ist. Diese berührt dann aber die Heizplatten nur äußerlich, denn es handelt sich in der Regel um solche Maßnahmen wie den Einbau von ausgleichenden *Papierkissen*, von *gewebten Sieben* mit dünnerer Mitte usw., die zwischen Heizplatte und Oberblech oder Beschickblech angeordnet werden. Alle diese Mittel haben allerdings zum mindesten den Nachteil, daß sie den Wärmeübergang von der Heizplatte an das Preßgut verzögern.

Wie schon früher erwähnt, sind diese Schwierigkeiten durch die „weiche" Pressenkonstruktion weitgehend zu vermeiden (soweit es die Formatfrage zuläßt) und bei Einetagenpressen sowieso nur in geringem Maße vorhanden.

Bei den meisten Lagenholz-Pressen sind die unterste und die oberste Heizplatte, also diejenige auf dem Tisch oder unter dem Holm, gleich ausgeführt wie die Etagenheizplatten, da die Plattendicke vor allem durch das Heizsystem bestimmt wird. Im Gegensatz dazu sind bei Spanplatten-Pressen die Heizplatten an Tisch und Holm in der Regel dünner, da bei diesen Pressen die Heizplatten selbst eine gewisse Steifigkeit haben müssen, die obere und untere Platte sich jedoch an den schweren Konstruktionsteilen abstützen.

13.126 Zuführungseinrichtungen für das Heizmittel

Die zwei hauptsächlichen Schwierigkeiten bei der Zuführung des Heizmittels zu den Heizplatten ergeben sich dadurch, daß diese, bis auf die am Holm befestigte Heizplatte, beweglich sind, und zwar zum Teil über erhebliche Strecken, und ferner dadurch, daß die mengenmäßige Verteilung des Heizmittels mit großer Genauigkeit vorgenommen werden muß.

Zur praktischen Lösung der ersten Aufgabe wurden und werden im wesentlichen folgende Elemente verwendet: a) Gelenkrohre, b) Tauchrohre, c) biegsame Schläuche.

Die verbreitetste Konstruktion sind die *Gelenkrohre*, die man bis zu einem gewissen Grad als mechanisch einfach und zuverlässig bezeichnen kann. Allerdings liegt es auf der Hand, daß bei ihnen die *Abdichtung* der beweglichen Gelenke nicht einfach ist. Während früher hauptsächlich *Asbest-Graphit-Packungen* als Dichtungsmittel verwendet wurden, geht man heute oft zu *selbstspannenden Weichmetallhülsen* über, die über längere Zeit hinweg ein selbsttätiges Dichthalten gewährleisten. Allerdings ist bei Gelenkrohren eine gewisse Aufsicht und Unterhaltung immer nötig [*13.1*].

Im allgemeinen erfordern Gelenkrohre senkrechte Standrohre mit großem Querschnitt als Verteiler; demgemäß beansprucht die Bauweise ziemlich viel Platz seitlich der Pressen, und zwar meist in steigendem Maße mit der Erhöhung der Etagenzahl. Hierdurch werden auch die Wärmeverluste an dieser Stelle verhältnismäßig groß, da es nicht üblich und nicht ohne unangemessenen Aufwand möglich ist, Gelenk- und Standrohre zu isolieren.

Bei *Tauchrohren* verschieben sich einfach zwei Rohrstücke teleskopartig ineinander, wobei die Abdichtung aber stets schwierig ist, vor allem wegen des langen Hubes und damit Reibungsweges. Der Vorteil der Tauchrohre besteht vor allem darin, daß sie sehr platzsparend angeordnet werden können. Anderseits aber ist die Abdichtung so unbefriedigend, daß Tauchrohre heute kaum mehr angewendet werden.

Die Benutzung *biegsamer Schläuche* ist weitgehend eine Werkstofffrage. In früheren Jahren wurden sie des öfteren eingebaut, jedoch konnten sie damals wegen Unzulänglichkeit des verfügbaren Werkstoffs nicht befriedigen. Heute hingegen sind Hochdruckschläuche auf dem Markt, die den gestellten Anforderungen genügen und die wahrscheinlich in Zukunft in vermehrtem Maße verwendet werden.

Offensichtlich liegt der Vorteil des biegsamen Schlauches in erster Linie darin, daß es bei ihm keine Dichtungsschwierigkeit an einem Gelenk oder an einer beweglichen Verbindung gibt. Auch ist die bauliche Unterbringung verhältnismäßig einfach, da man nur einen angemessenen Durchhang und Krümmungshalbmesser für die Schläuche beachten muß, im übrigen aber einen (waagerechten) Verteiler fast beliebig anordnen kann. Die Platzverhältnisse werden auch bei Pressen mit sehr zahlreichen Etagen nicht wesentlich ungünstiger, da es dann möglich ist, unter Umständen zwei Verteiler übereinander anzuordnen und jedem die Hälfte der Heizplatten zuzuteilen.

Baulich ist darauf zu achten, daß die Schläuche keine mechanischen Beanspruchungen erleiden. Insbesondere dürfen sie an ihren Anschlußstellen nicht abgebogen werden; es ist also erforderlich, die Anschlüsse (Rohrstutzen an Heizplatten und Verteiler) senkrecht nach unten zu richten.

Bei der Wahl der Zuführeinrichtungen werden heute die preisgünstigen Gelenkrohre meist als ausreichend erachtet, solange die Heizplatten nur stetig beheizt werden. Muß man jedoch abwechselnd heizen und kühlen, so sind biegsame Schläuche unbedingt vorzuziehen.

Manchmal spielt der Gesichtspunkt der *Zugänglichkeit der Heizplatten* und überhaupt der Presse *von der Seite* eine Rolle. Hier sind meist die Gelenkrohre im Vorteil, da sie für alle Etagen in der gleichen Achse liegen (die durch das senkrechte Standrohr gegeben ist); die Heizplatten sind so an beiden Seiten außerhalb des Gelenkrohrbereiches zugänglich. Demgegenüber verteilen sich sowohl Tauchrohre als auch biegsame Schläuche auf einen breiteren Bereich, zunehmend mit größerer Etagenzahl. Bei den biegsamen Schläuchen kommt allerdings wieder erleichternd hinzu, daß man unter Umständen auf die Übereinanderanordnung von zwei Verteilern und damit auf eine schmalere Gesamtbauweise ausweichen kann.

Die gleichmäßige Zuweisung von Heizmittel an die einzelnen Heizplatten geschieht durch *Verteilerrohre* verschiedener Systeme. In vielen Fällen genügt es, den Querschnitt des Verteilerrohres sehr groß im Vergleich zu den Querschnitten der einzelnen Abgänge zu halten. Jedoch ist es wohl unvermeidlich, daß der dem Heizmittelanschluß des Standrohres am nächsten liegende Abgang zur ersten Heizplatte wegen des geringeren Widerstandes bevorzugt versorgt wird. Es ist jedoch verhältnismäßig leicht, die Symmetrie der Leitungswiderstände herzustellen, indem man nach Bild **13.7** entweder einen Standrohranschluß unten, den anderen oben (bei waagerechten Rohren links bzw. rechts) vorsieht oder aber, wo dies nicht möglich ist, coaxiale Doppelrohre verwendet.

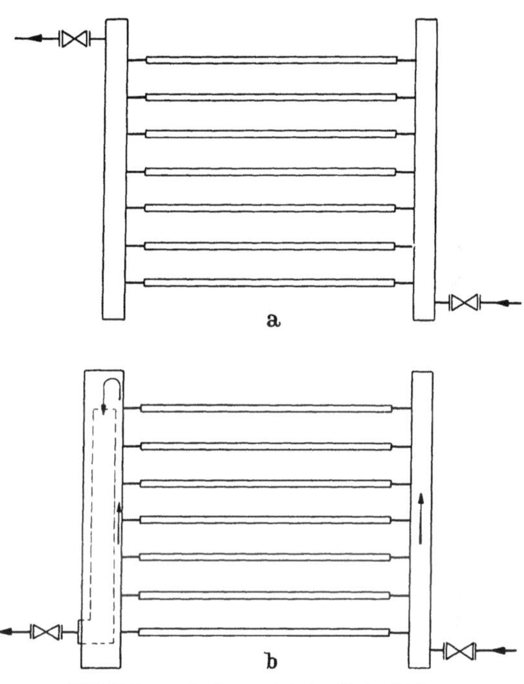

Bild 13.7a u. b. Symmetrische Heizmittelverteilung in den Heizplatten durch a wechselseitigen Standrohranschluß, b coaxiale Doppelrohre.

Bei sehr langen Heizplatten mit mehreren hintereinander angeordneten Heizsystemen ist eine weitere Verteilung im Anschluß an die Heizmittelzuführung vom Standrohr aus nötig. Diese wird im Innern der Platte oder durch ein an der Längskante außen fest angebrachtes

Verteilerrohr vorgenommen; für die Gleichmäßigkeit wird in der Regel durch symmetrische Anordnung von Zugang und Abgang gesorgt. Weitere Einzelheiten zu dieser Frage finden sich im Abschnitt 13.15.

13.13 Antrieb und Steuerung

13.131 Hydraulik: Öl oder Wasser

Das traditionelle Mittel zur *Kraftübertragung* in hydraulischen Pressen ist das *Wasser*, wie schon der Name besagt. Vorteile liegen darin, daß Wasser überall erhältlich und billig ist, selbst wenn es sorgfältig gereinigt und geschmiert werden muß. Auch spielt es durchaus eine Rolle, daß verschüttetes Preßwasser, trotz des beigefügten Schmiermittels, im allgemeinen keinen Schaden anrichtet und keine übermäßige Verschmutzung verursacht. Ein weiterer Vorteil des Wassers ist seine geringe Kompressibilität.

Anderseits sind mit Öl betriebene Einrichtungen selbstschmierend, bedürfen deshalb geringerer Wartung und haben eine längere Lebensdauer. Im Zusammenhang hiermit steht auch, daß es Ölpumpensysteme gibt, die für Wasserbetrieb praktisch nicht verwendbar wären.

Voraussetzung für störungsfreies Arbeiten eines Ölantriebes ist es jedoch, daß die Antriebs- und Steuerelemente in einem geschlossenen System zusammengefaßt werden können, z. B. in einem besonderen *Pumpen- und Steuerschrank*. Dies bedeutet, daß es keine Rolle spielt, wenn innerhalb dieses Raumes Undichtigkeiten vorkommen; alles Lecköl wird gesammelt und in den Kreislauf zurückgeführt. Eine solche Zusammenfassung ist in der Regel nur bei Einzelantrieb möglich.

Würde man Ölpumpen- und Steuergeräte frei im Raum aufstellen, so müßte man für wirksame Abdichtung sorgen. Diese Aufgabe ist theoretisch kaum, praktisch keineswegs über längere Zeit zu beherrschen. Daraus folgt, daß eine Akkumulatorenanlage mit ihren notwendigerweise verzweigten Steuer- und Kontrolleinrichtungen nicht mit Öl betrieben werden sollte.

Die Entscheidung: Öl- oder Wasserantrieb, richtet sich also zunächst danach, ob es sich um einen Gruppenantrieb oder um Einzelantrieb handelt. Im ersteren Fall muß man bei Wasser bleiben, im zweiten bietet das Öl im allgemeinen Vorteile. In diesem Zusammenhang spielt es oft auch eine Rolle, daß die Montage des Ölantriebes besonders einfach ist. Das geschlossene Aggregat mit Pumpen und Steuerung kann ohne besondere Fundamentierung aufgestellt und in der Regel mit einem einzigen Kabel angeschlossen werden; Wasserleitungen sind überhaupt nicht zu verlegen. Demgegenüber ist es beim Wasserantrieb gewöhnlich nötig, ein oder zwei Pumpen und das Steuergerät getrennt aufzubauen und zu fundamentieren; häufig benötigt man einen Vorfüllbehälter. Alle diese Teile sind durch Rohrleitungen miteinander zu verbinden. Auch die Elektroinstallation ist erst bei der Montage auszuführen.

Noch eine Anmerkung: Es ist keinesfalls ratsam, gebrauchte Anlagen von Wasser- auf Ölbetrieb umzustellen. Die Abdichtung der schon abgenutzten Flächen ist so gut wie unmöglich.

13.132 Einzelantrieb

Der Einzelantrieb steht im Gegensatz zum Gruppenantrieb für mehrere Pressen und zum Akkumulatorenantrieb. Letzterer kann aber auch der Antrieb für eine einzelnen Presse sein. Hier wird jedoch unter *Einzelantrieb* verstanden, daß für das Schließen und Druckgeben einer Presse ein nur dafür bestimmter Satz Pumpen mit Zubehöreinrichtungen vorhanden ist und betrieben wird. Dies bedeutet im wesentlichen, daß die Pumpen groß genug sein müssen, um die Presse im Niederdruck wie im Hochdruck in der verlangten, meist kurzen Zeit zu schließen, daß sie also eine verhältnismäßig große Leistung haben müssen, die nur während eines kleinen Prozentsatzes der Zeit ausgenutzt ist. Beispielsweise gehört zum Antrieb einer weit verbreiteten Sperrholz-Presse mit 10 Etagen und 630 Tonnen Gesamtdruck eine Pumpe von 11 kW, die in der Regel etwa alle 8 min für 20 bis 30 s beansprucht wird.

Natürlich gibt es verschiedene Mittel, um auch bei dieser Art von Einzelantrieb mit verhältnismäßig geringen *Pumpenleistungen* auszukommen. Auf keinen Fall z. B. füllt man die insgesamt doch sehr voluminösen Zylinder nur mittels einer Hochdruckpumpe. Eine Möglichkeit besteht darin, eine *Kreiselpumpe mit großer Liefermenge und geringem Druck für* das *Schließen* zu verwenden, und vom Erreichen einer bestimmten Druckstufe an auf eine *Hochdruckpumpe* mit geringerer Liefermenge umzuschalten. Billiger ist meist die Ausführung des Antriebes mit nur einer Pumpe, die dann eine Hochdruckpumpe sein muß. Handelt es sich um eine Presse mit nur einem oder mit wenigen Zylindern großen Volumens, so ist die Anordnung von *Hebe- oder Schließzylindern* geringen Volumens nötig. Während diese mit Hochdruck betrieben werden, füllt sich der Hauptzylinder drucklos (bzw. aus einem unter geringem Druck stehenden Vorfüllbehälter) mit Wasser auf. Sobald bei Beendigung des bloßen Schließens die Hebezylinder überbeansprucht werden, schaltet der Antrieb auf den Hauptzylinder um. Bei Pressen in Vielkolbenbauart braucht man keine zusätzlichen Hebezylinder, sondern einige der (einheitlichen) Kolben können so geschaltet werden, daß sie zunächst als Schließzylinder wirken. Bei gewissen Arten des Ölantriebs verwischt sich überhaupt der Unterschied zwischen Niederdruck- und Hochdruckmedium.

Bei kleinen Pressen, insbesondere Furnierpressen für die Möbelindustrie, aber auch bei gewissen Typen normalisierter Lagenholz-Pressen, gibt es Einzelantriebe, die in besonders gedrungener und praktischer Weise angeordnet sind, zum Teil als Öl-Aggregat, das in sich geschlossen an nahezu beliebigem Platz neben der Presse stehen kann, oder als Wasser-Antriebsgruppe, die besonders platzsparend auf dem Holm der Presse Platz findet. Diese Anordnung hat jedoch zwei Nachteile: 1. kann der nicht gut zugängliche Aufstellungsort zu Mängeln in der Wartung des Antriebssatzes führen, 2. ist der Platz auf der Presse in manchen Fällen wegen aufsteigender korrosiver Dämpfe ungünstig.

Da unter gleichen Ausgangsverhältnissen die Arbeit je Pressenspiel gleich ist, unabhängig davon, ob ein Einzelantrieb oder ein Gruppenantrieb vorliegt, ist die Frage nach der günstigeren Lösung eine verhältnismäßig einfache Rechenaufgabe. Es handelt sich nur um den Vergleich der Kosten für die verschiedenen Lösungen, und zwar sind nicht nur die Anschaffungskosten, sondern auch die Aufwendungen für das notwendige Zubehör (für Fundamente, Rohrleitungen, Elektroinstallation usw.) zu berücksichtigen.

13.133 Akkumulatoren

Schon für den Antrieb einer einzelnen Presse kann der *Akkumulator* vorteilhaft sein. Ist etwa mit einem Pressenspiel mindestens alle 8 min zu rechnen, und dauert beispielsweise das Schließen und Druckgeben 30 s, so muß eine Pumpe im Direktantrieb während dieser Hubzeit dieselbe Leistung aufbringen, für die eine auf einen Akkumulator geschaltete Pumpe volle 8 min Zeit hätte. Der Aufwand für einen Akkumulator lohnt sich um so eher, je länger die Dauer eines Pressenspiels ist, anderseits je kürzer man die Zeit für das Schließen und Druckgeben der Presse halten will.

Besonders wertvoll ist eine Akkumulatoren-Anlage in der Regel beim *Betrieb mehrerer gleichartiger Pressen.* Bei der Bemessung ist es jedoch im allgemeinen nötig, von der Summe der größten Belastungen auszugehen, also anzunehmen, daß alle Pressen gelegentlich auch einmal gleichzeitig schließen. Beschränkungen in dieser Hinsicht sollten nicht in Kauf genommen werden. Beispielsweise darf eine neue Charge Sperrholz nicht in der offenen heißen Presse warten müssen, weil der Akkumulator durch das gerade vorausgegangene Schließen der anderen Pressen erschöpft ist. Mit einem Gleichzeitigkeitsfaktor muß also in solchen Fällen im allgemeinen gerechnet werden.

Natürlich ist eine Akkumulatoren-Anlage an gewisse *räumliche Voraussetzungen* gebunden. Insbesondere fällt der Aufwand für das Rohrleitungsnetz stark ins Gewicht, so daß bei weiträumiger Aufstellung der zu versorgenden Pressen die Kosten für eine Akkumulatoren-Anlage unter Umständen wieder über diejenigen für Einzelantriebe steigen können. Auch die baulichen Maßnahmen haben Einfluß auf die Kalkulation, insbesondere wegen der häufig notwendigen *Bodenkanäle für Rohrleitungen*, und wegen der erforderlichen, verhältnismäßig erheblichen *Raumhöhe* im Bereich der *Akkumulatoren-Flaschen*.

Ob in wirtschaftlicher Hinsicht der Akkumulatorenantrieb oder der Einzelantrieb vorzuziehen ist, kann also in jedem Einzelfall nur eine genaue Kostenrechnung feststellen. Zu berücksichtigen ist hierbei allerdings die momentane Leistung, die mit Akkumulatorenantrieb zu erzielen ist, d. h. also die im allgemeinen sehr kurze Schließzeit der Presse. Ist diese für das Verfahren wesentlich, so muß man bei der Wirtschaftlichkeitsberechnung dem Akkumulatorantrieb eine Pumpe als Einzelantrieb gegenüberstellen, welche die gleiche kurze Schließzeit ermöglichen würde.

Akkumulatoren-Anlagen können ohne Schwierigkeit für spätere *Vergrößerungen* vorgesehen werden; auch die Flaschen-Batterie kann durch Hinzufügen weiterer Einheiten ausgebaut werden. Die Belastung eines Akkumulators geschieht durchweg mit Druckluft, wozu ein Hochdruckkompressor vorhanden sein muß. Die Aufladung ist jedoch in der Regel nur beim Neufüllen der Anlage nötig.

Es liegt in der Natur der Sache, daß eine Druckwasserentnahme aus dem Akkumulator gleichzeitiges Absinken des Druckes zur Folge hat. Bei der Berechnung des erforderlichen Inhalts von Akkumulatorflaschen spielt es also eine ausschlaggebende Rolle, in welchem Maße man die unvermeidliche *Druckminderung* zuläßt. Ein normaler, praktischer Wert liegt bei etwa 10%.

Das *Aufladen* des Akkumulators wird nicht nach der entnommenen Wassermenge (die nur schwer zu messen wäre), sondern durch den absinkenden Druck gesteuert, d. h. die Hydraulikpumpen werden über Kontaktmanometer automatisch geschaltet. In der Regel allerdings laufen die Antriebe und die Pumpen selbst dauernd, ohne jedoch zu fördern; die Automatik schaltet dann nicht den Motorstrom, sondern die Ventilauslösung der Pumpen.

13.134 Steuerungen

Steuerungen bezwecken die Einleitung und Kontrolle der hydraulischen Funktionen einer Presse, also im wesentlichen das Schließen, das Öffnen und die Überwachung des Druckes. In ihrer einfachsten Form bestehen Steuerungen aus *Ventilen* in den verschiedensten Rohrleitungen.

Für den praktischen Betrieb braucht man natürlich bequemere und sicherere Lösungen. Für viele Pressen hat sich die *Ein-Hebel-Steuerung* weitgehend durchgesetzt; eine schematische Darstellung ist in Bild 13.8 zu sehen.

Die zum Teil verwickelten automatischen Programmsteuerungen, die in der Faserplatten- und Spanplattenindustrie verwendet werden und ohne weiteres Zutun der Pressenbedienung eine vorherbestimmte Folge von Schließgeschwindigkeiten, Druckänderungen, Zwischenöffnungen usw. ablaufen lassen, sind bei der Lagenholzherstellung nicht üblich, da ein derart wechselndes Pressenprogramm in der Regel nicht notwendig ist.

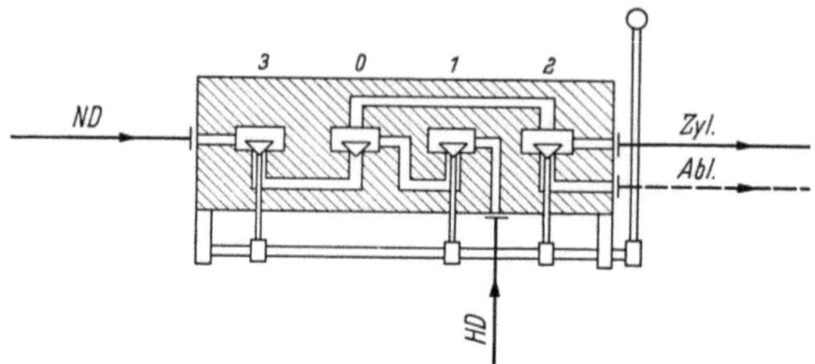

Bild 13.8. Schema einer Ein-Hebel-Steuerung.

13.135 Rohrleitungssysteme

Systeme von *Hydraulik-Rohrleitungen* unterscheiden sich von den meisten anderen Rohrleitungsnetzen vor allem dadurch, daß für die sonst *ungewöhnlichen hohen Drücke* besondere Vorkehrungen getroffen werden müssen. Allerdings besteht eine Hydraulikanlage nur zum Teil aus Hochdruckleitungen, während z. B. das rückfließende Preßwasser entweder drucklos ist oder unter Niederdruck steht.

Bei der Auslegung von Hochdruckrohrleitungen ist darauf zu achten, daß die Abmessungen bei gleichem Nenndurchmesser zum Teil erheblich von denen für Niederdruck-Rohrleitungen verschieden sind. Dies bezieht sich vor allem auch auf die Baulänge von Armaturen, die Abmessungen von Flanschen, Krümmungshalbmesser usw. Für das meist *bedeutende Eigengewicht* sind ungewöhnlich *kräftige Unterstützungen und Halterungen* nötig. Verwickelte Formteile, insbesondere an Akkumulatoren, sind zweckmäßig in der Fabrik vorzubereiten und nicht auf der Baustelle.

Natürlich erfordert das *Schweißen von Hochdruckrohren* besondere Sorgfalt, auch hinsichtlich der Sauberkeit. Vor Inbetriebsetzung muß ein Hochdruck-Rohrleitungsnetz besonders gründlich gereinigt werden. Unter Umständen ist es zweckmäßig, an Schweißnähten Blechhülsen in die Rohrverbindung zu stecken und so zu vermeiden, daß Schweißperlen in das Innere der Rohrleitung fallen.

Auch die *Armaturen* in Hochdruckleitungen weisen gewisse besondere Merkmale auf. In der Regel werden sie von Maschinenfabriken selbst angefertigt, manche Arten sind im Handel nicht ohne weiteres erhältlich.

Bei der Planung von Anlagen ist es im allgemeinen nötig, rechtzeitig an die Beschaffung von Rohrleitungen und Armaturen für das hydraulische Hochdrucknetz zu denken, da dieses Material meist örtlich nicht beschafft werden kann und oft auch längere Lieferzeiten hat.

13.14 Heizung und Kühlung

13.141 Dampf

Dampf als das althergebrachte Heizmittel für Etagenpressen wird auch heute noch weitgehend angewendet, jedenfalls dort, wo keine sehr genaue Temperaturregelung erforderlich ist. Die *Dampfheizung* hat den grundlegenden Vorteil, in der Installation billig zu sein.

Technisch und physikalisch ist die Dampfheizung jedoch durchaus nicht ideal, und wenn man die Nachteile überwinden will, so führt das oft zu recht umständlichen Anlagen. Ein physikalischer Vorteil der Dampfheizung ist jedoch noch zu vermerken: Kondensierender Dampf hat einen besseren Wärmeübergangswert als irgendein anderes für die Pressenheizung in Betracht kommendes Mittel.

Eine Schwierigkeit bei Dampfheizung besteht darin, daß der Dampf seine Wärme durch *Kondensation* abgibt, daß sich also Kondensat in den Kanälen der Heizplatten oder Formen bildet, und zwar in zunehmender Menge mit fortschreitender Länge des Weges, den der Dampf in einem Kanalsystem zurücklegt. Dies verengt nicht nur den freien Querschnitt und erhöht den Widerstand, den der nachströmende Dampf zu überwinden hat, sondern durch das sich am Boden der Kanäle sammelnde Kondensat werden auch die Wärmeübergangs- und Durchgangsverhältnisse von Stelle zu Stelle verändert. Etwas verallgemeinernd kann man annehmen, daß der *Wärmeübergang* an von Kondensat bedeckten Flächen nur etwa halb so groß ist wie der im Dampfraum. Die Verhältnisse sind deshalb so ungünstig, weil es sich bei den Heizplatten um ein System waagerechter Kanäle geringen Querschnitts, aber großer Länge handelt, die sich selbsttätig kaum vom Kondensat entwässern.

Normalerweise endet auch die Dampfheizung einer Presse im *Kondenstopf*, d. h. am Ende des Heizungssystems ist überhaupt keine Dampfströmung mehr vorhanden. Diese wirtschaftlich richtige, jedoch der Gleichmäßigkeit des Wärmeübergangs abträgliche Betriebsweise muß man teilweise zwangläufig verlassen, sei es durch Umgehen des Kondenstopfes und *Durchblasen von Dampf im Überschuß*, zumindesten beim Anheizen, sei es durch Einbau von *Dampfumwälz-Geräten*. Eine solche Einrichtung ist in Bild 13.9 schematisch dargestellt.

Naturgemäß schwierig ist die Beheizung mittels Dampf in den Fällen, wo eine Temperatur unter 100 °C gewünscht wird. Zwar könnte man sich durch dauernd wiederholtes An- und Abstellen der Dampfzufuhr helfen, jedoch handelt es sich dabei kaum um ein industriell empfehlenswertes Verfahren. Tatsächlich ist in derartigen Fällen zu beobachten, daß die Beheizung und insbesondere die Temperatur an verschiedenen Stellen der Oberflächen der Heizplatten sehr unterschiedlich sind und Toleranzen aufweisen, die für eine einwandfreie Fertigung nicht tragbar sind.

In vielen Fällen wird die Pressenheizung aus einem Dampferzeuger gespeist, der höheren Druck und höhere Temperatur aufweist als an der Presse benötigt werden. Der Dampfdruck muß also *reduziert* werden. Hierbei ist es eigentlich unerläßlich, die bei der Druckminderung auf-

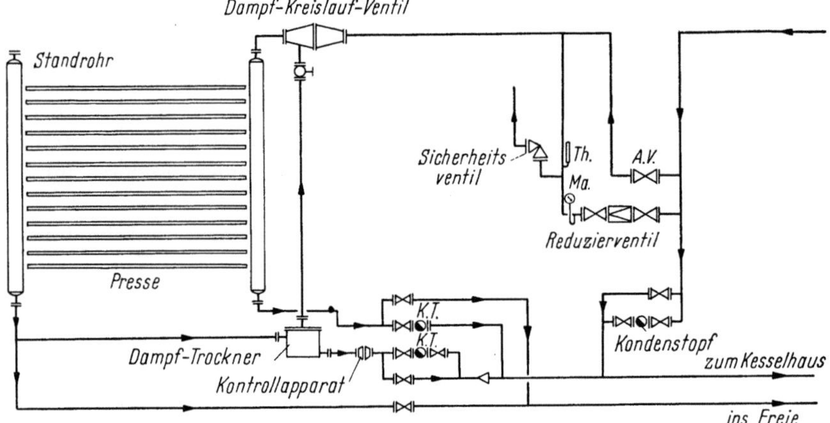

Bild 13.9. Schema einer Pressenheizung mittels Dampfumwälzung. Möglichkeit der Umgehung des Kondenstopfes.

tretende *Überhitzung* zunichte zu machen, da sie sonst zu noch größeren Temperaturunterschieden (nämlich unerwünscht hohen Temperaturen in den ersten Teilen des Kanalsystems der Heizplatten) führen würde. Es ist also hinter dem Reduzierventil ein *Dampfkühler mit Druckwasseranschluß* vorzusehen. Durch diese Maßnahmen wird der Vorteil der Dampfheizung: niedrige Anschaffungskosten in manchmal erheblichem Maße wieder aufgehoben.

Einer der wesentlichen Nachteile der Dampfheizung besteht in der *mangelnden automatischen Regelbarkeit*. Auch wenn eine Pressenheizung richtig eingestellt ist, so folgt sie doch allen Schwankungen im Dampfdruck, die im gesamten Heizungssystem und in der Kesselanlage vorkommen. Ein automatischer Ausgleich ist nicht oder nur mit unangemessen hohem Aufwand möglich.

Vom Standpunkt der Wärmewirtschaft aus hat die Dampfheizung den Nachteil, daß der Unterschied der Wärmeinhalte des Kondensats unter Druck und des drucklosen Kondensats durch Entspannung hinter dem Kondenstopf verlorengeht, es sei denn, daß man das Kondensat unter Druck in geschlossener Rohrleitung zum Kessel zurückbefördert. Der Aufwand hierfür kommt jedoch schon dem einer Heißwasserheizung nahe. Im allgemeinen hat eine Dampfheizung auch dadurch etwas höhere Energieverluste, daß das Kondensat laufend in den Kessel zurückgespeist werden muß, was bei Heißwasser nicht der Fall ist, und weil es bei größeren Anlagen meist nötig ist, eine Wasserreinigungsanlage in Betrieb zu halten, die ebenfalls Strom und Wärme verbraucht. Anderseits entnimmt der Dampf die für seine Fortleitung benötigte Energie aus dem eigenen Wärmeinhalt, während bei Heißwasser hierfür die Arbeit von Pumpen aufzuwenden ist.

13.142 Hochdruck-Heißwasser

Bei *Hochdruck-Heißwasser* entfallen die Schwierigkeiten, die bei der Dampfheizung mit dem Wechsel des Aggregatzustandes zusammenhängen. An allen Stellen der wärmeaustauschenden Oberflächen in den Heizkanälen herrschen die gleichen *Wärmeübergangs*-Verhältnisse. Die 100 °C-Grenze hat keine besondere Bedeutung; sie kann auch erheblich unterschritten werden, ohne daß sich Heizung und Wärmeübergang grundsätzlich ändern.

Den Temperaturunterschied zwischen Heißwassereintritt und -austritt, der bei Dampfheizung nicht ohne weiteres zu beherrschen ist, kann man bei Heißwasserbetrieb ziemlich leicht berechnen, vorherbestimmen und regeln; er hängt einfach von der Menge des in der Zeiteinheit durchzusetzenden Wassers ab. Aus praktischen Gründen kann man, auch wegen des Leistungsbedarfs der *Umwälzpumpen*, nicht über gewisse Werte hinausgehen, jedoch liegt es durchaus im normalen Bereich, z. B. ein *Temperaturgefälle* von nur 2 °C vorzuschreiben und zu verwirklichen.

Bei *automatischer Temperaturregelung* ist es offenbar nötig, eine Presse im *Mischkreislauf* zu betreiben. Hierzu gehören eine besondere Umwälzpumpe, ein Mischventil und die notwendigen Temperaturmeß- und Regelorgane. Schematisch ist eine solche Anordnung in Bild 13.10 dargestellt.

In Grenzfällen, d. h. bei sehr hohen Ansprüchen an die Genauigkeit und Konstanthaltung der Temperatur, können sich ganz erhebliche Pumpenleistungen als notwendig erweisen, zumal da die Kanalsysteme in Heizplatten im Grunde nicht gerade strömungsgünstig sind. Wenn die Kanäle selbst auch ziemlich glatt gebohrt sind, so ergeben die rechtwinkligen und scharfkantigen Umkehrstellen doch verhältnismäßig hohe Verluste. Allerdings ist auch ein ziemlich hoher Aufwand an Motorleistung noch ein angemessener Preis, da eine vergleichbare Genauigkeit mit anderen Mitteln überhaupt nicht zu erreichen wäre [*13.1*].

Der im allgemeinen nötige Mehraufwand an Installationen für die Heißwasserheizung wird zum großen Teil, wenn nicht ganz, durch ihre *sparsamere Betriebsweise* wettgemacht. Mit Sicherheit kann man die

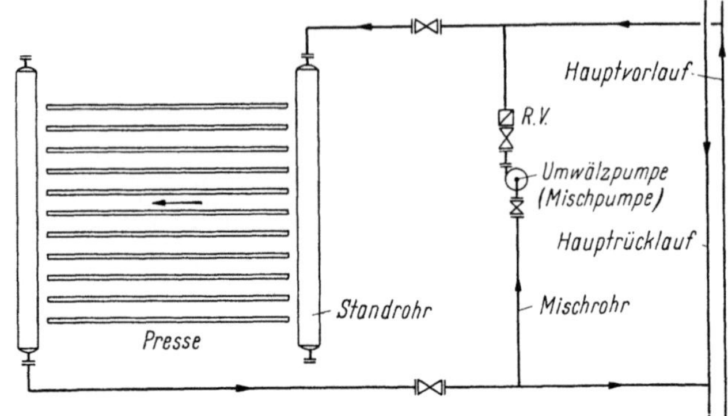

Bild 13.10. Schema einer Hochdruck-Heißwasserheizung; Umwälzpumpe für Temperaturregelung.

Entspannungsverluste vermeiden, die bei Dampfheizung am Kondenstopf entstehen. Bei höheren Heiztemperaturen, z. B. 145 °C macht dies immerhin rd. 10% aus, im Durchschnitt einer Gesamtanlage meist noch erheblich mehr.

Mehr noch als in derartigen Ersparnissen besteht der Vorteil der Heißwasserheizung in ihrer Regelbarkeit und darin, daß sie einen automatischen konstanten Betrieb gestattet.

13.143 Öl

In Sonderfällen kommt auch *Öl als Heizmittel* für Heizplattenpressen vor, z. B. wenn wegen behördlicher Vorschriften an einer bestimmten Stelle und zur Versorgung einer bestimmten Presse kein Hochdruckkessel betrieben werden kann, anderseits aber eine Temperatur benötigt wird, die über derjenigen von Niederdruckdampf mit 0,5 atü liegt (rd. 110 °C). In diesen Fällen kann man eine offene Ölanlage anwenden, die sogar bis zu 270 °C betrieben werden kann; darüber wird die Gefahr der Verkokung des Öls schon zu groß, jedoch stehen dann andere, synthetische Flüssigkeiten zur Verfügung. Allerdings ergeben sich die gleichen (durch die erhöhte Temperatur zum Teil noch schwierigeren) Abdichtungsprobleme wie beim Öl-Pressenantrieb [*13.11*].

13.144 Hochfrequenzwärme

Vor allem wegen der erreichbaren außerordentlich kurzen Heizzeiten erscheint die *Hochfrequenzheizung* auch für die Herstellung von Lagenhölzern verlockend. Pressenspiele, die zur Zeit eine Heizdauer von etlichen Minuten erfordern, könnten auf eine Minute oder noch weniger vermindert werden. Die Probleme des Wärmeübergangs und Wärmedurchgangs, die bei der herkömmlichen Ausführung der Lagenholz-Pressen mit Heizplatten allen Bemühungen zur Beschleunigung der Vorgänge eine natürliche Grenze setzen, werden bei der Hochfrequenzerwärmung umgangen.

Wenn trotzdem die Hochfrequenzheizung in der Sperrholzindustrie nicht Fuß fassen konnte, so hat das seinen Grund vor allem darin, daß die Heizplatten der herkömmlichen Pressen nicht nur die Aufgabe haben, das Preßgut zu erwärmen, sondern daß sie nötig sind, um Lagenhölzer mit hoher Form- und Oberflächengüte zu erzeugen. Der Betrieb von Etagenpressen mit Hochfrequenzerwärmung ist praktisch ausgeschlossen, und die Herstellung von Sperrholz in Pressen mit einem einzigen großen Preßraum, wie sie für die Einrichtung der Hochfrequenzheizung geeignet sind, entspricht nicht den heutigen Anforderungen an die Dickentoleranz der Platten und die Ausnutzung des Holzes. Derartige Pressen sind in bezug auf die Güte der Erzeugnisse nicht besser als die alten (man darf wohl sagen veralteten) Kaltpressen.

Selbstverständlich hat auch bei der Lagenholzherstellung die Hochfrequenzerwärmung in all den Sonderfällen ihren Platz, wo es aus Gründen der Formgebung oder der Plattendicke schwierig ist, die Wärme durch Leitung in das Innere des Werkstücks, d. h. bis zur innersten Leimfuge, zu bringen.

13.145 Elektrische Heizung

Daß die *elektrische Heizung* bei der Herstellung üblicher, d. h. großflächiger und in Mengen erzeugter Lagenhölzer keine praktische Rolle spielt, hat fast ausschließlich wirtschaftliche Gründe. Zwar ist es richtig, daß die normalen bekannten Heizelemente anfällig und für den praktischen Betrieb in einem Sperrholzwerk nicht recht geeignet sind, jedoch kann es kaum zweifelhaft sein, daß bessere Geräte entwickelt worden wären, wenn der wirtschaftliche Anreiz dazu vorhanden wäre.

Eine Schwierigkeit hat die Erwärmung von Heizplatten mittels Elektrizität auf jeden Fall, nämlich die Bindung an ein gleichbleibendes Format. Es ist schwierig, eine Presse elektrisch so zu beheizen, daß sie ohne besondere Umstellung wahlweise verschiedene Formate auf den Heizplatten verarbeiten kann. Die Stellen, an denen Heizelemente vorhanden sind, jedoch kein Werkstoff auf den Platten liegt, werden überhitzt.

Am Platze hingegen ist die elektrische Heizung vor allem bei *Formkörpern,* und zwar bei solchen Preßformen, die ihrer Kompliziertheit oder Gestalt nach der Unterbringung von Heißwasser- oder Dampfkanälen Schwierigkeiten entgegenstellen. Dies sind insbesondere auch solche Formen, bei denen eine Kondensatentwässerung oder Wasserentleerung nicht ohne weiteres möglich wäre, ferner solche, die in einem so *kleinen Betrieb* verwendet werden, daß mit dem Vorhandensein einer Dampf- oder Heißwasserheizung nicht zu rechnen ist.

Im übrigen bietet die elektrische Heizung an Regelbarkeit und Kontrollmöglichkeiten erhebliche Vorteile, und es erscheint sicher, daß Elemente für diese Heizung für den praktischen Betrieb in dem Maße weiterentwickelt werden, wie sich die Wirtschaftlichkeit des Systems verbessert.

13.146 Kühlung

Betriebstechnisch und wärmewirtschaftlich ist die Kühlung ein Übel, das jedoch in einigen Fällen nicht umgangen werden kann. Es handelt sich hauptsächlich um die *Herstellung dicker Schichtholzblöcke* sowie um das *Kaschieren von Lagenholzplatten* mit hochglänzenden Oberflächen.

Abgesehen vom *Energieverlust* ist das Kühlen auch deshalb ungünstig, weil es die mit einiger Mühe hergestellten und aufrechterhaltenen

27*

ordentlichen Verhältnisse in den Kanälen und im Heizungssystem stört. Liegt Dampfheizung vor, so muß zum Kühlen Wasser durch die gleichen Kanäle der Heizplatten geschickt werden, wodurch *Kesselsteinablagerungen* entstehen können, aber auch *Korrosion* durch im Wasser gelöste Gase.

Das gleiche gilt im Grunde genommen bei Heißwasser- (und theoretisch auch bei Öl-) Heizung, jedoch bietet sich hier die Möglichkeit, das Eindringen von sozusagen betriebsfremdem Wasser zu vermeiden. Dies erfordert dann allerdings einen *sekundären Kühlkreislauf*, bei dem das gerade in den Heizeinrichtungen der Presse befindliche Heißwasser auch weiterhin im Umlauf bleibt, jedoch in einen *Wärmeaustauscher* geleitet und dort ohne Vermischung gekühlt wird. In früheren Jahren wurden gelegentlich auch Heizplatten mit parallelen, separaten Heiz- und Kühlkanälen verwendet. Die dadurch bedingte verhältnismäßig geringe Leistung reicht aber für die heute geforderten kurzen Heiz- und Kühlzeiten nicht aus.

Ebenso wird man nur bei verhältnismäßig geringen Wärmeleistungen die einfache Lösung, wenn auch sekundär, mit *Frischwasser* zu kühlen, anwenden können. Bei großen Pressen oder in großen Werken, insbesondere beim Beschichten von Lagenholzplatten mit Laminaten (mit Melaminharz-Oberflächen), sind die Wärmemengen und damit Kühlwassermengen so groß, daß man auf *Rückkühlung* angewiesen ist.

Es fehlt nicht an Vorschlägen, um einen Teil der bei der Kühlung, zum mindesten beim Anfang des Kühlvorgangs, aus den Heizplatten und aus dem Preßgut entfernten Wärme zu speichern und wieder zu verwenden. Bei größeren Anlagen können derartige Kühlanlagen durchaus wirtschaftliche Vorteile mitbringen. Besonders erwähnt sei hier das System des Pendelspeichers, das mit Kältemaschinen auf Ammoniak-Grundlage arbeitet. Die Spitzen können durch Kühltürme beseitigt werden. Diese allein reichen allerdings nur aus, wenn man keine tiefere Wassertemperatur erzielen will, als die höchste Sommer-Feuchttemperatur beträgt.

13.15 Wärmetechnische Funktion der Heizplatten

13.151 Allgemeine Gesichtspunkte

Die Heizplatten haben die Aufgabe, das zwischen ihnen liegende Lagenholzgut in möglichst wirkungsvoller und gleichmäßiger Weise zu erwärmen. Die geometrischen Voraussetzungen hierfür, nämlich die großflächigen, verhältnismäßig niedrigen Preßräume, sind günstig. Es fördert die Sicherheit der *Wärmeübertragung*, daß die ganze Anordnung im Betriebszustand *unter Druck* steht.

Die Dicke der Lagenhölzer ist im Vergleich zur Fläche in vielen Fällen (vor allem bei normalem Sperrholz) so gering, daß kein großer Fehler entsteht, wenn man den Wärmeübergang nur in einer Richtung untersucht, nämlich senkrecht zur Plattenebene. Diese Rückführung des Problems auf den eindimensionalen Fall erleichtert die Berechnungen erheblich.

13.152 Kanalsysteme

Im einzelnen betrachtet, ist die Temperaturverteilung in der Heizplatte und an ihren Oberflächen, auch wenn man äußere Störungen außer acht läßt, nicht gleichmäßig. Da die *Heizkanäle* Kreisquerschnitt haben müssen, ergeben sich unterschiedliche Abstände zwischen Kanalwand und Heizplattenoberfläche, die zu einer wellenförmigen Temperaturverteilung an der Oberfläche führen. Beim Vorliegen geringer Wärmeströme sind diese Unterschiede klein, da der Stahl der Heizplatten mit seiner verhältnismäßig großen Wärmeleitzahl für schnellen Ausgleich sorgt. Eine weitere Verteilung geschieht dann auch noch durch das Aluminiumblech mit seinen noch besseren Leitungseigenschaften. Bei plötzlichem starkem Wärmeentzug aus den Heizplatten jedoch, vor allem also beim Einbringen des kalten Preßgutes, können sich *örtliche Temperaturunterschiede* bemerkbar machen. Im allgemeinen werden die Kanalsysteme so dicht ausgelegt, daß das Stichmaß zwischen den Kanälen sich dem kleinstmöglichen Wert nähert. Dies ist allerdings oft auch nötig, um überhaupt genügend Kanalwandfläche je Heizplatten-Flächeneinheit unterzubringen.

Die Führung der Kanäle in einer Heizplatte muß die Fläche möglichst gleichmäßig erfassen, strömungstechnisch günstig sein und eine sichere gleichmäßige Verteilung bei Abzweigungen und parallel geschalteten Systemen ermöglichen. Die Länge eines Systems darf nicht zu groß sein, damit der Temperaturabfall des Heizmittels gering bleibt (bzw. damit man nicht unter zu hohem Leistungsaufwand entsprechend große Mengen Heißwasser durchsetzen muß). Vor allem aber muß bei größeren Platten und beim Vorliegen mehrerer Systeme nach Möglichkeit darauf geachtet werden, daß schon der Geometrie nach ein gewisser Temperaturausgleich zwischen Vorlauf- und Rücklaufwasser erfolgt. Einige typische Beispiele für Heizplatten-Kanalsysteme sind in Bild 13.11 gegeben. Im Zeichen immer noch abnehmender Preßzeiten besteht der Hang zu noch mehr Heizsystemen je Platte überzugehen, die im einzelnen entsprechend kürzer werden.

13.153 Randstörungen

Selbst bei geöffneter Presse haben die Heizplattenflächen nur ziemlich *geringe Wärmeverluste*. In den niedrigen Etagen herrscht kaum eine

Luftbewegung, und die Abstrahlung aus den Etagen ist wegen der sehr
spitzen Winkel ebenfalls ganz gering.

Dagegen treten *Verluste an den Heizplattenrändern* auf, sowohl bei
geschlossener als auch bei geöffneter Presse. Es handelt sich hierbei um
Abstrahlung und *Konvektion*; letztere ist vielfach noch dadurch verstärkt, daß zu der an sich schon auftriebsgünstigen Form der Presse
die kaminartige Wirkung einer *Dunstabsaugung* kommt.

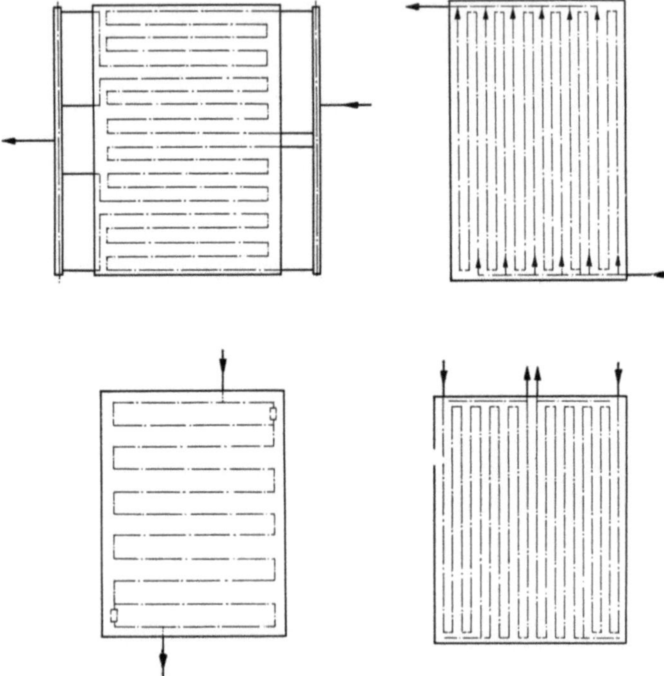

Bild 13.11. Schemata verschiedener Heizplatten-Kanalsysteme.

Im allgemeinen kann man die Randstörungen, die natürlich zu einer
Verminderung der Temperatur an diesen Stellen führen, schon deshalb
vernachlässigen, weil auch das Preßgut in der Regel die Heizplatten
nicht bis zum Rand bedeckt, sondern rundherum mehrere Zentimeter
vom Rand zurücksteht. Für Fälle jedoch, wo es auf eine gute Beheizung
auch der Heizplattenränder ankommt, werden zusätzliche Kanäle angewendet. Allerdings fallen bei großem Heißwasserdurchsatz, also geringem Temperaturgefälle zwischen Vorlauf und Rücklauf, erhöhte
Randverluste kaum ins Gewicht, selbst wenn es sich um hohe Prozent-
werte handelt.

13.154 Kühlplatten, Isolierplatten, Roste

Die *Wärmedehnung*, die durch den Temperaturunterschied zwischen kaltem und betriebswarmem Zustand hervorgerufen wird, hat für Heizplatten im allgemeinen keine Bedeutung, wohl aber für die Pressen, vor allem für *Holm und Tisch*. Es ist deshalb nötig, die *oberste und unterste Heizplatte* gegenüber den Bauteilen der Presse zu *isolieren*.

In den einfachsten Fällen, z. B. bei kleineren Pressen, die nicht oder nicht wesentlich über 100 °C beheizt werden, genügt das Einlegen einer Isolierschicht, die in der Regel aus mehreren Lagen Holzfaserhartplatten oder Asbest-Isolierplatten besteht. Es ist darauf zu achten, daß die Isolierschicht möglichst gleichmäßige Dicke hat.

Bei höheren Ansprüchen, und insbesondere auch bei höheren Temperaturen, kann es nötig sein, besondere Kühlplatten zwischen Isolierschicht und Tisch oder Holm der Presse anzuordnen; in solchen Fällen wird die Isolierplattenschicht auch oft durch Roste ersetzt.

13.155 Korrosionserscheinungen

Die *Oberkante der obersten Heizplatte*, die *Roste* und die *Kühlplatte* sind bei manchen Pressen *korrosionsgefährdete Stellen*.

Heiße Luft und Dämpfe, die außen unter thermischem Auftrieb an der Presse hochsteigen und die Härter- und Wasserdampf enthalten, kommen an der Kühlplatte plötzlich mit einer wesentlich kälteren Oberfläche in Berührung, was zu einer teilweisen Kondensation führt. Die sich niederschlagende Flüssigkeit ist meist eine schwache Säure, die nach einiger Zeit die Beschädigung, oft sogar weitgehende Zerstörung der Plattenoberflächen und der Isolierroste an dieser Stelle herbeiführen kann.

Dagegen sind verschiedene Mittel in Gebrauch, z. B. *Schutzbleche aus Aluminium;* gründliche Abhilfe schafft ein *Gebläse*, das den Isolierrost zwischen Heizplatte und Kühlplatte unter geringen Luftdruck setzt, so daß an den gefährdeten Kanten stets ein leichter Luftstrom austritt und die Berührung der aufsteigenden Säurendämpfe mit den gekühlten Flächen verhindert.

13.16 Aufstellung, Montage, Wartung, Sonderzubehör von Pressen

13.161 Aufstellung und Fundamentierung der Pressen

Bei der *Anordnung der Pressen im Raum* und im Zuge des Fertigungsflusses ist daran zu denken, daß nicht nur der *Platz für die Maschine* selbst benötigt wird, sondern auch *Raum für Bedienung und Montage* sowie *Flächen für die Zubehör- und Hilfseinrichtungen*. Dies sind im wesentlichen Pumpen oder ein Akkumulator sowie der Bedienungsstand der Presse, aber auch Heizeinrichtungen, Umwälzpumpen für Heißwasser usw.

In der Regel ist es notwendig und zweckmäßig, an der Presse eine Betriebskontrolle, Buchführung und Registrierung technischer Daten durchzuführen. Zu diesem Zweck sind einerseits *selbstschreibende Instrumente* vorzusehen, zum anderen ein *Beobachtungsstand und Schreibtisch für den Pressenführer*.

Im allgemeinen sind keine besonderen Ansprüche an den Raum zu stellen, in dem eine Presse betrieben wird. Tageslicht ist nicht unbedingt erforderlich. Es ist jedoch anzustreben, nach Möglichkeit das Gebäude verhältnismäßig hoch auszubilden, um die Umgebung der Presse zu *lüften*. Bei der Grundrißanordnung ist ferner darauf zu achten, daß die Presse im allgemeinen eine ziemlich große *Fundamentgrube* bekommen muß, die oft erheblich über die Grundrißabmessungen der Presse selbst hinausgeht.

Wegen der meist hohen Pressengewichte müssen die *Fundamente* entsprechend schwer und groß sein. Pressen mit gegossenen Zylindern, die sich nur mit dem Zylinderfuß auf den Boden stützen, erfordern häufig einen Fundamentblock mit verbreitertem Fuß, um die Bodenpressung zu verringern.

Rahmenpressen haben in der Regel eingehängte Zylinder, die nicht als Auflagepunkte dienen können. In solchen Fällen müssen die Rahmen an den beiden unteren Ecken abgestützt werden, und zwar meist auf Pfeilervorlagen im Innern der Fundamentgrube. Liegen mehrere Rahmen hintereinander, so werden ihre Auflagepunkte zweckmäßig durch Profileisenträger in Längsrichtung miteinander verbunden, was insbesondere auch das Ausrichten erleichtert. Derartige Fundamente mit zwei gegenüberliegenden tragenden Vorlagen müssen sehr sorgfältig ausgeführt werden, zumal es meist nicht möglich ist, die beiden Fundamentsockel, die unter Umständen mehrere Meter entfernt einander gegenüber liegen, durch Streben oder Träger zu verbinden.

Bei *großen Fundamentgruben*, insbesondere wenn Presse sowie Beschickungs- und Entleerungsvorrichtung gemeinsam darin untergebracht werden, kann es vorkommen, daß der Auftrieb eines solchen Beckens die Belastungen und sein Beton-Eigengewicht übersteigt. Da derartige Pressengruben vielfach bis in das Grundwasser hinuntergehen, muß für eine *Verankerung* bzw. *Beschwerung* gesorgt werden, um ein Aufschwimmen zu vermeiden.

Unter den gleichen Umständen ist besonders auf die Dichtigkeit der Pressengrube zu achten. Unter Umständen müssen umfangreiche bauliche Maßnahmen hierzu ergriffen werden, in Grenzfällen z. B. das Vorbereiten eines äußeren Mantels, in den dann die eigentliche Grube mit Isolierzwischenschichten gegossen wird.

Umgekehrt sind manche leichtere Pressen so gebaut, daß sie eine sehr große Auflagefläche haben und nur geringen Druck auf den Boden ausüben. Gewisse Typen von Furnierpressen können ohne jedes Fundament auf den Hallenflur gesetzt werden; sie sind auch so gebaut, daß kein Teil und kein Anschluß unter Hallenflur reicht.

13.162 Montage

Bei der *Pressenmontage* müssen oft schwere Teile ziemlich hoch gehoben werden; in dieser Hinsicht ist die Montage schwieriger als beispielsweise bei den anderen Maschinen in einem Sperrholzwerk. Besondere Vorkehrungen sind deshalb nötig.

Am wichtigsten ist es, den Transport der Schwerteile durch *rechtzeitiges Herrichten des Hallenbodens* zu erleichtern. Größere Pressengruben müssen in stabiler und auch die größten Lasten tragender Weise abgedeckt oder provisorisch gefüllt werden. In vielen Fällen ist es nötig, Bohlenstapel zum stufenweisen Heben von Lasten bereitzustellen. Verschiedene Hebezeuge und Winden sind in der Regel nötig, jedoch läßt sich manche Arbeit durch ein oder zwei Gabelstapler bei weitem einfacher ausführen.

Bei der Aufstellungsplanung der Pressen ist daran zu denken, daß die Montage unter Umständen mehr Raum, insbesondere mehr Höhe, erfordert als die fertige Maschine. Oft allerdings kann die zusätzliche Höhe schon dadurch gewonnen werden, daß man die Presse zwischen zwei Dachbindern aufstellt. Allerdings sind die meisten neuzeitlichen Pressen sozusagen vom Boden her zu montieren. Dies gilt für die meisten Rahmenpressen, aber auch für gewisse Säulenpressen, die man bei der Montage mit eigener Kraft, also mittels der Hydraulik, hochfahren kann.

13.163 Wartung

Die hydraulische Presse ist eine ungewöhnlich wartungsfreie Maschine; diese Tatsache läßt sich auch aus der meist sehr langen *Lebensdauer* ableiten.

Zur Wartung gehört die *Überwachung der Betriebsmittel*, d. h. des Preßwassers und des Heizmediums. Beim Preßwasser kommt es darauf an, die vorgeschriebenen Schmiermittel zu verwenden und das Wasser in der erforderlichen Weise zu reinigen. Diese Vorschriften sind jedoch leicht zu erfüllen, und oft ist selbst nach jahrelangem Betrieb noch keine Beschädigung der Kolbenoberflächen und der Zylinderinnenwände zu befürchten, wohl aber unterliegen die Kolbendichtungen, bei Wasserhydraulik also die Manschetten in den Zylindern, dem Verschleiß.

Die gleichen Anforderungen wie an das Preßwasser müssen auch an das Heizmittel und gegebenenfalls an das Kühlwasser gestellt werden.

Bei Heißwasserheizung sollte es allerdings selbstverständlich sein, daß das umgewälzte Wasser gereinigt, enthärtet und entgast ist.

An der Presse selbst sind weitere *Verschleißteile* nur noch die Gelenkrohre oder Tauchrohre, in gewissem Maße auch die Metallschläuche sowie die Isolierschichten, sofern diese aus einfachen Faserplatten oder dergleichen bestehen.

Zur Wartung gehört auch die etwa erforderliche *Reinigung der Heizplattenoberflächen* oder der *Aluminiumoberbleche von Leim.*

Im übrigen sind die *Steuereinrichtungen und Pumpen* instandzuhalten. Mit dem Ersetzen und Einschleifen von Ventilkegeln und dergleichen muß von Zeit zu Zeit gerechnet werden. Bei Säulenpressen sind die *Säulenmuttern* laufend zu überprüfen, da die Gefahr besteht, daß sie sich infolge der Verformungen der Presse nach und nach lösen.

13.164 Ursachen für Schäden

Die meisten Schäden an hydraulischen Pressen entstehen durch Nichtbeachtung der Vorschriften hinsichtlich *Reinhaltung des Preßwassers und des Heizmittels.* Die Folgen sind einerseits *Korrosion* an den Kolbenoberflächen, anderseits unter Umständen *Ablagerungen* in den Kanälen der Heizplatten, die den ordnungsgemäßen Wärmeübergang nach und nach verschlechtern.

Eine weitere Ursache für Schäden kann die *Kondensation säurehaltiger Dämpfe* sein, die insbesondere die Kanten der Kühlplatten und der Isolierroste angreift. Über Abhilfemaßnahmen wurde unter Abschn. 13.155 berichtet.

Störungen im Antrieb beruhen meist auf verhältnismäßig geringfügigen Fehlern an Pumpen, Rohrleitungen und Steuereinrichtungen. Auch der gelegentlich vorkommende Einschluß von Luft in Zylindern oder Leitungen verursacht Störungen. Natürlich können auch in der handwerklichen Ausführung der Rohrleitungen Fehler liegen, die sich z. B. durch Schläge äußern oder durch unruhigen Lauf von Pumpen infolge mangelhaften Ausgleichs beim Ansaugen.

Normal ist der *Verschleiß der Heizplatten-Oberflächen,* der durch das jahrelange Einschieben und Ausziehen von Aluminiumblechen verursacht wird. Dieser Schaden ist in der Regel durch *Nachhobeln und Nachschleifen* der Heizplatten zu beheben; dazu müssen die Heizplatten im Rahmen einer Generalüberholung zum Herstellerwerk zurückgesandt werden. Bei dieser Gelegenheit ist es meist nötig, die Platten neu zu richten.

Neben diesen normalen und bekannten Schäden und Verschleißerscheinungen treten in einzelnen Fällen verschiedenartige Störungen auf, die jeweils mit der besonderen Arbeitsweise der Presse zusammenhängen. Beispielsweise kann eine immer wiederholte punktweise Druckausübung auf einzelne Stellen der Heizplatten zu Oberflächenspannungen und damit zum Verbiegen selbst starker Platten führen.

Die weitaus meisten Schäden an Pressen sind allerdings unmittelbar auf *Bedienungsfehler* zurückzuführen. In schlimmsten Fällen von Unachtsamkeit bleibt z. B. ein Werkzeug in einer Pressenetage liegen, jedoch besteht der häufigste Bedienungsfehler darin, daß die Presse exzentrisch beschickt wird bzw. daß man (bei einer „weichen" Presse) ein Format mit Längen- und Breitenmaßen preßt, die kleiner sind als der Abstand zwischen den äußeren Zylindern. Die hierdurch entstehenden Schäden, Verbiegungen nicht nur der Heizplatten, sondern unter Umständen auch des Preßtisches, sind oft erheblich und nur unter großen Kosten zu beheben.

Ab und zu kommen an Pressen auch *Transportschäden* vor. Selbst die hier üblichen Schwerteile sind nicht so massiv, daß sie nicht durch Gewalteinwirkung beschädigt werden könnten. Dasselbe gilt für die Einwirkung von Feuer.

13.165 Sondereinrichtungen

Unabhängig von der eigentlichen Pressentype gibt es eine Reihe von Sondereinrichtungen, die zum Teil Baumerkmale der Maschine sind, zum Teil als getrennte Teile angebaut werden.

Schürzen an der Beschickungsseite der Presse halten die von den Heizplatten ausgehende Wärmestrahlung auf und schützen Preßgut, das vor der Maschine bzw. in einem Beschickungsgestell schon vorbereitet ist und auf das Öffnen der Presse wartet. Die Schürze ist während dieser Zeit hochgezogen und steht vor der geschlossenen Presse. Beim Öffnen der Presse senkt sie sich bis unter Tischhöhe ab.

In Fällen, wo es auf ganz genaues Einfahren der Beschickbleche ankommt, kann die Presse an der Beschickungsseite mit *Justierkämmen* ausgerüstet werden. Diese schwenken bei geöffneter Presse in die Etagen so weit ein, daß die Bleche mit Sicherheit nicht an seitliche Begrenzungen anstoßen oder mit anderen Zusatzeinrichtungen in Konflikt kommen können.

Bei sehr empfindlichen Preßgütern, die insbesondere einen ganz genauen und geringen Preßdruck verlangen, kann das Gewicht eine Rolle spielen, mit dem die Heizplatten beim Schließen der Presse auf das Preßgut, insbesondere natürlich auf die Füllung der unteren Etagen, drücken. Wo diese an sich geringen Unterschiede des spezifischen Druckes eine Rolle spielen, kann man das *Gewicht der Heizplatten durch Gegengewichte ausgleichen.* Eine solche Presse ist aus Bild 13.12 ersichtlich. Mit dem Gewichtsausgleich der Heizplatten geht das gleichzeitige Schließen der Etagen einher. Es liegt auf der Hand, daß derartige Einrichtungen ziemlich teuer sind, zumal es sich meist um Einzelanfertigungen handelt; gerechtfertigt sind sie nur durch die Ansprüche besonders hochwertiger Preßgüter.

Während bei der normalen Sperrholzherstellung ein Steuerprogramm für die Presse nicht nötig ist (man schließt die Presse und fährt dann sogleich auf den gewünschten Druck), kann es bei gewissen Werkstoffen nötig sein, den Druck nach einem bestimmten „Fahrplan" zu steigern

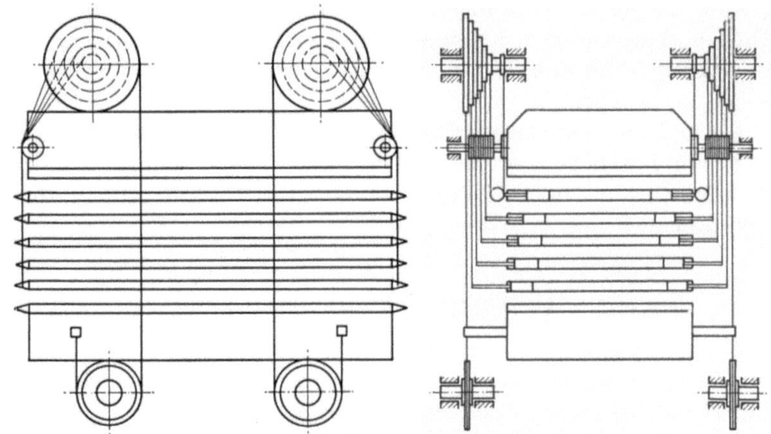

Bild 13.12. Schema des Gewichtsausgleiches der Heizplatten.

und unter Umständen zwischendurch zu entlasten. Damit für diese Fälle nicht dauernd ein Bedienungsmann an der Presse zu sein braucht, wurden *Programmsteuerungen* entwickelt, die ein nahezu beliebiges Preßprogramm selbsttätig ablaufen lassen.

Besondere Maßnahmen müssen getroffen werden, wenn wegen der Genauigkeit oder Empfindlichkeit des Preßgutes die *Toleranzen (insbesondere der Aluminiumbleche) auszugleichen* sind. Hierzu gibt es ungleich dick gewebte Siebe, also solche mit dünnerer Mitte, ferner Papierkissen, wie sie bei der Herstellung von Laminaten üblich sind und auch beim Aufziehen solcher Kunststoffschichten auf Lagenholzplatten häufig benötigt werden. Auch hier ist wieder ein erheblicher Preis für solche Sondermaßnahmen zu zahlen, weniger vielleicht für die Anschaffung, als oft in Form vermehrter Arbeit beim Zusammenlegen und Auseinandernehmen der Preßpakete, sowie durch eine erhebliche Verschlechterung des Wärmeüberganges.

13.166 Dunstabsaugung

In den einfachsten Fällen ist eine besondere Absaugung über den Pressen nicht erforderlich, sondern es genügen *Lüfter* oder eine *Laterne im Dach*. Die Geruchsbelästigungen nehmen jedoch in der Regel mit kürzer werdenden Pressenspielen zu, so daß dann eine künstliche Dunstabsaugung nötig ist.

Vielfach besteht die *Absaugung* aus einer *Sperrholzhaube über der Presse mit einem Axiallüfter* im senkrechten kreisrunden Abzug. Da die Dämpfe aber nicht mitten über der Presse ankommen, sondern außerhalb der Presse hochsteigen, muß die Haube erheblich weiter sein als der Pressengrundriß. Eine weitere Schwierigkeit besteht hauptsächlich darin, die Absaugung auch für die verhältnismäßig kurzen Zeiten wirkungsvoll zu machen, bei denen stoßweise eine besonders große Menge an Dämpfen anfällt; dies ist beispielsweise beim Öffnen der Presse der Fall. Damit die dann aufwallenden Schwaden nicht außerhalb der Haube in den Raum entweichen, ist es nötig, die Ränder der Haube soweit wie möglich herunterzuziehen.

Es gibt ziemlich verwickelte Konstruktionen von Absaugehauben, z. B. solche, bei denen am äußeren Rand eine besonders hohe Ansaug-Luftgeschwindigkeit hergestellt wird in der Absicht, auf diese Art das Entweichen aufwallender Schwaden über den Haubenrand hinaus zu verhindern. Tatsächlich jedoch ist dieses System nicht allzu wirksam, denn die im Hauben-Randspalt vorliegende hohe Geschwindigkeit verliert sich außerhalb schon in wenigen Zentimetern Abstand.

13.17 Normale Pressentypen

13.171 Furnierpressen

Beim Vergleich der hauptsächlichen Typen hydraulischer Lagenholzpressen zeichnen sich die *Furnierpressen* vor allem durch ihren verhältnismäßig *geringen Preßdruck* aus. Sie sind zum Überfurnieren vorbereiteter Innenlagen oder Trägerplatten bestimmt, die schon vor dem Pressen auf eine mehr oder weniger genaue Dicke gebracht worden sind bzw. die schon eine Oberflächenbehandlung hinter sich haben.

Da anderseits die aufzubringenden Furniere in der Regel sehr dünn sind und der Verformung nur geringen Widerstand entgegensetzen, kommen Furnierpressen im allgemeinen mit einem Druck aus, der von 1 bis 12 kp/cm² reichen kann, in der Regel aber bei etwa 4 bis 6 kp/cm² liegt.

Den Ansprüchen entsprechend sind die Pressen leicht gebaut, was ihrer Handlichkeit, Preisgünstigkeit und einfachen Aufstellung sowie auch bequemen Bedienung von Hand zugute kommt. Vielfach werden sie als geschlossene Einheiten mit Antrieb und Steuerung zusammengebaut geliefert. Ein Beispiel zeigt Bild 13.13.

Furnierpressen werden fast stets *von Hand beschickt* und haben demgemäß nur verhältnismäßig wenige Etagen, vor allem auch weil das Pressenspiel kurz ist. Die meist dünnen Furniere werden von der Wärme in kurzer Zeit durchdrungen.

Zur Erleichterung der Arbeit, und weil es die geringen Gesamtdrücke ohne großen Kostenaufwand zulassen, sind Furnierpressen in der Regel auch bei Formaten über 3 m Länge für *Breitseitenbeschickung* eingerichtet.

Bild 13.13. Furnierpresse, leichte Ausführung. Bauart Becker & van Hüllen, Krefeld.

Vorerst ein Sonderfall ist die Furnierpresse mit einer Etage, die auch als Oberkolbenpresse ausgeführt und mit einer durchlaufenden Ein- und Auszugvorrichtung ausgestattet werden kann. In Anbetracht der mechanischen Vorteile (s. Abschn. 13.125) und der nahezu stetigen Arbeitsweise dürfte diese Pressenausführung in Zukunft steigende Anwendung finden.

13.172 Furnierplatten-Pressen

In bezug auf den spezifischen Druck schließen die *Furnierplatten-Pressen* an die Furnierpressen an und reichen in der Regel von 12 bis etwa 25 kp/cm². Demgemäß ist ihre Ausführung schon erheblich schwerer, und es macht sich ein Preisunterschied zwischen Quer- und Längsbeschickung bemerkbar.

Die billigere Längsbeschickung kann in allen Fällen ohne Nachteil angewendet werden, wo eine automatische Beschickungs- und Entleerungsvorrichtung angebaut ist oder wenigstens eine mechanische Beschickungshilfe zur Verfügung steht.

Im einzelnen weicht die Bauweise der Furnierplatten-Pressen nicht allzusehr von jener der Furnierpressen ab. Heizplatten werden in beiden

Fällen in der praktisch minimalen Dicke von etwa 35 bis 45 mm verwendet, nur bei sehr großen Formaten muß die Heizplattendicke auf 50 und unter Umständen 60 mm gesteigert werden [*13.2*].

Da die Dauer der Pressung bei Furnierplatten in der Regel wesentlich länger ist als beim Überfurnieren, und da man in dieser Zeit mit einer Bedienungsmannschaft normalerweise eine entsprechend größere Menge an Platten vorbereiten kann, besitzen Furnierplatten-Pressen

Bild 13.14. Tischlerplattenpresse für große Formate. Bauart G. Siempelkamp & Co, Krefeld.

durchweg erheblich mehr Etagen als Furnierpressen. *Etagenzahlen* von 10 bis 20 sind als normal zu bezeichnen, bis zu etwa 30 sind ohne weiteres möglich.

13.173 Tischlerplatten-Pressen

Im Druck liegen die *Tischlerplatten-Pressen* zwischen Furnier- und Furnierplatten-Pressen, weil die Tischlerplatten zwar in der Regel eine weiche Innenlage haben, jedoch nicht nur mit einem dünnen und wenig widerstandsfähigen Außenfurnier, sondern auch (oder zunächst nur) mit dickeren Absperrfurnieren hergestellt werden.

Hauptsächliches Merkmal bei den meisten Tischlerplatten-Pressen ist ihr *großes Format*. Entsprechend der Norm DIN 4078 sind gängige Tischlerplattenabmessungen beispielsweise 1,70 m × 4,70 m, oder 1,83 m × 5,10 m. Tatsächlich sind Tischlerplatten-Pressen von über 5 m Länge vielleicht nicht häufig, jedoch keineswegs ungewöhnlich (Bild 13.14).

Wegen der Schwierigkeit bei der Beschickung der meist großen Formate haben Tischlerplatten-Pressen in der Regel nicht so viele Etagen wie Furnierplatten-Pressen; der Durchschnitt dürfte bei 8 bis 10 Etagen liegen.

13.174 Türenpressen

Dem Wesen nach sind *Türenpressen* den Tischlerplatten-Pressen ähnlich, nur daß bei Türen das größte Format vergleichsweise geringe Abmessungen hat (siehe Bild 13.15).

Bild 13.15. Türenpresse für kleine Formate. Bauart G. Siempelkamp & Co., Krefeld.

In kleineren Betrieben werden Türen auch auf Furnierpressen hergestellt, jedoch hat sich für die Fertigung im größeren Maßstabe eine durchaus eigene Art von Türenpressen entwickelt, die in den meisten Fällen mit besonderen Beschickungs- und Entleerungsvorrichtungen zusammengebaut werden.

13.175 Schichtholzpressen

Das wesentliche Merkmal der *Schichtholzpressen* ist ihre dem *sehr hohen Druck* entsprechende schwere Ausführung. Zum mindesten werden normalerweise etwa 150 kp/cm² verlangt, oft jedoch bis zu 300 kp/cm².

Schichtholzpressen haben meist mehrere Etagen, jedoch sind sie vielfach so eingerichtet, daß man eine Etage auf das Maß des Gesamthubs öffnen kann.

Weitere Merkmale der Schichtholzpressen finden sich von Fall zu Fall; ihr Vorkommen in Neuanlagen ist sehr selten [*13.9*].

13.176 Kaschierpressen

In gewissem Sinne sind die *Kaschierpressen* ein Mittelding zwischen einer Furnierplatten- oder Tischlerplatten-Presse und einer Kunststoffpresse; sie müssen fast stets mit einer Beschickungs- und Entleerungsvorrichtung ausgerüstet werden. Beim Ein- und Ausfahren des Preßgutes ist auf ruhigen Transport und geringe Beschleunigungswerte besonders zu achten, da sich die oft sehr glatten Oberflächen leicht gegeneinander verschieben.

Das Kaschieren erfordert vielfach eine *Kühlung* des Gutes in der Presse sowie das Beschicken des Preßgutes zwischen Glanzblechen und Kompensatoren. Eine Kaschierpresse ist in Bild 13.16 wiedergegeben.

Bild 13.16. Kaschierpresse mit Beschick- und Entleervorrichtung sowie Blechkreislauf.
Bauart Becker & van Hüllen, Krefeld.

Für das Kaschieren sind, mehr als die Presse selbst, die Gesamtanlage und das Arbeitsverfahren typisch und bemerkenswert, zumal es in höherem Maße als bei der eigentlichen Lagenholzherstellung die Anwendung mechanischer Fördergeräte gestattet.

13.18 Sondertypen von Lagenholz-Pressen

13.181 Pressen für Stuhlsitze

In der überwiegenden Zahl der Fälle ist es üblich, Stuhlsitze zu je zwei Stück je Etage herzustellen, in Pressen mit normalerweise bis zu sechs oder acht Etagen. Die symmetrische Anordnung von zwei Sitzen in der Etage ist vor allem bei stark abgeschrägten oder profilierten Teilen nötig, um die auftretenden Schubkräfte im Gleichgewicht zu halten.

Die Heizplatten müssen in diesem Falle nach der Form des Sitzes profiliert sein. Der Druck liegt an der oberen Grenze dessen, was für Sperrholz normalerweise benötigt wird, d. h. bei 20 bis 25 kp/cm².

Oft werden in einer Stuhlsitzpresse mit Formetagen nicht nur Sitze, sondern auch Lehnen hergestellt, letztere in der Regel in den oberen Etagen. Bild **13.17** zeigt eine solche Konstruktion.

Bild 13.17. Stuhlsitzpresse. Bauart G. Siempel-kamp & Co. Krefeld.

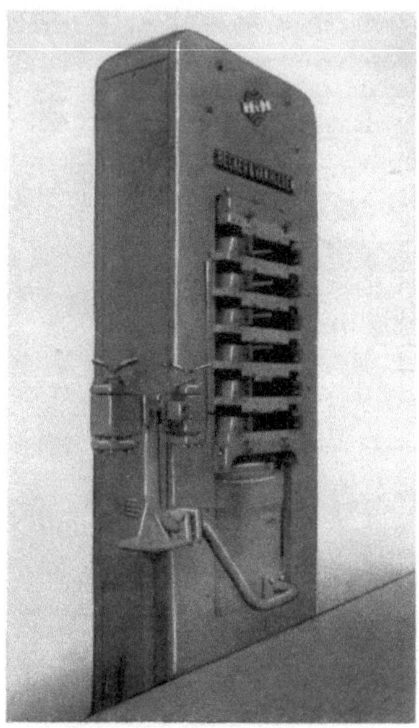

Bild 13.18. Kantelpresse mit seitlichen Druckhaltevorrichtungen. Bauart Becker & van Hüllen, Krefeld.

13.182 Pressen für Formteile

Formteile aus unverdichteten oder verdichteten Lagenhölzern haben meist keine allzu großen Abmessungen, anderseits ist damit zu rechnen, daß die Formteile der Mode unterworfen sind oder aus sonstigen Gründen des öfteren wechseln. Das führt dazu, daß Pressen für diesen Zweck im allgemeinen wie Kunststoffpressen gebaut sind, d. h. mit einem großen Preßraum und Aufspanntisch, auf dem dann getrennte Formen angebracht werden können. Unter diesen Umständen ist es meist am einfachsten, die Formen elektrisch zu beheizen.

13.183 Pressen für Sportgeräte

Auch hierbei handelt es sich um Sonderfälle, für die nicht so sehr eine besondere Presse, sondern vielmehr jeweils eine Preßform zu entwickeln ist. Dies gilt beispielsweise für *Tennis-, Hockey- und Eishockeyschläger*. Zum Teil werden für Sportgeräte auch Schichtholzstücke verwendet, die auf normalen Schichtholzpressen hergestellt wurden.

Eine Sonderstellung nimmt die Herstellung von *Skiern* ein, da hierfür wegen der ungewöhnlichen Länge nicht nur die Preßform, sondern auch die Presse selbst besonders gebaut werden muß. Von nennenswerter wirtschaftlicher Bedeutung kann man jedoch auch bei diesen Maschinen nicht sprechen.

13.184 Pressen für Kanteln und Schlaglatten

In zunehmendem Maße werden *Kanteln für Webschützen* als Preßvollholz gefertigt; die Maschinen hierfür fallen also nicht unmittelbar unter die Lagenholzpressen. Es kommt aber nicht selten vor, daß man den Mittelweg zwischen Schichtholz und Vollholz beschreitet, nämlich ein Kantel aus beispielsweise drei dicken Holzlamellen herstellt, wodurch wegen der geringeren Ansprüche an die Abmessungen des Ausgangsstoffs die Kosten vermindert werden. Eine andere Art Kantel besteht aus einem dickeren Kernstück mit schichtweiser seitlicher Beplankung; man erzielt dadurch auch eine Ersparnis, da für das Innenteil ein etwas geringerwertiges Holz verwendet werden kann als für die beiden Schalen. Im Sinne dieser Anwendungen sind auch die Kantelpressen zu den Lagenholz-Pressen zu rechnen.

Eine solche Kantelpresse mit seitlichen Druckhaltevorrichtungen in allen Etagen stellt Bild 13.18 dar.

13.185 Pressen für Sperrholzrohre und -behälter

Zur Herstellung von *Sperrholzrohren und -fässern* waren früher verschiedene Pressen in Anwendung, wenn auch die Verbreitung nie sehr groß gewesen ist. Bekannt war z. B. eine Presse mit zwei halbzylindrisch gebogenen Heizplatten, von denen eine aufzuklappen war. Auch diese Presse hat heute keine nennenswerte Bedeutung mehr.

13.186 Pressen für Propeller

Zur Herstellung von *Propellern* dienen im wesentlichen Schichtholzpressen, die jedoch wegen der eigentümlichen Form und Größe der Propeller besonders für diesen Zweck gebaut werden müssen. Allerdings geht die Zeit des Schichtholzpropellers zu Ende, da jetzt auch schon die kleinen Flugzeuge fast nur noch mit Metallpropellern ausgerüstet werden.

13.187 Laboratoriumspressen

Während früher die *Laboratoriumspresse* eine der einfachsten Maschinen ihrer Art war, hat sie sich heute schon zu recht anspruchsvollen Formen entwickelt. Dies gilt insbesondere für den Antrieb, der ein wesentlicher Bestandteil einer neuzeitlichen Laboratoriumspresse ist und alle die Möglichkeiten bieten muß, die man auch an einer großen Fertigungspresse benutzen will.

Das Format der Laboratoriumspressen ist ziemlich einheitlich, und zwar in der Regel einetagig mit einer Tischfläche von 500 mm $\times$ 500 mm. Die Drücke liegen naturgemäß ziemlich hoch, um alle normalen Möglichkeiten zu bieten; üblich sind etwa 50 kp/cm².

Es versteht sich, daß Laboratoriumspressen üblicherweise mit einer sehr guten Instrumentenausrüstung versehen sind und alle die Einrichtungen besitzen, die zum Betrieb mit verschiedenen Heizmitteln sowie zu deren Regelung und Überwachung nötig sind.

28*

13.2 Preßverfahren (Drücke, Temperaturen, Preßzeiten)

13.21 Herstellung unverdichteter Lagenhölzer (Schicht- und Sperrhölzer)

13.211 Materialfragen

13.211.1 Dickentoleranz der Holzlagen. Der Begriff der *Dickentoleranz* kann hier in zweierlei Hinsicht verstanden werden. Die *Abweichung von einer gewünschten Nenndicke* (beispielsweise Schälen von nominell 2 mm dicken Furnieren, die dann aber tatsächlich 1,9 oder 2,1 mm dick werden) spielt in bezug auf das Pressen keine Rolle, wenn nur die Toleranz im Sinne der Dickengleichmäßigkeit innerhalb eines Furnierblattes in erträglichen Grenzen liegt. *In Schälrichtung,* d. h. also in der Breite der Furniere (*quer zur Faser*) ist dies auch durchweg der Fall, vorausgesetzt, daß es sich um zweckmäßig gelagertes und durch sachgemäßes Dämpfen vorbereitetes Holz handelt.

Auch in *Längsrichtung,* d. h. parallel zur Faser, sind keine allzu großen Abweichungen zu erwarten, da die Schäl- und Messermaschinen mechanisch mit außerordentlich geringen Toleranzen arbeiten. Dies ist schon daraus ersichtlich, daß die geringste Furnierdicke bei manchen Typen nur 0,1 mm beträgt, die Toleranzen also wesentlich geringer sein müssen als dieses Maß.

Wenn trotzdem Dickenunterschiede im Furnier auftreten, so handelt es sich in der Regel um *Aststellen* oder *Verwachsungen* im Holz, die ein dichteres Gefüge als das umliegende normale Holz haben, sich im Schneidspalt weniger zusammendrücken lassen und infolgedessen im Furnier stellenweise Übermaße ergeben. Diese Stellen sind nicht nur von vorneherein *dicker* als die Umgebung, sondern auch *härter*, also nur mit größerer Kraft in der Presse zu verdichten.

Die Arbeit der Presse besteht zum wesentlichen Teil darin, derartige Stellen selbst zu verdichten (was nur in gewissen Grenzen erreichbar ist), zum anderen trotz des Vorkommens dieser Unregelmäßigkeiten eine insgesamt gleichmäßige Platte herzustellen. Dies ist dadurch möglich, daß die harte Stelle in einem Furnier in die weichen oder normalen Teile des benachbarten Furniers eingedrückt wird. Eine derartige Sperrplatte hat, im Schnitt gesehen, wellige Fugen und Einzelfurnierlagen von wechselnder Dicke.

Nach dem Vorkommen derartiger Toleranzen in den Furnieren und nach den allgemeinen Härte- und Festigkeitseigenschaften des betreffenden Holzes richtet sich der Druck, der von der Presse aufgebracht werden muß. Er muß natürlich groß genug sein, um auch an den „normalen" Stellen einer Platte noch zu genügen, obwohl der Druck in erster Linie von den besonders widerstandsfähigen erwähnten „Hartstellen" aufgefangen wird.

13.211.2 Dickentoleranz der Bleche. Man muß es als praktisch unvermeidlich hinnehmen, daß *gewalzte Bleche* in der Mitte eine etwas größere Dicke aufweisen als an den Rändern. Dies liegt in der Natur des Walzvorganges und darin begründet, daß es unmöglich ist, die Walzwerke absolut starr zu machen und so eine kleine Durchbiegung in der Mitte zu verhindern.

Selbstverständlich kommt es, wie überall wo Toleranzen auftreten, auch hier auf die absolute Größe der Dickenabweichungen an. Diese wiederum ist verschieden je nach Breite der Bleche; schmaleres Material läßt sich genauer walzen und richten als breites. Es ist aber ohne weiteres möglich, Bleche von selbst etwa 6 Fuß Breite (1,83 m) mit einer *Gesamttoleranz* von $\pm$ 0,15 mm zu erhalten, unter Umständen sogar von $\pm$ 0,10 mm.

Anderseits ist es Tatsache, daß die meisten Bleche ohne genaue vorherige Festlegung von Toleranzen gekauft werden, und deshalb ist es nicht verwunderlich, daß Dickenunterschiede von $\pm$ 0,25 mm und mehr praktisch keine Seltenheit sind. Da sowohl die Beschickbleche wie die Oberbleche die gleiche Toleranz haben, und da mit Sicherheit die Plustoleranzen sich in Plattenmitte addieren (und die Minustoleranzen an den Plattenrändern), kann man annehmen, daß bei einer 1,80 m breiten Presse in der Mitte die lichte Etagenweite für das Holz bis zu 1 mm geringer ist als an den Rändern, ohne weiteres aber zum Beispiel 0,5 mm. Bei genauer Beachtung der Toleranzen beim Kauf der Bleche kann diese Ungenauigkeit auf 0,3 bis 0,2 mm vermindert werden.

13.211.3 Genauigkeit der Beschickung. Über die Genauigkeit der Beschickung lassen sich keine zuverlässigen Zahlen angeben, zumal da die Genauigkeit in verschiedener Hinsicht verstanden werden kann.

Bei Platten mit nicht zusammengesetzten Innenlagen spielt die *Genauigkeit des Zusammenlegens der beleimten Innenlagenstreifen* eine wesentliche Rolle. Aber auch wenn das Legen einwandfrei erfolgt ist, können Ungenauigkeiten noch immer beim Transport der rohen Platte und beim Einschieben in die Presse auftreten.

Weiterhin kommt es beim Zusammenlegen auf die Genauigkeit des *Formathaltens* an. Je exakter die einzelnen Blätter oder Lagen aufeinandergelegt werden, um so geringer wird der nicht gepreßte Rand. Allerdings sind in dieser Hinsicht nicht nur die Arbeiter an der Legestelle verantwortlich, sondern die Aufgabe beginnt bereits beim rechtwinkligen Schneiden der nassen Furniere und mit dem Zusammensetzen der gefügten Furniere in möglichst gerader Bahn.

Schließlich kommt es noch auf die Genauigkeit beim *Legen der Furniere auf das Transportblech* an, wobei immer die gleiche zentrische Lage eingenommen werden soll, nicht zuletzt auch, um das Transportblech stets in gleicher Weise zu beanspruchen und die Belegung der nach kurzer Zeit nicht mehr ebenen Ränder zu vermeiden.

Allgemein ist die Frage der Genauigkeit ein praktisches Rechenexempel und oft nur durch Ausprobieren zu beantworten. Genauigkeit in der Arbeit führt zur Holzersparnis, jedoch steigt mit größeren Genauigkeitsansprüchen der Arbeitsaufwand, unter Umständen bis zu einem Punkt, wo er die Ersparnis an Material überwiegt.

12.211.4 Formate. Beim Überfurnieren von Platten und bei der Herstellung von Türen ist die Frage des Formates meist von vorneherein gelöst. Zu überlegen sind also im wesentlichen die *Standardformate von Furnier- und Tischlerplatten.*

Neben den deutschen Normen sind in der Regel auch die Maße in englischen Fuß nach Möglichkeit in der Herstellung zu beachten. Wenn auch auf dem Weltmarkt das Angebot des Einheitsformates $4' \times 8'$ überwiegt, so ist es im allgemeinen doch nicht richtig, sich auf diese Abmessungen zu beschränken. Vielmehr ist auch in USA zu beobachten, daß Platten von $4' \times 10'$, ferner von $5' \times 8'$ und $5' \times 10'$ ebenfalls gefragt sind und gute Absatzmöglichkeiten haben. Insbesondere spielt es eine Rolle, daß die Länge von 8 Fuß in vielen Fällen der Anwendung im Fertighausbau zu kurz ist [*13.12*].

Bei den *Tischlerplatten* sind nach wie vor die besonders großen Abmessungen erfolgreich, beispielsweise $6' \times 16'$. Es scheint, daß die Formatfrage bei Tischlerplatten heute eine besondere Bedeutung erlangt hat, nicht nur hinsichtlich der günstigen Aufteilbarkeit der Platten und der wirtschaftlichen Herstellung in großen Pressen, sondern auch im Hinblick auf den Wettbewerb mit der Spanplatte.

13.211.5 Holzfeuchtigkeit. Im idealen Fall ist anzustreben, daß sich die Lagenholzplatten *nach dem Pressen* genau im hygroskopischen Gleichgewicht mit einer normalen Raumatmosphäre befinden, d. h. daß sie etwa $10 \cdots 12\%$ *Feuchtigkeit* haben. Hiernach kann man nun rückwärts rechnen und den *Feuchtigkeitsverlust beim Heißpressen* einerseits, die Feuchtigkeitszugabe durch Leimwasser anderseits in Rechnung stellen und auf diese Art zur erforderlichen Anfangsfeuchtigkeit der Furniere vor dem Pressen kommen.

Allerdings kann eine solche Rechnung nicht einfach in Feuchtigkeitsprozenten durchgeführt werden, sondern muß die tatsächlichen Wassermengen, die in den einzelnen Holzlagen und im Leim enthalten sind, berücksichtigen. Beispielsweise wird beim *Überfurnieren* nur verhältnismäßig wenig Wasser verdampft, aber das Außenfurnier ist meist sehr dünn, so daß sein Wassergehalt mengenmäßig nur geringfügig ins Gewicht fällt. Furniere und einzelne Holzlagen können also um so ungenauer in der Feuchtigkeit (sowohl feuchter als auch trockner) sein, je dünner sie sind. Umgekehrt: Je dicker eine Holzschicht ist, um so näher muß ihre Feuchtigkeit an der gewünschten Endfeuchtigkeit liegen. In praktischen Zahlen bedeutet das etwa, daß *Furniere* in der Regel auf 6 bis 8% Feuchtigkeit zu trocknen sind, daß dünne *Edelfurniere* aber sowohl trockner als auch nasser sein können, daß *dicke Innenlagen* z. B. von Tischlerplatten jedoch etwa 10 bis 12% Feuchtigkeit haben sollten.

In gewissem Maße unbekannt in diesen Rechnungen ist die Menge des in der Presse verdampften Wassers. Mit ziemlicher Sicherheit kann man aber annehmen, daß sie geringer ist als die Menge des Leimwassers. Bei der Verwendung großer Mengen von Kunstharz, z. B. bei Preßschichtholz, kann unter Umständen die Menge des Kondensationswassers so groß sein, daß sie in der Rechnung berücksichtigt werden muß.

13.211.6 Leimauftrag. Beim Leimauftrag sind verschiedene Forderungen nicht ohne weiteres gleichzeitig zu erfüllen. So werden gewünscht: Aus wirtschaftlichen Gründen ein möglichst geringer Leimauftrag, vom Standpunkt des Feuchtigkeitshaushalts aus eine Leimflotte mit möglichst wenig Wasseranteil, im Hinblick auf den maschinellen gleichmäßigen Leimauftrag eine nicht zu geringe Leimmenge je Flächeneinheit. Auf die Ausführungen in Abschn. 12.3 wird hierzu hingewiesen.

13.211.7 Symmetrie des Materials. Fast alle *Verwerfungen* und sonstige *Formunregelmäßigkeiten* von Lagenholzplatten sind die Folge irgendeiner *Unsymmetrie*, auch wenn man voraussetzt, daß den Abmessungen nach die geometrische Symmetrie äußerlich gegeben ist.

Unvermeidlich ist eine gewisse Unsymmetrie der Verhältnisse beim *Einfahren und Schließen der Presse*, dann nämlich liegen die noch rohen Platten auf dem Unterblech und auf der Heizplatte, ohne daß jedoch auf der oberen Seite die gleichen Verhältnisse der Wärmeeinwirkung vorhanden sind. Ausgeglichen wird dieser Unterschied in der Regel dadurch, daß die Oberbleche etwas dünner sind als die Transportbleche. Dies ist beispielsweise bei der Herstellung von Tischlerplatten üblich.

Eine Schwierigkeit, die Symmetrie einzuhalten, liegt häufig darin, daß das *untere* und das *obere Außenfurnier* nicht gleicher Art sind. Entweder sind sie überhaupt aus verschiedenem Holz oder aber es handelt sich um unterschiedliche Güteklassen, die auch keine genau gleiche Vorbehandlung erhalten haben.

Eine weitere Quelle der Ungenauigkeit und Unsymmetrie kann der *Leimauftrag* sein. Wenn die Leimauftragmaschine nicht ganz genau eingestellt ist, so kommt es leicht vor, daß die eine Seite eines Furniers mehr Leim und damit auch mehr Feuchtigkeit erhält als die andere. Unterschiede von 20, 30 und mehr g/m² können auf diese Art leicht auftreten und haben dann einen großen Einfluß auf die Formbeständigkeit der Platten.

13.212 Anwendung des Drucks

Wie eingangs schon kurz erwähnt wurde, hat die Anwendung des Drucks in erster Linie den Zweck, die unebenen und rauhen Oberflächen der Holzlagen in möglichst vollständige Berührung miteinander zu bringen. Hierbei ist man bestrebt, mit so geringem Druck wie möglich auszukommen, und zwar nicht nur, um keinen unnötigen maschinellen Aufwand treiben zu müssen, sondern vor allem auch, um dem Werkstoff nicht mehr als nötig Gewalt anzutun.

Natürlich setzen die *verschiedenen Holzarten* der Druckanwendung auch verschieden großen Widerstand entgegen. Dabei ist es unmöglich, eindeutige Vorschriften zu geben, denn Dichte, Elastizität, Härte usw. spielen gleichzeitig eine Rolle, und zwar in höchst verwickelter Weise. Ferner ist die *Konstruktion der Presse* von Einfluß auf den erforderlichen Preßdruck.

Bei einer Schichtung aus verschiedenen Holzarten richtet sich der Druck nach dem weichsten Holz, das den niedrigsten Preßdruck erfordert.

Die zweite wesentliche Einflußgröße zur Bestimmung des Preßdrucks ist die *Oberflächengüte der Holzlagen*. Im allgemeinen besteht keine besondere Veranlassung, in bezug auf diese Rauhigkeiten allzu kleinlich zu sein, jedoch spielen sie stets dann eine Rolle, wenn der verfügbare Preßdruck knapp ist. Will man beispielsweise auf einer Furnierpresse auch Türen herstellen, was oft genug der Fall ist, so muß man beim Vorrichten der Innenlage und des Rahmens mehr Sorgfalt aufwenden, als dies bei einer schwereren Presse nötig wäre.

Überhaupt sollte man stets die gegebenen Möglichkeiten ausnutzen, um den Preßdruck zu verringern. Hierzu gehören vor allem solche Maßnahmen wie gutes Dämpfen, Schälen mit scharfen Messern und bei angemessener Geschwindigkeit, Trocknen mit gleichzeitigem Bügeleffekt in Rollenbahntrocknern sowie saubere und ebene Zwischenlagerung der Furniere.

Die Folge hoher Druckanwendung, die durch *unregelmäßiges Gefüge* des Ausgangsholzes notwendig wurde, ist eine Verschärfung dieser örtlichen Unterschiede. Zum Beispiel bedeutet dies, daß Aststellen in den Furnieren, die an sich schon härter sind und eine positive Dickentoleranz haben, in der Presse besonders und bevorzugt dem Druck ausgesetzt werden.

Es liegt auf der Hand, daß die Holzeigenschaften sich dann verändern, wenn es zu einer bleibenden Verformung und einem teilweisen Zusammendrücken der Gefäße kommt. Dabei kann selbst eine verhält-

nismäßig geringe Verdichtung wesentlichen Einfluß auf gewisse Holzeigenschaften haben. Dies bezieht sich insbesondere auf die Werte, die
von der Dichte abhängig sind, wie z. B. spezifische Wärme, Wärmeleitfähigkeit, Temperaturleitfähigkeit. Spielen diese Veränderungen bei
normalem Sperrholz zumeist keine Rolle, so können sie doch bei dickeren
Platten die Heizzeiten verändern.

13.213 Heizen

Die *Heiztemperaturen* werden im wesentlichen durch die *Art des
Leimes* bestimmt, d. h. durch die Bedingungen, unter denen er abbindet.
Da im allgemeinen (bei dünnem Sperrholz, aber auch bei Tischlerplatten)
die Eindringtiefe für die Wärme nicht allzu groß ist und eine gewisse
Verweilzeit für den Leim erforderlich ist, besteht keine Veranlassung,
die Temperaturen erheblich höher zu wählen als für das Abbinden unbedingt nötig ist. Dies steht im Einklang mit der Forderung, daß ebenso
wie der Preßdruck, so auch die Temperaturen sowenig wie möglich hoch-
getrieben werden sollten.

Praktisch kommen in der Hauptsache *zwei Bereiche* vor, nämlich etwa
90 bis 110 °C und etwa 135 bis 145 °C. Um 100 °C sind dabei vor allem die
Harnstoffharz-Leime, um 140 °C die *Phenolharz-Leime* zu verarbeiten.

Von Wichtigkeit ist die *Gleichmäßigkeit der Temperaturverteilung* auf
der Oberfläche der Heizplatten und damit der Lagenhölzer. Je geringer
die Schwankungen sind und je sicherer man die Temperatur beherrscht,
um so niedriger kann die eigentliche Heiztemperatur sein, da man dann
keine großen Sicherheitszuschläge zu machen braucht.

In der Regel kann man eine Leimsorte verschieden schnell aushärten,
jedoch ist es wohl nur in der Praxis möglich, die für den jeweiligen Betrieb geltende Grenze, d. h. die Mindestheizzeit, zu ermitteln. Hierbei
spielen manche Umstände eine Rolle, wie z. B. das schnelle Beschicken
und Schließen der Presse, die Bauart der Leimauftragmaschinen, die
Arbeitsweise beim Zusammenlegen, die räumliche Anordnung der Leimküche in bezug auf die Leimauftragmaschinen, sowie auch die Gesamtmenge des in der Zeiteinheit verbrauchten Leims. Nur bei sicherem,
schnellem Leimumsatz wird man eine kurze Verweilzeit ohne Gefahr einführen können.

Das Heizen in der Presse hat, wie auch die Wärmeanwendung beim
Dämpfen, beim Trocknen usw. unter Umständen eine *Verfärbung des
Holzes* zur Folge. Bei Gebrauchssperrholz ist dies verhältnismäßig be-
langlos, es kann jedoch beim Überfurnieren unangenehm oder gar un-
tragbar sein. Allerdings scheint zur Verfärbung auch eine gewisse Mindestdauer der Wärmebehandlung zu gehören, so daß kurze Preßzeiten
eine höhere Temperatur gestatten, was ja auch der normale Zusammenhang ist.

Die Erwärmung hat weiterhin Einfluß auf die *Holzfeuchtigkeit*. Auch wenn, wie anzustreben ist, die Lagenholzplatte nach dem Pressen im Durchschnitt die gewünschte Gleichgewichtsfeuchtigkeit normaler Raumluft gegenüber hat, so gilt dies doch nicht für alle Stellen oder Schichten der Platte; frisch aus der Presse kommende Platten sind im allgemeinen an den Außenflächen trockener als im Innern oder aber, falls dies nicht der Fall ist, werden sie doch in den ersten Minuten nach dem Pressen von ihren heißen Oberflächen Feuchtigkeit an die ebenfalls erwärmte und deshalb stets untersättigte Außenluft abgeben. Erst nach einer gewissen Zeit wird durch nachdringende Feuchtigkeit aus dem Innern der einheitliche Zustand wieder hergestellt.

Es ist nützlich, sich die beim Pressen vorkommenden Temperaturen möglichst anschaulich vorzustellen. Beim Handhaben von Sperrholz, selbst beim Anfassen von Platten, die eben aus der Presse kommen, hat man doch nicht die rechte Vorstellung von den Verhältnissen in der Presse. Eine Temperatur von 140 °C z. B. entspricht einem Sattdampfdruck von rd. 2,7 atü, und es kommt durchaus vor, daß ein solcher Dampfdruck im Innern von Platten stellenweise herrscht, wenn Feuchtigkeit verdampft ist, jedoch wegen des noch größeren Preßdrucks nicht schnell entweichen kann.

13.214 Kühlen

Wärmetechnisch ist das Kühlen in der Regel erheblich schwieriger als das Heizen, vor allem wegen der verschiedenen Temperaturgefälle. Beim Heizen ist es meist möglich, vernünftige Aufwärmzeiten zu erzielen; im Zweifelsfalle läßt sich eine zu große Trägheit einfach durch Erhöhung der Heizmitteltemperatur ausgleichen. Beim Kühlen hingegen ist man gewöhnlich nicht Herr über die *Kühlmitteltemperatur*, sondern diese entspricht bestenfalls der Temperatur des Leitungs- oder Brunnenwassers und liegt unter Umständen bei 20 °C oder noch höher. Häufig jedoch ist es unwirtschaftlich oder unmöglich, das ganze Kühlwasser als Frischwasser zu entnehmen und dann abfließen zu lassen; es muß dann ein Kühlsystem mit festem Wasserinhalt und *Rückkühlung* betrieben werden. In diesem Fall liegt die Kühlwassertemperatur nicht niedriger als die Temperatur der Außenluft, und das können im Sommer 30 °C und mehr sein, von den Verhältnissen in den Tropen ganz zu schweigen.

Da also einerseits die Temperatur des Kühlwassers oft unzureichend ist, man anderseits in der Regel so tief wie möglich herunterkühlen will, ergibt sich stets das Problem der eigentlich viel zu *langen Kühlzeit*. Könnte man sich mit einer Entnahmetemperatur von 40 oder 50 °C zufriedengeben, so wäre die Schwierigkeit weitgehend behoben, jedoch ist dies beispielsweise beim Verpressen von Melaminharzlaminaten auf Sperrholz- oder Spanplatten-Trägerplatten nicht genügend, oder zumindest bedenklich.

Eine praktisch gemessene Abkühlungskurve (Zeit-Temperatur-Verlauf) ist in Bild 13.19 dargestellt. Es handelt sich um das Kühlen einer großen Presse zur Herstellung von Verbundplatten aus Sperrholz und Laminaten. Die Anfangstemperatur betrug rd. 125 °C, die Kühlwassertemperatur rd. 30 °C. Der Kurvenverlauf ist typisch für alle derartigen Vorgänge.

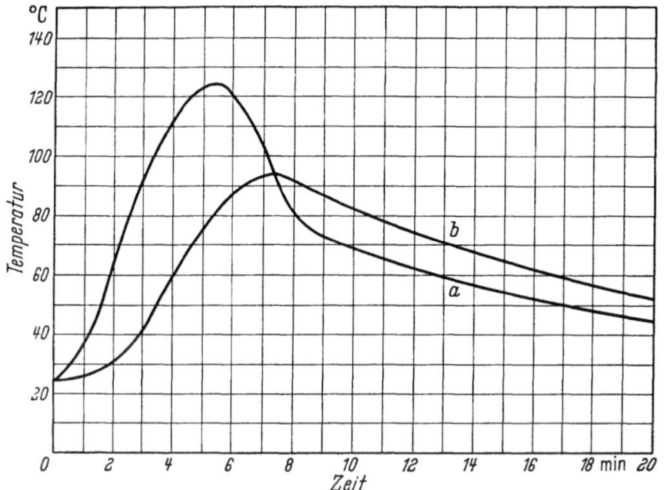

Bild 13.19. Temperaturverlauf in Abhängigkeit von der Preßzeit, a in den Heizplatten, b im Preßgut.

13.215 Wärmeverbrauch und Wirkungsgrade

Der Wärmeaufwand zum *Anheizen* ist wegen der großen in den Heizplatten enthaltenen Masse erheblich. Beispielsweise braucht eine Presse mit 16 Etagen vom Format 1,575 m × 3,175 m mit 45 mm dicken Heizplatten, ohne Anrechnung der sonstigen Verluste, zum Aufwärmen von 20 auf 140 °C eine Wärmemenge von rd. 500 000 kcal.

Wird am Ende des Preßvorganges gekühlt, so erhöht sich der Wärmeverbrauch je Pressenspiel um diesen Betrag; dies macht in der Regel weit mehr aus als der Wärmeverbrauch zum Aufheizen des Preßgutes.

Bei fortlaufend beheizten Furnier- und Sperrholzpressen erfordert die *Erwärmung der Bleche* oft die größte einzelne Wärmemenge. Die Bleche müssen nach jeder Benutzung gekühlt werden, da sie sonst beim Zusammenlegen das vorzeitige Abbinden eines empfindlichen Leimes bewirken könnten. Rechnet man mit einer Ausgangstemperatur von 30 °C und einer Betriebstemperatur von 140 °C, so würden beispielsweise 32 Bleche (für eine 16-Etagenpresse) mit je etwa 5 m² Fläche, 3 mm dick, je Pressenspiel etwa 30 000 kcal benötigen, bei angenommenen 6 Pressungen in der Stunde also 180 000 kcal/h.

Nimmt man in der gleichen Presse eine Lagenholzdicke von 5 mm sowie eine Holzdichte von 600 kg/m³ an, so ergibt sich, daß für die *Erwärmung eine Pressenfüllung* von 20 °C auf 140 °C, einschließlich Erwärmung der Feuchtigkeit auf 100 °C (jedoch ohne Wasserverdunstung) etwa 17500 kcal je Spiel nötig sind, das sind 105000 kcal/h bei 6 Pressungen in der Stunde.

Wenn man die *Wasserverdampfung* summarisch rechnet und eine Menge von 5% des Holzgewichtes annimmt, so sind hierfür etwa 6500 kcal je Pressung aufzubringen, in der Stunde also etwa 39000 kcal/h. Insgesamt werden für Werkstofferwärmung und Wasserverdampfung in diesem Rechenbeispiel also 324000 kcal/h verbraucht.

Für die angenommene Presse ergibt eine Überschlagsrechnung an *Wärmeverlusten* insgesamt etwa 26500 kcal/h. Hierin sind berücksichtigt die Verluste der Stand- und Gelenkrohre, die Abstrahlung von den Heizplattenkanten und die Wärmeabgabe der isolierten Flächen (der oberen und unteren Heizplatte an Holm und Tisch). Vorausgesetzt ist, daß Holm und Tisch sich auf 60 °C Oberflächentemperatur erwärmen dürfen; unter diesen Umständen sind noch keine Kühlplatten, sondern lediglich Isolierplatten erforderlich.

Von der Presse aus gesehen, ist der *Wirkungsgrad ihrer Heizeinrichtung* sehr günstig, denn auch die Erwärmung der Aluminiumbleche ist dann als Nutzeffekt zu zählen. Unter Verwendung der Zahlen des Rechenbeispiels ergibt sich ein Wirkungsgrad von etwa 92%. Wenn man nur die Erwärmung des Holzes und die Verdampfung von 5% Wasser als wirksame Leistung ansieht, ist der Wirkungsgrad mit etwa 41% immer noch nicht allzu schlecht.

Bei einer Gesamtrechnung müßte man allerdings das tägliche einmalige *Aufheizen* auf die Wärmeverluste während der Betriebsstunden umlegen, anderseits aber auch die Heizwirkung der Presse im Raum in Ansatz bringen. Im Winter kommt die ganze Wärmemenge mit Ausnahme des Wärmeinhalts der etwa abgesaugten Schwaden der Raumheizung zugute, da auch zwischen dem gepreßten Lagenholz und der umgebenden Luft ein baldiger Temperaturausgleich und Wärmeaustausch stattfindet.

13.216 Preßzeiten

13.216.1 Wärmeübergang und -durchgang. Wärmeübergang liegt vor zwischen Heizplatte und Aluminiumblech, zwischen Blech und Außenfurnier, sowie zwischen den einzelnen Holzschichten, in der Regel mit einer Leimfuge dazwischen. Theoretisch setzen sich schlüssig berührende Flächen dem Wärmeübergang keinen Widerstand entgegen, praktisch aber ist diese Berührung nicht vollkommen. Allerdings sind die sehr dünnen, zwischen den Oberflächen stellenweise vorhandenen Luftschichten beim Pressen von Lagenhölzern kein allzu großes Hindernis, zumal sie unter Einfluß des Preßdrucks fast völlig verschwinden. Glatte oder glatt gepreßte Holzoberflächen sorgen dafür, daß auch der Wärmeübergang zwischen Aluminiumblechen und Preßgut sich den idealen theoretischen Verhältnissen nähert.

Zwischen den *Holzlagen* schließlich findet unter der Wirkung des Pressens ebenfalls innige Berührung der Holzoberflächen miteinander statt, allerdings mit einer Leimschicht dazwischen. Da jedoch auch die Berührung von *Leim* mit Holz vollkommen ist und da beispielsweise Phenolharz eine größere Wärmeleitfähigkeit hat als Holz, kann man feststellen, daß die Leimschichten dem Fortschreiten der Wärme kein zusätzliches Hindernis in den Weg stellen.

Wegen ihrer hohen Wärmeleitzahl verzögern die *Aluminiumbleche* das Aufwärmen des Preßgutes in keinem nennenswerten Maße. Theoretisch geht die Aufheizung 3 mm dicker Bleche in weniger als 1 s vor sich, vollkommene Berührung der Flächen unter Preßdruck vorausgesetzt. Wenn praktisch das Aufwärmen der Aluminiumbleche länger dauert, so ist der Grund einmal der, daß sie in der noch offenen Presse nur wellig auf den Heizplatten liegen, zum anderen liegt es aber auch daran, daß kein unendlich großer Wärmestrom zur Verfügung steht, um die Wärmemenge in so kurzer Zeit zu liefern. Vielmehr wird die Aufheizung der Bleche im ersten Augenblick zum Teil aus der in den Heizplatten gespeicherten Wärme gewonnen, wobei die Stahltemperatur absinkt; das wiederum hat eine Verminderung des Wärmestromes zur Folge. Trotzdem sind die vorkommenden Zeiten durchweg sehr gering.

Der Wärmedurchgang durch das Holz ist bei sonst gleichbleibenden Umständen (Abmessungen und Temperatur) eine Funktion der *Temperaturleitfähigkeit*, die sich als Verhältnis der Wärmeleitzahl λ zum Produkt: Dichte ϱ mal spezifische Wärme c errechnet.

13.216.2 Temperaturgefälle. Der zweite wichtige Umstand bei der Erwärmung ist bei gleichbleibenden Stoffwerten und Abmessungen der *Temperaturunterschied* zwischen Heizeinrichtung und aufzuwärmendem Stoff. Die genaue Heiztemperatur kann im Innern des Werkstoffs nie erreicht werden und die Aufwärmung geht um so langsamer vor sich, je geringer das Temperaturgefälle infolge fortschreitender Erwärmung wird. Gemäß einem Rechenbeispiel braucht man zum Erwärmen von Sperrholz von 20 auf 75 °C genauso lange wie für das Weiterheizen von 75 auf 94 °C, bei einer Heizplattentemperatur von 100 °C.

Im Falle dieses Beispiels wäre es also unzweckmäßig, mit 100 °C Heizmitteltemperatur eine Holztemperatur von beispielsweise 98 °C erreichen zu wollen. Demgegenüber würde man die 98 °C bei Anwendung von 110 °C Heizmitteltemperatur in weniger als 60% der Zeit erzielen, die bei 100 °C Heizmitteltemperatur nötig ist. Wo es die Empfindlichkeit des Holzes gestattet, sollte man also die Temperatur des Heißwassers oder Dampfes aufrunden.

13.216.3 Berechnung der Heizzeiten. Überlegungen zur Rechnungsvereinfachung zielen vor allem darauf ab, einmal den Wärmedurchgang *eindimensional* darzustellen, zum anderen (bei Temperaturen über 100 °C) den *Einfluß der Wasserverdunstung* in bequemer Weise zu erfassen.

Bei Lagenhölzern, die in großflächigen Platten gepreßt werden, trifft, wie schon erwähnt, die Annahme eines eindimensionalen Vorgangs weitgehend zu. Bei 5 mm dickem Sperrholz von 1,50 m × 3,00 m Fläche beträgt die waagerechte Kantenlänge das 300fache bzw. das 600fache der Dicke. Aus diesem Grunde kann man die *Randstörung* durchaus vernachlässigen; hinzu kommt, daß für die Ränder von Sperrplatten die genauen Wärmedurchgangsverhältnisse sowieso nicht sehr wichtig sind. Die Randzonen sind von vorneherein Abfall (Säumlinge), und es ist anzunehmen, daß z. B. 5 cm innerhalb des Randes schon keine Kanteneinflüsse mehr in nennenswertem Maße wirksam sind.

Bezüglich der Feuchtigkeit ist es an sich nicht schwierig, die Wasserverdampfung summarisch zu berücksichtigen. Eine solche Rechnung sagt allerdings nichts Genaues über den Zustand in einer bestimmten Werkstofftiefe zu einer bestimmten Zeit aus. Näherungsrechnungen sind möglich, indem man sich die zu verdampfende Feuchtigkeit angesammelt vorstellt (was zum Teil richtig ist, soweit das Leimwasser in Betracht kommt). Wenn man darüber hinaus nicht nur die tatsächliche Anzahl der Fugen annimmt, sondern theoretisch weitere Schichtungen einführt, so nähert sich eine derartige Behandlung der zu verdampfenden Feuchtigkeit durchaus den wirklichen Verhältnissen. Allerdings setzen alle diese Überlegungen voraus, daß die Feuchtigkeit während des ganzen Erwärmungsvorganges im wesentlichen an ihrem Platz bleibt, also zumindest sich nicht in Richtung der Werkstoffdicke fortbewegt. Vermutlich ist dies aber in einem gewissen Maße der Fall.

Während die eindimensionale Behandlung dünner Platten befriedigende Ergebnisse liefert, kann sie bei dicken unter Umständen nicht mehr genügen.

In der Praxis wird man die Heizzeiten nicht nach dem Ergebnis einer Rechnung einstellen, sondern   erproben. Immerhin aber ist es wichtig, wenigstens die grundsätzliche Abhängigkeit von Zeit und Aufwärmung zu kennen.

Arbeiten auf diesem Gebiet wurden u. a. von Carslaw ausgeführt, der für den eindimensionalen Fall zu einer brauchbaren Berechnungsweise kommt. Das Ergebnis ist ähnlich der Kurve a in Bild 13.20. Kritisch ist hierzu allerdings zu sagen, daß homogenes Material vorausgesetzt und keine Rücksicht auf die Verdampfung von Feuchtigkeit genommen wurde. Die Kurve gilt also eigentlich nur für Temperaturen unter 100 °C.

Mathematisch einfacher ist das SCHMIDTsche *Differenzen-Verfahren*, mit dem graphische Näherungslösungen möglich sind. Die hieraus erhaltenen Ergebnisse sind in Bild 13.21 dargestellt, und zwar vergleichend für eine 5,5 mm und für eine 9 mm dicke Platte.

Bei Überschreiten der 100 °C-Grenze muß für eine einigermaßen genaue Rechnung die Wasserverdampfung berücksichtigt werden. Dies führt zu einer Streckung der Heizzeitkurven. Allerdings wird es stets fraglich bleiben, welcher Prozentsatz Wasserverdampfung anzusetzen ist, wie sich die Feuchtigkeitsmengen auf die Leimfugen und den Furnierquerschnitt verteilen, und ob ein Anhalten des Temperaturanstiegs beim Erreichen von 100 °C in einer Leimfuge vorliegt.

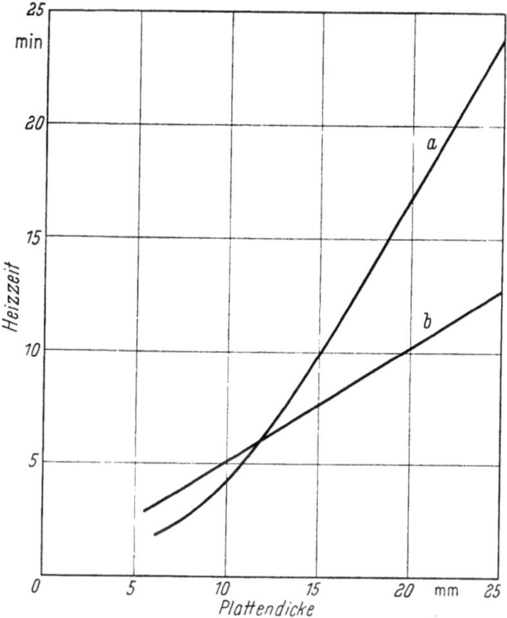

Bild 13.20. Aufheizzeit in Abhängigkeit von der Dicke des Preßgutes, *a* errechnet nach CARSLAW, *b* nach Faustformel.

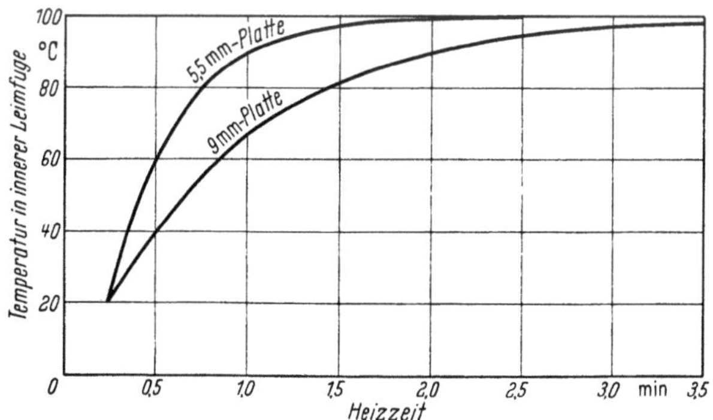

Bild 13.21. Abhängigkeit der Temperaturen in der inneren Leimfuge, von der Erwärmungszeit nach dem SCHMIDTschen Differenzenverfahren.

Im übrigen sind die Rechnungen von der Natur des Holzes her sowieso mit verschiedenen Unsicherheiten behaftet, die insgesamt zu einem beträchtlichen Fehler führen können. Hierbei spielen vor allem die Dichte, die Holzfeuchtigkeit, die Wärmeleitfähigkeit und die spezifische Wärme eine Rolle.

So ungenau auch die Ergebnisse der Temperatur-Zeitberechnung zahlenmäßig sein mögen, allgemein sind sie aufschlußreich. Da die Grundgleichung der Wärmeübertragung eine Differentialgleichung zweiter Ordnung ist, muß es sich bei der Lösung um eine Exponentialfunktion handeln, der Temperatur-Zeitverlauf sich also als Parabel darstellen.

Noch immer wird in der Praxis mit der Faustregel gearbeitet, wonach unter stillschweigend vorausgesetzten „normalen" Verhältnissen die Aufheizung von Lagenhölzern mit einer Eindringgeschwindigkeit von 1 mm/min vor sich gehen soll. Eine solche lineare Beziehung (Gerade b in Bild 13.20) widerspricht der Wärmelehre, und sie hat nicht einmal in dem Bereich wirklichen Wert, in dem sie keine zu groben Fehler liefert. Dies ist bei Platten unter etwa 10 mm Dicke der Fall; man kennt aber dafür aus der Praxis die üblichen Heizzeiten sowieso, die durchweg kürzer sind als die Faustregel besagt.

Im übrigen ist die Aufwärmzeit nur ein Teil der Preßdauer; als zweite Größe spielt die für den jeweiligen Leim benötigte Verweilzeit eine wesentliche Rolle. In der Praxis wird man kaum genau wissen, welcher Anteil der Preßzeit auf das Aufheizen bzw. auf die Verweilzeit entfällt und wieweit diese beiden Perioden ineinander übergehen.

13.22 Herstellung verdichteter Lagenhölzer (Preßschicht-, Preßsperr- und Preßsternhölzer)

13.221 Anwendung und Eigenschaften

13.221.1 Allgemeine Gesichtspunkte. Bei den verdichteten Lagenhölzern jeglicher Art handelt es sich um Preßhölzer, die auf eine *Enddichte* von mindestens 1,1 kg/dm³ verdichtet sind und bei denen die größte Verdichtung etwa 1,46 kg/dm³ betragen kann.

Weiter ist vorgeschrieben, daß Preßholz einen *Harzanteil* von mindestens 8% seines Gesamtgewichtes haben muß. Tatsächlich sind Harzanteile von 30 bis 35% nicht selten; der Höchstwert dürfte bei 50% liegen.

Enddichte und Harzgehalt bestimmen hauptsächlich die Eigenschaften einer Preßholzsorte. Hinzu kommt das jeweils angewendete *Herstellungsverfahren*, bei dem insbesondere die Beherrschung der Feuchtigkeitsverhältnisse im Zusammenhang mit der Temperaturregelung sowie die Steuerung *exothermer Vorgänge* eine Rolle spielen. Schließlich sind auch die *Holzart* und die *Wahl des Kunstharzes* von grundlegendem Einfluß auf die Eigenschaften des verdichteten Lagenholzes [*13.7*].

13.221.2 Preßschichtholz-Blöcke und -Tafeln. Preßschichtholz wird als *Formteil* aber auch als *Halbzeug* für die verschiedensten Verwendungszwecke geliefert. Die Abmessungen richten sich demnach in der Regel nicht nur nach dem Enderzeugnis, sondern weitgehend auch nach den Gegebenheiten einer einheitlichen und zweckmäßigen Herstellung.

Verwendet werden *Preßschichtholz-Blöcke* z. B. für Zahnräder (die den Vorteil besonders geräuscharmen Laufes haben), für gewisse militärische Zwecke, z. B. Gehäuse unmagnetischer Erdminen, weiterhin vielfach für Leichtmetall-Ziehformen.

Man kann wohl behaupten, daß noch nicht alle Anwendungsmöglichkeiten ausgenutzt sind, und es ist zu vermuten, daß in Zukunft mehr Konstruktionsteile aus Preßholz hergestellt werden, vor allem dort, wo es um ein besonders günstiges Verhältnis von Festigkeit zu Dichte geht. Es ist z. B. möglich, bei Preßschichtholz mit 30 bis 40 Schichten je cm eine Zugfestigkeit von rund 1400 kp/cm² zu erzielen gegenüber etwa 1000 kp/cm² bei Aluminium und 3700 kp/cm² bei Stahl 37.11.

Werte für die Druckfestigkeit liegen unter Umständen bei 2200 bis 2700 kp/cm² im Vergleich zu etwa 800 kp/cm² bei Aluminium und 2400 kp/cm² bei Stahl 37.11. Auch andere technische Daten wie Wasserfestigkeit, Witterungsbeständigkeit, Widerstandsfähigkeit gegen chemische Angriffe, Feuer, Oberflächenbeschädigungen usw. liegen durchweg günstig.

13.221.3 Preßschichtholz-Kanteln. Im Gegensatz zu den Preßschichtholz-Blöcken ist die besondere Anwendung der *Preßschichtholz-Kanteln* vorherbestimmt, d. h. es werden daraus hauptsächlich Webschützen gefertigt. Das Pressen der Kanteln geschieht entweder einzeln oder aber zu mehreren in einem Format, das nachher aufgetrennt wird. Die kleinen Abmessungen, die hierfür nötig sind, gestatten die Verwendung von Furnierstücken, die sonst wegen ihrer geringen Größe nicht mehr gut verwertbar sein würden.

13.221.4 Formteile aus Preßschichtholz. Von gewisser Bedeutung sind *Preßschichtholz-Formteile* beispielsweise in der Form von Schlaglatten für Webstühle, als Rohlinge für Gewehrkolben und (in abnehmendem Maße) Propellerblätter.

Auf einigen Gebieten überschneiden sich die Bereiche von Preßschichtholz und Preßsperrholz für Formteile, so beispielsweise bei gewissen hochwertigen Ausstattungsteilen für Kraftfahrzeuge wie Armaturenbretter, Rahmenleisten für Fenster usw.

13.221.5 Preßsperrholz-Platten. *Preßsperrholz* unterscheidet sich von gewöhnlichem Sperrholz durch die erhebliche Verdichtung infolge großer Druckanwendung, wodurch eine Dichte von zum Teil weit über 1 kg/dm³ erzielt wird, ferner dadurch, daß die Furniere in der Regel mit Kunstharz durchtränkt sind. Vielfach wird auch beim Verpressen ein Kunstharzüberzug auf die Oberflächen aufgebracht.

Preßsperrholz dieser Art wird meist in nur dünnen Platten erzeugt, und zwar in der Regel in verhältnismäßig kleinen Formaten, beispielsweise 1 m × 2 m. Die Anwendung geschieht in der Hauptsache zu dekorativen Zwecken (Wandtäfelung), sowie dort, wo das Aussehen von Naturholz erhalten bleiben soll, der Werkstoff jedoch erheblichen Beanspruchungen und rauher Behandlung unterworfen ist. Ein Beispiel hierfür ist die Ausstattung von Omnibussen und Straßenbahnen.

13.221.6 Formteile aus Preßsperrholz. Die Anwendung von *Formteilen aus Preßsperrholz* ist ähnlich jener von Formteilen aus normalem Sperrholz, jedoch sind erstere erheblich widerstandsfähiger und vor allem wasserfest. In gewissen Fällen überschneidet sich die Anwendung von Preßsperrholz mit der von Preßschichtholz.

Typische Teile sind beispielsweise Stuhlsitze und Lehnen in besonders starker Ausführung, Garnituren für Stahlmöbel, sowie in vielen Einzelfällen Ersatz von Vollholzstücken.

13.221.7 Preßsternholz. Beim *Preßsternholz* werden die Furniere nicht nur, wie beim Sperrholz, in zwei Faserrichtungen abwechselnd geschichtet, sondern in mindestens 4 Richtungen, also auch in den Diagonalen, vielfach jedoch sogar in 6 oder 8 Richtungen. Hierdurch wird erreicht, daß es in der Plattenebene praktisch keine bevorzugten Achsen für Festigkeitswerte und Beanspruchbarkeit gibt.

Demgemäß sind Preßsternhölzer vor allem zweckmäßig für verwickelte Formteile hoher Beanspruchung, die man aus einem Preßsternholzblock mit den Mitteln der Metallbearbeitung herausarbeiten kann. Ein Anwendungsbeispiel sind Zahnräder aus Preßsternholz, die sich durch Elastizität, ruhigen Lauf und einfache Schmierung auszeichnen.

13.222 Materialfragen

13.222.1 Dickentoleranzen. Verdichtete Lagenhölzer sind meist aus Furnieren zusammengesetzt, die dünner sind als in der normalen Sperrholzindustrie. Infolgedessen sind die tatsächlichen absoluten Toleranzen im einzelnen Furnier gering, wenn sie prozentual auch erheblich sein mögen. Die Schichtung aus so zahlreichen Furnieren führt dazu, daß sich die Dickenunterschiede in den einzelnen Furnieren im ganzen weitgehend ausgleichen.

Im übrigen ist bei der Herstellung der Platten und Blöcke die Verdichtung so groß, daß Ungleichheiten mit Sicherheit ausgemerzt werden und auch hieraus entstehende Druckstellen im Vergleich zu ihrer ebenfalls verdichteten Umgebung kaum noch ins Gewicht fallen.

Da schließlich an die Fertigerzeugnisse in vielen Fällen keine besonders hohen Genauigkeitsansprüche gestellt werden, kann man feststellen, daß die Frage der Dickentoleranzen bei verdichteten Lagenhölzern keine allzu große Rolle spielt. Auf jeden Fall trifft dies für die Herstellung von Blöcken und Kanteln zu, aus denen das Fertigerzeugnis erst in einem weiteren Arbeitsgang gewonnen wird.

13.222.2 Abmessungen. In vielen Fällen werden Hartholzfurniere von nur etwa 0,5 mm *Dicke* verwendet, wodurch allerdings die Herstellung teuer wird. Offenbar ist die Gleichmäßigkeit eines Schichtkörpers bestimmter Dicke um so größer, aus je mehr, d. h. je dünneren Einzellagen er besteht; praktisch geht man in manchen Fällen mit der Furnierdicke bis auf 0,2 mm.

Die Wahl der Furnierdicke hängt auch mit der *Beleimungsart* zusammen. Im Fall der Verwendung von Flüssigleim ist man verhältnismäßig frei; beim Pressen mit Leimfilmen dagegen wird es häufig erforderlich, so dünne Furniere zu nehmen, daß die Leimfugen den erforderlichen Anteil von 8% am Gewicht des Gesamtkörpers erreichen.

Wegen der starken Verdichtung ist bei Nennung der Abmessungen anzugeben, ob es sich um das Ausgangsmaterial oder um das Fertigerzeugnis handelt.

Im Höchstfall erzielt man durch die *Verdichtung* eine Dichte von etwa 1,46 kg/dm³, ohne Berücksichtigung des Kunstharzes; Werte von 1,1 bis 1,2 kg/dm³ sind üblich. Ausgehend von einer Rohholzdichte von beispielsweise 0,6 kg/dm³ bedeutet diese eine Volumenabnahme von 40 bis 50%.

Die Bruttoabmessungen der Furniere haben etwa den üblichen Überstand für *Randverluste*, wegen der meist geringeren Preßfläche, zumindest bei Schichtholzblöcken und Kanteln, fällt dieser Randverlust jedoch verhältnismäßig mehr als bei Sperrholz ins Gewicht. Ein ziemlich breiter Rand ist aber manchmal auch aus folgenden Gründen nötig: Bei der langen Preßzeit, den hohen Drücken und Temperaturen und weil bei der meist großen Werkstoffdicke der Rand der Preßstücke äußeren Einflüssen recht offen zugänglich ist, erfolgt in dieser Zone eine gewisse Güteminderung, die durch die teilweise Auslaugung von Kunstharz beim Austreten von Wasserdampf hervorgerufen ist. Um dies zu verhindern, kann man die Etagen nach außen abschließen und im Innern eine gesättigte Atmosphäre herstellen bzw. aufrechterhalten.

13.222.3 Feuchtigkeit. Während bei normalem Sperrholz und bei Furnierschichten von zum Teil zwei und mehr Millimetern Dicke die Menge des *Leimwassers* nur einen ziemlich geringen Prozentsatz der im Holz enthaltenen Feuchtigkeit ausmacht, ist bei den meisten Preßschichthölzern das Verhältnis eher umgekehrt, oder es handelt sich wenigstens beim Leimwasser und bei der Holzfeuchtigkeit um etwa gleiche Beträge.

29*

Unter diesen Umständen ist die *Trocknung der Furniere* nicht sehr wichtig, und häufig werden die Furniere zunächst überhaupt nicht getrocknet, sondern in frischem Zustand mit Harzlösung getränkt.

Beim Pressen ist dieser hohe Feuchtigkeitsgehalt unzulässig, das beleimte oder getränkte Furnier muß also vorher getrocknet werden. Praktisch ist dies ohne Schädigung oder Gefahr vorzeitigen Abbindens des Kunstharzes möglich, da das Harz bei den großen Dicken der Preßschichthölzer sowieso auf langsame Abbindung eingestellt wird; bei Zeiten für die Wärmedurchdringung in der Größenordnung von halben oder ganzen Stunden spielen einige Minuten Verweilzeit keine Rolle.

Anderseits sind solche Preßschichthölzer, die ähnlich wie Sperrholz beleimt werden (z. B. mit einem Leimfilm), aus sorgfältig getrockneten Furnieren aufzubauen, bei denen die Feuchtigkeitsverhältnisse wie in der Sperrholzherstellung gesteuert werden müssen. Die Prozentzahlen liegen bei Preßsperrholz jedoch etwas anders, weil die zu erreichende Endfeuchtigkeit niedriger sein kann als bei normalem Sperrholz, jedenfalls dann, wenn auch die Oberflächen einen Kunstharzüberzug erhalten.

13.222.4 Verleimungsart. Bei der Preßlagenherstellung werden die Leime entweder in normaler Weise mittels Leimauftragmaschine oder durch verschiedene Tränk- und Sprühverfahren, schließlich aber auch als Leimfilm aufgebracht bzw. einverleibt.

Als *Leime* kommen, den Ansprüchen entsprechend, Melamin- und Phenolharze in Frage (unter Umständen auch billigere Sorten mit Kresol-Gehalt), die durchweg wasserfest sind, sowie die etwas weniger beständigen Harnstoffharze. Das Nachtrocknen geschieht manchmal frei an der Luft in erwärmten Räumen, meist aber in einem normalen Furnier-Bandtrockner. Dabei ist die Verschmutzung der Maschine geringer als man eigentlich erwarten sollte; sind nach einiger Zeit die Drahtgewebebahnen wirklich mit Harz verkrustet, so genügt es in der Regel, den sonst mit mäßiger Temperatur betriebenen Trockner kurzzeitig stark aufzuheizen, um die Schmutzkrusten abplatzen zu lassen.

13.222.5 Holzarten. Im Grunde können die verschiedensten Holzarten verwendet werden; bei den Preßschichthölzern entfällt auch weitgehend die Forderung, die man oft bei Preßvollholz stellt, nämlich nach *zerstreutporigen Hölzern.*

Auf gewisse Eigenschaften legt man aber kaum oder gar keinen Wert, z. B. sind leichte Hölzer nicht gefragt, da das Enderzeugnis in seiner Dichte kaum von der Dichte des Rohholzes bestimmt wird. Auch etwaige Sprödigkeit des Rohholzes ist kein großer Nachteil, da in dem entstehenden festen Verbundkörper der große Kunstharzanteil den Fehler

ausgleicht. Wohl aber ist es wichtig, daß das Rohholz hart und abrieb-
fest ist. Praktisch ist festzustellen, daß der größte Teil aller industriell
erzeugten Preßschichthölzer aus Buche besteht. Bei dekorativen Artikeln
allerdings ist es nötig, wenigstens für die Deckschichten schön gemaserte
und gefärbte Hölzer zu verwenden.

Das Gefüge des Holzes wird durch die Anwendung so hoher Drücke
und die durch sie bewirkte erhebliche Volumenabnahme stark verändert; bei größtmöglicher Verdichtung würden praktisch alle Hohl-
räume verschwinden. Veranschaulicht wird die Gefügeveränderung durch
die Mikrobilder des Hirnschnittes von unverdichtetem (Bild 13.22)
und verdichtetem Birkenholz (Bild 13.23).

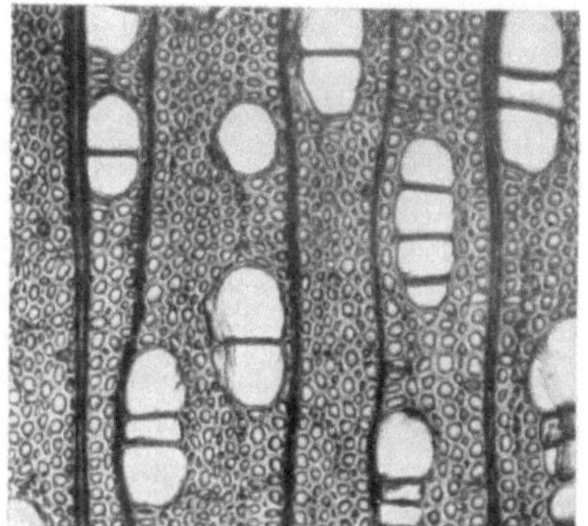 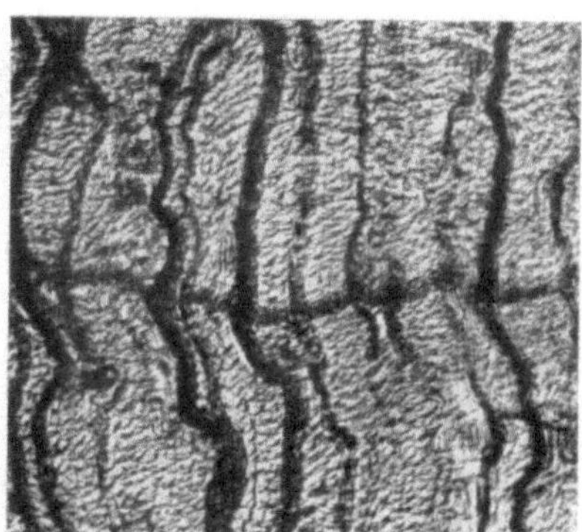

Bild 13.22. Hirnschnitt von unverdichtetem
Birkenholz. Vergr. 83,5:1.

Bild 13.23. Hirnschnitt von verdichtetem
Birkenholz. Vergr. 83,5:1.

13.223 Preßvorgang

13.223.1 Anzuwendende Drücke. Da bei der Preßlagenholz-Herstellung
die Drücke in der Regel den Bereich der Verdichtung weit übersteigen,
in dem die aus der Holzart herrührenden Unterschiede sich noch auswirken, kann man den Preßdruck im allgemeinen in unmittelbaren
Zusammenhang mit den Enddichten bringen. Trotzdem lassen sich
infolge großer Schwankungen eindeutige Zahlen dafür nicht nennen. Als
Höchstwert kann man jedoch etwa 400 kp/cm² angeben, womit auch bei
Hartholz die größtmögliche Verdichtung zu erreichen ist.

13.223.2 Betätigung der Presse. Der Preßvorgang bei Preßsperrholz und
Formteilen aus Preßsperrholz, zum Teil auch Formteilen aus Preßschichtholz, ist der gleiche oder wenigstens ähnlich wie bei der normalen
Sperrholz- und Formteileherstellung. Handelt es sich dagegen um Preßschichtholz-Blöcke, Preßsternholz usw., so spielt wegen der meist sehr
langen Heiz- und Preßzeiten das schnelle Schließen der Presse gar keine

Rolle, so daß man mit verhältnismäßig geringen Geschwindigkeiten und demgemäß mit sparsamen, ziemlich billigen Antrieben arbeiten kann.

Manchmal ist es erwünscht, daß die Verdichtung der Hölzer nicht in einem Zuge und in kurzer Zeit erfolgt, sondern sich zumindest in ihrem letzten Teil über eine gewisse Zeit hinzieht. Während also beim Pressen unverdichteter Lagenhölzer der Hochdruckantrieb der Presse nach Erreichen des planmäßigen Druckes so gut wie keine Leistung mehr aufzubringen hat, ist bei der Erzeugung dicker Preßschichthölzer die Hochdruckpumpe in erheblicherem Maße in Betrieb. Die gesamte Leistung läßt sich aus dem aufgewendeten Druck und dem Verdichtungsweg ableiten.

13.223.3 Sondereinrichtungen. Im allgemeinen handelt es sich bei den Preßschichtholz-Pressen für Blöcke, Kanteln und Platten um Maschinen, die äußerlich nicht ungewöhnlich erscheinen, wenn sie auch auf den ersten Blick erkennen lassen, daß sie für ungewöhnlich hohe Drücke gebaut sind. In einigen Fällen sind jedoch Sondereinrichtungen nötig.

Ein Beispiel hierfür sind die Vorrichtungen, die einen gewissen *Seitendruck* ausüben. Bei so hohen Preßdrücken, wie sie zur Herstellung verdichteter Lagenhölzer in Frage kommen und in Anbetracht der hohen Verdichtung, die das Preßgut erleidet, besteht die Gefahr, daß das Holz nach den Seiten hin dem Druck auszuweichen versucht. Wo es nötig ist, dem entgegenzuwirken, müssen seitliche Andrückvorrichtungen vorgesehen werden; solche sind z. B. an der Presse auf Bild 13.18 zu erkennen.

Besondere Anforderungen werden an die *Preßformen* für Formteile gestellt, für die sehr fester Stahl verwendet werden muß. Die Formen müssen verhältnismäßig viel *Konizität* erhalten. Auch sind sie in der Regel so konstruiert, daß Materialüberschuß an den Rändern beim Schließen der Form abgeschert wird (die endgültige Entgratung geschieht nachher durch Schleifen). Für gewisse Formen, deren Entleerung nicht ohne weiteres möglich ist, müssen die Pressen mit *Ausstoßzylindern* versehen sein.

13.224 Heizen und Kühlen

13.224.1 Temperaturen. Es liegt auf der Hand, daß die Durchwärmung großer Werkstoffdicken, wie sie bei Blöcken aus Schichtholz, Preßsperrholz und Preßsternholz vorliegen, im Vergleich zur normalen Lagenholzherstellung außerordentlich lange dauert. Dies ist auch aus der Kurve a in Bild 13.20 zu schließen (die qualitativ allgemein, jedoch quantitativ für den Fall der Preßschichtholz-Erwärmung nicht genau gilt). Bei Preßschichtholz ist in der Regel, weil es mit Kunstharz durchtränkt ist, und wegen seiner hohen Dichte, die Wärmeleitfähigkeit größer als bei natürlichem Holz und damit die *Heizzeit* (bei gleicher Dicke) etwas geringer. Immerhin sind die praktisch in Frage kommenden Zeiten noch beträchtlich.

Eine Angabe der Heizzeit ist nur sinnvoll bei Nennung der in Frage kommenden *Temperaturen*. Das Preßgut muß meist (unbedingt bei Phenolharz) auf etwa 140 °C erwärmt werden, jedoch besteht oft nicht wie bei den meisten Sperrhölzern Veranlassung, mit der Außentemperatur nur geringfügig über diesen notwendigen Wert zu gehen, vielmehr kann man beim Preßvollholz gewisse Nebenwirkungen höherer Temperaturanwendung, z. B. starke *Verfärbung* oder sogar stellenweise *Schwärzung*, oft in Kauf nehmen. Hinzu kommt, daß der Zeitgewinn durch ein größeres Temperaturgefälle erheblich ist. Demnach liegt die Heiztemperatur tatsächlich in der Regel über den bei unverdichteten Lagenhölzern üblichen Werten, d. h. über 140 °C.

13.224.2 Wärmeverbrauch. Die Berechnung des *Wärmeverbrauchs* führt bei Lagenhölzern geringer Dicke zu etwa den gleichen Ergebnissen, wie sie für die Herstellung normaler Sperrhölzer usw. in Frage kommen. Für Schichtholzblöcke läßt sich allerdings keine befriedigend genaue Rechnung durchführen, weil die erfaßbaren Größen (Werkstoffaufheizung, Wasserverdampfung, Erwärmung von Beschickungsblechen usw.) in diesem Falle hinter den Verlusten der Presse zurücktreten. Zwar lassen sich auch diese überschlägig berechnen, jedoch spielen, als ziemlich unsicherer Faktor, nunmehr die großen Außenflächen des Preßgutes eine Rolle; hierbei ist die Wärmeabgabe außerordentlich verschieden, je nachdem ob die Presse in geschützter Umgebung frei von Luftzug steht oder ob sie beispielsweise kräftig abgesaugt wird.

Im allgemeinen sind in diesen Fällen die Überlegungen, wie man die Aufheizung möglichst rasch bewirken kann, wichtiger als die Berechnungen der Wärmemenge. Dadurch wird eine mengenmäßig genügende Wärmeversorgung von selbst gewährleistet.

13.224.3 Kühlen. Im Grunde gelten für das *Kühlen* von Preßlagenhölzern die gleichen Verhältnisse wie für das von unverdichteten Lagenhölzern. Die wirtschaftlichen Nachteile durch den Wärmeverlust beim Kühlen und beim Wiederaufheizen der Massen fallen jedoch bei Preßschichthölzern nicht so ins Gewicht, da sie, jedenfalls bei der Herstellung dickerer Blöcke, nur seltener, d. h. in wesentlich längeren Zeitabständen auftreten.

Allerdings muß in diesen Fällen die Kühlung noch stärker als normal betrieben werden, da beispielsweise beim Kühlen von oberflächenbeplanktem Sperrholz das Preßgut verhältnismäßig schnell der Abkühlung der Heizplatten folgt, beim Kühlen eines dicken Preßsternholz-

blocks aber der großen Masse und der schlechteren Wärmeleitfähigkeit
wegen die Kühlung des Preßgutes oft länger dauert als die der Heizplatten der Presse.

13.224.4 Veränderungen des Holzes. Über die gewollten Veränderungen
des Holzes wurde bereits im Zusammenhang mit den Abmessungen
(13.222.2) und den Holzarten (13.222.5) gesprochen. Es handelt sich im
wesentlichen um die Verdichtung. Weitere Veränderungen beiläufiger
Art sind vor allem auf die notwendigen hohen Temperaturen zurückzuführen, jedenfalls bei Blöcken. Da hierbei jedoch das Holz infolge
starker Tränkung oder dicken Leimauftrages ohnehin kein natürliches
Aussehen mehr hat, sondern die rötlich-braune bis nahezu schwarze
Farbe des abgebundenen Phenolharzes annimmt, spielen die sich einstellenden Verfärbungen keine praktische Rolle mehr.

Bei den Preßsperrholzplatten und Formteilen aus Preßsperrholz und
Preßschichtholz, insbesondere solchen mit dekorativen Schäl- oder Edelfurnieren an der Oberfläche, muß allerdings auf weitgehende Erhaltung
des natürlichen Aussehens Wert gelegt werden, weshalb einerseits keine
höheren Temperaturen als nötig anzuwenden sind und anderseits für
den Oberflächenschutz ein ziemlich klares Harz zu verwenden ist.

13.3 Beschickungs- und Beilagebleche (einschließlich ihrer Rückkühlung)

13.31 Allgemeine Gesichtspunkte

Im Grunde sind Beschickungs- und Beilagebleche unerwünscht, und
man würde am liebsten ohne sie auskommen. Dies ist dann möglich, wenn
das Preßgut so formbeständig und widerstandsfähig ist, daß es von Hand
und maschinell getragen, geschoben oder gezogen werden kann. Dies
trifft bei gewissen Furnierdicken und Holzarten zu (z. B. Oregon pine),
zum anderen bei kleinen Formaten. In Deutschland haben solche Fälle
jedoch kaum praktische Bedeutung, vielmehr sind durchweg Bleche zum
Befördern der Platten nötig. Allerdings liegt eine Annäherung an den
Fall des selbst trag- und schiebbaren Preßgutes bei Tischlerplatten vor,
die mit einer besonderen Beschickungsvorrichtung beim Einschieben in
die Presse von den Transportblechen abgestreift werden [*13.3*].

Pressensysteme mit automatischer Beschickung, die ohne Bleche oder
wenigstens ohne umlaufende Bleche arbeiten, sind ihres geringeren
Preises wegen immer anzustreben. Meist sind dafür jedoch die notwendigen Voraussetzungen nicht gegeben.

An Beschickungsbleche sind eine Reihe von Forderungen zu stellen,
die gar nicht leicht erfüllbar sind. Es versteht sich von selbst, daß

die Bleche so *starr*, so *glatt* und auch so *hart* wie möglich sein sollen, um dem Preßgut möglichst saubere Oberflächen zu geben (selbst wenn diese nachbehandelt werden, z. B. durch Schleifen). Bei neuen frischen Blechen sind diese Bedingungen ziemlich weitgehend erfüllt, jedoch geht es darum, daß die Bleche trotz der harten Arbeitsbedingungen möglichst lange in gutem Zustand bleiben.

Den ersten wesentlichen Einfluß auf die Bleche üben die wechselnden Temperaturen aus. Die kalten Bleche kommen in die heiße Presse, werden unter Druck gesetzt und nach dem Preßvorgang wieder fast auf Raumtemperatur zurückgekühlt. Zwar sind die Bleche schon weitgehend aufgeheizt, bevor die Presse schließt und unter Druck kommt, jedoch tritt eine gewisse restliche *Temperaturerhöhung* schon deshalb ein, weil die Temperatur der Presse selbst beim Einfahren des kalten Preßgutes abfällt und sich erst während der Heizzeit ganz erholt. Hierbei kommt es zu einer geringen, wenn auch im Laufe der Zeit merklichen *Stauchung* des Aluminiumblechs, da es seiner Ausdehnung wegen der durch den Preßdruck hervorgerufenen großen Reibung nicht in vollem Maße stattgeben ·kann. Diese Stauchung erscheint nur in den Zonen, wo der Preßdruck auf das Blech wirkt, also wo Preßgut aufliegt. An den unbelasteten *Rändern* ist die volle Ausdehnung unbehindert und hat einen größeren Betrag als in den gestauchten Teilen. Die Folge ist, daß Bleche in der Belegungszone im allgemeinen verhältnismäßig glatt bleiben, an den Rändern sich dagegen werfen und wellig werden. Daraus ergibt sich, daß Aluminiumbleche stets für die Verpressung des gleichen einheitlichen Formats verwendet werden sollen.

Im Zusammenhang mit der Erscheinung des Stauchens steht die Neigung dickerer Bleche, sich bei Wärmedehnung nach einiger Zeit in bestimmter Weise zu *werfen*. Allerdings spielen hier auch andere Vorgänge mit, nämlich eine Veränderung der inneren Spannungen in den Oberflächenzonen des Bleches, die z. B. dadurch hervorgerufen werden kann, daß ein Beschickblech in einer automatischen Anlage immer mit seiner Unterseite über Fördervorrichtungen fährt, zum Teil über Flächen und Kanten geschoben wird usw. Die hierdurch hervorgerufenen Beschädigungen (Riefen und Kratzer) führen zu einer Unsymmetrie der Oberflächen.

Bei Beschickungsvorrichtungen mit Materialabstreifung werden die Bleche kaum beschädigt, zumal wenn sie durch die Anbringung isolierender Gleitleisten noch besonders gegen Beschädigung und Kontaktwärme geschützt werden. Solche Bleche haben ein Mehrfaches der „normalen" Lebensdauer.

13.32 Bleche für verschiedene Arbeitsweisen

13.321 Handbeschickung

Vorläufer der Beschickungsbleche dürften die *Furnierzulagen* sein, die beim Überfurnieren in unbeheizten Spindelpressen verwendet wurden und dabei nicht als Beschickungshilfe oder der Oberflächenveredlung dienten, sondern als Wärmeträger. Sie wurden zwecks schnelleren Abbindens des Leimes in heißem Zustand dem Lagenholzpaket beigelegt.

Industriell hat die Furnierzulage keine Bedeutung; *Beschickungsbleche* haben vielmehr mechanische Aufgaben. Allerdings verwendet man sie nur gezwungenermaßen, denn sie kosten nicht nur Geld, sondern führen auch zu oft erheblichem zusätzlichem Wärmeverbrauch und zu einem manchmal beträchtlichen Aufwand für ihre Beförderung.

Sofern bei der Handbeschickung Bleche überhaupt nötig sind, wählt man sie, schon des Gewichts wegen, so dünn wie möglich. Üblich ist eine *Dicke* von 2 mm oder auch 1,8 mm. Ein 5 m² großes Blech wiegt dann immer noch rd. 27 kg.

Häufig kann man bei dieser Arbeitsweise auf bewegliche Oberbleche verzichten. Zwar besteht die Gefahr, daß wellige Furniere der obersten Lage beim Einschieben an der Heizplattenkante anstoßen, jedoch werden diese Schwierigkeiten von geübtem Personal leicht bewältigt, zumal da bei Handbeschickung die Presse völlig frei zugänglich ist. In diesen Fällen sind Oberbleche zwar auch vorhanden, jedoch fest in den Etagen unter den Heizplatten angebracht.

In bezug auf die Erwärmung des Preßgutes besteht Unsymmetrie, da die Oberbleche in der Presse verbleiben und somit dauernd heiß sind. Da aber bei Handbeschickung die Presse längere Zeit offensteht und insbesondere in den zuerst beschickten Etagen das Preßgut sich schon anwärmt, und zwar überwiegend von unten her, findet ein gewisser Ausgleich statt. Von genauer Beherrschung der Verhältnisse kann freilich keine Rede sein, und es ist unmöglich, mit besonders schnell abbindenden Leimen zu arbeiten. Die *Zeiten für Handbeschickung* liegen bei einer Presse von 12 bis 14 Etagen und beispielsweise 1,50 m × 2,50 m Nettoformat im allgemeinen zwischen 2 und 3 min.

13.322 Automatische Beschickung

Bei *automatischer Beschickung* spielt das Gewicht der Bleche keine Rolle. Zwar haben *dicke Bleche* den Nachteil des größeren Wärmeverbrauchs, jedoch wird dies überwogen von der Tatsache, daß die Bleche formbeständig und dauerhaft sein sollen. Infolgedessen wird bei automatischer Beschickung in der Regel mit erheblich größeren Dicken gearbeitet als bei Handbeschickung; 4 und auch vielfach 5 mm sind die Regel.

Die *Formbeständigkeit* ist unter Umständen auch nötig, um sicherzustellen, daß die Ansatzstücke an den Blechen (Pilznasen zum Ziehen und Leisten zum Stoßen) sich zuverlässig in der gewünschten Lage befinden und mit den mechanischen Bewegungseinrichtungen sicher zusammenspielen. Überhaupt erfordert die Führung in Beschickungseinrichtungen und beim Einlauf in die Presse Genauigkeit auch von den Blechen, dies umsomehr, als der freie Zugang zur Presse versperrt ist, bei einer Störung also nicht ohne weiteres von Hand nachgeholfen werden kann.

Aus dem gleichen Grunde ist es in den meisten Fällen automatischer Beschickung nötig, auch die *Oberbleche umlaufen* zu lassen. Selbst eine geringe Aussicht, daß wellige Deckfurniere beim Einfahren an Heizplatten anstoßen könnten, sollte man im Interesse einer ungestörten Erzeugung nicht in Kauf nehmen. Außer bei sehr dicken und gleichmäßigen Werkstoffen ist es also der sichere Weg, ein Oberblech aufzulegen.

13.323 Oberflächenveredlung

Bei der *Oberflächenveredlung* (s. a. Abschn. 11.53) sind nicht nur Glanz- oder Satinierbleche erforderlich, sondern der Aufbau des Preßgutes ist oft im Ganzen verwickelt. Dabei kommt es auf sehr gleich-

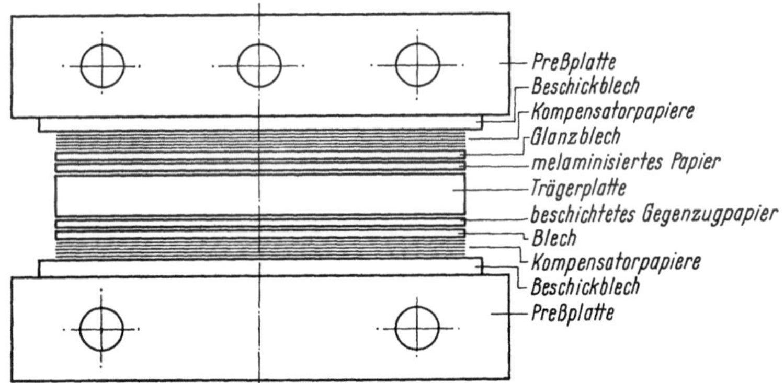

Bild 13.24. Aufbau einer Etagenfüllung für das Pressen von Laminatplatten.

mäßigen Druck an, da die Oberflächen vielfach verhältnismäßig hart und die Pressen nicht „weich" genug sind. Hierfür sind die in der normalen Lagenholzerzeugung vorkommenden Toleranzen zu groß, so daß Maßnahmen getroffen werden müssen, um für jede Platte einzeln einen Toleranzausgleich herbeizuführen. Dies geschieht in der Regel in der Form von Beilagen aus Geweben, Gummi oder zahlreichen Schichten Papier. Ein Beispiel für den Aufbau einer Etagenfüllung mit einer Sperrholzplatte, die beiderseits mit Laminaten, davon aber nur auf einer Seite mit Dekorpapier beklebt werden soll, ist in Bild 13.24 dargestellt.

13.33 Blecharten und -eigenschaften

13.331 Blecharten und -werkstoffe

Will man die bei der Lagenholzherstellung benutzten Bleche schematisch einteilen, so kann man etwa folgende Gruppen nennen: Fest eingebaute Oberbleche, umlaufende Oberbleche, Transportbleche für Handbeschickung, Transportbleche für mechanische Beschickung, Abstreifbleche, Transportbleche aus Nicht-Aluminium als Träger für einen Plattenaufbau zur Oberflächenveredelung, Glanzbleche zur Oberflächenveredlung.

Oberbleche wie auch *Transportbleche,* soweit sie mit dem Preßgut unmittelbar in Berührung kommen, sind durchweg aus einer *Aluminiumlegierung* hergestellt. Zeitweise hat man Reinaluminium verwendet, das gewisse Vorteile bietet, sich auf die Dauer jedoch als nicht widerstandsfähig genug erwiesen hat. Normalerweise handelt es sich um eine Legierung aus Aluminium, Magnesium und Silicium. Andere Legierungen enthalten Aluminium, Kupfer und Magnesium.

Bezüglich der Eigenschaften und Festigkeitswerte lassen sich keine allgemein gültigen Zahlen angeben. Eine bewährte Art von Blechen hat beispielsweise folgende wesentliche Eigenschaften:

Elastizitätsgrenze (0,2%):	27 kp/mm²
Zerreißfestigkeit:	32 kp/mm²
Brinellhärte:	85 kp/mm²

13.332 Blechabmessungen

Bei Blechen, die im Zusammenhang mit automatischen Kreisläufen und Beschickungsanlagen arbeiten, sind die Abmessungen aus baulichen Gründen genau festgelegt und vorgeschrieben. Hierunter sind nicht nur Länge und Breite zu verstehen, sondern auch gewisse Einzelheiten der Formgebung, zum Beispiel abgeschrägte Ecken zur sichereren Beförderung auf Rollgängen mit seitlicher Begrenzung.

Bei Blechen für *Handbeschickung* gelten etwa folgende *Richtmaße:* Länge etwa 5 cm mehr als die Länge der Heizplatten (die Bleche stehen also nach dem Beschicken beiderseits etwa 2,5 cm vor), Breite mindestens 5 cm weniger als die Breite der Heizplatten. Dies ist nötig, um genügend Toleranz beim Einschieben zu haben und nicht durch den Zwang zu übergenauer Arbeit Zeit zu verlieren. Allerdings ist nicht bei allen Pressen das Heizplattenmaß so groß, daß es diese Toleranz von fünf oder mehr cm gestattet. Derartige Verhältnisse führen dann zu längeren Zeiten für das Beschicken von Hand.

Lose Glanzbleche richten sich in ihren Abmessungen im allgemeinen ausschließlich nach der zu bedeckenden Fläche, wobei natürlich auch ein Randüberstand vorgesehen werden muß. Im allgemeinen haben diese Bleche einfache Rechteckform, gegebenenfalls mit leicht abgerundeten Ecken.

Oberbleche haben im allgemeinen genau die Länge und Breite der Heizplatten, wenn sie unter diesen fest angebracht werden, es sei denn, daß besondere Anbringungsvorrichtungen vorgesehen sind, die eine etwas größere Länge erfordern. Lose umlaufende Oberbleche sind im allgemeinen etwas kürzer und schmäler als die Transportbleche.

13.333 Toleranzen

Am meisten interessiert in der Regel die Toleranz der *Blechdicke* (hierüber s. a. Abschn. 13.211.2). Es ist im allgemeinen nicht möglich, eine Toleranz von weniger als $\pm$ 0,1 mm zu bekommen, jedenfalls nicht bei Blechen von größerer Breite. Zwar können die meisten Lieferwerke technisch gewisse Sonderwünsche erfüllen (Nachrichten, größere Auslese und höherer Ausschußanteil), jedoch verteuert dies die Bleche entsprechend und stört ihre Herstellung, so daß man zumindest in Zeiten der Vollbeschäftigung und langer Lieferfristen auf die marktgängigen Qualitäten angewiesen ist.

Hinsichtlich der *Längen-* und *Breitenmaße* braucht man meist keine übertriebenen Forderungen zu stellen. Als normal kann man es bezeichnen, Toleranzen von $\pm$ 1,5 mm zu erhalten. Bei großen Blechen ist dies schon eine recht beachtliche Genauigkeit.

Bei Blechen, die in mechanischen Beschickungsvorrichtungen und automatischen Kreisläufen verwendet werden, spielt häufig nicht so sehr die Abmessung der Aluminiumtafel selbst eine Rolle, sondern die Lage der Ausziehnase bzw. der Abstand zwischen Ausziehnase und Schubriegel. Die entscheidende Toleranz ist also nicht bei der Herstellung des Bleches, sondern bei der Bearbeitung einzuhalten.

Gewichtstoleranzen, die in der Spanplattenindustrie so wichtig sind, spielen bei der Lagenholzherstellung keine Rolle, so daß die Bleche nicht austariert werden müssen.

13.34 Zubehör

Bei umlaufenden Transportblechen kann man als Zubehör vor allem die *Auszugnasen* und *Einschubriegel* bezeichnen, die meist aus Stahl angefertigt und unter Beachtung der gegebenen Genauigkeiten an den Blechen befestigt werden.

Besondere Vorrichtungen sind nötig, um fest eingebaute Oberbleche in der Presse unter den Heizplatten zu halten; die Schwierigkeit besteht vor allem darin, daß die meist dünnen Heizplatten nur die Verwendung kleiner Konstruktionsteile erlauben. Auch sind durchaus nicht alle

Stellen der Heizplattenränder zugänglich, sondern im allgemeinen ist man für die Anbringung von *Halterungen* auf ganz bestimmte wenige und beschränkte Plätze angewiesen.

In einfachster Form kann man beispielsweise Aluminiumbleche gemäß Bild 13.25a fest anbringen. Allerdings wird dadurch der vordere Heizplattenrand besetzt, und man kann dort keine Beschickrolle mehr befestigen. Besser ist die Aufhängung mittels Spannböckchen (Bild 13.25b),

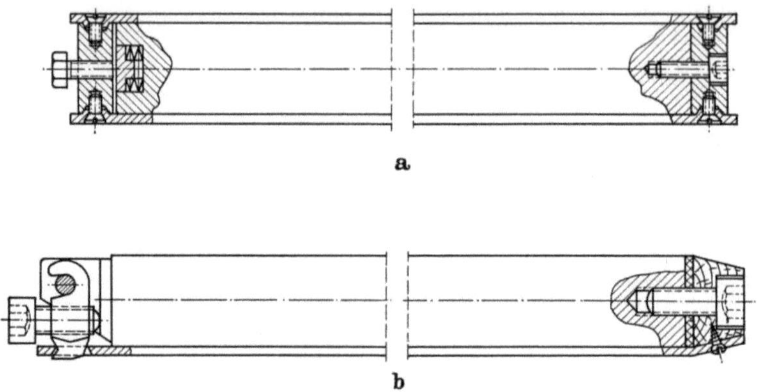

Bild 13.25a u. b. Schema der Befestigung von Aluminiumblechen an Heizplatten, a durch Schraubenbefestigung in einer Vorsatzleiste, b durch Spannböckchen.

die sowohl zur Befestigung von Aluminiumblechen wie auch für Glanzbleche verwendet werden. An die Bleche selbst müssen entweder Laschen angeschweißt werden oder es sind Einschnitte vorzusehen, in welche die Nasen der Böckchen eingreifen.

In gewissem Sinne zählen zum Zubehör auch etwa notwendige *Pflege- und Trennmittel* für die Bleche. Im früheren handwerklichen Betrieb gehörte es oft zur Anwendung der Furnierzulagen, daß man ein besonderes Wachs als Trennmittel und zur Oberflächenbehandlung verwendete.

Im allgemeinen sind heute keine Mittel zur Oberflächenbehandlung erforderlich, und bei mechanischen und automatischen Blechkreisläufen würde sich ihre Anwendung auch nur unter verhältnismäßig großem Aufwand einrichten lassen.

13.35 Glanzbleche

Mit gewissen Einschränkungen kann man sagen, daß *Glanzbleche* immer dann nötig sind, wenn die beim Pressen hergestellte Oberfläche nicht mehr nachbehandelt wird. In diesen Fällen wird in der Regel eine Leimschicht oder ein anderer Werkstoff auf die Oberfläche aufgebracht und in einem Arbeitsgang während des Pressens mit abgebunden. Es entsteht eine glatte, oft spiegelnde Kunstharzoberfläche.

Glanzbleche haben nun offenbar den Zweck, die notwendige Glätte und Oberflächengüte herbeizuführen, d. h. ihre in dieser Hinsicht eigenen guten Eigenschaften auf das Preßgut zu übertragen. Weiter wird erreicht, daß infolge der großen Glätte der Glanzbleche die Oberflächenschicht trotz Abbindens nicht an ihnen haften bleibt. Die Ausführung ist in der Regel entweder satiniert oder hochglanzpoliert.

Anwendungsbeispiele für die Lagenholzherstellung sind vor allem *Sperrplatten mit Phenolharzüberzug* (etwa durch Auflegen eines Filmleimstückes) für Betonschalungsplatten oder sonstige Verwendungen im Außenbau, oder das *Beplanken* von Sperrholz und dergleichen *mit Kunststoffolien* oder vorgepreßten *Kunststoffdekorplatten*.

Remanit wird vielfach als Werkstoff für Glanzbleche gewählt, es ist ein Edelstahl etwa folgender Legierung: 0,08% C; 0,3% Si; 0,5% Mo; 17,5% Cr. Bleche aus Remanit sind selten massiv, sondern in der Regel plattiert. Die übliche Dicke ist 1 mm Remanitauflage auf einem Grundblech von 3 oder 4 mm dickem SM-Stahl.

Es ist eine Eigenart von Remanit, daß es nicht ohne weiteres auf Hochglanz poliert werden kann. Eine übliche Glätte ist Seidenglanz, weshalb die Bleche meist als Satinierbleche bezeichnet werden.

Wegen seiner hohen Korrosionsbeständigkeit eignet sich Remanit auch für schwierige Fälle, beispielsweise beim Vorkommen chemisch aggressiver Stoffe, oder bei großen Feuchtigkeiten. Werden Remanitbleche in größerem Maße verwendet, so ist es nötig, gewisse Vorrichtungen zur Instandhaltung vorzusehen. Hierzu gehören ein Waschtrog zum Reinigen sowie eine Poliermaschine zum Ausbessern beschädigter Stellen. Wegen des meist hohen Gewichtes der Remanitbleche ist es zweckmäßig, ein bequemes Hebezeug zur Verfügung zu haben.

Wird *Messing* verwendet, so besteht daraus nur das Trägerblech, während die Oberflächen in der Regel hochglanzverchromt sind. Von Wichtigkeit ist es, eine Messingqualität mit bestimmten Eigenschaften zu verwenden, wobei es im wesentlichen auf eine recht große Härte ankommt.

Auch zur Instandhaltung der Messingbleche sind Säuberungs- und Poliereinrichtungen erforderlich. Es versteht sich, daß die Verchromung von ausgezeichneter Güte sein muß, um den hohen Anforderungen zu genügen.

13.36 Kühlung der Bleche

13.361 Blechtemperaturen

Die Bleche werden praktisch so heiß wie die Heizplatten der Presse, also je nach Verfahren zwischen 90 und 145 °C. Diese Temperatur haben die Bleche beim Ausfahren aus der Presse. Beim Zusammenlegen der rohen Platten muß man aber mit kalten Blechen arbeiten, um vorzeitiges Abbinden des Leims zu vermeiden und um (bei nicht voll automatischem Blechkreislauf) die Bleche von Hand anfassen und bewegen zu können.

Eine genaue Temperatur läßt sich unter diesen Umständen nicht angeben, jedoch sind 30 bis 35°C annähernd richtig und können durch Kühlung erreicht werden.

Bei den abzuführenden Wärmemengen handelt es sich im wesentlichen um die gleichen, die in der Presse zum Aufwärmen des Werkstoffs aufgewendet wurden und wie sie in dem Rechenbeispiel unter Abschnitt 13.215 erwähnt wurden. Für die dort angenommene Presse betrug der Erwärmungsaufwand für 32 Bleche zu je 5 m² bei 2 mm Dicke etwa 30000 kcal.

13.362 Blechkühlung mit Luft

Die *Kühlung mit Luft* ist nicht das wirksamste, aber das am weitesten verbreitete und in den meisten Fällen ausreichende Verfahren. Die Bleche kühlen schon ohne maschinellen Aufwand ganz wirksam. Werden sie auf Förderwagen senkrecht unter Abstandhaltung gestapelt, so entwickelt sich ein natürlicher Zug und damit eine ziemlich lebhafte Luftbewegung. Allerdings ist eine solche Kühlung nur bei langen Preßzeiten ausreichend.

Die einfachsten Mittel, die Kühlung zu beschleunigen, sind *fahrbare Gebläse*, welche die auf einem Wagen schräg oder senkrecht gestapelten Bleche von der Stirnseite her anblasen. Da die Gebläse Raumluft benutzen und die Fläche der Bleche nur unvollkommen bestreichen, genügen sie jedoch höheren Ansprüchen nicht.

Bei allen Anlagen mit Handbeschickung oder wenigstens mit losem Transport der Bleche von der Presse zurück zu den Zusammenlegstellen, haben sich Kühlstationen mit Lüftung aus dem Boden heraus bewährt. Mit den üblichen Blechförder- und Stapelwagen fährt man über eine Bodenöffnung, aus der ein gleichmäßiger, in der Regel der Außenatmosphäre entnommener Luftstrom austritt. Ein Beispiel für eine derartige Anlage gibt Bild 13.26.

Für die Berechnung der Kühlanlage ist es wichtig, den richtigen Wärmeübergangswert anzunehmen (abhängig von der Luftgeschwindigkeit), sowie das Temperaturgefälle in Abhängigkeit von der abnehmenden Temperatur der Aluminiumbleche richtig zu erfassen. Natürlich kann man immer nur um ein gewisses Maß über der Kühllufttemperatur bleiben, die unter Umständen ziemlich hoch ist. Im Sommer ist es also vielfach nicht möglich, die gewünschten 30···35°C mit Luftkühlung zu erreichen.

13.363 Blechkühlung mit Wasser

Obwohl die viel größere Wirksamkeit der *Wasserkühlung* gegenüber der Luftkühlung auf der Hand liegt, wird sie doch nur verhältnismäßig selten, wenn auch neuerdings in zunehmendem Maße, angewendet. Insbesondere ist es wichtig, daß in der Regel mit Wasserkühlung niedrigere Temperaturen zu erzielen sind.

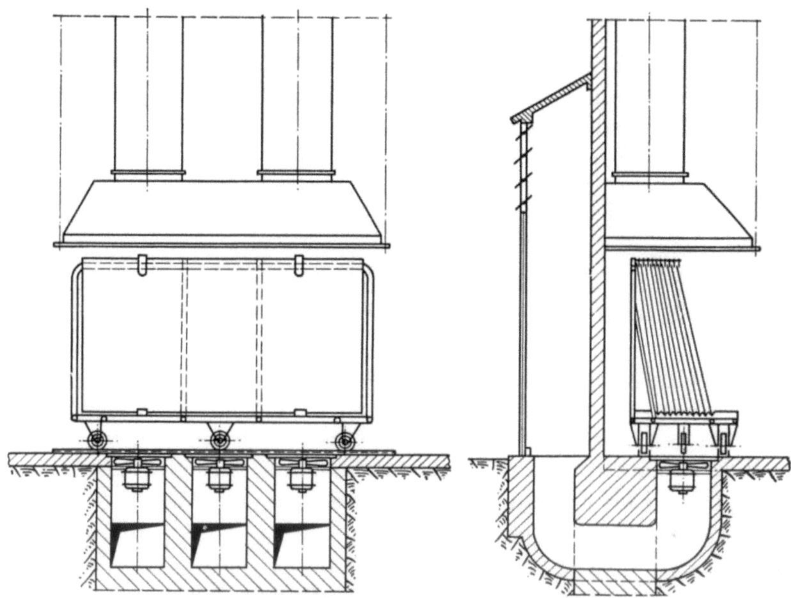

Bild 13.26. Blechkühlstation mit Lüftung von unten.

Bei Aluminiumblechen hat die Anwendung von Wasser keine erkennbaren Nachteile zur Folge. Im Gegenteil wird behauptet, daß die Formbeständigkeit der Bleche bei Wasserkühlung größer sei als bei Luftkühlung. Ein Beweis oder eine eindeutige Erklärung hierfür ist jedoch bisher nicht erbracht oder jedenfalls nicht veröffentlicht worden.

Der hauptsächliche Grund für die geringe Verbreitung der Wasserkühlung dürfte darin liegen, daß sie auf von Hand bewegte Bleche, die auf den üblichen Wagen senkrecht gestapelt werden, schwer anwendbar ist. Bei Blechen, die sich einzeln im Kreislauf bewegen, ist dagegen Wasserkühlung mindestens so einfach wie Luftkühlung.

13.364 Einbau der Kühlstation in einen Blechkreislauf

Es gibt Fälle, wo die Pressenfolge und damit die Blechbewegung so langsam (oder auch z. B. der zurückzulegende Weg so groß) ist, daß die natürliche Verweilzeit des Bleches im Rücklauf genügt, um es ohne Zuhilfenahme von Gebläsen oder Wassersprühanlagen von selbst genügend abzukühlen. In der Regel muß jedoch eine Kühlstation eingebaut oder wenigstens der Platz dafür vorgesehen werden.

Während das Kühlen mittels Gebläsen von auf einem Wagen gestapelten Blechen verhältnismäßig wirtschaftlich vor sich geht, da man mit einem breiten Luftstrom eine Vielzahl von Blechen gleichzeitig behandelt, ist in einem Blechkreislauf der Wirkungsgrad einer Luftkühlanlage in der Regel erheblich geringer. Um die einzelnen Platten, die sich oft ziemlich schnell fortbewegen, wirkungsvoll zu erfassen, ist es nötig, einen langen tunnelartigen Kanal einzurichten, der von den Blechen auf der Förderbahn liegend durchlaufen wird und mittels Verteilungs- und Leiteinrichtungen die Luft gleichmäßig auf die Oberseite und zumeist auf die Unterseite der Bleche strömen läßt. Für einwandfreie Lösungen ist der maschinelle Aufwand und auch der Leistungsbedarf ziemlich groß.

Einfacher ist die Wasserkühlung. Sie kann auf einem viel kürzeren Stück des Blechkreislaufes mittels Sprühdüsen von oben und von unten arbeiten, wobei es meist keine Rolle spielt, wenn das Blech nach Verlassen der Kühlstation noch feucht ist. Bei richtiger Einstellung genügt die Restwärme, das auf dem Blech stehende flüssige Wasser zu verdampfen, wobei die Verdunstungskälte auch noch zur Kühlung beiträgt.

Wasserkühlstationen arbeiten nicht nur mit Sprühdüsen, sondern es gibt auch solche mit einer Tauchvorrichtung, wo das ganze Blech in einen Trog geführt wird.

13.4 Beschickungs- und Entladevorrichtungen für Sperrholzpressen

13.41 Handbeschickung

13.411 Gewichte und Zeiten

Reine *Handbeschickung* kann schon dort ihre Grenze haben, wo die Gewichte zu groß werden. Ein Beispiel: Für Sperrholz von 1,50 m × 2,50 m Nettomaß, 5 mm dick, beschickt mit Transportblech und Oberblech von je 2 mm Dicke, ergibt sich ein Gewicht von rund 55 kg je Etage, die in der Regel von zwei Mann von Hand zu heben sind, bei Beschickung der oberen Etagen auf eine ziemliche Höhe. Unter solchen Umständen muß man eine Zeit von 10 s je Etage schon als günstig bezeichnen.

Tatsächlich ist zu beobachten, daß Pressen von 12 bis 14 Etagen für die Handbeschickung etwa 2 bis 3 min brauchen, worin die Zeit für das Ausstoßen der gepreßten Füllung enthalten ist.

13.412 Maße und Höhen

Eine der Schwierigkeiten beim Handbeschicken ist das Durchhängen des Preßgutpaketes, wenn es eine größere Breite hat. Ein Maß von 1,50 m bereitet unter Umständen schon Schwierigkeiten und Verzögerungen.

Die Höhe, die vom Bedienungspersonal überhaupt erreicht werden kann, richtet sich nach der **Körpergröße**. Nimmt man an, daß die Arbeiter auf 1,80 m Höhe hinaufreichen können und daß die niedrigste praktische Höhe über dem Boden etwa 40 cm beträgt, so ist ein Bereich von etwa 1,40 m für die Handbeschickung zugänglich. Rechnet man mit einer Heizplattendicke von 45 mm und einer lichten Preßraumhöhe von 65 mm (Sperrholzpresse), so ergibt sich eine größte Anzahl von etwa 13 Etagen. Dies stimmt wieder mit der Beobachtung überein, daß die meisten handbeschickten Pressen nur 10 bis 12 Etagen haben, mit 14 als Höchstzahl.

13.413 Kleine Hilfsmittel

Bei reiner Handbeschickung sind nur in geringem Maße Hilfsmittel zu verwenden. In gewissem Sinne gehören hierzu die Böcke, Plattform- oder Hubwagen, mit denen die aufgestapelten, vorbereiteten Chargen herangefahren werden, von denen sie jedoch von Hand einzeln abgehoben werden müssen.

Zur Erleichterung des Einschiebens durchhängender Platten größerer Breite werden Traghölzer verwendet, welche die Platten kurz vor der Heizplattenkante unterstützen. Es gehört eine gewisse Handfertigkeit und Übung dazu, derartige einfache Hilfsmittel richtig zu benutzen. Es ist möglich, daß sich ein Gerät in einem Betrieb gut eingeführt hat, daß es sich aber in einem anderen nicht durchsetzt, ja sogar als unpraktisch bezeichnet wird.

Zum Ausstoßen der gepreßten Platten aus den heißen Etagen sind Schieber im Gebrauch, die ebenfalls meist in ganz einfacher Form aus Holz gemacht sind. Hinter der Presse fallen die Platten, gegebenenfalls unter Anfassen von Hand, auf einen Bock oder auf einen Stapelwagen.

13.42 Einfache mechanische Einrichtungen

13.421 Rollenbahnen

Die Handarbeit kann durch verhältnismäßig einfache Einrichtungen erleichtert und beschleunigt werden. Deren Verwendung ist oft unumgänglich, da die einfachste Arbeitsweise, das Zusammenlegen an einer einzigen Stelle (Stapel hinter der Leimauftragmaschine), mit den Preßzeiten vielfach nicht Schritt hält.

Beim Auseinanderziehen der Arbeitsstationen ergibt sich zwangläufig die Notwendigkeit, eine *Rollenbahn* einzurichten und die verschiedenen Legestellen darauf oder daran anzuordnen. In seiner einfachsten Form wird man diese Rollenbahn ohne Antrieb ausführen, so daß die Bedienung das Blech mit Belegung, an dem sie gerade ihre Taktarbeit beendet hat, von Hand weiterschiebt.

Diese Rollenbahnen sind aus genormten Bauteilen leicht zusammenzusetzen oder sie sind auch als Meterware zu kaufen. Als *Unterbau* lassen sich Holzkonstruktionen in der Regel billig im Selbstbau herstellen.

Bei allen räumlich verwickelten Anlagen, aber auch bei Betrieb mit quer beschickten Pressen, muß die Förderrichtung der Bleche unter Umständen umgekehrt werden. An diesen Übergangsstellen muß sich die Rollenbahn in Form eines *Drehtisches* fortsetzen, oder aber es muß ein Tisch mit frei beweglichen *Schwenkrollen* bzw. mit Tragkugeln zwischengeschaltet werden.

30*

13.422 Hubtische

Die Pressenbeschickung kann durch die Verwendung eines *Hubtisches* (getrennt oder in Verbindung mit Rollenbahnen) erleichtert werden. Dieser trägt auf der Oberfläche in der Regel die Fortsetzung der Rollenbahn und seitliche Stege oder Podeste für die Arbeitsstellung je eines Bedienungsmannes. Die Zeitersparnis bei der Verwendung des Hubtisches liegt vor allem darin, daß auch die weniger bequem zu erreichenden obersten und untersten Etagen nur die gleiche Bedienungszeit wie die mittleren erfordern, und daß überhaupt das Heben und Bücken fortfällt; der Pressenwechsel kann auf diese Art um schätzungsweise $^1/_2$ bis 1 min abgekürzt werden.

Natürlich bedeutet nicht nur die Einsparung dieser Zeit einen Vorteil, sondern auch die dadurch mögliche Verwendung schneller abbindender Leime, welche die eigentliche Preßzeit herabzusetzen gestattet. Es kann angenommen werden, daß eine mit Hubtischen bediente Presse etwa eineinhalbmal soviel Umtriebe in der Stunde gestattet als eine gleichartige Presse ohne jede Hilfseinrichtung.

13.423 Anordnungen im Grundriß

In der einfachsten Form, d. h. bei reiner Handbeschickung, besteht kein Zusammenhang zwischen Presse und Legestelle bzw. Leimauftragmaschine. Dies hat den Nachteil des getrennten Transportes zwischen diesen beiden Plätzen, erlaubt allerdings eine zwanglosere räumliche Anordnung. Die übliche Aufstellungsart ist in Bild 13.27 angedeutet. Bild 13.28 zeigt die Anordnung bei Verwendung von Rollenbahnen und Hubtischen.

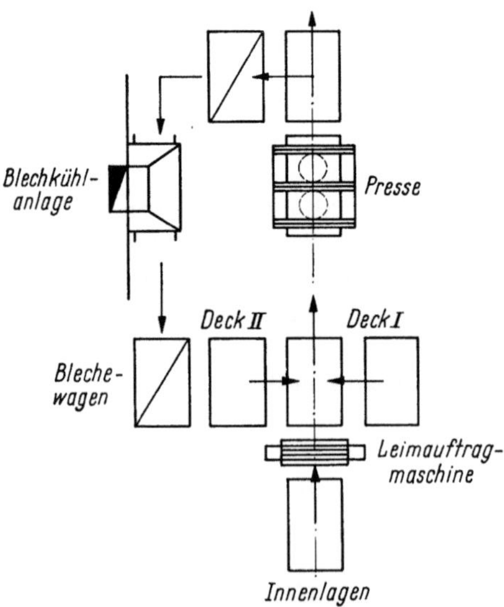

Bild 13.27. Presse mit Handbeschickung, Anordnung im Grundriß.

13.43 Einseitige Beschickungsvorrichtungen

Unter einer *einseitigen Beschickungsvorrichtung* kann man eine Anlage verstehen, bei der nur vor der Presse ein mechanisches Beschickungsgestell vorhanden ist, hinter der Presse dagegen ein einfaches Etagengestell, z. B. aus Holz. Im engeren Sinne jedoch soll unter der einseitigen Beschickungsvorrichtung eine vollständige mechanische Anlage verstanden werden, bei der sich alle Vorgänge mit Ausnahme der Entnahme des Preßgutes auf einer Seite, also vor der Presse, abspielen.

Im idealen Fall wird man überhaupt keine Bleche brauchen (siehe auch Abschn. 13.461 amerikanische Bauarten), jedoch ist eine solche Arbeitsweise unter europäischen Verhältnissen im allgemeinen nicht möglich.

Hier müssen auch bei der einseitigen Beschikkungsvorrichtung Bleche verwendet werden, die aber nicht umlaufen. Aus dem Beschickungsgestell werden die Transportbleche mit den daraufliegenden rohen Lagenholzplatten in die Presse geschoben, dann jedoch die Förderbleche zurückgezogen unter Zurückhaltung und Abstreifung des Preßgutes. Diese Arbeitsweise ist nur möglich, wenn das Preßgut auch in losem Zustand eine gewisse Formbeständigkeit und Widerstandsfähigkeit besitzt.

Bei nur einer Legestelle und nicht umlaufenden Blechen können diese auch nur einzeln nach

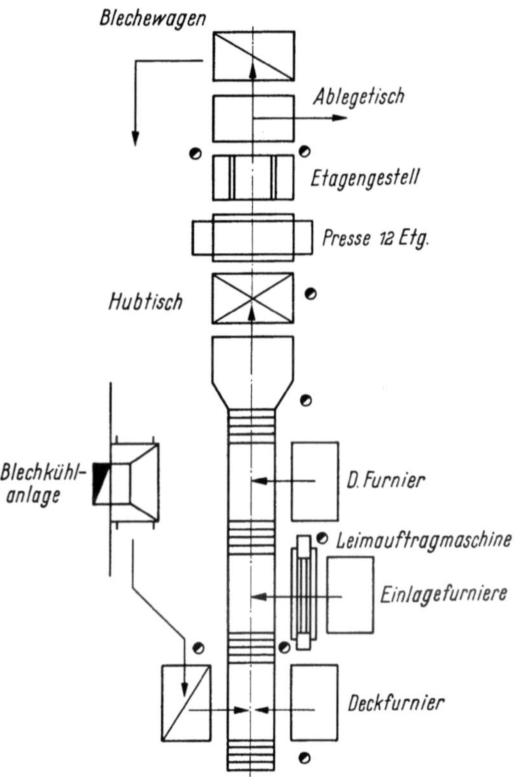

Bild 13.28. Pressenbeschickung unter Verwendung von Rollenbahnen und Hubtisch, Anordnung im Grundriß.

vorne aus der Beschickungsvorrichtung herausgenommen werden. Bei Tischlerplatten, die nur aus drei Schichten bestehen und keine sehr kurze Preßzeit haben, ist diese Arbeitsweise möglich; bei mehrschichtigen Platten, die dünner sind und schneller gepreßt werden, wäre die Beschränkung auf eine Legestelle nicht tragbar. Dafür gibt es Blechumläufe mit beliebig vielen Legestellen, bei denen aber die Bleche ebenfalls nicht durch die Presse gehen, sondern das Preßgut abgestreift wird [*13.4*].

Derartige einseitige Beschickungsvorrichtungen sind für verhältnismäßig große Formate üblich, und sie gestatten gerade dabei eine besonders platzsparende Anordnung. Besser als Beschreibungen veranschaulicht dies Bild 13.29.

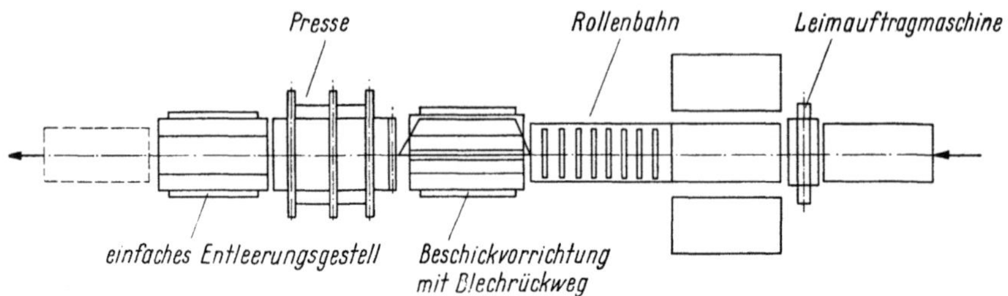

Bild 13.29. Presse mit einseitiger Beschickung.

13.44 Durchlaufende Beschickung und Entladung

13.441 Einfache Lösungen

Einfachheit im hier gedachten Sinne bezieht sich sowohl auf die Einrichtungen im ganzen als auch auf die bauliche Ausführung. Es ist durchaus möglich und vorteilhaft, nicht viel mehr an Aufwand zu treiben, als eben die mechanische Beschickungs- und Entladevorrichtung zur Presse anzuschaffen. Natürlich kommt man dann im übrigen nicht mehr nur mit Handarbeit aus, sondern muß zumindest mit antriebslosen Rollenbahnen arbeiten, um den Anschluß an den Beschickungskorb zu finden. Desgleichen muß an der Entladeseite eine Rollenbahn in der Länge von wenigstens einer Platte angeordnet sein.

Typisch für eine einfache Beschickungsvorrichtung ist die Ausführung nach Bild 13.30. Sie eignet sich insbesondere auch zum *nachträglichen Anbau an Pressen*, die ursprünglich nicht für mechanisierte Arbeitsweise ausgelegt worden waren, und die es nicht ohne weiteres gestatten, einen Schiebebalken anzubringen.

13.442 Entwickelte Systeme

Nach Möglichkeit werden Beschickungs- und Entladevorrichtungen im Hinblick auf den Zusammenhang mit einer bestimmten Pressentype entworfen. Hierbei können in der Regel feste Verbindungen und gemeinsame Bauteile vorgesehen werden, so daß sich die Maschinen in gewissem Sinne zu einer Arbeitseinheit zusammenfügen.

Bei derartigen Ausführungen hat sich der Etagenhubkorb durchgesetzt, bei dem zwecks leichteren und genaueren Transportes die Etagen in der Regel mit Rollenbahnen ausgestattet sind (billige Ausführungen haben Gleitschienen aus Hartholz). Die Beförderung in den Korb hinein wird von einem Kettengang übernommen, der nicht in unmittelbarer Verbindung mit der eigentlichen Beschickungseinrichtung zu stehen braucht.

Das Einfahren in die Presse wird bei solchen Beschickungsvorrichtungen in der Regel durch einen Schiebebalken ausgeführt, der den zweigeteilten Korb (Querverbindung nur unten) in der Mitte in Längsrichtung

Bild 13.30. Beschickungsvorrichtung. Bauart Becker & van Hüllen, Krefeld.

durchdringt. Die Arbeit mit einem solchen Schiebebalken gestattet besonders genaues Fahren und Lagehalten. Als Sondereinrichtung ist ein Antrieb für stufenlos regelbare oder automatisch nicht über einen bestimmten Wert zu beschleunigende Bewegung vorzusehen. Dies ist vor allem wichtig beim Befördern von Schichten mit sehr glatten Oberflächen, die sich leicht gegeneinander verschieben können.

Bei allen Beschickungs- und Entladevorrichtungen ist man bestrebt, dafür zu sorgen, daß auch beim Pressenwechsel die fortlaufende Arbeit des Zusammenlegens neuer Platten nach Möglichkeit nicht oder nur ganz kurzzeitig beeinträchtigt wird. Wo ein besonderer Aufwand

gerechtfertigt ist, um auch den kleinsten Stillstand des Plattenzusammen-
legens beim Pressenwechsel zu vermeiden, kann man ein Vorgestell oder
Speichergestell einbauen, ähnlich wie dies in Span- und Faserplatten-
anlagen üblich ist, oder aber man wählt als Beschickungsvorrichtung
die Paternoster-Bauart, die das Einrichten einer zusätzlichen Etage
gestattet, die auch während des Pressenwechsels ohne weiteres gefüllt
werden kann.

13.443 Fundament- und Platzfragen

Der Zusammenbau von Presse, Beschickungs- und Entladeeinrich-
tung bedingt, daß ein freier, rechteckiger Platz von entsprechender Länge
(in der Regel von mindestens fünf Plattenlängen) vorhanden sein muß,
wobei meist auch das Zusammenlegen der rohen Platten unmittelbar
im Zusammenhang mit der Preßanlage steht. Bei jeder Neuplanung
muß eine derartige Anordnung berücksichtigt werden, möglichst auch
dann, wenn in einer ersten Ausbaustufe nur einfache Pressen aufgestellt
werden. Bei der Modernisierung bestehender Betriebe bereitet die Platz-
frage oft genug Schwierigkeiten.

Es ist unvermeidlich, daß ein Etagenhubkorb ungefähr soweit in den
Boden hinein absenkbar sein muß, wie die Etagen der Presse sich über
dem Boden erheben. In der Regel erfordert das eine Grube, die etwa so
tief ist wie die Fundamentgrube der Presse selbst und deshalb am besten
gleichzeitig damit ausgeführt wird. Es werden trogförmige Fundamentgruben nötig, die etwa die $3^1/_2$fache Plattenlänge und rund die doppelte
Plattenbreite haben. Diese Bauwerke müssen meistens erhebliche statische Belastungen aufnehmen und sind häufig gegen Grundwasser abzu-
dichten. Die Kosten für eine solche Fundamentgrube dürfen bei Wirt-
schaftlichkeitsrechnungen nicht vernachlässigt werden.

13.444 Verschiedenartige Antriebe

Die Bewegung des Beschickungs- und Entladegestelles kann auf verschiedene Art bewerkstelligt werden. Am weitesten verbreitet ist der
elektrische Antrieb mit Seilwinde, der etwa dem eines Aufzuges entspricht
(wenn auch mit viel größerer Untersetzung). Die Schaltung eines solchen
Antriebes über Endschalterkontakte ist genau genug, um ein exaktes
Anhalten des Hubkorbes vor jeder Etage zu erreichen.

Ketten zur Aufhängung von Hubkörben werden nur in einfachsten
Anlagen verwendet. Durch die Abnutzung verändert sich die Länge der
Kette dauernd, es werden also häufige Korrekturen erforderlich. Auch
das Bruchverhalten einer Kette ist ungünstig, da sie bei Abnutzung und
Überlastung auf einmal zerstört wird, während sich bei einem *Drahtseil*
die Beschädigung zumeist schon lange vor dem Bruch anzeigt.

Man könnte es als naheliegend ansehen, in einer Anlage, wo unter Umständen eine ganze Anzahl von Pressen arbeitet, auch den Betrieb des Hubkorbes hydraulisch vorzunehmen. Dies ist an sich durchaus möglich, führt jedoch zu Schwierigkeiten hinsichtlich der Genauigkeit in der Positionshaltung, da selbst geringe Undichtigkeiten oder Druckwasserverluste zu einem wenn auch ganz allmählichen Absinken des Hubkorbes führen können. Ergänzt man aber den hydraulischen Antrieb durch mechanische Feststellvorrichtungen, so ergibt sich nur zu leicht ein ruckweiser und unschöner Betrieb, der außerdem mit unerwünschten Erschütterungen verbunden sein kann.

Für den Leistungsverbrauch ist es ein Nachteil, daß man stets das ganze tote Gewicht eines Hubkorbes mitheben bzw. die beim Senken an sich wieder frei werdende Energie durch Bremsen vernichten muß. In dieser Hinsicht ist der Paternoster von Vorteil, da dort der Antrieb nur die Reibung zu überwinden und das Heben des Nutzgutes zu leisten hat.

13.45 Blechkreisläufe

13.451 Zusammenlegen von Hand

Bei der Auslegung von Blechkreisläufen ist man meist gezwungen, die einfache *Rechteckform* vorzusehen. Feste Einheiten darin sind die Presse mit Beschickungs- und Entladevorrichtung, die mechanischen automatischen Quertransporte und in der Regel auch der ganze Rücklauf mit Blechkühlung und ein oder zwei Reservelängen für die Überwachung der Bleche und gegebenenfalls den Austausch beschädigter oder zu reinigender Stücke.

Veränderlich im Blechkreislauf und deshalb in der Planung zu berechnen, ist die *Anzahl der Legestellen.* Allgemein ist für jede Arbeit nicht mehr als eine Stelle nötig oder überhaupt sinnvoll, so daß beispielsweise bei der ausschließlichen Herstellung dreischichtiger Platten auch nur drei Legestellen erforderlich sind (für das erste Außenfurnier, für die Innenlage und für das zweite Außenfurnier) ferner die beiden Stellen, an denen die Transportbleche und Oberbleche ins Spiel kommen.

An sich ist es natürlich möglich, auch an drei Legestellen fünfschichtige Platten zusammenzustellen, wobei dann aber mindestens eine Stelle, nämlich diejenige an der Leimauftragmaschine, von beiden Seiten zugänglich sein muß. Dies ist bei einem rechteckig angeordneten Blechkreislauf in der Regel nicht der Fall.

Aber auch aus Gründen der Leistungsfähigkeit (Erzielung der kürzesten Taktzeiten) ist es im allgemeinen geboten, nicht mehr als eine Arbeit je Legestelle auszuführen. Da man meist mit der Möglichkeit des Aufbaues fünfschichtiger Platten rechnen muß, sind fünf Plätze im Grundriß vorzusehen. Hierbei ist es allerdings nicht nötig, sie in einem

Zug hintereinander anzuordnen, sondern es kann durchaus auch die Rücklaufbahn für eine oder mehrere Stellen herangezogen werden.

Beim Belegen der Bleche von Hand sind die Platzverhältnisse geringfügig anders als bei mechanischer Betriebsweise. Der Abstand zwischen den Stellen muß etwas größer sein, ferner muß die Möglichkeit gegeben sein, daß Bedienungsleute leicht auch auf die andere Seite des Förderganges gelangen, also in das Innere des Blechkreislaufes [13.6].

13.452 Zusammenlegen mit mechanischen Mitteln

Zusammenlegen mit mechanischen Mitteln ist nur bei Werkstoffen möglich, die ein gewisses Maß an Genauigkeit in den Abmessungen und bestimmte Eigenschaften der Oberfläche usw. gewährleisten, so daß automatisch arbeitende Förder- und Legevorrichtungen störungsfrei arbeiten können. In diesem Sinne kann es beispielsweise möglich sein, Sperrholz, Tischlerplatten usw. ohne jede Handarbeit zusammenzulegen, und zwar z. B. mittels quer-verfahrbarer Saugwagen und automatisch geschaltetem Hubtisch.

13.453 Getrennter Kreislauf für Oberbleche

Bei von Hand bedienten Blechkreisläufen ist es nicht unbedingt erforderlich, daß auch die Oberbleche mechanisch befördert und gekühlt werden, vielmehr können sie von der Trennstation hinter der Presse aus auch auf Wagen geladen, zu Kühlstationen und von dort wieder zur Legestelle gefahren werden. Ander-

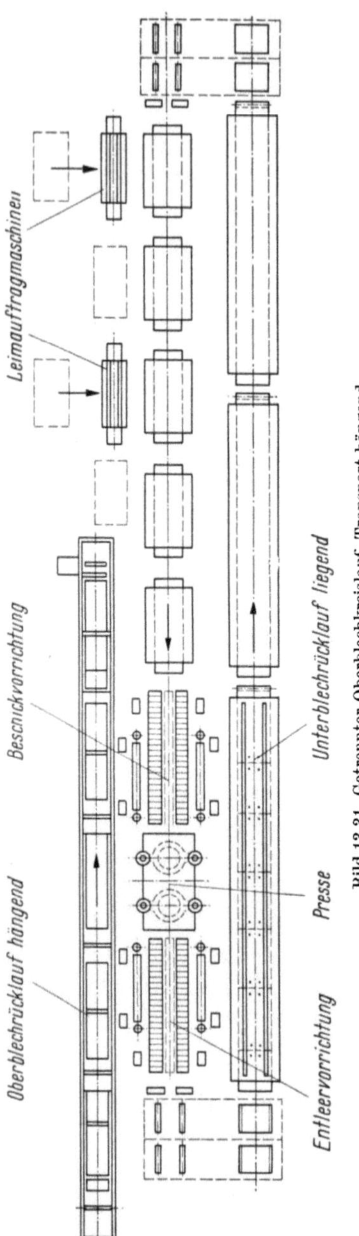

Bild 13.31. Getrennter Oberblechkreislauf, Transport hängend.

seits ist es möglich, mit den Fördereinrichtungen für einen Kreislauf der Unterbleche auszukommen, wobei dann die Oberbleche in diesen Kreislauf eingereiht oder jeweils auf ein Unterblech aufgelegt werden. Für mechanische und weitgehend automatisierte Anlagen ist es dagegen vorteilhaft, die Oberbleche in einem getrennten Kreislauf zu befördern, sie also automatisch hinter der Presse abzusondern, eine eigene Kühlvorrichtung durchlaufen zu lassen, und sie dann möglichst ebenfalls automatisch auf die zusammengelegte Lagenholzplatte aufzusetzen. Für einen solchen besonderen Oberblechkreislauf gibt es verschiedene bewährte Bauweisen, wobei die Bleche sowohl waagerecht als auch in gewissen Fällen senkrecht befördert werden (Bild 13.31).

13.454 Anordnungen im Raum

Es bedarf kaum einer Erwähnung, daß man sich bei der Auslegung eines automatischen Blechkreislaufes nur sehr bedingt an verwickelte und ungünstige Raumverhältnisse anpassen kann, sondern daß der Raum meist für diese besondere Einrichtung zugerichtet werden muß. Für ein Plattenformat von 1,60 m × 2,50 m benötigt man z. B. als Nettogrundfläche für die Maschinen, ohne Bedienungsraum und Zubehöreinrichtungen, eine Fläche von etwa 30 m × 12 m, praktisch also ein Hallenstück von 40 m × 20 m. Ein Beispiel hierfür gibt Bild 13.32.

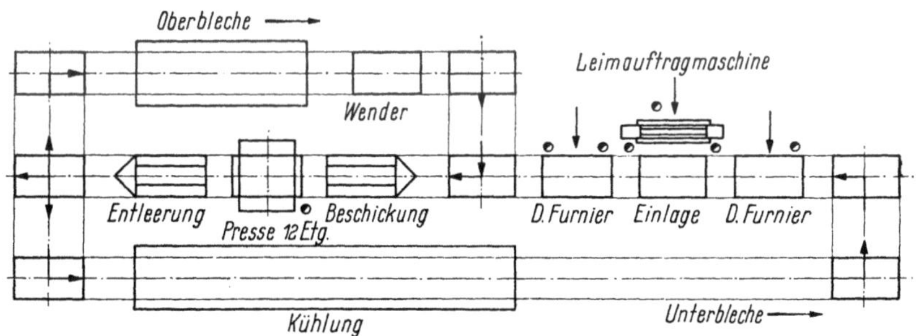

Bild 13.32. Platzbedarf für einen automatischen Blechkreislauf.

Besondere Maßnahmen müssen ergriffen werden, wenn ein Blechkreislauf, der im allgemeinen nur für die Herstellung eines bestimmten Erzeugnisses in Frage kommt, auch für vielfältige und wechselnde Arbeiten zweckmäßig sein soll. In diesem Fall ist es erwünscht, daß die Legestellen von beiden Seiten zugänglich sind, so daß der einfache rechteckige Grundriß nicht in Frage kommt. Dann ist es nötig, in zwei Ebenen zu arbeiten und den Legestrang von unten her, also aus dem Keller heraus, mit neuen Blechen zu versorgen. Für diese Lösung ist ein Beispiel in Bild 13.33 skizziert.

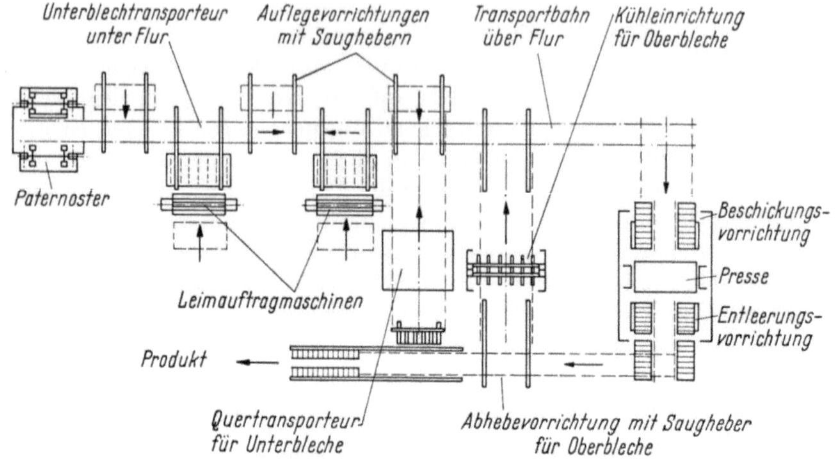

Bild 13.33. Platzersparnis bei einem Blechkreislauf durch Rücktransport der Unterbleche unter Flur.

13.46 Sonderausführungen

13.461 Amerikanische Bauarten

Das wesentliche Merkmal der amerikanischen Bauarten, soweit sie sich von den europäischen unterscheiden, liegt darin, daß sie für die Handhabung eines Werkstoffes bestimmt sind, der in sich selbst eine gewisse Formbeständigkeit hat, in gewissen Grenzen also tragbar, schiebbar oder ziehbar ist. Demgemäß sind diese Einrichtungen vorwiegend zum Betrieb ohne Bleche gebaut oder aber ähnlich der unter Abschnitt 13.43 erwähnten einseitigen Beschickungsvorrichtung mit rückziehbaren Blechen und Abstreifern ausgerüstet.

Ein Beispiel für eine solche Beschickungsanlage ist aus Bild 13.34 ersichtlich. Diese Beschickungsgestelle werden in der Regel von einer Hebebühne aus von Hand beschickt, wofür fast die ganze Dauer eines Pressenspiels zur Verfügung steht.

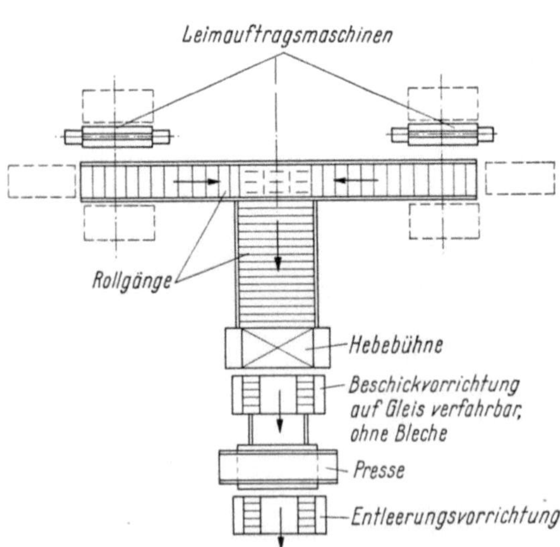

Bild 13.34. Amerikanische Beschickungsvorrichtung, ohne Bleche.

13.462 Spezialanlagen für Türen

Auch beim Türenpressen sind die Preßzeiten in neuzeitlichen Anlagen sehr kurz, so daß Pressen mit verhältnismäßig nur wenigen Etagen üblich sind (in der Regel

6 bis 10). Ferner ist es typisch, daß Türenpressen durchweg von der Breitseite beschickt werden.

Auch bei Türen ist es im allgemeinen möglich, das Preßgut abzustreifen, also den Blechkreislauf zu vermeiden. Eine gut entwickelte Anlage dieser Art ist in Bild 13.35 dargestellt, jedoch werden auch Bauarten ähnlich Bild 13.29 verwendet.

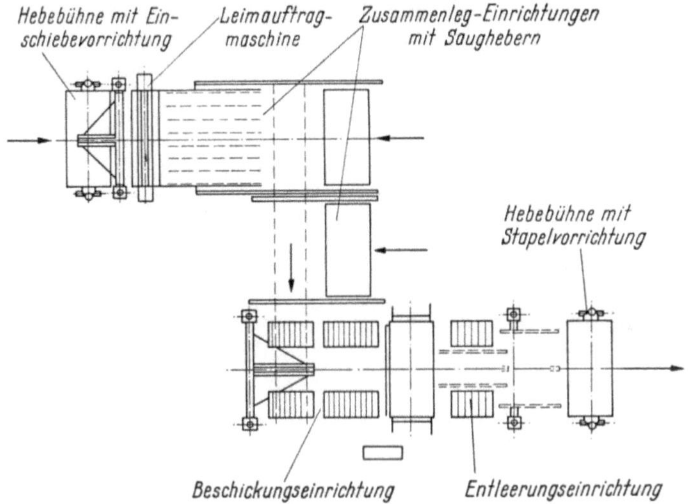

Bild 13.35. Beschickungs- und Entleervorrichtung für Türen.

13.463 Sonderanlagen zum Überfurnieren

Beim Überfurnieren liegt ein Sonderfall vor, und zwar insofern, als die Anzahl der Schichten der zu verleimenden Platten von vorneherein auf drei beschränkt ist, man also mit Sicherheit mit einem Blechkreislauf mit drei Legestellen auskommt.

In diesem Zusammenhang sind auch Einetagenpressen zu nennen, für die eine besondere Art von Beschickungseinrichtungen möglich ist. Hierbei kann, weil der Preßtisch fest ist und sich immer in der gleichen Lage befindet, ein endloses Band aus Blech oder Metallgeflecht verwendet werden, auf dem die neue Platte vor der Presse zusammengelegt wird; das Band durchläuft dann die Presse, trägt dabei die gerade gepreßte Platte aus und führt die neue ein. Diese Einrichtung ist wirkungsvoll und billig und gestattet auch das Arbeiten mit schnellstabbindenden Leimen.

Wenn das Überfurnieren in Einetagenpressen trotzdem noch verhältnismäßig wenig verbreitet ist, so liegt das vor allem daran, daß die Leistung einer neuzeitlichen Presse fast verhältnisgleich der Etagenzahl ist. Da mit einer Beschickungs- und Entladevorrichtung der Pressenwechsel einer großen Etagenpresse etwa genauso schnell vor sich geht wie derjenige einer Einetagenpressen, wird die Etagenzahl vor allem von der Überlegung bestimmt, wie viele Rohplatten man in der Zeiteinheit zusammenlegen kann. Wenn jedoch die gewünschte Leistung verhältnismäßig klein ist und im Bereich einer Mehretagenpresse ohne mechanische Hilfseinrichtungen liegt, so ist es zweckmäßig, zu untersuchen, ob die gleiche Leistung von einer sehr schnellen und automatisierten Einetagenpresse erzielt werden kann (die dann aus verschiedenen Gründen vorzuziehen wäre). Natürlich müssen Pressenspieldauer und Legezeit übereinstimmen.

13.47 Allgemeine Gesichtspunkte

13.471 Auswahl geeigneter Maschinen

Die Auswahl geeigneter Maschinen läuft auf die Frage hinaus, ob es zweckmäßig, kostensparend und wirtschaftlich ist, entweder eine Presse mit allen neuzeitlichen Einrichtungen wie Beschickungs- und Entladevorrichtung, Blechkreislauf usw. einzubauen, oder aber die für billiger erachteten, einfacheren Lösungen anzuwenden. Bei derartigen Überlegungen wird meist unterstellt, daß letztere nicht nur in der Installation und im allgemeinen Aufwand, sondern vor allem auch an reinen Maschinenkosten billiger wären als die automatische Anlage. Manchmal wird dabei aber im Grunde Unvergleichbares gegenübergestellt.

Eine ebenso kurze wie einfache Rechnung zeigt, daß man keineswegs eine mit mechanischen Vorrichtungen ausgestattete Presse mit einer sozusagen alleinstehenden Presse vergleichen darf. Die Leistung beider Maschinen ist grundlegend verschieden. Nach praktischer Erfahrung kann man annehmen, daß eine automatisierte Anlage bei der Herstellung dünner Sperrplatten die Pressung von bis zu 15 Füllungen je Stunde gestattet, daß man bei Handbeschickung mit Beschickungshilfen, Hubtischen usw. auf etwa $7^1/_2$ Beschickungen je Stunde kommt und daß man schließlich bei reinem Handbetrieb, ohne jede Hilfsmittel im allgemeinen 5 Beschickungen je Stunde nicht überschreitet. Will man also die verschiedenen Möglichkeiten miteinander vergleichen, so muß man in Rechnung stellen, daß man bei Verwendung mechanischer Einrichtungen eine Presse braucht, bei Anwendung einfacherer Hilfsmittel zwei Pressen, bei reinem Handbetrieb jedoch deren drei.

Berücksichtigt man ferner, daß sich auch die nicht unerheblichen Nebenanlagen in gleichem Maße vervielfachen, beispielsweise die Anzahl von Leimauftragmaschinen, von Aluminiumblechen, Blechkühlanlagen, Blechwagen usw., ferner Heizeinrichtungen, Regelungen für die Heizung und sonstige Installationen, so kommt man bei genauem Vergleich der Kosten zu dem vielleicht nicht ganz erwarteten Ergebnis, daß, für ein bestimmtes Beispiel, die Presse mit automatischer Einrichtung etwas weniger als DM 600000,— kostet, zwei Pressen mit Hubtischen usw. etwa DM 620000,—, dagegen drei einfache Pressen mit den gleichen aber zahlreicheren Nebeneinrichtungen, wie bei den ersten beiden Fällen, DM 780000,—. Demgemäß sind natürlich auch die festen und laufenden Kosten in der genannten Reihenfolge steigend. Da schließlich die automatische Einrichtung vor allem auch den Vorteil der Arbeitsersparnis einschließt, so ergibt sich, daß die automatische Presse in jeder Hinsicht billiger ist, sowohl im Betrieb, in den Lohnkosten als auch in der Anschaffung.

In der Presserei kommt man bei reiner Handarbeit auf etwa 6 Arbeitsstunden je m³ Sperrholz (nur im Bereich des Zusammenlegens und der Presse), bei der Arbeit mit Hubtischen und ähnlichen Hilfen auf etwa 5 Stunden je m³, bei einem automatischen Kreislauf jedoch auf rund 2 Stunden je m³. Unter diesen Umständen darf man es als erwiesen ansehen, daß ein wirtschaftlicher Sperrholzbetrieb unbedingt mit Beschickungsvorrichtungen arbeiten sollte.

13.472 Berechnung der optimalen Etagenzahl.

Bei Berechnung der optimalen Etagenzahl ist im allgemeinen davon auszugehen, daß unter gegebenen Verhältnissen und bei einem angenommenen Grad der Mechanisierung und Automatisierung das Zusammenlegen einer Platte vor dem Pressen bzw. die Arbeit zum Legen einer Schicht zu einer solchen Platte eine gewisse gut abschätzbare Zeit erfordert. Nimmt man weiter eine Mindestdauer für das Pressenspiel an, so ergibt sich die Anzahl der Etagen durch die Teilung der Pressenspieldauer durch die Zeit, die zum Legen einer Platte oder einer Lage benötigt wird. Das Ergebnis ist die theoretisch größte Anzahl der Etagen.

Liegt z. B. reiner Handbetrieb vor mit einer einzigen Legestelle hinter der Leimauftragmaschine, so kann man unter Umständen mit einer Stapelzeit von 1 min je Platte rechnen. Dauert das Pressenspiel beispielsweise 12 min, so hat es also keinen Zweck, die Presse mit mehr als 12 Etagen auszustatten.

Bei automatischen Anlagen mit getrennten Legestellen für jede Schicht spielen die Fördergeschwindigkeiten eine wesentliche Rolle. Allerdings lassen sich die heute üblichen Geschwindigkeiten wohl kaum steigern, ohne andere Schwierigkeiten nach sich zu ziehen (Verrutschen der Lagen usw.). Es kann angenommen werden, daß eine Rollenbahn- oder Förderketten-Geschwindigkeit von etwa 25 cm/s nicht wesentlich überschritten werden darf; das führt bei Platten von 2,50 m Nennlänge (entsprechend etwa 3 m Stichmaß zwischen den Legestellen) zu einer Förderzeit von rd. 12 s von einem Platz zum nächsten. Zusätzlich ist noch die

Zeit zu rechnen, die der Beschickungskorb der Presse zum Heben oder Absenken um eine Etage benötigt. Hier sind weitere ein bis zwei Sekunden anzusetzen, so daß sich also eine Taktzeit von mindestens rund 15 s ergibt. Hiervon bleiben die Bleche nur etwa 3 s stehen, die Belegung muß also zum größten Teil auf laufenden Blechen vorgenommen werden, was jedoch durchaus möglich ist.

Um eine so kurze Legezeit voll auszunutzen, müßte die Presse also 4 mal so viel Etagen haben, wie der Zyklus in Minuten dauert. Da mit einem solchen Legeverfahren auch der kürzestmögliche Pressenkreislauf einhergeht, kommen trotzdem keine unmöglichen Etagenzahlen heraus. Rechnet man z. B. mit 4 min Umtriebszeit, so müßte die Presse 16 Etagen haben.

Vielleicht ist es überspitzt, mit 15 s Plattenfolge zu rechnen, obwohl dieser Wert praktisch vorkommt und festgestellt wurde; 20 s sind aber bestimmt zu erreichen; sie ergeben bei ebenfalls 4 min Pressenspieldauer eine Presse mit 12 Etagen.

13.473 Zusammenfassung

In wenigen Worten lassen sich folgende hauptsächliche Tatbestände zusammenstellen:

a) Bei Handbeschickung läßt sich nicht mit schnell abbindenden Leimen arbeiten. Wenn dies gewünscht wird, muß eine mechanische Beschickungsvorrichtung mit gleichzeitiger Einführung aller Platten in die Presse verwendet werden.

b) Da man stets bestrebt sein wird, mit dem geringsten Maschinen- und Energieaufwand auszukommen, sind alle Einrichtungen verlockend, die ohne Bleche arbeiten. Sie sind jedoch nur insoweit verwendbar, als das Holz dies zuläßt. In Europa ist dies nur als Ausnahme der Fall.

c) Ebenfalls noch verhältnismäßig einfach sind einseitige Beschickungsvorrichtungen mit rückziehbaren Blechen (Abstreifung). Sie stellen jedoch auch noch gewisse Anforderungen an die Eigenfestigkeit des Preßgutes.

d) Am anpassungsfähigsten sind Beschickungsanlagen mit vollständigem Blechkreislauf und veränderlicher Anzahl der Legestellen. Bei sehr ungünstigen welligen Furnieren müssen Oberbleche verwendet werden.

e) Unabhängig von den mechanischen Fragen der Beschickungen ist bei dickeren Platten auf möglichste Symmetrie des Wärmedurchganges zu achten.

f) Auf der Grundlage gleicher Gesamtleistung sind Anlagen mit automatischer Beschickung in jeder Hinsicht preisgünstiger als handbeschickte oder teilmechanisierte Einrichtungen.

14. Formatgeben und Besäumen von Lagenhölzern

Von **Hermann Doffiné**, Krefeld

14.1 Aufbau der Rohplatten

14.11 Holzarten, Faserrichtung

Die handelsüblichen Formatsägemaschinen sind meist für keinen ganz genau festgelegten Zweck und für keine bestimmte Holzart gebaut, sondern für eine vielseitige Verwendung. Demgemäß ist der Antrieb der Werkzeuge reichlich bemessen, um auch für ungünstige Verhältnisse noch auszureichen.

Natürlich hat die *Holzart* auf den Zustand der Kanten und andere Erscheinungen beim Formatgeben gewisse Einflüsse. Dies trifft insbesondere dann zu, wenn eine Lagenholzplatte aus verschiedenen Holzarten besteht; dann ist nämlich zu befürchten, daß bei nicht mehr ganz einwandfreien Werkzeugen die Glätte der besäumten Kanten erheblich verschieden ausfällt.

In gewissem Maße ist dies ohnehin unvermeidlich, je nachdem in welcher Richtung die Fasern angeschnitten werden. Man erhält die Hirnholzkanten rauher als diejenigen Kanten, die genau oder ungefähr in Faserlängsrichtung besäumt wurden.

14.12 Zustand der Außenkanten

Im allgemeinen bestehen die *unbesäumten Außenkanten* aus den Rändern der einzelnen Furnierschichten, die jedoch keinen gleichmäßigen Überstand haben, sondern örtlich unterschiedlich über das Nettomaß der Platte hinausragen. Die Kante jeder Furnierlage hat dabei verschiedene Form und auch eine verschiedene Richtung; *längs der Faser* ist die Kante in der Regel gerade (Scherenschnitt), *quer zur Faser* dagegen stufenweise abgesetzt, je nachdem wie genau einzelne Furnierstreifen zu Blättern voller Größe zusammengesetzt worden sind.

Die Genauigkeit der Kanten spiegelt also die Sorgfalt bei der Furnierherstellung sowie insbesondere auch die Arbeitsgüte beim Furnierzusammensetzen wider.

Für die *Toleranzen der rohen Platten* und damit für den Besäumabfall ist zum Teil schon die Schere hinter der Schälmaschine verantwortlich, dann die Zusammensetzmaschine und schließlich das Zusammenlegen vor der Presse. Es ist fraglich, in welchem Maße genauere Arbeit an all diesen Stellen den Holzverlust beim Besäumen verringern kann; in der Praxis sind die Säumlinge je nach Plattenformat im Mittel etwa 3 bis 6 cm breit, in Ausnahmefällen auch mehr.

14.13 Toleranzen

Unabhängig von den Ungenauigkeiten der rohen Platte werden beim Formatgeben dem Lagenholz die fertigen Dimensionen und damit auch die *Toleranzen der Fertigabmessungen* gegeben. Die Maße sind im Normblatt DIN 4078 festgelegt.

Das Einhalten der Toleranzen schließt verschiedenartige Aufgaben ein. Einmal müssen die Maschinen mechanisch genau genug sein, um den Abstand zwischen zwei parallel schneidenden Sägen gleichbleibend und sicher einstellen zu können. Zum anderen spielen beispielsweise bei einer Maschine für Durchlaufverfahren auch die Toleranzen in den Fördervorrichtungen eine Rolle; in diesem Fall kann eine gewünschte Breite oder Länge der Lagenholzplatte ohne weiteres erreicht werden, jedoch erhält die Kante möglicherweise eine gewisse Krümmung. Weiter sind für die Toleranzen nicht nur die Einrichtungen der Maschine selbst, sondern auch Werkzeuge, also Sägeblätter, Fräser und Zerspaner, maßgebend.

Um das Fertigmaß mit Sicherheit aus der Rohplatte ausschneiden zu können, ist es bei Handbeschickung und Einzelverarbeitung von Platten in der Regel leicht möglich, mit einem Mindestmaß an *Besäumverlust* auszukommen. Anders verhält es sich bei automatischem Betrieb, und zwar vor allem bei solchen Anordnungen, wo die Kanten paarweise parallel nacheinander beschnitten werden, wo also eine Umkehrstation oder ein Wendetisch die Platten nach dem ersten Sägeschnitt in die zweite Doppel-Besäumsäge befördert. Eine solche Umschaltstelle muß von der Platte selbst betätigt werden, die gewöhnlich beim Auflaufen auf den betreffenden Tisch einen Kontakt oder Endschalter berührt. Da dies jedoch mit der noch nicht besäumten Kante geschieht, die noch alle Unregelmäßigkeiten aufweist, muß damit gerechnet werden, daß der Kontakt entweder von einem besonders weit vorstehenden oder aber von einem besonders weit zurückstehenden Furnierstück berührt worden ist. Hieraus folgt zwangläufig, daß automatische Anlagen zu größeren Besäumverlusten führen und von vorneherein größere Formatzugaben erforderlich machen.

14.2 Bearbeitungsarten

14.21 Sägen

Sägen, insbesondere *Kreissägen*, sind die derzeit überwiegenden Besäumungswerkzeuge. Zumindest gilt dies für unverdichtete Lagenhölzer. Die Beanspruchung der Sägen ist verhältnismäßig groß, einmal wegen des zum Teil quer oder im Winkel zur Faser erfolgenden Schnitts, zum anderen auch wegen der abgebundenen, harten Leimschichten. Kreissägen sollten nach Möglichkeit aus besonders dauerhaftem Stahl bestehen; *hartmetallbestückte Sägeblätter* setzen sich immer mehr durch. Für das Besäumen besonders harter Platten, z. B. Preßsperrholz, sind sie unbedingt erforderlich.

In Sonderfällen kommen auch *Bandsägen* zum Besäumen vor, z. B. für das Auftrennen von Schichtholzblöcken. Der Vorschub wird dabei meist von Hand vorgenommen.

Im einzelnen verlaufen die Vorgänge beim Sägen von Lagenholzkanten nicht wesentlich anders als dies allgemein beim Sägen der Fall ist, nur sind die Verhältnisse insofern weniger übersichtlich, als es sich in der Regel um eine Schichtung von Holzarten, gegebenenfalls mit wechselnden Faserrichtungen in den einzelnen Lagen handelt. Allgemein gilt jedoch auch hier, daß die erforderliche Leistung (abgesehen von Schnittiefe und Vorschubgeschwindigkeit) von der Schränkung, vom Spanwinkel und vom Schnittwinkel sowie von der Dichte des zu verarbeitenden Lagenholzes abhängt.

An die Glätte und an das schöne Aussehen der besäumten Kanten werden keine allzu großen Ansprüche gestellt. Es ist durchaus üblich, daß an der Kante des unteren Furniers kleine Splitter eingerissen sind.

Auch ist es in gewissen Grenzen normal, daß die einzelnen Furnierlagen nicht genau das gleiche Maß bekommen. Im allgemeinen stehen die im Hirn angeschnittenen Furniere etwas weiter vor als jene, die an der betreffenden Stelle parallel besäumt wurden. Dies ist auch beim Fräsen nicht ganz zu vermeiden.

Besonders maßhaltige Sägekanten sind durch hartmetallbestückte Blätter mit geschliffenen Flanken (und auch seitlichen Schneidkanten) zu erhalten; sie erfordern zur Instandhaltung genau arbeitende Schleifmaschinen und Meßinstrumente.

14.22 Fräsen

Fräsen kommt in allen Fällen in Frage, wo Kanten nicht nur glatt besäumt, sondern auch gleichzeitig *profiliert* werden sollen. Davon abgesehen kann Fräsen vorteilhaft sein, wenn besonders hohe Ansprüche an die *Glätte der Kanten* gestellt werden, und ferner wenn beim Arbeiten mit Kreissägen befürchtet werden muß, daß die Kanten von Plattenoberflächen beschädigt oder ausgerissen werden. Diese Gefahr besteht beispielsweise bei mit Dekorpapier kaschierten Platten.

Ein Nachteil der Verwendung von Fräswerkzeugen liegt darin, daß sie stets an der gleichen Stelle beansprucht werden und dort verhältnismäßig schnell verschleißen. Insbesondere wenn die zu besäumenden Platten unterschiedlich harte Schichten haben, zum Beispiel wenn sie mit Laminaten beplankt sind, bekommen Fräswerkzeuge an diesen

31*

Stellen sehr schnell Scharten. Die Folge davon ist, daß die Messerschneiden nach kurzer Zeit keine glatten Kanten mehr liefern.

Eine gewisse Abhilfe besteht darin, einen Fräser für diese Zwecke *zweiteilig* auszuführen; die beiden Teile lassen sich ineinander verschieben und zu jedem der beiden Teile gehört eine gewisse Anzahl Schneiden. Durch Verschieben kommen also jeweils frische Stellen zumindest bei der Hälfte der Schneiden in Ansatz.

Eine weitere Möglichkeit bestände darin, die Fräswerkzeuge *oszillieren* zu lassen und so die Abnutzung auf eine größere Schneidkantenlänge zu verteilen. Praktisch erprobte Ausführungen dieser Art sind jedoch bisher nicht bekannt geworden.

14.23 Zerspanen

Die fortschreitende Entwicklung der *Zerspanungswerkzeuge* zum Besäumen von Spanplatten führte zu dem Bestreben, diese vorteilhafte Art des Formatgebens auch auf die Bearbeitung von Lagenhölzern zu übertragen. Allerdings sind die Verhältnisse hier schwieriger als bei Spanplatten.

Das Problem liegt vor allem darin, daß am Außenrand der Kanten nur noch ein Furnier übersteht, das aber die ganze Dicke der Platte als Spielraum hat. Es ist deshalb beim Vorgang des Zerspanens nicht fest geführt und kann vor dem Werkzeug flattern. Handelt es sich um ein Längsfurnier, so besteht dabei die Gefahr, daß es dem Schnitt vorauseilend einreißt und Teile als abgerissene Späne oder Splitter beiseite fliegen. Es ist nachteilig, daß diese Splitter mit abgesaugt werden und die Absaugungsanlage leicht verstopfen. Auch wenn das Loslösen solcher Splitter nur verhältnismäßig selten geschieht, so kann man doch selbst eine nur einmal in der Stunde vorkommende Verstopfung der Absaugung nicht in Kauf nehmen; über die Verwendbarkeit von Zerspanungswerkzeugen muß jeweils der praktische Versuch entscheiden.

Zerspanungswerkzeuge sollten jedoch soweit wie möglich verwendet werden, auf jeden Fall beim Besäumen von Platten, die schon einmal vorbesäumt worden waren, ferner bei Platten mit dicker Innenlage wie beispielsweise Türen.

Es dürfte auch möglich sein, Zusatzvorrichtungen, Zwangsführungen, Andrückwalzen und dergl. zu entwickeln, um bei normalem Sperrholz das Besäumungs-Zerspanen zu einem betriebssicheren Arbeitsvorgang zu machen. Die Vorteile, daß keine Spreißel und Säumlinge entstehen und gesondert abzuführen sowie zum Verfeuern zu zerkleinern sind, machen auch einen gewissen Mehraufwand an den Formatsägen ohne weiteres tragbar.

14.3 Arbeitsverfahren

14.31 Parallelbesäumen

Beim *Parallelbesäumen* handelt es sich um das gleichseitige Besäumen
von zwei parallelen Kanten, so daß der Vorgang zum vollständigen
Besäumen einer Platte für die beiden anderen Kanten wiederholt
werden muß. Der Vorteil des Parallelbesäumens besteht in der Hauptsache darin, daß mit verhältnismäßig einfachen maschinellen Mitteln
ein durchlaufender Betrieb möglich ist, der es gestattet, die Formatsägen
mechanisch zu beschicken und die besäumten Platten auch ohne Handarbeit zu stapeln.

Bild 14.1. Parallel-Besäumsäge. Bauart F. Meyer & Schwabedissen, Herford.

Zwei Parallel-Besäumsägen können, im Winkel zueinander aufgestellt und durch einen Umkehrtisch verbunden, zu einer Besäumeinheit
zusammengefaßt werden. Wie in Unterabschnitt 14.13 erwähnt wurde,
ist es jedoch unvermeidlich, mit einem etwas größeren Randverlust an
mindestens zwei Kanten zu rechnen.

Parallel-Besäummaschinen haben vor allem den Vorteil, daß ihre
Arbeit einfach ist und der Vorschub dauernd laufen kann. Mit den
bewährten Kettenbahnen als Vorschubelementen sind ohne weiteres
Geschwindigkeiten von über 30 m/min zu erreichen.

Anderseits sind Doppelsägen nicht vielseitig verwendbar; z. B. erfordert es zusätzlichen Aufwand, mit ihnen Sonderschnitte und zusätzliche Trennschnitte auszuführen usw. Auch die Umstellung von einem
Format auf ein anderes ist, wenngleich leicht möglich, so doch deshalb
störend, weil derartige Maschinen vor allem für schnell und ununterbrochen laufende Straßen bestimmt sind. Als Beispiel kann die in Bild 14.1
dargestellte Säge gelten.

14.32 Vier-Kanten-Besäumen, paketweise

Das *Vier-Kanten-Besäumen* von Lagenholzpaketen ist ein althergebrachtes Verfahren, das vor allem mit Sägemaschinen ausgeführt wurde, die über zwei fest eingebaute Parallel-Längsbesäum-Kreissägen sowie eine oder zwei quer verfahrbare, an einem Balken geführte Kreissägen für die Querschnitte verfügen. Das Plattenpaket wird auf einem Tisch gelagert und stufenweise durch die Maschine geführt.

Der Nachteil liegt vor allem in der Notwendigkeit, die Platten von Hand auf dem Tisch zu stapeln und wieder abzunehmen. Hinsichtlich ihrer Leistung schneiden derartige Maschinen jedoch keineswegs schlecht ab. Die an sich langsamen Geschwindigkeiten und Arbeitsvorgänge

Bild 14.2. Formatsäge für paketweises Besäumen aller vier Kanten.
Bauart Böttcher & Gessner, Hamburg.

führen doch zu einer guten Gesamtleistung, da sie jedesmal nicht auf eine einzelne Platte, sondern auf ein ganzes Paket angewendet werden. Beispielsweise werden 5 Furnierplatten, 7fach verleimt und je 16 mm dick, zusammen also 80 mm, auf einer solchen Vierkanten-Besäumsäge geschnitten, wobei zwei Bedienungsleute das Auflegen, Schneiden, Abnehmen der Platten und auch die Abnahme der Säumlinge von Hand in 105 s durchführen (Plattenformat 1,25 m $\times$ 2,50 m). Der Vorteil der Leistung von paketweise arbeitenden Maschinen wird besonders deutlich bei dünnen Platten, die im Paket um so mehr Kantenlänge haben.

Für diese Maschinen-Bauart gibt Bild 14.2 ein Beispiel.

14.33 Vierkantenbesäumen, Durchlaufverfahren

Es liegt nahe, das Besäumen aller vier Kanten in einer Maschine in sozusagen einem Arbeitsgang durchführen zu wollen. Dies kann man

entweder durch mechanischen Durchlauf durch eine normale Vierkanten-Besäumsäge bei entsprechender Steuerung des Vorschubes erreichen (mit Anhalten), besser jedoch durch eine Konstruktion mit
gleichbleibendem Vorschub und mitgehenden sowie leer zurückkommen-
den Querkreissägen.

Bild 14.3. Formatsäge für Vierkantenbesäumen bei kontinuierlichem Durchlauf. Bauart RFR.

Zwei bewährte Typen derartiger Sägen sind vor allem in Anwendung,
von denen die eine (Bild 14.3) die Platten paketweise auf einem Tisch
befördert (Auf- und Ablegen also nötig, dafür ist die Leistung hoch),
während die andere Maschine für den stetigen Durchlauf eingerichtet
ist, aber jedesmal nur eine Platte aufnimmt.

14.34 Einfügen in Endfertigungsstraße

Formatsägen mit stetigem Durchlauf, sowohl Parallelbesäumsägen
als auch Vierkanten-Besäummaschinen, eignen sich zum Einbau in eine
vollständige *Endbearbeitungsstraße*.

Schon die Zusammenfassung zweier Maschinen zu einer Bedienungs-
einheit, die allerdings abgestimmte Durchlaufgeschwindigkeit und ein
verbindendes Fördermittel zwischen beiden erfordert, vermindert die
Bedienungskosten im günstigen Fall um 50%. Bei Endfertigungsstraßen
ist die Ersparnis noch größer, denn das Besäumen und das beidseitige
Schleifen oder Ziehklingen werden in einem Gang durchgeführt.

Ferner besteht die Möglichkeit, selbst die Beschickungs- und Ab-
nahmearbeiten durch eine Einschiebevorrichtung am Anfang und eine
Ablegevorrichtung am Ende der Straße maschinell zu erledigen. Für
beides sind bewährte Einrichtungen erhältlich.

Allerdings ist die rein mechanische Aufgabe von Sperrplatten wieder
wegen der Unregelmäßigkeit ihrer Kanten schwierig. Es kann sein, daß
eine besonders ungenaue Platte nicht ganz gerade in die Säge eingeführt
wird. Ausschuß an dieser Stelle ist wegen des schon fast beendeten
Herstellungsganges besonders teuer, so daß es bei Sperrholz im allgemeinen noch üblich ist, die Platten von Hand auf die Säge zu schieben.
Erleichtert wird diese Arbeit durch eine Hebebühne vor der Säge.

Eine Endfertigungsstraße ist in Bild 15.7 im Grundriß dargestellt.
Die *Wendevorrichtung* hinter der zweiten Schleifmaschine dient der
Kontrolle, da man nur auf diese Weise von einem Standpunkt aus beide
Seiten der fertig geschliffenen Platte beobachten und begutachten kann.
Der Bedienungsmann an dieser Stelle entscheidet, ob die einzelne Platte
geradeaus auf den Stapel für einwandfreie Erzeugnisse gelangt oder,
als zweite Güte eingestuft, seitlich herausgenommen wird.

14.4 Sondereinrichtungen

14.41 Richtlichter

Insbesondere bei großen Plattenformaten ist es oft schwer, die noch
unbesäumte Platte allein nach Augenmaß genau auszurichten, um so
mehr, als bei manchen Maschinen die Sägeblätter selbst nicht ohne weiteres sichtbar sind.

Eine Hilfe sind in solchen Fällen einfache *Visiereinrichtungen*, jedoch haben sich vor allem *Richtlichter* bewährt, jedenfalls dort, wo sie
sich unter Berücksichtigung der Helligkeit im Arbeitsraum anwenden
lassen. Voraussetzung ist ferner, daß es sich um eine Besäummaschine
handelt, bei der die Platte vor den Sägen zum größten Teil frei auf einer
Unterlage bzw. auf dem Kettentransport oder dem Fördertisch aufliegt und dort auch noch zurechtgeschoben werden kann. Die Richtlichter selbst müssen leicht auf verschiedene Schnittbreiten einstellbar
sein und erfordern deshalb mehr Aufwand in der Anbringung als man
in der Regel für nötig hält.

Richtlichter sind vor allem auch dann nötig, wenn eine Platte nicht nur nach der Beschaffenheit ihrer rohen Kanten, sondern auch nach dem Muster einer Dekoroberfläche geschnitten werden soll. Handelt es sich um ein geometrisches Muster, so muß der Schnitt mit der vorherrschenden Richtung des Dessins übereinstimmen, oder in irgendeinem harmonischen Verhältnis dazu stehen. Das nötige Ausrichten ist mit bloßem Augenmaß meist nicht genau genug möglich.

Gelegentlich hat das Licht normaler Lampen oder Röhren nicht die richtige Farbe; dann ist es günstiger, z. B. grünes Licht zu verwenden.

14.42 Spezialanschläge

Unter Umständen ist es möglich, den Nachteil der unregelmäßigen Kanten zu umgehen, nämlich dann, wenn es sich bei der zu besäumenden Platte um einen Verbundwerkstoff mit einer schon früher vorbesäumten Trägerplatte in der Mitte handelt. Für solche Fälle sind Spezialanschläge bekannt, die in entsprechender Höhe angebracht werden und die Platte nach den schon genauen Kanten der Innenlage ausrichten.

14.43 Zusätzliche Halterung

Beim Besäumen von Platten, die einerseits recht unregelmäßige Kanten, anderseits sehr glatte Oberflächen haben, kann der von den Schneid- oder Zerspanungswerkzeugen ausgeübte Druck zeitweise einseitig und so groß werden, daß in einer Maschine mit Durchlaufeinrichtung, zumal bei schnellem Vorschub, die Gefahr des Verschiebens besteht. In diesen Fällen ist es möglich, die obere Führung über den Förderelementen zu verlängern oder aber an der Aufgabestelle eine zusätzliche obere Führung anzubringen, die, z. B. durch Druckluft betätigt, beim Auflegen einer neuen Platte angehoben, nach dem Ausrichten abgesenkt und unter Druck gesetzt werden kann. Eine derartige Ausführung ist in Bild 14.4 dargestellt.

14.44 Zusätzliche Sägen und Werkzeuge

Die meisten Besäumungsmaschinen lassen den Einbau einer dritten und unter Umständen vierten Längsschnittsäge zu, wodurch es möglich wird, Trennschnitte vorzunehmen. Zusätzliche Querschnitte erfordern in der Regel keine besonderen Sägen, sondern werden durch entsprechend eingestellte Schaltung des Querschneiders gesteuert.

Manchmal kann es vorteilhaft sein, die Platten vor dem eigentlichen Besäumschnitt auf der Unterseite zu ritzen. Dies vor allem dann, wenn Zerspanerwerkzeuge verwendet werden und wenn die Platten besonders harte, glatte oder spröde Oberflächen haben.

Insbesondere bei den Durchlaufmaschinen kann man die verschiedensten zusätzlichen Werkzeuge anbringen, mit denen es etwa möglich ist, die Kanten anzufasen, zu profilieren oder auch auf den Oberflächen der Platten durch Ritzen oder Fräsen Bearbeitungen vorzunehmen.

Bild 14.4. Zusätzliche Haltevorrichtung für Platten mit glatten Oberflächen. Obere Führung wird mit Druckluft betätigt. Bauart Böttcher & Gessner, Hamburg.

Bei ziemlich breiten Randabfällen lassen sich noch brauchbare Streifen (z. B. für Türeninnenlagen) gewinnen. In diesem Fall ist es vorteilhaft, statt eines einzelnen Sägeblattes zwei Sägeblätter an jeder Schnittkante, mit dem gewünschten Abstand dazwischen, zu verwenden.

14.5 Zubehör

14.51 Absaugung und Späneverwertung

Im allgemeinen muß man auf die Ausführung der *Absaugung* große Sorgfalt verwenden. Selbst ein ganz geringer Prozentsatz nicht abgesaugter Späne kann in kurzer Zeit die Besäummaschine und ihre ganze Umgebung verschmutzen.

Die *Absaugehauben* müssen dem jeweiligen Werkzeug angepaßt sein, sehen also bei Kreissägen anders aus wie bei Zerspanungswerkzeugen. Genau genommen müssen die Hauben in der Höhe verstellbar sein und der jeweiligen Plattendicke angepaßt werden.

Auch oder gerade in der Absaugehaube muß die für die Spänebewegung nötige *Luftgeschwindigkeit* erreicht und der freie Querschnitt entsprechend eingerichtet werden.

Allgemein gültige Zahlen können zwar nicht genannt werden, jedoch sind auch bei Sägespänen von Säumlingen etwa 20 m/s Luftgeschwindigkeit einzuhalten; ferner ist der statische Druckverlust zu überwinden, der sich aus der Form des Werkzeuges und der Absaugehaube ergibt.

Demgegenüber sind die Angaben über Absaugedaten oft irreführend, wenn sie sowohl eine Luftgeschwindigkeit als auch einen Gesamtdruck (statisch plus dynamisch) enthalten. Genügen würde entweder die Luftgeschwindigkeit oder der *dynamische Druck*, erforderlichenfalls unter zusätzlicher Angabe des Druckverlustes in den Absaugehauben. Wenn gelegentlich ein erheblich größerer Unterdruck gefordert wird, als es der normalen Luftgeschwindigkeit entspricht, so dürfte das meist daran liegen, daß die Absaugehauben einen bedeutend größeren freien Querschnitt haben als ihre Anschlüsse.

Die Späne von Säumlingen (Sägen oder Fräsen und Zerspanen) sind geeignet, im *Bunker* mit anderen gröberen Spänen, Hackschnitzeln usw. gelagert und über die üblichen Einrichtungen zum Entleeren, zum Fördern mittels Schnecken usw. einer Vorfeuerung zugeführt zu werden.

Anderseits kann man die *Formatsägenspäne mit dem Schleifstaub* zusammen verwenden, nur muß dann das Gemisch im ganzen wie Schleifstaub behandelt werden, d. h. mit allen Vorsichtsmaßnahmen gegen Explosionsgefahr. Ein gewisses Wagnis liegt in einer solchen Anordnung, denn es ist immerhin mit der Möglichkeit zu rechnen, daß die Sägespäne vom Formatgeben Splitter enthalten, die unter Umständen die Düsen und sonstige Fördereinrichtungen, die auf die kleine Korngröße des Schleifstaubes abgestimmt sind, verstopfen und beschädigen.

14.52 Hebetische

In erster Linie erscheinen *Hebetische* zweckmäßig bei Anlagen, die in einem Durchlauf die ganze Formgebung und das Schleifen bewältigen. Der Plattenstapel muß, insbesondere bei automatischer Beschickung, beim Eingeben in die Formatsäge auf deren Tischhöhe gehoben werden. Dies ist mit elektrischer oder auch pneumatischer Steuerung ohne weiteres zu erreichen. Umgekehrt wird der Stapel am Ende der Anlage in gleichem Maße abgesenkt.

Aber auch bei einzeln arbeitenden Formatsägen, die von Hand bedient werden, ist das Heben und Absenken auf Tischen mit mechanischem oder hydraulischem Antrieb vorteilhaft. In manchen Fällen kann dadurch ein Bedienungsmann je Arbeitsstelle gespart werden.

Die Zweckmäßigkeit von Hebetischen ist durchaus nicht auf die Verarbeitung großer Formate beschränkt. Auch für kleine Platten, die von einem einzelnen Mann gehandhabt werden, sind Hubvorrichtungen von Vorteil, die dann entsprechend einfach und leicht gebaut sein können. Besonders zweckmäßig sind Stapelhalter, die keine Fundamente benötigen und ganz nach den augenblicklichen Bedürfnissen und nach der Körpergröße des Bedienungsmannes aufgestellt werden können. Eine bekannte Hebebühne ist in Bild 14.5 dargestellt.

Bild 14.5. Hebetisch für die Endfertigung. Bauart Trepel KG, Wiesbaden-Schierstein.

14.53 Spreißelbeförderung

Das Entstehen von Spreißeln, als unbequeme Zugabe beim Besäumen, läßt sich nicht immer durch Zerspanen vermeiden. Immerhin

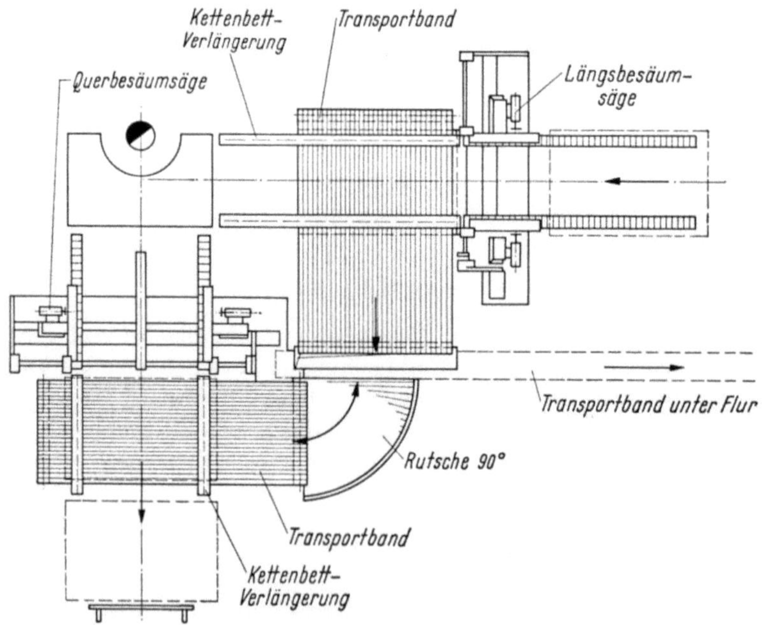

Bild 14.6. Abtransport von Säumlingen durch Kombination von Transportbändern.

ist es unter gewissen Umständen möglich, die Säumlinge ohne zusätzliche Handarbeit zu entfernen.

Eine Anordnung von Förderbändern an einer Formatsägengruppe ist in Bild 14.6 gezeigt. Es gehört aber Erfahrung dazu, diese an sich sehr einfachen Fördermittel so zu bauen, daß Verstopfungen mit größtmöglicher Sicherheit vermieden werden.

Die Schwierigkeiten des automatischen Abtransports der Säumlinge sind nur dann leicht zu überwinden, wenn die zu verarbeitenden Lagenholzplatten stets das gleiche Format oder wenigstens nur wenige bestimmte Formate haben (demgemäß sind solche Anlagen beispielsweise in Finnland vorherrschend). Handelt es sich jedoch um ein Werk, in dem sehr unterschiedliche Plattengrößen auf der gleichen Maschinengruppe besäumt werden, so ist sichere und nicht allzu verwickelte automatische Abbeförderung der Spreißel eigentlich nur dann möglich, wenn man unter den Formatsägen einen Keller oder jedenfalls genügend Höhe für den freien Fall der Säumlinge zur Verfügung hat.

14.54 Einschub- und Ablegevorrichtungen

Das mechanische und automatische Manipulieren ist bei gepreßten Lagenhölzern zwar schon ungleich leichter als bei Handhabung der Einzelteile, z. B. der Furniere vor dem Pressen, jedoch ist die Unregelmäßigkeit der Kanten noch sehr hinderlich.

Eine bewährte und vorteilhafte *Einschubvorrichtung* ist in der Spanplattenindustrie schon seit längerem bekannt. Es dürfte jedoch noch einiger Anpassungen bedürfen, bevor diese Maschine auch für das Einschieben von Sperrplatten in Formatsägen geeignet ist. Wegen der Unregelmäßigkeit der Kanten dürfte eine Tastvorrichtung nötig werden, die möglichst über der ganzen Plattenbreite oder -länge angreift und die Ungenauigkeiten dabei mittelt und ausgleicht.

Denkbar ist weiter eine Einschub- oder besser Aufgabevorrichtung, die, mit Vakuum arbeitend, Platten von einem Stapel abhebt und auf die Einzugvorrichtung oder auf das Förderbett einer Besäummaschine legt.

Bei den *Ablegevorrichtungen* ist die Aufgabe dagegen einfacher, denn hier haben die Platten bereits genaue und gleichbleibende Form.

15. Oberflächenglättung von Lagenhölzern

Von **Hermann Doffiné**, Krefeld

15.1 Schleifen

15.11 Physik des Schleifvorganges

15.111 Schleifmittel und Schleifmittelträger, Abstimmung auf die Holzarten

Das Schleifen besteht aus einer Vielzahl von Spanabnahmen, die an einer Holzoberfläche ausgeführt werden und die im einzelnen von so geringer Breite und Tiefe sind, daß die behandelte Oberfläche dem Auge glatt erscheint. Die Werkzeuge bei dieser Arbeit sind die scharfen Kanten und Ecken der *Körner des Schleifmittels*, das in der Regel auf Papier oder Stoffbahnen aufgeklebt ist.

Die *abgenommenen Späne* sind zum großen Teil faseriger Natur und durchaus nicht ausschließlich körnig, wie es die Bezeichnung Schleifstaub vermuten lassen könnte. Die Form der Schleifspäne ist allerdings erheblich verschieden, je nachdem ob längs oder quer zur Faserrichtung geschliffen wird. Letzteres ist beispielsweise bei Tischlerplatten und Türen der Fall, die nur abgesperrt sind.

Die *Feinheit der Spanabnahme* wird nicht nur durch die Größe des Schleifkorns bestimmt, sondern hängt in wesentlichem Maße von der Umfangsgeschwindigkeit des Schleifwerkzeuges und von der Größe des Vorschubs ab. Wenn die Vorschubgeschwindigkeit erhöht wird, so ist es nötig, gleichzeitig entweder das Korn feiner oder die Umfangsgeschwindigkeit der Werkzeuge größer zu machen, um den früheren Feinheitsgrad zu erhalten.

Als Kennziffer für die *Korngröße* werden im allgemeinen die amerikanischen Körnungsnummern verwendet (die Zahlen geben die Anzahl der Maschen je ein Zoll Sieblänge an). Hierbei gilt eine Körnungsnummer von beispielsweise 40 als sehr grob, von 180 als sehr fein. Diese Angabe bezieht sich nur auf das Schleifen von Lagenhölzern. Die in Deutschland übliche feinste Körnung liegt bei etwa 120. Feinere Körnungen werden erst bei der weiteren Verarbeitung, z. B. Möbelherstellung, verwendet.

Die Wirksamkeit von Schleifmitteln hängt auch von der *Dichte der Bestreuung* ab, d. h. dem durchschnittlichen Abstand von einem Korn zum nächsten. In gewissem Sinne läuft dieses Merkmal der Korngröße parallel, denn bei feinerem Korn wird im allgemeinen auch die Bestreuung dichter, d. h. die Anzahl der schneidenden Kanten und Ecken muß je Flächeneinheit größer sein.

Je glatter und je freier von Kratzern man Flächen schleifen will, um so feiner muß das Korn und um so dichter die Streuung sein. Im allgemeinen sind die Anforderungen bei *Harthölzern* in dieser Hinsicht weitergehend als bei *Weichhölzern*. In der Regel ist das für Hartholz gewünschte Korn etwa $^1/_3$ größer als das für Weichholz in Frage kommende.

Ausnahmen bilden *nasse Hölzer* oder solche mit besonders *großem Harzgehalt*. In diesen Fällen sind gröbere Körnungen und eine weitere Streuung nötig, um zu schnelles Verschmutzen des Schleifmittels zu vermeiden.

Als *Schleifmittelträger* kommt nicht nur Papier, sondern auch Stoff in Frage. Sowohl für Bandschleifmaschinen als auch für Zylinderschleifmaschinen verwendet man für die Oberflächenglättung von Lagenhölzern allerdings praktisch fast ausschließlich Schleifpapier.

Die Schleifpapiere sind nach der Art des Schleifmittels zu beurteilen, wobei als natürliche Erzeugnisse insbesondere *Feuerstein* und *Granat*, als synthetische Stoffe *Elektrokorund* und *Siliciumcarbid* Verwendung finden.

Gewöhnlich wird Korn 40 bis 80 zum *Grobschleifen* und bis zu 120 zum *Feinschleifen* benutzt. Von guten Qualitäten erwartet man eine Standzeit in Zylinderschleifmaschinen herkömmlicher Bauart und Geschwindigkeit von etwa 8 Arbeitsstunden.

Beim Kauf größerer Posten Schleifpapier sowie bei Bezug aus Übersee spielt die zweckmäßige *Lagerung* eine Rolle. Zur Erhaltung der Festigkeit des Papieres sind vor allem mäßige relative Luftfeuchtigkeit und nicht zu hohe Temperatur wichtig. Unter schwierigen klimatischen Bedingungen, besonders in den Tropen, ist es empfehlenswert, das Schleifpapier zusammen mit dem Leim zu lagern und die Räume erforderlichenfalls zu klimatisieren.

15.112 Schnitt- und Vorschubgeschwindigkeiten, Leistungsbedarf

Bei den Geschwindigkeiten an der Oberfläche des Schleifbandes oder der Schleifzylinder handelt es sich um zwar wichtige, jedoch empirische Werte, die sehr verschieden gewählt werden können. Die gleiche Oberflächengeschwindigkeit kann, je nach Körnung des Schleifmittels, sehr verschiedene Wirkung haben.

Praktisch kann man annehmen, daß die *Schnittgeschwindigkeit* von Zylinderschleifmaschinen im allgemeinen nicht über 30 m/s geht, während die von Bandschleifmaschinen auch 40 m/s erreichen kann. Selbst eine hohe *Vorschubgeschwindigkeit* ist im Verhältnis zur Schnittgeschwindigkeit sehr klein.

Die *Leistungsaufnahme Ns* beim Schleifen errechnet sich zu:

$$N_s = \frac{k_s \cdot t \cdot b \cdot s}{60 \cdot 102} \ (\text{kW}),$$

worin k_s die spezifische Schnittkraft in kp/mm², t die Schnittiefe in mm,
b die Schnittbreite in mm und s die Vorschubgeschwindigkeit in m/min
ist. Zu beachten ist, daß die spezifische Schnittkraft k_s sowohl eine
Funktion der Schnittiefe t als auch der Vorschubgeschwindigkeit s sein
kann.

15.113 Profilieren und Pre-finishing

Neben dem Schleifen ist eine andere Art der Oberflächenbearbeitung zu erwähnen,
nämlich das *Profilieren von Lagenholzplatten*. Es kann vor, nach oder gleichzeitig
mit dem Schleifen geschehen, oder auch das Schleifen, Ziehklingen usw. ersetzen.

Beispiele für derartige Behandlungen sind das Profilhobeln der ganzen Oberfläche (das betreffende Außenfurnier ist dann besonders dick) und das Nachritzen
der Fugen im Außenfurnier. Während beim Profilhobeln das Deckfurnier im allgemeinen nicht durchdrungen wird, reichen die nachgeritzten Fugen in der Regel
bis in die Mittellage hinein, so daß bei unterschiedlicher Farbe der beiden Schichten
eine zusätzliche optische Wirkung erzielt wird.

In diesem Zusammenhang ist die Nachbehandlung von Plattenoberflächen zu
erwähnen, die in Amerika als „*Pre-finishing*" bekannt ist und immer weitere Verbreitung findet. Zwar gehören die meisten Arbeitsvorgänge dieser Nachbehandlung
nicht eigentlich zur Lagenholzherstellung (es handelt sich um Grundieren, Beizen,
Trocknen, Lackieren, Bleichen usw.), jedoch sind die maschinellen Einrichtungen
für die Nachbehandlung ein Bestandteil des betreffenden Lagenholzwerkes. Das
„Pre-finishing" geschieht auf Maschinenstraßen von zumeist erheblicher Ausdehnung, und es kommt vor, daß darin auch Schleifmaschinen enthalten sind, die
im engeren Sinn zur Lagenholzherstellung gehören.

15.12 Schleifmaschinen

15.121 Bandschleifmaschinen

Während früher unter *Bandschleifmaschinen* nur solche für Hand-
bedienung verstanden wurden, die hauptsächlich in der Möbelherstellung,
aber auch in der Türenindustrie und für das Schleifen gewisser anderer
edelfurnierter Lagenholzplatten verwendet wurden, muß man heute die
Bandschleifmaschinen in drei Gruppen teilen, nämlich in einmal die
vorgenannten herkömmlichen Typen, zweitens in *Maschinen mit maschineller Druckgebung* und zum Teil auch *maschinellem Vorschub* und Durchlauf, und drittens in die — wesentlich verschiedenen — *Breitband-
Kontaktschleifer*.

Für die Bandschleifmaschinen der herkömmlichen Art ist die *dis-
kontinuierliche Arbeitsweise* kennzeichnend sowie die *Ungleichmäßigkeit
des Schleifeffektes*. Selbst wenn Flächen nur geputzt werden, also ohne
Sonderbehandlung bestimmter Stellen, so wird dies doch durch Hand-
bewegungen des Bedienungsmannes erreicht und unterliegt damit einer
oft erheblichen Ungenauigkeit.

Die individuelle Handhabung der Maschine gestattet die sozusagen
vernünftige Oberflächenbearbeitung, d. h. es wird an den einzelnen
Stellen einer Plattenoberfläche durchweg gerade soviel abgeschliffen wie

nötig ist; Stellen mit Fehlern aber werden kräftiger geschliffen. Allerdings hat dieses handwerkliche Verfahren den Nachteil, daß es zu Unterschieden in der Plattendicke führt und zu Schäden bei Unachtsamkeit des Bedienungsmannes. Solche Schäden treten hauptsächlich auf in der Form des *Durchschleifens* der Deckfurniere an nachzuschleifenden Stellen und insbesondere an den Kanten und Ecken.

Bei den Bandschleifmaschinen mit *pneumatischer oder hydraulischer Andrückvorrichtung* ist die *Gleichmäßigkeit* des Schleifens weitgehend *gewährleistet*. Vielfach besteht eine Verbindung zwischen dieser Art und der herkömmlichen insofern, als manche Maschinentypen mit zwei Schleifbändern ausgerüstet sind, von denen das eine mittels eines durch-

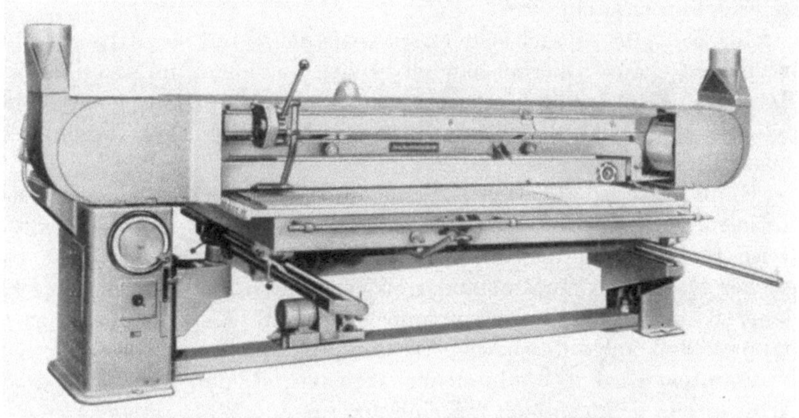

Bild 15.1. Halbautomatische Bandschleifmaschine. Bauart Böttcher & Gessner, Hamburg.

gehenden Druckkissens, das zweite durch einen handbetätigten Schleifschuh angedrückt wird. Bei einer anderen Maschine werden das durchgehende Druckkissen und der Schleifschuh wechselweise auf demselben Schleifband zur Anwendung gebracht. Derartige Maschinen haben sich vor allem in Türenfabriken bewährt (Bild 15.1).

Bandschleifmaschinen mit durchgehendem Kissen (auch Langdruckbalken genannt) werden auch mit mechanischen Fördervorrichtungen ausgestattet. In diesem Falle entfällt der handbetätigte Schleifschuh. Je nach Leistungsanfall sind solche Maschinen mit einem oder auch mit *zwei Schleifbändern* zum Einbau in Maschinenstraßen geeignet. Maschinen mit zwei Schleifbändern haben dabei außer der größeren Leistung noch die Möglichkeit der vorteilhaften, *gegenläufigen Anordnung* der Schleifbänder.

Obwohl Breitbandschleifer keine eigentlich neue Maschinenart sind, ist ihre Verwendung in der industriellen Herstellung von flächigen

Lagenhölzern doch neueren Datums. Hierbei wird der Breitbandschleifer mit einer weichen, sogenannten *Kontaktwalze*, die als Andruckmittel des Schleifbandes auf das Werkstück dient, geliefert.

Als Vorteil dieser Maschine ist besonders die höhere Vorschubgeschwindigkeit zu erwähnen. Sie ergibt sich aus

1. der durch die „Kontaktwalze" möglichen hohen Spanabnahme. Die weichen Rippen der Kontaktwalze (Gummi in Shore-Härte 45 bis 70, je nach besonderen Anforderungen) verformen sich unter dem Schleifdruck derart, daß die Körnung des Schleifbandes nur streifenweise zum Einsatz gelangt und damit besonders griffig arbeitet,

2. der Verwendung endlos verleimter Schleifbänder größerer Länge in Verbindung mit der weichen Kontaktwalze, wodurch ein markierungsfreier Schliff entsteht.

Zur Zeit gibt es auch schon *Breitbandschleifer* mit bis zu drei Bändern in einem Gehäuse; hierbei handelt es sich vor allem um amerikanische Bauarten. Als Abarten kommen auch Maschinen vor mit einem Schleifzylinder und zwei Breitbändern, und mit zwei Schleifzylindern und einem Breitband.

Häufig aber ist die Breitbandschleifmaschine in der heute üblichen Form nur mit einem Schleifband ausgerüstet, so daß man es normalerweise für nötig halten muß, zum Bearbeiten einer Oberfläche zwei solcher Maschinen hintereinander zu verwenden mit Papieren verschiedener Körnung für Grobschliff und Feinschliff. Es wird allerdings behauptet, daß eine differenzierte Wirkung mit einem einzigen Schleifband bestimmter Körnung dadurch zu erreichen ist, daß das Band an der Arbeitsstelle nicht einfach um eine umlaufende Walze umgelenkt wird, sondern daß man es auf einem kurzen Stück hinter der Walze (in Bewegungsrichtung des Schleifbandes gesehen: vor der Umkehrwalze) fast waagerecht führt. Hierdurch wird die Oberfläche einer Platte beim Durchlauf durch den Breitbandschleifer zunächst von dem über dem Walzenumfang verhältnismäßig stark gekrümmten Schleifpapier bearbeitet, dann jedoch unter der anschließenden waagerechten Führung sozusagen flächig geschliffen. Die Anpressung des Schleifbandes auf das Werkstück im waagerechten Lauf erfolgt durch einen elastischen Schleifdruckbalken.

Allgemein ist zu bedenken, daß Bandschleifmaschinen die Oberfläche glätten ohne Rücksicht auf die Form der Platte. Ein Kalibrieren von Lagenhölzern ist mit Bandschleifmaschinen also nicht möglich, bei normalen Bandschleifern schon deshalb nicht, weil jeweils nur ein Teil der Oberfläche bearbeitet wird. Bei Breitbandschleifern kann vor allem deshalb nicht auf genaue Dicke geschliffen werden, weil die Umlenkwalze eine elastische Bauart erfordert. Ein üblicher Breitbandschleifer ist auf Bild 15.2 dargestellt.

15.122 Einfache Zylinderschleifmaschinen

Man kann wohl sagen, daß Zylinderschleifmaschinen hauptsächlich die Aufgabe des Schleifens breiter Platten im Durchlaufverfahren lösen. Hiermit ließ sich auf maschinell einfache Art das Schleifen mit verschiedenen Papiersorten in einem Arbeitsgang verbinden (Mehrzylindermaschinen). Zwar gibt es auch heute noch Einzylinder-Schleifmaschinen, die jedoch vor allem bei der Laminatplatten-Herstellung angewendet werden. Für die Lagenholzbearbeitung dürften die kleinsten Ausführungen *Zweizylinder-Schleifmaschinen* sein, die mit Papieren verschiedener Körnung bespannt sind.

Bild 15.2. Breitbandschleifmaschine. Bauart Böttcher & Gessner, Hamburg.

Bei *Dreizylinder-Schleifmaschinen* wählt man für die Bespannung im allgemeinen Korngröße 60 bis 80 für den ersten Zylinder, 100 bis 120 für den zweiten, und bis zu 150 für den dritten Zylinder; diese Werte gelten für *Weichholz*. Bei Bearbeitung von *Hartholz* liegen die Korngrößen durchweg um etwa 20 bis 50 höher. — Entsprechend feiner kann man noch bei einer *Vierzylinder-Schleifmaschine* abstufen; in der Regel geschieht dies, indem man die ersten beiden Zylinder wie in der Dreizylinder-Maschine bestückt, die letzten beiden Zylinder jedoch noch feiner abstuft.

Bei den meisten Lagenhölzern kommt es beim Schleifen nicht darauf an, gleichzeitig auch eine bestimmte Plattendicke herzustellen, sondern in der Regel vielmehr darauf, eine über die ganze Plattenfläche möglichst gleichbleibende Werkstoffdicke abzunehmen. Diese Dicke wird so bemessen, daß sie die örtlichen Toleranzen der Oberfläche, also die Höhe und Tiefe der Unebenheiten um ein geringes überschreitet. Diese Forde-

32*

rung bedingt im allgemeinen eine *elastisch andrückende Halterung* bzw. *Vorschubvorrichtung*, die beispielsweise aus einem endlosen Kettenbett mit Gummipolstern besteht. Vor und hinter jedem Schleifzylinder sind Gegendruckplatten angeordnet. Sie verhindern auch bei unterschiedlichen Plattendicken eine ungleichmäßige Spanabnahme.

Bei *dicken Platten*, insbesondere bei *Tischlerplatten* und Türen, ist ein Andrücken nur in begrenztem Maße möglich. Hierbei hilft es allerdings, daß die Schleifzylinder trotz starren Kerns doch keine ganz starre

Bild 15.3. Dreizylinderschleifmaschine mit obenliegenden Zylindern.
Bauart E. Carstens, Nürnberg.

Bearbeitungsoberfläche haben, sondern daß sich die Schleifpapierbespannung wegen der unterliegenden Filzschicht in geringem Maße der Plattenoberfläche anpaßt.

Bei Zylinderschleifmaschinen liegen praktische Werte für die *Umfangsgeschwindigkeit* bei etwa 20 bis 30 m/s. Die Geschwindigkeit des letzten Schleifzylinders wird etwas erhöht, um die Abstände der „Rattermarken" zu verringern. Bei Anwendung der genannten normalen Schleifpapier-Körnungen und unter der Voraussetzung einer allgemein als gut bezeichneten (wenngleich nicht gut definierbaren) Oberflächengüte, kann man mit einer *Vorschubgeschwindigkeit* der Platten von 6 bis 8 m/min rechnen. Mechanisch lassen die Schleifmaschinen in der Regel sogar Vorschübe von 12 m/min (und auch bis zu 18 m/min) zu. Selbstverständlich ist die Schleifwirkung um so besser und gestattet um so größere Durchlaufgeschwindigkeiten, je größer die Anzahl der Zylinder ist und je geringer die Gesamtdicke der abzunehmenden Materialschicht gehalten werden kann.

Für die Arbeit der Zylinderschleifmaschinen ist es wesentlich und kennzeichnend, daß die geschliffene Oberfläche keine Streifen, Ansätze usw. erkennen läßt (sofern Bespannung und Filz einwandfrei sind). Hierfür sind vor allem zwei bauliche Merkmale verantwortlich, nämlich einmal das *Oszillieren der Zylinder* (über Exzenter veranlaßte Hin- und Herbewegung in Achsrichtung während des Laufes), zum anderen die *Anordnung der Zylinder* nicht genau parallel, sondern *in einem geringen Winkel zueinander*. Eine verbreitete Bauart ist auf Bild 15.3 wiedergegeben.

15.123 Maschinen mit Dickenschleifeinrichtung

Während bei manchen Lagenholzplatten das *Kalibrieren* unerwünscht oder unmöglich ist (z. B. wenn die Platten mit dünnen Edelhölzern überfurniert sind), so ist doch das Auf-Dicke-Schleifen nicht auf Spanplatten und dergl. beschränkt. Es spielt vor allem dort eine Rolle, wo Platten als Vorbereitung auf das anschließende Überfurnieren vorgeschliffen werden. Dies ist beispielsweise bei einigen Tischlerplatten der Fall, aber auch bei Innenlagen für Türen usw. [*15.1*].

Die Schleifmaschinen für diesen Zweck haben einmal eine *härtere Zylinderbespannung*, um nicht im Schleifpapier nachzugeben, zum anderen weisen sie als Vorschubeinrichtung nicht das nachgebende durchgehende Bett mit Gummipolstern und dergl. auf, sondern ein *System von Walzenpaaren*, bei dem insbesondere unter jedem Zylinder eine parallele starre Andrückwalze angeordnet ist. Derartige Maschinen sind in der Regel nur für ihren besonderen Verwendungszweck brauchbar; sie können also nicht gleichzeitig auch für das Schleifen von Platten mit großer Dickentoleranz verwendet werden.

15.124 Maschinen mit untenliegenden Zylindern

Im allgemeinen sind die Schleifzylinder in den Maschinen obenliegend angeordnet, das zu bearbeitende Gut wird also unter ihnen hindurchgeführt. Dies ist nicht unbedingt die baulich einfachste Lösung, wohl aber gestattet sie die einfachste Bedienung, insbesondere einen bequemen Wechsel der Schleifpapiere und überhaupt gute Zugänglichkeit zu den Zylindern. Außerdem ist die Sichtkontrolle der fertig geschliffenen Oberfläche wesentlich erleichtert.

Diese Vorteile sind in der Praxis von so erheblicher Bedeutung, daß Schleifmaschinen mit untenliegenden Zylindern im allgemeinen nur in Maschinenkombinationen angewendet werden, wo man auf einfache Weise beide Seiten einer Platte in einmaligem Durchlauf schleifen will.

Baulich müssen besondere Vorkehrungen getroffen werden, um an die untenliegenden Zylinder zwecks Wechsel der Bespannung usw.

heranzukommen. Hierzu wird das Oberteil der Maschine in der Regel hochfahrbar ausgebildet, so daß ein freier Raum von mehr als 50 cm geschaffen werden kann. Ihrer Bauart nach hat die Maschine mit untenliegenden Zylindern den Vorteil, daß die Staubabsaugung in verhältnis-

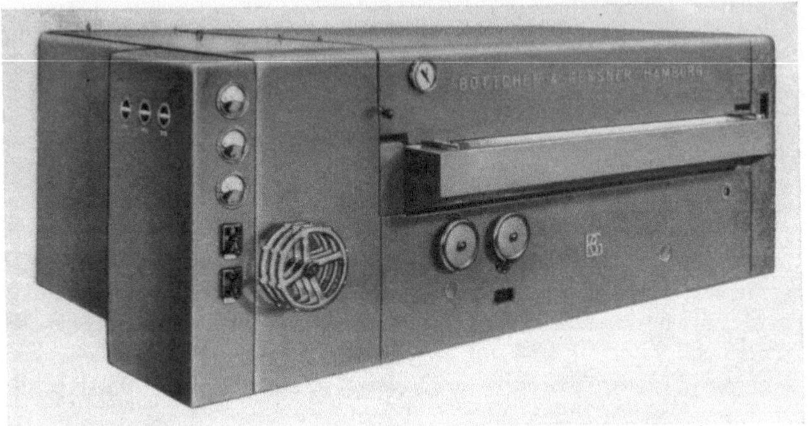

Bild 15.4. Dreizylinderschleifmaschine mit untenliegenden Zylindern.
Bauart Böttcher & Gessner, Hamburg.

mäßig einfacher Weise möglich ist. Insbesondere braucht man beim Wechsel des Schleifpapieres keine Anschlüsse zu entfernen, Absaugungshauben abzunehmen usw., auch können die Absaugleitungen ganz im Boden verlegt werden, so daß sie nicht sichtbar sind und über Flur nicht stören. Diese Maschinenart ist aus Bild 15.4 zu ersehen.

15.125 Sonderkonstruktionen, Zusatzeinrichtungen, bauliche Einzelheiten

Eine Sonderform ist die *Achtzylinder-Schleifmaschine* amerikanischer Bauart, die in Europa so gut wie nicht verbreitet ist. Der Vorteil ihrer außerordentlich großen Leistung durch das beidseitige Schleifen in einem Arbeitsgang liegt auf der Hand; er kann jedoch nur dort genutzt werden, wo man bereit ist, wesentlich größere Schichtdicken an Werkstoff beim Schleifen zu verlieren als dies unter europäischen Verhältnissen und Holzpreisen tragbar ist.

Eine *Zusatzeinrichtung* an Schleifmaschinen, die eigentlich allgemein verwendet werden sollte, ist die *Bürstenwalze*. Mit der pneumatischen Absaugung der Schleifzylinder wird nur der Staub entfernt, der sich in der Luft schwebend befindet. Ein Teil des Staubes bleibt jedoch an der Oberfläche haften, würde aber später beim Stapeln, Befördern und sonstigen Handhaben der Platten gelöst und in die Luft gewirbelt werden. Dieser Staub trägt in vielen Betrieben entscheidend zur Verschmutzung der Räume und Maschinen bei.

Von großer Bedeutung ist die Art der Borsten. Im Hinblick auf Standzeit und Abriebfestigkeit muß ein widerstandsfähiger Werkstoff gewählt werden, der aber nicht so hart sein darf, daß er Kratzer auf der geschliffenen Oberfläche oder eine Art von Schleifspuren hinterläßt, die beim eigentlichen Schleifen mit einigem Aufwand vermieden worden waren. Für die Wirksamkeit der Bürstenwalze ist im übrigen offenbar auch die Güte der Absaugung gerade an dieser Stelle entscheidend.

Für die *Bespannung der Zylinder* gibt es verschiedene Ausführungen. Ursprünglich verwendete man verhältnismäßig schmale Schleifpapierbahnen, die damals allein erhältlich waren, und zog sie in spiraliger Anordnung auf die Walzen auf. Da das genaue Bespannen ziemlich viel Sorgfalt erforderte, war die Arbeit beim Papierwechsel verhältnismäßig langwierig. Einfacher und schneller ist die Geradbespannung der Zylinder, die sich mehr und mehr durchsetzt.

Einige Bemerkungen seien noch zur *Schaltung und Steuerung der Maschinen* gemacht. In der einfacheren Form haben alle Antriebe ihre üblichen Schalter und müssen einzeln und in bestimmter Reihenfolge bedient werden, wobei einige Anforderungen an die Aufmerksamkeit des Maschinenführers zu stellen sind. Die höher entwickelte Form sieht demgegenüber die Unterbringung der Schalter, Schütze usw. in einem *Schaltschrank* vor, mit Fernbedienung über Drucktasten, die in einer kleinen Schalttafel an beliebiger Stelle angeordnet werden können.

Bei Einordnung der Maschinen in eine Endfertigungsstraße oder sonstige Maschinenkombination kann die Bedienung von einem Zentralpult aus vorgenommen werden, wobei das Hintereinander-Anlaufen der einzelnen Zylinder, einschließlich des etwa erforderlichen Stern-Dreieck-Umschaltens automatisch erfolgen kann. Trotzdem kann der Schaltkasten für Einzelbetätigung an der Maschine funktionsfähig bleiben und für Versuche, bei Störungen usw., zum Schalten der einzelnen Vorgänge benutzt werden.

15.13 Zubehör

15.131 Beschickungsvorrichtungen

Bei einfachster Arbeitsweise kann man die Schleifmaschinen aller Art ohne jede besondere Vorrichtung beschicken, indem man die Lagenholzplatten von Hand in die Maschine einhebt und einführt und sie in der gleichen Weise daraus entnimmt. Für diesen Fall sind an einer Zylinderschleifmaschine bei Bearbeitung größerer Formate insgesamt vier Arbeitskräfte gleichzeitig erforderlich.

Eine wesentliche Erleichterung bietet schon die Verwendung von einfachen *Tischen* vor und hinter der Maschine. Man braucht dann beim Beschicken wenigstens nicht mehr das Plattengewicht zu unterstützen. Die Tische müssen, an Maschinen mit obenliegenden Schleifzylindern, in der Höhe verstellbar sein, um dem Niveau des je nach Plattendicke höhenverstellbaren Maschinentisches bzw. Vorschubbettes angepaßt werden zu können. Während bei Vorhandensein einfacher Tische unter Umständen noch zwei Arbeiter auf jeder Seite der Schleifmaschine nötig sind, kann man bei Anordnung von Hebetischen fast immer mit einem Mann auf jeder Seite auskommen.

Der nächste Schritt besteht darin, Hebetische mit mechanischen Einschubvorrichtungen zu koppeln. Derartige Anordnungen sind in der Spanplattenindustrie durchaus üblich, sie sind in der Endbearbeitung von Lagenhölzern allerdings nur unter der Voraussetzung verwendbar, daß die Platten schon besäumt sind, oder aber daß die Kanten der noch unbesäumten Platten doch schon bestimmten Genauigkeitsanforderungen genügen. Letzteres trifft vor allem dann zu, wenn aus der Beschickungsvorrichtung zunächst die Formatsäge mit anschließend angeordneten Schleifmaschinen bedient werden soll.

Bei kleinen Formaten lassen sich mancherlei einfache Beschickungsvorrichtungen zum Teil im Selbstbau anfertigen. Ähnliche Maschinen gibt es in Nordamerika auch für großformatige Platten.

15.132 Gekuppelte Rollenbahnen

Zur Verbindung mehrerer Maschinen untereinander werden im allgemeinen *Rollenbahnen* verwendet, die gesondert zwischen den Maschinen stehen oder aber fest mit ihnen verbunden sind. Bei Endbearbeitungsstraßen herrscht die letztgenannte Ausführung vor, und die meisten Zylinder-Schleifmaschinen haben serienmäßig die Vorrichtung zum Anbau und zum Teil auch zum Antrieb von anschließenden Rollenbahnen.

Zu achten ist auf eine genügende Länge der Rollenbahnen. Der Gesichtspunkt hierbei ist einmal der, daß bei etwaiger Panne an einer Maschine die anderen Einheiten notdürftig weiterarbeiten müssen, daß man unter Umständen also zwischen zwei Maschinen Platten auflegen oder abnehmen muß. Dies bedeutet, daß die Rollenbahnen zumindest eine Plattenlänge plus angemessenem Zwischenraum haben müssen.

Zum anderen ist eine genügende *Rollenbahnlänge* nötig, um Höhenunterschiede möglichst wenig in Erscheinung treten zu lassen. Sind beispielsweise eine Formatsäge und eine Schleifmaschine mit obenliegenden Zylindern hintereinander aufgestellt und durch eine Rollenbahn miteinander verbunden, so bleibt die Tischebene der Formatsäge stets auf gleicher Höhe, diejenige der Schleifmaschine wird jedoch je nach Dicke der zu verarbeitenden Platten abgesenkt. Der Unterschied kann, wenn Sperrplatten und Türen abwechselnd erzeugt werden, immerhin mehr als 30 mm betragen. In diesem Falle ist es zweckmäßig, die Rollenbahn nur einseitig auf dem Boden abzustützen, das andere Ende jedoch mit Gelenk am Tisch der Schleifmaschine zu befestigen. Aber auch dann ist es noch nötig, mit Hilfe genügender Rollenbahnlänge einen nur ganz spitzen Winkel beim Auftreffen der Platten auf die Ebene des Schleifmaschinentisches zu sichern.

Vor allem bei der Verarbeitung verhältnismäßig dünner Lagenhölzer, z. B. Furnierplatten, ist damit zu rechnen, daß die Platten nicht immer ganz eben liegen. Hieraus folgt, daß die Rollenbahnen einen verhältnismäßig geringen *Rollenabstand* und einen reichlich großen *Rollendurchmesser* haben müssen, damit die vielleicht verworfenen oder aufgeworfenen Plattenkanten immer nur in möglichst spitzem Winkel auf den Umfang der Förderrollen stoßen. Für eine sichere Führung der Platten ist es empfehlenswert, alle Rollenbahnen mit seitlichen Begrenzungen, am besten mit senkrechten Rollen an den Rändern zu versehen.

Verbindende Rollenbahnen dürfen im allgemeinen keine Einrichtungen haben, um die zu befördernden Lagenholzplatten zwangsweise vorzuschieben. Auch wenn die Maschinen einer Kombination gut aufeinander abgestimmt sind, gibt es doch geringe Unterschiede in den Vorschubgeschwindigkeiten, abgesehen davon, daß man unter Umständen an gewissen Stellen planmäßig beschleunigen oder verzögern will. Ein solcher Geschwindigkeitswechsel ist ohne verwickelte Vorrichtungen jedoch nur möglich, wenn die Rollen der Förderbahnen glatt sind, um das Gleiten oder Rutschen von Platten darauf ohne Beschädigung und ohne zu große Reibung zu ermöglichen.

15.133 Wendevorrichtungen

Das Wenden der Platten mit mechanischen Mitteln beim Durchlauf durch Maschinenkombinationen ist insbesondere dann nötig, wenn man aus irgendwelchen Gründen nicht eine Schleifmaschine mit untenliegenden und eine zweite mit obenliegenden Zylindern verwenden will, sondern wenn beide Maschinen die Zylinder oben haben.

Zum anderen dient die Wendevorrichtung dazu, um von einer bestimmten Stelle aus beide Oberflächen der durchlaufenden Platte überprüfen zu können. Dies ist in der Regel unmittelbar hinter der zweiten Schleifmaschine einer Endfertigungsstraße der Fall. Aus Bearbeitungsgründen liegt an dieser Stelle keine Notwendigkeit mehr für eine Wendevorrichtung vor, jedoch spart sie einen Bedienungsmann, der sonst hinter der ersten Schleifmaschine die Güte der bearbeiteten Oberfläche kontrollieren müßte. Wenn sich eine Schleifmaschine mit untenliegenden Zylindern in der betreffenden Straße befindet, muß die Platte ohnehin gewendet werden, damit man die Unterseite überhaupt in Augenschein nehmen kann.

Von den normalerweise angebotenen Wendevorrichtungen sind insbesondere zwei Bauarten verbreitet, von denen die eine die Platten von einer Rollenbahn auf eine zweite, parallel dazu verlaufende umlegt, während

Bild 15.5. Schmetterlings-Wendevorrichtung. Bauart E. Carstens, Nürnberg.

die andere in eine Straße axial eingebaut werden kann und es gestattet, selbst während des Wendens die Platte mit der normalen Durchlaufgeschwindigkeit weiter zu befördern. Beide Bauarten sind aus den Bildern 15.5 bzw. 15.6 ersichtlich.

15.134 Ablegevorrichtungen

Der mechanische Vorschub der Zylinderschleifmaschinen erlaubt unter Umständen sehr einfache Lösungen für die Ablegevorrichtungen. Da die geschliffene Platte von der nachfolgenden mit Sicherheit aus der Maschine ausgestoßen wird, genügt es unter Umständen schon, einen etwas niedrigeren *Tisch* hinter der Schleifmaschine anzuordnen, auf dem sich, wenn auch in nicht gerade sehr ordentlicher Weise, die

Platten sammeln. Besser als ein Tisch ist eine *Hebebühne*, die mit
zunehmender Höhe des Stapels nach und nach abgesenkt wird.

Alle einigermaßen genau arbeitenden Ablegevorrichtungen müssen
Maschinen für sich sein, wobei in der Regel ebenfalls wieder die Zwischenschaltung einer normalen Rollenbahnlänge erforderlich ist. Die Ablegevorrichtung enthält zumeist einen Zwangstransport, mittels dessen die
Platten bis zu einer bestimmten Lage mit Sicherheit vorgeschoben

Bild 15.6. Wendevorrichtung mit axialer Drehung.
Bauart Böttcher & Gessner, Hamburg.

werden. Dieser *Zwangstransport* besteht meist aus einem mit einem
Gummimantel bedeckten Walzenpaar. Da es die Platte jedoch nur so weit
vorschiebt, bis sie seinen Berührungsspalt verlassen hat, ist in der Regel
eine zusätzliche Schubvorrichtung nötig, um die Platte auf einen hinter
den Walzen befindlichen Stapel zu rücken.

Zu derartigen Ablegevorrichtungen gehören, wenn es sich um wirklich
gute Einrichtungen handeln soll, meist noch weitere Schubarme, die
jede neu angekommene, gewöhnlich etwas verrutschte Platte auf genaue
Kantengleichheit mit dem Stapel bringen. Im allgemeinen arbeiten
derartige Ablegevorrichtungen nur im Zusammenhang mit einer automatisch betätigten Hebebühne.

Im übrigen sind auch andere Konstruktionen von Ablegevorrichtungen denkbar, z. B. mit oberen Zugketten, mit pneumatischen Hebe-
vorrichtungen usw.

15.14 Maschinenzusammenstellung

15.141 Symmetrie der Platten

Beim Abnehmen gleichmäßiger Schichtdicken von den Oberflächen wird die Symmetrie der Platten, sofern sie durch richtigen Aufbau der Holzlagen in der Platte gegeben war, von den Schleifmaschinen nicht gestört.

Anders verhält es sich, wenn eine Lagenholzplatte *kalibriert* werden soll. Dann muß vermieden werden, daß die Materialabnahme von einer Außenschicht größer ist als von der anderen, die bearbeitete Platte also in einen unsymmetrischen Zustand hinsichtlich der Dicke der Deckfurniere gebracht würde. Bei der Planung derartiger Endbearbeitungen müssen also unter anderem auch die Dickentoleranzen der einzelnen Lagenholzschichten sowie die voraussichtliche Rauhigkeit und die Dicke der abzuschleifenden Schicht in Rechnung gestellt werden. Die Lösung erfordert unter Umständen drei Schleifmaschinen oder zwei Maschinen mit Dickenschleifeinrichtung.

Zur Genauigkeit der abzunehmenden Schichtdicke gehört vor allem auch die *Gleichmäßigkeit des Schleifpapiers*. Unter der Voraussetzung, daß diese an sich gegeben ist, muß darauf geachtet werden, daß Schleifmaschinen, an die Toleranzanforderungen gestellt werden, insbesondere also Dickenschleifmaschinen, stets mit dem gleichen *Plattenformat* beschickt werden, jedenfalls während der Lebensdauer einer Papierbespannung (strenggenommen sogar der Filzunterlage). Bei einem Wechsel von schmalen auf breite Plattenformate würden die Mitten der Schleifzylinder schon in gewissem Maße abgenutzt sein, während an beiden Rändern frisches Papier zum Angriff käme und eine größere Schleifdicke bzw. -tiefe erzeugen würde.

Im gleichen Sinn ist bei Maschinenkombinationen darauf zu achten, daß die *Führung der Platten* möglichst genau ist. Würden einzelne Platten nach der einen oder anderen Seite verlaufen, so würden ihre Kanten von frischen Schleifpapierzonen mehr als in der Mitte abgeschliffen werden. In geringem Maße muß diese Erscheinung auch schon normalerweise auftreten, da die in Längsachse oszillierenden Schleifzylinder nur in dem Bereich das Papier gleichmäßig abnutzen, der stets in Berührung mit den Plattenoberflächen bleibt; an beiden Rändern jedoch wird die Beanspruchung des Schleifpapiers zunehmend geringer.

15.142 Straßen mit Zylinder-Schleifmaschinen

Als vollständige *Endfertigungsstraße* wird eine *Gruppe von Zylinder-Schleifmaschinen* in der Regel mit einer *Beschickungsvorrichtung*, einer *vierseitigen Formatsäge* für Durchlauf (oder einer Verbindung aus zwei Parallelkreissägen mit Umkehrtisch) sowie mit einer *Ablegevorrichtung* verbunden. Verwendet werden entweder zwei Schleifmaschinen mit obenliegenden Zylindern und zwischengeschalteter Wendevorrichtung, oder eine Maschine mit obenliegenden und eine zweite mit untenliegenden Schleifzylindern.

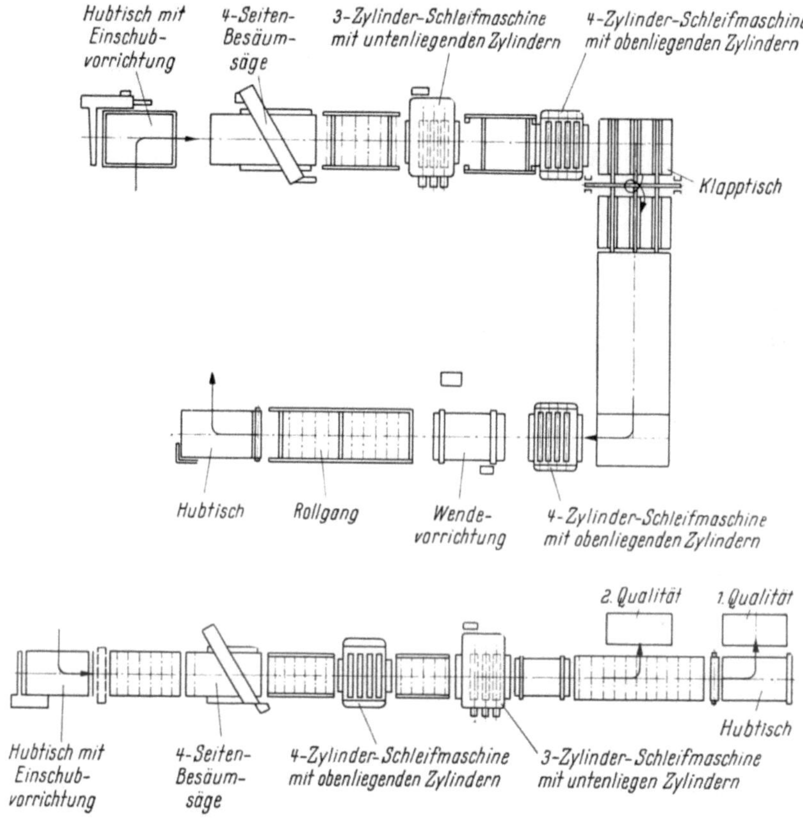

Bild 15.7. Endfertigungsstraßen mit Zylinderschleifmaschinen. Arbeitsrichtung im geraden Fluß oder mit Umkehrstellen.

Die *Wendevorrichtung* hinter der zweiten Schleifmaschine dient zur Kontrolle beider Plattenoberflächen von einem Beobachtungsstand aus und ist in der Regel mit einer *mechanischen Sortiervorrichtung* verbunden, die das Ausscheiden von Platten zweiter Güte und deren gesondertes Ablegen gestattet.

Im einfachsten Fall wird eine solche „Straße" in einer Achse angeordnet. Je nach Raumverhältnissen sind jedoch verschiedene Aufstellungen möglich, von denen in Bild 15.7 einige Beispiele dargestellt sind. Als Umkehrstellen für die Bewegungsrichtung der Platten eignen sich insbesondere die Plattenwender.

15.143 Straßen mit Bandschleifmaschinen

Die Verwendung von *Bandschleifmaschinen* (in diesem Fall immer automatische Maschinen mit durchgehendem Druckbalken und Vorschubeinrichtung) in Endfertigungsstraßen geschieht vorwiegend aus zwei Gründen nämlich einmal, um sicher zu gehen, daß nur eine bestimmte Dicke abgeschliffen, also das Durchschleifen dünner Furniere vermieden wird, zum anderen, um eine Arbeitsbreite von z. B. 2,50 m und demgemäß eine größere Flächenschleifleistung zu erreichen, als sie bei den üblichen Zylinderschleifmaschinen mit etwa 1,85 m bzw. 2,10 m als größter Arbeitsbreite möglich ist. Demgemäß trifft man Bandschleifmaschinen in der Regel bei der Endbearbeitung von Türen und von überfurnierten Tischlerplatten, Spanplatten und dergl. an.

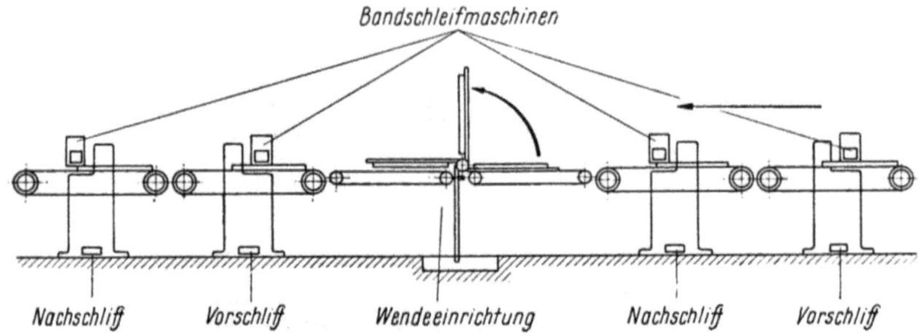

Bild 15.8. Schleifstraße mit vier Bandschleifmaschinen.

Bei Bandschleifmaschinen verzichtet man in diesen Fällen meist auf die Austattung mit *Vor- und Nachschliffband*, stattet also jede Maschine, wegen des großen Leistungsbedarfs bei den im allgemeinen hohen Vorschubgeschwindigkeiten, mit nur einem Band aus. Man benötigt deshalb für die Bearbeitung jeder Plattenseite zwei hintereinander aufgestellte Bandschleifmaschinen, und zwischen beiden eine Wendevorrichtung. Die Anordnung einer solchen Straße ist in Bild 15.8 dargestellt.

Auch bei Verwendung von *Breitbandschleifern* läßt sich die Endbearbeitung vollständig mechanisieren. Hier ähnelt die Anordnung allerdings wieder derjenigen, die bei Zylinderschleifmaschinen üblich ist, nur daß man bei Breitbandschleifern am zweckmäßigsten auch Vor- und Nachschliff auf zwei Maschinen je Oberfläche verteilt, insgesamt also vier Maschinen mit dazwischen liegendem Wender aufstellen muß. Für diese Anordnung ist ein Beispiel in Bild 15.9 gegeben. Im übrigen sind Anlagen bekannt, bei denen sogar sechs Breitbandschleifer in einer Straße stehen. Auch in Straßen mit Breitbandschleifern können Maschinen mit Ober- und Unterschliff verwendet werden.

Praktische Leistungszahlen sind etwa folgende: Bei Verwendung von Zylinderschleifmaschinen handelt es sich um die üblichen 6 bis 8 m/min (max. 12 bis 18 m/min) Vorschub, je nach gewünschter Schliffgüte. Bei Straßen mit Bandschleifmaschinen mit durchgehendem Druckbalken erzielt man ähnliche Geschwindigkeiten; in der Türfertigung entspricht dies einer Folge von vier Türen je Minute. Bei Straßen mit Breitbandschleifern kann man im allgemeinen bis dicht an die höchste Geschwindigkeit von etwa 24 m/min herangehen, wenn diese mit einer Kontaktwalze ausgerüstet sind. Breitbandschleifer mit Druckbalken können nur 6 bis 8 m/min Vorschub erreichen.

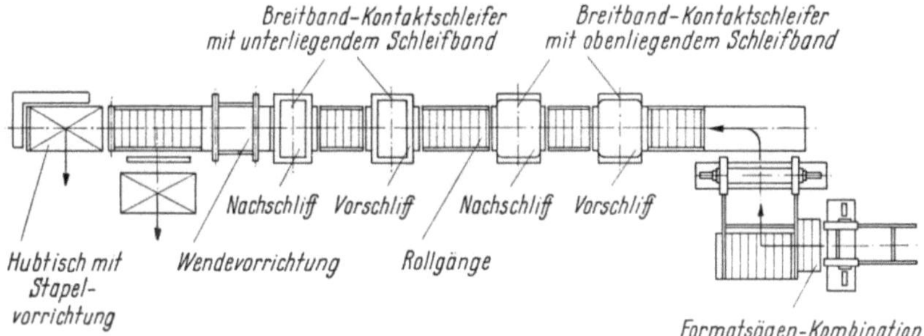

Bild 15.9. Endfertigungsstraße mit Breitbandschleifern.

Die auf Straßen mit Bandschleifmaschinen erzielte Oberflächengüte ist zwar im allgemeinen schon sehr gut; um jedoch höchste Glätte zu erreichen, schaltet man (z. B. in USA zur Behandlung von Türen und als Vorbereitung für das „Pre-finishing") einer Breitbandschleifer-Straße eine (zumeist alte) 2- oder 3-Zylinderschleifmaschine vor, die einen ersten Vorschliff besorgt, und hinter der die Platten eine Leimauftragmaschine durchlaufen. An dieser Stelle werden die Oberflächen mit Wasser (mit einigen Zusätzen) befeuchtet, so daß die beim Vorschliff angeschnittenen Fasern an den Enden quellen und sich aufrichten. Indem auf diese Weise die Wirkung vorweggenommen wird, die sonst als Fehler nach dem Schleifen noch auftreten könnte, kann man als Ergebnis des anschließenden Bandschleifens eine bestmögliche Oberfläche erwarten.

15.15 Schleifstaub, Absaugung und Verwertung

Die gute Absaugung von Schleifmaschinen ist wegen der Feinheit des Schleifstaubes besonders wichtig und gleichzeitig besonders schwierig. Wichtig ist die Absaugung vor allem auch, weil der Staub weit mehr als z. B. Sägespäne in der Luft schwebt und sich auf den Raum verteilt, also zu einer erheblichen Verschmutzung führt, und ferner, weil auf den Oberflächen verbleibender Staub die Weiterbearbeitung beeinträchtigt.

Besonders nachteilig kann die Verstaubung an empfindlichen Geräten und beispielsweise in Schaltschränken sein, in die der Staub auch durch enge Ritzen eindringt (gegen letzteres besteht die Abhilfe unter Umständen nur darin, daß man mit einem kleinen Gebläse das Innere des Schaltschranks unter leichten Überdruck setzt).

Die Absaugung der Schleifmaschinen geschieht im wesentlichen dadurch, daß man mittels geeigneter *Hauben und Luftschlitze* den Luftmantel wegnimmt, der infolge Oberflächenreibung mit den Schleifzylindern rotiert und den größten Teil des Staubes mit sich führt. Allerdings treten am ganzen Umfang der rotierenden Zylinder gewisse Staubmengen aus dem unmittelbaren Oberflächenbereich aus und können nur dadurch abgesaugt werden, daß sie einmal am Entweichen aus der Maschine gehindert werden, zum anderen dadurch, daß die Absaugehauben genügend breit sind, um außer der eigentlichen Grenzschicht an den Zylindern auch noch eine allgemeine Luftmenge aus dem Innern der Maschine abzuziehen.

Die erforderlichen Zahlen sind nicht einheitlich und schwanken je nach Bauart und Größe der Maschine. Allgemein kann man jedoch annehmen, daß bei Zylinderschleifmaschinen von etwa 1,80 m Arbeitsbreite ein *Unterdruck* von rd. 80 mm Wassersäule erforderlich ist. Hierbei handelt es sich um den dynamischen Druck, gemessen am offenen Ansaugstutzen jeder Zylinderhaube. Innerhalb der Blechhauben geht ein Teil des Druckes durch Widerstand und Verluste verloren, so daß am Absaugspalt ein nicht unwesentlich geringerer effektiver Unterdruck wirksam ist. Da die Überwachung des Unterdrucks in der Absaugeanlage wesentlich erscheint, ist es zweckmäßig, in den Absaugestutzen Vorrichtungen für das Einführen von *Meß-Sonden* anzubringen.

Wegen der geringen Größe der abgesaugten Staubteilchen reicht in der Regel die einfache Abscheidung in einem Zyklon üblicher Bauart nicht mehr aus. Es müssen *Hochleistungszyklone* verwendet werden (kleinerer Durchmesser und große Luftgeschwindigkeit) oder es sind zwei Zyklone hintereinander zu schalten. Auf diese Art können Abscheidungsgrade von etwa 97 bis 99% erzielt werden.

Da aber auch sehr kleine Prozentsätze nicht abgeschiedenen, in die Luft entlassenen Schleifstaubes, absolut gewogen, eine erhebliche Menge bedeuten und viel Belästigung hervorrufen können, sind in zahlreichen Fällen Zyklone überhaupt nicht mehr ausreichend. Die Lösung der Aufgabe möglichst vollständiger Abscheidung liegt dann im *Staubfilter*, das als Taschenfilter oder Schlauchfilter ausgeführt werden kann. In einwandfreien Einrichtungen dieser Art wird die Luft so wirkungsvoll entstaubt, daß sie dem Werkgebäude wieder zugeführt werden kann. Bei beheizten Räumen kann dies im Winter erhebliche wirtschaftliche Bedeutung haben. Ein solches Filter ist in Bild 15.10 wiedergegeben.

Bei der Behandlung fast aller mit Schleifstaub zusammenhängenden Fragen muß seine *Feuergefährlichkeit* und *Explosionsfähigkeit* berücksichtigt werden. Abgesehen von Entzündungen und Feuerrückschlägen

. beim Verbrennen von Schleifstaub, können Explosionen vor allem durch Funken in den pneumatischen Absaugeanlagen, insbesondere im Gebläse hervorgerufen werden. Dies kann durch Schäden am Flügelrad, in den Lagern usw. geschehen, aber auch durch das Eindringen von Fremdkörpern. Unter Umständen macht sich auch das Schleifmittel bemerkbar, das insgesamt in nicht unbedeutenden Mengen im Schleifstaub mit enthalten ist.

Zur Vorbeugung gegen Explosionen ist es im allgemeinen erwünscht, die *Luftgeschwindigkeit* in den Rohren und im Gebläse von Einblasvorrichtungen an Kesseln größer zu halten als die Flammengeschwindigkeit des explosiven Gemisches. Aber auch ohne eigentliche Explosion ist die Feuergefährlichkeit des Schleifstaubes groß. Hierbei spielt es eine Rolle, daß er sich schnell und gleichmäßig über größere Flächen verteilt und die Voraussetzungen für schnelle Ausbreitung eines einmal ent-

Bild 15.10. Staubfilter mit Rückführung der entstaubten Luft in den Fabrikationsraum. Bauart B. Schilde A.G., Bad Hersfeld.

standenen Feuers schafft. In nicht ganz sauber gehaltenen Betrieben kommt es vor, daß die Rohrleitungen, etwa auch die Absaugeleitungen der Schleifmaschinen, oben mit einer beträchtlichen Staubschicht bedeckt sind. Bei einem Brande, der an sich ganz andere Ursachen haben kann, ist es möglich, daß derartige Schleifstaublinien geradezu wie Zündschnüre wirken. Abhilfe schafft die größtmögliche Sauberhaltung des Betriebes, angefangen bei wirksamer Absaugung der Schleifmaschinen.

Bei der Verwertung des Schleifstaubes ist vor allem an seine *Verbrennung* im Kesselhaus zu denken. Die Mengen sind vielfach beträchtlich, und wegen seiner Trockenheit und feinen Körnung hat Schleifstaub außerordentlich günstige Feuerungseigenschaften. Er kann unmittelbar in die Vorfeuerung oder sogar in das Flammrohr eines Kessels bzw. in den Strahlungsraum eingeblasen werden.

Dieses Verfahren bietet keine besonderen Schwierigkeiten, wenn es sich um einen großen Kessel und um verhältnismäßig geringe Schleifstaubmengen handelt. Man ist dann sicher, daß stets ein Stützfeuer vor-

33 Kollmann, Furniere

handen ist und auch bei schubweiser Ankunft von Schleifstaub jeweils
für sofortige Zündung gesorgt ist. Anderseits macht die mit dem Schleifstaub eintretende Luftmenge wahrscheinlich einen wesentlichen Teil der
zulässigen Sekundärluft aus; sie muß jedenfalls in Rechnung gestellt
werden.

Wird mit der Schleifstaubeinblasung ein großer Prozentsatz der
Kesselleistung gedeckt, so sind unter Umständen besondere Vorkehrungen zu treffen, um bei kurzzeitig ausbleibendem und dann wiederkommen-
dem Staub die neue Zündung sicherzustellen. Solche Unterbrechungen
in der Lieferung kommen bei Endfertigungsstraßen häufig vor, z. B.
jedesmal, wenn ein neuer Plattenstapel auf die Einschubvorrichtung
gelegt wird.

Liegen große Schwankungen vor und ist die Schleifstaubmenge zeit-
weilig größer als der Brennstoffbedarf des Kessels, so muß *zwischen-
gebunkert* werden. Hierbei kommt es wieder auf die Sicherung gegen
Explosion und Entzündung an, ferner aber auch darauf, Festbacken
und Brückenbildung im Bunker zu vermeiden und einen sicheren regelbaren Austrag zu gewährleisten. Dies ist nur mit gewissen Bunkerformen
unter Verwendung bestimmter Baustoffe und bei Einbau zweckmäßiger
Rührwerke zu erreichen.

Im allgemeinen sind die Luftmengen zum Absaugen von Schleifmaschinen so groß, daß sie bei unmittelbarer Einblasung des Staubes in
die Kessel die Verhältnisse in der Feuerung zu sehr stören würden. Außerdem würde die schnelle Bewegung so großer Luftmengen über zumeist
doch nennenswerte Entfernungen bis zum Kesselhaus auch sehr viel
Leistung erfordern. Die zweckmäßige Lösung besteht häufig darin, den
Schleifstaub recht dicht *an den Absaugestellen*, also an den Schleifmaschinen, *in Zyklonen oder Filtern* abzuscheiden und diese Geräte mit einer
besonderen kleinen pneumatischen Anlage abzusaugen, die dann gleichzeitig für den Ferntransport und für die Einblasung in die Feuerung bemessen ist (Bild 15.11). Während sich die Luftmenge bei der Absaugung
der Schleifmaschinen hauptsächlich nach den geometrischen Gegebenheiten richtet, kann man die Absaugung von Zyklonen und Filtern in
verhältnismäßig idealer Weise nach dem größtmöglichen Trageffekt
eines Kubikmeters Luft bemessen.

Eine andere Verwendungsmöglichkeit für Schleifstaub, der unter
Umständen eine ärgerliche Last sein kann, ist beispielsweise die Verwendung als *Füllstoff in Preßkörpern* aus Phenolharz usw. In der Regel
sind jedoch die in Frage kommenden Mengen gering.

Vielfach wird versucht, Schleifstaub als *Streckmittel im Leim* zu verwenden. In gewissem Maße geht das auch, jedoch sind verschiedene
Nachteile damit verbunden. Zunächst einmal ist zu bedenken, daß der
meist äußerst trockene Schleifstaub in der Leimflotte nach einiger Zeit

quillt und damit die Viskosität oft erheblich verändert. Dies hat auf die Gleichmäßigkeit des Leimauftrags, insbesondere wenn es sich um geringe Quadratmetermengen mit engen Toleranzen handelt, einen meist so ungünstigen Einfluß, daß die Nachteile den Vorteil überwiegen.

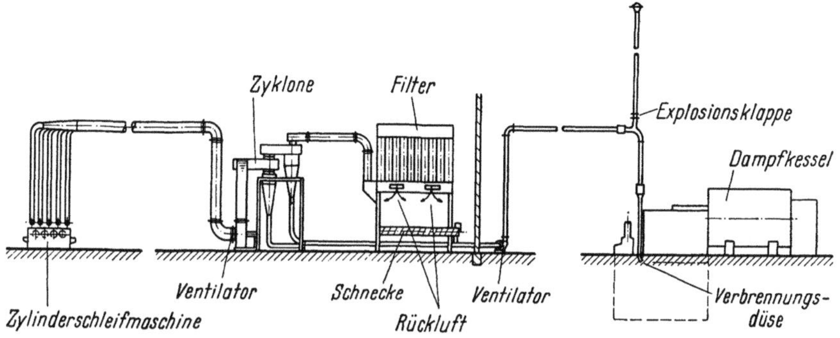

Bild 15.11. Absaugung und Einblasvorrichtung für Schleifstaub.

Weiter ist zu bedenken, daß Schleifstaub zum großen Teil nicht aus kubischen oder kugelähnlichen Körnern, sondern auch noch aus faserigen Körpern besteht. In einer Leimflotte, die in der Leimauftragmaschine nicht nur über die Walzen läuft und auf Lagenholzflächen aufgetragen wird, sondern die sich unter Umständen mehrere Minuten in der laufenden Auftragmaschine befindet, tritt dabei häufig eine gewisse Filterung, vor allem in dem Leimspalt zwischen Verteilerwalze und Leimwalze, ein. Die Konsistenz der Leimflotte ist dann in diesem keilförmigen Raum wechselnd; in der Regel ist der Leim in den Grenzschichten der laufenden Walzen verhältnismäßig dünnflüssig, wogegen die Füllstoffe im Innern des Leimwulstes konzentriert sind. Soll Schleifstaub dem Leim zugesetzt werden, so ist die Ausstattung der Leimauftragmaschine mit einer Leimumwälzpumpe fast unerläßlich.

Wo keine Verwendungsmöglichkeit für Schleifstaub besteht und auch kein eigener Kessel vorhanden ist, kann man ihn in einer Verbrennungsanlage ohne Nutzen verbrennen. Auch hierbei ist eine Vorrichtung nötig, die für die sichere Zündung des stoßweise ankommenden Schleifstaubs sorgt.

15.2 Ziehklingen

15.21 Allgemeine Gesichtspunkte, Verbreitung der Ziehklingenmaschinen

Seit dem Kriege haben Ziehklingenmaschinen in Deutschland an Bedeutung verloren. Möglicherweise hängt das damit zusammen, daß während des Krieges und in den Jahren danach in den deutschen Sperrholzwerken überwiegend Buche verarbeitet werden mußte, für die das Ziehklingen kaum geeignet ist, und daß beim Wiederaufkommen von Okoumé im wesentlichen die Schleifmaschinen als ausschließliche Mittel der Endbearbeitung beibehalten wurden, ebenso wie in vielen Werken, trotz Rückkehr zum afrikanischen Holz, immer noch eine gewisse Stammerzeugung von Buchenplatten vorhanden ist.

In anderen Ländern, insbesondere in Frankreich, sind die Ziehklingenmaschinen nach wie vor ziemlich weit verbreitet. Allerdings scheint zur Zeit die Neubeschaffung zu stocken. Dies hängt sehr wahrscheinlich mit der stets schlechter werdenden Qualität des Okoumé-Rundholzes zusammen.

Unter bestimmten Voraussetzungen bietet das Ziehklingen so deutliche *Vorteile*, daß man es dem Schleifen wenn irgend möglich vorziehen sollte. Wegen der *großen Geschwindigkeiten* und des gleichzeitig verhältnismäßig *geringen Leistungsbedarfs* ist die Arbeitsweise ausgesprochen wirtschaftlich, nicht zuletzt auch deshalb, weil die *Instandhaltung der Werkzeuge* in einem größeren Betrieb billiger ist als der dauernde Verbrauch von Schleifpapier. Vor allem aber ist die *Güte der* durch Ziehklingen bearbeiteten *Oberflächen* besser als die geschliffener, besonders im Hinblick auf anschließende Weiterbearbeitung wie Beizen, Polieren usw. Während die geschliffene Fläche im kleinen gesehen rauh ist und zerrissene, zerquetschte und eingedrückte Fasern enthält, werden diese beim Ziehklingen geschnitten; damit wird der Oberfläche in hohem Maße Ebenheit, Glätte und Glanz verliehen. Auch ist es von Wichtigkeit, daß beim Ziehklingen die *Holzverluste* im allgemeinen geringer sind als beim Schleifen; dies fällt insbesondere bei dünnen Platten ins Gewicht. Beträgt z. B. der Schleifverlust an einer 4 mm-Sperrplatte mindestens 10%, unter Umständen sogar 15% des Plattenvolumens, so ist beim Ziehklingen nur mit etwa der Hälfte dieser Einbußen an Werkstoff zu rechnen. Entscheidende Bedingung für die Einsatzfähigkeit von Ziehklingenmaschinen ist es, daß die Faserrichtung zur Schnittrichtung genau oder nahezu parallel verläuft. Dies bedeutet nicht nur, daß man nur Längsfurniere ziehklingen kann, sondern auch, daß in diesen Furnieren keine Wirbel enthalten sein dürfen. Da aber mit schlechter werdenden Okoumé-Qualitäten gerade diese Holzfehler häufiger vorkommen, wird die Ziehklinge allmählich wohl auch aus ihrem hauptsächlichen Anwendungsgebiet nach und nach verdrängt.

15.22 Physikalische Verhältnisse

15.221 Vorgang des Ziehklingens

Das Ziehklingen, als spanabhebender Vorgang, ist sowohl dem Hobeln von Hand als auch dem Furniermessern verwandt. In allen drei

Fällen wird eine mehr oder weniger gleichbleibende Relativbewegung zwischen Werkstück und Werkzeug hergestellt und ein Span (bzw. Furnier) von im wesentlichen gleichbleibender Dicke abgenommen.

Wie beim Furniermessern die Druckleiste, so sorgt beim Ziehklingen eine *Druckkante*, im Zusammenwirken mit einer oberhalb angeordneten *Druckwalze*, für das Entstehen eines genau bestimmten Spanspaltes, jedoch ist wegen der geringen Dicke des Spanes die Einstellmöglichkeit dieses Spaltes nicht mit derjenigen an einer Messermaschine zu vergleichen.

Im Gegensatz zum Hobeln und Messern steht bei der Ziehklingenmaschine das Werkzeug still, und das Werkstück wird über die Schneidkante hinweggeschoben. Ein weiterer Unterschied liegt darin, daß beim Ziehklingen der *Spanwinkel* 0° beträgt oder sogar etwas negativ ist. Die Klinge selbst ist in der Regel nicht einfach ein geschliffenes *Messer* mit Fase, sondern an ihre Schneide wird in unterschiedlichem Winkel ein Grat angezogen.

In ihrer Wirkungsweise liegt die Ziehklingenmaschine etwa zwischen Kontaktschleifen und Kalibrieren. Die Druckwalze über der Ziehklinge ist über ihre ganze Länge starr ausgeführt, paßt sich also nicht an unregelmäßige Dickenunterschiede des Werkstücks an, jedoch ist sie im ganzen nicht starr, sondern federnd gelagert, kann also beispielsweise an einem Ende mehr nachgeben als am anderen und damit den Durchgang von Platten mit trapezförmigem Querschnitt gestatten.

15.222 Einfluß der Holzart

Eine wesentliche Einschränkung der Anwendung von Ziehklingenmaschinen ergibt sich daraus, daß diese Art des Putzens nur parallel oder in geringem Maße schräg zur Faserrichtung erfolgen kann. Demnach ist das Ziehklingen von nur abgesperrten Platten nicht möglich.

Da durch die Druckwalze über die Ziehklinge eine oft beträchtliche Kraft auf das durchlaufende und sich gerade in Bearbeitung befindende Werkstück ausgeübt wird, kann dieses unter Umständen stellenweise elastische Verformungen, wenn auch nur geringen Ausmaßes, erleiden. Dies führt immerhin dazu, daß *Nadelhölzer* mit ausgeprägten Dichteunterschieden zwischen Frühholz und Spätholz durch Ziehklingen nicht geglättet werden können. Es ist also nötig, daß es sich bei dem zu bearbeitenden Werkstoff um zerstreutporige oder möglichst mild gewachsene Hölzer handelt. Am besten geeignet sind *Okoumé* und einige andere *afrikanische Hölzer*, in gewissem Maße jedoch auch *Eiche*.

Es gehört zu den Feinheiten der Betriebspraxis, die Werkzeuge für jede zu bearbeitende Holzart besonders herzurichten. Dies bezieht sich insbesondere auf den Gratwinkel an der Messerschneide. Anzustreben ist auf jeden Fall ein möglichst zusammenhängender „gardinenartiger‘‘ *Span*, der so dünn wie möglich sein soll. Als normale Spandicke kann man etwa 0,1 bis 0,15 mm bezeichnen.

15.223 Leistungsbedarf und Vorschubgeschwindigkeit

Die Ziehklingenmaschine besitzt nur etwa $^1/_3$ des *Anschlußwertes* einer vergleichbaren Schleifmaschine, für die *Leistungsaufnahme* liegt das Verhältnis noch günstiger.

Die *Vorschubgeschwindigkeit* von Ziehklingenmaschinen ist im allgemeinen gleichbleibend und beträgt etwa 25 m/min. Für praktische Durchsatzberechnungen kann ein recht hoher Prozentsatz davon als effektive Geschwindigkeit angenommen werden, z. B. 18 m/min. Dieser Wert ist fast dreimal so hoch wie die Geschwindigkeit, die von Zylinderschleifmaschinen im allgemeinen erreicht wird. Dabei hat man nur etwa denselben Kostenaufwand zu bestreiten wie bei der Verwendung von Zylinderschleifmaschinen.

15.23 Die Ziehklingenmaschine und ihre Arbeitsweise

15.231 Allgemeiner Aufbau

Aussehen und Aufbau einer verbreiteten Ziehklingenmaschine sind aus den Bildern 15.12 und 15.13 ersichtlich. Das *Maschinengestell* ist

Bild 15.12. Ziehklingenmaschine. Bauart Böttcher & Gessner, Hamburg.

verhältnismäßig sehr kräftig, um durch große Starrheit Erschütterungen beim Arbeiten zu vermeiden. Der *Vorschub* des abgebildeten Baumusters erfolgt über vier angetriebene Walzenpaare, wobei die unteren Walzen im höhenverstellbaren Tisch liegen, die oberen durch Justierschrauben einstellbar sind. Die *Tischverstellung* erfolgt über Keilflächen, mit Antrieb durch Elektromotor, Feineinstellung ist auch von Hand möglich.

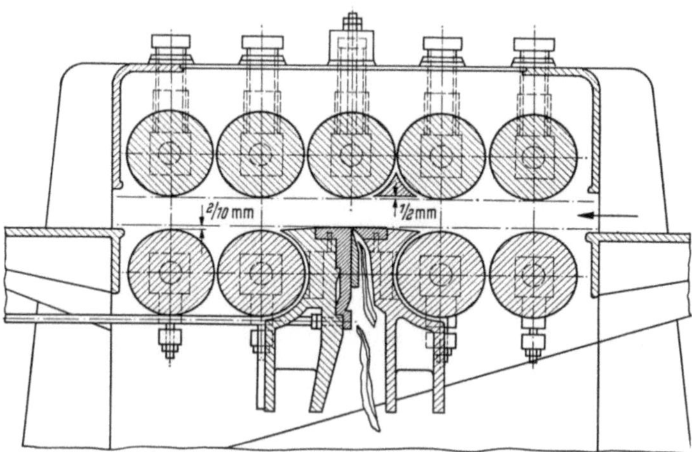

Bild 15.13. Schema einer Ziehklingenmaschine.

Eine Führung in der Mitte des Tisches nimmt das Messer und den *Messerhalter* auf. Während früher die Messer in große, auswechselbare Kästen eingesetzt und eingerichtet waren, sind sie bei neuzeitlichen Maschinen auf einem leichten Messerhalter befestigt, der während des Betriebes in der Maschine eingestellt werden kann. Dies verkürzt die Verteilzeiten erheblich, da es auf diese Art möglich ist, die Spandicke und Messereinstellung angesichts des abfließenden Spanes zu regeln, während bei der alten Bauweise das Messer nach jeder Beobachtung des Spanes ausgebaut und außerhalb der Maschine neu eingerichtet werden mußte; mit einem befriedigenden Ergebnis war erst nach mehreren Versuchen und Änderungen zu rechnen.

15.232 Aufstellung und Fundament

Der Schwere der Maschine entsprechend, muß die Fundamentierung sicher und sorgfältig ausgeführt sein. Das *Fundament* einer Ziehklingenmaschine ist im allgemeinen verhältnismäßig verwickelt und teuer, da es unter Maschinenmitte einen *Schacht* von erheblichem Querschnitt haben muß, dessen Länge etwa der Arbeitsbreite der Maschine gleich ist. Entweder seitlich oder in Arbeitsrichtung muß dieser Schacht verlängert und herausgeführt werden, um die Ziehklingenspäne auf diesem Wege abführen zu können. Ideal ist die Aufstellung von Ziehklingenmaschinen auf Zwischendecken, so daß die Späne in einem geräumigen Keller befördert und weiter behandelt werden können.

Für den *Platzbedarf* spielt es unter Umständen eine Rolle, daß ein genügend breiter Raum neben der Ziehklingenmaschine für das Auswechseln des Messers mit Messerträger zur Verfügung steht. Damit die Maschinen wahlweise links oder rechts an einer Wand angeordnet werden können, ist es wünschenswert, daß sie sowohl in Links- als auch in Rechtsausführung erhältlich sind.

15.24 Arbeitsweise

15.241 Bedienung

Im wesentlichen ist die Bedienung der Ziehklingenmaschinen die gleiche wie diejenige von Zylinderschleifmaschinen. Praktisch ergibt sich eine gewisse Vereinfachung dadurch, daß im überwiegenden Maße nur dünne Platten geziehklingt werden und deshalb die Handarbeit beim Beschicken und bei der Abnahme verhältnismäßig einfach ist. In der Regel genügt deshalb je ein Mann vor und hinter der Maschine.

Bei gut eingearbeiteter Bedienungsmannschaft ist es verhältnismäßig leicht, mit einer Ziehklingenmaschine in flüssiger Weise Sperrplatten beidseitig zu glätten. Der Bedienungsmann auf der Abnahmeseite wendet die Platte, die einmal durch die Ziehklingenmaschine gelaufen ist, und schiebt sie über das Maschinengestell hinweg dem Arbeiter an der Vorderseite wieder zu, der die Platte von neuem zum Bearbeiten der zweiten Oberfläche aufgibt (inzwischen hatte dieser Mann bereits eine weitere Platte in die Maschine gegeben, die ihm ebenfalls zurückgereicht wird). Auch die zum zweiten Mal durchlaufenden Platten werden bei der Abnahme gewendet, um die einwandfreie Beschaffenheit der bearbeiteten Oberflächen überprüfen zu können. Normalerweise wendet der Abnehmer also jede Platte und gibt jeweils (nacheinander) zwei Platten zurück nach vorne, während er die nächsten beiden ablegt. Zwischendurch sind gelegentlich weitere Rückgaben erforderlich, um eine nicht sauber ausgefallene Fläche nachzuziehen. Wegen der federnden Anordnung der Druckwalzen ist ein Nachstellen der Maschine beim zweiten Durchlauf einer Platte, die dann ein gewisses Untermaß hat, nicht nötig.

15.242 Hilfseinrichtungen

Da meist dünne Platten geziehklingt werden, ist das Bedürfnis nach Hilfseinrichtungen nicht so groß wie im allgemeinen beim Arbeiten an Schleifmaschinen. Insbesondere wenn man nach dem vorbeschriebenen Verfahren arbeitet, müssen die Bedienungsleute vor und hinter der Maschine bis dicht an Einlauf und Auslauf herantreten können; längere Tische vor und hinter der Maschine sind dann nicht verwendbar.

Trotzdem läßt sich durch gewisse Hilfseinrichtungen die Arbeit erleichtern und beschleunigen. Hierzu gehören wiederum in erster Linie Hebetische, die den Plattenstapel in eine für die Bedienung handliche Lage und Höhe bringen. Wird im Durchlaufverfahren gearbeitet, so lassen sich solche Hebebühnen in Achse der Maschine anbringen und gegebenenfalls mit einer Ablegevorrichtung verbinden.

15.243 Messerpflege

Die Instandhaltung der Ziehklingenmesser erfordert zwar nach wie vor ein gewisses Maß an handwerklichem Geschick und an Betriebserfahrung, jedoch werden diese Arbeiten durch besondere Schleifmaschinen wesentlich erleichtert (Bild 15.14). Diese sind auf jeden Fall nötig, weil es auf üblichen Messerschleifmaschinen nicht möglich ist, den Grat nach dem Fertigschleifen des Messers anzuziehen.

Bild 15.14. Schleifmaschine für Ziehklingen. Bauart Böttcher & Gessner, Hamburg.

Die Ziehklingenschleifmaschine ist für die Aufnahme des Messers samt Messerhalter eingerichtet. Für das Auswechseln des Messers und das Nachschleifen muß also im allgemeinen nur ein einziges Teil gehandhabt und befördert werden.

15.244 Einfügung in Straßen

Ebenso wie Zylinderschleifmaschinen lassen sich auch Ziehklingenmaschinen in *automatische Endfertigungsstraßen* einbauen. Ein Beispiel hierfür ist in Bild 15.15 wiedergegeben.

Da Ziehklingenmaschinen nur mit untenliegendem Messer hergestellt werden, ist zwischen den beiden Einheiten eine *Wendevorrichtung* vorzusehen. Wie bei den mit Schleifmaschinen ausgerüsteten Endfertigungsstraßen ist es empfehlenswert, hinter der letzten Bearbeitungsmaschine nochmals eine Wendevorrichtung anzuordnen, damit der dort stehende einzige Bedienungsmann in der Lage ist, beide Oberflächen der bearbeiteten Platten zu begutachten und danach die Weiche zu stellen zur Ablage auf dem Stapel mit fertigem oder auf dem mit nachzubearbeitendem Gut.

Die übrigen Einrichtungen der Endfertigungsstraße sind dieselben wie bei der Anwendung von Schleifmaschinen, insbesondere die zwischenliegenden *Rollenbahnen* und die Verbindung mit der *Besäumung*. Dort

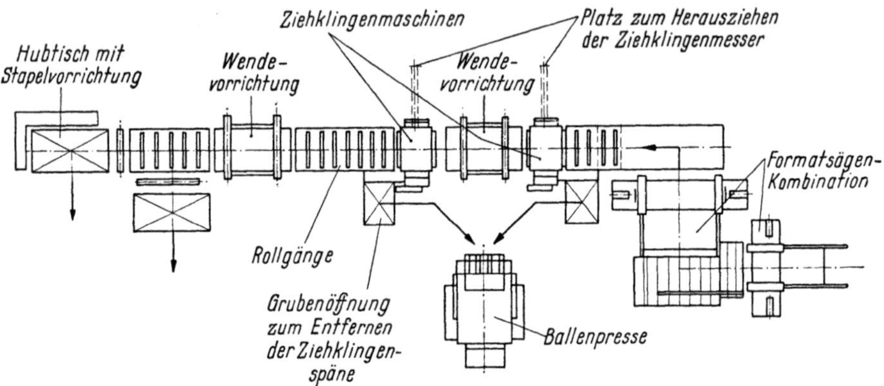

Bild 15.15. Endfertigungsstraße mit Ziehklingenmaschinen und Ballenpresse für den Abfall.

wird häufig auf völlige Automatisierung verzichtet, da sie durch die unregelmäßigen Kanten der rohen Sperrplatten einen verhältnismäßig großen Besäumverlust bringen würde. Stattdessen wird vielfach die Sperrplatte von Hand in die erste Formatsäge gegeben und ebenso in die zweite, längsbesäumende Säge weitergeleitet.

15.25 Ziehklingenspäne

15.251 Form der Späne

Im idealen Fall nimmt das Messer der Ziehklingenmaschine von jeder bearbeiteten Plattenoberfläche einen Span ab, der als einziges zusammenhängendes Stück die Breite und etwa die Länge der bearbeiteten Oberfläche hat. Trotz der Dicke von 0,1 bis 0,15 mm, die schon den dünnsten Furnieren (z. B. für Tapeten) entspricht, kann man diesen Span nicht als Furnier bezeichnen, da ihm das selbst für so dünne Furniere zu erwartende Maß an Festigkeit fehlt. Die Fasern des Ziehklingenspans sind durch das senkrecht stehende Messer gebrochen, so daß das ganze Gebilde keinerlei Steifheit besitzt und mit ziemlicher Anschaulichkeit als „Gardine" bezeichnet werden kann.

In Wirklichkeit ist die Spandicke nicht gleichmäßig, sondern von den örtlichen Unebenheiten der Platte abhängig. Stellenweise wird nur ein Mindestmaß an Werkstoff abgenommen und es kommt unter Umständen kein richtig zusammenhängender Span mehr zustande, während an anderen Stellen die Spandicke mehrere Zehntelmillimeter betragen kann und sich zum Teil recht große, ziemlich feste, spiralig aufgewickelte Spanklumpen ergeben. Im ganzen stellen die Ziehklingenspäne meist Körper mit besonders unregelmäßigen Formen dar, die sich dem Versuch, sie stetig-mechanisch abzufördern, auf das hartnäckigste widersetzen. In der Unhandlichkeit ihrer Späne liegt ein wesentlicher Nachteil der Ziehklingenmaschine.

15.252 Abfuhr und Pressung

Die Schwierigkeiten beginnen mit dem Entfernen der Späne aus dem Spankeller oder Fundamentschacht unter der Maschine; diese Arbeit ist wegen des großen spezifischen Volumens der Späne häufig oder fast dauernd auszuführen. Zwar sind mechanisch-automatische Einrichtungen zur Ableitung denkbar, jedoch praktisch nicht verbreitet, so daß die Späne von Hand mit einfachen Werkzeugen aus dem Bereich der Maschine zu entfernen sind.

Am einfachsten ist es, die Späne mit Schaufeln oder Gabeln in große Kastenwagen zu laden und zum Kesselhaus zu bringen. In vielen Fällen ist ihr Volumen jedoch so groß, daß man sie unbedingt auf handlichere Abmessungen verdichten muß. In gewissem Maße haben sich hierzu *Ballenpressen* bewährt, wie sie in der Landwirtschaft zur Herstellung von Preßstrohbündeln bekannt sind.

15.253 Zerkleinerung

Unter der Voraussetzung, daß die widerspenstigen Ziehklingenspäne von Hand aufgegeben werden, ist ihre Zerkleinerung nicht allzu schwierig, und sowohl *Hackmaschinen* als auch verschiedene Arten von *Mühlen* liefern durchaus befriedigende Ergebnisse.

Fehlgeschlagen sind Versuche, das Zerkleinern und das pneumatische Fördern der Ziehklingenspäne zu verbinden. Bei nicht ganz zuverlässiger Abkürzung der Fasern kommen in dem zerkleinerten Gut noch längere Streifen vor, die das Flügelrad des Gebläses leicht verstopfen.

Die sicherste Zerkleinerung geschieht in *Hammermühlen*. Wegen ihrer hohen Leistung genügen im allgemeinen verhältnismäßig kleine Typen, die allerdings dann den Nachteil des ebenfalls kleinen Einlaßtrichters haben. Denkbar ist ein System von Förderbändern, das die Ziehklingenspäne sofort nach Austritt aus dem Messerspalt zu einem Strang mit verhältnismäßig kleinem Querschnitt zusammenfaßt und einer Hammermühle unmittelbar zuführt. Man darf erwarten, daß sich eine solche Konstruktion über kurz oder lang zu einer erprobten einheitlichen Einrichtung entwickelt.

Hat man die Ziehklingenspäne erst bis zum Einlauf einer Mühle gebracht, so ist es nicht schwierig, mannigfache Grade der Zerkleinerung und Formen des sich ergebenden Feinguts zu erzielen. Allerdings ist bei jeder Art der Zerkleinerung von Ziehklingenspänen ein recht hoher Staubanteil unvermeidlich. Die Ursachen hierfür sind folgende: 1. Die Späne stammen von den meist untertrockneten Oberflächen der Sperrplatten. 2. Die Ziehklingenspäne sind stellenweise außerordentlich dünn und enthalten schon seit ihrer Entstehung Feingut. 3. Sie zerfallen auch wegen der gebrochenen Fasern leicht in der Längsrichtung.

15.254 Verwendung

Lose aufgeladene, aber auch zu Ballen gepreßte Ziehklingenspäne lassen sich, sofern man sie nicht zerkleinert, wohl zu nichts anderem als zur Verbrennung in einer offenen *Vorfeuerung mit großer Rostfläche* verwenden. Wegen ihrer geringen Dicke und großen Trockenheit sowie dadurch, daß sie den Rost verhältnismäßig flächig bedecken, stellen sie einen durchaus guten Brennstoff dar.

Zerkleinerte, d. h. gemahlene Ziehklingenspäne eignen sich natürlich noch besser zum Verbrennen, da sie mittels *Luftdüsen eingeblasen* werden können. Wenn ihr Staubanteil auch nicht in der gleichen Größenordnung wie der des Schleifstaubes liegt, so sind doch die üblichen Sicherheitsmaßnahmen zur Verhinderung von Bränden und Staubexplosionen zu treffen.

Wenn auch eine Ziehklingenmaschine kein idealer Zerspaner ist, so sind doch Ziehklingenspäne zur *Spanplattenherstellung* gut zu verwenden. Wegen der geringen Dicke und der Glätte einer Oberfläche ergeben sie einen guten Deckschichtspan, dessen Wert durch die gebrochenen Fasern deshalb kaum beeinträchtigt wird, weil normalerweise die Brüche in Abständen auftreten, die etwa der üblichen Länge von Feinspänen entsprechen.

Natürlich ist der *Staubanteil* gemahlener Ziehklingenspäne wesentlich größer als dies in Spanplatten zulässig ist. Es bereitet jedoch keine Schwierigkeiten, durch Siebung die brauchbaren Späne vom Staub zu trennen. Die Ausbeute dürfte in der Regel bei mehr als $^2/_3$ der Gesamtmenge liegen. Allerdings besteht die Gefahr, daß auch die als brauchbar ausgesiebten Späne bei anschließenden Bearbeitungsvorgängen und pneumatischer Förderung weiter zerfallen und neue Staubanteile bilden.

Zusammenfassend kann man feststellen, daß nach der heutigen Praxis die Ziehklingenabfälle einen höchst lästigen Stoff darstellen, daß sie jedoch wertvoller sind als Schleifstaub. Um den Nachteil ihrer unhandlichen Form aufzuheben, ist vor allem die Aufgabe einer mechanischen und stetigen Zuführung der Späne in eine Mühle zu lösen.

16. Klimatisierung von Lagenhölzern bei Fertigung und Lagerung

Von **Adolf Schneider**, München

16.1 Allgemeine Gesichtspunkte

In den *Qualitätsbegriff bei Lagenhölzern* ist neben den Festigkeitseigenschaften, der Art und Güte der Verleimung, der Witterungs- und Wasserbeständigkeit, der Widerstandsfähigkeit gegen pflanzliche und tierische Schädlinge auch das „*Stehvermögen*" mit einbezogen. Sperrplatten, die gut stehen, sollen sich bei normalen Änderungen ihres Feuchtigkeitsgehaltes weder krümmen, noch windschief ziehen. Diese Mängel würden auftreten, wenn ungleich trockene oder zu feuchte Schichten miteinander verleimt würden, denn beim späteren Feuchtigkeitsausgleich mit der Umgebungsluft würden dann unsymmetrische Spannungen entstehen [*16.13*]. Daraus ergibt sich die allgemeine Forderung nach möglichst *gleichmäßigem Feuchtigkeitsgehalt der Furniere* vor dem Verleimen und Verpressen.

Der Wunsch nach einer *Konditionierung der Furniere im Anschluß an die Trocknung* mit Hilfe besonderer Einrichtungen zur Klimatisierung wurde jedoch erst nach dem Aufkommen neuer *Kunstharzbindemittel* für die Verleimung der Lagenhölzer laut. Für die Anwendung dieser neuen Bindemittel, deren Einsatz die Güte der Sperrholz- und Schichtholzplatten erheblich zu verbessern ermöglichte, reichten die damals gebräuchlichen Furniertrockner hinsichtlich Gleichmäßigkeit der Trocknung der Furniere nicht mehr aus. Besonders der zunächst hauptsächlich verwendete *Tegofilm* erforderte eine Verleimung bei einer sehr genau bemessenen Furnierfeuchtigkeit von 6 bis 8%, da sonst die Gefahr von Fehlverleimungen bestand.

Klimatisierung der Furniere vor dem Verleimen und Verpressen wurde deshalb für die Erfüllung höchster Qualitätsforderungen an Lagenhölzer bald als unerläßlich erachtet. Während des zweiten Weltkrieges wurde sie von jenen Betrieben verlangt, die Lagenhölzer für den Flugzeugbau lieferten. Für die Herstellung von *Schichtholz* wurden *sehr dünne Buchenholzfurniere* verarbeitet, die nach dem Trocknen überaus schnell wieder Feuchtigkeit aufnahmen. Da man mit Tegofilm arbeitete und Fehlverleimungen mit Sicherheit ausschalten mußte, war es unerläßlich, die Feuchtigkeit der Furniere innerhalb der geforderten Grenzen durch Klimatisierung in Kanälen bzw. Klimatisierung der Verarbeitungsräume zu halten. Verwendet wurden damals aufwendige *Klimaanlagen*, d. h. Anlagen, die Einrichtungen zur Erwärmung und

Kühlung, Befeuchtung und Trocknung der Luft in Verbindung mit einer selbsttätigen Temperatur- und Luftfeuchtigkeits-Regeleinrichtung umfaßten.

Mit dem Übergang zur *Flüssigharz-Verleimung* verlor die genaue Einstellung der Furnierfeuchtigkeit vor dem Verleimen und Verpressen an Bedeutung, da einerseits so enge Toleranzen der Furnierfeuchtigkeit wie bei der Filmverleimung nicht mehr nötig sind, anderseits die Möglichkeit besteht, die Konzentration des Flüssigharzes dem Feuchtigkeitsgehalt der Furniere vor dem Verleimen anzupassen.

Hinzu kommt, daß bei den neuzeitlichen *Durchlauftrocknern* durch Nachschaltung eines Kühlfeldes eine wesentliche Verbesserung der Trocknungsführung erreicht wurde. Allerdings muß aus betriebswirtschaftlichen Gründen die Verweilzeit der Furniere im *Kühlfeld* kurz gehalten werden. Sie reicht wohl zum Abkühlen der Furniere nahezu auf Raumtemperatur, nicht aber zu einem vollständigen Feuchtigkeitsausgleich aus.

Infolge der geänderten Verleimungsverfahren, der Verbesserung der Trocknungsführung und der geringeren Nachfrage nach Lagenholz in Spitzenqualitäten wurden nach dem Krieg in vielen Betrieben die Klimaanlagen außer Betrieb gesetzt. Trotzdem verstärkt sich in jüngster Zeit wieder die Ansicht, daß eine Klimatisierung der Räume, in denen getrocknete Furniere vor dem Pressen längere Zeit gelagert oder bearbeitet werden, Vorteile bietet, besonders dann, wenn sie ohne zu großen Aufwand durchzuführen ist.

Eine zweite Stufe der *Klimatisierung kann nach dem Verpressen* von Lagenhölzern von Vorteil sein. Wurde z. B. mit wasserhaltigen Leimen gearbeitet, dann soll die Klimatisierung bei Furnierplatten eine schonende Nachtrocknung bewirken. Besondere Sorgfalt wäre bei der Klimatisierung von *Tischlerplatten* erwünscht, die auf etwa 10% Holzfeuchtigkeit zu konditionieren wären, da sie nur bei dieser Feuchtigkeit geschliffen werden sollen, um gutes „Stehen" zu gewähren [*16.10*]. Unerläßlich ist diese Klimatisierungsstufe für Sperr- und Schichtholzplatten, die für hochbeanspruchte Teile (Flugzeugbau) verwendet werden.

Bei Beachtung von DIN 68705 (Dezember 1958) „Sperrholz für allgemeine Zwecke", wonach der Feuchtigkeitsgehalt des Sperrholzes ab Herstellerwerk höchstens 12% betragen darf, ist es außerdem notwendig, die fertigen Erzeugnisse in trockenen oder besser klimatisierten Räumen auf ebenen Unterlagen übereinander geschichtet zu *lagern.* Dabei ist besondere Umsicht bei Tischlerplatten am Platze, da es unmöglich ist, verzogene Tischlerplatten wieder in die ebene Form zurückzubringen. Sicher kann durch eine sorgfältige Lagerung mit Klimatisierung manche Beanstandung, die auf übergroße oder ungleichmäßige Feuchtigkeit von Lagenhölzern zurückzuführen ist, vermieden werden.

16.2 Einrichtungen zur Klimatisierung von Lagenhölzern

16.21 Anforderungen an die Klimatisierung

Die durch die Klimatisierung der Furniere bzw. der Lagenhölzer einzustellenden Beträge der Holzfeuchtigkeit liegen zwischen 5 und 12%.

Da die Klimatisierung im Normalfall in Räumen durchgeführt werden muß, in denen sich zugleich Menschen aufhalten, muß deren

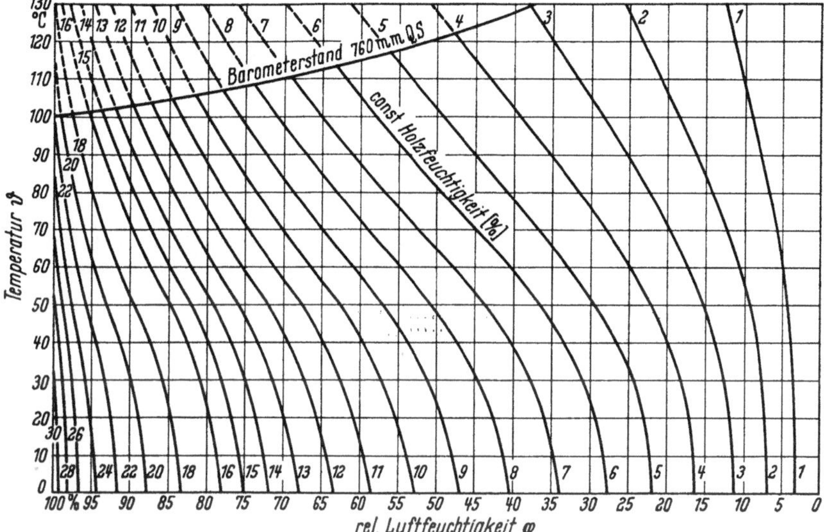

Bild 16.1. Hygroskopische Isothermen für Fichtenholz (Picea sitchensis Carr.). Die von W. K. LOUGHBOROUGH [16.6] stammende Tafel wurde von R. KEYLWERTH [16.9] auf Centigrade umgerechnet, berichtigt und für Temperaturen über 100°C extrapoliert. Die Tafel gilt in guter Näherung auch für alle anderen Hölzer.

Behaglichkeitsempfinden Rechnung getragen werden. Somit kommen nur Temperaturen von etwa 10 bis 25 °C in Frage. Für diesen Temperaturbereich ist aus Bild 16.1 zu ersehen, daß der Holzfeuchtigkeitsspanne von 5 bis 12% ein Bereich der rel. Luftfeuchtigkeit von etwa 20 bis 65% entspricht. Außerdem ist der Darstellung zu entnehmen, daß für konstant gehaltene rel. Luftfeuchtigkeit die Gleichgewichtsfeuchtigkeit des Holzes durch eine Temperaturänderung von z. B. 10 auf 30 °C höchstens um insgesamt 0,6 bis 0,7% verändert wird. Da die höchsten *Ansprüche an die Gleichmäßigkeit der Holzfeuchtigkeit* bei der Lagenholzfertigung Feuchtigkeitsschwankungen von nur ± 1% verlangen, besteht demnach — zumindest theoretisch — die Möglichkeit, die gewünschte Klimatisierung der Furniere bzw. Lagenhölzer, ohne jegliche Erwärmung bzw. Kühlung der Raumluft ausschließlich durch geeignete Einstellung der rel. Luftfeuchtigkeit zu erreichen.

Aus Gründen eines *wirtschaftlichen Wärmehaushaltes*, insbesondere zur Vermeidung unnötiger Wärmeverluste, sowie zur Aufrechterhaltung eines behaglichen Arbeitsklimas, empfiehlt es sich, die Klimatisierung — mit Ausnahme der warmen Sommermonate — bei etwa 20 °C durchzuführen. Die in jedem neuzeitlichen Sperrholzbetrieb vorhandene Beheizung der Fertigungs- und Lagerhallen ermöglicht diese Raumtemperatur auch in den kalten Monaten des Jahres ohne weiteres. Für den praxisnahen Fall einer konstanten Raumtemperatur von $20 \pm 2\,°C$ läßt sich aus Bild 16.1 entnehmen, daß eine geforderte Genauigkeit des jeweils benötigten Sollwertes der Holzfeuchtigkeit im Grenzfall von $\pm 1\%$ mit einer *Toleranz von* $\pm 5\%$ des zugeordneten Sollwertes *der rel. Luftfeuchtigkeit* zu erreichen ist. An die Meß- und Regelgenauigkeit der Organe zur Temperatur- und Feuchtigkeitsregelung werden demnach bei der Konditionierung von Lagenhölzern keine besonders hohen Anforderungen gestellt.

Vergleichsweise schwieriger ist es, die Furniere nach dem Trocknen erforderlichenfalls auf 5 bis 6% Holzfeuchtigkeit zu konditionieren, da die Entfeuchtung der Raumluft auf die dafür benötigten rel. Luftfeuchtigkeiten von 20 bis 30% verhältnismäßig größeren apparativen Aufwand verlangt.

Bei den vielfältigen Unterschieden in der Größe, Lage und baulichen Ausführung der zu klimatisierenden Räume, der darin befindlichen Wärmequellen (Heizkörper, Trockner, Pressen) und den sich aus der Vermeidung von Geruchsbelästigungen (Formaldehyddämpfe u. dgl.) ergebenden Anforderungen an die Belüftung ist es nicht möglich, auch nur einigermaßen zutreffende Zahlenwerte für die leistungsmäßige Auslegung der Einrichtungen zur Klimatisierung zu geben. Es ist deshalb unerläßlich, deren Planung, unter sorgfältiger Prüfung aller betrieblichen Gegebenheiten und Bedürfnisse, zusammen mit einer Firma vorzunehmen, die Klimaanlagen projektiert.

In der folgenden Darstellung soll ein Überblick über die für die Lagenholzindustrie in Frage kommenden Klimatisierungseinrichtungen gegeben werden.

16.22 Einrichtungen zur Klimatisierung
[*16.1, 16.2, 16.11, 16.15 ⋯ 16.18, 16.20 ⋯ 16.22, 16.24, 16.27*]

16.221 Klimaanlagen

Klimaanlagen sind die vollkommensten, zugleich aber auch teuersten Einrichtungen der technischen Luftbehandlung. Von ihnen wird gefordert, daß sie in der Lage sind, das Raumklima unabhängig von der Außenwitterung und von den Quellen der Luftverschlechterung im Innenraum aufrechtzuerhalten, wobei die Regelung des Raumklimas selbsttätig erfolgen muß. Für diese Aufgabe muß eine Klimaanlage über *Einrichtungen für die Luftaufbereitung* (Apparate zum *Heizen, Kühlen, Befeuchten* und *Trocknen*), für die *Luftförderung* (*Ventilatoren, Kanäle* zur Luftführung und Verteilung der Luft) und eine *selbsttätige Regelung* verfügen. Fehlt eines dieser Funktionselemente, z. B. die Befeuchtung, so kann man nur von einer Teilklimaanlage sprechen. Die Klimaanlage ist hinsichtlich ihrer Ausstattung durch den in DIN 1946 [*16.2*] festgelegten Qualitätsbegriff eindeutig bestimmt [*16.16*].

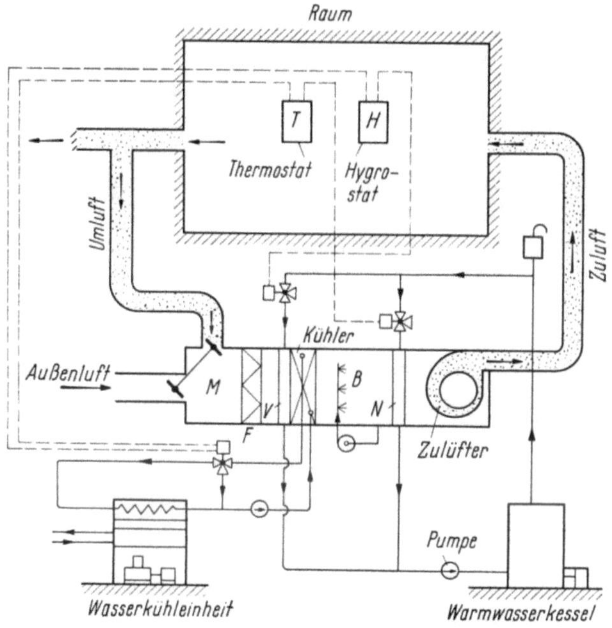

Bild 16.2. Schematischer Aufbau einer Zentralklimaanlage (Nach RECKNAGEL-SPRENGER [*16.21*]).
B Befeuchter,   *F* Filter,   *M* Mischkammer,   *N* Nachwärmer,   *V* Vorwärmer

Bild 16.2 zeigt schematisch den grundsätzlichen Aufbau einer *Zentralklimaanlage*. In der Darstellung ist oben der zu klimatisierende Raum gezeichnet; darunter befindet sich die Klimazentrale oder das Klimaaggregat. Die Klimazentrale vereinigt in sich die erforderlichen Einrichtungen zur Erwärmung, Kühlung, Befeuchtung und Trocknung (Entfeuchtung) sowie zur Bewegung und Reinigung der Luft. Ebenfalls gehört zu ihr noch die Mischkammer zur Mischung von Außenluft und Umluft. Die Klimazentrale ist somit der wichtigste Bestandteil jeder Klimaanlage.

Die grundsätzliche Wirkungsweise jeder Klimazentrale kann wie folgt beschrieben werden [*16.20*]: Die Außenluft wird durch den Zulüfter

aus dem Freien angesaugt und tritt in die Mischkammer ein, in der durch
gekoppelte, gegenläufige Klappen ein beliebiges Mischverhältnis von
Außen- und Umluft eingestellt werden kann. Die Gesamtluftmenge
bleibt dabei gleich. Diese Mischluft wird in einem Staubfilter gereinigt
und anschließend durch den Zulüfter zur Aufbereitung durch den Vorwärmer, den Kühler, den Befeuchter (Luftwäscher) und Nachwärmer
gesaugt. Der Zulüfter fördert dann die aufbereitete Luft weiter durch
den Zuluftkanal in den zu klimatisierenden Raum. Ein Teil der Raumluft
wird ins Freie geleitet, während der übrige Teil als Umluft durch eine
Kanalstrecke zur Klimazentrale zurückströmt. Dann beginnt der Luft-
kreislauf von neuem.

Zu Aufbau und Wirkungsweise der aufgeführten Einrichtungen der
Klimazentrale sind einige Erklärungen notwendig:

Der *Vorwärmer* besteht aus einem dampf- oder wassergeheizten
Lamellenlufterhitzer; er wird nur im Winter benötigt, wo er die Mischluft so weit zu erwärmen hat, daß sie bei der Befeuchtung im Luftwäscher
den Taupunkt der Zuluft erreicht.

Der *Kühler* ist ebenfalls als Lamellenkörper ausgebildet und wird
während des Sommerbetriebes an Stelle des Vorwärmers in Betrieb
genommen. „Er soll die Mischluft so weit herunterkühlen und durch
die hierbei bewirkte Wasserausscheidung trocknen, daß sie ebenso wie
im Winterbetrieb den Taupunkt der Zuluft oder, richtiger gesagt, den
Wassergehalt der Zuluft erreicht, weil in Wirklichkeit die Zustands-
änderung der Luft nicht ganz bis zum Taupunkt, d. h. bis zur Sättigungs-
grenze, gelangt" [*16.20*]. Als Kühlmittel wird Wasser verwendet. Steht kein
genügend kaltes Wasser aus dem Rohrnetz oder aus Tiefbrunnen zur
Verfügung, so muß das Kühlwasser künstlich (mit Kältemaschine) gekühlt werden.

Im *Befeuchter* oder *Luftwäscher* wird durch zahlreiche Düsen feinst-
zerstäubtes Wasser in die Luft eingespritzt. Der Befeuchter ist für verschiedene Aufgaben der Luftaufbereitung geeignet: Er wird im Winterbetrieb zur Befeuchtung und im Sommerbetrieb zur Kühlung und Trocknung der Luft verwendet. Außerdem dient er zur Reinigung der Luft
(Luftwäscher). Hinter dem Befeuchter befindet sich ein Tropfenfänger
aus zickzackförmigen Blechen, in dem das überschüssige Wasser nieder-
geschlagen wird.

Im *Nachwärmer* wird der Luft so viel Wärme zugeführt, daß sie auf
die gewünschte Zulufttemperatur kommt.

Die aufgeführten Einrichtungen der Luftaufbereitung werden durch
je einen im Raum befindlichen *Thermostat* und *Hygrostat* gesteuert.

Der beschriebene *Mischluftbetrieb* wird bei Klimaanlagen aus energie-
wirtschaftlichen Gründen, wenn immer möglich, benutzt. Mit ihm gelingt
es im Winter den Wärmeverbrauch und im Sommer den Kühlwasser-

verbrauch herabzusetzen. Bei der zunehmenden Wasserknappheit muß heute in manchen Gebieten bereits eine behördliche Genehmigung für den Betrieb von Klimaanlagen mit Wasserkühlung aus dem Rohrnetz eingeholt werden, so daß gegebenenfalls die Kühlung mit einer Kältemaschine vorgenommen werden muß. Größere Klimazentralen sind häufig mit einem zweiten Ventilator ausgerüstet (Bild 16.3).

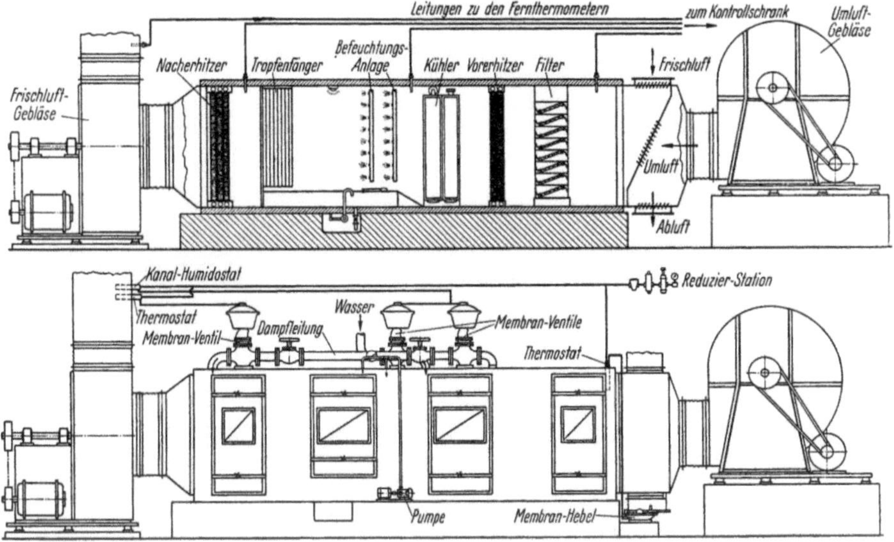

Bild 16.3. Schematische Darstellung einer Klimazentrale (Nach H. LINGEMANN [*16.17*]).

Für die Regelung des Raumklimas wird bei den Klimaanlagen häufig die *Taupunktregelung*[1] verwendet, bei der die Lufttemperatur und die Taupunkttemperatur konstant gehalten werden; dadurch behält dann auch die rel. Luftfeuchtigkeit ihren konstanten Wert. Diese Art der Regelung der Luftfeuchtigkeit wird auch als indirekte Feuchtigkeitsregelung bezeichnet. Angewendet wird bei Klimaanlagen auch die direkte Feuchtigkeitsregelung, bei der im Raum ein Feuchtigkeitsgeber un-

---

[1] Als Taupunkt wird diejenige Temperatur bezeichnet, auf die ein ungesättigtes Gemisch von Dampf und Luft abgekühlt werden muß, um den Sättigungszustand zu erreichen. Zum Beispiel beträgt der Dampfdruck in feuchter Luft von $20\,^{\circ}\mathrm{C}$ und 70% rel. Feuchtigkeit, entsprechend einem Sättigungsdruck von 17,54 Torr bei $20\,^{\circ}\mathrm{C}$, $17,54 \cdot 0,7 = 12,28$ Torr. Der Taupunkt dieser feuchten Luft ist nun die Temperatur, bei welcher der Sättigungsdruck des Wasserdampfes 12,28 Torr beträgt. Wie aus Tabellenwerken ersichtlich, ist dies bei $14,5\,^{\circ}\mathrm{C}$ der Fall. Wird umgekehrt mit Wasserdampf gesättigte Luft von $14,5\,^{\circ}\mathrm{C}$ auf $20\,^{\circ}\mathrm{C}$ erwärmt, so beträgt ihre rel. Feuchtigkeit bei $20\,^{\circ}\mathrm{C}$ dann 70%.

34*

mittelbar auf die Änderungen der Raumluftfeuchtigkeit anspricht. Näheres dazu folgt im Abschnitt über die *Regelung von Klimatisierungseinrichtungen*.

In der beschriebenen Normalausführung einer Klimazentrale können nur Taupunkttemperaturen über 0 °C eingestellt werden. Aus einer Abschätzung ähnlich dem Rechnungsgang in der Fußnote [1] bzw. aus einem i, x-Diagramm läßt sich entnehmen, daß bei 20 °C mit einer solchen Anlage rel. Luftfeuchtigkeiten zwischen 20 und 30% nicht mehr einstellbar sind; dies wäre erst nach Erhöhung der Raumtemperatur auf 30 bis 40 °C möglich. Die heute höchstens noch in Ausnahmefällen erforderliche Konditionierung der Furniere auf 5 bis 6% Holzfeuchtigkeit könnte also mit normalen Klimaanlagen nur bei diesen erhöhten Raumtemperaturen durchgeführt werden und müßte dazu von den Fertigungsstätten weg in besondere Klimaräume, klimatisierte Kanäle u. dgl. verlegt werden (vgl. [16.11]).

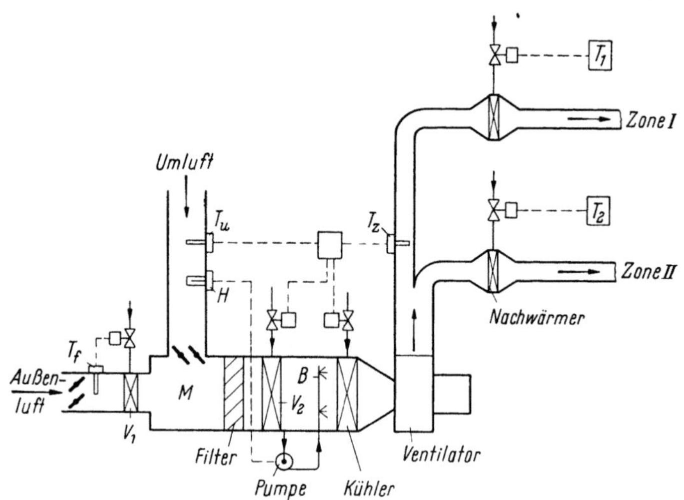

Bild 16.4. Schema einer Zonen-Klimaanlage mit Nachwärmern für jede Zone (Nach RECKNAGEL-SPRENGER [16.21]).
B Befeuchter, *H* Hygrostat, *M* Mischkammer, T_1, T_2 Zonenthermostate, T_u Umlauftthermostat, T_f Frostschutzthermostat, T_z Zuluftthermostat, V_1, V_2 Vorwärmer.

Mit der oben beschriebenen Klimaanlage kann man dem angeschlossenen Raum bzw. den Räumen nur gleichmäßig aufbereitete Luft zuführen. Sollen nun von einer Klimazentrale aus mehrere Räume mit unterschiedlichen Raumklimabedürfnissen versorgt werden, wie es in der Lagenholzindustrie erwünscht sein kann, so muß die Klimaanlage zur *Zonen-Klimaanlage* umgestaltet werden, mit der es dann möglich ist, jede Klimatisierungszone mit verschieden aufbereiteter Luft zu speisen. Dies ist, wie aus Bild 16.4 im Schema zu ersehen ist, beispielsweise dadurch zu erreichen, daß in der Klimazentrale zwar die Grundaufbereitung der Luft vorgenommen wird, die Nachwärmung aber erst in besonderen Nachwärmern der zu klimatisierenden Räume erfolgt.

In jeder Zone steuert ein Temperaturregler den zugehörigen Nachwärmer, so daß es möglich ist, die angeschlossenen Räume auf verschiedener Temperatur zu halten. Die rel. Luftfeuchtigkeit kann dabei innerhalb bestimmter Grenzen durch entsprechende Wahl der Raumtemperatur, ausgehend von der eingestellten Taupunkttemperatur in der Klimazentrale, ebenfalls auf verschiedenen Beträgen gehalten werden.

Für die Ausgestaltung von Zonen-Klimaanlagen gibt es viele Möglichkeiten; so kann z. B. eine zusätzliche Befeuchtung der Luft auch noch in den Räumen durch Versprühen von Dampf oder Wasser vorgenommen werden.

Auf die mannigfaltigen Möglichkeiten der Luftförderung zu den zu klimatisierenden Räumen und der Luftführung im Raum sowie auf die baulichen Erfordernisse und Werkstofffragen für die Raumklimatisierung kann hier nicht eingegangen werden; es muß deshalb auf das einschlägige Fachschrifttum [*16.15, 16.20 ··· 16.22*] verwiesen werden.

Die heute von der Industrie zur Klimatisierung einzelner Räume gebauten *Einzelklimageräte* (Klimaschränke, Klimatruhen u. dgl.) sind ebenso wie die beschriebene Klimaanlage dazu geeignet, die Lufttemperatur und rel. Luftfeuchtigkeit in einem Raum innerhalb vorgeschriebener Grenzen zu halten. Es handelt sich hier um technisch hochwertige, in der Anschaffung und im Betrieb (im Normalfall mit elektrischer Heizung ausgerüstete) kostspielige Geräte, deren Einsatz sich nur für die Klimatisierung nicht zu großer Einzelräume (Büros, Prüfräume, Laboratorien, Wohnräume auf Schiffen) lohnt. Eine Verwendung dieser Einzelklimageräte etwa zur ausreichenden Klimatisierung einer Werkshalle dürfte von vornherein an der Kostenfrage scheitern.

Zusammenfassend ist nochmals darauf hinzuweisen, daß es sich bei Klimaanlagen um sehr kostspielige Einrichtungen handelt, deren Einsatz nur zu rechtfertigen ist, wenn die durch sie zu erwartenden Verbesserungen in der Qualität der Erzeugnisse den Aufwand wirklich lohnen.

Für Zwecke der Klimatisierung in der Lagenholzindustrie dürften in den meisten Fällen wesentlich einfachere Einrichtungen genügen, die nachstehend behandelt werden.

16.222 Klimatisierung mit Luftentfeuchtungs- und Luftbefeuchtungsgeräten

Wie in Unterabschnitt 16.21 angeführt, ist der Einfluß der Temperatur auf die Ausgleichsfeuchtigkeit von Holz in dem für die Klimatisierung in Frage kommenden Bereich so gering, daß die gewünschte Konditionierung der Lagenhölzer und Furniere allein durch *Einstellung und Regelung der Raumluftfeuchtigkeit* erreicht werden kann. Für die Einstellung sehr niedriger Beträge der rel. Luftfeuchtigkeit (20 bis 30%) wird es sich dabei fast ausschließlich um eine *Entfeuchtung* der Raumluft handeln, während bei der Einstellung höherer Beträge der rel. Luftfeuchtigkeit in der Regel gleichzeitig Entfeuchtungs- und *Befeuchtungsgeräte* notwendig sein werden; dies im besonderen, wenn in den Fertigungs- und Lagerräumen größere Temperaturschwankungen möglich sind, wie im Sommer zwischen Tag und Nacht, die eine stetige Änderung der Raumluftfeuchtigkeit zur Folge haben.

Unter der Annahme einer konstant zu haltenden rel. Luftfeuchtigkeit von 55%, entsprechend 10% Holzfeuchtigkeit, würde z. B. ein Temperaturgang von 25°C höchster Tagestemperatur auf 18°C tiefste Nachttemperatur und dann wieder auf 25°C höchste Tagestemperatur bedingen, daß dementsprechend die Raumluft von maximal $0,55 \cdot 23,0 = 12,7$ g Wassergehalt je m³ Luft auf minimal $0,55 \cdot 15,4 = 8,5$ g, also um 4,2 g Wassergehalt je m³ Luft entfeuchtet und dann um denselben Betrag wieder befeuchtet werden müßte, um den Sollbetrag der Raumluftfeuchtigkeit von 55% aufrecht erhalten zu können. Bei einer Halle von 10 000 m³ Rauminhalt wären das 42 kg Wasser, die von den Entfeuchtungsgeräten zunächst entfernt und dann von den Befeuchtungsgeräten wieder zugegeben werden müßten.

Für den wirtschaftlichen und wirksamen Einsatz von Entfeuchtungsgeräten zur Klimatisierung ist es deshalb zweckdienlich, durch geeignete bauliche Maßnahmen, d. h. verbesserten *Wärmeschutz*, die Rückwirkung der Temperaturschwankungen der Außenluft auf die Raumtemperatur abzuschwächen.

Die Entfeuchtung der Luft mit Entfeuchtungsgeräten ist nach zwei grundsätzlich verschiedenen Verfahren möglich:

1. Durch Kühlung der Luft mit einem ausreichend kalten Kühlmittel, dessen Temperatur unterhalb des Taupunktes der zu entfeuchtenden Luft liegt. Dabei wird Wasserdampf als Kondenswasser abgeschieden (Unterkühlungsverfahren).

2. Durch Absorption der Luftfeuchtigkeit. Der Wasserdampf der Luft wird durch hygroskopische feste Stoffe oder durch Salzlösungen absorbiert (Absorptionsverfahren).

Die neuzeitlichen Befeuchtungsgeräte befeuchten die Luft mit feinstzerstäubtem Wasser. Die Zerstäubung erfolgt dabei mit Düsen (ohne oder mit Druckluft) oder durch schnell umlaufende Scheiben mit motorischem Antrieb. Sowohl die Entfeuchtungs- als auch Befeuchtungsgeräte können zur Aufrechterhaltung des Sollwertes der Raumluftfeuchtigkeit meist in sehr einfacher Weise geregelt werden.

Bei den *Entfeuchtungsgeräten* auf der Grundlage der *Luftkühlung* wird die Luft mit einem geeigneten Kühlmittel (kaltes Wasser, Kältemittel) so stark gekühlt, daß der Wasserdampf der Luft kondensiert und als Tropfwasser abgeführt werden kann.

Für die Wirkungsweise ist bemerkenswert, daß nur die Temperatur der Kühloberfläche unterhalb der Taupunkttemperatur der Luft liegen muß [*16.21*].

Am weitesten verbreitet sind heute die *Elektro-Entfeuchter* mit Elektro-Kühlaggregaten. Ihr grundsätzlicher Aufbau geht aus Bild 16.5 hervor. Die feuchte Luft wird durch einen Ventilator angesaugt und streicht über die Kühlfläche des Kühlaggregates. In der Grenzschicht der Kühloberfläche wird ein Teil der Luft bis unter ihren Taupunkt abgekühlt, wobei ein Teil der Luftfeuchtigkeit der durchströmenden Luftmenge bereits als Kondenswasser abgegeben wird. Die entfeuchtete und gekühlte Luft erwärmt sich wieder am Kondensator des Kühlaggregates, und zwar geringfügig über ihre Einströmtemperatur. Diese Geräte sind für Dauerbetrieb eingerichtet, sie arbeiten geräuscharm und geruchlos. Das im Behälter aufgefangene Kondenswasser kann entweder periodisch entfernt oder durch einen festen Ablauf abgeführt werden.

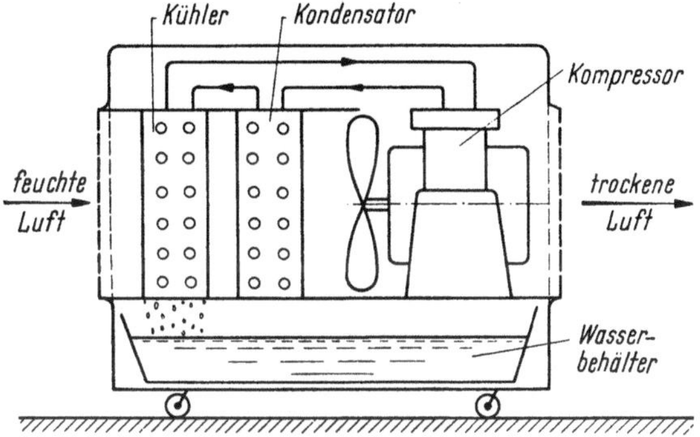

Bild 16.5. Schema eines Luftentfeuchtungsgerätes mit eingebauter Kältemaschine. (Nach RECKNAGEL-SPRENGER [*16.21*]).

Die Geräte sind bei der Lagenholzklimatisierung nur im *Umluft-betrieb* zu verwenden. Die Luft wird dabei immer stärker entfeuchtet, bis ihr Taupunkt nur noch geringfügig über der Temperatur der Kühloberflächen liegt. Diese kann, um ein Vereisen zu vermeiden, nicht unter 0 °C gesenkt werden; sie dürfte im praktischen Betrieb bei etwa 3 bis 4 °C liegen. Diese Kühloberflächen-Temperatur ist zugleich die praktisch nicht ganz zu erreichende Grenze für die Taupunkttemperatur, auf welche die Raumluft abgekühlt werden kann.

Da z. B. einer Taupunkttemperatur von 4 °C ein Sättigungsdruck von 6,1 Torr entspricht, bei 20 °C dieser 17,54 Torr beträgt, kann die Raumluft bei 20 °C unter diesen Bedingungen höchstens auf $\frac{6,1}{17,54} \cdot 100 = 35\%$ rel. Luftfeuchtigkeit entfeuchtet werden. Um niedrigere Beträge der Luftfeuchtigkeit zu erreichen, muß auch hier die Raumlufttemperatur erhöht werden. Bei 25 °C (entsprechend 23,8 Torr Sättigungsdruck des Wasserdampfes) können bei 4 °C Taupunkttemperatur 26%, bei 30 °C (entsprechend 31,8 Torr Sättigungsdruck) bereits 19% rel. Luftfeuchtigkeit erreicht werden.

Die *Entfeuchtungsleistung* der Geräte ist von der Temperatur und
der Raumluftfeuchtigkeit abhängig. Geräte mit einem Anschlußwert
von 3,5 kW können nach Firmenangaben der Luft in 24 Stunden bis
zu 180 Liter Wasser ent-
ziehen. Ein größeres, fahrbares Gerät wird durch
Bild 16.6 wiedergegeben.

Bei Verwendung solcher
Geräte in der Lagenholz-
industrie dürfte in ver-
gleichsweise großen Räu-
men im Hinblick auf die
erwünschte Gleichmäßig-
keit des Luftzustandes der
Betrieb mehrerer, im Raum
verteilter Geräte dem Einsatz eines entsprechend größeren, leistungsfähig gleich-
wertigen Zentralgerätes
vorzuziehen sein; dies auch,
um örtliche Zuglufterschei-
nungen zu vermeiden.
Fahrbare, leichte Ausfüh-
rungen der Elektro-Luft-
entfeuchter mit 1,5 bis 2 kW
Anschlußleistung dürften
gut verwendbar sein.

Bild 16.6. Fahrbares Elektro-Luftentfeuchtungsgerät.
Bauart W. Stielow & Co., Frankfurt a. M.

Eine *Regelung* der rel. Luftfeuchtigkeit erfolgt zweckmäßig durch
intermittierendes Ein- und Ausschalten des Kühlaggregates mit einfachen Feuchtigkeitsgebern auf elektrischem Wege.

Bei den *Entfeuchtungsgeräten* auf der Grundlage der *Absorption* des
Wasserdampfes aus der feuchten Luft dienen als feste Absorptionsstoffe
Kieselgel (SiO_2), Aluminiumoxyd (Al_2O_3) oder Chlorcalcium ($CaCl_2$).
Am meisten wird Kieselgel wegen seiner anwendungstechnischen Vorteile benutzt. Als flüssige Absorptionsstoffe haben sich die Lösungen
von einigen Lithiumsalzen bewährt, vor allem die Lösung des Lithiumchlorid (LiCl). Zum Verständnis der Wirkungsweise der *Entfeuchtungs-*
geräte mit Kieselgel als Adsorbens (streng genommen handelt es sich bei
der Wasserdampfaufnahme des Kieselgels nicht um eine Absorption,
sondern eine Adsorption) sind einige Erläuterungen über die Eigenschaften des Kieselgels als Trocknungsmittel notwendig.

Das Kieselgel, auch Silicagel genannt, ist chemisch reiner Quarz (SiO_2), der
durch bestimmte Verfahren so vorbehandelt ist, daß er eine außerordentlich große

innere Oberfläche besitzt (bis zu 450 m² je Gramm). Blaugel oder Indikatorgel ist ein Kieselgel, das mit Kobaltchloridlösung getränkt ist. Seine leuchtend blaue Farbe geht bei Feuchtigkeitsaufnahme in rot über. Kieselgel ist bis zu Temperaturen von 450 °C gegen alle Stoffe mit Ausnahme von Flußsäure beständig. Die Trockenwirkung des Kieselgels beruht auf der aktiven Oberfläche feinster Kapillaren, in denen das Wasser unter Dampfdruckabsenkung festgehalten (adsorbiert) wird. Das Kieselgel wird durch die Wasseraufnahme weder chemisch, noch in seinem Aggregatzustand verändert und kann an Wasser etwa 35% seines Gewichtes bis zur vollständigen Sättigung aufnehmen. Der Adsorptionsvorgang ist reversibel (umkehrbar); infolgedessen kann Kieselgel reaktiviert werden, indem das Wasser

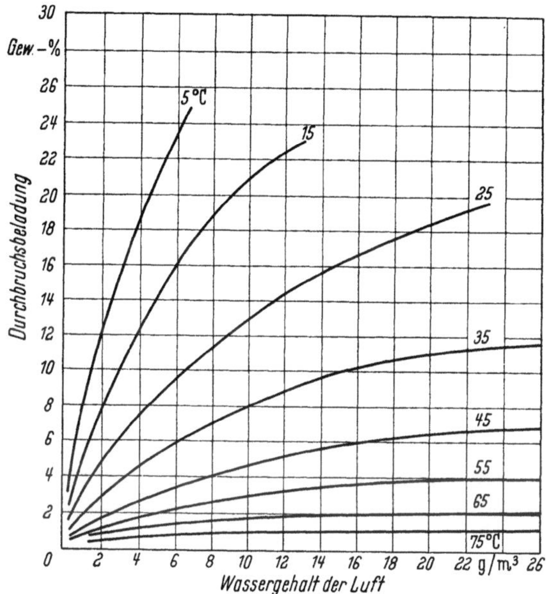

Bild 16.7. Durchbruchsbeladung in Gewichts-Prozenten für Kieselgel A in Abhängigkeit vom Wassergehalt der Luft in g Wasser/m³ für verschiedene Temperaturen (Nach I. G. Farbenindustrie A. G. [*16.7*]).

durch Erwärmen des Kieselgels auf hohe Temperaturen ausgetrieben wird. Bis zu einem bestimmten Betrag der Aufnahmekapazität an Feuchtigkeit, der als Durchbruchsbeladung bezeichnet wird (Bild 16.7), kann mit Kieselgel feuchte Luft fast vollständig getrocknet werden, und zwar bis zu einem Restwassergehalt von 0,05 g Wasser je m³ Luft, dem eine Taupunkttemperatur von — 48 °C entspricht. Da für Luft von 20 °C und 20% rel. Luftfeuchtigkeit der Taupunkt bei — 3 °C, von 10 °C und 20% rel. Luftfeuchtigkeit bei — 11 °C liegt, sind mit Kieselgel als Adsorptionsmittel auch die für die Klimatisierung der Furniere vor dem Verleimen in Frage kommenden niedrigsten Beträge der rel. Luftfeuchtigkeit noch ohne weiteres zu erreichen. Wenn die Adsorptionsfähigkeit des Kieselgels erschöpft ist, muß es durch Erwärmen mit heißer Luft oder mit überhitztem Dampf auf 150 bis 200 °C regeneriert werden. Nach erfolgter Abkühlung ist das Gel wieder verwendungsfähig. Infolge dieses Umstandes arbeiten Luftentfeuchtungsanlagen mit Kieselgel an sich nur periodisch.

Um für dauernden Feuchtigkeitsentzug geeignet zu sein, müssen die Geräte mit zwei Kieselgelschichten arbeiten, von denen die eine Feuchtigkeit adsorbiert, während die andere zur selben Zeit regeneriert wird.

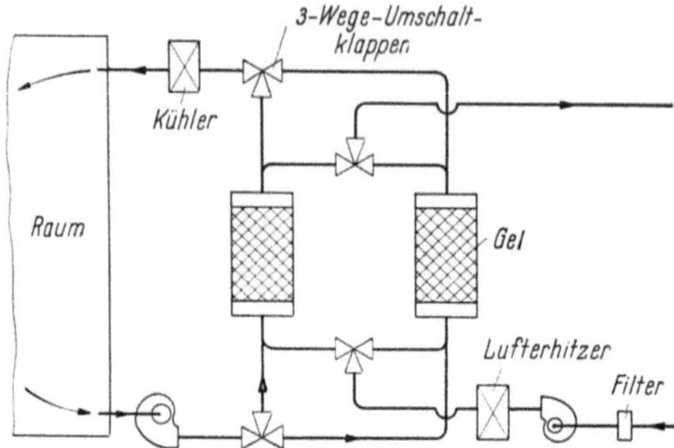

Bild 16.8. Schema einer Kieselgel-Luftentfeuchtungsanlage für kontinuierlichen Betrieb (Nach RECKNAGEL-SPRENGER [16.21]).

Bild 16.9. Kieselgel-Luftentfeuchtungsanlage für kontinuierlichen Betrieb. Bauart Silica Gel Ges., Berlin.

Das grundsätzliche Schema eines solchen Entfeuchtungsgerätes für kontinuierlichen Betrieb wird durch Bild 16.8 wiedergegeben. Die Umschaltung von Adsorption auf Regenerieren kann mit einem Zeitschaltwerk, das die Umschaltklappen steuert, vorgenommen werden. Die zu entfeuchtende Luft wird durch ein Filter entstaubt. Die bei der Adsorption des Wasserdampfes frei werdende Kondensationswärme kann, sofern dies erwünscht ist, durch einen nachgeschalteten Kühler vernichtet werden. Das bei der Regenerierung des Kieselgels entstehende Wasserdampf-Luft-Gemisch wird ins Freie abgeleitet. Die Regelung der Raumluftfeuchtigkeit kann durch Ein- und Ausschalten des Gerätes mit einem einfachen Feuchtigkeitsgeber auf elektrischem Wege vorgenommen werden.

Die Ausführung eines Gerätes für kontinuierlichen Betrieb mit zwei Füllgefäßen und elektrischer Heizeinrichtung zum Regenerieren wird in Bild 16.9 gezeigt.

Bei den *Entfeuchtungsgeräten mit Salzlösungen als Trockenmittel* wird davon Gebrauch gemacht, daß der Dampfdruck wässeriger Salzlösungen bei vergleichbarer Temperatur tiefer liegt als der Sättigungsdruck des Wassers und er zudem in weiten Grenzen von der Lösungskonzentration abhängt.

Bei der Feuchtigkeitsaufnahme aus der oder -abgabe an die Raumluft durch gesättigte Salzlösungen werden deren Dampfdrücke nicht verändert, sofern nur genügend ungelöstes Salz in der Lösung vorhanden ist.

Bild 16.10 stellt den Dampfdruck P_D über verschiedenen gesättigten

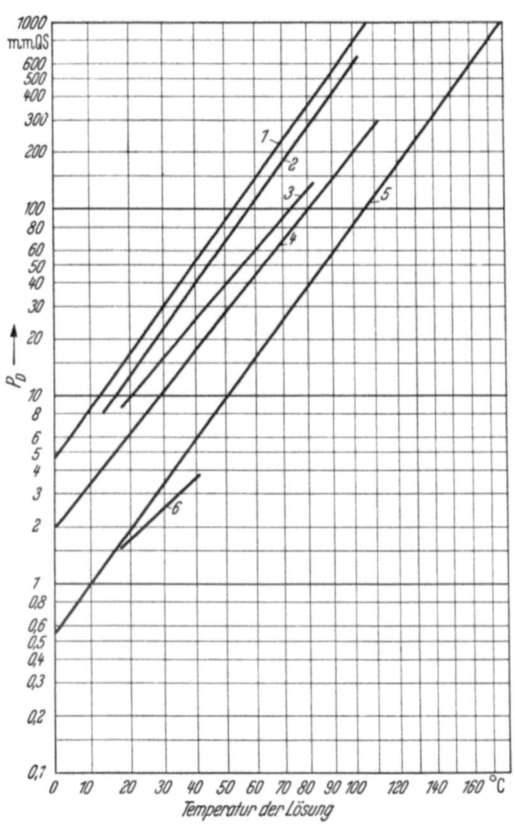

Bild 16.10. Wasserdampfdruck P_D über reinem Wasser (1) und gesättigten Salzlösungen, abhängig von der Temperatur 2 = NaCl (Natriumchlorid), 3 = Mg(NO$_3$)$_2$ (Magnesiumnitrat), 4 = MgCl$_2$ (Magnesiumchlorid), 5 = LiCl (Lithiumchlorid), 6 = ZnBr$_2$ (Zinkbromid) (Nach O. KRISCHER [16.12]).

Salzlösungen in Abhängigkeit von der Temperatur der Lösung dar. Sollen niedrige rel. Luftfeuchtigkeiten eingestellt werden, dann kommen dafür nur solche gesättigte Salzlösungen in Frage, deren Gleichgewichtsdampfdrücke verhältnismäßig sehr niedrig sind. Höhere Dampfdrücke bzw. Luftfeuchtigkeiten lassen sich mit diesen Salzlösungen durch Zu-

mischung von Wasser (für ungesättigte Lösungszustände) einstellen und
bei der Raumklimatisierung mittels besonderer Regler auch konstant
halten.

Für die Verwendung von Entfeuchtungsgeräten mit Salzlösungen
in der Praxis kommen deswegen nur Salzlösungen mit niedrigen

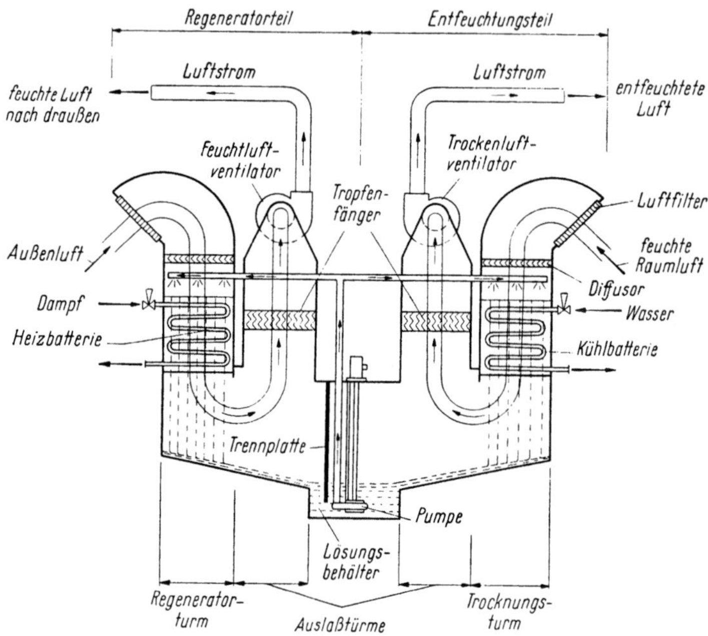

Bild 16.11. Schema einer Kathabar-Luftentfeuchtungsanlage.

Dampfdrücken in Frage. Aus Bild 16.10 ist zu ersehen, daß sich die
wässerige Lösung des Lithiumchlorids (LiCl) besonders eignet.

Auf diese Weise arbeiten z.B. die Kathabar-Entfeuchtungsanlagen[1].
Lithiumchlorid ist dabei der Hauptbestandteil eines flüssigen Absor-
benten, der vom Hersteller als Kathene bezeichnet wird. Das Wirkungsschema der Anlage zeigt Bild 16.11.

Die feuchte Raumluft wird vom Trockenluftventilator durch ein Luftfilter
angesaugt und strömt durch einen Diffusor in den Trocknungsturm, in dem sie
sich mit der von einer Pumpe geförderten und durch besondere Einrichtungen in
feinste Nebeltröpfchen zerstäubten Lithiumchloridlösung innig vermischt. Dadurch

---

[1] Hersteller: Surface Combustion Corporation, Toledo 1, Ohio/USA Kathabar
Division; Europäischer Lizenznehmer: International Engineering & Trading
Society N. V., Den Haag, Postfach Nr. 363.

wird der Luft ein Teil ihrer Feuchtigkeit, entsprechend dem Dampfdruck der Lösung, entzogen und somit ihre rel. Feuchtigkeit verringert. Die Kühlbatterie, die mit Brunnen- oder Leitungswasser gespeist werden kann, vernichtet die Kondensationswärme, die beim Feuchtigkeitsentzug frei wird. Der abwärts gerichtete, getrocknete Luftstrom ändert seine Richtung; er verläßt das Gerät über den Tropfenfänger im Auslaßturm und den Trockenluftventilator. Die im Trocknungsturm zerstäubte Kathene fließt in den Lösungsbehälter zurück, jedoch mit einer niedrigeren Konzentration infolge des aus der Luft aufgenommenen Wassers. Der Feuchtluftventilator saugt über Filter und Diffusor Frischluft in den Regeneratorturm. Diese durchzieht dann mit einem Strom zerstäubter Kathene die Wärmeaustauschrohre der Heizbatterie. Die Heizbatterie liefert die Wärme für die Ausdampfung des Wassers aus der Lösung; das verdampfte Wasser wird von dem Strom der angesaugten Frischluft mitgeführt. Auch der abwärts gerichtete Luftstrom, der nun die Feuchtigkeit der getrockneten Luft übernommen hat, ändert seine Richtung und verläßt das Gerät über den Tropfenabscheider im Auslaßturm und den zugehörigen Feuchtluftventilator.

Die in den Regenerator zerstäubte Kathene fließt in den Behälter zurück, und zwar jetzt mit einer höheren Konzentration als vorher. Die Pumpe fördert ständig eine Mischung dieser beiden Konzentrationen.

Durch Regelung der Dampfzufuhr zu der Heizbatterie kann die Regenerierung je nach Bedarf beschleunigt oder verzögert werden. Die Mischkonzentration der Flüssigkeit im Lösungsbehälter wird so auf einem bestimmten Wert entsprechend der gewünschten Raumluftfeuchtigkeit gehalten. Je nach Erfordernis kann die Regelung elektrisch oder pneumatisch durchgeführt werden.

Durch Einbau eines Heizelements in den Trocknungsturm kann die Anlage, falls hohe rel. Luftfeuchtigkeiten erwünscht sind, auch als Befeuchter verwendet werden. Nach Werksangaben gelten, falls Luft von 25 °C und 50% rel. Feuchtigkeit bis 20 °C und 25% rel. Feuchtigkeit behandelt werden muß, für eine Anlage von 8500 m³/h Ventilatorleistung folgende Werte:

Feuchtigkeitsentzug	72 kg/h
Kühlwasserverbrauch	9,2 m³/h
(bei 12 °C Kühlwassertemperatur)	
Dampfverbrauch	190 kg/h
(bei 1,7 atü)	
Stromverbrauch	1,85 kWh je h

Eine rel. Luftfeuchtigkeit von 20% bei 20 °C kann mit diesen Anlagen erreicht werden.

Befeuchtungsgeräte können zur Konditionierung von Lagenhölzern auf 10 bis 12% Holzfeuchtigkeit erforderlich sein. Ihr Einsatz wird notwendig sein bei größeren Temperaturschwankungen in den Räumen (s. S. 534) und kommt im Winter in Frage, wenn die Raumluftfeuchtigkeit häufig unter die für die Klimatisierung auf 10 bis 12% Holzfeuchtigkeit benötigten Beträge der rel. Luftfeuchtigkeit von etwa 50 bis 65% absinkt. Wegen ihrer zu geringen Leistungen sind die in Wohnräumen verwendeten *Verdunstungsgeräte* für den Einsatz in der Lagenholzindustrie ungeeignet. Bei *Verdampfungsgeräten* wirkt sich die Wassersteinbildung nachteilig aus. Es kommen demnach nur *Wasser-Zerstäubungsgeräte* in Frage.

Bei der Befeuchtung mit Wasser-Zerstäubungsdüsen wird das Wasser unter 3 bis 6 at Druck mit Düsen in kleinste Tröpfchen zerstäubt, die in der Raumluft schnell verdampfen. Da eine vollkommen tropfenlose Zerstäubung dabei nicht möglich ist, muß das überschüssige Wasser in Wannen aufgefangen und abgeleitet werden können. Die Düsen, deren Leistung bei 3 atü etwa 5 bis 15 l/min beträgt [*16.21*], werden zweckmäßig in einem Gehäuse angeordnet, so daß durch die Saugwirkung der Düsen Luft angesaugt und die Verteilung des Befeuchtungswassers gefördert wird. Demselben Zweck dienen bei größeren Geräten zusätzlich angebrachte Schraubenlüfter (Bild 16.12).

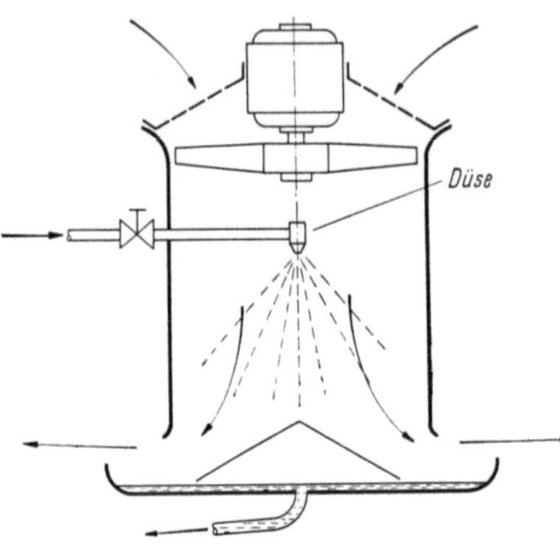

Bild 16.12. Schema eines Luftbefeuchtungsgerätes mit Wasserzerstäubungsdüsen und Lüfter Nach RECKNAGEL-SPRENGER [*16.21*]).

Bei der *Befeuchtung mit Druckluft-Wasser-Zerstäubungsdüsen* kann eine vollkommen tropfenfreie Zerstäubung des Wassers erreicht werden. Der für die Zerstäubung erforderliche Druck beträgt 0,5 bis 1,5 atü. Der Luftstrom saugt das, häufig durch einen Wasseraufbereiter kalkfrei gemachte, Wasser an und führt es der Raumluft zu. Für diese Art von Befeuchtungsanlagen ist ein Rohrnetz für Druckluft und Wasser notwendig. Eine der möglichen Anordnungen ist in Bild 16.13 dargestellt. Die Leistung der Düsen

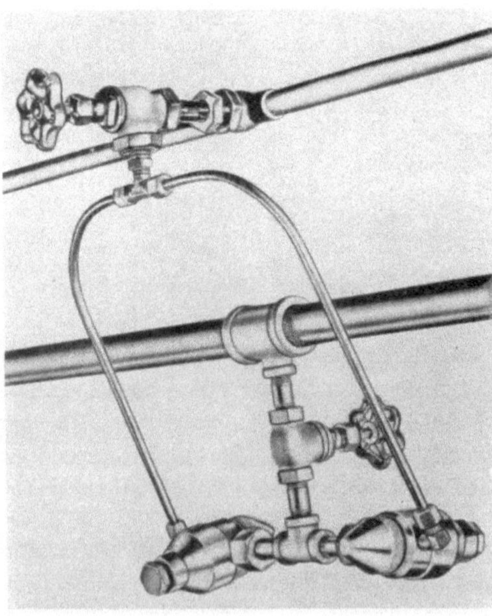

Bild 16.13. Luftbefeuchtung mit Druckluft-Wasserzerstäubungsdüsen. Bauart W. Stielow & Co., Frankfurt a. M.

liegt zwischen 0,01 bis 0,5 l/min; der Luftverbrauch hängt von der Feinheit der Zerstäubung ab und beträgt etwa 3 bis 6 m³/h. Die Regelung kann auf einfache Weise durch Ein- und Ausschalten des Drucklufterzeugers (Kompressor) mit einem Feuchtigkeitsgeber vorgenommen werden [*16.21*].

Bei den *Befeuchtungsgeräten mit mechanischer Zerstäubung* wird das Wasser von einer waagerecht oder senkrecht mit hoher Drehzahl umlaufenden Scheibe oder auch von mehreren Scheiben zerstäubt. Die Wirkungsweise geht aus Bild 16.14 hervor. Die Geräte benötigen weder

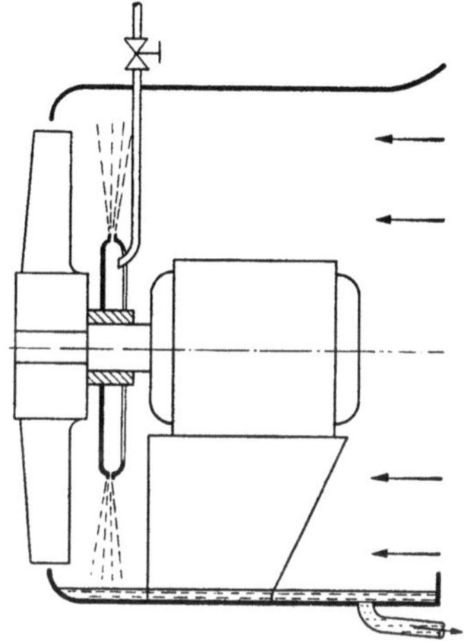

Bild 16.14. Schema eines Luftbefeuchtungsgerätes mit umlaufender Scheibe zur Wasserzerstäubung
(Nach RECKNAGEL-SPRENGER [*16.21*]).

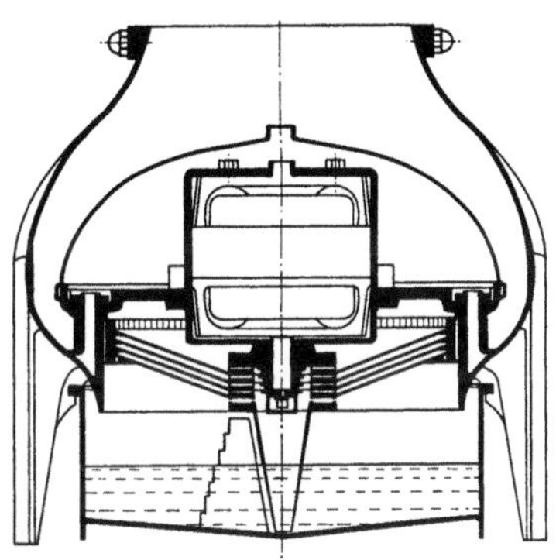

Bild 16.15. Schnittzeichnung eines transportablen Befeuchtungsgerätes mit Zerstäubung des Wassers durch umlaufende Scheiben
(Nach RECKNAGEL-SPRENGER [*16.21*]).

hohen Wasserdruck, noch Druckluft, jedoch ist eine Auffangvorrichtung oder ein Anschluß für Ablaufwasser erforderlich. Die Schnittzeichnung eines ortsbeweglichen Geräts mit mehreren umlaufenden Scheiben, bei dem das zu zerstäubende Wasser aus dem unten befindlichen Behälter, der zugleich als Auffanggefäß für das überschüssige Wasser dient, angesaugt wird, ist in Bild 16.15 dargestellt. Bei größeren Geräten dieser Art ist Anschluß an die Wasserversorgung mit Regelung der Wasserzufuhr durch ein eingebautes Schwimmerventil vorgesehen. Die rel. Luftfeuchtigkeit wird durch elektrische Ein-Aus-Schaltung mit einem Feuchtigkeitsgeber (Hygrostatschalter) einfach geregelt.

Wie einleitend ausgeführt wurde, genügt bei der Klimatisierung in Lagenholzindustrien normalerweise eine Konstanthaltung der rel. Luftfeuchtigkeit auf $\pm 5\%$. Soll demnach z. B. ein im allgemeinen zu feuchter Raum durch Entfeuchtungsgeräte auf 60% rel. Luftfeuchtigkeit gehalten werden, so genügt es, die Befeuchtungsgeräte so einzustellen, daß sie erst nach Absinken der Luftfeuchtigkeit auf 55% anspringen. Dadurch wird zudem Energie eingespart.

16.23 Regelung von Klimatisierungseinrichtungen

16.231 Allgemeine Gesichtspunkte

Die Aufgabe der Regelung bei der Klimatisierung besteht darin, die erforderlichen Klimagrößen auf vorgeschriebenen Werten oder innerhalb bestimmter zulässiger Grenzen zu halten. Als wichtigste Regelgröße in Lagenholzbetrieben ist dabei die rel. Luftfeuchtigkeit anzusehen, während auf Regelung der Raumtemperatur, wie schon erwähnt, unter bestimmten Voraussetzungen verzichtet werden kann. Die Regelung kann nur durch selbsttätige Einrichtungen vorgenommen werden.

Bei der Vielfalt der einschlägigen Meßinstrumente, Regler und deren Funktionstechnik muß auf das allgemeine regelungstechnische Schrifttum sowie auf Firmendruckschriften verwiesen werden [*16.3···16.5, 16.13, 16.19, 16.23*].

Voraussetzung für jeden Regelvorgang ist es, daß die Regelgröße gemessen wird. Temperatur- und Feuchtigkeitsfühler (auch Temperatur- und Feuchtigkeitsgeber, Thermostat und Hygrostat genannt) entsprechen hierin den üblichen Meßgeräten zur Bestimmung der beiden Klimagrößen.

Für die *Regelung der Raumtemperatur* kommen Ausdehnungsthermometer (Quecksilber-Glasthermometer, Flüssigkeits-Federthermometer, Stab-Ausdehnungsthermometer sowie Bimetall-Thermometer), elektrische Widerstandsthermometer und Thermoelemente, alle mit Kontakteinrichtungen zur Betätigung von Stellgliedern oder Schaltern, in Frage.

Die bekannten *Quecksilber-Kontaktthermometer*, die in der Labortechnik wegen ihrer hohen Einstellgenauigkeit und Zuverlässigkeit als Temperaturfühler sehr geschätzt sind, finden im rauheren Betrieb der technischen Praxis nur selten Anwendung. Geeigneter sind dafür die *Quecksilber-Zeigerthermometer* mit Schaltkontakten, bei denen die Quecksilberfüllung, die unter einem Druck von etwa 100 bis 150 kp/cm² steht, durch eine Kapillarleitung mit der Rohrfeder des Anzeigeinstruments verbunden ist.

Bei den *Stab-Ausdehnungsthermometern* wird die unterschiedliche Ausdehnung zwischen einem Rohr mit hoher Ausdehnungszahl (z. B. Messing) und dem darin befindlichen Stab mit geringer Ausdehnungszahl (Invar, Porzellan) zur Temperaturmessung verwendet. Auf diese Weise arbeiten die als *Stab-Thermostate bzw. Stabausdehnungsregler* bekannten, sehr häufig benutzten Temperaturregler. Die Wirkungsweise und Einzelheiten der Ausführung sind aus den Bildern 16.16 und 16.17 zu entnehmen.

Bei den *Bimetall-Thermometern* wird von der unterschiedlichen Krümmung eines Streifens von zwei fest aufeinandergewalzten Blechen aus Metallen verschiedener Wärmeausdehnung Gebrauch gemacht. Die Anwendung dieses Prinzips bei *Bimetall-Temperaturreglern* zeigen die Bilder 16.18 und 16.19.

Die Regelgenauigkeit von Stab-Thermostaten und Bimetall-Temperaturreglern ist nicht so hoch wie die der Temperaturfühler auf Grundlage von Quecksilberthermometern, elektrischen Widerstandsthermometern und Thermoelementen, reicht aber im allgemeinen für technische Klimatisierungsaufgaben völlig aus.

Bei den *elektrischen Widerstandsthermometern* beruht die Messung darauf, daß sich der Widerstand bestimmter Metalle in genau bekannter Weise mit der Temperatur ändert. Der Widerstand einer solchen Drahtwicklung ist also ein Maß für die Temperatur; er wird mit einem Kreuzspulinstrument gemessen, dessen Skala in Grad Celsius geeicht ist. Das Schema der grundsätzlichen Schaltung geht aus Bild 16.20 hervor. Zur Temperaturregelung wird das Widerstandsthermometer als Temperaturfühler an einen Regler mit Kreuzspulmeßwerk und Einstellkontakten angeschlossen.

Ein *Thermoelement* (s. Bild 16.21) besteht aus zwei Drähten, dem Thermopaar, die aus zwei verschiedenen Metallen bzw. Metallegierungen hergestellt und die an einem Ende verschweißt oder verlötet sind. Bei Erwärmung der Verbindungsstelle entsteht eine elektromotorische Kraft (Thermospannung), deren Größe von der Art der verwendeten Metalle und vom Temperaturunterschied zwischen der Verbindungsstelle (Meßstelle) und den kalten Enden (Vergleichsstelle) beruht. Die Thermospannung wird mit einem Drehspul-Millivoltmeter, dessen Skala in Grad Celsius geeicht sein kann, gemessen. Zur Regelung der Temperatur wird das Thermoelement als Temperaturfühler an einen Regler mit Drehspulmeßwerk und Einstellkontakten angeschlossen. Die einfachste Schaltung für die Temperaturmessung geht aus Bild 16.21 hervor.

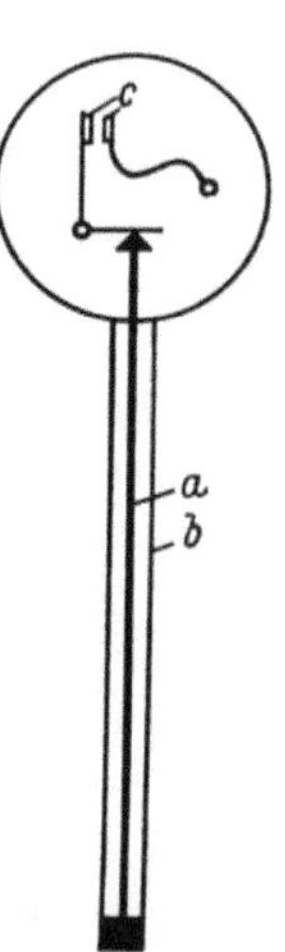

Bild 16.16.
Prinzipschema
eines Stab-Thermostaten. (Nach
B. JUNKER [*16.8*]).

a Invarstab,
b Messingrohr,
c Schaltkontakte.

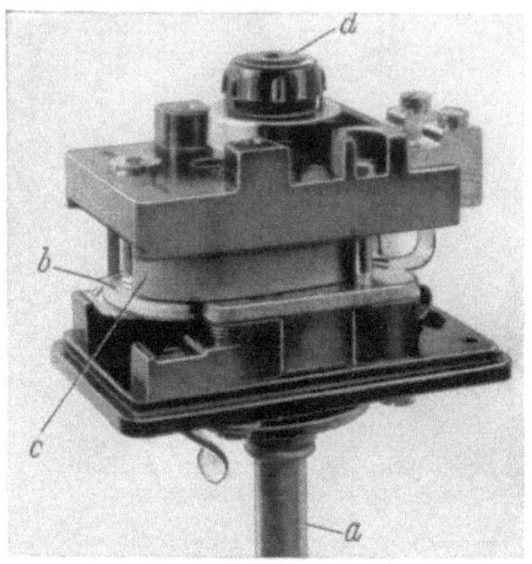

Bild 16.17. Ausführungsbeispiel eines Stab-Thermostaten (Nach B. JUNKER [*16.8*]).

a Dehnungsstab, *b* Schaltkontakte, *c* Permanentmagnet, erzeugt Kontaktdruck und Schaltdifferenz, *d* Sollwert-Einstellknopf.

35 Kollmann, Furniere

Für die *Regelung der Luftfeuchtigkeit* sind Feuchtigkeitsfühler in Form von Hygrometern, Psychrometern und Lithiumchlorid-Feuchtigkeitsmessern am gebräuchlichsten.

Die *Haarhygrometer* verwenden als feuchtigkeitsempfindliches Element ein Bündel entfetteter Haare, die sich mit der rel. Luftfeuchtigkeit in ihrer Länge ändern. Die Längenänderungen werden durch eine Hebelübersetzung auf den Zeiger vor der Anzeigeskala übertragen. Durch Anbringen von Kontakten zur Sollwerteinstellung werden die Geräte zu Feuchtigkeitsfühlern (s. Bild 16.22), mit denen auf elektrischem Wege, meist unter Zwischenschaltung eines Schaltschützes, die zur Konstanthaltung der rel. Luftfeuchtig-

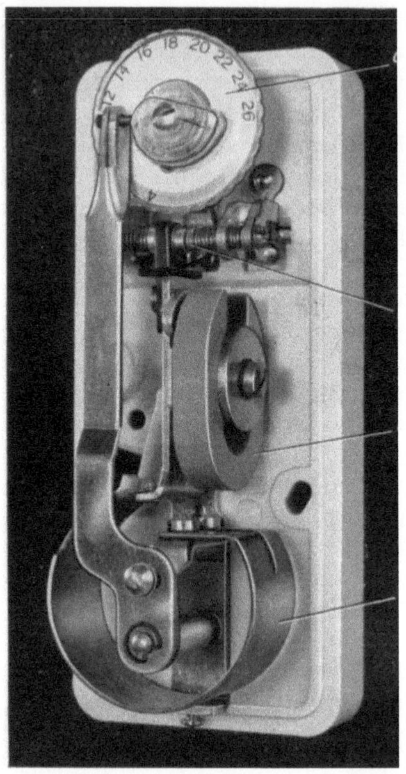

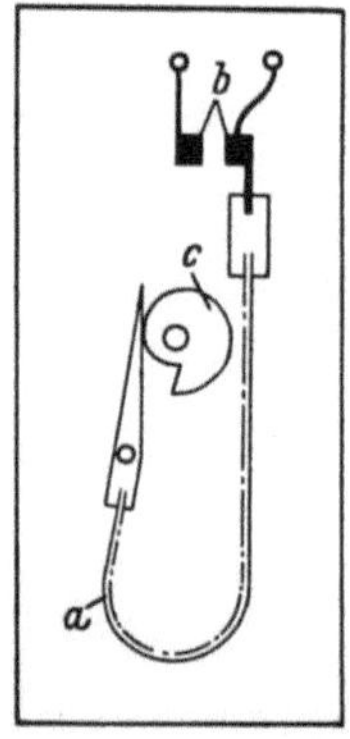

Bild 16.18. Prinzipschema eines Bimetall-Temperaturreglers. (Nach B. JUNKER [*16.8*]).
a gebogener Bimetallstreifen, *b* Schaltkontakte, *c* Sollwerteinstellung.

Bild 16.19. Raumthermostat nach dem Bimetallprinzip. (Nach B. JUNKER [*16.8*]).
a Bimetallstreifen, *b* Schaltkontakte, *c* Permanentmagnet für Kontaktdruck und Schaltdifferenz, *d* Sollwert-Einstellscheibe.

keit erforderlichen Funktionen (Ein- und Ausschalten von Geräten, Öffnen und Schließen von Ventilen usw.) ausgelöst werden. Auch Hygrostate zur Betätigung pneumatischer Stellglieder sind gebräuchlich.

An Stelle des Haarbündels können auch andere dafür geeignete hygroskopische Körper (z. B. Cellophanfolie) verwendet werden. Bild 16.23 zeigt z. B. einen Feuchtigkeitsfühler, bei dem die Längenänderung eines Holzstabes ein Stellglied betätigt.

Bei den Haarhygrometern bedarf der Haarstrang von Zeit zu Zeit einer Regenerierung, indem er einer feuchtigkeitsgesättigten Atmosphäre für mindestens eine halbe Stunde ausgesetzt wird. Meßbereich und Genauigkeit der Hygrometer reichen für die Regelaufgaben in der Klimatechnik voll aus; sie werden deshalb und wegen ihrer Preiswürdigkeit häufig verwendet.

Die Haarhygrometer eignen sich besonders für einfache Feuchtigkeitsregistriergeräte. Die Thermohygrographen (Bild 16.24) mit Haarhygrometer und Bimetallthermometer sind die billigsten Registriergeräte für rel. Feuchtigkeit und Temperatur. Sie sollten zur Überwachung des Klimas in keinem zu klimatisierenden Raum fehlen.

Die *Psychrometer* bestehen aus zwei Temperaturmeßelementen (Quecksilberthermometer, Widerstandsthermometer, Thermoelemente), von denen das eine mit einem Mullstrumpf überzogen ist, der bei der Messung angefeuchtet wird. Aus den angezeigten Temperaturen (Trocken- und Feuchttemperatur) und ihrer Differenz (psychrometrische Differenz) kann nach der SPRUNGschen Formel oder aus Tabellen bzw. Nomogrammen die rel. Luftfeuchtigkeit ermittelt werden. Voraussetzung für die richtige Messung ist, daß die zu messende Luft mit mindestens 2 m/s Geschwindigkeit am befeuchteten Thermometer vorbeiströmt. Die Psychrometer sind die genauesten Feuchtigkeitsmeßgeräte, haben den größten Meßbereich und dienen deshalb auch als Eichgeräte für andere Luftfeuchtigkeitsmesser.

Bild 16.25 zeigt einen psychrometrischen Feuchtigkeitsfühler in der Ausführung mit zwei Quecksilberthermometern mit Zeigerablesung, Kontakten für Feuchtigkeits- und gegebenenfalls auch Temperatur-

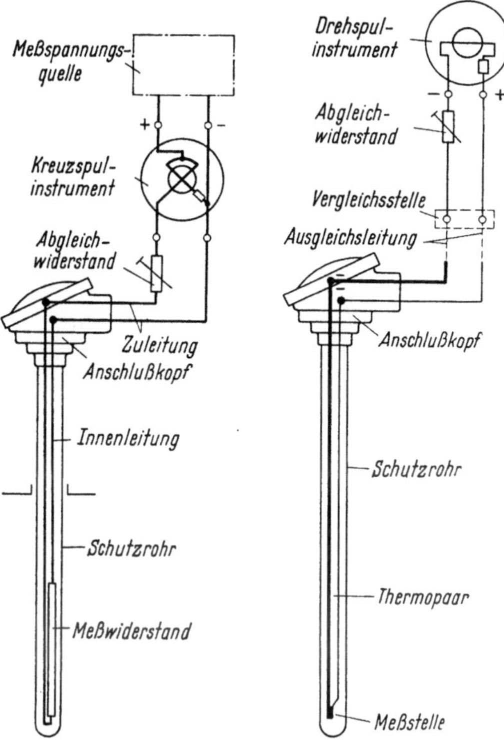

Bild 16.20. Schema der Temperaturmessung mit elektrischen Widerstandsthermometern. (Nach HARTMANN & BRAUN A.G., Frankfurt a. M.).

Bild 16.21. Schema der Temperaturmessung mit Thermoelementen. (Nach Hartmann & Braun A.G., Frankfurt a. M.).

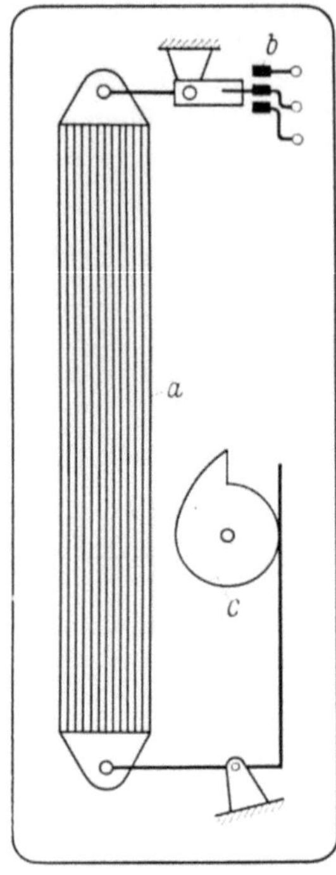

regelung sowie einer psychrometrischen Auswertetafel. In den Einfüllstutzen wird das Wasser für den Vorratsbehälter zur Befeuchtung des Feuchtthermometers eingefüllt. Bei geringer Luftbewegung am Aufstellungsort ist eine zusätzliche Belüftung des Feuchtthermometers mit einem kleinen Ventilator erforderlich. Für ununterbrochene Befeuchtung und Sauberkeit des Saugstrumpfes ist Sorge zu tragen.

Bild 16.22. Haarhygrostat, links Schema, rechts Ausführungsbeispiel (nach B. JUNKER [16.8]).

a Haarharfe, b Schaltkontakte, c Sollwerteinstellung.

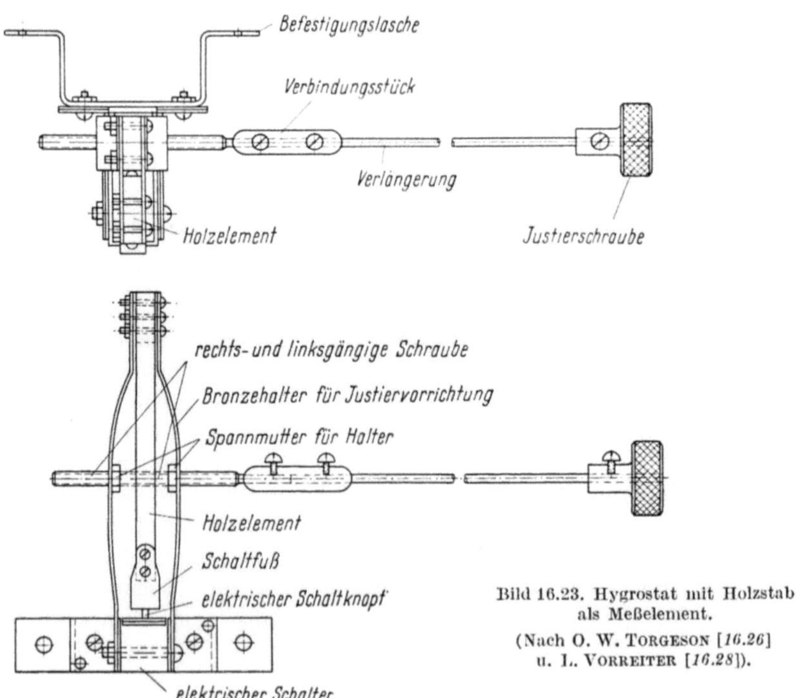

Bild 16.23. Hygrostat mit Holzstab als Meßelement.

(Nach O. W. TORGESON [16.26] u. L. VORREITER [16.28]).

Die *Lithiumchlorid-Feuchtigkeitsmesser* enthalten ein Widerstandsthermometer (Bild 16.26), das mit einem mit Lithiumchlorid-Lösung

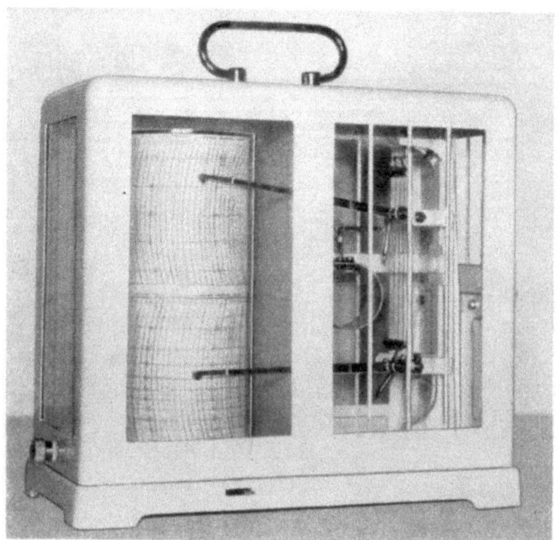

Bild 16.24. Thermohygrograph. Bauart W. Lambrecht K. G., Göttingen.

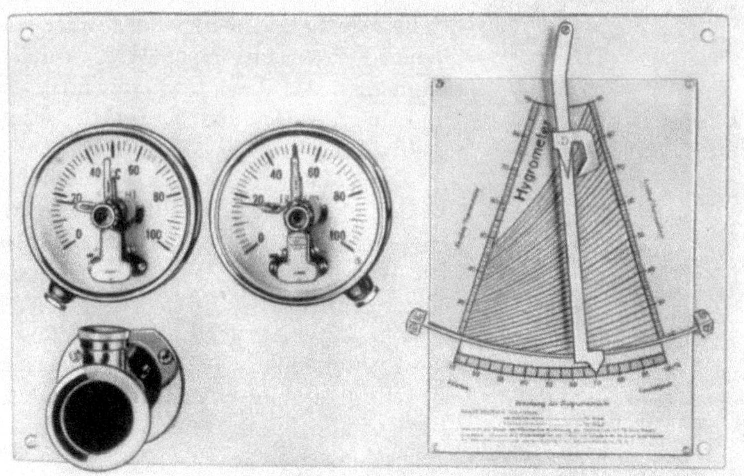

Bild 16.25. Psychrometrischer Hygrostat mit Quecksilber-Zeigerthermometern.
Bauart M. K. Juchheim, Fulda.

getränkten Glasgewebestrumpf überzogen ist. Auf diesem Überzug sind
zwei nebeneinanderliegende korrosionsfeste Edelmetall-Drahtelektroden
wendelförmig aufgebracht. Eine an die Elektroden angelegte Wechsel-

spannung erzeugt in der LiCl-Lösung Stromwärme, die aus der Lösung Wasser so lange verdampft, bis der Wasserdampfdruck der Lösung dem Partialdruck des Wasserdampfes in der Umgebungsluft gleich ist und

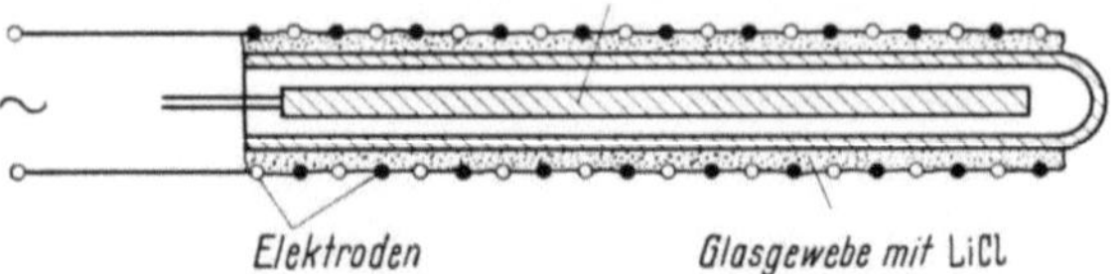

Bild 16.26. Meßelement eines Lithiumchlorid-Feuchtigkeitsgebers.
(Nach Siemens & Halske A.G. [*16.23*]).

die Lösung kristallin wird. Das kristalline LiCl hat höheren elektrischen Widerstand, der Strom und die Stromwärme nehmen ab, das LiCl nimmt nun wieder Feuchtigkeit auf. Es stellt sich somit selbsttätig die Temperatur ein, bei der im Mittel kein Feuchtigkeitsaustausch zwischen LiCl und der Umgebungsluft stattfindet. Diese Temperatur ist das Maß für den Wasserdampf-Partialdruck der Umgebungsluft [*16.5*].

Zur Messung wird ein normales Kreuzspulinstrument verwendet, das auf absolute Feuchtigkeit geeicht ist. Die rel. Luftfeuchtigkeit ist aus der absoluten Feuchtigkeit leicht abzuleiten oder unter zusätzlicher Verwendung eines Widerstandsthermometers, das die Raumtemperatur erfaßt und in die Messung einführt, abzulesen (Bild 16.27).

Der Meßbereich der Lithiumchlorid-Feuchtigkeitsmesser reicht im Temperaturbereich von $+10$ bis $+40\,°C$ von 10 bis 100%. Die Wartung ist einfacher als bei den Psychrometern.

Zur Regelung der Luftfeuchtigkeit wird der Lithiumchlorid-Feuchtigkeitsmesser als Feuchtigkeitsfühler an einen Regler mit Kreuzspulmeßwerk und Einstellkontakten angeschlossen.

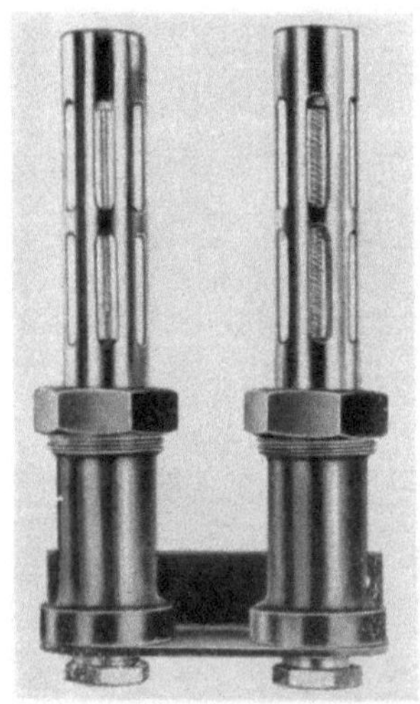

Bild 16.27. Lithiumchlorid-Feuchtigkeitsgeber mit angebautem Widerstandsthermometer zur Messung der relativen Feuchtigkeit.
(Nach Hartmann & Braun A.G., Frankfurt a. M.).

16.232 Elektrische und pneumatische Regelung

Für die rel. Luftfeuchtigkeit und Temperatur können in der Klimatechnik nur mittelbare Regler verwendet werden, d. h. Regler, die mit einer *Hilfsenergie* (mit elektrischem Strom oder Druckluft) arbeiten.

Diese Hilfsenergie wird von einem *Kraftverstärker* (auch Kraftschalter genannt) geliefert und für die Betätigung des *Regelorgans*, das im allgemeinen aus einem Stellmotor (Elektromotor, Membran) und einem Stellglied (Ventil, Klappe) besteht, benötigt [*16.21*].

Die Grundformen der elektrischen und pneumatischen Regelung seien an Hand je eines Beispiels kurz erläutert.

In Bild 16.28 ist eine Zweipunkt-Temperaturregelung eines Wärmeaustauschers auf *elektrischem* Wege, mit Widerstandsthermometer, Fallbügelregler, Stellmotor und Stellglied (Ventil) dargestellt. Das Widerstandsthermometer (Temperaturfühler) zeigt den Istwert der Lufttemperatur auf dem Kreuzspul-Meßinstrument des Fallbügelreglers (vgl. [*16.5*]) an. Dieser Regler ist zugleich ein vollwertiges Ableseinstrument (Bild 16.29). Der sogenannte Fallbügel wird in regelmäßigen Abständen (z. B.

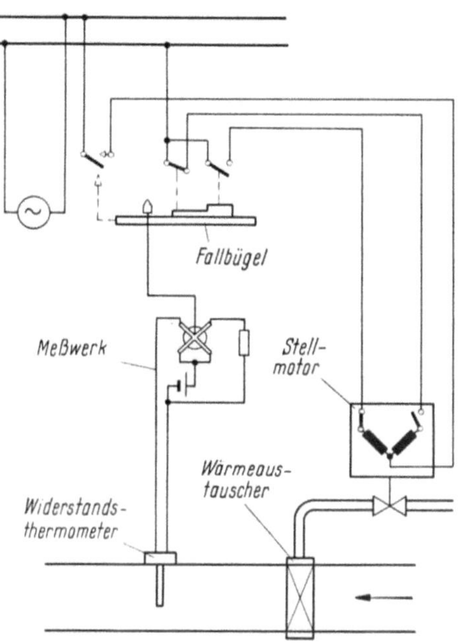

Bild 16.28. Zweipunkt-Temperaturregelung eines Wärmeaustauschers mit Widerstandsthermometer, Fallbügelregler und durch Stellmotor betätigtem Ventil. (Nach E. Sprenger [*16.25*]).

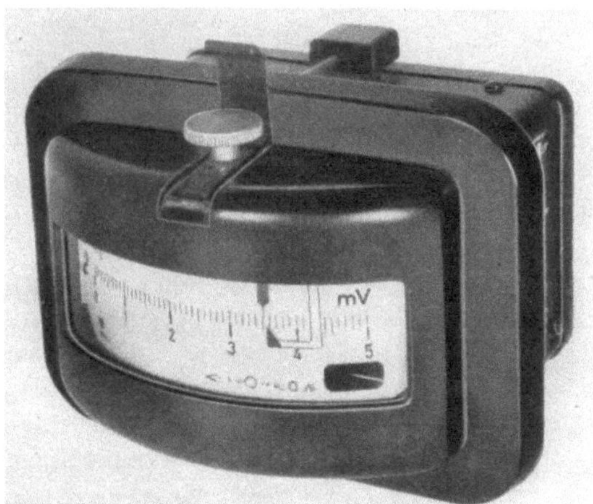

Bild 16.29. Fallbügelregler. Bauart Hartmann & Braun A.G.

15 s) gehoben und gesenkt und tastet die Zeigerstellung ab. Liegt der Istwert der Temperatur unter der mit dem Sollwertzeiger eingestellten Temperaturhöhe, so wird durch ein Druckstück eine Quecksilberschaltröhre so betätigt, daß die eine Wicklung des Stellmotors Strom erhält, das Ventil sich öffnet und Heizmittel zuströmen läßt; liegt er darüber, so erhält die zweite Wicklung des Stellmotors Strom, das Ventil schließt sich, und die Heizmittelzufuhr wird unterbrochen [*16.14, 16.25*].

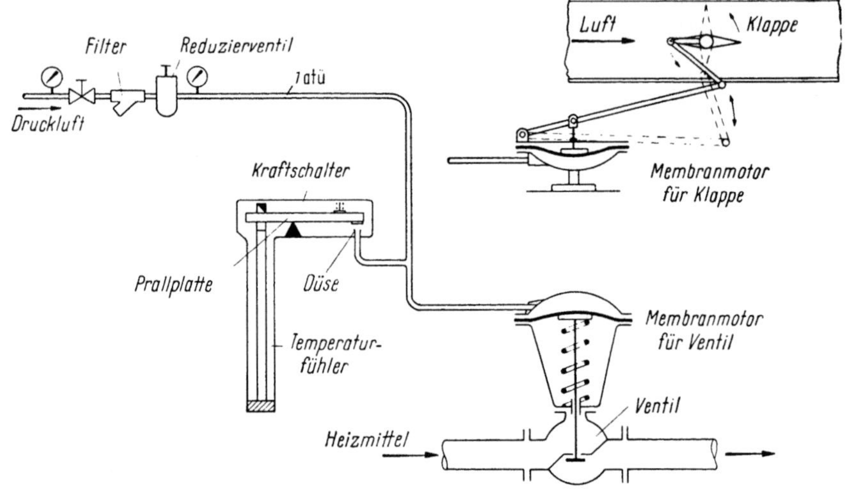

Bild 16.30. Wirkungsschema einer pneumatischen Düsenregelung.
(Nach Recknagel-Sprenger [*16.21*]).

Die beschriebene Zweipunkt-Regelung (Auf-Zu-Regelung) ist am weitesten verbreitet. Sie ist sinngemäß zur Regelung der Luftfeuchtigkeit anwendbar.

An Stelle des hier beschriebenen Fallbügelreglers, mit dem praktisch alle in der Klimatechnik vorkommenden regeltechnischen Aufgaben zufriedenstellend gelöst werden können, lassen sich in Verbindung mit Stabthermostaten, Kontaktthermometern, Haarhygrostaten usw. auch einfachere Schaltorgane (Relais, Schaltschützen) zur Betätigung der Regelorgane verwenden.

Bei der Vielfalt der anderen Möglichkeiten der elektrischen Regelung und der Regelgeräte muß wieder auf das Schrifttum [*16.5, 16.14, 16.15, 16.19, 16.21, 16.23, 16.25*] verwiesen werden.

In Bild 16.30 ist ein Schema der Temperaturregelung auf *pneumatischem* Wege dargestellt. Als Hilfsenergie wird die von einem Kompressor gelieferte und durch ein Reduzierventil auf etwa 1,0 atü Betriebsdruck gebrachte Druckluft verwendet. Diese wird durch eine Rohrleitung zum Membranmotor und zum Temperaturfühler geführt, in dem

sie aus einer Düse auf eine Prallplatte bläst. Das Temperaturmeß-
element des Fühlers bestimmt die Lage der Prallplatte zur Düse und je
nach ihrer Lage tritt mehr oder weniger Luft aus; dies hat entsprechende
Druckänderungen in der Rohrleitung zur Folge, die auf die Membran
des Ventils wirken; durch die Ventilfeder wird dann die Ventilöffnung
vergrößert, verkleinert oder geschlossen. Bei der pneumatischen Regelung
wird dauernd Luft verbraucht [*16.21*].

In ähnlicher Weise wie Ventile lassen sich auch Klappen pneumatisch regeln (Bild 16.30).

Auch bei pneumatischen Regeleinrichtungen gibt es eine Vielzahl von
Ausführungsformen. Verschiedentlich werden elektrische und pneumatische Bestandteile gemeinsam in einer Regeleinrichtung verwendet
(elektropneumatische Regler). Einzelheiten finden sich im Fachschrifttum [*16.14, 16.15, 16.19, 16.21, 16.23, 16.25*].

16.233 Beispiele zur Regelung von Klimatisierungs-einrichtungen[1]

Zunächst sei die *Regelung einer Klimaanlage* auf 20 °C und 56% rel.
Luftfeuchtigkeit über den Taupunkt beschrieben. Dem gewünschten
Luftzustand entspricht ein Taupunkt von 11 °C. Das Schema der Klima-
anlage mit den eingetragenen Regelkreisen gibt Bild 16.31 wieder.

Der Regelkreis I sorgt dafür, daß im Winter die angesaugte Außenluft auf etwa $+3$ °C aufgewärmt wird, da sonst Einfriergefahr besteht.
Der Temperaturfühler im Luftkanal öffnet bei Unterschreiten des eingestellten Sollwertes von $+3$ °C das in die Heizmittelzuführung des
Vorwärmers eingebaute Ventil, so daß dann die angesaugte Außenluft
auf diesen Stand erwärmt wird.

Durch den Regelkreis II wird die Taupunkttemperatur konstant auf
11 °C gehalten, entsprechend der geforderten Luftfeuchtigkeit von 56%
bei 20 °C Raumtemperatur. Sinkt der Taupunkt unter den am Temperaturfühler (Taupunktthermostat) eingestellten Sollwert, so wird über
einen Kraftverstärker der Klappenversteller so betätigt, daß der Anteil
der Außenluft verringert und der Anteil der Umluft erhöht wird. Steigt
dagegen der Taupunkt über den eingestellten Betrag, so wird durch die
Regelung das Ventil im Kühlmittelzulauf geöffnet, wodurch das angesaugte Gemisch von Außenluft und Umluft durch den Kühler gekühlt
wird. Durch die Betätigung der beiden Stellglieder (Klappenversteller
und Ventil) wird die Taupunkttemperatur konstant gehalten.

---

[1] Im folgenden können nur zwei einfache Beispiele gebracht werden. Die viel-
fachen anderen Regelungsmöglichkeiten von Anlagen zur Klimatisierung sind
im Fachschrifttum behandelt [*16.14, 16.15, 16.19···16.21, 16.25*].

Durch den Regelkreis III, der aus dem Temperaturfühler im Raum, einem Kraftverstärker und einem Regelventil in der Zuleitung des Heizmittels zum Nachwärmer besteht, wird die Raumtemperatur auf dem Sollwert von 20°C konstant gehalten [*16.25*].

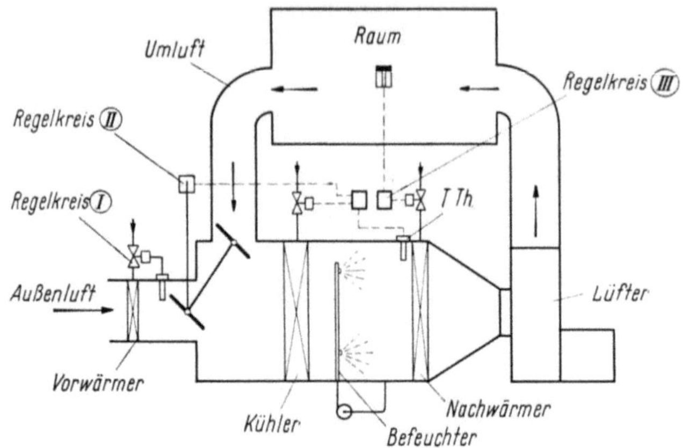

Bild 16.31. Schema der Regelung einer Klimaanlage mit Regelung der rel. Luftfeuchtigkeit nach der Taupunktmethode. (Nach E. SPRENGER [*16.25*]).   *T Th* Taupunktthermostat.

Im Vergleich zur Regelung von Klimaanlagen ist die *Regelung von Klimatisierungseinrichtungen* wie der beschriebenen Entfeuchtungs- und

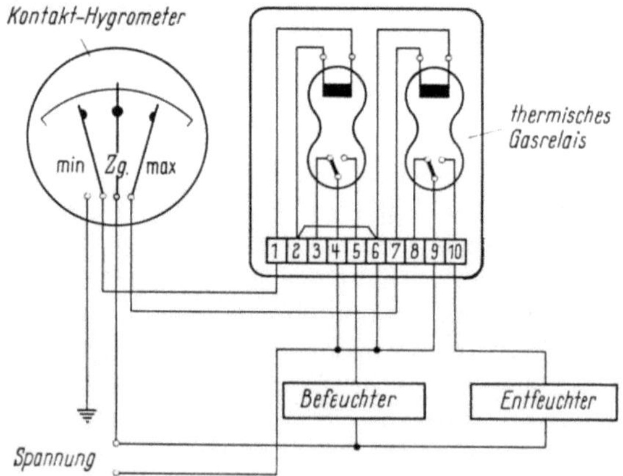

Bild 16.32. Schaltschema für die Regelung der Luftfeuchtigkeit mit einem Befeuchtungs- und einem Entfeuchtunggerät. Bauart W. Lambrecht K.G., Göttingen.

Befeuchtungseinrichtungen bedeutend einfacher. Dies gilt vor allem für die Elektro-Entfeuchter mit Kühlaggregat und die Befeuchtungsgeräte mit umlaufenden Scheiben, deren Regelung sich auf das wechselweise Ein- und Ausschalten der Geräte beschränken kann.

Die gemeinsame Regelung eines solchen Befeuchters und Entfeuchters zur Aufrechterhaltung der Raumluftfeuchtigkeit innerhalb enger Grenzen mit Hilfe eines Kontakthygrometers und Relais wird durch das Schaltschema in Bild 16.32 dargestellt.

Das Kontakthygrometer ist mit zwei verstellbaren Kontakten ausgerüstet, von denen der eine als Minimum- und der andere als Maximumkontakt dient. Jedem Kontakt ist eine Schaltröhre des verwendeten thermischen Gasrelais zugeordnet. Wird die Luft zu trocken, so berührt der durch das Feuchtemeßelement betätigte Kontaktzeiger (Istwertzeiger) den Minimumkontakt und die zugehörige Schaltröhre schaltet den Befeuchter ein. Wird die Luft zu feucht, so berührt der Istwertzeiger nun den Maximumkontakt und die zugehörige Schaltröhre setzt den Entfeuchter in Betrieb. Befindet sich der Zeiger zwischen den beiden Grenzkontakten, dann sind Befeuchter und Entfeuchter ausgeschaltet. Der Unterschied zwischen den durch die Grenzkontakte einstellbaren rel. Luftfeuchtigkeiten läßt sich sehr gering halten, doch wird man ihn nicht unnötig klein halten, da sonst die Schalthäufigkeit zu groß und unnötig elektrische Energie zum Betrieb der beiden Geräte verbraucht wird. Für den Fall der Klimatisierungsaufgaben in der Lagenholzindustrie dürfte z. B. eine Schaltdifferenz von 5% rel. Luftfeuchtigkeit unter den häufigsten Betriebsbedingungen noch voll ausreichend sein.

17. Herstellung von Tischlerplatten

Von **Joachim Wolf**, Bad Tölz

17.1 Allgemeine Gesichtspunkte

[*17.1, 17.2, 17.3, 17.5, 17.6, 17.7, 17.8, 17.10, 17.12*]

17.11 Begriff

Die Tischlerplatte ist, wie ihr Name schon ausdrückt, der gegebene Werkstoff für den Tischler. Wenn auch der Name nicht mehr ganz zeitgemäß ist und eigentlich „Verbundplatte" oder „Mittellagenplatte" zweckmäßiger erscheint, so wird der Begriff „Tischlerplatte" kaum aus dem Sprachgebrauch verschwinden, da er sich sehr eingeprägt hat.

Trotz des starken Vordringens der Spanplatte hat sich die Tischlerplatte behauptet, ja es konnten auch in den letzten Jahren weitere Produktionssteigerungen verzeichnet werden. Dies spricht für Güte und Beliebtheit dieses Holzwerkstoffs. Im Jahre 1960 wurden in der Deutschen Bundesrepublik 300 000 m³ Tischlerplatten erzeugt.

17.12 Aufbau der Tischlerplatte

Tischlerplatten bestehen aus 3, unter Umständen auch aus 5 Lagen, und zwar aus der dickeren *Mittellage* sowie den beiderseits in bezug auf die Holzfaserrichtung im rechten Winkel zur Mittellage aufgeleimten *Absperrfurnieren*, Bei 5fachen Tischlerplatten haben die Außenfurniere die Faserrichtung der Mittellage.

Die *Dicke des Absperrfurniers* soll im allgemeinen 10% der Plattendicke betragen. In der Praxis wird darüber hinausgegangen, so daß bei 13 mm Platten die Absperrfurniere 1,5 bis 2,0 mm dick sind, bei 16 bis 22 mm dicken Platten 2,5 bis 2,8 mm, und ab 25 mm Platten 3 bis 3,5 mm. Von dieser Furnierdicke, die als Schäldicke bezeichnet wird, ist der jeweilige Schleifverlust von rd. 0,3 bis 0,5 mm abzusetzen. Bei 5fachen Tischlerplatten beträgt die Dicke der Außenfurniere 1,5 bis 2 mm.

17.13 Abmessungen der Tischlerplatten

Länge und Breite der Tischlerplatten werden nach der Faserrichtung des Absperrfurniers bezeichnet.

Standardmaße sind:

Länge: 122, 152,5, 170, 173, 183 cm,
Breite: 250, 350,   450, 470, 510 cm.

Neben diesen Maßen können auf Verlangen bei gewissen Mindestmengen auch Sondermaße, Möbelmaße und sogenannte Fixmaße gefertigt werden.

Dicken der Tischlerplatten: 13, 16, 19, 22, 25, 28, 32, 38, 45 mm, in Sonderfällen auch 10 mm, Zwischenmaße und Dicken über 45 mm.

17.14 Holzarten

Innenlage: Meist Fichte, Tanne, Kiefer, aber auch Pappel, Erle, Okoumé, Abachi, Ilomba usw.

Absperrfurniere: Buche, Fichte, Okoumé, Limba, Ilomba, Abachi usw.

17.15 Güteklassen

Die Sortierung von Tischlerplatten erfolgt nach den Güteeigenschaften der Außenfurniere in zwei Güteklassen:

Güteklasse I   Zulässig sind:

Vorderseite:
kleine Fehler, unauffällige, vereinzelt vorkommende Punktäste, kleine Wirbel und kleine Gallen, unauffällige, fest verwachsene Äste bis 15 mm $\oslash$, leichte Holzverfärbung, einwandfrei ausgebesserte Stellen, soweit die Füllstücke in Struktur und Farbe passen, vereinzelt vorkommende ausgekittete Risse oder Fugen bis 2 mm Breite, vereinzelt vorkommende ausgekittete kleine Wurmlöcher.

Rückseite:

größere Fehler, Fugen mit geringen Fehlern, fest verwachsene Äste bis 25 mm $\varnothing$, kleine schwarze Äste, kleine Fehlstellen, die ausgekittet sein müssen, ausgebesserte Stellen, ausgekittete Risse bis 5 mm Breite, ausgekittete Fugen bis 5 mm Breite, Farbfehler, Wurmlöcher, Wirbel- und Hirnholzstellen, welche die Standfestigkeit der Tischlerplatte nicht beeinträchtigen.
(Die Güteklasse I entspricht der bisherigen Sortierung I/II.)

Güteklasse II Vorder- und Rückseite wie Rückseite der Güteklasse I.
(Die Güteklasse II entspricht der bisherigen Sortierung II/II.)
(Weitere Kombinationen der oben beschriebenen Außenfurnierqualitäten können auf Wunsch gefertigt werden.)
Die Mittellagenstäbe bzw. Stäbchen müssen scharfkantig sein und in der Längs- und Stoßfuge dicht aneinander liegen. Baumkanten und abgesplitterte Stellen bis 500 mm Länge und 5 mm Breite sind zulässig.
Astlöcher und angeschnittene Astlöcher über 15 mm $\varnothing$ müssen ausgeschnitten oder ausgefüllt werden.

17.16 Verleimungsarten

Auf Grund der Gütebestimmungen vom Januar 1958 werden bei Tischlerplatten drei Verleimungsarten hergestellt [*17.9*].

Die Sperrholzverleimung ist so auszuführen, daß sie den klimatischen und technischen Anforderungen des Verwendungszweckes genügt. Folgende Arten von Verleimung werden unterschieden:

Innensperrholz

I F 20 (feuchtfest): Verleimung beständig gegen die in geschlossenen Räumen üblicherweise zu erwartende Luftfeuchtigkeit.

Kurzprüfung: 24stündige Lagerung der Proben unter Wasser von 20 °C $\pm$ 2 °C.

I W 67 (heißwasserfest): Verleimung beständig gegen höhere Luftfeuchtigkeit und Berührung mit Wasser bis zu 67 °C, sofern das Sperrholz gegen unmittelbare Witterungseinflüsse geschützt ist.

Kurzprüfung: 3stündige Lagerung unter Wasser von 67 °C $\pm$ 0,5 °C.

Außensperrholz

A 100 (kochfest):   Verleimung beständig gegen Wassereinwirkung
                         im Freien, bedingt wetterbeständig.

Kurzprüfung: 6stündige Lagerung der Proben in kochendem
                         Wasser.

Im einzelnen ist noch zu sagen, daß die Wahl der Verleimungsart, wenn es sich um Außensperrholz handelt, kaum schwer fällt, und hier das Beste gerade gut genug ist.

Anders liegen die Verhältnisse beim Innensperrholz. Da die Verleimung IW 67 teurer ist als IF 20, wird der Verbraucher versuchen, mit letzterer auszukommen. Dies ist in den meisten Fällen auch möglich, da IF 20 eine gute Verleimung darstellt, eine 24stündige Wasserlagerung ohne weiteres aushält und die Bindefestigkeiten ausreichend hoch sind.

Für bestimmte Gebiete, im Schiffsinnenausbau, Fahrzeuginnenausbau und bei anderen Verwendungsarten, wo Feuchtigkeit und Wärme auf die Verleimung einwirken können, ist die IW 67-Verleimung zu wählen. Bei Verwendung der IF 20-Verleimung für derartige Arbeiten läuft man Gefahr, daß das unter Umständen auftretende Kondenswasser die Platten durchfeuchtet und die auf sie einwirkende Heizungswärme Aufblätterungserscheinungen verursacht.

17.17 Gütezeichen

Bild 17.1 Gütezeichen der „Güteschutzgemeinschaft" der Sperrholzindustrie.

Im Jahre 1958 wurde von der deutschen Sperrholzindustrie die „Güteschutzgemeinschaft" gegründet, deren Mitglieder sich einer unparteiischen Fertigungskontrolle unterziehen. Sind die gestellten Bedingungen erfüllt, dann hat die Firma das Recht, ihre Platten mit dem Gütezeichen zu stempeln (Bild 17.1).

Bei mit dem Gütezeichen gestempelten Platten hat der Verbraucher die Gewähr, das Sperrholz in gleichbleibender Qualität zu erhalten.

17.18 Anwendungsgebiete

Die Tischlerplatte ist in ihrer Verwendung äußerst vielseitig. Die nachstehenden Angaben können deshalb nicht als vollständig angesehen werden.

Innensperrholz: Möbel, Tonmöbel, Wandverkleidungen, Decken, Türen, Einbaumöbel, Ladeneinrichtungen, Büroeinrichtungen, Innenausbau von Hotels, Kinos, Theatern und Sälen,

Kirchen und Schulbauten, Reklamebauten, Messestände, Modell- und Vorrichtungsbau, Verpackungen, Behälter usw.

Außensperrholz: Schiffs- und Bootsinnenausbau. Waggon- und Karosserie-Innenausbau u. dgl. mehr.

17.2 Arten von Tischlerplatten und Herstellung ihrer Innenlagen

17.21 Arten von Tischlerplatten

Die verschiedenen Arten von Tischlerplatten unterscheiden sich durch die Konstruktion ihrer Mittellage. Es sind dies:

Stabplatte Kennzeichen ST
Innenlage aus verleimten Brettern, Brettstreifen oder Leisten.

Streifenplatte Kennzeichen SR
Innenlage aus nichtverleimten Leisten.

Stäbchenplatte Kennzeichen STAE
Innenlage aus verleimten Schälfurnieren.

Die Mittellage ist zum größten Teil bestimmend für die Qualität und Oberflächengüte der Tischlerplatte [*17.4*]. Es ist bekannt, daß Holz in tangentialer Richtung ein fast doppelt so hohes Schwindmaß hat wie in radialer Richtung. Das unterschiedliche Arbeiten bzw. Schwinden und Quellen des Holzes in tangentialer und radialer Richtung ist eine Ursache der Wellenbildung an Tischlerplatten, dann nämlich, wenn Bretter, Brettstreifen oder Leisten mit unterschiedlichem Jahrringverlauf, also liegenden, stehenden oder schrägen Jahrringen nebeneinander liegen. Die Wellenbildung kann verhindert werden durch Verwendung von Brettern, Brettstreifen, Leisten oder Furnieren mit gleichgerichteten Jahrringen. Hier erfolgt ein gleichmäßiges Schwinden oder Quellen, es kommt also zu keiner Wellenbildung.

Geschichtlich betrachtet stand am Anfang der Fertigung von Tischlerplatten die sogenannte Bretterplatte, deren Innenlage aus mehr oder weniger breiten Brettern oder Brettstreifen hergestellt wurde. Schwinden und Quellen treten um so stärker auf, je breiter die Brettstreifen sind. Dieses stärkere „Arbeiten" läßt sich nur durch die Wahl besonders hoher Holzqualität einigermaßen ausgleichen. Infolgedessen ging man dazu über, für die Innenlage schmale Leisten zu verwenden, zuerst auf dem Wege der blockverleimten Innenlage, später durch Aufschneiden von Brettern zu Leisten, die auf besonderen Maschinen zu Innenlagen zusammengesetzt werden.

Bei dieser Entwicklung war nicht allein der Gedanke maßgebend, daß auf die Dauer gesehen die gewünschte Holzqualität für die Bretterinnenlage nicht zu beschaffen ist, sondern auch, daß die Unterteilung der Innenlage in viele schmale Leisten dem Arbeiten des Holzes entgegenwirkt, und damit an sich eine Güteverbesserung herbeiführt.

Mitbestimmend war der Wunsch, die Fertigung zu rationalisieren und preisgünstigere Platten herzustellen.

Schon zu Anfang der industriellen Fertigung von Tischlerplatten wurde auch die Stäbchenplatte entwickelt, deren Mittellage aus geschälten Furnieren besteht. Durch die schmalen Stäbchen (5 bis 8 mm) und vor allem durch ihre stehenden Jahrringe sichert diese Innenlage eine hervorragende Oberflächengüte und ist als Spitzenerzeugnis unter den Tischlerplatten anzusprechen.

Die Entwicklung der Tischlerplatten wurde maßgeblich durch die Holzbearbeitungsmaschinen-Industrie beeinflußt, die, von der Sperrholzindustrie angeregt, Maschinen baute, welche die Fertigung der Innenlagen vereinfachten und zum Teil richtungweisend veränderten.

Von den nachstehend aufgeführten Innenlagenarten haben eigentlich nur noch einige in der industriellen Fertigung Bedeutung. Diese sind die Stabplatte nach dem Leisten- oder Streifenverfahren sowie die Stäbchenplatte nach dem Block- oder Leistenverfahren; im geringen Umfang auch die Stabplatte nach dem Blockverfahren. Die anderen Innenlagen werden industriell kaum noch gefertigt.

17.22 Bretterinnenlage

Die *Bretterinnenlage* wird heute in der Sperrholzindustrie nicht mehr gefertigt, jedoch ist sie typisch für die Eigenfertigung von Möbel- und Handwerksbetrieben. Die Innenlage besteht aus mehr oder weniger breiten Brettstreifen, die entsprechend der gewünschten Innenlagenbreite aneinandergeleimt werden (Bild 17.2a—f). Die Güte der Innenlage wird weitgehend durch die *Holzqualität* bestimmt. Voraussetzung für eine einwandfreie Platte mit guter, gleichbleibender Oberflächenbeschaffenheit ist in der Regel die Verwendung von *Kernbrettern* (mit herausgetrennter Markröhre), d. h. also von Brettstreifen mit aufrecht stehenden Jahrringen. Bei ihrer Verarbeitung ist die Breite der Brettstreifen von untergeordneter Bedeutung, wenn auch über 12 cm nicht hinausgegangen werden soll. Die *Trocknung* muß einwandfrei sein und soll auf $7 \pm 1\%$ Holzfeuchtigkeit erfolgen. Wenn alle diese Voraussetzungen erfüllt sind, und die Bretter nach fein-, mittel- und grobjährig sortiert und getrennt verarbeitet werden (nagelharte, rotholzhaltige und rotfaule ausgeschieden), ist eine einwandfreie Qualität zu erzielen. Diese Innenlage wird natürlich ziemlich teuer, da nur gute Schnittware geeignet ist, denn die Möglichkeit des Fehlerausschneidens wie bei den Leisten- und Streifenplatten ist hier nicht gegeben. Auch *Seitenbretter* sind für diese Innenlage geeignet, wenn sie in der Mitte aufgetrennt werden, und die Streifenbreite nicht zu groß gewählt wird.

In der Praxis wird meist nicht nach den oben gegebenen Regeln verfahren, vielmehr die Schnittware so genommen, wie sie anfällt. Wenn Bretterinnenlagen aus Schnittware, Güteklasse 3 bis 5, für Tischlerplatten hergestellt werden, so ist deren Verwendungszweck aus Qualitätsgründen beschränkt. Keinesfalls sollten sie für sichtbare Front- oder Seitenteile genommen werden, da Markierungen und Wellenbildung auch bei nur mattierten Flächen unvermeidlich sichtbar sind.

Das Gebot *sorgfältiger Holzauswahl* gilt in erster Linie für Kiefer, Tanne, Fichte u. dgl. Bei weichen Laubhölzern, wie Pappel, Erle, Okoumé, Abachi usw., kann darauf verzichtet werden.

Ein Nachteil für die Fertigung der Bretterinnenlage besteht darin, daß für jede Tischlerplattendicke eine andere Brettdicke erforderlich ist. Da die Brettdicke meist nicht der gewünschten Innenlagendicke entspricht, ist mit einem mehr oder weniger

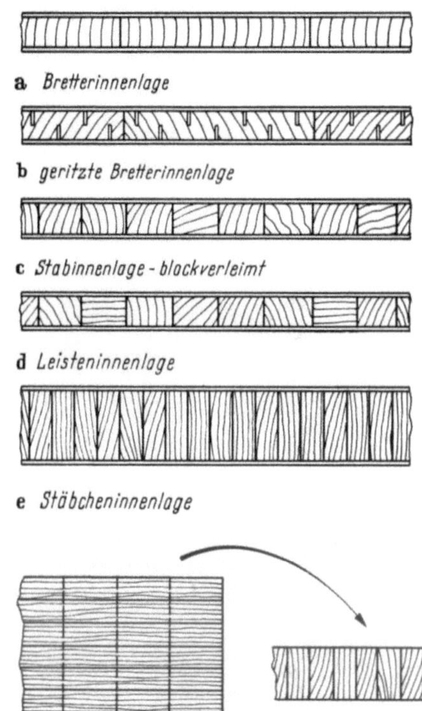

Bild 17.2 a—f. Verschiedenartige Ausbildung der Innenlagen für Tischlerplatten.

großen Verlust durch Hobeln auf die erforderliche Dicke zu rechnen.

Im allgemeinen werden die einwandfrei getrockneten Bretter im Kern aufgeschnitten, je nach benötigter Innenlagenlänge *gekappt*, und dann auf einer *Abricht- oder Fügemaschine gefügt.* Die Fuge muß nicht unbedingt stumpf sein, die Verbindung kann durch Nut und Feder oder ähnl. erfolgen. Nach dem Fügen werden die Brettstreifen in normalen Verleimungseinrichtungen, wie *Leimböcken* oder *Leimhaspeln* (Bild 17.3) verleimt, anschließend auf *Dicke gehobelt* und der Presse zum *Absperren* zugeführt. Bei guter Formbeschaffenheit des getrockneten

Holzes kann so verfahren werden. Ist das Holz aber nicht spannungsfrei getrocknet und stark verzogen, so muß es vor dem Verleimen abgerichtet und vorgehobelt werden.

Bild 17.3. Leimhaspel. Bauart A. Friz, Stuttgart-Bad Cannstatt.

Für das *Verleimen* von Bretterinnenlagen (besonders für Möbel, Nähmaschinengehäuse, Kisten u. dgl.) wird oft eine Einrichtung eingesetzt, die das Fügen, Leimangeben und Verleimen vollautomatisch

Bild 17.4. Automatische Schwalbenschwanz Füge- und Leimmaschine.
Bauart B. Raimann, Freiburg.

durchführt. Die *automatische Schwalbenschwanz Füge- und Leimmaschine* (Bild 17.4) wird von zwei Seiten mit mehr oder weniger breiten Brettstreifen beschickt. Wechselseitig angeordnete Frässpindeln stellen auf der einen Seite die schwalbenschwanzförmige Feder, auf der anderen Seite die entsprechende Nut her.

Nach der selbsttätigen Leimangabe werden die Brettstreifen ineinander geschoben, verleimt und ausgeworfen. Um ein Abstreifen des Leimes bei der Vereinigung der Hölzer zu vermeiden und um eine feste Zusammenpressung zu erzielen, werden die Schwalbenschwanz-Nuten und Federn nicht parallel, sondern in der Längsrichtung konisch verlaufend (keilförmig) hergestellt. Die Maschine hat einen Vorschub bis 35 m/min und kann je nach Brettlänge bis zu 30 lfd. m/min Leimfugen herstellen.

In neuester Zeit wird für das Verleimen von Brettern zu Tafeln immer mehr die *Hochfrequenzverleimung* angewendet [*17.11, 17.13*]. Im

Bild 17.5. Verleimpresse mit Hochfrequenzerwärmung. Bauart Siemens-Schuckert AG, Erlangen.

Gegensatz zu allen anderen üblichen Verleimungseinrichtungen, bei denen die benötigte Verleimungswärme von außen an das Werkstück herangebracht wird, erfolgt die Erzeugung der Wärme bei der Hochfrequenzheizung im Werkstück selbst, und zwar vor allem in der Leimfuge und kaum nennenswert in dem die Leimfuge umgebenden Werkstoff.

Die *Verleimzeiten* sind abhängig von Brettdicke, prozentualer Auslegung der Pressen, Holzfeuchtigkeit, Holzart, Leimart, Leimauftragmenge und von der Leistung des verwendeten Generators. Bei einem 2 kW-Generator lassen sich Abbindezeiten von 1,5 bis 2 min erzielen. Bei Verwendung eines 6 kW-Generators liegen die Abbindezeiten zwischen 0,5 und 1,5 min.

Bild 17.5 zeigt eine *Verleimpresse* mit einem 5 kW-Generator, deren Leistung bei etwa 40 m²/h liegt. Die Verleimpresse arbeitet automatisch, d. h. nach dem Einlegen der beleimten Werkstücke von Hand wird die Presse eingeschaltet und die Arbeitsgänge: Schließen der Presse, Nieder-

36*

halten der unter Umständen ungleich dicken Bretter auf die Unterlage, Kantenpressen, Heizen, Abschalten nach erreichter, durch Zeituhr eingestellter Verleimzeit sowie Öffnen der Presse wickeln sich selbsttätig ab.

Bild 17.6 stellt eine Weiterentwicklung der Anlage dar, und zwar eine *HF-Querzusammensetzmaschine* mit 6 kW-Generator. Mit ihr können Bretter bis zu 2 m Länge im Durchlaufverfahren (Schrittverfahren) zu einem endlosen Band verleimt werden. Auf Wunsch kann die Einrichtung mit automatischem Einzug und Ablängung geliefert werden. Die Leistung liegt bei etwa 60 bis 90 m²/h.

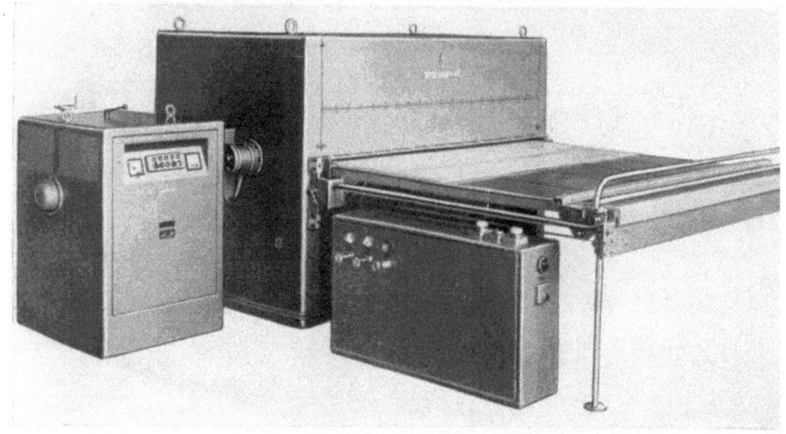

Bild 17.6. Querzusammensetzmaschine mit Hochfrequenzerwärmung.
Bauart Siemens-Schuckert AG, Erlangen.

Bild 17.7 zeigt schematisch die Arbeit an einer bemerkenswerten amerikanischen *Drehtisch-Verleimmaschine* (Bauart Plycor), Leistung 280 bis 560 m²/Tag, Generator 5 bis 10 kW.

Die Folge der Arbeitsgänge bei der Bedienung geht aus Bild 17.7 a bis c hervor. Bei „a" legt der Arbeiter die Bretter für die nächste Platte auf dem Arbeitstisch zusammen, während die vorhergehende Platte im Hochfrequenzfeld unter Druck verleimt wird. Bei „b" wird der Drehtisch durch Bedienung eines Druckluftventils automatisch gedreht, bei „c" entnimmt der Arbeiter dem um 180° gedrehten Tisch die fertige Platte und legt sie ab.

17.23 Bretterinnenlage geritzt

Die geritzte Innenlage ist eine weiterentwickelte Bretterinnenlage (Bild 17.2 b). Bei der geritzten Innenlage kann die sorgfältige Bretterauswahl umgangen und Holz geringerer Güte verarbeitet werden. Durch wechselseitige dünne Einschnitte (Sägeblattdicke etwa 1 bis 2 mm, je nach Innenlagendicke) wird das Holzgewebe parallel zur Faserrichtung oftmals unterbrochen; dadurch werden Spannungen, die im Brett vorhanden sind, aufgehoben. Die Einschnitte erfolgen wechselseitig in Abständen von 30 bis 40 mm, die Einschnittiefe soll etwa 50% der Innenlagendicke betragen. Die Fugenbreite der Einschnitte darf nicht zu groß sein, um Markierungen an der Oberfläche zu vermeiden.

Bei dieser Konstruktion ist die ungleiche Schwindung von aufrechten, liegenden oder schrägen Jahrringen nicht aufgehoben, aber doch stark gemildert, da die Einschnitte einen gewissen seitlichen Ausgleich der Schwind- und Quellungsspannungen herbeiführen.

Die Fertigung dieser Innenlagen erfolgt ähnlich wie in Abschnitt 17.21 beschrieben; das Herausschneiden des Markstrangs kann allerdings unterbleiben. Die verleimten Tafeln werden bei kleinen Stückzahlen Schnitt für Schnitt auf der Kreissäge geritzt; bei Massenfertigung wird eine Vielblattsäge eingesetzt.

17.24 Stab-Innenlagen (blockverleimt) Kennzeichen ST

Blockverleimte Innenlagen (Bild 17.2c) kann man wohl als den Anfang wirtschaftlich hergestellter Innenlagen bezeichnen. Da hier besondere Maschinen, wie Gatter oder Blockbandsäge usw.,

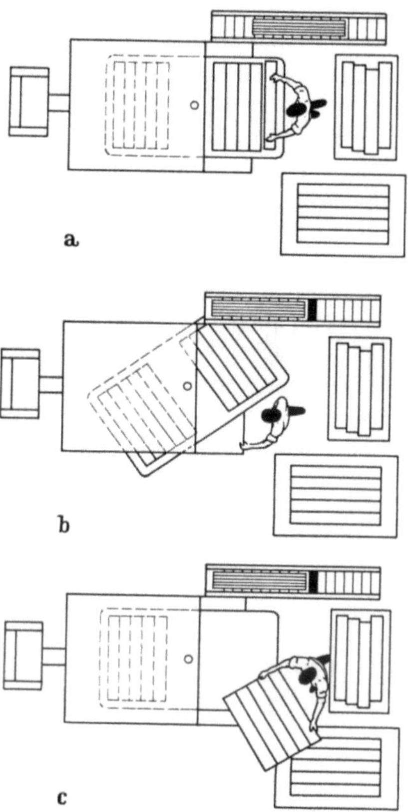

Bild 17.7a—c. Schematische Darstellung der Arbeitsgänge an der Drehtisch-Stäbchenverleimmaschine. Bauart Plyco Co., Chicago, Ill. a Zusammensetzen einer Platte während der Verleimung der vorhergehenden; b Schwenken des Drehtisches durch Betätigung eines Druckluftventils; c Abnahme der fertigen Platte und Ablage derselben.

benötigt werden, sind diese Innenlagen vornehmlich der Erzeugung in der Sperrholzindustrie vorbehalten.

Der *verleimte Block*, aus dem die Innenlagen herausgeschnitten werden, hat eine *Länge* entsprechend der benötigten Innenlagenlänge; diese kann bis zu 5,20 m betragen. Die Blockbreite und -höhe richten sich nach den Bearbeitungsmöglichkeiten, d. h. nach der Größe der Blockpresse,

Durchgangshöhe und Breite des Gatters usw. Im allgemeinen beträgt die *Blockhöhe* 40 cm und mehr, die *Blockbreite* liegt zwischen 60 und 80 cm. Für die einzelnen Lagen des Blockes verwendet man 24 mm dicke Bretter, die auf etwa 7% getrocknet werden; auf einwandfreie *Trocknung* muß auch hier geachtet werden.

Die parallel besäumten oder auch unbesäumten Bretter werden gefügt, zu Tafeln verleimt und auf Dicke gehobelt. Das *Verleimen* erfolgt in Leimböcken, Leimhaspeln (Bild 17.3) oder *Sondermaschinen im Durchlaufverfahren;* unter Umständen auch auf der Schwalbenschwanz-Füge- und Leim-Maschine (Bild 17.4). Ebenfalls kommen hierfür die Hochfrequenz-Anlagen, wie in Abschnitt 17.21 besprochen, in Frage.

Die *Fugen* der verleimten Brettertafeln müssen dicht sein, da beim Aufschneiden des Blockes der Gatter- oder Blockbandsägenschnitt unvermeidlich auch durch oder entlang einer Leimfuge verläuft. Nicht passende Fugen ergeben streifenartige Vertiefungen in der Innenlagenfläche.

Die verleimten Tafeln müssen sauber *ausgehobelt* sein, da auch die Leimfuge von Lage zu Lage dicht sein muß, um Spaltbildungen in der Innenlage zu vermeiden. Außerdem führen ungleiche Dicken innerhalb des Brettes zu zusätzlichen Spannungen, da die Bretterlagen bei einem Preßdruck von 5 kp/cm² ineinander gedrückt werden.

Die verleimten Tafeln werden nach dem Dickehobeln auf die gewünschte Blocklänge und Breite zugeschnitten. Werden parallel besäumte Bretter gleicher Breite, die genau in der gewünschten Blockbreite aufgehen, und Brettlängen, die der Blocklänge entsprechen, verwendet, was als Idealfall anzusehen ist, dann erübrigt sich das Zuschneiden.

Da die Brettlängen nicht immer mit den Blocklängen übereinstimmen, müssen einzelne Lagen, zum Teil auch alle Lagen gestückelt werden. Hierbei ist darauf zu achten, daß der Stoß der stirnseitig aneinander gelegten Lagen versetzt, also nicht übereinander angeordnet wird.

Wie schon früher gesagt, ist das Schwind- und Quellvermögen in radialer und tangentialer Richtung sehr verschieden; bei Verwendung von Seitenbrettern mit tangential neben Kernbrettern mit zum größten Teil radial laufenden Jahrringen ist unterschiedliches Schwinden oder Quellen unvermeidlich. Dies muß zur Wellenbildung führen. Es ist deshalb darauf zu achten, daß die Seiten- und Kernbretter sortiert und getrennt verarbeitet werden. Außerdem kann die Wellenbildung gemildert werden, wenn beim Verleimen der Lagen die Splint- oder Kernseite immer oben liegt, und beim Zusammenlegen des Blockes Splint- und Kernseite der Lagen zusammengeleimt werden.

Je nach Dicke des Blockes ergeben sich 18 bis 25 Lagen. Die Verleimung erfolgt am wirtschaftlichsten mit *Casein;* natürlich sind hierfür alle anderen Leime, wie *Thermoplaste* und *Harnstoffleime*, ebenfalls geeignet. Eine trockene Lage wechselt mit einer beiderseits beleimten Lage ab. Die Leimangabe erfolgt durch *Leimauftragmaschinen.* Der so vorbereitete Block kommt in die Presse und wird mit etwa 5 kp/cm² Druck gepreßt. Falls die Kapazität der Presse nicht ausreicht, um bei der notwendigen Preßzeit von 1 bis 2 h (je nach Leimart) die gewünschte Blockzahl je Tag zu erreichen, kann früher ausgespannt und der Block durch *Spannschlösser* weiter unter Druck gehalten werden.

Nach 24 h kann der Einschnitt mittels *Gatter- oder Blockbandsäge* erfolgen, woran sich die Austrocknung der *eingebrachten Leimfeuchtigkeit* anschließt. Erfahrungsgemäß haben die Innenlagenbretter etwa 15% Feuchtigkeit und werden bei einer Temperatur um 50 °C je nach Dicke 4 bis 10 h in *Trockenkammern* auf rd. 7% getrocknet.

Hierauf werden die Innenlagenbretter auf genaue *Dicke gehobelt* oder *geschliffen, gefügt* und in Leimblöcken, Leimhaspeln oder Sondermaschinen zu der gewünschten Innenlagenbreite *verleimt.* Da die Aufarbeitung der Blöcke zu Innenlagen beim Bretterblock genauso erfolgt wie beim Stäbchenblock wird auf diese Technik bei der Stäbchenplatte näher eingegangen.

Die blockverleimte Stabplatte hat gegenüber den in Abschnitt 17.24 und 17.25 beschriebenen Leisten- oder Streifenplatten Vor- und Nachteile. Vorteilhaft ist die gehobelte Fläche der Innenlage, die eine einwandfreie Dicke gewährleistet, während bei den Leisten der anderen Systeme, die nicht gehobelt werden, mit einer Schnittungenauigkeit um 0,3 mm gerechnet werden muß. Weiterhin ist von Vorteil, daß durch die feste Verleimung der Brettlagen kaum Löcher in der Innenlage durch ausfallende Äste entstehen, was bei der Leistenplatte vorkommen kann. Die gehobelte Innenlage der blockverleimten Stabplatte hat infolge ihrer glatten Oberfläche einen um etwa 10% niedrigeren Leimverbrauch als die Leisteninnenlage beim Absperren. Dieser Vorteil wird allerdings durch den wesentlich höheren Leimverbrauch beim Blockleimen wieder ausgeglichen.

Ein Nachteil ist der feste Verband bei Spannungen durch Feuchtigkeitsaufnahme. Die einzelnen Stäbe haben bei Feuchtigkeitsänderungen keine Möglichkeit nachzugeben, so daß bei der Blockplatte erhöhte Gefahr der Wellenbildung besteht.

Die *Ausbeute* vom unbesäumten Brett bis zur fertigen Innenlage liegt bei etwa 58%, während bei der Leistenplatte bis zu 75% Ausbeute erreicht werden. Die Arbeitszeit stellt sich bei der Blockinnenlage auf etwa 13 h/m³ fertige Innenlage, bei der Leistenplatte nach dem Torwegge-Verfahren auf etwa 8 h/m³. Die größere Wirtschaftlichkeit der Leistenplatte ist wohl der Hauptgrund dafür, daß die Blockplatte an Boden verliert, und heute nur noch selten gefertigt wird.

17.25 Stabinnenlagen (Leistenverfahren) Kennzeichen ST

Die Stabinnenlage ist am weitesten verbreitet, ihr Anteil an der Tischlerplatten-Fertigung der Sperrholzindustrie dürfte bei etwa 80% liegen. Die Herstellung ist wie folgt:

Aus 24 mm (zum Teil auch bis 30 mm) dicken Brettern (sogenannte Mittellagenqualität, Güteklasse 3 bis 4), besäumt oder unbesäumt, werden *Leisten geschnitten*, die auf Sondermaschinen (bei kleinen Stückzahlen unter Umständen auch in behelfsmäßigen Vorrichtungen von Hand) zu Innenlagentafeln verleimt werden (im Gegensatz zur Streifenmittellage nach Abschn. 17.25, die nicht verleimt ist).

Die 24 mm-Bretter werden sorgfältig und spannungsfrei auf etwa 7 $\pm$ 1% Holzfeuchtigkeit getrocknet. Einwandfreie Trocknung ohne zu große Streuungen ist bei allen Innenlagenarten eine der wichtigsten Voraussetzungen für gute Qualität.

Wie schon gesagt, werden parallel besäumte und unbesäumte Bretter verwendet. Die unbesäumte Ware ist wirtschaftlicher, da sie etwas billiger und die *Ausbeute* etwas höher ist. Die Ausbeute ist deshalb besser, weil aus den Säumstreifen noch vollmaßige Leisten verschiedener Länge gewonnen werden können, während bei den parallel besäumten Brettern schwache Säumlinge, die laufend anfallen, unverwertbar sind. Die Verarbeiter parallel besäumter Ware weisen allerdings darauf hin, daß bei weiten Frachtwegen weniger *Fracht je m³* verwertbaren Rohstoffs bezahlt wird, da keine Fracht für das Säummaterial anfällt, wie bei unbesäumter Ware. Ebenfalls seien die *Trockenkosten* je m³ verwertbaren Holzes billiger.

Welche Bretterart wirtschaftlicher ist, dürfte je nach Lage des Betriebes zu entscheiden sein. Im allgemeinen ist die unbesäumte Ware vorzuziehen. Aufschluß hierüber sollte immer eine Wirtschaftlichkeitsberechnung mit entsprechenden Ausbeuteversuchen geben.

Ein wesentlicher Punkt der Ausbeute ist die *Dickentoleranz der Bretter*. Da die Leisten immer in Brettdicke aneinander geleimt werden, d. h. also die Leistenbreite einheitlich 24 mm (oder auch 26 bis 30 mm) beträgt, ist es wichtig, daß die Bretter gleich dick sind, um Spaltbildungen von Leiste zu Leiste auszuschließen.

Sind die Bretter ungleich dick, d. h. wechseln daraus geschnittene, genau kalibrierte Leisten von 24 mm mit solchen von 22 oder 26 mm (es können noch größere Unterschiede auftreten) ab, so kommt es zu Spaltbildungen in der Innenlage und damit späterer Wellenbildung. Bei zu großen Spalten von Leiste zu Leiste ist trotz guter Konditionierung eine spätere Markierung dieser undichten Fugen durch Absinken des Absperrfurniers nicht zu vermeiden.

Da eine genaue Kalibrierung der Schnittware leider selten vorkommt, muß in vielen Betrieben ein *Egalisieren*, d. h. einseitiges Hobeln, vorgenommen werden, wodurch die Ausbeute beeinträchtigt wird. Unter Umständen wird eine wenigstens grobe Vorsortierung nach Bretterdicken durchgeführt. Das Egalisieren erfolgt vor dem Leistenschneiden. In manchen Fällen wird die Hobelmaschine unmittelbar vor die Vielblattsäge gestellt (beide Vorschübe gleichgeschaltet), so daß nur 1 Bedienungsmann für beide Maschinen einzusetzen ist.

Bild 17.8. Vielblattkreissäge. Bauart B. Raimann, Freiburg.

Die *Vielblattkreissäge* (Bild 17.8) hat eine obenliegende Sägewelle, die bis zu 24 Sägeblätter aufnimmt. Der Vorschub (bis zu 40 m/min) wird durch im Tisch liegende Kettenbänder vorgenommen. Obenliegende Druckwalzen oder Rollen sorgen für den nötigen Anpreßdruck. Zur Kühlung der Sägeblätter dienen zum Teil Luftkühlungen, oder es können nachträglich Sprühdüsen eingebaut werden. Die hierbei verwendete Ölemulsion kühlt und verhindert gleichzeitig das Verkrusten der Sägeblätter bei harzhaltigen Brettern.

Die Leistendicke bzw. Innenlagendicke wird durch den Sägeblattabstand bestimmt. *Distanzscheiben* sichern für jede Leistendicke den benötigten Abstand der Sägeblätter. Die Dicke der Distanzscheiben ist gleich: Leistendicke + 2mal Sägeblatt-Schrank.

Die Qualität der Leisteninnenlage wird maßgeblich durch die *Einschnittgenauigkeit* beeinflußt. Da die Leisten nicht mehr gehobelt werden und die Flächen des Vielblattsägenschnittes die Oberfläche der Innenlage bilden, muß der Schnitt einmal in der Dicke genau — er soll Leistendicke $\pm$ 0,15 mm nicht überschreiten —, zum zweiten in der Fläche plan, d. h. ohne Rillen usw., sein. Dies setzt gute, gepflegte Maschinen und Werkzeuge, einwandfreies Schärfen und Schränken sowie ein vernünftiges Verhältnis zwischen Vorschub und Sägeblattdicke mit Schrank voraus. Bei einem Vorschub von 10 bis 12 m/min, 20 Blättern im Einsatz und Holz mittlerer Güte kann man mit 1,6 mm dicken Blättern bei 0,3 mm Schrank je Seite gute Ergebnisse erzielen. Die *Standzeit* der Blätter kann hierbei 5 bis 6 h betragen. Dies gilt für Wolfram-Molybdän-Blätter; bei Chrom-Vanadium-Blättern können etwas geringere, bei hartverchromten längere Standzeiten erwartet werden. Die höchsten Standzeiten (mehrere Tage) erzielt man mit hartmetallbestückten Werkzeugen. Hier war die Blattdicke bisher 3 mm, so daß ein zu großer Schnittverlust entstand. Nunmehr sind Untersuchungen eingeleitet, um Blattdicken von 2,5 und sogar 2 mm zu erreichen. Sollten diese Versuche günstig verlaufen, so können in bezug auf Schnittfugenverlust und Einschnittgenauigkeit erhebliche Fortschritte erzielt werden.

Die Wahl der Sägeblattdicke und des Vorschubs wird oft von der *Kapazität der Vielblattsäge* beeinflußt. Kann die Vielblattsäge bei 10 bis 12 m/min Vorschub die gewünschte Menge nicht verarbeiten, so geht man zu 1,8 oder 2 mm dicken Blättern über und erhöht den Vorschub bis zu 20 m/min, natürlich auf Kosten der Ausbeute.

In vielen Fällen, und zwar bei großen Brettlängen (über 3 m), ist dem Egalisieren und Leistenschneiden noch ein Arbeitsgang vorgeschaltet. Die Manipulation mit Leisten von drei und mehr m Länge mit Dicken von 11 bis 14 mm ist unwirtschaftlich und bringt viele Störungen mit sich. Die Bretter werden deshalb vorher auf *halbe Länge gekappt*. Das einfachste Verfahren hierfür ist das Kappen ganzer Trockenkammerpakete in der Mitte mit einer *Kettensäge*.

Hinter der Vielblattsäge werden die geschnittenen Leisten in Gutmaterial und zu kappendes Material *sortiert*. Das Gutmaterial kommt unmittelbar zur *Zusammensetzmaschine*, während das zu kappende an *Kappsägen* (einfache Tischkreissägen, Kippkreissägen, Pendelsägen, Kreissägen mit Transportbandeinzug usw.) kommt, wo die Fehler, wie Risse, Äste, Baumkanten, Harzgallen usw. ausgeschnitten werden. Je genauer und sauberer ausgekappt wird, um so besser fällt die Innenlage aus.

Wie schon in Abschn. 17.2 erwähnt wurde, hängt die Qualität der Innenlage zum großen Teil von der gleichgerichteten Lage der Jahrringe ab. Es liegt in der Natur der Massenfertigung und des zur Verfügung stehenden Holzes, daß bei der Leisteninnenlage Stäbe mit allen vorkommenden Jahrringlagen verarbeitet werden (Bild 17.2d). Man kann dies erheblich verbessern, indem man die *Schnittware nach Seiten- und Kernbrettern sortiert,* und getrennt verarbeitet.

Eine weitere, etwas kostspielige Möglichkeit der Sortierung liegt darin, die Leisten hinter der Vielblattsäge nach Jahrringverlauf in liegend, stehend und schräg zu sortieren und ebenfalls getrennt zu verarbeiten. Da aber heute immer mehr auf den Preis gesehen wird, sind aus Gründen der Preiswürdigkeit kostspielige Sortierungen nicht mehr tragbar. Deshalb werden meist keine genauen Vorsortierungen vorgenommen, sondern der Hauptwert wird auf lange und einwandfreie Klimatisierung sowie Lagerung der fertigen Tischlerplatte vor dem Schleifen gelegt (Näheres Abschn. 17.33).

Teilweise werden auch sogenannte „*dublierte*" Leisten gefertigt. Bei dieser Art werden zwei parallel besäumte Bretter aufeinander geleimt, danach auf der Vielblattsäge geschnitten. Das „Dublieren" bringt an sich keine wirtschaftlichen Vorteile.

Heute wird das „Dublieren" nur noch dort angewendet, wo die Kapazität der Zusammensetzmaschine nicht ausreicht. Der Zeitgewinn an der Zusammensetzmaschine wird durch die vorgeschaltete Arbeit des Aufeinanderleimens ausgeglichen. An der Vielblattsäge wird die gleiche Zeit wie bei einfachen Brettern gebraucht, da bei 48 mm Dicke der Vorschub halbiert werden muß. Es entstehen wohl Ausbeutegewinne durch geringeren Kappverlust, da es beim Aufeinanderleimen weniger Ausfalläste gibt, jedoch überwiegen die Ausbeuteverluste durch den größeren Säumverlust (keine genau gleich breiten Bretter, nicht genaues Aufeinanderleimen, daher Überstände) und den Zwang, die Bretter für das Dublieren vorzuhobeln.

Da das Zusammensetzen der Leisten zu Innenlagen von Hand in behelfsmäßigen Vorrichtungen nur geringe Bedeutung hat, wird hier nicht näher darauf eingegangen.

Für das *Zusammensetzen der Leisten* zur Innenlage gibt es verschiedene Maschinen.

Die automatische *Mittellagen-Verleimmaschine* H 29 wird mit Magazinbeschickung sowie zusätzlich mit seitlichem Einschießapparat gebaut. Der Einfachheit halber wird die erste Ausführung „Magazinmaschine", die zweite „Einschießmaschine" genannt. Die Magazinmaschine (Bild 17.9) ist wohl die am meisten verbreitete Maschine und in allen Werken anzutreffen. Sie wird allerdings heute nur noch auf Anforderung gebaut und ist durch die modernere Einschießmaschine ersetzt worden.

Bei der *Magazinmaschine* werden die Leisten verschiedener Länge in ein Trommelmagazin gegeben, wobei darauf zu achten ist, daß der Stoß von Leiste zu Leiste dicht ist. Die kleinste noch mögliche Leistenlänge beträgt etwa 20 cm. Je nach gewünschter Leistung wird die Maschine von 3 bis 4 Mann beschickt. Das Trommelmagazin besteht aus mehreren am Umfang der Trommel angebrachten Reihen von Federklemmen, in welche die Leisten gesteckt werden. Das Einlegen der Leisten erfolgt am obersten Punkt der Trommel. Die Maschine wird auf eine bestimmte Hubzahl (10 bis 22 Hub/min) eingestellt. Die mögliche Hubzahl richtet sich nach der Anzahl und der Fertigkeit des Bedienungspersonals. Nach der punktweise aufgetragenen automatischen Beleimung werden die Leisten durch einen Schieber am untersten Punkt der Trommel aufgenommen und in das Maschinenbett gedrückt. Als Leime werden vorzugsweise Thermoplaste verwendet. Das Durchwandern der aneinander gereihten Leisten durch das etwa 3,5 m tiefe

Bild 17.9. Automatische Mittellagen-Verleimmaschine mit Magazinbeschickung.
Bauart F. Torwegge, Bad Oeynhausen.

(elektrisch bzw. mit Dampf oder Heißwasser beheizte) Maschinenbett erfolgt unter Druck. Obenliegende Schienen drücken die Leisten gegen den Maschinentisch. Hierdurch wird ein Reibungswiderstand erzeugt, der sich in den für die Verleimung der Leisten benötigten Fugenpreßdruck umsetzt.

Die Verleimung ist so fest, daß die Innenlagen transportfähig sind. Die Leisten können beim Einlegen über die vorgesehene Innenlagenlänge hinausgehen, da die vorstehenden Enden von seitlich angeordneten Sägen gekappt werden, so daß ein gleich langer Innenlagenteppich entsteht.

Die Breite der Innenlagen wird entweder automatisch durch Trockenfugen oder durch auf Breite-Schneiden erzeugt. Bei der ersten Art schaltet ein Ablaufzähler bzw. lfdm-Zähler nach Erreichen der eingestellten Breite durch Kontakt die Beleimung für einen Hub aus, wodurch eine Trockenfuge entsteht und die Innenlage abgetrennt ist.

Die Leistung der Maschine liegt bei etwa 70 bis 100 m²/h, bei dublierten Leisten doppelt so hoch. Die Leistung ist von der Art des verarbeiteten Holzes abhängig: je weniger kurze Leisten und je mehr gleich lange vorhanden sind, desto höher steigt sie. Auch die Arbeiterzahl und in erster Linie die Erfahrung sowie Geschicklichkeit des Einlegepersonals beeinflussen die Mengenleistung.

Der Leimverbrauch beträgt etwa 30 g/m².

Die Maschine wird für Arbeitslängen von 2500, 3000, 3500, 4800 und 5400 mm gebaut, alle Zwischenlängen sind einstellbar. In der Dicke können Leisten bis 36 mm, in der Breite bis 50 mm verarbeitet werden.

Die *Einschießmaschine* ist eine Weiterentwicklung der Magazinmaschine (Bild 17.10) mit dem Ziel der Rationalisierung, Qualitätsverbesserung und nicht zuletzt auch der besseren Holzausnutzung. Sie hat das gleiche Maschinenbett oder Druckfeld wie die Magazinmaschine und ist ebenfalls elektrisch, durch Dampf oder Heißwasser beheizt. Bei gleichen Arbeitslängen (alle Zwischenlängen einstellbar) ist die Maschine

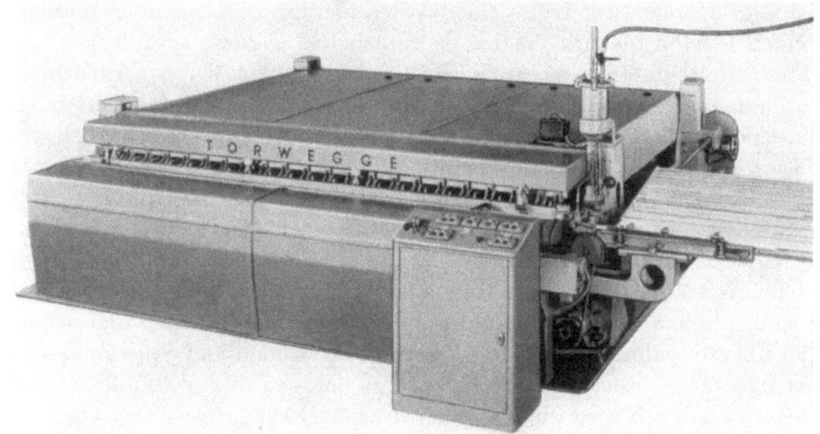

Bild 17.10. Automatische Mittellagen-Verleimmaschine mit Einschießvorrichtung. Bauart F. Torwegge, Bad Oeynhausen.

in der Dicke bis 45 mm, in der Breite bis 50 mm einstellbar und ermöglicht ebenfalls die Einstellung einer Trockenfuge durch einen Zähler (nach lfd. m).

Der Unterschied liegt in der Beschickung und Beleimung. Die Leisten werden nicht in ein Magazin eingelegt, sondern von der Seite durch Kette und Druckrollen mit 250 m/min Geschwindigkeit eingeführt bzw. eingeschossen. Eine mit dem Hub gekoppelte, d. h. erst beim Hub hochgehende Fallschiene bildet mit dem Schieber vor dem Druckfeld einen Kanal, in den die Leisten, ohne sich querzulegen, einlaufen. Im seitlich vorgelagerten Einschießapparat bringt eine druckluftbetriebene Leimdüse einen Leimfaden auf. Die Leimdüse wird bei jedem Stillstand der Einzugskette außer Betrieb gesetzt, so daß Leimverluste vermieden werden.

Ist die gewünschte Innenlagenlänge erreicht, d. h. sind genügend lfd. m Leisten (aus verschiedenen langen oder kurzen Leisten) eingeschossen, so wird durch die Einschieß- bzw. Einzugkette über die im Kanal befindlichen Leisten ein Druck auf einen Endschalter ausgeübt, wodurch das Heben der Fallschiene, der Hub und das Abkappen des überstehenden Leistenendes ausgelöst und die Leisten in das Maschinenbett bzw. Druckfeld geschoben werden.

Die Automatik des Einzuggerätes, der Hub und die Kappbewegung erfordern eine umfangreiche elektrische Steuerung. Die Schalthäufigkeit ist erheblich. Bei normalen Hubzahlen von 800 Hub/h können, wenn eine Innenlagenlänge aus 7 bis 10 Leisten hergestellt wird, und meist ein dichter Anschluß von Leiste zu Leiste beim Beschicken nicht gegeben ist, 6000 bis 8000 Schaltungen der Beleimung je Stunde erforderlich sein.

Der Vorteil der Einschießmaschine liegt in ihrer lohnsparenden Bedienung, da nur zwei Leute für die Beschickung nötig sind. Außerdem können Leisten bis zu 5 cm Länge verarbeitet werden, so daß fast kein Abfall entsteht. Dies ist auch der Grund, warum bei der Einschießmaschine die Ausbeute höher ist als bei der Magazinmaschine. Durch das Einschießen und den seitlichen Druck der Einzugkette werden die Leisten im Stoß zwangläufig dicht, so daß die bei der Magazinmaschine oft zu beobachtenden undichten Stoßstellen entfallen. Der durchgehende Leimfaden gibt der Innenlage einen etwas festeren Verband, was bei der Handhabung von Vorteil ist.

Bei rissigem oder astigem Holz können sich durch die hohe Einschießgeschwindigkeit beim Aufeinanderprallen Leisten aufspalten und neben- oder übereinanderschieben. Dies führt zu Störungen und Stillständen im Einzuggerät, weshalb die Leisten gut und sauber gekappt werden müssen. Dadurch wird die Kapparbeit zwar etwas größer, aber auch die Güte der Innenlagen erheblich gesteigert.

Die Leistung ist etwa die gleiche wie bei der Magazinmaschine und liegt bei 60 bis 90 m²/h. Die Einschießmaschine erreicht nicht ganz die Spitzenleistung der Magazinmaschine, ist aber dafür nicht so lohnintensiv. Wenn viele kurze Leisten verarbeitet werden, ist allerdings die Leistung der Einschießmaschine höher.

Der Leimverbrauch (Thermoplaste) ist höher als bei der Magazinmaschine und beträgt rd. 50 g/m².

Wie einleitend schon gesagt wurde, bietet die Einschießmaschine gegenüber der Magazinmaschine erhebliche Vorteile und wird wohl in Zukunft ausschließlich eingesetzt werden.

17.26 Streifeninnenlagen Kennzeichen SR

Die *Streifeninnenlage* ist im Grundsatz der Leisteninnenlage gleichzustellen. Der Unterschied liegt darin, daß die einzelnen Leisten oder Streifen nicht miteinander verleimt, sondern durch Schnur, Stahlbänder oder Federn über Stirn zusammengehalten werden. Es wird behauptet, daß das Nichtverleimen der Leisten ein Vorteil sei, da Spannungen von Leiste zu Leiste nicht übertragen werden können.

An sich ist es selbstverständlich für einen Betrieb, der Qualitätsware liefern will, gleichgültig ob als Streifen- oder Leistenplatte, daß spannungsreiche, also krumme, verzogene Leisten in kurze Leisten gekappt werden, um die allerdings nicht so sehr gefährliche Spannung einer Leiste mit dem Querschnitt von 24 mm × 11 mm oder × 14 mm und mehr, herabzusetzen. Der Leimverband der Leisteninnenlage wird mit Thermoplasten hergestellt, er ist zum Teil punktförmig bzw. fadenförmig. Der beim späteren Absperren in die Leistenfugen eindringende Leim dürfte wahrscheinlich einen festeren Verband der Leisten herbeiführen als den durch die Verleimung der Leisten selbst gegebenen.

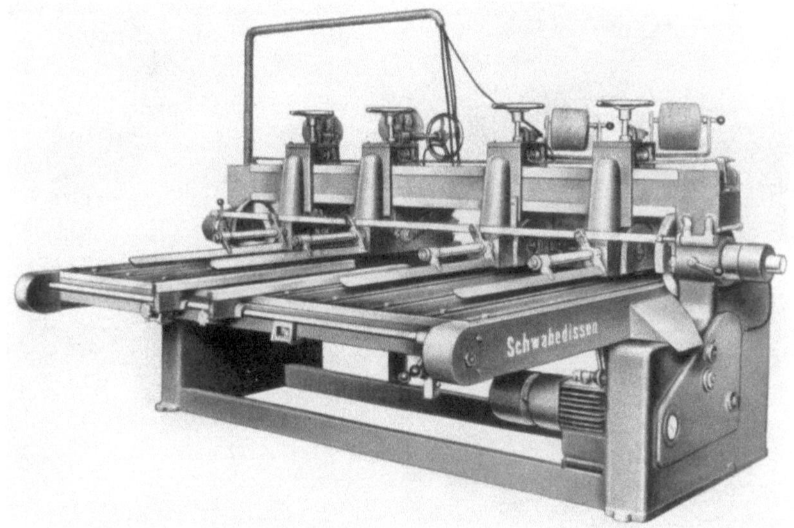

Bild 17.11. Automatische Leisten-Zusammensetzmaschine mit Schnureinzug.
Bauart F. Meyer & Schwabedissen, Herford.

Man hat seinerzeit vor Einführung der Einschießmaschine die Punktverleimung der Magazinmaschine als Vorteil angesehen und vor dem durchgehenden Leimfaden der Einschießmaschine gewarnt. Die Praxis hat gezeigt, daß die vorgetragenen Befürchtungen unbegründet waren.

Anderseits hat die Streifeninnenlage auf Grund ihrer Zusammensetztechnik nicht so dichte Fugen von Leiste zu Leiste, was einmal die Verarbeitung kurzer Leisten erschwert, ja je nach der gewählten Technik (Feder über Hirn, Stahlbänder) unmöglich macht und außerdem die Gefahr der Wellenbildung erhöht.

Die Entscheidung, ob Leisten- oder Streifeninnenlagen erzeugt werden sollen, hängt aber nicht von der Qualität ab (Unterschiede werden kaum feststellbar sein, wenn anständig gearbeitet und ausreichend zwischengelagert wird), sondern von der Wirtschaftlichkeit und Zweckmäßigkeit der Einrichtung. Platten im Großformat, wie sie allgemein in der Sperrholzindustrie üblich sind, können im Streifenverfahren nicht hergestellt werden.

Bis zum *Zusammensetzen der Streifen-Innenlage* wird in gleicher Weise verfahren wie bei der Leisteninnenlage, und es gelten die gleichen Bedingungen. Das Zusammensetzen kann von Hand in behelfsmäßigen Vorrichtungen erfolgen. Leisten von möglichst gleicher Länge werden auf einem Tisch zusammengelegt und in der Breite mittels Spindel, Leimknecht oder Keil gespannt, dann werden mit der Handkreissäge zwei bis vier Einschnitte quer zu den Leisten angebracht, und daran anschließend eine Papierschnur in die Einschnitte gedrückt.

Für die industrielle Fertigung ist die *automatische Leisten-Zusammensetz-Maschine mit Schnureinzug* (Bild 17.11) hervorzuheben. Die Leisten werden auf dem Maschinentisch oder auf einem vorgelagerten Arbeitstisch zusammengelegt und unter eine Haltevorrichtung an der Maschine geschoben. Bei Erreichen einer bestimmten Breite (meist 1000 mm) wird ein Einschubhebel betätigt, worauf Mitnehmer den Leistenteppich in die Maschine einschieben. Die Leisten werden automatisch zusammengepreßt und oben, wenn gewünscht auch unten, durch Kreissägenpaare eingeritzt; hierauf wird die Schnur eingedrückt. Dieser Einschub wiederholt sich nach Vollegen der nächsten Lage. Über-

Bild 17.12 a—c. Arbeitsweise der in Bild 17.11 dargestellten Maschine. a Fertigung gewöhnlicher, voller Mittellagen mit drei oberen und zwei unteren Schnureinzügen; b Herstellung voller Mittellagen in doppelter Länge, mit vier oberen und zwei unteren Schnureinzügen, Auftrennung durch Kreissägenschnitt in der Mitte. c Herstellung voller Mittellagen in kürzeren Längen; Bedienung durch zwei Personen, Ablängen auf den Außenseiten durch zwei Kreissägen.

stehende Leistenenden werden ein- oder beidseitig gekappt (siehe die Arbeitsbeispiele 1 bis 3 in Bild 17.12). Die Innenlagenbreite kann einfach durch Zerschneiden der Schnur bestimmt werden.

Die Leistung ist von der Bedienungszahl abhängig. Wenn an mehreren Tischen vorgelegt und der Hub von 2 bis 3 min ausgenutzt werden kann, ist eine Leistung von 250 bis 300 m²/h möglich. Da das Vorlegen der Leisten von Hand mehr Zeit erfordert als beim Einschießverfahren, ist mit etwas höherem Lohnaufwand zu rechnen.

Die Maschine wird in den Größen 2000, 2500, 3000 und 3500 mm Arbeitsbreite geliefert. Sie wird meist für Fixmasse, kleine bis mittelgroße Formate von Tischlerplatten, in der Möbelindustrie und für Hohlraumplatten eingesetzt.

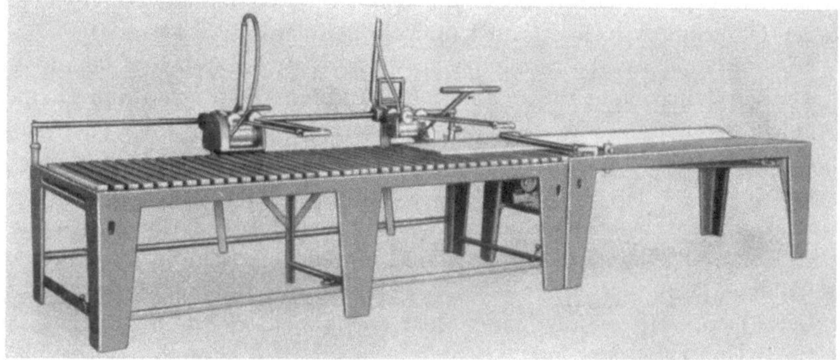

Bild 17.13. Leisten-Bündelmaschine. Bauart W. Tilleke, Helpup.

Eine weitere verhältnismäßig billige Einrichtung ist die im Bild 17.13 gezeigte *Leisten-Bündelmaschine*, die auch mit Zubringer-Transportband lieferbar ist, so daß ein endloser Mittellagenteppich erzielt werden kann. Durch den stufenlos regelbaren Vorschub kann man 2 bis 6 lfd. m/min fertig gebündelte Mittellagenplatten herstellen. Eine obenliegende Kreissäge schneidet den Leistenteppich ein, dann wird die Schnur eingedrückt. Die Leistung kann bei zwei Bedienungsleuten bis zu 50 m²/h betragen.

Andere Zusammensetzmaschinen benutzen bandsägeblattähnliche oder auch wellenförmige *Stahlbänder*, die über Hirn in die Leisten eingepreßt werden und die Innenlage zusammenhalten. Auch hier werden die Leisten vorgelegt, in die Maschine eingeschoben, zusammengepreßt, und dann seitlich die Stahlbänder eingedrückt. Die Stahlbänder müssen nach dem Absperren wieder entfernt werden.

Eine weitere Maschine arbeitet mit seitlichen Einschnitten über Hirn, in die *Federn* eingedrückt werden.

Der Nachteil aller Maschinen mit Verbindung über Hirn ist, daß kurze Leisten nur schwer zu verarbeiten sind.

17.27 Stäbchen-Mittellage (blockverleimt) Kennzeichen STAE

Die Tischlerplatte mit *Stäbchen-Mittellage* ist als ausgesprochene Qualitätsplatte zu bezeichnen. Sie genügt höchsten Anforderungen in bezug auf Oberflächengüte und Stehfähigkeit und ist für freistehende und hochglanzpolierte Flächen am besten geeignet. Es ist bekannt, daß gerade bei hochglanzpolierten Flächen die geringsten Unebenheiten von nur $^1/_{100}$ mm Tiefe als Markierungen deutlich sichtbar sind.

Eine Stäbchen-Mittellage besteht immer aus miteinander verleimten *Schälfurnieren* bis zu 8 mm Dicke. Als Holz für die Innenlage wird hauptsächlich Fichte gewählt, und zwar meist in Form von Starkhölzern. Die als Schälholz bezeichnete Rundholzqualität besteht in der Hauptsache aus Erdstämmen; es ist daher schon von der Rohstoffseite her die Gewähr für beste Qualität gegeben. Weiterhin werden für STAE-Mittellagen Okoumé, Abachi, Ilomba und ähnliche Hölzer verwendet.

Durch den Schälvorgang (siehe Abschn. 6) entstehen Furniere mit liegenden Jahrringen. Die zu einem Block aufeinander geleimten Furniere ergeben nach dem Aufschneiden und um 90° gekippt, nebeneinander liegende, meist 6 mm breite Stäbchen, die durchweg stehende Jahrringe aufweisen (Bild 17.2e). Hier ist also ein völlig gleichmäßiger Aufbau gegeben. Das Schwinden und Quellen des Holzes in der Plattendicke ist gleichmäßig, und es treten keine ungleichen Spannungen auf. Die Mittellage behält planparallele Oberflächen und zeigt keine Wellen. Da die Stäbchen-Mittellagen nach dem Aufschneiden aus dem Block auf genaue Dicke gehobelt oder geschliffen werden, sind auch keine Dickenunterschiede von Stab zu Stab vorhanden.

Ein weiterer großer Vorteil dieser Mittellage ist die für das Schälen notwendige Aufbereitung, d. h. das Kochen oder Dämpfen des Rundholzes. Hierdurch wird das Holz plastifiziert und etwaige Spannungen werden aufgehoben oder gemildert. Durch den Schälvorgang wird das Holz selbst im Gefüge gelockert und ist in der Lage, Schwindungs- und Quellungsspannungen zum Teil in sich aufzufangen, ohne das äußere Volumen zu ändern.

Eine Untersuchung über die „*Dimensionsstabilität* und Gleichmäßigkeit von Möbelplatten" von R. KEYLWERTH [*17.4*] zeigte die überragende Güte der Stäbchenplatte bei Feuchtigkeitsänderungen gegenüber anderen Plattenarten.

Wie schon gesagt, besteht die Stäbchen-Mittellage aus Schälfurnieren bis zu 8 mm Dicke. Die gebräuchlichste Dicke ist 6 mm, da hier noch mit ausreichenden glatten Schälfurnieren gerechnet werden kann, anderseits aber die Furniere dick genug sind, um in bezug auf Arbeitszeit und Leimverbrauch wirtschaftlich zu sein. Die Furniere werden in möglichst großer Länge geschält und der Blockbreite entsprechend ausgeschnitten. Schmale Streifen aus Resten oder Anschälern werden zur Blockbreite verleimt.

Die *Blöcke* haben dieselben Abmessungen wie bei der Blockplatte, d. h. eine Länge bis 5,20 m, eine Breite von 70 bis 80 cm, eine Höhe von 40 bis 50 cm. Nach guter *Trocknung der Furniere* auf etwa 5% Holzfeuchtigkeit wird der Block zusammengelegt; wieder folgt einer trockenen Lage eine beiderseits beleimte. Als *Leime* werden Casein-, Kartoffelstärke-, aber auch Harnstoffharz-Leime verwendet. Die Blocklänge ergibt sich durch Aneinanderstoßen der Furniere, wobei darauf geachtet

Bild 17.14. Vollgatter beim Auftrennen eines Blockes für blockverleimte Stäbchen-Mittellagen.

wird, daß der Stoß dicht ist, damit später in der aufgeschnittenen Mittellage keine Löcher sichtbar werden. Der einzelne Stoß ist immer versetzt anzuordnen, also von einer Lage überdeckt. Die einzelnen Furniere müssen ohne Risse oder Spalten, verleimte Fugen dicht sein, damit die geschnittene Mittellage eine einwandfreie Oberfläche aufweist.

Die fertig zusammengelegten Blöcke kommen in die *Presse*, wo sie bei etwa 4 bis 5 kp/cm² Druck 1 bis 2 h gepreßt werden. Auch in diesem Fall kann zur Erhöhung der Preßkapazität früher ausgespannt und mit *Spannschlössern* gearbeitet werden. Anschließend wird der Block 24 h, besser 48 h gelagert und dann aufgeschnitten.

37*

Das *Aufschneiden* erfolgt mittels *Vollgatter* oder *Blockbandsäge*. Der Einschnitt am Vollgatter (Bild 17.14) ist trotz des langsamen Vorschubs, der beim Blockeinschnitt kaum über 0,5 m/min hinausgeht, wirtschaftlich, da bis zu 40 Sägen (bei 14 mm dicken Mittellagen) eingespannt und so umgerechnet auf die einzelne Lage 20 m/min erzielt werden. Für die einzelnen Mittellagendicken werden, wie beim Gatter üblich, Register verschiedener Dicke eingesetzt. Die *Einschnittgenauigkeit* ist bei guter Maschine und gutem Werkzeug, einwandfreier Blattspannung, Schärfung und Schränkung hoch, und liegt bei $\pm$ 0,3 bis 0,5 mm. Die *Dicke der Gatter-Sägeblätter* kann 1,2 mm betragen, allerdings nur bei guter Beherrschung von Werkzeug und Maschine. Praktisch wurden mit derartigen

Bild 17.15. Vertikale Blockbandsäge. Bauart Gebr. Canali, Speyer.

Sägen bei 0,3 mm einseitigem Schrank (dem eine Schnittfugenbreite von 1,9 bis 2 mm entspricht) diese Genauigkeiten schon erreicht. Eine schmale Schnittfuge ist natürlich für die Ausbeute von sehr großer Bedeutung.

Auch die *Blockbandsäge* (Bild 17.15) wird für das Aufschneiden von Mittellagenblöcken eingesetzt. An sich kann die Blockbandsäge mit Vorschüben bis zu 30 m/min arbeiten. Bei Mittellagenblöcken mit vielen Leimfugen, die bei Stäbchenblöcken 70 und mehr betragen können, kann aber nur bis zu einem Vorschub von etwa 10 m/min gegangen werden. Unter Berücksichtigung der Zeit für den Rücklauf des Spannwagens ist die Leistung der Blockbandsäge niedriger als die des Vollgatters (vor allem bei dünneren Mittellagen, wenn im Gatter viele Sägen eingespannt sind).

Der Pflege des Bandsägeblattes ist erhöhte Aufmerksamkeit zuzuwenden. Innenspannung, Schärfen und Schränken des Blattes erfordern einen außerordentlich tüchtigen Fachmann. Die Blattdicke beträgt für den Blockeinschnitt 1,3 bis 1,4 mm. In letzter Zeit wurden bei Blockbandsägen mit Erfolg gestauchte Sägen eingesetzt, deren Vorteil vor allem in einer längeren Standzeit lag.

Bei gestauchten Bandsägen (1,4 mm) beträgt die Schnittfuge anfangs 2,5 mm, später durch das Nachschleifen auf 2,2 mm zurückgehend. Die gestauchte Blockbandsäge ist also in bezug auf Schnittverlust etwas unwirtschaftlicher als das Gatter. Allerdings muß gesagt werden, daß die erwähnten Erfolge mit 1,2 mm dicken Gatter-Sägeblättern nur von wenigen Firmen erreicht werden.

Die hohen Anforderungen, die aus Wirtschaftlichkeitsgründen an die *Schnittgenauigkeit* beim Blockeinschnitt gestellt werden, können sowohl bei der Blockbandsäge als auch beim Vollgatter nur erfüllt werden, wenn gute Fachleute Maschine und Werkzeug beherrschen. Die Wahl zwischen Volllgatter und Blockbandsäge wird außerdem immer der Struktur und Eigenart des einzelnen Betriebes angepaßt werden müssen.

Wie schon oben gesagt, wurden bei Blockbandsägen mit Erfolg gestauchte Sägen eingesetzt. Es ist in letzter Zeit sehr viel über die Vorteile von gestauchten Sägen, auch bei Vollgattern und Vielblatt-Kreissägen gesprochen worden. Die Gründe, die für gestauchte Sägen sprechen, sind einleuchtend, aber bisher konnten bei Vollgatter und Vielblattsäge gestauchte Sägeblätter die üblichen geschränkten noch nicht verdrängen. In einzelnen Fällen wurde wohl eine höhere Standzeit erzielt, aber Schnittgenauigkeit und Schnittfugenverlust waren unbefriedigend.

Die mit Blockbandsäge oder Vollgatter eingeschnittenen Mittellagenbretter werden gestapelt und in einer *Trockenkammer* bei etwa 50 °C Temperatur in je nach Dicke 4- bis 10stündiger Trockenzeit auf rd. 7% Holzfeuchtigkeit gebracht, d. h. es wird wie beim Bretterblock die Leimfeuchtigkeit entfernt. Je „trockener" der verwendete Blockleim ist, um so kürzer wird die Trockenzeit; unter Umständen kann auf das Nachtrocknen verzichtet werden. Anschließend werden die Mittellagenbretter abgekühlt und auf genaue *Dicke gehobelt* oder *geschliffen*. Das Schleifen der Mittellagen bietet gewisse Vorteile, da die Schleifgenauigkeit bei dem heutigen Stande der Schleiftechnik gleich der Genauigkeit beim Hobeln ist, beim Schleifen aber die bei Fichte kaum vermeidlichen Äste nicht ausbrechen, wie es beim Hobeln der Fall ist. Das Ausbrechen von Ästen beim Hobeln ist nicht durch die Hobelmaschine, sondern durch das Holz bedingt. Es handelt sich um Schälfurniere, die aus ihrer Lage im runden Stamm in eine Ebene gedrückt werden und auch die bekannten Schälbrüche aufweisen. Die kleinen Äste sind deshalb etwas gelockert und der Beanspruchung beim Hobeln nur zum Teil gewachsen.

Nach dem Hobeln oder Schleifen werden die einzelnen *Bretter gefügt* (Einfachsäumsägen, Spezialfügemaschinen, Doppelsäumer) und in Leimgestellen, Leimhaspeln oder Sondermaschinen mit Hochfrequenzerwärmung zur gewünschten Innenlagenbreite *verleimt.*

In Bild 17.16 wird eine *Fertigungsstraße Schleifen — Säumen — Verleimen* gezeigt. Im Vordergrund sieht man *zwei 3-Zylinder-Schleifmaschinen,* und zwar eine mit obenliegenden, die folgende mit untenliegenden Zylindern, so daß die Mittellagen ohne Wenden beidseitig geschliffen

Bild 17.16. Fertigungsstraße für die Herstellung blockverleimter Stäbchen-Mittellagen.

werden. Hinter dem Auslauf der zweiten Maschine befindet sich eine *elektrische Dickenmeßeinrichtung* mit Farbmarkierung (s. Bild **17.17**), welche die Mittellagen nach Dicke (mit einer Toleranz von $\pm$ 0,1 mm) sortiert bzw. farbig kennzeichnet. Die Mittellagen werden von einer über eine Photozelle gesteuerten *Hebebühne* aufgenommen und auf *Rollengängen* zum *Doppelsäumer* gebracht (etwas verdeckt). Dieser hat eine automatische Breiteneinstellung, die jede Mittellage nach Breite abtastet, auf 1 mm genau die Breite einstellt und dann den Einzug frei gibt. Gefügt wird mit hartmetallbestückten Messern. Im Hintergrund sieht man die Sondereinrichtung zum Verleimen. Die Beförderung zu dieser Maschine erfolgt ebenfalls über eine mittels Photozelle gesteuerte *Hebebühne* und *Rollenbahnen.*

Die Mittellagenbretter werden nun durch Ketten in ein Druckfeld gezogen, nachdem vorher durch Leimfinger punktweise Leim angegeben wurde. Der *Fugenpreßdruck* wird wie bei den Leisten-Zusammensetz-Maschinen durch Reibungswiderstand erzeugt. *Zwei Hochfrequenz-*

generatoren mit über und unter den Leimpunkten angeordneten Elektroden sorgen für schnelles Abbinden des Leimes (Thermoplaste). Die Maschine arbeitet im *Durchlaufverfahren* mit etwa 2 m/min Vorschub.

Bild 17.17. Elektrische Dickenmeßeinrichtung zur Überwachung der geschliffenen Stäbchen-Mittellagen. Die ganze Anlage ist in Bild 17.16 am Auslauf der in Vordergrund stehenden Zylinderschleifmaschine zu sehen.

Hinter der Verleimzone ist eine *Wandersäge* angeordnet, die durch Druckluftkolben mit dem Mittellagenteppich verbunden den gewünschten Breitenschnitt herstellt und dann wieder in die Ausgangsstellung zurückgeht.

Bei der Stäbchen-Mittellage wird eine *Ausbeute* von 50% (ohne Restrollenverwertung) erzielt. Der *Zeitaufwand* beträgt etwa 9 bis 11 h/m³.

17.28 Stäbchen-Mittellage (Leistenverfahren)

Vielfach werden auch *Stäbchenplatten mit Mittellagen nach dem Leistenverfahren* hergestellt, da die notwendigen Einrichtungen für Blockleimen, Blockeinschnitt usw. fehlen. Es werden hierbei Schälfurniere von 3 bis 8 mm Dicke mehrfach übereinander geleimt, so daß eine aus Furnieren bestehende etwa 30 bis 40 mm dicke Platte entsteht.

Diese wird an der Vielblattkreissäge zu Leisten geschnitten. Die weiteren Arbeitsgänge entsprechen jenen bei Herstellung von Leisten-Mittellagen.

Die Stäbchen-Mittellage nach dem Leistenverfahren ist natürlich mit der blockverleimten Stäbchen-Mittellage nicht zu vergleichen. Sie ist mehr eine verbesserte Stab-Mittellage, d. h. sie hat gegenüber der letzteren den Vorzug der stehenden Jahrringe. Die Gefahr der Wellenbildung durch die unvermeidlichen Schnittdifferenzen beim Arbeiten mit der Vielblattkreissäge, durch die undichten Fugen von Leiste zu Leiste sowie nicht dichten Stoßstellen ist auch hier vorhanden, es sei denn, es werden sowohl die Platte als auch die Leisten vor dem Zusammensetzen der Mittellage gehobelt, so daß nur noch die Stoßstellen als Fehlerquellen übrigbleiben. Diese Arbeitsgänge werden aber kaum durchgeführt, da sie zu aufwendig sind und zu geringe Ausbeute ergeben.

Bei der Auswahl von Stäbchenplatten für Qualitätsarbeiten sollte man auf diesen Umstand Rücksicht nehmen und sich über die Herstellungsart der Stäbchenplatten vergewissern.

17.3 Herstellung der Absperrfurniere, Pressen, Endbearbeitung, Lagerung und Verarbeitung von Tischlerplatten [1]

17.31 Herstellung von Absperrfurnieren

Gute, glatte *Schälfurniere* sind die Voraussetzung für die einwandfreie Beschaffenheit jeder Tischlerplatte. Bei zu starkem Dämpfen und Schälen von zu heißen Hölzern (d. h. ohne Zwischenlagerung nach dem Dämpfen) werden leicht rauhe und wollige Schälfurniere erzeugt.

Besonders bei *Rotbuche* ist sogenanntes „*Kaltschälen*" bei Stammtemperaturen von 30 bis 40 °C zu empfehlen, da es wesentlich glattere und plane Furniere ergibt.

Beim Schälen entstehen unvermeidlich *Schälrisse* auf der „rechten Seite", wie in Abschn. 6.5 dargelegt wurde. Bei der Verarbeitung von Absperrfurnieren für Tischlerplatten ist darauf zu achten, daß die gute Seite („linke Seite") immer außen bzw. oben liegt, damit die Schälrisse in der Leimfuge, der Innenlage zugekehrt, liegen. Dadurch wird verhindert, daß sich die Schälrisse durch ein später aufgebrachtes Außenfurnier markieren. Die Durchführung ist verhältnismäßig einfach. Beim Schälen wird durch Kreidestrich die linke Seite automatisch gezeichnet; bei der Weiterverarbeitung, d. h. beim Zusammensetzen der Decken ist nur dafür zu sorgen, daß der Kreidestrich immer auf der Außenseite des Absperrfurniers liegt.

---

[1] In den folgenden Abschnitten wird nur auf Fertigungsverfahren eingegangen, die für die Tischlerplatte besondere Bedeutung haben, oder die vorwiegend bei der Tischlerplatte angewendet werden. Die Einzelheiten der Fertigung, Maschinen, Leime usw. sind in den Abschn. 1 bis 16 eingehend behandelt.

Drehwüchsiges Holz, das bei Okoumé in den letzten Jahren häufiger vorkommt, darf nicht für Tischlerplatten verwendet werden, da sein Faserverlauf nicht mehr im rechten Winkel zur Innenlage liegt, und *Windschiefwerden der Platten* unvermeidlich ist.

Von Bedeutung ist auch das *Ausschneiden der Absperrfurniere.* Abgesehen vom Ausscheren der Fehler, wie Risse, Äste, Wirbel usw. ist es wichtig, unruhige und „wilde" Furniere schmaler zu schneiden als gleichmäßige.

Hat eine Tischlerplatte nur wenige *Fugen* im Absperrfurnier, besteht sie also aus breiten Furnierbahnen, dann wird der Verarbeiter immer überzeugt sein, eine besonders gute Platte vor sich zu haben. Dies ist nur bedingt der Fall. Fugen haben die gute Eigenschaft, daß sie Spannungen des Holzes zum Teil in sich auffangen können und schmale Furnierstreifen entwickeln, wenn sie „spannig" sind, geringere Kräfte als breite.

Es ist naheliegend, daß der Hersteller von Tischlerplatten nicht grundlos schmale Furnierstreifen erzeugt und auf die Möglichkeit verzichtet, Holz (durch geringere Fügeverluste) und Lohn zu sparen. Die Triebfeder für das Schmalschneiden ist der Wunsch, die Stehfähigkeit der Platte zu verbessern.

Eine weitere Vorbedingung für eine gute Platte ist die, daß das Absperrfurnier nach *Struktur* und *Farbe* gleichmäßig ist. Die *Trocknung* soll ebenfalls gleichmäßig auf etwa 7% Holzfeuchtigkeit erfolgen. Leider ist bisher die gleichmäßige Furniertrocknung, jedenfalls bei dickeren Absperrfurnieren, noch nicht einwandfrei gelöst. Deshalb wird meist auf etwa 4 bis 5% heruntergetrocknet, da in den unteren Bereichen mit einer geringeren Streuung zu rechnen ist. Die Maschinen-Industrie hat in letzter Zeit verschiedene Furniertrockner entwickelt, die durch streuungsfreie Trocknung bessere Ergebnisse liefern; es ist zu hoffen, daß diese Trockner immer mehr zum Einsatz kommen können (vgl. Abschnitt 9). Eine *Zwischenlagerung,* wenn möglich *Klimatisierung* der getrockneten Furniere, ist unbedingt erforderlich.

Für das *Fügen und Zusammensetzen* von Tischlerplattendecken sind genügend gute Maschinen auf dem Markt (s. Abschn. 10), so daß eine einwandfreie Fugenqualität erzielt werden kann; als Fugenleime werden Hautleim, Thermoplaste, Harnstoff- und Melaminharzleime usw. verwendet.

Voraussetzung für eine gute Fugenqualität ist allerdings ein einigermaßen glattes und ebenes Furnier. Bei stark welligen und verzogenen Furnieren (infolge mangelhaftem Dämpfen, Schälen und Trocknen) nützen selbst die besten Maschinen nichts.

17.32 Absperren von Tischlerplatten

Auf die Ausführungen in Abschn. 11, 12 und 13 ist Bezug zu nehmen. Zu sagen ist noch, daß der verwendete *Leim* nicht zu viel Wasser enthalten soll. Ein Wasseranteil um 55% ist für die IF 20-Verleimung angemessen. Je nach Auftragmenge werden dabei etwa 3 bis 4% Feuchtigkeit, bezogen auf das Darrgewicht, in die Platte gebracht, was zu vertreten ist. Mehr Feuchtigkeit führt zu zusätzlichen Spannungen und dadurch unter Umständen zum Verziehen der Platte. Der Feuchtigkeitshaushalt der fertigen Tischlerplatte wird einmal durch die Feuchtigkeit von Innenlage und Absperrfurnier, zum anderen durch den Wasersgehalt des Absperrleimes bestimmt. Die richtige *Feuchtigkeit* von Tischlerplatten liegt bei $10 \pm 1\%$. Im allgemeinen werden sie mit Feuchtigkeiten zwischen 8 und 12% gefertigt.

Wie in Abschn. 17.2 schon erwähnt wurde, muß die Leisteninnenlage möglichst *dichte Fugen* haben, um späteres stellenweises Absinken des Absperrfurniers und die hierdurch hervorgerufene Wellenbildung zu vermeiden. Eine weitere Gefahr ist das Speichern von Feuchtigkeit in den undichten Fugen durch Einsickern des Leimes beim Leimauftrag. Trotz Zwischenlagerung vor dem Schleifen kann unter Umständen der Feuchtigkeitsausgleich noch nicht beendet sein, so daß die Platte nach dem Schleifen nochmals wellig wird.

Wenn in diesem Abschnitt immer wieder von undichten Fugen der Leisteninnenlage gesprochen wird, so sind damit Fugen über 1 mm gemeint. Die Leisteninnenlage wird nie ganz dicht sein, da dies der rauhe Gatterschnitt nicht zuläßt.

Zur Erhaltung von Formstabilität und Güte der Tischlerplatten ist beim Absperren eine niedrigere *Temperatur* als 95 bis 100 °C zu empfehlen. Bei Harnstoffharzen wird bei der IF 20-Verleimung schon seit längerer Zeit mit Temperaturen um 75 °C bei gleichen Preßzeiten wie bei 95 °C gearbeitet.

Die *richtige Behandlung der abgesperrten Tischlerplatten* unmittelbar *nach dem Preßvorgang* ist von großer Bedeutung und wird in der Industrie sehr unterschiedlich vorgenommen.

Zum Teil werden die Platten hinter der Presse aufeinander gelegt (oberste Lage abgedeckt) und so bis zum Schneiden und Schleifen gelagert. Nachteil ist die *langsame Temperaturabgabe des Plattenpaketes*, so daß die Weiterverarbeitung, die immer bei kalter Platte (Schleifen!) erfolgen soll, erst nach längerer Zeit möglich ist. Da allerdings Leisten-, Streifen- und Blockstabplatten ohnehin mindestens eine Woche vor dem Schleifen zwischenlagern sollen, spielt die langsame Temperaturabgabe nur bedingt eine Rolle. Bei hohen Paketen und Preßtemperaturen von 95 bis 100 °C können die Plattenmitten allerdings auch nach einer Woche noch zu warm sein.

Schnelleres Abkühlen der aufeinander gelegten Platten kann man durch vorheriges *leichtes Wässern* erzielen. Hierbei werden die Tischlerplatten durch eine *Auftragmaschine mit Spezialwalzen* (weicher Gummi), die für Wasserauftrag geeignet ist, gegeben. Die Platten erhalten einen leichten Wasserfilm, der zum Teil sofort verdampft und die Platten abkühlt. Der Rest des aufgetragenen Wassers sorgt für weitere Abkühlung. Die Wässerung wurde allerdings nicht wegen der Abkühlung eingerichtet, die nur eine angenehme Beigabe ist. Der Hauptgrund für diese Maßnahme ist die Möglichkeit, die *Feuchtigkeitsverteilung in der Platte* auszugleichen und zu verbessern sowie die Feuchtigkeitsverluste durch Verdampfen in der Presse und Nachdampfen beim Entleeren der Presse aufzufangen. Es ist auch zu erwähnen, daß die nachträgliche Wässerung die Platten biegsamer macht. Sie sind bei Beanspruchung auf Biegung weniger spröde und die allgemeine Formstabilität wird verbessert.

Eine weitere Art des Behandelns hinter der Presse unmittelbar nach dem Entleeren ist das *senkrechte Aufstellen* der Platten. Zum ungehinderten Abzug von Wärme und Dampfschwaden werden Latten zwischen die Platten gestellt. Das Aufstellen muß sehr sorgfältig erfolgen. Da die Platten zumeist etwas schräg gegen eine Wand oder gegen Pfosten u. dgl. gelehnt werden, ist darauf zu achten, daß sie immer parallel zur Anlagefläche stehen, damit die noch nicht ganz ausgehärteten Platten keine Formveränderungen erhalten.

Schließlich werden die Platten hinter der Presse *waagerecht mit Latten gestapelt* und baldmöglichst eine *Querbelüftung* hergestellt, um den gleichmäßigen Abzug von Wärme und Dampfschwaden zu gewährleisten.

Die Art der Handhabung hinter der Presse wird maßgeblich von der Eigenart jedes Betriebes beeinflußt. Je nach Feuchtigkeits-Haushalt der Platte, des verwendeten Leimes, Temperatur, Raumverhältnissen usw. wird die eine oder andere Art gewählt. Der eine Betrieb hat in der Platte ohnehin viel Feuchtigkeit und unterstützt die Nachverdampfung und Feuchteabgabe hinter der Presse durch Belüftung, der andere möchte die Feuchtigkeit halten. Eindeutig steht die Tatsache fest, daß die richtige Behandlung nach dem Absperren einen wesentlichen Einfluß auf die Güte bzw. Formbeschaffenheit der Tischlerplatten hat; deshalb wird gerade dieser Frage in den meisten Betrieben der Sperrholzindustrie erhöhte Aufmerksamkeit geschenkt.

17.33 Zwischenlagerung von Tischlerplatten

Unter *Zwischenlagerung* versteht man die Zeit vom Absperren bis zum Schleifen der Platte. Bei der Zwischenlagerung muß grundsätzlich

zwischen Stab (Leisten-, Streifen- oder Blockplatten) und Stäbchenplatten unterschieden werden.

Die *blockverleimte Stäbchenplatte* benötigt infolge ihres Aufbaues
nur eine geringe Zeit zum Zwischenlagern. Sie kann, abgekühlt, bereits
nach 24 h weiter verarbeitet werden. Anders bei der *Stab-Platte!* Wie
schon erwähnt wurde, ist bei dieser Platte — gleichgültig, ob es sich um
blockverleimte Stabplatten oder Platten mit Leisten- oder Streifen-
Mittellagen handelt — die Gefahr von Wellenbildung gegeben.

Diese *Wellenbildung* hat mehrere Ursachen. Einmal die unterschiedliche Schwindung von liegenden, stehenden oder auch schrägen Jahrringen, zum anderen undichte Fugen von Leiste zu Leiste, d. h. also
Spaltenbildung in der Innenlage. Weiterhin unterschiedliche Feuchtigkeit der verwendeten Bretter und die Dickenunterschiede der an der
Vielblattsäge geschnittenen Leisten.

Die ausreichende und lange Zwischenlagerung vor dem Schleifen
wirkt hier nun ausgleichend, die Wellenbildung kann sich entwickeln
und beruhigen. Die Zwischenlagerung soll bei gestapelten oder aufgestell-
ten Platten mindestens 1 Woche, bei aufeinander gelegten Platten $1^1/_2$
bis 2 Wochen betragen. Beim nachfolgenden Schleifen wird die Platte
plan, die bei der Zwischenlagerung entstandenen Wellen werden egalisiert. Diese plane Beschaffenheit bleibt bestehen, sofern die Platte
keinen zu großen Feuchtigkeitsschwankungen ausgesetzt ist. Bei
Feuchtigkeitsaufnahme oder -abgabe von 3 bis 4% werden sich auch
späterhin Wellen abzeichnen, bedingt durch die erzeugte Qualität.

17.34 Endbearbeitung und Lagerung von Tischlerplatten

Endbearbeitung und Lagerung von Lagenhölzern sind ausführlich in den Abschn. 14 bis 16 behandelt. Für das Besäumen und Schleifen stehen die verschiedenartigsten Maschinen in einfacher und neuzeitlicher Bauweise bis zur automatischen Endfertigungsstraße zur Verfügung.

Die Lagerung von Tischlerplatten soll in normal temperierten, trockenen, wenn möglich klimatisierten Räumen erfolgen. Die Stapel müssen
in der Waage liegen und bodenfrei sein.

Wenn die Platzverhältnisse es zulassen, ist es außerordentlich zweck-
mäßig, die ungeschliffene Ware zu stapeln und so die vorher erwähnte
Zwischenlagerung noch zu verlängern. Das Schleifen erfolgt in diesem
Fall unmittelbar vor dem Versand.

18. Zur Kostenrechnung in der Lagenholzherstellung

Von **Karl-Heinz Ertel**, Langenberg [1]

18.1 Einführung

Der *Betrieb* stellt materielle *Güter für den Absatz* her, indem er *Stoffe durch* den *Einsatz von menschlicher Arbeit und Maschinen bearbeitet* und/ oder verarbeitet [*18.8*]. Dieser „Prozeß der betrieblichen Leistungserstellung" ist stets mit dem *Verzehr der Stoffe*, der *Arbeitskraft* und dem *Verschleiß der Maschinen* verbunden, die zur Leistungserstellung benötigt werden. Multipliziert man die durch die Leistungserstellung innerhalb eines Abrechnungszeitraumes verbrauchten Einsatzmengen an Stoffen, Arbeit und Maschinennutzung mit den entsprechenden Geldwerten, so erhält man die *Kosten*, die zur Erstellung der innerhalb des Abrechnungszeitraumes produzierten Erzeugnismenge aufgewandt wurden [*18.8*, *18.9*, *18.13*].

Soll der Betrieb seine Aufgabe (Leistungserstellung) dauernd erfüllen, so müssen die *Absatzerlöse* auf lange Sicht mindestens so hoch sein, daß die zur Produktion benötigten Mengen an Stoffen, Arbeit und Maschinen *wiederbeschafft* werden können. Gelingt dieser Ersatz nicht, so wird die Substanz des Betriebes aufgezehrt. Die Absatzerlöse müssen also langfristig mindestens die Kosten des Betriebes decken [*18.21*, *18.22*].

In der *Marktwirtschaft* ist die Geschäftsleitung bemüht, durch die Veräußerung der im Betrieb hergestellten Güter einen möglichst hohen *Gewinn* zu erzielen. Die Höhe des innerhalb eines Zeitraumes erzielbaren Gewinnes hängt von der absetzbaren Gütermenge, der Höhe der Verkaufspreise und den Kosten für die Herstellung und den Vertrieb der Absatzmenge ab. Auf die Höhe der erzielbaren Verkaufspreise hat der Betrieb häufig nur einen unbedeutenden Einfluß. Die *Preise* bilden sich durch das freie Spiel von *Angebot und Nachfrage* am Markt. Die Absatzmenge wird letztlich durch die Kapazität des Betriebes bestimmt. Geht man einmal davon aus, daß die Verkaufspreise und die Absatzmenge gegeben sind, so ist der Gewinn, den ein Betrieb innerhalb eines bestimmten Zeitraumes erzielen kann, um so höher, je niedriger die Kosten für Herstellung und Vertrieb der Absatzmenge sind. Daher hat die Betriebsleitung den Betrieb so zu steuern, daß die Differenz zwischen Absatzerlösen und Kosten möglichst groß wird. Je mehr sich die erzielbaren Absatzpreise dem Einflußbereich der Betriebsleitung entziehen, desto mehr muß die Betriebsleitung ihre Aufmerksamkeit auf die Kosten des Betriebes richten [*18.9*, *18.21*, *18.22*].

---

[1] Der Verfasser ist Herrn Dr. H. K. Grössle für Anregungen und Herrn Dr. Dietrich Börner für Ergänzungen zu seinem Manuskript und kritische Bemerkungen aufrichtig dankbar.

18.2 Aufgaben der Kostenrechnung

Aus diesen Überlegungen läßt sich die Hauptaufgabe der Kostenrechnung unmittelbar ableiten. Die *Kostenrechnung* hat vor allem *darüber zu wachen*, daß eine *bestimmte Gütermenge* je Abrechnungszeitraum *mit möglichst niedrigen Kosten* bzw. unter Aufwendung einer bestimmten Kostensumme eine möglichst große Gütermenge produziert wird. Die Kostenrechnung löst diese Aufgabe, indem sie laufend die erbrachten Leistungen der Betriebsteile feststellt und mit den hierfür eingesetzten Kosten vergleicht, d. h. die *Wirtschaftlichkeit des betrieblichen Leistungsprozesses* überwacht. Sie zeigt somit auf, ob und gegebenenfalls wo die Betriebsleitung eingreifen muß, um Unwirtschaftlichkeiten innerhalb des betrieblichen Leistungsprozesses abzustellen [*18.1, 18.2*].

Der Erfolg dieser Kontrollmaßnahmen hängt wesentlich davon ab, daß die einer bestimmten Leistungsmenge entsprechenden *Kostenbeträge rasch errechnet* werden. Je später die Ergebnisse der Kontrollrechnung vorliegen, desto länger ist der Zeitraum, innerhalb dessen aufgetretene Unwirtschaftlichkeiten das Betriebsergebnis belasten. Überdies lassen sich die Ursachen von Unwirtschaftlichkeiten nach längerer Zeit häufig nicht mehr eindeutig feststellen [*18.1, 18.2*].

Die Wirtschaftlichkeit der betrieblichen Leistungserstellung kann um so besser überwacht werden, je besser die Maßstäbe sind, an denen die Kostenrechnung die Wirtschaftlichkeit mißt. Ein absolutes Maß gibt es für die Wirtschaftlichkeit nicht. Die Kostenrechnung kann daher auch nur feststellen, ob die Produktion bzw. der Vertrieb im bezug auf einen bestimmten Vergleichsmaßstab ,,wirtschaftlich'' erfolgt. Somit erhebt sich nunmehr die Frage nach den denkbaren *Maßstäben der Wirtschaftlichkeit*.

Ein erster Maßstab für die Wirtschaftlichkeit kann in den *Kosten und Produktionsmengen früherer Abrechnungszeiträume* gesehen werden. In diesem Falle werden also Istwerte der Vergangenheit als Maßstab verwandt. Dieser Maßstab ist jedoch in der Regel sehr unvollkommen. Sieht man einmal davon ab, daß sich die Preise für Stoffe und Maschinen sowie die Löhne geändert haben können und auch der Beschäftigungsgrad des bzw. der Vergleichszeiträume nicht mit demjenigen des zu kontrollierenden Zeitraumes übereinstimmt, so sind es vor allem die möglichen Unwirtschaftlichkeiten während der Vergleichsperioden, die deren Kosten und Leistungsmengen als Maßstab der Wirtschaftlichkeit ungeeignet erscheinen lassen. Aus diesem Grunde faßte EUGEN SCHMALENBACH [*18.21*] sein Urteil über den Vergleich von Istzahlen mit Istzahlen in der Feststellung zusammen, daß hier ,,Schlendrian mit Schlendrian'' verglichen werde.

Ein zweiter Maßstab kann in sogenannten *Normal- oder Durch-schnittswerten für Kosten und Leistungsmengen* gesehen werden. Diese Werte werden in der Regel auf Grund der Erfahrungen in mehreren vergangenen Abrechnungszeiträumen aus den jeweils erzielten Istwerten abgeleitet (z. B. im Wege der Durchschnittsrechnung). Auch hier gehen möglicherweise die bereits oben kritisierten Unwirtschaftlichkeiten in die Kennzahlen der Wirtschaftlichkeit ein [*18.19*].

Aus diesem Grunde haben sich Theorie und Praxis um die Entwicklung besserer Kennzahlen für die Wirtschaftlichkeit bemüht. Diese Bemühungen führten zur Entwicklung von Systemen der sogenannten *Plankostenrechnung oder Standardkostenrechnung.* Plan- oder Standardkosten sind *Verbrauchsnormen,* die auf Grund sorgfältiger Studien der verschiedenen Teilleistungsprozesse des Betriebes ermittelt werden. Sie stellen Verbrauchsnormen dar, die bei wirtschaftlichem Verhalten eingehalten werden können und daher nicht überschritten werden sollen. Die *Analyse der Abweichungen* von diesen Normen gibt der Betriebsleitung wertvolle Aufschlüsse für ihre Entscheidungen [*18.1, 18.11, 18.17*]. Sie ist vorteilhaft da anzuwenden, wo sich die Fertigung gleicher oder gleichartiger Erzeugnisse immer wiederholt. Dies trifft für die Lagenholzherstellung zu.

Der *Komplex der betrieblichen Leistungserstellung* läßt sich in folgende Leistungsbereiche aufteilen:

die *Beschaffung von Produktionsgütern* und *fremden Dienstleistungen* (*einschließlich Arbeitskraft*),

die *Erstellung von Betriebsleistungen* (Dienstleistungen und materielle Güter) *für den eigenen Bedarf* und den *Markt* sowie

den *Absatz der Betriebsleistungen.*

Diese Leistungen können nur erbracht werden, wenn Güter verbraucht oder Dienstleistungen in Anspruch genommen werden. Die Mengen und *Werte* der *verbrauchten Güter und Dienstleistungen* werden in *Kosten* ausgedrückt. Es findet eine *laufende Umwandlung von Kosten in Leistungen* statt. Dieser Vorgang vollzieht sich in den Stellen des Betriebes [*18.5, 18.8*]. Die Leiter der Stellen beeinflussen durch ihr Handeln Kosten und Leistungen und sollen durch ihr Verhalten in dem Teil des Betriebes, der ihrer Verantwortung untersteht, zum Erfolg des Gesamtbetriebes beitragen. In welchem Maße das geschieht, kann dadurch festgestellt werden, daß die Kosten und Leistungen in den Stellen erfaßt und gegenübergestellt werden. Das gesamte, verwickelte Betriebsgeschehen ist in einzelne Prozesse zu zerlegen, bis man zu einheitlichen, meßbaren Leistungen gelangt [*18.4, 18.6*].

Aufgabe der Kostenrechnung ist es, die Kosten und Leistungen zu ermitteln. Die Kosten sind mit dem Aufwand der Finanzbuchhaltung nicht identisch. *Neutrale Aufwendungen* sind *durch die Kostenrechnung aus-zuscheiden, Zusatzkosten*, die keine Aufwendungen sind, müssen dagegen *berücksichtigt* werden. Eine sachliche und zeitliche Abgrenzung zwischen den Zahlen der Finanzbuchhaltung und denjenigen der Kostenrechnung ist eine entscheidende Voraussetzung dafür, daß die Kosten richtig erfaßt werden [*18.9, 18.14, 18.18, 18.21, 18.24*]. Nur hierdurch ist auch eine richtige Kostenerkenntnis zu gewinnen, die die Kostenrechnung im einzelnen zur Lösung folgender Aufgaben befähigt:

1. *Kosten- und Leistungsüberwachung,*

2. Schaffung von Unterlagen für die *Beurteilung der Kostenlage im Verhältnis zum Marktpreis* und für die *Preisfindung* [*18.18*],

3. Schaffung von Unterlagen für die *Durchführung von Vergleichsrechnungen* [*18.16, 18.18*],

4. *Feststellung und Aufgliederung der Ergebnisse* [*18.3*].

18.3 Stellung der Kostenrechnung in der Betriebsorganisation

Die *technische Durchführung* der Kostenrechnung kann auf verschiedene Weise erfolgen. Maßgebend sind hierfür Größe und Produktionstiefe des Betriebes. Die *Abgrenzung* zwischen Aufwendungen der Finanzbuchhaltung und Kosten der Kostenrechnung wird meistens in der Klasse 2 des Kontenrahmens durchgeführt [*18.7*]. Die Kostenarten- und Kostenstellenrechnung wird zweckmäßigerweise tabellarisch auf einem bzw. mehreren *Betriebsabrechnungsbögen* durchgeführt [*18.6, 18.12, 18.24*]. Die weitere Verrechnung der Kosten und Leistungen kann sowohl tabellarisch unter Abstimmung mit der Buchhaltung als auch im Rahmen einer gesonderten Buchhaltung, der *Betriebsbuchhaltung*, erfolgen [*18.14*]. Die Buchhaltung hat den Vorteil der zwangsläufigen Abstimmung durch die Doppik für sich. Häufig findet man Kombinationen von tabellarischen Zusammenstellungen mit der Buchhaltung.

Bei durchdachter Verdichtung des Zahlenmaterials in Tabellen kann der Buchungsstoff so vermindert werden, daß auch in größeren Betrieben die *manuelle Durchschreibebuchführung* ausreicht [*18.7*]. *Additionsmaschinen* und *Rechenautomaten* sind für eine *schnelle Aufarbeitung des Zahlenmaterials* unentbehrlich. Bei tiefgegliederter Produktion und großer Sortenzahl häuft sich das Zahlenmaterial derart, daß eine stärkere Mechanisierung der Abrechnung notwendig wird. Alle denkbaren Möglichkeiten der Speicherung, Sortierung und Zusammenstellung bietet das *Lochkartenverfahren*. Jedoch ist der Einsatz einer Lochkartenanlage nur dann vertretbar, wenn sie im Rahmen der gesamten Organisation des Betriebes weitere wichtige Aufgaben zu erfüllen hat. Die Vorteile des

Lochkartenverfahrens ohne eigene Anlage können der Betriebsbuchhaltung dadurch nutzbar gemacht werden, daß an Rechen-, Fakturier- und Buchungsmaschinen Lochbänder oder Lochstreifen angeschlossen werden, die dann in fremden Lochkartenstellen im Lohnverfahren ausgewertet werden. Die Kostenrechnung arbeitet mit *Zahlenmaterial der Finanzbuchhaltung*, mit *Belegen der Lagerbuchhaltung, der Lohnbuchhaltung* und *des Betriebes*. Eine enge Zusammenarbeit des Kostenrechners mit der technischen Leitung des Betriebes ist Voraussetzung für eine sinnvolle Kostenrechnung [18.20]. Der *Techniker* ist alleine in der Lage, die Verbrauchsnormen zu ermitteln, die für ein wirtschaftliches Arbeiten des Betriebes erforderlich sind. Der *Kostenrechner* kennt die notwendigen Bewertungsvorgänge, die dem Techniker das Maß für die Wirtschaftlichkeit seiner Arbeit liefern.

18.4 Erfassung und Bewertung der Kostengütermengen

Eine *genaue Kostenerfassung* ist die Grundlage der Kostenrechnung. Sie darf sich nicht nur auf die Werte beschränken, sondern muß auch die Mengen und Zeiten erfassen. Hierdurch wird die Arbeit des Kostenrechners ständig mit *Bewertungsvorgängen* verbunden. Die verbrauchten Güter werden häufig zu *schwankenden Preisen* angeschafft. Für die Planung wird aber eine *Vorausschätzung* der Einkaufspreise für einen längeren Zeitraum vorgenommen. Diese geschätzten Einkaufspreise gehen als Festpreise in die Kalkulation ein. Die Kostenrechnung arbeitet mit diesen Festpreisen als Verrechnungspreisen und schaltet kurzfristige oder zufällige Preisschwankungen als Preisabweichungen aus [18.9, 18.11, 18.17].

Für die *Lagenholzherstellung* sind die *Preisabweichungen für Rundholz, Schnittholz* und *Leim* besonders wichtig. Da zwischen dem Eingang und dem Verbrauch oft längere Zeit vergeht, kann eine Umwertung der verbrauchten Mengen in Verrechnungspreise die erforderliche schnelle Preiskontrolle nicht sicherstellen. Es sind daher die eingegangenen Mengen in *Verrechnungspreise* umzuwerten, die Preisabweichung ist als Unterschied der Verrechnungspreise zu den *Einstandspreisen* der eingegangenen Mengen auszuweisen. Bei der Ermittlung der Einstandspreise ist eine sorgfältige zeitliche Abgrenzung wichtig. Wird die Ermittlung der Einstandspreise monatlich durchgeführt, so liegen häufig noch nicht alle Rechnungen für die eingegangenen Holzmengen vor. Hierfür sind dann kalkulatorische Beträge einzusetzen, die aus den Gewichtslisten, dem Werkaufmaß und den Bestellunterlagen ermittelt werden. Für eingegangene Teilmengen dürfen nur die anteiligen Beträge verrechnet werden. Die Ermittlung der Einstandspreise wird auf einer *Abrechnungskarte* für jede Partie durchgeführt (Tab. 18.1)

38 Kollmann, Furniere

Tabelle 18.1 *Beispiel einer Partie-Abrechnung für Rundholz*

Lieferant:			
Schiff:	Partie-Nr.:	Holzart:	
Preis:	Abgrenzung	Bel. Nr.	Betrag
Rundholz	13 000	511	13 000
Seefracht	4 800	512	4 800
Umschlag	360		
Binnenfracht	600		
Provision	356	513	356
Versicherung	174		
Sonstige Kosten	—		
Gesamtkosten	19 290		
Eingang fm	100.000		
Eingang zu Verr. Preisen	20 000		
Preisabweichung	+ 710		

Soll die Preisabweichung innerhalb der Betriebsbuchhaltung ausgewiesen werden, so kann dies nach folgendem Buchungsschema erfolgen:

Übergang FiBu	Preisabweichung	Bestand (V. P.)	Verbrauch
		A. B.	
Eingang zu Einstandspreisen	Eingang zu Verrechnungspreisen	Verbrauch zu Verrechnungspreisen	
	Saldo-Preisabweichung	Saldo-Endbestand zu V.P.	

Die Holzpreise sind für die gleiche Holzart sehr unterschiedlich, je nach der *Qualität des Sortimentes*, das eingekauft wird. Im allgemeinen wird aber das Holz nach handelsüblicher Sortierung bezogen. Aus diesem Grunde ist es nicht erforderlich, für jede Qualität einen eigenen Verrechnungspreis einzuführen. Es ist aber denkbar, daß für einen Teil der Fertigung spezielle Qualitäten benötigt werden. Um zu einer kostengerechten Abrechnung zu gelangen, legt man in diesem Falle auch das Standardsortiment fest, für das der geplante Verrechnungspreis gelten soll. In diesem Falle kann für Sonderkäufe auch die *Preisabweichung* ermittelt werden, die durch eine vom Standardsortiment abweichende Qualität bedingt ist (Tab. 18.2).

Die Einführung von Verrechnungspreisen ist nur für Material sinnvoll, bei dem kurzfristige oder zufällige Preisabweichungen zu erwarten sind. Dies gilt im allgemeinen für Rundholz, Schnittholz und evtl. bezogene Halbfabrikate. Die Preise für Leim und andere Stoffe liegen im Rahmen der Abschlüsse für längere Zeit fest.

Tabelle 18.2 *Ermittlung der Preisabweichung vom Standardsortiment*

Holzart: Verechnungspreis: 240 DM/fm

Standardsortiment:
Klasse I   40% × 100 Punkte = 40 Punkte
Klasse II   40% × 75 ,,   = 30   ,,
Klasse III   20% × 50 ,,   = 10   ,,

Ges.   100%   = 80 Punkte = 240 DM/fm
                                          =   3,— DM/Punkt

Wareneingang einer Partie: 500 fm, Einstand: 117 500
Klasse I   175 fm × 100 Punkte = 17 500 Punkte
Klasse II   215 fm × 75 ,,   = 16 125   ,,
Klasse III   110 fm × 50 ,,   = 5 500   ,,

Ges.   500 fm   = 39 125 Punkte (78,25 Punkte/fm)

Standard-Qualität × Verrechnungspreis:
500 fm × 80 Punkte = 40 000 Punkte × 3,— = 120 000
Ist-Qualität   × Verrechnungspreis
                   39 125 Punkte × 3,— = 117 375

Preisabweichung aus Minderqualität: + 2 625
Eingang zu Einstandspreisen: 117 500
Qualitätsberichtigte Preisabweichung: − 125

Gesamte Preisabweichung: + 2 500

Zum *Jahresabschluß* sind die Materialbestände zu Einstandspreisen zu bewerten, die Bestände an halbfertigen und fertigen Erzeugnissen sind auf der Grundlage der Einstandspreise der verarbeiteten Stoffe zu Herstellungskosten zu bewerten. Der Unterschied, der aus dieser Umwertung der Bestände aus Verrechnungspreisen in Einstandspreise entsteht, ist dem Konto „Preisabweichung" zu belasten bzw. zu erkennen. Nachdem dies geschehen ist, bleibt auf dem Preisabweichungs-Konto der Anteil der Preisabweichung, der auf die verkauften Produkte entfällt. Das Preisabweichungskonto ist nunmehr über das Erfolgskonto abzuschließen.

18.5 Kostenträgerrechnung mit Standardkosten

18.51 Allgemeine Gesichtspunkte

In der *Divisions- und Zuschlagskalkulation* werden die auf dem BAB gesammelten Kosten über die Kostenstellen auf die Kostenträger verrechnet. Es werden zunächst die Kosten der Kostenstellen des allgemeinen Bereichs auf die Hilfs- und Hauptkostenstellen geschlüsselt. Danach werden wiederum die Kosten der Hilfskostenstellen nach bestimmten Schlüsseln auf die Hauptkostenstellen umgelegt. Die auf den Hauptkostenstellen gesammelten Kosten werden sodann mit Hilfe der

Nachkalkulation auf die verkauften Produkte und die in Arbeit befindlichen Produkte verrechnet [*18.10, 18.18, 18.24*].

Die Mängel dieses Verfahrens sind bekannt. Die Nachkalkulation ergibt historische Daten. Die ermittelten Kosten sind nicht typisch, da sie durch alle möglichen Zufälligkeiten beeinflußt sein können. Dadurch werden für das gleiche Erzeugnis bei jeder neuen Nachkalkulation unterschiedliche Stückkosten errechnet. Die Schwankungen sind oft sehr erheblich. Eine Beurteilung der Wirtschaftlichkeit der Fertigung und die schnelle Feststellung von Unwirtschaftlichkeiten ist nicht möglich.

Obwohl diese Mängel der Nachkalkulation bekannt sind, ist sie noch weit verbreitet. Der Grund hierzu ist die Vorstellung, die Nachkalkulation könne die *wirklichen Kosten der Produkte* ermitteln. Hierzu führt KÄFER ([*18.11*], S. 9) aus:

„ . . . es ist nach meinen Erhebungen gerade in der Schweiz wohl das größte Hindernis für die rasche Verbreitung der Standardkostenrechnung, daß diese „an keiner Stelle die wahren Kosten der Erzeugnisse" zum Vorschein bringt, die die Leitung und der Verkauf so gerne zur Verfügung hätten. Dazu ist festzustellen, daß auch die sog. effektiven oder Istkosten der Nachkalkulation . . . zum großen Teil *Illusionen* bedeuten. Es sei an die weitgehende Verbundenheit der Kosten und der Erzeugnisse erinnert, sowohl auf dem Gebiete der Fertigung wie in noch weitergehendem Maße auf dem Gebiete des Absatzes. Im modernen, mechanisierten Fabrikbetrieb übersteigen die Gemeinkosten, die ja bestenfalls nur ungefähr zugerechnet werden können, die Einzelkosten um das Mehrfache. Es scheint, daß diese Unmöglichkeit der Ermittlung wahrer Istkosten in der amerikanischen Praxis früher erkannt wurde, was der Standardkostenrechnung dort den Weg geebnet hat. Demgegenüber wird bei uns die Bedeutung und Genauigkeit der auftragsweisen Nachkalkulation vielfach noch überschätzt. Dies kann . . . zu kostspieligen Fehldispositionen führen."

Die *Standardkostenrechnung* ist mehr als ein Kalkulationsverfahren. Sie verlangt die Einführung einer *vorausschauenden Rechnung*, d. h. des Budgets oder der Planungsrechnung. Zumindest sind künftige Produktion und künftiger Verbrauch zu planen und daraus die Kostenstandards abzuleiten.

Von den beiden *Hauptzwecken der Kalkulation*, der Gewinnung von Unterlagen einerseits für die *Preisfestsetzung*, anderseits für die *Betriebskontrolle*, überwiegt bei der Standardkostenrechnung der letztere. Dabei legt sie das Gewicht mehr auf die in die Zukunft gerichtete Vorkalkulation als auf die rückwärts schauende Nachkalkulation. Indem sie die normalen, den Standards entsprechenden Abläufe unbeachtet läßt und dafür die Abweichungen hervorhebt, stellt sie vor allem jene Größen heraus, die geeignet sind, die Betriebsführung zu beeinflussen ([*18.11*], S. 6).

Sie ermöglicht dadurch eine *kurzfristige Erfolgsrechnung und erleichtert* die *Lenkung und Kontrolle des Betriebsgeschehens.*

Da sie nicht die Erzeugung gleicher Fabrikate voraussetzt, knüpft sie zunächst an das Verfahren der Zuschlagskalkulation an. Auch bei ihr werden direkt zugemessene Einzelkosten und indirekt verrechnete, an Kostenstellen gesammelte Gemeinkosten unterschieden. Im übrigen nähert sie sich aber mehr der Divisionskalkulation, indem bei ihr statt der Kosten der einzelnen Stücke viel eher die Durchschnittskosten einer Periode für gleichartige Teilleistungen ermittelt werden. KÄFER erinnert in diesem Zusammenhang daran, daß es sich bei Einzel- und Gemeinkosten um einen mit dem gewählten Kostenträger variierenden Begriff handelt. (Stelleneinzelkosten im Gegensatz zu Einzelkosten der Fabrikate.)

18.52 Standards für Fertigungsmaterial in der Sperrholzindustrie

18.521 Anteil des Fertigungsmaterials an den Selbstkosten

In der Selbstkostenermittlung der Sperrholzindustrie im Jahre 1953 betrug der Anteil des Fertigungsmaterials an den Selbstkosten bei Furnierplatten im Mittel 58% und bei Tischlerplatten 64%. Diese Tatsache zeigt, daß eine wirtschaftliche Fertigung in der Lagenholzherstellung nur möglich ist, wenn Roh- und Hilfsstoffe sinnvoll eingesetzt und bearbeitet werden. Die Kontrolle muß sich daher zuerst diesem überragenden Kostenbestandteil widmen.

18.522 Rundholz, Schnittholz

Bei der Bearbeitung des Holzes treten auf allen Bearbeitungsstufen Verluste an Holzmasse auf. Die Holzmasse im fertigen Produkt, gemessen in Schäldicke, bezeichnet man als *Holzausbeute.* Der Ausschuß für wirtschaftliche Fertigung ermittelte im Jahre 1934 für die Ausbeute bei Herstellung von Furnieren aus Überseeholz die in Tab. 18.3 zusammengestellten Zahlen.

Es wäre verfehlt, in dieser Ausbeuteermittlung einen Richtwert zu sehen. Die Ausbeute wird von Betrieb zu Betrieb unterschiedlich sein, da die Güte des eingesetzten Rundholzes, die Arbeitsverfahren und die Ansprüche an das fertige Erzeugnis verschieden sind. In dem oben erwähnten Selbstkostenvergleich für Furnierplatten wurden folgende Ausbeutesätze angegeben:

Holzart	*Mindestwert*	*Mittelwert*	*Höchstwert*
Buche	32,8	38,0	41,0
Okoumé	35,1	48,0	55,0
Limba	37,3	50,0	60,0

Es darf angenommen werden, daß derart große Unterschiede in der Holzausbeute weder durch unterschiedliche Güte noch durch verschiedene Verfahren begründet werden können. Vielmehr scheinen rechnerische Fehler in der Ermittlung der Ausbeute oder eine unterschiedliche Auffassung über den Begriff der Ausbeute ausschlaggebend gewesen zu sein.

Tabelle 18.3. *Ausbeute bei Herstellung von Furnieren aus Überseeholz*

Rundholz-Einsatz			100,00
Ablängen	Endverlust Schnittverlust	2,50 0,75　3,25	**3,25**
			96,75
Schälen	Ritzverlust Restrollen	4,00 7,43　11,43	**11,06**
			85,69
Stanzen, Zerteilen	Vorschälverlust Verl. b. Ausstanzen Verl. b. Kernfurnieren	6,62 5,53 1,04　13,19	**11,30**
			74,39
Trocknen	Schwindverlust	5,72	**4,26**
Fügen	Fügeverlust	3,77	**2,64**
			67,49
Zusammensetzen	Bearbeitungsverluste	2,17	**1,46**
			66,03
Zwischenlager	Transportverluste	2,06	**1,36**
			64,67
Besäumen	Seitenverlust	11,06	**7,17**
			57,50
Verschnitt	Verschnittverlust	1,30	**0,75**
	Ausbeute in Schäldicke		**56,75**

Wie aus der Musterberechnung durch den Ausschuß für Wirtschaftliche Fertigung ersichtlich wird, ist unter der Ausbeute die Ausbringung an guten Fertigerzeugnissen, gemessen in Schäldicke, in % des eingesetzten Rund- (Schnitt) holzes zu verstehen. Wird z. B. eine 4 mm-Furnierplatte aus 3 Lagen zu 1,5 mm aufgebaut, so ist die Plattendicke in Schäldicke 4,5 mm. Werden aus 100 fm Rundholz 40 m³ gute Furnierplatten hergestellt, so beträgt die Ausbeute in Schäldicke 45 m³ = 45%.

Die Schwierigkeit der Ausbeuteermittlung liegt darin, daß die Bestände an halbfertigen Erzeugnissen starken Schwankungen unterworfen sein können. Selbstverständlich ist es dann nicht möglich, die Ablieferung an fertigen Erzeugnissen der eingesetzten Rundholzmenge gegenüberzustellen. Es muß vielmehr der gesamte *Fertigungsvorgang in Stufen aufgelöst* werden. Es können z. B. folgende Stufen gebildet werden:

Schälabschnitte	(Rundholz gedämpft und abgelängt)
Naßfurniere	(Abschnitte geschält und ausgeschnitten)
Getrocknete Furniere	(Naßfurniere getrocknet)
Gefügte Furniere	(Getrocknete Furniere gefügt)
Preßfertige Furniere	(Gefügte und zusammengesetzte Furniere)
Unbesäumte und ungeschliffene Platten.	

Wenn *Ausbeutestandards* gebildet werden, dann muß für jede Stufe die Einsatzmenge für das Stufenerzeugnis festgelegt werden. Die Produkte der Ausbeuten der Stufenerzeugnisse ergeben dann die Holzausbeute für das Fertigerzeugnis. Der Festlegung von Ausbeutestandards müssen eingehende Untersuchungen in den einzelnen Fertigungsstufen vorangehen. Die einmal festgelegte Norm soll für längere Zeit Gültigkeit haben, auch wenn sie zunächst nicht erreicht werden kann. Durch die kurzfristige Ermittlung der Abweichungen werden oft vermeidbare Verluste frühzeitig erkannt.

Die Errechnung der Holzausbeute und das Festlegen von Verbrauchsstandards wird in Tab. 18.4 dargestellt:

Tabelle 18.4. *Holzausbeute und Verbrauchsstandards für Stufenerzeugnisse*

Vorerzeugnis	Stufenerzeugnis	Ausbeute %		Einsatz m³	
		aus Vorstufe	Ges.	für Stufenprod.	Ges.
Rundholz		—	100,00	—	1,868
Rundholz	Abschnitte	96,00	96,00	1,042	1,793
Abschnitte	Naßfurniere	75,00	72,00	1,333	1,345
Naßfurniere	Getrockn. Furn.	94,00	67,68	1,064	1,264
Getrockn. Furn.	Gefügte Furn.	95,00	64,30	1,053	1,200
Gefügte Furniere	Geklebte Furn.	96,00	61,73	1,042	1,152
Geklebte Furn.	Besäumte Pl.	88,10	54,38	1,135	1,015
Besäumte Pl.	Fertige Pl.	98,50	53,56	1,015	1,000

Zur Ermittlung der Stufenausbeute müssen der Einsatz und die Produktion jeder Stufe erfaßt werden. Man darf sich nicht durch die kurzfristig immer auftretenden Schwankungen in der Holzausbeute verleiten lassen, die Standardsätze zu früh zu ändern. Vielmehr soll den Ursachen nachgegangen werden, die diese Schwankungen bewirken. Erst bei einer großen Menge tritt das Zufällige zurück und das Allgemeingültige hervor. Um das Schwanken der monatlichen Ausbeuten um den Mittelwert überprüfen zu können, wird die Ausbeute der Fertigungs-

Tabelle 18.5. *Beispiel für die Schwankung der Ausbeuten an Naßfurnieren aus Schälabschnitten*

Monat	Schälabschnitte fm		Naßfurniere m³		Ausbeute %	
	je Monat	Gesamt	je Monat	Gesamt	je Monat	Gesamt
Januar	100,000	100,000	73,200	73,200	73,20	73,20
Februar	200,000	300,000	151,400	224,600	75,70	74,87
März	150,000	450,000	115,400	340,000	76,93	75,56
usw.						

stufe nicht nur im Abrechnungszeitraum, sondern auch kumulativ festgestellt (Tab. 18.5).

Es ist zu beachten, daß das Meßverfahren, mit dem die Mengen in den Produktionsberichten errechnet werden, mit dem Ansatz in der Standardkalkulation übereinstimmt. Werden z. B. die Schälabschnitte vor der Schälmaschine im Ritzmaß gemessen, so muß der Ritzverlust in die Ausbeute der Schälabschnitte aus dem Rundholz eingerechnet werden. Wenn dies nicht beachtet wird, dann ergeben sich bei der Kalkulation der Fertigungskosten falsche Bezugsmengen.

Die Mengenabweichungen werden durch retrograde Rechnung ermittelt:

Produktion	*Abschnitte*	*Einsatz*	*Abschnitte*	*Ausbeute-Abweich.*	
Naßfurniere	Soll fm/m³	Soll	Ist	fm	%
73,200	1,333	96,605	100,000	−3,395	−3,51

Durch Übersichten über die Stammlängen, Stammdurchmesser, Abschnittslängen usw. können die entstandenen Abweichungen oft begründet werden.

18.523 Leim

Die *Leimkosten* werden bestimmt durch die *Zusammensetzung der Leimflotte* und den *Leimauftrag* je m² Leimfuge. Zur Kalkulation der Standard-Leimkosten wird zunächst der Preis der Leimflotte ermittelt. Die eingesetzten Stoffe sind mit Verrechnungspreisen zu bewerten.

Leimkosten Fu. Pl., Verleimung IF 20

Leimflotte:		
Kaurit	55,0 kg × −,80 =	44,—
Härter	5,5 kg × −,70 =	3,85
Streckmittel	9,5 kg × −,50 =	4,95
Wasser	30,0 kg	o. W.
100,0 kg		**52,80**

Soll-Leimauftrag = 225 g/m² Leimfuge

Standard-Leimkosten: 0,225 kg × 52,8 Pfg. = 11,88 Pfg./m² Leimfuge.

Wenn die Leimflotte immer nach gleichem Rezept angesetzt wird, dann können Abweichungen von den Standard-Leimkosten nur durch unterschiedlichen Leimauftrag entstehen. Die Ermittlung der Leimkosten-Abweichung erfolgt nach folgendem Muster:

Zahl der Lagen	Gepreßte m²	Leimfugen m²	Ist-Leimeinsatz	
3fach	5 000	10 000	Kaurit	3 025,0
5fach	2 000	8 000	Härter	302,5
7fach	1 000	6 000	Streckmittel	522,5
Sa.	**8 000**	**24 000**	Wasser	1 650,0
			Leimflotte	**5 500,0**

Leimauftrag Soll: 24 000 m² $\times$ 0,225 = 5400 kg
    „   Ist: = 5500 kg

Abweichung Leimauftrag $= -100$ kg $= 52,80$ (1,85%)
Istauftrag je m² = 229,1 g.

18.53 Standards für Fertigungslöhne

Die Fertigungsstellen verbrauchen für gleiche Mengen unterschiedliche Kosten. Verschiedene Schäldicken, Abschnittslängen, Holzarten usw. bewirken, daß die Stelle bei der Bearbeitung gleicher Einsatzmenge unterschiedliche Leistungen erbringt. Aus diesem Grunde ist es nicht möglich, die Leistung der Stelle jeweils nur aus der gesamten bearbeiteten Menge ohne unterschiedliche Bewertung der einzelnen Leistungen zu ermitteln [*18.14*]. Vielmehr muß jede Leistungseinheit mit dem Wert berechnet werden, den die Stelle dafür an Kosten verbrauchen darf. Die Kosten sind proportional der *Bearbeitungszeit* für die Erzeugnisse. Überwiegt in einer Stelle die Handarbeit, so ist die Bearbeitungszeit gleich den Fertigungslohnstunden.

Durch *schwankende Arbeitsleistung* werden in der Zeiteinheit nicht die gleichen Mengen eines Erzeugnisses hergestellt. Aus diesem Grunde sind die Ist-Stunden nicht proportional zur Leistung, so daß zur Messung der Stellenleistung die Soll-Stunden dienen müssen [*18.11*].

Die Entlohnung der im Leistungslohn stehenden Arbeiter erfolgt auf Grund von *Zeitvorgaben* für alle Leistungen. Arbeiten, für die keine Vorgabezeiten ermittelt werden können, fallen fast immer in einem festen Verhältnis zur Arbeit einer Gruppe an, die im Leistungslohn arbeitet (Transporte, Kontrolle). Wenn es sich hierbei um Fertigungslohn handelt, dann wird die Fertigungszeit an diesem Arbeitsplatz in % der vorgegebenen Zeit des Hauptarbeitsplatzes festgelegt. Diese Form der Lohn-Budgetierung, die im BEDEAUX-System besonders entwickelt wurde, gestattet es, zu Standardzeiten für die Produktionseinheit zu gelangen.

Zur Ermittlung des *Standard-Fertigungslohnes* sind die Vorgabeminuten zu bewerten. Als Grundlage dienen die *Lohngruppen des Tarifs* oder der *Arbeitsplatzbewertung*. Ist die Zusammensetzung einer Gruppe ständig gewahrt, so ist es möglich, hierfür einen Durchschnittssatz je

Vorgabeminute zu ermitteln. Der Standard-Fertigungslohn für eine Produktionseinheit ergibt sich dann aus folgender Rechnung:

Vorgabeminuten × Soll-Lohnfaktor = Standard-Fertigungslohn.

Werden die einzelnen Produktionseinheiten mit den Soll-Zeiten bewertet, dann ist es möglich, die unterschiedlichen Leistungen der Stelle zu addieren. Die Soll-Zeiten werden zu Äquivalenzziffern.

Beispiel	Vorgabeminuten	(AE) je fm	Lohnfaktor	Standard-FL./fm
Schälerei	1,5 mm	280	3,00	8,40
	2,7 mm	200	3,00	6,00
	3,8 mm	160	3,00	4,80

Geschält wurden:

mm	fm	AE/fm	Ges. AE	Standard-FL.	DM/fm
1,5	100	280	28 000	840,—	8,40
2,7	40	200	8 000	240,—	6,00
3,8	20	160	3 200	96,—	4,80
Summe	**160**	—	**39 200**	**1176,—**	**7,35**

Der verbrauchte Fertigungslohn kann von dem Standard-Fertigungslohn abweichen, weil mehr oder weniger Zeit verbraucht wurde oder weil der Lohnfaktor von dem Soll-Faktor der Standard-Kalkulation abweicht. Hierbei sind folgende Zusammenhänge zu beachten:

Zeit (AE)   Lohnfaktor   Fertigungslohn (DM)   Abweichung

a) IST   ×   IST   =   IST   —
b) IST   ×   SOLL   =   Faktorberichtigt   b) — a) = Faktorabw.
c) SOLL   ×   SOLL   =   Standard-Fert.L.   c) — b) = Zeitabw.

Gesamte Fertigungslohn-Abweichung   c) — a)

Für das obige Beispiel betrugen die Ist-Werte:
Fertigungslohn: 1.220, Fert. Lohn-Std.: 500, AE: 40.000
Leistungsgrad: 80 AE/Std., Faktor je AE: 3,05 Pfg.

Ermittlung der Fertigungslohn-Abweichung:
a) 40 000 × 3,05 = 1 220
b) 40 000 × 3,00 = 1 200   — 20 Faktorabweichung
c) 39 200 × 3,00 = 1 176   — 24 Zeitabweichung

Gesamte Fertigungslohn-Abweichung   — 44

18.54 Standards für Fertigungs-Gemeinkosten und Fertigungskosten

Beim *Zuschlagverfahren* werden die *Fertigungs-Gemeinkosten* in einem Prozentsatz auf den Fertigungslohn aufgeschlagen. Damit wird unterstellt, daß der Verbrauch dieser Gemeinkosten für die Leistungserstellung im gleichen Verhältnis erforderlich ist, wie der Verbrauch an Fertigungslohn. Werden statt der Ist-Löhne Soll-Löhne kalkuliert, dann kann darin bei genügend großer Zuschlagsbasis noch ein Sinn gesehen werden. Beträgt z. B. der Standard-Fertigungslohn für das Schälen von 1 fm 6,— DM und der FGK-Zuschlag 200%, so wird für jeden fm ein fester Satz von 12,— DM an FGK kalkuliert.

Da mit zunehmender Rationalisierung im neuzeitlichen Fabrikationsbetrieb durch Vermehrung der Anlagen und wachsende Zahl der Angestellten die Gemeinkosten eine wachsende Bedeutung erlangen, ergibt sich aber die Notwendigkeit, die Gemeinkosten genauer festzustellen und abzurechnen. Ein steigender Gemeinkostenzuschlag ist häufig nur die Folge einer verminderten Zuschlagsbasis. Die Fertigungskosten je Stück können dennoch gesunken sein.

Kosten je fm Schälen	vor	nach	Umstellung der Fertigung
Fertigungslohn	6,00	4,50	
Fertigungs-GK.	7,80	8,10	
Fertigungskosten je fm	13,80	12,60	
FGK-Zuschlag	130%	180%	

. In der Standardkostenrechnung wird der Gemeinkostensatz als ein Preis errechnet, mit dem die Leistungen der Stelle bewertet werden. Um zu diesem festen Satz zu gelangen, müssen zunächst die Einflüsse ausgeschaltet werden, die durch das dauernde Schwanken der Beschäftigung in den einzelnen Abrechnungsperioden entstehen. Da die Produktion einmal höher, einmal niedriger ist, bewirken die fix verrechneten Kosten unterschiedliche Gemeinkostenanteile für die Produktionseinheit [*18.25, 18.27*].

Um einen Gemeinkostensatz ermitteln zu können, muß zunächst für jede Stelle ein *Basisbudget* aufgestellt werden. In diesem Basisbudget wird die Produktionshöhe für die Abrechnungsperiode festgelegt, und hieraus werden zunächst die erforderlichen Lohn- und Maschinenstunden errechnet. Aus diesen Daten werden dann die notwendigen Kosten für alle Kostenarten festgelegt. Für die wichtigsten Kostenarten soll der Verbrauch in Mengen ermittelt werden. Hierzu rechnen die *Hilfslöhne* (Lohnstunden für Transport, Kontrolle), die wichtigsten *Gemeinkostenmaterialien* (Schälmesser, Kreissägen, Schleifpapier), die *Lohnstunden für Instandhaltung* usw. Eine Vorgabe der Mengen ist aber nur da wichtig, wo der Mengenverbrauch auch wirklich kontrolliert wird und wo die Kontrolle zur Vermeidung von Unwirtschaftlichkeiten wichtig ist [*18.9*]. Wo es möglich ist, soll die *Planung des Verbrauchs* durch sachverständige Techniker vorgenommen werden, damit nicht durch Übernahme von Durchschnittswerten der Vergangenheit Unwirtschaftlichkeiten in der Planung sanktioniert werden.

Über die Wahl der *Plan-Beschäftigung* gibt es unterschiedliche Auffassungen. Je nach dem Zweck, den man mit dem Ausweis der Abweichungen von der Plan-Beschäftigung verfolgt, wird die bestmögliche Auslastung der Stelle, die optimale Produktion des Betriebes oder die Produktion für den erwarteten Absatz des folgenden Jahres gewählt [*18.9, 18.34*].

Die *Budgetierung* beginnt bei den allgemeinen Kostenstellen und schreitet über die Hilfskostenstellen zu den Hauptkostenstellen fort. Als Ergebnis der Budgetierung erhält man den BAB für den Basismonat. Der *Standard-Gemeinkostensatz* jeder Stelle ergibt sich durch Division der geplanten Gesamtkosten durch die Menge der Leistungen. Als Basis der *Leistung* ist im allgemeinen die Zeit zu wählen, so daß sich Gemeinkostensätze je Standard-Lohnstunde und Standard-Maschinenstunde ergeben.

In bestimmten Fällen ist die Leistung nicht nur durch eine Einheit auszudrücken. Bei Großmaschinen kann z. B. die Leistung für die Standard-Lohnstunde unterschiedlich sein, wenn je nach dem Produkt eine verschiedene Besatzung an der Maschine arbeitet. In diesem Falle ist es erforderlich, die Budgetierung getrennt für zwei oder mehr Größen vorzunehmen. In einer besonderen Variante des Bedeaux-Systems werden z. B. die drei Gruppen der *arbeitsstunden-, maschinenstunden- und betriebsstundenabhängigen Kosten* gebildet ([*18.11*], S. 181). Zur ersten Gruppe rechnen z. B. die Löhne, Sozialleistungen, Gehälter, der allgemeine Dienst usw., zu der zweiten der Energie- und Werkzeugverbrauch, die Instandhaltung und zur dritten Gruppe schließlich vor allem die fix verrechneten Kosten. Durch Division der geplanten Kosten jeder Gruppe durch die Planstunden jeder Gruppe ergeben sich dann *drei Gemeinkostensätze*, mit denen die Stellenleistung kalkuliert wird.

Wenn die Fertigungslöhne in die Stellenplanung mit einbezogen werden, dann ergeben sich Standard-Fertigungskostensätze für die Stelle. Werden nun die Leistungen der Stelle mit diesen Gemeinkosten- (Fertigungskostensätzen) bewertet, dann ergibt sich aus der gesamten Leistung in der Abrechnungsperiode die Gemeinkosten- (Fertigungs-Kosten-) Gutschrift für die Stelle. Durch den Vergleich dieser Gutschrift mit der Belastung im BAB wird die Abweichung ermittelt. Die *Abweichung der Gemeinkosten* kann folgende Ursachen haben:

1. Die tatsächliche Produktion weicht von der geplanten Produktion ab,

2. Der tatsächliche Verbrauch weicht von dem geplanten Verbrauch ab.

Die *Abweichung in der Produktionshöhe* wiederum kann folgende Ursachen haben:

1. a) Durch die unterschiedliche Länge der Arbeitszeit kann die tatsächliche Arbeitszeit von der geplanten abweichen.

1. b) Durch eine unterschiedliche Ergiebigkeit der Arbeitsleistung (Leistungsgrad) kann die Ist-Produktion von der Soll-Produktion abweichen.

Da die *fix verrechneten Kosten* von der Leistungsmenge je Zeiteinheit nicht beeinflußt werden [*18.9, 18.23*], können sich Abweichungen ergeben, die nur durch die Produktionshöhe bedingt und daher vom Stellenleiter meist nicht zu verantworten sind. Hierbei ist jedoch eine wesentliche Unterscheidung zu beachten. Hat eine Stelle das ihr für einen bestimmten Zeitraum vorgegebene Leistungssoll erfüllt, so sind eventuell im Bereich der fixen Kosten auftretende Abweichungen vom Stellenleiter nicht zu verantworten. Es handelt sich um echte *Beschäftigungsabweichungen*, weil die Kapazität der Stelle mangels ausreichenden Auftragsvolumens nicht voll ausgelastet wurde. Hat eine Stelle jedoch das ihr für einen bestimmten Zeitraum vorgegebene Leistungssoll nur teilweise erfüllt bzw. für die Erfüllung des Solls eine längere als die vorgegebene Zeit benötigt, obwohl das Vorgabesoll innerhalb der Kapazitätsgrenzen der Stelle für den Vorgabezeitraum lag, so handelt es sich bei der im Bereich der fixen Kosten auftretenden Abweichung um eine unechte Beschäftigungsabweichung. Diese Abweichung ist vom Stellenleiter insofern zu verantworten, als seine Stelle innerhalb des vorgegebenen Zeitraumes ihr Leistungsvermögen nicht voll ausgenutzt hat [*18.31*]. Aus diesem Grunde könnte man die auftretende Abweichung auch als *Leistungsabweichung* bezeichnen. Bei der Analyse der Abweichungen ist also zu beachten, daß zwar die *Höhe der fixen Kosten* je Abrechnungszeitraum vom Stellenleiter nicht verantwortet werden kann, wohl aber die *Leistungsmenge*, wenn ein genügender Auftragsbestand vorliegt und dieser Bestand die Kapazität der Stelle nicht übersteigt [*18.31*]. Zugleich wird an dieser Stelle in besonderer Weise deutlich, daß eine wirksame Kontrolle der Wirtschaftlichkeit die Untersuchung von Kosten *und* Leistungen einschließt.

Um die Sollkosten für jede Produktionshöhe der Stelle zu ermitteln, wäre es erforderlich, ein *flexibles Budget* aufzustellen. Alle Kostenarten müßten in ihre fix verrechneten und in ihre leistungsproportionalen Bestandteile zerlegt [*18.9, 18.30, 18.31*] sowie für jede Produktionshöhe die Sollkosten ermittelt werden.

Die Schwierigkeiten bei der Verrechnung der fixen Kosten haben in neuerer Zeit zur Entwicklung eines Verfahrens geführt, in dem die fixen Kosten nicht mehr von den Stellen ihrer Entstehung auf nachgelagerte Kostenstellen weitergerechnet werden. Dieses Verfahren ist in den Vereinigten Staaten unter der Bezeichnung „*Direct Costing*", in Großbritannien unter der Bezeichnung „*Marginal Costing*" und in Deutschland zunächst unter der Bezeichnung „*Grenzplankostenrechnung*" bekannt geworden [*18.28 ⋯ 18.38*].

Das Verfahren geht davon aus, daß die *variablen Kosten* (Einzelkosten und variable Gemeinkosten) mit genügender Genauigkeit als *proportional zur Produktionsmenge* angesehen werden können [*18.8, 18.9, 18.20*]. Nur

die variablen Einzel- und Gemeinkosten werden über die Kostenarten-
rechnung und die Kostenstellenrechnung in die Kostenträgerrechnung
einbezogen. Die *fixen Kosten* werden dagegen zunächst *nur den Kostenstellen angelastet, bei denen sie entstanden* sind. Damit ist gewährleistet,
daß die Abweichungen in den Stellen als reine Verbrauchsabweichungen
anzusehen sind. Die fixen Kosten werden von den Kostenstellenkonten
auf das Periodenerfolgskonto vorgetragen und sind aus den Überschüssen
der Erträge über die variablen Stückkosten der Leistungen (Grenzkosten)
zu decken.

Gegen das Verfahren wurden zunächst wohlbegründete Einwendungen
erhoben. Diese Einwendungen sind jedoch auf Grund der inzwischen
vorgenommenen Verfeinerungen des Verfahrens weitgehend gegen-
standslos geworden. Das Verfahren des Direct Costing — diese Bezeichnung findet sich neuerdings auch in der deutschen Literatur —
wird daher vor allem in seinem Ursprungsland, den Vereinigten Staaten,
in ständig steigendem Maße angewandt.

Der Ausbau des Verfahrens kann mittlerweile in einem Maße als
gesichert gelten, der es möglich erscheinen läßt, das theoretische Grund-
gerüst des Direct Costing mit den Besonderheiten einzelner Betriebs-
typen abzustimmen. Dies gilt auch für die Lagenholzherstellung. Allerdings sind die Publikationen, die sich mit der Anwendung des Direct
Costing in einzelnen Wirtschaftszweigen beschäftigen, gerade im deutsch-
sprachigen Raum noch nicht verfügbar, weil die Erörterung über die
Anwendung in einzelnen Betrieben erst begonnen hat.

Die Hauptvorteile des Verfahrens liegen vor allem darin, daß es die
Kontrolle der Wirtschaftlichkeit auf die Bereiche beschränkt, die einer
Kosten- bzw. Leistungsbeeinflussung zugänglich sind. Weiterhin ermöglicht es eine Erfolgskontrolle, die die Mehrproduktunternehmung
einwandfrei in die Lage versetzt, die rentabelsten Teile ihres Fertigungs-
und Absatzprogrammes zu erkennen und entsprechend zu fördern [*18.31,
18.33*]. Schließlich liegt ein wichtiger Vorteil des Direct Costing darin, daß
es *Möglichkeiten und Grenzen der Preispolitik* klar aufzeigt. Im übrigen
überträgt das Verfahren die Fortschritte der betriebswirtschaftlichen
Kostentheorie in die Praxis der Kostenrechnung.

Eine einigermaßen befriedigende Darstellung des Systems des Direct Costing
würde im Rahmen des vorliegenden Beitrages zu weit führen. Insoweit muß auf
die im Literaturverzeichnis genannten Veröffentlichungen über Direct Costing
verwiesen werden. Abschließend sei hierzu lediglich festgestellt, daß die Einführung des Direct Costing nicht notwendigerweise die Aufgabe der bisherigen
Form der Kostenrechnung bedeutet. Durch entsprechende Verfeinerungen läßt
sich das Verfahren beispielsweise ohne weiteres in ein System der Standardkostenrechnung einbauen. Allerdings hat die Einführung des Direct Costing stets zur
Voraussetzung, daß die Gesamtkosten des Betriebes mit hinreichender Genauigkeit
in ihre fixen und ihre variablen Bestandteile zerlegt werden.

18.55 Beispiel: Ermittlung der Fertigungskostensätze für die Stelle „Furniertrocknerei"

An folgendem Beispiel wird die Ermittlung von Fertigungskostensätzen und das Rechnen damit im Rahmen der Standardkostenrechnung dargestellt.

Maschinen: 2 Rollenbahntrockner,   Raumbedarf: 300 m²

Dampfverbrauch: 1,1 t Betriebsstunde   Preis je t Dampf: 15,— DM

Stromverbrauch: 20 kW Betriebsstunde Preis je kW/h: 0,10 DM

Geplante Laufzeit: 2 Schichten × 180 h = 360 h/Monat

Normale Besetzung:

2 Schichten × 2 Trockner × 4 Mann = 16 Fertigungsarbeiter

$\qquad\qquad\qquad\qquad\quad$ × 1 Mann =   2 Kontrolleure

$\qquad\qquad\qquad\qquad\quad$ × $^1/_2$ =   1 Meister

$\qquad\qquad\qquad\qquad\qquad\quad$ = 19 Mann

Geplanter Leistungsgrad Fertigungslohn: 110% (66 AE/h)

Geplante Standard-Lohnstunden: 16 × 180 × 110% = 3.168

Lohnstunden-abhängige Kosten	*je Monat*	*je Stand. LStd.*
Fertigungslohn 3168 × 1,80 =	5702	1,80
Kontrolle 360 × 2,20 =	792	0,25
Gehalt	700	0,22
Sozialkosten ca. 25%	1800	0,57
Diverse	352	0,11
Unmittelbare Stellenkosten	9346	2,95
Sozialdienst 19 × 25,— =	475	0,15
Allg. Dienst 19 × 50,— =	950	0,30
Mittelbare Stellenkosten	1425	0,45
Geplante Stellenkosten (Lohn)	**10771**	**3,40**

Geplante Betriebsstunden: 2 Trockner × 360 h = 720 Betriebsstd.

Geplanter Nutzeffekt: 90%

Geplante Standard-Maschinenstunden: 720 × 90% = 648 MSZ

Maschinenstunden-abhängige Kosten	*je Monat*	*je Stand. MStd.*
Dampf 720 × 1,1 t × 15,— =	11880	18,33
Strom 720 × 20 kWh × 0,10 =	1440	2,22
Schmierstoffe, Ersatzteile	252	0,39
Abschreibung 720 × 1,90 =	1368	2,11
Zinsen 120000 × 0,5% =	600	0,93
Unmittelbare Stellenkosten	15540	23,98
Instandhaltung 60 h × 5,— =	300	0,46
Raumkosten 300 m² × 1,20 =	360	0,56
Mittelbare Stellenkosten	660	1,02
Geplante Stellenkosten (Maschinen)	**16200**	**25,—**

Auszug aus der Standard-Kalkulation

Trocknen von 1 m³ Naßfurnieren:

mm	*St.L.Std.*	*St.M.Std.*	*Fertigungskosten*
1,0	4,00	0,75	13,60 + 18,75 = 32,35
1,5	3,00	0,60	10,20 + 15,00 = 25,20
2,7	2,50	0,70	8,50 + 17,50 = 26,00
3,8	2,75	0,85	9,35 + 21,25 = 30,60

Im Berichtsmonat fielen an:

738 Betriebsstunden Trockner

2800 Fertigungslohnstunden mit 5805 DM Fertigungslohn

Nach den Ansätzen des Basisbudgets waren zu leisten:

738 Betriebsstunden $\times$ 90% N. E. = 664,2 Standard-Masch. Std.
2800 Fert. Lohnstd. $\times$ 110% Lgr. = 3080 Standard-Lohnstd.

Die Soll-Sätze jeder Kostenart aus dem Basisbudget sind mit den Soll-stunden zu multiplizieren und so die Soll-Kosten zu ermitteln:

Kostenart	*Soll-Kosten*	*Ist-Kosten*	*Abweichung*
Fertigungslohn	5544	5805	− 261
Kontrolle	770	814	− 44
Gehalt	678	700	− 22
Sozialkosten	1756	1830	− 74
Diverse Stellenkosten	338	281	+ 57
Unmittelbare Stellenkosten	9086	9430	− 344
Sozialdienst	462	462	*)
Allg. Dienst	924	924	*)
Mittelbare Stellenkosten	1386	1386	−
Lohnabhängige Stellenkosten	**10472**	**10816**	**− 344**
Dampf	12175	12175	*)
Strom	1475	1475	*)
Schmierstoffe	259	180	+ 79
Abschreibung	1401	1401	*)
Zinsen	618	618	*)
Instandhaltung	305	325	− 20
Raumkosten	372	372	*)
Maschinenstunden Stellenkosten	**16605**	**16546**	**+ 59**
Gesamt Stellenkosten	**27077**	**27362**	**− 285**

*) Diese Kosten werden Soll-Ist verrechnet. Sie werden als Stellengutschrift auf die Hilfsstellen übertragen. Die Kosten für Abschreibung und Zinsen werden auf Sammelblätter übertragen, auf denen dann die verrechneten Kosten ermittelt werden.

Für die Beurteilung der Wirtschaftlichkeit genügt es nicht, nur die Kostenseite zu untersuchen. Erst durch die Gegenüberstellung der

Kosten und Leistungen kann etwas über die Wirtschaftlichkeit der Leistungserstellung in der Stelle ausgesagt werden.

Die Produktion der Stelle betrug im Berichtsmonat:

mm	m³	Stand.M.Std.	Stand.L.Std.	Leistung DM
1,0	300	225	1 200	9 705
1,5	500	300	1500	12 600
2,7	100	70	250	2 600
3,8	100	85	275	3 060
Sa.	1000	680	3225	27 965

$$\times 25,- \qquad \times 3,40$$
$$= \mathbf{17\,000} \quad + \quad \mathbf{10\,965} \quad = \quad \mathbf{27\,965}$$

Die Leistung ist höher als die erwartete Leistung. So wurde bei den Trocknern ein Nutzeffekt von 92,1% und beim Fertigungslohn ein Leistungsgrad von 115% erzielt. Durch Gegenüberstellung der Ist- zur Soll-Leistung wird der Leistungserfolg der Stelle ermittelt:

Ist-Leistung zu Soll-Kosten	27 965
Soll-Leistung zu Soll-Kosten	27 077
Leistungserfolg	+ 888

Um diese bessere Leistung zu erzielen, mußte die Stelle mehr Kosten verbrauchen, als sie zur Erreichung der Soll-Leistung verbraucht hätte:

Soll-Kosten für Soll-Leistung	27 077
Ist-Kosten für Ist-Leistung	27 362
Kostenabweichung	− 285
Hieraus ergibt sich der Stellenerfolg	**+ 603**

18.56 Verrechnung der Hilfskostenstellen

Die Kosten der *Hilfskostenstellen* werden den Hauptkostenstellen nur in dem Maße belastet, als sie für diese Leistungen erstellen. Aus den Basisbudgets der Hilfskostenstellen sind die Verrechnungspreise der Leistungen zu ermitteln, zu denen die Hilfskostenstellen die Leistungen an die anderen Stellen abgeben. Hierzu ist es erforderlich, daß die Mengen der Leistungen gemessen werden. Wo keine Mengenerfassung erfolgt, werden die in den Hauptkostenstellen verrechneten Kostenanteile für die Hilfsstelle gutgeschrieben.

Die *Kosten für den Dampfverbrauch* sind möglichst aus den effektiv verbrauchten Mengen zu ermitteln. Für die Verrechnung der Leistung der Dampferzeugung ist ein getrennter Satz für Frischdampf und Abdampf zu ermitteln. Der Unterschied im Wärmewert zwischen Frischdampf und Abdampf ist der Wärmeverbrauch bei der Stromerzeugung, mit dessen Kosten die Stelle: Stromerzeugung zu belasten ist. Der wesentlichste Kostenfaktor bei der Dampferzeugung sind die Brennstoffe. Da in der Holzindustrie in großem Umfange Holzabfälle verfeuert werden, ist es zur Ermittlung eines kostengerechten Dampfpreises erforderlich, die Holzabfälle mit ihrem Kohlenwert der Stelle Dampferzeugung zu belasten. Hierzu ist zunächst die Kalorienmenge zu ermitteln, die für die Erzeugung von 1 t Dampf benötigt wird. Die Dampferzeugung der Abrechnungsperiode wird in Kalorienverbrauch umgerechnet und die durch Kohlen oder Heizöl gelieferte Kalorienmenge davon abgezogen. Die Differenz ergibt die Kalorienmenge, die durch die Holzabfälle geliefert wurde. Diese wird zum Kohlenwert bewertet, so daß sich der Wert der verfeuerten Holzabfälle ergibt.

Für die Verrechnung der Dampfkosten kann folgendes Schema angewendet werden:

Standardkosten: Frischdampf: 15,— DM/t, Abdampf: 12,— DM/t
Dampferzeugung: 500 t
Leistung Dampferzeugung: 500 t × 15,— = 7500

Verbrauch in t	Frischdampf	Abdampf	Kosten
Furniertrockner	200		3000
Dämpfgruben		180	2160
Schnittholztrockner		120	1440
Stromversorgung	$300 \times (15-12)$		900
Gesamt-Verbrauch	**200**	**300**	**7500**

Der *Stromverbrauch* wird im allgemeinen durch Zählerablesungen ermittelt. Die verbrauchten kWh werden mit dem Verrechnungspreis je kWh bewertet und den Verbrauchern belastet. Die Ermittlung des Verrechnungspreises erfolgt im Basisbudget der Stelle Stromerzeugung. Hierbei ist die Ermittlung des Verrechnungspreises schwierig, wenn neben der eigenen Stromerzeugung auch noch *Fremdstrom* bezogen wird. Der Fremdstrom wird nicht zu einem festen Preis je kWh geliefert. Sein Preis wird vielmehr aus verschiedenen Faktoren ermittelt. Es ist also erforderlich, daß für den Fremdstrom ein Verrechnungspreis gebildet und die Preisabweichung gesondert ausgewiesen wird.

Für die *Reparaturbetriebe* wird ein Leistungspreis je Arbeitsstunde ermittelt. Aus den Lohnbelegen wird festgestellt, wieviele Stunden die Reparaturstellen für die übrigen Stellen geleistet haben. Die Belastung der Stellen ergibt sich dann aus der Multiplikation der beanspruchten Reparaturstunden mit dem Leistungspreis der Stunde. Die Summe der Belastungen auf den anderen Stellen ist die Gutschrift für die Leistung der Hilfsstelle.

18.57 Durchführung der Standardkalkulation der Herstellkosten für Furnierplatten

Für die Herstellung von Sperrholz sind die Mengenverluste typisch, die der Rohstoff Holz von Stufe zu Stufe erleidet. Es genügt also nicht, die gesamte Ausbeute des Rohstoffes zu kennen, wenn die Fertigungskosten der einzelnen Fertigungsstufen in das fertige Erzeugnis kalkuliert werden sollen. Hierzu müssen vielmehr die Mengen bekannt sein, die auf jeder Stufe für die Einheit des Fertigproduktes zu bearbeiten sind.

Die Kalkulation wird weiter dadurch erschwert, daß durch die Eigenart des Rohstoffes die Erzeugnisse der Zwischenstufen in derartigen Güteunterschieden anfallen, daß sie nicht einheitlich verwendet werden können.

Kalkulationsschema für die Ermittlung der Standardkosten der Zwischenfabrikate bei der Herstellung von Furnierplatten:

I. Kalkulation der zusammengesetzten Furniere
Rundholz (Verrechnungspreis) 1,000 fm 220

Material-Gemeinkosten	6	
FK. Dämpfen, Ablängen	14	

Rundholz für Schälabschnitt: 1,042 × 240 =		
Schälabschnitt 1,000		250
FK. Schälen, Scheren, Stanzen		20

Schälabschnitt für Naßfurnier 1,333 × 270 =		
Naßfurniere 1,000 m³		360
FK. Trocknen		30

Naßfurniere für getrocknete Furniere: 1,064 × 390 =		415
Getrocknete Furniere für gefügte Furniere: 1,053 =		437
Fugenleim		4
Material-Gemeinkosten		0
FK. Fügen		14

Gefügte Furniere für zusammengesetzte Furniere: 1,042 × 455 =	474
FK. Zusammensetzen	16

Standard-Herstellkosten für 1 m³ zusammenges. Furniere	**490**

Diese Standard-Herstellkosten sind der Durchschnittswert für alle zusammengesetzten Furniere. Ein Teil dieser Furniere kann aber nur als Einlagen Verwendung finden. Da dieser Verwendungszweck geringerwertig ist, als die Verwendung der Decken, muß auch in der Kalkulation eine unterschiedliche Bewertung der Decken und Einlagen erfolgen. Hierzu ist es erforderlich, daß der Mengenanfall in beiden Qualitäten und wenigstens der Wert einer Qualität bekannt ist. Da im allgemeinen die aus dem Deckenholz anfallenden Einlagen für den Bedarf der Fertigung nicht ausreichen, wird für den fehlenden Anteil ein besonderes

Einlagenholz verarbeitet. Der Wert der aus dem Deckenholz anfallenden Einlagen muß dann gleich dem Wert der Einlagen sein, die aus dem besonderen Einlagenholz hergestellt werden.

Im Kostenvergleich Tischlerplatten des VdSS wurde der Deckenanteil angegeben mit:

Höchstwert 87%   Mittelwert 70%   Mindestwert 57%

Betragen die Standard-Herstellkosten für Einlagen 350 DM bei einem Deckenanteil aus dem Deckenholz von 80%, so wird der umgewertete Preis für Decken folgendermaßen errechnet:

Durchschnitts-Herstellkosten zusammengesetzte Furniere:	490
Anteil Einlagen × Standard-HK Einlagen: 20% × 350 =	70
Verrechnungspreis für 80% Decken:	420
Verrechnungspreis für 1 m³ Decken: 420 : 80% =	525

In der Kostenträgerrechnung werden die zusammengesetzten Furniere bei der Ablieferung der Zusammensetzerei an das Zwischenlager mit den Standard-Herstellkosten für zusammengesetzte Furniere bewertet. Beim Einsatz der Furniere in die Presserei sind die Furniere zuerst mit diesem Durchschnittswert zu bewerten. Der Unterschied zwischen Ablieferung der Zusammensetzerei und der Entnahme der Presserei ergibt die Bestandsveränderung des Zwischenlagers. Die eingesetzten Furniere sind dann zum zweiten Male mit den unterschiedlichen Verrechnungspreisen für Decken und Einlagen zu bewerten. Die Differenz, die sich zwischen der ersten und der zweiten Bewertung ergibt, ist das Ergebnis aus der Umwertung. Diese Abweichung ergibt sich daraus, daß der Deckenanteil höher oder niedriger ist, als er in der Kalkulation angesetzt wurde.

Standardkalkulation Furnierplatten 4 mm

4 mm = 250 m²/m³

Decken: 2 Lagen × 250 m² × 1,5 mm = 0,750 m³	
Einsatz Decken: 0,750 m³ × 1,080 × 525,—	= 425,25
Einsatz Einlagen: 0,375 m³ × 1,080 × 350,—	= 141,75
Pressenleim: 2 Leimfugen × 250 m² × 11,88	= 59,40
Material-Gemeinkosten Leim	1,80
Fertigungskosten Pressen	40,—
Besäumen	10,—
Schleifen	15,—
Handaufarbeitung	6,80
	703,—
Ausschuß: 2% der gepreßten Platten = 2,04% × 703,—	14,34
Standard-Herstellkosten je m³	**717 34**
je m²	2,87

Nachdem so die Preise für die Decken und Einlagen kalkuliert sind, kann die Kalkulation der Furnierplatten erfolgen. Mengenverluste

treten hier durch das Besäumen und den Ausschuß auf. Der Besäumverlust wird in der Kalkulation dadurch berücksichtigt, daß die eingesetzten Furniermengen entsprechend erhöht werden. Der Ausschuß
wird in einer besonderen Ausschußquote berücksichtigt.

18.6 Verkaufserfolgsrechnung

Die Sperrholzindustrie gehört zu den Wirtschaftszweigen, die sich
in vollem *Wettbewerb* auf dem Markt befinden. Die Preise bilden sich
im Wechselspiel von Angebot und Nachfrage. Der Verkäufer des Betriebes sieht sich auf der einen Seite *Marktpreisen* gegenüber, zu denen
er die Erzeugnisse verkaufen kann, während auf der anderen Seite die
Fertigung die volle Vergütung ihrer *Herstellkosten* fordert. Aus der
verhältnismäßig kleinen Spanne, die zwischen Marktpreis und Herstellpreis entsteht, muß er nicht nur die *Vertriebskosten* im weiteren Sinne
decken, sondern er soll noch einen *Gewinn* erzielen. Da der Betrieb einzelne Erzeugnisse günstiger als andere Erzeugnisse fertigen kann, werden
die Spannen auch für die einzelnen Erzeugnisse unterschiedlich sein. Der
Verkäufer ist aber nicht in der Lage, die Erzeugnisse mit verhältnismäßig geringer Spanne einfach zu streichen, um sich auf den Verkauf
der Ware mit der höchsten Spanne zu konzentrieren. Er muß vielmehr
mit einem festumrissenen *Sortiment* auf dem Markt auftreten, daraus
seine Kosten decken und den Gewinn erzielen. Für diese Zwecke ist
eine Kalkulation von Selbstkosten, in der die Verwaltungs- und Vertriebskosten in einem gleichen Zuschlag auf die Herstellkosten aller
Erzeugnisse aufgeschlagen werden, wenig brauchbar. Vielmehr muß aus
den vorhandenen Absatzmöglichkeiten das Sortiment für den Verkauf
nach Sorten, Qualitäten und Stückzahlen so geplant werden, daß die erziel-
bare Gesamtspanne ermittelt wird. Dabei wird ein Erzeugnis mit verhältnismäßig geringer Spanne, aber großen Stückzahlen wesentlich mehr
zur Bildung der Spanne beitragen als ein vermeintlich ertragsreiches
Erzeugnis, das nur in geringen Stückzahlen abgesetzt werden kann.

Zunächst werden für die Erzeugnisse die Netto-Erlöse je Einheit
ermittelt, indem die *erlösabhängigen Kosten* vom Marktpreis abgesetzt
werden (Umsatzsteuer, Provision usw.). Durch Gegenüberstellung des
Netto-Erlöses mit den Herstellkosten wird dann die Spanne je Erzeugniseinheit errechnet:

Erz.	Marktpreis	Erlösabh. K	Netto-Erlös	Herstellk.	Spanne	% v. Netto-Erlös
A	1000	60	940	800	140	14,9
B	800	48	752	650	102	13,6
C	650	39	611	565	46	7,5
D	600	36	564	504	60	10,6
E	400	24	376	320	56	14,8

Durch Multiplikation der geplanten Absatzmengen jedes Erzeugnisses mit dem Marktpreis, dem Netto-Erlös, den Herstellkosten und der Spanne werden die Daten ermittelt, die für die *Absatzplanung* und *Verkaufskontrolle* erforderlich sind. Anschließend wird die Verwendung der Gesamtspanne für die *Deckung der Verwaltungs- und Vertriebskosten* und für den *Gewinn* geplant.

Erz.	Menge	Umsatz	Netto-Erlös	Herstellk.	Spanne	% v. Netto-Erlös
A	30	30 000	28 200	24 000	4 200	14,9
B	90	72 000	67 680	58 500	9 180	13,6
C	240	156 000	146 600	135 600	11 040	7,5
D	600	360 000	338 400	302 400	36 000	10,6
E	240	96 000	90 240	76 800	13 440	14,8
Sa.	1 200	714 000	671 160	597 300	73 860	

Die Verwaltungs- und Vertriebskosten werden den Basisbudgets dieser Stellen entnommen.

Stelle	Kosten	je Einheit
Verwaltung	11 940	9,95
Vertrieb	15 000	12,50
Verkaufsförderung	7 320	6,10
Frachten	18 000	15,—
Gewinn	21 600	18,—
Ges. Spanne	73 860	61,55

Abweichungen von der Planung ergeben sich:

a) auf der Erlösseite durch Umsatzmischungsabweichung, Mengenabweichung und abweichende Erlöse je Einheit,

b) durch Kostenabweichung.

Verkaufserfolgsrechnung I. Quartal

Erz.	Menge	Ist-Netto	Herstellk.	Ist-Spanne	Soll-Spanne	Abweichung
A	28	26 060	22 400	3 600	3 920	— 260
B	74	55 370	48 100	7 270	7 548	— 278
C	252	152 540	142 380	10 160	11 592	— 1 432
D	620	349 450	312 480	36 970	37 200	— 230
E	241	92 500	78 720	13 780	13 776	+ 4
Sa.	1220	675 920	604 080	71 840	74 036	— 2 196
	Verwaltung			12 126	12 139	+ 13
	Vertrieb			14 320	15 250	+ 930
	Verkaufsförderung			7 644	7 442	— 202
	Frachten			18 150	18 300	+ 150
	Sa. Kosten			52 240	53 131	+ 891
	Verkaufserfolg			+ 19 600	+ 20 905	— 1305

Abweichung des Verkaufserfolges vom budgetierten Verkaufserfolg:

Soll — Menge	1200			
Ist — Menge	1220			
Mengenabweichung	+ 20	×	18,—	+ 360
Soll-Spanne für Soll-Absatzprogramm	75091			
Soll-Spanne für Ist-Absatzprogramm	74036			
Umsatzmischungsabweichung	— 1055			— 1055
Soll-Spanne für Ist-Absatzprogramm	74036			
Ist-Spanne	71840			
Erlösabweichung	— 2196			— 2196
Soll-Kosten für Ist-Menge	53131			
Ist-Kosten	52240			
Kostenabweichung	+ 891			+ 891
Gesamt-Abweichung vom Budget-Gewinn				— 2000
Budget-Gewinn				+21600
Verkaufserfolg I. Quartal				+19600

18.7 Kostenrechnung als Mittel zur Erhöhung der Wirtschaftlichkeit

Das Streben nach größtmöglicher Ertragsfähigkeit erfordert zwangläufig auch ein Streben nach höchster Wirtschaftlichkeit. Um diese erreichen zu können, müssen ständig Erwägungen angestellt werden, ob mit den eingesetzten Stoffen, menschlichen und maschinellen Kräften der größtmögliche Nutzen erreicht wird. Das *Wirtschaften* besteht nicht im Produzieren und Verkaufen, sondern im *Werten, Vergleichen* und *Wählen.* Von einer richtigen Wertung ist es abhängig, ob die Maßnahmen der Betriebsleitung das Ziel einer Verbesserung der Wirtschaftlichkeit erreichen lassen [*18.2, 18.26*].

Die *Kostenrechnung* muß der Betriebsleitung die *Maßstäbe für die Wertung* liefern. Hierzu muß sie alle Teilleistungen des Betriebes bewerten und diese mit dem Werteverzehr vergleichen. Mit der Standardkostenrechnung kann sie diese Aufgabe erfüllen. Eine große Gefahr für das erfolgreiche Arbeiten der Kostenrechnung ist ein einseitiges Kostendenken. Die Kosten können nicht aus ihrem Zusammenhang mit den Leistungen herausgelöst und isoliert betrachtet werden. Der Blick für die wirtschaftlichen Zusammenhänge muß immer gewahrt bleiben. (Der billigste Rohstoff ist nicht immer der wirtschaftlichste. Erhöhter Ausschuß, höhere Fertigungskosten und schlechtere Qualität können den vermeintlichen Preisvorteil beim Einkauf zu einem Verlust werden lassen. Ein erhöhter Leistungsgrad [*18.15, 18.20*] bewirkt zwar eine Verminderung der Stunden je Erzeugniseinheit, aber bei Leistungslohn auch einen höheren Lohnsatz je Stunde und evtl. auch einen höheren Werkzeugverschleiß.)

Will die Betriebsleitung den Betrieb im Sinne einer Verbesserung der Wirtschaftlichkeit beeinflussen, dann ist sie auf eine sorgfältige

Planung und Standardisierung der voraussehbaren Zustände und Abläufe angewiesen. Die Kostenrechnung folgt diesem Zug, indem sie sich von der Vergangenheits- zur *Zukunftsrechnung* wendet [*18.19*]. Sie kann aus der Beurteilung der Abweichungen Maßstäbe für die Erreichung der geplanten Ziele ermitteln und Entwicklungstendenzen aufzeigen. Hiermit kann sie zwar nicht die Tätigkeit des Unternehmers ersetzen; sie ist aber ein taugliches Hilfsmittel bei der Lösung seiner Aufgabe. In der freien Wettbewerbswirtschaft ist der Einfluß des Betriebes auf die Preisbildung meist minimal. Der Markt entscheidet, was er dem Betriebe für seine Leistungen vergüten will. Daher muß das Wirtschaften des Betriebes ständig auf Marktwerte ausgerichtet werden. Haben sich die Standard-Herstellkosten aus der Summe der Leistungssätze gebildet, dann stellen sie den Preis dar, zu dem bei wirtschaftlicher Fertigung der Betrieb seine Erzeugnisse dem Verkauf zur Verfügung stellen kann. Die *Preisbildung* kann sich daher auf lange Sicht nur in der Spanne zwischen dem Marktpreis und dem Herstellpreis vollziehen. Der Gewinn des Unternehmens wird nur durch den Verkauf der Erzeugnisse erzielt.

Der Markt ist in der Regel nicht bereit, Kosten zu vergüten, die in einem unwirtschaftlichen Verhältnis zur Leistung stehen. Kosten der Unterbeschäftigung, die durch mangelnde Nutzung der Anlagen entstehen, können daher nicht in den Herstellpreis kalkuliert werden. Fehldispositionen, die durch eine falsche Einschätzung der Absatzmöglichkeiten eine zu große Dimensionierung der Anlagen verursacht haben, können nicht durch die Verrechnung höherer Kosten ausgeglichen werden. Sie gehören vielmehr zum allgemeinen Unternehmerwagnis, das durch den Gewinn honoriert werden soll.

Die Standardkostenrechnung ermöglicht es durch die Kontrolle der Stellen, die Abweichungen von der wirtschaftlichen Norm an ihren Quellen aufzuzeigen. Dadurch wird die ständige Überwachung der Wirtschaftlichkeit des Betriebes gewährleistet. Damit sind die Unterlagen für das Ziel der Planung geschaffen: die Lenkung des Betriebes. Die Standardkostenrechnung erfordert vom Kostenrechner eine Abkehr von der rein rechnerisch-formalen Betrachtung des Betriebsgeschehens und eine stärkere Anlehnung an die technologischen Zusammenhänge.

Die Entscheidungen im Betriebe können sich nicht nur auf die kostenmäßigen Unterlagen stützen. Sie hängen von zahlreichen weiteren, zahlenmäßig nicht erfaßbaren Einflüssen ab. Um so wichtiger ist es aber, hinsichtlich der Kosten, die im besonderen Maße einer rechnerischen Darstellung zugängig sind, über brauchbare Zahlenwerte zu verfügen, um wenigstens auf diesem Gebiete mit festen Gegebenheiten rechnen zu können. Die Verwirklichung dieses Grundsatzes wird im betriebswirtschaftlichen Erfolg ihre Anerkennung finden.

19. Standortfragen der Lagenholzindustrie
Von Hermann Doffiné, Krefeld

19.1 Allgemeine Gesichtspunkte

Im folgenden sollen die Einflüsse untersucht und nach Möglichkeit geordnet werden, die für die *Wahl des Standortes* eines *neuen Betriebes* bzw. für die *Beurteilung des Ortes* einer *bestehenden Anlage* hauptsächlich maßgebend sind. Hierbei geht es vorwiegend um *wirtschaftliche Gesichtspunkte*, zumal auch die technischen Bedingungen in diesem Zusammenhang nach ihren wirtschaftlichen Wirkungen auszurichten sind.

Von vorneherein muß man allerdings bemerken, daß diese Überlegungen nur begrenzten praktischen Wert haben, da sich ein einmal gebautes Werk nicht ohne weiteres verlegen läßt. Die Erörterungen dienen also hauptsächlich zur Analyse der vorhandenen Lage und als Richtlinie für die Standortplanung von Neugründungen. Darüber hinaus wird es Fälle geben, in denen unter Beibehaltung der Werkanlagen der *Standort* im weiteren Sinne *verbessert* werden kann, z. B. durch Herrichten eines Hafens, Lagerplatzes usw.

19.2 Marktlage
19.21 Überlegungen zur Kapitalinvestition

Es ist selbstverständlich, daß der Betrieb eines Sperrholzwerkes denselben Zwecken dient wie jedes andere Wirtschaftsunternehmen, daß es also *Gewinn* erzielen, eine sichere und wertbeständige *Kapitalanlage* schaffen und ein Feld für *wirtschaftliche und technische Betätigung* öffnen soll. Bei der Gründung eines neuen Sperrholzwerkes muß die Überzeugung vorherrschen, daß die gegeneinander abgewogenen *Erfolgsaussichten* und *Wagnisse* dem Betrieb die gleichen Erfolgsaussichten bieten wie eine Neugründung in irgendeinem anderen Industriezweig. Wie es um diese Erfolgsaussichten jeweils bestellt ist, zeigt die Zahl der Neugründungen in einem bestimmten Land oder Gebiet.

Natürlich sind die Erfolgsaussichten nur bei wohl geplanten Neuanlagen ausgewogen; bestehende Betriebe können in wesentlich günstigeren oder ungünstigeren Bereichen laufen, auch können Gründe für die Errichtung eines neuen Werkes maßgebend sein, die nicht nur an Investitionsfragen geknüpft sind. Dies kann beispielsweise bei Errichtung von Sperrholzwerken als *Anschlußbetriebe* an andere Holzindustrien, z. B. Möbelfabriken, der Fall sein.

Ist nicht die Privatwirtschaft, sondern die öffentliche Hand der Unternehmer, so stehen sogar meist andere Belange im Vordergrund, z. B. *Arbeitsbeschaffung, Autarkiebestreben* usw. In Entwicklungsländern ist mit für europäische Begriffe wirtschaftlich außergewöhnlichen Beweggründen zu rechnen.

19.22 Marktanalyse

Die *Marktanalyse* als eine der Grundlagen bei der Planung einer neuen
Anlage ist im Falle der normalen Lagenhölzer wie Sperrholz und Tischlerplatten insofern erleichtert, als es sich um längst eingeführte allgemein
bekannte Erzeugnisse handelt, der Markt also durchaus bekannt ist
und auch weitgehend statistische Unterlagen darüber vorliegen. Die
Überlegungen sind also weit besser gestützt, als dies bei Aufnahme der
Herstellung einer ganz neuen Ware der Fall ist. In einen *statischen
Markt*, wie er wenigstens zeitweise für Sperrholz, Tischlerplatten, Türen
usw. besteht, kann man mit einer neuen Produktion nur dann eindringen,
wenn es gelingt, auf Grund von Verfahrensfortschritten oder außergewöhnlichen wirtschaftlichen Vorteilen (z. B. beim Einkauf des Rohstoffs) einen solchen Vorsprung zu erreichen, daß man auch die als
Folge des erhöhten Wettbewerbs sinkenden Preise noch als dem wirtschaftlichen Ziel des neuen Unternehmens entsprechend erachtet. In
der Praxis wird es stets nötig sein, zumindest die Möglichkeit eines
statischen oder stagnierenden Marktes in Rechnung zu stellen, es sei
denn, daß wirklich sichere Anzeichen für eine längerfristige Ausweitung
des Verbrauchs vorliegen. Diese Anzeichen sind in erster Linie bei den
Verbrauchern der Holzerzeugnisse zu suchen, also weitgehend in der
Möbelindustrie und Bauwirtschaft.

Diese Betrachtungen treffen im wesentlichen für die Verhältnisse in
den westeuropäischen Staaten zu. In *Entwicklungsländern* hingegen
wird die Marktanalyse nur unsichere Zahlen und Daten liefern, da dort
in den meisten Fällen ein Markt noch gar nicht voll entwickelt ist.
Immer wieder ist zu beobachten, daß man die Aufnahmefähigkeit eines
asiatischen oder afrikanischen Landes, das noch keine große eigene
Holzindustrie besitzt, nach den Mengen Sperrholz, Faserplatten usw.
beurteilt, die eingeführt werden. In Wirklichkeit kann man sich jedoch
mit ziemlicher Sicherheit darauf verlassen, daß eine Holzindustrie im
eigenen Lande um ein Vielfaches größere Absatzmöglichkeiten hat, da
durch sie die meisten Bedürfnisse überhaupt erst geweckt werden.

Schwieriger zu beurteilen sind die Absatzaussichten auf einem
größeren *internationalen Markt* bzw. auf dem *Weltmarkt*. Für gewisse
Produkte der Holzindustrie gibt es bei einem bestimmten Verhältnis
der Frachtkosten zum Wert der Erzeugnisse keinen eigentlichen Weltmarkt, sondern nur mehr oder weniger beschränkte Absatzgebiete,
jedoch sind die Grenzen fließend und lassen sich durch eine Senkung
des Verkaufspreises sogleich ausdehnen. Bei Furnieren und Sperrholz
ist sowieso ein Austausch zwischen fast allen Ländern der Welt zu
beobachten.

19.23 Produktionsprogramm

Bei der Festlegung des *Produktionsprogramms* stehen sich in der Regel verschiedene Gesichtspunkte gegenüber, so daß es nicht ohne Kompromisse abgeht. Vom technischen Standpunkt aus, im Interesse der *Senkung der Arbeitskosten* und damit der Produktionskosten, ist eine weitgehende *Spezialisierung* geboten. Anderseits besteht meist der Wunsch, durch Vielgestaltigkeit des Programms die Krisenanfälligkeit des Unternehmens zu verringern oder zumindest auch solche Kunden zu gewinnen, die keine Standardware abnehmen, sondern individuell bedient werden müssen.

Weiter ist es wesentlich zu wissen, daß eine wirklich durchgreifende Mechanisierung und Senkung der Arbeitskosten im Sperrholzbetrieb mit dem Streben nach größtmöglicher *Holzausnutzung* unvereinbar ist. Man kann nicht beides gleichzeitig erreichen. Unter Umständen ist eine Partie Rohholz für eine einzige bestimmte Verarbeitung überhaupt nicht vorteilhaft, sondern gestattet nur ein gemischter Betrieb bestmögliche Werkstoffausnutzung.

Die zweckmäßige Programmgestaltung fällt einem großen Betrieb verhältnismäßig leichter als einem kleinen. Dies ist vor allem dann der Fall, wenn der Produktionsanteil der Platten oder Teile in Standardabmessungen groß genug ist, um wenigstens einen hoch-mechanisierten Fabrikationsstrang auszulasten. Dann kann man eher in Kauf nehmen, daß in einem zweiten weniger mechanisierten Betriebsteil einerseits die Holzausnutzung durch Aufarbeiten der schlechteren Stücke und Qualitäten verbessert wird, zum anderen die Herstellung von Fixmaßen und Sondererzeugnisse für gewisse Kunden von der Massenfertigung abgetrennt läuft.

19.24 Vorkalkulation

Bei der Planung eines Werkes nach privatwirtschaftlichen Gesichtspunkten entscheidet, wie eingangs erwähnt, in der Regel die vorher aufgestellte *Rentabilitätsberechnung* darüber, ob das Vorhaben verwirklicht werden kann oder nicht. Indessen drückt sich gerade das Wagnis in einigen nicht ganz sicheren Posten dieser Rechnung aus. Die kaufmännischen Fragen hängen dabei im wesentlichen mit der *Marktanalyse* zusammen und beziehen sich auf die in die Rechnung einzusetzenden Preise für Rohstoffe einerseits und Fertigerzeugnisse anderseits.

Darüber hinaus sind technische Fragen von ausschlaggebender Bedeutung, auch wenn man voraussetzt, daß das vorgesehene Herstellverfahren und die Maschinenausstattung zweckmäßig und fortschrittlich sind. Die Beeinflussung der Kalkulation in diesem Sinne erfolgt u. a. an zwei Punkten, nämlich bei der Veranschlagung der *Arbeiterzahl* und bei der Vorausschätzung der *Holzausbeute*. Hier helfen theoretische Überlegungen allein nicht, sondern die richtige Einschätzung setzt wohl stets erhebliche praktische Erfahrungen voraus.

Hinsichtlich der Holzausbeute läßt sich allgemein sagen, daß in den letzten Jahren ein Hang zum Schlechterwerden zu erkennen ist. Es muß also dringend empfohlen werden, die Ausbeute vorsichtig anzusetzen und mit ihrer weiteren Verschlechterung im Laufe der Zeit zu rechnen.

19.25 Verkaufsorganisation

Die Frage der *Verkaufsorganisation* hängt unmittelbar davon ab, welcher Markt von dem betreffenden Unternehmen vorwiegend beliefert werden soll. In manchen Fällen geht es ohne jede Organisation, jedoch wohl nur bei Absatz eines großen Teils der Erzeugung an feste Stammkunden, oder wenn man eine (nicht allzu große) Produktion über den unabhängigen Handel vertreibt. Im allgemeinen dürfte es für größere Werke jedoch nötig sein, Vertreter im In- und Ausland zu unterhalten.

Die meisten kaufmännischen Fragen der Verkaufsorganisation sind allgemeiner Art und haben nicht speziell etwas mit der Holzindustrie zu tun. Im einzelnen ist jedoch darauf hinzuweisen, daß kaum genug getan werden kann, um die Werbung und auch die Eigenschaften der Erzeugnisse selbst den besonderen Gegebenheiten eines anderen Landes anzupassen. Es versteht sich von selbst, daß unter Umständen im englischen Maßsystem erzeugt und angeboten werden muß und daß Werbung und Beschriftung der Waren in der Sprache des Empfängerlandes abzufassen sind. Zur Festigung des Gütebegriffes sollte es üblich sein, die wesentlichen Eigenschaften der Platten, z. B. die Verleimung, mit den landesüblichen Normen zu bezeichnen oder zu vergleichen.

19.26 Standorte der Verbraucher

Da es sich bei dem Absatz von Lagenhölzern um einen weitgehend fertig organisierten Markt handelt, ist es verhältnismäßig leicht, die *Standorte der Verbraucher* festzustellen und nach verschiedenen Gesichtspunkten statistisch auszuwerten. Größere und vor allem plötzliche Veränderungen sind im allgemeinen nicht zu erwarten, es sei denn durch politische Einflüsse auf dem Weltmarkt. Demnach ist es im allgemeinen ziemlich einfach und eindeutig, die Verkaufsorganisation auf bestimmte Gebiete auszurichten und Schwerpunkte zu bilden.

Beispiele hierfür sind die Konzentration von Möbelfabriken, etwa in Westfalen/Lippe oder in Württemberg, die Zulieferungsbetriebe anzieht. Ein ganz anderes, aber sinngemäß ähnliches Beispiel bildet die Sperrholzerzeugung in Israel, die weitgehend auf die Ausfuhr nach Großbritannien eingestellt ist.

19.3 Rohstoffe

19.31 Holzarten

Wie die in einem Lagenholzbetrieb vorherrschende oder ausschließlich verarbeitete *Holzart* in charakteristischer Weise das Arbeitsverfahren und die Maschinenausstattung bestimmt, so ist sie oft auch maßgebend oder sogar ausschlaggebend für die Wahl des Standortes [*19.1*].

Im großen gesehen, werden in fast allen Ländern der Welt Lagenhölzer oder jedenfalls die Massenwaren Sperrholz und Tischlerplatten an der *Quelle des Rohstoffs* erzeugt. Dies trifft für Entwicklungsländer ebenso zu, wie beispielsweise für die USA, Schweden und Finnland.

Internationaler Rundholzhandel für die Massenherstellung von Sperrholz besteht im wesentlichen in drei Fällen: von *Afrika* nach dem auf tropische Hölzer abgestimmten Teil der westeuropäischen Sperrholzindustrie, von den *Philippinen und Borneo* nach Japan, und von den verschiedensten Teilen der Welt nach solchen Ländern, die keine eigenen Holzvorräte haben, wie z. B. die Staaten des Nahen Ostens.

Stützt sich ein Betrieb auf die einheimische Holzerzeugung, so sollte er nach Möglichkeit im Zentrum des Waldgebietes angesiedelt werden. Eingeschränkt wird diese einfache Regel nur durch die Bedingung, daß der Werksort verkehrstechnisch günstig gelegen sein muß und daß die erforderlichen Arbeitskräfte zur Verfügung stehen oder angesiedelt werden können.

Die *Beschränkung auf eine* bestimmte *Holzart* eröffnet im allgemeinen besonders günstige Möglichkeiten für eine weitgehende Mechanisierung der Fabrikation. Die bekanntesten Beispiele hierfür sind die *Douglas-fir* verarbeitenden Betriebe an der amerikanischen Westküste und die Birken-Sperrholzfabriken Finnlands. Ziemlich weitgehende Spezialisierungen sind zu beobachten in Frankreich (*Okoumé*), in Italien (*Pappel*), Jugoslawien (*Buche*) sowie in den meisten Ostblockstaaten. Verhältnismäßig wenig spezialisiert sind die deutschen Werke, was zum Teil auch durch die zwangläufige Umstellung auf Buche vor dem Kriege und die nicht vollständige Rückkehr zu tropischen Hölzern nach dem Kriege zu erklären ist.

Wenn auch die Holzarten für Gebrauchsware wie normales Sperrholz und Tischlerplatten meist nicht der Mode unterworfen sind, so kommen doch gewisse Verschiebungen vor. Diese haben ihre Ursache zum Teil darin, daß manche Holzarten infolge des steigenden Weltverbrauchs und gelegentlich auch durch politische Schwierigkeiten allmählich oder plötzlich knapp werden und durch andere Holzarten ersetzt werden müssen. Auch das überaus wichtige Okoumé wird nach und nach weniger reichlich, zumindest was die leicht erreichbaren Standorte betrifft.

Als *Ausweichsorten* kommen vor allem gewisse afrikanische Arten in Frage, die man bisher wegen tatsächlicher oder vermeintlicher Minderwertigkeit vernachlässigt hat. Ein Beispiel für starke Ausdehnung ist Abachi mit seinen Abarten, aber auch ein so umstrittenes Holz wie Fuma (Ceiba) scheint doch an Boden zu gewinnen. Andere Arten haben sich nicht recht durchgesetzt, trotzdem für sie zeitweise stark geworben wurde, so z. B. Tola Branca.

Eine Sonderstellung nehmen alle *Edelhölzer* ein, die in der Regel über die ganze Welt gehandelt werden. Hierbei sind größere Verschiebungen nichts Seltenes, und von Zeit zu Zeit kommt ein Holz aus der Mode, während ein anderes in den Vordergrund tritt. Am beständigsten sind die Edelhölzer mit ruhigem Äußeren wie Eiche und Mahagoni. Ebenso haben natürlich wertvolle Sorten mit sehr beschränktem Angebot stets ihren Markt, z. B. europäische Obsthölzer.

19.32 Holzpreise

An dieser Stelle sollen keine Preise in bestimmter Währung erörtert werden, da sich die Verhältnisse sehr kurzfristig ändern. Allerdings wäre ein Rückblick über die Rundholzpreise, z. B. im Verlaufe der letzten 50 Jahre, aufschlußreich.

Von größerer Bedeutung hingegen ist der *Anteil des Preises* für das Rundholz am Wert des Fertigerzeugnisses. Er liegt heute bei 50% und mehr. Selbst für die geringstwertigen Holzarten, vor dem Kriege betrug er nur etwa 35%.

Für die Wahl des Standortes sind auch die *Frachtkosten* von Bedeutung, allerdings um so weniger, je wertvoller der Rohstoff ist. Bei Abachi fallen die gleichen Frachtkosten mehr, bei Mahagoni weniger ins Gewicht.

19.33 Ausbeute

An einigen praktischen Beispielen lassen sich zumindest der Bereich und die *Durchschnittswerte für Holzausbeute*-Zahlen erkennen:

Okoumé	45···**50**···54%	
Buche	33···**37**···42%	
Pappel	35···**40**···45%	
Birke	22···**25**···28%	

Die Ausbeute hängt weniger von der Struktur einer Holzart ab, als vielmehr insbesondere vom *Stammdurchmesser*, der *Stammform* und der *Häufigkeit von Fehlern* im Holz. Zwar kann man mit einiger Berechtigung sagen, daß der Stammdurchmesser den überwiegenden Einfluß hat, jedoch ist bei einheimischen wie auch tropischen Hölzern häufig festzustellen, daß bei besonders großen Stammdurchmessern das Herz schlecht ist und deshalb infolge großer Restrollen sowie durch Schwierigkeiten und Umspannen beim Schälen wieder größere Verluste entstehen. Die günstigste, bei Okoumé sehr guter Qualität vom Verfasser festgestellte Ausbeute von 54% galt für Stammdurchmesser um 90 cm.

Berechnet ist die Ausbeute als Prozentsatz des fertigen geschliffenen Sperrholzes, bezogen auf das Rundholzvolumen, gleichgültig ob die Abfälle noch anderweitig verwendet werden (z. B. für Spanplatten, aus Restrollen geschnittene Leisten usw.). Manchmal erklären sich erstaunlich hohe Ausbeuten dadurch, daß zwei verschiedene Fabrikationen durcheinander geworfen wurden.

19.34 Holzvorräte

Je nach dem Standort eines Werkes kann eine verschieden große *Lagerhaltung an Rundholz* notwendig sein. Auch mitten im Einzugsgebiet des Holzes ist es meist nötig, mehr als nur eine *Sicherheitsreserve* in Vorrat zu halten, immer dann nämlich, wenn der Einschlag saisonweise stattfindet oder aber wenn gewisse Zeiten das Schlagen oder Bringen des Holzes verhindern (Winter in Teilen Europas, Regenzeit in den Tropen). Unter Umständen kann der holzverarbeitende Betrieb eine Lagerhaltung weitgehend vermeiden, wenn er in regelmäßigen kurzen Abständen von einem Holzeinfuhr-Händler kauft. Allerdings muß man sich selbst in diesem Fall oft an einen jahreszeitlichen Rhythmus halten.

Beim Direktimport tropischer Hölzer wird die Lagerhaltung unter Umständen auch von der Größe der einzelnen Sendungen bestimmt, die in der Regel eine nicht zu kleine Schiffsladung ausmachen, beispielsweise etwa 5000 Tonnen.

Die bei der meist unvermeidlich längeren Lagerung des Holzes auftretenden *Güteminderungen* durch *Austrocknen, Reißen, Verfärben, Insektenbefall* usw., können zu einer prozentual anscheinend geringen, wertmäßig aber erheblichen Verminderung der Ausbeute führen. Das beste Gegenmittel ist die *Lagerung in einem Wassergarten* oder wenigstens unter Besprühung (s. Abschn. 4.13 und 4.16). Bei der Standortwahl im einzelnen kann es also durchaus wesentlich sein, ob an der betreffenden Stelle die Anlage eines Wassergartens möglich ist.

19.35 Leim

In Industriestaaten spielt die *Vorratshaltung von Leim* keine große Rolle, da man im allgemeinen mit kurzfristigen und regelmäßigen Lieferungen rechnen kann. Größere Werke halten oft nicht mehr Vorrat als einer Waggonsendung entspricht.

In Ländern ohne eigene Leimindustrie, vor allem in den *Tropen*, kann hingegen die Bevorratung von Leim wirtschaftlich ins Gewicht fallen und technische Aufgaben stellen. Vielfach muß Leim für den Verbrauch mehrerer Monate eingelagert werden und dies gegebenenfalls unter klimatisch sehr ungünstigen Bedingungen.

Zweckmäßig ist die Leimlagerung in möglichst tiefen *Kellern;* anderseits ist dies häufig wegen zu hohen Grundwasserstandes schwierig. Zwecks möglichst guten Wärmeschutzes werden oberirdische Leimlager gelegentlich mit dicken Erdwällen umgeben und haben das Aussehen eingegrabener *Bunker.* Falls man das Dach nicht auch mit Erdreich bedecken will, sollten wenigstens reflektierende Bleche mit Luftabstand aufgesetzt werden. Auf diese Art ist es oft auch in sehr heißen Gegenden möglich, ohne Klimaanlage auszukommen.

Im übrigen zwingt der Standort eines Werkes in tropischer Gegend häufig dazu, besondere Leime zu verwenden, einmal wegen der Haltbarkeit, z. a. wegen der Transportkosten. Als überlegen in beiden Beziehungen hat sich *Leimpulver* den sonst in flüssiger Form gehandelten Bindemitteln erwiesen.

19.36 Sonstige Rohstoffe

Im allgemeinen fallen bei der Herstellung von Lagenhölzern außer Holz und Leim weitere Rohstoffe kaum ins Gewicht. Sie spielen nur eine Rolle für besonders abgelegene Werke, vor allem in Übersee. Dabei kommen nicht nur Verbrauchsmaterialien, z. B. *Schleifpapier,* in Betracht, sondern u. a. auch *Chemikalien zum Insektenschutz* der Erzeugnisse.

Wenn diese Stoffe auch nicht in großen Mengen verbraucht werden, so bestimmen sie insgesamt doch oft in erheblichem Maße das Kostenbild einer Anlage in Abhängigkeit vom Standort. Die Selbstkostenrechnung eines Werkes in einem tropischen Entwicklungslande sieht auch in dieser Hinsicht anders aus wie die in einem sonst vergleichbaren europäischen Betrieb.

19.4 Technische Voraussetzungen

19.41 Allgemeiner Entwicklungsstand der Gegend

Auf die Investitionskosten wie auch auf den Produktionsaufwand hat, bei der Annahme vergleichbarer Produktionsmengen und -güten, der *allgemeine Entwicklungsstand am Betriebsort* unmittelbaren Einfluß. Es leuchtet ein, daß ein Betrieb um so mehr auf sich selbst angewiesen ist, je weniger Hilfe er von seiner Umgebung erwarten kann.

Dies bezieht sich beispielsweise auf die *Reparaturwerkstatt,* die bei einem an entlegener Stelle arbeitenden Werk wesentlich vollkommener eingerichtet sein muß, als z. B. am Rande einer Großstadt.

Ein weiterer Gesichtspunkt ist der, daß in einem erst zu entwickelnden Gebiet die Kosten zur Errichtung eines Werkes verhältnismäßig hoch liegen, und zwar nicht nur, weil vieles eingeführt werden muß, sondern auch weil überhaupt vielfach Beschaffungsschwierigkeiten bestehen und kein Käufermarkt vorhanden ist. Beispielsweise kommt man billiger zu einem Gebäude, wenn man zwischen mehreren, um den Auftrag bemühten Bauunternehmern wählen kann, als wenn man auf einen einzigen zuständigen und entsprechend überlaufenen Unternehmer oder gar auf staatliche Stellen angewiesen ist.

In schon teilweise entwickelten Ländern kann es auf die Herstellungskosten einer Anlage wesentlichen Einfluß haben, ob gewisse Maschinen und Anlageteile bereits im Lande erzeugt werden. In der Regel kann in solchen Fällen, z. B. für pneumatische Anlagen, einfache Elektroinstallation, Heizungen usw. selbst ein verhältnismäßig hoher Preis bezahlt werden, wenn man dadurch die im anderen Fall zu entrichtenden, meist sehr hohen Zölle, Frachten und Monteur-Reisekosten sparen kann. Allerdings ist es dringend notwendig, sich bei der Planung eines Werkes rechtzeitig darüber zu vergewissern, ob die örtlichen Hersteller von Anlagenteilen und Maschinen in der Güte und Zuverlässigkeit ihrer Arbeit auch wirklich den Erfordernissen entsprechen.

Anderseits kann die Tatsache, daß der Standort einer Anlage sich in einem Entwicklungsgebiet befindet, auch technische Vorteile haben. In der Regel wird man sich beispielsweise keine großen Sorgen um die Abwasserbeseitigung zu machen brauchen, und auch bei qualmendem Schornstein und abblasender Schleifstaubabsaugung sind schwerwiegende Einsprüche meist nicht zu befürchten.

19.42 Kundendienst der Maschinenhersteller

Wie bei den meisten anderen kleineren Kostenfaktoren ist das entlegene Werk auch hinsichtlich *Ersatzteilbeschaffung* und Instandsetzung von Maschinen finanziell im Nachteil. Es leuchtet ein, daß selbst bei gutem *Kundendienst* von einem Maschinenlieferanten keine nennenswerte Lagerhaltung von Ersatzteilen außerhalb des Herstellwerkes erwartet werden kann, zumal selbst die weitestverbreiteten Maschinentypen nur in ziemlich geringen Stückzahlen hergestellt werden. Es ist deshalb als mehr oder weniger unabänderlich hinzunehmen, daß die meisten Ersatzteile aus dem Herstellwerk kommen müssen und demnach bei plötzlichem Bedarf in einem abgelegenen Werk entweder mit langen Lieferfristen oder aber mit teuren Luftfrachten und dergleichen zu rechnen ist.

Auf guten Kundendienst bedachte Maschinenhersteller sollten auf den Einsatz qualifizierter *Montage-Ingenieure* bedacht sein, die auf kurzfristige Anforderung zur Verfügung stehen und in der Lage sind, sich im allgemeinen selbst zu helfen und Schäden weitgehend mit den Mitteln des betreffenden Kunden zu beheben. Solche Leute müssen auch noch einige weitere Bedingungen erfüllen, sie müssen tropentauglich, sprachenkundig und befähigt sein, sich mit den verschiedensten Menschen zu verstehen und zu wirkungsvoller Arbeit zusammenzufinden.

Bei der Wahl eines Standortes in Übersee kann die Frage des Kundendienstes durchaus eine Rolle spielen oder zumindest die Auswahl der Maschinenfabrikate beeinflussen.

Auf jeden Fall aber muß ein Werk in Übersee sich mit größeren Reserven an Ersatzteilen eindecken, als dies im Erzeugungsland der Hauptmaschinen nötig wäre. In der Regel ist bei Anfragen und Ausschreibungen zu verlangen, daß die Maschinenlieferanten eine Auswahl an Ersatz- und Reserveteilen mit anbieten, die erfahrungsgemäß dem üblichen Verbrauch während der ersten Betriebsjahre entspricht und diejenigen Teile enthält, die unabhängig vom Verschleiß mit einem gewissen Grad von Wahrscheinlichkeit beschädigt werden können. Auch in diesem Punkt muß man schließlich einen Kompromiß zwischen Sicherheit und Kostenaufwand eingehen.

19.43 Elektrizitätsversorgung

Man ist geneigt, es grundsätzlich als günstig anzusehen, wenn am Standort eines neu zu errichtenden Unternehmens eine genügend leistungsfähige *öffentliche Elektrizitätsversorgung* besteht. Dies trifft auf jeden Fall insofern zu, als man sich dann wenigstens anfangs die Investitionskosten für eine eigene Kraftzentrale sparen kann.

In Entwicklungsgebieten können die Verhältnisse aber anders liegen, wenn sich etwa herausstellt, daß das *Netz überlastet* ist, dauernde Unterspannungen und Frequenzschwankungen aufweist und womöglich mehrmals am Tage die durch Busch und Urwald führenden Leitungen unterbrochen werden.

Vorsichtshalber sollte bei der Planung unter derartigen Umständen mit der Einrichtung einer *eigenen Kraftzentrale* gerechnet oder aber ein Hilfskraftwerk vorgesehen werden, um gegebenenfalls wenigstens einen Notbetrieb aufrecht erhalten zu können. Dies kann sich auch auf die Notwendigkeit beziehen, gewisse Fabrikationsvorgänge beenden zu können, deren Unterbrechung bei plötzlichem Stromausfall möglicherweise heikle oder kostspielige Folgen haben würde. Beispielsweise kann durch plötzlichen Stromausfall eine Pressencharge verderben, ein Trocknerinhalt in Brand geraten, ein Dampfkessel in die Gefahr von Wassermangel kommen usw.

In Gebieten, wo die Versorgung mit Fremdelektrizität technisch keine Schwierigkeiten und keine nennenswerten Wagnisse mit sich bringt, kann trotzdem die Standortwahl von der Elektrizitätsversorgung beeinflußt werden, da z. B. innerhalb Deutschlands die Stromtarife gebietsweise erheblich verschieden sind.

19.44 Sonstige Versorgungssysteme

In den üblichen Lagenholzfabriken ist meist nur noch die *Wasserversorgung* von Bedeutung, und auch das in überwiegendem Maße nur zur Speisung der Kesselanlage, zum Betrieb der Dämpfgruben und für einige andere kleine Verwendungen. In der Regel wird zum Duschen mehr Wasser verbraucht als in der Fabrikation.

Trotzdem sind entlegene Standorte auch in diesem Punkt wieder vorbelastet, wenn sie den Aufbau einer eigenen Wasserversorgung mit Brunnen, Filteranlage, Pumpen und Vorratsbehältern erforderlich machen.

Im weiteren Sinne kann man in diesem Zusammenhang auch an die Schaffung von *Wohnungen, Häusern, Kantinen* und sonstigen *Sozialeinrichtungen* denken, die in um so höherem Maße von einem Werk betrieben werden müssen, je entlegener es ist und je ungünstiger die Lebensbedingungen in der betreffenden Gegend sind.

19.5 Transportmittel

19.51 Straßenverkehr

Die Standortwahl im Hinblick auf Verkehrsbedingungen muß in erster Linie den *Straßenverkehr* in Rechnung stellen; notfalls kann auf alle anderen Verkehrsverbindungen eher verzichtet werden. Bei Planung und Kostenaufstellung einer neuen Anlage darf der Posten Werksstraßen nicht vernachlässigt und auch nicht zu kleinlich behandelt werden. Darüber hinaus sind unter Umständen noch Kosten für die Verbesserung von außerhalb des eigentlichen Werksgeländes liegenden Anschlußstraßen zu berücksichtigen.

Als Verkehrsmittel kommen, sofern es sich um tropische Rundhölzer handelt, im allgemeinen normale, jedoch schwere *Lastkraftwagen* in Frage, seltener *Spezialfahrzeuge*. In der überwiegenden Zahl der Fälle ist es üblich, daß der Transport von werksfremden Unternehmen durchgeführt wird. Eine werkseigene Lastwagenkolonne dürfte im allgemeinen wegen zu geringer Auslastung nicht wirtschaftlich sein.

19.52 Eisenbahn

Die Bedeutung der *Eisenbahn* für den Verkehr zu und von Lagenholzwerken ist regional durchaus unterschiedlich. In Deutschland ist sie geringer als in den meisten anderen europäischen Ländern; auch in den USA spielt die Bahn für Sperrholzwerke eine wesentlich wichtigere Rolle als in der Bundesrepublik. In Entwicklungsländern ist das Eisenbahnnetz meist mangelhaft oder fehlt überhaupt.

Da das Herstellen eines *Gleisanschlusses* in der Regel ziemlich teuer ist, müssen die kostenmäßigen Einflüsse gründlich erwogen werden. In diesem Sinne spielen nicht nur die reinen *Frachtkosten* auf Schiene und Straße eine Rolle, sondern vor allem die *Gesamttransportkosten*, also einschließlich Verladen, Verpackung und Zustellung zum Verbraucher, wobei es entscheidend ist, ob die Mehrzahl der Verbraucher, z. B. Großhändler, ebenfalls Bahnanschluß hat oder nicht.

In bezug auf Schutz des Gutes während der Beförderung, Einfachheit der Verpackung, Größe der Ladefläche usw. bietet der Eisenbahnwaggon durchaus Vorteile, u. a. läßt sich seine Beladung in der Ladehalle an genau bestimmter Stelle und mit fest eingebauten Hilfsmitteln ziemlich einfach gestalten. Trotzdem darf nicht übersehen werden, daß die Rücksichtnahme auf den meist nicht ideal anzulegenden Gleisanschluß bei der Gesamtplanung einer Werksanlage oft Beschränkungen auferlegt. In den meisten Fällen wird die Frage dadurch entschieden, ob ein genügend großer Teil der Kunden Anlieferung mit der Bahn wünscht.

19.53 Schiffstransport

In der Regel spielt der *Schiffstransport* nur für die Anfuhr des Rundholzes eine Rolle, die jedoch für die Wahl des Standortes mit entscheidend sein kann. Als ideal kann man eine Werksanlage am Kai oder Hafen bezeichnen, wo Holzdampfer aus Übersee unmittelbar anlegen und Ladungen von z. B. 5000 t löschen können.

Es versteht sich von selbst, daß derartige Einrichtungen im Vergleich zur Gesamtinvestition für ein Lagenholzwerk außerordentlich teuer sind. Allerdings gibt es vorteilhafte Ausnahmen, z. B. in Häfen der französischen Atlantik-Küste, die etwas von ihrer früheren Bedeutung verloren haben und an nicht mehr voll genutzten *Hafenbecken* Industrie anzusiedeln wünschen. Ein anderes Beispiel ist das eines Fährhafens in Dänemark, der durch den Neubau einer Brücke überflüssig geworden ist. Wenn auch stets viele Umstände zusammenwirken, so kann man doch sagen, daß derart gelegene Werke einen besonderen Wettbewerbsvorteil genießen.

Der *Wasserweg* ist auch *im Binnenland* in der Regel sehr vorteilhaft. Beispiele hierfür sind die Furnier- und Sperrholzwerke am Rhein bis zur Schweiz, aber auch Betriebe, die nicht unmittelbar an einem Fluß oder Kanal liegen, die sich jedoch an der nächst-erreichbaren Wasserstraße einen eigenen Abladeplatz eingerichtet haben.

In Deutschland spielt der Wassertransport fast ausschließlich für Werke eine Rolle, die überseeische Hölzer verarbeiten, während die einheimischen Arten wohl stets über Schiene oder Straße kommen. Es ist jedoch bekannt, daß in anderen Ländern der interne Wassertransport recht wichtig sein kann, beispielsweise in Finnland, aber auch in gewissen Teilen Nord-Amerikas.

In Entwicklungsländern kann man auf den Wasserweg für alle Transporte geradezu angewiesen sein. Vielfach ist ein schiffbarer Fluß der einzige Verkehrsweg überhaupt.

19.54 Besondere Mittel zur Holzbringung

Besondere technische Mittel müssen nicht nur oft zum Abtransport des Holzes aus dem Wald und gelegentlich bei schwierigen Geländeverhältnissen eingesetzt werden, sondern sie können auch beim Antransport zum Werk sowie bei der Lagerung und Sortierung nötig sein. Vielfach handelt es sich um Fälle, bei denen ursprünglich einfachere Verhältnisse durch spätere Eingriffe von außen schwieriger wurden.

Als Beispiel kann ein Werk gelten, das geflößtes Holz bekam, dann jedoch durch den Bau eines Dammes von dieser Zufuhr abgeschnitten wurde. Anstelle des Baus von großen Schleusen für Flöße kann in einem solchen Fall eine Hängebahn vom höheren zum niedrigeren Flußufer eingerichtet werden, oder es muß für die Umgehungsstrecke auf Wagen, d. h. Landfahrzeuge umgeladen werden.

Innerhalb eines Hafens kann die Zurücklegung einer kurzen Strecke zwischen Schiff und Wassergarten nötig sein. Hierzu sind Schlepper zu verwenden, unter Umständen aber auch Boote, die Stämme in offenem Rechteck vor sich herschieben.

Zur Beförderung über kurze Entfernungen dienen erweiterte Krananlagen, z. B. Kabelkräne, ferner auch Blockzüge und Kettenförderer (s. Abschn. 4.14). In den Entwicklungsländern sind die besonderen Transportmittel häufig noch primitiv. Zwei Wasserbüffel, die einen Stamm aus dem Fluß herausschleppen, sind kein seltenes Bild.

19.6 Arbeitskräfte

19.61 Örtlich vorhandene Kräfte

Zu prüfen ist hauptsächlich die Frage, ob an einer bestimmten Stelle die Arbeitskräfte billig oder teuer sind, ob man überhaupt genügend Leute findet, und ob sich die Arbeiter zur Verrichtung der ihnen zugedachten Aufgaben eignen.

Allgemein darf man feststellen, daß ein Lagenholzbetrieb verhältnismäßig wenig herausgehobene *Facharbeiter* benötigt, daß er also von vorneherein in Gebieten nicht am Platze ist, wo wegen des städtischen Charakters der Gegend oder wegen des Vorhandenseins anderer hochentwickelter Industrien die Arbeiter knapp und teuer sind. Natürlich müssen für *Führungsaufgaben* und technische Arbeiten gewisse gute Kräfte verfügbar sein, jedoch darf man wohl unter europäischen und nordamerikanischen Verhältnissen annehmen, daß dies selbst in entlegenen Gegenden noch in ausreichendem Maße der Fall ist. Man kann also sagen, daß unter hiesigen Verhältnissen die sonst wenig industrialisierten Gebiete vorzuziehen oder wenigstens durchaus brauchbar sind.

Das Vorhandensein einer genügenden Zahl von Arbeitskräften am Ort ist nicht nur ein Zeichen dafür, daß die *Löhne* wahrscheinlich nicht

allzu hoch sind, sondern es bedeutet für ein Unternehmen auch insofern
Vorteile, als keine besonderen zusätzlichen Aufwendungen getrieben
werden müssen. In der Regel haben die Leute ihre eigene Wohnung und
brauchen keine oder nur wenige und einfache Transportmittel. Auch
erübrigt sich vielfach die Notwendigkeit für Kantinen und allzu umfangreiche Aufenthaltsräume.

Natürlich ist auch die Frage der Arbeitskräfte nicht gesondert zu
betrachten. Die industriell schwach entwickelten Gebiete sind meist
abgelegen, und umgekehrt: Eine günstige Verkehrslage, z. B. an Häfen
oder Wasserstraßen, hat meist längst schon andere Industrien angelockt,
so daß sich Vor- und Nachteile weitgehend ausgleichen.

Eine Folgerung ist allerdings zu ziehen, nämlich die, daß der *Mecha-
nisierungsgrad der Anlage* in schwach entwickelten Gebieten auf etwas
niedrigerer Stufe stehen kann als in industrialisierten Orten.

Wenn man in Europa auch von einem *ungelernten Arbeiter* erwarten
kann, daß er nach verhältnismäßig kurzer Zeit die in Lagenholzwerken
üblichen Maschinen zu bedienen lernt, so ist dies z. B. unter afrikanischen
Verhältnissen nicht ohne weiteres der Fall. Zwar lernen auch die dortigen
Eingeborenen den Umgang mit den Maschinen selbst, jedoch ist zu
beobachten, daß ihnen ein Urteilsvermögen über Werkstoffgüten weitgehend fehlt und es ihnen demnach schwerfällt, sich für die Ein-
stufung eines Furnieres, z. B. in erste oder zweite Güte, zu entscheiden.
Diese Tatsache wird von manchen europäischen Firmen, die in Afrika
Betriebe unterhalten, als sehr wichtig in Rechnung gestellt. Man zieht
daraus den Schluß, daß mit Eingeborenen eine normale Einheitsware
hergestellt werden kann, daß es jedoch kaum möglich ist, besonders
hochwertige, eine Auslese voraussetzende oder sogar ästhetisches Gefühl
verlangende Waren zu erzeugen.

19.62 Fremde Kräfte

In günstigen Fällen übt der Betrieb genügend Anziehungskraft aus,
um auch von auswärts Arbeiter herbeizulocken. Bei guter Konjunktur
und entsprechendem Mangel an Arbeitskräften jedoch müssen unter
Umständen erhebliche Anstrengungen unternommen werden, um in der
näheren und weiteren Umgebung Arbeiter zu finden. Hierbei ist es in der
Regel nötig, zusätzliche Vorteile zu bieten, neben höherem Lohn z. B.
Zuschuß zum Fahrgeld und besonders angenehme Arbeitsbedingungen.
Ein gewisser Aufwand im Betrieb ist nötig, etwa eine Werksküche, und
selbst die Kosten für einen Parkplatz müssen u. U. aufgebracht werden.

Unter Umständen müssen die Bemühungen des Betriebes um Arbeitskräfte noch weitergehen und sich beispielsweise auf die Beschaffung
von Wohnungen erstrecken. Bei Anlagen in Entwicklungsländern ist

dies häufig der Fall. Allerdings bietet dort die Ansiedlung keine allzu großen Schwierigkeiten, denn nicht nur im tiefen Afrika, sondern z. B. auch in Südost-Asien dauert es nur wenige Tage, um Bambus- oder Lehmhütten auf dem Werksgelände neu zu errichten.

Auch in Europa wird selbst bei verhältnismäßig guter Arbeitsmarktlage ein gewisser Teil der Führungskräfte von auswärts kommen. Von viel größerer Wichtigkeit ist diese Frage jedoch z. B. für Betriebe in *Afrika*.

In den meisten Fällen haben dort die *Aufwendungen für Europäer* erheblichen Einfluß auf die Kalkulation. Zwar sind auch die Arbeitskosten für die Eingeborenen nicht so ungewöhnlich niedrig wie oft angenommen wird, zumal man in Rechnung stellen muß, daß die erforderliche Anzahl an Arbeitern viel größer ist als in Europa. Für die Weißen jedoch machen die Kosten erhebliche Beträge aus.

Dies liegt nur zum Teil an der Höhe des Gehalts, obwohl auch das reichlich bemessen sein muß, da einmal der Dienst anstrengend ist, z. a. die Angestellten sich eine gewisse Reserve schaffen müssen für den Fall, daß sie nach der Rückkehr nach Europa in der dortigen Industrie nicht sofort wieder eine gleichwertige Stelle finden. Von entscheidender Bedeutung sind die Nebenkosten, z. B. für den Transport und für eine Flugreise zur Heimat jedes Jahr oder alle zwei Jahre, vielfach für den Umzug von Familienangehörigen, Unterkunft oder Haus an Ort und Stelle, Bereitstellung der elementaren Errungenschaften der Zivilisation, die dort natürlich viel teurer sind als in Europa, sowie zusätzliche Anstrengungen, um das Leben einer ziemlich kleinen Gruppe Weißer in einem abgelegenen Gebiet auf die Dauer wenigstens einigermaßen erträglich zu machen.

Unter diesen Umständen wird man die Anzahl der Europäer so klein wie möglich halten. Abgesehen von einem Leiter für den Betrieb und für die Verwaltung wird man aber wohl mindestens je einen Schichtführer brauchen sowie einen Mechaniker und einen Elektriker, gegebenenfalls auch noch einen Kessel- und Heizungsfachmann.

In diesem Zusammenhang sind für die Rentabilität afrikanischer Zweigwerke europäischer Unternehmen auch die Kosten nicht zu übersehen, die durch den zusätzlichen Personalverkehr für leitende Angestellte zwischen Europa und Afrika entstehen.

19.63 Kräfte für Leitung, Verwaltung, Vertrieb

Der Sperrholzindustrie wie der Holzindustrie im allgemeinen wird gelegentlich nachgesagt, daß sie im Laufe der Zeit zwar groß geworden, in vielen Dingen aber noch in handwerklichen Gepflogenheiten stecken geblieben sei. Zwar ist eine solche Kritik heute meist überholt, aber in manchen Werken herrscht wirklich ein ausgesprochener Mangel an allgemein gebildeten, technischen und kaufmännischen Führungskräften.

Dabei kann man eindeutig feststellen, daß in der Holzindustrie, vor allem bei der Lagenholzherstellung, die Arbeitsweise nicht mehr handwerklich ist. Aber auch die Berufung auf das organische Wachstum und die individuellen Eigenschaften des Werkstoffes Holz kann nicht darüber hinwegtäuschen, daß dennoch die Fortentwicklung der industriellen Verfahren nottut. Zu erwähnen ist, daß in einer Maschinenfabrik viel mehr Handwerker im engeren Sinne des Wortes beschäftigt sind als in einem Sperrholzwerk vergleichbarer Größe.

So wichtig die Kenntnisse über das Holz auch sind, sie stellen nur *eine* der Voraussetzungen dar, die an die Leitung eines erfolgreichen Werkes zu stellen sind. Weitgehend handelt es sich heute um Organisationsaufgaben und Entwicklungen auf technischem Gebiet sowie um die Ausdehnung der Märkte auf kaufmännischem Gebiet.

19.7 Standorte der heutigen Industrie

19.71 Furnierwerke

Bei Betrachtung der Standorte der vorhandenen *Furnierwerke* ist es nicht immer leicht, heute noch die Umstände klar zu erkennen, die bei der Gründung des Betriebes überwiegend oder beiläufig maßgebend gewesen sind. Immerhin läßt sich bei den Furnierwerken eine ziemlich deutliche Orientierung einerseits nach der Rohholzanfuhr, anderseits nach den Standorten der Verbraucher erkennen.

Einzelne Gruppen treten ziemlich deutlich hervor, z. B. die Furnierwerke am Rande des Spessart, die meisten größeren Betriebe in den Hafenstädten und an Rhein und Weser und schließlich die an den Verbrauchsstellen liegenden Werke in Westfalen-Lippe und in Süddeutschland.

Nach der verarbeitenden Industrie orientiert sind notgedrungen Anlagen im Landesinnern, z. B. auch in der Schweiz und in Frankreich, während in Skandinavien die Orientierung mehr nach den Anfuhrmöglichkeiten zu erfolgen scheint.

19.72 Sperrholzwerke

Eine planmäßige Gruppierung nach Standorten ist bei *Sperrholzwerken* wohl noch schwieriger als im Fall der Furnierwerke. Auch hier erkennt man deutlich einerseits die Hinwendung zu günstigen Transportwegen, anderseits die Anpassung an mehr lokale Holzversorgung und drittens die Ausrichtung auf benachbarte Verbraucher; dennoch gibt es wohl mehr Ausnahmen als Regelfälle.

Die Verhältnisse werden noch dadurch verwischt, daß die früher häufige Beschränkung auf einzelne Holzarten heute nicht mehr in dem Maße besteht. Besonders die kriegsmäßig bedingte Umstellung auf Buche, zu der die meisten Werke gezwungen wurden, wirkt noch nach. Umgekehrt dringt Überseeholz auch in die früher auf Buche ausgerichteten Betriebe ein. Diese Unregelmäßigkeiten mögen ihre Nachteile haben, sie kommen jedoch sicher der Vielseitigkeit eines Unternehmens zugute und erleichtern die unter Umständen nötige oder wünschenswerte Umstellung auf neue Holzarten.

19.73 Tischlerplattenwerke

Bei den bestehenden Werken zur Herstellung von Tischlerplatten fallen viele mit den größeren Betrieben zur Herstellung von Furnierplatten zusammen, wobei es nicht einheitlich ist, ob die Furnierplatten oder die Tischlerplatten-Erzeugung ursprünglich im Vordergrund stand. Auch stellen manche Betriebe sowohl Tischlerplatten als auch Türen her, wozu die Ähnlichkeit mancher Arbeitsgänge anreizt.

Angesichts der Rationalisierungsmaßnahmen der letzten Jahre erscheint jedoch heute die Verquickung der Herstellung von Tischlerplatten mit jener von Sperrholz oder Türen nicht mehr so natürlich, wie dies früher gewesen sein mag. Für eine wirklich neuzeitliche und wirtschaftlich arbeitende Tischlerplattenanlage sind Maschinen nötig, die nach Art und Abmessungen von denen in einem Sperrholzbetrieb abweichen und zusammen eine eigene Abteilung bilden.

Es gibt auch Tischlerplattenwerke, die nicht aus Furnier- und Sperrholzwerken, sondern aus Sägereien entstanden sind und damit deren Standorte gemein haben. Während gewisser Zeiten war es lohnend, aus Seitenbrettern und Kürzungsware Mittellagen für Tischlerplatten herzustellen, wozu verhältnismäßig wenig Aufwand erforderlich war. Bei einigen erfolgreichen Betrieben dieser Art kamen dann als natürliche Weiterentwicklung die Maschinen zum Absperren, Überfurnieren und gegebenenfalls zur Erzeugung eigener Furniere hinzu.

Sonderfälle stellen heute die Firmen dar, die Stäbchenplatten aus blockverleimten Schälfurnier-Mittellagen verwenden. Hierbei handelt es sich ausschließlich um große Sperrholzwerke.

19.74 Sonstige Lagenholzwerke

Noch schwieriger als für die drei vorgenannten Hauptbetriebsarten sind die Standorte der heute vorhandenen *Spezialwerke* anders als rein individuell zu erklären. Schon bei der *Türenherstellung* besteht in den meisten Fällen keine unmittelbare Verbindung mehr zu einem Sperrholzwerk, sondern es werden hauptsächlich oder ausschließlich Türen erzeugt, oder zumindest besteht dafür eine getrennte Betriebsabteilung. Wegen der für Türen besonders großen Holzmengen besteht die Neigung, sich frachtgünstig an Küsten oder Flüssen anzusiedeln. Allerdings dürfte es auch in diesem Punkt mehr Ausnahmen als Regelfälle geben.

Weitere Spezialitäten sind z. B. *Stuhlsitze* und *-lehnen*; die Standorte der Erzeugungsstätten dafür können ebenfalls nicht schematisch erfaßt werden. Bei *Preßschichtholz*, *Preßsperrholz* usw. kommt es vor, daß die wirtschaftliche Bedeutung des Kunstharzes überwiegt, so daß die Herstellung keinem holzverarbeitenden, sondern einem chemischen Betrieb angeschlossen ist.

19.8 Standorte zukünftiger Werke

19.81 Anlagen zur Verarbeitung einheimischer Hölzer in Europa

Die vorangegangenen Ausführungen zeigten, daß es sehr schwer möglich ist, die heutigen Standorte der Lagenholzindustrie systematisch zu begründen. Dies liegt nicht nur an individuellen Umständen, sondern auch an Veränderungen im Laufe der Zeit, wesentlichen Begebenheiten, Rohstoff-Problemen, Verkehrsverhältnissen. Viel klarer lassen sich die

Gesichtspunkte vorbringen, die heute beim Neuaufbau eines Werkes eine Rolle spielen, wobei man allerdings nicht weiß, wie lange sie in Zukunft gültig bleiben.

Die Frage nach den Standorten neuer Werke für die Verarbeitung einheimischer Hölzer ist in großen Teilen *Mittel-Europas* hypothetisch, denn es besteht schon ein ausgewogenes, wenn nicht angespanntes Verhältnis zwischen Rundholz-Angebot und Nachfrage durch die vorhandenen Werke. In einer so entwickelten Industrie ist überhaupt eher eine Verringerung und Konzentration der Anzahl der Fabriken zu erwarten. Etwaige Neugründungen in diesem Bereich werden aller Voraussicht nach nur für Spezialitäten in Frage kommen, oder aber nur örtliche Bedeutung haben.

In den Gebieten Europas, wo die Lagenholzindustrie noch entwicklungsfähig ist, sieht man recht deutlich, daß die Herstellungsstätten am günstigsten an der Rohstoffquelle liegen. Dies gilt z. B. für die Sperrholzindustrie in Jugoslawien und Rumänien, und bei etwaigen Neuanlagen in Finnland und Schweden würde man wohl nach den gleichen Gesichtspunkten verfahren.

19.82 Anlagen zur Verarbeitung überseeischer Hölzer in Europa

Bei der Verarbeitung *überseeischer Hölzer* in Europa ist das Überwiegen des Frachtvorteils noch eindeutiger als bei der einheimischen Rundholzes, so daß es kaum einer Erläuterung bedarf, daß Küstenplätze und Orte an ausgebauten Binnenwasserstraßen für neue Werke die bevorzugten oder geradezu gebotenen Bauplätze darstellen. Man kann sogar mit erheblicher Berechtigung sagen, daß für eine neu zu errichtende größere Anlage der allerbeste Standort gerade noch gut genug wäre, d. h. nach Möglichkeit ein Platz, an dem das Holz unmittelbar aus dem Überseeschiff ins Werk gebracht werden kann. Dies spricht also gegen irgendeinen Neuaufbau im Binnenland und auch in den Ländern, die keine Küste haben.

In Frankreich z. B. ist die Konzentration der Sperrholzherstellung in den Küstengebieten besonders deutlich. Im Hinterland bis zu etwa 80 km landeinwärts der Atlantik- und Mittelmeerhäfen sowie in dem durch die Seine zugänglichen Gebiet um Paris liegen Werke mit etwa 90% der Gesamterzeugung. In England ist ein ähnliches Verhältnis durch die geographische Gestalt des Landes gegeben.

19.83 Standorte in Übersee

Für die industrialisierten *Überseeländer* gelten etwa die gleichen Gesichtspunkte wie für die europäische Industrie, wobei man in Amerika und Australien im wesentlichen einheimisches, in Israel und Japan jedoch im wesentlichen eingeführtes Rundholz verarbeitet.

In den *Entwicklungsländern* bieten sich für interessierte europäische Firmen in der Regel zunächst die Hafenstädte und Küstengebiete an. Bei näherer Untersuchung zeigt es sich jedoch meist, daß auch in solchen Gebieten ein Standort im Einzugsgebiet des Holzes günstiger ist. Allerdings ist dabei Bedingung, daß von einem solchen Standort aus überhaupt eine brauchbare Möglichkeit für den Abtransport besteht. Auch ist zu bedenken, daß in vielen Fällen das Holzeinzugsgebiet nicht so konzentriert ist wie in Europa, sondern daß man selbst unmittelbar an der Quelle die Stämme noch über weite und stets zunehmende Entfernungen an das Werk heranbringen muß (z. B. stehen oft nur ein oder zwei *Okoumé*-Bäume auf einem Hektar). Da man in derartigen Gebieten gut daran tut, ein Werk grundsätzlich von der Außenwelt möglichst unabhängig zu machen, ist selbst ein besonders abgelegener Standort in vielen Fällen kein Nachteil.

19.84 Zusammenfassende Richtlinien

Will man die für eine Standortwahl gültigen Gesichtspunkte zusammenfassen, so lassen sich starke Verallgemeinerungen nicht vermeiden. Angesichts der heutigen Preislage spielt aber eine preiswerte und leichte *Rohstoff-Versorgung* die Hauptrolle, so daß man im allgemeinen bestrebt sein wird, eine Neuanlage in das Zentrum der Rohstoff-Versorgung zu stellen. Dies gilt für Werke in Europa wie in Übersee.

Wenn zu entscheiden ist, ob eine Anlage in Europa oder in Übersee gebaut werden soll, so kann man (unter Außerachtlassung politischer Gesichtspunkte) verallgemeinernd die Formel aufstellen, daß *Qualitätsarbeit in Europa* geleistet, *Massenware* dagegen *in Übersee* hergestellt werden sollte.

In vielen Fällen werden die Hauptgesichtspunkte für eine Standortwahl gegeben sein oder sich bei mehreren Möglichkeiten die Waage halten, so daß die Merkmale zweiten Ranges entscheidend sein können.

In diesem Sinne kann das zeitweise *Vorhandensein von Arbeitskräften* den Ausschlag geben, allgemein jedoch die Beschaffenheit und Größe des verfügbaren *Geländes*. Unter sonst gleichen Umständen erscheint es richtig, ein reichlich großes Gelände in einer weniger entwickelten Gegend einem beschränkten Platz in Stadtnähe vorzuziehen. Gerade weil man von einem wohl geplanten neuen Werk erwartet, daß es Erfolg hat und sich weiterentwickelt, ist die Frage von *Ausdehnungsmöglichkeiten* auf lange Sicht im Auge zu behalten.

20. Statistische Qualitätskontrolle

Von **Eberhard Baur**, München

20.1 Allgemeine Gesichtspunkte

Qualität und *Preis* bestimmen die *Verkaufsfähigkeit von Erzeugnissen.*
An die Güte der Erzeugnisse werden Anforderungen gestellt, und der
Preis soll in einem annehmbaren Verhältnis zur Ware stehen. Man wird
also danach streben, die Güte zu steigern und gleichzeitig die Herstellungskosten zu verringern. Ferner ist man auch auf eine möglichst
gleichmäßige Güte bedacht. Diese Forderungen sind leitend in jedem
Betrieb, der in Serien produziert. Zur Erfüllung dieser Forderungen sind
zwangläufig *Kontrollmaßnahmen in der Fertigung* einzuführen. Auf
irgendeine Weise wird in jedem Betrieb mit Serienproduktion die Herstellung kontrolliert. Eine andere Frage ist jedoch, wieweit eine Kontrolle
wirksam ist und mit welchem Aufwand sie geführt wurde [*20.7*].

Man darf heute sagen, daß für Betriebe mit Serienproduktion die
wirksamste Kontrolle die *mathematisch-statistische Qualitätskontrolle* ist.
Sie hat eine jahrzehntelange Entwicklung hinter sich und ist aus wahrscheinlichkeitstheoretischen Überlegungen entstanden, angewendet auf
die Wirklichkeit. Die Entwicklung ist noch keineswegs abgeschlossen,
aber es wurden bereits bedeutende Erfolge in der Praxis erzielt. Einige
Zahlen mögen zeigen, daß bereits Millionenbeträge durch Einführung einer
mathematisch-statistischen Qualitätskontrolle erspart wurden [*20.11*].
Durch eine statistische Überwachung an 500 Maschinen der Firma Bosch
GmbH, Stuttgart, ist der Ausschuß und die Nacharbeit um 60 bis 90%
gesunken unter gleichzeitiger Einsparung der Prüflohnkosten bis zu 45%.
Eine Verringerung des Ausschusses um 80% entstand im kontrollierten
Teil der Dreherei bei der Firma Mix & Genest, Stuttgart-Zuffenhausen.
In einer Gießerei in Ontario, Kanada, betrugen zwar die Kosten für die
Durchführung eines Programmes zur Qualitätskontrolle innerhalb von
18 Monaten 15000 Dollar, jedoch die Ersparnisse 300000 Dollar. Das
letzte Beispiel zeigt, daß zwar die Errichtung einer Qualitätskontrolle
mit Kosten verbunden ist, jedoch die erzielten Ersparnisse jene Kosten
bei weitem übersteigen. Man könnte diese Reihe fortsetzen, es soll aber
nur noch erwähnt werden, daß nicht nur in Großbetrieben mit Massen-
produktion die statistische Qualitätskontrolle von Nutzen ist, sondern
daß sie bereits an einer einzelnen Drehbank mit Erfolg angewendet
werden kann. Man steht hier am Anfang einer interessanten und nutz-
bringenden Entwicklung.

Es ist selbstverständlich, daß auch in der Holzindustrie derartige
Einsparungen erzielt werden können. Leider ist das in der deutschen
Holzindustrie noch nicht erkannt worden. Das mag zweierlei Gründe

haben. Einmal scheut man die zunächst auftretenden Kosten aller Maßnahmen, die für eine statistische Qualitätskontrolle erforderlich sind.
Es fehlt die Erkenntnis, daß letzten Endes die erzielten Einsparungen
jene Kosten bald übersteigen werden. Zum anderen ist man in den leiten-
den Stellungen der Meinung, daß die Mathematik hier nur etwas ele-
ganter und komplizierter lösen will, das man mit den bisherigen Kon-
trollmethoden einfacher durchführen zu können glaubt.

Es ist daher wichtig, zunächst einem breiten Kreis von Ingenieuren
und Technikern die mathematischen Grundlagen der Statistik zugänglich
zu machen. Man benötigt hierfür zu einem ersten Verständnis und zur
späteren routinemäßigen Anwendung nicht viel mehr als die Kenntnis
der vier Grundrechnungsarten und die Fähigkeit, Tabellen zu lesen.
Ist erst einmal ein grundlegendes Verständnis für die mathematische
Seite der Statistik vorhanden, so dürfte das schwerste Hindernis für den
Eingang einer wirksamen Qualitätskontrolle in die Holzindustrie genommen sein. Hierzu sei ein Ausspruch von SHEWART, einem bedeutenden
Statistiker, angeführt [20.11]. „Der zukünftige Beitrag der Statistik in
der Serienproduktion hängt nicht so sehr davon ab, daß wir eine Handvoll
hochgeschulter Statistiker in die Industrie schicken, sondern davon, daß
wir eine statistisch denkende Generation von Ingenieuren, Chemikern,
Physikern usw. heranbilden, die befähigt ist, die Produktionsprozesse
von morgen zu entwickeln und zu leiten.''
In diesem Sinne soll dieser Abschnitt in möglichst einfacher Form eine
Einführung in die Mathematik der Statistik bringen. Die Grundsätze der
mathematisch-statistischen Qualitätskontrolle gelten für jeden Industriebetrieb. Es ist jedoch nicht möglich, für eine unmittelbare Anwendung
Details und speziellere Verfahren, insbesondere für die Holzindustrie, an-
zuführen, da diese von Maschine zu Maschine, von Erzeugnis zu Erzeugnis
und von Werk zu Werk schwanken. Die aufgeführten Beispiele stammen,
soweit möglich, aus der Holzindustrie. In der Literaturauswahl im Anhang sind neben den Aufsätzen aus Zeitschriften [20.9, 20.12] auch
einige für den Praktiker geeignete Lehrbücher aufgeführt [20.5, 20.10,
20.11, 20.13].

20.2 Wahrscheinlichkeit und Häufigkeit

Man vermißt oft in Handbüchern über praktische Anwendungen der
mathematischen Statistik eine Einführung in den Begriff der *Wahrscheinlichkeit* und ihren Zusammenhang mit der *Häufigkeit*. Gerade das ist für
das Verständnis der später zu besprechenden Verteilungen wichtig. Die
Wahrscheinlichkeit ist theoretischer Natur, während die Häufigkeit die
in der Wirklichkeit auftretenden Geschehnisse zahlenmäßig erfaßt. Es
sei daher im folgenden eine kurze Einführung in den Begriff der Wahrscheinlichkeit gegeben [20.13].

Man kann von den verschiedensten Seiten einen Wahrscheinlichkeitsbegriff bilden. Für die Praxis am geeignetsten ist der klassische Begriff der Wahrscheinlichkeit. E sei ein Ereignis, z. B. die Augenzahl 6 bei einem Würfel. Um sich ein Maß für das Eintreffen von E zu schaffen, ordnet man dem Ereignis E eine Zahl zu. Diese Zahl ist definiert als der Quotient, bei dem im Zähler die Anzahl g der für das Ereignis günstigen Fälle und im Nenner die Anzahl N aller gleichmöglichen Fälle steht. Diese Zahl $w(E)$ wird die Wahrscheinlichkeit für das Eintreffen des Ereignisses E genannt. So würde beim Würfeln die Wahrscheinlichkeit, eine 6 zu werfen, sein

$$w(E) = g/N = 1/6.$$

Die Wahrscheinlichkeit schwankt zwischen 0 und 1. $w = 0$ bedeutet ein unmögliches Ereignis und $w = 1$ heißt, das Ereignis tritt sicher ein.

E_1 und E_2 seien zwei Ereignisse, die einander ausschließen. Die Wahrscheinlichkeit für das Ereignis E_{12}, das darin besteht, ob E_1 oder E_2 eintrifft, ist die Summe der Wahrscheinlichkeiten von E_1 und E_2, also

$$w(E_{12}) = w(E_1) + w(E_2).$$

So würde die Wahrscheinlichkeit, beim Würfeln eine 1 oder eine 6 zu werfen, sein

$$w(E_{12}) = 1/6 + 1/6 = 1/3.$$

Sind zwei Ereignisse E_1 und E_2 unabhängig voneinander, so ist die Wahrscheinlichkeit dafür, daß E_1 und E_2 eintrifft,

$$w(E_{12}) = w(E_1) \cdot w(E_2).$$

Die Wahrscheinlichkeit, mit zwei Würfeln je eine 1 zu werfen, ist demnach

$$w(E_{12}) = 1/6 \cdot 1/6 = 1/36.$$

In der Statistik drückt man Wahrscheinlichkeiten fast immer in Prozenten aus. Man will hier die Wahrscheinlichkeit bereits praktisch anwenden und den Übergang zur relativen Häufigkeit deuten. Die relative Häufigkeit gibt an, wie oft ein gewünschtes Ereignis zu allen gemachten Versuchen eingetroffen ist, was man im allgemeinen in Prozenten ausdrückt. Wahrscheinlichkeit und relative Häufigkeit hängen nun so miteinander zusammen, daß die Wahrscheinlichkeit ein Grenzwert der relativen Häufigkeit ist, wenn die Anzahl der Versuche sehr groß wird. Die relative Häufigkeit wird mit steigender Versuchszahl immer enger um die Wahrscheinlichkeit schwanken.

Wichtig für das Verständnis von stetigen Verteilungen ist noch der Begriff der *geometrischen Wahrscheinlichkeit*. Es sei einmal angenommen, daß ein Meßpunkt auf einer abgegrenzten Fläche überall gleichmöglich auftreten kann. Die Wahrscheinlichkeit dafür, daß er nur auf einem bestimmten Teil der Fläche auftritt, ist der Quotient der Flächeninhalte von der Teilfläche und der Gesamtfläche.

20.3 Verteilungen

20.31 Arten von Verteilungen

Zwei Arten von Verteilungen sind wichtig, die diskreten und die stetigen Verteilungen. Beide Verteilungsarten finden in der statistischen Qualitätskontrolle Anwendung. Auch hier muß man zwischen theoretischer und empirischer Verteilung unterscheiden können. Die theoretische Verteilung ist auf Wahrscheinlichkeits-Betrachtungen aufgebaut und stellt einen Grenzwert der in der Wirklichkeit aufgetretenen Häufigkeit dar, wenn die Probenzahl groß wird. Darin liegt aber die Stärke der mathematischen Statistik, daß man mit ihrer Hilfe weiß, wohin Ereignishäufigkeiten in der Wirklichkeit hinstreben, ohne einen entsprechenden Versuch angestellt zu haben.

20.32 Stetige Verteilungen

Es sei eine Stichprobe zugrunde gelegt, die aus einer Anzahl von Meßwerten irgendeiner Eigenschaft besteht, wie z. B. Furnierdicke, Bindefestigkeit einer Leimsorte, Feuchtigkeitsgehalt usw. Die Maßzahlen der betreffenden Eigenschaft sollen jeden Wert der Zahlenskala annehmen können; sie sind also stetig auf der Zahlenskala vertreten. Der Meßwertebereich der Stichprobe werde in gleich große Intervalle aufgeteilt. In Bild 20.1 ist hierzu ein Beispiel gegeben. Die Stichprobe bestand aus 120 Meßwerten der Bindefestigkeit eines Harnstoffharzleimes an dreifach verleimten Buchenfurnieren, gemessen nach DIN 53255 (einfache Zugscherprobe). Die Abszisse ist in Klassen mit einer Breite von je 2 kp/cm² eingeteilt, während die Ordinate die *relative Häufigkeit* für die einzelnen Klassen angibt. In Bild 20.1 sind die einzelnen Ordinaten durch Säulen wiedergegeben. Man nennt ein solches Schaubild ein *Stufenschaubild*. Es tritt nun die Frage auf, wie die *Klassenbreite k* zu wählen ist, damit ein optisch eindrucksvolles Bild entsteht. Hierfür gilt die empirische Regel

$$k = \frac{V}{2\sqrt[3]{N}}$$

mit V = Intervallbreite des gesamten statistischen Materials,
N = Anzahl der Meßwerte.

Würde man die Probenzahl erhöhen — man kann es zumindest gedanklich —, so darf man nach obiger Regel die Klassenbreite kleiner werden lassen. Läßt man darüber hinaus die Probenzahl ins Unendliche wachsen, so wird die Klassenbreite so eng, daß das Stufenschaubild in ein stetiges Verteilungsbild übergeht, wie es in Bild 20.1 ersichtlich ist. Wie ein solcher Übergang graphisch vollzogen werden muß, ohne einen entsprechenden Versuch mit einer Großzahl von Meßwerten gemacht zu haben, wird im folgenden noch besprochen werden.

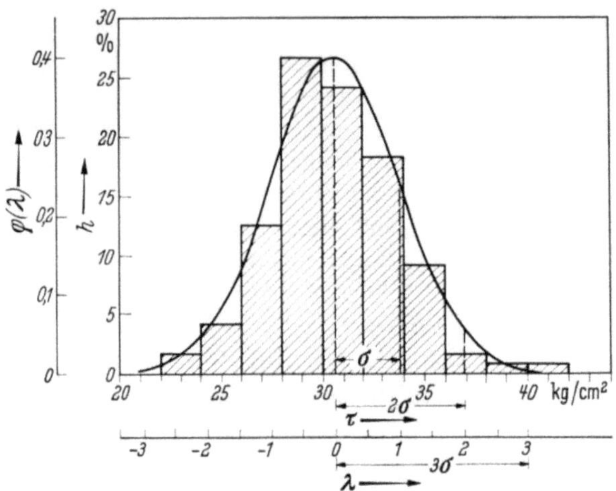

Bild 20.1 Stufenschaubild der Bindefestigkeit eines Harnstoffharzleimes bei dreifach verleimten Buchen-Furnierplatten. Probenzahl $N = 120$. Die Koordinaten τ (Scherspannung) und h (rel. Häufigkeit) gelten für das Stufenschaubild, die Koordinaten λ und $\varphi(\lambda)$ für die Gaußsche Normalverteilung.

Bedeutung bekommen die Häufigkeitsschaubilder erst dann, wenn man sie mit irgendwelchen theoretischen Verteilungen vergleichen kann. In der Natur treten oft Verteilungen auf, deren Bild bei großer Probenzahl eine Glockenform hat (s. Bild 20.1). Diese Häufigkeitsverteilung hat die Form

$$\varphi(x) = \frac{1}{\sqrt{2\pi}\,\sigma}\, e^{\frac{(x-\bar{x})^2}{2\sigma^2}}. \tag{1}$$

Hierbei ist x = Zahlenwert der betreffenden Eigenschaft,
            $\bar{x}$ = Mittelwert,
            σ = Standardabweichung.

Der Mittelwert $\bar{x}$ wird berechnet nach

$$\bar{x} = \frac{1}{N}\sum_{i=1}^{N} x_i \tag{2}$$

und die Standardabweichung σ nach

$$\sigma = \sqrt{\frac{1}{N-1}\sum_{i=1}^{N}(x_i - \bar{x})^2} \tag{3}$$

mit $N =$ Probenzahl. Das Quadrat der Standardabweichung nennt man die Streuung.

Diese Verteilung hat den Namen *Gaußsche Normalverteilung* oder kurz Normalverteilung. Es ist nun nicht etwa so, daß hier ein Wunder der Natur vorliegt, sondern jene Gleichung entsteht durch Summierung vieler völlig willkürlich verlaufender Verteilungen von Eigenschaften, deren Zusammenwirken erst die Verteilungsform der Eigenschaft x in Gl. (1) ergibt. Meist kennt man die einzelnen Komponenten für x gar nicht. Nach dem zentralen Grenzwertsatz der Wahrscheinlichkeitsrechnung ergibt sich dann für die Summenvariable x die Kurvenform nach Gl. (1). Die Normalverteilung ist eine ideale Verteilung, nach der viele empirische Verteilungen mit wachsender Probenzahl hinstreben, was am Beispiel in Bild 20.1 schon deutlich zu sehen ist. Einseitig wirkende Einflüsse auf eine empirische Verteilung, z. B. ein örtlicher Beleimungsfehler am Beispiel von Bild 20.1, machen die Verteilung schief oder gedrungen gegenüber der Normalverteilung. Man spricht hier von der *Schiefe* oder dem *Exzeß einer Verteilung* [20.3].

Man kann Verteilungen, die in der Natur nicht normal verteilt auftreten, also schief oder gedrungen sind, in Normalverteilungen überführen. Man braucht nur zufällig ausgewählte Stichproben mit genügend hoher Probenzahl N der Verteilung zu entnehmen und die Verteilung der Stichprobenmittel aufzuzeichnen. Die Verteilung der Stichprobenmittel strebt mit wachsendem N gegen eine Normalverteilung; dies kann durch den Grenzwertsatz der Wahrscheinlichkeitsrechnung auch theoretisch bewiesen werden. Diese Tatsache ist sehr wichtig für die noch zu besprechende Untergruppenbildung in der Kontrollkartentechnik.

Die Normalverteilung wird immer so in ein Stufenschaubild hineinkonstruiert, daß sie 1. die gleiche *Fläche*, 2. den gleichen *Mittelwert* und 3. die gleiche *Streuung* des Stufenschaubildes besitzt (s. Bild 20.1). Man ändert für die Aufzeichnung der Normalverteilung die Maßstäbe auf den Koordinaten auf folgende Weise. Der Nullpunkt der Abszisse wird in den Mittelwert $\bar{x}$ gelegt und als Einheit die Standardabweichung σ genommen. Bei der Ordinate ist der Nullpunkt gleich dem Nullpunkt der empirischen Verteilung. Das Maximum der Normalverteilung hat auf dem Ordinatenmaßstab der empirischen Verteilung den Wert

$$\bar{\lambda}_{\max} = \frac{0,4 \cdot k}{\sigma}$$

mit $k =$ Klassenbreite und $\sigma =$ Standardabweichung. $\bar{\lambda}_{\max}$ hat für den Maßstab der Normalverteilungsordinate den Wert 0,4. Nun unterteilt man linear bezüglich des Nullpunktes. Diese Normalverteilung mit dem Mittelwert 0 und der Streuung 1 ist tabelliert. Durch Multiplikation mit 100 erhält man die Ordinatenwerte in Prozenten (s. Bild 20.1) [20.3].

41 Kollmann, Furniere

Um den Zusammenhang zwischen Wahrscheinlichkeit und Häufigkeitsbild herzustellen, geht man wie folgt vor: Die Fläche unter der Häufigkeitskurve wird als „Gesamtzahl aller Möglichkeiten" gesetzt. Dividiert man einen Teil der Kurvenfläche, die durch Abszisse — Ordinate — Kurvenstück — Ordinate eingegrenzt ist, durch die gesamte Fläche, so erhält man die Wahrscheinlichkeit, mit der die Meßwerte in dem betreffenden Intervall auf der Abszisse liegen. Bei der Normalverteilung sind Flächenanteile tabelliert. Es liegen bei ihr

$$
\begin{aligned}
&\text{im Bereich } \bar{x} \pm \sigma && 68{,}3\% \text{ aller Meßwerte,} \\
&\quad\text{''} \qquad \text{''} \quad \bar{x} \pm 2\sigma && 95{,}4\% \quad\text{''} \qquad\qquad \text{''} \quad , \\
&\quad\text{''} \qquad \text{''} \quad \bar{x} \pm 3\sigma && 99{,}7\% \quad\text{''} \qquad\qquad \text{''} \quad .
\end{aligned}
$$

20.33 Diskrete Verteilungen

Bei *diskreten Verteilungen* können die Meßwerte auf der Abszisse im Verteilungsbild nur ganz bestimmte Werte annehmen. Dieser Fall liegt z. B. bei Würfelversuchen vor, bei denen die geworfenen Augenzahlen ganze Zahlenwerte sind. Auch bei der Aufzählung von Ausschußzahlen bei einer Serie von Kontrollabnahmen treten nur ganze Zahlen auf. Hier lassen sich ebenfalls neben den empirischen Schaubildern die theoretischen aufstellen. Letztere beruhen wieder auf wahrscheinlichkeitstheoretischen Überlegungen und stellen den Idealfall dar.

Wichtig für die Statistik sind die *Binomial-* und die *Poissonverteilung* [*20.4*]. Die Binomialverteilung, die auch die Bernoullische bzw. die „Entweder — Oder"-Verteilung genannt wird, hat die Form

$$
\varphi(Z) = \binom{N}{Z} p^Z (1 - p)^{N-Z} \tag{4}
$$

mit $\varphi(Z) =$ Wahrscheinlichkeit für das Eintreffen von Z,

    $Z =$ Zahl der Treffer,

    $N =$ Umfang der Stichprobe,

    $p =$ Grundwahrscheinlichkeit für das Eintreffen des Ereignisses bei Z.

Der Mittelwert dieser Verteilung berechnet sich zu

$$
\bar{Z} = p \cdot N \tag{5}
$$

und die Streuung zu

$$
\sigma^2 = N \cdot p(1 - p). \tag{6}
$$

Hierfür sei ein Beispiel gegeben. Bei der Abnahme eines Erzeugnisses werden Stichproben vom Umfang N gemacht. Die Zahl der Ausschußgüter sei mit Z bezeichnet und die Grundwahrscheinlichkeit für den

Ausschuß in der gesamten Fertigung sei p. $\varphi(Z)$ gibt nun die Wahrscheinlichkeit an, mit der Z Ausschußgüter bei der Stichprobe vom Umfang N zu erwarten sind. Bild 20.2 zeigt das Schaubild einer Binomialverteilung für $p = 0{,}08$ und $N = 60$.

Bei nicht zerstörungsfreien Prüfungen ist man immer auf Stichproben angewiesen. Weicht nun die empirische Häufigkeit von der theoretischen wesentlich ab, so liegt mit hoher Sicherheit die Ursache in einer

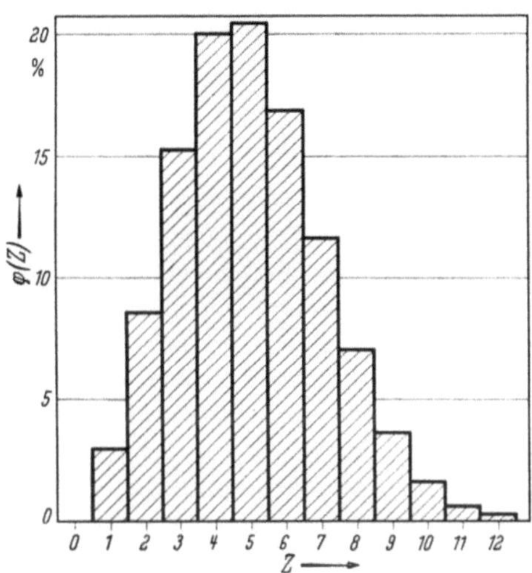

Bild 20.2. Stufenschaubild einer Binomialverteilung für $N = 60$ und $p = 0{,}08$. $Z =$ Anzahl der Erfolge in einer Stichprobe; $\varphi(Z) =$ Wahrscheinlichkeit für das Auftreten von Z.

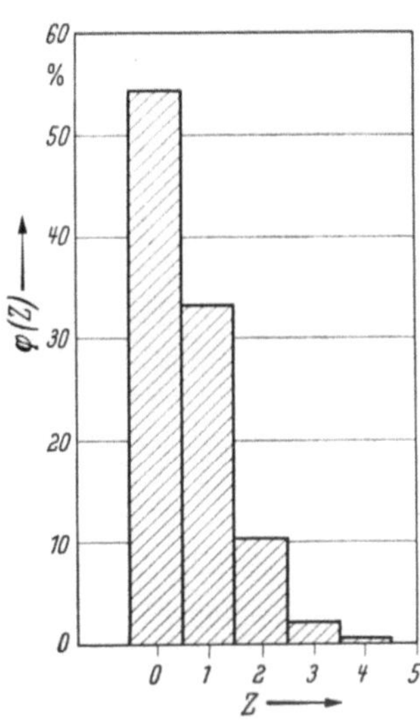

Bild 20.3. Stufenschaubild einer Poissonverteilung. Mittelwert $\mu = 0{,}611$. $Z =$ Anzahl der Erfolge, $\varphi(Z) =$ Wahrscheinlichkeit für Z.

Änderung der Ausschußwahrscheinlichkeit p, das heißt, in dem Fertigungsgang liegen Fehler vor. Hat man es mit seltenen Ereignissen zu tun, so tritt an Stelle der Binomialverteilung die Poissonverteilung. Sie hat die Form

$$\varphi(Z) = \frac{\mu^Z \cdot e^{-\mu}}{Z!} \tag{7}$$

mit $Z =$ Anzahl der Treffer,
$\quad \mu =$ Mittelwert.

Mittelwert und Streuung berechnen sich zu

$$\mu = \frac{Z_{\text{gesamt}}}{N} \tag{8}$$

und

$$\sigma^2 = \mu. \tag{9}$$

41*

Ein Beispiel sei gegeben. Man beobachtete in 1000 Fällen ein Ereignis 611 mal. Nach (8) erhält man für $\mu = 0{,}611$. Bild 20.3 zeigt das Verteilungsbild. *Poissonverteilungen* sind ebenfalls tabelliert.

Es sei noch bemerkt, daß für großes N bzw. μ beide Verteilungen in eine GAUSSsche Normalverteilung übergehen. Man kann daher oft bei diskreten Verteilungen mit der stetigen Normalverteilung arbeiten. Binomial-, Poisson- und Normalverteilung sind die Grundlage, auf der die mathematisch-statistische Qualitätskontrolle aufgebaut ist. Durch Tabellierung der Verteilungswerte ist die praktische Arbeit mit ihnen leicht gemacht.

20.4 Kontrollkartentechnik

Kontrollkarten sind Schaubilder, in denen die *Meßwerte* zu einem *zeitlichen Verlauf* in Bezug gesetzt sind. In der Regel enthält die Abszisse zeitlich geordnete Stichprobennummern und die Ordinate den jeweiligen Meßwert. Die Stichproben bestehen im allgemeinen nicht aus Einzelwerten x, sondern sind Mittelwerte aus einer festen Anzahl von Einzelwerten. Diese Werte heißen die Untergruppenmittel $\bar{x}$. Man macht sich hier, wie im letzten Abschnitt beschrieben, den Grenzwertsatz der Wahrscheinlichkeitsrechnung zunutze. Die Mittelwerte $\bar{x}$ der Untergruppen sind daher auch dann normal verteilt, wenn die ursprüngliche Verteilung nicht normal ist, z. B. eine Schiefe oder einen Exzeß aufweist. Meist genügen schon Untergruppen mit wenigen Einzelwerten [*20.8*].

Es sei einmal angenommen, ein Herstellungsvorgang verlaufe normal, sei also nicht durch einen systematischen Fehler beeinflußt. Auf der Ordinate werden der Mittelwert $\bar{\bar{x}}$ der Untergruppenmittel $\bar{x}$ und die Streuwerte $\bar{\bar{x}} \pm 3\sigma$ und $\bar{\bar{x}} \pm 2\sigma$ aufgetragen. Die durch diese Punkte parallel gelegten Linien bilden die Mittelwertslinie, die *Warngrenzen* und die *Kontrollgrenzen* (s. Bild 20.4). Innerhalb der Kontrollgrenzen liegen 99% und innerhalb der Warngrenzen 95% aller Meßwerte, da eine GAUSSsche Normalverteilung vorliegt. Diese Grenzlinien sollen nach Voraussetzung den Normalzustand des Vorgangs darstellen. Die Meßwerte befinden sich innerhalb der Kontrollgrenzen, der Vorgang befindet sich in Kontrolle. Wirkt nun ein systematischer Fehler auf den Herstellungsvorgang, so werden die Meßwerte die Warn- und Kontrollgrenzen überschreiten. Der Vorgang befindet sich dann nicht mehr in Kontrolle, und es muß sofort nach der Ursache gesucht werden. Dieser Fall liegt z. B. in Bild 20.4 bei der Stichprobenserie 1 bis 40 vor. Man sieht ein, daß auf den Kontrollkarten Fehler bereits im Anlaufen des Vorgangs zu erkennen sind; rechtzeitiges Erkennen eines fehlerhaften Vorgangs drückt den Ausschuß bzw. die Nacharbeit und senkt damit die Herstellungskosten.

Man benutzt im allgemeinen zwei Kontrollkarten nebeneinander, die eine für die Untergruppenmittel $\bar{x}$ und die andere für die Spannweiten R der Untergruppen. Man bezeichnet sie als $\bar{x}$- und R-Karten. Die $\bar{x}$-Karte beschreibt den Verlauf der Untergruppenmittel und die R-Karte den Spannweitenverlauf der Untergruppen. Die Spannweite R ist die Differenz von größtem und kleinstem Wert in einer Untergruppe. R ist der

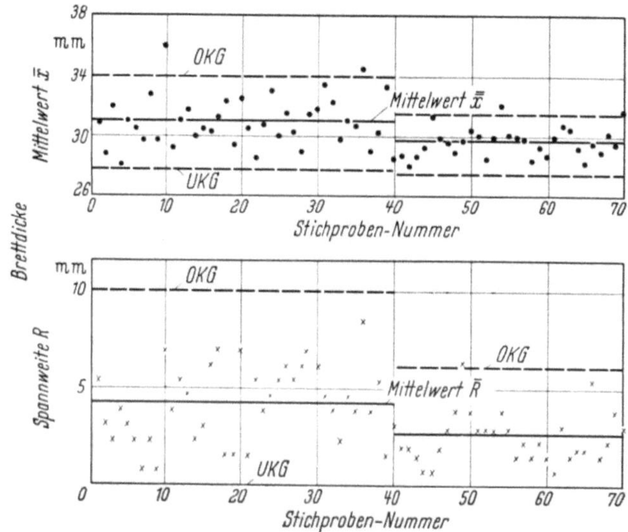

Bild 20.4. Kontrollkarten für die Untergruppenmittel $\bar{x}$ und die Spannweite R einer Brettdicke in einem Sägewerksbetrieb. Bis zur 40. Stichprobe ist der Prozeß nicht unter Kontrolle. OKG = obere Kontrollgrenze, UKG = untere Kontrollgrenze.

Standardabweichung proportional. Es ist nun nicht nötig, die Kontrollgrenzen bei der $\bar{x}$-Karte und der R-Karte im einzelnen durch die Formeln (2) und (3) jedesmal auszurechnen. Es gibt hierfür Tabellen. Die Ausrechnung von $\bar{x}$ und R bleibt allerdings nicht erspart. Für die Warn- und Kontrollgrenzen gilt Tab. 20.1.

Es gibt zwei grundsätzliche Variationsmöglichkeiten der Meßwerte. In einem Fall schert der Mittelwert auf der $\bar{x}$-Karte aus, während die Spannweite R in Kontrolle bleibt, im anderen Fall bleibt der Mittelwert in Kontrolle, während die Spannweite außer Kontrolle gerät. Dazwischen gibt es Übergänge. BURR [20.2] unterscheidet sechs Typen im Meßwerteverlauf auf Kontrollkarten. Eine Änderung von $\bar{\bar{x}}$ oder $\bar{R}$ bedeutet hier immer, daß der Vorgang außer Kontrolle geraten ist.

1. Mehr oder weniger sprunghafte Änderung des Mittelwertes. Die Ursache ist eine sprunghafte Änderung der Prozeßniveaulinie oder ein Werkstoffwechsel oder ein Fehler im Bearbeitungswerkzeug oder ähnliches.

Tabelle 20.1. *Hilfswerte zur Errechnung der Warn- und Kontrollgrenzen*

		Statistische Sicherheit
$\overline{x}$-*Karte*		
Obere Kontrollgrenze	$\overline{\overline{x}} + A_k\overline{R}$	$S = 99\%$
Untere Kontrollgrenze	$\overline{\overline{x}} - A_k\overline{R}$	
Obere Warngrenze	$\overline{\overline{x}} + A_w\overline{R}$	$S = 95\%$
Untere Warngrenze	$\overline{\overline{x}} - A_w\overline{R}$	
$\overline{R}$-*Karte*		
Obere Kontrollgrenze	$D_{ko}\overline{R}$	$S = 99\%$
Untere Kontrollgrenze	$D_{ku}\overline{R}$	
Obere Warngrenze	$D_{wo}\overline{R}$	$S = 95\%$
Untere Warngrenze	$D_{wu}\overline{R}$	

N	A_k	A_w	D_{ko}	D_{ku}	D_{wo}	D_{wu}
2	1,61	1,23	3,52	0,01	2,81	0,04
3	0,88	0,67	2,58	0,10	2,17	0,18
4	0,63	0,48	2,26	0,18	1,93	0,29
5	0,50	0,38	2,08	0,25	1,18	0,37
6	0,42	0,32	1,97	0,31	1,72	0,42
7	0,36	0,27	1,90	0,35	1,66	0,46
8	0,32	0,24	1,84	0,39	1,62	0,50
9	0,29	0,22	1,79	0,41	1,58	0,52
10	0,27	0,20	1,76	0,44	1,56	0,54

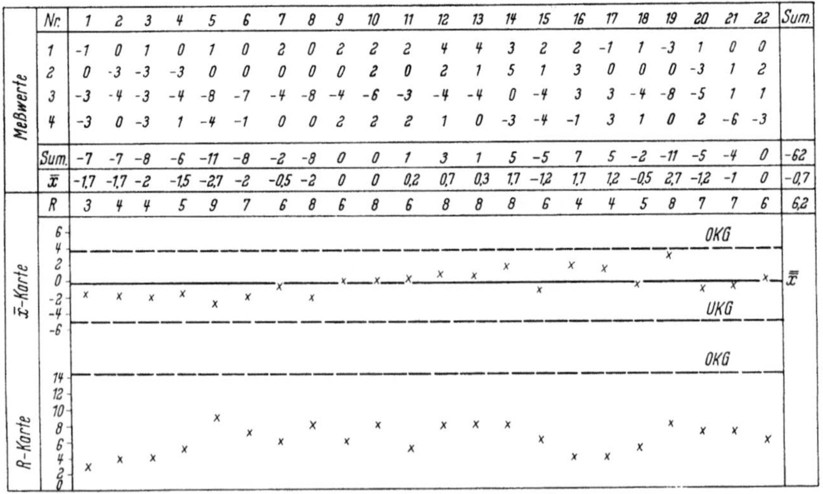

Nr.	1	2	3	4	5	6	7	8	9	10	11	12	13	14	15	16	17	18	19	20	21	22	Sum.
Meßwerte 1	-1	0	1	0	1	0	2	0	2	2	2	4	4	3	2	2	-1	1	-3	1	0	0	
2	0	-3	-3	-3	0	0	0	0	0	2	0	2	1	5	1	3	0	0	0	-3	1	2	
3	-3	-4	-3	-4	-8	-7	-4	-8	-4	-6	-3	-4	-4	0	-4	3	3	-4	-8	-5	1	1	
4	-3	0	-3	1	-4	-1	0	0	2	2	2	1	0	-3	-4	-1	3	1	0	2	-6	-3	
Sum.	-7	-7	-8	-6	-11	-8	-2	-8	0	0	1	3	1	5	-5	7	5	-2	-11	-5	-4	0	-62
$\overline{x}$	-1,7	-1,7	-2	-1,5	-2,7	-2	-0,5	-2	0	0	0,2	0,7	0,3	1,7	-1,2	1,7	1,2	-0,5	2,7	-1,2	-1	0	-0,7
R	3	4	4	5	9	7	6	8	6	8	6	8	8	8	6	4	4	5	8	7	7	6	6,2

Bild 20.5. $\overline{x}/R$ Kontrollkarten für die Dicke von Mittellagen bei Tischlerplatten (nach E. R. HANSEN [20.6]). Um das Rechnen zu erleichtern, sind auf der Ordinate nur ganzzahlige Werte aufgetragen. Die Nullinie entspricht der Solldicke.

2. Änderung der Streuung (Spannweite R). Die Ursache ist das Anwachsen des Spielraumes eines Werkzeuges, z. B. wenn sich eine Schraube, die ein Schneidewerkzeug auf eine bestimmte Lage festhalten soll, lockert.

3. Änderung der Form der Verteilungskurve auf den Kontrollkarten. Das ist z. B. der Fall, wenn jedes 10. Probenstück aus irgendwelchen Gründen einen zu hohen Wert hat. Die Verteilungskurve wird schief, es braucht aber der Prozeß deswegen noch nicht außer Kontrolle geraten zu sein. Dieser Einfluß ist daher schwer auf den Kontrollkarten zu erkennen.

4. Stetiges Ausscheren des Mittelwertes. Der Grund liegt in einer Werkzeugabnutzung.

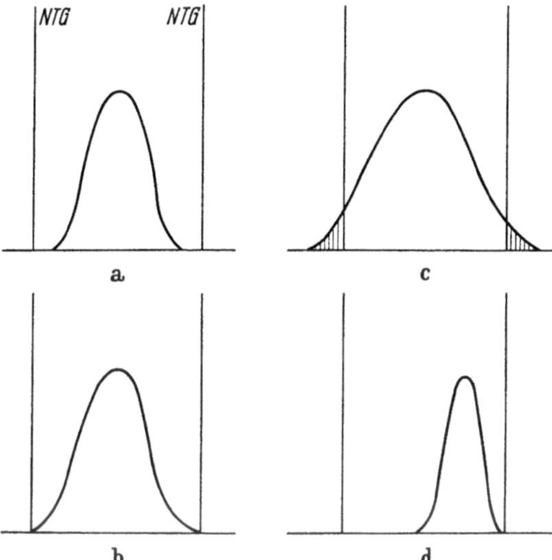

Bild 20.6 a—d. Lagen von Kontrollkarten-Verteilungen zu den Norm-Toleranzgrenzen (NTG).

5. Zyklische und ungleichmäßige Änderungen. Die zyklischen Änderungen haben ihre Ursache in irgendwelchen Tages-, Wochen- oder Saisoneinflüssen, während die ungleichmäßigen Änderungen durch zu häufiges Neueinstellen von Maschinen verursacht werden.

6. Der streuende Verlauf innerhalb der Kontrollgrenzen. Dieser Verlauf ist normal, und es braucht nicht nach einer Fehlerursache gesucht zu werden.

Bild 20.5 zeigt eine für die Praxis geeignete Kontrollkarte. Auf ihr können Meßwerte und Meßpunkte eingetragen werden. Der Sollwert, hier die Dicke von Tischlerplatten-Mittellagen, ist gleich 0 gesetzt und der Maßstab so eingeteilt, daß man nur mit ganzen Zahlen zu rechnen hat. Die Maßzahlen auf der Ordinate sind also nur relativ zum absoluten Meßwert.

Durch abschnittsweise Bildung von Kontroll- und Warngrenzen kann man die überhaupt mögliche Leistungsfähigkeit eines Herstellungsvorgangs ermitteln. Man kann also die Güte, die überhaupt zu erreichen ist, aus den Kontrollkarten ablesen. Danach und nicht vorher sollte in vielen Fällen eine Gütenorm für Toleranzen geschaffen werden. Es ist auch einzusehen, daß bei Normungen auf Grund von Kontrollkartenergebnissen die Güte von Erzeugnissen gehoben werden kann, da man weiß, wie leistungsfähig ein Herstellungsvorgang unter Umständen verlaufen kann. In Bild 20.6 sind einige Beispiele gezeigt. Fall a ist als normal anzusehen, und selbst bei kleineren Schwankungen des Mittelwertes besteht keine Gefahr, daß die Normtoleranzen überschritten werden. Bei b ist der Norm nur entsprochen, wenn man in der Lage ist, den Mittelwert bei gleichbleibender Streuung genau einzuhalten. In

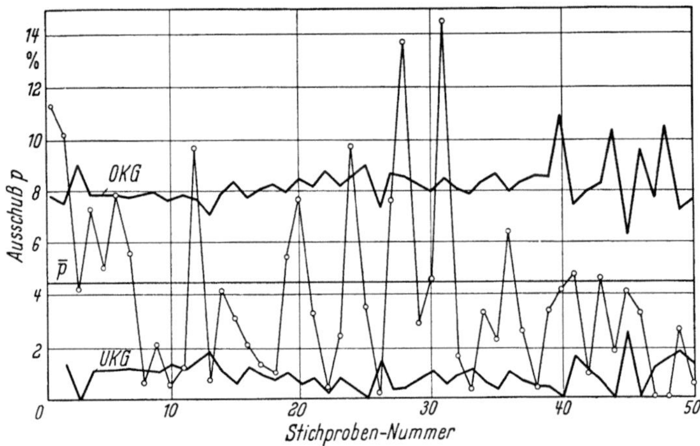

Bild 20.7. Kontrollkarte für die Abnahme bei Lieferung fehlerhafter Bretter (nach J. S. BETHEL, A. C. BAREFOOT und D. A. STECHER [20.1]). Obere und untere Kontrollgrenze sind diskrete Kurven.

Fall c müssen entweder die Streuung des Prozesses enger oder die Normtoleranzgrenzen breiter gemacht werden. Bei Fall d kann man z. B. die Normtoleranzgrenzen enger setzen und erreicht somit eine bessere Gleichmäßigkeit in der Herstellung.

Während die bisher beschriebenen Kontrollkarten für stetig verteilte Merkmale gelten, gibt es auch *Kontrollkarten für diskret verteilte Merkmale*. Bei ihnen ist die Binomial- und Poissonverteilung zugrunde gelegt. Es wird hier im Grundsatz für die Qualitätskontrolle genauso verfahren wie bei den stetigen Verteilungen. In der Praxis verwendet man z. B. Kontrollkarten für Ausschußprozente. Ein Beispiel sei aufgeführt. Als prüfende Verteilung werde die Binomialverteilung zugrunde gelegt. Durch einen Vorversuch ermittelt man an einer sehr großen Probenzahl den durchschnittlichen Ausschuß $\bar{p}\%$. In der Kontrollkarte sind auf der Ordinate die Ausschußprozente $p\%$ von einer Stichprobe mit dem Umfang n und auf der Abszisse die Abnahmenummern aufgetragen.

Die $\pm\,3\,\sigma$-Kontrollgrenzen berechnen sich nach Gl. (6) zu

$$\left.\begin{array}{l}\text{OKG}\\\text{UKG}\end{array}\right\} = \bar{p}\,(\%) \pm 3\,\sqrt{\frac{\bar{p}\,(100-\bar{p})}{u}}\,(\%)\,. \tag{10}$$

Bild 20.7 zeigt die Abnahmecharakteristik für fehlerhafte Bretter bei Lieferungen. Das Schwanken der Kontrollgrenzen hat seine Ursache in der Änderung des Stichprobenumfanges n [s. Gl. (10)]. Oft kann man auch an Stelle der diskreten Verteilungen die GAUSSsche Normalverteilung setzen, wenn nämlich der Stichprobenumfang hinreichend groß gewählt ist.

Wie in der Einleitung schon erwähnt, kann man für eine sinnvolle Aufstellung von Kontrollkarten keine genauen Zahlen für eine allgemeine Anwendung angeben. Es müssen nämlich erst eine Reihe von Vorversuchen gemacht werden, aus denen für die betreffende Kontrolle Stichprobenumfang, Meßzeiten, Grundwahrscheinlichkeit usw. ermittelt werden. Zuviele Messungen sind genauso sinnlos wie zuwenig. Es muß ein Bestwert in dem Aufwand für die Kontrolle und der Wirkung gefunden werden. Dieser Bestwert ist von Maschine zu Maschine, von Erzeugnis zu Erzeugnis und von Werk zu Werk verschieden.

Es geht bei der statistischen Qualitätskontrolle darum, den gesamten Herstellungsvorgang in eine Kontrolle zu bekommen, die zeigt, wo Schwankungen als normal anzusehen sind, wo sich systematische Fehler eingeschlichen haben, die bereits im Anlaufen zu erkennen sind, und wo sich unter Umständen die Güte heben läßt. Wie eingangs schon erwähnt, ist nur das Prinzip der mathematisch-statistischen Qualitätskontrolle gezeigt worden. Gerade bei Holzerzeugnissen mit ihren verhältnismäßig hohen Schwankungen muß sich diese Art von Qualitätskontrolle als ganz besonders wirksam erweisen.

Literaturverzeichnis

Das folgende Literaturverzeichnis zerfällt für jedes Kapitel in zwei Teile, nämlich in *Quellen*, d. h. zitierte Veröffentlichungen, die vom jeweiligen Verfasser benutzt und im Text durch Hinweise angegeben wurden, und in *Sonstige Veröffentlichungen*, die als zusätzliche Titelbibliographie für den Leser dieses Buches vom Herausgeber zusammengestellt wurden.

Angegeben werden zunächst als Quellen die in jedem einzelnen Abschnitt von den Verfassern benutzten und dort zitierten Veröffentlichungen. Darüber hinaus gibt eine Titelbibliographie eine Zusammenstellung weiterer Veröffentlichungen zum Themenkreis des vorliegenden Buches.

Die Verfasser der Abschnitte 3, 7, 8 12 und 14 haben für die genannten Teile keine besonderen Quellen benützt und zitiert.

Quellen

1. Entwicklung und derzeitiger Stand der Furnier- und Lagenholz-Industrie in Deutschland

[1] ANONYMUS: Kapazitätsprobleme der westdeutschen und westeuropäischen Sperrholzproduktion, Holz-Zentralblatt Bd. 80 (1954), H. 3, S. 13/14.

[2] ANONYMUS: „Sperrholzdienst" der Firma J. Brüning & Sohn, Jubiläumsschrift (1958).

[3] CHRISTIANS, G.: Schütte-Lanz, Mannheim, 25 Jahre im Dienst von Schiffbau und Luftschiffbau, Schiffbau, Schiffahrt und Hafenbau Jg. 35 (1934), H. 10.

[4] DOFFINÉ, E.: Die geschichtliche Entwicklung der Furnier- und Sperrholzindustrie, Holz-Zentralblatt Bd. 84 (1958), Nr. 135, S. 1723/1725, Holz-Zentralblatt Bd. 84 (1958), Nr. 146, S. 1861/1862, Holz-Zentralblatt Bd. 84 (1958), Nr. 148, S. 1889/1890.

[5] DOPF, K.: Anfänge der Furnier- und Sperrholzindustrie, Der deutsche Holzverarbeiter 1, 12.

[6] HAMMERS, H.: Marktregulierungen in der deutschen Sperrholzindustrie, Essen (1937), 111 S.

[7] KNIGHT, E. V., u. M. WULPI: Furniere und Sperrholz, Berlin (1930), Bd. I, 344 S., Berlin (1931), Bd. II, 294 S.

[8] KÖNIG, E.: Bearbeitung und Verwertung des Holzes, Stuttgart 1957, 316 S.

[9] MALTITZ, E. v.: Die deutsche Sperrholzindustrie, Wirtschaftliche Technik 14 (1924), H. 5, S. 153/174.

[10] THELEMANN, F.: Persönliche Mitteilungen.

2. Furnierhölzer

[1] Association Technique Internationale des Bois Tropicaux. Nomenclature des Boix Tropicaux. I Afrique (1954). II Amérique du Sud et Amérique Centrale Nogent sur Marne (1955).

[2] BECKING, W.: A Summary of Information on Aucoumea Klaineana I and II. Forestry Abstracts Bd. 21 (1960), S. 1/6 u. 163/172.

[3] British Standard 881 and 589: 1955, Nomenclature of Commercial Timbers, London (1955).

[4] Brown, H. P., A. J. Panshin and C. C. Forsaith: Textbook of Wood Technology, Bd. 1, New York (1949).

[5] Bundesministerium für Ernährung, Landwirtschaft und Forsten, Statistischer Monatsbericht, Bd. 1959, Bonn (1959).

[6] Comité National des Bois Coloniaux, L'Okoumé, Paris (1929), 38 S.

[7] Dahms, K.: Furnierrundholzimport als Ergänzung der inländischen Furnierholzbasis, in: Die Platte — ein Holzwerkstoff, Holzwirtschaftliches Jahrbuch Nr. 4, Stuttgart (1954).

[8] Fiches des Bois Tropicaux Commerciaux, Bois et Forêts des Tropiques, Nogent-sur-Mane, Nr. 1/74 (1947—1960).

[9] Forest Products Research Laboratory, Princes Risborough, Trials of Timbers for Plywood Manufacture, Progress Reports (hektographiert), Princes Risborough (1950—1958).

[10] Gottwald, H.: Handelshölzer, Holzmann, Hamburg (1958).

[11] Hart, G.: Timbers of South East Asia, London (1955).

[12] Heske, F.: Merkblätter über koloniale Nutzhölzer, Neumann, Neudamm (1938—1941).

[13] Holzeigenschaftstafeln. Holz als Roh- und Werkstoff Bd. 1/17, Berlin (1938 bis 1959).

[14] Huber, B., u. C. Prütz: Über den Anteil von Fasern, Gefäßen und Parenchym am Aufbau verschiedener Hölzer. Holz als Roh- und Werkstoff Bd. 1 (1938), S. 377/381.

[15] Jay, B. A.: Timbers of West Africa, 3. Aufl., London, 1950.

[16] Kribs, D. A.: Commercial Foreign Woods on the American Market, Ann Arbor (1959).

[17] Mayer-Wegelin, H., u. J. Pieper: Die Zeichnung von Furnierhölzern und ihre Beurteilung nach Merkmalen am Rundholz. Holz als Roh- und Werkstoff Bd. 17 (1959), S. 305/312.

[18] Newall, R. J.: Bark Form and Veneer Figure in Home-Grown Birch, Wood, Bd. 25 (1960), S. 196/200.

[19] O. E. C. E., Organisation Européenne de Coopération Economique, Statistiques des Bois Tropicaux: 1958, Paris (1960).

[20] Pearson, R. S. and H. P. Brown: Commercial Timbers of India, Bd. 1 und 2, Calcutta (1932).

[21] Record, J. S. and R. W. Hess: Timbers of the New World, New Haven, USA (1947).

[22] Schmidt, Eb.: Überseehölzer, Haller, Berlin (1951).

[23] Woods, R. P.: Timbers of South America, 2. Aufl., London (1951).

4. Lagerung und Vorbehandlung des Holzes vor dem Messern und Schälen

[1] Anonymus: Wie schützt man Buchenwertholz gegen Verstocken? Xylamon-Nachr., Bd. 12 (1953), H. 1, S. 5/6.

[2] Neuartiges Schutzmittel gegen Verstockung von Buchen. Basileum VS. Holz-Kurier, Bd. 11 (1956), H. 3, S. 8/9.

[3] Czerweny v. Arland, R.: Dtsch. Holzwirtschaft, Bd. 58 (1941), Nr. 71. — Ders., Dtsch. Holz-Anz. (1941), Nr. 29.

[4] Doffiné, E.: Dämpfgruben für die Furniererzeugung, Norddt. Holzwirtschaft, Bd. 4 (1956), Nr. 22, S. 6/7.

[5] Egund, K. F.: Beskyttelse mod indlob i bøgekaevler (Schutz gegen Verstockung von Buchenstammholz) Traeindustrien, Bd. 7 (1957), H. 3, S. 36/40.

[6] Fessel, F.: Bau und Betrieb von Dämpfanlagen für Schnittholz, Holz-Zentralblatt Bd. 81 (1955), S. 853/854.

[7] Fleischer, H. O.: Heating Veneer Logs, Wood (USA), März 1948. — Ders., Heating Rates for Logs, Bolts and Flitches to be Cut into Veneer. US For. Prod. Lab., Rep. 2149, Madison/Wisc., June (1959).

[8] Fleischer, H. O., u. L. E. Downs: Heating Veneer Logs Electrically, US For. Prod. Lab., Rep. No 1958, Madison, Wisc., (1953).

[9] Fronius, K., Verhütung von Rundholzflächenrissen durch durch Wasserberieselung. Holz-Zbl., Bd. 76 (1950), Nr. 97, S. 1063.

[10] Hamann, Karl u. J. Willems: Bekämpfung des Verstockens von Laubhölzern, besonders von Rotbuchenstammholz, Schwz. Pat. 279701 v. 11. 2. 1950, D. Prior. 1. 10. 1948 u. 31. 12. 1949, Chem. Zbl., Jg. 125 (1954), H. 14, S. 3134.

[11] Isaacson, F. N.: New Water Fog Spray Method Reduces Log Losses in Storage. Wood and Wood Products, Bd. 63 (1958), H. 1, S. 25, 26, 60, 62.

[12] Klotz, L.: Aus der Praxis der Furnier- und Sperrholz-Herstellung, in: Bittner-Klotz, Furniere, Sperrholz, Schichtholz, 2. Teil, Berlin (1940), S. 8.

[13] Knudsen, M. V.: Verfärbung von Buchenholz, Traeindustrien Bd. 9 (1959), S. 136/138.

[14] König, E.: Sortierung und Pflege des Holzes, Holz-Zentralblatt Verlags G. m. b. H., Stuttgart (1956), 244 S.

[15] Kollmann, F.: Technologie des Holzes und der Holzwerkstoffe, 2. Aufl., Bd. 2, Berlin/Göttingen/Heidelberg (1955).

[16] Kollmann, F., u. B. Hausmann: Vergleichende Untersuchungen beim indirekten und direkten Dämpfen von Holz. Holz als Roh- und Werkstoff, Bd. 13 (1955), S. 365/371.

[17] Kuhlmann, A.: Wärmeverbrauch u. Wärmebilanz beim Dämpfen von Gaboon für die Furnierherstellung. Diss., Techn. Hochschule München (1960).

[18] Lambert, G. M., u. W. E. Pratt: End check preservatives. For. Prod. Res. Soc., News-Digest, Madison, Wisc., June (1955).

[19] Lutz, J. F.: Heating Veneer Bolts to Improve Quality of Douglas Fir Plywood. US For. Prod. Lab. Rep. No 2182, Madison, Wisc., March (1960).

[20] MacLean, J. D.: Studies of Heat Conduction in Wood. Results of Steaming Green Round Southern Pine Timbers. Proc. Amer. Wood-Preserv. Ass., Bd. 26 (1930), S. 197/219. — Ders., Studies of Heat Conduction in Wood. — Part II. Results of Steaming Green Sawed Southern Pine Timbers. Proc. Amer. Wood-Preserv. Ass., Bd. 28 (1932), S. 303/330. — Ders., Temperatures in Green Southern Pine Timbers after Various Steaming Periods. Proc. Amer. Wood-Preserv. Ass., Bd. 30 (1934), S. 355/374.

[21] MacLean, J. D.: Relation of Wood Density to Rate of Temperature Change in Wood in Different Heating Mediums. Proc. Amer. Wood-Preserv. Ass., Bd. 36 (1940), S. 220/248. — Ders., Temperatures Obtained in Timbers when the Surface is Changed after Various Periods of Heating. Proc. Amer. Wood-Preserv. Ass., Bd. 42 (1946), S. 87/139. — Ders., Rate of Temperature Change in Short-Length Round Timbers. Trans. Amer. Soc. Mech. Eng., Bd. 68 (1), (1946), S. 1/16.

[22] McMillen, John M.: Coatings for the Prevention of End Checks in Logs and Lumber. US For. Prod. Lab. Rep. R 1435 (revised), Madison, Wisc. (1950).

[23] Mörath, E.: Das Dämpfen und Kochen in der Furnier- und Sperrholzindustrie. Holztechnik, Bd. 29 (1949), Nr. 7, S. 129/134.

[24] Pechmann, H. v.: Über den Schutz gefällten Buchenholzes gegen Verfärbung und Pilzangriff. Erfahrungen mit dem Buchenschutzmittel „Bayer-Buchen-

schutz und Basiment", Forstwissenschaftl. Cbl., Berlin/Hamburg, Bd. 70 (1951), H. 11, S. 676/691.

[25] PERRY, TH. D.: Preparing Logs for Veneer Cutting. Wood Working Digest Bd. 55 (1953), H. 3, S. 125/135.

[26] PLATH, E. u. L. PLATH: Dämpfen von Rundholz, Erste Mitteilung: Papier-chromatographische Untersuchungen an Dämpfkondensaten von Rotbuche, Holz als Roh- und Werkstoff Bd. 13 (1955), S. 226/237.

[27] RINNE, V. J.: The Manufacture of Veneer and Plywood. Kuopio (Finnland), (1952).

[28] SIEBLER, R.: Schutz des Buchenholzes vor Verstockung. Allg. Forstz., Bd. 9 (1954), S. 504/505.

[29] TRENDELENBURG, R., u. H. MAYER-WEGELIN: Das Holz als Rohstoff, 2. Aufl., München (1955).

[30] U.S. Forest Products Laboratory, Coatings that Prevent Endchecks. Technical Note No. 186, rev. July (1953).

[31] ZYCHA, H., Läßt sich das Verstocken des Buchenholzes völlig verhindern? Holz-Zbl., Jg. 76 (1950), Nr. 126, S. 1391.

[32] ZYCHA, H.: Der Schutzanstrich für lagerndes Buchenholz. Holz-Zbl., Jg. 78 (1952), Nr. 136, S. 1865/1866.

5. Furnierherstellung durch Messern

[1] KOLLMANN, F.: Technologie des Holzes und der Holzwerkstoffe, 2. Band, 2. Aufl., S. 39/6411. Berlin/Göttingen/Heidelberg (1955).

[2] KÖNIG, E.: Bearbeitung und Verwertung des Holzes. S. 170/220 . Stuttgart (1957).

[3] PERRY, TH. D.: Modern Plywood, 2. Aufl. New York/London (1948).

[4] WOOD, A. D., und TH. G. LINN: Plywoods their Development, Manufacture and Application. Rev. Edit. Edinburgh (1950).

6. Furnierherstellung durch Rundschälen

[1] ANDRESEN, A.: Mechanische Holzbearbeitung, (Moskau) Jg. 1934, H. 12, S. 29 [zitiert nach F. KOLLMANN: Technologie des Holzes und der Holzwerkstoff 2. Band, 2. Aufl., S. 407, Anm. 2. Berlin/Göttingen/Heidelberg (1955)].

[2] FLEISCHER, H. O.: Cutting Studies of Rotary Lathes. Wood (Chicago) Bd. 4 (1949) H. 9, S. 22 und H. 10, S. 20.

[3] FLEISCHER, H. O.: Experiments in Rotary Veneer Cutting. Wood Working Digest Bd. 52 (1950) H. 4, S. 129.

[4] KÖNIG, E.: Bearbeitung und Verwertung des Holzes, S. 170/220. Stuttgart (1957).

[5] KOLLMANN, F.: Technologie des Holzes und der Holzwerkstoffe, 2. Band, 2. Aufl., S. 396/411. Berlin/Göttingen/Heidelberg (1955).

[6] PERRY, TH. D.: Modern Plywood, 2. Aufl. New York/London (1948).

[7] SCHREVE, C.: Schälen und Messern von Furnieren. Mitteilungen des Fachausschusses f. Holzfragen Nr. 17, S. 71. Berlin (1937).

[8] WOOD, A. D., u. TH. G. LINN: Plywoods — Their Development, Manufacture and Application. Rev. Edition. Edinburgh/London (1950).

9. Trocknen der Furniere

[1] DALLAS, J. E.: The Application of Infra-Red Heating to the Drying o Veneers in the Plywood Industry, West Coast Lumberman Bd. 76 (1949), Nr. 2, S. 92, 95; Nr. 4, S. 92, 96.

[2] EBERT, F. A.: Furniertrockenanlagen. Holz Bd. 4 (1950), S. 191.

[3] FLEISCHER, H. O.: Drying Rates of Thin Sections of Wood at High Temperatures, Yale University: School of Forestry, Bull. No. 59, New Haven (1953).

[4] GEBHARDT, H., H. v. GRUDZINSKI u. H. MATZ: Herstellungsmethoden in amerikanischen Sperrholzfabriken. Holz als Roh- und Werkstoff Bd. 9 (1951), S. 273/278.

[5] GEBHARDT, H., H. v. GRUDZINSKI u. H. MATZ: Folgerungen aus einer kritischen Betrachtung der Arbeitsmethoden in der amerikanischen Sperrholzindustrie für die europäische Sperrholzindustrie. Holz als Roh- und Werkstoff Bd. 9 (1951), S. 391/395.

[6] IRSCHICK, E.: Furnier und Sperrholz und ihre fabrikmäßige Herstellung. Stuttgart (1949).

[7] KEYLWERTH, R.: Infrartostrahler in der Holzindustrie. Holz als Roh- und Werkstoff Bd. 9 (1951), S. 224/231.

[8] KEYLWERTH, R.: Der Verlauf der Holztemperatur während der Furnier- und Schnittholztrocknung. Holz als Roh- und Werkstoff Bd. 10 (1952), S. 87/91.

[9] KEYLWERTH, R.: Furnier-Trocknungsversuche. Holz als Roh- und Werkstoff Bd. 11 (1953), S. 11/17.

[10] KOLLMANN, F.: Technologie des Holzes und der Holzwerkstoffe, 2. Aufl., Bd. I, S. 474/475, Berlin/Göttingen/Heidelberg (1951).

[11] KOLLMANN, F.: Technologie des Holzes und der Holzwerkstoffe, 2. Aufl., Bd. II, S. 349, Berlin/Göttingen/Heidelberg (1955).

[12] KRÖLL, K.: Trockner und Trocknungsverfahren, Berlin/Göttingen/Heidelberg (1959).

[13] KÜBLER, H.: Neue Maschinen für die Sperrholzindustrie. Holz als Roh- und Werkstoff Bd. 10 (1952), S. 144/157.

[14] KÜBLER, H.: Plastische Formung und Spannungsbeseitigung bei Hölzern unter besonderer Berücksichtigung der Holztrocknung. Holz als Roh- und Werkstoff Bd. 14 (1956), S. 442/447.

[15] LUTZ, J. F.: Causes and Control of End Waviness During Drying of Veneer. For. Prod. J. Bd. V (1955), S. 114/117.

[16] MARTLY, J. F.: Moisture Movement Through Wood, the Steady State. For. Prod. Res. Techn. Paper 2, London (1926).

[17] NARAYANAMURTI, D. u. B. N. PRASAD: Infrarottrocknung von Furnieren. Holz als Roh- und Werkstoff Bd. 10 (1952), S. 92/94.

[18] PERRY, TH. D.: Modern Plywood, London (1947).

[19] THUNELL, B. u. H. LUNDQUIST: Trätorkning IV, Fanertorkning. Svenska Träforskningsinstitutet, Trätekn. avd., Medd. 8, Stockholm (1946).

10. Fügen, Fugenverleimen und Schäften von Furnieren

[1] KEYLWERTH, R.: Spalten, Spaltbeanspruchung und Querfestigkeit des Holzes. Holz als Roh- und Werkstoff Bd. 9 (1951), S. 1/7.

[2] KÜBLER, H.: Neue Maschinen für die Sperrholzindustrie. Holz als Roh- und Werkstoff Bd. 10 (1952), S. 144/157.

[3] WOOD, A. D., u. TH. G. LINN: Plywoods, their Development, Manufacture and Application. Rev. Ed., Edinburgh and London (1950).

11. Leime für die Herstellung von Lagenhölzern

[1] ANONYMUS: Phenolic Bonded Metal-Wood Sandwich. Mod. Plastics Bd. 26 (1948) S. 82/83.

[2] ANONYMUS: Leime, Kitte, Klebstoffe. Farbe und Lack Bd. 55 (1949) S. 333/334.

[3] ARNOLDT, W.: Das Strecken des Kauritleims — technisch betrachtet. Holztechnik Bd. 32 (1952) S. 255/258.

[4] AWF: Anwendung und Behandlung von Blutalbuminleim in holzverarbeitenden Betrieben. AWF-Betriebsblatt 30c.

[5] BAEKELAND, L. H.: Über lösliche, schmelzbare, harzartige Kondensationsprodukte von Phenolen mit Formaldehyd. Chem.-Ztg. Bd. 33 (1909) S. 857/859.

[6] BAEYER, A.: Über die Verbindung der Aldehyde mit den Phenolen. Ber. Bd. 5 (1872) S. 280/282.

[7] Badische Anilin- und Sodafabrik: Arbeiten aus dem Kunststoff-Labor (bisher unveröffentlicht).

[8] BIKERMANN, J. J.: Strength and Thinnes of Adhesive Joints. J. Soc. Chem. Ind. Bd. 60 (1941) S. 23/24.

[9] BIKERMANN, J. J.: The Fundamentals of Thickness and Adhesion. J. Coll. Sc. Bd. 2 (1947) S. 163/174.

[10] BOGUE, R. H.: The Chemistry and Technology of Gelatin and Glue. New York (1922) 644 S.

[11] BP 347242 (1931). Th. Goldschmidt, Verkitten von zwei Stoffen.

[12] BP 442877 (1936). Stockholms Benmjölsfabrik, Adhesive Foil.

[13] BP 504096 (1939). Th. Goldschmidt, Klebefilm.

[14] BP 516915 (1938). Aero Res. Ltd., Adhesive.

[15] BP 703426 (1954). I.C.I., Verbesserte Kunststoffharze für Kleb- und Imprägnierzwecke.

[16] BROTHER, G. H., A. K. SMITH, u. S. J. CIRCLE: Soy-Bean-Protein. US Dept. of Agriculture, Bureau of Agricultural Chemistry (1940).

[17] BROWNE, F. L.: Adhesion in the Painting and in the Gluing of Wood. Ind. Eng. Chem. Bd. 23 (1931) S. 290/293.

[18] BROWNE, F. L., u. T. R. TRUAX: The Place of Adhesion in the Gluing of Wood. Colloid Symposium Monograph Bd. 4 (1926) S. 258/268.

[19] BROWNE, F. L., T. R. TRUAX u. D. BROUSE: Significance of Mechanical Wood-Joint Tests for the Selection of Woodworking Glues. Ind. Eng. Chem. Bd. 21 (1929) S. 75/80.

[20] CARSWELL, T. S.: Wood Adhesives. Phenoplasts Jg. 1947, S. 243/244.

[21] DAWIDOWSKY, A.: Die Leim- und Gelatinefabrikation. Wien/Leipzig (1925) 336 S.

[22] DE BRUYNE, N. A., u. I. R. HOUWINK: Klebetechnik. Stuttgart (1957) 501 S.

[23] DE KEGHEL, M.: Traité general de la fabrication des colles. Paris (1944).

[24] DELMONTE, J.: The Technology of Adhesives. New York (1947) 516 S.

[25] DBP 825114 (1951). Aero Res. Ltd. (BP 536493, FP 953806), Klebemittel.

[26] DRP 457725 (1924). Ellenberger & Schrecker, Herstellung von chromfreier Gelatine und Leim aus Chromleder.

[27] DRP 532130 (1932). Wilken, H., Klebefilme aus Blutalbumin.

[28] DRP 550647 (1929). I.G. Farbenind. A.G. (FP 697874), Pulverförmiger oder streichfertiger Caseinleim.

[29] DRP 613903 (1931). F. Sichel K.G., Herstellung von trägerlosen Kaseinleimfolien in Bandform.

[30] DRP 629586 (1936). Hüneke, R., Trägerklebfolie zum Verleimen von Holz.

[31] DRP 647303 (1935), (BP 455008). Henkel, Harzartige Kondensationsprodukte.

[32] DRP 654291 (1936). I.G. Farbenind. A.G., Klebstoffe org. Natur in Folien- u. Pulverform.

[33] DRP 680707 (1936) I.G. Farbenind. A.G. (FP 817539, USP 2211709, USP 2211710). Harzartige Kondensationsprodukte.

[*34*] DRP 681324 (1933). IG Farbenind. A.G. (USP 2015806, FP 769588, BP 435041, Schw. P. 174397). Verleimen von Werkstoffen aller Art, insbesondere von Holz.

[*35*] DRP 702449 (1937) I.G. Farbenind. A.G. (BP 458877). Knitterfestes Textilgut.

[*36*] DRP 702890 (1939) Ciba AG (Schw. P. 202245). Melamin.

[*37*] DRP 707552 (1941). IG Farbenind. A.G., Leime, Kitte, Spachtel.

[*38*] DRP 713700 (1938). IG Farbenind. A.G. (USP 2323831, Schw. P. 209645, IT. P. 369511). Leimverfahren.

[*39*] DRP 718342 (1938). Ciba A.G., Melaminharz.

[*40*] DRP 721240 (1942). Henkel, Kaltverleimung, z. B. für Holzkonstruktionen.

[*41*] DRP 724545 (1942). Deutsche Bergin A.G., Verzuckerung von Holz.

[*42*] DRP 725650 (1942). Th. Goldschmidt, Verleimen von Sperrholz.

[*43*] DRP 726855 (1939) Ciba AG (FP 863284). Reinigen von Melaminharz.

[*44*] DRP 736618 (1938) Klemm, H. (FP 830674, BP 514313). Klebstoff, bestehend aus Mischung eines härtbaren Kunstharzes mit einem gehärteten Kunstharz.

[*45*] DRP 800486 (1948). BASF A.G., Tuschen, enthaltend wässerig-alk. Lösungen von wasserunlösl. Rückständen der Butandioldest. u. Farbstoffen, besonders bas. Farbstoffen.

[*46*] ELLIS, C.: The Chemistry of Synthetic Resins. New York (1935).

[*47*] Forest Prod. Res. Board: Chem. Trade J. Bd. 133 (1953) S. 280. Ref.: Kleber für Sperrholz. Kunststoffe Bd. 44 (1954) S. 107.

[*48*] FP 796389 (1936). IG Farbenind. A.G., Klebstoff, bestehend aus einer Mischung von Blut oder Blutalbumin, einem Harnstoff-Formaldehyd-Kondensationsprodukt u. einem Härtungsbeschleuniger.

[*49*] FP 811804 (1936). Ciba A.G. (Ind. P. 23232). Kondensationsprodukte von Aminotriazinen und Aldehyden.

[*50*] FP 817539 (1936). IG Farbenind. A.G., Harzartige Kondensationsprodukte.

[*51*] FP 828625 (1938). I.G. Farbenind. A.G., Verleimungsverfahren, insbesondere von Holz.

[*52*] FP 842208 (1939). Th. Goldschmidt, Klebefolienträger.

[*53*] FP 846439 (1939). I.G. Farbenind. A.G., Herstellung von Klebfilmen.

[*54*] FP 916670 (1946). Brit. Industrial Plastics, Procédé de durcissement de produits de condensation du type urée-formaldehyde et produits en résultant.

[*55*] FP 954682 (1949). Am. Cyanamid Co., Oberflächenbehandlung.

[*56*] FP 1069631 (1954). Henkel, Papierfilm zum Verleimen von Hölzern.

[*57*] GAMS, A., G. WIDMER u. W. FISCH: Über Melamin-Formaldehyd-Kondensationsprodukte. Engi-Festschrift, S. 302 E/319 E.

[*58*] GERNGROSS, O., u. E. GOEBEL: Chemie und Technologie der Leim- und Gelatinefabrikation. Dresden/Leipzig (1933) 535 S.

[*59*] GLAUERT, A. R.: Resorcin-Formaldehyd-Leimharze. Brit. Plastics Bd. 19 (1947) S. 333. Ref.: Kunststoffe Bd. 38 (1948).

[*60*] HADERT, H.: Kaseinleime. Gelatine, Leim, Klebstoffe Bd. 5 (1937) S. 154/163, S. 179/184.

[*61*] HANCOCK, E. G.: The Formulation of Resorcinol-Formaldehyde Adhesives. J. Soc. Chem. Ind. Bd. 66 (1947) S. 337/340.

[*62*] HERMANN, A.: Gelatine, Leim, Klebstoffe Bd. 2 (1934).

[*63*] Holz-Zentralblatt VerlagsGmbH: Holzwirtschaftliches Jahrbuch Nr. 8, Stuttgart (1958).

[*64*] HULTZSCH, K.: Chemie der Phenolharze. Berlin/Göttingen/Heidelberg (1940) 193 S.

[65] IG Farbenindustrie A.G.: Merkblatt Kauritleim W flüssig im Schaumleimverfahren (1940).

[66] KAESS, F., u. E. VOGEL: Herstellung und Verwendung von Melamin. Chem. Ing. Techn. Bd. 26 (1954) S. 380/382.

[67] KLEIN, L.: Phenolic Resins for Plywood. Ind. Eng. Chem. Bd. 33 (1941) S. 975/980.

[68] KNIGHT, R. A. G.: Adhesives for Wood. New York (1952).

[69] KÖHLER, R.: Kondensationskunststoffe aus Melamin und Formaldehyd. Kunststofftechnik Bd. 11 (1941) S. 1/4.

[70] KÖHLER, R.: Über einige Versuche zur Härtung von Melamin-Formaldehyd-Kondensationsprodukten. Koll.-Z. Bd. 103 (1943) S. 138/144.

[71] KÖNIG, H. J.: Herstellung, Prüfung und Eigenschaften melaminharzvergüteter Schichtpreßstoffe für dekorative Verwendung. Kunststoffe Bd. 48 (1958) S. 513/522.

[72] KOLLMANN, F.: Technologie des Holzes und der Holzwerkstoffe. 2. Aufl., 2. Bd. Berlin/Göttingen/Heidelberg (1955).

[73] LEBACH, H.: Über Resinit. Z. Angew. Chem. Bd. 22 (1909) S. 1598/1601.

[74] LÜTY, M.: Chemie und Technik der Metall-Holzverleimung. Th. Goldschmidt, Essen.

[75] MACBAIN, C.: Adhesive Research Committee Reports 1, 2, 3. London (1922, 1926, 1932).

[76] MARTIN, R. W.: The Chemistry of Phenolic Resins. New York (1956) 298 S.

[77] MAXWELL, J. W.: Trans. Am. Soc. Mech. Eng. Bd. 67 (1945) S. 104.

[78] MIKSCH, K.: Taschenbuch der Kitte und Klebstoffe. 3. Aufl. Stuttgart (1952).

[79] MOSS, C. J.: Plastics Jg. 1948.

[80] NEUSSER, H.: Versuche mit Leimstreckmitteln. Holz als Roh- und Werkstoff Bd. 14 (1956) S. 475/482.

[81] PERRY, T. D.: Modern Wood Adhesives. New York (1944).

[82] PETZ, A.: Streckmittel bei der Holzverleimung. Holztechnik Bd. 30 (1950) S. 171/172.

[83] PLATH, E.: Die Holzverleimung. Stuttgart (1951) 25 S.

[84] PLATH, E.: Melaminharze in der Holzindustrie. Holztechnik Bd. 34 (1954) S. 9/12.

[85] POLETIKA, N. V.: Rep. Nr. W. E. 170 M2. Res. Lab. Curtiss-Wright Corp. (1943).

[86] RHODES, PH. H.: Der Einfluß des pH auf die Reaktivität von Resorcinharzen. Mod. Plastics Bd. 24 (1947) S. 145. Ref.: Kunststoffe Bd. 38/1948.

[87] RIVAT-LAHOUSSE, A.: Les Colles Industrielles. Paris (1956) 432 S.

[88] SAUER, E.: Chemie und Fabrikation der tierischen Leime und Gelatine. Berlin/Göttingen/Heidelberg (1958) 335 S.

[89] Schweiz. P. 193630 (1935) Ciba A.G. (Östr. P. 150002). Aminoaldehydkondensations-Produkte.

[90] Schw. P. 239011 (1946). Weibel & Co.

[91] SMITH, A. J., u. S. J. CIRCLE: Soybean Protein. Ind. Eng. Chem. Bd. 31 (1939) S. 1284/1288.

[92] STECHER, H.: Klebstoffe aus Eiweiß. Seifen, Öle, Fette, Wachse Bd. 84 (1958) S. 445/448.

[93] SURRE, E.: Blutalbumin, seine Gewinnung und Anwendung. Adhäsion Bd. 1 (1957) S. 248/251.

[94] SUTERMEISTER, S., u. E. BRÜHL: Das Kasein. Berlin (1932).

[95] SUTERMEISTER, S., u. F. L. BROWNE: Casein and its Industrial Application. 2. Aufl. New York (1939).

[96] THIELE, L.: Die Fabrikation von Leim und Gelatine. 2. Aufl. Leipzig (1922) 189 S.

[97] ULLMANN, F.: Kasein; Gewinnung, Eigenschaften, Verwendung. Enzyklopädie der Techn. Chemie Bd. 3 (1929) S. 110/115.

[98] ULLMANN, F.: Blutalbumin und Blutverwertung. Enzyklopädie der Techn. Chemie. Bd. 4 (1929) S. 362/363.

[99] USP 939966 (1910). Baekeland, L. H., Molded Condensation Products of Formaldehyde and Phenol.

[100] USP 942699 (1910). Baekeland, L. H., Insoluble Product of Phenol and Formaldehyde.

[101] USP 942700 (1910). Baekeland, L. H., Condensation Products of Phenol and Formaldehyde.

[102] USP 942809 (1910). Baekeland, L. H., Condensation Products of Phenol and Formaldehyde.

[103] USP 1019408 (1912). Baekeland, L. H., Thurlow, N., Wood Finished with Veneer Attached by and Coated with Phenol-Formaldehyde Condensation Product.

[104] USP 1281396 (1919). Butterman, S., Waterproof Adhesive.

[105] USP 1299747 (1919). McClain, I. R., Wood Veneer.

[106] USP 1329599 (1920). Henning, S. B., Glue.

[107] USP 1336262 (1920). Sponsler, O. L., Dunlap, M. E., Henning, S. B., Process of Manufacturing Plywood.

[108] USP 1456842 (1923). Butterman, S., Cooperrider, C. K., Waterproof Adhesive.

[109] USP 1459541 (1923). Lindauer, A. C., Blood Albumin Glue.

[110] USP 1689732 (1930). Laucks, I. F., Davidson, G., Vegetable Glue.

[111] USP 1726510 (1929). Laucks, I. F., Water-Resistant Adhesive.

[112] USP 1786209 (1931). Laucks, I. F., Vegetable Adhesive.

[113] USP 1829259 (1932). Bradshaw, L., Dunham, H. V., Retarding the Setting of Casein Glue.

[114] USP 1835689 (1932). Laucks, I. F., Inc., Adhesive.

[115] USP 1851954 (1932). Dike, T. W., Adhesive for Gluing Together Materials such as Wood Veneer Plies.

[116] USP 1854700 (1933). Laucks, I. F., Inc., Vegetable Adhesive.

[117] USP 1871329 (1933). Laucks, I. F., Inc., Adhesive from Soy-Bean Flour.

[118] USP 1883989 (1933). Laucks, I. F., Inc., Adhesive from Soy-Bean Flour.

[119] USP 1892486 (1933). Dunham, H. V., Adhesive.

[120] USP 1925232 (1933). Cooper, M. B., Casein Glue.

[121] USP 1960176–7 (1934). Weber, J., Hengstebeck, F., Adhesive Papers for Plywood Manufacture.

[122] USP 1962808 (1934). Laucks, I. F., Inc., Adhesives.

[123] USP 1976435–6 (1934). Laucks, I. F., Inc., Adhesive.

[124] USP 1985631 (1935). Laucks, I. F., Inc., Adhesive from Soy-Bean Flour.

[125] USP 1994050 (1935). Sato, T., Waterproof Adhesive Composition.

[126] USP 2014167 (1935). Laucks, I. F., Inc., Adhesive.

[127] USP 2018733 (1936). Reconstruction Finance Corp., Plywood.

[128] USP 2066857 (1937). Containing Adhesive Materials Suitable for Laminating Synthetic Resin-Layers of Wood etc.

[129] USP 2150175 (1939). Laucks, I. F., Inc., Adhesive.

[130] USP 2283740 (1942). Davis & Co., Spreadable Cold-Setting Adhesive Suitable for Gluing Wood.

[131] USP 2287756 (1942). Am. Cyanamid Co., Condensation Product of the Urea-Formaldehyde Type.

[*132*] USP 2290946 (1940). Dearing, W. C., Meiser, K., Formaldehyde-Urea Adhesives.

[*133*] USP 2315776 (1940). Dearing, W. C., Meiser, K., Formaldehyde-Urea Adhesives.

[*134*] USP 2380239 (1945). Libbey-Owens-Ford Class Comp., Stabilizing Urea-Formaldehyd Resin Adhesives.

[*135*] USP 2399256 (1946). Rowe, W., Creping of Webs with Thin Coatings of Creping Adhesive.

[*136*] USP 2433680 (1947). Backmann, O. E., Adhesive Film.

[*137*] USP 2451186 (1948). Ciba A.G., Streckungsmittel für Leim.

[*138*] USP 2494537 (1946). Babcock, G. E., Smith, A. K., Cold-Setting Resorcinol Adhesive Composition.

[*139*] USP 2574784 (1951). Weyerhaeuser Timber Co., Phenolic Adhesive and Method of Bonding Wood Plies.

[*140*] USP 2574785 (1951) Weyerhaeuser Timber Co., Ingredient of Adhesives.

[*141*] WILLIAMSON, R. V., u. E. C. LATHROP: Agricultural Residue Flours as Extenders in Phenolic Resin Glues for Plywood. Mod. Plastics Bd. 27 (1949) S. 111/112, S. 169/174.

13. Pressen der Lagenhölzer

[*1*] DOFFINÉ, E., u. R. GEMMER: Die Anwendung der Hochdruck-Heißwasserheizung in Sperrholzbetrieben. Holz als Roh- und Werkstoff Bd. 5 (1942), S. 429/434.

[*2*] DOFFINÉ, E.: Fehlerquellen bei der Sperrholzverleimung. Holz als Roh- und Werkstoff Bd. 6 (1943), S. 292/296.

[*3*] DOFFINÉ, E.: Furnierzulagen und Beschickungsbleche sowie Beilagebleche für Sperrholzpressen. Norddeutsche Holzwirtschaft Jg. 3 (1949), Nr. 9.

[*4*] DOFFINÉ, E.: Fließfertigungsverfahren in der Sperrholzindustrie. Holz als Roh- und Werkstoff Bd. 9 (1951), S. 300/305.

[*5*] DOFFINÉ, E.: Zur geschichtlichen Entwicklung der hydraulischen Presse. Industrie-Anzeiger (1957), H. 69.

[*6*] DOFFINÉ, H.: Automation im Sperrholzwerk. Holz als Roh- und Werkstoff Bd. 18 (1960), S. 9/15.

[*7*] KOLLMANN, F.: Holz und Holzhalbzeuge im Flugzeugbau, Erfahrungsaustausch Holz, Bl. 3 1–1, Brandenburg/Havel, 1944.

[*8*] KÜCH, W.: Über die Vergütung des Holzes durch Verdichtung seines Gefüges. Holz als Roh- und Werkstoff Bd. 9 (1951), S. 305/317.

[*9*] MAC LEAN, G. K.: Compreg — Resin Treated Densified Wood. Forest Products Research Soc., 1949, Preprint 61.

[*10*] NARAYANAMURTI, D., u. K. SINGH: Preliminary Studies on Improved Wood, Part III, Compregnated Wood. For. Res. Inst., Dehra Dun, Ind. For. Leafl. 77/1945.

[*11*] PAHLITZSCH, G.: Holzbearbeitungsmaschinen auf d. Dt. Industriemesse, Hannover. Holz als Roh- und Werkstoff Bd. 9 (1951), S. 121.

[*12*] YLINEN, A.: Neuere Ergebnisse d. mechanisch-technologischen Holzforschung in Finnland. Holz als Roh- und Werkstoff Bd. 6 (1943), S. 221.

15. Oberflächenglättung

[*1*] IRSCHIK, E.: Furnier und Sperrholz und ihre fabrikmäßige Herstellung. Holz-Zentralblatt-Verlag, Stuttgart (1949), 71 S.

42*

16. Klimatisierung von Lagenhölzern bei Fertigung und Lagerung

[1] Brandi, O. H.: Grundsätzliches zur Heizung, Lüftung und Klimatisierung von Fertigungsstätten. Teil I: Wirkungsbilanz der Klimatechnik und die Klimagröße Temperatur. Z. VDI Bd. 98 (1956), S. 526/532; Teil II: Relative Feuchte, Luftbewegung, Reinheitsgrad und elektrostatische Aufladung als Klimagrößen. Z. VDI Bd. 98 (1956), S. 589/594.

[2] Deutscher Normenausschuß: Lüftung von Versammlungsräumen (VDI-Lüftungsregeln). DIN 1946, 2. Aufl. (1951).

[3] Deutscher Normenausschuß: Regelungstechnik. Benennungen, Begriffe. DIN 19226. (1954).

[4] Fachausschuß für Regelungstechnik des VDI und des VDE: Regelungstechnik. Düsseldorf (1954).

[5] Hartmann & Braun AG.: Elektrische und wärmetechnische Messungen, 9. Aufl. Frankfurt/Main (1959).

[6] Hawley, L. F.: Wood-Liquid Relations. US Dpt. Agric. Bull. Nr. 248, S. 8. Washington D. C. (1931).

[7] I. G. Farbenindustrie AG.: Kieselgel für Gase und Flüssigkeiten. Frankfurt/Main (1939).

[8] Junker, B.: Die regeltechnischen Grundlagen der Anwendung selbsttätiger Regler in der Heizungs- und Klimatechnik. Heizung, Lüftung, Haustechnik Bd. 7 (1956), S. 177/186.

[9] Keylwerth, R.: Grundlagen der Hochtemperaturtrocknung des Holzes. Holz-Zbl. Bd. 75 (1949), S. 953/954.

[10] Kollmann, F.: Technologie des Holzes und der Holzwerkstoffe, II. Bd., 2. Aufl., S. 443 u. 446. Berlin/Göttingen/Heidelberg (1955) 1183 S.

[11] Kraemer, O.: Klimaanlagen in Sperrholzwerken. Holz als Roh- und Werkstoff Bd. 3 (1940), S. 376/379.

[12] Krischer, O., u. K. Kröll: Trocknungstechnik. 1. Bd.: Krischer, O.: Die wissenschaftlichen Grundlagen der Trocknungstechnik, S. 48. Berlin/Göttingen/Heidelberg (1956) 400 S.

[13] Krischer, O., u. K. Kröll: Trocknungstechnik. 2. Bd.: Kröll, K.: Trockner und Trocknungsverfahren, S. 130/132. Berlin/Göttingen/Heidelberg (1959) 588 S.

[14] Krüger, W.: Grundsätzliche Fragen der Klimaregelung. Ges.-Ing. Bd. 78 (1957), S. 16/23.

[15] Kufferath, A.: Klimaanlagen für Industrie und Gewerbe, 3. Aufl. Berlin (1956/57).

[16] Lenz, H.: Aufbau, Wirkungsweise und Leistungsprüfung von Klimaanlagen. Ges.-Ing. Bd. 78 (1957), S. 9/16.

[17] Lingemann, H.: Klimatisierung. Heizung, Lüftung, Haustechnik Bd. 5 (1954), S. 118/122.

[18] Mayer, W.: Klimaanlagen in der Industrie. Heizung, Lüftung, Haustechnik Bd. 6 (1955), S. 41/46.

[19] Oppelt, W.: Kleines Handbuch technischer Regelvorgänge. Weinheim (1954).

[20] Raiss, W.: H. Rietschels Lehrbuch der Heiz- und Lüftungstechnik, 13. Aufl. Berlin/Göttingen/Heidelberg (1958) 568 S.

[21] Recknagel-Sprenger: Taschenbuch für Heizung, Lüftung und Klimatechnik, 50. Jahrg. 1959. München (1959) 883 S.

[22] Schaerer, F.: Klimatechnik, 3. Aufl. Zürich/Stuttgart (1959).

[23] Siemens & Halske AG.: Taschenbuch für Messen und Regeln in der Wärme- und Chemietechnik, 3. Aufl. Karlsruhe (1960).

[24] SPRENGER, E.: Begriffe in der Belüftungs- und Klimatechnik und ihre Bedeutung. Ges.-Ing. Bd. 77 (1956), S. 305/307.
[25] SPRENGER, E.: Regelungsprobleme in der Lüftungs- und Klimatechnik. Ges.-Ing. Bd. 77 (1956), S. 6/11.
[26] TORGESON, O. W.: For. Prod. Lab., Rep. Nr. R. 1742, Madison (1949).
[27] TRENKOWITZ, G.: Richtwerte zur Auslegung von Klimaanlagen. Kältetechn. Bd. 9 (1957), S. 143/146.
[28] VORREITER, L.: Holztechnologisches Handbuch, II. Bd., S. 112. Wien/München (1958) 600 S.

17. Herstellung von Tischlerplatten

[1] BLANKENSTEIN, C.: Holztechnisches Taschenbuch. München (1956) 931 S.
[2] FRIEDRICH, R.: Die Platte ein Holzwerkstoff. Holzwirtschaftl. Jahrbuch Nr. 4, Stuttgart (1955) 328 S.
[3] IRSCHICK, E.: Furnier und Sperrholz und ihre fabrikmäßige Herstellung. Stuttgart (1949) 71 S.
[4] KEYLWERTH, R.: Dimensionsstabilität und Gleichmäßigkeit von Möbel- und Türplatten. Holz als Roh- und Werkstoff Bd. 14 (1956), S. 353/360.
[5] KOLLMANN, F.: Technologie des Holzes und der Holzwerkstoffe, I. Bd., 2. Aufl., II. Bd., 2. Aufl. Berlin/Göttingen/Heidelberg (1951/1955).
[6] KOLLMANN, F.: Furnier- und Sperrholzmaschinen in: Holzwirtschaftl. Jahrbuch Nr. 6—7. Stuttgart (1957) 552 S.
[7] KOLLMANN, F.: Ergebnisse der Holzforschung in England. Holz-Zbl. Bd. 84 (1958), Nr. 113, S. 1439.
[8] KÖNIG, E.: Bearbeitung und Verwertung des Holzes. Stuttgart (1957) 316 S.
[9] PLATH, E.: Verleimung nach IW 67. Forschungsinstitut für Holzwerkstoffe und Leime, Technische Mitteilung 2/55.
[10] PLATH, E.: Die Lagenholzerzeugnisse, ihre Herstellung und Eigenschaften. Holz-Zbl. Bd. 81 (1955), Nr. 55, S. 675/676.
[11] SANDWEG, K.: 20 Jahre Hochfrequenz-Verleimung. Holz als Roh- und Werkstoff Bd. 15 (1957), S. 174/189.
[12] VORREITER, L.: Holztechnologisches Handbuch. Wien (1949) 547 S.
[13] WÄSTBERG, G.: Die Hochfrequenz-Verleimung in Schweden. Holz als Roh- und Werkstoff Bd. 16 (1958), S. 177/183.

18. Selbstkostenrechnung bei der Lagenholzherstellung

[1] AGTHE, K.: Die Abweichungen in der Plankostenrechnung. Freiburg i. Br. (1958).
[2] AUFFERMANN, J. D.: Kostenauswertung. Stuttgart (1953).
[3] BESTE, TH.: Die kurzfristige Erfolgsrechnung. Leipzig (1930).
[4] Bundesverband der Deutschen Industrie: Grundsätze für das Rechnungswesen (1953).
[5] FUNKE/BLOHM: Allgemeine Grundzüge des Industriebetriebes, Essen (1952.)
[6] FUNKE/MELLEROWICZ u. a.: Grundfragen und Technik der Betriebsabrechnung. 2. Aufl., Berlin (1954).
[7] GREIFZU, J.: Das neuzeitliche Rechnungswesen. 10. Aufl. (1958).
[8] GUTENBERG, E.: Grundlagen der Betriebswirtschaftslehre. 1. Bd. Die Produktion. 5. Aufl. Berlin/Götttingen/Heidelberg (1960).
[9] HEINEN, E.: Betriebswirtschaftliche Kostenlehre. Bd. I, Grundlagen, Wiesbaden (1959).

[10] Heinen, E.: Kosten u. Beschäftigungsgrad, in: Handwörterbuch d. Betriebs-wirtschaft. Bd. 2. Stuttgart (1957).

[11] Heinen, E.: Kostenanalyse u. Kostenspaltung, in: Handwörterbuch d. Betriebswirtschaft. Bd. 2. Stuttgart (1957).

[12] Heinen, E.: Reformbedürftige Zuschlagskalkulation. Zeitschrift f. handels-wissenschaftl. Forschung, Jg. (1958).

[13] Henzel, F.: Kosten u. Leistung. Stuttgart (1950). Ders.: Die Kostenrechnung. 2. Aufl. Stuttgart (1950).

[14] Käfer, K.: Standardkostenrechnung. Stuttgart (1955).

[15] Kalveram, W.: Industrielles Rechnungswesen, Bd. 2: Die Betriebsabrech-nung; Bd. 3: Kostenrechnung. Wiesbaden (1951).

[16] Kilger, W.: Produktions- und Kostentheorie in: Die Wirtschaftswissen-schaften. Wiesbaden (1958).

[17] Kosiol, E.: Kalkulatorische Buchhaltung, 5. Aufl. Wiesbaden (1953).

[18] Kosiol, E.: Warenkalkulation in Handel u. Industrie, 2. Aufl. Stuttgart (1953).

[19] Lassmann, G.: Die Produktionsfunktion und ihre Bedeutung für die betriebs-wirtschaftliche Kostentheorie. Köln-Opladen (1958).

[20] Lehmann, M. R.: Industriekalkulation, 4. Aufl. Stuttgart (1951).

[21] Matz, A.: Plankostenrechnung. Wiesbaden (1954).

[22] Mellerowicz, K.: Kosten u. Kostenrechnung. Bd. I: Theorie der Kosten, 3. Aufl. Berlin (1957); Bd. II: Verfahren, 2. u. 3. Aufl. Berlin (1958).

[23] Nowak, P.: Kostenrechnungssysteme in der Industrie. Köln-Opladen (1954). Ders.: Betriebstyp u. Kalkulationsverfahren. Wiesbaden (1936).

[24] Rummel, K.: Einheitliche Kostenrechnung, 3. Aufl. Düsseldorf (1949).

[25] Schmalenbach, E.: Kostenrechnung und Preispolitik, 7. Aufl. Köln-Opladen (1956).

[26] Schmidt, F.: Kalkulation u. Preispolitik in: Die Handelshochschule. Berlin-Wien (1942).

[27] Schneider, E.: Industrielles Rechnungswesen, 2. Aufl. Tübingen (1954.)

[28] Schnettler, A.: Das Rechnungswesen industrieller Betriebe, 4. Aufl. Wolfen-büttel (1949).

[29] v. Stackelberg, H.: Grundlagen einer reinen Kostentheorie. Wien (1932).

[30] Witthoff, J.: Der kalkulatorische Verfahrensausgleich. München (1956).

[31] Wolter, A. M.: Das Rechnen mit fixen und proportionalen Kosten. Köln-Opladen (1948).

Schriften über Direct Costing:

[32] Agthe, K.: Stufenweise Fixkostendeckung im System des Direct Costing. Zeitschrift für Betriebswirtschaft Jg. (1959), S. 404ff.

[33] Bock, G.: Das Rechnen mit Einzelkosten u. Deckungsbeiträgen. Zeitschrift für handelswissenschaftl. Forschung Jg. (1959), S. 636ff.

[34] Böhm/Wille: Direct Costing und Programmplanung. München (1960).

[35] Börner, D.: Direct Costing als System der Kostenrechnung. Diss. München (1961).

[36] Heine, P.: Direct Costing — eine angloamerikanische Teilkostenrechnung. Zeitschrift für handelswissenschaftliche Forschung Jg. (1959), S. 515ff.

[37] Kilger, W.: Die Erfolgsanalyse im Industriebetrieb. Zeitschrift f. handels-wissenschaftl. Forschung Jg. (1960), S. 299ff.

[38] Plaut, H.-G.: Die Grenz-Plankostenrechnung. Zeitschrift f. Betriebswirt-schaft Jg. (1953), S 347ff. u. 402ff.

[*39*] Plaut, H.-G.: Die Grenzplankostenrechnung, in: Fortschritte in der Planungs-rechnung, hrsg. v. d. Arbeitsgem. Planungsrechnung. Wiesbaden (1955), S. 61ff.

[*40*] Rationalisierungskuratorium der Deutschen Wirtschaft: Direct Costing, das Rechnen mit Grenzkosten. Übersetzung eines amerikan. Forschungsberichts. Berlin/Frankfurt/Köln (1960).

[*41*] Riebel, P.: Das Rechnen mit Einzelkosten und Deckungsbeiträgen. Zeit-schrift f. handelswissenschaftl. Forschung Jg. (1959), S. 213ff.

[*42*] Wille, F.: Direktkostenrechnung mit stufenweiser Fixkostendeckung. Zeit-schrift für Betriebswirtschaft Jg. (1959), S. 737ff.

19. Standortfragen

[*1*] Weck, J.: Die Wälder der Erde. Hamburg (1957).

20. Qualitätskontrolle

[*1*] Bethel, J. S., A. C. Barefoot u. D. A. Stecher: Quality Control in Lumber Manufacture. Journ. For. Prod. Res. Soc., Vol. 5 (1951), S. 26.

[*2*] Burr, J. W.: Engineering Statistics and Quality Control. New York, Toronto, London (1953).

[*3*] Gebelein, H.: Zahl und Wirklichkeit. Heidelberg (1950).

[*4*] Graf, U. u. H. J. Henning: Formeln und Tabellen der mathematischen Statistik. Berlin (1958).

[*5*] Grant, E. L.: Statistical Quality Control. New York, Toronto, London (1952).

[*6*] Hansen, E. R.: Statistical Bases for Quality Control Charts. Journ. F. P. R. S., Vol. 9 (1959), S. 31–A.

[*7*] Keylwerth, R.: Statistische Qualitätskontrolle. Holz als Roh- und Werkstoff, Bd. 13 (1955), S. 266/271.

[*8*] Keylwerth, R.: Statistische Methoden der Qualitätskontrolle im Holzin-dustriebetrieb. Mitteilungen d. Deutschen Gesellschaft für Holzforschung, H. Nr. 44/1957, Stuttgart (1959).

[*9*] Kumar, V. B.: Die Anwendung der statistischen Qualitätskontrolle an Fur-nierschälmaschinen. Holz als Roh- und Werkstoff Bd. 17 (1959), S. 64/71.

[*10*] Lindner, A.: Statistische Methoden. Basel (1951).

[*11*] Strauch, H.: Statistische Güteüberwachung. München (1956).

[*12*] Technical Session I — Quality Control, Journ. F. P. R. S., Vol. 3 (1953), Nr. 5, S. 13/28. (Noble, C. E.: Statistical Methods and the Modern Quality Control Program. Lawler, J.: An Application of Statistical Methods to the Thickness Control of Lumber Core Panels. Calahan, R. C.: Quality Control in Furniture Manufacture. Ripley, R. M.: Effective Quality Control on End Product. Pratt, W. E.: Some Applications of Statistical Quality Control to the Drying of Lumber.)

[*13*] Weber, E.: Grundriß der biologischen Statistik. Jena (1957).

Sonstige Veröffentlichungen

Anonymus: A French Plywood Factory for the Manufacture of Gaboon Plywood. Wood Bd. 22 (1957) S. 498/501.

Anonymus: An American Veneer Mill. Wood Bd. 20 (1955) S. 352/357.

Anonymus: Anlagen zum Aufwickeln, Abwickeln und Zerteilen von Schälfurnieren. Holz als Roh- und Werkstoff Bd. 12 (1954) S. 364/365.

Anonymus: Wood Adhesives. A Summary of their Properties and Uses. C. S. I. R. O.,
   Div. of For. Prod., Trade Circular No 49, South Melbourne (1960).
Anonymus: A Survey of the Australian Plywood Industry. Commonwealth Forestry
   and Timber Bureau, Canberra (1955), 22 S.
Anonymus: Bois Tropicaux et Industrie du Contreplaqué en Israël. Bois et Forêts
   des Tropiques Jg. (1955), H. 42, S. 55.
Anonymus: Conditioning Veneer Logs by Water and Steam. Veneers and Plywood
   Bd. 48 (1954) S. 12/13.
Anonymus: Die Erzeugung von Tischlerplatten im Sägewerk. Holz-Zbl. Bd. 78
   (1952) S. 1610/1611.
Anonymus: Durable Adhesive for Weatherproof Plywood. Timber Technology
   Bd. 68 (1960) S. 256/257.
Anonymus: Electronic Control of Veneer Peeling Lathes. Timber News Bd. 59
   (1951) S. 107.
Anonymus: Equalizing Moisture Content in Plywood. Veneers and Plywood Bd. 50
   (1956) S. 17/35.
Anonymus: Peeling of Veneer from White Meranti (*Shorea bracteolata*). Rep. For.
   Adm. Malaya (1958) S. 21.
Anonymus: Plywood Production in Israel. Veneers and Plywood Bd. 54 (1960)
   H. 2.
Anonymus: Points on Rotary Lathe Practice. Wood Working Digest Bd. 59 (1957)
   H. 5, S. 93/94.
Anonymus: Quality Control and Development of a Precision Material. Wood Bd. 17
   (1952) S. 334/339.
Anonymus: Scarf-Jointing Set Up Meets Demand for Extra-long Panels. Wood
   and Wood Products Bd. 53 (1958) H. 11, S. 22.
Anonymus: The Manufacture of Plywood Flush Doors. Timber Technology Bd. 65
   (1957) S. 251/253.
Anonymus: Trials of Timbers for Plywood Manufacture. Progress Report 29. Con-
   signment Nos. 766, 796, 838. Scots Pine, *Pinus silvestris* L., Homegrown. Con-
   signment No. 823. Douglas Fir, *Pseudotsuga taxifolia*, Homegrown. Forest
   Products Research Laboratory, Princes Risborough (1955), 24 S.
Anonymus: Trials of Timbers for Plywood Manufacture. Progress Report 30. Con-
   signment No. 844. Muhuhu, *Brachylaena hutchinsii*, Tanganyika. Forest Products Research Laboratory ,Princes Risborough (1955), 5 S.
Anonymus: Trials of Timbers for Plywood Manufacture. Progress Report 31. Con-
   signment No. 841. Red Meranti, *Shorea parvifolia*, British North Borneo. Forest
   Products Research Laboratory, Princes Risborough (1955), 7 S.
Anonymus: Trials of Timbers for Plywood Manufacture. Progress Report 32. Con-
   signment No. 849. Pillarwood, *Cassipourea elliottii*, Tanganyika. Forest Products Research Laboratory, Princes Risborough (1955), 7 S.
Anonymus: Trials of Timbers for Plywood Manufacture. Progress Report 33. Con-
   signment No. 856. Ceiba, *Ceiba pentandra*, Gold Coast. Forest Products Re-
   search Laboratory, Princes Risborough (1955), 12 S.
Anonymus: Veneer Bundling. The Use of a Steel Strapping Press. Wood Bd. 20
   (1955) S. 227.
Anonymus: Veneer Drying Plant. Timber Technology Bd. 62 (1954) S. 310/311.
Anonymus: Verbessertes Zurichten von Messerfurnierblöcken durch neue Dreh-
   vorrichtung. Holz-Zbl. Bd. 81 (1955) S. 1387.
Association Technique Internationale des Bois Tropicaux: Nomenclature des Bois
   Tropicaux; I Afrique. Nogent-sur-Marne (1954), 82 S.

BATEY, T. E.: Minimizing Face Checking of Plywood. For. Prod. J. Bd. 5 (1955) S. 277/285.

BAUER, F.: Wertholzanteil und Furnierfähigkeit der Roteiche. Holz-Zbl. Bd. 80 (1954) S. 23/24.

BECKER, H.: Furnier-Stanzautomaten. Holz als Roh- und Werkstoff Bd. 14 (1956) S. 18/20.

BERGIN, E. G.: Effect of Wood Moisture Content on Gluing. For. Prod. Laboratories of Canada, Technical Note No. 12, Ottawa (1959).

BETHEL, J. S.: Drying and Conditioning Veneer. N. C. State College, School of Forestry, Techn. Bull. No. 4 (1950) S. 52/56.

BETHEL, J. S.: The Veneer and Plywood Industry of Yugoslavia. J. For. Prod. Res. Soc. Bd. 3 (1953) H. 1, S. 16/18.

BETHEL, J. S., u. R. M. CARTER: Technique of Hardwood Plywood Quality Control. Proc. For. Prod. Res. Soc. Bd. 4 (1950) S. 162/169.

BETHEL, J. S., u. R. J. HADER: Hardwood Veneer Drying. J. For. Prod. Res. Soc. Bd. 2 (1952) H. 5, S. 205/215.

BETHEL, J. S., u. C. HARRELL: The Application of Linear Programming to Plywood Production and Distribution. J. For. Prod. Res. Soc. Bd. 7 (1957) S. 221 bis 227.

BETHEL, J. S., u. C. A. HART: Techniques for the Development of a Rational Grading System for Hardwood Veneer Logs. J. For. Prod. Res. Soc. Bd. 10 (1960) S. 296/301.

BIRETT, H.: Der Elektroantrieb von Rundschälmaschinen. Sperrholz Bd. 5 (1933) H. 3/4, S. 29.

BITTNER-KLOTZ: Furnier – Sperrholz – Schichtholz. 1. Teil (1939), 51 S.; 2. Teil (1940), Berlin (1951), 54 S.

BLANKENSTEIN, C.: Holztechnisches Taschenbuch. München (1956) 931 S.

BLOMQUIST, R. F., u. W. Z. OLSON: Durability of Fortified Urea-Resin Glues in Plywood Joints. J. For. Prod. Res. Soc. Bd. 5 (1955) S. 50/56.

BLOMQUIST, R. F., u. W. Z. OLSON: Durability of Urea-Resin Glues at Elevated Temperatures. J. For. Prod. Res. Soc. Bd. 7 (1957) S. 266/272.

BOCK, E.: Der Abbindungsprozeß bei der Holzverleimung. Holz als Roh- und Werkstoff Bd. 10 (1952) S. 284/288.

BOCK, E.: Die Prüfung der Festigkeit von Leimverbindungen während des Abbindens des Leimes. Holz als Roh- und Werkstoff Bd. 10 (1952) S. 394/398.

BOCK, E.: Prüfung von Holzleimen. Die Bestimmung der statischen Festigkeitseigenschaften der Leimverbindungen. Holz als Roh- und Werkstoff Bd. 9 (1951) S. 62/71.

BOGUE, R. H.: The Chemistry and Technology of Gelatin and Glue. New York and London (1922).

BOIKO, I. I.: A Rotary Veneer Cutter with Automatic Clipper. Industrial Wood Processing Jg. 1959, H. 9, S. 26/27.

BOOTH, H. E.: Adjusting a Lathe to Cut a Good Veneer. Timber Technology Bd. 67 (1959) S. 107/110.

BOTT, R.: Betrachtungen über die industrielle Holzentrindung. Holz als Roh- und Werkstoff Bd. 13 (1955) S. 147/160.

BRANDE, F.: Adhesives. Chemical Publishing Co. (1943).

BRÄUTIGAM, C.: Prüfung von Holzleimen und Holzverleimungen. Holz-Zbl. Jg. 85 (1959) Nr. 19, S. 223.

BROUSE, D.: The Ideal Glue — How Close Are We? J. For. Prod. Res. Soc. Bd. 7 (1957) Nr. 5, S. 163/167.

DE BRUYNE, N. A., u. R. HOUWINK: Adhesion and Adhesives. New York, Amsterdam, London, Brüssel (1951), 517 S.

DE BRUYNE, A.: How Glue Sticks. Nature Bd. 180 (1957) S. 262/266.

BRYANT, B. S.: Glue-Line Evaluation Technique for White-speck Douglas-Fir Plywood. Bull. Coll. For. Univ. Wash. No. 4 (1958), 14 S.

BRYANT, B. S., u. R. K. STENSRUD: Some Factors affecting the Glue Bond Quality of Hard-Grained Douglas Fir Plywood. J. For. Prod. Res. Soc. Bd. 4 (1954) H. 4, S. 158/161.

BRUGGE, O. J.: Grading of Green Rotary Cut Douglas Fir and Other Western Soft Wood Veneers. J. For. Prod. Res. Soc. Bd. 7 (1957) S. 25a/27a.

BURGESS, H. J., u. K. KUMARASAMY: Veneer-Peeling Research in Malaya. Malay. Forester Bd. 21 (1958) S. 251/260.

CAMPBELL, R. L.: Loading and Unloading of Multiple Opening Hot Presses. J. For. Prod. Res. Soc. Bd. 4 (1954) H. 1, S. 58/61.

CARRUTHERS, J. F. S., u. R. W. HUDSON: The Durability of Plywood Adhesives in the Tropics. Wood Bd. 20 (1955) S. 424/426.

CHRISMER, R. F., u. C. A. HART: A Prediction-Equation for Veneer Drying Schedules. J. For. Prod. Res. Soc. Bd. 8 (1958) S. 137/141.

CHUGG, W. A., u. V. R. GRAY: The Durability of Acid-Setting Phenolic Resin Adhesives. Timber Development Association Ltd., Inform. Bull. C/IB/5. London (1960).

CLAD, W.: Die Beurteilung von Harnstoff-Harzleimen auf Grund ihrer Prüfung. Holz als Roh- und Werkstoff Bd. 18 (1960) S. 391/400.

CLAD, W.: Prüfung von Holzleimen. Holz als Roh- u. Werkstoff Bd. 17 (1959) S. 23/29.

COKLEY, K. V., B. L. ADKINS u. E. J. REES: The Determination of Moisture Content in Rotary Cut Veneers by Hygrometric Methods. The Austrian Timber Journal Bd. 21 (1955) S. 641, 643, 647 u. 648.

COLLINS, E. H.: Lathe Check Formation in Douglas Fir Veneer. For. Prod. J. Bd. 10 (1960) S. 139/140.

COLLINSON, H. A.: Phenol Resin Glues for Plywood. Wood Bd. 18 (1953) S. 210.

CONELLY, H. H.: Quality Veneer Production. Wood Working Digest Bd. 55 (1953) H. 4, S. 139/150.

COTTERELL, E. D.: Specialised Plywood Pressing Equipment. J. For. Prod. Res. Soc. Bd. 8 (1958) S. 13A/14A.

COULOMBEAU, Michel M.: Évolution de l'industrie du Contreplaqué. Bois et Forêts des Tropiques Jg. 1959, H. 66, S. 41/53.

CURRIER, R. A.: High Drying Temperatures — Do They Harm Douglas Fir Veneer. J. For. Prod. Res. Soc. Bd. 8 (1958) S. 128/136.

DALLAS, J. E.: The Application of Infra-Red Heating to the Drying of Veneers in the Plywood Industry. West Coast Lumberman Bd. 76 (1949) Nr. 2, S. 92, 95; Nr. 4, S. 92, 96.

DAVIS, E. M.: Waste in Veneer Manufacture. Forest Products Laboratory, Madison Wisc., Report No. 1493 (1945).

DEHN, U. v.: Die „Diehl"-Furnier-Aneinanderleimmaschine Nr. 890. Holz als Roh- und Werkstoff Bd. 10 (1952) S. 328/329.

DELMONTE, J.: Technology of Adhesives. Reinhold Publishing Corp., N. Y. (1947).

DEPPENMEIER, E.: Die Stieleiche als Furniereiche. Hannover (1957), 109 S.

DICKINSON, F. E., u. W. F. NEARN: Survey of Veneer and Plywood Research Facilities in the United States. J. For. Prod. Res. Soc. Bd. 8 (1958) S. 51/55.

DOFFINÉ, H.: Automation im Sperrholzwerk. Holz als Roh- und Werkstoff Bd. 18 (1960) S. 9/15.

EASON, W. J.: Technological Advances in Veneer and Plywood Materials, Machines and Methods. J. For. Prod. Res. Soc. Bd. 8 (1958) S. 19 A/24 A.

EASON, W. J.: Veneer Splicing. J. For. Prod. Res. Soc. Bd. 2 (1952) H. 4, S. 49/51.

EBERT, F. A.: Furniertrockenanlagen. Holz Bd. 4 (1950) S. 191/194.

EGNER, K.: Marktgängige Leime in Deutschland. Holz als Roh- und Werkstoff Bd. 9 (1951) S. 164/167.

EGNER, K., u. H. BRÜNING: Einflüsse auf die Aushärtungsgeschwindigkeit von Leimverbindungen im hochfrequenten Kondensatorfeld. Holz als Roh- und Werkstoff Bd. 12 (1954) S. 334/342.

ELLISON, J. G.: British-Made Plywood and its Possibilities. Timber Progress (1953).

ELMENDORF, A., u. T. W. VAUGHAN: Means for Reducing the Checking of Douglas-Fir Plywood. J. For. Prod. Res. Soc. Bd. 10 (1960) S. 45/47.

ENZENSBERGER, W.: Die Bedeutung der Leimkosten in der holzverarbeitenden Industrie. Holz Bd. 7 (1953) S. 53/55.

ENZENSBERGER, W.: Maschinen zur Vorbereitung und zum Auftragen von Leimen. Holz als Roh- und Werkstoff Bd. 12 (1954) S. 163/168.

ENZENSBERGER, W.: Probleme der Furnierfugenverleimung. Holz-Zbl. Bd. 78 (1952) S. 1137.

FAHRENHORST, H.: Chemie und Technologie der Harnstoffharze. Kunststoffe Bd. 45 (1955) S. 43/48.

FECHT, P.: Das Trocknen großflächiger Deckblatt-Schälfurniere. Holz als Roh- und Werkstoff Bd. 13 (1955) S. 372/375.

FEIHL, A. O.: Cutting White Spruce Veneers for Plywood. Canadian Woodworker. Toronto (1956), 4 S.

FEIHL, A. O.: Improved Profiles for Veneer Knives. Timber Technology Bd. 68 (1960) S. 57/59.

FEIHL, A. O.: Improved Profiles for Veneer Knives. Wood Bd. 25 (1960) S. 16/18.

FEIHL, A. O.: Reducing Heat Distortion in the Knife and Pressure Bar Assemblies of Veneer Lathes. For Prod. J. Bd. 8 (1958) S. 216/218.

FEIHL, A. O.: Reducing Heat Distortion in Veneer Lathes. Timber Technology Bd. 66 (1958) S. 604/606.

FEIHL, A. O.: Rotary Cutting of Curly Yellow Birch. Canadian Woodworker. Toronto (1955), 6 S.

FEIHL, A. O.: Setting Veneer Lathes with Aid of Instruments. For. Prod. Laboratories of Canada, Technical Note No. 14, Ottawa (1960), 22 S.

FEIHL, A. O.: Veneer and Plymood from Aspen Poplar. Canadian Woodworker. Toronto (1958), 3 S.

FLEISCHER, H. O.: Beech for Veneer and Plywood. US Dept. Agric., For. Service, Northeastern For. Exp. Station (1953).

FLEISCHER, H. O.: Instruments for Alining the Knife and Nosebar on the Veneer Lathe and Slicer. J. For. Prod. Res. Soc. Bd. 6 (1956) S. 1/5.

FLEISCHER, H. O.: Our Changing Veneer and Plywood Industry. J. For. Prod. Res. Soc. Bd. 6 (1956) S. 50/53.

FLEISCHER, H. O.: Shrinkage and the Development of Defects in Veneer Drying. J. For. Prod. Res. Soc. Bd. 4 (1954) H. 1, S. 30/34.

FLEISCHER, H. O.: The Veneer and Plywood Industry of the U.S. and Canada. J. For. Prod. Res. Soc. Bd. 5 (1955) S. 1/8.

FLEISCHER, H. O.: Veneer Drying Rates and Factors Affecting them. J. For. Prod. Res. Soc. Bd. 3 (1953) H. 3, S. 27/32, S. 71/92.

FLEISCHER, H. O., u. E. L. DOWNS: The Electrical Heating of Veneer Logs. Wood Bd. 19 (1954) S. 156/160.

FRIEDRICH, R.: Die Platte, ein Holzwerkstoff. Holzwirtschaftliches Jahrbuch Nr. 4, Stuttgart (1955), 328 S.

GAYER, S.: Die Holzarten und ihre Verwendung in der Technik. 7. Aufl., Leipzig (1957), 244 S.

GEBHARDT, H., H. v. GRUDZINSKI u. H. MATZ: Vergleich zwischen der amerikanischen und der europäischen Sperrholzindustrie. Holz als Roh- und Werkstoff Bd. 9 (1951) S. 190/193.

GEBHARDT, H., H. v. GRUDZINSKI u. H. MATZ: Herstellungsmethoden in amerikanischen Sperrholzfabriken. Holz als Roh- und Werkstoff Bd. 9 (1951) S. 273/278.

GEBHARDT, H., H. v. GRUDZINSKI u. H. MATZ: Erzeugnisse der nordamerikanischen Sperrholzindustrie. Holz als Roh- und Werkstoff Bd. 9 (1951) S. 348/351.

GEBHARDT, H., H. v. GRUDZINSKI u. H. MATZ: Folgerungen aus einer kritischen Betrachtung der Arbeitsmethoden in der amerikanischen Sperrholzindustrie für die europäische Sperrholzindustrie. Holz als Roh- und Werkstoff Bd. 9 (1951) S. 391/395.

GERNGROSS, O., u. O. GOEBEL: Chemie und Technologie der Leim- und Gelatinefabrikation. Dresden und Leipzig (1933).

GÖHRE, K.: Werkstoff Holz. Technologische Eigenschaften und Vergütung. Berlin (1954), 366 S.

GORSKOV, M. I.: The Cutting of Sliced Veneer with Hollow-Ground Saws without Set. Derev. Prom. Bd. 5 (1956) S. 3/4.

GOTTSTEIN, J. W.: An Effect of Peeler Log Heating on the Subsequent Shrinkage of Veneers during Drying. Composite Wood Bd. 3 (1956) H. 5 u. 6.

GOTTSTEIN, J. W.: Screen Dryer for Veneers. For. Prod. News Lett. C. S. I. R. O. Aust. No. 215 (1956) S. 6/8.

GOTTSTEIN, J. W., u. D. M. CULLITY: A New Type Screened Dryer for Rotary Peeled Veneers. J. For. Prod. Res. Soc. Bd. 5 (1955) S. 289/294.

GOTTSTEIN, J. W., u. W. G. KAUMAN: Project S. 7 – Veneer Drying. Experiment S. 7–8–Y–9 (b). Methods of Seasoning "Ash" Eucalypt Veneers: An Investigation of Aspects of the Mechanical Drying of Alpine Ash (*Eucalyptus gigantea*) Veneers. Working Plan. Division of Forest Products, C. S. I. R. O., Melbourne (1954), 33 S.

GRANTHAM, J. B., u. G. H. ATHERTON: Heating Douglas Fir Veneer Blocks-Does it Pay? Bull. For. Prod. Res. Cent. No. 9 (1959), 64 S.

GROSSHENNIG, E.: Antriebsfragen bei Furnier-Messermaschinen. Holz als Roh- und Werkstoff Bd. 17 (1959) S. 151/156.

HAASE, F.: Die Ziehklingenmaschine und ihr Einsatz in der Massenfertigung. Holz als Roh- und Werkstoff Bd. 13 (1955) S. 384/388.

HANSEN, E. R.: Statistical Bases for Quality Control Charts. J. For. Prod. Res. Soc. Bd. 8 (1958) S. 31 A/34 A.

Hauptverband d. Dt. holzverarb. Industrie u. verw. Industriezweige e. V.: Abschreibungssätze für Abnutzung – AfA – für Gegenstände des Anlagevermögens in Betrieben der holzbe- und holzverarbeitenden Industrie. Weinheim, 19 S.

HEMMING, C. B.: The Technology Involved in Using Elastomeric Adhesives. J. For. Prod. Res. Soc. Bd. 10 (1960) S. 30/32.

HERSTROM, C. A.: Economics of Automation in Plywood Manufacture. J. For. Prod. Res. Soc. Bd. 10 (1960) S. 396/397.

HESS, R. W.: Use of Tropical Woods in Veneer and Plywood. J. For. Prod. Res. Soc. Bd. 2 (1952) H. 5, S. 194/199.

HILL, R.: Urea and Melamine Adhesives. J. For. Prod. Res. Soc. Bd. 2 (1952) H. 3, S. 104/110.

HINE, J. M.: How Can the Plywood Industry Improve Control of Glue-Bond Quality? Wood Working Bd. 61 (1959) H. 8, S. 81/85.

HITCHINGS, W. C., u. A. E. WYLIE: Acceptance Sampling of Veneer Using the Lot-Plot Plan. J. For. Prod. Res. Soc. Bd. 7 (1957) S. 85/88.

HOADLEY, R. B.: A Cutting Device for Laboratory Scale Veneer Studies. J. For. Prod. Res. Soc. Bd. 10 (1960) S. 258/262.

HOFTEN, J.: Melamine Resins. The Plastics Institute Bd. 18 (1950) H. 33, S. 1/6.

HOLDEN, A. S., jr.: Technical and Practical Considerations in Veneeer Drying. J. For. Prod. Res. Soc. Bd. 6 (1956) S. 459/463.

HOLZ, D., u. W. KRUG: Über Ausbeute und Qualität bei der Furniererzeugung (1. Fortsetzung). Holzindustrie (Leipzig) Jg. 13 (1960) H. 11, S. 364/365.

HORIOKA, K.: Studies on Plywood. Rep. 10. On the Effects of Addition of Paraffin Wax Emulsion to Urea-Formaldehyde Resin Adhesive upon the Adhesion Property of Plywood. Bull. For. Exp. Sta. No. 113 (1959) S. 51/56.

HORIOKA, K., u. M. NOGUCHI: Studies on Plywood. Report No. 7. On the Formaldehyde Gas Emitted at Curing and Using of Plywood Glued with Urea-Formaldehyde Resin Adhesive. Bull. For. Exp. Sta. No. 98 (1957) S. 117/126.

HRULEV, V. M.: Quality Control in the Gluing of Plywood. Derev. Prom. Bd. 6 (1957) S. 13/15.

HRULEV, V. M.: Tests on the Durability of Glued Plywood. Derev. Prom. Bd. 7 (1958) S. 4/7.

HULL, W. Q., u. W. G. BANGERT: Animal Glues. Eng. Chem. Bd. 44 (1952) S. 2275 bis 2284.

HYLER, J. E.: Barking Veneer Logs. Southern Lumberman Bd. 183 (1951) Nr. 2294, S. 59.

HYLER, J. E.: Smooth Cuts with Knife-Type Machines. Wood Working Digest Bd. 61 (1959) H. 10, S. 83/86.

HYLER, J. E.: Softening Rotary Veneer Bolts. Southern Lumberman Bd. 183 (1951) Nr. 2292, S. 61/64.

HYLER, J. E.: Veneer Drying Operations and Equipment. Southern Lumberman Bd. 185 (1952) H. 2310, S. 49/51.

IRSCHICK, G.: Über die Holzausbeute bei der Sperrholzfertigung. Holz-Zbl. Bd. 76 (1950) S. 729/732.

JAYME, B. A.: Finish Checking of Hardwood Veneered Panels as Related to Face Veneers Quality. J. For. Prod. Res. Soc. Bd. 3 (1953) H. 3, S. 7/14 u. 91.

JURAN, J. M.: Quality Control Handbook. New York (1951).

KANAUCHI, T.: On the Rotary Cutting of Small Logs. Lathe Back-up Rolls and Results of the Operations. J. Jap. Wood Res. Soc. Bd. 4 (1958) S. 227/231.

KAUMAN, W. G., J. W. GOTTSTEIN u. D. LANTICAN: The Mechanical Drying of "Ash" Eucalypt Veneers. Austr. J. Appl. Sci. Bd. 7 (1956) S. 69/97.

KEITH, C. T.: Some Effects of Repeated Drying and Wetting on Wood Properties. For. Prod. Lab. of Canada, Technical Note No. 23, Ottawa (1960).

KERR, G. A.: Shrinkage and Development of Defects in Veneer Drying. Wood Bd. 21 (1956) S. 283/284.

KERR, G. A.: Veneer Drying. Wood Bd. 21 (1956) S. 192/194 u. S. 217/219.

KESSLER, L. H.: One Veneer Cutter to Another. Plywood Engineering Jg. 1940, H. 20/40.

670   Literaturverzeichnis

KEYLWERTH, R.: Der Verlauf der Holztemperatur während der Furnier- und Schnittholztrocknung. Holz als Roh- und Werkstoff Bd. 10 (1952) S. 87/91.

KEYLWERTH, R.: Die Bedeutung der mathematischen Statistik für die Holzforschung und Holzwirtschaft. Holz als Roh- und Werkstoff Bd. 12 (1954) S. 1/3.

KEYLWERTH, R.: Furnier-Trocknungsversuche. Holz als Roh- und Werkstoff Bd. 11 (1953) S. 11/17.

KEYLWERTH, R.: Infrarotstrahler in der Holzindustrie. Holz als Roh- und Werkstoff Bd. 9 (1951) S. 224/231.

KEYLWERTH, R.: Spalten, Spaltbeanspruchung und Querfestigkeit des Holzes. Holz als Roh- und Werkstoff Bd. 9 (1951) S. 1/7.

KEYLWERTH, R.: Statistische Methoden der Qualitätskontrolle im Holzindustriebetrieb. Mitt. d. Dt. Ges. f. Holzforschung, H. 45, Stuttgart (1957).

KEYLWERTH, R.: Statistische Qualitätskontrolle. Holz als Roh- und Werkstoff Bd. 13 (1955) S. 266/271.

KIVIMAA, E.: Investigating Rotary Veneer Cutting with the Aid of a Tension Test. J. For. Prod. Res. Soc. Bd. 6 (1956) S. 251/255.

KIVIMAA, E., u. M. KOVANEN: Microsharpening of Veneer Lathe Knives. Transl. Commonw. Sci. Industr. Res. Organ. Aust. No. 3907 (1958), 10 S.

KLEIN, G. M., u. F. W. REINHART: Fundaments of Adhesion. Mechanical Engineering Bd. 72 (1950) S. 717/722.

KNIGHT, R. A. G.: Adhesives for Wood, a Series of Monographs on Metallic and other Materials. Published under the Authority of the Royal Aeronautical Society, Bd. III, London (1952), 242 S.

KNIGHT, R. A. G.: Requirements and Properties of Adhesives for Wood. Dep. of Scient. and Ind. Res., For. Prod. Res. Bull. No. 20, London (1956).

KNIGHT, R. A. G.: The Efficiency of Adhesives for Wood. Dep. of Scient. and Ind. Res., For. Prod. Res. Bull. No. 38, London (1956).

KNIGHT, R. A. G.: The Efficiency of Adhesives for Wood, 2. Aufl. For. Prod. Res. Bull. Nr. 38, London (1959).

KNIGHT, R. A. G., L. S. DOMAN u. G. E. SOANE: Investigations into Glues and Gluing. Progress Report 110. The Durability of Glues for Plywood Manufacture. Series V and C. Forest Products Research Laboratory, Princes Risborough (1958), 31 S.

KNIGHT, R. A. G., u. R. J. NEWALL: Effect of Load and Heat on Veneer Lathes. Timber Technology Bd. 67 (1959) S. 58/60.

KNIGHT, R. A. G., M. J. MECH, E. L. S. DOMAN u. R. J. NEWALL: Durability Tests on Plywood Adhesives. Wood Bd. 16 (1951) S. 210/213.

KNIGHT, R. A. G., u. R. J. NEWALL: Effect of Load and Heat on Veneer Lathes. Timber Technology Bd. 67 (1959) Nr. 2236, S. 158/160.

KOEHLER, P. H.: The Potential of Western Hardwoods for Veneer and Plywood. J. For. Prod. Res. Soc. Bd. 10 (1960) S. 294/295.

KÖHLER, R., u. W. ENZENSBERGER: Melaminharze in der Holztechnik. Holz als Roh- und Werkstoff Bd. 10 (1952) S. 51/56.

KÖNIG, E.: Bearbeitung und Verwertung des Holzes. Stuttgart (1957), 316 S.

KÖNIG, E.: Fehler des Holzes. Stuttgart (1957), 256 S.

KÖNIG, E.: Sortierung und Pflege des Holzes. 2. Aufl., Stuttgart (1958), 300 S.

KÖNIGSBERG, E.: Applying Linear Programming to the Plywood Industry. J. For. Prod. Res. Soc. Bd. 10 (1960) S. 481/486.

KOIDE, S., u. Y. EGUSA: A Study on Power Consumption in Rotary Veneer Cutting. III. J. Jap. Wood Res. Soc. Bd. 2 (1956) S. 121/123.

KOLLMANN, F.: Herstellung von geformten Sperrholz- und Schichtholzteilen. Holz als Roh- und Werkstoff Bd. 9 (1951) S. 416/422.

KOLLMANN, F.: Technologie des Holzes und der Holzwerkstoffe. Berlin/Göttingen/Heidelberg: Bd. I, 2. Aufl. (1951), 14 + 1050 S.; Bd. II, 2. Aufl. (1955), 18 + 1183 S.

KOLLMANN, F.: Technologie des Holzes. Bd. II, 2. Aufl., S. 376/380, daselbst 16 Literaturstellen.

KOLLMANN, F.: Vorgänge und Änderungen von Holzeigenschaften beim Dämpfen. Holz als Roh- und Werkstoff Bd. 2 (1939) S. 1/11.

KOLLMANN, F., u. H. GESCHWANDTNER: Betriebsmessungen an Furnier-Schälmaschinen. Holz als Roh- und Werkstoff Bd. 11 (1953) S. 182/190.

KOLLMANN, F., u. B. HAUSMANN: Vergleichende Untersuchungen beim direkten und indirekten Dämpfen von Rundholz. Holz als Roh- und Werkstoff Bd. 13 (1955) S. 365/371.

KOLLMANN, F., R. KEYLWERTH u. H. KÜBLER: Verfärbungen des Vollholzes und der Furniere bei der künstlichen Holztrocknung. Holz als Roh- und Werkstoff Bd. 9 (1951) S. 382/391.

KOLLMANN, F., u. H. J. SCHULTE-BRADER: Studien über die Ausbeute in der deutschen Sperrholzindustrie. Holz als Roh- und Werkstoff Bd. 12 (1954) S. 465/471.

KÜBLER, H.: Längenänderungen bei der Wärmebehandlung frischen Holzes. Holz als Roh- und Werkstoff Bd. 17 (1959) S. 77/86.

KÜBLER, H.: Neue Maschinen für die Sperrholzindustrie. Holz als Roh- und Werkstoff Bd. 10 (1952) S. 144/157.

KÜBLER, H.: Plastische Formung und Spannungsbeseitigung bei Hölzern unter besonderer Berücksichtigung der Holztrocknung. Holz als Roh- und Werkstoff Bd. 14 (1956) S. 442/447.

KÜCH, W.: Leime. Ein Überblick über Arbeiten aus den Jahren 1944—48. Holz als Roh- und Werkstoff Bd. 9 (1951) S. 35/39.

KÜCH, W.: Über die Feuchtbindefestigkeit von Holzleimen. Holz als Roh- und Werkstoff Bd. 12 (1954) S. 434/442.

KULL, W.: Die Erwärmung von parallelflächigen Stoffen zwischen Heizplatten und die Bestimmung der Heizzeit bei der Holzverleimung, insbesondere bei der Spanplattenherstellung. Holz als Roh- und Werkstoff Bd. 12 (1954) S. 413/418.

KUMAR, V. B.: Die Anwendung der statistischen Gütekontrolle an Furnier-Schälmaschinen. Holz als Roh- und Werkstoff Bd. 17 (1959) S. 64/71.

KWIATKIEWICZ, M.: Utilization of Beech in Plywood Manufacture. Prace Inst. Tech. Drewna Bd. 2 (1955) S. 59/103.

LATHAM, J. F., u. P. W. PALMER: Plywood: A Short Guide to Manufacture, Glues and Grading. London (1955), 12 S.

LATIMER, CH.: Fundamentals of Quality Control. J. For. Prod. Res. Soc. Bd. 1 (1951) S. 13/15.

LATIMER, CH.: Quality Control in Lumber and Veneer Drying. J. For. Prod. Res. Soc. Bd. 1 (1951) S. 160/163.

LATIMER, CH.: Quality Control of Veneer and Plywood Manufacture. J. For. Prod. Res. Soc. Bd. 3 (1953) H. 1, S. 51/52.

LENEY, L.: A Photographic Study of Veneer Formation. J. For. Prod. Res. Soc. Bd. 10 (1960) S. 133/139.

LE RAY, J.: Bois tropicaux et contreplaqué. Bois et Forêts des Tropiques Jg. 1955, No. 40, S. 35/48.

Liiri, O.: Verfahren und Maschinen zur Holzentrindung, insbesondere für Säge-blöcke. Holz als Roh -und Werkstoff Bd. 13 (1955) S. 281/291.

Lipka, W.: Die maschinelle Einrichtung zur Herstellung von Furnier- und Tischler-platten. Holz Bd. 5 (1951) S. 105, 106, 188/190, 211/213 u. 231/233.

Lloyd, R. A., u. A. J. Stamm: Effect of Resin Treatment and Compression upon the Weathering Properties of Veneer Laminates. J. For. Prod. Res. Soc. Bd. 8 (1958) S. 230/235.

Lüttgen, C.: Die Technologie der Klebstoffe. Berlin-Wilmersdorf (1953), 426 S.

Lutz, J. F.: Causes and Control of End Waviness during Drying of Veneer. J. For. Prod. Res. Soc. Bd. 5 (1955) S. 114/117.

Lutz, J. F.: Effect of Wood-Structure, Orientation on Smoothness of Knife-Cut Veneers. J. For. Prod. Res. Soc. Bd. 6 (1956) S. 464/468.

Lutz, J. F.: Heating Veneer Bolts to Improve Quality of Douglas-Fir Plywood. Part I. Veneers and Plywood Bd. 54 (1960) S. 12/16.

Lutz, J. F.: Hickory for Veneer and Plywood. US Dept. Agric., For. Service, Southeastern For. Exp. Station, Hickory Task Force Rep. No. 1 (1955).

Lutz, J. F.: Measuring Roughness of Rotary Cut Veneer. Timberman Bd. 53 (1952) H. 5, S. 97.

Lutz, J. F.: Trends and Troubles — Veneer and Plywood, 1959. J. For. Prod. Res. Soc. Bd. 10 (1960) S. 119/122.

McCormack, P. H.: Polyvinyl-Acetate Glues for Woodworking. Wood Working Digest Bd. 57 (1955) H. 1, S. 99/109.

McCormack, P. H.: Polyvinyl Glues for Woodworking. Southern Lumberman Bd. 182 (1951) Nr. 2278, S. 56.

McDonald, C. E.: The Hardwood Plywood Industry. Southern Lumberman Bd. 201 (1960) Nr. 2513, S. 179/182.

McDonald, M. D.: The Comparison of Douglas Fir Veneer During Pressing. J. For. Prod. Res. Soc. Bd. 1 (1951) S. 103/114.

McLagan, C. F.: Casein Glues. J. For. Prod. Res. Soc. Bd. 2 (1952) H. 3, S. 95/98.

McMahon, E. P.: Application of Statistical Quality Control. Wood Working Digest Bd. 57 (1955) H. 1, S. 129/142.

McMillin, C. W.: The Relation of Mechanical Properties of Wood and Nosebar Pressure in the Production of Veneer. For Prod. J. Bd. 8 (1958) S. 23/32.

Mann, J. W.: What's New in Veneer Splicing Techniques. J. For. Prod. Res. Soc. Bd. 6 (1956) S. 85/87.

Mareev, V. S.: The Consumption of Birch for Plywood Manufacture. Industrial Wood Processing, Jg. 1959, H. 12, S. 11/14.

Marian, J. E.: Lim och Limning. Stockholm (1954), 265 S.

Marian, J. E.: The Correlation of 21 Variables of the Gluing Process for Wood and Similar Materials. Svenska Träforskningsinstitutet, Träteknik, Medde-lande 68 B, Stockholm (1955).

Marian, J. E.: The Technology of Wood Gluing. London/New York (1952).

Marian, J. E., u. H. H. Fickler: Die Leime in der Holzindustrie. Eigenschaften, Vorbereitung und Anwendung der gebräuchlichsten Leimtypen. Holz als Roh- und Werkstoff Bd. 11 (1953) S. 18/27.

Marian, J. E., D. A. Stumbo u. C. W. Maxey: Glue-Joint Strength. J. For. Prod. Res. Soc. Bd. 8 (1958) S. 345/351.

Marotte, P.: Etude sur la production du placage en France. Revue du Bois Bd. 15 (1960) H. 11, S. 21/26.

Marotte, P.: L'Industrie du placage en France. Les bois tropicaux. Bois et Forêts des Tropiques Jg. 1958, Nr. 61, S. 39/50.

MAYATIN, A. A., u. B. M. PETROV: Semi-Automatic Assembly of Veneers for Plywood. Industrial Wood Processing Jg. 1959, H. 11, S. 718.

MAYER-WEGELIN, H.: Furniereichen-Standorte. Holz-Zbl. Bd. 78 (1952) S. 1773 bis 1775.

MERGEN, F., u. H. J. WINER: Compression Failures in the Bowls of Living Conifers. J. of Forestry Bd. 50 (1952) S. 677/679.

MERRITT, E. H.: Engineering Design of a Veneer and Plywood Plant. J. For. Prod. Res. Soc. Bd. 6 (1956) S. 419/423.

MIEKI, S., u. S. KADITA: The Effect of Species and Position in the Log on the Shrinkage of Rotary Lauan Veneers. Wood Ind. Bd. 13 (1958) S. 19/23.

MIHAILOV, A. N.: Heating of Plywood Assemblies in Hot Presses. Derev. Prom. Bd. 4 (1955) S. 10/11.

MIHAILOV, A. N.: Schedules for Gluing Plywood with S-1 Phenolformaldehyde Resin. Derev. Prom. Bd. 5 (1956) S. 12/16.

MILLER, D. G.: The Sonic Detection of Blisters in Plywood. Timber Technology Bd. 68 (1960) S. 103/107.

MILLER, D. G.: Veneers, Plywoods, and Wood Adhesives. Canadian Woods. Their Properties and Uses. S. 245/280. Herausgegeben von: Forestry Branch, Forest Products Laboratories Division. Ottawa (1951).

MILLS, J. A.: PVA Woodworking Glues. Brit. Plastics Bd. 28 (1955) S. 497/499.

Ministry of Supply: Adhesives. Selected Government Research Reports Bd. 7, London (1950), 89 S.

MOLL, F.: Das Dämpfen des Holzes. Holztechnik Bd. 28 (1948) S. 111.

MORA, A.: Plywood, its Production, Use and Properties. Timber and Plywood. London (1932).

NAIR, K. R.: On the Application of Statistical Quality Control Methods in Wood-Based Industries. Indian Forest Leaflet Nr. 109. For. Research Institute, Dehra Dun (1949), 7 S.

NAKAMURA, G.: Studies on Rotary Lathe Cutting. Report I. Effect of Cutting Conditions upon the Quality of Japanese Beech (Buna) Veneer. Bull. For. Exp. Sta. No. 101 (1957) S. 177/197.

NAKAMURA, G., u. M. SAITO: Effect of Vertical Nosebar Opening on the Qualities of Japanese Beech Veneer on Rotary Cutting. J. Jap. Wood Res. Soc. Bd. 5 (1959) S. 7/12.

NAKAMURA, G., u. M. SAITO: Studies on Rotary Lathe Cutting. Report II. Effect of Nosebar Opening on the Quality of Lauan (Shorea spp.) Veneer and Measurements Applying to Quality of Commercial Lauan Veneer Cut at Several Plywood Factories. Bull. For. Exp. Sta. No. 108 (1958) S. 225/236.

NAKAMURA, G., u. M. SAITO: Studies on Rotary Lathe Cutting. Report III. Effect of Cutting Conditions on the Quality of Basswood, Aspen and Tulip Tree Veneer. Bull. For. Exp. Sta. No. 119 (1960) S. 67/78.

NARAYNAMURTI, D., u. B. N. PRASAD: Infrarot-Trocknung von Furnieren. Holz als Roh- und Werkstoff Bd. 10 (1952) S. 92/94.

NARAYANAMURTI, D., u. U. SANJIVA: Veneer Drying. Comp. Wood Bd. 1 (1954) S. 111/117.

NEWALL, R. J.: Corrugations on Veneered Plywood. Wood Bd. 22 (1957) S. 84/88.

NEUSSER, H.: Überlegungen zu den Abfällen der Furnierschälerei. Internat. Holzmarkt Bd. 42 (1951) S. 16/21.

NEUSSER, H.: Versuche mit Leimstreckmitteln für Harnstoffharze. Holz als Roh- und Werkstoff Bd. 14 (1956) S. 475/482.

Niox, F.: Une intéressante usine de déroulage et de contreplaqué „Plexafric“. Bois et Forêts des Tropiques Jg. (1956), H. 46, S. 41/47.

Northcott, P. L.: The Effect of Drier Temperatures upon the Gluing Properties of Douglas Fir Veneer. J. For. Prod. Res. Soc. Bd. 7 (1957) S. 10/16.

Northcott, P. L., u. H. G. M. Colbeck: Effect of Drier Temperatures on Bending Strength of Douglas-Fir Veneers (with Discussion). J. For. Prod. Res. Soc. Bd. 9 (1959) S. 292/297.

Northcott, P. L., H. G. M. Colbeck, W. V. Hancock u. K. C. Shen: Undercure ... Casehardening in Plywood. J. For. Prod. Res. Soc. Bd. 9 (1959) S. 442/451.

Okretic, B.: La machine américaine dans la fabrication des panneaux contre-plaqués. Bois et Forêts des Tropiques Jg. (1948), H. 7, S. 296/304.

Olson, W. Z., u. R. F. Bloomquist: Polyvinyl-Resin Emulsion Woodworking Glues. J. For. Prod. Res. Soc. Bd. 5 (1955) S. 219/226.

Paddon, T. W.: High Density Laminates. Timber News Bd. 56 (1948) S. 135/139.

Pentz, P. G.: Trends in Plywood Gluing. Timber News Bd. 58 (1950) S. 195/196, S. 244/246.

Perkitny, T., T. Grzeczynski u. M. Lawniczak: The Problem of Pressing Time and Temperature in the Manufacture of Plywood with Casein/Albumin Glue. Przemysl Drzewny Bd. 6 (1955) S. 301/304, S. 331/334.

Perkitny, T., M. Zenkteler u. A. Szydlowski: The Influence of Manufacturing Defects on Bond Strength in Resin-Glued Plywood. Prace Inst. Tech. Drewna Bd. 4 (1958) S. 59/80.

Perry, Th. D.: Clippers for Cutting Veneer to Width. Wood Working Digest Bd. 55 (1953) S. 123/137.

Perry, Th. D.: Gluing Techniques of Wood. (Zusammengefaßte Aufsätze aus Woodworking Digest, 1951.) Wheaton, Ill. (1951).

Perry, Th. D.: Modern Wood Adhesives. Pitman Publishing Corp., N. Y. (1944).

Perry, Th. D.: Moisture Content in Gluing Plywood. Veneers and Plywood Bd. 50 (1956) H. 14, S. 32/36.

Perry, Th. D.: Plastic-Faced Plywood. Wood Working Digest Bd. 54 (1952) H. 5, S. 117/126.

Perry, Th. D.: Plywood plus. I. Paper and Metal Faced Plywood in the United States. Wood Bd. 21 (1956) S. 183/185. — II. Impregnated Paper Faces Hardboard Outer Layers Decorative Plastic Overlays. Wood Bd. 21 (1956) S. 217/219.

Perry, Th. D.: Types of Plywood. A Wood Working Digest Technical Series Reprint. Wheaton, Ill., No. 104 (1955).

Perry, Th. D.: Veneer Cutting Techniques. Wood Working Digest Bd. 53 (1951) H. 10, S. 139/152; H. 11, S. 111/119.

Perry, Th. D.: Veneer Drier. Wood Working Digest Bd. 55 (1953) H. 7, S. 109/127.

Perry, Th. D.: Veneer Lathes and Reeling Equipment. Wood Working Digest Bd. 55 (1953) H. 4, S. 121/132.

Perry, Th. D.: Veneer Slicers and Segment Saws. Wood Working Digest Bd. 55 (1953) H. 5, S. 121/133.

Petz, A.: Theorie und Praxis der Schaumverleimung. Kunststoffe Bd. 41 (1951) S. 243/244.

Petz, A., u. M. Cherubin: Die Bestimmung des freien Formaldehyds bei wäßrigen Lösungen von Harnstoffharzen. Holz als Roh- und Werkstoff Bd. 13 (1955) S. 70/75.

Petz, A., u. F. Fischer: Wärmeenergetische Vorgänge beim Abbinden von Harnstoffharzen. Holz als Roh- und Werkstoff Bd. 12 (1954) S. 96/98.

Pinto, E. H.: Wood Adhesives. London (1955) 180 S.

PLATH, E.: Der Abbindevorgang von Kunstharzleimen im Temperaturbereich um 100 °C. Holz als Roh- und Werkstoff Bd. 10 (1952) S. 421/425.

PLATH, E.: Die Beurteilung der Leimbindefestigkeit von Sperrholz: ein mathematisch-statistischer Beitrag zur Neufassung der Gütebestimmungen von Sperrholz. Forschungsinstitut für Holzwerkstoffe und Holzleime, Karlsruhe (1956). 53 S.

PLATH, E.: Die Holzverleimung. Stuttgart (1951), 200 S.

PLATH, E.: Die Lagenholzerzeugnisse, ihre Herstellung und Eigenschaften. Holz-Zbl. Jg. 81 (1955) Nr. 55, S. 675/676.

PLATH, E.: Neuere Untersuchungen über die Verleimung von Sperrholz. Mitt. Öst. Ges. Holzforsch. Bd. 6 (1954) S. 39/46.

PLATH, E.: Prüfung und Beurteilung von Sperrholzleimen. Holz als Roh- und Werkstoff Bd. 15 (1957) S. 468/473.

PLATH, E.: Studien über Phenolharzleime. Die Prüfung von PF-Harzen auf Säureschädigungen. Holz als Roh- und Werkstoff Bd. 11 (1953) S. 466/471.

PLATH, E.: Studien über Phenolharzleime: Hitze- und Säurehärtung. Holz als Roh- und Werkstoff Bd. 11 (1953) S. 392/400.

PLATH, E.: Verleimung nach IW 67. Forschungsinstitut für Holzwerkstoffe u. Holzleime. Techn. Mitteilung Nr. 2, Karlsruhe (1955).

PLATH, E.: Wirtschaftliche Fragen bei der Verleimung von Sperrholz. Norddt. Holzwirtschaft Bd. 7 (1953) H. 117, S. 3/4.

PLATH, E., u. W. HERTLING: Beitrag zur Messung der Abbindevorgänge von schnellen Holzleimen. Holz als Roh- und Werkstoff Bd. 14 (1956) S. 188/190.

PLATH, L.: Verfärbungen von Deckfurnieren durch Furnier-Klebestreifen. Holz als Roh- und Werkstoff Bd. 16 (1958) S. 357/360.

PLATH, E., u. L. PLATH: Dämpfen von Rundholz. 1. Mitt.: Papierchromatographische Untersuchungen an Dämpfkondensaten von Rotbuche. Holz als Roh- u. Werkstoff Bd. 13 (1955) S. 226/237.

PLATH, E., u. L. PLATH: Dämpfen von Rundholz. 2. Mitt.: Mikroskopische Untersuchungen über das Dämpfen von Rotbuche. Holz als Roh- und Werkstoff Bd. 15 (1957) S. 80/86.

PLATH, E., u. L. PLATH: Die Beschichtung von Holzwerkstoffen mit Kunststoffen. Holz als Roh- und Werkstoff Bd. 15 (1957) S. 254/261.

PLATO, F. v.: Kontrollinstrumente zur Betriebsüberwachung in der Sperrholzindustrie. Holz als Roh- und Werkstoff Bd. 13 (1955) S. 312/313.

PÖLLRATH, L.: Der Antrieb von Rundschälmaschinen. Sperrholz u. Furnier Bd. 2 (1928) S. 113, 189, 361.

POTTENGER, CH.: Phenol and Resorcinol Adhesives. J. For. Prod. Res. Soc. Bd. 2 (1952) H. 3, S. 99/103.

POUZEAU, P., u. H. PRADAL: Aspects nouveaux dans la technique du déroulage de l'Okoumé. Bois et Forêts des Tropiques Jg. (1957), H. 54, S. 41/50.

POUZEAU, M., u. H. PRADAL: Le placage dédoublé dit „Écailleux" dans l'Okoumé déroulé. Bois et Forêts des Tropiques Jg. (1960), H. 72, S. 51/58.

PRESTON, ST. B.: The Effect of Synthetic Resin Adhesives on the Strength and Physical Properties of Wood Veneer Laminates. Yale University, School of Forestry, Bull. No. 60, New Haven (1954), 80 S.

PROKEŠ, S.: Slicing of Slats (Effect of Speed of Cutting and of Knife Blunting on the Quality of the Cut). Drev. Výskum Bd. 2 (1957) S. 53/73.

PROKEŠ, S.: Slicing Spruce and Beech into Slats (Effect of Various Slicing Conditions on Surface Roughness). Drev. Výskum Bd. 4 (1959) S. 121/145.

PROKEŠ, S.: Slicing Spruce and Beech into Slats (Effect of Various Slicing Conditions on Transverse Deflection, Checks, End Break-off, and Slat Thickness). Drev. Výskum Bd. 4 (1959) S. 251/288.

RACKWITZ, G.: Erfahrungen und Versuche bei der Furnierplattenherstellung. Holz-Zbl. Bd. 78 (1952) S. 1009, 1010, 1020, 1021.

RAUCH, A. H.: Glue Spreading by Spraying Method. J. For. Prod. Res. Soc. Bd. 7 (1957) S. 105/109.

RAYMOND, R. C.: Exterior Gluing of Low-Grade Douglas Fir Veneer. J. For. Prod. Res. Soc. Bd. 10 (1960) S. 38/41.

RAYMOND, R. C., J. M. HINE, K. K. GRAVES u. H. W. McCLARY: How Can the Plywood Industry Improve Control of Glue Bond Quality. J. For. Prod 'Res. Soc. Bd. 10 (1960) S. 205/211.

RHODE, M. J.: Quality Control in the Production of Laminated Timbers. J. For. Prod. Res. Soc. Bd. 7 (1957) S. 100/105.

RIDER, ST. H., u. S. E. KOZTEMBA: The Bonding Characteristics of Melamine Fortified Ureas. J. For. Prod. Res. Soc. Bd. 4 (1954) H. 5, S. 283.

RINNE, V. J.: Scarf Jointing of Veneer for Plywood. Wood Bd. 20 (1955) S. 124/125.

RINNE, V. J.: Verringerung des Arbeitszeitanteils je Produktionseinheit innerhalb der Sperrholzindustrie. Papperi ja Puu Bd. 34 (1952) S. 455/459.

RITCHIE, J. D.: Special Products Take Hold in the Veneer and Plywood Industry. J. For. Prod. Res. Soc. Bd. 7 (1957) S. 37/40.

ROBERTS, J. N., u. J. R. ROBERTS: Fundamentals of Knife Cutting Veneers. Transactions American Society of Mechanical Engineers WDI/55/4, Bd. 55 (1933) Nr. 8.

ROBERTSON, J. L.: Decorative Wood Veneers. Timber Technology Bd. 62 (1954) S. 121/123.

ROSSER, G. L., u. W. GALLAY: Vegetable Glues for Plywood and Veneers. Canada, Forest Service, Circular 50 (1937).

RUNKEL, R. O. H.: Zur Kenntnis des thermoplastischen Verhaltens von Holz. 1. Mitt. Holz als Roh- und Werkstoff Bd. 9 (1951) S. 41/53.

RUNKEL, R. O. H., u. K. D. WILKE: Zur Kenntnis des thermoplastischen Verhaltens von Holz. 2. Mitt. Holz als Roh- und Werkstoff Bd. 9 (1951) S. 260/270.

RUNKEL, R. O. H., u. H. WITT: Zur Kenntnis des thermoplastischen Verhaltens von Holz: 3. Mitt.: Über die wasser- und alkohollöslichen Anteile in hitzeplastiziertem Holz. Ergebnis einer papierchromatographischen Untersuchung. Holz als Roh- und Werkstoff Bd. 11 (1953) S. 456/461.

SACHT, H.-J.: Die Entwicklung der waagerechten Furnier-Messermaschine bis zum heutigen Stand der Technik. Holz als Roh- und Werkstoff Bd. 6 (1952) S. 324/327.

SACHT, H.-J.: Die Herstellung von Furnieren nach dem Schälverfahren. Holz Bd. 6 (1952) S. 7/10 u. 31/34.

SACHT, H.-J.: Moderne Maschinen für die Furnierherstellung. Holz als Roh- und Werkstoff Bd. 9 (1959) S. 20/26.

SACHT, H.-J.: Rationalisierung der Arbeit zwischen Schälmaschine und Trockner. Holz als Roh- und Werkstoff Bd. 11 (1953) S. 96/103.

SAKS, E. V.: Storage, Boiling and Steaming of Veneer Logs. Southern Lumberman Bd. 187 (1953) H. 2335, S. 60/70.

SALAMON, M.: Kiln-Drying of Unbundled Shingles at High Temperatures. For. Prod. Laboratories of Canada (1960).

SAMEK, J.: Comparison of the Effect of Some Synthetic Glues on Bond Quality in the Production of Waterproof Plywood. Drev. Výskum Bd. 3 (1958) S. 115/126.

SANDWEG, K.: 20 Jahre Hochfrequenz-Verleimung. Holz als Roh- und Werkstoff Bd. 15 (1957) S. 174/189.

SCHMIED, H.: Betriebsorganisation in Schälfurnierwerken. Holz-Zbl. Bd. 84 (1958) S. 349/351.

SCHMUTZLER, W.: Leistungsverhältnisse an Furnierrundschälmaschinen. Holz als Roh- und Werkstoff Bd. 14 (1956) S. 482/485.

SCHMUTZLER, W.: Stufenlos verstellbarer Antrieb mit elektronischer Steuereinrichtung für konstante Schnittgeschwindigkeiten an Furnier-Rundschälmaschinen. Holz als Roh- und Werkstoff Bd. 18 (1960) S. 75/76.

SCHULZ, F.: Leimauftragmaschinen. Holz als Roh- und Werkstoff Bd. 14 (1956) S. 149/155.

SCHULZ, H.: Untersuchungen über Bewertung und Gütemerkmale des Eichenholzes aus verschiedenen Wuchsgebieten. Schriftenreihe d. Forstl. Fakultät der Universität Göttingen, Bd. 23, Frankfurt/Main (1959).

SCHWENKHAGEN, H. G.: Hochfrequenzgeneratoren für industrielle Anwendung in der Holztechnik. Holz als Roh- und Werkstoff Bd. 16 (1958) S. 151/164.

SEIDEL, G. A.: Soaking and Steaming of Peeler Logs. J. For. Prod. Res. Soc. Bd. 2 (1952) S. 200/204.

SELBO, M. L.: Curing Rates of Resorcinol and Phenol-Resorcinol Glues in Laminated Oak Members. J. For. Prod. Res. Soc. Bd. 8 (1958) S. 145/149.

SERGEENKO, G. A.: Mechanical Feeding of Logs to the Veneer Lathe. Transl. Commonw. Sci. Industr. Res. Organ. Aust. No. 3317 (1956), 2 S.

SMITH, P. I.: Synthetic Adhesives. Chemical Publishing Co. (1943).

SMOLENSKI, K. I.: Adhesives Based on Complex Phenols. Industrial Wood Processing Jg. 1959, H. 11, S. 12.

SODHI, J. S.: Die Abhängigkeit der Bindefestigkeit von Harnstoff- und Melamin-Formaldehyd-Harzen von Viskosität, Konzentration und Streckmittelzusatz. Holz als Roh- und Werkstoff Bd. 15 (1957) S. 92/96.

SODHI, J. S.: Die Abhängigkeit der Bindefestigkeit von Phenol-Formaldehydharzen verschiedener Kondensationsstufen von der Viskosität. Holz als Roh- und Werkstoff Bd. 14 (1956) S. 303/307.

SOINÉ, H.: Krananlagen. Holz als Roh- und Werkstoff Bd. 18 (1960) S. 125/131.

SOINÉ, H., u. W. ENZENSBERGER: Untersuchungen über kochfeste Verleimungen mit „Pressal 2060". Holz-Zbl. Bd. 81 (1955) S. 605.

SORSA, B.: Die Bestimmung der Bindefestigkeit von Sperrholz. Papperi ja Puu Bd. 37 (1955) S. 123/126, 129.

STANLEY, G. W., jr.: Minimizing Warpage in Plywood Manufacture. Wood Working Bd. 60 (1958) H. 7, S. 73/78.

STENSRUD, R. K.: Automation with Dry-Film Adhesives. J. For. Prod. Res. Soc. Bd. 10 (1960) S. 392/396.

STENVALL, T.: Die Bedeutung der Spindeldrehzahl bei der Furnierschälmaschine. Papperi ja Puu Bd. 34 (1952) S. 460/463.

STERLIN, D. M.: Problem of Obtaining Veneer of Uniform Moisture Content. Derev. Prom. Bd. 4 (1955) S. 11/15.

STERLIN, D. M.: Shrinkage of Peeled (Rotary) Veneer. Derev. Prom. Bd. 2 (1953) S. 18/21.

STRAUCH, H.: Statistische Güteüberwachung. München (1956), 176 S.

STRÜBING, J.: Über Möglichkeiten und Entwicklungsversuche zur Prüfung von Furnieroberflächen. Holz als Roh- und Werkstoff Bd. 18 (1960) S. 181/185.

STRÜBING, J., u. C. HARBS: Betriebsmessungen an Furniermessermaschinen. Holz als Roh- und Werkstoff Bd. 6 (1958) S. 183/190.

STUMPFF, G.: Untersuchungen über die Furnierfugenverleimung. Holz als Roh- und Werkstoff Bd. 13 (1955) S. 23/25.

Sullivan, R. A.: New Equipment Developments Point to Continuous Layup System. J. For. Prod. Res. Soc. Bd. 10 (1960) S. 398/399.

Švarcman, G. M.: Preparation of Peeler Knives for Work. Derev. Prom. Bd. 4 (1955) S. 11/14.

Svenska Träforskningsinstitutet: Eigenschaften an Leimtypen. Holz als Roh- und Werkstoff Bd. 11 (1953) S. 37/40.

Sverdlov, S. I.: Measuring Moisture Content in Veneers and Plywood. Industrial Wood Processing Jg. (1959), H. 7, S. 25/26.

Talley, D. C.: Eight-Point Quality Control Plan. Wood and Wood Products Bd. 63 (1958) H. 9, S. 28/30.

Tombach, H.: Can SQC (Statistical Quality Control) Help You? Southern Lumberman Bd. 186 (1953) H. 2327, S. 51/56.

Trendelenburg, R., u. H. Mayer-Wegelin: Das Holz als Rohstoff. 2. Aufl., München (1955), 541 S.

Truax, T. R.: The Gluing of Wood. U.S. Dept. of Agr., Departmental Bulletin 1500 (1929).

Tschirch, E., u. H. Liese: Tierische Leime für neuzeitliche Verarbeitungsmethoden. Holz als Roh- und Werkstoff Bd. 14 (1956) S. 101/104.

Tutt, jr., R.: Animal Glues in Woodworking. J. For. Prod. Res. Soc. Bd. 2 (1952) H. 3, S. 87/94.

Tutumoto, T.: Studies on the Cause and Control of End Waviness and Splitting During Veneer Drying. J. Jap. Wood Res. Soc. Bd. 2 (1956) S. 88/91.

US For. Prod. Laboratory: Symposium on Adhesives for the Wood Industry, Held at US Forest Products Laboratory, Madison/Wisc., US For. Prod. Laboratory, Rep. No. 2183 (1960).

US For. Prod. Laboratory: Synthetic Resin Glues. For. Prod. Lab., Madison/Wisc., Rep. No. 1336, November (1954).

US For. Prod. Laboratory: Wood Handbook. Washington, D.C. (1955), 528 S.

Vinik, P. A., u. S. A. Altermann: A Plant for Veneer Production. Industrial Wood Processing Jg. 1959, H. 7, S. 6/8.

Volškij, E. V.: The Grinding of Cutters for Peeling Wavy-Surfaced Veneer. Derev. Prom. Bd. 7 (1958) S. 7/8.

Voskresenskij, S. A.: Calculation of Processes in Peeling and Slicing. Derev. Prom. Bd. 6 (1957) S. 19/20.

Walter, W.: Die Furniertrocknung. Praktische Mittel zur Bestimmung und Verminderung der Ungleichförmigkeit. Holz als Roh- und Werkstoff Bd. 12 (1954) S. 463/465.

Wästberg, G.: Die Hochfrequenzverleimung in Schweden. Holz als Roh- und Werkstoff Bd. 16 (1958) S. 177/182.

Ward, D.: Automated Production of Prefinished Plywood Panels. Wood Working Digest Bd. 59 (1957) H. 12, S. 67/75.

Ward, D.: Finger Jointing Uses Shorts to Make Long Cores. Wood Working Bd. 61 (1959) H. 3, S. 53/58.

Watanabe, H.: The Performance of Veneer Driers. Wood Ind. Bd. 13 (1958) S. 20/24.

Wehner, E.: Die Maschinen der Spanplatten- und Sperrholz-Endfertigung. Holz als Roh- und Werkstoff Bd. 17 (1959) S. 145/150.

WETHERALL, W. F.: Adhesives, Their Properties and Choice. Timber Technology
Bd. 66 (1958) S. 67/69, 133/134.
WILLIS, E. H.: Veneer Drying Methods. US Patent No. 2706342 (1955), 3 S.
WINTER, H., u. G. KALISKE: Untersuchungen an einem Kaseinkaltleim. Holz als
Roh- und Werkstoff Bd. 11 (1953) S. 311/315.

ZIEGLER, J. L.: Foamed Adhesives, What are They? What Benefits are Possible?
Wood Working Bd. 60 (1958) H. 5, S. 87/92.
ZIEGLER, J. L.: Mechanized Foaming of Adhesives. J. For. Prod. Res. Soc. Bd. 9
(1959) S. 233/235.

Namenverzeichnis

Holzartenverzeichnis

Bei den Seitenzahlen bedeutet a = Anmerkung (Fußnote), b = Bild, t = Tabelle

Abachi (Triplochiton scleroxylon) als
  Blindfurnier 24, 35.
—, Ausfuhr aus Afrika 1958 15 t.
—, Bedeutung der Frachtkosten 622.
—, Dämpfzeit 69 t.
—, Einfuhr in die Bundesrepublik 1958
  16 t.
—, Ersatzholz für Okoumé 622.
—, Holzschutz 16.
—, Innenlagen und Absperrfurniere für
  Tischlerplatten 556, 561.
—, mikroskopischer Querschnitt 24 b.
— für Stäbcheninnenlagen 578.
—, Trocknungszeit und Furnierdicke
  im Bandtrockner 215 b.
—, Trocknungszeit und Furnierdicke in
  düsenbelüfteten Trocknern 221 b.
Abarco (Cariniana pyriformis) als Blind-
  furnier 36.
Abies alba s. Tanne.
Abura (Mitragyne ciliata) (Mitragyne
  stipulosa) als Blindfurnier 24, 35.
—, Ausfuhr aus Afrika 1958 15 t.
Acanthopanax ricinifolius s. Sen, jap.
  Goldrüster.
Acer campestre s. Feldahorn.
Acer platanoides s. Spitzahorn.
Acer pseudo-Platanus s. Bergahorn.
Acer saccharum s. Vogelaugen-Ahorn.
Acer spp. s. Ahorn.
Afrormosia elata s. Kokrodua.
Afzelia spp. s. Doussié.
Agba (Gossweilerodendron balsami-
  ferum) als Blindfurnier 35.
— als Deckfurnier 39.
Ahorn (Acer spp.) als Deckfurnier 33, 38.
—, Exzentrisches Schälen und Schälen
  mit Längsritz-Vorrichtung 158.
—, Kaltes Schälen und Messern 81.
—, Längs-Ritzvorrichtung 83.
—, Maserwuchs 34.
—, Riegelahorn für Sägefurniere 44.
— im Rollen-Plattentrockner 227.
—, Trocknungszeit im düsenbelüfteten
  Bandtrockner 223 t.
—, Verfärbung durch alkalische Casein-
  leime 308.
Aiélé (Canarium Schweinfurthii) als
  Blindfurnier 35.

Alerce, chilen. (Fitzroya cupressoides)
  als Deckfurnier 37.
Alnus glutinosa s. Erle.
Alstonia congensis s. Emien.
Amarillo (Centrolobium ochroxylon) als
  Deckfurnier 41.
Amboina (Pterocarpus indicus) als
  Deckfurnier 42.
—, Maserwuchs 34.
Anacardium excelsum s. Espavel.
Anacardium spp. als Blindfurnier 23.
Andira inermis s. Partridge, Rebhuhn-
  holz.
Andiroba (Carapa guianensis) als Blind-
  furnier 36.
— als Deckfurnier 41.
Anisoptera spp. s. Kaunghun, Krabak,
  Mersawa.
Antiaris africana s. Kirundu.
Antiaris spp. als Blindfurnier 25.
Antrocaryon Klaineanum s. Onzabili.
Arariba (Centrolobium ochroxylon) als
  Deckfurnier 41.
— s. Amarillo.
Araucaria angustifolia s. Brasilkiefer.
Arbutus Menziesii s. Madrona.
Assacú (Hura crepitans) als Blindfurnier
  24, 36.
Astronium fraxinifolium s. Urunday.
Aucoumea Klaineana s. Okoumé,
  Gabun, Ozouga.
Autranella congolensis s. Mukulungu.
Avodiré (Turraeanthus africana) als
  Deckfurnier 39.
Ayous (Triplochiton scleroxylon) als
  Blindfurnier 35.
— s. Abachi.

Baboen (Virola surinamensis) als Blindfurnier 23. 36.
Baillonella toxisperma s. Moabi.
Bergahorn (Acer pseudo-Platanus) als
  Deckfurnier 38.
— s. Ahorn.
Bergulme (Ulmus scabra) als Deckfurnier 38.
— s. Rüster.
Bété (Mansonia altissima) als Deckfurnier 39.

Sachwortverzeichnis

Anhang

Erzeugung von Sperrholz in der Welt

(Bearbeitet nach FAO World Forest Products Statistics von Franz Kollmann)
Erzeugung in 1000 m³

Jahr	Insgesamt	Europa	USSR	Nord-amerika	Süd-amerika	Afrika	Asien	Pazifischer Raum
1946	3110	520	252	1990	140	40	105	60
1947	3760	715	309	2370	125	40	145	55
1948	4425	875	435	2735	95	45	160	75
1949	4855	1100	573	2735	110	45	210	75
1950	6170	1315	658	3635	210	50	215	80
1951	7235	1635	767	4095	245	70	325	85
1952	7540	1545	883	4240	225	140	420	65
1953	8620	1660	946	4930	270	170	535	80
1954	9340	2045	1024	4985	270	190	705	95
1955	10720	2150	1049	6245	170	105	855	120
1956	11280	1910	1122	6710	185	135	1075	115
1957	11775	2105	1155	6745	200	150	1260	125
1958	13010	2125	1230	7715	225	155	1390	130
1959	14710	2295	1297	8910	210	160	1670	130

Die Zahlen für 1946 bis 1954 stammen aus dem Jahrbuch 1946···1955, die für 1955 aus dem für 1957, die für 1956 aus dem für 1958, die für 1957 aus dem für 1959 und die für 1958 und 1959 sowie die folgende Kurve aus dem Jahrbuch für 1960.

Sperrholzerzeugung in der Bundesrepublik Deutschland, Finnland, Frankreich, Großbritannien, Italien, Polen, USSR, Kanada, USA, Brasilien, Japan und Australien.

Index: 1953 = 100

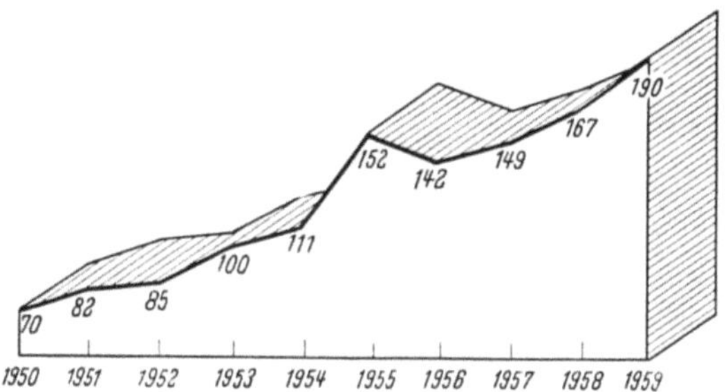

Anhang B

Liste der Furnier- und Lagenholzhersteller
in der Bundesrepublik Deutschland

Stand: Januar 1960

Gebr. Aicher, Holzindustrie,
Rosenheim/Bayer. Alpen.

Althage & Herbrechtsmeyer,
Bünde/Westf.

Andernacher Sperrholzwerk GmbH,
Andernach/Rhein.

Bartels-Werke GmbH,
Langenberg Krs. Wiedenbrück.

Otto Becher, Furnier- und Sperrholzwerke, Remagen/Rhein.

Fritz Becker KG, Sperrholzfabrik,
Brakel Krs. Höxter.

Gebr. Becker KG,
Meisenheim/Glan.

Blomberger Holzindustrie,
B. Hausmann GmbH,
Blomberg/Lippe.

Gebr. Böker KG, Sperrholzfabrik,
Dalhausen Krs. Höxter.

Otto Bosse, Furnier- und Sperrholzwerk, Stadthagen/Niedersachsen.

Caspar Breuer, Sperrholzwerk,
Broichweiden 1, über Aachen. .

J. Brüning & Sohn AG,
Lüneburg.

Adolf Buddenberg GmbH,
Bad Driburg/Westf.

Adolf Buddenberg,
Beverungen/Weser.

K. Dannenbaum,
Haltern/Westf.

Conrad Deines jun. GmbH,
Sperrholzwerk, Hanau/Main.

Fritz Emme, Holzwarenfabrik,
Bad Pyrmont.

J. Fischer KG, Sperrholzwerk,
Monheim/Schwaben.

Forssmanholz AG,
Wuppertal-Elberfeld.

Fränkische Holzwarenfabrik,
Oskar Winkler KG, Lohr/Main.

Furnier- und Sperrholzwerk AG,
Göppingen/Württ.

Geborn, Sperrholzwerk,
Gebr. Feuerborn KG,
Spexard über Gütersloh/Westf.

Gegewerke GmbH, Möbel-, Sperrholz-
und Furnierfabriken,
Weeze/Niederrhein.

Franz Geier KG, Sperrholzwerk,
Steibisberg Krs. Wangen.

W. K. Gnettner, Sperrholzwerk,
Schongau a. Lech.

Göttinger Holzkontor Becher & Sohn,
Karlshafen/Weser.

Heidelberger Sperrholz- und
Furnierwerk GmbH,
Sandhausen Krs. Heidelberg.

Theo Joh. Heijen, Holzbearbeitung KG,
Viersen/Rheinland.

Franz Henning, Sperrholzwerk,
Brilon/Westf.

Holsatia-Werke, Heinz Meyer KG,
Hamburg-Altona.

Holzindustrie GmbH,
Meckenbeuren/Württ.

Holzindustrie Cordingen,
Otto Marquardt KG,
Cordingen, Post Walsrode.

Holzindustrie Kümmel & Co.,
Wittlich/Rheinland.

Ilse-Werke KG,
Uslar/Hannover.

Industrie für Holzverwertung AG,
Essen-Altenessen.

Erich Jacob, Sperrholzfabrik,
Zeickhorn, Post Ebersberg b. Coburg.

Wilhelm Jung, Sperrholzwerk,
Brandoberndorf über Wetzlar.

Gustav Kliem,
Limburg/Lahn.
Ludwig Koch & Sohn, Sperrholzwerk,
Laasphe/Westf.
Koch & Solle, Sperrholzfabrik,
Horn/Lippe.
Gebr. Kohler KG, Sperrholzwerk,
Schweigern/Württ.
Friedrich Kölling,
Möbel- und Sperrholzwerke,
Gohfeld/Westf.
Edwin Kranz, Sperrholzwerk,
Bünde/Westf.
Gebr. Kruse, Abt. Bau- u. Möbelplatten,
Melle/Niedersachsen.
Gebr. Künnemeyer,
Horn/Lippe.
Lud. Kuntz, Sperrholzwerk,
Kirn/Nahe.
Kunz & Co., Sperrholzwerk,
Gschwend Krs. Backnang/Württ.
Gebr. Kusser, Sperrholzwerk,
Hauzenberg b. Passau.

Albert Mackensen, Sperrholzwerk,
Osterode/Harz.
Wilh. Mende & Co.,
Teichhütte über Seesen/Harz.
August Moralt, Holzindustrie,
Bad Tölz/Oberbayern.

Wilh. Niemeyer, Sperrholzwerk,
Duingen/Hann.
Nordeck Holzgesellschaft,
Stadtsteinach.

Oberhessisches Holzwerk, Abt. der
„Sämmtliche Riedesel Freiherren
zu Eisenbach oHG",
Lauterbach/Hessen.
Oberrheinische Holzindustrie GmbH,
Bannholz bei Waldshut/Baden.

Reese & Co., Sperrholzwerk,
Amelgatzen über Hameln.
Rheinische Sperrholz- und
Türenfabrik AG, Andernach/Rhein.
Heinrich Riffer,
Kassel-Bettenhausen.
Rottmann, Sperrholz- und Spanholz-
plattenwerk, Wilhelmshaven.

H. Rottmann & Söhne KG,
Herford/Westf.
W. Ruhenstroth GmbH,
Gütersloh/Westf.

Otto Sasse GmbH, Sperrholzfabrik,
Holzminden/Weser.
Hermann Schilling oHG,
Denzlingen/Baden.
Georg Schneider & Söhne,
Säge- und Sperrholzwerk,
Engstlatt/Württ.
E. Schulte, Sperrholzwerk,
Welver über Hamm/Westf.
Schütte-Lanz, Holzwerke AG,
Mannheim-Rheinau.
Solling Sperrholzwerk GmbH,
Fürstenberg/Weser.
August Sommer, Holzringfabrik,
Plüderhausen/Württ.
Südwestdeutsche Sperrholzwerke,
Blum KG, Kehl/Rhein.
Sperrholzfabrik Otto Gedrath KG,
Hedemünden/Werra.
Sperr- und Faßholzfabrik,
Goldbach GmbH,
Goldbach über Aschaffenburg.
Sperrholzwerk Ebersberg, Kurt Rohde,
Ebersberg b. München.
Sperrholz- und Furnierwerke GmbH,
Eiweiler/Saar.
Sperrholzwerk Günther GmbH,
Bad Salzuflen.
Sperrholzwerk Siebergsmühle,
Wagner & Gaa,
Andernach/Rhein.
Sperrholzwerk Waldsee GmbH,
Bad Waldsee/Württ.
Heinrich Stemich,
Stromberg/Westf.
Stockmeyer & Diestelkamp,
Sperrholzwerk, Gütersloh/Westf.
Carl Sturm, Sperrholzwerk,
Gronau Krs. Heilbronn.

Teutoburger Sperrholzwerk,
Georg Nau GmbH,
Pivitsheide b. Detmold.
Thiele & Co. GmbH, Sperrholzwerk,
Mölln/Lauenburg.

C. A. Traxel KG, Sperrholzwerke,
Hanau/Main.

Wilhelm Vogler, Sperrholzwerk,
Offenbach/Main.
Gebr. Vöhringer, Sperrholzwerk,
Unterhausen-Reutlingen.

Gebr. Wendel KG, Sperrholzwerk,
Hofheim/Taunus.
J. F. Werz jr. KG, Sperrholzwerk,
Würtingen Krs. Reutlingen.
Weser-Sperrholzwerke GmbH,
Holzminden/Weser.

Westdeutsche Sperrholzwerke AG,
Wiedenbrück/Westf.
Winkels Ww., Sperrholzwerk,
Viersen/Rheinland.
Joh. Wissler GmbH,
Großostheim b. Aschaffenburg.
Adolf Wolf, Sperrholzwerk,
Gräfelfing Krs. München.
Gerhard Wonnemann, Holzwerk GmbH
Wiedenbrück/Westf.

Karl Ziegler GmbH, Sperrholzwerk,
Rockenhausen/Pfalz.

Produktionsprogramme der im Verband der deutschen Sperrholz- und Spanplattenindustrie e. V.[1] zusammengeschlossenen Hersteller

1. Hersteller von Furnierplatten

Firma	Handelsname der Platte	Formate in cm	Dicke in mm	Deckfurniere
AGE Sperrholz- und Furnierwerke, Spanplattenfabrik GmbH., Eiweiler/Saar	AGE	170 × 122, 153, 170 183 × 122, 153, 170 205 × 122, 153, 170 220 × 122, 153, 170 225 × 122, 153 245 × 122, 153, 170 250 × 122, 153, 170	3, 4, 5, 6, 8, 10, 12, 15, 18, 20, 22, 25	Abachi/Samba Buche Okoumé Limba Pappel Edelfurniere
Gebr. Aicher, Holzindustrie, Rosenheim/Bayer. Alpen, Postfach 15		173 × 122, 153 220 × 100, 122, 153 244 × 122, 153 250 × 122, 153 Fixmaße nach Anfrage	4, 5, 6, 8, 10, 12, 16, 19, 22, 25	Fichte/Tanne Okoumé Limba Wawa
Andernacher Sperrholzwerk GmbH., Andernach/Rhein, Postfach 160	CORONA	170 × 100, 122, 153, 170, 183 200 × 100, 122, 153, 170, 183, 200 220 × 100, 122, 153, 170, 183, 200, 220 250 × 100, 122, 153, 170, 183, 200, 220 305 × 100, 122, 153, 170, 183 Fixmaße innerhalb der Größe 305 × 183 und umgekehrt	3, 4, 5, 6, 8, 10, 12, 15, 16, 18, 19, 22, 25	Buche Okoumé Ilomba Limba Makoré Wawa Edelfurniere
Bartels-Werke GmbH., Langenberg/Westf. über Gütersloh	TELSA-Furnierplatten	173 × 122, 153, 173 205 × 122, 153, 173 220 × 122, 153, 173 250 × 122, 153, 173	4, 5, 6, 8, 10, 12, 15, 18, 20	Abachi Okoumé Limba Makoré

[1] Frankfurt a. M., Franz-Rücker-Allee 19—21.

Firma	Handelsname der Platte	Formate in cm	Dicke in mm	Deckfurniere
Otto Becher, Furnier-, Sperrplatten- und Türenwerke, Remagen/Rhein, Postfach 149	MERKUR	170 × 122 200 × 122 220 × 122 Fixmaße innerhalb der Größe 220 × 122 und umgekehrt	4, 5, 6, 8, 10, 12	Edelfurniere
Fritz Becker KG., Sperrholzfabrik, Brakel, Krs. Höxter, Postfach 3		122 × 122, 153 153 × 122, 153 170 × 122, 153 183 × 122, 153 200 × 122, 153 205 × 122, 153 220 × 122, 153 Fixmaße innerhalb der Größe 220 × 153 und umgekehrt	3, 4, 5, 6, 7, 8, 10, 12, 15, 18, 20, 22, 25	Buche Okoumé Limba Makoré
Blomberger Holzindustrie, B. Hausmann KG., Blomberg/Lippe, Postfach 68		100 × 200 122 × 122, 153, 170 153 × 122, 153 170 × 122, 153 183 × 122, 153 200 × 100, 122, 153 205 × 100, 122, 153 220 × 100, 122, 153 244 × 122, 153 Fixmaße innerhalb der Größe 244 × 153 und umgekehrt	4, 5, 6, 8, 10, 12, 15, 18, 20, 22, 25	Buche Okoumé Abachi
Gebr. Böker KG., Sperrholzfabrik, Dalhausen, Krs. Höxter		Fixmaße innerhalb der Größe 205 × 153 und umgekehrt	3, 4, 5, 6, 7, 8, 10, 12, 16	Buche Okoumé
Otto Bosse, Furnier- und Sperrholzwerk, Stadthagen/Niedersachsen, Postfach 49	OBO	122 × 122, 153, 173, 205 153 × 122, 153, 173, 205 173 × 122, 153 183 × 122, 153	4, 5, 6, 8, 10, 12	Buche Okoumé Limba

		205 × 122, 153 220 × 122, 153 240 × 122, 153 Fixmaße innerhalb der Größe 205 × 153 und umgekehrt		
Breuer & Co., Sperrholzwerk, Broichweiden 1, über Aachen		Auskunft auf Anfrage		
Adolf Buddenberg GmbH., Bad Driburg/Westf., Postfach 14		122 × 122, 200 153 × 122, 153 170 × 122, 153 200 × 122, 153 220 × 122, 153 Fixmaße innerhalb der Größe 205 × 153 und umgekehrt	3, 4, 5, 6, 8, 10, 12, 15, 18, 20	Abachi Buche Okoumé
Adolf Buddenberg, Beverungen/Weser		Fixmaße innerhalb der Größe 205 × 122 und umgekehrt	3, 4, 5, 6, 8, 10, 12, 15	Buche Okoumé
Josef Fischer KG., Sperrholz-, Parkett- und Sägewerk, Monheim/Bay., Postfach 13	JFM	153 × 170, 220, 250 170 × 153 220 × 153 250 × 153 Zuschnittmaße innerhalb der Größe 250 × 153 und umgekehrt	4, 5, 6, 8, 10, 12, 14, 15, 16, 18, 20, 22, 25	Abachi/Wawa Buche Fichte Okoumé Pappel
Furnier- und Sperrholzwerk AG., Göppingen/Württ., Postfach 189		220 × 170 170 × 220 220 × 153 153 × 220 Fixmaße innerhalb der Größe 220 × 153/170 und umgekehrt	3, 4, 5, 6, 8, 10, 12, 15	Abachi Buche Okoumé Limba
Gegewerke GmbH., Möbel-, Sperrholz- und Furnierfabriken, Weeze/Niederrhein	GEGE	Standardgrößen: 254 × 183 Anfallgrößen: 200 × 122, 153, 173, 183 220 × 122, 153, 173, 183 254 × 122, 153, 173	4, 5, 6, 8, 10, 12	Okoumé Limba

1. Hersteller von Furnierplatten (*Forts.*)

Firma	Handelsname der Platte	Formate in cm	Dicke in mm	Deckfurniere
Göttinger Holzkontor, Becher & Sohn, Karlshafen/Weser	EICHSFELDER	Standard- und Fixmaße bis 250 × 153	3—15 auf Anforderung bis 30 mm	Abachi Buche Okoumé Limba Makoré
Theo Joh. Heijen, Holzbearbeitung, Viersen/Rheinland, Sittarder Straße 202	ADMIRA-Edelsperrholz	170 × 122, 153 200 × 153 205 × 122, 153 220 × 122, 153 240 × 153 Fixmaße innerhalb der Größe 240 × 153 und umgekehrt	4, 5, 6, 8, 10, 12	Edelfurniere
Holsatia-Werke, Heinz Meyer KG., Hamburg-Altona, Ruhrstraße 57	HOLSATIA-Furnierplatten	153 × 153 170 × 153, 170 205 × 100, 122, 153, 170 220 × 153, 170 255 × 153, 170	4, 5, 6, 8, 10, 12	Buche Okoumé Limba
Holzindustrie Cordingen, Otto Marquardt KG., Cordingen, Post Walsrode, Postfach 103	CORDA	153 × 153 1 + 2) 170 × 122, 153 1 + 2) 205 × 100, 122, 153 1 + 2) 220 × 122, 153 1 + 2) 220 × 170 2) 250 × 122, 153, 170 2) (305 × 122, 153 2)	4, 5, 6, 8, 10, 12, 15, auf Wunsch bis 40 mm	Buche 1) Okoumé und Limba 2)
Ilse-Werke KG., Uslar/Hannover	ILSE-Sperrholz	122 × 122 153 × 122, 153 170 × 122, 153, 170 183 × 122, 153	3, 4, 5, 6, 8, 10, 12, 14, 15, 16, 18, 19, 22	Buche Okoumé Limba Makoré

		205 × 122, 153, 170 220 × 122, 153, 170 250 × 122, 153, 170 Fixmaße innerhalb der Größe 200 × 122 und umgekehrt		
Industrie für Holzverwertung AG., Essen-Altenessen, Krablerstraße 14	CORONA	170 × 100, 122, 153, 170, 183 200 × 100, 122, 153, 170, 183, 200 220 × 100, 122, 153, 170, 183, 200, 220 250 × 100, 122, 153, 170, 183, 200, 220 305 × 100, 122, 153, 170, 183 Fixmaße innerhalb der Größe 305 × 183 und umgekehrt	3, 4, 5, 6, 8, 10, 12, 15, 16, 18, 19, 22, 25	Buche Okoumé Ilomba Limba Makoré Wawa Edelfurniere
Erich Jacob, Sperrholzfabrik, Zeickhorn bei Coburg, Post Eberdorf über Lichtenfels, Postfach 24		Auskunft nach Anfrage		
Wilhelm Jung, Sperrholzwerk, Brandoberndorf/Taunus	JUBRA	122 × 122 153 × 122, 153 170 × 122, 128, 153 205 × 90, 100, 122, 153 220 × 122, 153 250 × 122, 153 Fixmaße innerhalb der Größe 250 × 170 und umgekehrt	4, 5, 6, 8, 10, 12, 15	Buche Okoumé Limba
Gebr. Kohler KG., Furnier- und Sperrholzwerk, Schwaigern/Württ.		100 × 122, 153, 170, 205, 220, 250 122 × 122, 153, 170, 205, 220, 250 153 × 122, 153, 170, 205, 220, 250 170 × 122, 153, 170, 205, 220, 250 180 × 153 205 × 122, 153, 170 220 × 100, 122, 153, 170 250 × 122, 153, 170	3, 4, 5, 6, 8, 10, 12, 15, 19	Buche Okoumé Edelhölzer

1. Hersteller von Furnierplatten (*Forts.*)   **Anhang C1**

Firma	Handelsname der Platte	Formate in cm	Dicke in mm	Deckfurniere
Ludwig Koch & Sohn, Sperrholzwerk, Laasphe/Westfalen, Postfach 150	KOLA	120 × 230 Fixmaße innerhalb der Größe 120 × 230 und umgekehrt	4, 5, 6, 8, 10, 12, 15, 18, 20	Buche Okoumé Limba
Koch & Solle, Sperrholzfabrik, Horn/Lippe, Postfach 20	K & S-Platte	Fixmaße innerhalb der Größe 122 × 245 und umgekehrt	4, 6	Edelfurniere
Friedrich Kölling, Möbel- und Sperrholzwerke, Gohfeld/Westfalen, Postfach 14		170 × 100, 110, 122, 170, 205, 220 205 × 100, 110, 120, 122, 170 220 × 100, 110, 122, 170 Fixmaße innerhalb der Größe 220 × 170 und umgekehrt	3, 4, 5, 6, 8, 10, 12, 15	Buche Okoumé Limba Makoré
Edwin Kranz, Sperrholz- und Furnierfabrik, Bünde/Westfalen, Postfach 568		Fixmaße innerhalb der Größe 220 × 122 und umgekehrt	3, 4, 5, 6, 8, 10	Buche Okoumé
Gebrüder Kruse, Abt. Bau- und Möbelplatten, Melle/Niedersachsen		153 × 122 170 × 122, 153 183 × 122 200 × 122, 153 Fixmaße innerhalb der Größe 200 × 153 und umgekehrt	4, 5, 6, 8, 10, 12, 15	Buche Okoumé
Gebr. Künnemeyer, Horn/Lippe, Postfach 15	HORN-Furnierplatten	170 × 122, (170), 205, 220 1—5) 205 × (122, 153), 170 2—5) 220 × (122, 153), 170 2—5) Fixmaße innerhalb der Größe 220 × 170 und umgekehrt	4, 5, 6, 8, 10, 12	Buche 1) Okoumé 2) Ghapa 3) Ilomba 4) Makoré (Douka. Utilé) 5)

Lud. Kuntz, Sperrholzwerk ELKA, Kirn/Nahe, Postfach 149	ELKA-Furnierplatten	170×122 205×122	4, 5, 6, 8, 10, 12	Buche Okoumé Limba
Kunz & Co., Sperrholzwerk, Gschwend, Krs. Backnang/Württ.	KUCO-Platte	$153 \times 170, 205, 220, 250$ $170 \times 122, 153, 170, 205, 220, 250$ $205 \times 122, 153, 170$ $220 \times 122, 153, 170$ $250 \times 122, 153, 170$ Fixmaße innerhalb der Größe 250×170 und umgekehrt	4, 5, 6, 8, 10, 12, 15	Okoumé Limba
Gebrüder Kusser, Sperrholz-Türenwerk, Hauzenberg bei Passau	KUSSER	$220 \times 153, 170$ $250 \times 153, 170$ Fixmaße innerhalb der Größe 250×170 und umgekehrt	4, 5, 6, 8, 10, 12	Fichte Okoumé Limba Wawa
Wilh. Mende & Co., Teichhütte über Seesen/Harz	MENDE-Furnierplatten	122×122 $128,5 \times 128,5$ $153 \times 122, 128,5, 153$ $170 \times 122, 128,5, 153$ $183 \times 122, 128,5, 153$ $200 \times 100, 122, 128,5, 153$ $205 \times 100, 122, 128,5, 153$ $220 \times 122, 128,5, 153$ Fixmaße innerhalb der Größe 220×153 und umgekehrt	3, 4, 5, 6, 8, 10, 12, 15	Buche Okoumé Limba Makoré Abachi/Wawa
Oberhessisches Holzwerk, Abt. der „Sämmtliche Riedesel Freiherren zu Eisenbach oHG", Lauterbach/Hessen, Postfach 117		$153 \times 122, 153$ $170 \times 122, 153$ $183 \times 122, 153$ $205 \times 122, 153$ $220 \times 122, 153$ Fixmaße innerhalb der Größe 220×153 und umgekehrt	3, 4, 5, 6, 7, 8, 10, 12	Buche

1. Hersteller von Furnierplatten (*Forts.*)

Firma	Handelsname der Platte	Formate in cm	Dicke in mm	Deckfurniere
Oberrheinische Holzindustrie, Bannholz bei Waldshut/Baden		Fixmaße innerhalb der Größe 170 × 122 und umgekehrt	3, 4, 5, 6, 8, 10, 12, 15	Abachi Buche Okoumé Limba
Otto Sasse GmbH., Sperrholzfabrik, Holzminden/Weser, Postfach 122	SASSE-Platte	122 × 122 153 × 122 170 × 122 183 × 122 200 × 122 Fixmaße innerhalb der Größe 200 × 122 und umgekehrt	3, 4, 5, 6, 8, 10, 12 bis 30	Buche Okoumé (Limba)
Hermann Schilling oHG., Denzlingen/Baden		170 × 122 220 × 122 Fixmaße innerhalb der Größe 170 × 122 und umgekehrt	3, 4, 5, 6, 7, 8, 10, 12	Abachi Okoumé Limba Makoré Edelfurniere
Schütte-Lanz, Holzwerke AG., Mannheim-Rheinau	SL-Platten	173 × 173, 183, 205, 220, 250 183 × 173, 183, 205, 220, 250 205 × 173, 183, 205, 220 *) 220 × 173, 183, 205 *) 250 × 173, 183, 205 *) 305 × 173, 183 *) *) auf Anfrage	4, 5, 6, 8, 10, 12, 15, 18, 20, 22, 25	Okoumé Limba Buche (bis 220 cm Länge und umgekehrt)
Sperrholzfabrik Otto Gedrath KG., Hedemünden/Werra	WERRA-Platte	122 × 122 153 × 153 170 × 122, 153 183 × 122, 153	4, 5, 6, 8, 10, 12, 15 und auf Wunsch bis 40	Buche Okoumé Limba

		205 × 122, 153 220 × 122, 153 250 × 122, 153 Fixmaße innerhalb der Größe 250 × 153 und umgekehrt		
Sperr- und Faßholzfabrik Goldbach GmbH., Goldbach über Aschaffenburg, Postfach 21		170 × 122, 153 200 × 122, 153 220 × 122, 153	3, 4, 5, 6, 8, 10, 12	Buche Limba
Sperrholzwerke Ebersberg, Kurt Rohde, Ebersberg bei München, Postfach 19	Bayern-Platte	153 × 100, 122, 128, 137, 153, 170 170 × 100, 122, 128, 137, 153, 170 183 × 100, 122, 128, 137, 153, 170 200 × 100, 122, 128, 137, 153, 170 220 × 100, 122, 128, 137, 153, 170 250 × 100, 122, 128, 137, 153, 170	4, 5, 6, 8, 10, 12, 15, 18, 20, 22, 25	Abachi/Wawa Fichte Okoumé Limba Makoré
Sperrholzwerke Günther GmbH., Bad Salzuflen, Postfach 626		205 × 122, 153, 173 225 × 122, 153, 173 245 × 122, 153, 173 Fixmaße innerhalb der Größe 245 × 173 und umgekehrt	4, 5, 6, 8, 10, 12	Abachi/Wawa Buche Okoumé Limba Makoré
Teutoburger Sperrholzwerk, Georg Nau GmbH., Pivitsheide bei Detmold		122 × 122 153 × 122, 153 170 × 122, 153 183 × 122, 153 205 × 122, 153 220 × 122, 153 240 × 153, 170 Fixmaße innerhalb der Größe 240 × 170 und umgekehrt	3, 4, 5, 6, 8, 10, 12, 15	Buche Okoumé Limba Makoré
Thiele & Co. GmbH., Sperrholzwerk, Mölln/Lauenburg, Grambeker Weg 45—53	TICO	170 × 122 205 × 122 220 × 122, 170 250 × 153, 170	4, 5, 6, 8, 10, 12	Buche Okoumé Limba Makoré

1. Hersteller von Furnierplatten (*Forts.*)

Firma	Handelsname der Platte	Formate in cm	Dicke in mm	Deckfurniere
C. A. Traxel KG., Sperrholzwerk, Hanau/Main, Postfach 729	CATRAX	170 × 122, 153, 170 200 × 122, 153, 170 205 × 122, 153, 170 220 × 122, 153, 170 250 × 122, 153, 170 Fixmaße innerhalb der Größe 250 × 170 und umgekehrt	3, 4, 5, 6, 8, 10, 12, 15, 16, 17, 18, 19, 20, 21, 22, 23, 24, 25, 26, 27, 28	Buche Okoumé
Wilhelm Vogler, Sperrholzwerk, Offenbach/Main, Sandgasse 28···36		Fixmaße innerhalb der Größe 172 × 130 und umgekehrt	3, 4, 5, 6, 7, 8, 10, 12, 15	Abachi Buche Okoumé
Gebr. Wendel KG., Sperrholzwerk, Hofheim/Taunus, Hattersheimer Straße	WENDEL	170 × 122 250 × 122	4, 6, 8, 10, 12	Okoumé Limba
Weser-Sperrholzwerke GmbH., Holzminden/Westf.	WESER	170 × 122, 153 205 × 122, 153 210 × 122, 153 220 × 122	4, 5, 6, 8, 10, 12, 15, 18, 20, 22	Buche Okoumé Ilomba Limba Wawa Edelfurniere
Westag & Getalit Aktiengesellschaft, Wiedenbrück/Westf.	WESTAG	205 × 122, 153, 173 220 × 122, 153, 173 250 × 122, 153, 173 305 × 122, 153	4, 5, 6, 7, 8, 10, 12, 15, 18, 20, 22, 25	Ceiba Okoumé Limba Makoré Edelhölzer

Wirus-Werke, W. Ruhenstroth GmbH., Gütersloh/Westf., Postfach 139	WIRUS- Furnierplatte	173×173 $200 \times 153, 173$ $220 \times 153, 173$ 250×173	4, 5, 6, 8, 10, 12, 15	Buche Limba Okoumé u. ähn- liche Übersee- hölzer Eiche u. a. Edelfurniere
Gerhard Wonnemann, Holzwerk GmbH., Wiedenbrück/Westf., Postfach 124		$155 \times 220, 250$ $170 \times 220, 250$ $205 \times 90, 100$ 210×100 $220 \times 155, 170$ $250 \times 155, 170$	4, 5, 6, 8, 10, 12	Abachi Okoumé Limba Makoré 15 verschiedene Edelhölzer
Karl Ziegler GmbH., Sperrholzwerk, Rockenhausen/Pfalz		170×122 193×122 220×122 Fixmaße innerhalb der Größe 220×122 und umgekehrt	4, 5, 6, 8, 10, 12, 15	Buche Okoumé Limba

In dieser Übersicht sind nur Standarderzeugnisse aufgeführt. Bei Sonderwünschen (z. B. Multiplexplatten) erteilen die Firmen Auskunft auf Anfrage.

2. Hersteller von

Firma	Bezeichnung	Formate in cm
AGE Sperrholz- u. Furnier-werke, Spanplattenfabrik GmbH., Eiweiler/Saar	Bundesbahnplatten	
Andernacher Sperrholzwerk GmbH., Andernach/Rh., Postfach 160	Bootsbauplatten Formplatten für Leichtbauplattenherstellung Platten mit Tegotexüberzug	$250 \times 122, 170$ $305 \times 122, 170$ $470 \times 122, 170$ Verschiedene Formate Verschiedene Formate
Bartels-Werke GmbH., Langenberg/Westf., über Gütersloh	TELSA-Bootsbauplatten TELSA-Vielzweck-Sperrholz TELSA-Betonschalung	$250 \times 122, 153$ $480 \times 122, 153$ $710 \times 122, 153$ 250×122 183×122 150×100 250×122
Fr. Becker KG., Brakel, Krs. Höxter, Postfach 3	Tischlerplatte in Hohlzellenkonstruktion	Zuschnittmaße bis 220×153
Blomberger Holzindustrie, B. Hausmann KG., Blomberg/Lippe, Postfach 68	Delignit-Allwettersperrholz Delignit-Schichtholz Delignit-Flugzeugsperrholz Delignit-Vielschichtsperrholz Delignit-Bootsbausperrholz Delignit-Kunstharzpreßholz Delignit-Schalungsplatten Delignit-Aluminiumsperrholz Delignit-Metallsperrholz Delignit-Sperrholzrohre Fagoform-Sperrholzformteile Melofan-Tisch- und Arbeits-platten Fagodur-Tisch- und Arbeits-platten Bundesbahnplatten	$122, 183, 200, 244 \times 122$ $381, 762 \times 61$ $122, 240, 350, 480 \times 45$ 780×60 122×122 122×122 maximal $244 \times 122/153$ $122 \times 45, 122$ $150 \times 45, 100$ $200 \times 45, 100$ 760×60 122×122 244×122 200×100 und Zuschnitte $\varnothing\ 300, 400, 500,$ $600, 700$ mm maximal 244×122

Spezialerzeugnissen

Dicke in mm	Außenfurniere	Bemerkungen
15, 25	Buche	
4, 5, 6, 7, 8, 10, 12 und dicker Beliebige Dicken Beliebige Dicken	Okoumé Mahagoni Makoré	Längere Platten, über 470 cm, Länge geschäftet
4, 5, 6, 8, 10, 12, 15, 18, 20 8, 12, 16, 18	Okoumé Makoré Makoré	Format 480 × 122, 153 und 10 × 122, 153 ein- bzw. zweimal geschäftet
4, 5 und 18/19	Makoré	Zweiseitig kunstharz-vergütet
19—40	Buche Okoumé Limba Makoré	
4—100	Buche Antiaris Okoumé	Größere Platten geschäftet
2,5—100	Buche	Garantierte Festigkeiten
0,6—5 2,5—100 4, 6, 8, 10, 12, 15, 18	Buche Buche Makoré Okoumé	
2,5—100	Buche	
4, 8, 12 15, 20 4—30	Buche Makoré Buche Okoumé	Zweiseitig beschichtet
	Buche	Fertigung nach Anforderung
16, 20, 25, 30		Auch Isolierlutten Fertigung nach Anforderung Montagefertig mit Kunststoffoberfläche und Multiplexträgerplatte
16, 20, 25, 30		Montagefertig mit kunstharzvergüteter Naturholzoberfläche und Multiplexträgerplatte
15, 25	Buche	

2. Hersteller von

Firma	Bezeichnung	Formate in cm
A. Buddenberg GmbH., Bad Driburg/Westf., Postfach 14	Bundesbahnplatten Formteile Rundumzargen für Ton- und Schreibmaschinenkoffer, Etuis usw.	
A. Buddenberg, Beverungen/Weser	Einfache Stuhlsitze und Bockplatten, vertieft	Bis 50 × 50
Fritz Emme, Holzwarenfabriken, Bad Pyrmont, Postfach 84	Formteile vorwiegend für Sitzmöbel	Bis etwa 100
Josef Fischer KG., Sperrholz-, Parkett- und Sägewerk, Monheim/Bay., Postfach 13	Bundesbahnplatten Allwetterplatten Schalungsplatten Kistensperrholz Spezial-Türfutterelemente	Verschiedene Formate
Forssmanholz AG., Wuppertal-Elberfeld, Düsseldorfer Straße 90	Vielschichtsperrholz Kunstharzpreßholz	100 × 100 100 × 100
Fränk. Holzwarenfabrik, O. Winkler KG., Lohr/Main, Postfach 69	Stuhlsitze und Lehnen, Sperrholz-Formteile, Sperrplatten für die Radio- industrie	Bis etwa 100
Holzbearbeitungswerk Reese & Co., Amelgatzen, Krs. Hameln/Weser	Sperrholz-Formteile aller Art (Sperrholzsitze, Sperrholz- lehnen, Sperrholzrücken)	Verschiedene Formate
Industrie für Holz- verwertung AG., Essen-Altenessen, Krablerstraße 14	Bootsbauplatten Formplatten für Leichtbauplattenherstellung Platten mit Tegotexüberzug	250 × 122, 170 305 × 122, 170 470 × 122, 170 Verschiedene Formate Verschiedene Formate
Koch & Solle, Sperrholzfabrik, Horn/Lippe, Postfach 20	Tischlerplatten mit veredelter Oberfläche	Bis 122 × 245
Wilhelm Mende & Co., Teichhütte über Seesen/Harz	Edelfurnierte Platten für Radiogehäuse	Fixmaße bis 220 × 122 und umgekehrt
Carl Meyer, Sperrholzwerk, Hastenbeck bei Hameln/Weser	Sperrholz-Formteile speziell Stuhlsitze und Stuhl- lehnen für Sitz- und Stahlrohr- möbel	rd. 20 verschiedene Modelle in Standard- und Sondermaßen

Spezialerzeugnissen (*Forts.*)

Dicke in mm	Außenfurniere	Bemerkungen
Abmessungen, Dicken und Holzarten, wie auch Formgestaltungen werden je nach Zweckmäßigkeit gewählt.		
3—20	Buche	
3—20	Buche	Decks auch aus Edelfurnieren
6—26	Abachi/Wawa Buche Fichte Okoumé Pappel	Mit Hartfaserdecks
0,2—100,0 5,0—100,0	Buche Buche	
4—20	Buche	Decks auch aus Edel- furnieren
Beliebige Dicken	Buche Edelfurniere	
4, 5, 6, 7, 8, 10, 12 und dicker Beliebige Dicken Beliebige Dicken	Okoumé Mahagoni Makoré	Längere Platten, über 470 cm, Länge geschäftet
		Überzug oder Beschichtung mit Kunststoffen
4—15	Überseeholz	
3—20	Buche Abachi	Auch edelfurniert

Firma	Bezeichnung	Formate in cm
August Moralt, Holzindustrie, Bad Tölz/Obb., Postfach 54	Bundesbahnplatten	Nach Anfrage
O. Sasse GmbH., Holzminden/Weser, Postfach 122	Klischee-Platten Platten für Stanzmaschinen	90 × 60 oder andere Abmessungen nach Anfrage
Schütte-Lanz Holzwerke AG., Mannheim-Rheinau	SL-,,Wetterfest-Platten'' SL-Schiffs- und Bootsbauplatten SL-Eisenbahn- und Karosserieplatten SL-Schalungsplatten SL-Maschinentischplatten SL-Flugzeugplatten SL-Klischeeplatten SL-Profil-Sperrholz	Siehe Furnierplatten Siehe Furnierplatten Siehe Furnierplatten Siehe Furnierplatten Nach Bedarf auf Anfrage 122 × 122 122 × 122 183, 205, 220 × 60 250 × 60 * * auf Anfrage
August Sommer, Plüderhausen/Württ., Postfach 25	Stuhlsitze, Stuhllehnen Sperrholz-Formteile Schichtholz-Formteile Holzringe, rund, oval, viereckig mit abgerundeten Ecken und andere Formen Gewickelte Röhren	Standard und Sondermaße
Carl Sturm, Gronau, Krs. Heilbronn/N.	Sperrholz-Formteile vorwiegend für die Sitzmöbelindustrie	Bis 98 × 98
Sperrholzwerk Ebersberg, Kurt Rohde, Ebersberg b. München, Postfach 19	BAYERN-Dekoplatte CONTRASCHALL-Akustikplatte	Länge 200···250 Breite 50 50 × 50 und 62,5 × 62,5
Sperr- und Faßholzfabrik Goldbach GmbH., Goldbach über Aschaffenburg, Postfach 21	Spezialverbundplatten Formplatten für Leichtbauplattenherstellung	750 × 750 × 30 Verschiedene Formate

Spezialerzeugnissen (*Forts.*)

Dicke in mm	Außenfurniere	Bemerkungen
15, 25	Buche	Beidseitig beschichtet
19/22 15/22	Buche	
Siehe bei Furnierplatten	Jeweils geeignete Holzarten	
Siehe bei Furnierplatten	Jeweils geeignete Holzarten	
Siehe bei Furnierplatten	Jeweils geeignete Holzarten	
Siehe bei Furnierplatten	Jeweils geeignete Holzarten	
Nach Bedarf auf Anfrage	Jeweils geeignete Holzarten	Sandwich-Konstruktion
0,8—3,0 Nach Bedarf 8,0	Buche Buche Limba Okoumé Abachi	
Von 3 mm an aufwärts	Abachi Buche Limba	Decks auch aus Edelfurnieren
Bis 30	Buche Pappel	Decks auch aus Edelfurnieren
20	Limba Makoré Teak und andere Edelfurniere	Längsgerillte Dekorations- platte
25	Abachi/Wawa Limba	Kreuzgerillter Sperrholz- raster auf Rahmen verleimt und mit Schallschluck- material hinterfüttert
30	Buche	
Beliebige Dicken	Buche	

2. Hersteller von

Firma	Bezeichnung	Formate in cm
Sperrholzfabrik O. Gedrath KG., Hedemünden/Werra	CONTRASCHALL-Akustikplatte Techn. Sperrholz	Typ: „Standard" 50 × 50 62,5 × 62,5 „Casett" 51,3 × 51,3 63,8 × 63,8 bis 250 × 153
Teutoburger Sperrholzwerk, Georg Nau GmbH., Pivitsheide b. Detmold	Sperrholzrohre (Lutten) Isolierlutten Formplatten für Leichtbauplattenherstellung Wandelemente	⌀ 300, 400, 500, 600, 700 mm Innerhalb 244 × 122
C. A. Traxel KG., Sperrholzwerk, Hanau/Main, Postfach 729	PANZERHOLZ (Name ges. gesch.) Techn. Sperrholz CONTRASCHALL-Akustikplatte	200 × 100 Innerhalb 250 × 170 und umgekehrt Typ: „Standard" 50 × 50 „Standard" 62,5 × 62,5 „Casett" 51,3 × 51,3 „Casett" 63,8 × 63,8
J. F. Werz jr. KG., Würtingen, Krs. Reutlingen	Spezialplatten für die Tonmöbelindustrie	Innerhalb 120 × 170
J. F. Werz jr. KG., Spanholz-Preßwerk, Oberstenfeld bei Stuttgart	Spanholz-, Form- und Hohlkörper, z. B. Radio-Gehäuse, Tonbandkoffer, Tischplatten, Gartentischplatten, Stuhlsitz-Garnituren, Küchenarbeitsplatten, Labortische, Wandplatten, Fensterrahmen, Halbzeuge und Fertigteile für den Fahrzeugbau, Radio-, Kühlschränke- und Waschmaschinen-Industrie und ähnliche Zweige sowie das Baugewerbe, insbes. Innenausbau	Innerhalb 120 × 80 und 410 × 60
Weser-Sperrholzwerke GmbH., Holzminden/Weser	Bundesbahnplatten	

Spezialerzeugnissen (*Forts.*)

Dicke in mm	Außenfurniere	Bemerkungen
25 25 20 20 bis 40	Abachi Limba Abachi Limba Buche, Okoumé, Limba, bei entsprechenden Mengen auch andere	Kreuzgerillter Sperrholz- raster auf Rahmen verleimt und mit Schallschluck- material hinterfüttert
	Buche	
Beliebige Stärken	Buche	
2…25	Okoumé	Metallbewehrtes Sperrholz
3…40	Buche Okoumé	Vergütet und unvergütet
25 25 20 20	Abachi Buche Abachi	Kreuzgerillter Sperrholz- raster auf Rahmen verleimt und mit Schallschluck- material hinterfüttert
3…25	Abachi Buche Okoumé Ilomba Limba	
Beliebige Stärken, d. h. je nach Erfordernissen	Edelfurniere nach Wunsch Kunststoff-Folien mit Holzmaserung in Teak, Ahorn, Nußbaum usw. Phantasiemuster und Farben nach Wunsch	Zweckmäßig vor Festlegung der Formen vom Beratungs- dienst der Fa. Werz Ge- brauch machen
15, 25	Buche	

2. Hersteller von

Firma	Bezeichnung	Formate in cm
Westag & Getalit Aktiengesellschaft, Wiedenbrück/Westf.	Bootsbauplatten Betoplan IDUPLAN Hoka-Schalungssystem	220, 250, 305 × 122 420, 480, 620, 710 × 122 250 × 122 220/250 × 122 200 × 30, 40, 60, 122 250 × 30, 40, 60, 122 Länge Breite Höhe 200 × 30 × 10 250 × 30 × 10
WIRUS-WERKE, W. Ruhenstroth GmbH., Gütersloh/Westf., Postfach 139	Bootsbauplatten Allwetterplatten Technisches Sperrholz Bundesbahnplatten Profilsperrholz	bis 720 × 122 250 × 122 183 × 122 bis 250 × 173 Länge: 122, 153, 173, 200, 250 Breite: 60,9

Die Firmen erteilen auf Anfrage Auskunft über Sonderfertigungen nach Kundenwunsch.

Spezialerzeugnissen (*Forts.*)

Dicke in mm	Außenfurniere	Bemerkungen
4, 5, 6, 7, 8, 10, 12, 15, 18	Mahagoni Makoré	
ca. 4/5 4, 7, 10, 15, 20	Makoré	Zweiseitig beschichtet allwetterfestes Sperrholz für Außeneinsatz
ca. 8	Makoré	Hautplatten-Betoplan, wetterfest Auf beiden Deckflächen mit beschichtetem rd. 8 mm Betoplan und an den vier Seitenflächen mit rd. 4 bis 5 mm beschichtetem Betoplan versehen.
4, 5, 6, 7, 8, 10, 12, 15, 20	Makoré/Mahagoni Okoumé	Über 250 cm geschäftet
4, 7, 12, 15	Limba/Makoré	
bis 70	Buche, Makoré	
	Limba, Okoumé	
15, 25	Buche	
7, 10	Limba/Makoré	

3. Hersteller von

Firma	Handelsname der Tür	Formate in cm
AGE Sperrholz- und Furnierwerke, Spanplattenfabrik GmbH., Eiweiler/Saar	AGE Typ Saar	190, 195, 200, 205, 210, 220 × 60, 65, 70, 75, 80, 85, 88, 90, 95, 100, 110
Andernacher Sperrholzwerk GmbH., Andernach/Rhein, Postfach 160	TRIUMPH-Tür	Alle Abmessungen nach DIN 18101 195, 200, 205, 210, 220 × 60/110 Um je 5 cm in Breite zunehmend Alle Abmessungen nach DIN 18101 195, 200, 205, 210 × 60/100 Querfurnierte Türen, sog. Rohlinge
Bartels-Werke GmbH., Langenberg/Westf. über Gütersloh	TELSA-Sperrtür	Alle Abmessungen nach DIN 18101 190/210 × 60/105 Um je 5 cm in Länge und Breite zunehmend
Otto Becher, Furnier-, Sperrplatten und Türenwerke, Remagen/Rhein, Postfach 149	MERKUR-Tür	190/220 × 60/120 (122) Um je 5 cm in Länge und Breite zunehmend
Peter Bongers, Türenfabrik, Krummerück über Aachen 1	BOGA-Tür	200/240 × 60/120
Breuer & Co., Broichweiden 1 über Aachen		
A. J. Buchert GmbH., Hardenburg bei Bad Dürkheim	BUCHERT-Tür	Alle Abmessungen nach DIN 18101 190, 195, 200, 205, 210, 215, 220 × 60/125
Karl Danzer KG., Kehl/Rhein, Postfach 220	COMPACT-Tür	Alle Abmessungen nach DIN 18101 190/220 × 60/120 Um je 5 cm in Länge und je 2,5 cm in Breite zunehmend
DONAR-TÜREN-WERK GmbH., Hamburg-Billbrook, Werner-Siemens-Str. 34	DONAR-Tür	stumpf: 60, 65, 70, 75, 80, 85, 90, 95 × 200 gefälzt: 63, 68, 73, 78, 83, 85, 88, 93, 98 × 200

Sperrtüren

Aufbau der Tür			Außenfurniere
Rahmen	Absperrung	Innenlage	
rd. 70 mm	5fach	Holzleisten-Konstruktion	Okoumé Limba Edelfurniere
	9fach		
	5fach	Leistenkonstruktion	Okoumé Limba Makoré Edelfurniere
	5fach	WERNO-Strohwabentür	
rd. 70 mm	5fach	Aufrechtstehende Furnier-lamellen, deren Lage durch Stege gesichert ist	Limba
rd. 45 und 75 mm	5fach	Leistenkonstruktion	Limba Edelfurniere
rd. 65 mm	5fach	Wabenkonstruktion	Limba Makoré Edelfurniere
rd. 60 mm		Kastenwaben 60/60 mm	Limba
rd. 55 mm	5fach	6 mm gesägte Fichten-leisten	Limba Makoré Edelfurniere
rd. 67 und 85 mm	3fach und 5fach	Spezialspanplatten	Faserhartpl.-Deck. oberflächenbehan-delt Limba Makoré Edelfurniere
rd. 40 und 60 mm	3fach und 5fach	Wabenkonstruktion	a) Faserhartplatten b) Okoumé Limba Edelfurniere

3. Hersteller von

Firma	Handelsname der Tür	Formate in cm
Furnier- u. Sperrholzwerk AG., Göppingen/Württ., Postfach 189	JURA-Tür	190/220 × 60/120 Um je 5 cm in Länge und Breite zunehmend
Gegewerke GmbH., Möbel-, Sperrholz- und Furnierfabriken, Weeze/Niederrhein	GEGE-Tür	Alle Abmessungen nach DIN 18 101 200, 205 × 60/100 Um je 5 cm in Länge und Breite zunehmend
Göttinger Holzkontor, Becher & Sohn, Hess. Lichtenau-Hirschhagen	„Eichsfelder"- Sperrtür Füllungstür Hartplattentür	190/225 × 60/125 Um je 5 cm in Länge und Breite zunehmend
Holzindustrie Cordingen, O. Marquardt KG., Cordingen, Post Walsrode, Postfach 103	CORDA-Tür	190/210 × 60/100 Um je 5 cm in Länge und Breite zunehmend
Holzwerke Franz Henning KG., Brilon/Westf., Postfach 270	HAHN-Sperrtür S	Alle Abmessungen nach DIN 18 101 190/220 × 60/120 Um je 5 cm in Länge und Breite zunehmend
Holz-Voß KG., Velbert/Rhld., Postfach 269	a) SVEDEX-Tür b) HOLZVOSS-Tür	Alle Abmessungen nach DIN 18 101 190···220 × 48···118 Um je 5 cm in Länge und Breite zunehmend
Industrie für Holzverwertung AG., Essen-Altenessen, Krablerstraße 14	TRIUMPH-Tür	Alle Abmessungen nach DIN 18 101 195, 200, 205, 210, 220 × 60/110 Um je 5 cm in Breite zunehmend
		Alle Abmessungen nach DIN 18 101 195, 200, 205, 210 × 60/100 Querfurnierte Türen, sog. Rohlinge
Gustav Kliem, Limburg/Lahn, Postfach 112	WESTA-Tür	190/220 × 60/120 Um je 5 cm in Länge und Breite zunehmend

Sperrtüren (*Forts.*)

Aufbau der Tür			Außenfurniere
Rahmen	Absperrung	Innenlage	
rd. 50 mm	5fach	Gitterkonstruktion aus 8 mm Stäben	Limba
rd. 70 und 45 mm	7fach	Leistenkonstruktion	Okoumé Limba
		Wabenkonstruktion	
rd. 40 mm	5fach	Gitterkonstruktion a) aus Dämmplatten b) aus Holzleisten	Limba Mahagoni Makoré Edelfurniere
rd. 60 mm	7fach		
rd. 60 mm	5fach	Sperrholzrippen, die durch eine besondere Konstruktion fest verspannt sind	Limba
rd. 65 mm	5fach	Sperrholzleisten-Konstruktion DBP	Limba
45 bis 70 mm	3fach und 5fach	a) Spezial-Leistenkonstruktion b) Wabenkonstruktion	a) Faserhartpl.-Deck., oberflächenbehandelt b) Limba
	5fach	Leistenkonstruktion	Okoumé Limba Makoré Edelfurniere
	5fach	WERNO-Strohwabentür	
rd. 60 mm beiders. Schloß- u. Fitschenverst.	5fach Standard 7fach Extra	Holzleisten-Konstruktion und Wabenkonstruktion	Limba
	7…9fach	Edelfurnierte Türen	Edelfurniere
	Spezial-konstruktion	Anti-Schalltüren (DBGM)	Streichfähig Edelfurniere

3. Hersteller von

Firma	Handelsname der Tür	Formate in cm
L. Koch & Sohn, Laasphe/Westf., Postfach 150	KOLA-Tür	200, 205, 210, 220 × 60/100 Um je 5 cm in Breite zunehmend
Otto Krebbers, Türenfabrik, Krefeld, Postfach 627	KREBBERS-Tür	57···97 × 200/205 Um je 3 cm in Breite zunehmend
Lud. Kuntz, Sperrholzwerk ELKA, Kirn/Nahe, Postfach 149	ELKA-Tür	195/220 × 60/100 Um je 5 cm in Länge und Breite zunehmend
Gebrüder Kusser, Sperrholz-Türenwerk, Hauzenberg bei Passau	KUSSER-Tür	185/225 × 55/110 Um je 5 cm in Länge und Breite zunehmend
Lagu-Werk, Eußerthal/Pfalz	LAGU-Tür	Alle Abmessungen nach DIN 18101 190, 195, 200, 205, 210, 215, 220 × 60/110 Um je 5 cm in Breite zunehmend
August Moralt, Holzindustrie, Bad Tölz/Obb., Postfach 54	MORALT-Tür	Alle Abmessungen nach DIN 18101 190/210 × 60/100 Um je 5 cm in Länge und Breite zunehmend
„OKAL" Berliner Spanplatten- u.Türenfabrik GmbH., Berlin-Borsigwalde, Miraustraße 27/29	OKAL-Tür	Alle Abmessungen nach DIN 18101 190/220 × 60/120 Um je 5 cm in Länge und Breite zunehmend
RENITEX Holzfaserplattenwerk GmbH., Niederlosheim/Saar	RENITEX-Tür	Alle Abmessungen nach DIN 18101 200, 205, 210 × 60/110 Um je 5 cm in Breite zunehmend
„RHENUS"-Sperrholz- und Türenwerk AG., Andernach/Rhein, Postfach 440	RHENUS-Tür	Alle Abmessungen in DIN 18101 190/220 × 60/120, Um je 5 cm in Länge und Breite zunehmend
Schütte-Lanz Holzwerke AG., Mannheim-Rheinau	SL-Hausmarke	195/215 × 60/100 Um je 5 cm in Länge und Breite zunehmend

Sperrtüren (*Forts.*)

Aufbau der Tür			Außenfurniere
Rahmen	Absperrung	Innenlage	
	5fach	Leistenkonstruktion	Okoumé Limba
90 mm	5fach und 7fach	Wabenkonstruktion	Limba Makoré Edelfurniere
rd. 70 mm	5fach	Gesägte Nadelholzleisten rd. 7 mm dick	Limba
rd. 60 mm	5fach	Gitterkonstruktion aus Fi.-Furnierstäbchen mit Distanzklötzchen (Fichten- und Schloß- verstärkung 2seitig)	Limba
rd. 55 und 80 mm	5fach	Holzleistenkonstruktion	Limba Edelfurniere
rd. 67 mm	5fach	Ellipsenähnliche Waben, gebildet durch dicht anein- andergereihte aufrecht- stehende Furnierwellen	Okoumé Limba
rd. 55 mm	5fach oder Faser- hartpatte, da geschlossene Innenlage	OKAL-Röhrenplatte	Limba Edelfurniere
rd. 45 und 60 mm		Wabenkonstruktion	Hartplatten-Deck.
rd. 60 mm	5fach	Typ Leikon: Leisten-Konstruktion	Limba
rd. 60 mm	5fach	Spanleisten-Einlage	Limba Okoumé Abachi

3. Hersteller von

Firma	Handelsname der Tür	Formate in cm
Sperrholzwerk Ebersberg, Kurt Rohde, Ebersberg bei München, Postfach 19	BAYERN-Tür	195/220 × 60/120 Um je 5 cm in Länge und Breite zunehmend
Sperrholzfabrik Siebergsmühle, Wagner & Gaa, Andernach/Rhein, Postfach 529	W & G-Tür	190/220 × 60/100
Sperrholzwerk Waldsee GmbH., Bad Waldsee/Württ., Postfach 34	WALDSEE-Tür	190/220 × 60/120 Um je 5 cm in Länge und Breite zunehmend
Karl Schwab GmbH., Holzindustrie, Reutlingen-Süd/Württ.	SVEDEX-Tür	Alle Abmessungen nach DIN 18101 195, 200, 205, 210, 220 × 60/110 Um je 5 cm in Breite zunehmend
Thiele & Co. GmbH., Mölln/Lauenbg., Grambeker Weg 45—53	TICO-Tür	190/210 × 60/95 Um je 5 cm in Länge und Breite zunehmend
Türen- und Möbelfabrik Wulmstorf, Rolf Duhnkrack, Wulmstorf/Krs. Harburg	SVEDEX-Tür	Alle Abmessungen nach DIN 18101 190, 195, 200, 205 × 60 bis 95 Um je 5 cm in Breite zunehmend
Gebr. Wendel KG., Hofheim/Ts., Hattersheimer Straße	WENDEL-Tür	Alle Abmessungen nach DIN 18101 190/220 × 50/120 Um je 5 cm in Länge und Breite zunehmend
Weser-Sperrholzwerke GmbH., Holzminden/W.	WESER-Tür	Alle Abmessungen nach DIN 18101 190/220 × 60/110 Um je 5 cm in Länge und Breite zunehmend

Sperrtüren (*Forts.*)

Aufbau der Tür			Außenfurniere
Rahmen	Absperrung	Innenlage	
rd. 70 mm	5fach	Gitterkonstruktion aus Fichtenfurnier-Stäben	Limba
rd. 60 mm	5fach	Leistenkonstruktion	Limba
rd. 50 und 69 mm	5fach 7fach	Kastenförmig gelegtes Gittersperrwerk aus Hartplattenstreifen	Limba Okoumé Edelfurniere
rd. 45 und 60 mm	3fach und 5fach	Gitterkonstruktion aus Hartplattenlamellen oder Vollspaneinlagen	Hartplatten mit Gütezeichen Limba Makoré Edelfurniere
rd. 70 mm	5fach	Furnierstreifen-Hohlkonstruktion	Okoumé Limba
rd. 40 bis 70 mm	3fach bis 5fach	Lamellenkonstruktion Wabenkonstruktion	Hartfaser-Deck., oberflächen-behandelt Edelfurniere
rd. 70 mm	5fach 7fach	5 mm dicke längslaufende Furnierstäbe	Limba
rd. 70 mm	5fach	Typ SP 53 K: Spanleisten-Einlage	Buche Okoumé Limba Edelfurniere
rd. 70 mm	5fach	Typ 54: Fichtenleisten-Einlage	
rd. 50 mm	5fach	Typ SP 53 Kl: Spanleisten-Einlage	
rd. 50 mm	5fach	Typ 54 L: Fichtenleisten-Einlage	
rd. 80 mm	5fach	Typ SP 49: Spanleisten-Einlage	
rd. 90 mm	5fach	Typ ST 29: Fichtenstab-Einlage	

3. Hersteller von

Firma	Handelsname der Tür	Formate in cm
Westag & Getalit Aktiengesellschaft, Wiedenbrück/W.	WESTAG-Spiral-Tür Getalit-Tür	Alle Abmessungen nach DIN 18101 190/210 × 60/100 Um je 5 cm in Länge und Breite zunehmend
WIRUS-WERKE, W. Ruhenstroth GmbH., Gütersloh/Westf., Postfach 139	WIRUS-Tür	Alle Abmessungen nach DIN 18101 195/220 × 60/120 Um je 5 cm in Länge und Breite zunehmend

Sperrtüren (*Forts.*)

Aufbau der Tür			Außenfurniere
Rahmen	Absperrung	Innenlage	
rd. 70 mm	7fach 9fach	Gleichmäßig über die ganze Türfläche verteilte Spiralen	Ceiba Limba Makoré Edelfurniere Div. Dessins
rd. 55 mm	5fach und 7fach	Aufrechtstehende Furnierstreifen, die nach einem besonderen Verfahren gewellt sind	Abachi Buche Okoumé Limba Edelfurniere

4. Hersteller von Tischlerplatten

Firma	Handelsname der Platte	Formate in cm	Dicke in mm	Mittellage	Deckfurniere
AGE Sperrholz- und Furnierwerke, Spanplattenfabrik GmbH., Eiweiler/Saar	AGE	3fach und 5fach: 122 × 250 153 × 250 170 × 122, 153, 250 245 × 122, 153, 170	16, 18, 19, 20, 22, 23, 24	ST	Abachi/Samba Buche Okoumé Limba Pappel Edelfurniere
Gebr. Aicher, Holzindustrie, Rosenheim/Bayer. Alpen, Postfach 15		3fach: 55 × 173 60 × 173 100 × 350 122 × 350 153 × 350 173 × 350 5fach: 173 × 55, 60 173 × 122, 153 220 × 122, 153 250 × 122, 153	13, 16, 19, 22, 25, 28, 32, 38	STAE + ST	Fichte/Tanne Abachi Okoumé Limba
Andernacher Sperrholzwerk GmbH., Andernach/Rhein, Postfach 160	CORONA	3fach: 122 × 170 137,5 × 153 153 × 220, 250 170 × 220, 250, 515 183 × 220, 250, 515 5fach: 170 × 122, 153, 170 200 × 153, 170, 183 220 × 153, 170, 183 250 × 153, 170, 183 305 × 153, 170, 183	13, 16, 19, 22, 25, 28, 30 17/18, 20/21, 23/24, 26/27, 29/30	STAE + ST	Buche Okoumé Ilomba Limba Makoré Wawa Edelfurniere

Bartels-Werke GmbH., Langenberg/Westf. über Gütersloh	TELSA-Tischlerplatten	3fach: 153 × 360, 510 173 × 360, 510 183 × 360, 510 5fach: 220 × 122, 153, 173 250 × 122, 153, 173	13, 16, 19, 22, 25, 38	STAE + ST	Abachi Okoumé Limba
Otto Becher, Furnier-, Sperrplatten- und Türenwerke, Remagen/Rhein, Postfach 149	MERKUR	5fach: 170 × 122 200 × 122 220 × 122 Fixmaße innerhalb der Größe 220 × 122 und umgekehrt	16, 19, 22, 24	SR	Edelfurniere
Breuer & Co., Sperrholzwerk, Broichweiden 1, über Aachen	Auskunft auf Anfrage				
Adolf Buddenberg, Beverungen/Weser		5fach: Fixmaße innerhalb der Größe 122 × 240 und umgekehrt	16, 19, 22, 25	ST	Buche Okoumé
Furnier- und Sperrholzwerk AG., Göppingen/Württ., Postfach 189		3fach: 173 × 350, 460, 510	13, 16, 19, 22, 25, 28, 30	ST	Abachi Buche Okoumé Limba
Geborn Sperrholzwerk, Gebr. Feuerborn KG., Spexard über Gütersloh/Westf.	GEBORN-Tischlerplatten	3fach: 120 × 170 153 × 398, 448 170 × 398, 448	16, 19, 22, 25, 30	SR	Abachi Okoumé Limba Makoré

4. Hersteller von Tischlerplatten (*Forts.*)

Firma	Handelsname der Platte	Formate in cm	Dicke in mm	Mittellage	Deckfurniere
Gegewerke GmbH., Möbel-, Sperrholz- und Furnierfabriken, Weeze/Niederrhein	GEGE	Standardgrößen: 183 × 510 3fach 254 × 183 5fach**) Anfallgrößen (3fach ST) 122 × 510 153 × 275, 305, 470, 510 173 × 470, 510	13, 16, 19, 22, 25, 32*), 38*) 15, 18, 21, 24, 27	ST + STAE	Abachi Okoumé Limba *) Nur STAE **) 5fach nur mit Limba- Decks
Göttinger Holzkontor, Becher & Sohn, Karlshafen/Weser	EICHSFELDER	Standard- und Fixmaße bis 250 × 153	13···25 auf Anforderung bis 40	Fichte	Abachi Buche Okoumé Limba Makoré
Theo Joh. Heijen, Holzbearbeitung, Viersen/Rheinland, Sittarder Straße 202	ADMIRA-Edelsperrholz	5fach: 170 × 122, 153 200 × 153 205 × 153 220 × 122, 153, 170 240 × 153	17/18, 20/21, 23/24	ST	Edelfurniere
Holsatia-Werke Heinz Meyer KG., Hamburg-Altona, Ruhrstraße 57	HOLSATIA-Tischlerplatten	3fach: 153 × 275 170 × 470 170 × 515 183 × 515	13, 16, 19, 22, 25, 30	ST	Buche Okoumé Limba
Holzindustrie GmbH., Meckenbeuren/Württemberg	HIM	3fach: 122 × 510 153 × 510 173 × 510 183 × 510	14, 16, 19, 22, 25, 28, 30	ST + STAE	Abachi Okoumé Limba

Holzindustrie Cordingen, Otto Marquardt KG., Cordingen, Post Walsrode, Postfach 103	CORDA	3fach: 122 × 170 153 × 220, 275 170 × 350 (122 × 350) (153 × 350) 5fach: 170 × 122, 153 205 × 122, 153 220 × 122, 153 250 × 122, 153*)	16, 19, 22, 25	ST	Buche Okoumé Limba Wawa *) Nur Okoumé, Limba, Wawa
Industrie für Holzverwertung AG., Essen-Altenessen, Krablerstraße 14	CORONA	3fach: 122 × 170 137,5 × 153 153 × 220, 250 170 × 220, 250, 515 183 × 220, 250, 515 5fach: 170 × 122, 153, 170 200 × 153, 170, 183 220 × 153, 170, 183 250 × 153, 170, 183 305 × 153, 170, 183	13, 16, 19, 22, 25, 28, 30 17/18, 20, 21, 23/24, 26/27, 29/30	STAE + ST	Buche Okoumé Ilomba Limba Makoré Wawa Edelfurniere
Wilhelm Jung, Sperrholzwerk, Brandoberndorf im Taunus	JUBRA	3fach: 110 × 170 120 × 170 137,5 × 153 153 × 220, 340 170 × 340, 350 5fach: 170 × 122 220 × 122, 153 Fixmaße innerhalb der Größe 170 × 340	16, 19, 22, 25, 28, 30	ST	Buche Okoumé Limba

4. Hersteller von Tischlerplatten (*Forts.*)

Firma	Handelsname der Platte	Formate in cm	Dicke in mm	Mittellage	Deckfurniere
Ludwig Koch & Sohn, Sperrholzwerk, Laasphe/Westfalen, Postfach 150	KOLA	3fach: 120 × 230 5fach: 230 × 120 Fixmaße innerhalb der Größe 120 × 230 und umgekehrt	13, 16, 19, 22, 25, 28, 30	ST	Buche Okoumé Limba
Koch & Solle, Sperrholzfabrik, Horn/Lippe, Postfach 20	K & S-Platte	3fach und 5fach: Fixmaße innerhalb der Größe 122 × 245 und umgekehrt 170 × 350	13, 16, 19, 22, 25, 28	ST STAE + SR	Abachi Buche Okoumé Limba Edelfurniere
Lud. Kuntz, Sperrholzwerk ELKA, Kirn/Nahe, Postfach 149	ELKA-Tischlerplatte	3fach: 122 × 170, 245 173 × 510 183 × 510	16, 19, 22, 25, 28	ST	Abachi Buche Okoumé Limba
Kunz & Co., Sperrholzwerk, Gschwend, Krs. Backnang/Württ.	KUCO-Platte	3fach: 153 × 275, 350 170 × 350 Fixmaße innerhalb der Größe 130 × 245 und umgekehrt	16, 19, 22, 25, 28, 30	ST	Abachi Buche Okoumé Ilomba Limba
Gebrüder Kusser, Sperrholz-Türenwerk, Hauzenberg bei Passau	KUSSER-Platte	3fach: 173 × 350, 510 183 × 350, 510	13, 16, 19, 22, 25, 28 13, 16, 19, 22, 25, 28 32, 38	ST + STAE	Fichte Okoumé Limba Wawa

Wilhelm Mende & Co., Teichhütte über Seesen/Harz	MENDE-Tischlerplatte	3fach: 120 × 240 153 × 315 Fixmaße bis maximal 153 × 315 bzw. 220 × 153 5fach: 220 × 110, 122, 153 Fixmaße innerhalb der Größe 220 × 153 und umgekehrt	16, 19, 22, 25	ST	Buche Abachi/Wawa Okoumé Limba Makoré
August Moralt, Holzindustrie, Bad Tölz/Obb., Postfach 54	MORALT-Platte	3fach: 122 × 510 152,5 × 510 173 × 510	13, 16, 19, 22, 25, 28, 32, 38	STAE + ST	Okoumé Limba Abachi
Oberhessisches Holzwerk, Abt. der „Sämmtliche Riedesel Freiherren zu Eisenbach oHG", Lauterbach/Hessen, Postfach 117		3fach und 5fach: 110 × 170 122 × 170, 235 153 × 170, 235 170 × 110, 122, 153 220 × 110, 122, 153 Fixmaße innerhalb der Größe 220 × 153 und umgekehrt	16, 19, 22, 25	SR	Buche Limba
Oberrheinische Holzindustrie, Bannholz bei Waldshut/Baden		3fach und 5fach: 122 × 205 170 × 122	13, 16, 19, 22, 25, 28	SR	Abachi Buche Okoumé Limba
„RHENUS"-Sperrholz- und Türenwerk AG., Andernach/Rhein, Postfach 440	RHENUS	3fach: 173 × 510 183 × 510 183 × 530	13, 16, 19, 22, 25, 30	ST	Okoumé Limba Wawa

Firma	Handelsname der Platte	Formate in cm	Dicke in mm	Mittellage	Deckfurniere
Heinrich Riffer, Sperrholz- und Spanplattenwerk, Kassel-B., Leipziger Straße 184	RIFKA-Tischlerplatten	3fach: 122 × 350 153 × 275, 350 173 × 350 180 × 350	16, 19, 22, 25	ST	Buche Okoumé Ilomba Limba
Rottmann, Sperrholz- und Spanplattenwerk, Wilhelmshaven, Postfach 195	ROTTMANN-Universal-Tischlerplatte	3fach: 183 × 370	16, 19, 22, 25	ST	Abachi Okoumé Ilomba Limba
Schütte-Lanz, Holzwerke AG., Mannheim/Rheinau	SL-Tischlerplatte	3fach: 183 × 510 5fach: 220 × 183 (205 × 153, 173) (250 × 153, 173)	13, 16, 19, 22, 25 19, 22, 25	ST + STAE	Okoumé Limba Buche Abachi
Sperrholzwerk Ebersberg, Kurt Rohde, Ebersberg bei München, Postfach 19	BAYERN-Tischlerplatte	3fach und 5fach: 122 × 350, 510 153 × 350, 510 173 × 350, 510	13, 16, 19, 22, 25, 28, 32, 38	STAE + ST	Abachi Fichte Okoumé Ilomba Limba
Sperrholzwerk Günther GmbH., Bad Salzuflen, Postfach 626		3fach und 5fach: 50 × 170, 245 60 × 170, 245 101 × 170, 245 111 × 170, 245	16, 19, 22, 25, 28	ST	Abachi/Wawa Buche Okoumé Limba

		122 × 170, 245, 350 153 × 170, 245, 350 173 × 350 Fixmaße innerhalb der Größe 173 × 350 und umgekehrt			
Sperrholzwerk Waldsee GmbH., Bad Waldsee/Württ., Postfach 34		3fach: 122 × 170, 205, 244	16, 19, 22, 25	ST	Abachi Okoumé Limba
Teutoburger Sperrholzwerk, Georg Nau GmbH., Pivitsheide bei Detmold		3fach: 122 × 240 170 × 240 5fach: 170 × 122 205 × 153 240 × 153, 170 Fixmaße innerhalb der Größe 170 × 240 und umgekehrt	12, 16, 19, 22, 25 16, 19, 22, 25	ST	Abachi Buche Okoumé Limba
Thiele & Co. GmbH., Sperrholzwerk, Mölln/Lauenburg, Grambeker Weg 45—53	TICO	3fach: 122 × 170, 220, 240 170 × 350 5fach: 170 × 122 220 × 122 250 × 170	16, 19, 22, 25	ST	Abachi/Wawa Buche Okoumé Limba
Wilhelm Vogler, Sperrholzwerk, Offenbach/Main, Sandgasse 28—36		3fach und 5fach: Fixmaße innerhalb der Größe 130 × 230	16, 19, 22, 25, 30	ST	Abachi Buche Okoumé
Gebr. Wendel KG., Sperrholzwerk, Hofheim/Taunus, Hattersheimer Straße	WENDEL	3fach: 122 × 170, 250	16, 19, 22, 25	ST	Okoumé Limba

4. Hersteller von Tischlerplatten (*Forts.*)

Firma	Handelsname der Platte	Formate in cm	Dicke in mm	Mittellage	Deckfurniere
Weser-Sperrholzwerke GmbH., Holzminden/Weser	WESER	3fach: 122 × 170, 340, 350, 500 153 × 500 5fach: 170 × 122, 153 205 × 122, 153 220 × 122 Fixmaße innerhalb der Größe 122 × 500 und umgekehrt	16, 19, 22, 25, 28	ST	Abachi/Wawa Buche Okoumé Ilomba Limba Edelfurniere
Westag & Getalit Aktiengesellschaft, Wiedenbrück/Westf.	WESTAG	3fach: 153 × 275 173 × 460 5fach: 220 × 122, 153 250 × 122, 153 305 × 122, 153	16, 19, 22, 25 18/19, 20/21	ST	Ceiba Buche Limba Ceiba Limba Makoré Edelfurniere
WIRUS-WERKE, W. Ruhenstroth GmbH., Gütersloh/Westf., Postfach 139	WIRUS-Tischlerplatten	3fach: 173 × 510 183 × 510 3fach: 173 × 510 5fach: 350 × 153	16, 19, 22, 25 16, 19, 22, 25 17/18, 20/21, 23/24, 26/27	ST STAE ST	Buche Limba Okoumé Limba Okoumé Limba u. a. Edel-furniere

In dieser Übersicht sind nur Standarderzeugnisse aufgeführt. Bei Sonderwünschen (z. B. stärkere Dimensionen) erteilen die Firmen Auskunft auf Anfrage.

| DK 674.03 | **Deutsche Normen** | 2. Ausg. Juli 1940 |

Sperrholzplatten

Furnierplatten   Tischlerplatten

Abmessungen

DIN 4078

Maße in cm

Furnierplatten

(mindestens 3fach verleimte Furniere)

Bezeichnung einer 6 mm dicken Furnierplatte von 200 cm Länge und 122 cm Breite:

Furnierplatte 6 × 200 × 122 DIN 4078[1]

Dicke in mm Zul. Abw.[2]		Länge[3] Zul. Abw. ± 5 mm	Breite Zul. Abw. ± 5 mm
± 0,4 mm	± 0,5 mm		
4	5 6 8 10 12 15	170	100 122 152,5
		183 91,5	für andere Breiten sind die
		200 100	Zahlenwerte der Spalte Länge
		220 110	zu entnehmen.
		250 122	
		275 137,5	
		305 152,5	

Für dickere Furnierplatten sind die Dicken der Tischlerplatten zu wählen.

Furnierplatten aus europäischem Holz werden nur bis 220 cm Höchstlänge hergestellt, Furnierplatten aus außereuropäischem Holz werden erst von 5 mm Dicke an in Längen und Breiten über 220 cm hergestellt.

Tischlerplatten[4]

Bezeichnung einer 25 mm dicken Tischlerplatte von 170 cm Länge und 450 cm Breite:

Tischlerplatte 25 × 170 × 450 DIN 4078[1]

[1] Holzart, Verleimung, Art der Oberfläche und Oberflächenbehandlung bei Bestellung angeben.

[2] Der Dickenunterschied innerhalb einer Platte darf 5% der Dicke, jedoch höchstens 0,5 mm betragen.

[3] Die Länge wird parallel dem Faserverlauf der äußeren Deckfurniere gemessen; daher ergeben sich teilweise kürzere Längen als Breiten.

[4] Tischlerplatten bestehen aus einer aus Holzleisten oder Holzstäben (Furnieren) zusammengesetzten Mittellage und beiderseits aufgeleimten Absperrfurnieren.

(nach Preßmaßen)

Dicke in mm Zul. Abw.[2] ± 0,5 mm	Länge[3] Zul. Abw. ± 5 mm	Breite Zul. Abw. ± 5 mm
13		
16		
19		
22	152,5	350
25	170	450
28	183	470
32		510
38		
45		

Diese Normen beziehen sich auf alle im Inland hergestellten Sperrholzplatten aus inländischen und ausländischen Hölzern jeder Art.

(nach Möbelmaßen)

Dicke in mm Zul. Abw. [2]		Länge [3] Zul Abw.	Breite Zul. Abw.	Verwendung für
± 0,4 mm	± 0,5 mm	± 5 mm	± 5 mm	
19	—	50		Schrankseiten und Schranktüren (Schlafzimmermöbel)
22	—	55	170	
25	—	60		
22		91,5 100	170	Kopf- und Fußteile für Bettstellen (Schlafzimmermöbel)
—	28	100	180	
25		100 110	200	
19	—	78	156	Tischplatten

Möbelmaße werden handelsüblich auch in mehrfachen Längen und Breiten hergestellt oder geliefert.

Fachabteilung Sperrholzindustrie
der Fachuntergruppe Sperrholz- und Holzfaserplattenindustrie

* Gegenüber Ausgabe Dezember 1938 zu beachten: Unter Furnierplatten: Länge 275 neu aufgenommen. Unter Tischlerplatten: Möbelmaße durch Tischplattenmaße erweitert.

Nachdruck, auch auszugsweise, nur mit Genehmigung des Deutschen Normenausschusses gestattet.

(Berichtigungen vom März 1961 am Ende des Anhanges E)

DK 674-419.3:001.4	Deutsche Normen	Dezember 1958

Sperrholz für allgemeine Zwecke

Begriffe, Gütebedingungen

DIN 68705

Es ist beabsichtigt, die Gütebedingungen der Abschnitte 9 und 10 dieser Norm bis zum 30. April 1960 zu überprüfen und dem neuesten Stand der Technik anzupassen.

1. Geltungsbereich

Diese Norm gilt für Sperrholz für allgemeine Zwecke, besonders für den Möbelbau, Innenausbau und für allgemeine technische Anwendungen.

2. Begriffe

2.1 Sperrholz

Platten aus mehreren aufeinander geleimten Holzlagen.

2.11 *Furnierplatte*[1]

Sperrholz aus mindestens 3 kreuzweise aufeinander geleimten Lagen von Furnieren (Furnierlagen). Bei gerader Furnierzahl verläuft die Faserrichtung der beiden mittleren Furnierlagen parallel.

2.12 *Tischlerplatte*

Sperrholz aus Mittellage und mindestens einer Furnierlage auf jeder Seite. Mittellage und Furnierlage müssen kreuzweise aufeinander geleimt sein.

2.2 Mittellage für Tischlerplatten

Mittlere Lage einer Tischlerplatte, aus plattenförmig nebeneinander angeordneten Holzleisten.

2.21 *Stäbchen-Mittellage*

(Kurzzeichen STAE nach DIN 4076), plattenförmig aneinander geleimte Holzstäbchen aus rundgeschälten Furnieren bis 8 mm Dicke, die zur Plattenebene hochkant stehen.

2.22 *Stab-Mittellage*

(Kurzzeichen ST nach DIN 4076), plattenförmig aneinander geleimte Holzleisten, in der Regel bis zu 25 mm, auch bis zu 30 mm Breite.

---

[1] Vielschichtsperrholz, Multiplexplatten. Furnierplatten aus 5 oder mehr höchstens 0,5 mm dicken kreuzweise aufeinander geleimten Lagen von Furnieren.

2.23 *Streifen-Mittellage*

(Kurzzeichen SR nach DIN 4076), plattenförmig dicht nebeneinander liegende, jedoch nicht miteinander verleimte Holzleisten, in der Regel bis zu 25 mm, auch bis zu 30 mm Breite.

3. Sortierung

Sperrholz wird nach den Güteklassen I, II, III der Deckfurniere in Sorten eingeteilt. Durch Kombination der verwendeten Güteklassen der Deckfurniere ergibt sich die jeweilige Sorte des Sperrholzes. Die erste der beiden römischen Ziffern kennzeichnet die Güteklasse des Deckfurniers der einen Seite und die zweite diejenige der anderen Seite.

3.1 Sortierung von Furnierplatten

Es werden hergestellt:

Decks aus Überseeholz: I/II, I/III, II/III

Decks aus Buche und anderen deutschen Holzarten: I/II, II/II, I/III, II/III

3.2 Sortierung von Tischlerplatten

Es werden hergestellt:

I/II, II/II

(Weitere Kombinationen der vorstehend beschriebenen Außenfurnierqualitäten können auf Wunsch gefertigt werden.)

4. Einteilung nach Verleimungsarten

Die Sperrholzverleimung ist so auszuführen, daß sie den klimatischen und technischen Beanspruchungen des Verwendungszweckes genügt. Folgende Arten von Verleimung werden der Verwendung entsprechend unterschieden:

4.1 Innensperrholz

4.11 Qualität **IF 20**[1]

Verleimung beständig gegen die in geschlossenen Räumen zu erwartende Luftfeuchtigkeit.

Kurzprüfung:

24stündige Lagerung der Proben unter Wasser von $20\,°\mathrm{C} \pm 2°$.

4.12 Qualität IW 67

Verleimung beständig gegen höhere Luftfeuchtigkeit und Berührung mit Wasser von bis zu 67 °C, sofern das Sperrholz gegen unmittelbare Witterungseinflüsse geschützt ist.

Kurzprüfung:

3stündige Lagerung der Proben unter Wasser von $67\,°\mathrm{C} \pm 0,5°$. Anschließend mindestens 2stündige Lagerung der Proben unter Wasser von $20\,°\mathrm{C} \pm 5°$.

4.2 Außensperrholz

4.21 Qualität A 100

Verleimung beständig gegen Wassereinwirkung im Freien, begrenzt wetterbeständig.

---

[1] Die fettgedruckten Verleimungsarten sind die gebräuchlichsten.

Kurzprüfung:
6stündige Lagerung der Proben in kochendem Wasser (100 °C). Anschließend mindestens 2stündige Lagerung der Proben unter Wasser von 20 °C ± 5°.

4.22 Qualität **AW 100**[1]
Verleimung unbegrenzt beständig gegen alle Witterungseinflüsse, auch im tropischen Klima.

Kurzprüfung:
Lagerung in kochendem Wasser mit zwischengeschalteter Trocknung bei 60 °C ± 2° in folgendem Zyklus:
4 Stunden Kochen (100 °C)
16 bis 20 Stunden Trocknung in trockener heißer Luft von 60 °C ± 2°
4 Stunden Kochen
16 bis 20 Stunden Auskühlung unter Wasser von 20 °C ± 5°.

4.3 Termitenabweisendes Sperrholz ist ein durch entsprechende Holzschutzmaßnahmen gegen tierische Schädlinge geschütztes Sperrholz.

5. Bestimmung der Bindefestigkeit

Die Bindefestigkeit von Sperrholz wird an gewässerten Proben geprüft. Art und Dauer der Naßbehandlung siehe DIN 53255 (Kurzprüfung).

5.1 Probenahme

Aus jeder zu prüfenden Platte sind zu entnehmen:

5.11 3 Proben 200 mm × 100 mm für Aufstechversuche

5.12 10 Zug-Scherproben für Zugversuche
Abmessungen der Zug-Scherproben nach DIN 53255.
Für 3fache Furnierplatten sind einfache Scherproben zu verwenden.

5.2 Prüfung auf Bindefestigkeit

5.21 Die 3 Proben nach Abschnitt 5.11 sind dem Aufstechversuch nach DIN 53255 (Neufassung in Vorbereitung) zu unterwerfen.

5.22 Die Scherproben sind nach DIN 53255 zu zerreißen. Bei Tischlerplatten wird die Scherfestigkeit nicht geprüft.

5.3 Beurteilung der Prüfergebnisse

Maßgebend für die Bewertung der Bindefestigkeit ist der Aufstechversuch nach Abschnitt 5.21. Die Bewertung geschieht nach DIN 53255 wie folgt:

vorzüglich	1
gut	2
ausreichend	3
unzureichend	4

---

[1] Die fettgedruckten Verleimungsarten sind die gebräuchlichsten.

Platten, die beim Aufstechversuch als ,,unzureichend" (4) befunden werden, sind zu verwerfen. Wenn sie als ,,ausreichend" (3) beurteilt werden, muß die Scherfestigkeit den Anforderungen von Tabelle 1 genügen. Platten mit den Noten ,,1" und ,,2" brauchen auf Scherfestigkeit nicht geprüft zu werden.

Tabelle 1. *Richtwerte für die Mindest-Bindefestigkeit*

Rohdichte des Sperrholzes	Sperrholz aus	Mindestwerte
über 0,56 g/cm³	schwerem Laubholz	12 kp/cm²
bis 0,56 g/cm³	leichtem Laubholz	10 kp/cm²
	Nadelholz	8 kp/cm²

Mittelwerte aus je 10 Zug-Scherproben nach DIN 53255 Bild 2 bis 4.

6. Feuchtigkeitsgehalt

Der Feuchtigkeitsgehalt des Sperrholzes darf ab Herstellerwerk höchstens 12% betragen. Bestimmung des Feuchtigkeitsgehaltes nach DIN 52183.

7. Abmessungen und zulässige Abweichungen

Für die Abmessungen und zulässigen Abweichungen von Sperrholzplatten gilt DIN 4078.

8. Kennzeichnung — Bezeichnung

Sperrholzplatten in Lagermaßen sind durch Stempelaufdruck auf der 2. (schlechteren) Seite nach Güteklassen, Art der Verleimung und Plattenabmessungen zu kenn- und bezeichnen. Bei Innensperrholz der Verleimung IF 20 kann der Hinweis auf die Verleimungsart fortgelassen werden.

Beispiele:

Furnierplatte

    I/III AW 100 / 4 × 170 × 152,5[1]
    Erste Seite entspricht Güteklasse I
    Zweite Seite entspricht Güteklasse III
    Verleimung entspricht AW 100
    Abmessungen: 4 mm dick, 170 cm lang, 152,5 cm breit

Tischlerplatte

    I/II IF20ST / 19 × 170 × 510[1]
    Erste Seite entspricht Güteklasse I
    Zweite Seite entspricht Güteklasse II
    Verleimung entspricht IF 20
    Mittellage stabverleimt
    Abmessungen: 19 mm dick, 170 cm lang, 510 cm breit.

---

[1] Bezeichnungen der Sperrhölzer nach DIN 68705 und der Abmessungen nach DIN 4078.

9. Eigenschaften von Furnierplatten

9.1 Güteklassen von Furnierplatten mit geschälten Außenfurnieren [1]

Tabelle 2

		Bedingungen der Güteklassen I bis III der geschälten Außenfurniere				
1	2	3	4	5	6	7
Güteklassen	Nr	Gabun, Oregon, Limba, Abachi und ähnliche Überseehölzer	Buche	Birke, Erle, Pappel	Fichte, Tanne	Kiefer, Lärche
Güteklasse I Praktisch fehlerfrei, in der Holzfarbe und Maserung zueinander passend. (Von den nebenstehend genannten Fehlerarten dürfen höchstens 2 nebeneinander vorkommen)	1	leichte Holzverfärbung	leichte Holzverfärbung bis $^1/_8$ der Fläche			—
	2	—	drei gesunde Äste oder Aststellen bis 15 mm $\varnothing$ je m^2	—	drei einwandfrei ausgebesserte Äste je m^2	—
	3	—	vereinzelt vorkommende ausgekittete Randrisse bis $^1/_{10}$ der Plattenlänge und 3 mm Breite			—
Güteklasse II Kleine Fehler sind zulässig. (Von den nebenstehend genannten Fehlerarten dürfen höchstens 3 nebeneinander vorkommen)	1	Fugen, die gelegentlich geringe Undichtigkeiten aufweisen				
	2	leichte Holzverfärbung und bis $^1/_8$ der Fläche, leichte Farbfehler	leichte Holzverfärbung und bis $^1/_4$ der Fläche, leichte Farbfehler			leichte Holzverfärbung und bis $^1/_8$ der Fläche leichte Farbfehler

[1] Gütebestimmungen von Furnierplatten mit gemesserten und gesägten Außenfurnieren, z. Z. in Vorbereitung.

Tabelle 2 (Fortsetzung)

Bedingungen der Güteklassen I bis III der geschälten Außenfurniere						
1	2	3	4	5	6	7
Güteklassen	Nr.	Gabun, Oregon, Limba, Abachi und ähnliche Überseehölzer	Buche	Birke, Erle, Pappel	Fichte, Tanne	Kiefer, Lärche
Güteklasse II	3	Punktäste sowie vereinzelt vorkommende Wirbel, Hirnholzstellen und Gallen, letztere auch ausgekittet				
	4	vereinzelt vorkommende festverwachsene Äste und Aststellen bis 15 mm ⌀	vier festverwachsene Äste oder Aststellen bis 25 mm ⌀ je m²	vier festverwachsene Äste oder Aststellen bis 25 mm ⌀ je m², die gelegentlich kleine ausgekittete Stellen haben dürfen	vier festverwachsene Äste oder Aststellen bis 25 mm ⌀ je m²	—
	5	zwei einwandfrei ausgebesserte Äste oder Risse je m²	einwandfrei ausgebesserte Äste und Risse			
	6	vereinzelt vorkommende ausgekittete Randrisse bis ¹/₁₀ der Plattenlänge und 3 mm Breite	vereinzelt vorkommende ausgekittete Risse bis ¹/₅ der Plattenlänge und 5 mm Breite			vereinzelt vorkommende ausgekittete Randrisse bis ¹/₁₀ der Plattenlänge und 3 mm Breite
	7	vereinzelt vorkommende kleine Wurmlöcher	—	vereinzelt vorkommende kleine Wurmlöcher	—	
	8	—	geringfügiger Leimdurchschlag	—	geringfügiger Leimdurchschlag	—

Güteklasse III

Größere Fehler sind zulässig. (Von den nebenstehend genannten Fehlerarten dürfen höchstens 4 nebeneinander vorkommen)	1	vereinzelt vorkommende fehlerhafte Fugen		
	2	Farbfehler		
	3	Punktäste, Wirbel, Hirnholzstellen und Gallen, letztere auch ausgekittet		
	4	vereinzelt vorkommende festverwachsene Äste und Aststellen bis 60 mm $\varnothing$	festverwachsene Äste und Aststellen bis 60 mm $\varnothing$	festverwachsene Äste und Aststellen bis 35 mm $\varnothing$
	5	ausgebesserte Stellen		
	6	—	ausgekittete Astlöcher bis 25 mm $\varnothing$ und kleine schwarze Äste	ausgekittete Astlöcher bis 35 mm $\varnothing$ und kleine schwarze Äste
	7	Risse bis $^1/_5$ der Plattenlänge und 5 mm Breite		
	8	Wurmlöcher		
	9	Leimdurchschlag		
	10	rauhe überholzige Stellen		
	11	Überleimer der Mittellagenfugen		

Bei den Außenfurnieren gelten einwandfreie Fugen sowie unauffällige, vereinzelt vorkommende Punktäste, kleine Wirbel und kleine Gallen nicht als Fehler.

9.2 Güteeigenschaften der Mittellagen von Furnierplatten

Die Mittellagen (Innenfurniere) von Furnierplatten nach dieser Norm dürfen keine Fehler haben, die durch die Außenfurniere sichtbar sind oder die Festigkeit der Platten oder deren Verwendungszweck, sofern dieser bekannt ist, beeinträchtigen.

10. Eigenschaften von Tischlerplatten mit geschälten Außenfurnieren

10.1 Die Tischlerplatten werden nach den Güteeigenschaften der Außenfurniere in zwei Güteklassen eingeteilt:

10.11 Güteklasse I

zulässig sind:
    kleine Fehler,
    unauffällige, vereinzelt vorkommende Punktäste,
    kleine Wirbel und kleine Gallen,
    unauffällige, fest verwachsene Äste,
    Äste bis 15 mm ⌀,
    leichte Holzverfärbung,
    einwandfrei ausgebesserte Stellen, soweit die Füllstücke in Struktur und Farbe passen,
    vereinzelt vorkommende ausgekittete Risse oder Fugen bis 2 mm Breite,
    vereinzelt vorkommende ausgekittete kleine Wurmlöcher.

Güteklasse II

zulässig sind:
    größere Fehler,
    Fugen mit geringen Fehlern,
    festverwachsene Äste bis 25 mm ⌀,
    kleine schwarze Äste, die auch ausgekittet sein können,
    kleine Fehlstellen, die ausgekittet sein müssen,
    ausgebesserte Stellen,
    ausgekittete Risse bis 5 mm Breite,
    ausgekittete Fugen bis 5 mm Breite,
    Farbfehler,
    Wurmlöcher,
    Wirbel- und Hirnholzstellen, die die Standfestigkeit der Tischlerplatten nicht beeinträchtigen.

10.12 Bei 5- und mehrfach verleimten Tischlerplatten gelten für die Außenfurniere die Gütebedingungen für Furnierplatten.

10.2 Die Mittellagenstäbe müssen scharfkantig sein und in der Längs- und Stoßfuge dicht aneinanderliegen.
Baumkanten und abgesplitterte Stellen bis 500 mm Länge und 5 mm Breite sind zulässig.
Astlöcher und angeschnittene Astlöcher über 15 mm ⌀ müssen ausgeschnitten oder ausgefüllt werden.

11. Folgende Normen sind bei der Anwendung dieser Norm zu beachten

DIN 4076　　— Holz, Holzwerkstoffe und Verbundplatten, Begriffe und Zeichen.
DIN 4078　　— Sperrholzplatten, Furnierplatten, Tischlerplatten, Abmessungen.
DIN 52183 — Prüfung von Holz, Bestimmung des Feuchtigkeitsgehaltes.
DIN 53255 — Prüfung von Holzleimen, Bestimmung der Bindefestigkeit von Sperr-
　　　　　　　　holzverleimungen (Furnier- und Tischlerplatten) im Zugversuch.

Berichtigungen (März 1961)

Der Ausschuß DIN 68 705 im Fachnormenausschuß Holz hat die nachfolgenden Änderungen für das vorstehend abgedruckte Normblatt 68 705 vorgeschlagen. Es ist zu erwarten, daß das Normblatt in Kürze unter Einbeziehung dieser Änderungen neu erscheint.

1. DIN 68 705 bleibt im Grundaufbau unverändert.

2. Der Hinweis auf die beabsichtigte Überprüfung der Norm entfällt.

3. In Abschnitt 2.11 ,,Furnierplatte'' und Abschnitt 2.12 ,,Tischlerplatte'' wird jeweils eingefügt: ,,Stahlteile (z. B. Nägel) dürfen in den Platten nicht enthalten sein.''

4. In Abschnitt 4.22 ist ,,AW 100'' fett zu drucken, um der Fußnote 2 auf Seite 1 gerecht zu werden.

5. In Abschnitt 9.1 ,,Güteklassen von Furnierplatten mit geschälten Außenfurnieren'' entfällt das Gütemerkmal ,,Leichte Holzverfärbung'' bei Limba-Platten der Güteklasse I. Gabun-Furnierplatten der Güteklasse I dürfen künftig 3 gesunde Wirbel oder Aststellen bis 10 mm $\varnothing$ je m² aufweisen.

6. In Abschnitt 9.2 wird hinter ,,Die Mittellagen (Innenfurniere) von Furnierplatten'' eingefügt:

    ,,in den Sorten I/II, I/III, II/II und II/III''.

7. Abschnitt 10.2, Absatz 2 soll lauten: ,,Baumkante ohne Rinde und abgesplitterte Stellen bis 500 mm Länge und 5 mm Breite sind zulässig''.

8. Die Numerierung der Abschnitte muß nach den neuen Bestimmungen des Deutschen Normenausschusses erfolgen.

Anhang F

Deutsche Normen

DK 674.028.9 : 620.172 : 668.3 **Entwurf** Februar 1959

DIN 53 255

Prüfung von Holzleimen und Holzverleimungen

**Bestimmung der Bindefestigkeit von Sperrholzleimungen
(Furnier- und Tischlerplatten)
im Zugversuch und im Aufstechversuch**

Einsprüche bis 31. März 1960

Dieser Norm-Entwurf wird der Öffentlichkeit zur Stellungnahme vorgelegt.

Da der Inhalt sich noch in wesentlichen Teilen ändern kann, bitten wir, sich noch nicht auf die Arbeit nach diesem Entwurf einzustellen, sondern die endgültige Fassung des Normblattes abzuwarten.

Der vorliegende Entwurf enthält die vorgesehene Neufassung zu DIN 53255, Ausgabe September 1954. Die genannte Ausgabe wird hierdurch noch nicht ungültig.

Einsprüche und Änderungsvorschläge (möglichst zweifach) zu diesem Norm-Entwurf werden erbeten an den Fachnormenausschuß Materialprüfung, Dortmund-Aplerbeck, Marsbruchstraße 186. *Deutscher Normenausschuß*

Vorbemerkung

Begriffe, Lagerungsbedingungen, Wahl der Prüfverfahren und statistische Auswertung der Prüfergebnisse siehe DIN 53251.*

Kenndaten des Verleimvorganges siehe DIN 53252.

Weitere Prüfverfahren siehe

> *DIN 53253* Prüfung von Holzleimen und Holzverleimungen, Bestimmung der Bindefestigkeit von Schäftverleimungen im Zugversuch.*
> *DIN 53254* —, Bestimmung der Bindefestigkeit von Längsverleimungen im Zugversuch.*

1. Zweck und Anwendungsbereich

Die Prüfung beruht auf der Bestimmung der Scherfestigkeit und des Widerstandes gegen Fugenspaltung. Scherproben aus verleimten Halbzeugen werden einer zügig

---

* Entwurf Februar 1959.

Erläuterungen siehe DIN 53251 Entwurf Februar 1959.

Gegenüber Ausgabe September 1954 beachten: Kurznamen und Kennzeichen für die Bindefestigkeit gestrichen. Art und Dauer der Lagerungsfolgen geändert. Aufstechversuch aufgenommen. Die statistische Auswertung der Ergebnisse wird empfohlen. Abschnitt 6 Tischlerplatten gestrichen.

gesteigerten Zugbeanspruchung bis zum Bruch unterworfen. Aufstechproben werden mit einem geeigneten Werkzeug von der Oberfläche her aufgebrochen. Bei Furnierplatten sind Scher- und Aufstechversuch, bei Tischlerplatten nur der Aufstechversuch anzuwenden.

Die Prüfung eignet sich

a) zur Beurteilung der Verleimung von Sperrholz (Furnier- und Tischlerplatten),

b) zur Beurteilung von Lagenholzleimen,

c) zur Beurteilung des Einflusses von Füll-, Streck- oder Holzschutzmitteln auf die Bindefestigkeit von Lagenholzleimen,

d) zur Beurteilung von Einflüssen verschiedener Lagerung auf die Bindefestigkeit von Sperrholz und Sperrholzleimen,

e) zur Betriebsüberwachung.

2. Begriffe

Siehe DIN 53 251*.

3. Probenahme

Aus mindestens 3 verschiedenen Platten gleichen Aufbaues und gleicher Verleimung sind Abschnitte von etwa 500 mm × 500 mm, und zwar mindestens 1 Abschnitt aus dem Plattenrand und mindestens 1 Abschnitt aus der Plattenmitte, zu entnehmen.

Aus jedem Abschnitt sind für jede Prüfung Scher- und Aufstechproben nach den Abschnitten 5 und 6 herzustellen.

Zur Beurteilung von Lagenholzleimen sind 10 bis 12 dreifach verleimte Furnierplatten aus 1,4 bis 1,6 mm dicken, glatt geschälten Buchenfurnieren von mindestens 350 mm × 350 mm Größe herzustellen und nach Abschnitt 5 zu prüfen.

4. Lagerung und Anzahl der Proben

Folgende Lagerungen bzw. Lagerungsfolgen, zu denen die Bedingungen in DIN 53 251*, Abschnitt 2, festgelegt sind, können angewendet werden (s. Tab. 1).

Zu jeder dieser Lagerungen bzw. Lagerungsfolgen sind mindestens 10 Scherproben oder 3 Aufstechproben erforderlich.

Die Proben sind unmittelbar nach Beendigung der letzten Lagerung zu prüfen, weil sich ihr Feuchtigkeitszustand nicht ändern darf.

5. Scherproben

5.1 Probenform und Probenabmessungen

5.11 Dreifach verleimte Furnierplatten

Aus den nach Abschnitt 3 entnommenen Plattenabschnitten werden Streifen von 100 mm Breite quer zur Faserrichtung der Außenfurniere geschnitten und beiderseits mit 3 mm breiten Einschnitten versehen (siehe Bild 1). Die Einschnitte müssen das Mittelfurnier beiderseits durchtrennen, dürfen aber das Deckfurnier auf der anderen Seite nicht verletzen. Der Abstand zwischen den beiden Einschnitten (Länge 1 der Scherfläche) richtet sich nach der Furnierdicke und ist nach Tabelle 2 zu wählen.

---

* Entwurf Februar 1959.

Tabelle 1

Lfd. Nr.	Art und Dauer der Lagerung bzw. der Lagerungsfolge
1	3 Tage in Luft
2	24 Stunden in kaltem Wasser
3	24 Stunden in kaltem Wasser 7 Tage in Luft
4	3 Stunden in heißem Wasser mindestens 2 Stunden in kaltem Wasser
5	3 Stunden in heißem Wasser mindestens 2 Stunden in kaltem Wasser 7 Tage in Luft
6	6 Stunden in kochendem Wasser mindestens 2 Stunden in kaltem Wasser
7	6 Stunden in kochendem Wasser mindestens 2 Stunden in kaltem Wasser 7 Tage in Luft
8	4 Stunden in kochendem Wasser 16 bis 20 Stunden in trockenheißer Luft 4 Stunden in kochendem Wasser 16 bis 20 Stunden in kaltem Wasser
9	4 Stunden in kochendem Wasser 16 bis 20 Stunden in trockenheißer Luft 4 Stunden in kochendem Wasser 16 bis 20 Stunden in kaltem Wasser 7 Tage in Luft

Tabelle 2 (Maße in mm)

Furnierdicke	Länge der Scherfläche l
bis 0,3	4
über 0,3 bis 0,5	6
über 0,5 bis 0,8	8
über 0,8	10

Als einfache Scherproben (siehe Bild 2) werden von den nach Bild 1 vorbereiteten Streifen 25 mm breite Proben längs der im Bild 1 gestrichelten Linien abgetrennt.

Doppelte Scherproben (siehe Bild 3) werden durch spiegelbildliche Verleimung je zwei einfacher Scherproben erhalten.

Bei dreifachen Furnierplatten ist die einfache Scherprobe nach Bild 2 anzuwenden. Die Anwendung der doppelten Scherprobe wird empfohlen, wenn die benutzte Holzart gegen sekundäre Zug- und Biegespannungen empfindlich ist. Die Sekundärleimung bei Herstellung von Doppelproben ist so auszuführen, daß sie den Wasserlagerungsfolgen standhalten, denen auch die Primärleimung standhalten soll.

5.12 Fünffach verleimte Furnierplatten

Aus den nach Abschnitt 3 entnommenen Plattenabschnitten werden Streifen von 100 mm Breite quer zur Faserrichtung der Außenfurniere geschnitten und beiderseits mit 3 mm breiten Einschnitten unmittelbar gegenüberliegend versehen. Die Einschnitte müssen von jeder Seite die beiden äußeren Furniere durchtrennen; sie dürfen aber das Mittelfurnier nicht verletzen.

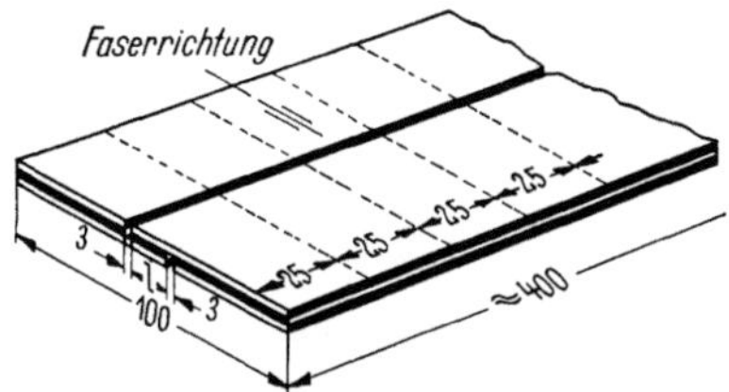

Bild 1. Herstellung der einfachen Scherproben.

Aus diesem Streifen werden Proben von 25 mm Breite abgeschnitten und mit je einer Bohrung versehen (siehe Bild 4). Der Bohrungsdurchmesser d ist gleich der Dicke s des mittleren Furniers.

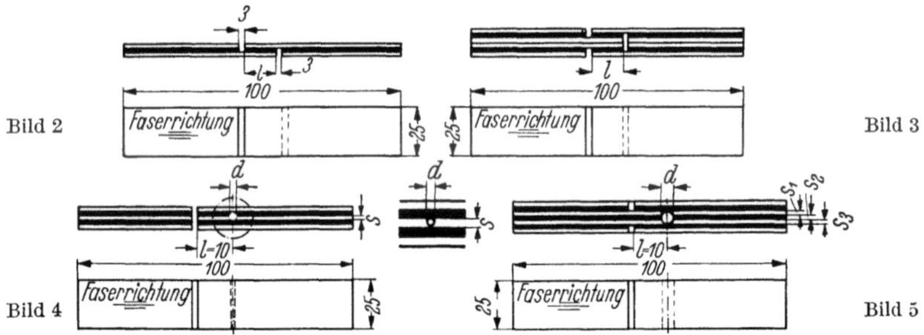

Bild 2. Einfache Scherprobe für dreifach verleimte Furnierplatten.

Bild 3. Doppelte Scherprobe für dreifach verleimte Furnierplatten.

Bild 4. Scherprobe für fünffach verleimte Furnierplatten.

Bild 5. Scherprobe für siebenfach verleimte Furnierplatten.

5.13 Siebenfach und mehrfach verleimte Furnierplatten

Die Proben (siehe Bild 5) sind in gleicher Weise wie diejenigen aus fünffach verleimten Furnierplatten (siehe Abschnitt 5.12) herzustellen. Die Einschnitte von 3 mm Breite müssen jeweils die äußeren Furniere so weit durchtrennen, daß die mittleren drei Furniere unverletzt bleiben. Der Durchmesser der Bohrung d ist gleich der Dicke der drei mittleren Furniere: $d = s_1 + s_2 + s_3$.

5.2 Lagerung der Proben und Probenanzahl

siehe Abschnitt 4.

5.3 Durchführung des Zugversuches

Die Proben werden in einer Zugprüfmaschine nach DIN 51221 (z. Z. noch Entwurf) geprüft, die den Anforderungen der Klasse 2 nach DIN 51220 entspricht. Die Enden der Probe müssen auf je 30 mm Länge von den Einspannbacken der Zugprüfmaschine gefaßt werden. Die Probe wird mit einer Prüfgeschwindigkeit von 100 kp/min je cm² der geleimten Prüffläche stetig bis zum Bruch belastet und die dabei auftretende Höchstkraft P_{max} abgelesen.

5.4 Auswertung

Die Bindefestigkeit τ_B in kp/cm² wird aus der Höchstkraft P_{max} und der vor der Prüfung ausgemessenen Prüffläche F errechnet.

Für einfache Scherproben ist

$$\tau_B = \frac{P_{max}}{F} = \frac{P_{max}}{l \cdot b}.$$

Für doppelte Scherproben und für Proben nach Bild 4 und 5 ist

$$\tau_B = \frac{P_{max}}{F_1 + F_2} = \frac{P_{max}}{(l_1 + l_2) \cdot b}.$$

Hierin bedeuten:

$$
\begin{aligned}
P_{max} &= \text{Höchstkraft (in kp)} \\
F &= \text{Scherfläche (in cm}^2\text{)} \\
F_1 + F_2 &= \text{Summe der Scherflächen (in cm}^2\text{)} \\
l &= \text{Länge der Scherfläche (in cm)} \\
l_1 + l_2 &= \text{Summe der Längen der Scherflächen (in cm)} \\
b &= \text{mittlere Breite der Scherflächen (in cm)}
\end{aligned}
$$

$\left.\begin{array}{l} \\ \\ \end{array}\right\}$ vor der Prüfung möglichst genau zu messen

Die Proben können innerhalb oder außerhalb der Leimfugen brechen. Brüche innerhalb der Leimfugen können einen Belag von Holzfasern, die aus dem Gegenstück herausgerissen sind, haben (Holzfaserbelag). Brüche außerhalb der Leimfugen (Holzbruch) werden bei der Mittelwertbildung nur dann berücksichtigt, wenn sie zwischen dem Größt- und Kleinstwert von τ_B liegen. Wenn die Mehrzahl der Proben durch Holzbruch zerstört wird, ist dies im Prüfbericht zu vermerken.

6. Aufstechversuch

6.1 Aufstechproben

sollen nicht kleiner als 200 mm $\times$ 100 mm sein.

6.2 Aufstechwerkzeug

Zur Ausführung des Aufstechversuchs dient ein gekröpftes, gut geschärftes Stechwerkzeug mit abgerundeter Schneide nach Bild 6.

6.3 Durchführung

Das Aufstechwerkzeug nach Bild 6 wird in Faserrichtung angesetzt und von Hand oder mit einer Hebelvorrichtung durch das Deckfurnier hindurchgetrieben. Beim Erreichen der Leimfuge wird diese durch leichte Dreh- und Hebelbewegungen erweitert und das Deckfurnier nach oben hin herausgebrochen. Dabei soll nicht innerhalb der Leimfuge, sondern unmittelbar darunter (einige Zellreihen tiefer im nächsten Furnier) angesetzt werden. Beim Spalten soll deshalb auf einer der beiden

Seiten der Leimschicht ein gleichmäßiger Belag herausgerissener Holzfasern erscheinen. In dieser Weise sind alle Leimfugen zu prüfen. Bei fünf- oder mehrfach verleimten Furnierplatten sind zunächst die äußeren Fugenpaare zu prüfen und danach die Deckschichten zu entfernen; dann werden die nächstfolgenden Fugenpaare sinngemäß aufgestochen.

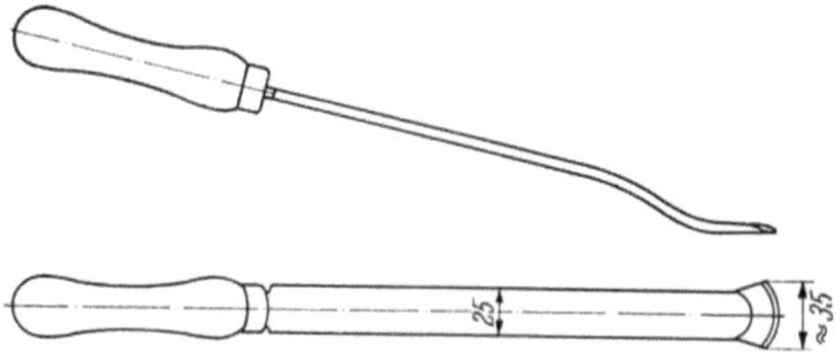

Bild 6. Aufstechwerkzeug.

Bild 7.

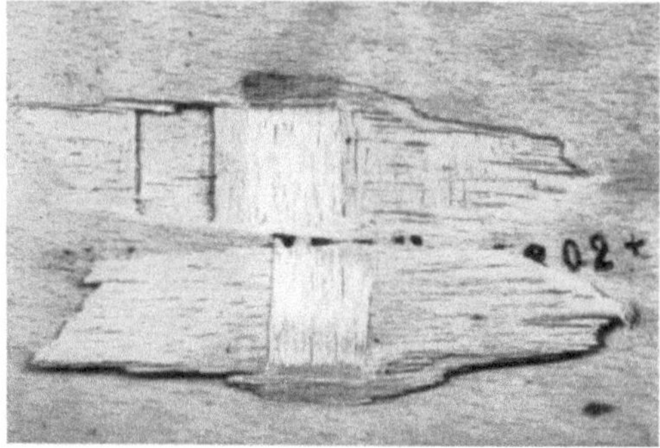

Bild 8.

6.4 Auswertung

Zwischen der vorzüglichen Leimung mit vollständigem Faserbelag und einer glatten Fugenspaltung gibt es fließende Übergänge, die durch Rangfolgenummern gekennzeichnet werden. Die Rangfolge lautet:

1 vorzügliche Leimung (siehe Bild 7).
Leimschicht läßt sich nicht spalten, Werkzeug durchstößt sie. Beim Aufbrechen wird ein Stück des Deckfurniers abgehoben, das nur wenig breiter ist als das Werkzeug und außer an der Einstichspur keine freigelegte Leimschicht zeigt.
2 gute Leimung (siehe Bild 8).
Leimschicht läßt sich aufspalten, zeigt aber gleichmäßigen Faserbelag.
3 ausreichende Leimung (siehe Bild 9).
Leimschicht zeigt vereinzelt blanke Stellen, größere Furnierstücke heben sich heraus.

Bild 9.

Bild 10.

4 unzureichende Leimung (siehe Bild 10).
Leimschicht zeigt keinen oder fast keinen Holzfaserbelag. Das Deckfurnier kann ganz oder in großflächigen Stücken bis zum Probenrand abgehoben werden.

Jede geprüfte Fuge ist gesondert zu beurteilen. Das arithmetische Mittel aller Rangfolgenummern ist auf die nächstliegende ganze Zahl zu runden. Sie gilt als Beurteilung der geprüften Plattenart und ist im Prüfbericht anzugeben.

7. Prüfbericht

Im Prüfbericht sind unter Hinweis auf diese Norm anzugeben:

Anzahl und Aufbau der Platten:
   Holzarten, Kurzzeichen für Holzarten nach DIN 4076,
   Dicke der Furniere und der Mittellage,
   Aufbau der Mittellage (Streifen, Stab- oder Stäbchenplatte).

Art der Proben
   Scherproben nach Bild 2 bis 5,
   Aufstechproben.

Art und gegebenenfalls Herkunft des Leimes

Probenanzahl
   k Platten mit je l Proben, insgesamt N Proben.

Behandlung der Proben
   angewendete Lagerungsfolge.

Rangfolgenummer der Aufstechprüfung, arithmetisches Mittel

Bindefestigkeit in kp/cm², auf 1 kp/cm² gerundet, und zwar
   Gesamtmittelwert aus N Proben,
   Größter und kleinster Plattenmittelwert aus k Platten,
   Größter und kleinster Einzelwert aus N Proben,
   Standardabweichung s in kp/cm²,
   Variationskoeffizient V in %.
   Vergleiche hierzu das Beispiel 3 in DIN 53251*, Abschnitt 6.
   Bei großen Stichproben ($N \geq 100$) wird die Berechnung der wahrscheinlichen
   Grenzen des Streufeldes aus $\bar{\bar{\tau}}_B \pm 3\, s_T$ empfohlen, siehe hierzu DIN 53251*,
   Abschnitt 5.2.

Prüfdatum

---

* Entwurf Februar 1959.

Mechanische Eigenschaften

Mechanische Eigenschaften von Furnierplatten, die in der Bundesrepublik Deutschland erzeugt wurden, mit Nenndicken von 0,8 bis 15 mm. Die erforderlichen Prüfungen fanden im Institut für Holzforschung und Holztechnik der Universität München statt. Die Längsachse der Prüfstäbe verlief, falls nicht durch das Zeichen ⊥ anders vermerkt ist, parallel zur Faserrichtung in den Außenfurnieren. Elastizitätsmodul und Biegefestigkeit wurden an Platten mit einheitlich 50 mm Breite, bei einer Stützweite von 20 · Plattendicke (aus versuchstechnischen Gründen aber mindestens 40 mm) geprüft. Die Zugfestigkeit wurde in geschulterten Zugproben mit den in den Bauvorschriften für Segelflugzeuge, Heft 2, Baustoffe, vom Februar

Hersteller	Nenndicke mm	Lagenzahl	Holzarten der Lagen D 2. 3. 4. M	Rohdichte kg/m³	Feuchtigkeit %	Probenzahl	Biege-Elastizitätsmodul kp/cm² kleinster Wert	Mittelwert	größter Wert
1	0,8	3	B　　　B	747	8,4	10	154000	170000	183000
1	1,0	3	B　　　B	766	8,2	10	137000	173000	213000
1	1,2	3	B　　　B	783	8,8	10	115000	138000	156000
1	1,5	5	B B　　B	775	8,5	10	145000	166000	208000
1	2,0	5	B B　　B	751	9,2	10	105000	123000	140000
1	2,5	5	B B　　B	772	9,0	10	118000	132000	151000
2		5	B B　　B	752	7,3	10	105000	127000	155000
3	3,0	3	B　　　B	706	10,8	10	106000	121000	136000
4	4	3	F　　　F	586	10,3	10	54000	75000	92000
		3	O　　　F	507	11,1	10	55000	60000	71000
		3	L　　　F	577	10,4	10	58000	66000	73000
5		3	L　　　B	682	10,9	10	91000	105000	117000
		3	B　　　B	712	10,3	10	111000	122000	131000
		3	O　　　B	555	11,6	10	69000	78000	95000
6		3	L　　　A	517	11,3	10	66000	74000	96000
		3	A　　　A	500	11,8	10	55000	59000	67000
		3	O　　　A	498	11,9	10	64000	71000	77000
		3	M　　　A	699	12,7	10	97000	110000	120000
⊥		3	L　　　A	517	10,5	10	19000	22000	26000
⊥		3	A　　　A	500	11,7	10	21000	24000	29000
⊥		3	O　　　A	498	12,4	10	22000	23000	25000
⊥		3	M　　　A	699	12,7	10	21000	24000	27000

von Furnierplatten

1940, S. 41, Abb. 7 und 8, festgelegten Stabformen geprüft. Die Furnierplatten lagen vor der Prüfung bis zur Erreichung gleichbleibenden Gewichtes in einem Klimaraum mit Normalklima (Temperatur $20°C \pm 1°$; relative Luftfeuchtigkeit $65\% \pm 2\%$). In der Regel wurden je Plattendicke und -sorte 10 Proben geprüft; in seltenen Fällen wurden weniger (bis zu 3) Stäbe untersucht. In der Spalte Holzarten/Lagen bedeuten D = Decklage, es folgen 2., 3. und 4. Schicht und M — Mittellage; B = Buche, F = Fichte, O = Okoumé, L = Limba, A = Abachi, M = Makoré.

Die Durchführung der Versuche lag in den Händen von Herrn Ing. H. Sanzi, die Oberleitung hatte Herr Dr.-Ing. M. Kufner.

Biegefestigkeit kp/cm²				Zugfestigkeit kp/cm²			
Probenzahl	kleinster Wert	Mittelwert	größter Wert	Probenzahl	kleinster Wert	Mittelwert	größter Wert
10	1200	1327	1464	10	951	1076	1205
10	1190	1446	1723	10	844	1054	1200
10	1130	1230	1366	10	701	806	873
10	1144	1485	1699	10	850	985	1095
10	1270	1350	1457	10	760	913	998
10	1309	1365	1427	10	751	870	974
10	1163	1293	1409	10	758	868	944
10	929	1011	1153	10	558	616	704
10	399	632	762	10	265	341	416
10	504	628	697	9	348	387	423
10	402	582	725	10	265	306	388
10	784	989	1196	10	404	506	674
10	1040	1160	1267	10	597	699	817
10	408	596	757	10	200	319	399
10	474	600	783	10	188	312	435
10	515	556	603	10	248	314	375
10	477	534	598	10	269	358	465
10	972	1021	1145	9	511	607	678
10	284	357	419	10	389	447	492
10	361	401	436	10	192	398	593
10	381	415	436	10	188	439	546
10	334	405	491	10	306	492	675

Mechanische Eigenschaften

Her-steller	Nenn-dicke mm	Lagen-zahl	Holzarten der Lagen D 2. 3. 4. M			Roh-dichte kg/m³	Feuchtig-keit %	Proben-zahl	Biege-Elastizitätsmodul kp/cm² kleinster Wert	Mittel-wert	größter Wert
7		3	B		B	722	10,4	5	158000	172000	188000
8		3	L		L	634	11,1	9	76000	101000	146000
		3	B		O	630	11,9	9	154000	160000	168000
		3	O		B	616	11,5	9	59000	80000	94000
1		3	B		B	754	12,5	10	92000	104000	113000
9		3	B		B	722	10,4	10	90000	101000	111000
10		3	B		B	704	12,4	10	102000	111000	119000
3		3	B		B	735	10,9	9	97000	113000	122000
5	5	3	L		O	572	11,3	10	88000	101000	108000
		3	B		O	535	11,4	6	84000	91000	101000
		3	B		O	581	11,4	10	80000	95000	99000
		3	O		B	619	11,5	10	59000	67000	71000
		3	O		L	561	12,7	10	59000	66000	70000
		3	L		B	661	11,8	6	69000	87000	98000
7		3	B		B	720	11,5	5	98000	111000	128000
8		3	L		L	549	10,1	9	61000	78000	111000
		3	L		B	656	11,9	9	72000	78000	92000
9		3	B		O	594	9,9	10	94000	100000	118000
10		3	B		B	780	11,9	10	93000	103000	113000
3		3	B		B	763	10,4	10	110000	117000	126000
5	6	3	L		L	651	10,2	10	80000	89000	101000
		3	B		O	540	11,8	10	91000	96000	102000
		3	B		O	595	11,8	10	91000	97000	103000
7		5	B B		B	742	11,0	9	107000	123000	146000
		5	B B		B	714	10,1	9	75000	97000	114000
8		3	O		A	430	9,9	9	66000	70000	75000
9		3	B		O	587	10,4	10	73000	82000	92000
10		3	B		B	718	11,6	10	94000	106000	116000
3		3	B		B	773	11,1	9	88000	102000	112000

von Furnierplatten (*Forts.*)

Biegefestigkeit kp/cm²			Zugfestigkeit kp/cm²			
Proben-zahl	kleinster Wert	Mittel-wert	größter Wert	Proben-zahl	kleinster Wert	Mittel-wert	größter Wert
10	1100	1243	1464	10	646	757	867
10	810	946	1087	10	438	507	570
10	830	991	1071	10	602	670	760
10	747	781	844	10	269	360	545
10	1065	1118	1188	10	730	816	915
10	1001	1068	1138	10	588	644	747
10	1007	1060	1138	10	546	613	708
10	1103	1173	1296	10	677	752	823
10	822	921	1010	10	366	509	643
6	683	748	879	3	511	580	689
10	708	781	886	10	427	582	715
10	370	533	619	10	164	242	299
10	420	583	701	8	177	279	386
6	697	728	773	3	390	439	513
10	759	934	1029	9	385	514	629
10	456	722	963	10	252	317	412
10	529	643	740	10	214	318	435
10	935	1032	1095	10	629	701	789
10	961	1081	1163	10	571	618	745
10	1060	1174	1275	10	659	732	845
10	684	771	857	10	206	340	440
10	735	804	881	10	508	555	642
10	775	843	887	10	463	573	679
10	1025	1226	1365	10	668	878	962
10	609	1011	1152	10	588	672	858
10	513	546	595	10	277	311	362
10	751	819	961	10	476	535	588
10	702	822	930	10	417	496	558
10	982	1017	1102	10	580	625	694

Mechanische Eigenschaften

Her-steller	Nenn-dicke mm	Lagen-zahl	Holzarten der Lagen D 2. 3. 4. M	Roh-dichte kg/m³	Feuchtig-keit %	Proben-zahl	Biege-Elastizitätsmodul kp/cm² kleinster Wert	Mittel-wert	größter Wert
5	8	5	L B B	682	10,9	6	77000	82000	92000
		5	L B L	664	11,2	10	66000	76000	86000
		5	B B O	759	10,5	10	77000	84000	99000
		5	B B L	642	9,4	6	79000	88000	96000
		5	O O/L B	537	10,9	8	62000	68000	72000
		5	O B O	458	12,2	10	58000	64000	72000
		5	O B O	589	10,9	7	56000	62000	67000
6		5	L A A	506	11,3	10	54000	60000	66000
		5	A A A	483	10,8	10	33000	41000	45000
		5	O A A	491	11,6	10	53000	58000	68000
		5	M A A	601	12,1	9	87000	92000	102000
⊥		5	L A A	506	12,0	9	36000	43000	47000
⊥		5	A A A	483	11,8	10	39000	43000	47000
⊥		5	O A A	491	11,2	10	39000	42000	47000
⊥		5	M A A	601	12,8	10	39000	44000	51000
7		7	B B B B	738	11,3	9	79000	98000	116000
		5	B B B	713	10,4	4	83000	88000	94000
8		5	L L L	579	10,5	9	78000	84000	89000
		5	M M M	630	9,5	9	66000	75000	81000
9		5	B O O	610	11,9	10	77000	88000	96000
10		5	B B B	767	11,9	10	95000	101000	104000
3		5	B B B	759	11,4	10	65000	70000	75000
4	10	5	F F A	507	10,1	10	43000	50000	58000
		5	O F F	451	9,1	10	36000	38000	40000
		5	L F F	600	10,3	10	45000	54000	57000
5		5	L L L	614	9,6	10	44000	52000	59000
		5	B B B	781	10,2	10	66000	71000	74000
7		7	B B B B	720	10,6	9	86000	100000	107000
		5	B B B	764	10,7	6	99000	103000	107000
8		5	B O B	616	11,6	9	63000	74000	79000
9		5	B O O	652	10,5	10	69000	87000	102000
3		5	B B B	695	12,1	9	68000	76000	82000

von Furnierplatten (*Forts.*)

	Biegefestigkeit kp/cm²				Zugfestigkeit kp/cm²		
Proben-zahl	kleinster Wert	Mittel-wert	größter Wert	Proben-zahl	kleinster Wert	Mittel-wert	größter Wert
6	626	733	914	*6*	424	523	607
10	645	691	808	*10*	298	476	701
10	651	872	1054	*10*	386	523	754
5	805	890	983	*6*	464	571	680
8	392	588	676	*8*	354	568	665
10	601	644	722	*10*	371	490	551
7	587	628	660	*7*	323	411	473
10	433	480	552	*10*	190	267	334
10	338	422	472	*10*	206	274	360
10	294	507	615	*10*	177	275	390
10	735	820	949	*10*	233	421	549
10	501	531	577	*10*	301	531	655
10	434	509	569	*10*	346	519	624
10	456	504	578	*10*	396	515	671
10	432	508	642	*10*	370	529	652
10	736	1019	1172	*10*	503	761	952
4	742	850	897	*4*	488	576	627
10	735	842	923	*10*	288	471	642
10	650	768	886	*10*	475	583	663
10	635	883	961	*10*	590	665	733
10	878	1020	1101	*10*	673	761	851
10	758	797	857	*10*	480	614	723
10	245	368	469	*10*	137	216	293
10	308	364	420	*10*	131	228	320
9	429	551	647	*10*	256	311	390
10	298	414	494	*10*	231	327	439
10	684	721	756	*10*	370	562	674
10	798	917	997	*10*	604	660	708
6	883	971	1040	*6*	479	656	751
10	454	739	846	*10*	415	489	552
10	749	829	899	*10*	438	503	587
10	789	853	909	*10*	409	558	637

50*

Mechanische Eigenschaften

Her-steller	Nenn-dicke mm	Lagen-zahl	Holzarten der Lagen D 2. 3. 4. M	Roh-dichte kg/m³	Feuchtig-keit %	Proben-zahl	Biege-Elastizitätsmodul kp/cm² kleinster Wert	Mittel-wert	größter Wert
4	12	5	F F F	432	10,6	10	32000	35000	41000
		5	O F L	500	9,8	10	27000	32000	36000
		5	L F F	557	10,0	10	43000	47000	51000
5		5	L L O	497	12,0	5	42000	50000	58000
		5	B L L	574	9,1	10	65000	67000	73000
7		9	B B B B B	794	9,9	9	83000	95000	107000
9		5	B A A	471	10,5	9	70000	76000	81000
3		7	B B B B	724	11,9	9	79000	90000	106000
6	15	7	L A O A	451	12,1	10	38000	43000	49000
		7	A A O A	441	11,6	9	31000	34000	36000
		7	O A O A	440	12,0	10	39000	43000	46000
		7	M A O A	509	12,1	9	58000	61000	65000
⊥		7	L A O A	451	11,9	10	35000	37000	40000
⊥		7	A A O A	441	11,9	9	35000	37000	39000
⊥		7	O A O A	440	12,1	10	33000	36000	39000
⊥		7	M A O A	509	12,4	10	32000	37000	40000
7		9	B B B B B	757	11,5	10	55000	65000	72000
8		7	B B L B	729	10,0	10	76000	79000	85000

von **Furnierplatten** (*Forts.*)

	Biegefestigkeit kp/cm²				Zugfestigkeit kp/cm²		
Proben-zahl	kleinster Wert	Mittel-wert	größter Wert	Proben-zahl	kleinster Wert	Mittel-wert	größter Wert
10	200	265	391	*10*	115	161	239
10	261	362	449	*10*	126	181	220
10	374	452	527	*10*	192	237	287
5	288	418	491	*5*	193	271	345
10	399	599	716	*10*	218	321	404
10	644	973	1167	*10*	537	631	778
10	531	573	647	*10*	376	409	456
10	800	869	962	*10*	533	608	694
10	341	391	469	*7*	265	337	449
10	265	335	397	*7*	255	318	346
10	300	363	456	*7*	242	307	426
10	396	538	637	*7*	307	342	408
10	349	397	447	*7*	297	341	402
10	343	386	435	*7*	295	366	426
10	359	376	422	*7*	245	328	384
10	309	385	439	*7*	301	364	435
10	498	586	695	*10*	296	412	498
10	675	741	848	*10*	461	493	546

MIX
Papier aus verantwortungsvollen Quellen
Paper from responsible sources
FSC® C105338

If you have any concerns about our products,
you can contact us on
ProductSafety@springernature.com

In case Publisher is established outside the EU,
the EU authorized representative is:
Springer Nature Customer Service Center GmbH
Europaplatz 3, 69115 Heidelberg, Germany

Printed by Libri Plureos GmbH
in Hamburg, Germany